U0249676

跨国油气勘探理论与实践

Principle and Practice of Transnational Petroleum Exploration

窦立荣 等 著

科学出版社

北京

内 容 简 介

本书系统总结了世界百年跨国油气勘探史、典型石油公司的跨国勘探实践、世界石油地质理论和勘探技术的发展、国际石油合同演变和不同合同模式的特点、勘探新项目获取的方式和陷阱等。针对近 30 年来世界地缘政治经济格局的变化，分析了我国石油公司走出去面临的挑战和机遇，总结了 30 年来跨国油气勘探的历程、取得的石油地质理论的创新和技术进步，分享了中国石油在 9 个资源国成功勘探项目的典型案例。

本书对政府部门在制定跨国油气发展战略和各大石油公司进行跨国油气勘探有参考价值，可供从事跨国油气勘探开发的公司管理层及能源领域的技术和经营人员，以及矿产资源企业的跨国经营人员参考使用。

审图号：GS 京（2023）2107 号

图书在版编目（CIP）数据

跨国油气勘探理论与实践=Principle and Practice of Transnational Petroleum Exploration / 窦立荣等著. —北京：科学出版社，2023.10
ISBN 978-7-03-076579-6

Ⅰ. ①跨⋯ Ⅱ. ①窦⋯ Ⅲ. ①油气勘探-研究 ②油田开发-研究 Ⅳ. ①P618.130.8 ②TE34

中国国家版本馆 CIP 数据核字（2023）第 182692 号

责任编辑：万群霞 冯晓利 / 责任校对：王萌萌
责任印制：师艳茹 / 封面设计：无极书装

科学出版社 出版
北京东黄城根北街 16 号
邮政编码：100717
http://www.sciencep.com
北京汇瑞嘉合文化发展有限公司 印刷
科学出版社发行　各地新华书店经销
*
2023 年 10 月第 一 版　开本：889×1194 1/16
2023 年 10 月第一次印刷　印张：37
字数：1 065 000
定价：560.00 元
（如有印装质量问题，我社负责调换）

序 一

1993 年，在改革开放和经济全球化发展的大背景下，在党中央、国务院充分利用国内国外两种资源、两个市场发展石油工业的重大决策指引下，中国石油天然气集团有限公司(以下简称中国石油)开始实施国际化经营，到 2023 年整 30 周年。作为海外业务发展的参与者和组织者，我亲历了中国石油海外业务从无到有、从小到大、从弱到强的全部过程。

30 年来，面对复杂多变的全球政治经济形势、竞争激烈的国际市场和动荡变化的资源国投资环境，海外石油人充分发扬"爱国、创业、求实、奉献"的大庆精神铁人精神，顽强拼搏、艰苦探索、勇于实践，克服重重困难，取得了国际化发展的辉煌成绩。

海外石油事业发展为保障国家能源安全做出了重要贡献。截至 2022 年底，海外业务已经建成中东、中亚-俄罗斯、非洲、美洲和亚太五大油气合作区，构筑起跨越我国西北、东北、西南和海上的四大油气战略通道，形成了集勘探、开发、管道、炼化与油田服务、工程建设、装备制造、油气贸易于一体的完整产业链；海外自主勘探成效显著，先后发现 5 个 10 亿吨级、4 个 5 亿吨级、7 个亿吨级、3 个 5000 万吨级油气田；2022 年海外油气权益产量当量稳中有升，连续四年保持亿吨级以上规模稳产，成为中国石油"三个一亿吨"格局的重要组成部分，有效保障了国家能源安全。

海外石油事业发展积累了宝贵的国际化经验。油气行业从诞生之日就具有明显的国际化特征。全球油气资源、资本、人才、市场分布的不均衡决定了国际化发展的必然性。世界石油工业发展史表明，没有任何一个国家仅仅依靠自己的力量发展石油天然气工业，国际合作是石油天然气行业发展的本质要求。国际化经验是推动油气行业发展的关键驱动力量，也是体现一个国际石油公司成熟度的重要标志。30 年来，中国石油根据不同地区、不同国家的实际情况，选择不同的合作模式，在实践中学习、锻炼、成长，积累了不同合同类型下的海外业务运营管理经验；培育锻炼了一大批忠诚于祖国石油事业的优秀国际化人才，为中国石油海外事业可持续发展奠定了坚实基础。

海外石油事业发展也成为推进"一带一路"倡议走深走实的重要基石。中国石油海外业务秉承"共商共建共享"原则，着力推进"五通"建设。依托互利共赢推进政策沟通；依托通道建设推进设施联通；依托市场运营推进贸易畅通；依托能源金融一体化推进资金融通；依托本地化运营推进民心相通。截至 2022 年底，在"一带一路"沿线 19 个国家运营管理着 51 个项目，成为"一带一路"能源合作的主力军。中国石油的海外投资有力带动了资源国基础设施建设、经济发展和民生改善；有力推进了国际能源合作利益共同体建设，并为"一带一路"沿线国家提供了稳定的能源供应；塑造了负责任的国际大型石油公司的良好形象，国际影响力显著提升。

当前，百年未有之大变局加速演进，国际政治经济格局发生深刻变化，海外业务发展环境的复杂性、严峻性、不确定性明显上升。挑战前所未有，机遇也前所未有。构建"人类命运共同体"是推进全球治理的中国智慧，"一带一路"倡议是实现"人类命运共同体"的有效途径，重大国际油气合作项目是推动共建"一带一路"高质量发展的重要基础和保障。随着"一带一路"倡议不断走深走实，中国石油海外业务将迎来更大的发展空间。特别是在全球能源绿色低碳转型的大趋势下，推进石油、天然气和新能源融合发展，将进一步带来新的前所未有的发展机遇。

我们纪念海外发展 30 周年，就是要认真总结取得的技术、管理、人才成长和国际化经营等方面的宝贵经验，推进海外实现新的高质量发展。该书是国内第一部较系统针对跨国油气勘探理论和实践进行总结的专著，把全球油气勘探作为一个系统进行研究；也是把技术、经济和商务作为

一个整体进行分析，内容丰富、结构合理、论述有据。该书既有全球百年跨国油气勘探的总结，也有国际大石油公司、国家石油公司、独立油公司和小型油公司的跨国勘探案例分析；既有公司间竞争的案例，也有公司间合作的分享；既有重点区块勘探发现的描述，也有勘探新区突破的故事；既有石油地质理论创新的贡献，也有技术不断突破的实践；既有伙伴与政府间的博弈，也有伙伴内部的竞合；既有项目获取的艰辛，也有合同谈判的不易。该书第一作者窦立荣教授在中国石油跨国勘探开发早期就参与海外项目地质研究与评价工作，并在非洲工作 10 余年，对全球油气资源分布与评价、资源国油气资源与合同条款、与国际同行的合作模式及海外项目运营管理等方面都有较丰富的研究与实践经验。

与欧美大石油公司百年跨国经营发展史相比，中国石油海外油气勘探经历了 30 年跨越式发展。海外每一个项目都是科研人员通过理论技术创新，突破已有认知，建立新的油气成藏模式，研发适用的勘探技术，在前人认为没有油的地方找到新的油气储量。书中描述了 9 个国家勘探项目成功案例，以及每个案例取得的经验和启示，对未来中国企业"走出去"获取更多的油气勘探项目具有重要的借鉴意义。面对深海、极地、非常规等新的勘探领域，需要年轻一代地质家和勘探家大胆创新、勇于突破。期待在新时代海外油气勘探取得新的更大发现，取得更多的理论和技术创新成果，助力推动共建"一带一路"高质量发展，为保障国家能源安全做出新的更大贡献。

周吉平

世界石油理事会原副主席

中国石油天然气集团有限公司原董事长、党组书记

2023 年 6 月 26 日

序　二

　　石油替代煤炭成为第一大能源是人类文明史上的重大标志性事件，整个 20 世纪可以说就是油气的世纪，即使到 21 世纪中叶，油气仍将是第一大能源，可见其重要性。中国从缺油少气的"贫油国"，发展到石油、天然气产量全球排名分别达到第 6 位、第 4 位。特别是改革开放以来，中国的石油企业从独立自主、自力更生、举国体制发展转型成为以中国石油、中国石化、中国海油等为代表的跨国石油公司，进入全球化的伟大进程中，实现了石油工业"走出去"和"引进来"的跨越式发展。

　　窦立荣教授牵头撰写的《跨国油气勘探理论与实践》是基于其与团队几十年跨国油气研究与实践总结而成的。全书抓住了石油工业和跨国公司这个纽带，以创新的视角，回顾剖析世界百年跨国油气勘探史、典型石油公司跨国勘探实践，系统总结了全球油气地质理论和勘探技术进展、油气勘探区块获取经验、国际石油合同演变和不同石油合同特点，特别是系统展示了我国石油公司实施"走出去"战略 30 年来，在跨国勘探领域所走过的艰辛历程与取得的丰硕成果，中国石油在苏丹、乍得、尼日尔、阿曼、土库曼斯坦、哈萨克斯坦、厄瓜多尔、秘鲁、巴西等资源国的勘探重大发现和项目管理经验。该书是我国石油公司在跨国油气勘探中最新成果和前沿技术的全面展示，充分彰显了我国石油公司的勘探实力和国际化经营运行能力，是广大海外石油人的智慧结晶，具有很强的战略性、前瞻性、系统性和权威性。相信该书的出版将为政府部门制定跨国油气发展战略和各大石油公司开展跨国勘探工作提供有益参考，并为广大从事国际油气勘探工作的技术人员和管理人员提供有价值的信息，也必将进一步增强我们做优、做强跨国油气合作、保障国家能源安全的信心。

　　当前，世界百年变局与大国博弈交织演进，乌克兰危机重塑全球能源供需格局，能源市场动荡加剧，能源安全特别是油气安全再次成为全球焦点。"以铜为镜，可以正衣冠；以古为镜，可以知兴替"。当今世界油气又进入一个关键期，学史可以明智。过去、现在和将来是一个有机、连续和变革的整体，该书很有借鉴意义。在付梓之前能分享到这一充满汗水、心血和智慧的成果，我衷心感谢窦立荣博士及其团队，并借此向他们祝贺！

孙龙德

中国工程院院士

2023 年 7 月 3 日

前　言

1859 年，美国人德雷克在宾夕法尼亚州钻成第一口具有现代意义的油井，标志着现代石油工业的开始。随着 19 世纪 80 年代内燃机的发明，燃油汽车开始逐步普及，特别是两次世界大战的推动，石油作为战略物资和民生领域的使用价值迅速增长，需求量快速上升。至 20 世纪 60 年代初，石油消费量首次超过煤炭，成为第一大能源消费品种，世界能源消费正式迈入"石油时代"。自此开始，世界一次能源消费中油气的占比一直保持在 55%以上。

油气勘探是一项具有资本和技术密集度高、综合风险高的工作，而缺乏资金与技术的发展中国家，在油气行业起步初期，就希望通过吸引外国公司来本国进行油气勘探作业，因此现代石油工业建立伊始，就逐渐形成了由发达国家主导、石油巨头公司垄断的局面。从 19 世纪后期成立并形成行业托拉斯的美国标准石油公司，到雄霸 20 世纪多半叶的"石油七姊妹"(指埃克森公司、美孚公司、德士古公司、雪佛龙公司、海湾石油公司、壳牌公司和英国石油公司)，均是欧美国家的大型跨国石油公司。20 世纪 20～50 年代，"石油七姊妹"在以中东为主的世界主要资源国开展跨国油气勘探与生产，形成了垄断石油市场的利益共同体。雪佛龙公司和得克萨斯公司合资的美国阿拉伯公司(简称阿美石油公司)控制了沙特阿拉伯的石油资源；美国海湾石油公司和英国石油公司联手取得了科威特全境石油租地。除中东地区外，"石油七姊妹"还联手在欧洲、印度尼西亚、尼日利亚、委内瑞拉等地区和国家合作开展跨国油气勘探与生产，在技术、市场、价格等方面均掌握绝对话语权。直到 1971 年，石油输出国组织(Organization of the Petroleum Exporting Countries, OPEC，简称欧佩克)与跨国石油公司签署《德黑兰协定》，跨国石油公司控制产油国石油的国际石油机制才开始逐渐瓦解，但油气勘探的关键核心技术仍掌握在跨国石油公司手中。

20 世纪 80 年代末至 90 年代初，由于苏联解体、非洲和拉丁美洲的逐步稳定和对外开放、资源国的快速崛起等因素，跨国油气勘探的参与者愈发广泛，一方面技术外溢效应使油气行业入门门槛降低，原本被大型石油公司垄断的技术，通过大公司重组和拆分、实施技术转让、油田服务公司应用等途径，被更多国家石油公司和中小型石油公司广泛应用，使这些公司不再局限于本国或有限区域进行勘探作业，有机会参与跨国油气勘探投资。另一方面，资源国为吸引更多优质投资和技术、促进本国油气资源合理开发利用，通过立法等手段制定反垄断规则，鼓励多元化竞争，更多的国家石油公司和独立石油公司纷纷"走出去"，在境外开展油气勘探与开发。在跨国油气勘探中，除技术因素外，地缘政治、资源国政经环境、法律法规与油气合同、与竞合伙伴的合作模式、文化差异等非技术因素对项目获取与成功运营也具有至关重要的作用，融合技术与非技术因素的跨国油气勘探能力已成为衡量一流综合性石油公司的重要方面。

我国自改革开放以来，伴随国民经济持续高速发展，石油消费量也快速攀升，而国内石油产量增速明显赶不上消费增速，至 1993 年再次成为石油净进口国，利用国外油气资源成为必然选择。为此，我国提出"更好地利用国内国外两个市场、两种资源"的战略方针，开启了我国石油公司"走出去"的战略步伐。30 年来，我国跨国油气勘探主要经历了滚动油气勘探、陆上大型风险油气勘探、非常规油气勘探和深水油气勘探四个阶段，实现了从小项目滚动勘探向大型项目担任作业者的风险勘探、从陆上常规油气勘探向深水和非常规油气勘探、从以油为主向以油为主兼顾天然气勘探的三个重大转变。30 年来，我国石油公司坚定践行"合作共赢"的理念，在面对错综复杂的国际形势、国际大型石油公司长期跨国经营、多个国家石油公司快速崛起的竞争态势下，通过中标区块的勘探大发现与资产/公司并购方式获得了一批大型油气田，在全球 50 多个国家运行着200多个油气勘探开发合作项目，建成了中亚-俄罗斯、中东、非洲、美洲、欧洲和亚太六大油气合作区及四大油气通道。2022年境外权益油气产量超过1.7×10^8t。充分展示了我国石油公司勘探实力和国际化运营能力，为保障国家能源安全做出了重要贡献，也为与资源国外交关系的巩固和发展做出了积极贡献。

海外30年油气勘探开发取得的重大成就是几大石油公司在党中央、国务院英明领导下，几代石油人久久为攻、不懈奋斗的结果；是石油科技工作者不断创新、突破前人的结果。在我国石油公司实施"走出去"战略开展跨国油气勘探开发30周年之际，笔者尝试系统总结全球百年跨国油气勘探历史、油气地质理论认识和技术发展、跨国油气勘探项目获取方式和合同模式等，深入剖析重点资源国大型勘探项目实践，分享30年来跨国油气勘探取得的石油地质理论新进展、勘探重大发现、项目管理经验和得到的启示，以使我们坚定信心、迎难而上，抓住未来10年左右的窗口期，进一步做优跨国油气合作，为保障国家能源安全做出更大的贡献。

本书由窦立荣提出总体编写思路，共15章。前言、第一章和第二章第一节由窦立荣撰写；第二章第二、第三、第四节由刘小兵、窦立荣撰写；第三章第一节由窦立荣撰写，第二节由窦立荣和张兴阳等撰写，第三节由窦立荣撰写，第四节由窦立荣、李大伟、温志新、王兆明、米石云、张倩等撰写，第五节由窦立荣、崔明月、武宏亮、林腾飞、甘利灯等撰写；第四章第一至第三节由窦立荣、王建君、李浩武、张宁宁等撰写，第四节由窦立荣、赵飞撰写，第五节由窦立荣撰写；第五章由窦立荣、尹秀玲撰写；第六章第一节由窦立荣、郜峰、刘小兵、王作乾、王曦、彭云、王子建等撰写，第二、第三节由窦立荣、刘小兵、王作乾等撰写；第七章由窦立荣、程顶胜、汪望泉、肖坤叶、庞文珠、史忠生等撰写；第八章由窦立荣、肖坤叶、杜业波、王景春、程顶胜等撰写；第九章由袁圣强、窦立荣、程顶胜、毛凤军、潘春孚、郑凤云、姜虹、庞文珠、李早红等撰写；第十章由杨沛广、段海岗、张庆春、汪华等撰写；第十一章由张兴阳、张良杰、李洪玺、王红军、董建雄等撰写；第十二章由计智锋、郑俊章、张明军、王震、蔡蕊、张艺琼等撰写；第十三章由马中振、张志伟、周玉冰、阳孝法、黄彤飞等撰写；第十四章由刘亚明、田作基、李云波、赵永斌等撰写；第十五章由温志新、窦立荣、王兆明、宋成鹏和刘小兵等撰写。最终由窦立荣修改、审定统稿。

在本书编写过程中，得到了中国石油勘探开发研究院、中国石油国际勘探开发有限公司和海外各项目公司的领导和专家的大力支持与帮助，尤其是笔者从事20多年海外勘探研究和实践中得到了童晓光院士等前辈和专家的悉心指导和支持，在此表示诚挚谢忱！同时也要感谢我的妻子李海容女士和家人多年来对我工作的一贯理解和支持。

最后，特别感谢海外油气业务的奠基人和开拓者、中国石油天然气集团有限公司原董事长周吉平先生和中国石油天然气股份有限公司原副总裁、中油勘探开发有限公司原董事长孙龙德院士拨冗为本书作序。

本书中所引用的资料未能在书中全部注明，在此向所引用资料的作者表示感谢。受专业知识范围所限，以及世界百年和中国跨国油气勘探历史资料浩瀚如烟，笔者阅读量有限，书中难免有疏漏之处，真诚希望广大读者见谅并提出宝贵的意见和建议，以期在今后的研究和编写工作中不断提高。

窦立荣

2023年3月28日

目　录

第一章　世界跨国油气勘探发展史

1859 年德雷克以顿钻方式开钻的第一口油井，钻速大约 1m/d，在 21m 深处发现了石油。这口井最初的日产量是 25bbl[①]，但到了年底，日产量下降到了 15bbl(Smil，2008)。该井标志着世界现代石油工业的开启。

160 多年来，全球油气勘探领域经历了从浅层到深层、从陆上到海上、从浅水到深水超深水、从常规油气到非常规油气的发展。据 IHS 统计，截至 2022 年底，全球累计发现 3.3×10^4 多个油气田(图 1-1)，其中可采储量大于 50×10^8 bbl 油当量[②]的巨型油气田[③]有 123 个(含北美之外的非常规油气田 2 个)，$5 \times 10^8 \sim 50 \times 10^8$ bbl 油当量的大型油气田 1091 个(含北美之外的非常规油气田 12 个)。第二次世界大战后至 1980 年是大型和巨型油气田发现的高峰期[图 1-2(a)、(b)]。实际上，世界油气田数量远远大于 IHS 的统计数据，全球还有超 4×10^4 个可采储量在 $1 \times 10^6 \sim 9 \times 10^6$ bbl 的超小型油气田(Perrodon et al.，1998)。

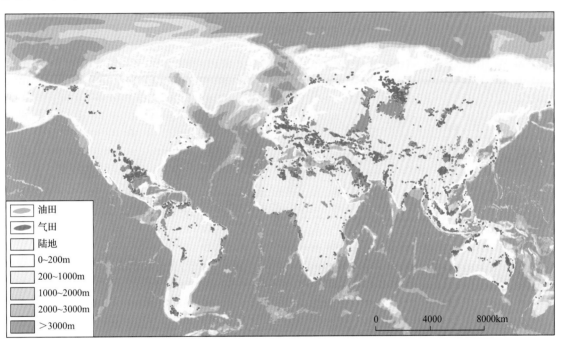

图 1-1　截至 2022 年底全球油气田分布图(据 IHS 数据编制)

随着油气田的发现和投入开发，全球原油产量逐渐增加，1921 年达到 1×10^8 t，1950 年达到 5×10^8 t，1960 年达到 10×10^8 t，1990 年达到 30×10^8 t，2015 年达到 40×10^8 t(图 1-3)，致使世界能源结构发生了根本性的变化。1901 年，油气在一次能源结构中的比例小于 5%，到第二次世界大战结束达到 20%。20 世纪 60 年代早期，原油在一次能源结构中的比例首次超过煤炭，实现了从"煤炭时代"发展进入到了"石油时代"。从 20 世纪 70 年代开始，天然气年新增储量当量超过石油[图 1-2(c)]，天然气在一次能源结构中占比达到 20%，油气合计在能源结构中的占比超过

[①] 1bbl=0.158978m³。
[②] 1bbl 油=6000ft³(169.92m³)天然气当量热值。
[③] 可采储量大于 50×10^8 bbl 油当量的油气田定义为巨型油气田，$(5 \sim 50) \times 10^8$ bbl 油当量定义为大型油气田。

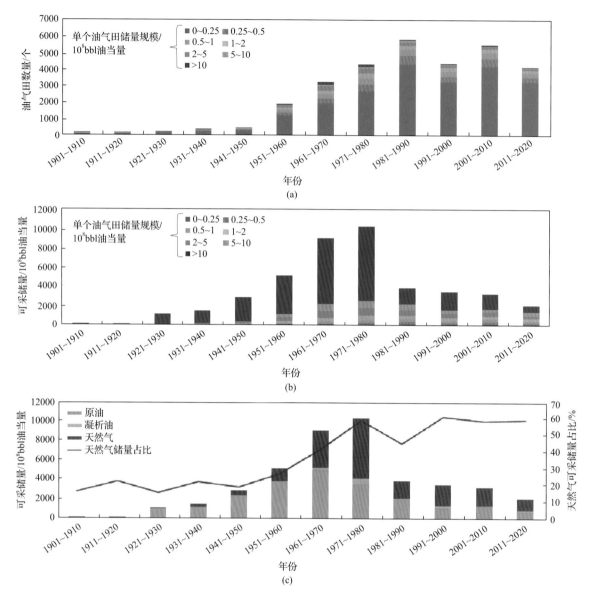

图 1-2　1901～2020 年全球不同年代发现的油气田数量(a)，可采储量(b)，原油、凝析油和天然气可采储量(c)分布直方图

据 IHS 数据编；不包含全球非常规油气田和北美陆上常规油气田

60%，天然气在一次能源结构中占比逐渐增加，正在向"气电时代"发展。现代油气工业的发展不仅促进了全球工业、经济和社会的发展，也极大地改变了全球的地缘政治。

　　全球油气勘探发现史，也是一部跨国油气勘探发现史，政府、国家石油公司、国际石油公司、独立石油公司和小型石油公司在竞争、合作和双赢中推动了油气的发现、理论的形成和技术的进步。在 20 世纪上半叶，美国原油产量占世界总产量的 50% 以上，其中 1910～1940 年占比超过60%(图 1-3)。资本主义阵营和后生的社会主义阵营是全球两大油气发现的推动力量。石油公司到境外勘探开发油气，是在追求更高的利润。产油国的出现和不断强大，与国际石油公司的博弈加剧，逐步走向了"双赢"，再到更有利于资源国的投资环境。

　　根据油气勘探领域的变迁、石油地质理论的发展、勘探技术和方法的进步、油气藏类型的变化等，可以将全球油气勘探划分为四个阶段：①地表勘探发现阶段(1859～1921 年)，是国际石油巨头形成和初步扩张期，以背斜理论为指导，在美洲和阿塞拜疆巴库等地发现多个大油气田；

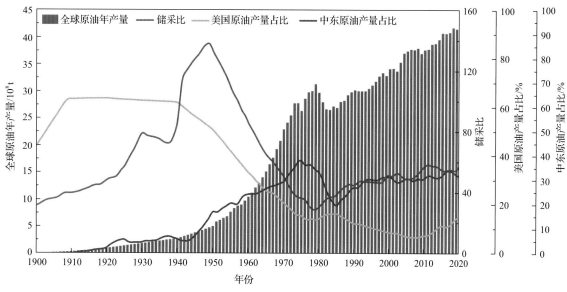

图 1-3　1900~2020 年全球原油年产量、储采比、美国和中东地区原油产量占全球产量的比例

1900~1960 年的产量数据来自英国石油公司统计年鉴(1951)和 Levorsen(1967)，之后的数据来自碧辟公司统计年鉴

②陆上海相地层大发现阶段(1922~1958 年)，重磁勘探技术、二维地震勘探技术、测井技术和钻井技术的发明和发展，大大促进了陆上油气勘探，在中东、北非、苏联地区快速发现一系列大型和巨型油气田；③陆相地层和浅水大发现阶段(1959~1990 年)，二维地震技术的不断完善、三维地震的发展、海洋钻井技术等的快速发展，除陆上继续发现大量的大型和巨型油气田外，浅水成为勘探新发现和大发现的主要地区；④非传统油气大发现阶段(1991 年至今)，苏联解体，资源国石油公司的实力增强和国有化，陆上油气大发现以国家石油公司为主，深水超深水领域的大发现以国际石油巨头为主，煤层气、页岩油气、重油超重油、沥青砂和极地等领域的勘探发现以本土公司为主。全球油气勘探一个新阶段的开启，不是简单地代替前一阶段的勘探发现，而是前一阶段勘探深化发现的同时，一个新的勘探领域的涌现，是勘探领域的丰富和扩展(图 1-4)。

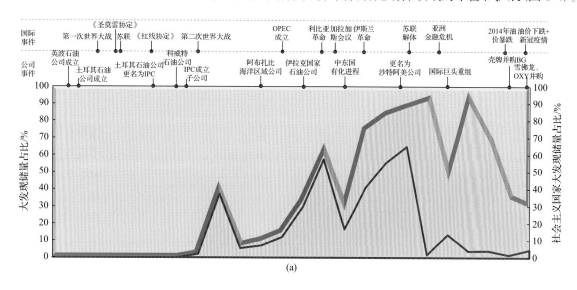

(a)

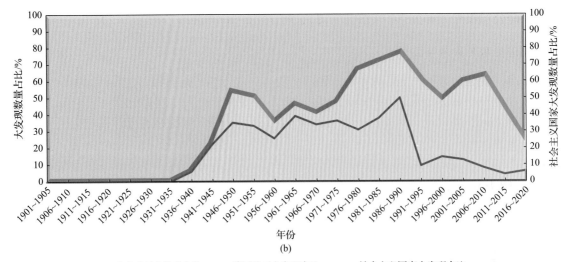

图 1-4　本土公司、跨国公司及社会主义国家自身发现的大油气田的历程

本土公司是指在本国发现油气田的石油公司和政府；跨国公司是在非本国发现油气田的公司；社会主义国家大发现是指社会主义国家在本土发现油气的国家

第一节　地表背斜勘探发现阶段（1859～1921 年）

1859～1921 年，西方的石油公司在立足国内开展勘探的同时，开始到全球发现油苗的地区进行油气勘探，形成了除美国外的巴库、罗马尼亚和委内瑞拉等三个新的油气生产区，其中罗马尼亚和巴库是两个重要的原油生产区。

在这一阶段诞生了多个后来的世界石油巨头，如碧辟公司和壳牌公司等。标准石油公司及后来独立出来的多个石油公司也积极"走出去"，希望建立自己的油源供应地。油苗是当时找油的直接手段，"背斜说"是找油的理论指导，地质填图是早期发现油田的主要技术。在当地建立炼油厂，销售成品油，实现公司效益的最大化是这些石油公司的目的。西方的石油公司在本土及其殖民地通过租让制和特许经营权等方式获得区块勘探权。

一、成立跨国石油公司

（一）标准石油公司的形成和解体

1870 年，洛克菲勒与他的兄弟和朋友共同创建了标准石油公司（Standard Oil Co.，简称标准石油）。经过 10 年与同行的激烈竞争，标准石油公司取得了市场的主导地位，控制了主要石油产品 80% 的销售市场，特别是煤油。1882 年，标准石油公司成为一家信托公司（Standard Oil Trust）。1890 年美国反信托法案（谢尔曼法案）颁布后标准石油被迫转型。1899 年，一家新的控股公司——新泽西标准石油公司成立，将所有当时组成该集团的公司纳入旗下。

1909 年，因著名记者塔贝尔 1904 年出版的《标准石油公司的历史》一书，加上罗斯福政府 1906 年对标准石油公司提出起诉，导致标准石油被美国联邦法院下令拆分。截至 1911 年底，该集团分为 34 个独立的公司（Bret-Rouzaut and Favennec，2011）：新泽西标准石油公司（Exxon，埃克森公司，后收购美孚公司成立新公司——埃克森美孚公司）、纽约标准石油公司（Mobil，美孚公司，先与真空公司合并，后被埃克森公司兼并）、加利福尼亚标准石油公司（现在的雪佛龙公司）、印第安纳标准石油公司（Amoco，1998 年与英国石油公司合并）、大西洋石油公司（Arco，后被碧辟公司合并）、大陆石油公司、俄亥俄石油公司（现在的马拉松石油公司）、标准石油公司（俄亥俄州，被碧辟公司收购，现为碧辟美国分公司)、阿什兰石油公司和宾夕法尼亚石油公司等。

(二)诺贝尔兄弟石油公司

1875 年，路德维格和罗伯特(阿尔弗雷德的兄弟)创办了他们的里海石油公司，最终成为巴库最大的石油生产企业：诺贝尔兄弟石油公司。1877 年，他们建造了世界上第一艘运输原油的轮船——"琐罗亚斯德"号。1878 年，在巴库的 Bibi-Heybat 发生了一次井喷，展示了该油田的规模非凡，该油田最终累计生产原油近 $11×10^8$bbl，成为世界上已知的第一个大型油田，其石油可采储量为 $12.9×10^8$bbl(据 IHS 2022 年数据)。罗斯柴尔德兄弟于 1883 年开始在巴库投资，修建了炼油厂(图 1-5)，成立了里海和黑海石油工业和贸易协会(Smil，2008)。

 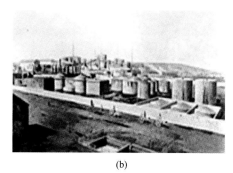

(a)　　　　　　　　　　　　　　　(b)

图 1-5　诺贝尔兄弟 1871 年在巴库郊区巴拉哈尼的木制井架(a)和 1912 年在巴库郊区巴拉哈尼的炼油厂(b)

来源：https://www.socartrading.com/

1877~1901 年，诺贝尔兄弟石油公司共钻井 500 多口，生产原油 $1.5×10^8$bbl，员工 1.2 万人。1920 年 4 月 28 日，苏联红军解放阿塞拜疆，诺贝尔兄弟石油公司在阿塞拜疆的石油业务被国有化。1920 年 5 月，诺贝尔家族将其拥有的一半股份出售给了新泽西标准石油公司。公司最终于 1959 年正式解散[①]。

(三)大陆石油公司

美国大陆石油公司(Conoco)[②]的前身是成立于 1875 年的大陆石油运输公司，为美国落基山地区的油品销售商。1885 年开始处于洛克菲勒的标准石油公司的控制之下，1913 年又成为独立的公司。1928 年，与 Marland 石油公司合并，公司更名为大陆石油公司。从 20 世纪 50 年代开始海外油气勘探开发业务，到 1957 年在美国以外的利比亚、危地马拉和意大利等国拥有近 $20×10^4$km² 的勘探面积。1981 年 9 月 30 日，杜邦公司以 74 亿美元的价格收购了大陆石油公司的全部股票。1998 年，杜邦公司将大陆石油公司拆分出来使其成为独立的公司，同年 10 月上市[③]。

(四)伯马石油公司

1886 年，英国人卡吉尔等在英国的格拉斯哥注册成立了伯马石油公司(Burmah Oil)，专门在当时的英属缅甸开采原油。在仁安羌(缅甸语：油河)从土著人手里购买用原始方法开采的原油。同时，伯马石油公司从美国雇用钻井队来打井，第一口使用电缆工具的井完成于 1889 年(Ridd and Racey，2015)。到 1901 年，缅甸年产量超过 $100×10^4$bbl，就近供应到大印度(包括现今的印度、巴基斯坦、孟加拉国和缅甸等)市场。1901 年 7 月，伯马石油公司在仁安羌附近钻探，发现了亚洲第一个油田——稍埠(Chauk)油田(图 1-6)，井深 425m。在 1909~1924 年，伯马石油公司在缅

---

① 来源：https://www.socartrading.com/.

② 来源：https://www.britannica.com/topic/Conoco.

③ 来源：https://www.company-histories.com/ConocoPhillips-Company-History.html.

甸的产量达到顶峰，超过 500×10^4bbl/a。在第二次世界大战期间，这里的油田地面设施遭到日军严重破坏，被迫关闭了好几年(Tainsh，1950)。1948 年缅甸独立，1963 年伯马石油公司将在缅甸的全部石油资产卖给缅甸政府，撤出了在缅甸的业务。

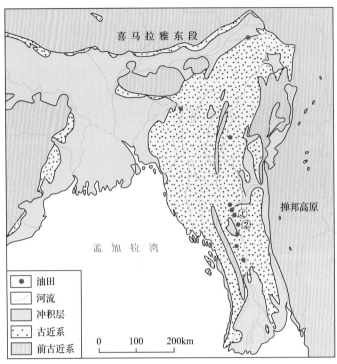

图 1-6 早期缅甸发现的油田分布图(据 Tainsh，1950，有修改)
①Chauk；②Yenangyaung

(五)太阳石油公司

太阳石油公司起源于 1886 年创建的大众天然气公司(The Peoples Natural Gas Company)。1890年，大众天然气公司发展成为俄亥俄太阳石油公司(The Sun Oil Company of Ohio：Sun Oil)。1937年，建成世界上第一个大规模催化裂解装置，开始生产航空燃油。1953 年，在加拿大安大略省建成第一个国外炼油厂。1967 年，在艾伯塔省北部的阿萨巴斯卡河开始进行油砂的开采和炼制。1957年，在委内瑞拉马拉开波湖建立了油井，1975 年，在委内瑞拉的资产被国有化。1976 年，随着企业多元化的发展，公司更名为太阳公司(Sun Company)。1980 年，太阳公司在英国北海和中国北部湾开采海上石油。1998 年，更名为太阳石油公司(Sunoco Inc.)。

(六)荷兰皇家石油公司

1880 年，东爪哇的一名烟草种植园园主 20 岁的艾科·杨斯·齐克尔在周游苏门答腊岛的东海岸时发现了油苗，其中一个样品获得了高达 62%的灯用煤油。为此，他辞去职位，从蓝卡特苏丹当局那里申请获得了许可证。1884 年，他在筹集到足够资金后钻了第一口井，结果为干井。第二年他又在北苏门答腊岛庞卡兰布兰丹(Panglealan brandan)Telaga Said 村附近再钻一口井——Telaga Tunggal-1 井(图 1-7)，发现了印度尼西亚第一个油田 Telaga Said。齐克尔成立了苏门答腊石油公司，建立起印度尼西亚第一座炼油厂。1890 年，经过荷兰国王威廉三世同意，公司改名为"在荷属东印度群岛钻探石油的荷兰皇家石油公司"，简称荷兰皇家石油公司。到 1898 年，荷兰皇家石油公司已经完成了仓储和港口设施的建设，使庞卡兰苏苏(Pangkalan susu)成为印度尼西亚第一个石油运输港口。

图 1-7　1900 年左右荷属东印度(印度尼西亚)的 Telaga Said 油田(据 Bret-Rouzaut and Favennec，2011)

1902 年，荷兰皇家石油公司和壳牌运输和贸易公司成立了一家联合公司，前者占 60%的股份，后者占 40%。几年后，荷兰皇家石油公司经营远远好于壳牌运输和贸易公司。1907 年 4 月 23 日，两家公司正式合并成立了荷兰皇家壳牌集团(Royal Dutch/Shell Group)，简称壳牌公司(Shell)。1912 年，壳牌公司以股票交易的方式收购了罗斯柴尔德家族在俄罗斯的石油资产。该集团当时的生产组合中，有 54%来自东印度群岛，29%来自俄罗斯，17%来自罗马尼亚。1919 年，壳牌公司控制了墨西哥之鹰石油公司(Mexican Eagle Oil Co.，MEX)[①]，并在 1921 年成立了壳牌-墨西哥之鹰石油有限公司(Shell-MEX)。到 20 世纪 20 年代末，壳牌公司已成为世界领先的石油公司，其原油产量占全球的 11%。从 1907 年到 2005 年，荷兰皇家石油公司与壳牌运输和贸易公司，是一个集团公司的两个上市母公司。经营活动是通过这些母公司的子公司进行[②](Bret-Rouzaut and Favennec，2011)。

(七)英美石油公司

1888 年 4 月 24 日，标准石油公司在海外成立了第一家子公司——英美石油公司(Anglo-American Oil Company)，股本 50 万美元全部由标准石油公司提供，主要开展石油产品的进口和销售，并开始在加拿大、远东和罗马尼亚等地寻找租地，发现油田，建立上下游一体化基地。1898 年 10 月，标准石油公司兼并了 1880 年由加拿大安大略省西南部的 16 家炼油商联合创建的加拿大本国最大的石油公司——帝国石油公司(Imperial Oil)(控股 70%)，成了英美石油公司的子公司。同年，英

[①] 墨西哥之鹰石油公司成立于 1909 年，负责在墨西哥进行油气勘探。1910 年和 1913 年在墨西哥坦皮科-米桑特拉(Tampico-Misantla)盆地黄金带发现了 2 个可采储量超 $0.16 \times 10^8 m^3$(1×10^8bbl)的油田，Potrero del Llano Horcones 和 Naranjos 油田。到 1914 年，公司拥有 6100km² 区块，282km 的管道，两个炼油厂和 $111.30 \times 10^4 m^3$(700×10^4bbl)储油设施。19 世纪 20 年代墨西哥之鹰石油公司是墨西哥第一大油公司。1921 年墨西哥石油产量达到 $3133.55 \times 10^4 m^3$，成为世界上仅次于美国的第二大石油生产国。"黄金带"是墨西哥第一个大油区。

[②] 来源：https://www.shell.com/.

美石油公司在荷属印度尼西亚开设了办公室。1904 年，标准石油公司抓住机会进入罗马尼亚，从私人手中买进大片土地，创办了罗美石油公司，这是标准石油公司在海外组建的第一家上下游一体化石油公司。1909 年罗美石油公司生产原油 13.28×10⁴t，是当时罗马尼亚第三大石油公司（王才良和周珊，2011）。

（八）英波石油公司/英伊石油公司

美索不达米亚平原指的是底格里斯河和幼发拉底河两河流域平原，它覆盖整个伊拉克和叙利亚的一部分。早在 20 世纪初，地质界就对那里的石油前景看好。1901 年 5 月 28 日，英国富翁威廉姆·诺克斯·达西（William Knox Darcy）获得了当时波斯王国（今伊朗）60 年的石油勘探特许经营权（Oil Concession）（达西协议），允许他在伊朗（除了北部靠近俄罗斯的五个省外）进行油气勘探、钻井、生产和出口。1903 年 5 月，达西正式成立"第一勘探有限公司"，注册资金 60 万英镑（Sorkhabi，2018）。1902～1904 年，在靠近伊拉克边界的克尔曼沙赫省的夏赫舒尔克（Chah Surkh）油苗区钻了两口井，一口干井，第二口发现少量油气。达西在花了 22 万英镑后感到失望，他打算出售其特许经营权。1905 年，由伯马石油公司和另一位英国富商出资在英国格拉斯哥成立一家新公司——特许权辛迪加有限公司，接管了达西在波斯的权益，达西仍是这家新公司的董事。1909 年 4 月 14 日，英波石油公司（也有翻译成"盎格鲁-波斯石油公司"）（APOC：Anglo-Persian Oil Company）在伦敦注册，取代了特许权辛迪加有限公司。1935 年，波斯国王把国名改为伊朗。英波石油公司相应改为英伊石油公司（Anglo-Iranian Oil Company）。1954 年，英伊石油公司正式改名为英国石油公司（British Petroleum：BP plc）（简称 BP）。（据碧辟公司网站；王才良和周珊，2011；Sorkhabi，2018；何文渊等，2020）。

（九）土耳其石油公司

英波石油公司在美索不达米亚平原发现石油之后，大公司开始对中东石油资源展开了激烈的争夺。结果是英国、美国、法国的 6 家公司集体瓜分，共享租借地。1912 年，在英国支持下成立土耳其石油公司（Turkish Petroleum Company，TPC），发起人是亚美尼亚商人古尔本基安。土耳其石油公司的股东组成如下：土耳其银行 50%（土耳其银行和英国驻土耳其大使卡斯尔 35%；古尔本基安 15%，因为他在土耳其银行中拥有 30%的股份），德意志银行和安-巴铁路公司 25%，壳牌公司 25%。土耳其石油公司成立后，英国政府就努力把它同英波石油公司联合起来，在中东赢得更多的石油租借地。经过一番争斗，1914 年 3 月 24 日达成新的协议，土耳其银行退出土耳其石油公司，50%股权交给英波石油公司，德意志银行和壳牌公司各 25%。他们再让出 5%股份给古尔本基安，由此，古尔本基安赢得了"百分之五先生"的雅号（Conlin，2019）。1914 年 6 月 28 日，土耳其帝国将其辖下的摩苏尔和伊拉克两个省的石油租借权授予土耳其石油公司。

1914 年 8 月，爆发了第一次世界大战。土耳其、德国、英国都卷入战争，英国占领了波斯和波斯湾，1916 年夺得了对美索不达米亚南部的控制权；法国取得了对摩苏尔省的控制权。第一次世界大战结束以后，德国和土耳其是战败国。1920 年在《圣雷莫协定》中，英国和法国达成一项交易：土耳其奥斯曼帝国的叙利亚和黎巴嫩由法国托管，而整个美索不达米亚（伊拉克）及其他阿拉伯领土由英国托管；作为交换，法国接收土耳其石油公司中原德意志银行拥有的 23.5%股权。将来土耳其石油公司的原油管道可以通过叙利亚和黎巴嫩到达地中海。这样，土耳其石油公司的股权重新达到分配：英波石油公司 47.5%，法国石油公司 25%，壳牌公司 22.5%，古尔本基安 5%（Conlin，2019）。

（十）海湾石油公司

1901 年 1 月，在美国南部得克萨斯州发现纺锤顶（Spindletop）大油田后，安德鲁·梅隆和理查德·梅隆两兄弟投资 150 万美元成立葛菲石油公司（Guffey Petroleum Corporation），当年 11 月成立了得克萨斯海湾炼油公司（Texas Gulf Refining Corporation）。1905 年在俄克拉何马州发现了格林普尔油田，为了应对标准石油公司的竞争，葛菲石油公司被改组为了海湾石油公司（Gulf Petroleum Company）。

（十一）德士古公司

德士古公司于 1902 年 3 月成立于美国得克萨斯州的休斯敦，当时名为得克萨斯公司，1903 年在美国的酸湖（Sour Lake）地区发现了大油田。1906 年起，公司开始用 Texaco（德士古）作为注册商标。20 世纪 30 年代后，德士古公司迅速向国外扩展，在中东跟随加利福尼亚标准石油公司（雪佛龙公司）在沙特、科威特和巴林取得一系列重大发现，还自己担任作业者在西非的尼日利亚和东南亚的缅甸取得油气大发现。1936 年 12 月，该公司以 300 万英镑和 1800 万美元的价格收购了加利福尼亚石油公司在沙特阿拉伯的子公司——加利福尼亚阿拉伯石油公司 50% 的股权，从而取得了在中东地区从事勘探开采石油活动的权力。50 年代以后，德士古公司通过收购股权、兼并等手段在伊朗、利比亚、厄瓜多尔、哥伦比亚、特立尼达和多巴哥、委内瑞拉获得了油气勘探和开采权。

（十二）菲利普斯石油公司

菲利普斯石油公司（简称 Phillips Petroleum Company）于 1917 年成立，公司最早期从事天然气和液化天然气（LNG）业务，是美国最大的液化天然气生产商，之后全面涉足石油上下游业务，逐步成为一体化石油公司；自 20 世纪 50 年代开始海外油气勘探开发业务，随后于 60 年代扩大业务范围至全球，先后在委内瑞拉、阿尔及利亚、挪威、伊朗、东帝汶、中国等国家共发现 8 个大油气田，可采储量为 139.8×10^8 bbl 油当量。

（十三）比利时石油财务公司

1920 年，比利时石油财务公司（简称 Petrofina）成立，最初的业务是通过 Concordia 公司参与在罗马尼亚的石油勘探开发和炼油，1921 年产油 12.85×10^4 t，占罗马尼亚全国产量的 11%。Petrofina 公司与 Pure Oil of Delaware 公司联合组建了 Purfina 公司。1924 年，Petrofina 公司旗下的 Purfina 公司在今天的刚果民主共和国收购了刚果石油公司（Société Anonymedes pétroles du Congo）的大部分股份，并开始在当地出售公司产品。1928 年，在北方石油公司（RPN）和刚果石油公司的支持下，Purfina 公司成功在比利时和南非之间组织起长达 2.3×10^4 km 的汽油供给线。纵贯非洲的路程十分艰辛，途中许多地区并无道路可言，运输车辆时常陷入泥沼（图 1-8），或托底抛锚，这无疑是一项艰难而伟大的事业。

（十四）西方石油公司

西方石油公司（简称 Occidental Petroleum Corporation）于 1920 年在加利福尼亚州成立，到 20 世纪 50 年代中期，公司近乎破产。正是其黯淡的前景吸引了阿曼德·哈默（Armand Hammer）的注意，他希望利用这家境况不佳的公司作为避税天堂。1957 年，哈默收购了西方石油公司的控股权。西方石油公司随后发现的两口油井使哈默对公司的石油勘探产生了浓厚的兴趣，哈默因此收购了一家钻井公司。随后一系列的油气发现，成功促使哈默将公司的业务范围扩大至美国以外地区。

图 1-8　1928 年车辆在乍得境内陷入泥沼

来源：https://totalenergies.com/

二、大油气田发现情况

1859~1921 年，全世界共发现大于 1×10^8bbl 可采储量的油气田 110 个，合计可采储量 96.61×10^8m³ 油当量，其中可采储量大于 5×10^8bbl 油当量的油气田 38 个，可采储量合计 69.96×10^8m³ 油当量（图 1-9），这些储量是后来随着地震勘探技术和大量钻井证实的。除美洲外，其他地区的油气发现主要分布在特提斯构造域范围内的沉积盆地，主要在一系列的山前盆地，围绕"油苗"钻探浅井发现的，井深一般小于 500m。中国陆上第一口油井——延一井，位于陕西省延长县西门外，于 1907 年 6 月 5 日开钻，9 月 6 日于井深 68.9m 见油，10 日钻至 81m 完井，初期日产油 1~1.5t。标志着中国现代石油工业的开始。

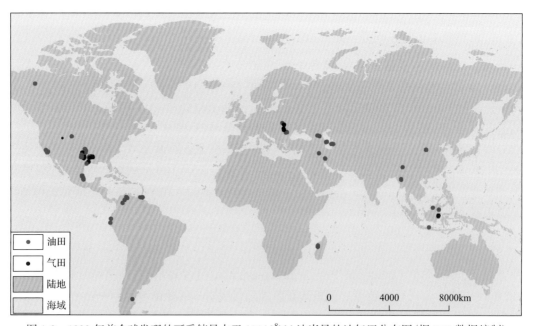

图 1-9　1922 年前全球发现的可采储量大于 1×10^8bbl 油当量的油气田分布图（据 IHS 数据编制）

这一阶段，38 个大油气田中有 23 个分布在美国，可采储量 48.06×10^8m³ 油当量。美国发现的第一批大型油田是位于宾夕法尼亚州的 Bradford（1875 年）和 Allegany（1879 年）油田，以及位于加利福尼亚州的 Brea-Olinda（1884 年）和 McKittrick（1887 年）油田。当时非常重要的发现是 1901 年 1 月 10 日在 Beaumont 发现的纺锤顶油田，1902 年原油产量就达到 1750×10⁴bbl，导致当年的油价跌到 3 美分（Smil，2008）。因此，1900 年后美国的原油产量占全球产量的比例快速上升，到 1910 年达到 60% 以上（图 1-3）。除美国外，这一阶段共发现大油气田 15 个，其中阿塞拜疆巴库地区 6 个，罗马尼亚和委内瑞拉各 2 个，墨西哥、阿根廷、马达加斯加、伊朗和印度尼西亚各 1 个，储量合计 $21.9 \times 10^8 \text{m}^3$ 油当量。

1900 年前后，全球石油产量主要集中在美国、巴库和荷属东印度群岛。埃克森美孚公司、雪佛龙公司、壳牌公司等的前身是这些地区油气勘探的主要经营者，尤其是殖民时期，他们快速发现一批油田，在当地建立了上下游一体化的石油工业，获得早期宝贵的资本积累，也推动了全球油气工业的快速发展。墨西哥的原油生产始于 1901 年，到 1920 年，该国已成为世界第二大原油生产国和最大出口国。

（一）波斯的首个大发现

1908 年 1 月 23 日，特许权辛迪加有限公司在古代琐罗亚斯德教火神庙遗址的所在地部署的 Masjed-e Soleymān-1 井开钻，5 月 26 日凌晨 4 点钻至 360m 深度时发生井喷，喷出的油柱高达 25m，估计日产原油约 297bbl，成为在中东发现的第一个油田——马斯吉德苏莱曼（Masjed-e Soleymān）油田（图 1-10），主力储层是渐新统—下中新统阿斯马里组（Asmari）石灰岩，最终证实的石油地质储量达 $70.16 \times 10^8 \text{bbl}$。该油田的发现将中东列入了世界石油版图，并为伊朗和中东其他地区石油的发现铺平了道路，而阿斯马里组石灰岩成为扎格罗斯盆地许多油田的重要储层（Sorkhabi，2018）。

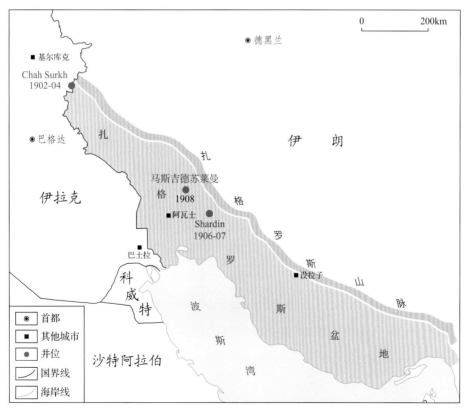

图 1-10　伊朗马斯吉德苏莱曼油田第一口发现井位置图（据 Sorkhabi，2018）

(二)委内瑞拉的首个大发现

1910 年，委内瑞拉投资的通用沥青公司的子公司—加勒比石油公司派人到马拉开波湖地区开展地质调查。1914 年，加勒比石油公司在大梅内(Mene Grande)地区发现一个长 2mile、宽 1mile 的巨大油苗带。在油苗附近进行地表地质填图的基础上，部署 Zumaque-1 井(后更名为 Mene Grande-1X井)。该井钻至 135m 对中新统 Isnotu 组进行测试获得日产 250bbl 的原油，重度为 16°API，这是委内瑞拉的第一口商业油流井。但由于资金问题，通用沥青公司决定把它卖给了壳牌公司。壳牌公司进行进一步评价，最终证实石油可采储量达到 7.8×10^8bbl，是一个世界级大油田。1917 年，发现了 Cabimas 大油田，这两个油田都是后来证实的玻利瓦尔海岸(Bolívar coastal)巨型油田的一部分。

1918～1922 年，委内瑞拉西部大约有 40 家石油公司从事油气勘探。在勘探和初步钻探上花费了大量资金，大多数公司都以失败告终，退出了市场。有些公司将自己的股份卖给了大公司，或者为了收取矿税而转让了自己的股份。

第二节　陆上海相地层大发现阶段(1922～1958 年)

20 世纪 20 年代，涌现了重力法(用扭秤)、折射地震法、反射地震法等地球物理技术，使地质家拥有了认识地下的先进手段。根据反射地震法可以勾勒出地下构造的基本轮廓，但对于断层、相变及低幅度构造等还是无法预测(Levorsen，1967)。但这些方法为地表没有油苗的平原地区发现大型背斜构造提供了较有效的技术。因此，这一阶段开始发现一系列大型和巨型油田(图 1-11)。

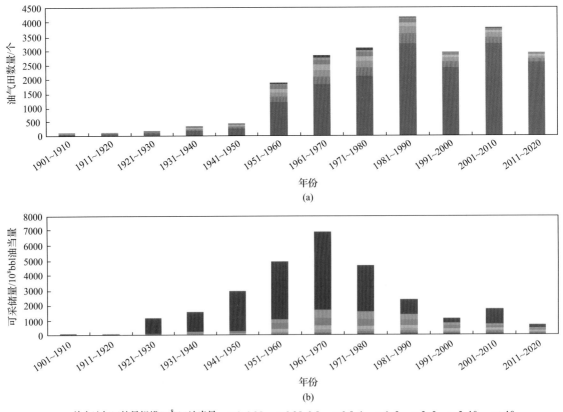

图 1-11　1901～2020 年陆上发现的油气田数量(a)和油气可采储量(b)分布直方图(据 IHS 数据编制)

这一阶段发生了一系列重大政治事件。第一次世界大战深刻地改变了人类历史，客观上推动了科学技术的发展，带动了计算机技术和勘探技术等的发展与进步。石油工业迅速成为一个国际产业，煤油消费快速增长，接着是汽油、柴油和燃料油消费的增长。除美国外，欧洲和亚洲也成为重要市场。美国和欧洲先后成立多家石油公司，这些公司得到快速发展，走向全球，开启了中东油气区、南美陆上油气区、东南亚油气区，快速发现了一大批大型和巨型油田。

继苏联成立后，多个社会主义国家先后成立。1949 年 10 月 1 日，中华人民共和国成立，社会主义阵营迅速扩大。中国石油工业迅速起步，开启了陆相地层的油气大规模勘探和发现。

一、成立跨国石油公司

（一）道达尔公司

1924 年，应法国政府要求，几家大银行和法国主要的石油经销商（图 1-12）联合成立了法国石油公司（Compagçie Franaise des Petrolés，CFP），主要负责中东和其他有潜力地区的石油勘探开发业务，政府控股 25%，同时，法国石油公司接管了政府在土耳其石油公司拥有的 25% 股份。1954 年 7 月 14 日，法国石油公司开始使用"道达尔（Total）"的名字。1985 年，公司正式更名为道达尔-法国石油公司，1991 年更名为道达尔公司。

图 1-12　1924 年 3 月 28 日法国石油公司成立大会

来源：https://totalenergies.com/

（二）埃尼公司

1926 年，意大利政府组建了意大利石油总公司（AGIP，简称阿吉普公司），主要在意大利境内开展油气勘探开发，其间意大利政府制订了国家油气政策。经过 20 多年勘探，在意大利境内发现资源以天然气为主，直到 1968 年 6 月才在环亚平宁西北盆地的亚德里亚海上发现迄今为止意大利境内唯一的一个大气田——波尔多·加里波第-阿戈斯蒂诺（Porto Garibaldi-Agostino）气田，天然气可采储量 $991 \times 10^8 \mathrm{m}^3$，意大利境内一直没有发现大油田。1943 年，阿吉普公司在潘诺尼亚盆地斯洛文尼亚境内发现一个小油气田[①]。

面对"石油七姊妹"的打压、公司经营不善等挑战，1953 年 2 月 10 日，阿吉普公司总裁恩里克·马太伊受命组建了意大利能源控股公司（ENI，简称埃尼公司）并担任首任总裁，创办资本为 11 亿美元，国家控股 30.1%，下辖阿吉普公司和管道子公司（SNAM），目的是保证国内石油和天然气供应。1992 年埃尼公司由国营企业改制为股份制公司并上市。

---

① 来源：https://www.eni.com/en-IT/home.html.

(三)埃尔夫石油公司

1939 年 7 月 14 日，法国矿业部在法国南部上加龙省阿基坦盆地发现法国第一个气田—圣马塞特(Saint-Marcet)气田。当年 7 月 29 日，法国政府创办了石油自治局(简称 RAP)来开发这个气田，政府控股51%。1941 年 11 月，成立国有阿基坦国家石油公司(SNPA)，负责在法国南部阿基坦盆地开展油气勘探。政府在公司中持股 51%，法国石油公司持股 14%，其他为企业入股。1945 年 11 月，政府在工商部内部成立了石油勘探局(BRP)，旨在法国境内和法属殖民地开展油气业务。1946 年，石油勘探局与阿尔及利亚殖民政府对半成立阿尔及利亚国家石油公司(Soc Nat Rech Petrole d'Algerie)，负责在当时的殖民地阿尔及利亚进行油气勘探。1949 年 12 月，BRP 在法国阿基坦盆地发现拉克(Lacq)大气田，天然气地质储量为 $1785\times10^8\text{m}^3$，凝析油地质储量 $1.2\times10^8\text{bbl}$。1954 年，在阿基坦盆地南部发现了一批卫星油气田。1965 年 12 月，RAP 和 BRP 合并，成立石油勘探和经营公司(ERAP)。阿基坦国家石油公司成为其主要子公司。公司的经营面向产油国，到海外去争取石油资源。1967 年 4 月，推出了埃尔夫(Elf)石油公司品牌。1976 年把石油勘探和经营公司同阿基坦国家石油公司合并，组成上下游一体化的埃尔夫阿基坦国家石油公司(SNEA)。ERAP 本身变成代表国家的控股公司，持有埃尔夫阿基坦国家石油公司 70%股权；同时又作为政府主管部门，负责制定、贯彻国家石油政策。

二、"石油七姊妹"的形成

从 20 世纪 30 年代开始，直到 50 年代初，埃克森公司、美孚公司、德士古公司、雪佛龙公司、海湾石油公司、壳牌公司和英国石油公司七家石油巨头在世界众多地区展开了激烈的争夺，同时也相互合作。尤其是在中东地区，面对极其丰富的石油资源，它们在争夺中相互参股，发展成为盘根错节、你中有我、我中有你的"血缘"关系(图 1-13)。意大利现代能源工业创始人、埃尼集团公司首任总裁恩里克·马太伊在 20 世纪 50 年代极端气愤的情况下，用希腊神话"列依阿德斯七姊妹"来统称这七大石油巨头，由此产生了"石油七姊妹"的说法。他们在中东地区联合成立一系列石油公司，垄断这一时期的油气大发现，并垄断全球油源和市场(表 1-1)，公司也得到了快速发展。

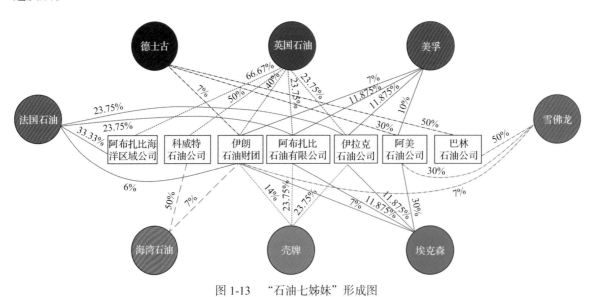

图 1-13 "石油七姊妹"形成图

伊拉克石油公司的子公司卡塔尔石油公司，其股东构成和伊拉克石油公司一样。古尔本基安在伊拉克石油公司、阿布扎比石油公司和卡塔尔石油公司都拥有 5%的权益。在伊朗石油财团中，另外九家美国独立石油公司一共拥有 5%的权益。"石油七姊妹"不含法国石油公司

表 1-1 1954 年"石油七姊妹"原油产量、销售额、利润和总资产统计表(据 IHS 数据编;王才良和周珊,2011)

公司	原油产量/10^8bbl	销售额/亿美元	利润/亿美元	总资产/亿美元	在中东地区产量/10^8bbl
埃克森	5.27	56.02	5.85	43.14	1.35
壳牌	4.86	51.83	3.77	34.72	0.60
美孚	1.01	16.09	1.84	22.57	0.63
海湾	2.02	17.05	1.83	19.69	1.77
德士古	1.41	15.74	2.26	19.46	1.10
雪佛龙	1.19	11.13	2.12	16.79	1.12
英国石油	2.25		0.67	9.96	2.25
合计	18.01	167.86	18.34	166.33	8.82

(一)伊拉克石油公司

1925 年,新成立的伊拉克政府同土耳其石油公司签订了协议,授予该公司享有在摩苏尔地区勘探和生产的权利,有效期至 2000 年。于是土耳其石油公司也改名为伊拉克石油公司(Iraq Petroleum Company,IPC)。

1922 年 7 月起,在美国政府"门户开放"政策的推动下,美国石油企业联合体与英波石油公司就美国参加土耳其石油公司开展谈判。1927 年 10 月 15 日,土耳其石油公司钻探的基尔库克构造第一口探井发生井喷,日产原油达到 9×10^4bbl,发现了基尔库克油田。美国进一步对英法施压,英国政府被迫"开放"美索不达米亚的石油资源,于 1928 年 7 月 31 日签署了著名的《红线协定》(图 1-14),取代了 8 年前的《圣雷莫协定》。依据这个协定,英波石油公司、壳牌公司、法国石油公司和近东开发公司(由纽约标准石油公司、新泽西标准石油公司、海湾石油公司、泛美石油运输公司和大西洋炼油公司组建)(Near East Development Company)各占土耳其石油公司 23.75%的股份,其余 5%由古尔本基安获得。根据《红线协定》,在原土耳其奥斯曼帝国范围内,各公司不得独自去开发。后来,这五家共有的伊拉克石油公司取得了在卡塔尔、阿拉伯联合酋长国(阿联酋)(主要是阿布扎比酋长国)的独家经营权,并共同分享卡塔尔、阿联酋的石油资源勘探权(王才良和周珊,2011;Sorkhabi,2018;何文渊等,2020)。

(二)巴林石油公司

1925 年,未参股伊拉克石油公司的加利福尼亚标准石油公司取得了波斯湾第一个勘探许可——英国殖民地巴林的勘探许可权,专门在加拿大成立了巴林石油公司(Bahrain Petroleum Company,BAPCO)。巴林有多处油苗,地面地质调查发现一个很大的背斜构造。1931 年在构造高部位部署 Jebel Dukhan-1 井,1932 年 6 月发现 Awali 油田。这是在海湾地区发现的第一个油田,也是第一次在 Khuff 组发现气藏的地方。当年,德士古公司收购巴林石油公司一半股份。1971 年巴林独立,1975 年巴林政府购回了巴林石油公司 60%以上股份;1980 年巴林石油公司所有股份被巴林政府接管(王才良和周珊,2011;Sorkhabi,2018;何文渊等,2020)。

(三)阿美石油公司

1932 年 9 月 23 日,沙特阿拉伯王国宣告成立。1933 年,加利福尼亚标准石油公司与沙特阿拉伯王国签订了一项特许协议,成立了加利福尼亚阿拉伯标准石油公司,开始在沙特阿拉伯王国大部分地区进行石油勘探。1938 年,在达兰发现了第一个商业性油田——达曼油田。1936 年,加利福尼亚标准石油公司将其在沙特阿拉伯的半数股权出让给了德士古公司。1940 年,发现了布盖

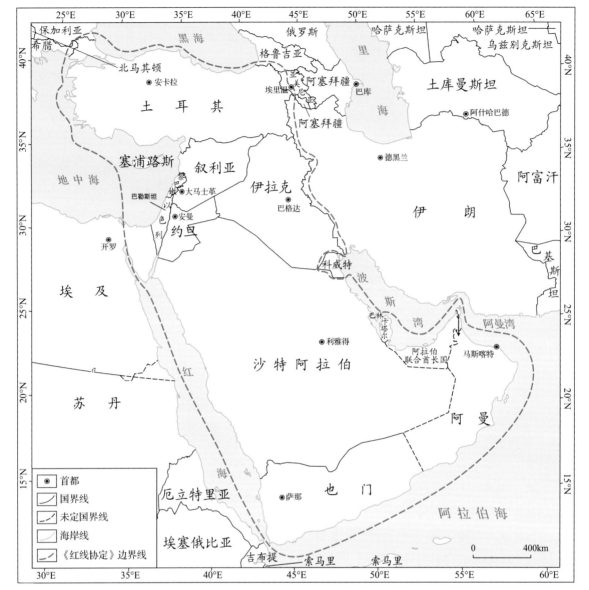

图1-14　1928年7月31日《红线协定》圈定的范围(据Yergin，1991，有修改)

格油田，为沙特阿拉伯第四大油田。1944年，加利福尼亚阿拉伯标准石油公司更名为阿拉伯美国石油公司(Arabian American Oil Co.)，简称阿美石油公司(Aramco)。1948年，经过一番钩心斗角的争斗，美国另两个巨头新泽西标准石油公司和美孚公司撕毁了《红线协定》，加入沙特阿拉伯的开发。阿美石油公司中加利福尼亚标准石油公司和德士古公司的权益分别由50%降至30%，新泽西标准石油公司的权益为30%，美孚公司为10%。

(四)科威特石油公司

1934年，美国海湾石油公司与英波石油公司联手，取得覆盖科威特全境的石油租借地，组成对半合营的科威特石油公司(KOC)，在科威特境内开展勘探工作。

(五)阿布扎比石油有限公司

1935年，伊拉克石油公司在伦敦注册成立的石油开发(特鲁西海岸)有限公司[Petroleum Development(Trucial Coast)Ltd.，PDTC]。1939年1月11日，石油开发(特鲁西海岸)有限公司与当时英国保护国阿布扎比签署了石油特许经营权协议，区块位于鲁卜哈利盆地，直到第二次世界大战后才开始进行勘探。1947~1948 年，在巴布(Bab)附近进行重力勘探，完成了重力异常图，为地震勘探提供了依据。1949~1951 年，地震勘探发现了一个宽缓的穹隆构造。1953 年 1 月，钻探发现了巴布巨型油气田，这是阿联酋的第二大油气田。1962 年，石油开发(特鲁西海岸)有限公司更名为阿布扎比石油有限公司(Abu Dhabi Petroleum Co Ltd，ADPC)(Conlin，2019)。

(六)阿布扎比海洋区域公司

20 世纪 50 年代初，在研究发现阿布扎比浅海可能存在石油潜力后，英国石油派出一个谈判小组到阿布扎比，与阿布扎比当局进行谈判，以获得海上的石油勘探特许权。1954 年，英国石油成立了阿布扎比海洋区域公司(Abu Dhabi Marine Area，ADMA)，1958 年 9 月发现了乌姆沙依夫(Umm Shaif)巨型油气田，1962 年 7 月 4 日正式投产。1964 年 3 月又发现了扎库姆(Zakum)巨型油田，1971 年 12 月发现了纳斯尔(Nasr)大型油气田。1972 年初，英国石油将其在阿布扎比海洋区域公司 45%的股权出售给了日本石油开发公司(JODCO)。1974 年各方达成《参股总协议》(General Agreement on Participation)，阿布扎比国家石油公司(Abu Dhabi National Oil Company，ADNOC)获得了特许权 60%的权益，成为了该公司的大股东，代表政府管理阿联酋的油气业务，英国石油公司权益 14.5%，道达尔公司权益 13.5%，日本石油开发公司权益 12%(Conlin，2019)。

(七)伊朗石油财团

第二次世界大战改变了产油国和国际石油公司之间关系的性质：产油国不再满足于以传统的方式授予区块的特许经营权，他们希望从开采石油财富中获得更大比例的份额。1949 年，伊朗开始与英伊石油公司就特许经营的合同条款进行艰难的谈判。1953 年，美英政府策动军事政变，推翻了主张国有化的摩萨台政府，1954 年成立伊朗石油财团，取代英伊石油公司"一统天下"的局面。在新公司中，英伊石油公司(同年改名为英国石油公司)保留 40%股权并继续担任作业者，壳牌公司获得 14%的权益，五大美国公司(新泽西标准石油公司、加利福尼亚标准石油公司、德士古公司、美孚公司及海湾公司)共获得 40%的股权，法国石油公司持股 6%。伊朗保留了"国家所有"的空壳(Conlin，2019)。

三、大油气田发现情况

1922~1958 年，美国进入了大规模勘探发现阶段。在得克萨斯北部的勘探，发现了耶茨(Yates)油田(1926 年)、该州最大的油田——东得克萨斯油田(1930 年)和沃森(Wasson)油田(1936 年)。很明显，整个 20 世纪上半叶是美国石油发现的黄金时代，截至 1900 年，美国只有 7 个大油田，到 1925 年，总数增加到 75 个，到 1950 年增加到 220 个。1922 年发现的 Wilmington 油田是加利福尼亚州、也是美国最大的油田(Smil，2008)。

除美国外，1922~1958 年全球共发现 129 个常规大油气田(图 1-15、图 1-16)，可采储量 8720.45×10^8bbl 油当量，占全球(截至 2020 年底)发现常规大油气田(不含美国)总数的 12.38%，可采储量占比 25.92%。主要发现分布在拉丁美洲的委内瑞拉(35 个)、墨西哥(3 个)、哥伦比亚(1 个)、特立尼达和多巴哥(1 个)及阿根廷(1 个)，中东的伊拉克(14 个)、伊朗(7 个)、沙特阿拉伯(10 个)、科威特(4 个)、阿联酋(2 个)、阿曼(1 个)、卡塔尔(1 个)、巴林(1 个)和中立区(1 个)，苏联(25 个，其中俄罗斯 19 个)，非洲的阿尔及利亚(4 个)、尼日利亚(3 个)、利比亚(2 个)和埃及(1 个)，欧洲和东南亚仅 12 个。苏联开启了伏尔加-乌拉尔盆地一系列大发现(据 IHS 数据)。在中国，1958 年成立松辽石油勘探局和华东石油勘探局，为油气勘探大规模东移奠定了基础(张

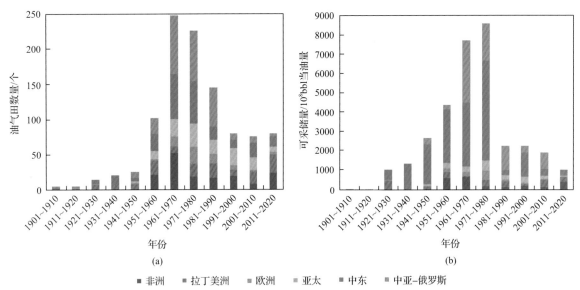

图例：■非洲 ■拉丁美洲 ■欧洲 ■亚太 ■中东 ■中亚–俄罗斯

图 1-15　1901～2020 年全球除北美外不同大区发现的大油气田数量(a)和可采储量(b)分布直方图(据 IHS 数据编制)

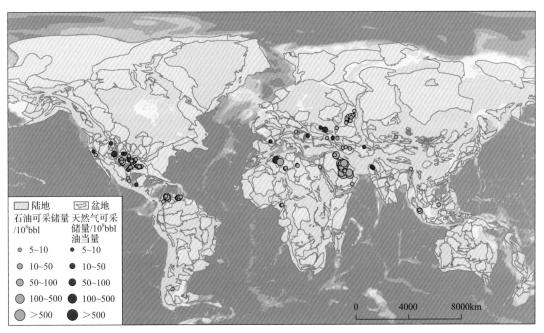

图 1-16　1922～1958 年全球发现的大油气田分布图(据 IHS 数据编制)

文昭，1999；邱中建和龚再升，1999)。

(一)发现中东大油气区

这一时期，"石油七姊妹"揭开了中东油气区发现的序幕(图 1-17)，发现了 41 个大型和巨型油气田，合计可采储量达到 6434.27×10^{8}bbl 油当量，占这一阶段全球发现的大油气田(不含北美)总储量的 73.78%。最重大的发现是 1948 年发现的加瓦尔油田，可采储量达到 1676.31×10^{8}bbl，是迄今为止世界发现的最大油田。

中东地区在伊朗以外的第一次大规模发现是由土耳其石油公司发起的。在伊朗的胡齐斯坦省继续用扭秤和重力仪做重力测量。1927 年 10 月在基尔库克北部的巴巴古尔古尔发现基尔库克大油田，重新命名的伊克石油公司于 1934 年开始生产石油。1928 年，英波石油公司在伊朗发现 Gachsaran 和 Haft Kel 大油田，1935 年发现 Naft-i-Said 大油田。1937～1938 年，英波石油公司的

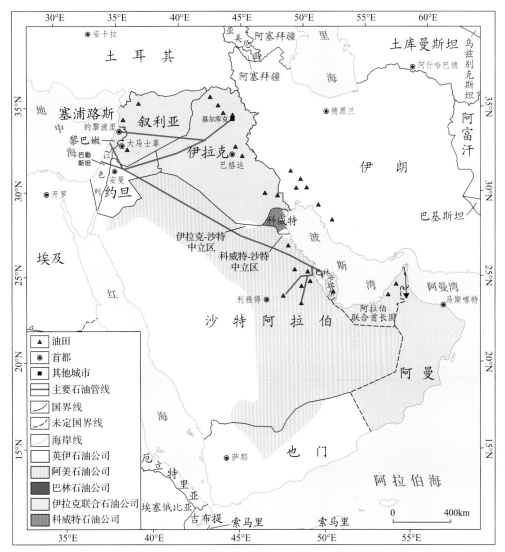

图 1-17 截至 1951 年底中东地区主要石油公司地盘和发现的大油气田分布图(据 Yergin，1991，有修改)

物探专家们开发出一种折射地震剖面法，在地表起伏大的地区，效果很好。到 20 世纪 30 年代末，英波石油公司在伊朗共发现 8 个油气田，其中可采储量 $1×10^8$t 油当量以上的有 6 个，包括上述加奇萨兰和阿加贾里两个特大油田(王良才和周珊，2011)。1937 年发现 Pazanan 大油田，一年后又发现了 Agha Jari 大油田(Bret-Rouzaut and Favennec，2011)。

1933 年 5 月 29 日，迄今为止最重要的石油勘探特许权在吉达由 Abd al-Aziz 国王(1932 年 9 月新成立的沙特阿拉伯国家元首)签署。加利福尼亚阿拉伯标准石油公司(CASOC)是加利福尼亚标准石油公司(现为雪佛龙公司)的一个关联公司，为获得在 Al-Hasa(今天的东部省份)的石油开采权支付了 3.5 万英镑的黄金。勘探工作始于 1933 年 9 月，1938 年第一个大型油田达曼(Dammam)在波斯湾西岸被发现。这一发现之后不久，附近更大的 Abqaiq、Abu Hadriya 和 Qatif 油田也被发现。1948 年，该公司在 Dhahran 西南部发现了加瓦尔(Ghawar)油田，经过大量钻探，1956 年被证实是世界上最大的油田—加瓦尔油田。

1958 年英国石油公司在伊朗发现了阿瓦士(Ahwaz)巨型油田，可采储量达到 $268.88×10^8$bbl。

(二)发现南美油气区

南美的委内瑞拉在这一阶段发现 35 个常规大油气田，可采储量合计为 $1006.46×10^8$bbl 油当量，占这一阶段发现大油气田(不含北美)总储量的11.54%。35个大油气田中14个分布在马拉开波(Maracaibo)盆地，可采储量合计为692.15×10⁸bbl油当量，占这一阶段委内瑞拉国内发现的可采储量的68.77%。与此同时，在东委内瑞拉盆地，标准石油公司发现了奥里诺科(Orinoco)重油带，为20世纪90年代重油开发奠定了储量基础(图1-18)。

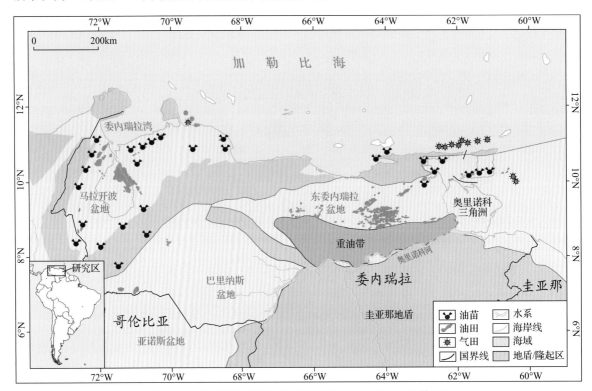

图1-18　委内瑞拉油气田分布图(据James，2000，有修改)
玻利瓦尔海岸油田沿马拉开波湖东岸分布

委内瑞拉是当时各大石油公司竞相进入的地区。马拉开波盆地内广泛分布的地表油苗和沥青引起了早期勘探人员的兴趣，但直到第一次世界大战前夕，各大石油公司才对该地区产生了积极的兴趣。

马拉开波盆地面积约61450km²，其中约21%为马拉开波湖所覆盖。到20世纪40年代末，只有克里奥尔石油公司[标准石油公司(新泽西)]、壳牌公司、大梅内石油公司(海湾石油公司)、奥里诺科石油公司(纯石油公司)和里士满勘探公司(加利福尼亚标准石油公司)在该盆地的委内瑞拉部分开展业务(Sutton，1946)。

1923年2月，壳牌委内瑞拉公司发现拉巴斯(La Paz)大油田。1926年5月，大梅内石油公司在Lagunillas地区发现油田，可采储量达到119.29×10⁸bbl；1928年3月，克里奥尔石油公司发现Tía Juana巨型油田，可采储量达到207.72×10⁸bbl；1930年3月，大梅内石油公司在Bachaquero地区成功钻探一口井，发现Bachaquero巨型油田，可采储量达到125.03×10⁸bbl。这些油田沿马拉开波盆地东岸大约70km的距离内分布，这些巨型油田被统称为玻利瓦尔海岸(Bolívar Coastal)油田，已探明面积708.2km²，产层为始新统砂岩。当时，当钻井到达不整合面就停钻，井底深度最浅只有137m(Mene Grande油田)，最深1237m(Bachaquero油田)。1945年，油田的总产量为1.87×10⁸bbl(图1-19)，截至1945年底，累计总产量为21.88×10⁸bbl。马拉开波盆地累计石油总产量为26.34×10⁸bbl，累计钻探5084口井，其中4804口井为生产井。当时估算的剩余可采储量超过55×10⁸bbl，而实际远远小于最终可采储量(Sutton，1946)。

东委内瑞拉盆地北部边界加勒比海岸山脚下发育大量油苗和沥青湖。1925年10月，标准石

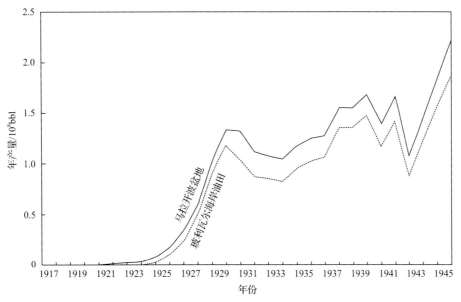

图 1-19　委内瑞拉马拉开波盆地和玻利瓦尔海岸油田产量剖面(据 Levorsen，1967)

油公司部署钻探 Quiriquire-1 井，在 564m 深度发现了 10.6°API 的原油。1918～1927 年，钻探了许多探井，测试原油重度在 10.5～11.2°API，都不具有商业性。1928 年，对 Quiriquire-1 井进行加深钻探，当年 6 月 1 日在上新统砂岩中完钻，发现了东委内瑞拉盆地第一个油田——Quiriquire 油田，可采储量 14.2×10^8bbl。1932 年通过注气开发 Quiriquire 油田，但效果不佳；20 世纪 60 年代，通过蒸汽吞吐来开发。

　　在发现 Quiriquire 油田之后，多个石油公司在盆地北部边界进行勘探，通过磁力和折射地震勘探发现了浅层新近系目的层，1936 年发现了 Orocual 油田，可采储量 7.04×10^8bbl；1938 年发现了 Jusepin 油田，可采储量 9.24×10^8bbl。1941 年 1 月由综合石油公司(Consolidada de Petroleo)部署的 SBA-1 井，井深 1319m，在中新统测试获得 400bbl/d 的产量。同年该油田开始生产。1941 年 9 月，由新泽西标准石油公司在 Santa Barbara 油田以东构造部署 MC-1 井，井深 1250m，在上中新统砂岩测试获得 3.4×10^4m^3/d 的天然气流，发现了浅层气藏。

　　1976 年，委内瑞拉实施国有化，所有区块被政府没收。1978 年，委内瑞拉国家石油公司(PDVSA)采集 716km 的二维地震资料；1984～1987 年，开展重力勘探，采集超过 5000km 的二维地震资料，通过地震和重力勘探发现深层挤压反转背斜构造带。针对深层部署钻探多口探井，发现多个大型和巨型油田，1986 年发现 El Furrial 巨型油气田，1987 年在 Santa Barbara 和 Mulata 油田深层获得高产油气流，主要产层是渐新统潮汐三角洲砂体，次要产层是白垩系砂岩。Santa Barbara 油气田可采储量为 63.01×10^8bbl 油当量，Mulata 油气田可采储量为 54.08×10^8bbl 油当量，El Furrial 油气田可采储量为 55.86×10^8bbl 油当量。最终证实 Santa Barbara、Mulata 和 El Furrial 为一整体巨型油气田，合计可采储量达 172.95×10^8bbl 油当量。

　　此外，1935 年，石油公司开始在奥里诺科重油带钻探。标准石油公司部署第一口井 La Canoa-1 井，距 Maturin 南南西 155km，距 Ciudad Bolivar 北北西 40km，完钻井深 1176m，测试获 40bbl/d 原油，重度为 7°API。9 个月后，在 La Canoa-1 井东北 150km 处发现了 Temblador 油田。1937 年，标准石油公司首次采集折射地震资料。随后的 30 年间共钻探 58 口井，绝大部分井都发现了油砂，但当时都无法开发。1961 年，在奥里诺科河右侧的 Punta Cuchillo 地区建立中转站，用于原油增压外输，重油开始进入商业开采阶段，蒸汽吞吐开发技术也开始应用和推广(Martinez，1987)。自 1990 年以来，奥里诺科重油带成为全球重要的非常规原油生产区。

(三)发现北非陆上油气区

这一阶段非洲的大发现全部集中在北非陆上,共发现 10 个大型油气田,可采储量 455.75×10^8bbl 油当量,占该阶段(不含北美陆上)全球发现常规大油气田储量的 5.22%。其中阿尔及利亚在这一阶段发现大油气田 4 个,可采储量合计为 399.76×10^8bbl 油当量,占这一阶段非洲发现大油气田总储量的 87.71%。

20 世纪 20 年代,法国石油公司果断进入非洲大陆,在非洲设立分支机构,探索新的发展模式和市场机遇。1946 年,法国石油勘探局和法属阿尔及利亚殖民政府成立阿尔及利亚国家石油公司,启动了为期两年的地质勘探项目,以摸清撒哈拉地区石油资源储备情况(图 1-20)。1956 年12 月,埃尔夫阿基坦公司发现了哈西迈萨乌德(Hassi Messaoud)巨型油田,可采储量达到 160.11×10^8bbl。1957 年 2 月,阿尔及利亚国家石油公司发现了哈西鲁迈勒(Hassi R'Mel)巨型气田,天然气可采储量达到 3×10^{12}m³,油气当量达到 212.69×10^8bbl。

图 1-20　1947 年法国石油公司在撒哈拉地区开展地质勘探工作

来源:https://totalenergies.com/

这一阶段还在利比亚苏尔特(Sirte)盆地、尼日尔三角洲盆地陆上部分发现了多个大油气田。

(四)发现印度尼西亚陆上油气区

这一阶段东南亚地区仅有 9 个大发现,可采储量 185.11×10^8bbl 油当量,占这一阶段全球发现的常规大油气田储量的 2.12%。其中印度尼西亚在这一阶段发现大油气田 3 个,可采储量合计为 98.97×10^8bbl 油当量,占这一阶段东南亚地区发现大油气田总储量的 53.47%。

1924 年,加利福尼亚标准石油公司派遣专家到荷属印度尼西亚的苏门答腊岛进行地质调查,开展了 5 年地面地质调查和地球物理勘探,打了一批浅层探井。1930 年加利福尼亚标准石油公司和德士古公司各出资 50%在荷兰海牙注册成立荷属太平洋石油公司(NV Nederlandsche Pacific Petroleum Matschappij，NPPM)，主要经营以印度尼西亚为主的亚太地区业务。1935 年获得荷兰殖民当局授予的苏门答腊岛(中苏门答腊盆地)Rokan 区块初始特许权，区块面积 24437km²，大都是沼泽地，没有油气苗。1936 年加利福尼亚标准石油公司与德士古公司共同成立加德士公司(California Texas Oil Company，CALTEX)，NPPM 成为加德士公司在印尼的分公司。1936 年 6 月 12 日，正式获得 Rokan 区块勘探许可，区块面积 6222km²。

1938 年，基于地表地质调查和浅层钻井资料发现杜里(Duri)背斜构造。1941 年 3 月钻探杜里-1 井，井深 512m，发现杜里油田(图 1-21)，主要目的层为下中新统砂岩，可采储量 34.86×10⁸bbl。由于原油倾点高，采用蒸汽驱采油，成为世界上最大的蒸汽驱项目之一。与此同时，又发现两个大的背斜构造，包括米纳斯(Minas)背斜。1944 年 1 月，在米纳斯-1 井(6D-55 井)安装钻井平台并开钻，2 月，日本侵略荷属印度尼西亚，钻井作业被迫停止，荷属太平洋石油公司因不可抗力退出。日军占领后继续钻探到 800m 深度，于当年 12 月发现米纳斯油田。1945 年 8 月 15 日日本投降，8 月 17 日印度尼西亚共和国宣布独立，荷属太平洋石油公司重新获得 Rokan 区块。1949 年 12 月，部署钻探米纳斯-2 井，证实米纳斯油田含油面积 104km²，主要目的层为下中新统砂岩，可采储量 57.62×10⁸bbl，成为印度尼西亚最大的油田(据 IHS 2022 年数据)。

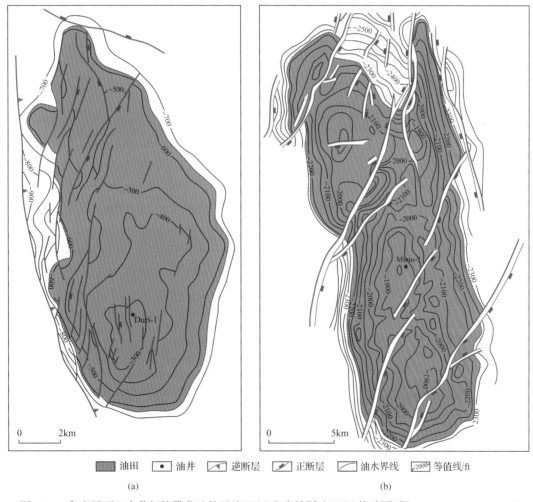

| 油田 | • 油井 | 逆断层 | 正断层 | 油水界线 | 2000 等值线/ft |

(a) (b)

图 1-21 印度尼西亚中苏门答腊盆地杜里油田(a)和米纳斯油田(b)构造图(据 Caughey et al.，1994)

1ft=0.3048m

第三节 陆相地层和浅水勘探大发现阶段(1959~1990年)

1947年，克尔-麦吉(Kerr-McGee)公司在距离路易斯安那州近70km的墨西哥湾内水深6m的地方成功钻探第一口油井—Kermac 16井，标志进入了现代海洋勘探阶段(Smil，2008)。1959年之前，浅水的发现主要集中在美国的墨西哥湾浅水区。其他地区的浅水发现主要是陆上油田延伸至海上，独立的海上勘探技术还不成熟。1960年，在中东的波斯湾水深22.86m发现了Al Khafji大油气田，标志着浅水勘探大发现的开始。这里的浅水是指现代海水深度小于500m的水域，这个水深是常规钻井船能够实施钻井的区域。

长期以来，海相地层一直是勘探的主体，无论是在北美、南美、中东和苏联地区。陆相地层尽管有学者认为可能生油，但勘探还是处于探索阶段，直到1959年中国东部松辽盆地发现大庆油田，陆相地层才逐渐被世界地质家接受，在非洲、澳大利亚等地区发现了一系列的陆相大油气田。

第二次世界大战后，资源国逐渐增加话语权，实施国有化。1960年成立了石油输出国组织，来抗衡西方的石油公司的掠夺，1973年导致全球金融危机。1974年11月，奥地利、比利时、加拿大、丹麦、德国、爱尔兰、意大利、日本、卢森堡、荷兰、挪威、西班牙、瑞典、瑞士、土耳其和美国等16国组织成立了国际能源署(International Energy Agency，IEA)。其目的就是应对严峻的能源安全形势，通过国家间协调和抱团取暖的方式应对石油危机，核心是建立战略石油储备SPR(Strategic Petroleum Reserve)机制，共同应对石油供应短缺和石油价格飞涨。目前，IEA共有31个正式成员国和10个联盟国(Association countries，中国是联盟国之一)。

一、欧佩克和国际能源署的成立和博弈

(一)欧佩克

美国在世界石油工业中一直发挥着关键作用。直到1950年，它占了世界原油产量的一半。但消费的增长远远快于产量的增长。1948年美国开始进口石油。为了控制市场和油价，1959年，美国总统艾森豪威尔签署了石油进口修正案(Mandatory Oil Import Program，MOIP)，开始实施进口配额制，规定进口原油总量不能超过国内总产量的9%，但考虑到国家的利益，来自墨西哥和加拿大的陆上石油供应得到豁免。1962年美国进口石油达到1×10^8t，1972年这一数字又翻了一番(Bret-Rouzaut and Favennec，2011)。

由于中东石油价格比美国价格低很多，美国当局担心油价竞争，呼吁自愿限产。1959年实施的强制性进口配额导致美国市场部分受到保护，油价上涨。而美国以外由于原油产量丰富，原油价格下跌。为了增加原油销售，石油公司普遍采用对石油牌价进行折扣的做法，导致石油生产国每售出一桶石油的矿税和税收收入自动减少。这一做法使石油生产国非常不满。1960年9月10~14日，5个创始国(委内瑞拉、沙特阿拉伯、伊朗、伊拉克、科威特)在巴格达召开紧急会议，正式宣布成立石油输出国组织(Bret-Rouzaut and Favennec，2011)。

20世纪70年代发现的巨型油田比60年代略多。但这些油田的可采储量总量却低了近50%，大油田的发现速度和平均规模都在下降，从20世纪70年代的110个下降到80年代的50个。

欧佩克国家的原油产量超过了全球总产量的50%(图1-22)，储量占全球总储量的80%以上，他们与西方石油垄断资本进行不懈的斗争，在提高石油价格和实行石油工业国有化方面取得重大进展。1973年的石油危机标志着西方国家经济危机的开始，也是石油市场发展的一个重大转折点，国际油价迅速上涨，不过这次危机给委内瑞拉带来的繁荣持续时间不长。1979~1980年发生第二次石油危机(伊朗革命)。1990年海湾战争为第三次石油危机。尽管20世纪80年代之后欧佩克国家在全球原油产量中的占比有所下降，但其影响力给全球的地缘政治和经济带来了多次的经济危

机甚至地区冲突。

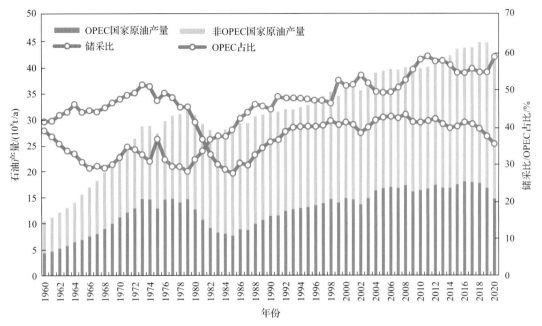

图 1-22　1960～2020 年欧佩克原油产量占全球总产量的比例和全球原油储采比变化图(据 EIA 数据编)

第二次世界大战后尤其是 20 世纪 60 年代，许多产油国获得独立，并获得了对其自然资源，特别是象征着国家主权的石油控制。尽管有几个国家[苏联(1918)、墨西哥(1938)、伊朗(1952)、印度(1958)]很早就将其石油工业国有化，但大规模国有化主要发生在 1970～1980 年。在地中海周围的国家，国有化是按照公司逐一实施的。1971 年，阿尔及利亚对法国石油公司的特许经营权实施控股 51%。同年，利比亚先后将英国石油公司、埃尼公司(50%)和其他公司(51%)实施国有化，伊拉克将最后的伊拉克石油公司的特许权国有化(Smil, 2008)。

1972 年，欧佩克与石油公司谈判，达成了"参股"协议，即逐步获得特许经营权。参股比例最初固定在 25%，计划到 1983 年增加至 51%。只有一些海湾国家签署了这项协议，而实际的国有化比所设想的要快得多：科威特和卡塔尔在 1975 年实施国有化，委内瑞拉在 1976 年、沙特阿拉伯在 1976～1980 年实施国有化。到 1976 年，欧佩克国家基本完成了石油工业的国有化。

1974 年，卡塔尔政府成立卡塔尔石油公司(Qatar Petroleum，QP)；2021 年 10 月 11 日更名为卡塔尔能源公司(Qatar Energy)。

1960 年，委内瑞拉总统下令成立委内瑞拉对外合作石油公司(CVP)。1975 年 8 月 30 日成立委内瑞拉国家石油公司(PDVSA)，1976 年 1 月 1 日正式运营。PDVSA 成立时，委内瑞拉政府授予 13 家公司的特许经营权仍有效，分别是 Amoven(印第安纳标准石油公司)、Bariven(大西洋石油公司)、Boscanven(雪佛龙公司)、Deltaven(德士古公司)、Guariven(委内瑞拉私营企业)、Lagoven(埃克森公司)、Llanoven(美孚公司)、Maraven(壳牌公司)、Meneven(海湾石油公司)、Palmaven(太阳石油公司)、Roqueven(菲利普斯石油公司)、Taloven(委内瑞拉私营公司)和 Vistaven(委内瑞拉私营公司)。到 1986 年，经过多次合并最终成立了 Lagoven、Maraven 和 Corpoven 3 家公司。1980 年 Bariven 变成 PDVSA 国内外采购公司，Plamaven 在 1987 年变成从事化肥农用产品的公司等。1997 年底，PDVSA 公司合并了上述 3 家作业公司，成为世界 50 强石油公司中仅次于沙特阿拉伯国家石油公司的世界第二大石油公司。

20 世纪 60 年代欧佩克崛起和 70 年代国有化浪潮，使大型跨国石油公司在全球的影响力迅速下降。1960 年，"石油七姊妹"石油产量占比超过 60%，1980 年这一比例下降到了 28%，到本世纪初该比例又急剧下降到 13%以下，到 2020 年下降到不足 10%(Merolli，2022)。

(二)国际能源署

1973 年 10 月，爆发第四次中东战争(又称赎罪日战争、斋月战争、十月战争)。欧佩克决定提高石油价格，中东阿拉伯产油国决定减少石油生产，并拒绝运送石油至赎罪日战争中支持以色列对抗埃及和叙利亚的西方国家。提价以前，石油价格每桶只有 3.01 美元。到 1973 年底，石油价格达到每桶 11.651 美元，提价 3~4 倍。石油提价大大加大了西方大国国际收支赤字，最终引发了 1973~1975 年的战后资本主义世界最大的一次经济危机。受石油危机冲击，美国国内油价一度飞涨，为保障本国石油供应安全，美国于 1975 年出台《能源政策与节能法》，开始严格限制美国原油出口，并开启了长达 40 年的石油禁运。

1974 年 2 月召开石油消费国会议，决定成立能源协调小组来指导和协调与会国的能源工作。同年 11 月 15 日，经济合作与发展组织(Organization for Economic Cooperation and Development，OECD)各国在巴黎通过了建立国际能源机构的决定。11 月 18 日，16 国举行首次工作会议，签署了《国际能源机构协议》，并开始临时工作。1976 年 1 月 19 日该协议正式生效。各成员国间在能源问题上开展合作，包括调整各成员国对石油危机的政策，发展石油供应方面的自给能力，共同采取节约石油需求的措施，加强长期合作以减少对石油进口的依赖，建立在石油供应危机时分享石油消费的制度，提供市场情报，以及促进它与石油生产国和其他石油消费国的关系等。总部设在法国巴黎。

二、大油气田发现情况

1959~1990 年，累计发现了 680 个大型常规油气田(不含北美)，占全球截至 2022 年底发现的大油气田数的 61.87%；储量合计 20376.93×10^{8}bbl 油当量，占全球截至 2022 年底发现的大油气田储量总和的 56.24%。这一阶段发现的巨型油气田有 64 个，储量 12362.84×10^{8}bbl 油当量，占这一阶段发现大油气田总储量的 60.67%。中东、南美、北非和东南亚陆上含油气区继续扩大发现，是全球快速发现陆上大油田的主要时期。

这一时期，苏联和中国快速扩大勘探范围。苏联在西西伯利亚、第聂伯-顿涅茨、伏尔加-乌拉尔、阿姆河、滨里海和南里海等盆地发现了 220 个油气田，储量合计 6411.87×10^{8}bbl 油当量，占同期全球(不含北美)发现的大油气田总储量的 31.47%；其中 27 个巨型油气田储量 3828.40×10^{8}bbl 油当量，占同期苏联发现大油气田总储量的 59.71%。包括在西西伯利亚盆地 1965 年发现的萨莫特洛尔油田、1966 年发现的乌连戈伊气田和 1969 年发现的杨堡气田。20 世纪 60 年代，苏联的石油生产中心从伏尔加-乌拉尔地区转移到西伯利亚西部。中国政府在松辽、渤海湾和鄂尔多斯中—新生代陆相盆地发现了大庆油田等 23 个陆相大油气田，开启了陆相地层勘探的新纪元(胡见义等，1991)，带动了世界陆相盆地的勘探和油气发现。

这一阶段，浅水区快速获得一系列大发现。中东油气区和北非油气区继续扩大，新发现了波斯湾油气区、北海油气区和墨西哥湾油气区等。全球跨国油气大发现主要集中在波斯湾、北海、西非海上和东南亚浅海地区(图 1-23)。

(一)波斯湾浅水区大发现

1952 年，壳牌(卡塔尔)公司(Shell Co.-Qatar，SCQ)获得了卡塔尔大部分海域的勘探权。1960 年 8 月和 1963 年 11 月，分别发现了 Idd El Shargi 北穹隆和 Maydan Mahzam 油气田，水深 35m，主要产层为白垩系的石灰岩和白云岩，井深在 2500m 以内。两个油气田的可采储量均大于 20×10^{8}bbl 油当量。

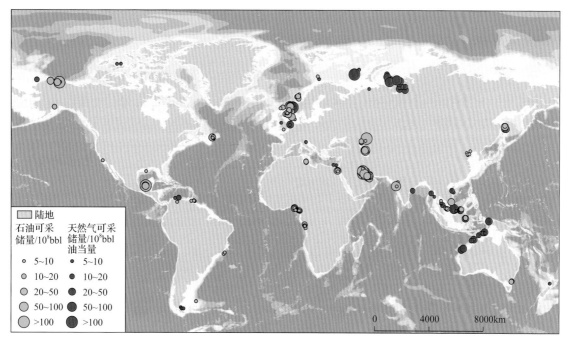

图 1-23 1960 年以来全球发现的海上水深小于 500m 的大油气田分布图(据 IHS 数据编制)

1971 年,壳牌(卡塔尔)公司在西北穹隆部署一口深井——西北穹隆-1 井(North West Dome-1),完钻井深 3462m,在二叠—三叠系 Khuff 组发现气层,储层岩性为白云岩。发现了巨大的北方气田(North Field),在卡塔尔境内含气面积 6000km^2,天然气可采储量 53.9×10^{12}m^3,凝析油 413.0×10^{8}bbl。但直到 1991 年才证明它向北延伸到伊朗海域,伊朗国家石油公司发现了南帕斯气田,面积 3700km^2,天然气可采储量 14.2×10^{12}m^3,凝析油可采储量 90×10^{8}bbl。北方-南帕斯气田成为全球迄今最大的气田。这一阶段在波斯湾找到 40 个大油气田,储量合计达到 5370.05×10^{8}bbl 油当量,占该阶段中东发现的 141 个大油气田总储量的 60.66%。

(二)北海含油气区

这一阶段在欧洲共发现 51 个大油气田,可采储量合计 913.15×10^{8}bbl 油当量,仅占这一阶段发现储量的 4.48%。其中 46 个位于海上,可采储量 711.56×10^{8}bbl 油当量。共发现 4 个巨型油气田,包括格罗宁根(Groningen)、Troll、Statfjord 和埃科菲斯克(Ekofisk)等油气田。

1947 年新泽西标准石油公司(埃克森)和壳牌公司对半合伙组成了一家合资公司—荷兰石油公司(Nederlandse Aardolie Mij BV,NAM),负责在荷兰勘探开采石油。1959 年 8 月 14 日,在西北德国盆地部署的 Slochtren-1 井在 3048m 打开了二叠系 Rotligende 组高产气层,发现了格罗宁根巨型气田。荷兰石油公司继续扩大勘探,钻评价井。1963 年 12 月,新泽西标准石油公司公布的气田可采储量为 1.27×10^{12}m^3(王才良和周珊,2011),2022 年 IHS 公布的最新的可采储量数据为 2.95×10^{12}m^3。该气田后来成为欧洲多国的重要天然气源。

格罗宁根气田发现之后,带动了北海的油气勘探。1962 年丹麦将整个国土勘探权授予给了丹麦地下联合体(Dansk Undergrounds Consortium);1964 年英国划分区块并发布了第一轮招标区块,当年年底就开始钻井。1965 年下半年在英国境内,英国石油公司宣布了第一个天然气田的商业发现。同年,壳牌公司发现了 Leman 大气田,印第安纳标准石油公司发现了 Indefatigable 大气田,Arpet 石油有限公司发现了 Hewitt 大气田。伯马石油公司在 48/22 区块发现了第一个油田,但无商业价值。同时,在挪威、荷兰也都有钻探,但都没有大的发现(Hopkinson and Nysæther,1974;Schroeder,1974)。

1963 年，菲利普斯石油公司在挪威境内开始了地震采集，1965 年挪威政府进行了区块划分，菲利普斯石油公司获得了包括 2/4 区块在内的多个区块，1967 年开始钻井。1968 年在 7/11 区块的古新统砂岩发现凝析气藏。1969 年，菲利普斯石油公司在 2/4 区块部署的 2/4-1AX 井，在上白垩统—古新统碳酸盐岩中测试证实了 213m 的油气层，评价井测试获得日产 1×10^4bbl 的高产油流，证实埃科菲斯克油田的商业发现。2 口探边井确定含油面积，初步估算的储量达到 11.2×10^8bbl(Rickards，1974)。之后，在区块内和周边区块相继发现了多个油田(图 1-24)。

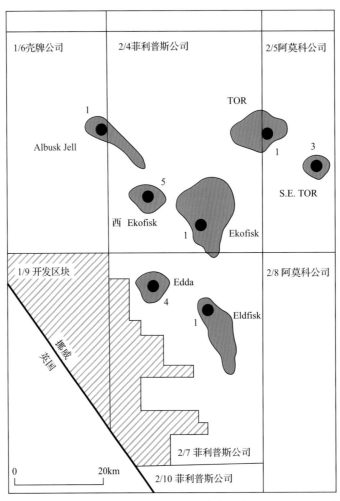

图 1-24　北海挪威埃科菲斯克地区油田分布图(据 Rickards，1974)

埃科菲斯克油田最终证实的可采储量达到 51.46×10^8bbl，是一个巨型油田。该油田的发现大大加快了北海的油气勘探，英国也将勘探的重点北移。英国石油公司、壳牌公司和西方石油公司在英国境内分别发现 Forties 油田(1970)、Brent 油田(1971)、Piper 油田(1973)，埃尔夫石油公司在挪威-英国边界处发现了 Frigg 气田(1971)。1979 年壳牌公司在挪威海上发现了 Troll 巨型油气田，这是北海地区最大的油气田发现，石油可采储量达到 18.5×10^8bbl，天然气可采储量达到 1.45×10^{12}m^3。

(三)西非海上浅水油气区

这一时期在非洲一共发现 98 个油气田，可采储量 1106.43×10^8bbl 油当量。最大的发现是在利比亚，由英国石油公司在苏尔特盆地发现的 Sarir(065-C)油田，可采储量达到 51.08×10^8bbl，是这一时期非洲发现的最大的、也是唯一的一个巨型油气田。

这一时期非洲海上共发现 36 个大油气田，没有巨型油气田发现，可采储量 373.75×10^{8}bbl 油当量，主要分布在尼日利亚(17 个)、安哥拉(6 个)、埃及(5 个)、利比亚(5 个)、刚果(2 个)和赤道几内亚(1 个)的浅水。这些大油气田绝大部分是由西方大石油公司主导发现的。

壳牌公司与英国石油公司组成了对半股份的壳牌-英国石油公司，在尼日利亚取得一系列大发现，使尼日利亚成为当时世界第 8 大产油国。海湾、德士古、埃尔夫等公司在安哥拉的下刚果盆地浅水 0、2 和 3 号区块发现了多个大中型油气田；阿莫科公司和美孚公司等在埃及的苏伊士湾盆地发现多个大中型油气田；阿吉普公司和阿基坦石油公司在利比亚的佩拉杰盆地浅水发现了多个大中型油气田。

(四)东南亚浅水油气区

这一阶段，在东南亚一共只发现 35 个大油气田，可采储量仅 444.10×10^{8}bbl 油当量，仅占这一阶段全球(不含北美)发现总储量的 2.18%。马来西亚、印度尼西亚、文莱、东帝汶、澳大利亚、中国、泰国、越南、菲律宾、缅甸、新西兰等多国浅水发现大油气田，以气田为主，主要集中在澳大利亚、马来西亚和印度尼西亚。除国家石油公司和本土石油公司(如 Woodside)发现外，发现大油气田最多的还是壳牌公司。两个最大的发现分别是印度尼西亚的 Natuna D-Alpha 巨型气田，由阿吉普公司于 1973 年发现；另一个巨型油田则由印度石油天然气公司(ONGC)于 1974 年发现的孟买油田。这一时期中国在渤海湾自主勘探发现了 4 个大油田。

第四节　非传统油气大发现阶段(1991 年至今)

1948 年，美国成为原油净进口国，原油对外依存度不断攀升；1988 年美国成为天然气净进口国(图 1-25，图 1-26)。为了摆脱对外油气的依赖，规避 OPEC 通过削减产量操纵油价上涨及阿拉伯地区石油输送限制的风险，美国颁布了一系列政策鼓励非传统油气的开发利用。1978 年，颁布《能源政策法》，1980 年颁布《原油意外获利法》，1990 年《税收分配的综合协调法案》和 1992 年修订的《能源政策法》均扩展了对非常规油气的补贴范围。1997 年《纳税人减负法案》，延续了替代能源的税收补贴政策。2004 年《能源法案》规定，10 年内政府每年投资 4500 万美元用于包括页岩气在内的非常规天然气研发。这些政策有效激励了美国非常规油气的勘探开发。

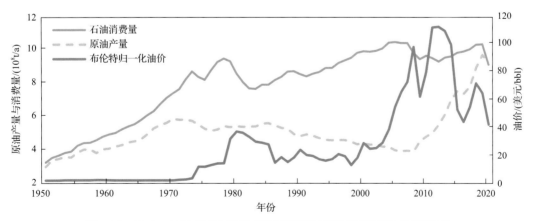

图 1-25　1950～2020 年美国原油产量和消费量对比图(据 EIA 数据编制)

1950～1975 年油价为阿拉伯轻质油价，1976～2020 年油价为布伦特油价

国际石油公司利用技术和资金的优势推动油气勘探从浅水往深水区转移；国家石油公司兴起和加快"走出去"的步伐，小型石油公司"试水"；全球能源转型推动天然气勘探开发力度加大。世纪之交跨国油气勘探的领域更广、区域更大、类型更多、竞争更加激烈。非传统油气(non-

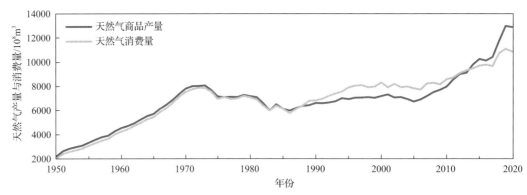

图 1-26　1950~2020 年美国天然气产量和消费量对比图(据 EIA 数据编制)

conventional)潜力巨大，技术的进步和成本的降低，使重油超重油、沥青砂、深水油气和页岩油气成为各大石油公司竞相进入的领域(Perrodon et al.，1998)。

这一时期全球共发现 266 个常规大油气田(不含美国)，可采储量 5178.38×10^8 bbl 油当量，占全球发现的常规大油气田总储量的 14.29%。其中陆上 101 个，储量 1689.12×10^8 bbl 油当量；浅水 62 个，储量 1874.83×10^8 bbl 油当量；深水和超深水 103 个，储量 1614.43×10^8 bbl 油当量。和前一阶段相比，陆上的发现数量不少，但大油气田数量和储量大幅度减少，仅发现 4 个巨型油气田，均由国家石油公司发现。最大的发现是土库曼斯坦阿姆河盆地的 Galkynysh(Yoloten)巨型气田，由土库曼斯坦国家石油公司发现，可采储量达到 12.3×10^{12} m³。这一阶段在沙特阿拉伯发现了 Al Hasa 巨型页岩气田，在中国发现了苏里格巨型致密气田。

一、新的跨国石油公司

(一)苏联解体后诞生的跨国石油公司

1991 年苏联解体为 15 个独立的国家，各国均成立了自己的国家石油公司。其中俄罗斯油气资源最为丰富，私有化进程中成立了多个举足轻重的大型石油公司。各国不仅在各自境内发现了多个大型甚至巨型的油气田，也开始走向国际，参与国际油气勘探开发。与此同时，国际巨头也快速进入这些国家，参与勘探开发甚至下游业务。

1. 俄罗斯卢克石油公司

俄罗斯卢克石油公司(Lukoil)成立于 1991 年，在多个国家和地区开展业务。1993 年公布的世界石油公司 50 强中，卢克石油公司位列第 36 位，公司占世界石油储量份额的 1.3%左右，世界石油开采量份额的 5.1%左右。到 2022 年，卢克石油公司在世界石油公司 50 强中的排名升高至第 13 位(Merolli，2022)。卢克石油公司的勘探业务主要在俄罗斯国内，21 世纪初才开始"走出去"。2021 年底，卢克石油公司在境外共拥有近 7×10^4 km² 的勘探区块面积，主要分布在乌兹别克斯坦 $(5.4 \times 10^4$ km²)、哈萨克斯坦(6369km²)、突尼斯(3153km²)等 15 个国家，作为作业者在境外的勘探发现不多，在伊拉克发现 1 个大型油田，另外在乌兹别克斯坦(4 个)、沙特阿拉伯(2 个)、科特迪瓦(2 个)、哈萨克斯坦(1 个)、罗马尼亚(1 个)、加纳(1 个)发现中小型油气田。2020 年，卢克石油公司在境外拥有剩余可采储量 29.68×10^8 bbl 油当量，主要以参股为主，净年产量 1.1×10^8 bbl 油当量。

2. 俄罗斯天然气工业股份公司

俄罗斯天然气工业股份公司(Gazprom)是世界上最大的天然气公司，其前身是俄罗斯国家天然气康采恩，1992 年 11 月 5 日改组为股份公司，1993 年 2 月 17 日改组为俄罗斯天然气工业股份公司。国家始终是这家公司的主要股东，从早期的 38.37%逐渐增加到 2021 年的 50.23%。1993 年在世界石油公司 50 强排名中位列第 33 位，单纯按照油气储量和产量排则位列第二，仅次于沙特阿拉伯国家石油公司。2022 年在世界石油公司 50 强中排名升高到第 7 位。俄罗斯天然气工业股份公司的勘探业务主要在俄罗斯国内，21 世纪初开始"走出去"。公司在境外共拥有近 $12 \times 10^4 km^2$ 的勘探区块面积，主要分布在塞尔维亚（$4.94 \times 10^4 km^2$）、越南（$2.29 \times 10^4 km^2$）、利比亚（$1.45 \times 10^4 km^2$）、波黑（$1.39 \times 10^4 km^2$）和乌兹别克斯坦（$1.19 \times 10^4 km^2$）。作为作业者在境外的勘探发现不多，仅在乌兹别克斯坦中里海盆地发现 1 个、在阿尔及利亚 Berkine 盆地发现 2 个小油气田。境外主要以参股为主，2020 年，在境外拥有剩余可采储量 $3.33 \times 10^8 bbl$ 油当量，年产量 $5540 \times 10^4 bbl$ 油当量。

3. 俄罗斯石油公司

俄罗斯石油公司（Rosneft Oil）成立于 1995 年 9 月 29 日，是一个开放式股份企业，是俄罗斯最大的石油公司。1996 年在世界石油公司 50 强中位列第 39 位。2012 年 10 月 22 日，俄罗斯石油公司宣布与英国石油公司和俄罗斯私人财团 AAR（Alfa-Access-Renova）达成协议，从两个大股东手中各购买其所持俄罗斯第 3 大油企秋明-英国石油公司（TNK-BP）50% 的股权，收购总额约为 550 亿美元。收购完成后，俄罗斯石油公司的石油和天然气产量超过埃克森美孚公司，成为全球最大的上市石油公司，政府持股 50.76%。2022 年，俄罗斯石油公司在世界石油公司 50 强中位列第 5 位。其油气业务主要在俄罗斯境内，境外勘探区块面积仅 $8759 km^2$，主要分布在伊拉克（$2261 km^2$）、巴西（$2227 km^2$）和莫桑比克（$1639 km^2$）等 8 个国家。作为作业者，境外仅在乌克兰、越南海上、阿尔及利亚和巴西海上发现 8 个中小油气田。境外主要以参股为主，2020 年境外拥有剩余可采储量 $16.35 \times 10^8 bbl$ 油当量，年产量 $4600 \times 10^4 bbl$ 油当量。

（二）"石油七姊妹"变成"石油五巨头"

20 世纪末，经历百年发展的国际大型石油公司，为了应对资源争夺、成本上升、市场竞争等挑战，展开了一轮"强强联合"的大兼并。一是通过并购发挥协同效应；二是通过并购整合海外资产；三是通过并购更好开发北美的页岩油气资产；四是通过并购完善产业链，如 LNG 等。

1. 英国石油公司的兼并购

1998 年 8 月 11 日，英国石油公司宣布以约 575 亿美元的交易总价兼并了美国当时排名第五的阿莫科公司（Amoco）。2000 年 4 月 1 日，就在收购美国阿莫科公司不到一年半、整合管理尚未结束的时候，英国石油公司再次宣布出价 390 亿美元，收购曾经是"石油七姊妹"的美国阿科石油公司（Arco）。

2. 埃克森公司和美孚公司合并

1998 年 12 月 1 日，埃克森公司与美孚公司宣布合并。埃克森出价 737 亿美元的现金和股权，同时接管美孚公司近 200 亿美元的债务，交易总价 910 亿美元。此举使得埃克森美孚公司成为世界上最大的石油公司和全球财富 500 强第三大公司（1999 年度）。

2009 年 12 月 14 日，埃克森美孚公司宣布以 360 亿美元的股权价格收购美国最大的非常规天然气公司 XTO Energy[①]，该收购以股票交易的形式进行，包括承担 XTO 公司的债务，总交易金额达到 410 亿美元。该交易使埃克森美孚公司成为美国最大的天然气生产商。而且此交易系 1999 年创建埃克森美孚公司的合并交易以来，埃克森美孚公司迄今为止最大的收购案。收购于 2010 年 6 月完成。

---

① XTO 能源公司是美国领先的天然气和石油生产商，擅长开发致密气、页岩气、煤层气和非常规石油资源，油气资产主要在美国境内。

3. 道达尔-菲纳-埃尔夫合并

1998 年 11 月，原法国道达尔公司与比利时菲纳石油公司(Fina)合并成立道达尔-菲纳石油公司。2000 年 3 月，道达尔-菲纳石油公司以 544 亿美元并购法国埃尔夫公司(Elf)，成立道达尔-埃尔夫-菲纳公司。2001 年合并后的道达尔-埃尔夫-菲纳公司在世界石油公司 50 强中位列第 9 位，位列非国家石油公司的埃克森美孚、壳牌和英国石油公司之后，排第四位，成为新的"石油五巨头"之一。2003 年 5 月 7 日全球统一命名为道达尔公司(Total)，旗下由道达尔、菲纳、埃尔夫三个品牌组成。2017 年 8 月，道达尔公司以合并股票和债务交易的方式收购了马士基(Mærsk)集团旗下的马士基石油公司(Mærsk Oil and Gas A/S)，道达尔公司支付 49.5 亿美元的现金并承担马士基石油公司超过 25 亿美元的债务。马士基石油公司在丹麦、英国、挪威、巴西、泰国、安哥拉等多个国家有油气田发现，但仅有 1995 年在泰国的泰国湾盆地发现一个大气田。被并购前马士基石油公司的原油日产量为 55×10^4 bbl，天然气日产量为 10×10^8 ft^3。2021 年 5 月 28 日，道达尔公司更名为"道达尔能源"(TotalEnergies)，并启用新的品牌标识，开始向多元化能源公司转型。

4. 雪佛龙公司和德士古公司合并

2000 年 10 月 16 日，雪佛龙公司宣布以 450 亿美元的价格收购德士古公司，此举使雪佛龙公司稳居美国第二大石油公司的位置。2001 年 10 月 9 日，雪佛龙公司和德士古公司正式完成合并，合并后的公司名为 ChevronTexaco。

2020 年 7 月，雪佛龙公司与诺贝尔能源公司(Noble Energy)签署协议，以全股票形式收购对方，交易价格为 144 亿美元。雪佛龙公司也将接手诺贝尔能源公司账面 5.62 亿美元的盈余和 99.4 亿美元的长期债务。这是 2020 年以来经济低迷期的最大规模石油公司收购(窦立荣等，2020c)。

5. 壳牌公司并购英国天然气集团

2015 年 4 月 8 日，壳牌公司宣布，以 470 亿英镑的现金加股权(折合 700 亿美元)收购全球著名的天然气公司—英国天然气集团(BG)，算上 BG 的债务，此桩并购的总交易金额达到约 870 亿美元。这是荷兰皇家石油和英国壳牌 2005 年正式完成合并以来规模最大的并购交易。此举不但使壳牌公司超越美国雪佛龙公司成为全球第二大石油公司，而且使壳牌公司成为拥有全球最大份额天然气可交易储量的"超级巨无霸"。2016 年 2 月 15 日完成交割。

二、大油气田发现情况

1998 年，Perrodon 等人从技术和经济的角度，提出了非传统油气(non-conventional)的概念，包括重油超重油、沥青砂、合成油、煤层气、页岩气、致密气、地压气(geopressured gas)、深水油气、极地油气、极小油气藏、提高采收率(EOR)、高温高压油气藏、页岩油和气水化合物等。非传统油气潜力巨大，但勘探开发技术要求高，投入大，其中重油超重油、沥青砂、深水油气和页岩油气成为各大石油公司竞争的主要资源，也成为常规油气产量递减情况下全球原油产量稳中有升、天然气产量稳步增长的主要来源(图 1-27，图 1-28)。

(一)深水油气大发现

深水区勘探开发对技术和资金要求高，随着墨西哥湾和北海陆棚油气储量日益趋少和深水区域大油气田发现的增多，越来越多的资金集中到深水油气勘探领域。

这一阶段全球发现的水深大于 500m 的油气田有 971 个，可采储量合计 2460.51×10^8 bbl 油当量，其中大油气田 103 个(图 1-29)，储量 1614.43×10^8 bbl 油当量。水深大于 1500m 的大油气田有 56 个，储量 1014.24×10^8 bbl 油当量。1985～2000 年以水深 500～1500m 的大发现为主(图 1-30)，2001 年以来以 1500m 以深的大发现为主(图 1-31)。水深 1500～2000m 的油气田主要在巴西、圭

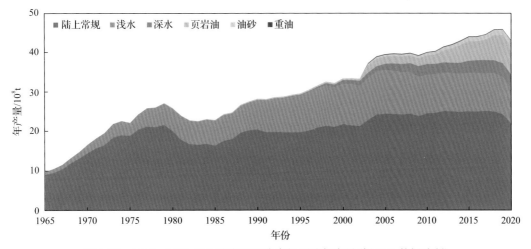

图 1-27　1965～2020 年全球常规和非常规原油年产量(据 EIA 数据编制)

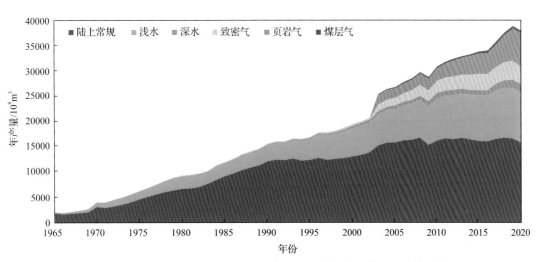

图 1-28　1965～2020 年全球常规和非常规天然气年产量(据 EIA 数据编制)

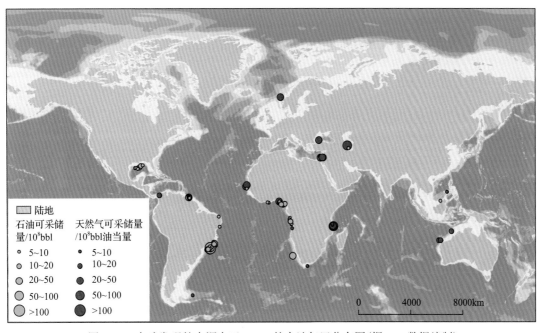

图 1-29　全球发现的水深大于 500m 的大油气田分布图(据 IHS 数据编制)

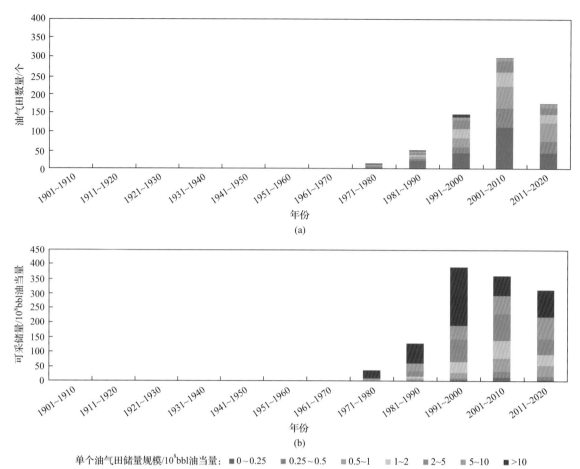

单个油气田储量规模/10⁸bbl油当量：■0~0.25 ■0.25~0.5 □0.5~1 □1~2 ■2~5 ■5~10 ■>10

图 1-30　1901～2020 年深水(500～1500m)发现的油气田数量(a)和油气储量(b)分布直方图(据 IHS 数据编制)

亚那、特立尼达和多巴哥，西非的尼日利亚、塞内加尔、安哥拉，中东以色列的地中海，东非坦桑尼亚，南非共和国。水深大于 2000m 的油气田主要分布在美国的墨西哥湾，南美的巴西、圭亚那，西非的塞内加尔和毛里塔尼亚，东非的坦桑尼亚，中东土耳其的黑海，欧洲的塞浦路斯等。大于 1500m 水深的油气田中 32 个分布在巴西和圭亚那，可采储量达到 543.1×10⁸bbl 油当量。其间发现了 5 个巨型油气田，分别是巴西的布兹奥斯(Buzios)和 Tupi 油田、莫桑比克的 Mamba 和 Prosperidade 复合气田、阿塞拜疆的沙赫德尼兹气田。除巴西两个巨型油田是巴西国家石油公司主导发现外，其他三个巨型油气田都是由国际石油公司发现的。

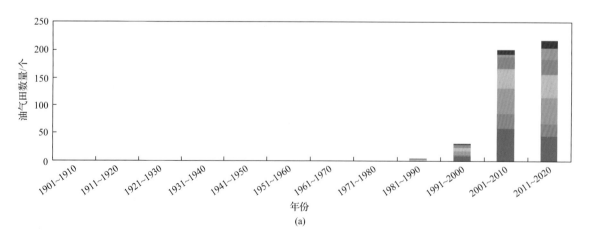

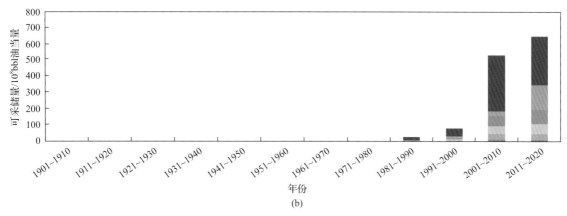

单个油气田储量规模/10⁸bbl油当量: ■ 0~0.25　■ 0.25~0.5　■ 0.5~1　■ 1~2　■ 2~5　■ 5~10　■ >10

图 1-31　1901~2020 年超深水(大于 1500m)发现的油气田数量(a)和油气可采储量(b)分布直方图

(据 IHS 数据编制)

在地区分布上,跨国石油公司推动发现了两大深水油气区,一是在拉美地区(包括巴西、圭亚那、苏里南、特立尼达和多巴哥)发现 46 个大油田和 1 个大气田,储量当量占比达 43.5%;二是在非洲地区(包括尼日利亚、塞内加尔、毛里塔尼亚、埃及和莫桑比克),发现 41 个大油气田,储量占比达 35.6%;在阿塞拜疆里海地区由碧辟公司发现 1 个巨型气田——沙赫德尼兹气田,可采储量达 70×10⁸bbl 油当量;在北美、亚太和中东发现的大油气田数量和规模都不大。

1. 大西洋西侧深水区油气大发现

这一阶段在大西洋西侧深水区发现 46 个大油气田(图 1-32),可采储量 747.41×10⁸bbl 油当量。主要分布在巴西(32 个)、圭亚那(9 个)、苏里南(2 个)等国家。巴西 32 个大油气田中仅 3 个由国际石油公司发现,其他均由巴西国家石油公司发现。

埃克森公司自 20 世纪 70 年代开始关注加勒比海东南缘的油气勘探,并于 1976 年曾短暂拥有委内瑞拉近海 12 个区块,勘探面积达 5.9×10⁴km²,随后被委内瑞拉国家石油公司收回勘探权。1998 年,埃克森公司获得特立尼达和多巴哥海域 2 个勘探区块,勘探面积 2585km²,经过 5 年勘探无果后退出。

1999 年 6 月,埃克森子公司——埃索勘探与生产圭亚那有限公司通过谈判从圭亚那政府手中获得斯塔布鲁克(Stabroek)区块 100%权益。合同类型为产品分成协议,义务工作量主要包括第一勘探期完成合同区内任意 3D 地震数据解释,并完成至少一口探井;第二勘探期完成一口探井;第三勘探期开始前需更新石油勘探许可,完成一口探井。

斯塔布鲁克区块位于圭亚那海域 1000~3000m 水深范围,面积 4.7×10⁴km²,占圭亚那-苏里南盆地总面积的五分之一。由于圭亚那与苏里南、委内瑞拉的领海争端,导致其勘探一度停滞长达 8 年。其间,即使在圭亚那西北邻国特立尼达和多巴哥的两个区块未获勘探突破,也丝毫没有影响埃克森美孚公司坚守圭亚那的信心。

2007 年 9 月,圭亚那和苏里南两国通过国际仲裁解决了领海争端,埃克森美孚公司随即开展勘探工作,2008 年在区块及其周边采集了 1.26×10⁴km 的二维地震,但不包括区块西北部与委内瑞拉有争议的海域。2011 年重点对区块中部进行测线加密,共采集完成 4800km 的二维地震。在初步确定有利勘探目标的基础上,2012 年在区块中南部完成两块三维地震采集,面积共计 2391km²。2009~2014 年,壳牌公司曾获得区块 25%~50%的权益,但在 2014 年钻探首口风险探井之前,因认为烃源岩风险大,不愿承担风险而仅以 1 美元的价格主动放弃区块 50%的权益。埃克森美孚公司不愿独自承担风险,赫斯和中国海油两家公司随即各入股 30%和 25%(刘小兵和窦立荣,2023)。

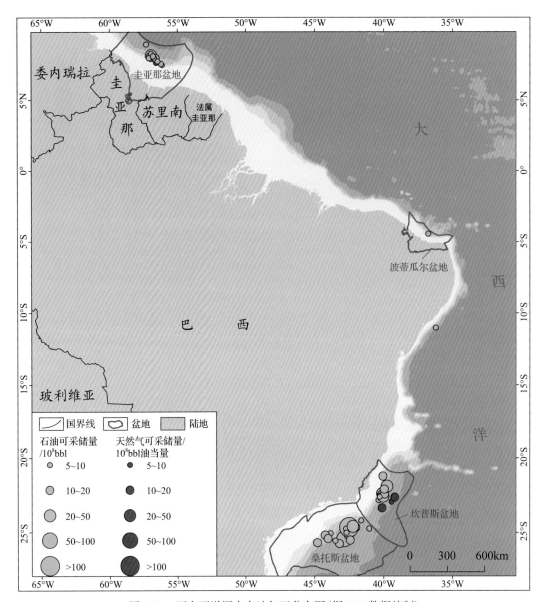

图 1-32　西大西洋深水大油气田分布图（据 IHS 数据编制）

埃克森美孚公司进入斯塔布鲁克区块前，区块内无地震采集。自 2008 年开始陆续开展地震采集处理工作。基于三维地震的认识逐步锁定 Liza 上白垩统砂岩有利目标。2015 年 3 月在位于离岸190km、水深 1743m 钻探 Liza-1 井，5 月底钻至 5433m 的上白垩统，在上白垩统钻遇 90m 厚的优质含油砂岩，经过评价钻探，到 2022 年落实可采储量为 18.2×10⁸bbl 油当量。之后进一步采集三维地震，运用全波反演技术提升地震成像品质，大大提高了钻井成功率。先后发现 31 个油气田，可采储量合计 140.74×10⁸bbl 油当量，其中大油气田 15 个（图 1-33）。2022 年 3 月 2 日，埃克森美孚公司表示，将在圭亚那近海的 Uaru 实施其第 5 个 FPSO（浮式生产储油卸油船）项目，计划在2026 年投产，日产能超过 20×10⁴bbl。有待确定的第 6 个 FPSO 项目计划在 2027 年完工投产。这6 个 FPSO 项目的油气总日产能约为 120×10⁴bbl 油当量，2027 年日产量将超过 85×10⁴bbl。圭亚那的发现也带动了阿帕奇（Apache）公司 2020 年在苏里南发现了 2 个大油气田。

2. 环非洲区油气大发现

环非洲深水区域成为国际石油公司和独立石油公司竞相进入的地区，而当地的石油公司在资金和技术方面严重不足。多国开始将深水区域划分出来对外招标，西方大型石油公司获得了一批

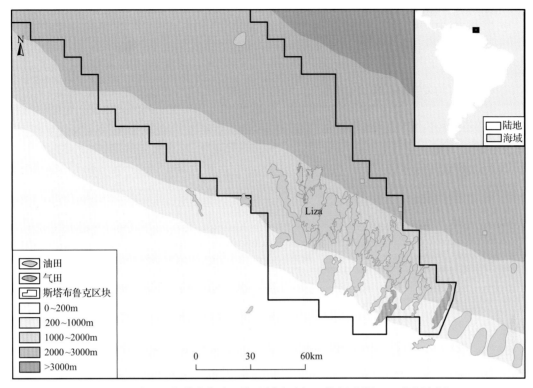

图 1-33　圭亚那斯塔布鲁克区块及周边油气田分布图（据 IHS 数据编制）

区块，取得了一系列的大发现。

　　非洲长期是西方国家的殖民地，陆上油气勘探比全球其他地区要晚。浅水区勘探早期主要集中在西非的尼日利亚等国家，壳牌公司和英国石油公司联合在尼日尔三角洲盆地发现了大量的油气田。埃尼公司和阿纳达科公司在莫桑比克深水鲁伍马（Rovuma）盆地发现巨型天然气田，埃尼公司在埃及发现 Zohr 大气田。科斯莫斯能源公司（Kosmos Energy）和壳牌公司在毛里塔尼亚和塞内加尔发现了 Ahmeyim/Guembeul、Orca 等大气田（图 1-34）。

　　传统殖民地是西方的石油公司首先进入的地区。1973 年 7 月 19 日，埃尔夫公司获得刚果共和国深水-大陆架的 Haute Mer 区块，面积 4550km^2。1984 年在浅水区发现了 N'Kossa Marine 大油田，可采储量 6.13×10^8bbl。Haute Mer 许可证内的深水勘探始于 1992 年。1994 年 11 月，雪佛龙公司获得区块 22.5% 的权益，1995 年 3 月增加到 30%，政府参股 15%，当地另一家公司参股 4%，埃尔夫公司持股降低到 51%，仍为作业者。埃尔夫公司采集 2400km 二维地震，确定了 Moho 勘探前景，1993 年又采集 475km 二维地震，1995 年首次发现 Moho Nord 构造，在下刚果盆地-刚果扇盆地的 Haute Mer 深水区块确定了 Moho 和 Bilondo 远景区。Moho-bilondo 和 Moho Nord 构造整体呈 NW-SE 延长趋势。储层为古近系浊积岩、河道砂和白垩系台地碳酸盐岩与砂岩。1995 年 6 月，发现了 Moho Bilondo 油田，最终证实油气可采储量为 6.36×10^8bbl 油当量。

　　截至 2022 年底，除艾奎诺公司以外的西方大型石油公司已在非洲地区抢占了大面积深水勘探区块，权益区块面积都在 5×10^4km^2 以上，为未来 5～10 年的大发现奠定了基础。相比之下，中国石油在环非洲地区除莫桑比克外，所有区块均为陆上区块（窦立荣等，2022e）。

（二）页岩气和页岩油

1. 页岩气

美国米歇尔能源开发公司的总裁乔治·米歇尔被称为世界"页岩气之父"，他带领公司经过 17

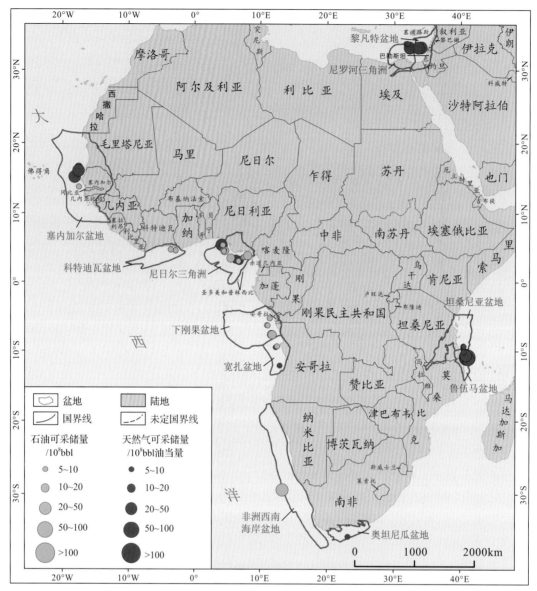

图 1-34 环非洲深水大油气田分布图（据 IHS 数据编制）

年的不懈努力，针对沃堡思盆地 Barnett 页岩先后钻了 200 多口井，花费 2.5 亿美元，于 1997 年采用大型滑溜水压裂技术对 3 口页岩气井进行开发试验，获得重大突破。2001 年，戴文能源公司以 31 亿美元的价格收购了米歇尔能源开发公司。2002 年，戴文能源公司进一步发展了水平井多段压裂技术，水平井单井最终可采储量达到 $0.8×10^8m^3$，其中约有 10%的井最终可采储量高达 $2×10^8m^3$。

水平井多井"工厂化"作业、顶驱旋转导向钻井、储层体积改造、三维地震和微地震监测等高端技术及装备的推广应用，使美国页岩气开发成本持续降低，产量持续增加。美国已发现 20 个页岩气产区，其中 9 个已经规模开发。2003 年美国页岩气产量达 $200×10^8m^3$；2008 年，美国页岩气产量首次超过煤层气，达 $520×10^8m^3$；2015 年美国页岩气产量达到 $4217×10^8m^3$，占美国天然气总产量的 56%，天然气基本实现自给，对外依存度由 2000 年的 16%下降到 1%。2020 年美国的天然气产量达到 $11680×10^8m^3$，占世界总产量的 23.7%，其中页岩气产量达到 $7300×10^8m^3$，占美国天然气总产量的 63%（图 1-35）（张福祥等，2022）。

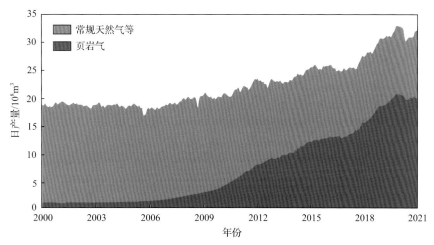

图 1-35　2000～2021 年美国页岩气与常规天然气总产量的变化(据张福祥等，2022)

2. 页岩油

在 2003 年页岩气取得突破后，开发区带向高成熟区的产气区转移，天然气产量增加，油气比降低，2008 年开始，页岩气的开发技术基本成熟，天然气价格的低廉和对液态烃的渴求，使石油公司开始向偏油的区带转移，液态烃含量增加和油气比升高(图 1-36)。占页岩油产量 34% 以上的美国二叠盆地的 Wolfcamp 页岩的油气产量在近 10 年快速增加，油气比也增加。在向中低成熟度页岩油区转移时，能否像高成熟区一样得到商业产量，还有待技术的进一步研发(Jarvie，2012)。

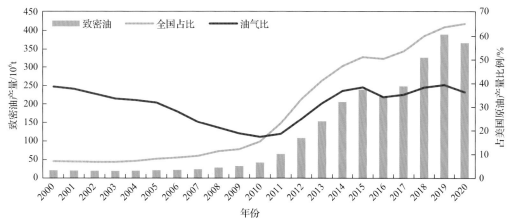

图 1-36　美国致密油年产量及占原油总产量的比例(据 Wood Mackenzie 数据编制)

美国继页岩气开采获得成功后，页岩油再次受到广泛关注。由于美国天然气价格便宜，液态石油的经济价值远高于天然气，因此，2008 年开始，美国很多石油公司将勘探与开发重心由产气区向偏油、黑油区域转移，页岩油(致密油)的勘探得到了快速发展(Jarvie，2012)。

页岩油资源系统是指页岩或与其紧密相关的贫有机质层内岩相(例如碳酸盐岩)中蕴含的可动油。富有机质泥岩、钙质泥岩或泥质灰岩通常既是烃源岩，也是首要或次要目的层，为自生自储型连续油气藏。叠置贫有机质碳酸盐岩、粉砂岩或砂岩也可能形成高产储层。复合页岩油资源系统特指富有机质与贫有机质层互层的情况。

据推测，富有机质烃源岩滞留油量为 70～80mg/g，倘若烃源岩中未发育开启裂缝，抑或未采取改善渗透率的措施，页岩产能会受到极大限制。高成熟油裂解成气导致页岩气资源系统中含气量普遍较高。碳酸盐岩、砂岩或粉砂岩等贫有机质岩石含油量不高，但前提是吸附能力较差，滞留油量较低。如果存在贫有机质相带或发育开启裂缝网络，将大大削弱吸附效应对产能的影响。

根据美国能源署统计，在 2010 年，页岩油产量仅为 82.55×10^4 bbl/d，总产量仅占美国原油总产量的 15%左右。2010～2019 年，页岩油产量大幅增长，2019 年美国页岩油产量约为 775.41×10^4 bbl/d，复合增速高达 28.26%。2020 年，受油价大跌影响，页岩油及原油产量分别同比下滑 5.89%及 7.65%，页岩油产量占比进一步提升至 64.53%（图 1-36）。

美国页岩油和页岩气是全球勘探开发程度最高的地区，以埃克森美孚公司和雪佛龙公司产量最高，其次为碧辟公司、壳牌公司和道达尔能源公司（图 1-37）。但和美国总的页岩气和页岩油产量相比，五大巨头的产量占比不大，还有大量的独立石油公司在美国开发页岩油气。

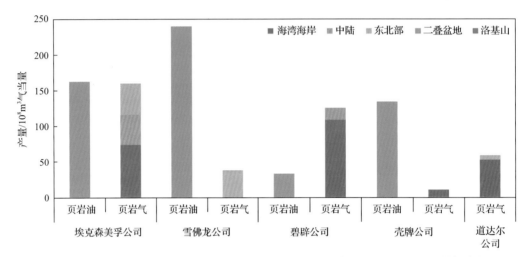

图 1-37　2019 年五巨头在美国境内的页岩油和页岩气产量（据 Wood Mackenzie 数据编制）

随着能源转型的到来，欧洲石油公司开始逐步退出美国的非常规油气市场。2020 年 7 月，壳牌公司出售其在阿巴拉契亚页岩气项目；2021 年 12 月，壳牌公司以 95 亿美元的价格出售其在二叠盆地的页岩气资产给康菲石油公司，彻底退出美国页岩油气业务。

（三）重油和沥青砂

世界最大的油砂矿位于加拿大西部艾伯塔盆地的四个地区：阿萨巴斯卡（Athabasca）、科尔德莱克（Cold Lake）、皮斯河（Peace River）和碳酸盐岩三角带，总面积为 7.7×10^4 km^2（图 1-38）。这些巨大的沥青矿蕴藏在多种圈闭中，最简单的是阿萨巴斯卡穹隆，为长 240km、宽 110km 的巨大背斜。它为下白垩统砂页岩剖面中位于古生界凸起上的碎屑岩楔形体（Perrodon et al.，1998）。

1913 年，加拿大地质调查局的西德尼·埃尔斯经过长期调查研究之后，向政府提交了一份报告。1915 年，埃尔斯在政府帮助下，在阿萨巴斯卡的实验室用热水分离出相当数量的沥青用于铺路。之后不同学者和公司尝试多种方法从油砂中提取沥青来做屋顶防水涂料和铺路等，通过露天开采油砂矿来萃取出沥青，再把沥青加工为和常规原油差不多的合成原油。先后成立了多家油砂开发公司来开发油砂矿，如 1917 年成立的 Sun 公司（1979 年改名为 Sunco 公司）和 1964 年成立的合成油（Syncrude）公司等。组成该公司的有 10 家企业，其中包括埃克森公司控股 70%的加拿大子公司，即加拿大第一大石油公司帝国石油（Imperial Oil）公司，取得 25%股权。油砂开采公司尝试通过"蒸汽驱"和"蒸汽吞吐"来提高沥青的产量。

1981 年，帝国石油公司科学家 Butler 和 Stephens 首先提出了蒸汽辅助重力泄油技术（SAGD）的概念，并应用半解析计算方法与室内实验方法证实了连续注入蒸汽和连续采油可以获得最大的采收率。Griffin 和 Trofimenkoff（1986）将 Butler 等提出的 SAGD 理论拓展到直井与水平井组合开采上，试验得出的结论与理论结果非常吻合。

SAGD 技术的应用使油砂资源得以经济开发。直到 2001 年，美国《油气杂志》年终公布的加

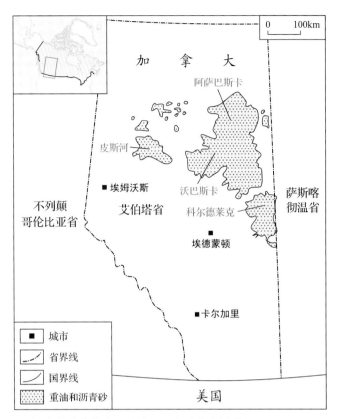

图 1-38 加拿大艾伯塔盆地重油和沥青砂分布图(据 Perrodon et al.，1998)

拿大石油可采储量仅为 $6.65 \times 10^8 t$，占世界剩余储量的 0.47%，仅排世界第 17 位；2002 年首次将油砂储量计入统计范围，加拿大的石油储量增加到 $246.6 \times 10^8 t$，比前一年增长 3605.7%，占世界总剩余储量的 14.84%，排世界第 2 位，仅次于沙特阿拉伯。

2011 年，碧辟能源统计年鉴发布的加拿大 2010 年度石油可采储量只有 $50 \times 10^8 t$，而 2012 年将加拿大的石油可采储量进行了系统调整，1998 年为 $69 \times 10^8 t$，1999 年则改为 $251 \times 10^8 t$，之后一直保持在 $240 \times 10^8 t$ 左右，占世界剩余可采储量的 10% 左右，排世界第 3 位(仅次于委内瑞拉和沙特阿拉伯)，其中 96% 是油砂油储量(图 1-39)。也就是说，加拿大油砂的经济可采储量在 1999 年才得到公认。

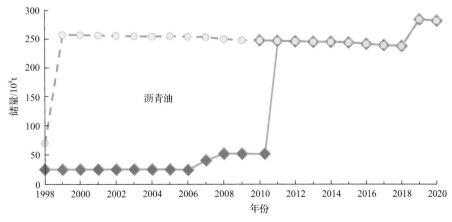

图 1-39 1998～2020 年加拿大石油储量变化图(据碧辟能源统计年鉴)

实线为 2011 年公布的储量数据；虚线为 2012 年公布的储量数据

通过不断现场试验，加拿大油砂沥青产量得到快速增加，当地先后又成立了多家油砂开发公司。到 2004 年，Syncrude 公司的日产规模达到 24.1×10⁴bbl，成为加拿大第一大油砂企业。第二位是森科能源(Suncor Energy)公司，为 22.8×10⁴bbl。第三位是阿萨巴斯卡油砂项目(AOSP)，日产量为 18.2×10⁴bbl。第四位是帝国石油公司的科尔德莱克项目，日产 11.9×10⁴bbl。2008 年，Syncrude 公司生产能力达到 35×10⁴bbl/d。

国际几大石油公司抓住机遇，先后通过并购进入加拿大油砂开采领域。埃克森美孚公司不满足于通过帝国石油公司间接介入油砂开发，它直接投资，和帝国石油公司合作开发另一个规模更大的 Kearl 项目。

1998～2009 年加拿大原油产量缓慢增加，但自 2010 年开始原油产量增长速度加快(图 1-40)，到 2019 年原油产量(含原油、页岩油、油砂、凝析油和天然气液)达 2.64×10⁸t，其中 63.3%是沥青油(53%通过 SAGD 开采，47%通过矿采法开采)。2020 年原油产量较 2009 年增加 67%，主要来自油砂。加拿大成为世界第四大原油生产国，仅次于美国、沙特阿拉伯和俄罗斯。

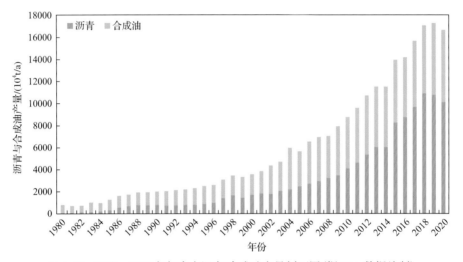

图 1-40　1980～2020 年加拿大沥青/合成油产量剖面图(据 EIA 数据编制)

自 2014 年底全球油价断崖式下跌以来，国际石油公司不断减持或出售加拿大项目资产，将投资重点转移到美国非常规领域，而加拿大当地公司在增持油砂资产(图 1-41)。2016 年以来加拿大境内超过 1 亿加元的油砂资产交易达到 10 笔，交易额达到 390.09 亿加元(其中 SAGD 项目有 6 个，交易额 177.30 亿加元)。

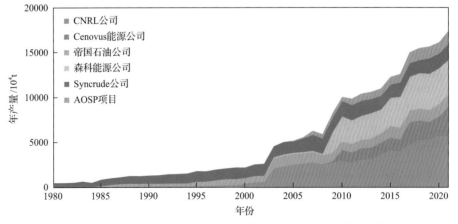

图 1-41　1980～2020 年加拿大主要石油公司原油产量剖面图(据 EIA 数据编制)

2017 年 3 月，康菲石油公司宣布将其在加拿大的 Foster Creek Christina Lake(FCCL)油砂资产

50%的非作业者权益和大部分西加拿大深盆气资产以 133 亿美元(177 亿加元)的价格出售给当地的塞诺佛斯(Cenovus)能源公司,用于偿还债务。2017 年 4 月,挪威国家石油公司将其在加拿大艾伯塔省的全部油砂业务以 4.31 亿加元的价格出售给了阿萨巴斯卡石油公司。

壳牌公司早在 1956 年就涉足加拿大油砂业务,到 2008 年日产水平为 3.7×10⁴bbl。它在加拿大的主要油砂项目是 AOSP 项目,持股 60%并担任作业者,雪佛龙公司和马拉松石油公司分别持股 20%。2010 年产量达到 25.5×10⁴bbl/d。此外,2006 年 6 月,壳牌加拿大公司兼并了加拿大一家石油公司 Black Rock Ventures,它的油砂油日产量增加 1.2×10⁴~1.4×10⁴bbl。

2016 年,AOSP 项目平均日产油 16×10⁴bbl。2017 年项目的股权结构发生了重大变化,两家国际石油公司撤出。首先,马拉松石油公司将其 20%的权益分别以 12.5 亿美元卖给壳牌公司和加拿大自然资源公司(CNRL)各 10%的权益;然后,壳牌公司将 AOSP 项目 60%的权益以 85 亿美元(111 亿加元)的价格出售给了 CNRL 公司,仅保留 10%的权益(窦立荣等,2020a),壳牌公司在加拿大的原油产量大幅度下降(图 1-42)。

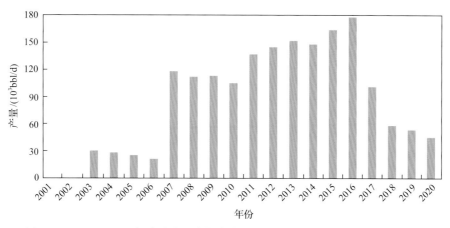

图 1-42　2001~2020 年壳牌公司在加拿大的原油产量剖面图(据壳牌公司年报)

本土公司成为加拿大主要油砂生产商。2018 年加拿大矿采法开采油砂最大的六家公司分别为 Syncrude(30.2×10⁴bbl/d)、AOSP(29.5×10⁴bbl/d)、CNRL(26.4×10⁴bbl/d)、森科能源(25.9×10⁴bbl/d)、帝国石油公司(22.3×10⁴bbl/d)和 Fort Hills(12.5×10⁴bbl/d);最大的四家采用 SAGD 法开采的公司分别是森科能源(Firebag and MacKay River)(24.2×10⁴bbl/d)、塞诺佛斯能源(Christina Lake)(20.1×10⁴bbl/d)、塞诺佛斯能源(Foster Creek)(16.2×10⁴bbl/d)和帝国石油公司(科尔德莱克)(14.8×10⁴bbl/d)。

(四)奥里诺科重油带

委内瑞拉的奥里诺科重油带是一个非常广泛的、非独立的原油生产区域,从奥尔达斯港向正西延伸 460km;根据产能和石油储量确定的主要生产区域面积为 1.36×10⁴km²。1976 年委内瑞拉对石油资源实行国有化后,由委内瑞拉国家石油公司全面接管奥里诺科地区的勘探开发。1977 年,委内瑞拉政府和国家石油公司完成了第二阶段的勘探工作。1979~1983 年,新钻井 669 口,总进尺 64.3×10⁴m,投资 6.15 亿美元采集了 1.5×10⁴km 二维地震。从东到西将主要产区划分为 Cerro Negro、Pao、Hamaca、San Diego、Zuata 和 Machete 等六个区块。通过对 288 个样品的研究和分析确定了该区的油气特征。油藏具有"三高一低"的特点,即高密度、高含硫、高含重金属钒和镍、低黏度(Martinez,1987),可形成泡沫油(穆龙新等,2009)。冷采条件下可流动并能获得很高的单井产能,油藏条件下原油的黏度(动态)为 2000~7000mPa·s。单井平均产量 25m³/d,蒸汽吞吐后可以增加 4 倍。1985 年底,Cerro Negro 和 Hamaca 两个主力产区的产量为 13000m³/d,当时估算的石油原始地质储量为 $1878 \times 10^8 m^3$，这使奥里诺科重油带成为世界上最大的油藏(图 1-43)(Martinez，1987)。

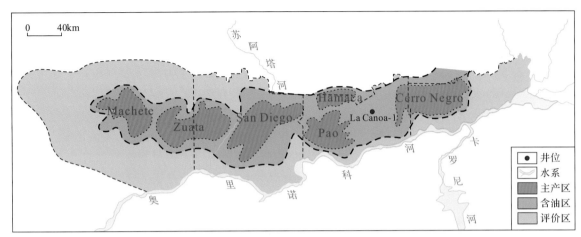

图 1-43　委内瑞拉奥里诺科重油带原油饱和度和主要生产区分布图(位置见图 1-18)(据 Martinez，1987，有修改)

20 世纪 90 年代，委内瑞拉对外开放了奥里诺科重油带。在资金和技术方面，委内瑞拉与国际大型石油公司合作，合作的基础是以委内瑞拉国家资本为主体，重油产量快速增加。外国投资者纳税与本国企业相同。1999 年，PDVSA 公司在奥里诺科油区划分了 34 个含油区块：其中 Machete 区 2 个，Zuata 区 7 个，Hamaca 区 19 个，Cerro Negro 区 6 个(图 1-44)。

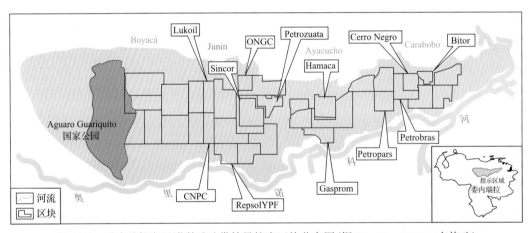

图 1-44　委内瑞拉奥里诺科重油带储量核实区块分布图(据 Moritis，2005，有修改)

到 2021 年底，IHS 公布的奥里诺科重油带的可采储量(2P)为 $418.91 \times 10^8 m^3$。2000 年以来，委内瑞拉的重油产量快速增加；2017 年以来，随着美国的制裁力度加大，西方的石油公司撤出，稀释剂的采购受限，重油的产量近年来快速下降(图 1-45)。

(五)煤层气

煤层气作为非常规天然气，资源丰富。国际能源署预测，全世界煤层气资源量达到 $260 \times 10^{12} m^3$。美国、澳大利亚、中国、加拿大、俄罗斯、英国、印度、德国、波兰、捷克等主要产煤国开展了煤层气开发试验工作(徐继发等，2012)，出台了鼓励和扶持政策或条例，促进本国煤层气产业。与此同时，也对外国公司开放煤层气区块，吸引投资和技术。

为弥补常规天然气供应不足，美国着眼煤层气开发，1978 年开始煤层气的生产。1980～1989年是产量快速增长的前期阶段，1990～1997 年产量快速增长，这一时期相继发现圣胡安和黑勇士

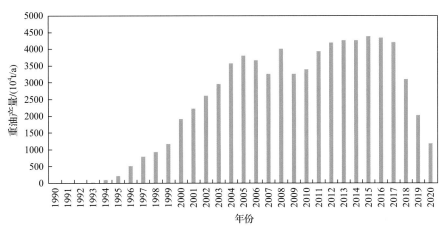

图 1-45 1990～2020 年委内瑞拉重油产量剖面图(据 EIA 数据编制)

煤层气田;1998～2012 年为产量稳定阶段,之后由于页岩气的快速发展,煤层气的产量逐渐下降。2003 年美国煤层气年产量已超过 $450 \times 10^8 m^3$。2004 年产量达 $500 \times 10^8 m^3$,占天然气生产总量的 8%～10%。

澳大利亚煤炭资源丰富,早在 1976 年澳大利亚就开始在昆士兰的鲍恩(Bowen)盆地开采煤层气。受美国煤层气工业振兴的激励,从 20 世纪 80 年代中期开始,多家澳大利亚本土公司进入了煤层气勘探开发领域。1987～1988 年该国成功运用地面钻井法开采出了煤层气。因澳大利亚健全的煤层特征数据库及较好的商业环境,使许多国际石油公司(例如壳牌公司、阿莫科公司、康菲石油公司和安然公司等)都充分认可澳大利亚煤层气的开发前景(图 1-46)。由于开发出适合的特色技术,澳大利亚煤层气产量从 1996 年以来连年增长,2004 年产量达到 $13 \times 10^8 m^3$,2007 年增加到 $29 \times 10^8 m^3$。2005 年昆士兰政府为了刺激天然气工业的发展,在《电业法 1994》第 5 章规定,发

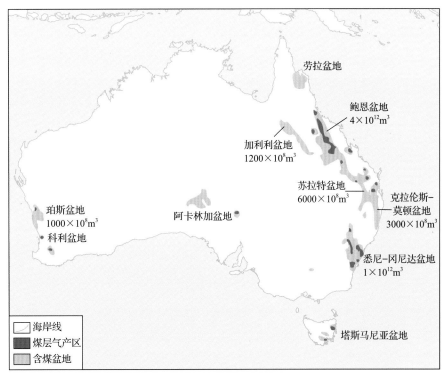

图 1-46 澳大利亚含煤盆地及煤层气资源分布(引自徐继发等,2012)

电企业至少 13%的电力来自于天然气发电，2011 年又将份额增加到 15%。这项法规大大激励了昆士兰州煤层气的发展，众多油气公司增大了在煤层气勘探与开发方面的投入，煤层气储量和产量获得大幅增加，澳大利亚能源行业进入煤层气时代。煤层气厂家考虑将煤层气作为液化天然气销售，纷纷拟建煤层气—液化天然气项目。到 2021 年澳大利亚煤层气产量超过了 $400 \times 10^{8} \mathrm{m}^{3}$，成为全球最大的煤层气生产国(图 1-47)。

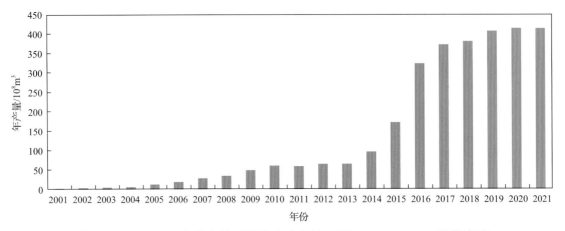

图 1-47　2001～2021 年澳大利亚煤层气年产量剖面(据 Wood Mackenzie 数据编制)

壳牌公司作为作业者的昆士兰天然气公司(QGC)在苏拉特和鲍恩盆地拥有多个煤层气区块，成为澳大利亚最大的煤层气生产商，尤其在 2015 年并购英国天然气集团公司后，在澳大利亚拥有了煤层气勘探开发、液化和销售一体化的产业链，液化气主要销售到东南亚地区。

第二章　不同石油公司的跨国勘探发展史

全球油气行业有数千家各种形式、能力和规模不同的公司。在描述这些公司时经常出现不同的术语,也经常引起混淆。为了更好地了解它们,有必要对有关公司进行定义(Inkpen and Moffett, 2011)。

国际石油公司(international oil company),即跨国油气公司,通常是全球知名的大型油气公司,在资源国和国家石油公司联合作业,这些国家石油公司通常由资源国控股。国际石油公司通常也是国际能源公司,更多的是指知名的大型国际石油公司,如碧辟公司、雪佛龙公司、康菲石油公司、埃克森美孚公司、壳牌公司和道达尔能源公司。

综合性石油公司(integrated oil company),即包含了油气上游、中游、下游业务的公司,也许还有石油化工产品。综合性石油公司通常是指知名的大型油气公司,如碧辟公司、雪佛龙公司、康菲石油公司、埃克森美孚公司、壳牌公司和道达尔能源公司等,有时也包括埃尼公司和马拉松公司这样的小公司。

国家石油公司(national oil company),是指由政府控制的公司,通常是为了管理国家油气资源而成立的公司。许多国有石油公司,如俄罗斯天然气工业股份公司、巴西国家石油公司和我国的三大国有石油公司,都是国家控股,部分由私人投资者参与。国有石油公司通常是政府部门的一个分支机构,比如能源部或油气部。一些国家石油公司只在他们自己的国家开展油气业务,如科威特、卡塔尔、墨西哥、印度、乌兹别克斯坦等国家石油公司,也有的参与多国的油气竞争,和国际石油公司同台竞技,如俄罗斯天然气工业股份公司、巴西国家石油公司和艾奎诺公司。随着国家石油公司的规模越来越大、越来越全球化,它们的股份也越来越多,并开始上市,国家石油公司和国际石油公司之间的界线正变得越来越模糊。虽然它们通常是上市公司,但它们也可能是私有的。不少国家石油公司也是综合性能源公司。

石油巨头(majors),是指大型非国有石油公司,通常是私有的上市公司。石油巨头和国际石油公司这两个词经常互换使用。而超级石油巨头(supermajors),通常用于描述几家知名的大型国际石油公司和石油巨头,主要指碧辟公司、雪佛龙公司、埃克森美孚公司、壳牌公司和道达尔能源公司等(表2-1)。

表2-1　2021年世界石油公司50强境外净储量和净产量占比统计表

排名	公司	国家持股比例/%	境外剩余经济可采储量/10⁸t油当量				境外产量/10⁴t油当量				储采比
			境外石油	境外天然气	境外油气合计储量	占总储量的比例/%	境外原油产量	境外天然气产量	境外油气产量	占总产量的比例/%	
2	伊朗国家石油公司	100	0.09	0.47	0.56	1	—	—	—	—	—
3	中国石油	100	12.57	7.32	19.90	42	7637.48	2432.86	10070.34	32	19.76
4	埃克森美孚公司	—	21.95	11.58	33.53	62	8012.48	4932.00	12944.48	68	25.90
5	俄罗斯国家石油公司	50.76	0.00	0.77	0.78	2	2.35	432.24	434.59	2	17.93
6	碧辟公司	—	26.99	17.64	44.63	98	9525.04	6540.80	16065.84	96	27.78
7	俄罗斯天然气工业股份公司	50.23	0.47	0.33	0.80	0	95.72	232.78	328.49	1	24.38

续表

排名	公司	国家持股比例/%	境外剩余经济可采储量/10⁸t 油当量				境外产量/10⁴t 油当量				储采比
			境外石油	境外天然气	境外油气合计储量	占总储量的比例/%	境外原油产量	境外天然气产量	境外油气产量	占总产量的比例/%	
8	壳牌石油公司	—	15.56	18.84	34.41	100	8865.34	7026.25	15891.59	98	21.65
9	雪佛龙公司	—	8.86	11.05	19.91	49	4874.94	5127.03	10001.97	63	19.91
10	道达尔能源公司	—	24.00	18.92	42.92	100	7677.47	6140.52	13817.99	100	31.06
13	俄罗斯卢克石油公司	—	3.80	2.87	6.67	27	633.74	842.47	1476.21	14	45.21
14	科威特国家石油公司	100	0.32	0.91	1.23	2	940.24	301.77	1242.01	8	9.91
15	阿尔及利亚国家石油公司	100	0.06	0.18	0.24	1	25.55	62.77	88.32	1	26.87
16	巴西国家石油公司	28.67	0.04	0.14	0.18	1	64.90	154.48	219.37	2	8.13
17	卡塔尔能源公司	100	1.36	0.28	1.63	2	92.90	8.28	101.19	1	161.23
19	中国石化	68.31	3.17	1.82	4.99	44	2851.38	819.64	3671.02	37	13.59
22	埃尼公司	33.33	10.78	9.42	20.20	95	3973.32	3715.06	7688.37	95	26.27
23	马来西亚国家石油公司	100	2.84	3.23	6.07	57	858.22	1044.48	1902.71	24	31.90
24	埃及国家石油公司	100	0.09	0.01	0.10	28	40.01	10.78	50.79	14	19.18
25	中国海油	100	5.05	1.61	6.66	62	2043.97	632.64	2676.61	33	24.87
26	印度石油天然气公司	60.41	1.57	1.05	2.61	39	849.13	331.29	1180.42	23	22.15
28	艾奎诺公司	67.00	5.03	2.33	7.36	48	1710.32	1110.83	2821.15	30	26.08
29	印度尼西亚国家石油公司	100	0.91	0.09	1.00	24	280.39	98.07	378.46	10	26.45
31	康菲石油公司	—	3.91	3.96	7.87	24	1476.79	1538.11	3014.90	38	26.11
33	加拿大自然资源公司	—	0.17	0.12	0.29	2	179.97	21.21	201.18	3	14.44
34	雷普索尔公司	—	2.49	3.09	5.58	100	1050.46	1750.78	2801.24	100	19.93
35	塞诺佛斯能源公司	—	0.03	0.17	0.19	2	62.85	249.37	312.22	8	6.16
36	西方石油公司	—	1.36	1.00	2.36	11	868.70	401.14	1269.84	21	18.55
38	哥伦比亚国家石油公司	88.49	0.77	0.27	1.04	28	117.94	35.39	153.33	4	67.61
39	依欧格资源公司	—	0.00	0.03	0.03	0	3.58	196.63	200.21	4	1.67
41	泰国国家石油公司	51.11	0.44	1.13	1.58	59	277.12	536.92	814.04	38	19.35
41	德国温特沙尔公司	—	1.42	4.33	5.75	97	632.02	1875.37	2507.39	93	22.94
44	乌兹别克斯坦国家石油公司	100	0.00	0.00	0.00	0	2.45	113.47	115.92	9	0.00
45	国际石油开发株式会社	18.96	4.96	2.61	7.58	99	1768.95	896.71	2665.66	96	28.43
46	奥地利石油天然气集团	31.50	1.63	1.95	3.58	97	846.08	1400.71	2246.79	95	15.93
48	Ovintiv 能源公司	—	1.28	3.74	5.02	57	316.41	809.53	1125.94	37	44.61
49	森科尔能源公司	—	0.64	0.03	0.67	6	208.23	1.99	210.23	5	31.88

注："—"表示无此项；排名据 Merolli（2022）；境外产量和储量数据来自各公司 2021 年年报、IHS 数据（2022 年）、Wood Mackenzie 数据（2022 年）。

独立石油公司(independent oil company)，即非一体化的石油公司，所有收入来自油气上游，没有下游业务，只是油气生产商，不是下游公司。

小公司(junior)是指小型石油公司，日产量在500~10000bbl油当量的公司。这些公司的规模大小不一，但在全球油气行业发挥着重要作用，是全球行业的命脉。

第一节　超级巨头的跨国油气勘探

一、埃克森美孚公司

1999年，美孚公司和埃克森公司合并为埃克森美孚公司，成为世界第一大国际石油公司。截至2022年底，合并后的埃克森美孚公司(含合并前)作为作业者和主要作业者在全球发现了1219个油气田(不含美国陆上)，累计发现可采储量达到$448.13 \times 10^8 m^3$油当量(图2-1)，其中大油气田84个(20个在非洲地区)，合计可采储量$360.02 \times 10^8 m^3$油当量，非洲地区占10.1%(据IHS数据)。

2021年，埃克森美孚公司在22个国家生产油气，原油产量$31.4 \times 10^4 t/d$(其中境外占比68.5%)，天然气产量$2.2 \times 10^8 m^3/d$(其中境外占比67.8%)，在世界石油公司中分别排名第7和第8位。2021年石油权益储量$16.7 \times 10^8 t$，天然气权益储量$1.08 \times 10^{12} m^3$，在世界石油公司中分别排名第13和第16位。在PIW(Petroleum Intelligence Weekly)公布的2022年度全球石油公司50强排名中排第4位(Merolli，2022)。

(一)埃克森公司

1911年底，新泽西标准石油公司(Standard Oil Company of New Jersey)正式独立，成为当时美国最大的石油公司。它带走了标准石油将近一半的资产，美国境内的汉伯尔石油和炼油公司的加盟大大加强了新泽西标准石油公司在美国境内上游的实力，加拿大的帝国石油、罗马尼亚的罗美石油公司等境外资产也被收入囊中。新泽西标准石油公司独立发展后的第一件大事就是强化上游勘探开发业务，中南美洲成为境外找油的首选地。在中东地区，埃克森公司主要是通过参股土耳其石油公司来分享油气发现和产量。美洲、非洲和远东地区是海外油气勘探发现的主战场(图2-2)。

1. 美洲地区

1914年新泽西标准石油公司(Exxon)在加拿大注册一家公司，即国际石油有限公司(International Petroleum Company，Limited)，负责在南美洲开展勘探和生产业务，新泽西标准石油公司正是通过这家公司接管了伦敦太平洋石油公司的秘鲁资产——La Brea-Parinas区块的特许经营权(Travis，1953；Youngquist，1958)。区块位于秘鲁西北部阿莫塔佩(Amotape)山脉和奇拉河以北的太平洋之间的狭长沙漠地带。沿海岸分布大量油苗，人们通过开挖的方式开采原油。国际石油有限公司在秘鲁塔拉拉盆地发现了一系列中小型油田，包括1993年中国石油获得的6/7区块和后来从巴西国家石油公司购得的10区块。

1918年7月1日，热带石油公司[①]在哥伦比亚的中马格达莱纳盆地油苗附近发现了因凡塔斯(Infantas)油田，地质储量达$1.98 \times 10^8 m^3$。1919年，国际石油有限公司以3300万美元的价格购得。1926年7月1日，在哥伦比亚La Cira 58井发现了拉西雷(La Cira)大油田，地质储量达$4.69 \times 10^8 m^3$，

---

① 1905年，罗伯特·德·马里斯在马格达莱纳河和卡拉雷河之间获得了调查油苗的特许权，宽约48km，长约112km。1916年，马里斯将租让权转让给美国匹兹堡的本尼登(Benedum)和特利斯(Trees)公司，他们立即成立了热带石油公司(Tropical Oil Co.)，该公司设法将三部旧的顿钻钻机用独木舟从科罗拉多河运到因凡塔斯(Infantas)，该地区有明显的地表构造和重油油苗(来源：http://aukevisser.nl/others/id783.htm)。

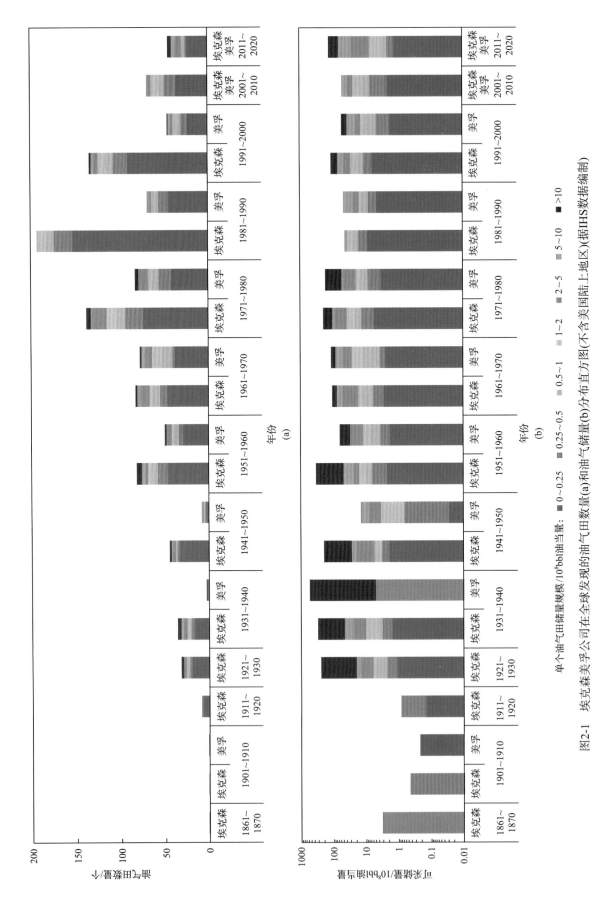

图2-1　埃克森美孚公司在全球发现的油气田数量(a)和油气储量(b)分布直方图(不含美国陆上地区)(据IHS数据编制)

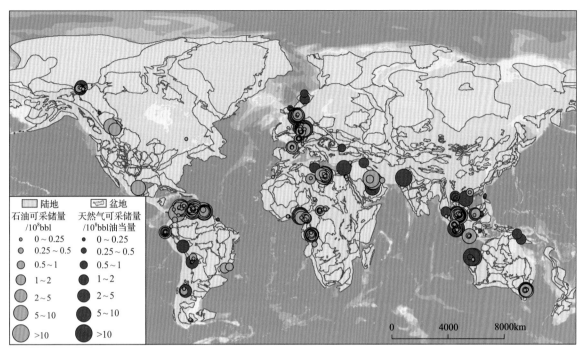

图 2-2　合并后的埃克森美孚公司和合并前的埃克森公司在全球发现油气田分布图(不含美国陆上)
(据 IHS 数据编制)

可采储量 $1.60×10^8m^3$。之后的地球物理工作揭示,拉西雷构造是一个平缓穹隆。在开发工作几年后才发现拉西雷构造与因凡塔斯构造是一个连续的大构造背景,形成了一个更大的油田。1951 年,罗伯特·德·马里斯租借地合同到期。30 年中,这里累计生产 $0.68×10^8m^3$ 原油(据 IHS 数据)。

1880 年,几家加拿大小型石油公司联合组成的帝国石油公司看中了加拿大西部艾伯塔盆地,经历几十年的不懈勘探,对盆地的认识逐步加深。根据地震资料解释成果发现,在位于埃德蒙顿西南 25km 处发育一个白垩系地层圈闭。1947 年 2 月钻探发现勒杜克(Leduc)礁块油田,第二年又发现了武德本德(Woodbend)油田。后来进一步研究发现,这是勒杜克油田的延伸部分。勒杜克-武德本德油田的石油最终可采储量为 $1.10×10^8m^3$,天然气可采储量 $140×10^8m^3$,是当时加拿大发现的最大油田。帝国石油公司加大了勘探步伐,于 1948 年在勒杜克油田东北 70km 处又发现了红水(Red water)油田,石油可采储量达 $1.32×10^8m^3$,比勒杜克油田还大;1949 年发现了金钉子(Golden Spike)油田,石油可采储量 $4642.29×10^4m^3$(据 IHS 数据)。

从 1947 年到 1953 年,在勒杜克油田周围 160km 以内,发现了几十个中小型油田,总可采储量达到 $4.35×10^8m^3$。这些油田的开发,成为加拿大石油工业发展的转折点。1953 年,加拿大的原油年产量首次突破 $1000×10^4t$,达到 $1275.47×10^4m^3$,1961 年上升到 $3562.96×10^4m^3$。

帝国石油公司的重大技术创新是蒸汽辅助重力泄油技术。它的发明者是该公司科学家罗杰·巴特勒(Roger Butler)。1969 年,巴特勒将此工艺申请了专利。1978 年,帝国石油公司在科尔德莱克钻了 HWP-1 号的一对水平井,日产量达到 $22.26m^3$。之后加拿大的油砂逐步成为国际公司的投资热点之一。1999 年,加拿大油砂油的储量首次进入全球储量统计表,当年储量增加了近 $20×10^8m^3$。

1922 年,国际石油有限公司进入墨西哥,认识到在坦皮科-米桑特拉(Tampico-Misantla)盆地发现的 Panuco 油田往北地表高部位白垩系碳酸盐岩储层油气成藏的可能性。该地区天然气苗发育,国际石油有限公司专门部署了 Cacalilao-1 NFW 井,井底深度 472m,4 月 15 日完井并作为生产井

投产，发现的 Cacalilao 油田产层为白垩系碳酸盐岩。1949 年估算石油可采储量仅 193.34×
$10^4 m^3$(Rojas，1949)。IHS 最新公布的石油可采储量为 $0.57×10^8 m^3$，天然气可采储量为 $277×10^8 m^3$。

1932 年，新泽西标准石油公司购买了印第安纳标准石油公司在美国境外的资产(包括墨西
哥)。印第安纳标准石油公司在 1925 年获得泛美石油和运输公司[1]多数股权。

1918 年，新泽西标准石油公司获悉加勒比石油公司(Caribbean Petroleum Co.)[2]发现梅因格兰
德油田后，就到委内瑞拉买下了 $1.21×10^4 km^2$ 租借地。1921 年 12 月成立了委内瑞拉标准石油公
司。1922—1924 年在委内瑞拉只找到几个小油田。1925 年 10 月用顿钻钻探 Quiriquire 1(monob1)
井，在井深 563.6m 停钻，中途测试生产，原油重度为 10.6°API，没有商业石油。1927 年 12 月，
位于同一油苗区的 Monef 2(Sabeneta 2)井的测试结果，将注意力指向了 Quiriquire 组的底部。1928
年改用旋转钻机加深钻探 Quiriquire 1 井，于 1928 年 6 月 1 日在上新统砂层中完井，测试日产油
$69.64m^3$，原油重度为 16.8°API，从而发现了基里基雷(Quiriquire)油田，探明可采储量 $2.26×10^8 m^3$，
含油面积达 $161.88km^2$，成为当时世界级的大油田。1931 年油田开始生产。此外，1931 年 4 月，
在法尔孔州东北部靠近海岸的地方发现库马雷沃(Cumarebo)油田，可采储量仅 $1189.96×10^4 m^3$，
但原油非常轻。1935 年在委内瑞拉东北部发现佩德纳莱斯(Pedernales)油气田，可采储量 0.75×
$10^8 m^3$ 油当量(据 IHS 数据)。

1928 年 6 月 30 日买下了克里奥尔(Creole)石油公司[3]，该公司从委内瑞拉政府手里买进马拉
开波湖湖边 1km 宽的长条地带。国际石油有限公司拥有委内瑞拉梅因格兰德公司 25%股权。

1974 年，委内瑞拉通过《石油工业国有化法》。1976 年底，外国公司在委内瑞拉的全部资产
移交给委内瑞拉政府。

1999 年以来，埃克森美孚公司在圭亚那的一系列大发现(图 1-33)大大提振了其在西大西洋深
水区块的信心。2017 年 7 月 13 日，埃克森美孚公司获得苏里南海上深水 59 号区块，面积 $11417km^2$。
2018 年继续南进，大举进入巴西多个深水盆地，快速获得 20 多个勘探开发区块。此外，2019 年
2 月，埃克森美孚公司(60%，作业者)和卡塔尔能源公司(40%)联合在地中海塞浦路斯深水区发现
Glaucus 大气田，控制可采天然气储量 $1275×10^8 m^3$。

2. 远东地区

新泽西标准石油公司成立不久就到远东地区开展油气勘探开发，包括印度尼西亚、马来西亚、
泰国、越南、巴基斯坦、澳大利亚、巴布亚新几内亚和东帝汶等国家，最主要的发现在马来西亚、
印度尼西亚和澳大利亚。

1912 年，新泽西标准石油公司在苏门答腊南部获得了石油租借地，成立荷属殖民地石油公司
(Nederlandsche Koloniale Petroleum Maatschappij)。一连钻了 66 口探井，发现多个小油田。直到
1922 年 12 月才发现塔兰格阿卡尔(Talang Akar-Pendopo)油气田，地质储量 $1.25×10^8 m^3$ 油当量。

1933 年，新泽西标准石油公司和 Socony-Vacuum 公司将其在亚太地区的石油资产联合起来，
按 50∶50 组成合营标准真空石油公司，简称斯坦维克(Stanvac)，加大石油勘探力度，在苏门答
腊岛上先后发现了几个油田：1930 年 7 月发现 Jirak 油田；1932 年 7 月发现贝纳卡特(Benakat)油
田；1938 年发现赛洛(Selo)油田；1941 年发现坦朱格拉查油田。第一个开发的油田是 1922 年发
现的塔兰格阿卡尔油田，到 1927 年日产原油 $636m^3$，成为当时苏门答腊最大的油田。

① 1905 年，美国石油商人爱德华·多汉尼(Edward Doheny)在墨西哥东海岸韦拉克鲁斯(Veracruz)的图斯潘(Tuxpan)附近购买了财
产，并成立了华斯特卡(Huasteca)石油公司。1909 年在墨西哥发现了 Tepetate Norte Chinampa 油田，1916 年发现了 Toteco-Cerro Azul 油
田，这两个油田的规模中等。1916 年，多汉尼在特拉华州成立泛美石油和运输公司，作为他的墨西哥石油公司、华斯特卡石油公司和加
利福尼亚石油资产的控股公司。

② 加勒比石油公司，1908 年是委内瑞拉投资的通用沥青公司的子公司，1912 年成为皇家荷兰壳牌公司的子公司。

③ 克里奥尔石油公司是 1920 年由纽约的一批投资者建立的。

1955～1956 年，埃索东方公司(Esso Eastern Inc.)通过地震勘探在巴基斯坦印度河盆地马里-根特果德(Mari-Kandhkot)发现了一个简单的穹隆构造——Mari 构造(Tainsh et al.，1959)，部署了 Mari 001 井，1957 年 6 月，在始新统 Habib Rahi 组石灰岩段测试获日产 $12.5 \times 10^4 m^3$ 的高产气流，含气层厚度 102m，天然气 CH_4 含量为 70%，N_2 含量为 20%，CO_2 含量为 6%。1957 年在 2 口评价井完钻后估算的天然气可采储量近 $674 \times 10^8 m^3$。1987 年又进行了一次地震调查，结果发现在更深的层位上还有一个构造。埃索东方公司直到 1983 年 5 月一直是作业者。1997 年，巴基斯坦国家石油公司部署钻探了 Mari Deep 1 井，在白垩系下戈鲁组又发现了一个更深的气层，2001 年部署钻探 6 口评价井，进一步评价深层的储量。最终落实天然气可采储量达 $3040 \times 10^8 m^3$（据 IHS 数据）。

3. 欧洲地区

第二次世界大战结束后，新泽西标准石油公司开始恢复它在西欧各子公司的找油工作。欧洲复兴带来对石油的巨大需求，在法国发现了帕朗蒂(Parentis)油气田，在联邦德国、荷兰陆上也有一些发现。位于法国南部靠近波尔多的帕朗蒂油田发现于 1954 年，是埃索东方公司找到的，它在法国政府手里获得了大面积的勘探许可。这是外国企业在法国获得许可的第一家（该公司部分属于法国投资者，因而符合法国法律），产量迅速增长到 $0.80 \times 10^4 m^3/d$，成为当时西欧最大的油田。

1947 年新泽西标准石油公司和壳牌对半合伙组成了一家合资公司——荷兰石油公司(Nederlandse Aardolie Maatschappij BV，NAM)，负责在荷兰勘探开采石油。1959 年发现了格罗宁根气田。此外，在欧洲包括英国、挪威、法国、德国、荷兰、土耳其和塞浦路斯等国家发现油气田，最主要发现的是在英国和挪威。

4. 非洲地区

非洲是埃克森公司进入相对较晚的大洲，在尼日利亚、喀麦隆、加蓬、刚果、安哥拉、科特迪瓦、赤道几内亚、摩洛哥、乍得、尼日尔、利比亚、埃及、厄立特里亚等国家都有油气发现，但主要油气田发现在尼日利亚、利比亚和乍得。

20 世纪 80 年代初，埃克森公司开展了全球性综合研究和资源潜力评价，认为安哥拉西部海域深水的下刚果盆地具有较高含油潜力。1994 年安哥拉举行新一轮招标时，埃克森公司获得了 15 号区块 40%的股份和作业权，在 16 号和 17 号区块也成功参股。到 2001 年底，埃克森美孚公司已经参股安哥拉 11 个深海区块的勘探，总面积超过 $5.3 \times 10^4 km^2$。承担的义务工作量是 $5 \times 10^4 km^2$ 的三维地震，钻探井 50 口。

在 15 号区块，埃克森公司与安哥拉国家石油公司签订了产量分成合同，合作伙伴还有英国石油公司(26.67%)、意大利阿吉普公司(20%)、挪威国家石油公司(13.33%)。15 号区块面积 4200km²，水深 200～1600m。1994 年开始，先部署二维地震勘探；根据二维资料，优选出 1300km² 面积进行三维地震勘探，确定了一批井位。到 2003 年 1 月，共钻探井 15 口、评价井 7 口，获得 13 个油气发现——基松巴油田群，合计可采储量 $3.18 \times 10^8 m^3$，水深 500～1000m。

埃克森美孚公司在尼日利亚是后来者，2005 年获得深水 OML133 区块，同年参与壳牌公司中标的 OML135 区块，权益 20%，壳牌公司是作业者。2005 年 7 月 18 日获得 OPL223 深水区块，2007 年 5 月 1 日获得 OML138 和 139 深水区块，埃克森美孚公司都是作业者，权益为 27%，雪佛龙公司、中国海油、道达尔公司和尼日利亚国家石油公司(NNPC)分别拥有 27%、18%、18%和 10%的权益。2014 年 6 月获得 OML145 区块，埃克森美孚公司（作业者）拥有 21.05%的权益，雪佛龙公司、Oando Energy Resources Inc(OER)和 Petroswede AB 分别拥有 21.05%的权益，NNPC 拥有 15.8%的权益。

1993 年 8 月，埃克森公司(56.25%，作业者)和壳牌尼日利亚勘探和生产有限公司(43.75%)联合在 OPL209 区块内部署采集 1200km 二维地震资料，1994 年 3～5 月采集 432km² 的三维地震和 735km 二维地震资料。1996 年 4 月 Bosi-1 井完钻，发现三套油气层。最终经过 10 口井的评价，落实波西 1(Bosi 1)大油气田,水深最大达 1676m,石油可采储量 $1.30×10^8m^3$,天然气可采储量 $2386×10^8m^3$。1998 年 12 月,在 Erha 背斜西侧部署钻探 Erha-1 井,1999 年 1 月完井。该井发现了 89m 的净气层和 75m 的净油层,油气柱高度达 548m。1999 年下半年钻探 Erha-2 井,总气柱减少,总油柱估计为 200m(据 IHS 数据)。

2000 年 9～11 月,结合 3D 地震和重力数据对 OPL 209 区块(后来的 OPL 133 区块)进行全面评价,发现 Erha 和 Erha 北等目标,水深 950～1200m,主要储层可能是断背斜背景下发育的中—上中新统封闭河道复合体,AVO 响应也支持其含油气性。2004 年 2 月钻探 Erha 北-1 井(又名 Erha-7 井),发现 Erha 北油田。Erha 和 Erha 北油田的石油可采储量分别为 $9302×10^4m^3$ 和 $6758×10^4m^3$,天然气可采储量分别为 $673.64×10^8m^3$ 和 $113.26×10^8m^3$。2006 年 3 月 27 日,Erha 油田投产,9 月 Erha 北油田投产(据 IHS 数据)。

(二)美孚公司

1911 年底,纽约标准石油公司(Socony:Standard Oil Company of New York)和真空石油(Vacuum)[①]分别从标准石油独立出来。1931 年,为应对经济大萧条,两家公司合并为 Socony-Vacuum Co.,1955 年更名为索科尼美孚石油公司(Socony Mobil)。1959 年,兼并马格诺利亚(Magnolia)石油公司和通用(General)石油公司。1960 年,Socony Mobil 更名为美孚石油公司(Mobil Oil Co.),1976 年改名为美孚公司(Mobil)。

美孚公司也十分重视走出去开展油气勘探开发。在和埃克森公司合并前,累计发现了 330 多个油气田(不含美国本土)(图 2-3),其中大油气田 23 个。主要发现的油气田在地区分布上与埃克森公司比较相似。

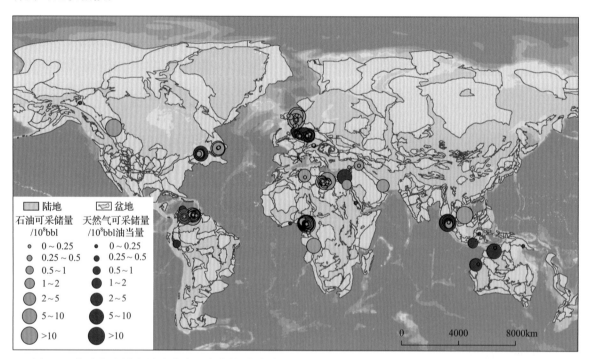

图 2-3 美孚公司(在与埃克森公司合并前)在全球发现的油气田分布图(不含美国本土)(据 IHS 数据编制)

---

① 1866 年 10 月 4 日在美国纽约州的罗切斯特注册成立,比标准石油公司的成立早 4 年。它的创始人是 Hiram B. Everest 和 Mathew P. Ewing,他们发明了真空蒸馏法。1879 年,标准石油公司以 20 万美元价格购得真空石油公司 75%的股权;1900 年,购得真空石油公司剩余 25%股权(来源:http://www.oilfieldwiki.com/wiki/Vacuum_Oil_Company;https://corporate.exxonmobil.com/who-we-are/our-global-organization/our-history)。

1. 欧洲地区

在标准石油被拆分前就已经在欧洲多个国家销售美国的煤油，之后开始进行上游勘探。1910年美孚石油公司在德国发现了第一个油田，之后虽然发现 40 多个油气田，但规模都不大。随着北海油气勘探热潮的兴起，美孚石油公司也积极进入，在英国、挪威、荷兰等发现油气田，其中最大的常规油田是在英国与挪威边界发现的 Statfjord 巨型油气田，可采储量达到 $8.68 \times 10^8 m^3$ 油当量。

2. 美洲地区

美国之外的美洲是美孚石油公司走出去最早的地区。在加拿大、委内瑞拉、特立尼达和多巴哥、秘鲁、哥伦比亚和玻利维亚等国有油气田发现，其中最大的发现在委内瑞拉。1938 年 7 月，在东委内瑞拉盆地部署钻探了 SCZ-9986-1 井，井底深度 875m，发现了 Zuata Principal（Junin 奥里诺科重油带）重油带，地质储量 $425.92 \times 10^8 m^3$，可采储量达到 $85.18 \times 10^8 m^3$。这一发现当时无法开采。

1953 年 2 月，美孚石油公司在艾伯塔盆地中部、埃德蒙顿以西地区的地震剖面上发现一个异常，决定部署一口探井来确定异常的性质，钻探发现了帕宾那（Pembina）大油田，可采储量达 $2.86 \times 10^8 m^3$。这是当时加拿大发现的最大油田。

3. 非洲地区

20 世纪 60 年代初，美孚石油公司进入尼日利亚，和 NNPC 组成联合公司，美孚石油公司占比 40%，担任作业者，NNPC 占比 60%；获得了 OML67、OML68 和 OML70 等 3 个大陆架区块，面积合计 2460km²；累计发现 72 个油气田，可采储量 $21.31 \times 10^8 m^3$ 油当量；其中大型油气田 8 个，储量合计达到 $11.24 \times 10^8 m^3$ 油当量。最大的油田为 1968 年发现的 Ubit 油田，石油可采储量 $1.96 \times 10^8 m^3$，天然气可采储量 $898 \times 10^8 m^3$。1998 年获得了 OPL94（现为 OML104）区块，面积 675.04km²，发现了 Yoho 大油田，石油可采储量 $0.83 \times 10^8 m^3$，天然气可采储量 $156 \times 10^8 m^3$（据 IHS 数据）。

此外，美孚石油公司在非洲的利比亚、赤道几内亚、埃及、加纳、加蓬、阿尔及利亚等国均有油气勘探发现。

4. 东南亚地区

1913 年 12 月至 1915 年年中，纽约标准石油公司派出 Fuller 等专家对中国北部和西部进行一次广泛的野外调查，以确定中国石油勘探的可能性。共有 6 支队伍，走了超过 4×10^4km，发现了 63 处油苗，但未能获得更令人鼓舞的结果，原因是以砂岩地层为主，缺乏盖层条件（Fuller，1919）。

第二次世界大战前，巴塔夫斯基石油公司在北苏门答腊盆地 Arun 地区发现了一个低起伏地表背斜，但由于第二次世界大战爆发，钻井计划被取消。美孚石油公司于 1968 年开始在 B 区块进行勘探，基于机载雷达和反射地震测量，确定了 Arun 构造下面的基底隆起。该发现是基于相对较差的地震数据，礁岩和上覆页岩之间的明显速度对比，证实了基底附近有一个大而深的闭合构造。Arun A-1 发现井位于珊瑚礁的顶部，在一块礁石综合体中发现了近 335m 厚的含油气石灰岩。Arun 是东南亚已知的最大的天然气/凝析气田之一，也是印度尼西亚最大的气田，天然气可采储量达到 $3963 \times 10^8 m^3$，凝析油可采储量 $1.24 \times 10^8 m^3$（据 IHS 数据）。

1975 年，在美国占领期间，Mobil/Kaiyo 集团在越南东南的 Bach Ho 地区钻探了第一口井——BH 01 X，在渐新统—中新统碎屑岩地层测试产量达到 928.56m³/d。1975 年晚些时候，由于越南南方解放，美孚石油公司从越南撤出。越南统一后，近海勘探区块被重新划分，一大片区域被授予越南/苏联合资企业 Vietsovpetro（VSP）。2003 年 12 月，VSP 公司报告称，通过评价钻探，证实下中新统储层石油储量为 $0.37 \times 10^8 m^3$，上渐新统为 $1351.50 \times 10^4 m^3$，下渐新统为 $1.21 \times 10^8 m^3$，基岩

储量为 $6.00 \times 10^8 m^3$（据 IHS 数据）。

1990 年，美孚石油公司作为作业者获得了印度尼西亚北苏门答腊盆地 Cepu 区块，面积 1866.18km^2。该区块 1961 年被授予当地的一个石油公司，1988 年 4 月 1 日区块因没有发现被退还给政府。2001 年发现了 Banyu Urip 油田，石油可采储量 $1.31 \times 10^8 m^3$，天然气可采储量 $116 \times 10^8 m^3$，2005 年签署了产品分成协议，2008 年投产，年产达到 $116.06 \times 10^4 m^3$（$100 \times 10^4 t$），2016 年产量达到 $957.47 \times 10^4 m^3$。

此外，美孚石油公司在澳大利亚、巴布亚新几内亚、东帝汶等国也有勘探发现。

二、雪佛龙公司

1911 年，标准石油被迫分家，加利福尼亚标准石油公司[①]开始独立运行，继承了标准石油在加利福尼亚州的全部上下游资产。1931 年，公司首次推出雪佛龙公司(Chevron)商标。雪佛龙公司先后并购了海湾公司、德士古公司、优尼科和诺贝尔能源公司。

雪佛龙公司及其被并购的公司都十分注重境外勘探开发。截至 2022 年底，雪佛龙公司(含被并购前的德士古、海湾石油、优尼科、诺贝尔能源等公司)作为作业者和主要作业者在全球累计发现了 1100 个油气田(不含北美地区)，其中巨型油气田 20 个，16 个位于中东地区，3 个位于委内瑞拉，1 个位于印度尼西亚；大型油气田 95(不含巨型油气田)个，主要集中在中东的沙特阿拉伯和科威特，非洲的尼日利亚和安哥拉，亚太地区的印度尼西亚、澳大利亚和泰国，南美的委内瑞拉和厄瓜多尔。大型尤其是巨型油气田的发现主要集中在 20 世纪 30～70 年代(图 2-4)。

2021 年，雪佛龙公司在 20 个国家生产油气，原油产量 $28.78 \times 10^4 m^3/d$(其中境外占比 52.6%)；天然气产量 $2.18 \times 10^8 m^3/d$(其中境外占比 78.1%)，在世界石油公司中分别排名第 12 和第 10 位。2021 年石油权益储量 $9.75 \times 10^8 m^3$，天然气权益储量 $8752 \times 10^8 m^3$，在世界石油公司中均排名第 20 位。在 PIW 公布的 2022 年度全球石油公司 50 强排名中排第 9 位(Merolli，2022)。

(一)原雪佛龙公司

1. 南美地区

20 世纪 20 年代后期，雪佛龙公司进入哥伦比亚。1928 年 9 月在哥伦比亚北部的下马格达莱纳盆地首次发现了规模很小的雷佩隆(Repelon)气田，井深 645m。20 世纪 60 年代，在亚诺斯-巴里纳斯(Llanos-Barinas)盆地 Cubarral 区块通过地震勘探发现了 Castilla-Apiray 背斜构造带，1969 年 7 月发现了 Chichimene 油田(图 2-5)，可采储量 $5226 \times 10^4 m^3$。同年 8 月在同一区块的东南部发现了 Castilla 油田，可采储量为 $9571 \times 10^4 m^3$。主要产层为上白垩统海相砂岩，由于区域水动力作用导致油水界面发生了倾斜，原油重度在 14～21°API，单井产量达到 159～238.50m^3/d。1990 年雪佛龙公司还发现了一个小油田——Chichimene 西南油田。

2. 亚太地区

1)印度尼西亚

1924 年，加利福尼亚标准石油公司进入苏门答腊岛开展地质调查，但未能取得重大突破。1936 年，加利福尼亚标准石油公司与德士古公司共同成立加德士公司，随后正式获得苏门答腊岛的 Rokan 区块勘探许可，发现杜里和米纳斯油田。

---

　① 1876 年，雪佛龙的前身之一加利福尼亚星牌石油公司(California Star Oil Works)在洛杉矶北部圣苏珊娜山脉发现了皮克峡谷(Pico Canyon)油田，标志着加利福尼亚州现代石油工业的开始。1879 年 9 月 10 日创立的太平洋海岸石油公司(Pacific Coast Oil Company)收购了加利福尼亚州星牌石油公司。1900 年，标准石油公司以 76.1 万美元的价格收购了太平洋海岸石油公司，但太平洋海岸石油公司独立经营并保留其名称，直到 1906 年与标准石油公司的子公司合并，成为加利福尼亚标准石油公司(Standard Oil of California)，简称索科尔(Socal)(来源：https://www.chevron.com/about/history)。

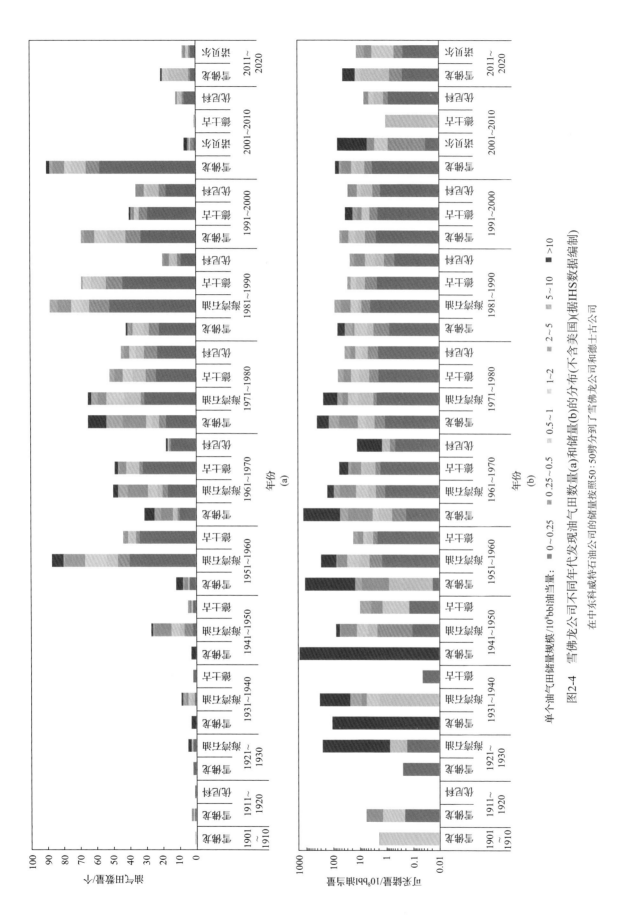

单个油气田储量规模 /10⁸bbl油当量：　■ 0～0.25　■ 0.25～0.5　■ 0.5～1　■ 1～2　■ 2～5　■ 5～10　■ >10

图2-4　雪佛龙公司不同年代发现油气田数量(a)和储量(b)的分布(不含美国)(据IHS数据编制)

在中东科威特石油公司的储量按照50∶50劈分到了雪佛龙公司和德士古公司

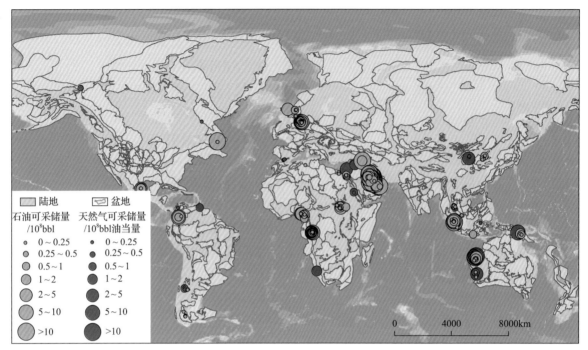

图 2-5　雪佛龙公司(不含被并购前的海湾石油、德士古、优尼科和诺贝尔能源等公司)在全球发现油气田分布图
(不含美国本土)(据 IHS 数据编制)

2)澳大利亚

雪佛龙公司深耕澳大利亚 70 多年,不仅取得了一系列的大发现,还成为澳大利亚 LNG 的引领者。1952 年 3 月,加德士公司和 Ampol 有限公司[①]成立合资公司——西澳大利亚石油有限公司(West Australian Petr Pty Ltd,WAPPL),进入澳大利亚,先后获得北卡那封、珀斯和凯宁等盆地多个区块,累计发现 33 个油气田,其中 1973 年 3 月在北卡那封盆地 WA-025 区块发现 Tryal Rocks West 1ST 大气田,1981 年 4 月发现高更(Gorgon)气田,天然气可采储量达到 $4757 \times 10^8 m^3$,二氧化碳和氮气约占 17%,凝析油可采储量 $0.19 \times 10^8 m^3$。2001 年 1 月发现 Iago 气田,2004 年 8 月发现 Wheatstone 气田。1978 年 9 月在珀斯盆地(陆上)EP-24 区块发现了 Warro 1 气田。其中高更气田是澳大利亚迄今为止发现的最大气田。2000 年 2 月西澳大利亚石油有限公司被重新命名为 Chevron Australia Pty Ltd。

高更气田位于 Rankin 台地的西南端,水深 259m。三叠系 Mungaroo 组储层顶部埋深约 3500m。单个曲流河砂岩可达 50m 厚,或与河道间黏土岩互层,或堆叠形成 220m 厚的砂体。三叠系沉积形成了一个被白垩系巴罗群页岩封闭的翘倾地垒(Clegg et al.,1992)。

2016 年 4 月 4 日,雪佛龙公司获得了埃克森美孚公司在北卡那封盆地 WA-268 区块发现的 Jansz 气田的 17.75%权益,并担任作业者,之前雪佛龙公司已经参股该区块 29.59%的权益。雪佛龙公司将 Gorgen 气田和 Jansz 气田联合开发,在巴罗岛建设高更液化气厂,由 3 列 $603.50 \times 10^4 m^3$ 组成,2016 年 3 列一次投产。该厂是世界上最大的天然气项目之一。2019 年,高更项目年产天然气 $234 \times 10^8 m^3$,年产凝析油 $34.34 \times 10^4 m^3$。在未来几十年里,该项目将继续成为澳大利亚经济的重要支柱,使澳大利亚在满足未来需求和为国内外提供清洁燃料方面处于有利地位。高更 LNG 项目由雪佛龙公司(持股 47.3%)、埃克森美孚公司(25%)、壳牌公司(25%)、大阪燃气公司(Osaka Gas,1.25%)、东京燃气公司(Tokyo Gas,1%)和日本杰拉公司(JERA,0.45%)联合运营。

---

① Ampol 有限公司于 1936 年在新南威尔士州成立,连锁服务站销售汽油。1995 年,Ampol 与加德士合并成立澳大利亚石油公司,1997 年更名为 Caltex Australia(来源:https://www.ampol.com.au/about-ampol/who-we-are/our-history)。

3）中国

2008 年 1 月，雪佛龙公司与中国石油（CNPC）签署了一项为期 30 年的产品分成合同，位于四川省西南部的大气田，区块面积 876km^2[①]。CNPC 投资 51%，雪佛龙公司投资 49%。雪佛龙公司与中国石化签订合同，在胜利油田沾化地区进行勘探，获得产油层以下深层的勘探权，义务工作量为两口探井[②]。2013 年 1 月 16 日，中国海油与雪佛龙中国能源公司就 15/10 和 15/28 区块签订了产品分成合同。根据合同规定，在勘探期内，雪佛龙公司将在这两个区块进行三维地震采集，并承担 100% 的勘探费用。中国海油有权参与合同区内任一商业油气发现最多 51% 的权益[③]。

2006 年，雪佛龙公司在中国鄂尔多斯盆地发现一个 403×10^{8}m^3 的致密气田——临兴西气田，以及神府煤层气田，可采储量只有 12.7×10^{8}m^3。2007 年在渤海湾盆地济阳拗陷发现垦利 3-2 油气田，可采储量 0.21×10^{8}m^3 油当量。德士古公司在渤海湾 11/19 区块发现了 3 个可采储量不足 159×10^{4}m^3 油当量的小型油气田。

3. 中东地区

1）巴林

1925 年，加利福尼亚标准石油公司取得了波斯湾第一个勘探许可——巴林（英国殖民地）的勘探许可权，专门在加拿大成立了巴林石油公司，1932 年 6 月发现了 Awali 油田（图 2-6），最终石油可采储量 2.52×10^{8}m^3，天然气可采储量 8212×10^{8}m^3。1932 年，加利福尼亚标准石油公司与德士古公司签署了股权协议，德士古公司收购了巴林石油公司一半的股份。1932 年投产"巴林"层，

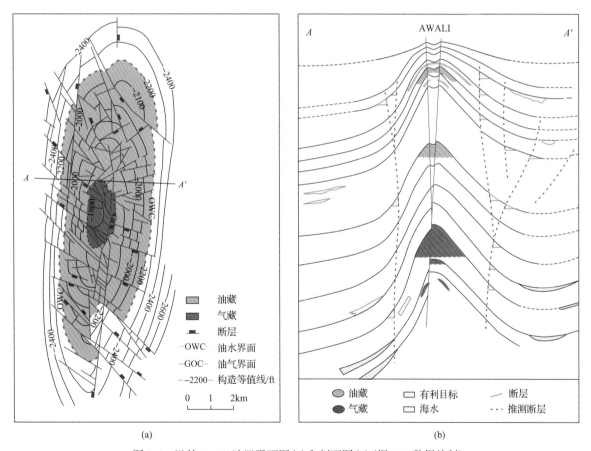

图 2-6　巴林 Awali 油田平面图（a）和剖面图（b）（据 IHS 数据编制）

---

① 来源：https://www.cnpc.com.cn/cnpc/index.shtml.

② 来源：http://www.sinopecgroup.com.cn/group/.

③ 来源：https://www.cnooc.com.cn/.

1938 年阿拉伯 D 层投产。1974 年产量达到 $437 \times 10^4 m^3$。

2）沙特阿拉伯

1933 年，加利福尼亚标准石油公司通过竞标获得了沙特阿拉伯几乎整个东南部的石油租借地。同年，成立了加利福尼亚阿拉伯标准石油公司（Californian Arab Standard Oil Company，CASOC）。1935 年，地质学家 Steneke 和 Kock 对中新统—上新统进行了地表填图，发现了一系列大型背斜构造，包括当时被称为恩那拉（En Nala）的背斜轴。1936 年，加利福尼亚阿拉伯标准石油公司决定将50%的股权出售给德士古公司。之后经过几年的进一步勘探，于 1938 年 3 月 15 日在阿拉伯半岛达兰附近部署的 Dammam-7 井获得重大发现，测试日产 $238.50 m^3$，发现了一个大油田——达曼（Dammam）油田，井底深度 1441m，石油可采储量 $2.41 \times 10^8 m^3$，天然气可采储量 $923 \times 10^8 m^3$。这一发现大大增加了公司的信心。1940 年 3 月和 11 月，又先后发现了阿布哈德里亚（Abu Hadriya）和布盖格（Abqaiq）油田，后者为沙特阿拉伯第四大油田。

1941 年，针对恩那拉背斜构造，使用三台钻机在东西向和南北向各 20～30km 的间距钻探了一系列浅层构造井，进一步证实大背斜的存在。第二次世界大战之前在加瓦尔地区北部进行了重力测量。战争结束后，在 Ain Dar 和 Haradh 地区，基于大量的浅井和重磁力测量确定了第一口野猫井的位置。早期地震在构造顶部不太成功，但提供了一些构造翼部的信息。1944 年，加利福尼亚阿拉伯标准石油公司更名为阿拉伯美国石油公司（Arabian American Oil Co.），简称阿美石油公司（Aramco），总部设在美国旧金山。

1948 年，基于第二次世界大战前采集的地震和浅井资料，在巨大的恩那拉构造 Ain Dar 地区部署了第一口风险探井—Ghawar（Ain Dar）-1 井，主要目标是上侏罗统阿拉伯组。经过 3 个多月的钻探，在阿拉伯组 D 层获得高产油流（图 2-7）。1948 年 6 月，在 Ghawar-1 井取得重大发现之后，新泽西标准石油公司（埃克森公司前身）支付 7650 万美元购买了 30%的股份，Socony Vacuum 公司（美孚公司前身）支付 2550 万美元购买了 10%的股份，而加利福尼亚标准石油公司和德士古公司分别保留了 30%的股份。同年，新的阿美石油公司[①]总部从旧金山搬到了纽约。至此，《红线协定》寿终正寝。

1948～1949 年又部署钻探了两口评价井 Ghawar-2 和 Ghawar-3 井，证实 Ain Dar 北部地区有丰富的石油储量。1948～1949 年间钻探 Haradh-1 井，证明恩那拉构造在最南端（同样来自阿拉伯组 D 层）也是高产层。到 1957 年，钻探证实整个大构造是一个油田，并被命名为加瓦尔油田。

加瓦尔背斜是一个南北向延伸的大型背斜构造，长约 250km，宽约 30km，是在基底地垒上发育的披覆背斜，在石炭纪海西变形时期开始生长，并在晚白垩世进一步发育。该构造由几个在右旋挤压作用下形成的雁行地垒块组成。在志留系边界断层的断距超过 915m，但终止于三叠系。幕式构造发育影响了构造上覆的石炭系—二叠系砂岩储层和构造上覆的二叠系、侏罗系碳酸盐岩储层的沉积。

1951 年 4 月，阿美石油公司发现了世界上海上最大的油田——萨法尼亚（Safaniya）油田。截至 20 世纪 70 年代末，阿美石油公司在沙特阿拉伯累计发现 46 个油气田，可采储量达到 $687.44 \times 10^8 m^3$，其中含 13 个巨型油气田和 23 个大型油气田。

1960 年，阿美石油公司的原油产量达到 $6963.43 \times 10^4 m^3$，比 1950 年增长了 57.7%。1970 年原油产量为 $2.1 \times 10^8 m^3$，1980 年达到 $5.5 \times 10^8 m^3$。20 世纪 60 年代，沙特阿拉伯政府要求逐步国

---

① 新泽西标准石油公司和索科尼公司通过美国政府施压和给伊拉克石油公司股东壳牌、道达尔、英国石油公司及古尔本基安的部分承诺，使他们放弃了《红线协定》对新泽西标准石油公司和索科尼公司的要求，允许他们进入沙特阿拉伯参股阿美公司（来源：https://www.sohu.com/a/224634003_117959）。

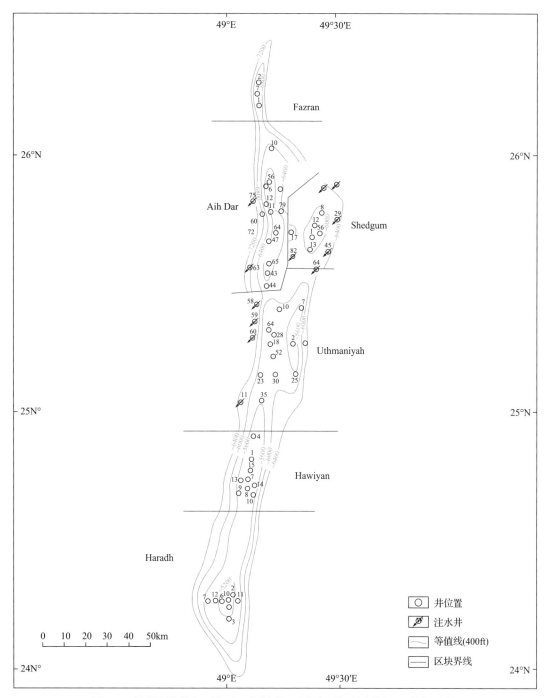

图 2-7 沙特阿拉伯加瓦尔油田阿拉伯 D 层顶面构造图（据 IHS 数据编制）

数字表示井号

有化，1972 年，阿美石油公司同意沙特阿拉伯政府的参股要求，1973 年沙特阿拉伯政府参与阿美石油公司 25% 的股份，1974 年上升至 60%，1976 年达到了 100%。1988 年 11 月，根据王室法令，沙特阿拉伯国家石油公司（简称沙特阿美公司）（Saudi Arabian Oil Company，Saudi Aramco）正式成立，接管了原阿美石油公司的全部资产和经营权。

（二）德士古公司

20 世纪 70 年代，由于国际油价暴涨，德士古公司的经营利润猛增，为了给多余的资金寻找出路，自1980年开始了大规模的兼并活动。1980年12月又购入了多姆石油公司[①]（Dome Petroleum）在美国的全部勘探和生产资产。1984年，德士古公司以120亿美元巨资兼并了美国著名的石油公司——盖蒂石油公司[②]（Getty Oil Corporation），这是当时国际石油界有史以来最大的一起兼并活动，在石油界产生了重大影响。

德士古公司也积极实施国际油气勘探开发，在和雪佛龙公司合并前，累计发现了271个油气田（不含美国本土）（图2-8），其中大油气田18个。主要发现的油气田在地区分布上与雪佛龙公司比较相似。

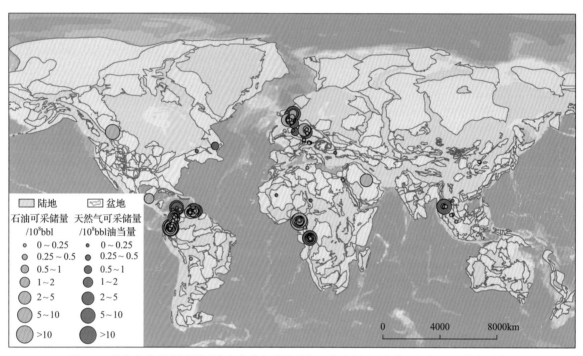

图2-8　德士古公司（被并购前）在全球发现的油气田分布图（不含美国）（据IHS数据编制）

1. 西非海上

20世纪60年代，德士古公司进入尼日利亚，先后获得了OML83、OML86、OML88和OPL213等区块，发现了14个大小不一的油气田，其中1973年在OML86区块发现了Apoi North-Funiwa油气田，石油可采储量$0.86 \times 10^8 m^3$，天然气可采储量$664 \times 10^8 m^3$。20世纪90年代，德士古公司通过购股的方式分别进入尼日利亚海上OPL216和OPL217区块，并获得重大发现，包括1998年11月发现的Agbami大油田，石油可采储量为$2.23 \times 10^8 m^3$，天然气可采储量为$228 \times 10^8 m^3$。2008年，雪佛龙公司参股尼日利亚12个区块，年产原油达到$1960 \times 10^4 t$，其中Agbami油田年产原油$986.49 \times 10^4 m^3$，雪佛龙公司的权益油为$893.64 \times 10^4 m^3/a$。2021年雪佛龙公司在尼日利亚的年产量为$957.47 \times 10^4 m^3$。

---

① 多姆石油公司：是一家加拿大能源公司，成立于1950年，当时名为Dome Exploration（Western）Ltd.，1958年更名为Dome Petroleum Limited，主要在加拿大和美国从事勘探、开发、生产和销售原油及天然气和天然气液。1987年11月，阿莫科加拿大石油有限公司以55亿美元的价格收购，最终于1988年9月1日完成（来源：https://www.thecanadianencyclopedia.ca/en/article/dome-petroleum-limited）。

② 盖蒂石油公司：1928年注册成立太平洋西部石油公司，总部位于洛杉矶，持有Edward L. Doherty及其家族拥有的财产。后由J. Paul Getty控制，1956年采用Getty Oil名称。1984年，德士古收购了盖蒂石油公司，但被宾夕法尼亚石油公司（Pennzoil）起诉合同干预，德士古保留了对盖蒂的控制权，但Pennzoil在经过五年的法庭斗争后赢得了惩罚性赔偿，获得了105亿美元的赔偿，其中德士古最终支付了30亿美元（来源：https://www.getty.edu/about/whoweare/history.html；https://pei.org/wiki_pei/getty-oil/）。

2. 南美地区

1）哥伦比亚

1929 年，德士古公司购买了 Guaguaqui 小村庄的勘探许可证，主要是查明逆冲断裂带向东延伸 15km 活跃的重油油苗。马格达莱纳河沿岸浓密的丛林和沼泽阻碍了勘探活动。1946 年，基于反射地震的解释结果，在马格达莱纳盆地发现一个断层遮挡型单斜圈闭，部署 Velasquez 1 井，发现哥伦比亚的第一个油田，可采储量达 $0.34\times10^8\mathrm{m}^3$，主要储层为古近系冲积扇砂岩。之后，德士古公司在哥伦比亚多个盆地先后发现 48 个油气田，包括 1963 年在哥伦比亚南部普图马约地区发现的 Orito 油田，仅瓜希拉盆地的楚楚帕(Chuchupa)气田达到大油气田的标准。

1973 年 6 月德士古公司在瓜希拉盆地海陆过渡带发现 Ballena 气田，同年 11 月，在水深 48m 处钻探 Chuchupa-1 野猫井，井底深度 1710.36m，在中新统中下段砂岩层段测试获 $2.32\times10^4\mathrm{m}^3/\mathrm{d}$ 的干气气流，气层埋深 1663～1695m，发现楚楚帕大气田，可采储量为 $1325\times10^8\mathrm{m}^3$。这是哥伦比亚首次发现海上的气田。之后经过评价钻探，证实楚楚帕气田是哥伦比亚最大的非伴生气田，1979 年开始生产。2012 年楚楚帕和 Ballena 气田年产量为 $61\times10^8\mathrm{m}^3$，约占哥伦比亚国内需求的 65%。

2）厄瓜多尔

1963 年，德士古公司和海湾石油公司合资在哥伦比亚南部普图马约盆地发现 Orito 油田后，立即在邻国的厄瓜多尔同样地质条件地区申请了一个大面积的特许权。两家公司还购买了附近一家作业者在 Coca 的特许经营权。1964 年下半年开始，德士古公司沿西部的安第斯山的山前进行地面地质填图，1965 年年中采集模拟和二维数字地震。1967 年 4 月，在哥伦比亚国际边界以南约 18km 处部署的第一口野猫井 Lago Agrio-1 完井，获得厄瓜多尔奥连特地区的第一个商业发现——Lago Agrio 油田，石油可采储量 $0.35\times10^8\mathrm{m}^3$，天然气可采储量 $14\times10^8\mathrm{m}^3$。

区块内发现的舒舒芬迪-阿瓜里科(Shushufindi-Aguarico)构造是一个大型挤压背斜构造，东西宽 10km、南北长 35km，东侧发育一条逆断层，断距 92～107m。背斜由南北两个高点组成，北高点阿瓜里科的闭合度达到 67m，南部高点舒舒芬迪的闭合度为 113m。该背斜构造被认为是与安第斯造山运动有关的扭压作用下的中生界裂谷层序反转形成的。1969 年 1 月，德士古-海湾财团根据地质和地球物理解释结果部署钻探了 Shushufindi-1 野猫井，发现了舒舒芬迪大油田(Canfield et al.，1982)(图 2-9)，石油可采储量 $2.4\times10^8\mathrm{m}^3$，天然气可采储量 $154\times10^8\mathrm{m}^3$。该油田成为普图马约盆地最大的油田，也是厄瓜多尔最大的油田。此外，1969 年 2 月发现 Sacha 大油田，1972 年 8 月开始投产，产量为 $3052.46\mathrm{m}^3/\mathrm{d}$，到 1980 年产量累计达 $3021\times10^4\mathrm{m}^3$(Canfield et al.，1982)。德士古-海湾财团累计在该区块发现 21 个油田。1992 年 6 月合同到期后，该油田的作业权移交给了厄瓜多尔国家石油公司。

3. 东南亚

1990 年 5 月 3 日，德士古公司从缅甸政府获得了 M-12 区块 100%的作业权，区块面积 8690.36km²；Premier 石油(缅甸)有限公司从缅甸政府获得了 M-13 和 M-14 区块，区块面积分别为 6728km² 和 7059km²。三个区块相连，合同模式均为产品分成合同。1990 年，德士古公司通过地震勘探确定了 Yetagun 构造为一个带有平点的翘倾断块构造，横跨 M-12、M-13 和 M-14 区块。1991 年 11 月，德士古公司从 Premier 石油(缅甸)有限公司购买了缅甸 M-13 和 M-14 区块 50%的权益并担任作业者，Nippon 石油勘探(缅甸)有限公司购得 20%的权益。1992 年 12 月在 M-13 区块部署钻探 Yetagun-1 井，在下中新统砂岩储层获得 $56.3\times10^4\mathrm{m}^3$ 的高产气流，发现了 Yetagun 气田，经过进一步评价证实可采储量达 $897\times10^8\mathrm{m}^3$，是缅甸丹那沙林大陆架上首次发现的气田，也是缅甸发现的第二大气田。1997 年 12 月，德士古公司将其股份卖给了巴西国家石油公司。

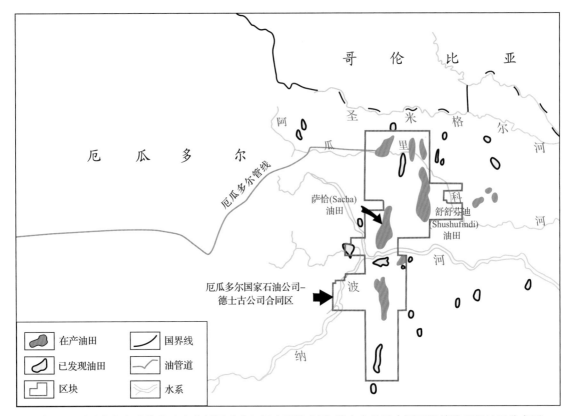

图 2-9 厄瓜多尔奥连特盆地中北部厄瓜多尔国家石油公司-德士古公司合同区及其发现的油田分布图
（据 Canfield et al., 1982）

（三）海湾石油公司

海湾石油公司通过参股伊拉克石油公司和科威特石油公司，在中东参与发现了一系列大型和巨型油气田（图 2-10）。1971 年，海湾石油公司来自科威特的原油产量达 $27.67 \times 10^4 m^3/d$，占公司全部石油产量的 55%。第二次世界大战后，海湾石油公司还获得了伊朗石油产量 7% 的好处。1971 年海湾石油公司实际得到的产量为 $3.91 \times 10^4 m^3/d$。1973 年和 1979 年两次石油危机，科威特、伊朗、委内瑞拉的石油工业国有化，海湾石油公司几乎失去了海外的全部石油上游资产。

海湾石油公司也积极实施国际油气勘探开发，在和雪佛龙公司合并前，累计发现了 350 多个油气田（不含美国本土）（图 2-10），其中大油气田 34 个。主要发现的油气田在地区分布上与雪佛龙公司比较相似。

1. 南美地区

海湾石油公司一开始就注重海外扩张，首选目标是中南美洲。1910 年进入墨西哥"黄金带"取得一些石油租借地，成立了墨西哥海湾石油公司（Mexican Gulf Oil Company）。1926 年 6 月，在坦皮科-米桑特拉盆地发现了 Altamira 油气田，可采储量不足 $300 \times 10^4 m^3$ 油当量，之后没有什么发现。1938 年，随着墨西哥实行石油工业国有化，海湾石油公司失去了墨西哥的所有石油资产。

1922 年，海湾石油公司进入委内瑞拉，获得了石油租借地。它在马拉开波盆地的租借地就在梅尼格兰德油田上。因此，石油产量上升很快。1925 年 5 月，委内瑞拉石油开采矿权有限公司（Venezuelan Oil Concessions Ltd.）开始钻探 El Mene de Lagunillas No. 1 井，该井位于当时产油区以东 4km 处，尽管获得了一些原油，但由于没有商业开发价值而弃井。1926 年 5 月，海湾石油公司在马拉开波盆地发现了 Lagunillas 巨型油田，测试获得 $686.88 m^3/d$ 的高产油流，原油重度为 20°API，主要产层为中新统 Lagunillas 组河道砂（Bostock et al., 1948），石油地质储量达到 $71.97 \times 10^8 m^3$。

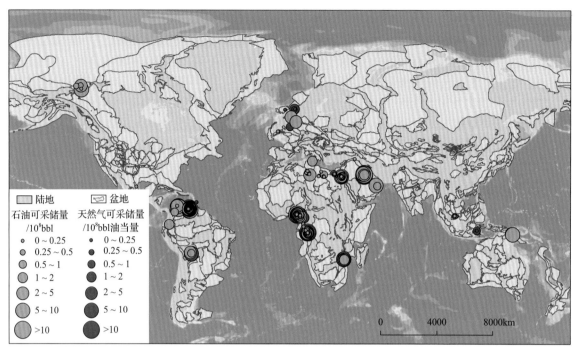

图 2-10　海湾石油公司(被并购前)在全球发现的油气田分布图(不含美国本土)(据 IHS 数据编制)

1930 年 3 月，发现 Bachaquero 油田，石油地质储量 57.86×10^{8}m^3。累计在马拉开波盆地发现 6 个油田，其中 2 个巨型油田，1 个大型油田。海湾石油公司在委内瑞拉的最多发现是在东委内瑞拉盆地，累计发现了 107 个油田，其中含 7 个大型油田；1979 年 7 月发现的巨型超重油油田——Arecuna(Ayacucho 奥里诺科重油带)，据最新估算其超重油地质储量达 154.65×10^{8}m^3(据 IHS 数据)。

20 世纪 60 年代，海湾石油公司在玻利维亚查科盆地发现 7 个油气田，其中 Rio Grande 气田为一个大型气田。

2. 非洲地区

在 20 世纪 50 年代，海湾石油公司在莫桑比克盆地开始了第一次勘探钻井活动，目标是根据地震数据识别出的古近系和白垩系碎屑岩。观测到振幅气体异常的总面积约为 580km^2，先后发现了 Domo 1(1953 年)、Temane(1957 年)和 Pande 1(1961 年)气田，它们都在上白垩统砂岩中产气。Pande 气田可采储量为 962×10^{8}m^3，是东非陆上最大的天然气田。1967 年海湾石油公司退出，莫桑比克国家油气公司(ENH)、Arco 和安然公司接管，然后交由南非 Sasol 公司运营。

1963 年，海湾石油公司和尼日利亚国家石油公司(NNPC)合作，持股 40%，担任作业者，NNPC 持股 60%，为非作业者。在 OML90 区块勘探，勘探期投资由海湾石油公司垫付。1963 年部署钻探 Okan-1 井，井底深度 2783m。1964 年 1 月证实 Okan 油田，后期三维地震证实该油田最终石油可采储量为 1.92×10^{8}m^3，天然气可采储量为 1800×10^{8}m^3。

1986 年，海湾石油公司联合安哥拉国家石油公司 Sonangol P&P 进入安哥拉海上区块，获得 0 号区块，面积 2874km^2，截至 2022 年底，雪佛龙公司仍是区块作业者(39.2%)，它的合作伙伴除安哥拉国家石油公司(41%)以外，还有道达尔能源公司(10%)、Azule 能源(为埃尼与碧辟成立的合资公司，9.8%)公司。海湾石油公司 1995 年获得相邻的 14 号区块，面积 4025km^2，水深北浅南深，北部与 0 号区块连接处水深只有 200m，到南部的刚果谷地，最大水深达到 2000m，在进入 14 号区块时海湾石油公司是作业者(31%)，它的合资伙伴除安哥拉国家石油公司(20%)以外，还有道达尔(20%)、阿吉普公司(20%)和葡萄牙石油公司(9%)。

1997 年，在 14 号区块部署的 14/2X 探井发现了兰达那(Landana)油田，14/6X 探井发现了奎托(Kuito)油田，1998年相继发现加贝拉(Gabela)、本格拉(Benguela)和伯利兹(Belize)油田，2000年的3口探井又发现通伯科(Tomboco)和洛比托(Lobito)油田，2001年又发现通巴(Tombua)油田，2002年发现内加热(Negage)油田。虽然这些油田单体规模都不是大油田，但组合起来，储量和产量相当可观，9个油田合计地质储量$7.97 \times 10^8 m^3$。2003年，安哥拉政府和14号区块参股公司批准了雪佛龙公司将油田组合起来进行综合开发的方案。2008年，雪佛龙公司所作业和参股的油田共日产原油$8.49 \times 10^4 m^3$，其份额油为$2.31 \times 10^4 m^3$。

(四)优尼科公司

美国优尼科公司(Unocal Corporation)原名Union Oil Company of California，成立于1890年，1983年更名为Unocal Corporation。原先是上下游一体化的石油公司。直到1960年，优尼科公司主要在美国国内发展。20世纪60年代开始，优尼科公司大力发展海外业务，油气勘探、生产活动涉足美国以外的14个国家，包括亚太地区的澳大利亚、印度尼西亚、泰国、孟加拉国、巴基斯坦、越南等国，西欧的英国、荷兰、西班牙和德国等，南美洲的秘鲁、哥伦比亚、尼加拉瓜等；以天然气勘探开发为主，海外累计发现了近200个不同大小的油气田，但只有3个是大型油气田(图2-11)。被兼并前，其一半以上油气产量来自国外。

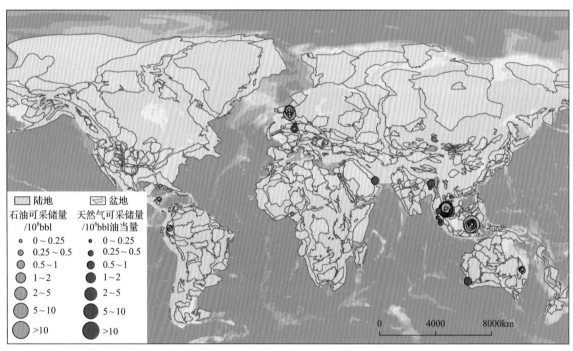

图2-11　优尼科公司(被并购前)在全球发现的油气田分布图(不含美国本土)(据IHS数据编制)

1968年6月，泰国政府将泰国湾10号、11号、12号和13号区块的初步特许经营权授予优尼科公司(80%，作业者)及其合作伙伴三井石油勘探有限公司(SEAPAC)(20%)，后者后来更名为MOECO。1970年4月，正式签署上述区块的产品分成合同。经过多年勘探，累计发现19个气田，其中包含两个大气田，均分布在12号区块。

1973年1月，发现了Erawan气田；1990年6月，在Erawan气田南部又发现泰国第三大天然气田——Pailin大气田，天然气可采储量为$805 \times 10^8 m^3$。此外，雪佛龙公司在泰国湾拥有A区块等多个区块，但都未获得大发现。2018年雪佛龙公司在泰国的天然气权益产量达到$104 \times 10^8 m^3$，占泰国总产量的27.6%。

1968年，优尼科公司同印度尼西亚签订了东加里曼丹和苏门答腊岛西北部两个产品分成合同，成为最早签订此类合同的国际石油公司。到 20 世纪末,它在印度尼西亚发现 56 个油气田,包括 1970 年发现的印度尼西亚最大的海上油气田——阿塔卡(Attaka)。

(五)诺贝尔能源公司

诺贝尔能源公司的历史相当悠久,接近百年,总部位于美国休斯敦,是聚焦地中海天然气和美国页岩气的独立能源公司,在世界各地有油气勘探开发,资产遍布美国、西非、北海等国家和地区。诺贝尔能源公司的资产组合极优,在美国科罗拉多州丹佛盆地、二叠盆地和鹰滩页岩区都有资产。诺贝尔能源公司在西非和地中海东部地区也拥有优质的油气资产(图 2-12)。2009~2010 年在以色列海上先后发现了 Tamar 和 Leviathan 大型气田(图 2-13)(刘小兵等,2017),天然气可采储量分别为 $3408 \times 10^8 \text{m}^3$ 和 $6461 \times 10^8 \text{m}^3$。以色列发电用天然气的 70% 都来自诺贝尔能源公司在地中海的气田。2011 年 12 月,诺贝尔能源公司在塞浦路斯海上发现 Aphrodite 1 气田,天然气可采储量为 $998 \times 10^8 \text{m}^3$,该气田已于 2019 年 12 月投产。诺贝尔能源公司在地中海的总经营面积达 882.25km^2,证实可采储量 $1.09 \times 10^{12} \text{m}^3$(据 IHS 数据)。

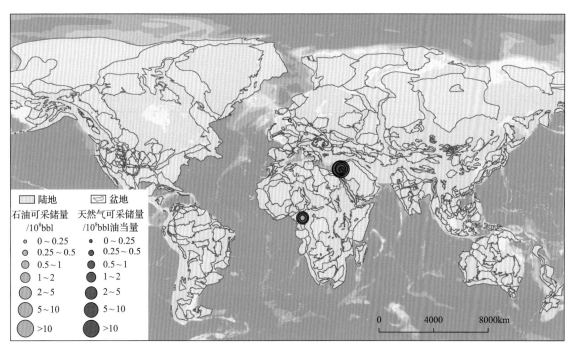

图 2-12 诺贝尔能源公司(被并购前)在全球发现的油气田分布图(不含北美地区)(据 IHS 数据编制)

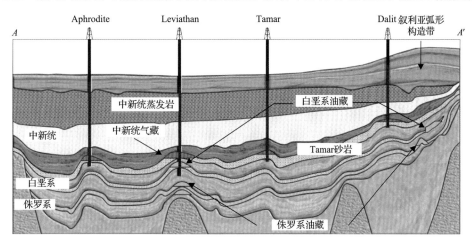

图 2-13 黎凡特盆地成藏组合示意图(据 IHS 数据)

三、荷兰皇家壳牌公司

2005 年，荷兰皇家壳牌公司进行了重大结构重组，经历了近一个世纪合作关系的荷兰皇家石油公司和壳牌运输和贸易公司分离，壳牌公司将公司结构统一为一个新的控股公司——荷兰皇家壳牌有限公司（Royal Dutch Shell plc）。2016 年 2 月 15 日，荷兰皇家壳牌有限公司成功收购英国天然气集团，进一步加强了壳牌全球液化天然气和深水战略，使公司成为全球第二大石油公司。

截至 2022 年底，壳牌公司及其收购的资产和公司作为作业者或主要作业者在全球发现的大油气田达 59 个（不含北美洲陆上），合计可采储量 $692.87\times10^8 m^3$（图 2-14），其中非洲地区 12 个，储量占比 2.1%。

2021 年，壳牌公司在 23 个国家生产油气，原油产量 $27.62\times10^4 m^3/d$（其中境外占比 99.8%），天然气产量 $2.46\times10^8 m^3/d$（其中境外占比 95.0%），在世界石油公司中分别排第 13 和第 7 位。2021 年石油权益储量 $7.31\times10^8 m^3$，天然气权益储量 $7856\times10^8 m^3$，在世界石油公司中分别排第 25 和第 21 位。在 PIW 公布的 2022 年度全球石油公司 50 强排名中排第 8 位（Merolli，2022）。

（一）壳牌公司

1. 亚太地区

壳牌公司从一开始就走国际化发展道路，注重上下游一体化发展。东南亚的原荷属东印度群岛是壳牌公司起家的地方。加里曼丹（原来称婆罗洲）是壳牌公司最早发现油气的地方（图 2-15）。

1）印度尼西亚

1907 年，壳牌公司在雅加达（荷兰名字为巴达维亚）注册成立了巴塔夫斯基石油公司（Bataafsche Petroleum Maatschappij，BPM），重点在苏门答腊盆地开展油气勘探。20 世纪 20～30 年代，先后发现了一系列中小型油气田，最大的发现是 1929 年 3 月在北苏门答腊盆地发现的兰陶（Rantau）油田，1934 年 7 月发现曼克查亚（Mangunjaya）油田，地质储量达到 $1.52\times10^8 m^3$。到 1940 年，巴塔夫斯基石油公司在苏门答腊盆地的原油产量达到 $100\times10^4 t$。

1907 年成立的盎格鲁-撒克逊石油公司（Anglo-Saxon Petroleum）是壳牌公司的一个子公司，负责钻井和发现油气田。1910 年，根据地表的油苗，盎格鲁-撒克逊石油公司在加里曼丹[①]西北部地表发现了一个穿隆构造，1910 年 8 月 10 日钻探 Miri-1 井，当年 12 月 22 日完钻，发现了米里油田，可采储量 $0.17\times10^8 m^3$。1911 年，这一带产油达到 $189\times10^4 m^3$。

1921 年 7 月 20 日，壳牌公司成立沙捞越壳牌有限公司（Sarawak Shell Bhd，SSB），负责在沙捞越地区进行油气勘探，但直到第二次世界大战后才开始在沙捞越地区进行实质性地震勘探，1963 年 6 月发现 Asic 南油田，规模不大，地质储量仅 $0.28\times10^8 m^3$。20 世纪 60～70 年代，在巴兰三角洲（Baram delta）和曾母沙捞越盆地浅海区发现了 6 个大型油气田，主要产层是中新统—上新统浅海相砂岩，圈闭类型以断层复杂化的背斜构造为主。1973 年之后，尽管仍有一系列的发现，但单个油气田规模都不到 $0.80\times10^8 m^3$ 油当量。

1938 年 7 月 17 日，壳牌公司成立沙巴州壳牌石油有限公司（Sabah Shell Petroleum Co Ltd.），直到 1973 年 1 月才在西北沙巴省发现第一个油田——Erb 西油气田，石油地质储量 $0.66\times10^8 m^3$，天然气地质储量 $1093\times10^8 m^3$。之后在西北沙巴省和巴兰三角洲发现了 27 个油气田，包括 1973 年 1 月发现的 Samarang 油气田，可采储量 $0.89\times10^8 m^3$ 油当量，这是一个被断层复杂化的滚动背斜。

---

① 马来西亚，国土面积 $33\times10^4 km^2$。加里曼丹岛沙捞越和沙巴历史上属于文莱，1888 年两地沦为英国保护地。1957 年 8 月 31 日马来西亚联合邦宣布独立。1963 年 9 月 16 日，马来亚联合邦同新加坡、沙捞越、沙巴合组成马来西亚（1965 年 8 月 9 日新加坡退出）（来源：https://www.mfa.gov.cn/web/gjhdq_676201/gj_676203/yz_676205/1206_676716/1206x0_676718/）。

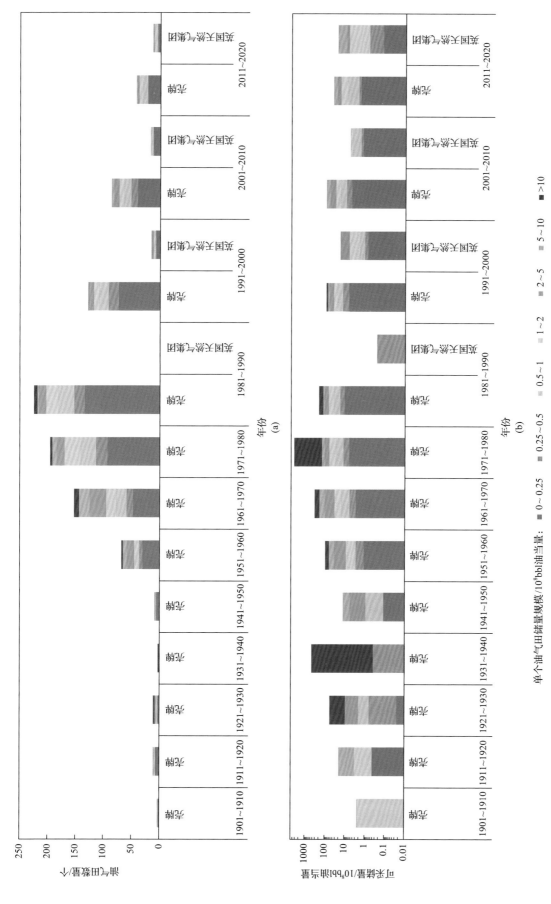

图2-14 壳牌公司(含被并购的公司)不同年代在全球发现的油气田数量(a)和油气储量(b)分布直方图(不含荷兰境内)(据IHS数据编制)

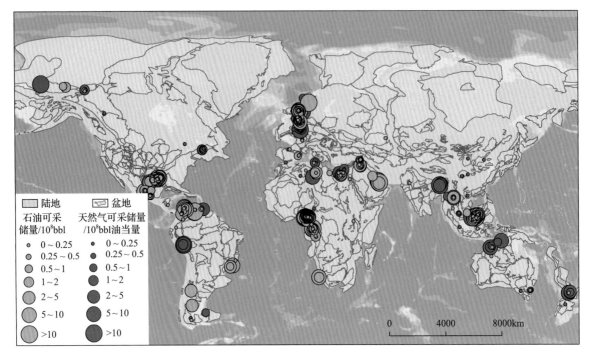

图 2-15　壳牌公司(不含被并购的英国天然气集团的发现)在全球发现油气田分布图(不含荷兰境内)
(据 IHS 数据编制)

早在 1897 年就有外国人在文莱[①]从事勘探工作。此后有过几家公司找油，最后剩下的是文莱壳牌石油有限公司(Brunei Shell Petroleum Co Ltd.)。它买下了英国布尔诺石油辛迪加在比莱特的租借地。1925 年，对滨海沼泽区开展了一次大面积的重力调查，发现一个由拉索(Rasau)向东北方向的重力异常。气苗首先在 Sunguei Pantagan 海域发现，后来在 Sungei Seria 附近也有发现。1927年开始钻井。1928 年 7 月，在巴兰三角洲盆地中部部署的 Seria-1 井顿钻钻机开钻，井底深度 288m。1929 年 5 月 4 日完井，发现了诗里亚(Seria)油田，成为文莱第一个商业发现。这是一个被断层切割成 522 个断块的复杂背斜构造，主要产层为新近系的 Miri 组和 Seria 组，含油面积 93.1km²，石油可采储量 $1.95×10^8m^3$，天然气可采储量 $475×10^8m^3$。1932 年开始天然气生产，1948 年，诗里亚油田年产油达 $400×10^4m^3$。

第二次世界大战以后，1954 年壳牌公司恢复了在加里曼丹岛的勘探，并重点关注大陆架，在巴兰三角洲进行了重力测量和地震勘探。1956～1961 年，先后钻了 13 口探井，但都是干井，说明地质情况太复杂。最后于 1963 年发现了安帕西南(Ampa Southwest)油气田，含油气面积 154.46km²，石油可采储量 $2.13×10^8m^3$，天然气可采储量 $3637×10^8m^3$，是文莱发现的最大油气田，当时的产量占该国石油总产量的 30%。1970 年发现了昌皮昂(Champion)油气田，此外还发现了一批中小型油气田。

在沙捞越的巴兰河口外的海上，通过地震勘测，获得很好的信息。巴兰复合体于 1963 年被发现，被一条东西向的生长断层切割为南、北两块，北块有两个高点，中间有一个鞍部。1963 年 12月钻探证实该含油气构造，1964～1967 年钻探了 6 口评价井进一步落实含油范围。油层埋深 1020～2270m，可采储量 $0.91×10^8m^3$。之后壳牌公司在这一带连续发现 8 个油气田，从这里向东南方向开展勘探，发现若干地质异常。1968～1975 年，壳牌公司在该地区先后发现 20 个气藏，其中 6 个气藏的储量为 $280×10^8m^3$。再往南发现了腾马纳油田。

---

① 文莱，国土面积 5765km²。原英国殖民地，1971 年自治，1984 年独立（来源：https://www.mfa.gov.cn/web/gjhdq_676201/gj_676203/yz_676205/1206_677004/1206x0_677006/）。

2）新西兰

1955年，壳牌集团(37.5%)、英国石油(37.5%)和新西兰一家小公司Todd能源(25%)(新西兰100%拥有)合作成立了合资公司——壳牌(石油开采)有限公司[Shell(Petroleum Mining)Co. Ltd.]，在新西兰进行油气普查。分为两组：一组由壳牌集团牵头，普查南岛和南北两岛之间的塔拉纳基(Taranaki)盆地；另一组由英国石油牵头，普查北岛。在二维地震勘探的基础上，在塔拉纳基盆地发现一个大型的背斜构造，1959年9月钻探发现了新西兰第一个气田——卡普尼(Kapuni)凝析气田，进一步评价钻探证实天然气可采储量为$649×10^8 m^3$，凝析油$0.16×10^8 m^3$。由于天然气中CO_2含量达到44%，直到1967年才开始气田建设。

1961年10月，在卡普尼气田的北部又发现了Mangahewa气田，天然气可采储量$490×10^8 m^3$，凝析油$0.06×10^8 m^3$。1965年开始做航空磁测和海上地震勘探，在新西兰南北两岛之间距海岸45km发现了一个闭合面积达$767km^2$的大型背斜构造。1969年3月15日，Maui-1井获高产凝析油气，发现毛伊(Maui)凝析油气田，成为新西兰迄今为止最大发现，1979年5月投产。

3）澳大利亚

壳牌集团自1901年进入澳大利亚，不断发展以满足澳大利亚和国际市场不断变化的需求。如今，壳牌公司专注于液化天然气(LNG)勘探、开发和生产。壳牌公司在澳大利亚的策略是以并购为主，自主勘探为辅。通过并购英国天然气集团在澳大利亚获得了天然气一体化的优势地位。壳牌公司在澳大利亚作为作业者只有2个大发现，都是天然气田，一个是1999年在澳大利亚西北部海上的波拿巴盆地的Barossa气田，另一个是2007年在布劳斯盆地的Prelude气田(图2-16)。该气田和伍德赛德石油有限公司(Woodside Petroleum Ltd.)1980年在布劳斯盆地WA97-13区块发现的Ichthys气田实际是一个整体，Prelude和Ichthys气田的天然气可采储量分别为$705×10^8 m^3$和$3623×10^8 m^3$，凝析油可采储量分别为$0.14×10^8 m^3$和$0.84×10^8 m^3$。

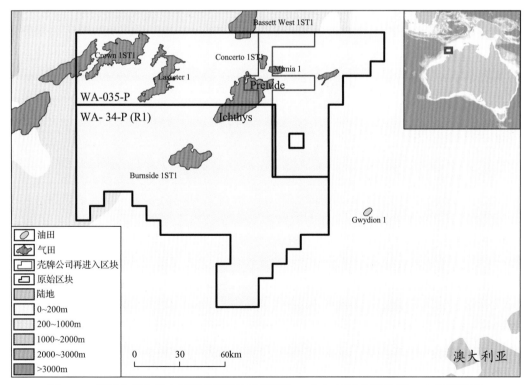

图2-16　壳牌公司在澳大利亚布劳斯盆地发现的Prelude气田位置图(据IHS数据编制)

1997年5月，壳牌开发(澳大利亚)有限公司(壳牌100%权益)获得澳大利亚波拿巴盆地

NT/P49 区块的勘探许可证，区块面积 8823km^2，最低义务工作量为采集 5000km 的二维地震和钻 1 口探井。1999 年 1 月，Lynedoch-2 井在上侏罗统的牛津阶 Plover 组发现致密气层，CO_2 含量达到 16%。1999 年 9 月，壳牌开发(澳大利亚)有限公司转让 33.3% 的权益给了伍德赛德石油有限公司。2003 年 5 月将区块的 50% 的面积退还给了政府。2006 年，大陆石油公司(60%，作业者)和桑托斯公司(40%)联合体进入 NT/P69 区块(在原 NT/49 区块范围内)，面积 6780km^2，通过钻探发现了 Barossa 大气田，可采储量达到 $1324 \times 10^8 m^3$。虽然说这个气田的第一口发现井是壳牌公司钻探的，但由于是致密气和 CO_2 含量高，没有坚持评价直接退出，真正的发现者应该是后来区块重新划分和招标后中标的作业者大陆石油公司。

4)孟加拉国

20 世纪 50 年代，巴基斯坦石油有限公司在英属孟加拉国西隆地块(Massif)山麓有大量油气苗的地区，通过使用早期现代地球物理方法。1961 年，巴基斯坦壳牌石油公司通过对单个褶皱的地震勘探圈定出了一个南北走向的不对称长轴背斜，面积 190km^2，地表露头的幅度达到 500m。1962 年 10 月，钻井证实了至少 10 个含气砂岩层，发现了 Titas 大气田。最终证实的天然气可采储量达到 $2147 \times 10^8 m^3$。

2. 美洲地区

美洲地区是壳牌公司较早进入的地区，先后在美国、加拿大、委内瑞拉、墨西哥、巴西和秘鲁等国发现了大型油气田。除在秘鲁发现的油气田由于远离市场，当时无法商业开发退出外，在其他国家都建立了商业生产基地。在委内瑞拉和墨西哥，由于国有化运动，壳牌公司的资产当时都被收归国有。

1)美国

1912 年，壳牌公司进军美国，在美国太平洋西海岸成立了加利福尼亚壳牌石油公司，开始在加利福尼亚州进行勘探活动，前 5 年一无所获。1921 年，通过地质调查，发现一个高 111m 的信号山(Signal Hill)可能是一个大背斜的顶部，于是租下 971.28km^2 土地。1921 年 6 月部署钻探的 Alamitos-1 号井开始溢油，发现了信号山油田。1921 年发现可采储量达 $1.23 \times 10^8 m^3$ 的圣菲泉油田(Santa Fe Springs)，1922 年发现 Torrence 油田，1923 年在长滩附近发现 Dominguez Hill 油田，1925 年在洛杉矶机场附近发现 Inglewood 油田。

1921 年 2 月，壳牌公司花了 100 万美元现金和 10 万美元支票，买下了已找到油田的 3 块 647.52km^2 租借地的一半权益，并取得了管理权。1922～1961 年壳牌公司在美国成立的 Roxana 公司继续发展壮大，在路易斯安那、得克萨斯、堪萨斯、阿肯色等州拥有了全资的或部分股份的石油资产，其中阿肯色州的 Smackover 油田也是一个大油田，可采储量为 $0.90 \times 10^8 m^3$。

1949 年，壳牌公司向美国的墨西哥湾进军，自 20 世纪 80 年代以来在墨西哥湾深水发现了多个大型油气田，其中最大的是 1990 年 8 月发现的 Burger 气田，可采储量达到 $2832 \times 10^8 m^3$。壳牌公司在墨西哥湾运营着 9 个深水生产中心和众多的海底生产系统。

2010 年，壳牌公司以 47 亿美元收购美国伊斯特资源(East Resources)公司，以加强它在美国页岩气的地位。

2021 年壳牌公司在美国的权益储量石油 $6.4 \times 10^8 t$，天然气 $2281.8 \times 10^8 m^3$；权益油气产量 $2257 \times 10^4 t$ 油当量。美国是壳牌公司在全球第一大权益油气产量国。

2)加拿大

早在 20 世纪 20 年代，壳牌公司(壳牌集团美国子公司)就进入加拿大，开始在贾平帮德(Jumping Pound)地区进行地质调查，并绘出了地质图。40 年代初，在贾平帮德地区通过钻井发现目的层 Madison 层(现称特纳河谷组)有 3 个孔隙发育的储层。之后壳牌公司又做了更多的地震工作，发现一个长达 25km 的穹隆构造。1944 年 4 月，壳牌公司在贾平帮德部署钻探第二口探井 4-24-J 井，发现了一个可采储量达 $283.2×10^8m^3$ 的气田，是当时加拿大最大的气田。1947 年 2 月，帝国石油公司发现了勒杜克大油田，壳牌公司决定继续加强油气勘探，发现的天然气储量占艾伯塔省的 25%。1957 年初，壳牌公司在加罗林钻成一口发现井，发现天然气储量 $566.4×10^8m^3$，而且富含凝析油。这是当时西加拿大最大的发现。不久，它又宣布在艾伯塔省的彩虹湖（Rainbow Lake）及绝世湖[①]发现了油田。

早在 1956 年，壳牌公司就涉足加拿大油砂业务，在那里申请矿区 13 租赁区。到 2008 年，日产水平为 $5900m^3$，由它的加拿大子公司——加拿大壳牌公司经营。它在加拿大的主要油砂项目是阿萨巴斯卡矿区的 AOSP 项目，由壳牌、雪佛龙、马拉松三家公司合营，壳牌公司持股 60%，是作业者。该项目由三部分组成，在 Muskeg 河油砂矿采出油砂，分离出油砂油，送往埃德蒙顿附近的 Scotford 改质厂，生产出宽馏分合成油，再运往附近的 Scot Ford 炼油厂及 Ontario 的壳牌炼油厂，剩余部分卖到市场。在科尔德莱克矿区，壳牌公司收购了 Orion SAGD 项目，即采用 SAGD 方法就地开采地下沥青，通过管道输到埃德蒙顿（王才良和周珊，2011）。

3）委内瑞拉

壳牌公司在委内瑞拉取得大量石油租借地，20 世纪 20 年代在马拉开波湖以东发现了大油田，成为委内瑞拉第一大石油公司（使委内瑞拉成为 20 世纪 30 年代世界第二大产油国）。

1910 年，加勒比石油公司派员到马拉开波湖地区开展地质调查。1914 年，在大梅内地区发现一个长 3.2km、宽 1.6km 的巨大油苗带。在油苗附近进行地表地质填图的基础上，部署 Zumaque-1（后更名为 Mene Grande-1X）井。该井钻至 135m，对中新统 Isnotu 组进行测试获得日产 $39.75m^3$ 的原油，重度为 16°API。这是委内瑞拉的第一口商业油流井。但是，由于资金问题，决定把它卖给壳牌公司。壳牌公司进行进一步评价，最终证实石油可采储量达到 $1.34×10^8m^3$，是一个世界级大油田。

1913 年，壳牌公司从委内瑞拉人安东尼奥·阿朗古伦手里买下苏里亚州马拉开波湖东岸地区和奥里诺科三角洲地区超过 $1×10^4km^2$ 的开采权，随后又获得马拉开波湖畔科伦地区 $2×10^4km^2$ 租借地和横跨 12 个州的特莱格莱斯租借地。1917 年 9 月，壳牌公司在马拉开波盆地发现了 Cabimas 油田，1923 年发现了 La Paz 油田。

1939 年 7 月，在东委内瑞拉盆地发现了 Iguana Zuata（Junin 奥里诺科重油带）油田，石油地质储量 $270.70×10^8m^3$，可采储量达到 $54.54×10^8m^3$，当时无法开采。

4）墨西哥

1919 年 4 月 2 日，壳牌公司以 7500 万美元的价格收购了墨西哥之鹰石油公司。1923 年，墨西哥之鹰石油公司在 Poza Rica 地区利用扭转平衡重力测量和地表地质调查，在坦皮科-米桑特拉盆地奇康特佩克（Chicontepec）拗陷发现一个向东南方向倾没的大型鼻状构造，在鼻状构造的东侧有一个小型褶皱。1930 年 5 月，发现井 Poza Rica-2 的钻探证实了地下圈闭的存在（图 2-17），目的层为阿尔布-塞诺曼阶的多孔 Tamabra 石灰岩，埋深 2047m。1930 年进行的重力测量发现一个有趣的最大值，然后通过地震仪进一步进行了核查。根据 1932 年 6 月取得的认识，钻探了 Poza Rica-3 井，当年该井投产，初始产量为油 $142.78m^3/d$，天然气 $2.43×10^4m^3/d$。该油气田最终证实的石油可采储量为 $2.33×10^8m^3$，天然气可采储量为 $520×10^8m^3$，是第二次世界大战前墨西哥发现的最大油气田。墨西哥之鹰石油公司在墨西哥发现的可采储量占全国所有发现储量的 47%。1938 年 3 月 18 日，墨西哥政府宣布所有外资石油公司国有化，并创立了墨西哥国家石油公司，壳牌公司在墨西哥的资产被当地政府收归国有[②]。

[①] 来源：https://www.sohu.com/a/221194655_313170.

[②] 来源：https://handwiki.org/wiki/Company:Mexican_Eagle_Petroleum_Company.

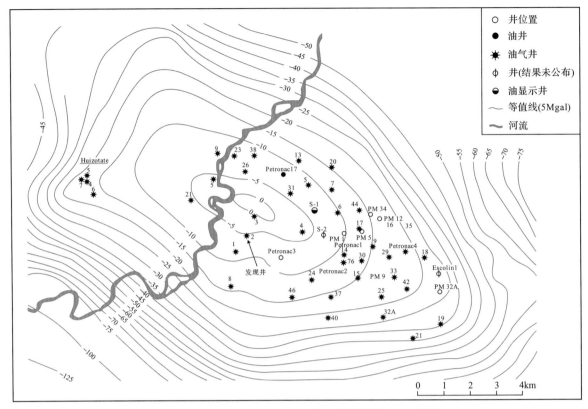

图 2-17　墨西哥 Poza Rica 地区重力异常图(据 IHS 数据)

第二次世界大战后的几年是壳牌公司经营最艰难的时期，重建非常昂贵，石油市场正在迅速变化。在此背景下，壳牌公司在非洲和拉丁美洲启动了新的勘探计划。1947 年，墨西哥湾钻出了第一口具有商业可行性的海上油井，8 年之内，钻井数量增加至 300 多口。在婆罗洲和尼日尔三角洲也有新发现，尼日利亚的石油商业生产始于 1958 年。

5) 巴西

壳牌公司在巴西拥有 106 年的历史，在勘探与生产、润滑油零售、船舶、贸易、研究与开发以及自由能源市场开展业务。2013 年 12 月，在巴西第一轮盐下区块的招标中，由巴西国家石油公司担任作业者并持股 40%，联合壳牌公司(20%)、道达尔公司(20%)、中国石油(10%)和中国海油(10%)组成联合体，中标桑托斯盆地里贝拉(Libra)区块产品分成合同。

2019 年 9 月，壳牌公司(55%，作业者)、卡塔尔能源(25%)、中国海油(20%)联合在桑托斯盆地发现 Vidigal 油气田，这是壳牌公司在巴西发现的第一个大油气田，IHS 估算石油可采储量为 $0.73 \times 10^8 \mathrm{m}^3$，天然气可采储量为 $645 \times 10^8 \mathrm{m}^3$。

壳牌公司通过并购英国天然气集团，在巴西获得了多个油气田权益，2021 年壳牌公司在巴西的权益日产量约为 $6.04 \times 10^4 \mathrm{m}^3$ 油当量，是巴西最大的能源跨国公司。

3. 中东地区

从 20 世纪 60 年代开始，壳牌公司通过加强在中东地区的存在，在阿曼发现了第一个也是储量规模最大的油田——Yibal 油田。

1) 阿曼

壳牌公司主持的阿曼石油开发公司(PDO)是最重要的勘探和生产公司，由阿曼政府(持股 60%)、壳牌公司(持股 34%)、道达尔公司(持股 4%)和 Partex 公司(持股 2%)所有，其原油产量占该国总产量的 70% 以上，几乎占该国天然气供应的全部。该公司 1962 年发现了阿曼第一个大油气田——Yibal 油田，石油可采储量 $4.03 \times 10^8 \mathrm{m}^3$，天然气可采储量 $1993 \times 10^8 \mathrm{m}^3$。1967 年出口了第一批石油。PDO 的租地面积约为 $9 \times 10^4 \mathrm{km}^2$，占阿曼地理面积的三分之一，在该特许经营区域拥有 209 个油田、55 个油气田、8000 多口在产油井。

2）卡塔尔

1952 年，壳牌（卡塔尔）公司（Shell Co.-Qatar，SCQ）获得了卡塔尔大部分海域的勘探权。1960 年 8 月和 1963 年 11 月，分别发现了 Idd El Shargi North Dome 和 Maydan Mahzam 油气田，水深 35m，主要产层为白垩系石灰岩和白云岩，井深在 2500m 以内。两个油气田的可采储量分别为 $3.48 \times 10^8 \mathrm{m}^3$ 和 $3.32 \times 10^8 \mathrm{m}^3$ 油当量。

1971 年，该公司在西北穹隆部署一口深井——西北穹隆-1 井，在二叠—三叠系 Khuff 组白云岩储层中发现气层，即巨大的北方气田（图 2-18），含气面积为 6000km²。后来于 1991 年伊朗国家石油公司证明它向北延伸到伊朗海域，发现了南帕斯气田，面积为 3700km²。两个气田的天然气可采储量超过 $68.2 \times 10^{12} \mathrm{m}^3$。

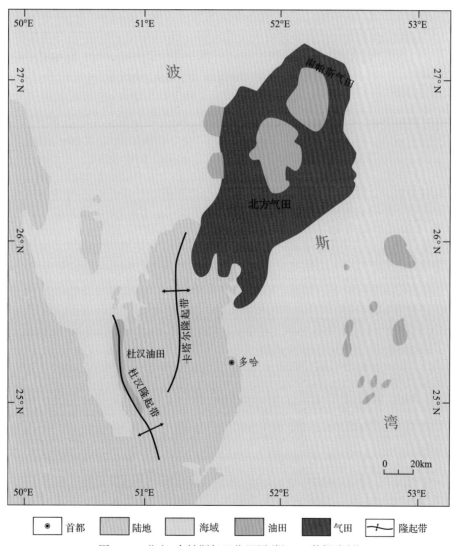

图 2-18 北方-南帕斯气田位置图（据 IHS 数据编制）

4. 欧洲地区

20 世纪 60 年代末至 70 年代初，中东局势不稳，油价翻了四番，廉价能源时代宣告结束。作为回应，壳牌公司加大了在北海的勘探力度。1959 年壳牌公司和埃克森公司成立的联合公司在荷兰发现了格罗宁根巨型气田。

1）挪威

1972 年，在 31/2、31/3、31/5 和 31/6 区块上采集的地震剖面上定义了一个"平点"。由于该区域水深（300～350m）较深，当时大多数公司都对该区域的水深不满意。壳牌公司于 1978 年成为该区块的作业者并立即着手计划钻探 31/2-1 井。1979 年，该井证实 Troll 构造油水界面，揭示了130m 厚的气柱和 12m 厚的油柱，石油可采储量 $2.95×10^8m^3$，天然气可采储量 $1.45×10^{12}m^3$，油气当量达到 $16.97×10^8m^3$，是一个巨型气田。按油当量计算，它是北海最大的气田，也是欧洲仅次于格罗宁根的第二大气田，约占挪威天然气储量的 40%（据 IHS 数据）。

1989 年，由 A/S Norske Shell（作业者，17.81%）、挪威油气收益管理公司（Petoro AS，36.49%）、Equinor Energy AS（25.35%）、INEOS E&P Norge AS（14.02%）和 Var Energi AS（6.34%）组成的挪威海德鲁公司（Norsk Hydro Produksjon AS）在研究了挪威公开的区域三维地震数据后，发现在摩尔（More）盆地东部边缘一个穹隆构造具有勘探潜力。1993 年海德鲁公司开始对该地区进行初步研究，发现古新统具有勘探潜力，振幅显示该构造存在一个油水界面。之后海德鲁公司建议挪威当局在第 15 轮许可中提供这些区块，并获得了该区块的许可。1997 年 7 月，在该穹隆部署钻探的第一口野猫井发现了奥曼兰吉（Ormen Lange）古近系大气田，水深 886m，面积 $400km^2$，天然气可采储量达 $3284×10^8m^3$，是挪威继 Troll 气田之后发现的第二大气田（据 IHS 数据）。

2）英国

在英国第三轮招标中，由壳牌公司与埃索公司（埃克森公司的国际公司）按照 50∶50 投资合资公司中标了 211/29 区块。之前距离该区块最近的井在挪威约 200km，在英国约 300km。地震资料揭示，在 -2697 m 的区域不整合面下发育一个大的单斜构造。该构造在不整合面以下约有 $65km^2$ 的闭合面积，但在上覆的古近系没有明显的闭合。不整合面之下的地层年代尚不确定，但叠加速度表明该断块为沉积成因，壳牌公司初步预测为中-上侏罗统。1971 年壳牌公司部署钻探 211/29-1 井，在钻穿古近系大套泥岩后，在区域不整合面附近进行取心，发现了 5m 厚的基默里奇（Kimmeridge）页岩，在 Brent 组在 -2943～-2697m 存在 43 m 含油砂岩，油水界面可能在 -2782m。1972～1974 年，部署钻探了 5 口评价井，对该发现进行了进一步评估，证实是一个大型的侏罗系油田，有两个主力油藏（Brent 和 Statfjord 组）。布伦特（Brent）油田是北海北部英国区块的第一个发现，石油可采储量 $3.20×10^8m^3$，天然气可采储量 $1740×10^8m^3$。以石油当量计算，它是当时英国最大的油田，也是北海四大油田之一。之后布伦特油价作为世界通用的两大标杆价格之一，现全球 65% 以上的实货原油挂靠布伦特体系定价。

5. 非洲地区

1936 年，壳牌公司在尼日利亚成立 Shell D'Arcy 公司。1938 年，取得了尼日利亚全境 $95.8×10^4km^2$ 的石油租借地。第二次世界大战前做了大量地质调查，1939～1945 年勘探工作因第二次世界大战而停顿。1949 年，壳牌公司拥有的租借地缩小到 $15.5×10^4km^2$。1956 年，壳牌公司与英国石油公司组成了对半股份的壳牌-英国石油公司，1956 年 1 月，在尼日利亚尼日尔三角洲盆地陆上发现了第一个油田——奥洛伊比里（Oloibiri）油田，规模很小，可采储量只有 $325×10^4m^3$。1956年 11 月发现了第二个油田——阿法姆（Afam）油气田，可采储量当量达 $0.49×10^8m^3$。1963 年开始海上勘探，到 1970 年，累计发现 58 个油田，含 12 个大型油气田（图 2-19），使尼日利亚成为当时世界第 8 大产油国。

20 世纪 90 年代后期，壳牌公司开始进入尼日利亚深水区进行勘探，有两家子公司在尼日利亚活动。一是壳牌尼日利亚勘探生产公司（SNEP Co，壳牌 100% 权益），在深水 OML 118 区块和 OML 135 区块持有 55% 股权，其他伙伴为埃索、埃尔夫、阿吉普等公司；在 OML 133 区块和埃克森美孚公司合作，持股 43.75%。二是壳牌超深水公司，在 OML 122、深水 OPL 322 和 OPL 318

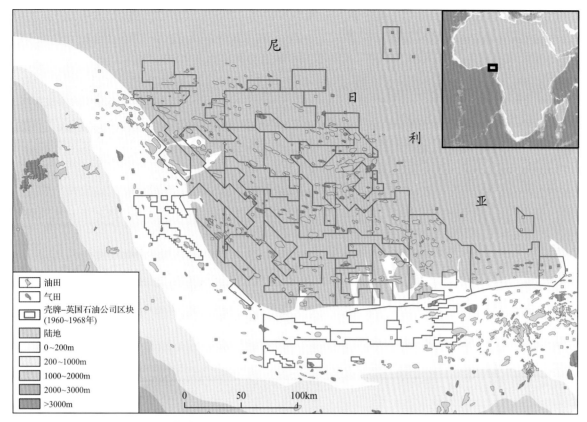

图 2-19 1960～1968 年壳牌-英国石油公司在尼日利亚获得的区块分布图(据 IHS 数据编制)

三个区块分别取得 40%、40% 和 27% 的股份。

据壳牌公司网站消息，尼日利亚近三分之一的深水产量来自壳牌公司发现的 Bonga 油田和埃索公司发现的 Erha 油田。壳牌尼日利亚勘探生产公司率先在几内亚湾的 Bonga 油田进行深水油气生产，该油田深度超过 1000m。

此外，1964 年壳牌公司在利比亚的伊利兹盆地发现 Al Wafa(NC169-A) 大油气田。

6. 远东地区

20 世纪 90 年代，壳牌公司进入中国和俄罗斯等新的增长领域，并在更恶劣的环境下开发了复杂程度越来越高的项目。

在"里海热"的潮流中，以壳牌公司为首的国际公司集团获得了勘探开发哈萨克斯坦里海大陆架的许可权(参股 29.25%)。2000 年发现卡沙甘大油田，估计石油储量 $15.2 \times 10^8 \sim 38.0 \times 10^8 m^3$。2007 年，哈萨克斯坦政府加强国家对石油工业的控制，扩大了国家公司的股权。各国际石油公司相应地减少了股份。例如，康菲石油公司拥有的股份从 9.26% 减少到 8.4%。

壳牌公司先后与中国石油签署了多个产品分成协议，但都没有规模发现。在鄂尔多斯盆地的长北气田开发项目，壳牌公司担任作业者，取得了开发的成功。

(二)英国天然气集团(BG)

1997 年英国天然气有限公司(British Gas plc)[①]剥离 Centrica 公司后成为英国天然气公司(BG plc)，并于 1999 年重组为英国天然气集团公司(BG Group plc)。2000 年，进一步分离出莱迪思

[①] 1972 年，英国通过《天然气法》，创建了英国天然气公司(British Gas Co.)。1986 年，撒切尔夫人推行天然气法案(Gas Act 1986)，该公司实施私有化，更名为英国天然气有限公司(British Gas plc)(来源:http://center.cnpc.com.cn/sysb/system/2018/08/17/001701449.shtml)。

（Lattice）集团和 BG 集团（BG Group），后者获得了所有气田及其相关资产。BG 集团业务遍及五大洲 27 个国家，在 19 个国家获得油气发现（图 2-20），侧重天然气业务，致力于引领整个天然气产业链，成为天然气勘探、生产、运输、配送和供应的行业先锋。

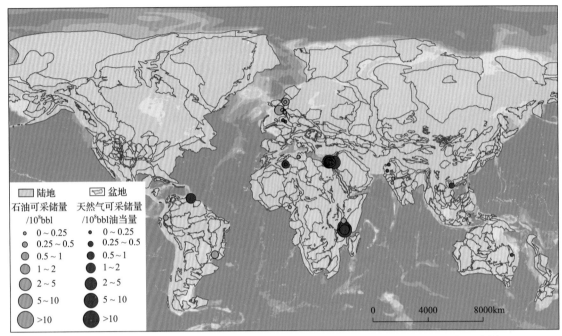

图 2-20　BG 集团不同年代在全球发现油气田分布图（不含英国境内）（据 IHS 数据编制）

　　BG 集团先从英国境内的北海天然气资产开始起步，发现多个油田后涉足地中海周边埃及、以色列和突尼斯等。1995 年进入巴西，拥有除本土公司以外最大的和最好的资产组合，通过参股（非作业者）发现多个大油气田。21 世纪 10 年代，大胆进入坦桑尼亚深水，每一步都走得很扎实。依托自己的 LNG 经验稳稳地把握着未来投产 LNG 的主导权。

　　2010 年，BG 集团担任作业者（60%权益），联合其他两个公司进入坦桑尼亚，获得海上 1 号区块，勘探发现了 7 个气田，可采储量达到 $3820 \times 10^8 \mathrm{m}^3$，其中 Jodari-1 和 Mzia 1 气田的可采储量分别为 $1161 \times 10^8 \mathrm{m}^3$ 和 $1472 \times 10^8 \mathrm{m}^3$。

　　2006 年，BG 集团与中国海油就南海西部海域的 64/11 和 53/16 区块签订了石油产品分成合同。在勘探期 BG 集团承担 100%的勘探费用，并负责区块的地质研究和勘探部署与实施。2010 年 BG 集团宣布，凌水 22-1-1 井在琼东南盆地中央凹陷上新统莺歌海组中钻遇含气层，发现了凌水 22-1 气田，这是该盆地第一口深水发现井，可采储量 $74 \times 10^8 \mathrm{m}^3$（据 IHS 数据）。后因认为没有商业开发价值退出该区块。

四、碧辟公司

　　2000 年 4 月，英国石油公司的英文名字由 "British Petroleum" 改为 "Beyond Petroleum"，寓意超越石油，英文简称为 "bp"，中文译名为碧辟。

　　截至 2021 年底，碧辟公司（含被并购的阿莫科和阿科公司）作为作业者和主要作业者在全球（不包含在英国境内及阿莫科和阿科公司在美国境内）发现了 820 个油气田（图 2-21），其中大油气田 41 个（14 个在非洲地区），可采储量 $254.6 \times 10^8 \mathrm{m}^3$ 油当量，非洲地区占 12.6%（据 IHS 数据）。

　　2021 年，碧辟公司在 20 个国家生产油气，原油产量 $30.99 \times 10^4 \mathrm{m}^3 / \mathrm{d}$（其中境外占比 95.5%），天然气产量 $2.24 \times 10^8 \mathrm{m}^3 / \mathrm{d}$（其中境外占比 97.0%），在世界石油公司中分别排第 10 和第 9 位。2021 年石油权益储量 $16.13 \times 10^8 \mathrm{m}^3$，天然气权益储量 $1.12 \times 10^{12} \mathrm{m}^3$，在世界石油公司中分别排第 16 和

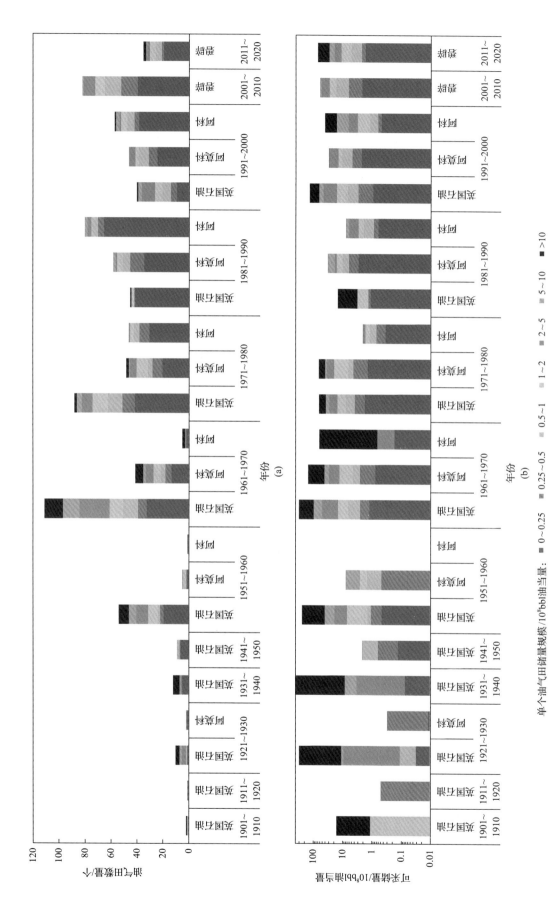

图 2-21　碧辟公司在全球不同时期发现的油气田数量(a)和油气储量(b)分布直方图(不含本土)(据IHS数据编制)

第 15 位。在 PIW 公布的 2022 年度全球石油公司 50 强排名中排第 6 位（Merolli，2022）。

（一）英国石油公司

1. 中东地区

1）伊朗

1913 年，英波石油公司派遣地质队对波斯进行地面地质调查，发现多个大型构造，但连续钻探多口干井。1919 年开始，英波石油公司在 8 个新构造上打井。1923 年 7 月伊拉克一侧的 Naft Khaneh-1 井发现高压油气层，为伊拉克找到第一个油田—Naft Khaneh 油田（图 2-22），同时在伊朗一侧又发现 Naft-I-Shahr 油田，它们其实是同一个油田，合计可采储量 $0.92\times10^8\mathrm{m}^3$，是一个大油田。

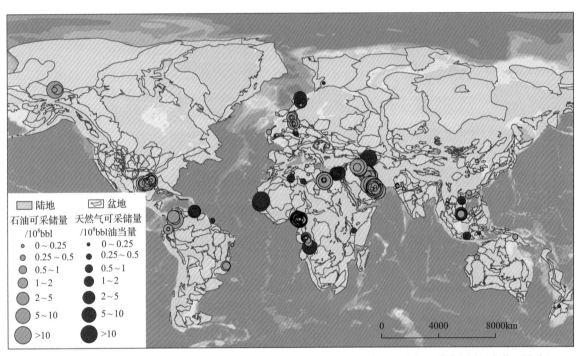

图 2-22　碧辟公司（不含被并购的阿莫科、阿科等公司的发现）在全球发现油气田分布图（不含英国境内）
（据 IHS 数据编制）
在尼日利亚的油气田储量一半劈分到壳牌公司

1923 年，英波石油公司派遣地质调查队对伊朗地区进行地面地质调查和测绘，在重力、折射地震的基础上发现了一系列有利的大型构造。1927 年 10 月，土耳其石油公司在基尔库克（Kirkuk）构造上部署了 Kirkuk-1 井，井深 610m，钻探发现一个特大油田，地质储量 $62.32\times10^8\mathrm{m}^3$ 油当量，石油可采储量 $40.53\times10^8\mathrm{m}^3$，天然气可采储量 $1952\times10^8\mathrm{m}^3$。1926 年开始在哈夫特克尔（Haft Kel）构造上钻井，1927 年 12 月，两口井都在石灰岩地层发现油层，证实了哈夫特克尔油田，石油可采储量 $3.46\times10^8\mathrm{m}^3$，天然气可采储量 $463\times10^8\mathrm{m}^3$。之后通过钻探先后发现了 Gachsaran（1928）、Agha Jari（1936）和 Pazanan（1936）巨型油田，以及 Naft Safid（1938）等多个大型油田。

1931 年，经济大萧条导致矿区使用费大幅度减少，波斯政府提出要收回区块的石油租借权。1933 年英波石油公司与波斯政府通过谈判达成"新达西协定"，同意将原先的租借地保留一半，$103.6\times10^4\mathrm{km}^2$ 缩小到 $51.8\times10^4\mathrm{km}^2$，5 年后，再退回 $25.9\times10^4\mathrm{km}^2$[①]。

———————————
① 来源：http://www.dejuw.com/info/ show/76905/.

1935 年，波斯改国号为"伊朗"，APOC 也更名为盎格鲁-伊朗石油公司(也有译成英伊石油公司)(Anglo Iranian Oil Co.，AIOC)。1938 年，伊朗石油产量达到 $1253.42 \times 10^4 m^3$，主力油田是哈夫特克尔油田。所有原油全部送往阿巴丹炼油厂加工。1953 年，随着伊朗的国有化，英波石油公司被拆分为英国石油公司(British Petroleum)和伊朗国家石油公司(National Iranian Oil Company，NIOC)。

2)伊拉克

1938 年 11 月，伊拉克石油公司为获取伊拉克南部巴士拉地区的区块，成立了全资子公司巴士拉石油公司(Basrah Petroleum Company)，并得到了伊拉克最后一块区域的石油开采特许权，该特许权有效期75年，覆盖了以前没有授予给土耳其石油公司、摩苏尔石油公司(Mosul Petroleum Co. Ltd.)和英伊石油公司的所有伊拉克地域。

3)科威特

在伊朗和伊拉克取得一系列大发现后，英伊石油公司开始向西转移进入英殖民地科威特。1912~1931 年，英波石油公司在科威特发现了大面积的地表沥青矿，1932 年又发现了少量的天然气苗。1933 年，英波石油公司与海湾石油公司按股权对半的方式在英国注册成立科威特石油公司(Kuwait Oil Company)。1934 年，科威特石油公司与科威特殖民政府达成协议，获得科威特(不包括中立区)全境的勘探许可，合同有效期 70 年。1935 年，采集了有限的重力和磁力数据，推断存在进一步勘探的潜力。科威特石油公司在中阿拉伯盆地 Naleh 构造带上部署了布尔甘-1 井，1938 年 2 月在下白垩统砂岩中获得高产油流，发现了大布尔甘(Great Burgan)巨型油田(图 2-23)。经过评价，最终石油可采储量 $81.97 \times 10^8 m^3$，天然气可采储量 $1.02 \times 10^{12} m^3$。1940 年开始钻探开发井，1946 年投产，1972 年原油最高产量达到 $1.46 \times 10^8 m^3$。

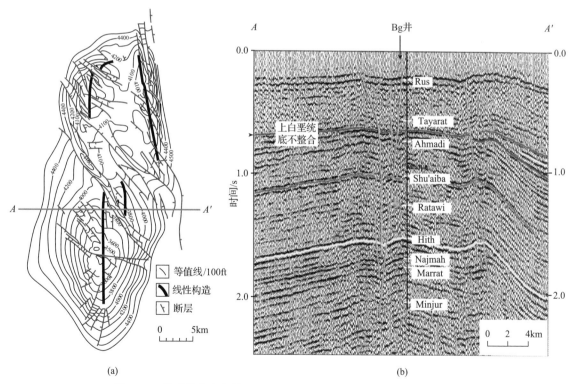

图 2-23 科威特大布尔甘油田平面图(a)和剖面图(b)(Carman，1996)

4)阿联酋

1935 年，伊拉克石油公司在伦敦注册成立石油开发(特鲁西海岸)有限公司[Petroleum Development

(Trucial Coast) Ltd.，PDTC]。1939 年 1 月 11 日，石油开发(特鲁西海岸)有限公司与当时英国保护国阿布扎比签署了石油特许经营权协议，区块位于东鲁卜哈利盆地东部，直到第二次世界大战后才开始进行勘探。1947～1948 年，在巴布附近进行重力勘探，完成重力异常图，为地震勘探提供了依据。1949～1951 年，地震勘探发现了一个宽缓的穹隆构造。1953 年 1 月，确定了 Murban-1(Bab-1)井位并开钻，1954 年 10 月在下白垩统 Thamama 群测试获得日产原油 55.65m³，天然气 5×10⁴m³，原油重度 39°API，发现了巴布巨型油气田，石油可采储量达 19.42×10⁸m³，天然气可采储量 1.76×10¹²m³，是迄今为止阿联酋发现的第二大油气田。由于 H₂S 含量高且靠近人口密集地区，该油气田直到 1959 年才得到开发。

1962 年，石油开发(特鲁西海岸)有限公司更名为阿布扎比石油有限公司(Abu Dhabi Petroleum Co Ltd.，ADPC)，同年发现了 Bu Hasa 巨型油田，石油可采储量 20.81×10⁸m³，天然气可采储量 3366×10⁸m³；1965 年又发现了 Asab 巨型油气田，可采储量达到 17.24×10⁸m³ 油当量，之后又发现多个大型油田。1963 年 12 月原油实现出口。截至 1973 年底，阿布扎比石油有限公司共发现 3 个巨型油田和 4 个大型油田，合计可采储量达 90.29×10⁸m³ 油当量。1973 年 1 月 1 日，独立后的阿布扎比政府当局获得公司 25%的股权。1974 年 1 月 1 日起增至 60%。政府权益由阿布扎比国家石油公司持有，英国石油公司、道达尔公司、埃克森、美孚公司和壳牌公司拥有剩余的 40%。2014 年 1 月 11 日，75 年的合同到期后，阿布扎比政府通过招标，将 40%的权益售给了道达尔公司 10%、碧辟公司 10%、中国石油 8%、日本 INPEX/JODCO 公司 5%、振华石油公司 4%和韩国 GS 能源/KNOC 公司 3%。

20 世纪 50 年代初，在研究发现阿布扎比浅海可能存在石油的潜力后，英国石油公司又派出一个谈判小组到阿布扎比，与阿布扎比当局进行谈判，以获得海上的石油勘探特许权。1954 年，英国石油(66.67%权益)和道达尔公司(33.33%权益)联合成立了阿布扎比海洋区域公司，1958 年 9 月发现乌姆沙依夫巨型油田，1962 年 7 月该油田正式投产。1964 年 3 月又发现扎库姆巨型油田，1971 年 12 月发现纳斯尔巨型油田。1972 年初，阿布扎比海洋区域公司 22.5%股份出售给了日本石油开发公司。1974 年各方达成《参股总协议》，阿布扎比国家石油公司获得了特许权 60%的权益，成为了该公司的大股东，代表政府管理阿联酋的油气业务，英国石油的权益为 14.5%，道达尔的权益为 13.5%，日本石油开发公司的权益为 12%。

5)卡塔尔

1933 年，伊拉克石油公司开始在卡塔尔进行地面测绘，发现了一个明显的地表背斜，核部出露始新统。1937～1938 年对 Jebel Dukhan 地表背斜进行了详细测绘。在附近没有发现油苗，反映上侏罗统 Hith 组膏岩层及其下部阿拉伯组层间硬石膏盖层密封性好。杜汉(Dukhan)构造是一个南北倾伏背斜，长约 70km，宽约 8km。1939 年部署钻探杜汉-1 井，井底深度 4971m。1940 年 1 月，试油获得日产 712.32m³ 的高产油流，原油重度 39°API，发现了卡塔尔第一个油田——杜汉油田，石油可采储量达到 10.18×10⁸m³，天然气可采储量 3525×10⁸m³，是一个巨型油田。1947 年开始投产，1962 年日产达到 2.78×10⁴m³。1965 年 7 月，英国石油公司在卡塔尔发现海上油气田——Bul Hanine，可采储量 5.11×10⁸m³ 油当量，1972 年投产。

第二次世界大战结束后，中东进入勘探、开发的热潮，战前发现的油田迅速投入开发，战后相继发现了一系列大油田，石油产量迅速增长。在国际石油公司中，英国石油公司拥有的石油租借地最多，拥有的石油储量最大，其探明石油储量占世界的 1/4，几乎集中在伊朗的马斯吉德苏莱曼、哈夫特克尔(Haftkel)、阿加贾里、加奇萨兰，科威特的大布尔甘，卡塔尔的杜汉及伊拉克的基尔库克。这些油田产量高，成本是世界最低的。

2. 非洲地区

1956 年，英国石油公司与壳牌公司组成了对半股份的壳牌-英国石油公司，在尼日利亚发现了一些大中型油气田。2016 年英国石油成功参股 Kosmos 能源公司在毛里塔尼亚-塞内加尔区块，发现了 2 个大型气田。

1）安哥拉

英国石油公司是安哥拉最大的外国投资者之一，20 世纪 70 年代英国石油公司就进入了安哥拉。90 年代通过参股获得 2 个深水区块股份。1992 年 12 月参股 16.67%加入道达尔公司作业的 17 号区块；1994 年 8 月参股 26.67%加入埃克森公司作业的 15 号区块。1996 年 9 月，阿莫科公司通过竞标获得深水 18 号区块的勘探许可权，成为它在安哥拉当作业者的第一个区块，持股 50%。在获得作业权后，英国石油公司(阿莫科已被收购)连续钻了 8 口探井，全部获得成功，1999~2000 年陆续发现了 Plutonio、Galio、Paladio、Cromio 和 Cobalto 等油田，被称为"大普鲁托尼奥"油田群，合计石油可采储量 $1.20 \times 10^8 m^3$，水深 1200~1500m，统一采用 FPSO 进行开发。

1999 年 5 月，英国石油公司取得安哥拉深水 31 号区块的勘探许可权，水深 1300~2700m，持股 26.67%并担任作业者。该区块构造复杂，浅层发育盐岩体。2002 年在较浅处部署钻探的第一口探井失败后，勘探向发育盐岩体的深水区转移。2002 年发现普鲁陶(Plutao)油田，2003 年发现萨图诺(Satumo)和马特(Marte)油田，2004 年发现维努斯(Venus)油田，组成 PSVM 油田群。虽然 PSVM 油田群的单体规模并不大，石油可采储量合计只有 $0.74 \times 10^8 m^3$，但可以形成规模效应，增强了公司的勘探信心。截至 2018 年底，该公司在安哥拉的投资超过 300 亿美元。2019 年，公司在安哥拉的净产量为 $1.82 \times 10^4 m^3/d$。

2）利比亚

1951 年 12 月 24 日利比亚独立，1955 年 11 月开始第一轮区块招标，英国石油子公司达西勘探(非洲)有限公司在利比亚获得了 4 个石油开采权，其中 1 个在古达米斯盆地，3 个在苏尔特盆地。1960 年 9 月，英国石油公司(作业者)开始对苏尔特盆地进行地球物理勘探。通过航磁、重力和地震勘探等地球物理方法发现 A、B 和 C 等三个异常区，在 A 和 B 异常区钻探失利后，对 C 异常区进行最后的尝试，部署了 C-001-65 井，目的层为前寒武系花岗岩。在该井的钻井过程中由于出现井眼垮塌和漏失，决定提前完钻，在上白垩统 Sarir 组砂岩中发现 60m 油层，1961 年 11 月试油获得日产 $621.69 m^3$ 的高产油流，原油重度为 37° API，发现 Sarir(065-C)巨型油田，石油地质储量高达 $20.67 \times 10^8 m^3$。1963 年 7 月和 1966 年 4 月在其附近又发现了北萨里尔[Sarir North (065-C)]油田和萨里尔-L(065-L)油田，石油地质储量分别达到 $1.59 \times 10^8 m^3$ 和 $6.36 \times 10^8 m^3$。1967 年 1 月，英国石油公司的第一船利比亚原油实现出口。1971 年 2 月，利比亚国有化，收回了所有外国公司的油气资产。

3. 美洲地区

1）特立尼达和多巴哥

在加勒比海地区，早在 1938 年，英国石油公司就进入了英国殖民地特立尼达，在特立尼达北区公司中持股 1/3，认为那里的海域有较大的勘探潜力。1955 年 3 月，在特立尼达盆地帕里亚湾一个海上探区，德士古特立尼达公司发现索尔达多(Soldado Main)油田，地质储量达 $3.33 \times 10^8 m^3$。在德士古公司获得系列发现后，英国石油公司开展了多次参股或并购，加大勘探力度，但并未有发现。1961 年英国石油公司获得特立尼达和多巴哥大陆架上的特立尼达盆地第 2 和第 3 区块，直到 2000 年才发现 Mango 气田，之后发现 Cashima(2001)、Cannonball(2002)、Savonette(2004)、Savannah 1(2017)和 Ginger 1STX(2019)等 5 个气田，规模都不大，6 个气田合计天然气可采储量 $1688 \times 10^8 m^3$。

2）加拿大

自 1947 年帝国石油公司发现勒杜克大油田后，英国石油公司开始关注加拿大的油气勘探，1953 年通过收购加拿大一家小公司 Triad 石油公司 23%股份，然后逐步增加到 66%，但到 1970 年一直没有好的发现。1992 年，英国石油公司出售了其在英国石油加拿大公司（上游业务）57%的股份，更名为塔利斯曼（Talisman）能源公司。

英国石油公司进入加拿大油砂领域较早，参与了加拿大艾伯塔省的三个油砂租赁区：Sunrise、Pike 和 Terre de Grace。日出（Sunrise）项目是英国石油公司（下游作业者）和赫斯基公司（上游作业者）各占一半股权的合资项目。据估计，Sunrise 项目的可采沥青资源超过 $4.77\times10^8m^3$，2015 年投产，2021 年产量约为 $0.82\times10^4m^3/d$。派克（Pike）项目英国石油公司参股 50%（非作业者），格雷斯岛（Terre de Grace）项目英国石油公司拥有油砂租约 75%的权益并担任作业者，这两个项目都没有投产。

3）墨西哥

英国石油公司在 20 世纪 90 年代初就在墨西哥湾深水盆地获得油气发现，先是 1994 年获得第一个发现 Troika 中型油气田。1998 年获得 Atlantis 第一个大油气田发现，可采储量 $0.94\times10^8m^3$ 油当量，1999～2000 年相继发现 Thunder Horse 和 Thunder Horse North 两个大油气田，石油可采储量分别为 $0.86\times10^8m^3$ 和 $0.95\times10^8m^3$，天然气可采储量分别为 $130\times10^8m^3$ 和 $163\times10^8m^3$。2008 年 9 月，碧辟公司宣布它在美国墨西哥湾 G25782-KC 102 区块水深 1259m 处发现了一个大油田——泰博（Tiber）油田，石油可采储量 $0.95\times10^8m^3$，天然气可采储量 $85\times10^8m^3$，为碧辟公司在墨西哥湾深水盆地的第四个大发现；碧辟公司拥有 62%股权，为作业者，其合作伙伴巴西石油公司占 20%，康菲石油公司占 18%。而且，其发现井的总钻进深度达到 10685m，是迄今为止世界最深的探井。此前，2006 年碧辟公司在古近系同一个地层发现了卡斯基达油田。这两个油田的投产将使碧辟公司在墨西哥湾的石油日产量从 $6.36\times10^4m^3$ 增加到 $10.34\times10^4m^3$。

4）美国

2008 年，碧辟公司花费 19 亿美元收购了美国阿肯色州 5463.32km² 页岩资源，以便开采页岩气。此外，碧辟公司在阿曼有一个大型致密储层天然气项目。

2018 年 7 月，碧辟公司同意以 105 亿美元收购必和必拓公司在得克萨斯州和路易斯安那州页岩资产。同年，碧辟公司从康菲石油公司购买英国克莱尔油田 16.5%权益，将其份额提高到 45.1%。

4. 亚洲地区

1994 年，阿塞拜疆开始对外开放。同年 9 月，英国石油公司（17.12%，作业者）联合阿莫科（17.01%）、优尼科公司（10.05%）等 13 家公司组成一个国际集团，同阿塞拜疆国家石油公司（SOCAR，持有 10%股权）合作，开发 ACG 油田群，包括阿泽里（Azeri）、奇拉格（Chirag）和古尼什利（Gunishli）3 个油田。该项目是阿塞拜疆四大油气项目"世纪工程"之一，1997 年 11 月投产。截至 2018 年底已累计生产原油 $5.57\times10^8m^3$。2017 年 9 月，SOCAR 和 ACG 合作伙伴签署了产品分成协议（production sharing agreement, PSA）延期协议，有效期延至 2049 年底。

1999 年英国石油公司牵头并担任作业者在阿塞拜疆发现了沙赫德尼兹巨型凝析气田，天然气可采储量高达 $9627\times10^8m^3$。2018 年 4 月，碧辟公司和 SOCAR 公司签署了一项为期 25 年的产品分成协议，将联合勘探开发位于里海阿塞拜疆地区的 D230 区块。该区块位于里海巴库东北约 135km 处，面积约为 3200km²，以前从未勘探过，水深为 400～600m，预测储层深度在 3500m 左右。在勘探阶段，碧辟公司是作业者，持有 50%的权益，SOCAR 公司持有剩余的 50%权益。

（二）阿莫科公司

1911 年 11 月 20 日，印第安纳标准石油公司（阿莫科）从标准石油公司分解成为一个独立的公司开始运营，在美国之外的近 30 个国家开展勘探，累计发现 199 个油气田，其中含 14 个大型油气田(图 2-24)。阿根廷是阿莫科公司进入最早的国家，20 世纪 20 年代就到阿根廷开展勘探工作，累计发现 27 个油气田，仅获得一个大型油气田发现。20 世纪 60 年代，分别进入中东、北非和欧洲北海地区，在英国发现 47 个油气田，含 2 个大型油田；在荷兰发现 17 个油气田；在伊朗发现 4 个大型油田；在阿联酋发现 1 个大型油气田；在埃及发现 22 个油气田，含 2 个大型油气田。20 世纪 70～90 年代主要在特立尼达和多巴哥发现 18 个油气田，含 1 个大型油气田。此外，在巴基斯坦发现 1 个大型油气田。在中国，80 年代，阿莫科公司在珠江口盆地发现 3 个中小型油气田(据中国石油网站)。

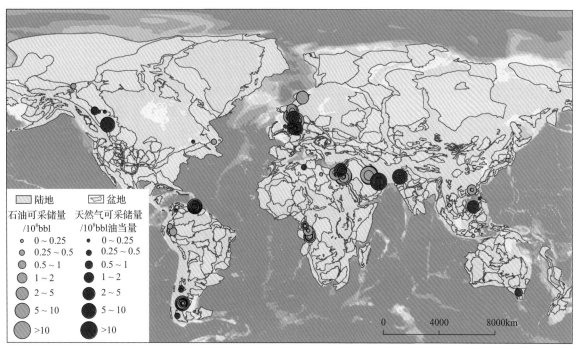

图 2-24　阿莫科公司在全球发现的油气田分布图(不含美国)(据 IHS 数据编制)

1966 年 6 月，在欧洲英-荷盆地发现了 Indefatigableupi 气田，可采储量为 1348×10^{8}m^3；1984 年 2 月，在英国 Moray Firth 盆地发现了 Scott 油气田，可采储量 0.87×10^{8}m^3 油当量。

20 世纪 60 年代，阿莫科公司在伊朗中阿拉伯盆地发现 4 个大型油气田：1961 年 5 月发现 Aboozar 油气田，12 月发现 Doroud 油气田，1962 年 2 月发现 Soroosh 油气田，1966 年 11 月发现 Foroozan 油气田。1979 年，阿莫科公司基于地表地质填图和二维地震勘探在鲁卜哈利盆地发现南北向延伸的被断层复杂化的背斜——Sajaa 构造，1980 年 12 月钻探发现 Sajaa 凝析气田，主要储层为上侏罗统浅海相陆架碳酸盐岩，凝析油可采储量为 0.86×10^{8}m^3，天然气可采储量为 1614×10^{8}m^3。

1964 年，阿莫科公司在苏伊士湾盆地的一次地震勘探中确定了"M"和"C"两个层位，分别对应于中新统蒸发岩的顶和底，构造成图在"C"层发现了多个圈闭，其中 Morgan 构造是一个 NW-SE 走向的背斜，长约 7km，宽 3km，最大闭合度为 213m。1965 年 1 月，El Tor-1 井(后来更名为 Morgan-1 井)开钻，以评估构造北部"C"异常上的中新统和中新统之下的储层。该井在 –1707～ –1554m 深度发现油层。1965 年 4 月，试油发现了 Morgan 油气田，石油可采储量 2.39×10^{8}m^3，天然气可采储量 289×10^{8}m^3。

1963 年，阿莫科公司获得了苏伊士湾盆地十月(October)区块的勘探许可，由于阿以冲突，被迫推迟到 1976 年才开始地震采集。基于二维地震成图、附近的露头研究和附近陆上 Abu Rudeis

油田的类比，发现了 October 构造的中新统和更年轻的沉积物披覆在 NE 向翘倾的前中新统断块之上。1977 年 5 月，在中新统构造高部位的上倾方向部署钻探 GS 195-1 井，在下白垩统 Nubia 段测试获得 715.50m³/d 的高产油流，发现 October 油田，石油可采储量 1.59×10⁸m³，天然气可采储量 74×10⁸m³。

1971 年 3 月，在特立尼达盆地根据二维地震发现一个泥底辟构造，钻探证实为一个断层复杂化的背斜，发现 Samaan 油气田，石油可采储量 0.43×10⁸m³，天然气可采储量 445×10⁸m³。1979 年该油气田投产。

1990 年 3 月，在巴基斯坦印度河(Indus)盆地通过二维地震勘探和钻井发现了卡迪普(Qadirpur)气田，天然气可采储量 1336×10⁸m³，主要产层为始新统石灰岩。

(三)阿科公司

富田石油公司(Richfield Oil Corporation)创建于 1905 年，1966 年 1 月，富田石油公司与 1865 年成立的大西洋炼油公司(Atlantic Refining Corporation)合并，新公司改名为大西洋富田公司(Atlantic Richfield Corporation)，简称阿科公司(ARCO)。1968 年阿科公司与 Humble 石油和炼油公司合作在阿拉斯加北坡发现了石油可采储量 23.85×10⁸m³、天然气可采储量 8264×10⁸m³ 的普鲁德霍湾(Prudhoe Bay)巨型油气田，这是当时在西半球获得的最大发现(Morgridge and Smith, 1972)。

20 世纪 50 年代，阿科公司开始走出美国，开展全球勘探，包括南美的秘鲁和厄瓜多尔，欧洲的英国和荷兰，亚太地区的中国、缅甸、印度尼西亚、澳大利亚和新西兰，中东的卡塔尔、土耳其和伊朗，以及北非的阿尔及利亚等国。境外共发现油气田 190 多个，其中印度尼西亚 126 个(含 3 个大气田)，英国 24 个(图 2-25)。

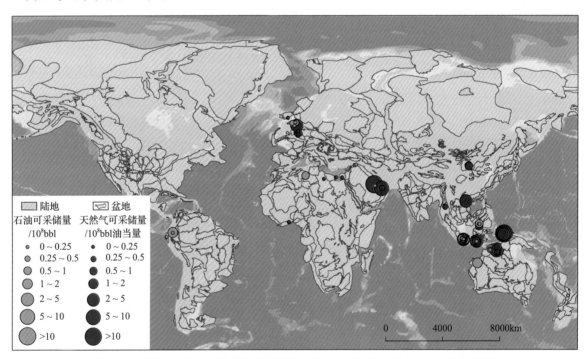

图 2-25　阿科公司在全球发现的油气田分布图(不含美国本土)(据 IHS 数据编制)

1. 中东地区

IHS 数据库统计认为，阿科公司 1961 年在伊朗波斯湾上的 Iropco-Iropco 1 号区块发现了 Doroud 大油气田。实际上，该油气田最终是被伊朗石油公司评价和证实的。1966 年 6 月，阿科公司在伊朗的中阿拉伯盆地发现 Ferdowsi 1 大油气田，可采储量达 $5.26×10^8m^3$ 油当量。

1982 年 6 月，阿科迪拜公司（作业者，75%）和 Gulfstream Resources Canada Limited（25%）联合在阿联酋发现迪拜陆上最大气田——Margham 气田，下白垩统发育 Shu'aiba、Kharaib 和 Lekhwair 组三套裂缝型石灰岩层，天然气可采储量为 $592×10^8m^3$，凝析油可采储量为 $0.26×10^8m^3$。1984 年 10 月投产，到 1985 年 3 月，凝析油产量已达到 $4452m^3/d$，天然气产量为 $849.5×10^4m^3/d$，其中 30%～35% 用于燃料，60%～65% 用于回注。Margham 油田的回注系统的产能为 $424.8×10^4m^3/d$。1998 年 10 月阿科迪拜公司以 2200 万美元收购 Gulfstream Resources Canada Limited 在 Margham 气田 25% 的权益，成为该气田 100% 拥有者。2000 年底，英国石油公司放弃了其在 Margham 气田的股权，被新成立的国家组织——迪拜 Margham Establishment 接管。2007 年，该气田被改为储气库。

2. 东南亚地区

1906 年就在宾图尼和萨拉瓦蒂（Salawati）盆地中生界和古近系储层中发现油苗，但直到 1935 年才开始钻探。最初的勘探集中在已知油苗附近地表测绘发现的背斜上。这导致在 1936 年至 1941 年间，在萨拉瓦蒂盆地发现 Klamono 油田，在宾图尼盆地发现 Wasian 和 Mogoi 油田。这些油田以及所有在 Wiriagar Deep 之前发现的储层都位于上中新统 Kais 组。阿科公司在发现 Wiriagar 浅层气田后，通过地震勘探识别出 Wiriagar 深层构造，并在 1993 年更新了 Wiriagar 产品分成合同，目的是测试前古近系的原油潜力。1994 年，在 Wiriagar Deep-1 井发现了天然气，在中侏罗统、上白垩统和古新统均获得高产天然气流，发现了 Wiriagar Deep 大气田，后经过进一步评价证实，天然气可采储量为 $1245×10^8m^3$。

在发现 Wiriagar Deep 气田后，阿科公司开始考虑评价井时，对前人退出的区块进行地质研究和成图，其前作业者在 Wiriagar Deep 以东发现了几个小圈闭，而这些圈闭实际上是一个大型背斜的一部分，平行位于 Wiriagar 褶皱的东部。阿科公司将这些圈闭命名为 Vorwata。1997 年 1 月，部署钻探了 Vorwata-1 井，从侏罗系储层测试获得 $87.74×10^4m^3/d$ 产能，发现了 Vorwata 大气田，后经过进一步评价证实，天然气可采储量为 $4126×10^8m^3$。

1982 年，美国阿科中国有限公司作为作业者（34% 权益）联合科威特石油勘探公司（15% 权益），获得中国海油成立后首轮对外招标的南海琼东南盆地 PSCA50/35 区块，中国海油则拥有 51% 权益。这是中国海油成立后与西方的石油公司签订的第一个产品分成合同。1983 年发现崖 13-1 气田，天然气地质储量 $731×10^8m^3$。1996 年 1 月向香港供气，每年供气 $29×10^8m^3$。2004 年 1 月，中方正式从碧辟公司手中接过崖 13-1 气田的作业权。这是中国海油首次接替世界级石油公司成为作业者。此外，阿科公司于 1988 年 7 月在鄂尔多斯盆地发现石楼北（Shilou North）煤层气田，天然气地质储量 $241×10^8m^3$。

五、道达尔能源公司

2000 年 3 月，道达尔-菲纳石油公司并购法国埃尔夫公司（Elf），成立道达尔-埃尔夫-菲纳公司，次年成为当时全球排名第四的非国家石油公司。2003 年 5 月全球统一命名为道达尔公司（Total）。2017 年 8 月道达尔公司收购了马士基集团旗下的马士基石油公司，获得其在丹麦、英国、挪威、巴西、泰国、安哥拉等多个国家的油气田，但仅有一个大气田发现。

法国道达尔和埃尔夫公司成立之初主要在法国国内巴黎盆地和阿基坦盆地开展油气勘探开发。经过 20 多年勘探，在法国境内发现资源以天然气为主，直到 1949 年才发现迄今为止法国境内唯一的大气田，即阿基坦盆地的拉克气田，天然气可采储量 $2574×10^8m^3$，一直没有大油田发现。

截至 2022 年底，道达尔能源公司作为作业者和主要作业者在境外发现了 840 多个油气田

(不含北美地区)，累计发现可采储量达到 $174.16\times10^8\mathrm{m}^3$ 油当量，其中巨型油气田仅 2 个，位于阿尔及利亚；大油气田 33 个(21 个在非洲地区)，合计可采储量 $99.39\times10^8\mathrm{m}^3$ 油当量(图 2-26)，非洲地区占 84.8%。

2021 年，道达尔能源公司在 30 个国家生产油气，原油产量 $23.79\times10^4\mathrm{m}^3/\mathrm{d}$(其中境外占比 100%)，天然气产量 $2.04\times10^8\mathrm{m}^3/\mathrm{d}$(其中境外占比 100%)，在世界石油公司中分别排第 16 和第 11 位。2021 年石油权益储量 $9.28\times10^8\mathrm{m}^3$，天然气权益储量 $9472\times10^8\mathrm{m}^3$，在世界石油公司中分别排名第 22 位和第 19 位。在世界石油公司 50 强排名中排第 10 位(Merolli，2022)。

(一)道达尔公司

法国国内油气资源贫乏，三分之二的发现为天然气。道达尔公司"走出去"相对较晚，早期以非作业者身份参加了中东地区的勘探开发，自主发现的不多。直到第二次世界大战结束后，才开始大规模走出去，到多个国家主动开展油气勘探业务，注重和资源国合作，多向产油国让利，得到产油国的支持。但主要勘探发现还是在非洲，尤其是以原殖民地为主(图 2-27)。

1. 中东地区

1922 年，土耳其石油公司的权益再次重新分配，法国石油公司持股调整为 23.75%(Bret-Rouzaut and Favennec，2011)。1925 年，土耳其石油公司从英国控制下的伊拉克政府获得了美索不达米亚地区石油资源的特许权。1928 年，土耳其石油公司更名为伊拉克石油公司(IPC)，加强与刚刚独立的伊拉克王国的联系，其中包括前美索不达米亚。1949 年，新成立的伊朗国家石油公司(NIOC)，伊朗政府成为资源的所有者，法国石油公司仅占 6%。

在中东地区，道达尔公司主要以参股土耳其石油公司/伊拉克石油公司的方式分享一系列大油气田的发现和权益储量，包括在阿布扎比石油有限公司保留着 10%的股权，这家公司经营着阿萨布(Asab)、巴布、布哈萨(Bu Hasa)、萨希尔(Sahil)和沙林 5 个陆上油田；在阿布扎比海洋区域公司中持股 13.33%，该公司经营着乌姆沙依夫和下扎库姆(Lower Zakum)两个海上大油田。20 世纪 70 年代，随着中东资源国的国有化，道达尔公司失去了大量的油气资产，唯一保留下来的权益是在阿联酋，给伊拉克石油公司保留了 40%的股份，道达尔的权益相应减少。在阿曼，道达尔公司在壳牌公司主导的阿曼石油开发公司中取得了 15%的股权。

2. 美洲地区

1957 年，进入美国开展勘探工作，主要在墨西哥湾浅海区活动，发现规模都很小。1986~1987 年道达尔公司先后收购了 Lear 石油公司、得克萨斯国际公司和 CSX 石油天然气公司，1987 年在北美的天然气年产量达到 $9.1\times10^8\mathrm{m}^3$，原油年产量达到 $82.40\times10^4\mathrm{m}^3$。2010 年初，道达尔公司以 22.5 亿美元价格收购了美国切萨比科(Chesapeake)能源公司在得克萨斯州页岩资产的 25%，天然气日产量已经达到 $1.6\times10^8\mathrm{m}^3$。

20 世纪 80 年代初，道达尔公司进入阿根廷，在 Austral 盆地和内乌肯(Neuquen)盆地取得了一系列的发现，其中 1983 年 4 月在 Austral 盆地白垩系浅海相陆架砂岩发现了可采储量达 $1158\times10^8\mathrm{m}^3$ 的 Carina 大气田。

20 世纪 90 年代末，道达尔公司介入加拿大油砂项目，得到了 Surmont 开发项目，面积为 $4.5\times10^4\mathrm{km}^2$，估计石油地质储量有 $2100\times10^8\mathrm{m}^3$。2007 年，道达尔公司收购了加拿大 Synenco 能源公司，从而取得了阿萨巴斯卡地区"北极之光"油砂项目 60%股份(另外 40%股份属于中国石化)。2009 年 4 月，道达尔将 10%股份转让给中国石化，双方各持股 50%。2015 年 9 月，道达尔以 2.39 亿加元的价格将其在艾伯塔省 Fort Hills 项目中 29.2%的股份出售给了森科能源公司，后逐步退出了加拿大油砂项目。

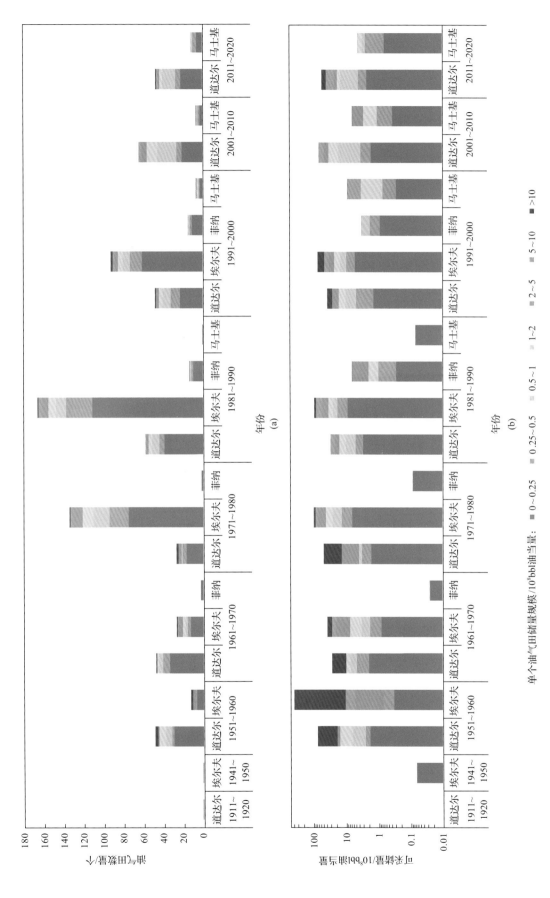

图2-26　道达尔能源公司不同年代在全球发现的油气田数量(a)和油气储量(b)分布直方图(不含法国境内)(据IHS数据编制)

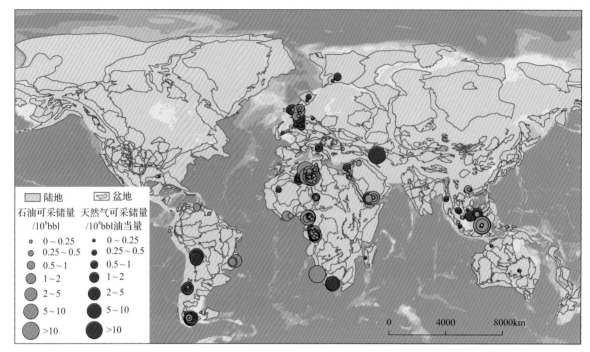

图 2-27　道达尔能源公司(不含被并购的埃尔夫、菲纳石油等公司的发现)在全球发现的油气田分布图
(不含法国境内)(据 IHS 数据编)

3. 中亚地区

1997 年 12 月,雪佛龙公司(作业者,30%)、道达尔公司(20%)和阿塞拜疆国家石油公司(30%)联合获得了阿塞拜疆南里海盆地海上的 Absheron 区块,面积 423.9km²,水深 474m。义务工作量为 650km² 的三维地震和 1 口探井。20 世纪 90 年代晚期发现一个 270km² 大型背斜构造。2001 年,在该背斜的南翼钻探 Absheron X-1a 探井。该井在 6500m 深度完钻,发现天然气,但不经济后被弃井。2001 年雪佛龙公司退出该区块。2009 年 6 月,道达尔公司作为作业者(40%权益)与阿塞拜疆国家石油公司(40%)和另一家法国公司成立联合公司,重返 Absheron 区块。2011 年在背斜北翼又部署了一口井——Absheron ABX-2 井,钻遇了优质砂岩,净气层厚度超过 150m,测试获得了 93×10⁴m³/d 的天然气和 397.50m³/d 的凝析油。2013 年道达尔公司进行三维地震采集和多口评价井钻探,最终证实可采天然气储量 1933×10⁸m³,是一个大型凝析气田。2017 年开发方案得到政府批准,预计 2023 年投产。

4. 非洲地区

2013 年 5 月,道达尔公司从加拿大自然资源有限公司获得南非海上奥特尼瓜(Outeniqua)盆地 11B/12B 区块 50%权益,并担任作业者,2018 年区块合作伙伴的权益变为道达尔公司占 45%、卡塔尔石油公司占 25%、加拿大自然资源有限公司 20%和南非私人财团(Main Street 1549 Proprietary Ltd.)10%。11B/12B 区块面积 1.89×10⁴km²,水深 200～1800m。2014 年首次对布鲁尔帕达(Brulpadda)进行了钻探,但由于洋流过于猛烈使钻井作业不得不暂停。2019 年 2 月,道达尔南非公司宣布,Brulpadda-1 井在下白垩统储层中发现气层厚 73m,井深达 3633m。Brulpadda 气田白垩系阿尔布阶浊积砂体面积超过 100km²,储层有效厚度 73m,发现天然气可采储量 452×10⁸m³、凝析油可采储量 0.22×10⁸m³,测试结果为天然气 93×10⁴m³/d、凝析油 696.34m³/d。2020 年在 Brulpadda 气田以东发现了 Luiperd 气田,这两个气田的发现进一步证实了深水白垩系海底扇砂岩成藏组合的巨大潜力,加速了在整个盆地寻找类似气藏的进程。

2019 年 5 月,道达尔公司与西方银行达成了一项具有约束力的协议,收购阿纳达科公司在非洲(莫桑比克、阿尔及利亚、加纳和南非)的资产,并于 2019 年 8 月签署了随后的买卖协议。同年9 月道达尔公司宣布以 39 亿美元的价格完成对阿纳达科公司在莫桑比克液化天然气项目 26.5%经营权益的收购。

5. 亚太地区

20 世纪 60 年代,道达尔公司在印度尼西亚也开展了大规模的勘探活动,主要集中在加里曼丹东部玛哈坎(Mahakan)许可区,先后发现了 35 个油气田,包括位于库泰(Kutai)盆地的 Handil、Tunu 和 Peciko 等三个大气田。

此外,道达尔公司还参股泰国马来(Malay)盆地 Bongkot 气田(1972 年发现)和缅甸 Moattama盆地 1983 年发现的 Yadana 气田开发,股份分别为 30%和 31.2%。

2006 年 3 月,道达尔公司和中国石油签订协议,合作开发内蒙古鄂尔多斯盆地苏里格气田南区块。合同区面积 2392.4km²,合作目的层为二叠系顶部到石炭系底部。苏里格南天然气合同于2006 年 3 月 29 日生效,合同期限 30 年。2011 年 1 月获商务部批准,中国石油担任作业者。

(二)埃尔夫公司

20 世纪 50 年代,埃尔夫公司开始"走出去"进行油气勘探开发,但在美洲地区的哥伦比亚、危地马拉、厄瓜多尔、巴西、苏里南和美国等都没有大型油气田发现。1999 年 2 月,埃尔夫公司在美国墨西哥湾发现了阿康卡瓜(Aconcagua)气田(50%,作业者),可采储量仅 $57.51×10^8m^3$。在东南亚主要在印度尼西亚和文莱有风险勘探项目,最大的发现是 1993 年在文莱的巴兰三角洲盆地发现的 Maharaja Lela-Jamalulalam 气田,天然气可采储量 $312×10^8m^3$(图 2-28)。

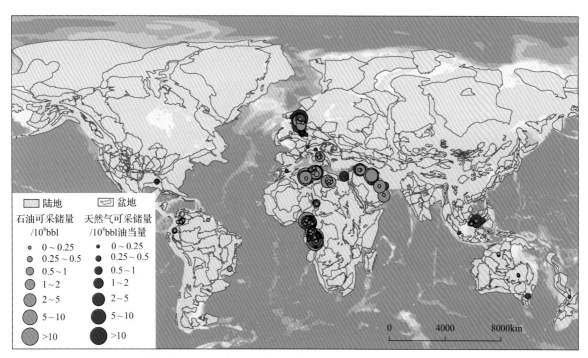

图 2-28　埃尔夫公司在全球发现油气田分布图(不含法国境内)(据 IHS 数据编制)

1. 非洲地区

非洲地区是埃尔夫公司涉足最广泛的地区,包括阿尔及利亚、尼日利亚、喀麦隆、刚果、安哥拉、埃及、突尼斯等国,在阿尔及利亚的两大发现是道达尔公司迄今为止在海外获得仅有的两个巨型油气田。

1953 年，撒哈拉沙漠石油公司[①]获得了阿尔及利亚殖民当局批准的在撒哈拉北部 $25 \times 10^4 km^2$ 地区的勘探许可权。勘探开始于重力测量，但结果并不理想。几次反射地震试验都没有取得多大的成功。然后决定进行大范围的折射地震勘探，并钻深井来评估沉积剖面。两条区域折射地震剖面发现在 4000m 深部有一个大型隆起（图 2-29）。1955 年 11 月，部署第一口探井（哈西迈萨乌德-1井），1956 年 6 月钻到 3469m 在中寒武统石英砂岩发现含油层。进一步的地震折射调查显示哈西迈萨乌德油田的构造形状为宽缓背斜，表明中生界折射层与基底折射层之间存在重大不整合。截至 1957 年 12 月底，在这个大构造上先后上钻 7 口井，证实含油面积达 1600km²，发现世界级特大油田——哈西迈萨乌德油田，石油可采储量 $21.94 \times 10^8 m^3$，天然气可采储量 $3758 \times 10^8 m^3$，该油田是非洲最大的油田。

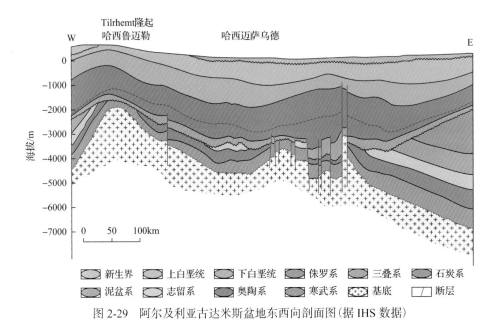

图 2-29 阿尔及利亚古达米斯盆地东西向剖面图（据 IHS 数据）

1952～1953 年，国有阿尔及利亚石油研究和开发集团[②]在撒哈拉以南进行第一次地质和地球物理勘探，在 Tilrhemt 隆起附近发现了一个巨大的背斜构造。1956 年 9 月，野猫井——哈西鲁迈勒-1井开钻，在寒武系井深 2275m 完钻，在 2123m 深度钻遇了高压湿气层，当年 11 月在上三叠统砂岩测试日产天然气 $50 \times 10^4 m^3$。1957～1961 年，共部署钻探了 7 口评价井，当时估计储量为 $2.8 \times 10^{12} m^3$，含气面积 3500km²。1958 年 11 月，HR-8 井在该油田西南部发现了一个油环。这一特大型气田——哈西鲁迈勒气田是非洲油气当量最大的气田，天然气可采储量达 $3.16 \times 10^{12} m^3$，凝析油可采储量为 $5.04 \times 10^8 m^3$，合计总可采油气当量达 $35.81 \times 10^8 m^3$。

此外，撒哈拉沙漠石油公司在阿尔及利亚的伊利兹盆地发现了一系列油气田，包括 1956 年 6月发现的 Tiguentourine 油田，1957 年 5 月发现的扎拉扎依提（Zarzaitine）油田，1960 年 12 月发现的 Tin Fouye-Tabankort 大油田，以及 1961 年 9 月发现的阿尔拉尔（Alrar）大气田。

20 世纪 60 年代开始，埃尔夫公司作为作业者在尼日利亚的尼日尔三角洲盆地、刚果和安哥拉的下刚果盆地获得多个区块，发现了一批油气田，包括 1964 年发现的 Obagi 大油田。1976 年 7月在利比亚的佩拉杰（Pelagian）盆地发现了 137N-C-001 大气田，80 年代在刚果发现了 Litchendjili

---

① 撒哈拉沙漠石油公司（Cie Rech Expl Petroles Sahara）成立于 1952 年，由 ERAP 控股 57.5%，1976 年与 SNPA 合并到埃尔夫公司（据 IHS 数据）。

② 1946 年，法国石油勘探局（BRP）同法国阿尔及利亚殖民政府共同组建了国有阿尔及利亚石油研究和开发公司（SN REPAL），前者控股 81.2%。1965 年阿尔及利亚与法国就石油问题签订双边协定，两国成立联合组织（ASCOOP）共同进行油气的勘查和开发，各占 50%股份。1971 年阿尔及利亚通过了"石油法"，并把外国石油公司资产国有化（陈镜林，2021）。

Marine 大油田。

在 1975 年安哥拉独立后不久，埃尔夫阿基坦公司就进入并获得多个海上区块。截至 2000 年与道达尔公司合并前，在安哥拉下刚果盆地发现 30 个油气田，累计可采储量达到 $8.07 \times 10^8 \mathrm{m}^3$ 油当量。其中 1996 年 4 月发现吉拉索(Girassol)大油气田，水深 1400m；1997 年 8 月，在同一区块又发现 Dalia Complex 大油气田，是安哥拉第二大油田。此外，还找到了一系列中型油气田。

埃尔夫公司 1980 年进入尼日尔获得了阿加德姆(Agadem)区块的特许经营权，1985 年将 37.5%的权益转让给埃克森公司，埃尔夫公司担任作业者。1998 年埃尔夫公司退出尼日尔，将全部权益转给了埃克森公司。在埃尔夫公司担任作业者期间发现了 Sokor(1982)、Goumeri(1990)、Faringa(1994)、Agadi(1994)和 Karam(1994)等含油气构造，控制石油可采储量仅 $0.30 \times 10^8 \mathrm{m}^3$。

2. 中东地区

在中东地区，埃尔夫公司在伊拉克、阿曼、卡塔尔和叙利亚有风险勘探项目，仅在伊拉克有大发现。1970 年 2 月发现了 Buzurgan 大油田，石油可采储量 $0.92 \times 10^8 \mathrm{m}^3$，天然气可采储量 $199 \times 10^8 \mathrm{m}^3$。1976 年 7 月发现了 Abu Ghirab 大油田，石油可采储量 $1.11 \times 10^8 \mathrm{m}^3$，天然气可采储量 $114 \times 10^8 \mathrm{m}^3$。

3. 欧洲地区

北海是埃尔夫公司海外勘探第二成功的地区，20 世纪 70 年代是北海勘探大发现的高潮期。1965 年，在北纬 62°以南的挪威大陆架上开始了一项活跃的地震勘探计划。1966 年采集 15km×20km 大网格二维地震，第一次解释发现了弗里格(Frigg)构造，当时认为该构造层位为上白垩统顶。在 1969～1970 年，一个新的 5km×5km 测网的二维地震采集完成，进一步明确了构造层位，特别是在古近系砂层的顶部。弗里格被定义为一个非常大(约 300km^2)但幅度低的构造。1971 年，025/01-01 井在该构造的顶部钻探，在下始新统砂岩中钻遇了 135m 的气柱和 10m 的含油带。1973 年，在构造的主体采集了 1km×1km、构造外围采集了 2km×2km 的地震。结合第一批评价井的钻探结果，进一步落实了构造面积，比最初设想的更小(约 115km^2)，也更复杂。弗里格是在一个复杂的侏罗系断块上披覆和差异压实形成的低幅度背斜构造，主要储层为下始新统海底扇。

弗里格是一个横跨英国和挪威中线的大型古近系天然气田，天然气可采储量达到 $1914 \times 10^8 \mathrm{m}^3$，是北海第三大天然气田，仅次于 Troll 和 Leman 气田。经英国和挪威政府协商达成联合勘探开发的协议，挪威部分占 60.82%。该气田 1977 年 9 月投产，1979 年 10 月至 1987 年 9 月期间为生产高峰期。

埃尔夫公司在发现弗里格大气田之后，在周围又发现了几个卫星气田——弗里格北东和弗里格东气田。当时原道达尔公司是合作伙伴，拥有 25.7%股份。与此同时，埃尔夫公司在北海还参股多个油气田的勘探和开发，包括埃科菲斯克油田(3.5%)、奥斯伯格油田(5.6%)、斯塔特福约德油田(2.8%)、海姆达尔凝析气田(21.514%)、斯诺里油田(5.5106%)、托地斯油田(5.6%)、特罗尔气田(2.353%)等。此外，在意大利和荷兰也有一些小的油气田发现。1991 年在英国境内发现了 Elgin 大油气田，石油可采储量 $0.56 \times 10^8 \mathrm{m}^3$，天然气可采储量 $396 \times 10^8 \mathrm{m}^3$。

(三)菲纳石油公司

菲纳石油公司的勘探起步较晚，主导勘探获得的大发现不多。20 世纪 50 年代，菲纳石油公司开始涉足加拿大勘探，但都未获得重要勘探发现。20 世纪 60～70 年代，菲纳石油公司海外投资策略调整为以参股为主，积极投入到北海勘探的热潮中。1986 年，菲纳石油公司并购了 Charterhouse 石油公司，获得了北海多个勘探区块的股权。在北海菲纳石油公司自主勘探发现的最大油气田为 1989 年 11 月英国境内的 021/27-02(Pilot)油田，可采储量仅 $0.16 \times 10^8 \mathrm{m}^3$。

20 世纪 80 年代初，菲纳石油公司开始在北海以外进行油气勘探。80～90 年代，菲纳石油公司在意大利和越南开展勘探，获得多个油气发现，其中 1989 年 11 月在意大利南亚平宁(Southern

Apennines)盆地发现的 Tempa Rossa 油气田，可采储量达到 $0.69 \times 10^8 \mathrm{m}^3$ 油当量，是菲纳石油公司在境外发现的最大油气田(图 2-30)。

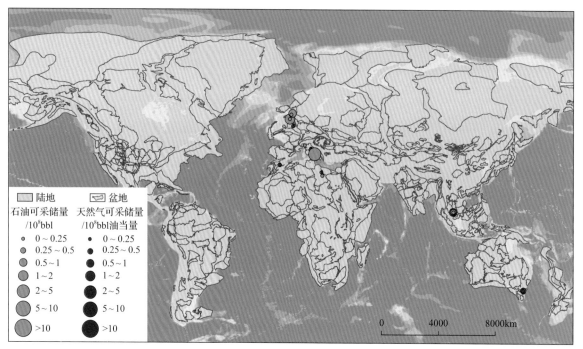

图 2-30　菲纳石油公司不同年代在全球发现油气田分布图(不含法国境内)(据 IHS 数据编制)

第二节　国际石油公司的跨国勘探

一、埃尼公司

为了降低对外部石油资源的依赖，埃尼扬长避短，在公司成立后不久就实施了"走出去"战略，发挥在天然气勘探开发方面的优势技术和能力，到非洲和中东去勘探开发油气。截至 2022 年底，埃尼公司的勘探开发业务范围涉及五大洲 43 个国家，累计发现 390 多个油气田(图 2-31)，发现的天然气可采储量占油气总可采储量当量的 2/3。埃尼公司持续海外勘探，不断发现新的油气田，自 20 世纪 60 年代以来，每 10 年都能够发现 60 个左右的油气田(图 2-32)，但大油气田主要在 60～70 年代和 2011 年以来的 10 多年发现的，80～90 年代发现的油气田数量不少，但规模都非常小。埃尼公司累计发现大油气田 23 个，其中 16 个分布在非洲，4 个位于伊朗，2 个分别位于远东的印度尼西亚和越南，1 个位于塞浦路斯。

2020 年，尽管疫情导致产量下降，但埃尼公司确定已有油气田(埃及、突尼斯、挪威、阿尔及利亚和安哥拉)附近和前沿勘探领域(沙迦酋长国-哈伊马角酋长国陆上、越南海上和墨西哥海上)新增可采储量 $0.64 \times 10^8 \mathrm{m}^3$ 油当量，发现成本仅 1.6 美元/bbl。2020 年，获得约 $2.36 \times 10^4 \mathrm{km}^2$ 的新勘探区块，主要在阿尔巴尼亚、阿曼、阿拉伯联合酋长国、安哥拉、印度尼西亚、挪威和埃及。还更新了在肯尼亚的勘探许可证。

2021 年，埃尼公司在 23 个国家生产油气，原油产量 $12.88 \times 10^4 \mathrm{m}^3/\mathrm{d}$(其中境外占比 95.6%)，天然气产量 $1.31 \times 10^8 \mathrm{m}^3/\mathrm{d}$(其中境外占比 94.6%)，在世界石油公司中分别排名第 26 位和第 17 位。2021 年石油权益储量 $5.22 \times 10^8 \mathrm{m}^3$，天然气权益储量 $5063 \times 10^8 \mathrm{m}^3$，在世界石油公司中分别排第

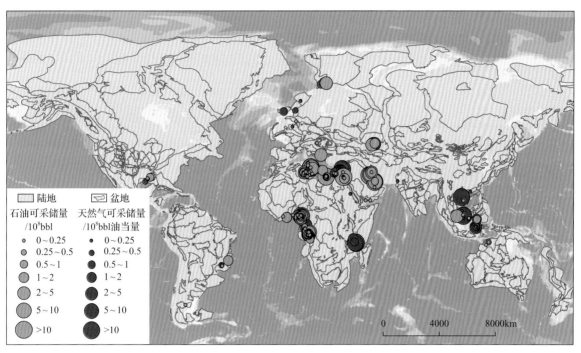

图 2-31 埃尼公司在境外发现的油气田分布图(据 IHS 数据编制)

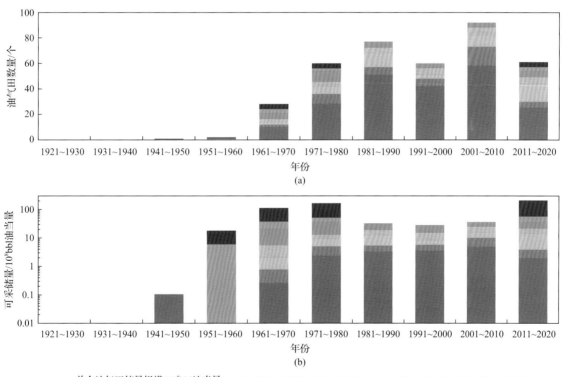

图 2-32 埃尼公司不同年代在全球发现的油气田数量(a)和油气储量(b)分布直方图(不含意大利)
(据 IHS 数据编制)

29 位和第 26 位。在世界石油公司 50 强排名中排第 22 位(Merolli,2022)。

(一)非洲地区

非洲是埃尼公司走出意大利的第一步,也是埃尼公司商业模式建立的基石,更是发现大油气田数量最多的地区。截至 2021 年在非洲 14 个国家从事经营业务，1954 年进入埃及，先后在埃及、刚果、利比亚、突尼斯、尼日利亚、阿尔及利亚、科特迪瓦、加纳、安哥拉、南非、莫桑比克、苏丹、坦桑尼亚等国开展油气勘探工作。埃及是埃尼公司在境外发现油气田数量和大油气田数量最多的国家。

1. 埃及

自 1954 年以来，埃尼公司一直通过其子公司国际埃及石油公司(IEOC)在埃及作业，是埃及领先的石油生产商。埃尼公司在埃及的勘探涉及多个沉积盆地，包括北埃及盆地、苏伊士湾盆地、尼罗河三角洲盆地、埃拉托色尼碳酸盐岩台地(Eratosthenes carbonate platform)、阿布加拉迪盆地(Abu Gharadiq)等。发现 91 个油气田，可采储量 $11.97 \times 10^8 m^3$ 油当量，包含埃拉托色尼碳酸盐岩台地的 Zohr 气田、苏伊士湾盆地的 Belayim Land 气田和尼罗河三角洲盆地的 Abu Madi 气田等三个大气田。2021 年埃尼公司在埃及的原油和凝析油产量为 $1.30 \times 10^4 m^3/d$，天然气产量为 $0.42 \times 10^8 m^3/d$。

2013 年 4 月，国际埃及石油公司在 2012 年埃及国际招标中独自获得了 9 区块(也称为 Shorouk 海上区块)，区块面积 $3765 km^2$，水深 $1400 \sim 1800m$。当时区块及周边地区已有 1862 km 的二维地震和 $7183 km^2$ 的三维地震。基于地震解释确定了第一口风险探井——Zohr-1 井。

2015 年 7 月，Zohr-1 井开钻，当年 8 月底钻至 4131m 深度，在中新统碳酸盐岩中发现 630m 的烃柱和 400m 的净产层，储层物性好。2015 年 12 月，构造南侧部署的评价井 Zohr-2 井开钻，在中新统碳酸盐岩礁层钻遇 455m 连续气柱，净气层 305m，测试产量达到 $125 \times 10^4 m^3/d$，证实了 Zohr-1 井最初发现的气水界面(图 2-33)。最终证实该气田天然气可采储量达到 $6088 \times 10^8 m^3$，成

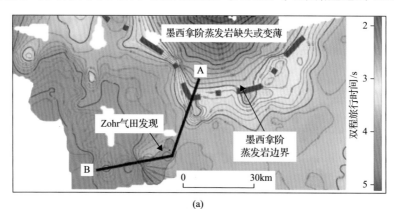

(a)

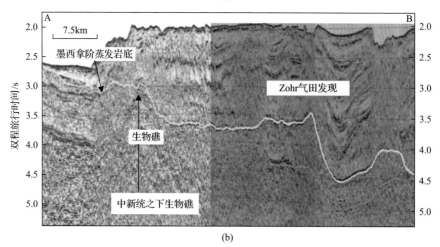

(b)

图 2-33　Zohr 气田时间构造图(a)和地震剖面图(b)(据 Esestime et al., 2016)

为地中海地区迄今为止发现的最大天然气田。

2016～2018 年，埃尼公司实施"双勘探模式"，通过出让部分 Shorouk 区块（含 Zohr 气田）权益给俄罗斯卢克石油公司（30%）、碧辟（10%）和穆巴达拉石油公司（10%）获得了大量的现金流。2017 年底，Zohr 气田一期投产，创造了该行业的纪录。2019 年 8 月，该气田的产量达到了 $7645.5\times10^4\mathrm{m}^3/\mathrm{d}$，比开发计划提前了大约 5 个月。2020 年，Zohr 项目的总生产能力达到 $9061.4\times10^4\mathrm{m}^3/\mathrm{d}$，使埃及再次实现能源独立。

1981 年，埃尼公司通过与埃及通用石油公司（EGPC）[①]成立合资企业 AGIBA，成功地实施了在埃及西部沙漠油田周边的勘探战略，在北埃及盆地先后发现了 40 个油气田。这些油气田规模不大，但通过传统的加密井来提高产量，利用已有的基础设施大幅度提升产量，发挥埃及政府和国家石油公司力量的协同效应，石油累计产量达到 $0.80\times10^8\mathrm{m}^3$。这一成就证实了埃尼公司的战略成功，即专注于勘探活动。

埃尼公司在埃及境内利用协同效应，在已有区块或已发现油气田周边，不断扩大新项目新区块。2021 年 6 月，埃尼公司与埃及、埃及通用石油公司和卢克石油公司签署一项协议，合并位于埃及西部沙漠的 Meleiha 和 Meleiha Deep 特许权，并将其勘探期延至 2036 年。通过高分辨率 3D 地震采集和密集勘探和开发钻井活动释放该地区可观的资源。

2. 利比亚

埃尼公司于 1959 年进入利比亚，在利比亚的苏尔特盆地拥有 82 号区块和 100 号区块等，在佩拉杰盆地获得了 NC 41 区块等，以及 Djefara 盆地和古达米斯盆地内的多个区块。1966 年 3 月，阿吉普公司在的黎波里签署了 100 号区块的租约。阿吉普公司团队在创纪录的时间内进行了反射地震勘探和重力勘探，并确定了一个在 82 号区块租约中从未见过的构造。Abu Attifel 1 井是在非常紧张的气氛中钻探的，因为这可能是阿吉普公司在 82 号区块租约内钻探失利后在利比亚钻探的最后一口井。该井是利比亚境内当时最深的井，在 4327m 完钻，在 3200m 处发现了石油，石油可采储量 $4.72\times10^8\mathrm{m}^3$，天然气可采储量 $1416\times10^8\mathrm{m}^3$。该油气田于 1972 年 3 月投产。1989～1994 年共钻井 13 口，确定了北构造翼的岩石物性参数分布，验证了油田沿南边界断裂的区域扩展。1990 年，在对二维地震线进行了重新处理和采集新的三维地震数据之后，阿吉普公司在主构造以南钻了 A-055-100 井。这口井和随后的几口井扩展了油藏的范围，新增可采储量估计超过 $0.48\times10^8\mathrm{m}^3$。

埃尼公司在利比亚还有 11 个采矿许可证（4 个勘探许可证和 7 个生产许可证），都是勘探和生产分成协议（EPSA）。该国的勘探和开发活动分为 6 个合同区域，勘探阶段拥有 100% 的工作权益（working interest, WI），开发阶段拥有 50% 的工作权益。陆上埃尼公司有 A 区、B 区和 Abu Attifel 油田，E 区和 El Feel 油田（埃尼公司 33.3% 工作权益），韩国国家石油公司（KNOC）占 16.6% 工作权益，以及 F 区和 D 区和 Wafa 油田（壳牌公司是作业者）。埃尼公司海上业务主要集中在 C 区（Bouri 油田）和 D 区（Bahr Essalam）。

3. 莫桑比克

2006 年埃尼公司进入莫桑比克，拥有 5 个勘探开发区块许可，未开发区块面积 $2.53\times10^4\mathrm{km}^2$，权益面积为 $4349\mathrm{km}^2$[②]。莫桑比克是非洲大陆能源领域最有前途的国家之一。

2006 年 2 月，埃尼东非公司获得莫桑比克海上 4 号区块的产品分成合同，区块面积 $1.76\times10^4\mathrm{km}^2$。合同自 2007 年 2 月 1 日生效，勘探期 8 年，分三期，第一勘探期 4 年，义务工作量包括三维地震和 2 口探井；第二和第三勘探期均为 2 年，义务工作量都是 2 口探井。8 年的最低投资

---

① 埃及通用石油公司（Egyptian General Petroleum Corporation）成立于 1956 年，总部设在开罗，成立之初为石油管理局，1962 年更名为埃及通用石油公司。

② 来源：https://www.eni.com/en-IT/home.html。

为 1 亿美元。2014 年 6 月,保留区块面积为 $1.02 \times 10^4 km^2$。2018 年至今保留区块面积 $2537.7 km^2$。

2006 年 12 月,莫桑比克国家油气公司(ENH)获得 10%权益。2007 年 4 月,葡萄牙 GALP 勘探和生产石油有限公司(GALP-Exploracaoe Producao Petrolifera LDA)购入 10%权益。2007 年 7 月,韩国天然气公司购入 10%权益。2008 年首次采集 2300km 二维地震和 $1300km^2$ 的三维地震。这些地震资料揭示了莫桑比克近海古近系天然气的巨大潜力。2010 年,埃尼公司在 Mamba 主勘探区采集了 $1520km^2$ 的高质量三维地震资料,处理结果显示,区块内有明显的显示天然气潜力的"平点"。2011 年,埃尼公司在鲁伍马盆地 4 号区块部署了第一口探井——Mamba 南-1 井,目的层是渐新统和始新统砂层,预测天然气资源量达 $6227 \times 10^8 m^3$。该井位于 1 号区块已经发现的 Prosperidade 复合体气田下倾方向。Mamba 南-1 井钻探发现了两个独立的浊积砂岩储层,其中一个储层为渐新统优质砂体,连续气层厚度为 212m,另一个储层为始新统砂体,气层厚 90m。之后,埃尼公司在钻探 Mamba 北-1 和 Mamba 东北-1 井等,证实了横向上储层的连续性和压力连通性,储层为从阿纳达科公司 1 号区块延伸到 4 号区块的大型扇浊积砂岩。截至 2013 年 2 月,共钻 8 口井,确认了 Mamba 复合体天然气可采储量 $1.4 \times 10^{12} m^3$。

2012 年 5 月,在 Manba 气田以南部署钻探 Coral-1 井,水深 2261m,井深 4869m。在一个优质始新统砂岩中发现总共 75m 厚的气层。之后进一步钻探 Coral-2 和 Coral-3 井,新增 $3398 \times 10^8 m^3$ 天然气可采储量。2013 年 7 月,进一步向南甩开钻探的 Agulha-1 井,水深达到 2492m,井深达到 6203m,在古新统和白垩系储层中发现约 160m 湿气层。之后进一步钻探 Agulha-2 井,新增 $1274 \times 10^8 m^3$ 天然气可采储量。

此外,在第五轮招标中,埃尼公司获得 A5-A 海上许可证,2019 年 1 月生效,拥有该区块作业权和 34%权益。2019 年 5 月,埃尼公司还获得了安戈谢(Angoche)和赞比西盆地深水 A5-B、Z5-C 和 Z5-D 海上区块的勘探开发权。

(二)中东地区

1957 年,阿吉普公司在伊朗获得石油租借地,与伊朗的利润比例为 75%∶25%。20 世纪 60 年代又陆续在中东十几个国家获得合作经营油气开采业务。埃尼公司首次开启了更平等的方式与资源国的合作,资源国获得了比之前更大的收益。

(三)亚太地区

1. 印度尼西亚

1968 年,埃尼公司进入印度尼西亚,签署了第一份协议。2001 年,埃尼公司再次回到该地区,主要集中于天然气的勘探生产及液化天然气业务。2020 年,埃尼公司在该国的天然气产量为 $25.77 \times 10^8 m^3$,为印度尼西亚提供 $11.5 \times 10^8 m^3$ 的天然气[①]。

埃尼公司在印度尼西亚持有 12 个产品分成合同的参与权益,其中 9 个为深水区的作业者,包括东加里曼丹省海上、苏门答腊岛海上及西帝汶和西巴布亚的海上地区。2019 年 12 月,Eni East Sepinggan Ltd. 向 Neptune Energy East Sepinggan b.v.出售了 East Sepinggan 区块 20%的权益,自己保留 65%股份和经营权。大部分产量来自埃尼公司运营的 Muara Bakau 勘探区块(埃尼 55%),Jangkrik 气田就位于该区块。产量来自于连接到浮式生产单元(floating production unit,FPU)的 12 口海底油井。2018 年 12 月,该计划获得资源国当局批准。勘探活动取得成功,在埃尼公司运营的 East Sepinggan 区块发现 Merakes East 气田。2018 年 5 月,埃尼公司获得 Muara Bakau 区块附近库泰盆地深水区 East Ganal 勘探区块 100%股权。

---

① 来源:https://www.eni.com/en-IT/home.html.

2019 年，埃尼公司获得位于库泰盆地的 West Ganal 勘探区块。该区块包括 Maha 发现和其他潜在勘探区，其开发活动将得到现有设施的协同作用支持。

2. 中国

1958 年，埃尼公司开始在中国开展业务，1980 年参与中国的石油勘探与开发。1983 年，埃尼公司与中国海油等共同合作，在中国南海共同进行石油勘探和生产。埃尼公司在此合资公司中占 63% 股份。1995 年，埃尼公司完成在南中国海两个重要油田（HZ32.2 和 HZ32.3）的建设并投产，产量为 348.17×10⁴m³/a。1996 年 8 月，埃尼公司获得在塔里木盆地的 14 号区块，至今在中国获得的区块总面积达 4×10⁴km²。2013 年，埃尼集团和中国石油签署一份合作开发四川盆地荣昌页岩气区块的联合研究协议，区块面积 2000km²。

二、雷普索尔公司

雷普索尔公司（Repsol）于 1987 年由西班牙国家石油研究院（National Hydrocarbons Institute，NIH）主导而创建，即由原国家控制的西班牙石油公司（Hispan Oil）、石油炼制公司（Empresa Nacional de Petroleo SA）、化学工业公司（Alcudia）、丁烷公司（Butano）和国家石油研究院（NIH）合并后组成的一家综合一体化国家石油公司，其起源可追溯至 1927 年成立的管理西班牙石油租赁股份有限公司（Compañia Arrendataria del Monopolio de Pétroleos Sociedad Anónima）。

雷普索尔公司成立之初由西班牙政府 100% 控股。1989 年，雷普索尔公司迈出了私有化的第一步，直至 1997 年 4 月这一过程才最终确定，以最后一次 IPO 告终。

1997～2005 年，美洲、非洲和俄罗斯成为雷普索尔公司的扩张领域。1998 年，雷普索尔公司在竞标中以 20 亿美元获得拉丁美洲最大的石油天然气公司——阿根廷石油和天然气公司（YPF）[①] 14.99% 权益。1999 年，雷普索尔公司在西班牙政府支持下以 130 亿美元收购了剩余 85% 的股份，新公司为 Repsol-YPF 公司。Repsol-YPF 公司在 2000～2014 年持有 YPF SA 的股份呈减少趋势，2012 年更名为 Repsol 公司，对 YPF SA 公司持股仅为 6.4%，2014 年 5 月彻底退出 YPF SA 公司。通过此次收购，雷普索尔公司向国际市场进军，业务结构更加平衡和国际化，将自身打造成一家具有全球影响力和更强战略定位的公司。

2015 年，雷普索尔公司以 130 亿美元收购加拿大 Talisman 公司，为西班牙所有公司在过去五年的最大国际并购交易。Talisman 公司 1996 年在印度尼西亚的南苏门答腊盆地发现 Metur 气田，可采储量 23.21×10⁴m³ 油当量。截至 2015 年，在境外 9 个国家共发现 46 个油气田，可采储量 1.99×10⁸m³ 油当量，均为中小型油气田，其中伊拉克扎格罗斯盆地的 Topkhana 1 气田储量规模最大，天然气可采储量为 486×10⁸m³。2020 年，雷普索尔公司跻身于世界 11 家最大的私营石油公司之列。

截至 2022 年底，雷普索尔公司在境外共有 696 个勘探开发区块，面积 21.0×10⁴km²，其中权益面积 11.4×10⁴km²。雷普索尔公司（含 YPF 和 Talisman 公司）作为作业者和主要作业者在全球发现了 132 个油气田，累计发现可采储量达到 16.17×10⁸m³ 油当量。公司获得大油气田发现的数量很少，仅为 3 个，分别位于委内瑞拉、巴西和美国，可采储量合计为 6.23×10⁸m³ 油当量（图 2-34）。

2021 年，雷普索尔公司在 17 个国家生产油气，原油产量 3.25×10⁴m³/d（其中境外占比 100%），天然气产量 5819×10⁴m³/d（其中境外占比 100%），在世界石油公司中分别排第 54 和第 38 位。2021 年石油权益储量 9046.66×10⁴m³，天然气权益储量 2140×10⁸m³，在世界石油公司中分别排第 65 和第 47 位（Merolli，2022）。美国、特立尼达和多巴哥、委内瑞拉和巴西的产量贡献最大，占总产量的一半。

---

① YPF 成立于 1922 年，为阿根廷国有石油天然气公司，其发现的油气储量主要来自境内，为 33.39×10⁸m³ 油当量。YPF 在境外仅 1977 年和 1999 年在厄瓜多尔和印度尼西亚有油气发现，8 个油气田的可采储量合计 442.50×10⁴m³ 油当量。

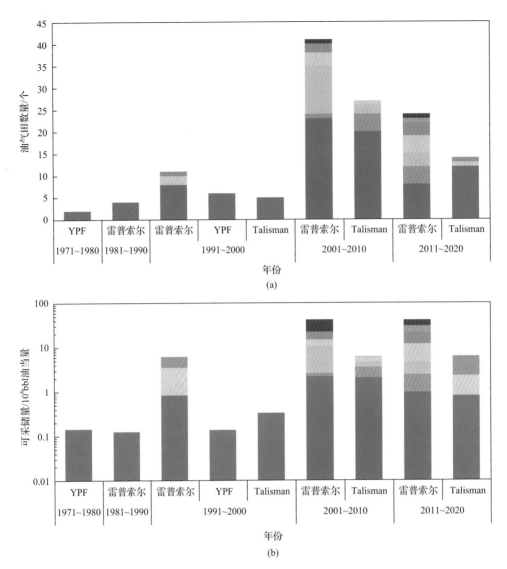

图 2-34 雷普索尔公司不同年代在全球发现的油气田数量(a)和油气储量(b)分布直方图(不含西班牙)

(据 IHS 数据编制)

(一)拉丁美洲地区

拉丁美洲是雷普索尔公司上游业务的核心,也是最大的产区,2020 年产量占公司全球石油产量当量的 46%。油气生产主要集中在特立尼达和多巴哥、委内瑞拉的常规浅水资源、秘鲁和玻利维亚的陆上资源。深水产量全部来自巴西海域,2020 年产量为 $243.72 \times 10^4 m^3$ 油当量。另外在墨西哥、圭亚那、巴巴多斯和阿鲁巴等四个国家/地区进行勘探。

1. 巴西

1999 年以来,雷普索尔公司在巴西海域陆续获取勘探区块,2009~2011 年在桑托斯盆地和坎普斯(Campos)盆地发现 3 个油气田(图 2-35),可采储量规模小,储量合计为 $0.59 \times 10^8 m^3$ 油当量。2006 年 Repsol-YPF 大规模获取勘探类资产,与巴西政府签署 12 个合同共计 20 个区块,均为矿税制合同。2006 年授予的 C-M-539 区块位于坎普斯盆地深水,区块面积 $707km^2$,Repsol-YPF 巴西公司为区块作业者(权益为 50%),合作伙伴为挪威国家石油公司(权益为 50%),2009 年巴西国家石油公司通过收购该区块 30% 的权益加入了该联合体。

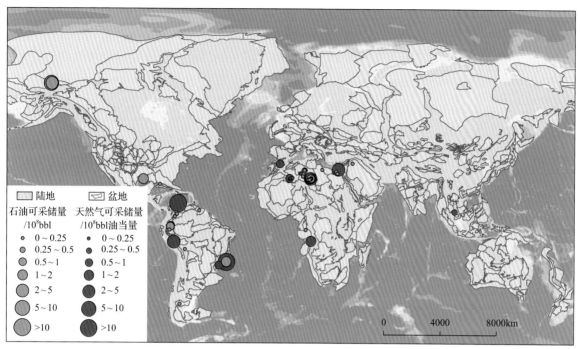

图 2-35　雷普索尔公司在境外发现的油气田分布图（据 IHS 数据编制）

桑托斯盆地盐下勘探成功的关键因素之一是在该地区采集了大量高质量的二维和三维地震数据，从而确定了许多大型盐下构造，其中包括 C-M-539 区块 Pao de Acucar 有利目标（图 2-36）。C-M-539 区块勘探始于 2009 年，2010 年和 2011 年分别发现 Seat 和 Gavea 油田。2012 年完钻 1-Pao de Acucar-RJS 探井，发现 Pao de Acucar 大气田，石油可采储量 $0.64 \times 10^8 m^3$，天然气可采储量 $1133 \times 10^8 m^3$。2012 年 10 月，联合公司制定了 CM-C-33 区块内 Seat、Gavea 和 Pao de Acucar 油气田的评估计划。

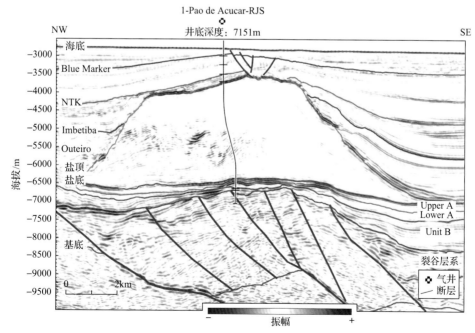

图 2-36　过 Pao de Acucar 气田地震剖面图（据 Vieira de Luca et al.，2017）

雷普索尔公司一直不断增加其在巴西的区块面积。2017 年底，雷普索尔公司在巴西第 14 轮招标中获得埃斯皮里图桑托(Espírito Santo)盆地的 ES-M-667 区块作业权。2018 年 3 月，在巴西第 15 轮招标中获得 C-M-821 和 C-M-823 区块的作业者权益，以及雪佛龙公司 S-M-764 区块的非作业者权益。2019 年 10 月，在巴西第 16 轮招标中，获得了坎普斯盆地 C-M-795(100%权益)、C-M-825(60%权益)和 C-M-845(40%非作业者权益)区块，以及桑托斯盆地 S-M-766(40%非作业者权益)区块。

2. 委内瑞拉

雷普索尔公司在委内瑞拉的上游投资组合包括海上天然气开发、成熟的常规陆上资产和奥里诺科重油带。雷普索尔和埃尼公司组成联合公司，各占 50%股份，于 2006 年正式进入 Cardon IV 浅水区块。基于早期的二维地震资料，于 2009 年钻探 Perla 1X 野猫井，获得 Perla 气田发现，天然气可采储量 $2973 \times 10^8 m^3$，凝析油可采储量 $0.33 \times 10^8 m^3$。Perla 1X 井水深 61m，钻井总深度 3147m，在 2711m 下中新统碳酸盐岩储层中钻遇天然气，储层有效厚度 351m，平均渗透率 $17.6 \times 10^{-3} \mu m^2$，为基底隆起相关的背斜构造圈闭。测试获得凝析油(50°API)$73.30 m^3/d$、天然气 $60.88 \times 10^4 m^3/d$。

(二)非洲地区

雷普索尔公司的勘探主要集中于距离本国较近的北非地区。1998 年和 2005 年分别在利比亚发现 El Sharara M(NC-115 区块)和 I/R 油田(NC-186 和 NC-115 区块)，可采储量分别为 $0.24 \times 10^8 m^3$ 和 $0.75 \times 10^8 m^3$，是公司在该国的主要在产油田。El Sharara 油田圈闭类型为一个南北走向的背斜，圈闭面积 $74.4 km^2$。主要储层为下志留统 Tanezzuft 组河流相砂岩、砾岩，有效厚度 101m，储层平均孔隙度为 15%，平均渗透率为 $500 \times 10^{-3} \mu m^2$。

利比亚曾是雷普索尔公司投资组合中的一个重要产油国，但由于利比亚国内骚乱、管道封锁和运输终端的影响，该国的石油生产在 2014 年被迫暂停。雷普索尔公司 2016 年底恢复了在利比亚的生产，其产量在 2017 年开始出现反弹，2020 年净产量约为 $0.48 \times 10^4 m^3/d$。

雷普索尔公司由于钻井失利，逐步退出撒哈拉以南非洲地区的上游业务，例如 2017 年底放弃了阿尔及利亚贝沙尔(Béchar)盆地具有页岩气潜力的 Aoufous 陆上许可，2018 年年中放弃了加蓬海上的边境勘探资产，2019 年初放弃了安哥拉海上勘探资产。雷普索尔公司退出撒哈拉以南非洲地区，与公司努力提高全球优质投资组合、缩小公司地域范围等目标相吻合。退出部分上游业务，降低了勘探风险，尤其是位于深水领域的作业者区块风险。

三、西方石油公司

西方石油公司是一家石油和天然气及化工公司，通过两大子公司(西方石油和天然气公司、西方化学公司)开展业务。西方石油和天然气公司为两个业务部门中较大的一个，境外业务主要分布在拉丁美洲、非洲和中东等地区。

1967 年，公司总裁哈默亲自赢得了利比亚的石油特许权。然而，利比亚政府在 70 年代推动石油国有化，利比亚和美国关系恶化，1986 年西方石油公司完全停止了其在利比亚的业务。为了补充其石油和天然气储量，西方石油公司将业务扩张到北海地区，1973 年获得一个重大的石油发现。1990 年哈默去世后，公司新总裁在其 20 年的任期内将业务重心重新回归油气勘探开发，并进行了一些非勘探开发业务的资产剥离。西方石油公司在波斯湾，特别是在阿曼和卡塔尔，从事利润丰厚的生产和管道项目，并在 2005 年恢复了在利比亚的业务。西方石油公司看重阿纳达科石油公司(Anadarko)位于美国得克萨斯州和新墨西哥州的二叠盆地页岩油气资产，2019 年 8 月以 380 亿美元的价格收购了阿纳达科石油公司[1]。

---

① 来源：https://oil.in-en.com/html/oil-2866945.shtml。

截至 2022 年，西方石油公司在境外共有 61 个勘探开发区块，面积 $15.2×10^4km^2$，其中权益面积 $13.9×10^4km^2$。截至 2022 年底，西方石油公司(含并购的阿纳达科公司)以作业者身份在全球发现了 310 多个油气田(不含美国)，累计发现可采储量达 $52.71×10^8m^3$ 油当量。其中发现 15 个大油气田，主要分布于莫桑比克、阿尔及利亚、利比亚、哥伦比亚、英国、孟加拉国、菲律宾、马来西亚和阿曼等国家，合计可采储量 $38.57×10^8m^3$ 油当量(图 2-37)。

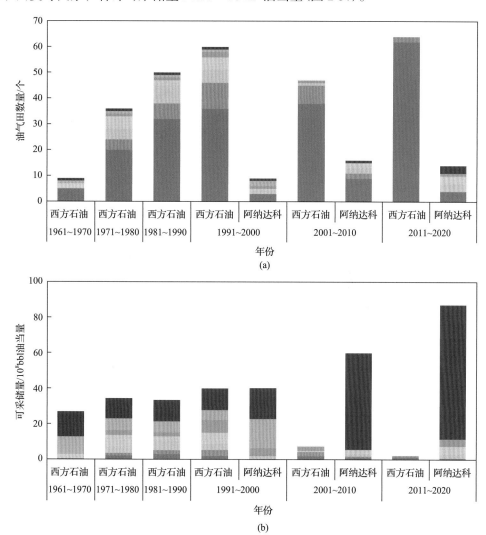

图 2-37　西方石油公司不同年代在全球发现的油气田数量(a)和油气储量(b)分布直方图(不含美国)
(据 IHS 数据编制)

2021 年，西方石油公司在 7 个国家生产油气，原油产量 $14.16×10^4m^3/d$(其中境外占比 19.2%)，天然气产量 $5819×10^4m^3/d$(其中境外占比 26.5%)，在世界石油公司中分别排第 24 和第 42 位。2021年石油权益储量 $4.06×10^8m^3$，天然气权益储量 $1657×10^8m^3$，在世界石油公司中分别排第 34 和第 53 位。在 PIW 公布的 2022 年度全球石油公司 50 强排名中排第 36 位(Merolli，2022)。

(一)西方石油公司

西方石油公司在中东和北非地区的上游地位一直是该公司国际战略的基石(图 2-38)，这得益于其过去 40 年成功利用了合作伙伴关系、业务开发能力及提高采收率技术等方面的专业知识。然而，公司的区域投资组合近年来有所缩减，2016 年公司退出了在巴林、也门、利比亚和伊拉克的在产资产，以简化国际投资组合。2019 年 8 月，西方石油公司收购阿纳达科石油公司，随即以 88亿美元将阿纳达科的非洲资产出售给道达尔公司。

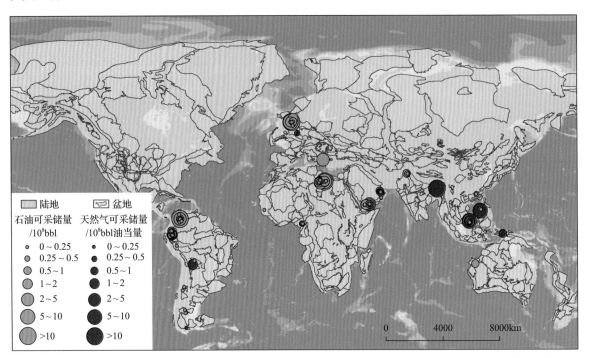

图 2-38　西方石油公司在境外发现的油气田分布图(不含阿纳达科公司发现的油气田)(据 IHS 数据编制)

1. 非洲地区

1966 年，西方石油公司首次进入利比亚，以 100%权益在苏尔特盆地陆上获得 103 区块，区块面积 1880km²，为矿税制合同类型。1967 年初在区块内开展二维地震勘探，同年发现 Intisar(103-A)和 Intisar(103-D)两个大油田(图 2-39)。油田的储层为古新统生物礁，储层顶部埋深分别为 2765m 和 2590m，油层最大厚度分别为 195m 和 138m。此外在 1967～1968 年还发现 4 个中小型油田，可采储量合计 0.41×10⁸m³。在获得发现之后，西方石油公司快速进行开发，于 1967～

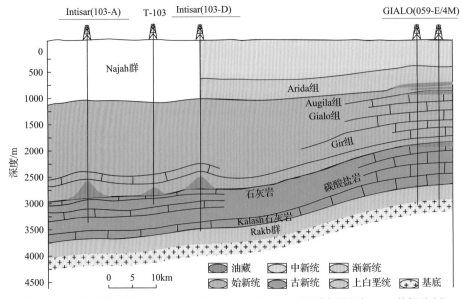

图 2-39　苏尔特盆地过 Intisar(103-A)和 Intisar(103-D)油田剖面图(据 IHS 数据编制)

1968 年钻探 17 口生产井。Intisar(103-A)和 Intisar(103-D)油田于 1968 年投产，当年产量高达 $0.20 \times 10^8 m^3$，也为该油田的历史最高产量。

2. 拉丁美洲地区

西方石油公司在哥伦比亚有长期稳定的业务，其保留的上游活动集中在传统的陆上成熟油田运营和提高石油采收率方面。西方石油公司 1977 年进入哥伦比亚，在中马格达莱纳盆地获得两个陆上区块，第一勘探期结束时退出。1980 年西方石油公司以 100%权益在哥伦比亚东北部毗邻委内瑞拉的亚诺斯-巴里纳斯盆地(Llanos-Barinas)获得 Cravo Norte 区块，区块面积 $1.0 \times 10^4 km^2$，为含矿区使用费和所得税的产品分成合同(PSC with Royalty/tax)。经过三年包括 4000km 地震在内的密集勘探工作，西方石油公司 1983 年 4 月开始钻探 Cano Limon 1 井，7 月宣布获得卡诺-利蒙(Cano Limon)油田发现，可采储量为 $1.93 \times 10^8 m^3$ 油当量。在靠近安第斯山脉地区普遍发育褶皱，而盆地内的构造圈闭则少而隐蔽，但卡诺-利蒙地区却发育有古近系断层及断背斜构造。卡诺-利蒙油田的发现，直接导致委内瑞拉国家石油公司在其境内的勘探计划重新确定优先顺序，并于 1984 年在同一构造带发现了 Guafita 油田。

(二)阿纳达科公司

阿纳达科公司的历史可追溯至 Panhandle Eastern Pipe Line Company 公司，该公司在美国阿纳达科盆地拥有大量的天然气资产，在突破联邦电力委员会(FPC)的天然气价格上限失败之后，于 1959 年成立全资子公司，即阿纳达科生产公司(Anadarko Production Company)。

20 世纪 60 年代中期，阿纳达科公司的增长取决于阿纳达科盆地以外的扩张。1965 年阿纳达科公司以 1200 万美元的价格收购了得克萨斯州的大使石油公司(Ambassador Oil Corporation)。1968 年，公司在其他地方非常活跃，特别是加拿大艾伯塔地区，1969 年和 1979 年分别向母公司 Panhandle 公司贡献 12%和 30%的净收入。

20 世纪 80 年代中期，阿纳达科公司为 Panhandle 公司最重要的子公司，例如 1984 年虽然收入仅占 Panhandle 公司的 11%，但利润却占其 37%。Panhandle 公司管理层认识到阿纳达科公司的业绩，认为股票价格并不能反映公司真实价值，因此决定将阿纳达科公司拆分给 Panhandle 公司的股东，以阻止潜在的收购企图，并于 1985 年将阿纳达科生产公司的所有石油和天然气资产移交给新成立的阿纳达科石油公司(Anadarko Petroleum Company)。

公司早期的储量主要来自北美地区，自 20 世纪 90 年代初以来已经发展了大量的海外业务，在阿尔及利亚、秘鲁等国家建立业务。在被西方石油公司收购前，阿纳达科公司自 1993 年以来已在 11 个国家以作业者身份发现 39 个油气田，拥有可采储量 $29.78 \times 10^8 m^3$ 油当量(图 2-40)。其中大油气田 7 个，主要位于阿尔及利亚、莫桑比克和哥伦比亚，可采储量为 $26.08 \times 10^8 m^3$ 油当量。2010 年以来，阿纳达科公司在境外的原油年产量占总产量比例为 20.1%～29.5%。

1. 北非地区

阿尔及利亚是阿纳达科公司跨国经营时间最长的地区之一，1989 年签订第一份勘探合同，合同类型为产品分成合同。合同包括 Sidi Yedda/211、Berkine/404a、El Merk/208 和 Gara Tesselit/245 等 4 个区块。阿纳达科公司为作业者，占区块 75%权益，合作伙伴为 LASMO Oil (Algeria)公司和阿尔及利亚国家石油公司(Sonatrach SpA)，区块面积分别为 $4688.9km^2$、$5095.5km^2$、$3332.7km^2$ 和 $7765.3km^2$。合同规定须在 4 个区块投资 1 亿美元，并且完成 10 口钻井。1993 年在古达米斯盆地 El Merk/208 区块发现 El Merk 大油田，石油可采储量 $0.73 \times 10^8 m^3$，天然气可采储量 $491 \times 10^8 m^3$。1994～1995 年在 Berkine/404a 区块分别发现 Ourhoud 和 Hassi Berkine Sud 两个大油气田，可采储量为 $2.78 \times 10^8 m^3$ 和 $1.43 \times 10^8 m^3$ 油当量。

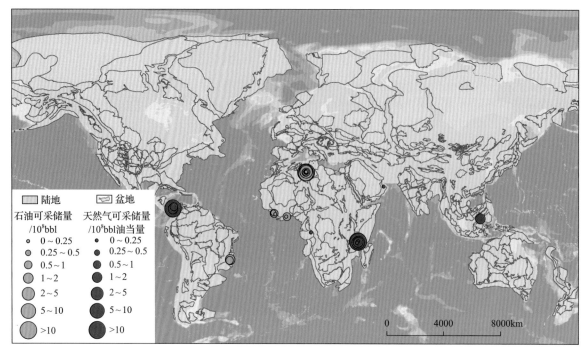

图 2-40　阿纳达科公司在境外发现的油气田分布图(据 IHS 数据编制)

2. 东非地区

2006 年，阿纳达科公司获得鲁伍马盆地海上 1 号区块的作业权(权益为 85%)，区块面积 $1.07 \times 10^4 km^2$。合同模式为产品分成合同，第一勘探期需完成二维和三维地震采集，合作伙伴为莫桑比克国家石油公司。2008 年，阿纳达科公司完成 3370km² 的三维地震采集，2009 年完成 5100km 的二维地震采集。基于地震资料，阿纳达科公司识别出数个有利圈闭。

2010 年完钻 Windjammer 2BP1 井，在渐新统和古新统砂岩储层中获得 Prosperidade Complex 重大天然气发现(图 2-41)，可采储量 $9203 \times 10^8 m^3$，使莫桑比克成为阿纳达科公司在非洲的重点区域，而埃尼公司 2011 年也在邻近的 4 号区块发现 Mamba 大气田。阿纳达科公司 2011～2014 年在 Mamba 气田以西的 1 号区块又陆续获得 5 个气田发现，天然气可采储量合计达 $1.21 \times 10^{12} m^3$。

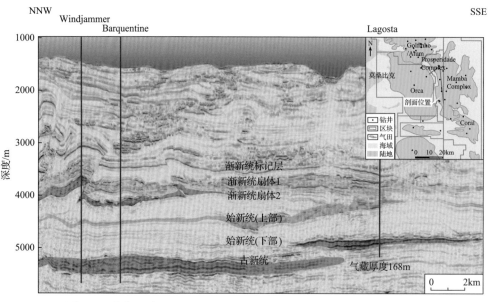

图 2-41　鲁伍马盆地过 Prosperidade Complex 气田剖面(据 Law，2011)

其中，2012 年的 Golfinho/Atum 气田可采储量 $8098 \times 10^8 m^3$，主要储层为渐新统砂岩，平均孔隙度 18%，有效厚度 172m，为地层圈闭，顶部埋深 3500m。2013 年，在始新统砂体储层中发现 Orca 气田，可采储量 $2945 \times 10^8 m^3$，次年对 Orca 气田的 3 口钻井进行了评估。

阿纳达科公司在获得勘探发现后两次转让区块权益，2014 年以 26.4 亿美元的价格向印度石油天然气公司(ONGC)出售 10%股份，2019 年作为向道达尔公司出售非洲资产协议的一部分，以 39 亿美元的价格出售莫桑比克液化天然气(LNG)项目 26.5%的股份，彻底退出 1 号区块。

3. 西非地区

在撒哈拉以南的非洲，阿纳达科公司专注于将深水勘探成功转化为产量核心增长区。该地区产量主要来自加纳海域，有一些重要的非作业者发现，如 2010 年投产的朱比利油田、2016 年投产的 TEN 油田群(Mahogany East，Teak，Akasa 和 Wawa)，迅速进入开发阶段。

4. 拉丁美洲地区

近年来，阿纳达科公司勘探中心为在哥伦比亚海上寻求前沿勘探领域，目的是将其与近年获得巨大勘探成功的莫桑比克鲁伍马盆地进行地质认识类比。

2012 年 12 月，阿纳达科公司联合哥伦比亚国家石油公司通过直接谈判获得了深水 Purple Angel 区块，同年还获得 URA-4 浅水区块(2016 年退出)和 COL-5 深水区块(2019 年退出)，组成 Grand Fuerte 区域，面积合计 $1.15 \times 10^4 km^2$。

Purple Angel 区块位于 Grand Fuerte 区域的中东部深水领域，区块面积 $2233.8km^2$。阿纳达科公司为作业者，持有 50%的运营权益。区块为租让制合同模式，第一勘探期义务工作量包括 5300km 的二维地震和 $4000km^2$ 的三维地震。2015 年 9 月，阿纳达科公司在 Purple Angel 区块完钻 Kronos-1 井，在中新统—上新统砂岩储层钻遇 $40 \sim 70m$ 的气藏，可采储量 $283 \times 10^8 m^3$。2017 年完钻 Gorgon-1 井，在同一成藏组合发现 110m 厚砂岩气藏，可采储量 $1699 \times 10^8 m^3$。然而该地区的天然气开发前景仍然不确定，2017 年由于该国油气政策的不确定性导致阿纳达科公司勘探钻井亏损 2.43 亿美元。2019 年 9 月，阿纳达科公司在合同到期前退出该区块。随后，壳牌公司于 2020 年从哥伦比亚国家石油公司手中获得 50%权益，并担任作业者。

四、康菲石油公司

美国康菲石油公司是一家综合性的跨国能源公司，作为全美大型能源集团之一，其核心业务包括石油的开发与炼制，天然气的开发与销售，石油精细化工的加工与销售等业务。美国大陆石油公司(Conoco)和菲利普斯石油公司(Phillips)分别于 1885 年和 1917 年成立，2002 年 8 月合并为康菲石油公司，成为仅次于埃克森美孚公司和雪佛龙公司的美国第三大综合石油公司。康菲石油公司在合并后开始剥离部分下游业务，但仍是全球第四大炼油商，在美国拥有 12 家炼油厂，在欧洲拥有 5 家，在亚洲拥有 1 家。

截至 2022 年，康菲石油公司在境外共有 401 个勘探开发区块，面积 $31.3 \times 10^4 km^2$，权益面积 $22.3 \times 10^4 km^2$。截至 2022 年底，康菲石油公司(含合并的菲利普斯公司)作为作业者在境外发现了 310 多个油气田，累计发现可采储量达到 $56.03 \times 10^8 m^3$ 油当量(图 2-42)。其中，大油气田 14 个，可采储量 $34.82 \times 10^8 m^3$ 油当量，分布于挪威、英国、委内瑞拉、阿联酋、阿尔及利亚、东帝汶等国家。自合并后，康菲石油公司在境外共获得 34 个油气田发现，均为中小型油气田，可采储量合计 $1.81 \times 10^8 m^3$ 油当量，主要来自澳大利亚、挪威、英国等成熟盆地，而在大西洋两岸、东非、东地中海等新兴领域鲜有布局[①]。

2021 年，康菲石油公司在 9 个国家生产油气，原油产量 $16.48 \times 10^4 m^3/d$(其中境外占比 27.8%)，

---

① 来源：https://www.britannica.com/topic/Conoco.

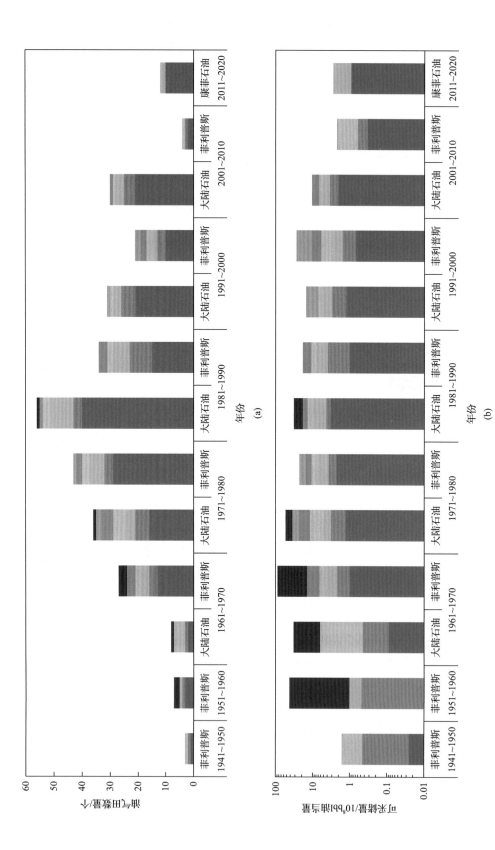

图2-42 康菲石油公司不同年代在全球发现的油气田数量(a)和油气储量(b)分布直方图(不含美国)(据IHS数据编制)

天然气产量 $8954×10^4m^3/d$(其中境外占比 57.1%),在世界石油公司中分别排第 21 和第 22 位。2021年石油权益储量 $6.27×10^8m^3$,天然气权益储量 $3634×10^8m^3$,在世界石油公司中分别排第 28 和第 32 位。在 PIW 公布的 2022 年度全球石油公司 50 强排名中排第 31 位(Merolli,2022)。

(一)大陆石油公司

大陆石油公司从 20 世纪 50 年代开始海外油气勘探开发业务,到 1957 年在美国以外的利比亚、危地马拉和意大利等国家拥有近 $20×10^4km^2$ 的勘探面积。20 世纪 60~90 年代,在阿联酋、挪威、英国和委内瑞拉开展油气勘探,先后获得 6 个大油气田发现(图 2-43),可采储量 $12.59×10^8m^3$ 油当量。

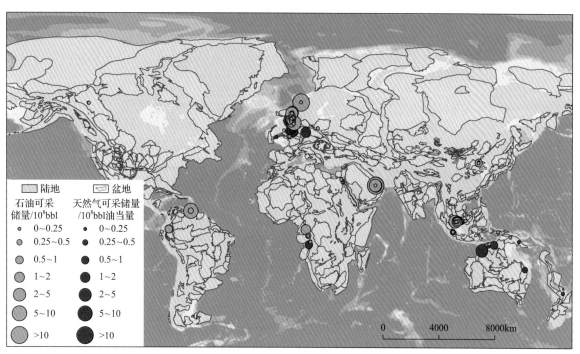

图 2-43　大陆石油公司在境外发现的油气田分布图(据 IHS 数据编制)

1. 欧洲地区

大陆石油公司在欧洲的勘探可追溯到 20 世纪 60 年代,在产油气田主要位于英国和挪威的北海地区。

1)英国

英国北海是大陆石油公司的传统作业区,其运营可追溯至 1964 年。1970 年,大陆石油公司以作业者身份联合美国海湾石油公司和英国 National Coal Board Expl 公司(权益均为 33.33%)与英国签署 P103 合同,合同类型为矿税制,在英国北海盆地获得 4 个区块,总面积 $1188km^2$,其中包括后来获得勘探大发现的 015/30 区块,面积 $219km^2$。

1975 年,大陆石油公司在 015/30 区块钻 015/30-01 井,获得 Britannia 气田发现,天然气可采储量 $898×10^8m^3$,凝析油可采储量 $0.18×10^8m^3$,是英国最大的气田之一。该气田主要储层为下白垩统阿普特阶 Britannia 组砂岩,平均砂岩厚度 83m,油层西部厚 15~37m,东部厚 30~73m,平均孔隙度 15%,最大孔隙度 20%,平均渗透率 $(30~60)×10^{-3}μm^2$。

1990 年进行了为期三个季度的大规模三维地震调查。1991 年和 1992 年分别完成 16/27a-7 和15/29a-6 评价井,分别获得气、油显示。1992 年完成 16/26-24 和 15/30-10 两口评价井。

2）挪威

大陆石油公司通过对挪威海域伏令盆地的勘探，认识到裂谷层系的勘探重要性，因此通过更为深入的区域研究，认为挪威 Haltenbanken 地区为有前景的区域。1984 年，大陆石油公司以 30% 的作业者身份，联合阿科公司、挪威国家石油公司和 Tenneco 公司与挪威签署 PL 095 合同，合同类型为矿税制，6507/07 区块面积 432.22km²。

通过对挪威大陆架的区域地震数据的解释，发现了保存完好的侏罗系裂谷层系。1985 年钻探 6507/7/2 井发现 Heidrun 油气田，石油可采储量 $1.79 \times 10^8 m^3$，天然气可采储量 $426 \times 10^8 m^3$，标志着大陆石油公司在 70 年代和 80 年代早期对挪威 Haltenbanken 地区的深入勘探分析达到了顶峰。油田主要储层为中侏罗统 Fangst 群，顶部埋深 2080m，其他储层包括上三叠统—下侏罗统 Tilje 组和 Are 组砂岩，顶部埋深分别为 2100m 和 2240m。

2. 拉丁美洲地区

大陆石油公司 20 世纪 80 年代初在拉美地区开展勘探工作。1995 年进入东委内瑞拉盆地开展油气勘探。1996 年 1 月以 100% 权益获得 Golfo de Paria Oeste 区块，最大水深 3m，区块面积 1136km²，为产品分成合同。1996 年 11 月雇佣西方地球物理公司（Western Geophysical Co.）开展 483km² 的三维地震采集，基于地震资料识别出圈闭构造。1998 年 9 月钻探 Corocoro-1X NFW 井，钻井深度 3810m，在中新统—更新统钻遇数个砂岩储层。1999 年获 Corocoro 大油田发现，可采储量 $1.29 \times 10^8 m^3$。主要储层为上新统上部砂岩，净厚度 410m，平均孔隙度 27%，平均渗透率 $500 \times 10^{-3} \mu m^2$。为断背斜圈闭，背斜由于断层作用变得复杂，大部分断层垂直于主要逆冲断层。

3. 中东地区

大陆石油公司在中东的勘探始于 20 世纪 60 年代初。1963 年，大陆石油公司以作业者身份（权益 30%），联合道达尔（25%）、雷普索尔（25%）、德士古（10%）等公司在阿拉伯联合酋长国海域获得 Duma Offshore 区块，面积 5270km²。

在海上地震数据分析的基础上，大陆石油公司于 1966 年钻 Fateh A-1 井，同年获 Fateh 油气田发现，石油可采储量 $3.53 \times 10^8 m^3$，天然气可采储量 $751 \times 10^8 m^3$，次年发现 Fateh Southwest 油气田，可采储量 $2.86 \times 10^8 m^3$ 油当量。Fateh 油田 70% 的产量来自上白垩统 Mishrif 组，储层顶部埋深 2410m，厚度 274m，油水界面 2658m。2014 年在下二叠统的 Unayzah 组砂岩地层发现了新油藏，可采储量 $0.20 \times 10^8 m^3$。

（二）菲利普斯公司

菲利普斯公司自 20 世纪 50 年代开始海外油气勘探开发业务，随后于 60 年代扩大业务范围至全球。先后在委内瑞拉、阿尔及利亚、挪威、伊朗、东帝汶、中国等国家共获得 8 个大油气田发现（图 2-44），可采储量 $22.23 \times 10^8 m^3$ 油当量。

1. 欧洲地区

北海盆地是一个大型裂谷盆地，分属于挪威、英国、荷兰和丹麦等国家。1959 年荷兰的格罗宁根大气田发现极大刺激了北海盆地的勘探活动。1962～1964 年，石油公司纷纷展开海上勘探，重点集中在北海南部近岸地区。1964～1970 年陆续对北海盆地中北部中央地堑、维京地堑、霍达台地及马里-福斯次级构造开展勘探工作。这一时期，除了东设得兰台地，北海盆地几乎所有构造带都进行过地震勘探。例如，菲利普斯公司 1965 年与挪威签署租让制 PL018 合同，以作业者身份（权益 37%）获得 002/07 区块。1969 年 11 月，菲利普斯公司在挪威水域白垩系和古新统发现埃科菲斯克油气田，石油可采储量 $5.46 \times 10^8 m^3$，天然气可采储量 $2578 \times 10^8 m^3$，成为北

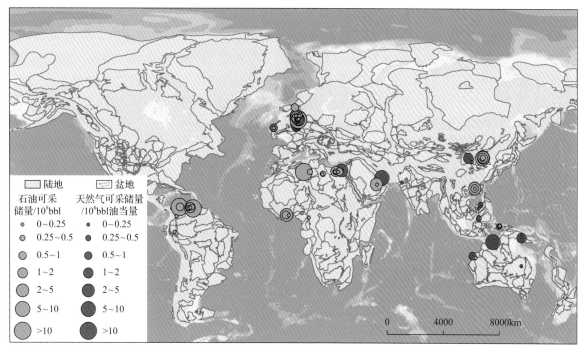

图 2-44　菲利普斯公司在境外发现的油气田分布图(据 IHS 数据编制)

海盆地勘探历史中一个重要里程碑,次年又获得 Eldfisk 油气田发现,可采储量 $1.94×10^8 m^3$ 油当量。

2. 亚太地区

菲利普斯公司在亚太地区的勘探可追溯至 20 世纪 60 年代,但未获重大勘探发现。直至 1995年,由菲利普斯公司领导的一家合资公司在 ZOCA 91-13 区块钻探了 Bayu 1 井。5 个月后,钻探证实 Bayu-Undan 大气田,天然气可采储量 $1069×10^8 m^3$,凝析油可采储量 $0.40×10^8 m^3$。1997 年1 月,Nordic Explorer 公司在 Bayu-Undan 气田地区完成了 $1210 km^2$ 的三维地震。该气田为垒块圈闭,含气面积 $280 km^2$,顶部埋深 2934m,含气高度 170m。Bayu-Undan PSC 合同区原本位于澳大利亚和东帝汶之间的联合开发区(JPDA),自 2018 年 3 月澳大利亚和东帝汶商定建立了新的海上边界后,2019 年 8 月对 Bayu-Undan PSC 合同进行了修订,该领域位于东帝汶的管辖范围。2019年 10 月康菲石油公司以 13.9 亿美元向桑托斯公司(Santos)出售 56.9%的权益。

3. 拉丁美洲地区

受委内瑞拉马拉开波湖东岸一系列大油田发现的影响,菲利普斯公司于 20 世纪 50 年代进入拉丁美洲地区开展油气勘探。基于地震解释分析,菲利普斯公司认为 Icotea 断层带向南延伸至 Lama地区,并存在断背斜圈闭构造,1956 年在马拉开波湖中南部获勘探许可。1958 年在 Lama-Icotea断层以东钻 Lamar(LPG)1403 野猫井,钻探井深 3963m,从始新统砂岩中获得 33.8°API 轻质原油,可采储量 $3.56×10^8 m^3$。1973 年,菲利普斯公司完成 Lamar 油田二维地震采集。从 1975 年起,该油田由委内瑞拉国家石油公司的子公司 Maraven S A 运营。

五、国际石油开发株式会社

国际石油开发株式会社(INPEX)作为日本政府的"国策企业"于 1966 年设立,日本经济产业省持有 36%股份,政府控股的石油资源开发机构持有 12.9%股份,主要在国际上从事石油资源开发事业,是日本国内最大的石油资源开发企业。INPEX 主要从事原油、天然气和其他矿产资源的

勘探开发与生产销售，此外公司还对从事矿产资源开发业务的公司进行投资和贷款。

INPEX 成立之初就开展海外勘探开发业务，最早可追溯至北苏门答腊海上石油勘探公司（North Sumatra Offshore Petroleum Exploration），该公司是根据 1966 年与印度尼西亚国家石油公司（PERTAMINA）签订合同而成立，旨在促进海外石油资源自主开发。1967 年公司更名为 Japex Indonesia 有限公司，1977 年更名为印度尼西亚石油有限公司（Indonesia Petroleum Ltd），2001 年更名为 INPEX 集团。2004 年，INPEX 集团收购日本石油开发公司（JODCO），并在东京证券交易所上市。2006 年 INPEX 集团与 Teikoku Oil（日本帝国石油公司）整合管理，成立 INPEX Holdings 合资控股公司。合并前 Teikoku Oil 在境外仅发现 6 个油气田，可采储量合计 $348.21 \times 10^4 m^3$ 油当量。2008 年，由 INPEX 集团、Teikoku Oil 和 INPEX Holdings 合并而成新的 INPEX。

INPEX 在境外共有 123 个勘探开发区块，总面积 $13.4 \times 10^4 km^2$，权益面积 $6.4 \times 10^4 km$。截至 2021 年底，INPEX 公司作为作业者和主要作业者在全球发现 10 个油气田（图 2-45），累计可采储量 $5.69 \times 10^8 m^3$ 油当量；仅发现一个大油气田——印度尼西亚阿巴迪（Abadi）气田。

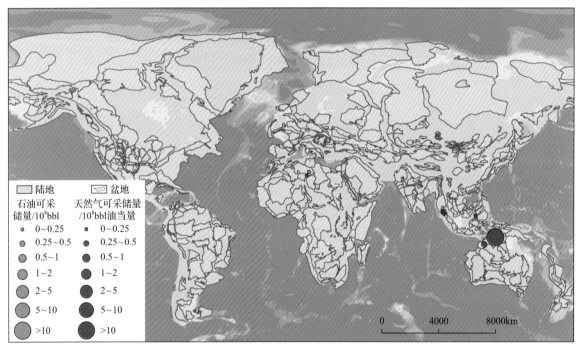

图 2-45　INPEX 公司以作业者身份发现的油气田分布图（据 IHS 数据编制）

1998 年 11 月，INPEX Masela 公司（印度尼西亚石油公司 50%，日本国家石油公司 50%）在当时印度尼西亚最东南部获得 Masela 区块，为产品分成合同，区块面积 $3221 km^2$，水深 $400 \sim 800 m$。随后，INPEX Masela 公司对区块进行地震勘测，1999 年采集二维地震 2961km。2000 年 9 月钻探阿巴迪-1 井，水深 457m，井底深度 4230m，钻遇天然气和凝析油，测试结果为天然气 $70.79 \times 10^4 m^3/d$、凝析油 $41.34 m^3/d$，发现阿巴迪气田。气田储层为中侏罗统 Plover 组浅海相砂岩，含气面积 $1301.22 km^2$，顶部埋深 3849m，平均渗透率 $1200 \times 10^{-3} \mu m^2$。

在获得阿巴迪气田发现后，INPEX Masela 公司随即于 2001 年完成 $2060 km^2$ 的三维地震采集。随着阿巴迪-1 井的成功，INPEX 通过地震解释结果进一步确定了评价井的位置。2002 年钻阿巴迪-2 和阿巴迪-3 两口评价井（图 2-46），三轮 9 口评价井证实 2P 可采储量天然气 $5250 \times 10^8 m^3$、凝析油 $0.53 \times 10^8 m^3$。由于远离市场，截至 2022 年该气田还没有投入开发。

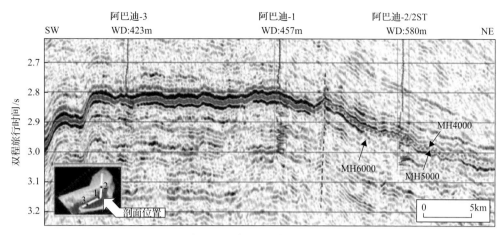

图 2-46　阿巴迪气田地震剖面图（据 Matsuura et al.，2005）

第三节　国家石油公司的跨国勘探

一、马来西亚国家石油公司

受 1973～1974 年石油危机的影响，马来西亚政府更加意识到马来西亚总体上对外国石油和外国资本的过度依赖，随即于 1974 年 8 月成立马来西亚国家石油公司（Petronas），作为控制马来西亚石油和天然气资源的国有实体。

1990 年，马来西亚国家石油公司开始在境外开展油气田勘探。到 90 年代中后期，国际勘探、开发和生产是公司多元化战略的关键组成部分。1994 年在越南取得了 Ruby 油田重大发现，同年还在越南的 Dai Hung 油田进行了首次海外生产。

进入 21 世纪，马来西亚国家石油公司决心扩大其国际业务。公司就巴基斯坦的两个新勘探地块达成交易。此外，开始建设乍得-喀麦隆综合石油开发和管道项目。到 2002 年，马来西亚国家石油公司已在加蓬、喀麦隆、尼日尔、埃及、也门、印度尼西亚和越南等国家获得了勘探区块。2011～2020 年，马来西亚国家石油公司在境外参与了大约 100 个野猫井钻探，其中大部分位于墨西哥、印度尼西亚和缅甸。2020 年，公司的境外钻探主要集中在墨西哥和苏里南，分别获得 Chinwol 1、Polok 1 发现和 Sloanea 1 发现。

截至 2021 年底，马来西亚国家石油公司在境外共有 171 个勘探开发区块，面积 $23.8 \times 10^4 km^2$，其中权益面积 $9.4 \times 10^4 km^2$。截至 2021 年底，马来西亚国家石油公司以作业者在境外发现 24 个油气田，累计发现可采储量达 $1.96 \times 10^8 m^3$ 油当量（图 2-47 和图 2-48）。其中，越南和苏里南是储量发现最多的国家，可采储量合计达 $1.65 \times 10^8 m^3$ 油当量。马来西亚国家石油公司共获得 3 个中型油气田发现，分布于苏里南、文莱和越南，可采储量合计 $1.04 \times 10^8 m^3$ 油当量。

2021 年，马来西亚国家石油公司在 16 个国家生产油气，原油产量 $8.47 \times 10^4 m^3/d$（其中境外占比 31.4%），天然气产量 $1.76 \times 10^8 m^3/d$（其中境外占比 19.8%），在世界石油公司中分别排第 34 和第 13 位。2021 年石油权益储量 $2.67 \times 10^8 m^3$，天然气权益储量 $5973 \times 10^8 m^3$，在世界石油公司中分别排第 39 和第 25 位。在 PIW 公布的 2022 年度全球石油公司 50 强排名中排第 23 位（Merolli，2022）。

二、艾奎诺公司

挪威政府为了建立国内石油工业的基础，于 1972 年成立挪威国家石油公司（Statoil）。早期的

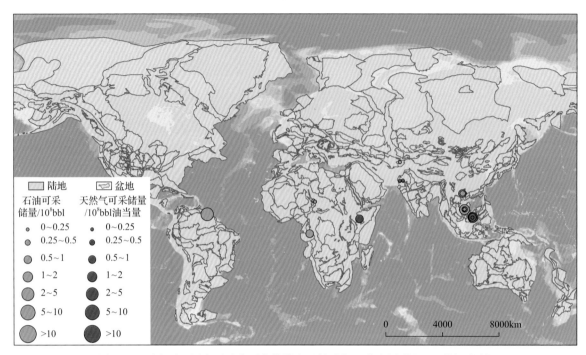

图 2-47　马来西亚国家石油公司在境外发现的油气田分布图(据 IHS 数据编制)

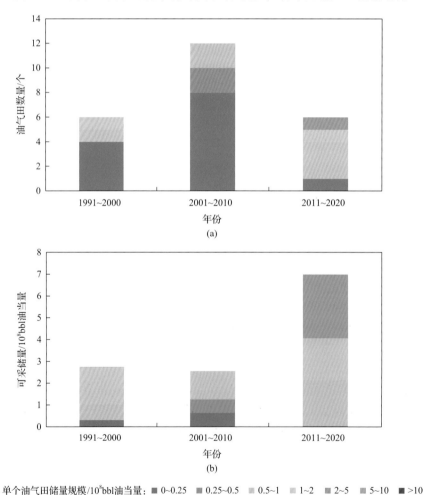

图 2-48　马来西亚国家石油公司不同年代在全球发现的油气田数量(a)和油气储量(b)分布直方图(不含马来西亚)
(据 IHS 数据编制)

勘探开发主要位于挪威大陆架，20 世纪 80 年代通过开发挪威大陆架上的大型油田(Statfjord、Gullfaks、Oseberg、Troll 等)实现了大幅增长。随后在 90 年代开始在非洲、中东、亚太、中亚-俄罗斯、美洲等地区开展勘探开发业务。

自 2000 年以来，由于在挪威大陆架和国际上的大量投资，挪威国家石油公司的业务得到了增长。公司于 2001 年在奥斯陆证券交易所和纽约证券交易所上市，开创了公司发展的新纪元，挪威政府保留 81.7%股份。2004 年和 2005 年的进一步私有化使挪威政府的股份降至 70.9%。2007 年，挪威国家石油公司正式与挪威海德鲁公司(Norsk Hydro)的油气部门合并，使挪威大陆架的潜力得到进一步发挥，也使新公司 StatoilHydro 成为世界上最大的海上运营商之一。挪威国家石油公司的股东持有 StatoilHydro 公司 67.3%的股份，海德鲁公司拥有剩余的 32.7%，而挪威政府是挪威国家石油公司和海德鲁公司的最大股东，持有 StatoilHydro 公司 67%股份。为了积极投资新能源，如海上风能和太阳能，以加强能源安全和应对不利的气候变化，2018 年 5 月，挪威国家石油公司在年度股东大会上投票决定将公司名称改为艾奎诺(Equinor)。

截至 2021 年底，艾奎诺公司(不含海德鲁公司)以作业者身份在境外发现 36 个油气田，累计发现可采储量达到 $9.81 \times 10^8 m^3$ 油当量(图 2-49 和图 2-50)，而海德鲁公司仅于 1992 年在埃及近海发现 3 个油气田，可采储量合计约 $826.80 \times 10^4 m^3$ 油当量。艾奎诺公司共发现 4 个大型油气田，均位于非洲地区，可采储量合计 $4.79 \times 10^8 m^3$ 油当量。

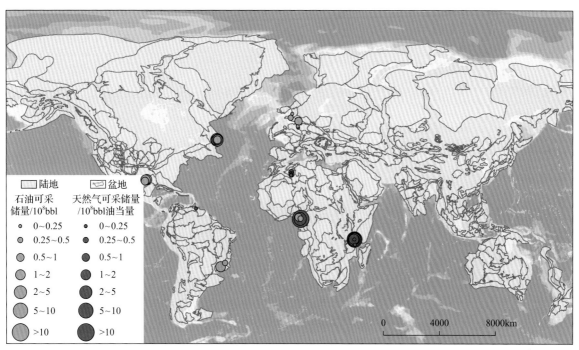

图 2-49 艾奎诺公司(不含海德鲁公司)在境外发现的油气田分布图(据 IHS 数据编制)

截至 2021 年，艾奎诺公司在境外共有 369 个勘探开发区块，面积 $17.3 \times 10^4 km^2$，其中权益面积 $7.3 \times 10^4 km^2$。这些区块主要位于美洲和非洲。

2021 年，艾奎诺公司在 13 个国家生产油气，原油产量 $15.55 \times 10^4 m^3/d$(其中境外占比 34.2%)，天然气产量 $1.52 \times 10^8 m^3/d$(其中境外占比 24.4%)，在世界石油公司中分别排第 23 和第 14 位。2021 年石油权益储量 $4.18 \times 10^8 m^3$，天然气权益储量 $4355 \times 10^8 m^3$，在世界石油公司中分别排第 33 和第 30 位。在 PIW 公布的 2022 年度全球石油公司 50 强排名中排第 28 位(Merolli，2022)。

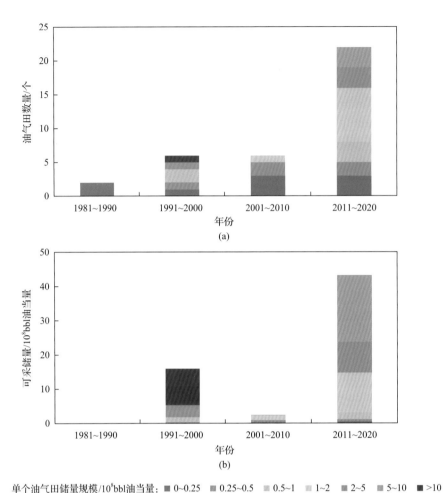

单个油气田储量规模/10⁸bbl油当量： ■ 0~0.25 ▦ 0.25~0.5 ▧ 0.5~1 □ 1~2 ▨ 2~5 ▩ 5~10 ■ >10

图 2-50 艾奎诺公司(不含海德鲁公司)不同年代在全球发现的油气田数量(a)和油气储量(b)分布直方图
(不含挪威)(据 IHS 数据编制)

(一)非洲地区

挪威国家石油公司于 1991 年开始进入非洲地区，先是在西非地区的安哥拉、刚果、赤道几内亚、纳米比亚、尼日利亚等国家获取勘探区块，除在尼日利亚获得 1 个大发现外，在其他国家未获重要油气发现。挪威国家石油公司 1993 年进入尼日利亚，将目光聚焦于尼日尔三角洲盆地海域，当年获得 4 个勘探区块，面积 7844km²。1996~1997 年先后发现 Boi 1 和 Sehki 1 油田，储量规模小，仅 1327.65×10⁴m³。在 OPL218 区块，挪威国家石油公司通过 AVO 异常识别出 Nnwa-Doro 构造，1998 年在区块东南部钻探 Nnwa 1 井，钻井水深 1283m，在 2631m 到 4464m 的地层中钻遇 94m 厚的多套气层，Nnwa-Doro 气田可采储量 1.70×10⁸m³ 油当量。Nnwa 2 评价井测试结果良好，为 159.99×10⁴m³/d，基于 2001~2002 年的一系列三维地震数据再处理，2005 年开始投产。

1995 年，挪威国家石油公司进入北非的利比亚、阿尔及利亚、埃及和摩洛哥等国，先后获得 14 个勘探区块，面积达 7.8×10⁴km²，但勘探成效并不明显，仅于 2007 年在阿尔及利亚发现 4 个小型油气田，可采储量合计 0.12×10⁸m³ 油当量。

随着深水浊积砂体研究持续取得发展，挪威国家石油公司自 2000 年以来开始陆续取得勘探突破，例如科斯莫斯公司在西非加纳海域发现 Jubilee 大油田，极大鼓舞了石油公司在环非洲深水领域的勘探热情。2007 年，挪威国家石油公司将目光转移至东非海域，先后在莫桑比克和坦桑尼亚获得 5 个勘探区块，面积合计 9221km^2。其中，坦桑尼亚的 2 号区块勘探最为成功。2009～2010 年，挪威国家石油公司完成 1648km^2 三维地震采集。2012 年完钻 Zafarani 1 井，在下白垩统砂岩中发现 120m 厚的高孔隙度、高渗透率优质储层。2014 年 3 月，挪威国家石油公司对 Zafarani 2 井进行两次测试，最高日产 186.89×10^{4}m^3，气田可采储量 1133×10^{8}m^3，为 2010～2011 年英国天然气集团在南部发现的 Pweza、Chewa 和 Chaza 之后的第 4 个重要发现。挪威国家石油公司随后陆续开展一系列钻探，相继发现 Lavani、Mronge、Tangawizi、Giligiliani、Piri、Mdalasini 等大中型气田，6 个气田可采储量合计 3809×10^{8}m^3。

（二）拉丁美洲地区

挪威国家石油公司于 20 世纪初进入拉丁美洲地区。随着巴西国家石油公司于 21 世纪初开始大规模开展桑托斯盆地盐下勘探，早期的勘探理念是集中在圣保罗高地周围的隆起构造。挪威国家石油公司先是跟随巴西国家石油公司于 2001 年进入巴西桑托斯盆地南部的深水领域，即在圣保罗高地获得 BM-S-017 和 BM-S-019 区块，未获勘探突破后退出。挪威国家石油公司随后进入委内瑞拉、古巴、苏里南、哥伦比亚、墨西哥、乌拉圭和阿根廷等国家，至 2011 年仅以作业者身份在巴西坎普斯盆地和东委内瑞拉盆地分别发现一个小型油田和气田，勘探成效并不显著。

2016 年，挪威国家石油公司从巴西国家石油公司手中获得桑托斯盆地 BM-S-008 区块的作业权，区块面积 815km^2，为 2000 年授予巴西国家石油公司时总面积的 16.8%。巴西国家石油公司已在 BM-S-008 区块相继获得 3 个油田发现，但商业价值不高。挪威国家石油公司接手后，为测试邻近 Carcara 油田盐下 Barra Velha（BVE）组的油气潜力和 Itapema（ITP）组潜在储层，2018 年在 Carcara 油田西南 30km 处钻探 1-STAT-010B-SPS 井，在与 Carcara 油田相似的储层中发现高品质原油，Guanxuma A 油田的油柱高度虽然小于 Carcara A 油田，但油田面积相近，为 75km^2，可采储量 0.30×10^{8}m^3 油当量，获得地质成功。

三、巴西国家石油公司

巴西国家石油公司（Petróleo Brasileiro S.A.）成立于 1953 年，主要从事国内石油和石油产品的勘探、生产、炼化和运输。巴西国家石油公司于 1964 年开始境外勘探开发，先是进入南美洲的哥伦比亚，后来将勘探领域扩张至中东、非洲等其他大区。

截至 2021 年底，巴西国家石油公司以作业者身份在境外发现 42 个油气田，累计发现可采储量达 23.18×10^{8}m^3 油当量（图 2-51 和图 2-52）。截至 2021 年底，巴西国家石油公司在境外共有 56 个勘探开发区块，面积 1.64×10^{4}km^2，其中权益面积 6152km^2。

2021 年在 4 个国家生产油气，原油产量 35.40×10^{4}m^3/d（其中境外占比 0.6%），天然气产量 9229×10^{4}m^3/d（其中境外占比 12.6%），在世界石油公司中分别排第 8 和第 21 位。2021 年石油权益储量 13.46×10^{8}m^3，天然气权益储量 2451×10^{8}m^3，在世界石油公司中分别排第 19 和第 42 位（据 IHS 数据）。

（一）拉丁美洲地区

巴西国家石油公司于 20 世纪 60 年代开始在海外进行油气勘探开发，最初重点关注南美安第

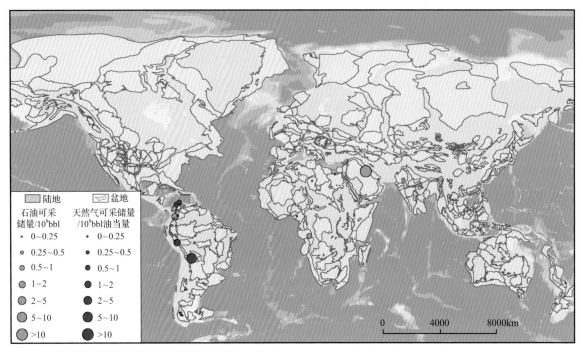

图 2-51　巴西国家石油公司在境外发现的油气田分布图（据 IHS 数据编制）

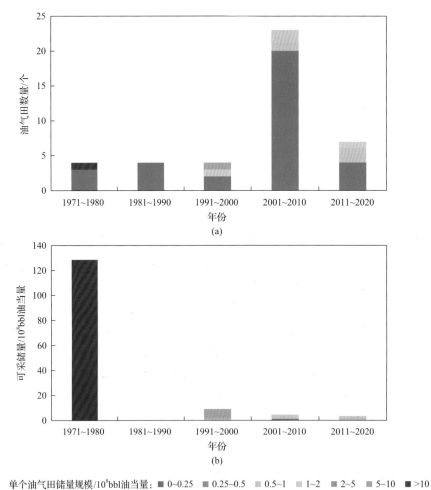

图 2-52　巴西国家石油公司不同年代在全球发现的油气田数量(a)和油气储量(b)分布直方图(不含巴西)

（据 IHS 数据编制）

斯前陆盆地群。1964 年与哥伦比亚国家石油公司组成合资公司，先是在上马格达莱纳盆地获得 Neiva/540 生产区块，后在 70 年代陆续在中马格达莱纳、下马格达莱纳等盆地获得 6 个勘探区块，仅获得一个小油田发现。巴西国家石油公司自 1985 年开始在哥伦比亚开展自主勘探，陆续获得 46 个勘探区块，面积合计 $16.3 \times 10^4 \mathrm{km}^2$，但勘探成效较差，1993～2014 年发现 1 个中型油田和 8 个小型气田，可采储量合计 $0.37 \times 10^8 \mathrm{m}^3$ 油当量。

1996 年，巴西国家石油公司首次进入玻利维亚查考盆地开展油气勘探，以 88% 的权益联合道达尔公司先后获得 San Antonio 勘探区块和 San Alberto 开发区块，均为矿税制合同，区块面积分别为 $594 \mathrm{km}^2$ 和 $233 \mathrm{km}^2$。进入 San Antonio 区块后，1997 年完成 219km 的二维地震采集，显示 Sabalo 构造位于被证实了油气潜力的 NNE-SSW 向构造带。基于邻区已发现油气田，1998 年 11 月开始区块内第一口探井 Sabalo X-1 井的钻探，1999 年发现 Sabalo 气田，天然气可采储量 $1132.80 \times 10^8 \mathrm{m}^3$。该气田的主要储层为下泥盆统 Huamampampa 组浅海相砂岩，储层有效厚度 91m，平均孔隙度 6%，平均渗透率 $28.6 \times 10^{-3} \mu\mathrm{m}^2$。

1997 年，巴西国家石油公司首次进入秘鲁浅水地区的特鲁希略(Trujillo)弧前盆地，勘探失利后退出。2003 年，巴西国家石油公司开始陆上勘探，将目光聚焦在与巴西接壤的乌卡亚利(Ucayali)前陆盆地。2005 年初以 100% 的权益获得 58 和 110 区块，区块面积分别为 $3814 \mathrm{km}^2$ 和 $1.48 \times 10^4 \mathrm{km}^2$，为矿税制合同。为了测试白垩系砂岩、二叠系 Mitu 群砂岩和石炭系碳酸盐岩 Tarma-Copacabana 群的油气潜力，巴西国家石油公司基于地质认识和地震资料，于 2009 年 8 月在 58 区块钻探首口探井——Urubamba 1X 井，钻井深度 4229m，在二叠系 Mitu 群发现砂岩气藏，可采储量 $198 \times 10^8 \mathrm{m}^3$。自发现 Urubamba 气田后，又陆续钻探 3 口探井，在 2010～2013 年陆续发现 Picha、Paratori 4X 和 Taini 3X 气田，3 个气田可采储量合计 $552 \times 10^8 \mathrm{m}^3$。

(二)中东地区

巴西国家石油公司于 20 世纪 70 年代进入中东地区开展勘探开发工作。1972 年与伊拉克政府签署一份服务合同，获得中阿拉伯盆地 Basrah Area 区块，以及美索不达米亚盆地的 Ali/gharbi Area 和 Falluja Area 区块，3 个区块面积合计 $8839 \mathrm{km}^2$。其中，靠近波斯湾的 Basrah Area 区块勘探最为成功。

Basrah Area 区块紧邻伊朗的阿扎德干(Azadegan)油田，区块面积 $1791 \mathrm{km}^2$。巴西国家石油公司获得区块后随即开展二维地震勘探，并通过地震解释确定了马吉努(Majnoon)构造。1976 年钻探 Majnoon 1 井，在 3525m 处测试上白垩统 Mishrif 组，获得原油 $1826.91 \mathrm{m}^3/\mathrm{d}$，重度为 $24.8°\mathrm{API}$。1977 年钻探 Majnoon 2 评价井，完井深度 4097m，在 Mishrif 组之下的 Nahr Umr 组测试原油 $585.28 \mathrm{m}^3/\mathrm{d}$，重度为 $30°\mathrm{API}$。马吉努油田为近南北向的背斜圈闭，顶部平缓、翼部较陡，长 46.5km，宽 14.5km，圈闭面积约 $409.6 \mathrm{km}^2$，主要成藏组合是上白垩统 Mishrif 组碳酸盐岩和下白垩统 Yamama 群碳酸盐岩。1977～1980 年的一系列研究进一步证实了 Majnoon 1 井的发现，石油可采储量 $18.88 \times 10^8 \mathrm{m}^3$，天然气可采储量 $1638 \times 10^8 \mathrm{m}^3$。油田包括从 1162m 到 3770m 的多套储层(图 2-53)，主要产层为上白垩统 Mishrif 组，厚度 210m，孔隙度为 12%～16%，渗透率高达 $600 \times 10^{-3} \mu\mathrm{m}^2$。

2004～2008 年，巴西国家石油公司陆续在伊朗、土耳其、约旦获得 4 个勘探区块，面积合计 $4.48 \times 10^4 \mathrm{km}^2$，未取得勘探突破后陆续退出。

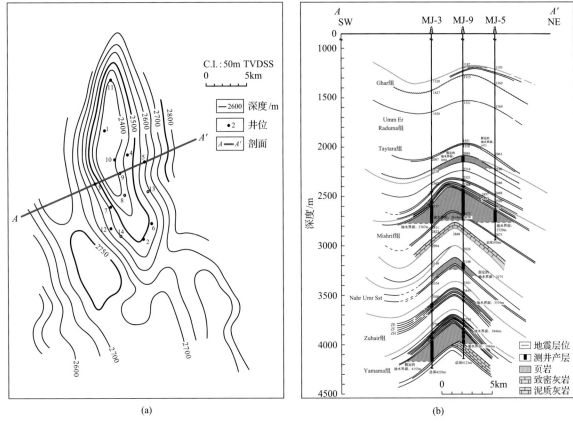

图 2-53 马吉努油田顶面构造图(a)和油藏剖面图(b)(据 IHS 数据)

1~14 为井编号；TVDSS-水下垂直真实深度；C.I.-等深线间距

第四节 独立石油公司的跨国勘探

一、科斯莫斯能源公司

科斯莫斯能源公司(Kosmos Energy)于 2003 年成立于美国，是一家专注于深水的独立油气勘探和生产公司。公司成立之初，是由黑石集团(Blackstone Group)和华平投资(Warburg Pincus)两家私募股权公司提供资金。而领导团队则来自 Triton Energy 的一个管理团队，该团队曾于 1999 年和 2000 年分别在赤道几内亚的尼日尔三角洲深水发现了 Ceiba 和 Okume 油田(2017 年科斯莫斯能源公司获得这两个油田 40.375%的权益)，开辟了西非海域新的勘探成藏组合。公司成立之初，便将目光聚焦在西非海域的前沿领域。随着在加纳的朱比利大油田发现与投产，科斯莫斯能源公司于 2011 年在纽约完成 IPO，开启向西非地区扩大勘探开发领域的进程。

截至 2022 年底，科斯莫斯能源公司的境外勘探开发资产主要分布在西非海域的圣多美和普林西比、赤道几内亚、加纳、塞内加尔、毛里塔尼亚和摩洛哥，其中加纳近海、赤道几内亚以石油勘探和生产为主，而毛里塔尼亚和塞内加尔海域以世界级天然气开发为主。

截至 2022 年底，科斯莫斯能源公司在境外共有 16 个勘探开发区块，面积 $3.7 \times 10^4 km^2$，其中权益面积 $1.4 \times 10^4 km^2$；作为作业者在全球发现了 12 个油气田，累计发现可采储量达 $13.45 \times 10^8 m^3$ 油当量，其中大油气田 5 个，均位于西非海域，合计可采储量 $12.75 \times 10^8 m^3$ 油当量(图 2-54)。2020 年在加纳和赤道几内亚开始生产原油，日产原油 $0.60 \times 10^4 m^3$。

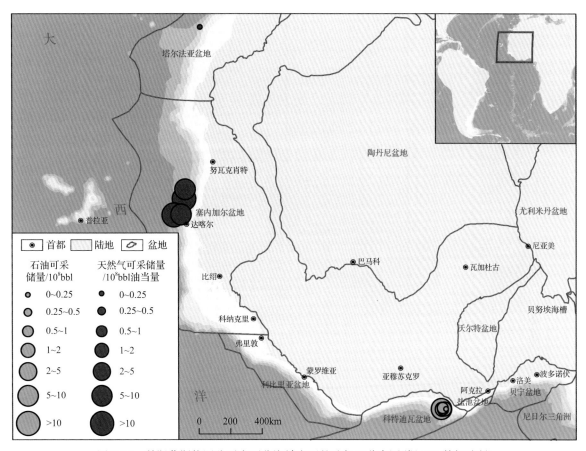

图 2-54　科斯莫斯能源公司在西非海域发现的油气田分布图(据 IHS 数据编制)

(一)加纳

西非加纳海域是科斯莫斯能源公司走向境外勘探的第一步。2004 年 6 月，科斯莫斯能源公司在与加纳政府签署谅解备忘录之后正式获得科特迪瓦盆地 WCTP 区块 86.5%的权益，区块面积 1957km^2，水深 50～1800m。2006 年 6 月，科斯莫斯能源公司分别将 WCTP 区块 30.875%和 22.896%的权益转让给阿纳达科公司和塔洛石油公司(Tullow Oil plc)，但仍担任区块作业者。2006 年 9 月，塔洛石油公司联合科斯莫斯能源公司获得 WCTP 以西的 Deepwater Tano 区块，科斯莫斯能源公司权益为 36%，随后将区块 18%的权益转让给了阿纳达科公司。

科特迪瓦盆地早期的勘探发现主要集中于下白垩统裂谷层系的构造圈闭，而科斯莫斯能源公司在西非转换构造带的勘探理念具有创新性，一直致力于在上白垩统储层中寻找地层圈闭。第一勘探期为 3 年，科斯莫斯能源公司 2005 年雇佣西方地球物理公司，在 WCTP 区块完成 1000km^2 三维地震采集。通过三维地震解释，科斯莫斯能源公司在塔诺隆起带南翼发现上白垩统 Mahogany 地层圈闭目标(图 2-55)。2007 年雇佣挪威钻井服务商 Dolphin 公司，在 1322m 水深钻探 Mahogany 1 井，获得石油重大发现，砂岩储层厚度 95m，随后的钻探结果表明该油田向西扩展到塔洛为作业者的 Deepwater Tano 区块。2008 年，科斯莫斯能源公司将该发现重新命名为朱比利油田。该油田的石油可采储量为 0.99×10^{8}m^3，天然气可采储量为 204×10^{8}m^3，合计 1.18×10^{8}m^3 油当量，是该盆地有史以来最大的油田，开辟了该盆地新的勘探领域。油田产层为上白垩统土伦阶浊积砂岩，显示盆地深水区具有良好的勘探前景。这一发现降低了该领域的勘探风险，科斯莫斯能源公司及其合作伙伴又发现了一些石油和天然气，包括在科特迪瓦盆地又陆续获得了 Odum、Mahogany East、Teak、Banda 和 Akasa 等 5 个油田发现，可采储量合计 0.64×10^{8}m^3。

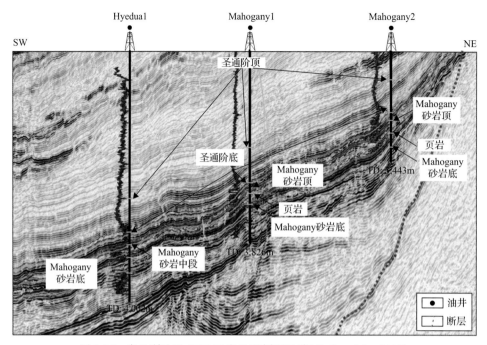

图 2-55　朱比利油田 SW-NE 向地震剖面图（据 Tullow Oil，2010）

（二）毛里塔尼亚

塞内加尔和毛里塔尼亚是科斯莫斯能源公司在境外发现大油气田储量最多的国家。科斯莫斯能源公司 2012 年进入毛里塔尼亚海域，获得 C-8、C-12 和 C-13 深水区块各 90% 的运营权益，为产品分成合同。2013 年雇佣 Polarcus Adira 地震船，在毛里塔尼亚 C8、C12 区块及周边海域进行三维地震采集，面积 $1.09 \times 10^4 km^2$。2014 年 11 月，在 C-8 区块钻第一口探井 Tortue 1 井（后命名为 Ahmeyim 1 井），2015 年 4 月宣布发现 Tortue West 气田（后更名为 Ahmeyim），2015 年 11 月该井与 Ahmeim-2 井一起成功评估。随着 Tortue 延伸至塞内加尔，2015 年 11 月开钻 Saint-Louis Offshore Profond 区块内 Guemul-1 井，并宣布为另一个气田发现，随后这两个发现被重新命名为 Greater Tortue 气田，可采储量 $4587.84 \times 10^8 m^3$。Greater Tortue 气田的巨大成功，主要是由于科斯莫斯能源公司对上白垩统构造-地层成藏组合的认识，即认为砂岩可以在大陆架之外的深水地区沉积。2015 年 11 月，科斯莫斯能源公司还宣布了在 C-8 区块的 Marsouin-1 井获得发现，随后更名为 Bir Allah 气田。

科斯莫斯能源公司在毛里塔尼亚的勘探，开启了这一领域的勘探热潮，随后几年在同类储层持续获得勘探突破。2019 年，碧辟公司联合科斯莫斯能源公司在 C-8 区块成功发现了 Orca 气田，Orca-1 井深 5266m，水深 2510m，位于所在背斜圈闭的下倾方向。随着 Orca-1 井的钻探成功，塞内加尔盆地白垩系浊积砂体已有 9 口探井全部成功，证实油气藏类型为构造-地层复合气藏，累计发现天然气 $1.56 \times 10^{12} m^3$，占盆地总储量的 82%，进一步证明了长达 400km 的毛里塔尼亚-塞内加尔海域被动陆缘盆地的勘探潜力。

（三）塞内加尔

2014 年 8 月，科斯莫斯能源公司首次进入塞内加尔，通过从 Timis 有限公司（Timis Corporation Ltd.）手中获得 Saint-Louis Offshore Profond 和 Cayar Offshore Profond 区块各 60% 权益，将其在毛里塔尼亚的勘探范围扩展到塞内加尔海域，钻井合作商为美国 Atwood Oceanics 钻井公司。2015 年 11 月在 Saint-Louis Offshore Profond 区块的 Guemul-1 井进一步证实了 Greater Tortue 大发现，

进一步增强了其在塞内加尔海域的勘探信心。

2014 年 9 月，科斯莫斯能源公司雇佣挪威 Dolphin 地球物理公司历时 1 年采集了 8558km² 的专属三维地震。2016 年 5 月，在三维地震解释的基础上，原计划会在 Cayar Offshore Profond 区块 1800m 水深的 Teranga 1 井塞诺曼阶砂岩中发现石油，但由于高估了地温梯度，却在塞诺曼阶下部获得优质砂岩气藏发现，钻井深度 4485m，气藏有效厚度 35m，在同类储层持续获得勘探突破，可采储量 $1416 \times 10^8 m^3$。

2015 年 11 月，科斯莫斯能源公司雇佣法国地球物理公司(CGG)历时 3 个月采集了 4517km² 的三维地震。为了证实地震上识别出的塞诺曼阶下部的有利目标，科斯莫斯能源公司持续探索，2017 年 3 月联合碧辟公司在盆底扇开始钻探 Yakaar 1 井，获得 Yakaar 大气田发现。Yakaar-1 井水深约 2550m，完钻井深 4700m，在塞诺曼阶钻遇 110m 厚的目的层，可采储量超过 $4200 \times 10^8 m^3$。之前完钻的 Tortue-1 井证实了大陆架水下河道储层的勘探潜力，Yakaar-1 井位于已有油气发现的大陆架之外，首次在一系列盆底扇获得勘探发现，证实了这一领域巨大的勘探潜力，该井的发现进一步明确塞内加尔和毛里塔尼亚近海油气资源非常丰富，吸引了壳牌、埃克森美孚和道达尔等公司快速跟进进入该领域。

二、塔洛石油公司

塔洛石油公司于 1985 年在英国成立，是一家以油气勘探开发为主的公司。20 世纪 80 年代，塔洛石油公司勘探开发涉及英国、西班牙、意大利和也门。90 年代开始布局亚太地区，后来随着勘探开发中心转向撒哈拉以南的非洲和拉丁美洲地区，塔洛石油公司完全退出亚太地区。2004 年花费 5 亿美元收购 Energy Africa 公司(目前其大部分地区业务的来源)，使其规模翻番[①]。

塔洛石油公司勘探开发主要位于非洲和拉丁美洲，截至 2021 年，共有 43 个勘探开发区块，面积 $8.42 \times 10^4 km^2$，其中权益面积 $5.75 \times 10^4 km^2$；以作业者身份在全球获得 52 个油气田发现，累计可采储量为 $4.40 \times 10^8 m^3$ 油当量(图 2-56)。其中，肯尼亚、乌干达和圭亚那是塔洛石油公司发

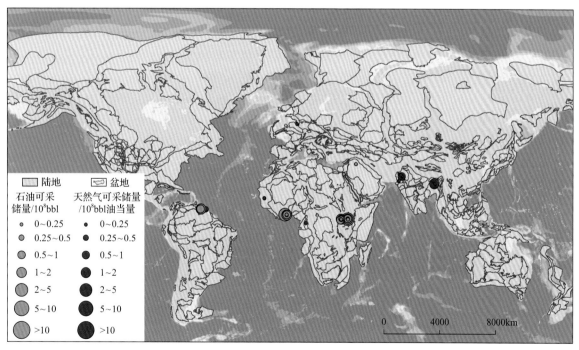

图 2-56　塔洛石油公司在境外发现的油气田分布图(据 IHS 数据编制)

---

① 来源：https://www.tullowoil.com/about-us/.

现油气数量和储量最多的国家,可采储量合计达 $3.29\times10^8\mathrm{m}^3$ 油当量。塔洛石油公司未获得大油气田发现,共发现 11 个中型油气田,主要分布于非洲、亚太、美洲等地区,合计可采储量 $2.77\times10^8\mathrm{m}^3$ 油当量。

2021 年在 3 个国家生产油气,原油产量 $0.93\times10^4\mathrm{m}^3/\mathrm{d}$。加纳和加蓬的产量贡献最大,日产量分别为 $0.67\times10^4\mathrm{m}^3$、$0.22\times10^4\mathrm{m}^3$(据 IHS 数据)。

(一)东非地区

东非裂谷系的油气勘探活动主要集中在乌干达艾伯特裂谷盆地和肯尼亚南洛基查地堑。过去十年间,塔洛石油公司在这两个盆地的勘探取得了重大成功。

塔洛石油公司于 2004 年通过收购 Energy Africa 公司进入乌干达,2006 年花费 11 亿美元收购哈德曼资源公司(Hardman Resources),扩大了其区块面积。2006 年以来,塔洛石油公司在艾伯特盆地钻探 80 多口井,共获得 12 个油气田发现,可采储量 $1.08\times10^8\mathrm{m}^3$ 油当量,石油储量占比为 98%。其中,Gunya 和 Nsoga 为中型油田发现,可采储量分别为 $0.32\times10^8\mathrm{m}^3$ 和 $0.16\times10^8\mathrm{m}^3$。

塔洛石油公司在乌干达艾伯特盆地的勘探成功开辟出一个新的区域,为将这一地质认识应用于肯尼亚的类似区块奠定了基础。塔洛石油公司 2010 年通过与 Africa Oil 和 Centric Energy 签订的股份转让协议进入肯尼亚,该协议涉及陆上 10A、10BA、10BB、12A 和 13T 等区块。2011 年进入海上 L8 区块,2012 年进入陆上 12B 区块。2012 年在南洛基查盆地 10BB 区块钻探 Ngamia-1 井,为在肯尼亚钻探的第一口探井,钻遇超过 200m 的纯油层,可采储量 $0.47\times10^8\mathrm{m}^3$。该发现打开了盆地西部陡坡带成藏组合的勘探局面,并陆续在盆地西侧陡坡带和东侧缓坡带发现多个油田,其石油地质特征和含油气潜力也得到进一步证实。随后公司在 10BB 和 13T 区块钻探了 40 多口探井,获得了 13 个油气田发现,可采储量 $1.40\times10^8\mathrm{m}^3$ 油当量。

(二)西非地区

西非是塔洛石油公司产量的主要来源,2021 年产量全部来自这一地区。塔洛石油公司通过在加纳的朱比利和 TEN(Tweneboa-Enyenra-Ntomme)两个深水项目的运营,不仅为公司境外业务的成功奠定了基础,也成为公司最大的产量来源。加纳是塔洛石油公司全球投资组合中唯一的核心国家。塔洛石油公司 2006 年通过招标和购买权益等方式进入加纳。在 Tano 深水区块,2009~2010 年陆续获得 Tweneboa、Enyenra 和 Ntomme 油气田发现,组成 TEN Complex 资产群,可采储量合计 $0.66\times10^8\mathrm{m}^3$ 油当量。随后在 2012 年发现 Wawa 和 Okure 油气田,可采储量合计为 $0.14\times10^8\mathrm{m}^3$。2017 年初,该公司获得了四维地震数据,以指导朱比利和 TEN 附近的勘探、评价和附近油田的开发。

(三)拉丁美洲地区

塔洛石油公司在拉丁美洲持有一系列以勘探为主导的项目,希望将其在西非的成功案例尤其是赤道边缘的成功经验运用到这一地区。2006 年,塔洛石油公司通过收购 Hardman Resources 进入拉丁美洲,进入法属圭亚那、苏里南等国开展勘探工作。塔洛石油公司在拉丁美洲的投资组合主要集中在海上勘探,并聚焦于前沿和新兴领域。特别是圭亚那盆地这一勘探热点领域,并且取得了较为积极的成果,即 2019 年在圭亚那的 Orinduik 区块发现了两个油田(Jethro 和 Joe),可采储量合计 $0.27\times10^8\mathrm{m}^3$。

第三章 油气地质理论和勘探技术的发展

全球油气勘探是一个"实践-认识-再实践-再认识"的发展过程，实践促进了理论的提出和完善，理论又不断指导实践，在新的领域和地区发现新的油气田。在过去的 160 多年，找油目标由背斜向圈闭的发展，油气成因从"一元论"向"二元论"的发展，油气有机成因的主导地位及储层和盖层的多元化发展，不断丰富石油地质理论。勘探新领域和新目标的变迁，又带动了勘探技术的不断进步，从地表找油、重磁力勘探、二维到三维地震勘探、测井技术和钻井技术的发展，不断开拓新的勘探领域，带来新的油气发现；也推动了深水油气地质、地震地层学、层序地层学、页岩油气地质等新兴学科的发展。

第一节 石油地质理论的发展

一、圈闭

1859 年，德雷克在宾夕法尼亚州泰特维尔小镇的发现极大地激发了人们对这个问题的兴趣。1884 年，加拿大地质学家威廉·洛根爵士在加拿大东部圣劳伦斯河的河口首次发现石油和背斜有关。1885 年，宾夕法尼亚州地质调查处的地质家 White 通过大量观察发现，天然气藏的位置和背斜之间有必然的联系，从而提出了"背斜学说"；1888 年，他主持了西弗吉尼亚的勘探，按背斜理论布了 4 口井，有 3 口井出气。White 后来被人们称为"背斜学说之父"（Levorsen，1967）。背斜学说的产生对油气勘探起了极大的推动作用。地表地质调查和浅井的钻探，为直接判断背斜构造提供了有效手段，指导发现了一系列大型和巨型油田，如加瓦尔和大布尔甘等巨型油田。直到 20 世纪 70 年代三维地震技术广泛应用前，背斜圈闭一直是勘探发现大型油气田的主要圈闭类型（图 3-1）。

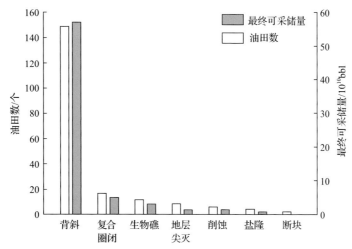

图 3-1 世界大型油田圈闭类型和最终可采储量分布直方图（据 Moody，1975）

1930 年 10 月美国发现了巨大的东得克萨斯地层油藏，经过多家石油公司的钻探发现，油气分布与背斜无关。地质学家认识到不能简单地只靠背斜理论找油，还必须广泛地采用地层学方法。因此，在石油地质理论中引入了礁、不整合、逆倾斜的尖灭、岩相制图、枢纽线、三角洲沉积等与地层圈闭有关的概念。1934 年，McCoy 和 Keyte 发现，有些油气藏与背斜之间没有必然联系，存在非背斜圈闭，建议用"构造学说"来代替"背斜学说"，即商业油气藏与多孔沉积岩中构造异常（irregularity）有关，最重要的异常是背斜或穹隆。同年，McCollough（1934）首次提出了"圈闭（trap）"这一概念。"圈闭学说"到现在还一直在使用，它的基本特征是油气能够在其中聚集和储存，而不管其形状或成因如何。有时圈闭内的油水界面是倾斜的，从而提出了流体势和水动力圈闭的概念。

20 世纪上半叶，全球通过钻井发现了大量的不同类型圈闭油气田，出现了多种圈闭分类方案。为了简化起见，Levorsen（1956，1967）将圈闭划分为三大类：构造、地层和复合圈闭，并进一步进行细分类。在一个地区或盆地内圈闭的分类方案，要有助于指导勘探。Levorsen（1967）指出，在一个地区一般先钻探构造圈闭，然后是复合圈闭，最后是地层圈闭。基于 IHS 数据库对全球最终可采储量大于 $50×10^8$bbl 油当量巨型油气田的圈闭统计发现，70% 的储量分布在构造圈闭中，24% 的储量分布在构造-地层圈闭中，6% 的储量分布在地层圈闭中。可采储量大于 $5×10^8$bbl 油当量的背斜油气田所拥有的储量占所有大油气田储量的 56%。

圈闭是油气勘探和钻探的主要目标，是区带评价的基本单元。因此，随着勘探程度的提高和勘探技术的发展，圈闭分类要便于在盆地和含油气系统内进行区带评价，有助于进行对比分析、圈闭评价和风险分析。一个特定的圈闭类型不仅能够反映其成因，更重要的是要反映其形成的构造和沉积环境，具有明确的油气田分布规律和钻探成功率（Allen P A and Allen J R，1990）。因此，一个圈闭的发现和评价要有助于指导一个区带的勘探和风险分析。

二、烃源岩

（一）油气成因论——从"一元论"到"二元论"

1. 从以海相为主到海相和陆相都可以生油气的理论发展

尽管油气无机成因理论在国内外一直存在声音，但大量聚集成藏还没有得到有力的支持。随着实验仪器的进步和全球大量油气发现，油气的有机成因理论得到了充分证实。1934 年德国化学家特赖布斯（Treibs）从原油、煤和页岩中分离鉴定出了色素——金属卟啉化合物，证明石油是生物成因的。Cox（1946）根据大量的观察，也认为石油是有机起源，海相环境可能是大部分石油形成的环境。Smith（1954）成功地从现代海洋沉积物中分离并鉴定出微量类似于原油的烃类化合物。20世纪 50 年代中期至 60 年代中期，随着气相色谱技术的广泛使用，人们可以从现代沉积物、土壤、沉积岩和石油中抽提、分离和鉴定出大量的有机化合物。Levorsen（1967）认为，几乎所有油气都是分布在海相沉积岩中，因此认为，这些油气也是与海相条件有关。他认为，陆相环境偏氧化环境，陆相地层往往与海相地层通过不整合面接触，因此，陆相地层中的油气被认为应该来自海相地层。这一观点当时在全球得到广泛应用，指导发现了大量的大型和巨型油气田，包括中东和北海大油气区。

在 20 世纪 20～40 年代，我国老一辈地质学家翁文灏、黄汲清、谢家荣、孙健初、潘钟祥、翁文波、李德生、田在艺等做了大量地质调查和研究，做出了中国中新生界陆相地层具有含油气远景的判断。1941 年潘钟祥先生在堪萨斯大学做访问学者期间，在 AAPG 发文指出，淡水湖相地层有机质有时也很高，也可以生油（Pan，1941）。1959 年，中国东部松辽盆地发现了特大型陆相油田——大庆油田，后来又相继在渤海湾、江汉、苏北、北部湾、二连等陆相盆地中发现了一大批大中型油气田。与此同时，蒙古国、巴基斯坦、哥伦比亚、澳大利亚等也相继发现一些陆相盆地含油。陆相生油理论逐步得到了世界认可，这是中国石油地质和勘探取得的巨大成就，也是对世界石油地质理论的丰富和发展（胡见义等，1991）。

20 世纪 80 年代开始，在非洲陆上的苏丹、乍得和尼日尔等陆相裂谷盆地也发现了大量油气田（Giedt，1990；Genik，1992，1993；童晓光等，2004；窦立荣等，2006，2018b）。生油理论实现了从"海相一元论"发展到海相和陆相地层都能生油的"二元论"。实际上，海陆过渡相的三角洲环境也是烃源岩形成的有利环境（邓运华等，2021）。在大量的叠合盆地往往深层发育海相烃源岩，浅层发育陆相烃源岩。理论认识的发展大大拓展了油气勘探的领域。

2. 天然气成因理论也存在从"一元论"到"二元论"的发展

全球不仅有大量的油苗和地表沥青矿，还有大量的天然气苗。由于早期天然气的使用不及原油普及，因此，勘探天然气的积极性远不及石油。天然气田的发现和油田的发现几乎同步，早期天然气田发现后由于市场原因，一般都没有及时地开发，储量增长缓慢。在阿尔及利亚发现哈西鲁迈勒巨型气田前，世界天然气的储量（含伴生气）在油气总储量当量中的占比不足20%。

欧洲的天然气发现较早，在意大利、法国和德国等发现了大量的中小天然气田。20 世纪 40 年代，德国学者已认识到含煤地层能生成大量天然气，并能成为工业性气田（戴金星等，2014），Stahl（1977）对德国西北盆地埃姆斯河流域至威悉河以西地区 36 个气田和含气构造的天然气稳定碳同位素研究后指出：该盆地在赤底统、蔡希斯坦统（Zechstein）和斑砂岩中发现的气田，气源是下伏上石炭统煤系气源岩形成的煤成气（coal gas），这是首次提出了"煤成气"的概念。含煤地层形成的煤成气，除了残存在气源岩中外，还可运移聚集成为煤成气田（藏），由此产生了最初的煤成气理论。

第二次世界大战之后，美国、苏联、澳大利亚等国把煤系地层当作重要气源岩进行研究和勘探，取得了显著的成就。特别是 1959 年 7 月在荷兰发现的格罗宁根气田，主要气源为石炭系的煤系地层（图 3-2）（Stahl，1977），主要储层是上二叠统砂岩。这是一个典型的煤成气田，是截至 1959 年底全球发现的仅次于埃尔夫在阿尔及利亚发现的哈西鲁迈勒气田之后的最大天然气田，是迄今为止欧洲发现的可采储量当量最大的油气田。这在世界上引起高度重视。之后澳大利亚、俄罗斯、波兰、加拿大、德国、法国、英国、印度竞相开展煤成气资源勘探开发研究，在煤成气资源的勘探、钻井、采气和地面集气处理等技术领域取得了重要进展，促进了世界煤成气工业的迅速发展（戴金星和龚剑明，2018）。尤其在中亚含油气区域，发现了一系列的大型煤成气田，如土库曼斯坦阿姆河盆地，中国西部的塔里木盆地等，澳大利亚的布劳斯盆地、苏拉特和鲍恩盆地等。

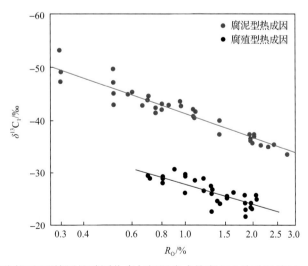

图 3-2　不同沉积环境甲烷碳同位素与烃源岩成熟度（R_o）关系图（据 Stahl，1977）

根据烃源岩沉积环境划分的天然气类型

1978 年我国天然气累计探明储量仅 $2264 \times 10^8 \mathrm{m}^3$，主要为油型气。随着我国 1978 年实施改革开放，引进了西方大量先进的实验室分析仪器，戴金星(1979)立足中国的石油地质条件，提出了煤成气理论，使我国天然气地质理论从"一元论"走向"二元论"，形成了不同类型天然气成因鉴别的图版，天然气勘探领域得到大大拓展，从以四川盆地为主扩展到中国东部裂谷盆地的深层煤成气、西部的前陆盆地等，煤成气储量在全国探明天然气储量中的占比从 1978 年的 9%增长到 2018 年的 61.44%。

天然气组成、碳和氢同位素特征等是确定和划分天然气成因类型的重要指标(Stahl，1977；戴金星，1989；Hunt，1996；Xu et al.，1996)。烃类天然气分为生物成因气、热降解气和高温裂解气。生物成因气又可分为生物作用气和生物降解气两个亚类；热降解气再分为偏腐泥型热解气和偏腐殖型热解气(窦立荣，2001)。不同成因类型天然气具有各自的地球化学特征。不同成因类型的天然气都可以形成巨型气田，如俄罗斯的乌连戈伊气田和地中海发现的 Zohr 大气田都是典型的生物气田(Esestime et al.，2016)；跨卡塔尔和伊朗的北方-南帕斯气田是典型的海相油型热解气田，天然气可采储量达到 $68.2 \times 10^{12} \mathrm{m}^3$，莫桑比克海上鲁伍马盆地发现的 Mamba 气田是典型的煤成气田，天然气可采储量达到 $1.4 \times 10^{12} \mathrm{m}^3$。通过对全球 41 个巨型气田的储量统计发现，生物气占比 0.34%，油型热解气占比 4.46%，油型裂解气占比 68.77%，煤型热解气占比 19.13%，煤型裂解气占比 7.30%。

3. 深水烃源岩

到目前为止，在全球 19 个深水或超深水盆地(图 3-3)中发现了 150 个大型油气田。这些盆地中的烃源岩时代主要是侏罗纪、白垩纪，其次是古近纪和新近纪。根据深水盆地演化历史，发育三类烃源岩。第一类是巴西坎普斯和桑托斯盆地，以及西非安哥拉盆地等，盆地发育早期沉积的富含有机质湖相烃源岩，总有机碳含量(TOC)可达 2%～20%，为该区深水油气藏提供最好的油源，通过垂向运移到比湖相储层具有更好孔隙度和渗透率的上覆储层中(Weimer and Slatt，2007)。

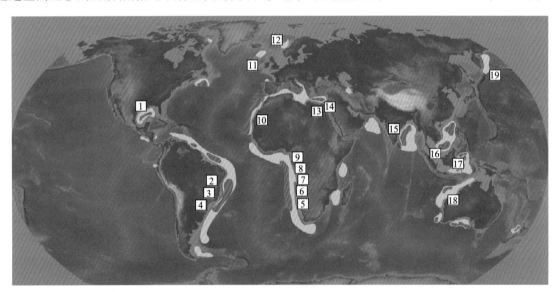

图 3-3　全球深水盆地分布图(据 Weimer and Slatt，2007)

1-墨西哥湾北部；2-塞尔希培-阿拉戈斯；3-坎普斯；4-桑托斯；5-安哥拉；6-刚果；7-加蓬；8-赤道几内亚；9-尼日尔三角洲；10-毛里塔尼亚；11-英国设得兰群岛海上；12-挪威中部；13-尼罗河；14-以色列；15-克里希纳-高迪瓦里；16-婆罗洲西北部(沙巴近海)；17-婆罗洲东部(近海)；18-澳大利亚西北部；19-萨哈林岛；黄色为深水区；橙色为超深水区

第二类烃源岩是在大陆边缘演化的晚期发育深水海相烃源岩，主要发育在具合适海洋条件的海侵或海平面上升期(Duval et al.，1998)。这些烃源岩一般上覆在薄的洋壳或陆壳之上，以 II 型和 III 型干酪根为主。这些差异对其生成原油的质量、烃源岩的演化动力学特征、烃源岩成熟的快慢有重要的影响。海相烃源岩可以在张裂后任何时期形成，在同一盆地中有不同的时代变化。例如，在墨西哥湾北部深水区，大部分深水和超深水烃源岩（晚侏罗世、早白垩世）是在中侏罗世大陆裂解后 10～60Ma 沉积的。与此相比，沿西非大陆边缘存在不同时代的烃源岩，且沿下陆坡向超深水逐渐变年轻。事实上，大多数现今勘探的超深水环境是中生代形成的超深水环境的继续。这种长时间发育的半深海沉积环境可以形成不同的烃源岩，其生烃潜力在时空上都可不同。例如，Akata 页岩（始新统—渐新统）是尼日利亚和赤道几内亚北部深水区的主要烃源岩。沿非洲大陆边缘一带的烃源岩随年代发生变化，厚度及生烃能力都不同。

第三类是超深水烃源岩，为再搬运的有机质，来源于赤道地区的三角洲平原，如文莱北部和东南部的海上地区。在新生代低位体系域，分散有机质被搬运到深水区（Lin et al., 2000；Peters et al., 2000；Guritno et al., 2003），与硅质碎屑砂或泥一起沉积下来。在赤道某些地区，一些高等植物可能形成油源岩，这些有机质被搬运到深水区并富集形成生油岩。在深水陆坡盆地，这类烃源岩比我们原来想象的要普遍，能够形成相当数量的油气，如文莱西北和文莱东部库泰盆地。

如果埋深足够大，深水盆地往往可以有多套烃源岩，例如，加蓬和安哥拉之间的西非大陆边缘深水区至少有 3 套，两套形成在阿普特期盐岩沉积之前，一套发育在盐岩沉积之后。两套湖相烃源岩沉积在南大西洋初始张裂时期的裂谷盆地中，第三套形成于晚白垩世和古近纪开阔海洋环境中（Iabe 组及其对应的地层）。

在深水盆地也发育大量的气源岩。第一类是沿着具有高沉积速率的大陆边缘，具有大量生气的潜力。如若开（Rakhine）盆地中上新统—更新统泥岩 TOC 达到 0.5%～1.0%，地层温度主要介于 25～65℃，处于生物气主力生烃窗内，形成了 Shwe 等大型生物气田（丁梁波等，2020）。第二类是在很多深水大陆边缘发育的偏生气的烃源岩。如中国东部沿海的煤系烃源岩（邓运华等，2013）、澳大利亚西北陆架侏罗系-白垩系、挪威海和尼罗河三角洲海上，烃源岩达到较高的成熟度（镜质组反射率 R_o 大于 1.0%）（Weimer and Slatt，2007）。

（二）油气生成理论

经历了百年勘探实践和认识提升，油气有机成因说已经被绝大多数学者所认同，并指导了世界主要油气田的发现。随着对有机成因内容和研究分析方法的丰富及应用，形成了以干酪根晚期热降解生烃为核心的油气有机成因理论，并在陆相盆地、多层系油气勘探研究中完善起来。

1. 成岩早期有机质成因学说

Smith（1954）引进先进分析技术，首次在现代沉积物中发现了烃类，奠定了早期油气成岩有机成因说，他认为石油是有机质在沉积物（埋藏成岩）早期生成的，是许多海相生物遗留下来的天然烃的混合物。该时期研究者从地质学、地球化学及生物学等角度通过成烃母质、成烃过程、地球化学条件及物理-化学环境等方面论述了石油的早期形成与聚集。1959 年 11 月，在美国匹兹堡成立第一个国际性有机地球化学协会。1962 年在意大利米兰召开第一届国际有机地球化学会议，出版了《有机地球化学进展》论文集，标志着有机地球化学学科的诞生。

2. 干酪根晚期热降解成烃理论的形成与发展

进入 20 世纪 60 年代，随着研究的深入和分析测试技术的进步，尤其是色谱与质谱分析技术、核磁共振、高分辨电子显微镜等技术的发展，地球化学家们新发现了许多重要的生物标志化合物或分子化石，证实了 99% 以上的石油产自与有机质有密切关系的沉积岩层，油气有机成因的认识也取得了飞跃式发展。Bray 和 Evan（1961）发现现代沉积物中正构烷烃的奇偶优势并未出现在绝大多数原油中，尤其是后来更多的原油发现在埋藏更深、进入成岩作用中晚期的岩层中，揭开了成岩晚期有机质演化机理及其与石油形成关系研究的序幕。Abelson（1963）发现石油来自于有机质中占 70%～90% 的干酪根，Phillippi（1965）认为沉积有机质大量转化为烃需要一定的温度和埋深。

Pusey(1973)提出了生油窗概念，认为液态烃主要分布在 66.5～148.9℃的地层温度范围。Tissot 和 Welte(1984)以巴黎盆地下托尔阶页岩为研究对象，揭示了干酪根转化成油的机理，建立了干酪根热降解生烃演化模式(图 3-4)，提出并完善了干酪根晚期生烃说，认为有机物经过沉积早期的生物化学和化学作用阶段，生物集合体发生了分解、集合、缩聚等作用，在埋深较大的成岩作用晚期成为不可溶的大分子——干酪根，之后随着埋深的继续加大，温度压力持续升高，干酪根发生催化裂解和热裂解，从而形成原油；随着成熟度的增加，正构烷烃奇偶性逐渐消失，环烷烃碳峰前移，芳香烃双峰变单峰。该生烃模式和生烃门限的提出，标志着干酪根晚期成烃理论的形成。

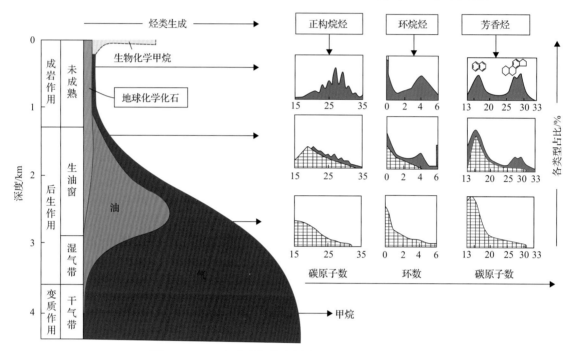

图 3-4　Tissot 经典生烃模式图(Tissot and Welte, 1984)

在该阶段，许多学者通过野外观察和大量的单井岩屑样品系统地球化学分析，不仅发现了垂向有机质演化及干酪根、沥青、烃类等组成和含量的变化，并在生油岩评价与油源对比方面采用了许多新方法、新技术，就干酪根生油的地球化学依据、干酪根的数量、干酪根的类型、干酪根的演化及油气源关系等问题进行了深入研究。通过碳、氢、氧、氮元素分析划分干酪根类型，认为 I 型(腐泥型)干酪根来自藻类、菌类生源，具有最强的生油潜力，Ⅲ 型(腐殖型)干酪根来自陆生高等植物，以生气为主，介于两者之间的 Ⅱ 型干酪根源自海相浮游生物和微生物，兼有生油和生气的潜力。通过透射光和反射光显微镜对干酪根显微组分进行分析，把干酪根分为类脂组、壳质组、镜质组和惰质组，其中易生油的类脂组由结构藻、孢粉、角质层、树脂组成，易生气的镜质组是维管植物木质素和纤维素的产物，而无生烃潜力的惰质组是再循环的腐殖质或陆源有机质。可见不管是海相还是湖相沉积，生油、生气的本源是由古环境繁殖的生物类型所决定。

在应用实践中，人们开发利用生物标志化合物、油气分子构成、同位素等参数指标，来研究油气之间及油气与烃源岩之间的相互关系，即油源对比，鉴别出同一含油气盆地中不同类型的石油、凝析气或天然气之间的成因联系，弄清楚不同类型的油气与烃源岩之间的成因联系，以帮助预测油气运聚指向及油气次生变化，从而落实有效烃源岩(灶)位置，确定勘探目标。

干酪根热降解生烃理论的建立使生油研究从一种理论探讨成为直接指导油气勘探的有效手段。以干酪根热降解理论为基础建立的烃源岩评价方法、有机质成熟度预测方法、"源控论"的思想、

"定凹选带区域勘探方法"、盆地模拟方法等,使油气勘探从以"背斜理论"为主导的时代进入了以"生油理论"为主导的时代。

20世纪90年代,以晚期成因为主兼顾其他成因的现代油气成因理论,加入了在特殊环境下分散可溶有机质(生物类脂物)不经过干酪根直接成烃的未成熟-低成熟油理论认识,从而使油气生成理论更加完善起来。以王铁冠(1995)、黄第藩等(1996)、刘文汇(1999)为代表,认为在半咸水-盐湖相沉积环境中,微生物作用、低温催化作用及脂肪酸的贡献,可以使有机质在低热演化早期阶段成烃,并形成如柴达木盆地古近纪以来的规模油气聚集。

3. 烃源岩的时空分布

烃源岩在地质历史时期和地区的分布都是极不均衡的,明显受古构造、古纬度和古气候控制。全世界各地质时期有效烃源岩和油气原始可采储量(不包括大型重油和沥青砂)的分析发现(Klemme and Ulmishek,1991),大约91.5%的世界原始可采储量来自仅占显生宙时间35%的六个地层段中:志留系(9%)、上泥盆统—杜内阶(8%)、宾夕法尼亚阶—下二叠统(8%)、上侏罗统(25%)、中阿普特阶—土伦阶(29%)和渐新统—中新统(12.5%)。随着近30年的勘探发现,尤其是深水超深水的发现,中生界地层占比大幅度提升(图3-5)。

三、储层

在自然界中把具有一定储集空间并能使储存在其中的流体在一定的压差下可流动的岩石称为储层。储层的类型复杂多样,类型划分和勘探发现历史密切相关。在20世纪60年代之前,世界主要油气发现来自海相地层,个别地区在火成岩和变质岩发育的地区也有油气发现。当时依据岩性和沉积环境进行分类比较普遍,将储集岩划分为三大类:碎屑储集岩、化学储集岩、其他岩类储集岩(变质岩和岩浆岩等)(Levorsen,1956,1967)。

在二维地震技术出现之前,钻探前一般无法预测储集岩的类型、深度和物性等特征,更谈不上预测储集的流体性质。钻探之后,主要通过岩心和测井资料对储集岩的孔隙度进行评价。随着现代沉积学的快速发展和地球物理勘探技术的进步,勘探领域从陆地向海洋、从浅水向深水超深水的扩展,露头地质学、海洋地质学和地球物理学的发展和相互融合,对盆地内储层的研究得到了快速的发展。

三维地震技术的发展,地震地层学和层序地层学的提出,使得钻前预测储层的类型、分布、物性和流体性质成为可能。在Halbouty等(1970)描述的277个大油气田中,62%为碎屑岩储层。20世纪80年代以来发现的深水超深水油气田绝大部分为碎屑岩储层。截至2022年,全球已发现的常规大型油气田统计发现,47.08%为硅质碎屑岩储层,52.79%为碳酸盐岩储层,0.13%为其他岩类储层。如果包含委内瑞拉奥里诺科重油带和加拿大艾伯塔盆地的沥青砂储量,则碎屑岩储层的占比会更高。

(一)储层类型

1. 硅质碎屑岩储层

硅质碎屑岩储层可以进一步划分为河流相、风成、与湖泊有关的储层、三角洲储层、浅海相储层和深海相储层。在每一类储层中都发现了若干个大型油气田甚至巨型油气田。如阿尔及利亚的哈西迈萨乌德巨型油田和哈西鲁迈勒巨型气田的储层都是河流相砂岩,荷兰格罗宁根巨型气田的储层是风成砂岩;中国的大庆油田是大型湖相三角洲砂岩储层;科威特的大布尔甘巨型油田的储层就是海相大型三角洲砂岩储层(Morse,1994)。

随着20世纪50年代中国陆相盆地一系列大型油气田的发现,陆相储集岩的研究进一步丰富了全球储集岩的类型。对于储集岩的分类进一步细化,更多的是根据沉积相来进行分类。中国湖

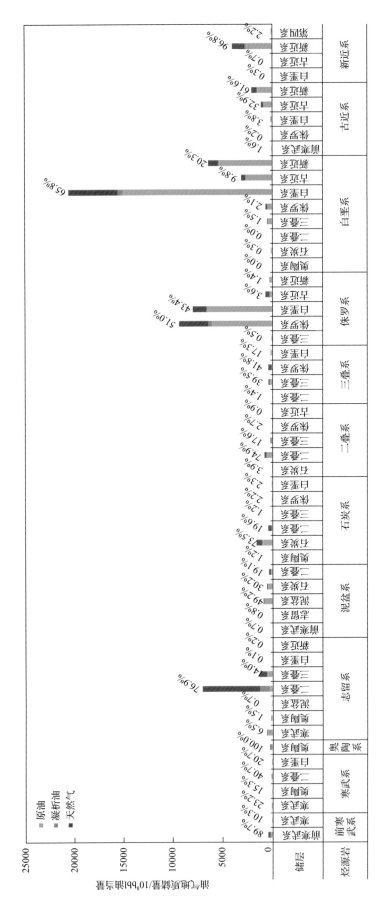

图 3-5　世界大油气田的烃源岩地层分布图（据IHS数据编制）

相盆地不同类型储层中油气富集程度不同，各种三角洲砂体占 55.3%，河流砂体占 13%，水下扇砂体占 12.6%，冲积扇砂体占 6.5%，滩坝砂体占 5%，盆地基岩占 7.6%（裴悸楠和陈子琪，1996）。

20 世纪 90 年代，随着深水钻井的增加，深水海底扇储层的研究得到不断深化。根据沉积物的粒度及搬运机制，可以将海底扇划分为 4 种类型：富砾海底扇、富砂海底扇、砂泥混合海底扇和富泥海底扇。每种类型的海底扇又可以根据不同端元组分和沉积物搬运机制划分为 3 小类：单点源海底扇、多点源海底缓坡沉积和线源海底陆坡裙（图 3-6）（Reading and Richards，1994；Richards et al.，1998）。

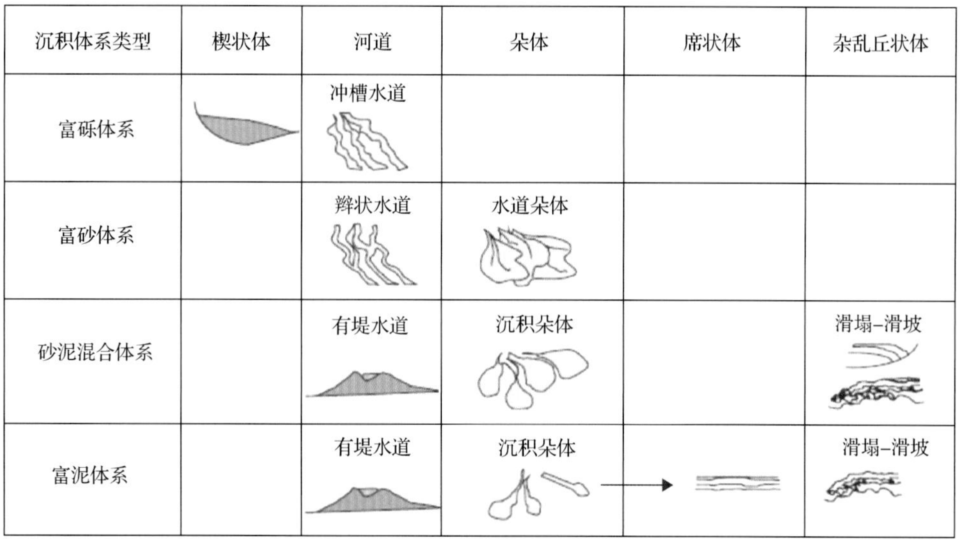

沉积体系类型	楔状体	河道	朵体	席状体	杂乱丘状体
富砾体系		冲槽水道			
富砂体系		辫状水道	水道朵体		
砂泥混合体系		有堤水道	沉积朵体		滑塌–滑坡
富泥体系		有堤水道	沉积朵体		滑塌–滑坡

图 3-6　深水碎屑岩沉积体系的主要结构单元（据 Reading and Richards，1994）

深水储层体系中的不同结构单元都可以产油气，但一个盆地中不同结构单元的产量所占比例变化很大。例如在墨西哥湾北部深水区，60%的产量来自席状砂，25%来自水道沉积，15%来自天然堤中的薄层沉积（Lawrence and Bosmin-Smits，2000）；在安哥拉海上油气主要产自复合水道和席状砂；在尼罗河三角洲西部产层主要是复合水道沉积和薄层状天然堤；在毛里塔尼亚海上（Vear，2005）和印度尼西亚库泰盆地（Fowler et al.，2004）水道是主要产层；在巴西坎普斯盆地海上沉积于各种背景的水道和席状砂（朵体）是主要产层（Bruhn，1998，2001；Bruhn et al.，2003）。

海底扇可以形成大型甚至巨型油气田。如东非莫桑比克海上鲁伍马盆地古近系—新近系发育多套超深水、超大型、富含天然气藏的重力流沉积砂体，砂体以巨厚层状产出于深海泥岩内部；岩心揭示此类巨厚砂体是由多期单砂体叠置而成，单砂体是由底部高密度颗粒流和顶部低密度浊流两部分组成，且经历过强底流改造。多期沉积事件和频繁水道迁移决定了砂体纵、横向叠加展布，并最终形成了厚度巨大、岩性宏观均一且连通性极好的超大型深水重力流沉积砂岩储层（图 3-7）（赵健等，2018）。鲁伍马盆地分别由阿纳达科公司和埃尼公司作业的 1 区块和 4 区块发现了 6 个大型和巨型气田，天然气可采储量合计达到 $4×10^{12}m^3$，是 21 世纪初在环非洲区发现的最大气区。

在一些现今陆上沉积盆地中也发育了地质历史时期的深水储层，是重要的油气产层。如在美国萨克拉门托盆地发现的 Midway Sunset（1894）、Ventura Avenue（1916）、Elk Hills（1919）、Santa Fe Springs（1919）和 Wilmington（1930）油田，他们的主要储层是新近系的深水储层（Weimer and Slatt，2007）。

2. 碳酸盐岩储层

碳酸盐岩储层的主要控制因素是岩相、孔隙类型、陆架背景、层序地层及成岩改造。海相

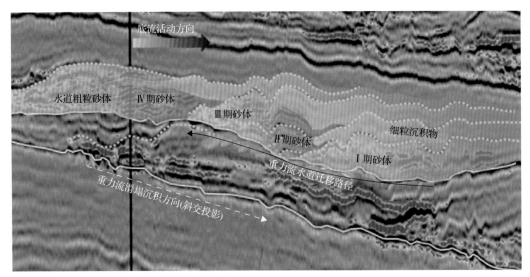

图 3-7　莫桑比克海上鲁伍马盆地 M 巨型气田地震剖面图(据赵健等，2018)

碳酸盐岩沉积环境受海平面升降、构造沉降、陆源碎屑供应、水体盐度、古纬度等诸多因素控制。层序地层学有助于预测碳酸盐岩沉积环境和储集体的发育。从陆架到盆地方向，可以划分出内陆架、中陆架、外陆架、陆坡和盆地。不同环境在不同的体系域发育不同的碳酸盐岩沉积(Jordan and Wilson，1994)。在陆架边缘高位体系域和低位体系域发育障壁生物礁。点礁在中陆架所有体系域都发育，在外陆架主要在水进体系域发育，在斜坡上主要发育塔礁。湖相碳酸盐岩储层规模一般小，但有时也能形成大油气田，如巴西坎普斯盆地下多个大油田，储层都是湖相藻灰岩。

任何碳酸盐岩都可以被成岩作用改造成为多孔的储层，但白云岩、颗粒灰岩和黏结灰岩是最常见的碳酸盐岩储层。碳酸盐岩地层往往需要构造背景和/或构造运动才能形成圈闭，和上覆膏盐岩地层构成最佳的储盖组合。世界前 30 个巨型油田中的 18 个(图 3-8)和前 30 个巨型气田(图 3-9)中的 12 个都是碳酸盐岩储层，最大的两个油田(沙特阿拉伯的加瓦尔油田和伊拉克的鲁迈拉-西古尔纳油田)和最大的两个气田(卡塔尔-伊朗的北方-南帕斯气田和土库曼斯坦的约洛坦气田)都是碳酸盐岩储层。

与硅质碎屑环境相反，深水碳酸盐岩沉积环境以泥质含量高为特征，深水发育的碎屑裙和海底扇往往缺乏上倾封堵，只有在后期构造运动的情况下形成构造圈闭才能提供油气聚集的场所(Weimer and Slatt，2007)。因此，深水碳酸盐岩系拥有较少的油气产量。但是，也有几个著名的碳酸盐岩深水油田。如 1926 年在墨西哥 Tampico-Misantla 盆地发现的 Poza Rica 大油田及其周围的油田，其产层为下白垩统深水碳酸盐岩沉积，是黄金带环礁脱落的碎屑裙(Magoon et al.，2001)。墨西哥南部 Cantarell 油田包含多个碳酸盐岩碎屑裙油藏，发源于晚白垩世和古新世的 Campeche 陡坡(Grajales-Nishimura et al.，2000)。另外，得克萨斯西部二叠系中许多小型孤立的碎屑裙也有产量(Pacht et al.，1996)。

碳酸盐岩储层的非均质性十分明显，其原始沉积环境有助于原生和次生孔隙发育。原生孔隙度最大可达 35%～75%。Choquette 和 Pray(1970)划分出三大类 16 亚类孔隙。不同相带碳酸盐岩物性变化很大。一般碳酸盐岩滩和礁的孔隙度和渗透率最高，其次是潮坪相，盆地相和斜坡相的孔隙度很高，但渗透率最低。沙特阿拉伯的侏罗系巨型油气田为原生粒间孔隙含油，孔隙度为 15%～30%，渗透率为 $(50～500)×10^{-3}μm^2$(Jordan and Wilson，1994)。

碳酸盐岩储层主要分布在中东、中亚、大西洋西岸的巴西、北非的利比亚、美国的二叠盆地等。油气产量与孔隙类型有明显关系(Wardlaw and Cassan，1978)，一般高的晶间孔最有利，因为连通性好，渗透率高。多孔岩石有相当低的微观采收率，因为溶洞仅部分连通。但是碳酸盐岩储层一个最大特点是酸化可以明显提高油气产能。

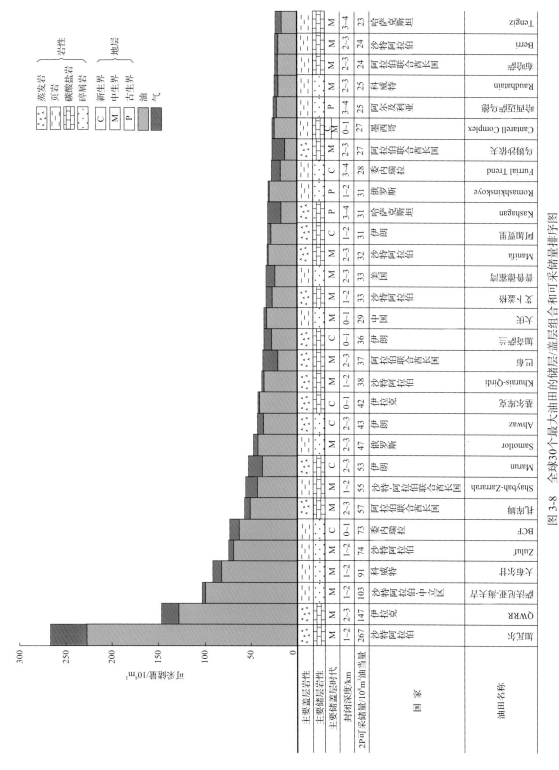

图 3-8　全球30个最大油田的储层/盖层组合和可采储量排序图

QWRR为Qurna West, Rumaila和Ratqa；BCF为Bolivar Coastal 油田 (Cabimas, Tia Juana, Lagunillas, Bachaquero)；Cantarell Complex 为Akal, Chac, Kutz, Nohoch和Sihil；Furrial Trend包括Santa Barbara，Carito-Mulata和El Furri等3个油气田

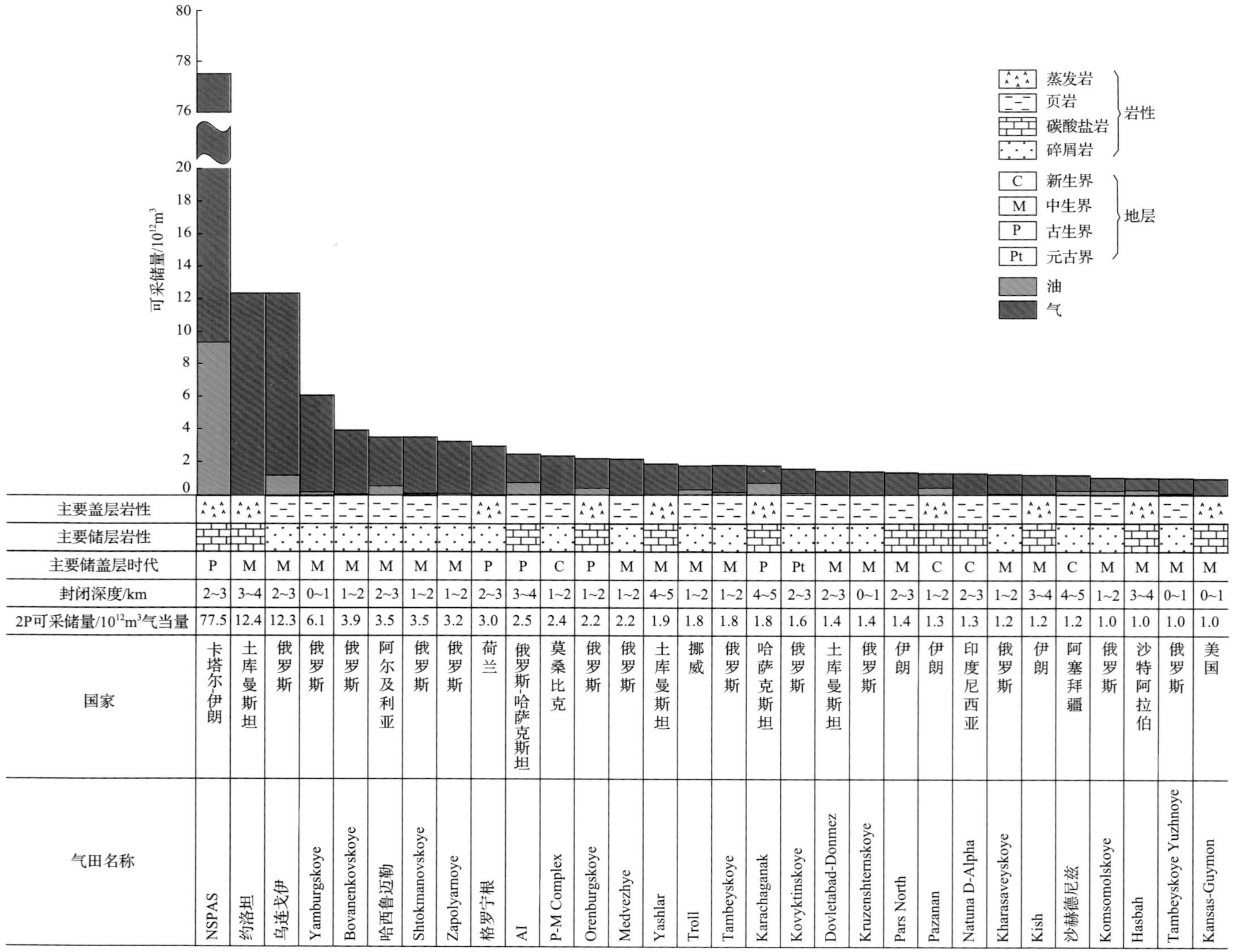
蒸发岩
页岩
碳酸盐岩
碎屑岩
岩性
C 新生界
M 中生界
P 古生界
Pt 元古界
地层
油
气
可采储量/$10^{12}m^3$
80
78
76
20
18
16
14
12
10
8
6
4
2
0
主要盖层岩性
主要储层岩性
主要储盖层时代
P M M M M M M M P P C P M M M M P Pt M M M C C M M C M M M M
封闭深度/km
2~3 3~4 2~3 0~1 1~2 2~3 1~2 1~2 2~3 3~4 1~2 1~2 1~2 4~5 1~2 1~2 4~5 2~3 2~3 0~1 2~3 1~2 2~3 1~2 3~4 4~5 1~2 3~4 0~1 0~1
2P可采储量/$10^{12}m^3$气当量
77.5 12.4 12.3 6.1 3.9 3.5 3.5 3.2 3.0 2.5 2.4 2.2 2.2 1.9 1.8 1.8 1.8 1.6 1.4 1.4 1.4 1.3 1.3 1.2 1.2 1.2 1.0 1.0 1.0 1.0
国家
卡塔尔-伊朗
土库曼斯坦
俄罗斯
俄罗斯
俄罗斯
阿尔及利亚
俄罗斯
俄罗斯
荷兰
俄罗斯-哈萨克斯坦
莫桑比克
俄罗斯
俄罗斯
土库曼斯坦
挪威
俄罗斯
哈萨克斯坦
俄罗斯
土库曼斯坦
俄罗斯
伊朗
伊朗
印度尼西亚
俄罗斯
伊朗
阿塞拜疆
俄罗斯
沙特阿拉伯
俄罗斯
美国
气田名称
NSPAS
约洛坦
乌连戈伊
Yamburgskoye
Bovanenkovskoye
哈西鲁迈勒
Shtokmanovskoye
Zapolyarnoye
格罗宁根
AI
P-M Complex
Orenburgskoye
Medvezhye
Yashlar
Troll
Tambeyskoye
Karachaganak
Kovyktinskoye
Dovletabad-Donmez
Kruzenshternskoye
Pars North
Pazanan
Natuna D-Alpha
Kharasaveyskoye
Kish
沙赫德尼兹
Komsomolskoye
Hasbah
Tambeyskoye Yuzhnoye
Kansas-Guymon

图 3-9　全球30个最大气田的储层/盖层组合和可采储量排序图

NSPAS为北方气田、南帕斯气田和Al Shaheen油气田；AI为Astrakhan和Imashevskoye;P-M Complex为Prosperidade和Mamba

3. 岩浆岩/变质岩储层

1922 年，Sidney Powers 在 *American Journal of Economic Geology* 发表的论文 Reflected buried Hills and Their Importance in Petroleum Geology 中首次提出潜山(buried hills)一词。Levorsen(1956) 在其《石油地质学》一书中认为，潜山系指在盆地接受沉积前就已经形成的基岩古地貌山，后来被新地层覆盖埋藏而变成了潜山。"基岩"(basement)一词是 Landes(1960)首次提出，并定义为"下伏在沉积层序之下的变质岩或火成岩的组合"。岩浆岩和变质岩为主要储层的大型油气田数量很少，主要分布在裂谷盆地中，在其他类型盆地分布很少。

变质岩和岩浆岩一般是盆地基岩，岩浆岩也可以在盆地形成过程中或之后侵入或喷发形成，夹在沉积岩中间。变质岩和岩浆岩在特定条件下也可以成为油气储层，形成油气藏，主要是基底潜山油藏。报道最多的是岩浆岩出现在玄武岩中，其次是安山岩、流纹岩、凝灰岩和熔岩。大部分产量和储量似乎主要局限于断裂和风化的花岗质岩石。这类储层的储集空间与砂岩储层的储集空间有很大差别，储集空间包括粒间孔隙、溶蚀孔和裂缝等(甚至可以有溶洞)，对油气藏形成具有意义的主要是次生裂缝孔隙。

花岗岩潜山勘探经历近百年的历史。在美国、委内瑞拉、英国、俄罗斯、西班牙、澳大利亚、加拿大、伊朗、中国和越南等国家也都发现了基岩潜山油气藏。如 1922 年在委内瑞拉马拉开波盆地白垩系和古近系中发现拉巴斯油田，直到 1953 年，加深钻探才在三叠系—侏罗系拉昆塔变质岩和火成岩基岩(潜山)裂缝中发现了 332m 含油段，测试获得 620m^3/d 高产油流(Nelson et al.，2000)。1933～1953 年，相继在美国堪萨斯中央隆起带发现奥斯(Orth)油田、林华尔(Ringwald)油田和克拉福特-普鲁萨(Kraft-Prusa)油田等 11 个大型前寒武系潜山油田，主要储层为石英岩(Levorsen，1967)。1965 年在利比亚苏尔特盆地发现奥季拉-纳福拉油田，石油地质储量达 10×10^8t 以上，主要储层包括前寒武系的花岗岩和流纹岩等(Williams，1972)。1964 年在越南湄公河盆地裂缝性花岗岩潜山中发现的白虎油田等，裂缝是主要的储集空间，平面和垂向上非均质性强。一般垂向发育三个带：强蚀变和裂缝带，中等蚀变和裂缝带，弱蚀变和裂缝带。随深度增加沸石充填增强，导致裂缝充填和孔隙度降低(Cuong and Warren，2009)。

在我国的松辽盆地、渤海湾盆地、海拉尔盆地、准噶尔盆地和酒泉盆地等也发现了火成岩和变质岩潜山油气藏。谢文彦等(2012)通过研究提出了变质岩"优势岩性"序列的概念。在乍得 Bongor 盆地发现的 Great Baobab 油田基岩油藏，则发育了风化壳＋裂缝段的双重孔隙(Dou et al.，2018)。

(二)储集物性

储层物性(孔隙度和渗透率)的好坏，直接决定了油气储量的大小和产能的高低。砂岩和碳酸盐岩储层质量受沉积环境、沉积速率、海(湖)平面变化速率和幅度及多种早期成岩作用的共同控制。压实作用和成岩作用对砂岩和碳酸盐岩的影响有所不同，但两者都受到埋藏速率和盆地热史和压力史的影响。砂岩和碳酸盐岩储层质量的关键差异包括地层年代对海水组成(方解石和文石)的特定影响。压实作用对砂岩影响更大，而碳酸盐岩体系的反应性和地球化学开放度对碳酸盐岩储层的影响更大。砂岩和碳酸盐岩储层质量的主要争议集中在石油充注对成岩作用和孔隙损失的影响、有效应力在化学压实作用(压溶作用)中的影响，以及成岩和胶结过程中储层的地球化学开放度(Worden et al.，2018)。薄片分析、扫描电镜、压汞实验技术的发展，为储层物性的分析提供了有效方法，测井技术的发展为全井段储层物性的评价提供了可靠手段。

直到 20 世纪 50 年代，钻井的深度以 3000m 以浅为主，因此，对储层的研究主要是关注孔隙度和渗透率的大小。Fraser(1935)首次将孔隙空间划分为两种类型，即原生和次生孔隙。原生

孔隙也称为原始孔隙,次生孔隙也称为粒间孔隙或诱导孔隙(induced)。20 世纪 40～60 年代,已经发现砂岩的分选、磨圆程度,以及压实作用、胶结作用、重结晶作用、白云岩化、交代作用、石英次生加大等现象对孔隙的影响(Levorsen,1967)。但当时认为,次生孔隙主要发育在碳酸盐岩储层。提出了成岩作用(Diagenesis)的定义,概括为"沉积物或沉积岩从沉积后埋藏过程中温度升高、压力增大或其他条件变化到发生变质作用期间发生的自然变化"(Murray and Pray,1965;Chilingar et al.,1967)。马拉松石油公司在威斯康辛大学设立了丹佛研究中心,开展碳酸盐岩储层研究,将碳酸盐岩成岩过程划分为三个阶段:早期(Eogenetic)、中期(Mesogenetic)和表生(Telogenetic)成岩阶段,识别出了 15 种基本的孔隙类型。基于薄片分析,将孔隙按孔径划分为大孔(4～256mm)、中孔(1/16～4mm)和微孔(<1/16mm)(Choquette and Pray,1970)。这一成岩阶段划分后来得到了广泛的认可,并被扩展到砂岩成岩阶段划分(Schmidt and McDonald,1983;Worden and Burley,2003)。

直到 1975 年,关于次生孔隙的文献很少,大部分专家认为砂岩次生孔隙所占比例很小,可能把大量的次生孔隙当作原生孔隙。砂岩成岩作用研究相对较晚,拥有从颗粒形状和结构的描述,以及整个沉积物随埋藏深度和温度组成的变化等。20 世纪 70 年代开始,全球大量的油气发现深度超过 3000m,尤其是欧洲北海和西非深水油气的发现,石油公司发现储层物性的好坏直接影响储量和产能,导致成岩作用在 20 世纪 80～90 年代得到快速深化和发展。在这一阶段,孔隙度"甜点"的预测成为全世界勘探家的目标(Curtis,1983;Surdam et al.,1984)。预测储层流动模拟模型的建立需要在了解碎屑和自生矿物学的基础上详细描述储层(Hurst,1987)。

成岩作用包括广泛的物理、化学和生物沉积后过程,通过这些过程,原始沉积组合及其间隙孔隙水发生反应,试图与环境达到结构和地球化学平衡(Curtis,1977;Burley et al.,1985)。在盆地历史的沉积、埋藏和隆升旋回过程中,这些过程随着环境的温度、压力和化学变化而不断活跃。因此,成岩作用包括广泛的沉积后修饰作用。它包括陆地环境中的风化作用和水体中的氧化作用,包括埋藏过程中沉积物的压实作用和成岩作用,并最终经过持续深埋进入低温变质作用。大体上认为 180～250℃的温度转变将两个体系分开。从最广泛的意义上说,成岩作用可以被认为是使沉积物从风化作用到深埋变质作用成为沉积岩的一切作用。

砂岩的成岩作用可以进一步划分为自生作用、胶结作用、压实作用、脱羧作用、脱水作用、溶解、岩化、新生、新生变形作用、共生次序(paragenetic sequence)、沉淀作用、重结晶作用、交代作用等 13 种(Worden and Burley,2003)。

此外,随着石油需求的增加,提高采收率技术的发展,需要将活性化学物质注入砂岩孔隙空间,这可能会对储层造成伤害(Pittman and King,1986;Kantorowicz et al.,1992)。因此,需要通过向储层中引入蒸汽、表面活性剂、聚合物或酸来了解与主砂岩的化学反应。

20 世纪 80 年代,成岩作用得到系统研究,结合有关成熟度指标(镜质组反射率 R_o、T_{max} 等),提出了全新的成岩阶段划分,划分出早、中、表生成岩阶段(Schmidt and McDonald,1983)。

随着钻井深度的不断加大,深层成岩作用的研究不断深化。进入 21 世纪,利用图像分割、图像分类等技术实现了岩石薄片的智能鉴定,实现了岩石颗粒的分割、矿物成分的识别、孔隙结构的分析等(Ren and Jia,2021)。美国 Enthought 公司利用人工智能机器研发了薄片智能处理及识别系统,能够直接从显微镜读取原始图像数据,并对不同偏光的高分辨率图像进行自动分割和标注,开始使用深度学习模型进行不同岩性的自动分类,具备单颗粒分割、孔隙度统计、形状统计和矿物统计的功能(Budennyy et al.,2017)。

我国从 20 世纪 80 年代开始引进西方的仪器,借鉴西方针对海相储层的研究思路,加大陆相储层的研究力度。90 年代储层研究从局部的单井或地区扩展到整个盆地范围,并在地温场、流体场、应力场对储层质量控制的研究及次生孔隙的分布和形成机理等方面取得了很大的进展,建立了碎屑岩成岩阶段划分规范,开展了成岩数值模拟和不同类型含油气盆地的深层储层预测(应凤祥等,2004)。进入 21 世纪,在中国中西部的四川和塔里木盆地等,随着一批超深层(大于 6000m)油气田的发现,超深层储集层的研究得到进一步深化,尤其是碳酸盐岩储层。沉积-成岩环境控制早期孔隙发育,构造-压力耦合控制裂缝形成,流体-岩石相互作用控制深部溶蚀与孔隙保存。有利沉积—成岩环境是基础,压力-断裂耦合是前提,流体-岩石相互作用是关键(马永生等,2019)。如塔里木盆地发现的顺北油气田,油层主要为奥陶系鹰山组——间房组的断控缝洞型储集体,埋深超过 7000m,储层空间包括断裂空腔(洞穴)、构造缝和构造角砾缝及少量沿断裂裂缝发育的溶蚀孔洞和孔隙,储集空间发育具有强烈的空间非均质性,储集层物性差异大(马永生等,2022a)。

四、盖层

油气进入圈闭后,阻止油气进一步运移和扩散形成具工业价值油气藏的层叫盖层或遮挡层。盖层的类型多种多样,根据成因和封盖机理,可以将盖层分为岩性盖层、断层盖层和成岩盖层(表 3-1)。不同类型盖层(面)的封盖机理、影响因素和分布各具特点。排替压力(毛细管进入压力)是定量评价盖层的一个重要参数。

表 3-1 盖层分类表(据窦立荣,2001)

类型	亚类	主要控制因素
岩性盖层	泥页岩	厚度、排替压力
	盐膏层	厚度、韧性、最小有效应力
断层盖层	并置断层	并置的岩性及其排替压力
	封盖断层	黏膜、压碎程度、成岩作用
成岩盖层	永冻层	地理位置和深度
	流体盖层	异常压力
	成岩盖层	成岩作用
	沥青层	生物降解作用
	动平衡盖层	气源补给量、毛细管压力
	水动力盖层	水压头、浮力、毛细管压力

岩性盖层是任何圈闭所必须具备的盖层,它可以单独封闭圈闭,也可以与断层等联合封闭圈闭。岩性盖层一般有泥岩、页岩、盐岩、燧石层、硬石膏等。在特定情况下火山岩和岩浆岩也可以成为局部圈闭的盖层。

岩性盖层根据其封闭油气的机理可以划分为膜盖层(membrance seal)和流体盖层(hydraulic seal),前者主要靠盖层的毛细管压力控制烃类聚集,而后者是靠盖层的最小有效应力控制烃类聚集,如硬石膏和盐岩等(Watts,1987)。不同岩性盖层的发育受盆地所处的构造环境、古气候带和盆地演化阶段控制。蒸发岩和页岩是两类主要盖层,盖层的封闭性受一系列因素控制。

盖层的韧性对于克服圈闭形成过程中应力作用下产生断裂和裂缝很重要。盖层的质量由好到差依次是:盐岩、硬石膏、富含有机质页岩、粉砂质页岩、钙质页岩和燧石层(Downey,1984)。Nederlof and Mohler(1981)统计了世界上 160 个储/盖层,发现盖层岩性是影响盖层封盖性的重要因素。蒸发岩是岩性遮挡层中最好的遮挡层(Hunt,1979)。Klemme(1983)对世界 334 个大油气田的统计发现,盖层为泥质岩的占 65%,盖层为蒸发岩的占 33%,盖层为致密灰岩的占 2%。

Grunau(1987)对世界 25 个最大的油田和 25 个最大的气田统计后发现,有 12 个油田为蒸发岩盖层,13 个油田为页岩盖层;16 个气田为页岩盖层,9 个气田为蒸发岩盖层。40%的石油最终可采储量和 34%的天然气最终可采储量分布在蒸发岩遮挡层之下,60%的石油最终可采储量和 66%的天然气最终可采储量分布在页岩遮挡层之下。

基于 IHS 数据库,我们对重新整合后的世界最大的 25 个巨型油田和 25 个气田的盖层统计后发现,泥页岩盖层控制了 57.8%的油气田,储量占比 41.7%;蒸发岩盖层控制了 42.2%的油气田数量,而储量占比达 58.3%。59.5%的石油最终可采储量和 66.6%的天然气最终可采储量分布在蒸发岩遮挡层之下,40.5%的石油最终可采储量和 33.4%的天然气最终可采储量分布在页岩遮挡层之下。这一结果与 Grunau(1987)的统计结果正好相反,主要原因是北方-南帕斯气田的天然气储量大大增加了,从 1987 年的 $8.5 \times 10^{12} m^3$ 增加到现今的 $68.2 \times 10^{12} m^3$,同比所含的凝析油储量也大大增加。

此外,2004 年在土库曼斯坦发现了约洛坦巨型气田,其盖层也是蒸发岩盖层。大多数具蒸发岩遮挡层的巨型油田分布在中东、北非和巴西,而具页岩盖层的巨型油田分布很广,如阿拉斯加、西加拿大、加利福尼亚海湾海岸、墨西哥、委内瑞拉、北海、中亚-俄罗斯、印度尼西亚和文莱。以蒸发岩为遮挡层的巨型气田分布更广,除中东和北非以外,还包括俄罗斯、土库曼斯坦、哈萨克斯坦、荷兰和巴西。

在海相盆地中,最大海侵期形成的分布最广的页岩也是优质的生油岩和区域盖层。如在北海盆地 78%油气当量分布在上侏罗统区域盖层 Kimmeridge 组页岩之下。此外,在海相盆地早期和晚期也可以发育蒸发岩盖层,成为区域盖层,为其下伏的高水位期沉积的各类碳酸盐岩储层提供盖层。如在波斯湾,堤塘阶 Hith 硬石膏是盆地水退期形成的区域盖层,覆盖在浅海碳酸盐岩台地之上广泛萨勃哈化的 Arab 储层之上,石油可采储量达 1.00×10^{11} bbl(Murris,1980)。同时在最大海侵期形成的上侏罗统上牛津阶—下钦莫利阶 Hanifa 生油层之下也有大量油气储量。

在湖相盆地,最大湖侵期形成的分布最广的页岩不仅是生油层,而且也是区域盖层,有效地保护其下伏低水位期和水进期形成的三角洲、扇三角洲、水下扇等各类储层,油气垂向运移进入储层,油气丰度一般较高。在松辽、渤海湾盆地都是如此。松辽盆地后裂谷期有两次大的湖侵,形成了泉头组—青山口组和姚家组—嫩江组两个层序(薛良清,1990),最大湖侵期形成的青一段和嫩一段是全盆地的优质生油层,也是优质盖层,松辽盆地 40%的石油储量和 90%的天然气储量分布在嫩一段盖层之下,50%的石油地质储量分布在青一段之下。

在世界 200 多个盆地中已证实存在流体盖层(fluid seal)(Hunt,1990)。欠压实的盖层有助于避免油气遭受生物降解和水洗。流体盖层可以分布在蒸发岩、页岩和砂岩中,德国和荷兰的 Zechstein 盐是一个很大的流体盖层,在其下面形成了一个巨大的封存箱。碳酸盐成岩胶结也可以形成流体盖层,一般为石英充填;如在北海的 Shell-Esso 30/6-2 井,在钻遇白垩系时发现钻时大大增加,白垩被硅质胶结,十分坚硬。而碎屑岩一般为方解石胶结。美国海湾海岸的 Tuscaloosa 组就是一个夹页岩的块状超压砂岩,砂岩为方解石胶结。

断层不仅是油气运移的通道,在一定条件下也是油气圈闭的重要侧向封盖层。断层的封闭可以使其两侧油气藏具有不同压力系统的流体系统,从而在开发和生产过程中具有不同的生产能力和注水效果。断层作为侧向封盖层是裂谷盆地中油气圈闭重要的盖层之一。

五、连续型油气藏—页岩油气

1995 年,美国地质调查局(USGS)评估美国油气资源时引入了"连续油气藏"一词(Gautier et al.,1995;Schmoker,1995)。实际上,一个连续型油气藏是一个单一的大油气田(通常是区域性的),不是因浮力作用而聚集的油气藏,下倾部位缺乏油气水界面,油气藏边界模糊,产量高的区域为一个甜点区。

页岩油气藏是一种连续型富有机质烃源岩，是生储盖一体的独特含油气系统(Magoon and Dow，1994；Schmoker，1995)。烃源岩既是储层也是盖层，或者可能在连续型贫有机质夹层内充注和封盖油气。烃源岩内部既存在初次油气运移过程，也存在烃源岩与非烃源岩夹层之间的二次运移过程。此外，还存在烃源岩与非夹层、非连续储层之间的运移过程。根据页岩含油和气量的相对大小，分为页岩气和页岩油资源系统(Jarvie，2012)。无论在海相盆地还是陆相盆地，只要存在页岩烃源岩，就可能存在页岩油气资源潜力。

(一)页岩气

20 世纪 90 年代以来，随着页岩气的规模勘探开发，页岩气的石油地质特征也不断得到加深。之前除裂缝性页岩含有可动油气外，常规富含有机质页岩通常仅被当作烃源岩和盖层。由于常规的透射、反射光显微镜和电子扫描显微镜都不能成像中孔和微孔，因为其放大倍数不足以刻画页岩的纳米孔隙，导致页岩储集性能被忽视了。

随着聚焦离子束(FIB)打磨技术、更高放大倍率(800000×)的场发射扫描电镜(FE-SEM)和透射电子显微镜(TEM)的发展，为页岩孔隙系统刻画提供了可视化工具。这种组合可以在页岩储层中观察到细小的大孔和中孔(图 3-10)(Loucks et al.，2009；Javadpour，2009)。根据孔隙赋存状态可将纳米孔隙分为粒内孔、粒间孔和有机质孔。根据孔隙连通性将孔隙分为开孔和闭孔，开孔进一步分为盲孔和通孔(Chalmers et al.，2012)。我国学者在四川盆地也发现了页岩气储层的纳米孔隙(邹才能等，2012)，页岩气的勘探取得了显著突破(郭旭升等，2014)。2022 年我国页岩气产量达到 $240 \times 10^8 m^3$，仅次于美国，是全球第二大页岩气生产国。页岩气可划分为生物成因气(150~670m)、热成因页岩气(900~4200m)和混合成因气 3 种类型。而我国四川页岩气为过成熟的裂解气，液态烃的含量远低于美国的页岩气。

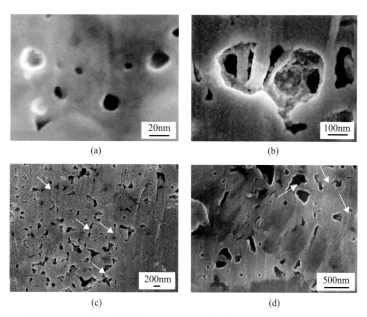

图 3-10　有机质中纳米孔形态的变化(据 Loucks et al.，2009)

(a)非常小(直径 18~46nm)，接近球形纳米孔，在这个视野范围内，总孔隙度为 5.2%；(b)较大的纳米孔(直径 550nm)，内部结构复杂；(c)管状孔喉连接椭圆孔(白色箭头)，孔喉直径 20nm；(d)连接椭圆形孔的管状孔喉(白色箭头)，孔喉直径 20nm

页岩储层中纳米孔隙的发现，标志着储层孔隙结构研究重点已从常规储层的毫米至微米级孔隙转向非常规储层的纳米级孔隙。页岩气主要以吸附和游离状态赋存于页岩中，吸附态页岩气存在于有机质和黏土矿物表面，游离态页岩气存在于孔隙和裂隙中，还有少量溶解于液态烃和水中的溶解态页岩气。

页岩作为一种超致密油气储层，其孔隙远远小于常规的砂岩储层和碳酸盐岩储层，孔径大小达到纳米量级。储层岩石的孔隙结构是影响天然气储集能力和页岩气开采的主要因素。Chalmers 等(2012)研究发现，Haynesville 页岩、Woodford 页岩、Marcellus 页岩和 Barnett 页岩的平均孔隙直径分别为 4.9nm、5.5nm、3.9nm 和 4.0nm，指出页岩纳米孔结构控制页岩油气储集能力及裂缝网络系统的流体运移能力。中国四川盆地南部寒武系、志留系等高成熟页岩孔隙直径以 150nm 为主(郭旭升等，2014)。

(二)页岩油

美国继页岩气开采获得成功后，富有机质泥岩或叠置岩相储集岩再次受到广泛关注。由于美国天然气价格便宜，液态石油的经济价值远高于天然气。因此，从 2008 年开始，美国很多石油公司将勘探与开发活动重心由产气区向偏油、黑油区域转移，页岩油勘探得到了快速发展(Jarvie，2012)。

页岩油资源系统是指富有机质泥岩自生自储，或富有机质泥岩生成的油气在叠置的贫有机质连续层段内聚集成藏。定义不仅涵盖了富有机质泥岩或页岩本身，还包括叠置的(上覆、下伏或互层)贫有机质岩层，例如碳酸盐岩等。系统内的石油资源主要由初次运移与二次运移油构成。非叠置储层内的三次运移油是油气系统的组成部分，但不属于页岩油资源系统。按有机质、岩性特征的不同，页岩油资源系统分为三种类型：①以弥合裂缝为主的富有机质泥岩；②含开启裂缝的富有机质泥岩；③贫有机质层段与富有机质层互层的复合系统(Jarvie，2012)。当然，这只是初步的三端元模式，三种系统之间的界限相对模糊。

富有机质烃源岩滞留油量为 70～80mg/g，倘若烃源岩中未发育开启裂缝，抑或未采取改善渗透率的措施，页岩产能会受到极大限制。高成熟油裂解成气，因此各类页岩气资源系统中含气量普遍较高。碳酸盐岩与砂岩或粉砂岩等贫有机质岩石含油量不高，滞留油量较低。如果存在贫有机质相带或发育开启裂缝网络，将大大削弱吸附效应对产能的影响。

页岩油资源系统是指页岩或与其紧密相关的贫有机质层内岩相(例如碳酸盐岩)中蕴含的可动油。富有机质泥岩、钙质泥岩或泥质灰泥岩通常既是烃源岩，也是首要或次要目的层，为自生自储型。叠置贫有机质碳酸盐岩、粉砂岩或砂岩也可能形成高产储层。复合页岩油资源系统特指富有机质与贫有机质层段叠置的情况。

以美国威利斯顿盆地页岩油产区为例，Bakken 组不仅发育含开启裂缝的页岩(如 Bicentennial 油田)，还分布以 Bakken 组中段白云质砂岩和 Three Forks 组碳酸盐岩为代表的贫有机质层和富有机质层互层的复合页岩，如 Elm Coulee、Sanish 和 Parshall 等油田，二者共同贡献产量。而 Barnet 页岩油基本产自具有基质孔隙的致密泥岩。Monterey 页岩油大多数产自加利福尼亚州构造活跃区内含开启裂缝的页岩。因此，富含有机质且含开启裂缝的页岩是勘探的主要对象(Jarvie，2012)。

页岩油有机质含量对于烃源岩生烃、滞留烃性能至关重要。富有机质泥岩超低的渗透率再加上有机质的吸附作用，使石油开采难上加难。但如果富有机质泥岩内部或叠置的贫有机质岩层内部发育裂缝，并具备一定的碳酸盐含量，则会减弱岩层对油气的吸附能力，页岩油产能有望提升。页岩油的开发正在从高成熟度向中等成熟区带转移。

与北美海相富含有机质的页岩相比，中国陆相富含有机质的页岩具有分布面积小、厚度大、非均质性强、热演化程度偏低、有机质类型多样等特点。陆相中低成熟度页岩油的开发还处于早期探索阶段(赵文智等，2020)，我国针对陆相中高成熟度的页岩油开发，已经在松辽、渤海湾、鄂尔多斯和准噶尔盆地取得了积极的进展，使我国成为全球继美国、加拿大和阿根廷之后第四个实现页岩油突破的国家。我国陆相页岩油"甜点"区可以划分为夹层型、混积型和页岩型 3 类(焦方正等，2020)。鄂尔多斯盆地的长 7 页岩为典型的夹层型，准噶尔盆地吉木萨尔凹陷的芦草沟组页岩层系为混积型，开发形成了一定规模的产量。而松辽盆地古龙地区青山口组一段是纯页岩型，古页油平 1 井测试日产油超过 30t，展现了陆相页岩油广阔的资源前景(孙龙德等，2021)。渤海湾盆地济阳拗陷东营凹陷博兴洼陷沙四段上亚段部署的樊页平 1 井实钻水平段长度 1716m，压裂后

8mm 油嘴试获最高日产油 171t，日产气 $1.4 \times 10^4 m^3$，原油密度 0.84～0.85g/cm³，采用 3mm 油嘴控液生产，投产 1 年累计产油 14055t(马永生等，2022b)。尽管我国 2022 年页岩油产量达到 $340 \times 10^4 t$，但中国陆相页岩油要实现高效勘探和有效开发，还面临基础理论研究薄弱、勘探开发技术体系不完善、工程技术与国外差距大、开发成本高等多方面的难题。需要开展地质工程一体化综合研究，形成陆相页岩油差异化开发技术；需要加强大数据和人工智能应用，提高开发评价的精准性；需要攻关页岩油提高采收率技术，探索有效开发方式，提高开发效果和效益(李阳等，2022；刘合等，2023；孙龙德等，2023；孙焕泉等，2023；袁士义等，2023；赵文智等，2023)。

第二节　地震地层学和层序地层学

19 世纪 70 年代末，古生代以来的纪(系)已在欧洲全部建立，标志着地层学已经形成了一门独立学科，包括年代地层学、岩石地层学和生物地层学等分支学科。传统地层学形成后，很快就被应用到石油勘探领域中。1918 年，里奥•布拉沃石油公司在美国得克萨斯建立了第一个古生物研究室。随着石油勘探和海洋调查工作的广泛开展，显微镜等新型仪器的不断普及和发展，地下钻井岩心和岩屑的微体古生物分析成为可能。1952 年，壳牌公司把古生物学引入油气勘探，在东南亚婆罗洲建立第一个孢子花粉实验室，依据古生物来判断地层的年代，开展地层对比、年代确定和沉积古环境分析，之后在英国、荷兰、美国、埃及、突尼斯、尼日利亚建立了多个古生物实验室(王才良和周珊，2011)。

随着传统地层学的发展及其在石油勘探中的应用，形成了层序的概念。早在 18 世纪，Hutton 就认识到沉积作用随时间的周期性重复，在此基础上形成了后来"地质旋回"的概念。1917 年，Barrell 指出了不整合与基准面变化间的联系，并探讨了基准面对沉积作用的控制作用。1949 年，Sloss 等特别强调陆上不整合面作为层序界面的重要性，最先使用了"层序"(sequence)这一术语。1963 年，Sloss 将层序定义为"以不整合为边界的地层单元"，认为构造作用对层序和不整合界面的形成起控制作用。Sloss 的构造层序概念构成了现代地层学的核心。

20 世纪 50 年代至 60 年代早期，运用水动力学观点分析沉积构造的成因，推动了沉积体系内岩相组合的预测，实现了沉积地质学的第一次革命。20 世纪 60 年代开始，运用板块构造学和地球动力学分析沉积盆地的成因，推动了区域尺度沉积作用和盆地分析的发展，实现了沉积地质学的第二次革命(Miall，1995)。20 世纪 60 年代和 70 年代的沉积学家重新定义"层序"的含义为具有内在联系的、可预测的沉积相垂向序列，即沉积环境的自然演化形成的"相序列"(Pettijohn，1975)。

地层学中"层序"及沉积学中"相序列"等概念的提出与应用，为层序地层学的孕育和诞生奠定了地质学科理论基础。在此基础上，油气勘探需求带动的地震技术进步和地震地层学的发展，最终催生了层序地层学的形成。

一、地震地层学

20 世纪 60 年代数字地震技术和 70 年代三维地震技术的出现，使高分辨率、高信噪比、高保真的地震数据中提取的地层信息更加丰富。埃克森公司 Vail 等人率先开始地震地层学的研究。通过地震反射不仅可以确定地下构造圈闭，还可以分析地震反射的接触关系，从而预测烃源岩、储层和盖层的分布，提高大陆边缘海相碎屑岩地层的探井成功率。1965 年，埃克森公司 Vail 等提出了第一代全球海平面相对变化曲线和地震地层学基本原理，成功地解决了北海盆地的中生代地层划分，引起了石油地质界的重视。美国石油地质学家协会于 1975 年举行了第一届地震地层学研讨会，1977 年 Payton 主编出版了 AAPG 专辑《地震地层学在油气勘探中的应用》，标志着地震地层学的诞生和层序地层学的奠基。

　　地震地层学是以反射地震资料为基础，进行地层划分对比、判断沉积环境、预测岩相岩性的地层学分支学科。地震地层学基本原理是地震反射同相轴在区域范围内基本上是沉积等时界面。基于这一原理，各反射同相轴系统中断面表示它们反映的沉积过程间断，这种间断面也具有相对等时性，即此面之上的所有沉积均比此面以下的任何沉积要新，而在上下两间断面之间不被间断面隔开的地层，可视为大体上连续沉积的一个地层单元，称为地震层序。地震层序内不同地点的沉积虽属同时形成，但其形成环境与岩相成分可能有差异。这种差异反映在剖面上的反射同相轴的平行性、连续性、强度(振幅)、波形及显示频率等特性的变化上。地震地层学研究方法包括地震层序分析、地震相分析及海平面变化分析等三个方面。地震层序分析是地震地层学的基础，主要是通过顶部削蚀和顶超，以及底部上超和下超等反射特征的刻画来识别地震层序。

二、层序地层学

(一)层序地层学的形成

　　地震地层学迅速发展，衍生出层序地层学和储层地震学两个分支。1987 年，美籍巴基斯坦裔地质学家 Haq 提出了第二代全球海平面变化曲线，次年美国沉积地质学协会编辑出版了 *Sea Level Changes: An Integrated Approach* 一书(Wilgus et al., 1988)，认为层序的发育演化主要受控于全球海平面变化(图 3-11)；这标志着地震地层学正式发展演化为层序地层学，形成了以 3 项标志性成果为代表的经典层序地层学。一是以 Vail 为代表的埃克森公司研究团队提出的海平面变化是形成地层旋回的主要驱动力，认识到海平面变化控制了粗碎屑颗粒向深水区的搬运与配给，从而以一种全新的思维来理解沉积盆地充填的成因和结构，由此引发了沉积地质学的第三次革命(Vail et al., 1977；Miall，1995)。二是提出了有别于 Sloss 构造层序的沉积层序新概念，提出沉积层序为"由不整合或其相对应的整合面为边界、成因上有联系的地层单元"，"相对应的整合"概念的引入，把盆地边缘的不整合延伸到了盆地中心，使层序界面在全盆地范围内具有一致性，从而大大拓展了层序研究的适用范围(Mitchum et al., 1977)。为了区分 Sloss(1963)不整合为边界的"构造层序"或"地层层序"，Mitchum 等(1977)及 Wilgus 等(1988)以不整合或与之可对比的整合为边界的地层单

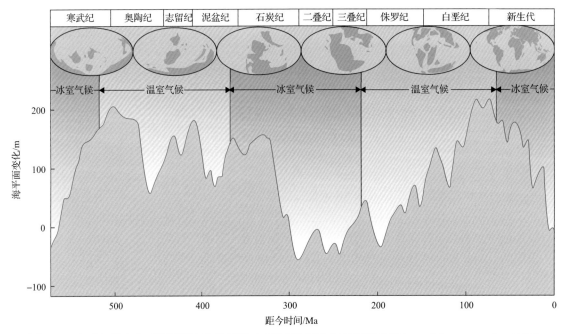

图 3-11　寒武纪以来全球海平面变化及其所对应的板块演化和气候演变(据 Van Wagoner et al., 1988)

元被定义为"沉积层序"。三是提出了沉积层序主要发育两种类型(Ⅰ型和Ⅱ型沉积层序),其中Ⅰ型沉积层序适用于当海平面下降到陆架坡折之下的层序地层学研究,相应发育低位(LST)、海侵(TST)和高位(HST)三个体系域;而Ⅱ型沉积层序适用于当海平面未能下降到陆架坡折之下的层序地层学研究,相应发育陆架边缘(SMST)、海侵(TST)和高位(HST)三个体系域(图3-12)。

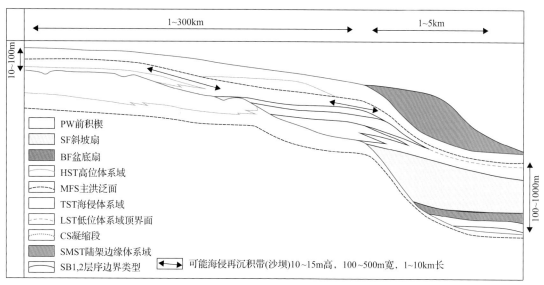

图 3-12　碎屑岩大陆架上一个三级旋回内层序边界的术语示意图(据 Reymond and Stampli,1996)

(二)碎屑岩层序地层学

进入 20 世纪 90 年代,随着油气勘探开发生产实践的深入,形成了不同学派的理论认识和层序模式,层序地层学进入百花齐放的多元化发展阶段,碎屑岩与碳酸盐岩层序地层学得到了全面发展。

1988 年,科罗拉多矿业学院 Cross 教授带领的研究组提出了高分辨率层序地层学。其用基准面变化代替相对海平面变化对层序的控制作用,根据基准面原理、体积划分原理、相分异原理和旋回等时对比法则,可将钻井的一维信息转变为三维地层叠置关系。

1989 年,得克萨斯大学奥斯汀分校 Galloway 教授在离散大陆边缘环境研究基础上提出了成因地层层序模式。其主要利用地震和井资料进行沉积体系分析,在确定的三维沉积体系格架内分析划分层序界面,强调以最大洪泛面及其对应的沉积间断面作为层序的边界。

20 世纪 90 年代初期,经典层序地层学理论体系更加完善。1992 年,Hunt 和 Tucker 将层序划分为 4 个体系域(LST——低位体系域、TST——海侵体系域、HST——高位体系域、FSST——下降期体系域),层序由三分发展成为四分。全球海平面升降变化、构造沉降、沉积物的供给和气候等 4 个因素控制层序发育的观点普遍得到认同,海平面变化与构造作用结合形成的相对海平面变化(基准面)控制了沉积物形成的潜在空间(可容空间),构造作用与气候变化的结合控制了沉积物类型和供给数量。

1992 年,Embry 和 Johannessen 在对加拿大 Sverdrup 裂谷盆地研究基础上提出了海侵-海退(T-R)层序模式,强调以初始海泛面作为层序界面。

1998 年,得克萨斯大学奥斯汀分校 Zeng 等提出了地震沉积学这一术语,将地震沉积学定义为"利用地震资料研究沉积岩和沉积作用的学科",并指出地震岩性学和地震地貌学是其研究的核心内容。地震沉积学是层序地层学和沉积学的发展而不是替代,其理论基础在于对地震同相轴穿时性的重新认识,核心技术包括体系域表征、90°相位转换、地层切片和分频解释。

20 世纪 90 年代末期,随着经典层序地层学理论的不断深化和深水油气勘探的不断发现,深水碎屑岩层序研究得到重视。在所有地层层序中，深水体系构成了与同时期海岸线距离最远的一个部分，而正是由于其在盆地中的特殊位置，深水体系也是最难用层序地层学术语解释的沉积体系之一（Posamentier and Allen，1999）。深水环境四个主要过程有助于碎屑沉积的聚集：基准面大幅度下降期大陆架边缘三角洲向上部斜坡的进积作用、重力流、等深流、深海沉积。其中深海悬浮沉积是持续进行的，等深流受温压环流的质量平衡作用控制，它们与基准面变化的关系不大，一般不纳入层序地层学研究的内容。而大陆架边缘三角洲进积作用和重力流作用的时间和沉积过程与基准面变化密切相关，是深水层序研究的重点。基准面旋回的不同阶段发育重力流沉积类型不同，高位体系域不发育深水沉积物重力流，下降期体系域的强制海退早期发育黏性碎屑流、晚期发育高密度浊流和颗粒流，低位体系正常海退期发育低密度浊流，海侵体系域早期发育低密度浊流、晚期发育黏性碎屑流（图3-13）。不同的重力流沉积构成海底扇复合体，形成深水碎屑体系。深水碎屑体系的基本沉积单元包括海底峡谷充填沉积、浊流水道充填沉积、浊流堤和漫滩波状沉积、浊流决口扇复合体及泥石流巨厚层。

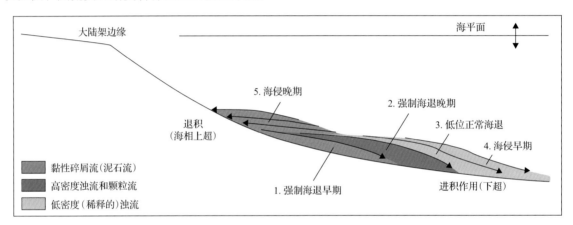

图3-13　基准面旋回期间的深水海底扇复合体沉积结构（据Catuneanu，2005）

（三）碳酸盐岩层序地层学

20世纪80年代，碳酸盐岩沉积体系中层序地层学的运用还是一个争论的话题，特别是关于如何改造本是在碎屑岩体系中发展出来的层序格架，使其能够反映真实的碳酸盐沉积环境方面（Vail，1987；Sarg，1988；Schlager，1989）。20世纪90年代初，建立了碳酸盐岩层序地层学的基本理论，并阐明了碎屑岩和碳酸盐岩层序模式的差别（Loucks and Sarg，1993；Tucker，1993）。目前流行的是由Schlager（2005）所总结的碳酸盐岩层序地层学。

碳酸盐岩与硅质碎屑岩层序地层的最大差别是其沉积物主要源于盆内浅水碳酸盐工厂，碳酸盐岩主要沉积作用完全建立在碳酸盐化学或生物过程上，沉积物供给是理解碳酸盐沉积体系中层序地层如何作用和为何碳酸盐岩层序模式不同于碎屑岩层序格架的关键（Schlager，2005）。源于盆地内部的碳酸盐沉积物的数量与浅水台地顶部的碳酸盐工厂的产量响应：基准面降低时，台地顶部暴露地表，通常关闭碳酸盐工厂，而基准面上升则为碳酸盐台地的发育提供可容空间。除此之外，另一个限制碳酸盐沉积物形成的因素是无光的深水区，碳酸盐产率可以忽略不计（Schlager，1992）。

基于上述碳酸盐沉积体系对水深和环境条件的敏感性，基准面缓慢上升的高位体系域正常海退期，碳酸盐大陆架被淹没且位于透光区，最有利于碳酸盐工厂和碳酸盐台地的形成。下降期体系域强制海退期和低位体系域正常海退期，台地顶部持续暴露地表，碳酸盐工厂关闭，河流下切作用和碳酸盐岩溶蚀作用形成喀斯特地貌，向海一侧可形成狭窄的低位台地或斜坡碳酸盐岩碎屑重力流扇体或裙带。海侵体系域基准面上升期，碳酸盐大陆架被淹没，如碳酸盐沉积物的形成能追上基准面上升的速率，碳酸盐工厂及台地能继续形成，可形成退积型及追补型台地；如追不上基准面上升的速率，则台地被淹没形成"淹没不整合"，碳酸盐工厂被关闭。在陆缘碎屑供给的环境下，碳酸盐形成的清水环境条件被破坏，碳酸盐工厂被关闭，碳酸盐台地消亡。不同温度及水体环境下的浅水碳酸盐工厂形成不同类型的层序地层样式和岩相分布模式(Schlager，2005)。

除上述进展外，陆相层序地层学、成岩层序地层学、生物层序地层学、化学层序地层学、高频层序地层学等分支学科的出现，丰富了层序地层学理论，也使其应用领域大大扩展(徐怀大，1991；邓宏文，1995；邓宏文等，2002；顾家裕，1995；顾家裕和张兴阳，2004；纪友亮和张世奇，1996；纪友亮等，2005)。

目前，层序地层学的研究和应用已贯穿到油气勘探开发各个阶段和各个层次。研究内容方面，利用的资料从地震资料扩展到野外露头、钻井岩心和测井资料，研究尺度从地震级别的三级层序单元延伸到亚地震级别的四级以上高频层序单元，研究对象从被动大陆边缘盆地扩展不同类型的盆地，研究的沉积体系从海相碎屑岩扩展到陆相湖盆及河流相沉积、深水沉积和碳酸盐岩沉积，研究成果主要是建立区域、盆地、油田乃至油藏等不同规模层次的储层、隔(夹)层及烃源岩层的等时成因地层格架和三维模型。实践应用中，从盆地分析到圈闭的成因解释，从油藏描述、数值模拟到后续的动态模拟，从勘探开发各个阶段的软件开发到油藏管理，都应用到了层序地层学的理论、方法和研究成果(刘宝和，2008)。

在我国油气勘探的实践应用中，随着高分辨率三维地震大面积采集和层序地层学等理论方法的引入，形成了层序地层工业化应用的六个步骤：沉积背景调研分析、层序划分对比、层序界面追踪成图、沉积相综合分析、层序约束地震储层预测、成藏规律与目标评价(邹才能等，2004)，提高了岩性地层油气圈闭识别的准确率和储层预测精度，指导了我国岩性地层油气藏勘探持续获得重大发现。"十三五"期间，中国石油新增探明石油储量中岩性地层油藏占比达到了74%、气藏占比达到了56%。

第三节　油气聚集单元序列

油气藏形成和分布受地质历史时期板块构造演化、区域地质构造、古气候、古地理控制。许多地质家都曾研究和探讨过油气藏分布的控制因素，试图发现规律，指导勘探，发现更多的油气藏(田)，预测剩余的油气资源。油气在不同大陆、盆地和拗陷内的分布具有很强的不均衡性，在地层层位上也具有很大的不均衡性。这一不均衡性给油气勘探带来了很大的风险和挑战。因此，不同时期诸多学者从不同的尺度研究油气藏的分布，提出了油气聚集的规律性认识，并用于指导勘探实践。

经过对不同时期各专家的观点进行研究，提出了含油气域、含油气区(省)、含油气盆地、含油气系统、成藏组合和目标(圈闭)等油气藏聚集单元的六级序列，不同级次具有不同的地质研究内容(Beaumount and Foster，1999)和经济意义(表3-2)，这些内容是跨国油气勘探前选择新项目的重要地质依据。

表 3-2　油气聚集的地质单元序列(据窦立荣，2001)

对比项目	勘探意义	经济性	地质时间	存在	成本	研究重点	模拟
含油气域	区域对比	无	构造史	绝对	很低	板块	板块重建
含油气区	构造和沉积组合对比	无	构造史	绝对	很低	盆-山关系	岩相古地理重建
含油气盆地	沉积岩	无	沉积充填史	绝对	低	盆地	盆地模拟
含油气系统	含油气性	无	关键时刻	绝对	高	系统	系统模拟
成藏组合	圈闭	关键	现今	有条件的	很高	成藏组合	成藏组合评价
油气田	圈闭	关键	现今	有条件的	很高	圈闭	圈闭评价

一、含油气域

含油气域划分的目的主要是从全球的角度来探讨板块构造演化和古气候变迁对沉积盆地形成和分布的控制作用。对油气勘探来说具有区域对比和统计的意义，不同目的可能会有不同的划分方案。

Klemme 和 Ulmishek(1991)通过研究发现，古纬度控制了烃源岩的分布，从而控制了油气田和资源的分布，提出了含油气域(petroleum realm)的概念，将全球划分为特提斯域、北方域(劳亚)、太平洋域和南冈瓦纳域。沉积在低纬度区的具有Ⅱ型干酪根烃源岩的高有效性，决定了南冈瓦纳和北方大陆群之间的志留纪—第四纪向海的特提斯域的油气储量十分丰富。在北方域，以海西碰撞带为界，包括与特提斯构造有成因联系的前陆盆地，除碎屑岩外，还广泛发育碳酸盐岩/碎屑岩储层和蒸发岩盖层。原特提斯、古特提斯和新特提斯持续开启和碰撞拼合形成裂陷盆地，有助于封闭性盆地的形成和烃源岩的发育。

通过对新整理后的109个最终可采储量大于50×10^8bbl油当量的巨型油气田的储量统计发现，特提斯域占世界面积的17%，但却拥有72个巨型油气田，储量占比78.86%。北方域的面积占28%，拥有30个巨型油气田，油气储量占18.05%，仅次于特提斯域，油气主要分布在古生界碳酸盐岩与碎屑岩和中生界碎屑岩中。古生界油气主要与低古纬度地台之上的上泥盆统—土伦阶烃源岩有关；但绝大多数油气产自裂陷内上侏罗统—上白垩统的烃源岩。太平洋域和南冈瓦纳域相对不富集油气。太平洋域的面积占17%，仅拥有2个巨型油气田，油气储量仅占1.14%，油气主要分布在古近系裂谷和主动边缘的三角洲，以及与东环太平洋造山带有关的前陆盆地中。南冈瓦纳域面积占38%，拥有巨型油气田5个，油气储量仅占1.96%，油气分布在中生界—古近系裂陷被动边缘盆地和新近系的三角洲中。

在太平洋域和南冈瓦纳域中大部分油气产自Ⅰ型和Ⅲ型干酪根，富含蜡。与30年前Klemme和Ulmishek(1991)的统计结果相比，仅特提斯域的储量占比增加了，其他几个构造域的储量占比都不同程度减少。这进一步说明，特提斯域的勘探潜力最大。如果考虑位于北方域的加拿大沥青砂可采储量和位于特提斯域的委内瑞拉重油可采储量，特提斯域的储量占比将增加至79.1%，北方域的储量占比则增加到18.08%，南冈瓦纳域和太平洋域的储量占比则分别降至1.73%和1.01%(图3-14)。因此，特提斯域仍是境外勘探新项目和油田资产获取的最重要领域。

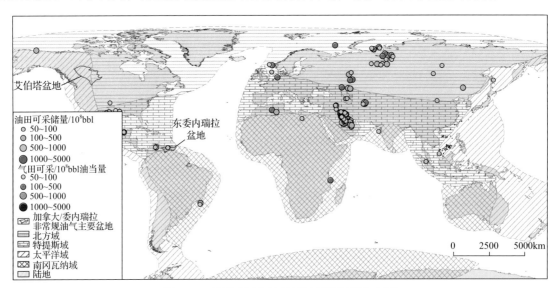

图3-14　世界不同含油气域巨型油气田分布图

二、含油气区（省）

在 20 世纪 60 年代之前，对于油气的分布，石油公司和政府一般从地理和/或地质省（province）或区（region）来进行油气勘探单元划分，从而便于选择最佳的有潜力的地区进行投资，如巴库省。同时，也是便于进行不同省或区之间的对比，准确预测新的含油气省或区，而不是"偶遇"一个新的含油气省（Levorsen，1967）。一个省有自己的地质历史、独特的变形特征、地层组合和油气藏类型。在当时的勘探技术条件下，识别这些特征的证据主要来自地表地质勘查，特别是基于盆地边缘出露的地层。

Perrodon（1980）提出油气区的概念，认为一个油气区是由一个或多个盆地组成，它们具有相似的地质特征和可对比的发育历史。一个油气区一般具有几个油气带，并对全世界大油气区进行了统计分析。甘克文（1992）在研究中国含油气盆地时，从盆地的组合关系入手，把具有相同沉积体系属于同一类型盆地归入一个含油气区，并将中国划分为六个含油气区：东北区、华北-江淮区、西北区、南方区、西藏区和大陆边缘区。2000 年在世界石油大会上，美国联邦地质调查局（USGS）在划分的 8 个大区的基础上，把全球划分为 937 个地质区（省）（geologic province），并对其中的 102 个评价好的区进行了重点研究和资源量估算。实际上这一方案主要是从行政区划上出发的。

由上述分析可知，不同学者从不同角度分析，给出含油气区的定义和范围有较大差异。总体看，含油气区划分还没有一个统一概念。含油气区划分的目的主要是便于地区内沉积组合及含油气远景评价和对比分析。因此，含油气区划分的基本原则应包括：①有明确的构造边界，如大断裂、褶皱带和板块边界等；②在某一地质时期内共同发育相同的或相似的沉积体系，形成相同或相似的含油气系统，而且这一系统应是这一含油气区内的主力含油气层系。

三、含油气盆地

100 多年来，地质家在寻找油气时发现，油气主要来自沉积岩，因此得出了"没有沉积盆地就没有油气"的认识。地质家也一直在探索研究沉积盆地的分类方法，探索沉积盆地类型与油气富集之间的关系。自 20 世纪 50 年代以来，国内外出现了多种沉积盆地分类方案，经历了从以"静态"特征为主到以"动态成因机理"为主进行分类的演变。早期以槽-台学说为基础，亦称为前板块构造时期的盆地分类方案，主要以盆地的形态、位置和沉积岩厚度等进行盆地的分类（Weeks，1952；Levorsen，1967；Uspenskaya，1967；Umbgrove，1971）。随着板块学说的兴起，基于盆地所在板块边界类型及下伏岩石圈动力机制进行分类（Halbouty et al.，1970；Dickinson，1974，1976；Bally，1980；Kingston et al.，1983a，1983b；Klemme，1988）。最新的分类是基于盆地形成的应力环境及其对构造格局、沉积物的控制作用（Allen P A and Allen J R，1990，2005；刘和甫，1993，1997；陆克政等，2003）。

因此，有必要探索一种新的简单易行的沉积盆地分类方法，不仅能用统一理论体系解释各类盆地的成因及其不同类型之间的关系，还能反映不同类型盆地的油气地质条件，并对含油气远景具有预测功能。

20 世纪 60 年代以来，随着大陆及海洋钻探工程的不断进展，新元古代以来全球板块构造运动的演化过程越来越清晰。加拿大地质学家 Wilson（1966，1969）从北大西洋两次开合的演化历史及东非大裂谷—红海—亚丁湾的形成过程得到启示，认为大陆张裂、扩张可生成海洋。海洋收缩，两岸闭合，则形成山脉或陆地，从张裂、扩张到收缩、闭合，构成为一个完整的板块运动演化旋回，即威尔逊旋回（Wilson，1966）。

20 世纪 70 年代，板块构造理论的发展大大促进了沉积盆地构造研究。有些学者根据盆地位置与岩石圈基底类型的关系进行盆地分类（Dickinson，1974；Bally，1975），有些学者考虑工业应用，根据盆地结构特征进行分类（Halbouty et al.，1970；Klemme，1980）。在石油工业界，沉积盆地分类应有助于指导类似盆地的远景评价和区块选择。埃克森公司基于沉积盆地大地构造背景、演化和结构特征等，在 Huff(1978)和 Klemme(1980)分类方案基础上提出自己的分类方案，将沉积盆地划分出 8 类(Kingston et al., 1983a, 1983b)，并研究出划分盆地的公式，因而使得盆地之间更易于比较，并能迅速对油气远景做出评价(图 3-15)。

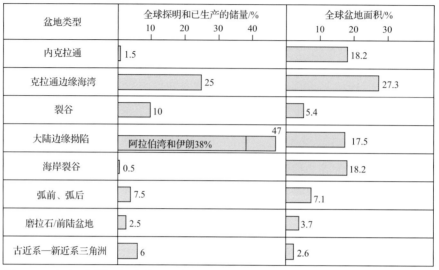

盆地类型	全球探明和已生产的储量/%	全球盆地面积/%
内克拉通	1.5	18.2
克拉通边缘海湾	25	27.3
裂谷	10	5.4
大陆边缘拗陷	阿拉伯湾和伊朗38% 47	17.5
海岸裂谷	0.5	18.2
弧前、弧后	7.5	7.1
磨拉石/前陆盆地	2.5	3.7
古近系—新近系三角洲	6	2.6

图 3-15　全球不同类型沉积盆地所占地表面积和已知储量的占比(据 Klemme，1980)

随着油气勘探的不断扩展，原型盆地的研究逐渐加深，开始从原型盆地叠加演化过程讨论沉积盆地分类及含油气性(窦立荣和温志新，2021)。某一地质时期特定的板块构造位置具有特定的动力机制，形成特定的盆地类型，称之为原型盆地。不同原型盆地形成独特的沉积-构造体系决定不同的含油气条件。随着板块运动的不断进行，不断有新的原型盆地形成叠加，早期原型盆地的成藏条件会被不断改造。因此，以板块构造演化过程为线索，利用 IHS 商业数据库等资料，系统解剖全球 483 个沉积盆地前寒武纪以来的成盆演化过程，结合拉张、挤压及剪切 3 种应力环境，建立不同板块构造位置所形成的原型盆地叠加演化及沉积充填模式。将全球每个盆地最新一期板块构造运动所形成的原型盆地界定为现今的盆地类型，并划分出陆内生长裂谷盆地、陆内夭折裂谷盆地、陆间裂谷盆地、被动大陆边缘盆地、内克拉通盆地、海沟盆地、弧前盆地、弧后裂谷盆地、弧后拗陷盆地、弧后小洋盆盆地、周缘前陆盆地、弧后前陆盆地、走滑拉分盆地和走滑挠曲盆地共 14 类(图 3-16)。通过对全球主要大油气田的统计发现，油气主要分布在周缘前陆盆地、弧后前陆盆地、陆内夭折裂谷盆地和被动大陆边缘盆地(图 3-17)。

四、含油气系统

有机地球化学的发展，使油气和烃源岩之间的对比成为可能，也为油气的运移和充注提供了有效的研究手段。Magoon 和 Dow(1994)在前人研究的基础上提出了含油气系统(petroleum system)这一普遍被接受和广泛应用的概念，成为了解油气在地壳中的分布和降低油气勘探风险的重要手段，用于更有效地指导、研究和发现新的油气成藏组合和油气田，也用于全球油气资源评价。一个含油气系统为一个天然系统，它包括一个扁豆状活跃生油岩，与其有关的所有油气和一个油气藏形成所必需的一切地质要素和作用。油气包括常规储层、气水化合物、致密储层、裂缝性页岩和煤中热成因或生物成因的天然气，以及自然界中的凝析油气、原油和沥青。

含油气系统的基本要素包括烃源岩、储层、上覆岩层，作用包括圈闭形成和油气的生成－运移－集聚两个方面。这些地质要素和作用必须在时空上有效配置才能形成油气藏。Magoon 和 Dow(1994)系统地对含油气系统的概念、要素、作用、级别、命名及评价内容进行了规范，并首先提出关键时刻这个新术语。砂岩储层孔隙内的自生伊利石钾-氩定年、自生包裹体的均一化温度、

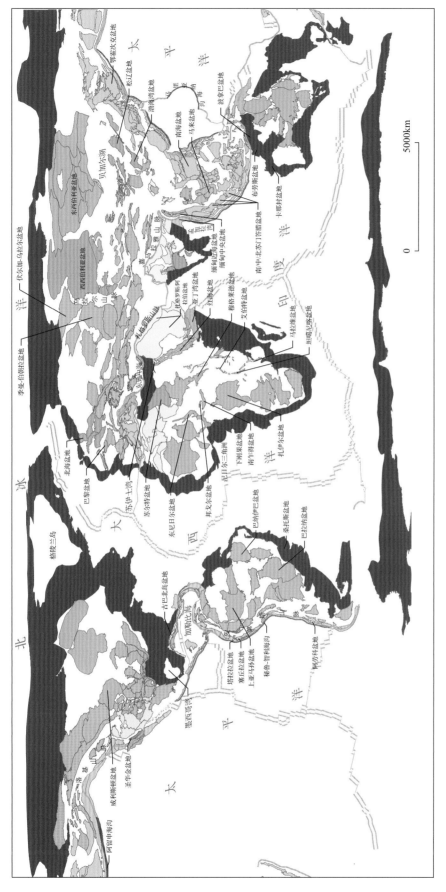

图3-16 全球14类483个沉积盆地分布图(肇立荣和温志新, 2021)

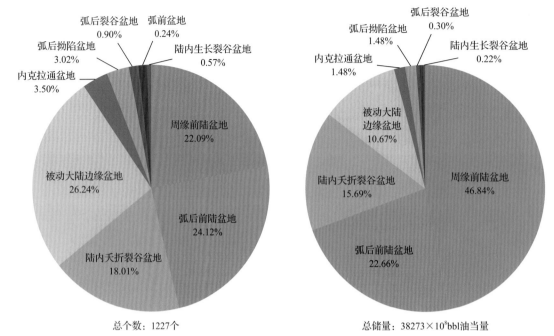

总个数: 1227个   总储量: 38273×10⁸bbl油当量

图 3-17　全球不同类型盆地大油气田个数和储量分布图(窦立荣和温志新, 2021)

磷灰石和锆石的裂变径迹分析等，结合埋藏史和热史重建，可以较为可靠地确定含油气系统的关键时刻，也是主力油气藏形成的时间。

我国的"成油系统"概念是在陆相盆地研究过程中提出和发展的，并逐渐与国外"含油气系统"的概念接轨，对我国油气勘探起到了十分重要的作用，丰富和发展了石油地质学。但这两个概念之间还存在差异(窦立荣, 1999)。

含油气系统可以划分为单源型(purebred)和混源型(hybrid)两种，前者是烃源岩和储集岩位于同一个构造-沉积旋回内，而后者是烃源岩和储集岩位于不同构造-沉积旋回内(Magoon, 1989)。此外，还可以根据储层岩性(硅质碎屑岩和碳酸盐岩)、干酪根类型(Magoon, 1989)、烃源岩时代(Magoon, 1992)、油气充注特征(Demaison and Huizinga, 1991)、盆地类型(Perrodon, 1992, 1995; 窦立荣等, 1996)、油气相态等(窦立荣等, 1996)对含油气系统进行分类。

2000 年在世界石油大会上，美国联邦地质调查局(USGS)提出了总含油气系统(total petroleum system, TPS)的概念，总含油气系统是关键要素(烃源岩、储层、盖层和上覆层)和作用(生-运-聚和圈闭形成)及来自一套或多套相关烃源岩的(已发现的和未发现的)油气苗、油气显示和油气藏中的油气。总含油气系统实际上是岩石圈内一个可成图的天然烃类流体系统，包括油气藏形成所需的关键要素和作用。总含油气系统假设运移途径过去或现今存在，它把烃源岩和油气藏联系起来了。

USGS 对世界上最重要的 159 个总含油气系统(不包括美国)进行了命名和成图，其中评价了中国 5 大盆地 11 个总含油气系统。可以看出，总含油气系统的划分比含油气系统的划分更宏观。

评价单元(assessment unit)是总含油气系统内的一个岩体，由已发现和未发现的地质、勘探战略和风险特征相似的油气田组成，这些油气田特征分布是资源评价的关键所在。根据发现油气田的数量，将评价单元划分为三级，如果发现了 13 个以上的油气田，则为确定的评价单元；如果发现的油气田数介于 1~13，为新的评价单元；如果尚未发现油气田，则称为假想的评价单元。

总含油气系统研究的目的是了解系统的地理、地层和空间演化，为资源评价提供坚实的地质和地球化学概念。理想的总含油气系统图至少包括六个方面：①成因上有联系的已知油气田、油气显示和油气苗；②一个或几个活跃的烃源岩体；③最小地理分布；④最大地理分布；⑤总含油气系统剖面图位置；⑥埋藏史图位置。总含油气系统的命名、可靠性等级及研究内容与"含油气系统"相似。"总含油气系统"概念在资源评价和制定勘探战略时，比"含油气系统"具有更加明确的可操作性。

在某些情况下，区分两个总含油气系统是困难的，可以把它们组合成为一个复合总含油气系统。Bradshaw 等(1994)在研究西澳大利亚盆地元古界—古生界含油气系统时首次提出超含油气系统这一术语。超含油气系统是在某一地质时期同一大地构造环境和古气候条件下形成的，具相同或相似烃源岩层的含油气系统群。超含油气系统比含油气盆地和系统范围大，比含油气区和含油气盆地具有更强的时间限制，超出了盆地构造类型概念。

五、成藏组合

自 20 世纪 70 年代末开始，随着勘探难度增大、勘探成本和勘探风险增加，为了满足地区性近期勘探部署规划的需要，西方的石油公司提出并开始广泛应用"成藏组合(play)"这一新的概念，有的学者把它译成"区带"。这一概念自提出以后，在勘探和油气资源评价中得到广泛应用。

White(1980)根据世界上 80 个盆地 200 个"相旋回楔状体"中 2000 个主要油气田(最终可采储量大于 5000×10^4t 石油或 3000×10^8m^3 天然气)所在的 100 个以上地层剖面系统分析的基础上提出了"成藏组合"的概念。一个成藏组合是一组地质上相似的具有基本相同的油气生－储－圈闭控制的远景圈闭，在这一分析方法中，根据圈闭类型或其他地质上的相似性进一步划分成藏组合类型(White，1980)。Allen P A 和 Allen J R(1990)把石油成藏组合定义为有共同储层、区域性盖层和含油气系统的尚未钻探的圈闭和已发现油气藏的集合体。Spencer 等(1996)认为一个油气成藏组合是具有相同储层、烃源岩和区域盖层的油气藏、圈闭和油气发现的组合。

正确地圈定成藏组合的范围是进行成藏组合地质评价、经济评价和风险分析的关键。成藏组合的圈定就是具有相同的圈闭类型、相同类型的储层并具有相同油源的一组远景圈闭。它们具有某些与油气产状有关的共同的风险。为了实用起见，大面积的地质成藏组合可沿任意线分割成多块分别评价，如沿着租地区块、国际边界或水深等深线。所得到的子成藏组合评价将具有关联风险。

Magoon 和 Sanchez(1995)提出了潜在成藏组合(complementary play)和潜在目标(complementary prospect)的概念。潜在成藏组合是由含油气系统内的一个或多个相关圈闭组成，而潜在目标是尚未发现的商业油气藏。一个含油气系统是由已知成藏组合和若干潜在成藏组合组成。成藏组合最重要的特征是可量化评价的技术和经济单元。

在地质历史时期成藏组合中油气富集程度也是非常不均衡的，常规油气原始可采储量主要分布在白垩系和新近系，占比分别达到 34.5%和 17.3%，其次是侏罗系、二叠系和三叠系(图 3-18)。

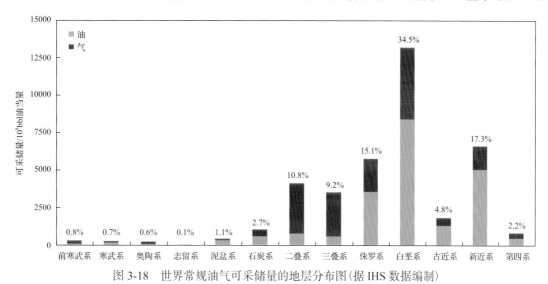

图 3-18　世界常规油气可采储量的地层分布图(据 IHS 数据编制)

第四节 全球油气资源评价

全球油气资源评价已有上百年的历史，公开发表的文献和数据也有上百种。最早的如 White 于 1920 年的评价，最新的如中国石油勘探开发研究院于 2021 年发布的全球油气资源评价结果，跨度整一个世纪。早期代表性的评价主要有 Pratt(1942)、Levorsen(1950)等，中期代表性的评价主要有 Weeks(1948，1950，1965，1971)、Adams 和 Kirkby(1975)、Exxon(1976)、Nehring(1979)、Martin(1985)等，中后期代表性的评价主要有 Masters(1987)、Masters 等(1991，1994，1997)、Campbell(1989，1992，1997)、Odell(1998)、Cerigaz(2001)、Schmoker(2002)、USGS(2003)、Ahlbrandt 等(2005)、童晓光等(2014，2018)等。2008 年之后，从事全球油气资源评价并发布结果的机构主要是 Schenk(2012)、中国石油勘探开发研究院(2021)。但由于评价过程和结果受很多因素的影响，全球油气资源量评价结果至今也没有全球公认的确切数据。总体来看，存在两种意见：一是认为全球油气资源丰富，应积极开展勘探，只要勘探就有新发现，且油气储量将不断增加；二是油气枯竭论，认为油气资源很快会开发并枯竭。因此，本节在综合分析全球油气资源评价的评价历程、评价方法、评价领域等基础上，对比中国石油最新的全球油气资源评价结果，并对标国际主要机构的评价，结合油气地质理论和技术的重大进步，分析全球油气资源评价结果的主要影响因素，研究发展趋势，在此基础上指导未来的全球油气资源评价。

一、全球油气资源评价历程与阶段

从 20 世纪 20 年代起，据不完全统计有约 50 家机构和学者开展过全球油气资源评价(窦立荣等，2022a)(图 3-19)，其中评价次数最多的是 Weeks(1948，1950，1965，1971)和 Campbell(1989，1992，1997)，两人发表的评价结果均多达 7 次(Ahlbrandt et al.，2005)。统计发现，不同年代的评价结果差别非常大，最小值和最大值之间可以相差 100 多倍，这与当时的地质认识、油气田发现情况、勘探进度和效率、评价的地理范围和采用的评价方法等都有非常密切的联系(郭秋麟等，2015，2016；郑民等，2019；王兆明等，2021)，甚至与当时的油价、产量等也有关系。综合考虑评价方法、勘探技术、油气地质理论、发现的圈闭类型等，可将全球油气资源评价历程分为四个主要阶段。

(1)早期起步阶段(1900～1957 年)。这一时期是美洲地区油气发现的高峰期，积累了大量系统的储量和产量数据。此时全球石油工业总体处于起步阶段，主要的勘探对象是背斜构造，石油地质理论正在形成中。该阶段开展全球油气资源评价的机构很少，以美国标准石油公司的 Weeks(1948)为代表，采用地质分析基础上的沉积岩体积产出量法，是用每立方英里沉积岩或地表每平方英里多少桶油或多少立方英尺的气来表示，应用于一个盆地，得到的是盆地尺度上的最终可采储量(URR)，实际是一种面积/体积类比法。该阶段预测的全球石油最终可采资源为 $0.063\times10^{12}\sim1.8\times10^{12}$bbl，尚未进行天然气资源潜力预测(图 3-19)。评价的范围以陆地为主，沉积盆地个数也有限。

(2)快速发展阶段(1958～1985 年)。这一时期美国进入商业油气发现的低潮期，油气对外依存度不断上升。与此同时，中东、北欧、东南亚、苏联、北非陆上和全球多个海上浅水区发现一系列大型和巨型油气田。该阶段石油地质理论得到快速发展和完善，全球油气资源评价也进入快速发展阶段，对于全球资源的预测雨后春笋般涌现。不同评价方法应运而生，特别是美国学者根据油气田的发现历史提出了多种历史经验外推法，主要根据发现率、钻井程度、产率、已知油田大小分布进行外推，如 Hubbert(1969，1974)的增长曲线预测模型，Kaufman(1965)的油田规模序列等统计法。俄罗斯学者倾向使用地球化学物质平衡法(成因法)。该阶段预测的全球石油最终可采资源为 $1\times10^{12}\sim6\times10^{12}$bbl，天然气为 $0.8\times10^{12}\sim4.5\times10^{12}$bbl(油当量)。其中统计法为主的评

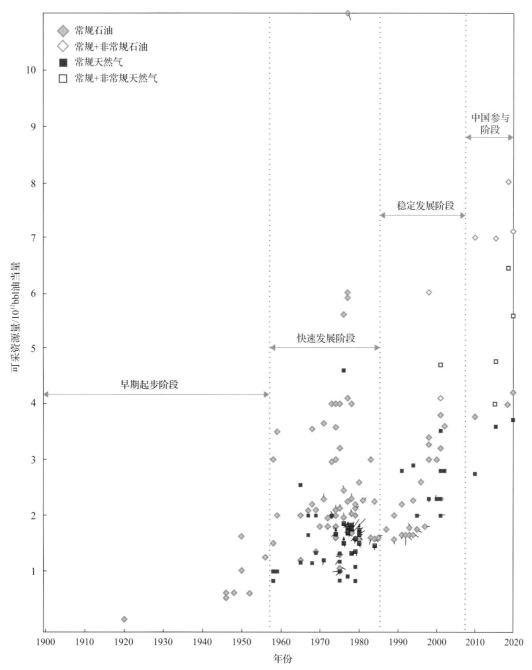

图 3-19　全球油气资源评价及阶段划分图(据窦立荣等，2022a)

价结果普遍介于 $2×10^{12}$～$3×10^{12}$bbl。最大的评估结果是苏联学者 Styrikovich(1977)采用成因法
预测的结果，他给出了包括非常规石油的可采资源量为 $11×10^{12}$bbl(图 3-19)。这一阶段开始从陆
地沉积盆地延伸到浅水区的资源评价，对煤层气、油页岩等非常规资源进行了初步的评价。

　　(3)稳定发展阶段(1986～2007 年)。这一时期全球绝大多数陆上沉积盆地和浅水区都经历了
至少一轮勘探，有的已经有不少发现。公开发表的文献也大量增加，为全球油气资源评价提供了
更加可靠的地质资料。评价方法不断发展优化，评价单元更趋合理。由于统计法的不断使用，评
价单元样本必须具有统计意义的理念得到重视。IPS(独立含油气系统)、TPS(总含油气系统)成为
广泛采用的评价单元(Ahlbrandt et al.，2005；Schenk，2012)。随着计算机技术的发展，成因法逐
渐发展成为盆地模拟法(Kaufman，1965)。以 Masters 为代表的美国地质调查局评价人员开始持续

发布其对全球的评价结果，并将油气资源细分为采出量、剩余可采储量、储量增长和待发现等不同级别。该阶段的评价方法、评价流程、评价结果都趋于稳定，全球石油可采资源总量为 $1.5 \times 10^{12} \sim 3 \times 10^{12}$ bbl，天然气为 $1 \times 10^{12} \sim 2 \times 10^{12}$ bbl 油当量。

中国大规模开展国内资源评价工作始于 20 世纪 80 年代初。在 1981～1985 年，石油工业部和地质矿产部各自组织专家揭开了全国油气资源评价的序幕。1991～1994 年，由中国石油组织开展了第二次全国油气资源评价。2003～2007 年，由国土资源部、国家发展和改革委员会、财政部发起，第一次从国家层面组织了第三轮全国油气资源评价研究工作。中国石油（CNPC）于 2013 年启动第四次油气资源评价。这四轮评价都是针对中国境内含油气盆地开展的评价，因此可归为同一阶段。

（4）"中国参与"阶段（2008 年至今）。自 1993 年中国石油走出国门开展境外油气勘探开发，已涉及五大洲 50 多个含油气盆地，不仅发现了大量油气田，也积累了大量的地质资料，为开展全球油气资源评价奠定了较好的资料基础。自 2008 年以来，创新形成了以"成藏组合"为单元的常规、非常规油气资源评价方法，全面完成了全球主要含油气盆地（不含中国）的常规油气资源和 7 种类型的非常规油气资源地质与资源潜力评价，获得了具有自主知识产权的评价数据（不含中国），并于 2017 年和 2021 年两次向社会发布。根据中国石油 2021 年自主评价的结果（中国石油勘探开发研究院，2021），全球（不含中国）常规石油可采资源总量为 4.24×10^{12} bbl，天然气为 3.77×10^{12} bbl 油当量；非常规石油可采资源总量为 2.96×10^{12} bbl，天然气为 1.68×10^{12} bbl 油当量。在这一阶段，国外进行全球油气资源评价的机构主要还是 USGS，在 2000 年权威发布全球油气资源评价结果基础上，不断对有勘探新发现的盆地更新评价，并于 2012 年发布了最新一期全球油气资源评价结果。

二、影响资源评价结果的主要因素

（一）评价方法对结果的影响

纵观近 100 年来全球油气资源评价的历程，所用的评价方法可以概括为四种基本类型：类比法、统计法、成因法、特尔菲法，以及将这四种基本方法综合使用的方法。不同的评价方法有其适用性和优缺点（郭秋麟等，2015，2016；郑民等，2019；Styrikovich，1977；赖斯，1992；武守诚，2005；龙胜祥等，2005；赵迎冬和赵银军，2019；张道勇和张风华，2006）。

1. 类比法

该法主要应用于低勘探程度盆地，优点是需要的资料少，缺点是准确性相对较低，评价结果取决于类比对象的相似程度，以及评价者是否明确了盆地内的所有圈闭类型。类比法是根据主要成藏地质要素进行类比。针对不同的资源类型和勘探程度，可以采用不同的类比法，如资源丰度类比法、最终可采储量（EUR）类比法等。例如在中国石油于 2013～2015 年组织的第四次全国油气资源评价中，建立了 203 个刻度区的数据库，为类比法的应用提供了数据基础。

2. 统计法

随着油气勘探进程的持续推进，以美国为代表的学者开始尝试统计法来预测未来增长潜力。该类方法适用于中、高勘探程度的盆地，对资料的详细程度要求高，同时要求样本总体要具有统计学意义。USGS 对于全球资源的评价一直采用统计法，只是不断优化所采用的统计模型，从截头移位帕莱托模拟法到第七近似模型（The Seventh Approximation）（USGS，2003；Ahlbrandt et al.，2005），对于不同勘探程度的评价单元都采用一种方法，适用性相对较差。

3. 成因法

随着有机地球化学的兴起，特别是盆地模拟法的广泛应用而得以大规模推广。这类方法是从烃源岩特征出发，通过生排烃计算机模拟、综合考虑生烃量、排烃量、散失量和聚集量，要求数据十分全面（Kaufman，1965；Styrikovich，1977；郭秋麟等，2015）。该方法可以计算盆地内资源量的上限，但运聚系数(效率)难以准确估算，因此适用性也相对较差。

4. 特尔菲法

该法主要应用于盆地勘探早期，通过邀请专家对盆地内资源分布参数进行打分，从而快速确定盆地的资源潜力。这种方法简单易行，结果可靠程度取决于所邀请专家对相关盆地的了解程度及评价水平。

总体而言，成因法评价结果偏乐观，统计法一般得到较为保守的预测，而类比法和特尔菲法则容易得到差别非常大的结果。

对于非常规油气资源，由于类型多样，具有受烃源岩和致密储层控制、连续分布聚集的特征，不同资源类型采用的评价方法差别较大，体积法和类比法比较常用，对于烃源岩控制的页岩油气资源评价也采用成因法(胡文海和张邵海，1992)。类比法包括生产井 EUR 的类比法，包括 USGS 的 FORSPAN 模型法(USGS，2003)。体积法主要是通过计算单位体积内非常规资源的丰度，如含气量、含油率等参数来计算资源量。成因法则主要是计算烃源岩层系内的生烃潜力，然后计算烃源岩内残留烃量。

(二)油气地质理论对资源评价结果的影响

油气资源评价是在地质模式和地质认识指导下的预测，因此油气地质理论的持续完善，不断影响着全球油气资源评价的范围和结果，使评价结果更可靠、更实用和更具指导性。

1859 年，在美国宾夕法尼亚州首次钻探出石油时，石油钻探几乎没有地质理论作为指导。19世纪中叶，提出了石油储集的"背斜说"，这是近代石油地质的萌芽。直到 1956 年美国学者莱沃森(Levorsen)所著《石油地质学》的问世，标志着现代石油地质学理论走上了系统化。此时Weeks(1950，1959)对于资源潜力的估计多数是低估的(陶明信等，2015)，因为油气地质理论和勘探尚未意识到岩性、地层等隐蔽圈闭，也就无从认识到其资源潜力。

20 世纪 60 年代初到 70 年代末是世界油气勘探大发现的高峰阶段。这一阶段也是石油地质理论快速发展的阶段。最突出的有干酪根生烃理论、板块构造理论、盆地类型理论、碳酸盐岩油气藏理论和油气二次运移聚集理论。70 年代，美国的石油地质学家 Halbouty 提出了"隐蔽油气藏"的概念，把找油领域进一步拓展到包括地层圈闭、岩性圈闭及诸多类型的复合型油气藏(邹才能等，2011)。20 世纪 70 年代地震地层学和层序地层学也应运而生，极大丰富了石油地质研究的内容。正是由于这些石油地质理论的诞生和指导，全球油气资源评价进入了快速发展阶段，众多机构和学者纷纷开展油气资源评价并发布最新评价结果。由于评价对象、领域和范围都有了非常大的拓展，因此评价结果也更乐观。

21 世纪，在新理论与新技术创新推动下，全球非常规油气勘探开发不断获得重大突破，油砂、重油、致密气、煤层气等成为非常规油气发展的重点领域，页岩气成为非常规天然气发展的热点方向，页岩油成为非常规石油发展的"亮点"类型。此时非常规油气资源成为全球油气资源评价不可或缺的重要组成部分。

(三)勘探技术对资源评价结果的影响

勘探技术的进步不断深化了人类对世界油气资源的认识。世界油气资源的蕴藏量虽然是一个常量，但随着科技的进步，人类的认识却是一个不断深化的过程。20 世纪 70 年代第一次石油危机期间，"石油枯竭论"一度盛行，认为石油工业将很快走入穷途末路(Hubbert，1956，1969；McCabe，1998)。但随着技术进步，人类可以认识到的世界油气资源量并非越来越少，而是越来越多。

勘探技术使资源评价的对象越来越丰富，将直接增加油气资源评价的结果(图 3-20)。地震采集、处理、解释技术的发展使人类看清了更深的地层、更精细的构造，发现了隐蔽的油气圈闭。

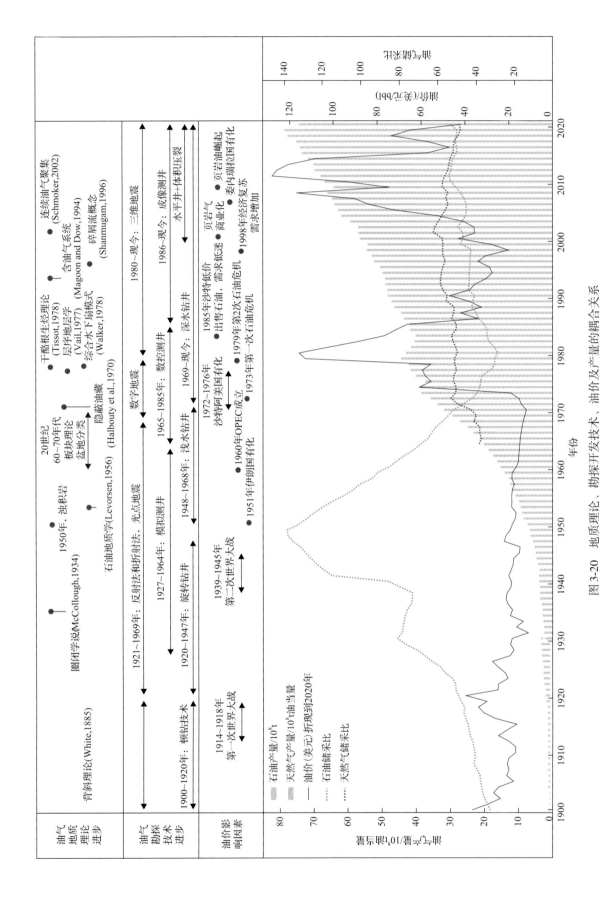

图 3-20　地质理论、勘探开发技术、油价及产量的耦合关系

钻井技术的发展不仅提高了发现油气的速度，大大加速了石油工业的发展进程，更重要的是使在早期不可能触及的 8000m 以深的地层仍能获得优质的凝析油和天然气资源，使资源赋存的领域更深。地震和钻井技术的进步也使对油气资源的认识走向"深蓝"，使超过 3000m 的深水领域的油气资源得以探明利用（胡文海和张绍海，1992）。

另外，有些资源评价方法直接以勘探技术作为输入参数，如发现过程法专门引入了勘探效率来调节对结果的影响，钻井进展趋势法直接以钻井进尺发现的资源规模为输入参数。随着勘探技术的进步，这些方法对资源量的预测将起到促进作用，使资源量评价结果更科学和客观（图 3-21）。

图 3-21　不同圈闭类型发现油气的圈闭数和对应的储量（据 IHS 数据统计，不含北美陆上）

（四）评价领域和范围对资源评价结果的影响

随着理论和技术的进步和发展，油气资源评价的领域和范围也在变化，诸如从构造油气藏到地层油气藏、复合油气藏、连续型油气藏，从陆地到海洋，从浅水到深水，从常规到非常规等。由于可采储量是油气资源中已探明的部分，这一变化趋势从全球不同年份所发现不同类型圈闭的可采储量统计结果、油气藏个数和储量海陆分布也可以得到反映。

1958 年之前，油气发现主要位于陆上，油气资源评价的范围也仅限于陆上，如 Weeks（1948）评价时几乎没有评价海域油气资源潜力。随着勘探的进步，水深小于 500m 的浅水发现越来越多，直到 1975 年左右才开始有大于 500m 的水深的发现，1996 年之后才开始进入 1500m 的超深水油气发现阶段。对于油气资源评价，不同阶段也受评价范围的影响，评价的地理范围也在不断扩大。如对于美国待发现资源潜力的评价，1958 年之前没有评价海域资源，之后增加了海域的评价，水深范围按时间也有 6 种不同情况，分别是 200m、457m、1000m、1830m、2500m，其对应深度的评价结果也有非常大的差别（USGS，2003；Dickinson，1974）。

从评价的资源类型看，在所有 149 个全球油气资源估算值中，110 个是石油的评价，其中有 7 个非常规石油的评价；39 个天然气的评价数据中只有 5 个含非常规天然气（Ahlbrandt et al.，2005）。早期评价只有常规石油和天然气；直到 1977 年，俄罗斯学者 Styrikovich 才首次给出了非常规石油资源评价结果，2001 年壳牌公司才首次发布关于非常规天然气评价结果。非常规资源类型也是多种多样,从早期重油、油砂等地面可见的非常规资源到近年来方兴未艾的页岩油、致密油和页岩气,不同阶段评价资源类型和资源量必然有非常大的差别(图3-22)。

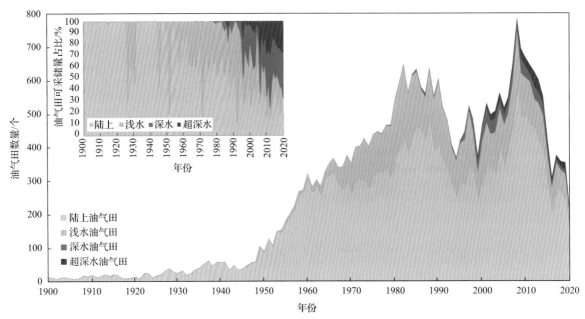

图3-22　不同年份所发现全球油气田个数和储量海陆分布(据IHS数据,数据截至2020年底,不含北美陆上)

(五)油价和油气产量对资源评价结果的影响

油气资源评价是一种预测科学,因此很大程度上受评价者对未来预期的影响。油价、油气产量的高低在一定程度上影响未来经济的走势及预期(McCabe,1998)。而油价也是地缘政治的一种体现。在油气产量的高位期、油价的高位期,不同学者的评价也更加乐观,表明对未来经济上行持有乐观的态度,在资源评价参数取值时也倾向乐观,评价的结果也偏乐观,反之亦然。

三、中国石油的评价方法和结果

(一)评价方法

从2008年开始,中国石油(CNPC)依托"大型油气田及煤层气开发"国家油气科技重大专项等,先后完成了三轮次全球油气资源评价。以盆地为整体,从有效烃源岩出发,综合考虑多类型参数,建立了常规-非常规油气全资源类型的筛选流程,确保盆地内重要资源不会漏掉或重复计算;创建了以"成藏组合"为单元,针对不同勘探程度评价单元采用相适应的评价方法。对于常规待发现油气资源潜力评价,高勘探程度区采用发现过程法为主的统计法,中等勘探程度区采用主观概率法,低勘探程度区采用基于地质评价的类比法。对于已发现油气田储量增长则采用针对不同大区建立的11条储量增长曲线进行预测。形成了基于数据库与网络环境的、完整的常规、非常规资源评价系统,从而保证了评价结果的可靠性(表3-3)(窦立荣等,2022b;童晓光等,2014,2018)。

表3-3　中国石油全球油气资源评价方法及软件与USGS对比

对比项	USGS	中国石油	结论
评价单元	以AU(评价单元)和TPS(总油气系统)为主要单元	以成藏组合(play)为主要评价单元	成藏组合是油气勘探的对象,中国石油的评价以成藏组合为单元,更具体,评价结果可以直接指导勘探和生产

对比项	USGS	中国石油	结论
方法多样性与适用性	不分勘探程度，采用单一方法。 常规：第七近似模型等 非常规：基于生产井产能法(EUR)	不同勘探程度，采用相应的方法 常规：统计法、主观概率法、类比法 非常规：参数概率分布体积法、GIS空间图形插值法、成因约束体积法、双曲指数递减法	USGS：方法单一，没有考虑资料获取情况及勘探程度的差异 中国石油：兼顾资料获取情况及勘探程度，采用与之相适应的方法
数据库支持与成果管理	在Excel表中完成；早期没有专门的数据库，2012年评价时有数据库支持	直接基于资源评价项目数据库及项目管理平台；基于全球油气勘探开发基础数据库	USGS：多无专门数据库与资料库 中国石油：基础资料库提供基础评价资料，项目数据库管理所有评价参数及成果
应用软件系统性	在Excel表中嵌入商业工具(Crystal ball)，没有专门的应用软件系统	完整的、网络版的常规、非常规资源评价应用系统；由全球油气资源评价工作平台协同管理	USGS：没有形成完整的应用软件系统 中国石油：基于数据库与网络环境的、完整的常规、非常规资源评价系统

"十三五"期间，通过深入系统地开展全球油气地质评价，对全球(除中国外)425个盆地未来30年的油气资源总量开展了科学评价与预测，包括31620个油气田剩余可采储量及其增长空间与分布，829个常规油气成藏组合待发现可采资源潜力与分布，页岩油/致密油、油页岩、重油、油砂、致密气、页岩气、煤层气7种类型512个非常规油气成藏组合的技术可采资源潜力与分布(窦立荣等，2022b)。为了与其他机构的评价结果同口径对比，对于中国的数据采用了中国石油第四次油气资源评价的结果，但该结果不包含已发现油气田储量增长和凝析油(郑民等，2019)。

(二)常规油气资源

常规油气可采资源量由累计采出量、剩余可采储量、已发现油气田储量增长量和待发现可采资源量四部分构成。根据中国石油2020年的评价结果，全球常规石油可采资源量为5278.0×10^8t，凝析油为534.9×10^8t，天然气为603.3×10^{12}m^3；油气累计产量为2392.2×10^8t油当量，采出程度为21.8%；剩余油气可采储量为4263.7×10^8t油当量，占总量的38.9%；已发现油气田储量增长为1105.4×10^8t油当量，占总量的10.1%；油气待发现可采资源量为3208.0×10^8t油当量，占总量的29.2%(表3-4)。

表3-4 中国石油2020年评价的全球不同类型常规油气资源统计表(不含中国)

大区	累计产量			剩余可采储量			已发现油气田储量增长量			待发现可采资源量			合计			总计/10^8t油当量
	石油/10^8t	凝析油/10^8t	天然气/10^{12}m^3	石油/10^8t	凝析油/10^8t	天然气/10^{12}m^3	石油/10^8t	凝析油/10^8t	天然气/10^{12}m^3	石油/10^8t	凝析油/10^8t	天然气/10^{12}m^3	石油/10^8t	凝析油/10^8t	天然气/10^{12}m^3	
北美	219.2	5.1	13.7	90.9	4.2	9.1	69.8	4.1	4.2	160.1	56.0	24.6	539.9	69.4	51.6	1050.8
中南美	178.8	3.7	7.6	512.1	9.5	12.0	51.1	2.6	2.8	404.6	12.8	15.6	1146.6	28.6	38.0	1500.0
欧洲	101.3	6.6	15.9	47.0	5.6	6.8	8.8	2.8	2.4	56.4	13.7	9.6	213.5	28.7	34.6	538.8
非洲	171.5	8.1	7.2	129.7	20.4	23.5	76.1	5.2	9.9	133.3	38.7	21.9	510.6	72.6	62.5	1117.2
中东	470.0	14.6	8.6	923.2	86.4	111.8	167.1	34.7	22.9	295.6	47.8	39.1	1855.9	183.5	182.4	3598.4
中亚	47.7	4.0	6.5	47.8	14.2	25.7	20.6	5.5	8.2	50.2	12.8	23.4	166.3	36.5	63.8	748.1
俄罗斯	247.7	5.3	25.8	191.5	21.9	38.5	63.8	3.7	7.6	148.8	38.4	47.6	651.8	69.3	119.5	1742.5
亚太	83.5	8.0	10.3	29.0	12.4	20.4	20.0	4.5	8.1	60.8	21.6	12.0	193.3	46.5	50.8	674.0
合计	1519.7	55.4	95.6	1971.2	174.6	247.8	477.3	63.1	66.1	1309.8	241.8	193.8	5278.0	534.9	603.3	10969.3
总计/10^8t油当量	2392.2			4263.7			1105.4			3208.0			10969.3			

注：1t油=7.14bbl油=1170m^{3}天然气。

（三）非常规油气资源

根据中国石油 2020 年的评价结果，非常规油气技术可采资源总量为 6353.0×10^8t 油当量，其中非常规石油技术可采资源量为 4049.5×10^8t，占非常规油气资源总量的 63.7%；非常规天然气技术可采资源量为 269.5×10^{12}m³，占非常规油气资源总量的 36.3%（表 3-5）。

表 3-5　中国石油评价的全球不同类型非常规油气资源统计表（不含中国）

大区	非常规石油技术可采资源量/10⁸t				非常规天然气技术可采资源量/10¹²m³			合计/10⁸t 油当量
	页岩油	重油	油砂	油页岩	页岩气	煤层气	致密气	
北美	313.6	324.7	403.4	544.5	74.3	17.0	5.4	2412.8
中南美	89.4	418.2	0.0	153.2	40.5	0.0	0.1	1007.9
欧洲	23.6	84.2	17.9	200.1	16.7	2.0	0.7	491.6
非洲	63.4	64.8	25.0	69.7	31.7	0.6	0.0	498.9
中东	59.0	180.6	0.0	62.7	16.1	0.0	0.2	441.6
中亚	16.6	44.6	59.4	0.0	2.7	0.0	0.0	143.2
俄罗斯	130.3	89.0	125.7	338.2	19.7	13.1	0.3	966.1
亚太	42.2	68.8	0.0	36.7	22.2	6.0	0.2	390.4
总计	738.0	1274.9	631.4	1405.1	223.9	38.7	6.9	6353.0

就全球非常规石油而言，油页岩可采资源量最大，达 1405.1×10^8t，占比 34.7%；重油次之，可采资源量为 1274.9×10^8t，占比为 31.5%；页岩油可采资源量为 738.1×10^8t，占比 18.2%；油砂可采资源量为 631.4×10^8t，占比 15.6%。

非常规天然气则以页岩气资源量最大，其技术可采资源量为 223.9×10^{12}m³，占全球非常规天然气可采资源总量的 83.0%；煤层气可采资源量为 38.7×10^{12}m³，占 14.4%；致密气可采资源量为 6.9×10^{12}m³，占 2.6%。

四、全球油气资源权威评价结果对比分析

虽然许多国际大型石油公司、研究机构、研究人员都开展过全球油气资源评价研究，但由于各种因素制约，不同单位的评价结果很难进行横向对比。鉴于时效性，本次选取最新发布、评价机构相对权威的中国石油、USGS 和 IEA 的评价结果进行对比分析。

（一）与 USGS 评价结果的对比

美国联邦地质调查局是国际上近几十年预测全球油气资源量的权威机构，持续开展了全球主要盆地的油气资源评价，于 1995 年、2000 年和 2012 年分别发布了全球油气资源评价报告。

根据 USGS 的评价，将全球划分为 8 个大区、涉及约 1000 个油气省，其中 406 个有可观的油气资源。在 2000 年的评价中引入了总含油气系统（TPS）的概念，在总含油气系统内再划分出评价单元（AU），作为油气资源评价的基本单元。AU 介于 TPS 和成藏组合（play）之间。2000 年，USGS 对全球 128 个主要油气省的 149 个 TPS 进行了评价，包括 246 个评价单元。在 2012 年新一轮评价中，涉及 171 个地质省，包括 313 个评价单元（Schenk，2012）。之后虽然每年都有评价，但都是对单个盆地，没有再系统评价和发布过全球的油气资源数据。

从 USGS 三次全球评价结果看，待发现油气资源量总体变化不大，有升有降；凝析油变化较大。2012 年新一轮的评价结果与 2000 年的结果有一定差别，石油和凝析油的待发现资源量分别

减少 13%和 19%,而天然气待发现资源量却显著增加了 30%,反映出全球石油后备资源量的减少,而天然气对全球油气资源的贡献越来越大。2012 年预测的全球总储量增长量与 2000 年预测结果相比,除石油储量增长量小幅增加 9%外,天然气和凝析油的储量增长量分别大幅减少 53%和 62%,反映出 USGS 采用新方法对 2000 年储量增长偏高的预测结果进行了一定程度的修正。需要特别说明的是:USGS 通过多年的油气资源评价实践认识到,由于技术和经济方面的变化难以预测,根据当前认识推测油气最终可采储量的可信度较低,而且意义也不大,因而 USGS 在后来的评估中仅预测未来 30 年内在现有油气区或新的油气区中可转化为储量的待发现油气资源量以及已发现油气区的储量增长量(陶明信等,2015)。这也是难以与中国石油的评价结果对比的原因之一。

由于评价方法、时间差、评价范围、评价盆地等都有比较大的差别,USGS 和中国石油的评价结果(中国石油勘探开发研究院,2021)可比性相对较差(表 3-6)。总体来看,中国石油评价的石油、凝析油、天然气的资源总量略大于 USGS,但在同一数量级上;分项构成中的储量增长,中国石油低于 USGS,其他多高于 USGS。中国石油评价的待发现油气资源量的范围广、数据相对较新,更能反映近期的勘探趋势及未来潜力。

表 3-6　USGS 2000 年与中国石油 2020 年全球油气资源评价结果对比表

评价机构	USGS 2000 年			中国石油 2020 年		
类型	石油/10^8t	天然气/10^{12}m³	凝析油/10^8t	石油/10^8t	天然气/10^{12}m³	凝析油/10^8t
待发现常规油气	1007.3	139.8	283.6	1470.0	232.4	241.7
储量增长(常规)	963.2	100.2	58.8	477.1	66.1	63.1
剩余储量	1450.4	131.2	95.2	2017.8	256.7	177.0
累计产量	994.0	48.0	9.8	1592.0	97.8	56.1
合计	4414.9	419.2	447.4	5556.8	653.0	537.9

从待发现资源对比来看，USGS 系统发布的数据是 2012 年评价的，将中国石油 2020 年数据统一到 USGS 划分的大区进行对比可以看出(表 3-7)，USGS 仅评价了 171 个盆地省，而中国石油评价了 468 个盆地；USGS 评价方法以第七近似模型的统计法为主，中国石油针对不同勘探程度盆地采取相适应的评价方法，因此中国石油的待发现资源量结果明显大于 USGS。中国石油的结果更具代表性、更符合实际。

表 3-7　USGS 2012 年与中国石油 2020 年待发现资源评价结果分区对比表

地区	USGS 2012 年待发现可采资源量				中国石油 2020 年待发现可采资源量			
	盆地数/个	石油/10^8t	天然气/10^{12}m³	凝析油/10^8t	盆地数/个	石油/10^8t	天然气/10^{12}m³	凝析油/10^8t
中东-北非	26	321.8	38.8	114.5	35	318.5	42.5	57.1
苏联	29	162.4	45.6	76.7	44	199.1	71.0	51.2
北美	21	214.9	19.3	11.0	82	160.1	24.6	56.0
中南美	31	147.2	13.8	28.3	65	404.6	15.6	12.8
南撒哈拉非洲-南极	13	100.1	6.7	15.1	44	110.3	18.5	29.3
亚太	39	41.7	10.7	21.5	124	210.8	46.8	18.5
南亚	6	5.0	3.4	3.6	31	10.3	4.0	3.1
欧洲	6	31.2	8.8	19.1	43	56.4	9.6	13.7
合计	171	1024.3	147.1	289.8	468	1470.0	232.5	241.7

（二）与 IEA 统计结果的对比

国际能源署（IEA）虽然也不定期发布关于全球油气资源量数据，但这些数据是对其他机构的调研和汇总，不是其自主评价的，主要用于构建全球能源模型来预测未来经济的发展趋势。其最新的数据截至 2019 年底，包含了常规与非常规全系列数据，因此具有较好的参考与对比意义。表 3-8、表 3-9 为 IEA 2021 年在公开发表的 World Energy Model Documentation 中所列出不同大区的油气资源评价结果（IEA，2021）。

表 3-8　IEA 2019 年与中国石油 2020 年全球石油资源数据对比　　　　　（单位：10^8t）

大区	IEA 2019 年						中国石油 2020 年					
	剩余可采储量	常规待发现石油	页岩油	凝析油	重油	油页岩油	剩余可采储量	常规待发现石油	待发现凝析油	页岩油	重油+油砂	油页岩油
北美	333.2	337.4	305.2	228.2	1120.0	1400.0	95.1	229.8	60.1	313.6	728.1	544.5
中南美	410.2	343.0	84.0	70.0	691.6	4.2	521.6	455.7	15.4	89.4	418.2	153.2
欧洲	21.0	82.6	26.6	39.2	4.2	8.4	52.6	65.2	16.5	23.6	102.2	200.1
非洲	176.4	431.2	75.6	119.0	2.8	0.0	150.1	209.3	43.8	63.3	89.8	69.7
中东	1167.6	1264.2	40.6	225.4	19.6	42.0	1009.6	462.6	82.5	59.0	180.6	62.6
中亚—俄罗斯	204.4	331.8	119.0	82.6	772.8	25.2	275.5	283.4	60.4	146.9	318.6	338.2
亚太	71.4	176.4	100.8	93.8	4.2	22.4	96.99	241.06	26.10	54.54	76.47	168.50
合计	2384.2	2966.6	751.8	858.2	2615.2	1502.2	2201.5	1947.1	304.8	750.3	1914.0	1536.8

表 3-9　IEA 2019 年与中国石油 2020 年全球天然气资源数据对比　　　　（单位：10^{12}m³）

大区	IEA 2019 年						中国石油 2020 年					
	剩余可采储量	常规待发现	致密气	页岩气	煤层气	总资源量	剩余可采储量	常规待发现	致密气	页岩气	煤层气	总资源量
北美	16.0	50.0	10.0	81.0	7.0	149.0	9.1	28.8	5.4	74.3	17.0	125.5
中南美	8.0	28.0	15.0	41.0	—	84.0	11.9	18.4	0.1	40.5	—	59.0
欧洲	5.0	19.0	5.0	18.0	5.0	46.0	6.7	12.0	0.7	16.7	2.0	31.4
非洲	19.0	51.0	10.0	40.0	—	101.0	23.5	31.8	—	31.7	0.6	64.0
中东	81.0	102.0	9.0	11.0	—	121.0	111.8	62.0	0.2	16.1	—	78.3
中亚—俄罗斯	77.0	132.0	10.0	10.0	17.0	169.0	64.1	86.8	0.3	22.3	13.1	122.6
亚太	22.0	45.0	21.0	53.0	20.0	139.0	29.4	58.8	11.1	35.1	18.5	132.6
合计	228.0	427.0	80.0	254.0	49.0	809.0	256.5	298.6	17.8	236.7	51.2	613.4

注："—"表示无数据。

（1）石油评价结果对比：①对于剩余石油可采储量，双方具有较好一致性，但 IEA 为证实可采储量，而中国石油采用 IHS 的 2P 可采储量，但两者数据相差不大。②对于待发现可采资源量，中国石油低于 IEA，特别是在中东和非洲大区差异最大。③对于非常规资源量，中国石油低于 IEA，特别是重油资源；油页岩油资源总量相当，但欧洲和北美存在跷跷板现象。页岩油具有非常好的一致性。④IEA 单独列出了天然气液（NGL）的资源类型，但其构成不得而知，值得关注（表 3-8）。

（2）天然气评价结果对比：①对于天然气剩余可采储量，双方具有较好一致性，但同样存在与石油类似的问题，究其原因是不同机构可采储量的定义及统计已发现油气田的口径与样本的差别所致。②对于天然气待发现资源量，中国石油低于 IEA，各大区均低，特别是中东和欧洲。③对于非常规天然气，中国石油低于 IEA，特别是致密气，中国石油对于致密气的评价不够全面，仅在北美、欧洲和亚太有数据；对于页岩气和煤层气，中国石油略低于 IEA（表 3-9）。

第五节　油气勘探技术的发展

在第一次世界大战前，主要通过地表油气苗、沥青或沥青湖等，以及地表地质填图来发现油气田，顿钻技术是主要的钻井方式。要想在没有油气显示的地区找油，找更小、更深的油田，就需要新的勘探技术来预测地下的油气前景，必须打探井来证实地下油气藏的存在。考虑到越来越多的盆地或区块位于偏远的大陆地区，1973 年，地球资源卫星（Landsat）图像问世，为人们认识世界上未开采陆上盆地提供了重要的线索。在更深、风暴肆虐的海域和超深水区，钻井成本高，就必须要研发先进适用的技术，将反复出现干井的风险降至最低。

地表的复杂性和找油的难度，导致地球物理勘探技术的诞生并得到广泛应用。地球物理勘探技术需要研究地球自然存在的电场、引力场和磁场，以及地震波（即弹性波）是如何通过地壳传播的。反射地震学是一种重要的勘探工具，勘探人员用它向地下发射脉冲波，计算脉冲波从不同类型岩层的交界面反射回来所需的时间，从而描绘出地下矿床的面貌（Smil，2008）。钻完井和测井技术的发展是伴随着勘探不断深入而发展和完善的，反过来又促进了勘探领域的扩展。石油公司是有关勘探技术的发明者和使用者，他们不断创新勘探技术，来实现发现更多更大油气田的目的。

一、重力和磁力勘探技术

磁力勘探是应用最早的地球物理方法。早在两千多年前，我们的祖先就知道并利用了天然磁石的吸铁性和指极性。中国古代四大发明之一的指南针传入欧洲后，1640 年瑞典人首次尝试使用罗盘寻找磁铁矿，开辟了利用磁场变化来寻找矿产的新途径。直到 1870 年，瑞典人泰朗（Thalen）和铁贝尔（Tiberg）制造了万能磁力仪后，磁力勘探才作为一种地球物理方法建立和发展起来（刘天佑，2007）。1915 年，德国人施密特（Schmidt）制成刃口式磁秤，大大提高了磁测精度，使磁法不仅在寻找铁矿中起作用，同时还可用来寻找其他矿产，并在圈定磁性岩体、研究地质构造及寻找油田、盐丘中也得到应用。1936 年苏联人阿·阿·罗加乔夫试制成功感应式航空磁力仪，大大提高了磁测速度和磁测范围，使磁法工作进入了一个新的阶段。由于仪器精度的提高，方法的不断改进和更新，解释理论的不断发展和完善，磁力勘探的工作领域不断扩大（管志宁，2005）。

原始的地磁测量可以解释并表示为深度-磁性基底图。当基底表面有一定的井控，有实测岩石参数的支持，并有一定的区域地质知识时，就可以进行这一程序。磁异常图对石油勘探也很有用，可以指出火成岩、侵入岩或熔岩流的存在，这些都是在寻找油气时通常要避开的地区。地震圈定的"礁"有时经钻探发现是火成岩侵入体，这是可以通过地磁测量来规避的。

早在 1590 年，意大利物理学家伽利略在比萨斜塔实验，粗略地求出了地球重力加速度的数值为 9.8m/s²。直到 19 世纪末，匈牙利物理学家 L.von 研制成适用于野外作业的扭秤，可以反映地下区域的密度变化。这使重力测量有可能用于地质勘探。1934 年拉科斯特研制出了高精度的金属弹簧重力仪，沃登研制了石英弹簧重力仪，这类仪器的测量精度约达 0.05~0.2mGal；一个测点的平均观测时间已缩短到 10~30min，到 1939 年，这类重力仪完全取代了扭秤。重力仪的研制成功，重力勘探获得广泛应用，发现多个世界级大油田。

重力图的解释存在多解性。一般来说，低密度沉积物的沉积中心表现为负异常，而致密基岩的脊表现为正异常。在某些情况下，重力图可通过确定盐丘和珊瑚礁来指示可钻探的远景。盐的

密度明显低于大多数沉积物，由于这种低密度，盐经常在穹丘中向上流动。这些盐丘可在含油气省形成油气圈闭。由于盐丘密度低，通常可以从重力图中找到它们的位置。同样地，珊瑚礁可能会圈闭油气，它们也可能以重力异常的形式出现，因为珊瑚礁灰岩与其邻近沉积物之间存在密度差（Ferris，1972）。

　　磁力和重力测量很少对小规模的地质变化做出充分的反应，因此可以用来确定个别的石油远景。重力测量有时可以确定礁和盐丘圈闭的位置，航磁测量可以识别火成岩体（图 3-23）。然

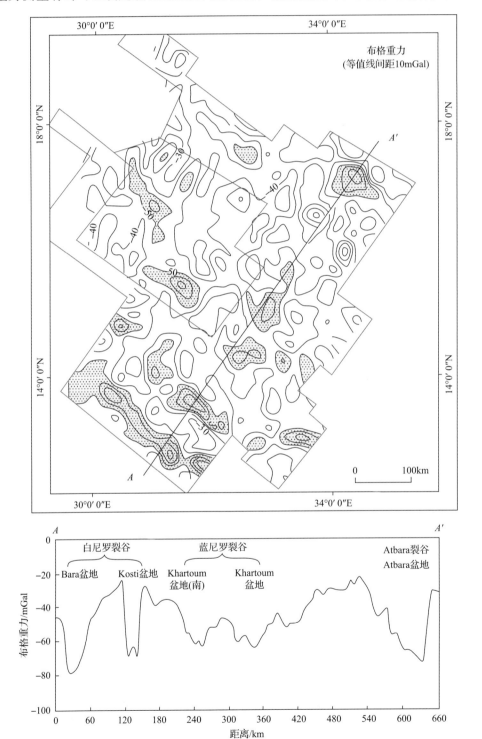

图 3-23　苏丹东北部布格重力异常剖面图（据 Jorgensen and Bosworth，1989；Millegan，1990）

而，磁法和重力法都是在取得租赁之前对陆地和海上大面积地表进行勘测的经济有效方法。它们的主要用途是确定沉积盆地的范围和规模及构造高低的内部分布。当它们结合使用时，可以比单独使用时得到更精确的基底图。航磁和重力测量可以相互结合，也可以与地震勘探结合。一旦有了钻井控制，就可以知道盆地的真实深度。这样可以准确地校准测量结果，绘出更加可靠的基底埋深图。

1975 年，雪佛龙公司在获得苏丹 $51.8 \times 10^4 km^2$ 面积的勘探许可后，采集了大量的重力和航磁数据。布格重力异常小于 $-50mGal$ 等值线的范围揭示了 4 个近平行的 NW-SE 向重力低异常。这些异常被认为是中非裂谷系的一部分——裂谷盆地（Jorgensen and Bosworth，1989；Millegan，1990）。重力图尽管不能直接给出地下地层的年代，但可以给出地下沉积地层的大致厚度，为二维地震部署提供地质依据。在火山岩覆盖区或侵入岩发育区，重力和磁力数据也可以为地震部署和处理解释、去除火山岩影响带来有益信息。苏丹穆格莱德（Muglad）盆地 Shelongo 地区火山岩发育，磁力勘探为二维地震部署和火山岩下沉积地层的确定提供了有益信息。全盆地重力和磁力处理解释为穆格莱德盆地后来的作业者在苏丹发现大量油田做出了重要贡献。

目前，由于以下几个原因，磁力和重力测量正在复兴。磁力和重力测量与海上地震测量同时进行；不断提高的计算能力，加上极其精确的卫星导航系统，使综合地球物理研究得以进行，从而大大改进了地质构造的成像（George，1993）。

1923 年，墨西哥之鹰石油公司在墨西哥的韦拉克鲁斯 Poza Rica 地区利用扭转平衡重力测量和地表地质调查，在坦皮科-米桑特拉盆地奇（孔）特佩克拗陷发现一个向东南方向倾没的大型鼻状构造，在鼻状构造的东侧有一个小型褶皱。1930 年 5 月，发现井 Poza Rica-2 的钻探证实了地下圈闭的存在，目的层为阿尔布-塞诺曼阶的多孔石灰岩，埋深 2047m。1930 年进行的重力测量发现一个有趣的最大值，然后通过地震仪进一步进行了核查（Salas，1949）。根据 1932 年 6 月取得的认识，钻探了 Poza Rica-3 井。该油气田最终证实的石油可采储量为 $2.38 \times 10^8 m^3$，天然气可采储量 $1361 \times 10^8 m^3$，是第二次世界大战前墨西哥发现的最大油气田，也是当时南美洲除委内瑞拉外的最大油气田。

1925 年，文莱壳牌公司根据气苗分布，买下了英国布尔诺石油辛迪加在比莱特的租借地，对滨海沼泽区开展了一次大面积重力调查，发现一个由拉索（Rasau）向东北方向的重力异常。1927 年开始钻井，1928 年 7 月在巴兰三角洲盆地（Baram delta）中部部署 Seria-1 井，井底深度 288m。1929 年 5 月 4 日完井，发现了诗里亚（Seria）油田，成为文莱第一个商业发现。含油面积 $93.1km^2$，原始可采储量 $2.4 \times 10^8 m^3$。

1912～1931 年，英波石油公司在英属殖民地科威特发现了大量的地表沥青矿，1932 年发现天然气苗，开展浅井钻探。1934 年，英波石油公司和海湾石油公司对半成立科威特石油公司，获得科威特（不包括中立区）全境的勘探许可，合同有效期 70 年。1935 年，采集有限的重力和磁力数据，在中阿拉伯盆地发现 Naleh 构造带，推断存在进一步勘探的潜力。随后部署布尔甘-1 井，1938 年 2 月在下白垩统砂岩中获高产油流，发现大布尔甘巨型油田，最终石油可采储量 $81.97 \times 10^8 m^3$，天然气可采储量 $1.02 \times 10^{12} m^3$。

二、地震勘探技术

地震勘探技术是基于地震波动理论，通过在地表激发地震波，记录和分析来自地下介质对人工激发地震波的响应，推断地下岩层的空间结构与岩石性质的一种地球物理勘探技术。其主要包括 3 个环节：野外资料采集、室内数据处理和资料解释。地震的采集设备与采集方式决定了地震勘探的发展状况，由早期的折射地震法到主流的反射地震法，由陆地电缆地震采集到海洋拖缆再到陆海节点地震采集，由二维测线、三维测网到四维时移地震，地震勘探技术在过去将近 170 年的历史中得到飞速发展。

　　20 世纪 20～50 年代，地震勘探技术逐渐应用于油气探测；20 世纪 50 年代初期，光点地震技术向模拟地震技术迅速转变；20 世纪 60～80 年代，三维地震勘探逐渐走上历史舞台，完成地震勘探技术发展史上的飞跃；20 世纪 80 年代，三维地震采集、处理解释一体化技术实现了地震技术发展的又一次飞跃；20 世纪 90 年代至今，油气勘探进入了综合勘探的新阶段。同时，随着激发、接收和存储仪器设备的不断迭代更新，获得的高品质地震资料的勘探深度不断加大。从早期的二维测线 2～3km，到三维地震时代的 3～5km，再到当前多方位/宽方位的 5～6km，甚至达到 8～10km，地震勘探技术的一次次突破为深层油气资源勘探开发提供了可能。

　　自从地震勘探技术开始应用在油气勘探领域，其在每年新增可采储量贡献占比逐年增加。20 世纪 60 年代至今，贡献率基本都在 90% 以上，并且每次地震勘探技术的进步和突破，都带来了一大批油气勘探新发现(图 3-24)。

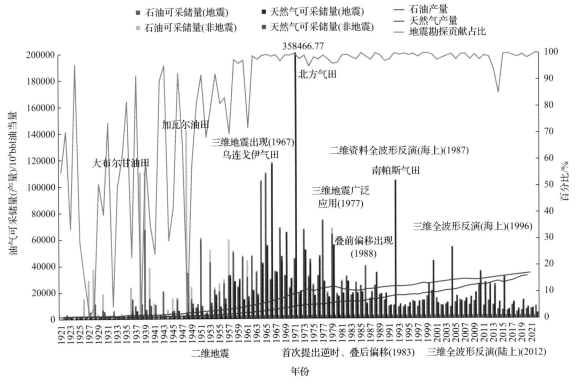

图 3-24　1921 年起全球地震勘探技术在新增储量中贡献占比

(一)光点地震技术

　　1851 年，爱尔兰地球物理学家 Robert Mallet 第一次利用人工激发的地震波测量地下介质弹性波场的传播速度(Weatherby，1940)。受声波测深仪的启发，加拿大科学家 Reginald Fessenden 于 1914 年申请了寻找铁矿的地震探测方法和设备的专利，专利内容包含折射波法和反射波法(Fessenden，1914)，并于 1917 年获得该项技术专利。这是地震折射波法与反射波法第一次出现在矿场资源探测的历史舞台上。

　　第一次世界大战期间，为帮助德军精确定位盟军炮兵的位置，Mintrop 发明了第一台便携式地震仪—折射地震仪。随后，Mintrop 获得该项技术的发明专利，此专利主要内容为使用折射法探明地层的深度和类型。1920 年 10 月，在德国汉堡市附近，Mintrop 围绕 Neuengamma 气井进行了地震折射波法勘探。1921 年 Mintrop 成立了世界上第一家地震勘探服务公司——塞斯摩斯(Seismos)公司，并把折射地震技术应用于矿产勘探，并于 1923 年在墨西哥大获成功。该方法使用的地震仪为机械地震仪，主要记录初至折射地震波场。20 世纪 30 年代末，苏联甘布尔采夫等借鉴了反射波法的地震记录处理技术，对折射波法做出相应改进。早期的折射法只能记录最先到达的折射波（又称为首波），改进后的折射法可以记录到多个地层产生的折射波场，可用于更细致地研究波形特征。50 年代中期，折射地震波法发展到鼎盛时期，在矿产资源勘探方面进行了大规模应用。

同样是第一次世界大战后，美国人 Karcher 于 1920 年获得包含两道的地震记录，显示了浅部地层界面反射情况，这是世界上第一个地震反射剖面（Karcher，1920）。1921 年 Karcher 在联邦标准局研发了一种反射地震仪，并在 6 月 4 日进行首次野外观测，证实了地震勘探技术可以有效揭示地下的含油构造。1926 年，他们用反射地震仪样机对已知的纳西盐丘穹隆进行试验性探测，取得良好的应用效果，并在美国俄克拉何马州的塞米诺尔附近再次进行试验，记录的地震数据［图 3-25(a)］显示了到地下两个岩层之间的地震反射轴。对数据的进一步分析处理得到地下的反射界面图像，又称为地震反射剖面［图 3-25(b)］，该剖面与已知的地质特征一致（Karcher，1987）。此次试验结果被广泛认为是：首次验证了反射地震波方法能够拍摄出地球内部的精确图像。1928 年，他们研制成功了全套反射地震勘探设备，建立起第一支反射地震队，逐渐将反射地震方法进行商业化应用。同年 12 月 4 日，根据反射地震剖面钻探的第一口探井发现了工业油流。1929 年，GRC（Geophysical Research Corporation）的一个地震队在 Louisiana 的海湾地区，对已知 Darrow 盐丘进行详细勘查，他们采用"倾角观测系统（dip shooting）"进行反射波法勘探，根据地震处理剖面所钻探的第一口井也获得了工业油流，从而发现了 Darrow 油田。后续紧接着完钻了几口生产井，这些井资料表明使用反射波法获得的地下构造图，比折射波法获得的构造图精度更高，凸显了反射波地震法的优势。1930 年，Karcher 创立了地球物理服务公司，并于 1933 年采用反射地震方法获得了大洋穹隆的地质构造图，发现了该滨海地区最大天然气与凝析油油气田（Karcher，1987）。该公司后来成为得克萨斯仪器公司（Texas Instruments，现为微电子领域的领导者）。

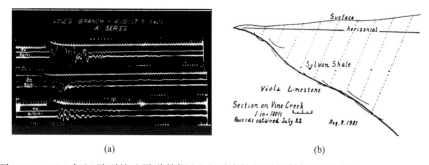

图 3-25 1921 年记录到的地震道数据(a) 和对应的地震反射剖面(b)（据 Karcher，1987）

在折射波和反射波法应用时期，地震接收仪器主要采用的是光点地震记录。光点地震采集使用单点接收，直接在感光纸上以光点照相的方式记录地震反射波形信息，形成一张张孤立的、不等记时线的双曲线形共炮点记录。由于只能产生单次覆盖记录，记录的动态范围较小、频带较窄、信噪比较低。此外，光点地震记录既不能复制和回放，也不能进行多次处理，只能用手工进行解释，工作效率低，成像精度也低，纸质剖面也无法长期保存。

在这一时期，地球物理方法常被用来进行地下构造成图，反射地震成图往往给出一个大体轮廓，对于断层、相变及低幅度构造等是无法预测的（图 3-26），需要结合重、磁、电资料形成完整的构造地质图，并需要大量的钻井资料来进行校准。地质解释的正确与否取决于对区域地质情况的了解及地质学家和地球物理学家的经验。这一方法为大型背斜构造的发现提供了精确有效的技术手段，指导发现了一系列大型和巨型油气田。这一时期探井的平均成功率为 1/8，而在以地层圈闭为主的地区，探井的成功率只有 1/20（Levorsen，1967）。

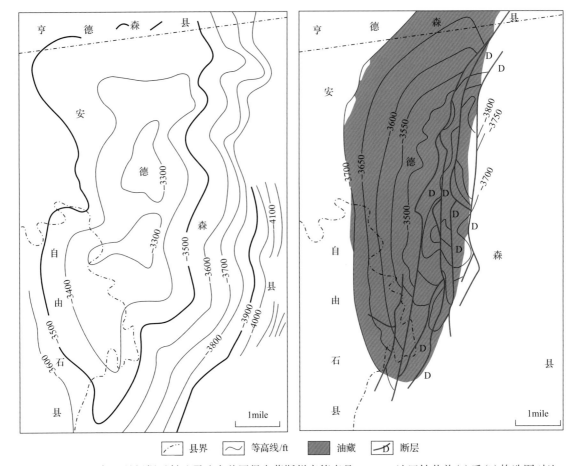

图 3-26　1934 年 1 月根据反射地震法在美国得克萨斯州安德森县 Cayuga 油田钻井前(a)后(b)构造图对比
(Levorsen，1967)

1mile=1.609344km

(二)模拟地震技术

20 世纪 50 年代初，随着真空管和晶体管的应用，模拟磁带地震记录仪应运而生，地震检波器和接收仪器变得更加灵敏，提高了地震资料记录的精度。康菲石油公司使用震源车代替炸药作为人工震源，发明了可控源地震采集技术，大幅提高了地震采集效率(Smil，2008)。

1955 年，模拟地震记录占到了 50%以上(Dobrin and Dunlap，1957)。由于模拟地震记录的动态范围扩大了 10 倍以上，且模拟磁带回放仪拥有多种频率滤波、动静校正和叠加等处理功能，模拟地震记录的信噪比和分辨率比光点记录有了很大提高。模拟磁带地震仪的问世也为推广多次覆盖技术(Mayne，1962)创造了条件。多次覆盖技术通过在不同接收点上记录来自地下同一反射点上的反射波，对地下界面上的每个点进行多次观测得到多张地震记录，再将这些记录叠加在一起，可以压制多种干扰波，增强有效反射波，使标准层的波形特征更为突出，再加上可以在回放的地震剖面上进行解释，显著提高了地震解释的效率和精度，是地震勘探技术的第一次飞跃。

由于地震资料精度的提高，地震的作用由构造解释向油气直接检测过渡。20 世纪 60 年代末，壳牌公司的地球物理学家 Mike Forrest 发现在含油气地层顶部存在强地震反射(又称为"亮点")，使地震数据直接探测油气存在成为可能(Smil，2008)。1969 年，菲利普斯石油公司在北海挪威海上发现的埃科菲斯克大油田，在古新统页岩内存在一个异常反射"亮点"，指示天然气的存在，是下伏储层中的超压天然气渗漏造成的低速效应(Bark et al.，1981)。1971 年埃尔夫公司在北海。发现的 Frigg 大型气田,在古近系海底扇储层中发育一个很好的"平点",指示气-水界面(Héritier et al.，

1979)。"平点"地震属性分析可以用来进行烃类的直接检测，在很多地方获得了成功。但有时平点的出现也不一定就是存在油气，也可能是古油气藏破坏残留的古油-水界面的结果(Selley，1998)。

(三)数字地震技术

地震技术数字化和计算机的出现始于 20 世纪 60 年代。数字地震仪替代模拟磁带地震仪，以及数字计算机在地震资料处理中的应用，是地震勘探技术发展史上的第二次飞跃，这大大地提高了地震勘探的精度与应用效果。1963 年得克萨斯仪器公司生产了第一台数字地震仪 DFS10000，随后数字记录技术得到快速推广。1975 年，美国本土几乎所有新采集的地震资料都是数字化信号。该时期另一个重要特点是计算机与地震资料处理技术的结合，早期通过模数转换将模拟信号转化为数字信号，后期直接对数字地震仪记录的地震信号进行处理。形成了以电子计算机为基础的数字记录、多次覆盖技术、地震数据数字处理技术相互结合的完整地震采集处理系统。与模拟地震仪相比，数字记录动态范围更大，能更好地适应来自不同深度反射能量的变化，加上地震资料处理技术的灵活应用，大大提高了地震资料的信噪比与可靠性。

在地震资料处理技术方面，1952～1957 年 MIT(Massachusetts Institute of Technology)地球物理研究组开展了大量方法研究，为地震处理进步做出了重要贡献。其中一个典型代表是 Enders Robinson 提出了褶积模型(Sengbush，1986)，成为地震资料处理和解释中的经典理论模型，直到现在仍在广泛使用。此外，还有两项技术也影响深远，一是共深度点叠加技术(Mayne，1962)，这是 Mayne 在 1950 年提出的，1955 年获得专利授权，1976 年得到广泛推广(Marr and Zagst，1967)；二是斯坦福大学 Claerbout 提出的 15 度波动方程偏移技术，为后续地震偏移技术发展奠定了理论基础(Claerbout，1985)。该阶段地震成像技术以水平叠加为主，该方法基于层状介质模型假设，剖面所反映的地下地质体的几何结构在倾斜情况下是畸变的，成像精度存在一定限制。

随着地震资料的数字化，从 20 世纪 70 年代初期开始，采用地震勘探方法研究岩性和岩石孔隙所含流体成分。根据地震时间剖面振幅异常来判定气藏的"亮点"技术，以及根据地震反射波振幅与炮检距关系来预测岩性油气藏的 AVO 分析技术，已有许多成功的例子。从地震道推算地层波阻抗和层速度的拟声波测井技术，在有利条件下，可获得具有明确地质意义的处理解释结果。这标志着地震勘探技术正由以构造勘探为主的阶段，向着岩性勘探的方向发展(Smil，2008)。

该时期地震勘探技术以二维地震为主，主要用于构造解释，但地震层序解释、复složная震道分析、亮点和反演技术的出现，展示了地震从构造解释到岩性解释的潜力。1967 年，西方地球物理公司在利比亚苏尔特盆地陆上 103 区，通过二维地震发现了一个地震异常体，指示为生物礁。1967 年 10 月，首口探井试油获得 $1.2 \times 10^4 \mathrm{m}^3/\mathrm{d}$ 高产油流，发现了 Intisar(103-D)生物礁大油田(图 3-27)，

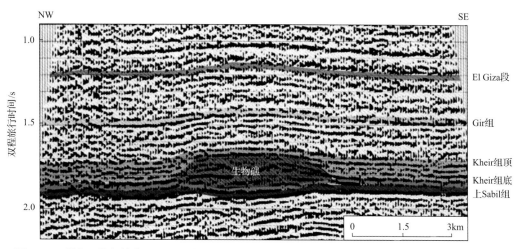

图 3-27　利比亚苏尔特盆地 Intisar(103-D)油田基于地震剖面识别的生物礁(据 Brady et al.，1980)

生物礁平面上大致呈圆形，直径约 5km，孔隙度平均为 22%，主要为溶蚀和粒间孔隙，实测渗透率高达 $500×10^{-3}\mu m^2$，平均为 $87×10^{-3}\mu m^2$。主力储层非常均匀，没有明显分层。礁体已充满，最大油柱高 291m，原油重度为 40°API，可采储量 $2.3×10^8 m^3$ (Brady et al.，1980)。

由于二维地震数据的限制，对于来自侧面的干扰波没有有效的压制手段，也不能解决构造的横向归位问题，因此采集施工也要求按照线状进行设计，并尽可能垂直于构造的走向，这严重阻碍了复杂目标和复杂地区的勘探效果。

与此同时，地震勘探不再满足于利用单一的纵波进行勘探，开始向横波勘探发展。苏联、美国、法国等国对横波的理论研究早已开始，1993 年，Vestrun 和 Steward 首先提出纵横波联合反演方法，并得到了比较准确的反演结果。20 世纪 60 年代末，开始试验利用横波判断岩性。70 年代中期，大功率横波可控震源研究成功，美国多家公司在 6 个国家 20 个地区进行试验，获得了质量相当于纵波 12 次叠加的资料。此后，横波法地震勘探进行了大规模应用。横波法地震勘探与纵波法地震勘探联合，可以得到地下岩性的多种信息，可补充纵波法勘探的不足。由于横波速度约为纵波速度的 1/2，在绘制水平偏振横波时间剖面时，需要将其时间同相轴压缩一半，这样既不降低水平偏振横波剖面的分辨率，又能保持与纵波剖面相近似的深度关系。

(四)三维地震技术

油气勘探对数据采集和处理的巨大需求推动了新的硬件和软件的发展，为三维地震技术的发展奠定了基础。1963 年，埃克森公司的上游研究中心开始研究三维地震勘探，并于 1967 年在休斯敦附近的 Friendswood 油田进行第一次试验且成功获得三维地震资料。数据的三维解释与以前在野外钻井的信息具有很好的相关性。尽管三维地震技术取得了成功，但地震仪数据记录传输能力的滞后及三维采集的高成本，使三维地震勘探在 10 年后才得到广泛应用，成为常规技术。20 世纪 80 年代，三维地震开始大规模推广应用。电子计算机技术的进步，使三维地震采集、处理和解释一体化技术实现了又一次飞跃。

三维地震能精确地描绘地下非均匀介质的结构，并可以更好地压制干扰波，尤其是三维偏移成像技术，较好地解决了侧面及大倾角反射界面的准确归位问题。在三维地震解释方面，出现了交互解释工作站，利用处理后得到的三维成像数据体，不但可以制作标准的二维剖面，而且还可以得到任意的时间切片，或平面与剖面结合的椅状投影图(图 3-28)。利用这些新的技术可更详细地了解地层构造或细微的局部构造。此外，保幅资料处理为地震从构造解释向储层预测过渡提供

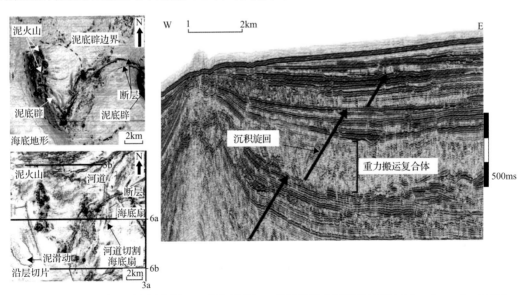

图 3-28　海上三维地震应用实例——西非尼日尔三角洲前缘水下扇描述(据 Adeogba et al.，2005)

了数据保障，三维地震属性分析、切片解释、层序地层学、AVO 和反演等技术的不断涌现，为油气藏精确描述提供了有效手段。1983 年逆时偏移技术被首次提出，叠后偏移最先得到了发展。1988年叠前偏移出现，地球物理学家对地下构造进行了更加精确地成像。叠前时间偏移剖面不论从目的层的连续性，还是煤层露头位置及不整合关系来说，较叠后偏移都有明显的改善。20 世纪 90年代初，时移地震技术应运而生，最早践行这个理念的是阿科（ARCO）公司，利用注气前后采集的两次三维地震资料监测强化的采油过程。

（五）海洋地震技术

与陆上勘探不同，海上地震勘探工作起步较晚。据记载，海上折射地震的工作始于 1928 年，第一次海上反射地震试验是由美国海岸与海洋学家号测量船于 1935 年完成（Karcher，1987）。1944年，在墨西哥湾路易斯安那州开始海上商业采集活动（Smith，1964）。1947 年，Paslay 等发明了油基地震拖缆，海上地震勘探迎来了第二次艰难的进展。但由于雇主对此专利不感兴趣，Paslay 等只好自己成立公司，进行地震采集（Lawyer et al.，2001）。那段时期，对于大多数地球物理学家来说，海洋地震勘探不是新领域，因此对其也不感兴趣。

直到 1953 年，在美国石油地质学家协会（AAPG）/美国沉积地质学协会（SEPM）/勘探地球物理学家学会（SEG）联合会上，Cortes 对海上地震勘探工作进行了第一次比较系统的介绍，并且认为海上勘探是反射地震学创立以来另一个值得注意的进展（Cortes，1953）。后来随着海上炸药震源与自旋转半浮式检波器的使用，以及单船激发接收作业方式的实现，海上采集单价已经远低于陆上地震采集。但即便如此，海上拖缆和自旋转半浮式检波器也很少被谈及，直到 1954 年，也没有完全独立的海上地震勘探统计数据。但在墨西哥湾及波斯湾开展了一定数量的地震采集，这些数据尤其是墨西哥湾数据，为后来多用户数据商业化推广提供了不可或缺的指导和支撑。

1976 年，海湾石油公司在 Watson 博士指导下，开展了海上排列的数字地震采集试验（Stoeckinger，1976）。1988 年，美国 Geosource 公司推出第一套双传输 MDS-16DX 遥测地震仪（既可用电缆传输，也可以用光缆传输），为地震勘探中使用光缆代替电缆，大幅提升信息传输量奠定了基础。这是勘探地震学探测技术的一个重大突破。

实际上，海上地震勘探几乎经历了陆上地震勘探的全部过程（谢剑鸣，1984），由于海上得天独厚的地震工作条件，加之效率高、成本低、见效快等优点，使某些海上地震勘探技术比陆地勘探技术发展更快，比如三维地震勘探、转换波地震勘探和四维地震等。

（六）"两宽一高"地震技术

随着地震采集仪器的发展，野外采集道数不断增加，使得单点激发、小道距、小组合或不组合接收成为可能，形成了高密度勘探技术和"两宽一高"地震勘探技术。在采集设备上，可控震源大规模应用大幅提升了陆上地震采集的效率，而 MEMS（Micro-Electro-Mechanical System，微电子机械系统）数字检波器的问世突破了传统检波器失真和接收频带受限的瓶颈，使地震技术实现了信号接收、记录与处理全过程数字化。

在采集技术上，1988 年沙特石油公司提出"高密度采集"的思想，但直到 2000 年万道地震仪器的诞生，这种愿望才变为了现实（刘振武等，2009）。高密度采集有两种野外实施方法：①小道间距高道密度地震技术，代表性技术有 PGS 公司的 HD3D 和 CGG 公司的 Eye-D 等，其核心思想是增加接收点和炮密度，以达到提高空间采样率和分辨率的目的，野外采用模拟检波器组合、小面元、小道间距、宽方位角采集，室内进行精细处理和反演解释；②野外单点接收，室内数字组合，其核心思想是单点接收室内数字组合，以达到提高信噪比、分辨率和保真度的目的，野外采用数字检波器单点、子线观测系统采集，室内进行数字组合压噪及静校正等特殊处理和油藏建模，代表技术为

WEI 公司的 Q-land 技术，其主要技术优势在于单点接收最大限度地记录地下真实的原始反射信息，具有有效频带宽、子波一致性好、空间假频少和噪声可描述性强等特点。但这两种技术仍然存在以面元为中心的观测系统设计、对均匀性考虑不够、重采样后空间采样密度较低等问题，这些都不利于叠前偏移成像。为此，东方地球物理勘探有限责任公司历经 10 多年攻关，在地震勘探理论、装备、软件及配套技术等方面实现了重大突破，发展形成新一代陆上"两宽一高"地震勘探技术，其核心是"宽频激发、多视角观测、高密度采样、五维处理解释"，是地震勘探技术第四次飞跃。

在处理上，"两宽一高"处理技术充分利用高密度、宽方位数据的无假频采样、宽方位波场信息丰富的优势，深入研究高保真噪声压制、基于叠前炮检距矢量片处理、基于正交晶系介质的叠前深度偏移处理、基于品质因子 Q 的子波频带拓展，尤其是低频成分补偿等方法，实现高密度数据叠前去噪、宽方位资料处理及宽频带数据保真处理等技术系列。起初，研究区域横向变化弱，基于层状介质模型，研究人员更多地采用叠前时间偏移，直到 1993 年基于横向变速的真实地质模型，叠前深度偏移应运而生，大大提高了复杂构造的成像精度（图 3-29）。

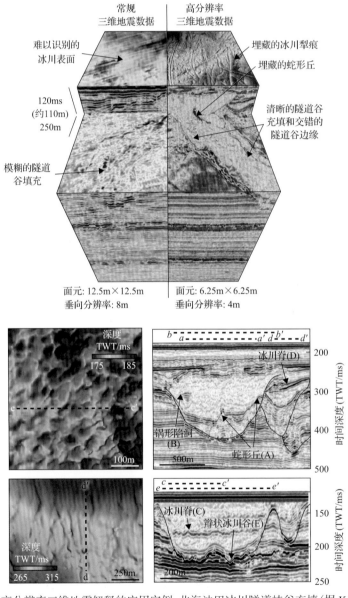

图 3-29　北海油田高分辨率三维地震解释的应用实例-北海油田冰川隧道峡谷充填（据 Kirkham et al.，2021）

TWT-双程旅行时间

在"两宽一高"解释技术方面，基于 OVT 道集数据的地震属性在不同炮检距及方位角上的响应特征，进行变方位 AVO 分析、多尺度／多方位敏感属性分析等，从而实现对储层和裂缝的预测及对物性参数的估计，可为缝洞型油气藏、砂岩油气藏和非常规油气藏高效开发提供强有力的技术支撑。

（七）高效与智能化地震技术

在地震采集上，多源同步激发、多源混叠激发的可控源采集技术应用方面极大地提高了采集工作效率。而无线节点具有重量轻、成本低、灵活性高和自动化程度高等特点，可以迅速布设，进一步提高了工作效率，二者结合改变了陆上高效地震数据采集的作业方式，实现了百万道采集。在此基础上，利用宽方位、宽频数据进行处理，获得了高密度宽方位、高品质的三维地震结果（Moldoveanu et al.，2020）。处理技术的进步主要体现在最小二乘偏移（LSM）成像、逆时偏移（RTM）、全波形反演（FWI）和五维 AVO 预测等技术，大大提高了成像精度。此外，利用深度学习的地震数据自动化处理和解释技术也得到快速发展。

近年来，多波勘探成为发展较快的新勘探方法之一。由于采用了三分量检波器记录，这样在地震记录上就得到了更丰富的信息，不仅可以研究岩性，还可以研究地下介质的裂缝特性，为石油天然气的精细勘探和开发服务。此外，智能化地震解释应运而生，叠加虚拟现实、可视化、人工智能等先进技术的跨界融合，推动主流解释软件逐步向智能化、云共享、多学科协同工作的方向发展，全数字三维可视化、虚拟现实增强的人机交互感受，实现所见即所得。"人工智能+物探"是石油物探行业数字化转型的必由之路，石油物探技术正由传统的勘探业务向提供油藏全生命周期综合服务模式转变（林腾飞等，2023）。

三、测井技术

在石油勘探的最初几十年里，没有任何可靠的方法来确定钻井作业的进度。为了获得地下地层信息，既繁琐又昂贵的方法是定期使用一种特殊的钻头进行钻井取心或井壁取心，同时利用泥浆录井和钻速结合来记录地下地层特征和变化。地球物理测井（简称测井）是根据物理学的基本原理对地层进行测量，并建立各物理测量参数与储层特性之间关系的一门学科。测井能够判断地下岩石的类型、确定储层的位置、计算油气的多少、预测产量的高低等等，被誉为地质家的"眼睛"，是油气勘探开发的重要手段。

测井技术的发展以油气勘探开发实际需求为主要驱动，并受制造、控制及计算机水平的制约。从测井仪器、解释评价及地质应用等不同角度，测井发展历史具有不同划分方法，根据测井仪器及数据采集特点，可将测井技术发展历程分为模拟测井、数字测井、数控测井和成像测井四个阶段。尽管不同阶段国内外测井技术在采集、评价技术等方面的总体特征相似，但由于国内外测井技术发展的基础不同，具体时间范围存在差异。下面以国际测井技术为主，分析测井不同发展阶段的特点。

（一）模拟测井开启地下地层识别和孔隙度解释时代（1927～1964 年）

1911 年，石油勘探技术迎来一项最大进展。当时，法国矿业学校讲师康拉德·斯伦贝谢（Conrad Schlumberger）提出了利用电导率测量法来勘探金属矿床的新理念。一年后，他制作了第一张粗糙的等电位曲线图，表明该技术也可用于识别地下构造中可动油气资源。斯伦贝谢所开创的电法测井技术是现代地球物理勘探的支柱手段之一（Smil，2008）。1926 年，成立电法勘探公司，它是现今斯伦贝谢公司的前身。

1927 年 9 月 5 日，康拉德·斯伦贝谢的女婿 Henri Doll 在法国北部阿尔萨斯 Pechelbronn 油田 488m 深井中测量并手工绘制了世界上第一条电阻率测井曲线(图 3-30),改变了只有依靠取心或岩屑才能评价地下岩石的历史,标志着世界测井技术的诞生。1930 年,电法勘探公司推出一台连续手动记录仪。一年后,斯伦贝谢兄弟和莱昂纳顿(Leonardon)一起研究自然电位现象,这是一种井内流体电极与可渗透地层水流之间自然生成的现象。他们同时还记录下自然电位和电阻率曲线,帮助人们区分渗透地层和非渗透地层,从而识别可能的含油层。该技术迅速将业务扩展到美洲、亚洲和苏联。1939 年 12 月 20 日,我国著名地球物理学家翁文波在四川石油沟 1 号井(巴 1井)中用 1m 电位电极系测量出井内自然电位和地层视电阻率,并据此划分气层,发现高产油气,标志着我国测井事业的开端(李宁,1992)。

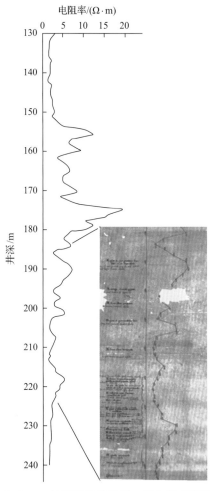

图 3-30　1927 年由 Doll 在法国 Pechelbronn 油田测得世界第一条电阻率测井曲线(据 Rider and Kennedy,2013)

1934 年,康拉德·斯伦贝谢提出声波测量的建议,直到 1954 年才实现商业化应用。1956 年,海湾石油公司首次发表了声波响应和孔隙度之间的关系,声波测井成为主力测井工具之一。1963 年,裸眼补偿声波(BHC)工具成为主要设备,当时主要测量压缩波或 P 波。直到 1986 年,发明了阵列声波工具。

1941 年 10 月,壳牌(美国)公司的石油测井工程师 Archie 在美国达拉斯石油工程与矿业学会上宣读了“用电阻率测井确定几个储层特征参数”的论文,提出了现已成为测井评价工作基础的Archie 公式(Archie,1942),首次建立了测井仪器测量参数与地质参数间的定量关系,为测井储层定量评价奠定了理论基础。但由于当时还没有孔隙度测井,不能利用测井直接计算储层孔隙度,因此,在使用 Archie 公式计算含水饱和度时假设地层孔隙度为常数,且饱含水电阻率 R_o 需要通过地层水分析资料或相邻的水层确定。

第二次世界大战以后，为了解决油基泥浆情况下电阻率测井无法使用的难题，同时得益于第二次世界大战期间地雷探测技术的发展，1946 年，亨利·多尔(Henri Doll)提出了感应测井法(Doll，1949)。第一条感应测井曲线是在得克萨斯州附近的霍金斯油田第 7 号油井测量的。即在地层中激发交流电，然后测量井中电阻率，这样就能够让人们更容易区分油层和水层。只含盐水的孔隙地层电阻率很低，通常小于 $10\Omega\cdot m$；而那些可能含有油气的地层具有较高电阻率(通常大于 $50\Omega\cdot m$)。

1950 年发明了地层密度测井，1956 年闪烁测量技术被应用于核测井。到 1964 年，中子、密度、声波"三孔隙度"测井系列形成，实现了储层孔隙度测井定量计算。在孔隙度定量评价理论模型方面，Wyllie(1956)根据墨西哥湾泥盆系 24 块砂岩样品实验，建立了饱含水岩石纵波速度与孔隙度的经验关系，即著名的"时间平均公式"，奠定了声波孔隙度定量计算理论基础。需要指出的是，这一时期孔隙度、饱和度定量计算公式是基于均匀体积模型建立的，因而只适用于岩性单一的纯砂岩。

为了及时掌握钻探过程中地下地层压力及流体性质，从 20 世纪 50 年代开始斯伦贝谢、阿特拉斯等公司开始进行电缆地层测试器研制。1955 年斯伦贝谢推出第一台电缆地层测试器(FT)。

在模拟测井阶段，测井资料的处理主要依靠人工进行，随着计算机技术的发展，开始将计算程序输入计算机来进行测井数据处理。这一阶段用的计算机主要是 IBM 650 和 Illiac，测井处理程序主要有基于自然电位或者自然伽马曲线的砂泥岩识别程序、基于自然电位曲线的地层水电阻率 (R_w) 计算程序、利用时间平均公式的声波孔隙度计算程序等。

(二)数字测井开启地下复杂储层识别和多孔隙度解释时代(1965~1973 年)

随着测井仪器的不断发展，采集的信息越来越丰富，模拟记录方式不能满足需要，为此，20 世纪 60 年代初开始研制数字化测井地面仪及井下仪器。1965 年，斯伦贝谢公司在美国首次利用磁带记录仪记录了数字化的测井数据，宣告数字测井的诞生。这一时期，测井评价的对象除纯砂岩储层之外，泥质砂岩及矿物相对复杂的储层开始出现，因此资料处理解释复杂性明显增加。为了方便资料处理及定量计算，特别是方程求解，各种巧妙的图表、列线图在这一时期被提出，如 Pickett(1966)提出了电阻率与孔隙度之间的关系图，以帮助含水饱和度计算。由于矿物相对复杂，需要利用多种测井参数进行岩性识别，交会图、直方图分析技术得以形成，如 Burke 等(1969)提出了利用 M-N(其中 M 为胶结指数，N 为饱和度指数)交会分析岩性的技术，Kowalchuk 等(1974)利用中子、密度直方图研究了加拿大艾伯塔上白垩统页岩特征等。此外，对测井响应的影响因素分析和校正已成为解释评价规范程序的一部分，形成了岩性、流体校正方法。中子测井是计算孔隙度的重要方法，但其计算结果受岩性、流体(特别是含气)的影响显著，为了提高孔隙度计算精度，形成了中子孔隙度含气校正方法(Gaymard and Poupon，1968)。

数字测井阶段用于测井数据处理程序的功能不断完善，通用性增强，如 Marathon 公司的通用测井解释程序(CLICP)，该软件具有边界识别孔隙度、地层水电阻率、含水饱和度计算等子程序。

(三)数控测井技术开启饱和度解释时代(1974~1985 年)

计算机技术发展极大地推动了测井采集及数据处理的自动化水平。数控测井是在计算机控制下进行的测井，不仅具有数据采集、处理解释和质量控制等功能，还能进行测井数据远距离传输。1973 年国际上第一次在现场用计算机记录、处理数据，标志着数控测井时代开始。数控测井的地面采集仪器是由车载计算机、外围设备组成的人机联作系统，可以控制井下仪器的数据采集、实时记录，并能在井场进行快速直观分析。这一时期，高速数据传输、计算机快速处理等先进技术被用于测井领域，结合多传感器等先进探测技术，测井仪器的分辨率、探测深度及测量精度均有

很大提升。

数控测井时代，除纯砂岩储层外，泥质砂岩、碳酸盐岩储层也成为重要的勘探目标。为了适应更为复杂的勘探对象，形成了测井评价新理论、新技术。首先，针对泥质砂岩，形成了更精细的泥质砂岩模型及饱和度计算公式。研究中，人们逐渐意识到泥质砂岩中的泥质不能简单地用等效体积进行描述，须考虑泥质的类型、泥质在储层中的分布形式(层状泥质、结构泥质、分散泥质)等。通过泥质砂岩导电机理研究，在 Archie 公式基础上，提出了一系列泥质砂岩导电模型，如 Waxman-Smits 模型(Waxman and Smits，1974)、双水(Dual water)(Clavier et al.，1977)、Silva-Bassiouni 模型(Silva and Bassiouni，1988)等，提高了泥质砂岩饱和度计算精度；其次，针对复杂孔隙结构碳酸盐岩储层，为了提高孔隙度计算精度，提出了适用于碳酸盐岩储层的非线性孔隙度计算公式，如 Raymer 公式(1980)、Raiga-Clemenceau 公式(1986)等(Li et al.，2009)；另外，由于评价对象岩性复杂、考虑的影响因素增多，定量评价所需的约束及限制方程增加，解析求解难度增大，得益于计算机处理技术的发展，形成了适用于多矿物分析的反演方法和最优化处理技术，如利用最优化技术进行测井资料处理的 GLOBAL 程序(Mayer，1980)、Elan 程序(Quirein et al.，1986)等。20 世纪 80 年代发明随钻测井(LWD)，为第一时间获得地下地层和流体性质提供了更快捷的工具。

1975 年斯伦贝谢公司推出了重复地层测试器(RFT)，实现了多点重复测压，测量精度较早期单点地层测试高。利用 RFT 资料可对储层类型、压力分布、含油饱和度变化及储层产能等进行评价。

在数控测井阶段，测井处理软件以美国 Dresser Atlas 公司为主，硬件为 INTERDATA85 计算机及后续的 PE 系列计算机。这一阶段软件的主要特征是具备单井批处理功能，能够实现储层孔隙度、饱和度等参数定量计算，但图形显示能力弱。

(四)成像测井开启地下复杂构造和地层研究时代(1986 年至今)

随着全球油气勘探进入中高时期，圈闭的多样性和隐蔽性、储层的复杂性和多变性比以往任何时期都更加突出，使薄层、薄互层、复杂岩性及裂缝等复杂结构油气层测井解释需求日益增加。另一方面，这一时期快速发展的计算机控制、存储及处理技术为测井高精度测量、快速数据传输及处理等提供了支撑。为此，形成了具有重大技术突破的第四代成像测井技术。在成像测井出现前，测井仪器记录均为一维曲线信息，而成像测井采用阵列传感器扫描测量，沿井眼纵向、径向多方向采集地层信息，可获得井壁二维图像或探测范围内的三维图像，使测井对地层的刻画更精确、更直观，测井解释评价精度显著提升。成像测井于 20 世纪 80 年代后期开始商业应用，主要有电、声、核三大类成像仪器。

斯伦贝谢公司 1986 年率先推出微电阻率扫描成像测井仪(FMS)，1996 年推出具有更高井眼覆盖率、图像分辨率的电阻率成像仪(FMI)，至今仍被广泛使用。哈里伯顿公司、阿特拉斯公司先后推出 EMI、Star 成像测井仪。为了适应膏盐层、页岩等特殊地层及深层高温测井，推出了油基泥浆成像测井仪器(如斯伦贝谢的 OBMI、QuantaGeo 等)。除电阻率成像外，研发形成了高分辨率阵列感应、介电扫描等成像测井仪器，以满足复杂储层流体性质、孔隙结构测井评价需要。

高分辨电成像测井资料，提高了复杂储层测井定性分析及定量解释水平。首先，可以利用电成像图像分析沉积结构、沉积方向，识别不整合面、裂缝和断裂，计算构造倾角等，为地质研究提供最直接的资料(图 3-31、图 3-32)，如 Lloyd 等(1986)利用 FMS 成像图像识别碳酸盐岩高角度裂缝和陡倾断层；其次，利用电成像测井资料可以精确确定层厚，计算孔洞孔隙度、裂缝孔隙度、裂缝张开度等参数，如 Dou 等(2018)利用 FMI 电成像资料分析了乍得邦戈尔(Bongor)盆地花岗岩基底岩相特征、裂缝走向，定量计算了裂缝张开度、裂缝孔隙度，并在此基础上开展了花岗岩有利相带研究。

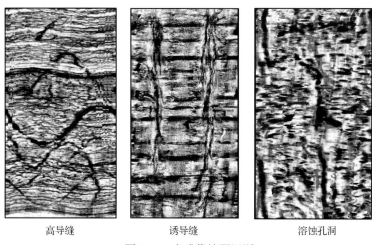

| 高导缝 | 诱导缝 | 溶蚀孔洞 |

图 3-31　电成像缝洞识别

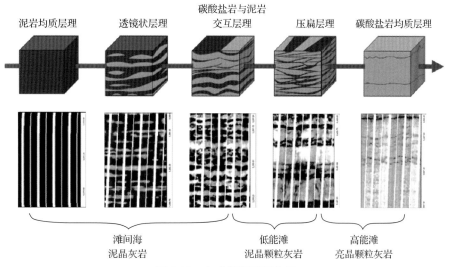

图 3-32　电成像沉积相分析

为了确定非均质碳酸盐岩井壁孔洞、裂缝的发育情况，提高有效性评价精度，推出了声波反射波成像测井仪(如斯伦贝谢的 BARS 等)，通过在井周不同位置布置接收器，实现井旁反射体方位确定。为了精确确定复杂岩性、非常规等储层中矿物含量，各大公司先后推出了元素扫描测井仪，如斯伦贝谢的 ECS 元素测井仪、LithoScanner 岩性扫描仪，阿特拉斯的 FleX 测井仪等，形成了岩性精细评价及矿物含量、TOC 定量计算等解释评价技术。为了提高复杂储层流体性质识别精度，形成了二维核磁测井技术(斯伦贝谢的 CMR-MagniPHI，阿特拉斯的 MREx 等)，并研发形成基于 T1T2、T2D 核磁二维图谱的流体定性识别及组分定量计算方法。上述成像测井及评价方法在国内外复杂岩性、非常规储层油气勘探开发中发挥了重要作用。

沉积地质学家不久发现测井资料能反映地层样式和沉积结构特征，可以帮助解释沉积环境、层段的连续性和连通性等(Slatt et al.，1994；Witton-Barnes et al.，2000；Browne and Slatt，2002)。现在，井筒成像测井普遍用于深水油气藏描述(Hansen and Fett，2000)。成像测井产生的经济效益之一是对薄层段中的油层进行重新评估。许多这样的层段在传统的测井分析中被解释为非含油层段，而成像测井结果显示这些层段含有大量的薄油层，从而增加了含油层的体积。

1992 年斯伦贝谢公司推出了模块式地层测试器(MDT)。MDT 是在 RFT 技术基础之上发展起来的，可一次下井多个取样，具有更高的压力测量和动态响应精度等优点。利用 MDT 可以实时监测地层流体特征，准确确定地层是否含有油气，准确测量地层压力、流体密度，确定油水、油气或气水界面。此外，MDT 多探针测试数据与高分辨率测井资料结合起来可了解储层渗透率分布。

在成像测井阶段，测井仪器所测量的信息越来越多，计算机技术发展也很迅速，形成了电成像、核磁测井等一系列高端成像处理软件，斯伦贝谢公司的 Techlog、GeoFrame，Paradipm 公司的 Geolog，阿特拉斯公司的 eXpress 等测井专业数据处理软件均具备成像资料处理解释功能，为解释人员提供了高分辨率的测井信息。

国内在 20 世纪 90 年代以前，测井数据处理主要依赖进口计算机设备和与其相配套的处理软件，90 年代初期在 Unix 个人图形工作站开发了中国第一代自主知识产权测井处理软件 CifNet，90 年代后期，研发了基于个人计算机的 FORWARD、LEAD 软件，其常规处理、数据解编和绘图打印等功能得到了大范围推广和应用。2008 年以后，研发形成了以 Java+NetBeans 为基础的第三代国产测井处理解释软件 CIFLog，具有统一数据管理、专业应用数据库和交互可视化集成界面，可以同时运行在 Windows、Linux 和 Unix 操作系统下，具备电成像、核磁、阵列声波、元素俘获能谱等系列高端成像处理功能和全系列裸眼测井评价及套后测井评价功能，并提供了火山岩、碳酸盐岩、低阻碎屑岩和水淹层等复杂储层的处理解释方法，为复杂储层、非常规储层测井评价提供了强有力的支撑(李宁等，2013)。

四、钻探技术

在石油勘探的最初几十年里，勘探人员甚至没有可靠的手段来确定作业进度，只能靠定期用特制钻头从实钻岩石上钻下一块细长圆柱体，然后把它抽出地面检查，以获取地层的相关信息，但这种方法繁琐且成本高昂。如今，每当要定期对岩心样本进行检查时，仍要采用下述方法：使用昂贵的空心金刚石取心钻头从岩石中切割出圆柱体，以便进行现场初步评估，或者将其送往实验室进行更详细的评估。还有种成本较低的方法叫"井壁取心法"，也就是使用少量炸药把一个小型岩心筒从井的侧面推入，或者用一个小型的机械岩心钻头取出 5cm 厚的短而薄的岩心样品，然后用钢丝绳吊出地面。

钻探是勘探过程的最后阶段，通过地质和地球物理勘探确定的地下油气远景目标，只有通过钻井才能确定。钻探还为勘探家提供了一系列有关岩性和流体的有价值的数据。钻井技术经历了从顿钻到旋转钻井、从浅层到深层超深层、从陆上到海上、从浅水到深水超深水、从直井到斜井和水平井的不断发展，以及压裂酸化技术的应用，为勘探领域的延伸和扩展、储量的增加和油气采收率的提高提供了十分必要和重要的技术手段。

(一)顿钻时代

北宋庆历年间(1041~1048 年)，人们为了获取地层更深处的资源(卤水)，开始使用了人工冲击钻井，即"顿钻"技术。这项技术的发明使人们在地面上就能挖掘出更深、井眼直径更小的井筒以获取地下资源。1835 年中国打成了世界上第一口千米井，即四川省自贡市大定寨的燊海井，深度达 1001.42m。1850 年钻井深度更进一步达到了 1100m，即四川省自贡市的磨子井，使钻井技术达到了一个新的高峰(刘广志，1998)。1859 年 8 月，德雷克在宾夕法尼亚泰特斯维尔小镇开始用小型蒸汽机取代人力，打出了第一口机械化冲击钻井。1895 年，源自中国的人工冲击钻井技术被加以改进，形成机械顿钻技术。19 世纪末，随着内燃机在人们日常生产中的广泛应用，美国人发明了以内燃机为动力的旋转钻井技术。

(二)旋转钻井技术

1895 年，第一座旋转钻机在得克萨斯州的科西嘉纳(Corsicana)油田投入使用，并不断完善。到 1952 年，旋转钻机的数量超过顿钻数量，在世界范围内占据主导地位。旋转钻井技术的发明是人类历史上钻井技术的一场重大革命,它使钻井作业得以快速高效实施(Smil,2008)。围绕旋转钻井这个主题开发了大量的新技术,包括旋转钻机、刚性钻具、可循环使用钻井液、牙轮钻头、套管和固井完井等。与此同时,斜井、水平井、鱼骨井等各种井型也不断丰富。

1. 钻机

从 1895 年第一台旋转钻机出现到 20 世纪 20 年代末期,经过 20 多年的摸索和完善,最终形成了包含动力系统、提升系统、旋转系统、游动系统、循环系统、控制系统、井架本体、辅助系统的钻机体系。旋转钻机体系一直沿用至今,具备起(下)钻、接(卸)钻具、旋转钻进、循环洗井、钻井液处理、井控保障等功能。主要设备:井架、天车、绞车、游动滑车、大钩、转盘、水龙头、钻井液泵、动力机、联动机、固控设备、井控设备等。人们可依据钻井深度的不同选用浅井钻机、中深井钻机、深井钻机和超深井钻机去完成不同井深的钻井任务。旋转钻机的应用保证了钻头破岩和携岩能连续进行,钻井时效和处理井下故障的能力得到了大幅提升,完全克服了顿钻钻井时破岩和捞砂交替进行这一低效作业弊端。

同时,为解决人工冲击和机械顿钻中使用柔性绳索连接而不能传递扭矩的问题,旋转钻井使用的是刚性钻具,即它是由一系列具有不同功能的金属管柱连接在一起的,具有传递扭矩、提升和下放工具、提供钻井液循环通道等能力,主要由方钻杆、钻杆、加重钻杆、钻铤、稳定器、减震器和一系列配合接头组成。这种刚性钻具替代顿钻钻井时的柔性绳索,使动力传递效率得到了大幅提升。

2. 钻头

1901 年,霍华德·罗巴德·休斯(Howard Robard Hughes)未能完成法学院的学业,他一直从事采矿工作。纺锤顶油田的发现给他留下了深刻的印象,他转而在得克萨斯州从事石油钻井工作。1907 年,在两个有利目标钻井时都无法钻穿一套极坚硬的岩层,他决心设计一种更好的钻头。1908 年 11 月,他在看望父母期间仅用了两周时间就成功设计出一种新型鱼尾(双锥)钻头,并在 1909 年 8 月 10 日获得技术专利。该类型钻头的机械钻速达到了早期标准鱼尾钻头的 10 倍。同年,Hughes 与 Sharp 联合成立 Sharp-Hughes 工具公司(1918 年后改为 Hughes 工具公司)。该公司生产的钻头以每口井 3 万美元的价格出租,不出售。公司充分利用不断增长的利润,不断改进钻头设计。1933 年,Scott 和 Garfield 为一款新的三牙轮钻头申请了专利,该钻头将三个旋转牙轮钻头的切削齿连接在一起。与双锥工具相比,这种配置加快了钻井速度,在井底提供了更好的支撑,并减少了振动。在石油钻井市场上,尽管有大量的改型产品占据着主导地位,但休斯公司[现为贝克休斯(Baker Hughes)旗下的休斯克里斯滕森公司]仍是其主要的生产商,其全球市场份额约为 30%(Smil,2008)。紧随其后的分别是哈利伯顿公司、国民油井华高公司、斯伦贝谢公司和瓦雷尔国际公司。

20 世纪 70 年代末期出现的多晶金刚石复合片(PDC)钻头技术,是钻井领域一个明显的进步标志,它以锋利、高耐磨、能自锐的金刚石切削块作为切削元件,能在低钻压、高转速条件下工作,实现高钻速和长进尺。和牙轮钻头比较具有高的安全性,极大地提高了钻井效率(李勇和毛旭,2016)。经过近三十年的技术发展,开发了显著提升切削齿的抗研磨性和热稳定性的 PDC 复合片全角度脱钴技术、提高破岩效率和抗冲击性的复杂结构钻头设计技术、满足特殊地层破岩特性的个性化钻头设计技术、地层适应性更强的复合钻头设计技术等(杨金华和郭晓霞,2018),PDC 钻头逐步取代了牙轮钻头,在钻井提速降本中发挥着重要作用。近年来,85%以上的钻井进尺由 PDC 钻头完成,PDC 钻头已在石油钻头市场占据主导地位。

3. 钻井液

随着钻头技术的进步、钻井速度的提高,对清除岩屑的钻井液(俗称钻井泥浆)技术要求不断提高。1915 年《矿业杂志》上首次发表了两篇关于钻井液的论文,其中一篇是美国矿产局的报告,

首次论述了在水中加入黏土来提升清水的黏度以提高携岩效率，实现对岩层的孔隙进行封堵来解决漏失问题(蔡利山，2014)。1921年路易斯安那州的工程师特鲁德斯库在钻井时首次使用了铁矿粉作为加重材料来提升钻井液的密度，为解决石油钻井中经常发生的井喷事故找到了一条成功的路径，1926年特鲁德斯库还发明了用重晶石粉末作为加重材料。上述两种材料到目前为止还是石油钻井中主要的加重材料。

早期的钻井液存在两大问题，一是失水率高，当钻遇泥页岩地层会发生地层膨胀而造成井眼垮塌；二是固相含量高易产生钻具黏卡事故。为解决上述问题，1928年膨润土作为钻井液添加剂投入应用，1941年淀粉被用作钻井液添加剂，这两种添加剂的应用有效地解决了水敏性地层的垮塌和固相沉淀问题。20世纪40年代又开发了石灰石、羟甲基纤维素等非常有效的抗失水材料。50年代以来，随着有机和无机化工工业的发展，钻井液材料发展更快，形成了甲基、磺化、油基、泡沫等多个钻井液体系，解决了地层高温、高压、漏失、膨胀、低压及产出物有毒、有害等问题。

20世纪30年代出现了专门的泥浆工程师，钻井液技术开始成为一门学科，钻井液成本通常占钻井总成本的5%～10%。1936年出现了钻井液性能检测设备。不仅能检测钻井液的密度和黏度，而且出现了便携式失水仪、固相含量检测仪和切力检测仪等。钻井液技术的进步和使用确保了钻头降温、井眼稳定和持续、高效携岩，进一步提高了钻井技术能力。

4. 固井技术

早期的油井大部分是裸眼完井，油井投产后很快就会由于井眼垮塌而造成油井报废，这一时期油井的工作寿命非常短。为了延长油井的生产寿命，1903年有人尝试将带有孔眼的金属管柱下入油井中使油井的生产寿命得到了延长，但由于井眼垮塌和套管环空不密封等问题使油井的使用寿命进一步提高受限。这时人们发明了在新钻的油井中下入金属套管并对金属套管与井眼之间环空用水泥进行封固，同时使用射孔技术射穿套管，保证油层和井筒之间连通而实现采油。1919年，固井技术的发明人哈利伯顿在俄克拉何马州创立了专门从事固井服务的公司，并在1922年发明了新型射流式水泥搅拌技术，并申请了发明专利。该项技术的实施可保证注水泥作业时能实时、连续调配等密度的水泥浆，它的应用使油井固井质量得到了大幅度提升，同时油井的平均使用寿命也延长到了数十年。最终，哈利伯顿公司成为世界上最大的油田服务企业之一，业务不断扩大，除固井服务外，还为油田提供测井、完井和钻头租赁服务。

5. 水平井技术

20世纪20年代中期，俄克拉何马州早期钻井人员钻出了许多明显偏离垂直方向的探井。这一无意偏离垂直方向的问题却最终引领了定向井技术、水平井技术的发展。1929年在得克萨斯州钻出了第一口短位移水平井；苏联1937年钻出了第一口短位移水平井。20世纪40年代早期，Eastman和Zublin在加利福尼亚州设计并使用了第一个短半径(6～9m)造斜钻井工具。这些试验证实该新技术是可行的，但高昂的成本影响了商业应用前景。直到70年代末，在北美和欧洲才开始对水平井技术感兴趣。在80年代，水平井技术具备了商业应用价值，北美石油公司共钻了300多口水平井。但在90年代完成的水平井数量增加了10倍。世界上最长的水平井是英国石油公司在英国多塞特郡的维奇法姆(Wyth Farm)M-11井，于1998年仅用173天时间完井，在普尔湾开采了10658m(垂直高度仅1605m)的油藏。这口井的长度远远超过了最深的商业直井。水平井在砂岩储层和低渗透层中开辟了新的生产前景(Smil，2008)。

20世纪90年代，随钻测井(LWD)和随钻地震(SWD)等先进的井筒测量技术不断投入使用，提高了钻遇地层的预判、识别和目的地层的钻遇率。这些新的井筒测量技术配合前期的水平井和定向井钻井技术，进而发展形成了大位移井和复杂结构井钻井技术。

随着旋转钻机、刚性钻具、钻井液、钻头、套管和固井完井技术的不断进步，钻井效率不断提高，人们开始向更深层的储层寻找石油，钻井作业最大深度和平均深度都稳步增加。在美国，平均钻井深度从1860～1966年逐渐增加，早期为300ft，1900年达到1000ft，1927年平均井深2976ft，1966年超过6000ft。1938～1964年，美国累计探井数达到246872口（图3-33）（Hubbert，1967）。旋转钻机打出的钻井最大深度从1895年的300m增加到1916年的1500m，1930年则达到了3000m，1938年最深的钻井为4500m，到了1950年这一数字超过了6000m。钻探进入了超深范围，那里通常是高温、高压、高度腐蚀性的环境，这给钻探行业带来了新的挑战。这些钻井多数位于俄克拉何马州的阿纳达科（Anadarko）盆地，1974年，当地钻井深度突破了9km（Smil，2008）。

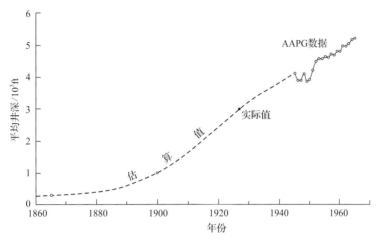

图 3-33 1860～1966 年美国探井的平均井深（据 Hubbert，1967）

通过对 IHS 数据库 28545 个油气田首口发现井的井底深度统计可以看出，钻井深度也是逐渐增加。在 1900 年前，井深主要在 500m 以内，1920 年达到 2000m 左右，1950 年达到 3000m，1980 年以来绝大部分探井深度在 6000m 以内，2000 年以来部分探井深度超过 6000m，极少量的探井超过了 10km。目前世界上最深的井在 2022 年钻成，位于阿布扎比海上扎库姆油田的 UZ-672 油井，井深达到 15240m，这口井是世界上钻探最深的油井。1960～2020 年，全球主体井深还是在 3000m 左右（图 3-34）。

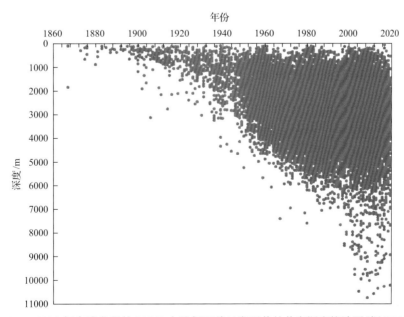

图 3-34 1860～2020 年全球发现的 28545 个油气田首口发现井的井底深度统计图（据 IHS 数据编制）

（三）海洋钻井技术

在陆上钻井技术快速进步的同时，海洋钻井技术也在快速发展。第二次世界大战后，石油钻探行业最显著的技术进步中就包含有深海钻井技术。早期海上钻探只是陆地钻探的简单延伸。早在 1897 年，加利福尼亚州就在离海岸不远的木制码头上进行了第一次海上钻探。1920 年委内瑞拉在水深 3m 多的马拉开波湖利用木材制作的钻井平台钻井，并由此发现了一个大油田，这是人类历史上第一次在水中钻井并发现了石油（Smil，2008）。1922 年苏联在巴库油田附近的里海用栈桥进行海上钻井并获得成功。1936 年美国在墨西哥湾 13m 的近海水深完成了真正意义上的第一口海洋钻井，并于 1938 年建成了世界上最早的海洋油田。20 世纪 40～60 年代，随着焊接技术和钢铁工业的发展，相继出现了钢质固定平台、坐底式平台、自升式平台等钻井装置，使海上油气开采扩大到水深超过 30m 的海域。

1947 年，科麦奇公司在墨西哥湾水深 6m 的地方打出了第一口油井，即"科麦奇 16 号油井"（Kermac 16）。从此海上钻探成为一股潮流，从墨西哥湾延伸到加利福尼亚，再到更远的马拉开波湖和巴西沿海水域；钻探工具也从只适合浅海的小型半潜式钻井装置发展到各种钻井船和半潜式钻井平台。1949 年，Hayward 将一艘半潜式钻井船和一个桩承平台组合起来，建造了世界首座半潜式钻井平台，并将其命名为"布雷顿 20 号钻机"。该钻井平台钻出 19 口油井，后于 1950 年被科麦奇公司收购，并于 1953 年由 Laborde 打造形成更先进的"查理先生号"钻井平台。后来，海洋钻探公司与其他三家从事海洋钻探业务的龙头企业合并，成立越洋钻探公司（Transocean），一跃成为世界海洋工程领域领导者（Smil，2008）。

1954 年，世界首座自升式钻井平台"海上 51 号钻机"投入运营。1950 年出现的移动式海洋钻井装置，大大提高了钻井效率（Smil，2008）。20 世纪 60 年代后（Akimova，2019），随着电子计算机技术和造船、机械工业的发展，建成各种大型复杂的海上钻井设施，促进了海上油气开采的迅速发展。1961 年，壳牌石油公司率先在墨西哥湾安装了一座半潜式钻井平台"蓝海 1 号"。之后，墨西哥湾迅速出现了大量设计迥异的半潜式钻井平台。20 世纪 70 年代，越洋钻探公司推出了"发现者级"钻井船，这些钻井船在其运行过程中多次创造了新纪录。到 2000 年，第五代"发现者级"钻井船可以在水深 3000m 的海域钻井。到 2006 年底，全球大约有 650 座海上可移动钻井船，其中超过 20% 分布在美国（Smil，2008）。2017 年 6 月，由中国制造的半潜式钻井平台"蓝鲸 2 号"投入使用，最大作业水深达 3658m，最大钻井深度达 15250m。

1941 年以来海上钻井水深不断增加（图 3-35），累计发现了 8084 个油气田。目前世界上有近千座海上石油钻井平台遍及世界各大洋，已钻成各类油气井 19000 余口，作业水深超过了 3000m。

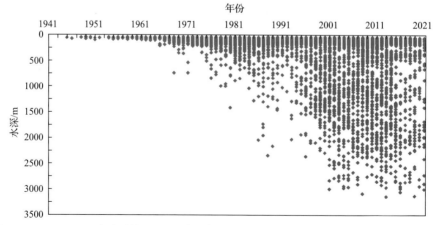

图 3-35　1941～2021 年全球海上 8084 个油气田首口发现井的水深统计图（据 IHS 数据编制）

2013 年由越洋钻探公司完钻的 1-D-1 井，海床深度达 3174m(新木，2017)。2016 年年初，道达尔公司和埃克森美孚公司服务的"马士基冒险者号"钻井船在乌拉圭近海钻探，其水深达 3400m，由此创下了新的纪录。

深海钻探活动带来了良好的回报。在多个深水海域找到了若干个大型油气田，包括墨西哥湾(美国和墨西哥海域)、巴西近海、圭亚那、西非、东非、南非及东南亚深水油气田。

除了钻井平台技术快速发展外，海洋钻井装备、海洋钻井工艺方面因其工作环境的特殊性，也得到快速发展，如受海底泥线不稳固、浅层地质灾害、钻井液密度窄窗口、气体水合物等特殊难点影响，催生了海洋钻井特有的深水钻井技术，如喷射下导管技术、动态压井钻井技术、双梯度钻井技术、微流量控制钻井技术等。

(四)压裂酸化技术

1895 年，美国标准石油公司在俄亥俄州的一口油井中注入盐酸，这被认为是第一次酸化实施；1896 年 3 月，Frasch 获得第一个关于酸化方面的专利。1933 年，Wilson 申请使用盐酸和氢氟酸的专利；1933 年 5 月，哈里伯顿公司 Mcpherson 主导了第一次砂岩酸化试验(Roberts，1959)。随后碳酸盐岩和砂岩酸化均获得了快速发展。

压裂技术的发展晚于酸化。1947 年，美国标准石油公司在 Houghton 气田一口井中，对 4 个小层分别酸化并注入 3000gal[①]左右的凝固汽油，这被认为是第一次实施水力压裂(Montgomery and Smith，2010)；1948 年，Clark 正式提出水力压裂工艺(Clark，1949)；1949 年，哈利伯顿公司申请压裂增产方法的专利并开始商务服务；1981 年，美国米切尔(Mitchell)能源公司在 Barnett 区域开始探索页岩气压裂技术(Lancaster et al.，1992)；1997～1998 年，页岩气滑溜水压裂技术获得重大突破(Walker et al.，1998；Grieser and Shelley，2006；Steward，2013)，随后美国页岩油气逐步实现商业开发。我国自 1955 年在玉门油田开始油井压裂试验、1958 年在四川开始气井酸化处理以来，压裂酸化技术已有六十多年历史(朱兆明和蒋阗，1984)。1991 年，我国鄯善油田开展了整体压裂；2000～2010 年，我国自主开展复杂岩性油藏深度酸压；2010～2020 年，我国自主开展水平井分段体积压裂；截至目前，已形成 3500m 中深层页岩气水平井"可溶桥塞+多簇射孔+滑溜水携砂"多级分段压裂技术。

压裂酸化技术在全球石油和天然气勘探开发中发挥着重要作用，助推实现了北美页岩油气革命。据不完全统计：2019～2020 年，美国页岩气(含致密气)年产约 $7300 \times 10^8 m^3$，占天然气总产量的 63%；致密油(含页岩油)年产约 $3.65 \times 10^8 t$，占原油总产量的 61%(张福祥等，2022)；我国非常规油气开采的各项技术也逐步趋于成熟，2020 年底产量接近 $0.7 \times 10^8 t$ 油当量(邹才能等，2021)。

进入 21 世纪以来，以大数据、云计算、物联网、区块链、人工智能五大技术为核心的数字技术快速发展，加速了钻井信息化及自动化钻井技术的发展(胡贵等，2021)，主要进展有 5 大方面：①高效能化钻井装备与工具不断涌现(王灵碧和葛云华，2015；叶海超，2018)；②可探视化钻井作业技术不断出现；③钻井工程数字化趋势愈加明显；④钻井作业自动化技术发展加速；⑤钻井智能化作业。

---

① 1gal=3.785411L。

第四章 油气勘探矿权的获取

除美国和加拿大的部分地区以外，大多数矿藏通常归国家所有。外国石油公司到资源国获得矿权是一个系统工程，除非资源前景不乐观或资源国自行选择公司，获取油气勘探矿权通常面临激烈竞争。在20世纪60年代产品分成合同出现前，勘探区块往往通过秘密交定金、私下谈判等方式从政府或者土地所有者手里获得。随着土地和油气矿权国有化，政府出台了石油法和基本的石油合同，对勘探区块的义务工作量、招标方式、政府分成比、政府/国家石油公司和外国石油公司之间的权利和义务进行了规定。政府往往给予本国国有石油公司优先选择权，如巴西政府在桑托斯盆地盐下区块招标时，巴西国家石油公司拥有优先选择区块和担任作业者的权利。

勘探区块的获取往往经历资料包购买、技术经济评价、尽职调查、投标和中标等过程，在这一过程中可能会因各种原因终止。鉴于勘探区块的高风险性，往往两个或多个公司成立联合体参与竞标，分担风险、共享收益。科学评价一个风险勘探区块是获得勘探大发现的前提和基础。自中国的石油公司实施"走出去"战略开始，一直没有停止对海外新项目评价方法的探索（童晓光和朱向东，1995；罗东坤和俞云柯，2002；金之钧等，2002），目前已经形成一套相对完整的技术经济评价方法体系，获得多个优质的勘探区块并取得重大发现。

第一节 勘探区块的分类

一个勘探区块是指油气勘探开发和投资回收的独立合同单元。故一个勘探区块就是一个勘探项目和一个独立的矿权。对一个勘探区块勘探程度的确定决定了究竟使用何种方法来开展评价，从而影响评估结果的精度和投资决策。因此，在获取一个勘探区块前，需要按照区块内已经完成地震和探井等工作量、油气显示或发现情况，同时考虑认识程度，对区块进行分类，并结合政府要求的最低义务工作量等因素，制定针对性评价方法。

一、以认识程度进行勘探项目的划分

一个独立的勘探合同区，往往有不同的勘探资料，如重力、磁力、电法和地震资料等，这些资料可能是资源国政府之前采集的，也可能是多用户资料；有的区块经历了一次或多次的勘探，前作业者采集了大量的资料，认为没有进一步勘探潜力后退出，并将资料退还给了资源国政府。因此，业内普遍以区块内资料和钻探程度为基础来进行勘探区块的分类，即是否有探井、单位面积内二维地震或三维地震资料覆盖程度、有无油气发现等，将勘探项目大体上划分为前沿、低勘探程度、中高勘探程度三种类型（潘源敦，1989；周庆凡，2003；武守诚，2005；Vining and Pickering，2010）。

这种以资料和钻探程度为标准的划分方法，更强调客观的资料因素，对"评价者"这个主体的认识较少涉及，总体上不能全面反映项目复杂性和认识程度。在实际项目评价中，在考虑区块资料情况的同时，更要关注资源国提供的资料包情况。一般情况下，资源国不会全部提供区块内已有的所有资料，这对评价人员提出了更高的要求，给区块的认识和潜力评价带来了很大的不确定性，也容易导致"赢家的诅咒"和"估值过高"。

在本书中，结合勘探新项目评价实践，以评价者资料获取和认识程度为核心，以关键成藏条件是否证实和资源量能否客观估算为主线，对不同勘探程度区块采用针对性的价值评估方法（表4-1）。这种划分原则，不再强调区块本身的资料条件和勘探发现情况，而是以评价者拥有资料后能够达到

的认识程度为纲，更加强调对区块地质条件的认识把握程度和"评价者"在评价中的作用。

表 4-1　以认识程度为核心的勘探区块划分

类别	基本地质条件知晓程度、圈闭刻画和资源量估算客观程度	主要评价方法
前沿勘探区块	盆地内无或有少量油气发现，区块内无油气发现。主力成藏组合与关键油气成藏条件尚不能完全得到证实，以区域类比、推测为主，综合认识程度低，无法开展资源量客观估算	采用专家特尔菲法对油气地质条件进行评估，并综合项目合同条款、战略契合度、最小义务工作量、所在区域基础设施、历史投入、市场情况、周边区块单桶储量价值、类似项目估值或类比交易情况等因素，分析项目的经济性，提出项目是否可行的建议
低勘探程度区块	盆地内有油气发现，区块内无油气发现。类比周边后，区块主力成藏组合，"生、储、盖、圈、运、保"等关键油气地质条件初步明确，在地震资料支持下，可以开展相对客观的资源量估算	①对于资源量首位度高的区块，一般对最大圈闭采用 EMV 方法开展经济评价，其他圈闭类比推算；②对于远景圈闭资源大小分布相对均衡、经济门限较低的区块，可采用折现现金流法，依托风险后远景资源量开展开发概念设计、投资估算和经济评价，EMV 方法作为补充
中—高勘探程度区块	区块内有一些油气发现或正试生产，基本油气地质条件清楚，有地震资料基础，远景圈闭刻画精度较高，可以开展较为客观的资源量估算	①对于中—高勘探程度区块，已有发现采用折现现金流法评价；②远景圈闭作为已有发现的后期稳产接替考虑，依托风险后资源量开展开发概念设计、估算投资，利用折现现金流法测算其经济效益；③当远景圈闭资源规模明显超过已发现油气田时，可对远景圈闭单独采用折现现金流法测算价值，EMV 方法作为补充

注：EMV 英文全称为 Expected Monetary Value，期望货币值。

（一）前沿勘探区块

前沿勘探区块是指盆地内没有或有少量油气发现，区块内无油气发现，主力成藏组合与"生、储、盖、圈、运、保"等关键油气成藏条件尚不能完全得到证实。研究评价以区域类比、推测为主，综合认识程度低，主要开展区块尺度的资源量类比估算，难以开展远景圈闭资源量具体计算，也不能开展区块价值量化评价。

前沿勘探区块一般面积较大，是最有希望取得勘探大发现的地区。圭亚那/苏里南、莫桑比克、南非、地中海等都是全球引人注目的前沿勘探区，发现多个巨型和大型油气田。如埃克森美孚公司在圭亚那海上 Stabroek 区块发现了 31 个油气田，勘探成功率达 52%[①]。圭亚那的巨大成功极大激发了外国投资者对邻国苏里南海上勘探的兴趣，2020 年苏里南也获得了多个重大油气发现。此外，以色列黎凡特(Levantine)盆地深水和非洲西南沿海盆地都是拥有巨大潜力的前沿盆地/区块，目前已持续获得大型发现[②]。壳牌公司和道达尔能源公司在纳米比亚奥兰治次地通过持续的勘探投入，发现了 Graff 和 Venus 大油气田(图 4-1 左上红圈)，可采储量当量分别为 1.32×10^8t 和 6.64×10^8t，证实了纳米比亚海域巨大的勘探潜力[③]。道达尔能源公司等国际大型石油公司在南非南部的 Outeniqua 盆地大面积获取深水勘探区块(图 4-1)，相继发现 Brulpadda 和 Luiperd 凝析气田，可采储量当量分别为 4600×10^4t 和 6300×10^4t，拉开了南非海域天然气大发现和商业化开发的序幕[④]。前沿勘探区块是国际石油公司获取低价优质储量最重要的方式，也是中小型石油公司快速成长实现价值增值最重要的途径。

（二）低勘探程度区块

是指盆地内有油气发现，但区块内无油气发现的区块。类比周边后，主力成藏组合及生、储、

① 来源：https://edin.ihsenergy.com/portal/search-Guyana.
② 来源：https://edin.ihsenergy.com/portal/search-Levantine Basin.
③ 来源：https://edin.ihsenergy.com/website/edin/arcgismap/sheet/.
④ 来源：https://edin.ihsenergy.com/portal/search-Namibia.

盖、圈、运、保等关键油气地质条件初步明确，在地震资料支持下，可以开展相对客观的资源量估算，并可以此为基础开展经济性初步分析。

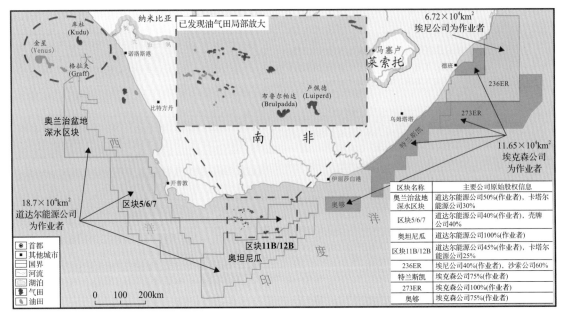

图 4-1　南非及纳米比亚海域各大型石油公司勘探区块与已发现油气田分布图

　　勘探程度低的区块一般面积较小，但也可以发现大型甚至巨型油气田，如哈萨克斯坦滨里海盆地的卡沙甘 (Kashagan) 区块 (图 4-2)。1997 年 11 月 18 日，埃尼公司 (14.3%)、埃克森美孚公司 (14.285%)、哈萨克斯坦里海陆架公司 Kazakhstancaspishelf [14.285%，"KCS JSC"，国有公司，1998 年转让全部股份给 INPEX 和 Philips Petroleum (现康菲石油)]、壳牌公司 (14.285%)、道达尔能源公司 (14.285%)、BG 集团公司 (14.285%)、碧辟公司和挪威国家石油公司 (14.285%) 组成财团 (北里海作业公司，NCOC)，与哈萨克斯坦政府签署了北里海产品分成协议 (简称 NCSPSA)，政府于 1997 年 11 月 25 日颁发第 1016 (GKI) (石油) 号许可证，北里海财团获准在哈萨克斯坦共和国领土内开展油气勘探和开发，该许可证于 1998 年 7 月 6 日取得司法部注册。

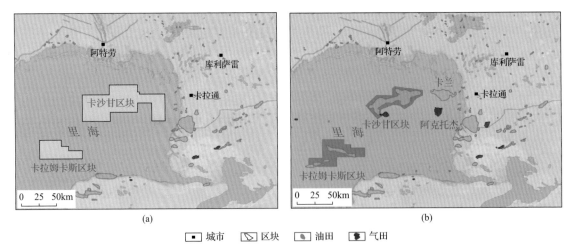

图 4-2　哈萨克斯坦滨里海盆地北部 1998 年之前 (a) 与 2022 年 (b) 发现油气田对比
(a) 1998 年之前滨里海盆地北部油气发现及卡沙甘区块位置；(b) 2022 年滨里海盆地北部油气发现及许可证范围

　　北里海产品分成协议许可在里海东北部水域内共有两个区块，北部的卡沙甘区块 4306km²，南部的卡沙甘区块 1274km²，合计 5580km²。经过勘探，北里海财团发现四个油气田，包括卡沙甘油田、卡拉姆卡斯海上油气田、卡兰油田及阿克托杰(Aktote)凝析气田，其中卡沙甘油田是全球范围内近 30 年发现的最大油田，原油地质储量为 $47.7 \times 10^8 t$。

(三)中—高勘探程度区块

中—高勘探程度的区块是指区块内或周边有一些油气发现或正式生产，区块基本油气地质条件清楚，有地震资料基础，远景圈闭刻画精度较高，可以开展较为客观的资源量估算，并可以此为基础开展价值量化评估。

中—高勘探程度区块一般面积小，发现大油气田的难度大，西方大型石油公司一般不太感兴趣。如哈萨克斯坦的滨里海中区块、南图尔盖盆地的 1057 区块等。此类区块内或者已经有油气发现，但被政府拿出来作为单独的开发区许可；或者区块内虽然没有油气发现，但区块的周边已经有油气发现或已开发油气田，如巴西桑托斯盆地的里贝拉和阿拉姆(Aram)区块、苏丹 1A 和 2A 区块等。本类区块的石油地质条件基本清楚，需要新的地震勘探技术和新的勘探思路才能发现新的油气储量。

阿塞拜疆沙赫德尼兹(意为国王之海)凝析气田就是在中—高勘探程度区块内发现的巨型气田。1996 年 10 月 17 日，碧辟-阿莫科(作业者，25.5%)及其合作伙伴挪威国家石油公司(25.5%)、阿塞拜疆国家石油公司(Socar，10%)、埃尔夫公司(Elf，10%)、卢克-阿吉普公司(Luk Agip，10%)、伊朗石油工业工程建设公司(Oil Industries Engineering and Construction，10%)、土耳其石油海外公司(Turkish Petroleum Overseas，9%)组成联合体(AIOC)，与阿塞拜疆政府签署了沙赫德尼兹区块的产量分成协议(PSA)。原始合同期三年，义务工作量包括海底调查、三维地震和 2 口探井等，如果申请一年延期，需要再钻 1 口井。区块面积 860km²，水深范围从西北 50m 到东南 600m 不等，区块周边已经发现了大量的油气田(图 4-3)。

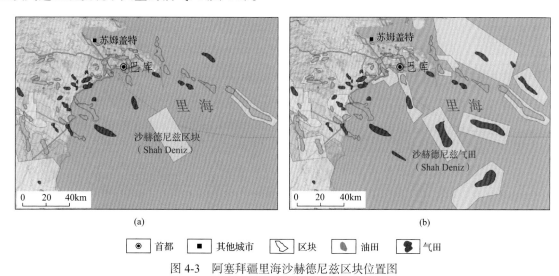

图 4-3　阿塞拜疆里海沙赫德尼兹区块位置图

(a)1998 年阿塞拜疆海域油气发现及区块情况；(b)2022 年阿塞拜疆海域油气发现及区块情况

早在 1954 年，阿塞拜疆地质学家就发现沙赫德尼兹构造，它位于南里海的深水大陆架上，巴库东南 70km 处。在多轮地震勘探的基础上，于 1983 提出了井位建议。但该地区被认为地层压力大，地质环境较不稳定。Socar 之前在该构造上钻了 SD-4 和 SD-6 两口井，这两口井已钻至 5500m，但未钻至目的层，并因经济和技术原因停钻。

1997 年，AIOC 与里海地球物理公司签订地震采集合同，使用 M/V Baki 船在区块内采集了 800km² 的三维地震，并开展海底地形图的测绘等海底地质调查，研究发现，该地区存在许多潜在地质风险，包括年轻的未固结沉积物和 12 个独立的泥火山，其中最大一个泥火山位于构造北部目的层之上，形成了一个超过 5km 宽的大型岩屑流。这些地质问题给钻井作业带来了很大挑战。1998 年，AIOC 在该构造的东北翼部署了第一口井——SDX-1 井，该井水深 135m，使用半潜式平台进行钻探。由于井架能力和井控设备的技术限制，无法钻至合同规定的深度并进行固井。1999 年，修复和升级后的钻机搬回井场，继续钻达 6316m 的目标深度，并在三个不同层位钻遇凝析气层，产层净厚度达 220m。1999 年 7 月 12 日，碧辟-阿莫科公司在阿塞拜疆宣布发现沙赫德尼兹大型凝析气田(图 4-3)。整体评价后证实，该气田天然气可采储量达到 $9623 \times 10^8 m^3$，凝析油可采储量 $1.86 \times 10^8 t$。2020 年天然气年产量超过了 $200 \times 10^8 m^3$。由此可以看出，沙赫德尼兹区块虽小，周边勘探程度也较高，但地质和工程的复杂情况导致前人失去了发现大油气田的机会。因此，在中—高勘探程度的区块，创新思维、认识新的目的层和坚持勘探十分关键。

二、以区块规模大小进行划分

在不同国家和地区，不同阶段划分出来的勘探区块大小不一。20 世纪上半叶，西方资本主义国家在其殖民地往往将整个国家作为一个勘探区块来签订矿税制合同。随着资源国的独立和对油气资源控制程度的增强，往往将盆地作为一个独立的勘探合同范围。20 世纪 60 年代，雪佛龙公司将当时的苏丹境内多个盆地纳入一个勘探合同，签署产品分成协议(阿彬，2004)。近年来，随着陆上勘探程度的提高，一般将一个盆地划分出若干区块，小的只有几百甚至几十平方千米。海上的区块往往面积较大。但随着勘探程度和多用户资料的增加，政府往往将区块划分得更小，这样可以多收取资料费、投标费和签字费等费用。按照区块规模大小可以划分国家级、盆地级、凹陷/拗陷级、区带级和目标(圈闭)级等区块。不同规模的区块勘探的成功率不同。据 Westwood Global Energy Group 2022 年数据[①]，2006～2015 年全球 121 个盆地、202 个成藏组合和 362 口风险探井的统计表明，盆地的成功率为 18%，成藏组合的成功率为 14%，而风险探井的成功率为 8%。

(一)国家范围级区块

在 20 世纪早期，一些宗主国在其殖民的国家大范围圈地，把一个国家范围当成一个矿权区。例如，1907 年英俄两国联手在波斯划定了势力范围，1909 年波斯恺加(Qajar)王朝国王阿尔丁·汗签署特许令，给予英波石油公司(Anglo-Persian Oil Company，英国石油公司前身)一项特权，允许其在 60 年内，在去除北方五省以外的波斯全境(图 4-4)，可以开发天然煤气和石油等产品，并可以运出和销售，波斯政府可以获得 2 万英镑现金和 2 万英镑股份及 16%的纯利[②]。类似情况还有法国在阿尔及利亚和尼日尔的早期矿权等。随着殖民国家的独立，这种国家范围的区块越来越小。目前基本不存在将一个国家作为一个区块的情况。

(二)盆地级区块

盆地级区块往往由一个或多个沉积盆地构成，面积大，通常在某些国家油气勘探的初期签订此类合同。例如肯尼亚和埃塞俄比亚境内的东非裂谷系东支发育多个小型盆地，勘探程度均很低，前期仅有非常有限的工作量投入。2010 年前后签署的勘探合同通常涵盖一个或数个沉积盆地(图 4-5)。这类区块总体勘探程度低，风险大，但勘探潜力可能也很大。同时，因区块面积大，勘探的回旋余地也较大。

---

① 来源：https://www.westwoodenergy.com/reports/prospect-risk-and-benchmarking-using-wildcat.
② 来源：https://www.newworldencyclopedia.org/entry/Anglo-Iranian_Oil_Company.

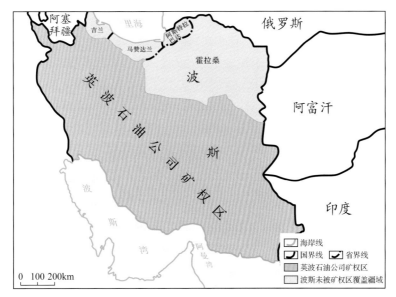

图 4-4　1909 年英波石油公司在波斯（现伊朗）的矿权范围[①]

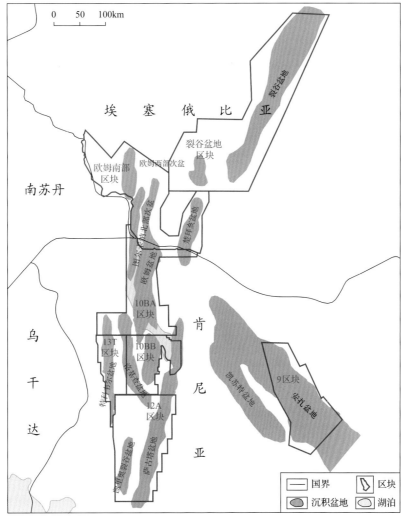

图 4-5　东非裂谷系东支区块与沉积盆地分布图

[①] 来源：https://www.qdl.qa/en/archive/81055/vdc_100028928519.0x00002d。

(三)凹陷/拗陷级区块

往往是在一个盆地内划分出几个勘探区块,如苏丹后来将穆格莱德盆地划分出 1、2、4、5、6区块,每个区块由一个或多个凹陷组成,面积在几千至几万平方千米。

(四)区带级区块

通常处于同一个凹陷内,面积一般小于几千平方千米,其内部可以包含一个或几个构造带。在勘探程度较高的陆上盆地,区块形状通常不规则,大多由前期区块退地区重新组合而成。在海域或勘探程度较低的盆地,往往以地理坐标为界限,划分为若干个长方形或正方形区域(图 4-6)作为基本的勘探单元。

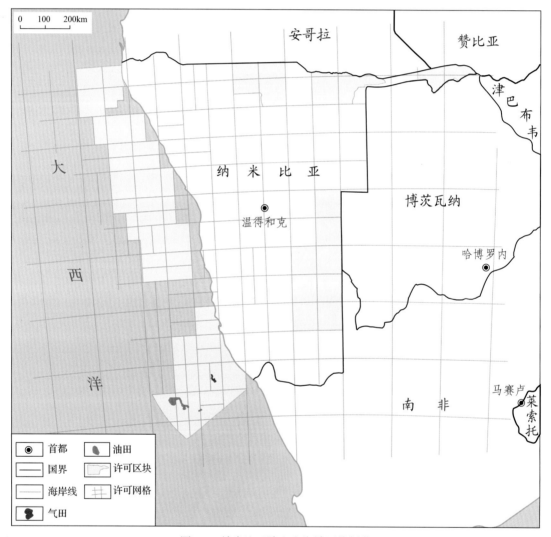

图 4-6　纳米比亚陆上和海域区块划分

(五)目标(圈闭)级区块

面积更小,通常存在于已有二维或三维地震甚至探井的富油气盆地内,一般为数十至数百平方千米,往往仅包含一个圈闭,如巴西桑托斯盆地盐下近几轮招标中,很多区块仅包含一个圈闭(图 4-7)。

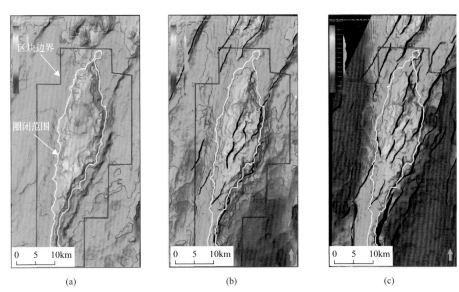

图 4-7 巴西桑托斯盆地第三轮招标 Peroba 区块与圈闭范围(区块面积 1076km²)

(a)盐岩底界(BVE 组顶部)深度构造图;(b)裂谷晚期 ITP 组顶部深度构造图;(c)裂谷中期 IPIC 组顶部深度构造图

三、以平面+层位进行划分

在有些国家,勘探区块边界不仅有地理边界的限制,有时还有层位的限制。如加拿大页岩气项目,作业者只能勘探开发特定层系,其他层系即使有发现,也归政府所有。在卡塔尔,前 Khuff 组 A 区块的勘探层系只能是 Khuff 组以下的地层,其他层系归政府或其他作业者所有,而 Al Shaheen 油田开发区也只能开发白垩系 Kharaib 和 Shuaiba 等层系的原油。这两个合同区虽然在平面上的展布范围与北方气田(Khuff 组为主力目的层)其他开发区块重合,但各合同区的勘探开发层位却有严格的区分(图 4-8)。

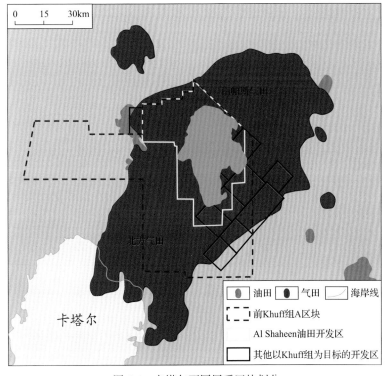

图 4-8 卡塔尔不同层系区块划分

四、在开发区块内的深层勘探义务

在某些开发区块，政府往往要求投标者对已有油层的下伏地层承担一定的勘探义务工作量，探索新的勘探领域。这一义务工作量有的可以通过浅层的原油生产来回收，有的只能通过深层的发现来回收，否则勘探投资将沉没。如伊拉克哈法亚项目的服务合同，要求合同者必须完成一口探井的义务工作量。

第二节　勘探新区块的获取

世界油气资源分布和消费的不均衡性、各国的油气安全和供应的多元化需要、石油公司追求利润的最大化、寻求储量接替保持公司可持续发展，都是开展国际油气勘探的主要驱动力。石油地质理论的发展和勘探开发技术的进步也为深水和非常规油气资源勘探开发打开了一个全新的领域。

统计表明,储量的发现成本(2 美元/bbl 左右)要远小于储量的购买成本(5~20 美元/bbl) (图 4-9)。因此，直接获得风险区块发现规模储量是最佳的创效路径。过去 100 多年，国际大型石油公司通过各种手段获得前沿勘探区块，引领全球新区勘探发现。近 30 年来，大量独立石油公司和少数组织严密的小公司联合起来组成了大联合体，他们擅长在条件艰苦的新勘探区寻找独立的勘探区块，也取得了不少的发现，甚至大发现。国家石油公司的崛起，也成为世界油气勘探一道新的风景线。公开竞标和收并购是石油公司获取东道国(资源国)油气勘探区块的主要方式，也有少部分国家对部分区块选择非竞争性招标的方式。此外，国际石油公司之间也通过资产互换等方式快速获得新的勘探项目。

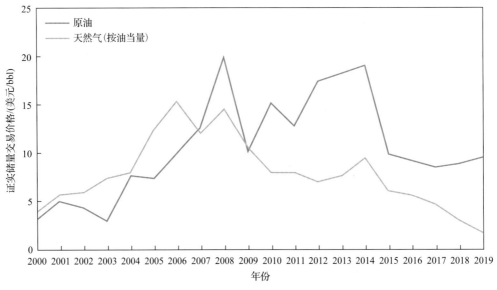

图 4-9　2000 年以来美国陆上原油和天然气证实储量交易价格变化

一、非竞争性招标

尽管当前竞标已经非常普遍，但由于种种原因，仍有部分国家在有些区块的发放中采用双边谈判形式。其中，有些国家依据"先来先得标"的原则，向已经有区块的公司继续发放区块。这就排除了竞争性申请的可能性。在如何确定申请公司的优先权方面，有各种不同的原则和方法(陈会鑫和 Susan，2001)。

有些油气法明确规定，一旦接受了一份有效申请，政府就不能再考虑任何其他的申请。对于已接受的申请，将按其自身的价值予以取舍。在这类区块发放制度中，将会依次考虑第二份和第三份申请。巴布亚新几内亚就长期使用着这样的制度。在秘鲁，有时也会对"非轮次招标"的地区采用这种程序。

另一种做法是资源国政府按照某种谈判合同前的安排，向任一家对所提供区块有兴趣的公司提供独家谈判权，如果在规定期限内双方无法达成协议，政府就可以考虑另一家公司。

如对中东某区块，合同者与资源国国家石油公司进行长达一个月的技术交流和商务谈判，对勘探部署方案、技术难点逐一进行讨论和论证。经过艰苦的努力和技术攻关，双方最终达成协议，将前期的 9 口探井和评价井工作量，调整为 2 口探井、1 口评价井和 1 口非常规探井义务工作量。

非竞争性招标也存在一些缺点，一是由于筛选了第一个申请者，政府就有失去其他竞争者可能提供的好处的风险；二是在实际操作中难以有序管理，容易产生不公正和权力过大引发的腐败问题。总体而言，随着全球勘探开发竞争形势的进一步加剧，非竞争性招标的区块已经较为少见。

二、竞标

竞标/竞拍的历史已经延续数千年之久，但直到 20 世纪 60 年代才真正用经济学理论来对拍卖进行研究。在美国、加拿大和委内瑞拉这样的国际性勘探区块中，经常采用秘密交定金式投标(Rose，2001)。资源国在授予勘探区块时，不同政府有着不同目的。有些政府采用预付款或高额生产费的方法寻求短期的利益最大化，另一些则寻求工作总量最大化，还有一些政府则希望通过潜在和已有的油气发现获得最大的经济地租。政府往往在邀标书中明确要求石油公司在投标书中承诺一项或多项支付金额或义务工作量，这些条件将成为选择中标者的基础。根据资源国政府采取的公开招标方式和要求的投标要素，可以将竞标划分为最低义务工作量/投资式、签字费、政府分成比和 K 值式竞标等。

总体而言，勘探开发程度较低的国家一般会给予义务工作量较大的权重，吸引投资方开展地震采集、钻井和技术研究工作。勘探开发程度较高或油气产业相对发达的国家会赋予签字费较高的权重，更注重签字费、矿税比率或产量分成比率等政府直接所得。而在中东等国家，其将油气资源作为核心国家利益，倾向采用技术服务合同或回购合同，在不出让资源所有权的前提下，尽可能有效利用投资者的资金、技术和人才(王建，2021)。

竞标又可分为轮次招标和竞争性申请两类。其中轮次招标有具体的区块和确定的期限，石油公司可以在这一期限内研究相关资料并准备投标。资源国政府要制定招标的相关条件，特别是要制定选择中标公司的标准。典型的轮次招标是向公众公开的，并大力宣传以鼓励尽可能多的公司参与投标。但也有一些不公开的轮次招标，由政府挑选参与投标的公司。

竞争性招标程序也可以不采用轮次招标形式。有些国家所实行的公开招标制度仍含有竞争因素。在那些国家，石油公司任何时间均可自由申请开放的区块，一旦申请获得登记，那么资源国政府就有义务在一定期限内征集竞争性申请书。例如在丹麦(公开招标区块)、法国和意大利等欧盟国家，期限为 90 天。之后，政府可以自由选择有优势的申请者。在巴基斯坦等国，最早递交申请的公司有机会对比其他竞争者的申请条件(陈会鑫和 Susan，2001)。

(一)最低义务工作量/投资

资源国政府在勘探区块划分的基础上，要求投标者就每个区块提交计划承担的最低义务工作量，总体而言是最低义务工作量和投资高者中标。针对二维和三维地震、探井和评价井的工作量，有时采取一个公式进行计算得到一个综合值，基于这一综合值，谁高谁中标。一般采取当场开标的方式，也有部分国家推迟一段时间公布评价和授标结果。

1. 勘探义务工作量

巴西石油管理局在陆上矿税制合同勘探区块招标时，以本竞标者和所有潜在竞标者提供的各项参数最高值的比例为基准计算分项得分，采用签字费和工作量加权法来进行评价，得分高者中标。

(1)签字费。竞标者提交的签字费不能低于政府要求的最低签字费要求，否则不能投标。对于需要"A"级作业者的区块，最低签字费为25万雷亚尔，对于需要"B"级作业者的区块，最低签字费为17万雷亚尔；对于需要"C"级作业者的区块，最低签字费为8.5万雷亚尔。低于最低标值的投标将被取消资格。

$$得分 A=[(提供的签字费)/(提供的最高签字费)]×85$$

(2)勘探阶段购买当地商品和服务的承诺：勘探阶段竞标者根据矿税制合同承诺在当地购买商品和服务所占百分比。勘探阶段采购当地商品和服务的承诺不设最低投标值，但超过50%的承诺将被视为不超过50%。

$$得分 B=[(提供的当地购买商品和服务的百分比)/(提供的最高百分比值)]×3$$

(3)开发阶段获得本地商品服务的承诺：开发阶段作业者根据矿税制合同承诺的在当地购买商品和服务所占百分比。开发阶段采购当地商品和服务的承诺不设最低投标值，但超过70%的承诺将被视为不超过70%。

$$得分 C=[(提供的当地购买商品和服务的百分比)/(提供的最高百分比值)]×12$$

$$最终得分=得分 A+得分 B+得分 C$$

得分将计算到小数点后5位，忽略小数点后第6位的值。最后的得分是A、B和C的总和，四舍五入到小数点后第四位。按分数由高到低的顺序进行，获得最高分数的投标者中标。

2. 最低勘探投资

莫桑比克第六轮招标为典型的最低勘探义务投资。2021年11月24日，莫桑比克能矿部发布了第六轮油气勘探开发特许经营权的公开招标信息，共涵盖16个区块，分布于安戈谢(Angoche)、赞比西(Zambeze)、萨韦维(Save)和鲁伍马盆地，合计面积约92000km^2(图4-10)。2021年11月开始，能矿部对拟投标的公司进行法律、财务、技术、安全及环保等方面的资质审查。2022年8月31日~11月11日，筛选出了在技术(最低工作量)、财务(对国家的经济贡献、对社会体制的扶持、对人力资源的培训)上条件更优的公司。此次招标石油局只收到6份标书，在对有效标书的评估完成后，公布了中标结果(表4-2)。可以看出，在全球新冠疫情引起的经济形势不利及能源转型大趋势的冲击下，西方五大巨头都没有参与，埃尼公司中标一个区块，中国海油中标5个区块，承诺的义务工作量和投资都不算高。

3. 工作量+免矿税油比例

邀请多家石油公司参加竞标是资源国政府经常采取的方式。如2004年1月26日，沙特阿拉伯石油和矿产资源部在现场公布鲁卜哈利盆地三个上游非伴生气勘探区块的招标结果(表4-3)，A和B区块的第一标比第二标高出一倍以上。其中，A区块授标给了俄罗斯卢克石油(Lukoil)公司，其分值为218.50，而第二标雪佛龙德士古(Chevron Texaco)公司分值为108.77。B区块授标给了中国石化，其分值为189.50，第二标雪佛龙德士古公司的分值仅93.77。而勘探面积较大的C区块，四家公司的打分结果相近，说明各家对风险的认识基本一致，最终授标给了埃尼-雷普索尔联合体。

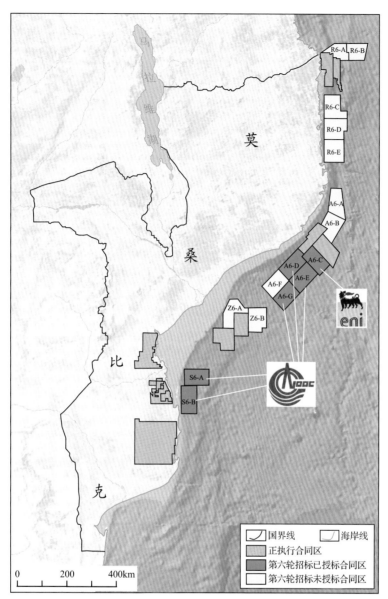

图 4-10　莫桑比克第六轮(2022 年)招标区块分布图

表 4-2　莫桑比克第六轮招标结果统计表

盆地	区块	面积/km²	第一勘探阶段/a	最低工作量		最低投资/万美元	莫桑比克国家油气公司持股比例/%	中标公司及持股比例
				三维地震/km²	探井/口			
安戈谢	A6-C	5600	3	4900		2990	40	埃尼公司(60%)
	A6-D	6300	4	6300		5990	20.5	中国海油(79.5%)
	A6-E	5400	4	3000		1400	20	中国海油(80%)
	A6-G	5300	4	5500	1	10350	20.5	中国海油(79.5%)
萨韦维	A6-A	5600	4	5600		10350	30	中国海油(70%)
	S6-B	5883	4	5900	1	5870	23	中国海油(77%)

表 4-3　2004 年 1 月 26 日沙特阿拉伯三个非伴生气勘探区块招标结果

区块	面积/km²	投标公司	钻井数/口	二维地震/km	资料价值/百万美元	免矿税凝析油/10⁶bbl	打分结果	排序
A	29900	卢克	9	8750	5	0	218.50	第一
		雪佛龙德士古		5050	5.1	75	108.77	第二
		中国石油	4	6000	5	0	107.50	第三
		中国石化	4	7000	5	30	105.50	第四
B	38800	中国石化	7	13000	5	30	189.50	第一
		雪佛龙德士古	5	5050	5.1	150	93.77	第二
		中国石油	2	6500	5	0	69.50	第三
C	52000	埃尼-雷普索尔	4	5000	5	0	103.50	第一
		雪佛龙德士古	5	5050	5.1	150	93.77	第二
		中国石油	3	7500	5	0	93.50	第三
		中国石化	3	6000	5	20	83.50	第四

注：分值的计算是根据工作量和免矿税凝析油的比例得到。

(二)政府分成比式竞标

2006 年，当巴西海域盐下发现卢拉(Lula，现称 Tupi)这一巨型油田后，巴西海上作为一个新兴潜力区域，引起国际石油界高度关注。缺乏资金的巴西政府果断于 2013 年对里贝拉区块进行第一轮对外招标，要求的签字费高达 70 亿美元(不包括后续投资)，要求的政府最低利润油分成比为 41.65%。最终巴西国家石油公司、壳牌公司、道达尔能源公司、中国石油、中国海油组成的联合体一举拿下里贝拉油田产品分成合同，巴西国家石油担任作业者(巴西政府的硬性规定，且持股比例不低于 40%)，五家合同伙伴的股比依次是 40%、20%、20%、10% 和 10%。由于缺乏竞争对手，该联合体最终以最低政府利润油分成比中标。

在第 2～5 轮招标过程中，除必须缴纳的高额签字费外，12 个中标区块中，10 个区块的竞标者以远高于政府设立的最低政府利润油分成比中标。如在第 2 轮萨宾霍(Sapinhoa)油田外延区块招标中，中标者提交的政府利润油分成比高达 80%，是政府设定的最低利润油分成比(10%)的 8 倍(表 4-4)。2016 年 2 月，巴西通过了新的《石油法案》，对外开放深海盐下石油勘探权。该法规定，巴西国家石油不再是盐下油气田唯一的作业者，且不必持股 30% 以上，这使第 4 轮和第 5 轮深海盐下油气区块招标活动吸引了包括埃克森公司、壳牌公司、碧辟公司等在内的诸多国际石油巨头，以及中国三大石油央企、雷普索尔公司、艾奎诺公司等十多家知名国际石油公司参与，为巴西政府带来创纪录的签字费和矿区使用费，以及大量投资和丰厚的未来产量分成。

2021 年 12 月，巴西国家能源政策委员会(CNPE)发布法令，指示巴西石油管理局(ANP)将未来上游招标的所有区块纳入永久提供方案(OPP)[①]，OPP 招标方式之前用于边际油田、退出区块及之前举行招标而未能授予的区块，且合同模式均为矿税制。此次法令扩大了 OPP 招标适用区块范围，除矿税制合同外，也适用于 PSC 合同的盐下区块。OPP 招标改变了之前由政府选定盐下区块、邀请石油公司进行单独 PSC 轮次的投标方式，而开始实行开放招标制度，即有意向的公司可以先提出感兴趣区块，政府再根据情况进行招标，以便提高招标成功率并加快合同授标进程，促进外国石油公司在巴西上游的投资，尽快将油气资源商业化。与传统的投标轮次一样，OPP 招标也

---

① 来源：https://www.mayerbrown.com/en/perspectives-events/publications/2022/01/permanent-offer-cnpe-publishes-resolutions-changing-bidding-rounds-system.

表 4-4　巴西盐下区块招投标情况统计

招标轮次	盆地	地区	区块名称	面积/km²	签字费/亿美元	成本回收上限/%	政府最低利润油分成比/%	投标者	投标的利润油分成比/%
第一轮(2013年)	桑托斯		里贝拉	1547.76	70	头两年50%，之后30%	41.65	巴西国家石油*(40%)、壳牌(20%)、道达尔公司(20%)、中国石油(10%)、中国海油(10%)	41.65
第二轮(2017年)			Carcara油田外延	312	9.26	50	22.08	挪威国家石油*(40%)、埃克森(40%)、葡萄牙石油公司(20%)	67.12
						未中标		壳牌(100%)	50.46
		SS-APU2	Gato Do Mato	128.8	0.31	80	11.53	壳牌(80%)、道达尔公司(20%)	11.53
			Sapinhoa油田外延	210.6	0.62	80	10.34	巴西国家石油*(45%)、壳牌(30%)、雷普索尔-中国石化合资公司(25%)	80.00
						未中标		巴西国家石油(30%)、碧辟(70%)	21.17
第三轮(2017年)	桑托斯	SS-AUP2	Peroba	1076	6.18	50	13.89	巴西国家石油*(40%)、中国石油(20%)、碧辟(40%)	76.96
								巴西国家石油(30%)、挪威国家石油(20%)、埃克森(50%)	65.64
						未中标		巴西国家石油(30%)、卡塔尔石油(20%)、壳牌(30%)、中国海油(20%)	61.07
	坎普斯	SS-AP1	Alto de Cabo Frio Oeste	1399	1.08	50	22.87	壳牌*(55%)、中国海油(20%)、卡塔尔石油(25%)	22.87
		SC-AP5	Alto de Cabo Frio Central	3672	1.54	50	21.38	巴西国家石油*(50%)、碧辟(50%)	75.86
						未中标		巴西国家石油(30%)、壳牌(30%)、卡塔尔石油(20%)、中国海油(20%)	46.41
			Pau Brasil		4.62	50	14.40	流标	
第四轮(2018年)	桑托斯	SS-APU2	Uirapuru	1333	6.88	80	22.18	巴西国家石油*(30%)、葡萄牙石油公司(14%)、艾奎诺(28%)、埃克森(28%)	75.49
						未中标		巴西国家石油(45%)、道达尔公司(20%)、碧辟(35%)	72.45
								巴西国家石油(30%)、卡塔尔石油(20%)、雪佛龙(20%)、壳牌(30%)	72.05
								巴西国家石油*(30%)、中国石油(30%)、中国海油(40%)	68.15
		SS-APU1	Tres Marias	821	0.26	80	8.32	巴西国家石油*(30%)、雪佛龙(30%)、壳牌(40%)	49.95
	坎普斯	SC-AP5	Dois Irmaos	1414	1.03	80	16.43	巴西国家石油*(45%)、艾奎诺(25%)、碧辟(30%)	16.43

续表

招标轮次	盆地	地区	区块名称	面积/km²	签字费/亿美元	成本回收上限/%	政府最低利润油分成比/%	投标者	投标的利润油分成比/%
第五轮(2018年)	桑托斯	SS-AUP1	Saturno	1100.19	7.44	80	17.54	壳牌*(50%)，雪佛龙(50%)	70.20
						未中标		埃克森(64%)，卡塔尔石油(36%)	42.49
		SS-AUP1	Tita	453.48	7.44	80	9.53	埃克森(64%)，卡塔尔石油(36%)	23.49
						未中标		壳牌(50%)，哥伦比亚国家石油公司(50%)	11.65
		SS-AUP2	Pau Brasil	1183.68	1.19	80	24.82	碧辟*(50%)，哥伦比亚国家石油公司(20%)，中国海油(30%)	63.79
						未中标		道达尔公司(40%)，中国石油(20%)，巴西国家石油(40%)	62.40
第六轮(2019年)	坎普斯	SC-AP5	Sudoeste DE Tartaruga Verde	127.15	0.17	80	10.01	巴西国家石油*(100%)	10.01
	桑托斯	SS-AP3	Aram	4475.68	12.3	80	29.96	巴西国家石油*(80%)，中国石油(20%)	29.96
TOR+(2019年)	桑托斯	SS-AP1	Buzios	852.21	165.2	80	23.24	巴西国家石油*(90%)，中国石油(5%)，中国海油(5%)	23.24
	桑托斯	SS-AP1	Itapu	146.71	0.4	80	18.15	巴西国家石油*(100%)	18.15
永久提供计划-OPP(2022年)	坎普斯	SC-AP4	Água Marinha	1300	0.123	80	13.23	巴西国家石油*(30%)，道达尔能源公司(30%)，米西亚石油(20%)，卡塔尔石油(20%)，马	42.40
								巴西国家石油*(60%)，壳牌(40%)	39.50
	坎普斯	SC-AP2	Norte de Brava	148	0.96	80	22.71	巴西国家石油*(100%)	61.71
								巴西国家石油*(30%)，艾奎诺(35%)，马米西亚石油(35%)	30.71
	桑托斯	SS-AUP5	Bumerangue	1119	0.166	80	5.66	碧辟*(100%)	5.90
	桑托斯	SS-AP2	Sudoeste de Sagitário	1036	0.62	80	21.3	巴西国家石油*(60%)，壳牌(40%)	25.00

注：签字费是根据投标时的巴西雷亚尔换算成的美元；Paul Brasil 区块在第三轮招标时，签字费 4.73 亿美元，最低利润油分成比为 14.4%。

*为作业者。

由 CNPE 预先确定投标技术和经济参数，发布招标日程表，感兴趣公司需要通过资格预审。

2022 年 1 月 11 日，巴西政府在官方公报上发布了具有利益声明和要约保证的招标区块信息，首轮 OPP 招标共计有 11 个区块，其中坎普斯盆地 4 个区块，桑托斯盆地 7 个区块。政府最低利润油分成比分布范围为 4.88%～22.71%，大部分区块利润油分成比低于 15%，区块最高签字费为 5.11 亿雷亚尔，最低仅为 705 万雷亚尔。共计 9 家公司获得 OPP 投标资质，中国石油公司未参与该轮招标。巴西国家石油公司于 2022 年 2 月 3 日向国家能源政策委员会表示，有兴趣在目前产品分成合同框架下，对 Água Marinha 和 Norte de Brava 区块行使 30% 的优先购买权，并担任作业者。2022 年 12 月 16 日，ANP 公布第一轮 OPP 招标结果，成功拍卖出 4 个区块，2 个区块位于坎普斯盆地（Norte de Brava 和 Água Marinha），2 个区块位于桑托斯盆地（Bumerangue 和 Sudoeste de Sagitário），其他 7 个区块则没有公司投标。Bumerangue 区块地质风险相对较高，但签字费和利润油分成比较低，因无其他竞争者参与，碧辟公司最终以略高于最低标准的出价赢得了该区块，重新开始其巴西盐下勘探活动。

从巴西各轮招标的结果可以看出，第 2 轮盐下区块的招标以来，竞争的激烈程度逐渐降低，各竞争者也都变得更加理性。在前期区块评价时，业内往往认为区块内下白垩统生物灰岩在全区发育，储层风险很低，油源条件好，上覆的巨厚盐层提供了优越的保存条件，圈闭的钻探成功率将会很高，对于发现巨型油气田非常有利。但在后续勘探活动中，各公司逐渐意识到地质情况和油气成藏规律的复杂性，针对具体区块，还需要考虑区块在盆地、凹陷和构造带的位置、沉积相和微相的发育与相变特征、是否存在盐盖层缺乏的风险、火山岩的发育时期和对储层和油藏的破坏作用及 CO_2 的影响等因素，对风险的考量也更加全面，因此利润油分成比等投标参数的设定也更加理性。

（三）投经济值

阿尔及利亚是区块招标投经济值的典型。2001 年，阿尔及利亚推出的新型合同模式，其既不同于 PSA，也不同于回购合同，而是要求合同者在合理收益率的前提下，通过合理的技术和经济方案达到资源国政府和合同者双赢的目的。因此，在竞争激烈的情况下，要求合理的内部收益水平。

阿尔及利亚的石油合同是一位数学家设计的，非常烦琐，对投资者也非常不利。要求投资者的分成比（P_i）通过一个公式进行计算：

$$P_i = Ka - b$$

式中，K 为 IOC 的投标值，为大于 0 小于 1 的数值；a 因子为根据原油日产量的不同来决定合同者对于利润油享有的数量；b 因子（调节系数）是通过测算合同者累计收入与累计投资的比值来确定。

1. a 因子的计算

当月平均产量在 0～20000bbl/d 时，a 为 59%；在 20001～40000bbl/d 时，a 为 53%；在 40001～60000bbl/d 时，a 为 50%；$\geq$60000bbl 时，a 为 54%。当原油日产量达到更高水平时，产量高出的部分套用下一个台阶的产量调整比例，并以滑动比例计算。总之，当日产量提高时，资源国通过产量调整因子对合同者利润分成比进行控制，从而达到控制合同者整体收益的目的。

2. b 因子的计算

$$b = (0.17R_n - 1.02) \times 100\%$$

式中，$R_n = V_n / I_n$（V_n 为累计产值，I_n 为累计投资）。

若 $R_n \leq 6$，则 $b = 0$。

若 $R_n \geq 8$，则 $b=34\%$。

若 $6<R_n<8$，$b=(0.17R_n-1.02)\times 100\%$。

3. P_i 的计算

若 $R_n \leq 6$，则 $P_i=Ka$。

若 $R_n \geq 8$，则 $P_i=Ka-34\%$。

若 $6<R_n<8$，$P_i=Ka-b$。

要求投资者在投标时只投 K 值，K 值越低对资源国越有利。P_i 值决定了合同者的全部收入水平，随投标后 K 值的确定，合同者的收入计算就相对比较简单。鉴于 K 值为小于 1 的数值，因此 P_i 的值总体应小于 49%，即合同者最高获得分成原油量为总产量的 49%，该份额随产量提升、合同者累计回收情况递减。

2002 年 7 月 1 日在阿尔及利亚举行了第三轮勘探项目开标活动。本次开标为 10 个勘探区块，由 12 家公司联合组成的 7 个投标者，对 7 个区块投出 16 个标书(表 4-5)。中国石油参与了 325a-329 和 352a-353 两个区块的投标。

表 4-5　阿尔及利亚第三轮勘探项目开标结果

区块名称	投标公司	投标的 K 值	结果
108-128b			
325a-329 (Timimoun)	(3)中国石油 (7)雷索普尔/莱茵集团油气公司/爱迪生 (9)道达尔-菲纳-埃尔夫/西班牙石油集团	0.940 0.999 0.830	道达尔-菲纳-埃尔夫/西班牙石油集团 (K=0.830)
352a-353 (SBAA)	(2)中国石油 (6)雷索普尔/莱茵集团油气公司/爱迪生 (11)道达尔-菲纳-埃尔夫/西班牙石油集团 (15)法国燃气集团	0.920 0.930 0.995 0.774	法国燃气集团 (K=0.774)
351c-352c (Reggane)	(4)雷索普尔/莱茵集团油气公司/爱迪生 (10)道达尔-菲纳-埃尔夫/西班牙石油集团 (14)法国燃气集团(废标)	0.939 0.990 0.985	雷索普尔/莱茵集团油气公司/爱迪生 (K=0.939)
403c/e	(1)阿纳达科/马士基	0.990	阿纳达科/马士基 (K=0.990)
407b			
424a-443a			
433a-416b	(16)越南公司	0.881	越南公司 (K=0.881)
226-229b	(8)道达尔-菲纳-埃尔夫/雷索普尔 (13)土耳其公司	0.890 0.825	土耳其公司 (K=0.825)
242	(5)雷索普尔 (12)土耳其公司	0.959 0.848	土耳其公司 (K=0.848)

注：①序号(1)至(16)为开标顺序。

4. 开标结果分析

从以上开标结果可以看出，本次开标结果公平公正。投标公司对于 325a-329、352a-353 和 351c-352c 三个勘探项目都比较感兴趣，且竞争激烈。CNPC 参与的 325a-329 和 352a-353 项目与欧洲油气公司竞争激烈，其中 325a-329 中标 K 值为 0.830，352a-353 中标 K 值为 0.774。

总体而言，新型的合同模式要求双赢。IOC 在生产经营过程中，应充分利用自身的技术优势和经济优势，减少钻井、地面建设和生产过程中的措施作业投资成本，同时降低经营过程中的生产成本和管理费用等。只有通过以上措施使合同者每年的实际支出减少，同时降低了现金流出，这样在保证收入不变前提下，提高合同者的收益水平。

在特殊产品分成合同模式中，一味地增加产量，不一定带来合同者在项目中整体效益的直线增加。由于产量增加相应投资增加，这对合同者在项目中前几年的收入水平快速扩大，从而缩短投资回收期，当累计收入达到累计投资一定比例时，b 因子提前启动，合同者分成比例降低。经测算，产量变化与合同者收益率存在一定的关系，这个变化关系在一定范围内为正向变化，但超出这个范围则对合同者收益水平产生负面影响。因此，优选技术方案，有效控制投资节奏，使合同者累计收入和累计投资的比值增长放缓，尽量推迟 b 因子启动，使 IOC 效益最大化。

根据中方的测算，欧洲道达尔-菲纳-埃尔夫/西班牙石油集团联合公司中标的 TIMIMOUN 项目和法国燃气集团公司中标的 SBAA 项目，其追求的内部收益率均在 12% 左右。中标之后，预计这些公司将充分利用现有油气田和欧洲市场的优势，进一步提高项目的收益水平。

在投标公司中，联合公司较多，分别为雷索普尔/莱茵集团油气公司/爱迪生联合公司、道达尔-菲纳-埃尔夫/西班牙石油集团联合公司、阿纳达科/马士基联合公司和道达尔-菲纳-埃尔夫/雷索普尔联合公司，并且分别有一个区块中标，达到收益共享风险分担的目的。

欧洲的雷索普尔/莱茵集团油气公司/爱迪生联合公司、道达尔-菲纳-埃尔夫/西班牙石油集团联合公司和法国燃气集团公司在 325a-329、352a-353 和 351c-352c 区块上相互不撞车，一家公司中标，另外公司标值很高。种种迹象表明，这些公司在投标前可能已经相互通气，在投标中相互配合，达到互赢的目的。

雷索普尔/莱茵集团油气公司/爱迪生联合公司、道达尔-菲纳-埃尔夫/西班牙石油集团联合公司和法国燃气集团公司在投标中相互配合，充分利用和占有阿尔及利亚天然气资源和欧洲稳定的天然气市场的优势，来阻止其他外国公司进入阿尔及利亚，达到共同分享阿尔及利亚天然气资源的目的。

欧洲石油天然气公司均对阿尔及利亚的石油天然气资源进行联合性控制，在中标以后形成联合作业公司，依托老项目，开拓新项目，提高项目收益水平，保证欧洲能源供应的稳定性。

三、收并购

收并购活动往往是一个公司发展战略与管理层意志的重要外在体现，主要包括公司合并、资产收购、股权收购等形式，其主要意义通常为以较低的价格购入资产以扩大业务规模，产生协同效应，实现多元化经营及适时进入新行业等。与之对应的是资产剥离，两者的结合被称为主动投资组合管理（active portfolio management）。收并购（merger and acquisition）是石油公司快速扩大上游优质在产项目规模的重要途径。国际石油巨头围绕各自公司发展战略，将收并购目标聚焦在资源潜力大、开发成本低且生命周期长的油气项目上，不断扩大优质油气资产规模，持续完善全球布局、优化经营资产组合和发挥协同效应。从行业的发展历史看，勘探是石油公司提高资产储备成本最低的方式之一。国际石油公司十分重视收并购活动，很多公司通过在并购市场上的交易活动，以较小的代价获得优质勘探区块并专注于勘探作业，最终获得了重要突破。

过去 20 年，国际油价跌宕起伏，地缘环境复杂多变。据不完全统计，过去 20 年七大国际石油公司总交易额超过 11500 亿美元，交易量达 1583 笔（单笔交易大于 500 万美元），其中资产收并购 853 笔，交易额为 6850 亿美元，占总交易额的 59%；资产剥离交易 730 笔，交易额 4650 亿美元，占总交易额的 41%。从交易对象看，资产交易占比 66%，公司交易占比 34%。总体来看，平均交易规模为 7.3 亿美元。2021 年在全球能源转型及"欧佩克+"产量协议达成艰难等形势下，布伦特原油价格整体呈现震荡上涨态势，并达到 2014 年以来的最高水平，这有力推动了全球油气资源并购市场呈现"量价齐升"态势。油气行业上游收并购活动与国际油价变动呈现一定程度正关联，但交易略滞后于油价变化周期（图 4-11）。

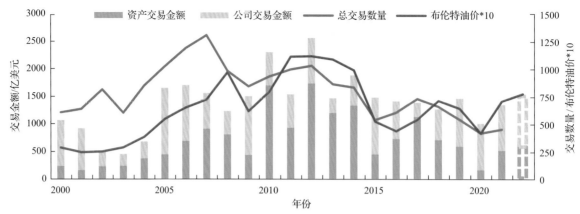

图 4-11　2000～2022 年全球上游收并购交易数量和交易金额统计(据 IHS 数据编制)

为便于展示，将布伦特油价乘以 10 倍

　　根据不同的分类标准，收并购可以分为不同类型。最常见的是基于收并购对象的不同，划分为股权收购和资产收购两类(李海容，2017)。也有划分为股权收购(stock acquisition)、资产收购(asset acquisition)和合并(merger)三种基本模式(任谷龙和韩利杰，2017)。IHS Markit 公司在统计收并购时一般分为两大类，即资产收购(asset acquisition)和公司收购(corporate acquisition)。本书将按照股权收购和资产收购两类来进行介绍，二者之间有比较大的差异(表 4-6)，具体采用哪种方式，则是根据资产的实际特点灵活掌握。

表 4-6　股权收购和资产收购的主要差异(据任谷龙和韩利杰，2017)

	资产收购	股权收购
并购标的	资产收购的标的是目标公司的特定资产，收购本身不影响目标公司股权结构	股权收购的标的是目标公司的股权，是目标公司股东层面的变动，并不直接影响目标公司的资产
交易主体	卖方作为目标公司，与买方签署资产购买协议	股权收购中，买方从目标公司现有股东中收购股权，或认购目标公司的新增发股权。有时买方直接和目标公司签订购买协议，目标公司承诺下一步去取得股东批准
资产和负债	资产购买方可以选择希望购买的资产与负债	股权购买方通过获得目标公司的股权间接承担资产和债务
尽职调查	一般仅涉及交易资产，无需对目标公司的股权进行详细的尽职调查	尽职调查范围很广，包括目标公司股权、资产、负债、合规、税务、保险等
资产的转让	资产收购中需要识别、列举需要转让的资产/债务，进行单项资产评估，而且每一资产/债务转让需要履行相应的手续(例如登记通知或第三方同意等)	股权收购需要查明目标公司的资产和债务，但不涉及单项资产/债务的转让变更手续
合同权益	资产收购中如果购买目标公司的合同权益，需要合同相对方同意	一般情况下，股权收购不影响目标公司的合同权益，无须合同相对方的同意。但如果相关合同对所有权变更情况有规定，按约定处理
目标公司持有的许可、授权	资产收购中，不一定可以转让给买方，可能需要重新申请或更新	除非许可、授权有所有权变更的条款，一般不受交易影响
股东批准	不一定需要目标公司的股东批准	可能需要股东批准，也受制于小股东的股东权益
董事会批准	一般需要	一般需要
成交所需政府的审批	适用反垄断、国家安全等审批。根据涉及的国家和行业，可能包括其他审批	适用反垄断、国家安全等审批。根据涉及的国家和行业，可能包括其他审批

续表

	资产收购	股权收购
员工问题	如果不涉及员工转移，仍由卖方继续承担义务。如果涉及员工转移，转移的员工和劳动关系、福利制度由买方承担	员工的劳动关系、福利制度不直接受交易影响，目标公司继续承担义务
目标公司的债务承担	资产收购完成后，目标公司的原有债务仍由目标公司承担，一般不由买方承担	股权收购完成后，股东应当在其股权范围内承担目标公司的债务
税务影响	资产收购交易中，历史税务风险一般属于出售资产的卖方，收购方一般不承担。相比股权收购，资产收购的整体税务成本较高。通常需要缴纳资本利得税、契税、流转税、印花税等。资产收购完成后，收购溢价将提升标的资产的账面价值/计税基础	股权收购中，历史税务风险仍然属于目标公司。买方可以选择通过达成赔偿条款要求卖方就历史税务风险导致的损失进行赔偿。相比资产收购，股权转让的整体税务成本较低。通常只需要缴纳资本利得税及印花税。股权收购完成后，收购溢价并不提升企业的资产账面价值/计税基础，从税务角度仅允许在企业股权再转让或整体清算时作为投资成本计算所得

（一）股权收购

股权收购是海外收购中最常见的一种方式，是买方以现金、股票或其他对价，向目标公司的股东购买其持有的目标公司的股权/股份，或认购目标公司的增资或增发的股份，以获取目标公司全部或部分股权/股份，进而取得目标公司控制权的行为。合并就是买方和目标公司在交易完成后成为一家公司。与资产收购的区别是，股权收购完成后，买方成为目标公司的母公司；资产收购完成后，买方获得目标公司的资产，与卖方公司各自独立存在。合并模式下，买方和目标公司根据适用法律成为一家公司(任谷龙和韩利杰，2017)。近30年来，全球发生了几十起大型跨境石油公司合并，如道达尔能源公司-菲纳-埃尔夫、碧辟-阿莫科-阿科、壳牌-BG等大型的合并。

1. 驱动力

快速增加储量和产量、协同效应和低碳发展是买方的主要驱动力，而经营不善、负债和/或公司战略调整是卖方的主要原因。2020年7月20日，雪佛龙与诺贝尔能源公司签署协议，以全股票形式收购对方，交易价格为144亿美元。具体交易包括雪佛龙发行5800万新股替代诺贝尔能源的股票，诺贝尔能源每1股换成雪佛龙0.1191股。根据雪佛龙公司2020年7月17日的收盘价计算，诺贝尔能源的总股权价为49.8亿美元，即每股10.38美元。该收购价较诺贝尔能源最后10天平均收盘价溢价12%。雪佛龙也将接手诺贝尔能源账面5.62亿美元的盈余和99.4亿美元的长期债务。

并购诺贝尔能源后，雪佛龙公司探明储量增加18%，其中1P储量(证实储量)2.8×10^8t，2P储量9.7×10^8t。1P储量价格4.72美元/bbl，远低于前几年的全球储量交易平均价格10美元/bbl的水平(窦立荣等，2020b)。2019年诺贝尔能源在美国本土的油气年产水平达到1763×10^4t油当量，其中，丹佛-朱尔斯堡(Denver-Julesburg)盆地为750×10^4t油当量(约70%液量)，二叠盆地为325×10^4t油当量(约80%液量)，鹰福特(Eagle Ford)盆地为274×10^4t油当量。并购诺贝尔能源后，未来雪佛龙公司在美国本土的油气产量将接近埃克森美孚公司(图4-12)。

诺贝尔能源在地中海地区的油气发现使雪佛龙成为地中海东部天然气资产的重要股东。雪佛龙将拥有以色列的Leviathan气田(权益39.66%，作业者)和Tamar气田(权益25%，作业者)，以及塞浦路斯的Aphrodite 1气田的权益。诺贝尔能源2019年在以色列的天然气产量为632×10^4m³/d，未来可达到6000×10^4m³/d。诺贝尔能源在非洲拥有的多个勘探和开发区块也将给雪佛龙带来新的勘探发现。在赤道几内亚的Alba等油田(权益33.75%)日产6800t，I区块(权益38%)和O区块(权益45%)油田也即将投产，这些油气田的投产将使雪佛龙大幅增加现金流，而这些热点地区的区块仍具有较大的勘探潜力。

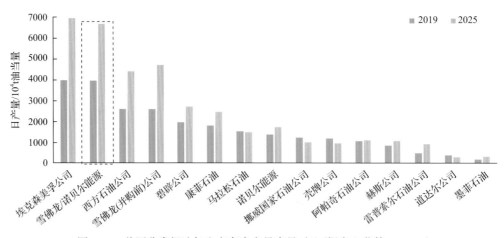

图 4-12　美国非常规油气生产商净产量当量对比(据窦立荣等，2020b)

雪佛龙公司和诺贝尔能源公司在多个地区优质资产毗邻，并购后的资产整合不仅增强雪佛龙公司油气资产在全球地域多样性和资本灵活性，也将带来很强的协同效应。雪佛龙公司预计，此次收购每年将产生 3 亿美元的税前协同效益。

诺贝尔能源公司在美国境内三大盆地的净勘探面积为 1874km²，其中丹佛-朱尔斯堡盆地 1360km²，二叠盆地 372km²，鹰福特盆地 142km²。在二叠盆地，诺贝尔能源公司运营着约 275 口井，雪佛龙公司运营近 800 口井，其中有 70 口位于诺贝尔能源公司油井附近。这些非常规资产的整合管理也将极大节约成本。诺贝尔能源公司还持有加拿大 4 个深水勘探区块的权益(碧辟公司担任作业者)，这些区块与雪佛龙公司的区块相邻。此外，诺贝尔能源公司在哥伦比亚拥有两个深水区块，在加蓬拥有一个深水区块。

雪佛龙公司是近年来行业低位周期时企业整合的最佳引领者。截至 2020 年一季度末，雪佛龙公司的净债务为 238 亿美元，公司的杠杆率为 14%，在五大巨头中最低，资本负债率在五大巨头中也最低(图 4-13)，也大大低于其他国际石油公司，此优势可以使其承受并购诺贝尔能源带来的有限债务。这笔交易仅相当于雪佛龙自身价值的 7%，交易规模远小于当初收购阿纳达科公司所需的 500 亿美元，因而不会影响公司的正常生产经营。

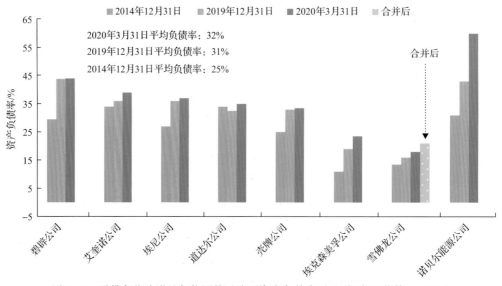

图 4-13　雪佛龙收购诺贝尔能源前后公司资产负债率对比(据窦立荣等，2020c)

2. 支付方式

除了传统的支付方式外，近期股权收购出现了两种新的支付方式。一是以股换股模式。雪佛龙公司以全股票形式收购诺贝尔能源公司，不发生现金交易，既克服现金流增加带来的短期压力，又为诺贝尔能源股东所持的股票未来价值提升创造了机会，是一种新的交易形式。二是预置前提的分期支付模式。道达尔能源公司收购图洛石油公司乌干达项目权益时，先支付 5 亿美元，剩余的 7500 万美元待政府批准交易后油价恢复到某一水平时再支付。卢克石油公司收购凯恩能源公司塞内加尔 Sangomar 油田股份时，先支付 3 亿美元给凯恩能源公司，然后待油价恢复和第一桶油生产出来时再支付 1 亿美元。道达尔能源公司和佩朗科公司的交易也是与布伦特油价挂钩的模式，交易价为 2.9 亿～3.5 亿美元，即先支付 2.9 亿美元，之后视布伦特油价情况最多再支付剩余的 6000 万美元（窦立荣等，2020c）。这些购股款分期支付方式的创新，减轻了买卖双方对油价的担心，不失为是一种"双赢"的模式。两种新的支付方式减少了诸多交易障碍，加速了交易进程。

(二) 资产收购

资产收购指企业得以支付现金、实物、有价证券、劳务或以债务免除的方式，有选择性地收购对方公司的全部或一部分资产（李伟民，2002）。通过这种方式，收购方可以确定收购资产的边界，避免承担目标公司原有的负债或风险。

1. 碧辟公司入股俄罗斯石油

2003 年碧辟公司投资约 80 亿美元与俄罗斯 AAR 财团共同成立了 TNK-BP 公司，双方各占股 50%；2006 年投资 10 亿美元收购俄罗斯石油 1.25%权益；2013 年以 TNK-BP 的股权入股俄罗斯石油，获得俄罗斯石油 18.5%的股权和 125 亿美元现金，此时碧辟公司占俄罗斯石油的权益达到 19.75%，由此获得俄罗斯石油董事会 2 个席位[1]。碧辟公司在俄罗斯拥有权益区块面积 $3.08 \times 10^4 km^2$，权益储量 $23.9 \times 10^8 t$ 油当量，2019 年权益产量达到高峰，为 $4953 \times 10^4 t$ 油当量（图 4-14）。这一合作方式不仅提升了碧辟公司在俄罗斯市场的地位，使碧辟公司获得俄罗斯北冰洋丰富油气资源的开采准入许可；而且两家公司都受益于更深入的战略和技术合作，同时扩大了双方进一步区块合资合作机会。碧辟公司与俄罗斯石油组建了三家合资企业：①2011 年组建 Taas Yuryakh

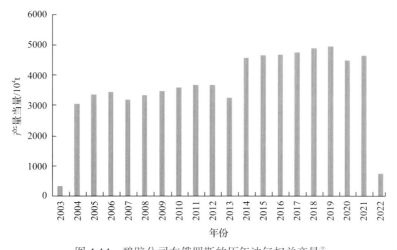

图 4-14 碧辟公司在俄罗斯的历年油气权益产量[2]

---

① 来源：http://finance.sina.com.cn/world/ozjj/20130321/231114913214.shtml.
② 来源：https://udt.woodmac.com/dv/.

公司，碧辟公司占股 20%，作业区块位于东西伯利亚，最高产量达到 1.36×10^4t/d。②2016 年组建 Yermak Neftegaz 公司，碧辟公司占股 49%，作业区块在西西伯利亚和叶尼塞 - 哈坦加(Yenisey-Khatanga)盆地，总面积约 26×10^4km²，为陆上勘探区块。③组建 Kharampur 项目合资公司，碧辟公司占股 49%。该项目塞诺曼阶油层正待开发，产量将超过 100×10^4m³/a；土伦阶油层还有较大上产潜力，产量可望翻倍。此外，双方同意发展天然气一揽子合作，计划在俄罗斯境内外共同实施天然气项目，重点是天然气勘探开发和 LNG 生产与销售。

2. 道达尔公司入股诺瓦泰克公司

道达尔公司 1991 年起在俄罗斯从事原油和成品油贸易业务，2011 年入股诺瓦泰克(Novatek)公司，并逐渐增股至 19.4%[①]。之后又先后另外入股亚马尔 LNG 项目(占股 20%)和北极-2 LNG 项目(占股 10%)[②]。站稳脚跟后，开展与俄罗斯其他伙伴合作，先后拥有 Termokarstovoye 项目 49% 的权益和 Kharyaga 项目 20% 的权益。道达尔公司在俄罗斯累计获得权益 2P 储量 9.97×10^8t 油当量，2021 年权益产量 2561×10^4t 油当量(图 4-15)。

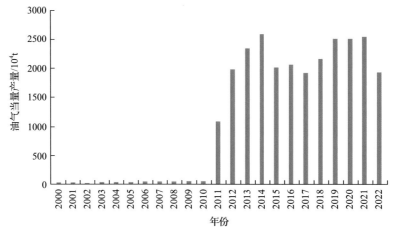

图 4-15　道达尔能源公司在俄罗斯的历年油气权益产量[③]

值得一提的是，道达尔能源公司携手诺瓦泰克公司在黎巴嫩从事海上勘探。2018 年 2 月，由道达尔公司牵头的联合体(道达尔 40%，埃尼 40%，诺瓦泰克 20%)与黎巴嫩政府签署海上 4 号和 9 号区块两个勘探开发协议[④]。这种将对方带向国际化、携手开启第三国合作的模式，有利于增进双方互利互信，培植长期、全面合作关系。这种手段在埃克森美孚公司与卡塔尔石油公司携手合作中体现得更加淋漓尽致。

四、资产交换

资产交换也是获得勘探区块和油气储量的一种重要方式。卡塔尔能源(时为 QatarPetroleum，2021 年更名)利用国内的 LNG 巨大生产能力，不断加强与国际大型石油公司的合作，通过资产交换或联合竞标的方式进入第三国。2008 年，当时卡塔尔能源收购了道达尔公司在毛里塔尼亚 Taoudeni 盆地两个区块的股份；2013 年，又收购了道达尔公司刚果(布)子公司 15% 的股份；2015 年因无发现而退出。这两次合作成就了双方此后一系列资产交易。作为弥补，2018～2021 年，卡塔尔能源陆续从道达尔公司手中获得了非洲和南美洲非常具有勘探前景的区块，特别是在南非和

---

① 来源：http://www.ccin.com.cn/detail/a2c243057507c377063f8b48a292117d.

② 来源：http://finance.sina.com.cn/money/future/nyzx/2021-04-30/doc-ikmxzfmk9810015.shtml.

③ 来源：https://udt.woodmac.com/dv/.

④ 来源：https://baijiahao.baidu.com/s?id=1591998070489301000&wfr=spider&for=pc.

纳米比亚获得多个巨大油气发现。其中，2022 年 2 月在纳米比亚的天然气发现是全球最大发现之一。目前，道达尔能源公司与卡塔尔能源已成为在非洲的投资共同体。

2022 年 6 月，埃尼公司与卡塔尔能源成立合资企业(埃尼公司持股 25%，卡塔尔能源持股 75%)，获得了卡塔尔北方气田东部项目(NFE)四条 LNG 生产线 12.5%的股份①，这是埃尼公司持续努力的结果。多年来，埃尼公司一直优化与卡塔尔能源合作的战略，旨在助其扩大在中东的业务，同时获得全球领先的 LNG 经营权。2018～2020 年，埃尼公司不仅与卡塔尔能源联合收购了墨西哥深水 24 号区块，还将墨西哥近海的 1 区及肯尼亚的海上区块部分权益出售给卡塔尔能源，使其在南美洲和非洲的权益不断增多，并与之成为在非洲和美洲的投资共同体。

此外，壳牌公司和埃克森美孚公司等其他国际石油公司也积极与卡塔尔能源发展在国际投资组合中的合作关系，分别邀请卡塔尔能源进入了其在埃及、塞浦路斯和纳米比亚的区块，从而换取卡塔尔 LNG 扩建项目的股份②。

第三节　新项目的技术-经济评价

在得到政府或出让方提供的勘探新项目资料后，首先要根据资料收集情况和对勘探区块的认识程度，采用专家讨论的方法，综合判定区块所属资产类型；不同类型的资产，地质分析和评价的重点应有所不同。分析研究的重点一般包括资源评价与勘探潜力、勘探部署方案等内容，勘探潜力与主力成藏组合识别是勘探新项目评价的核心。然后根据区块的潜力和可能的油气相态开展经济评价，为最终的决策提供依据。各石油公司都有自己的新项目筛选、评价团队，采用的技术-经济方法和流程尽管相似，但不完全相同，这也是各石油公司自己的商业秘密。这里简要介绍通用的方法和流程。

一、资源潜力评价

(一)周边尚未获得突破的前沿勘探区块

对于前沿勘探区块，要寻找合适的类比参考区，并就盆地类型、构造背景、构造和古地理演化、沉积体系发育、生储盖层发育特征等进行系统的类比分析，宏观上判断盆地是否存在有效含油气系统，采用类比法估算勘探潜力，初步明确主力成藏组合(童晓光等，2009)。在资料比较少的情况下，首先根据地震地层学/层序地层学、构造分析大致确定储层和盖层的发育层段，再利用测井信息和有限的岩心资料综合评价盆地储盖组合质量；结合烃源岩发育情况，确定盆地的主要成藏组合和主力勘探层系。主要成藏组合的判定是否准确，在很大程度上决定了盆地的勘探发现节奏，圭亚那-苏里南盆地上白垩统浊积砂体的突破，是这方面的典型。

埃克森公司早期在圭亚那-苏里南盆地的勘探也并非一帆风顺。1978 年以构造圈闭为目标，钻探了苏里南第一口深水探井 Demerara A2-1 井，但并未获得突破，之后埃克森公司放弃了在苏里南的许可证。直到 20 世纪 90 年代初才对圭亚那-苏里南盆地进行系统研究。当时，埃克森公司在南美洲北部、墨西哥和加勒比海进行了一系列区域研究，利用盆地演化分析来确定油气系统所需的关键要素。这项工作的高潮是 1995 年在圭亚那和苏里南开展的一项短期重点研究，主要利用 20 世纪 70 年代的少量二维地震和探井数据，以及新采集的重力数据，根据生物标志化合物和板块重建技术，建立了新的区域地质和深水勘探模型，绘制了烃源岩成熟度分布图和沉积环境

---

① 来源：https://baijiahao.baidu.com/s?id=1736436719622530593&wfr=spider&for=pc.

② 来源：https://www.africaintelligence.com/the-continent/2022/09/27/totalenergies-and-eni-barter-african-assets-to-enter-qatari-gas-market，109826489-eve.

图。该项目的研究结果表明：①根据洋壳的发育时间推断，盆地中应当发育塞诺曼-土伦阶烃源岩；②残余重力高点很可能是新近纪沉积物快速沉积的结果；③基于稀疏二维地震测线建立的新层序地层模型，推测盆地内应发育新生代—土伦期烃源相白垩系深水浊积砂岩；④侏罗纪时期相对的低热流将有利于侏罗系碎屑岩储层物性保持；⑤古近系沉积物的厚度足够大，能使烃源岩进入生油窗(Cotton et al.，2019)。这些研究成果直接促进了埃克森公司20世纪90年代末寻求重返圭亚那-苏里南盆地的决定和斯塔布鲁克区块的谈判与获取。

2015年3月，在区块的东南角钻Liza-1探井，同年5月，Liza-1井在上白垩统浊积砂岩成藏组合内获得世界级大发现(刘小兵和窦立荣，2023)。之后，勘探工作不断获得突破，在圭亚那海域已发现37个油气田，可采储量达到20.46×10^8t，推动圭亚那和苏里南深水成为近年来全球最炙手可热的勘探领域。

(二)周边已有发现的低勘探程度区块

对于周边已有发现的低勘探程度区块，盆地内的油气成藏条件已经基本证实，在评价时要充分利用好一手资料和文献数据，要对区块生储盖及其组合类型和特征开展详细的研究，结合周边油气发现、探井/评价井试油试采情况，明确盆地和区块内关键油气成藏因素，重点分析探井成功和失利原因，开展主要圈闭有效性分析，预测区块主要成藏风险。巴西盐下阿拉姆区块的勘探突破，是坚持超前研究，创新技术评价，详细剖析油区成藏主控因素，进而获得突破的典型实例。

中国石油新项目评价团队利用商业数据库等资料，长期持续研究，搞清了全球被动大陆边缘盆地结构差异与油气富集规律。其中，巴西东海岸桑托斯盆地属于含盐断拗型被动陆缘盆地，盐下大油田形成受三大因素控制：陆内裂谷期湖相烃源岩、陆间裂谷早期生物礁滩体和晚期蒸发盐岩优质盖层。结合已发现大油田的系统解剖，建立了拗间隆起和拗中断隆型两类孤立碳酸盐岩台地的地质模式，明确了其各自地震反射特征，为利用多用户地震数据快速识别评价目标区块奠定了基础。桑托斯盆地盐下油气富集、但探井商业成功率也只有27.5%，2017年中国石油参股中标的佩罗巴(Peroba)区块，在评价时预判CO_2含量为15%～30%，首口探井CO_2含量高达96%，远超评价预期。2019年11月，中国石油评价团队克服评价时间短、无第一手资料、CO_2预测难度大等困难，顶住合作伙伴投标前纷纷撤出、西方公司组成的其他投标体全部放弃投标的巨大压力，坚持自己判断，以合同者最高利润油分成比成功中标阿拉姆风险勘探区块。2022年11月10日，中国石油宣布，阿拉姆深水勘探区块获重大油气发现，首口探井——古拉绍-1井测试获得高产油流，成为中巴双方精诚合作、促进共同发展的最新成果[①]。

(三)中—高勘探程度区块

对于中—高勘探程度区块，根据资料条件，核实或复算已发现油气藏储量，重点是评价已知油气成藏组合，落实远景圈闭成藏条件，分析圈闭要素风险，估算圈闭风险前地质资源量及地质成功率，并根据资源量大小进行排序。预测可能的成藏组合，对新勘探领域做出判断。在已有成藏组合的勘探已趋于成熟的情况下，寻找新的成藏组合与勘探目标(尤其是深层目的层)是关键。在新认识的指导下解决勘探技术的瓶颈难题是前提。

伊朗波斯湾上的Iropco-Iropco 1号区块前作业者是美国的阿科公司。1966年1月，阿科公司部署钻探了F-1井，水深65m。该井钻遇厚层白垩系，完钻井深2316m，完钻层位为中侏罗统。

在 1567～1609m 的 Fahliyan 组测试获得日产 3.3t 的重油，重度为 12°API。之后阿科公司放弃了该区块。1967 年，伊朗国家石油公司(NIOC)钻探了第二口井 F-2 井，完钻井深 4075m，完钻层位为 Khuff 组。该井不仅证实了白垩系稠油层，并在上侏罗统阿拉伯/Surmeh 组发现了超稠油。伊朗国家石油公司通过三维地震和进一步的评价，最终证实该油田重油地质储量达到 19.94×10^8t，可采储量达到 3.58×10^8t，天然气可采储量达到 1790.26×10^8m³。

二、勘探部署方案

勘探部署是编制可研方案的一项主要内容。区块勘探潜力的证实，需要配套实施一定的勘探工作量。勘探部署方案设计的合理性，在一定程度上也决定了对区块未来潜力的判断。勘探部署要求综合考虑地质资源潜力、勘探期和义务工作量要求、油气市场预测、现有技术储备及资金投入等多方面因素，兼顾区块可能面临的地质风险及其他不确定因素，最大程度降低潜在风险可能造成的损失，保障勘探项目的投资回报。

勘探部署总体上要以资源潜力评价结果为依据，结合项目勘探期、勘探义务工作量和拟采用的经济评价方法，阐述项目总体勘探的技术思路及技术实施可行性。首先要明确勘探部署思路，包括部署原则、主要勘探区带和目标层位、主要目标类型及时序安排等。为了降低在新项目勘探初期的投资与技术风险，在评价阶段，结合最低义务工作量要求，以最佳勘探效果作为部署原则。

按照勘探阶段及总体工作目标，明确不同类型探井(预探井、探井、评价井)勘探目的，分阶段或按年度说明具体勘探工作量安排，包括各阶段/年度完成的重力、磁力、二维地震、三维地震、非地震物化探、探井、评价井和综合地质研究等内容。一般应根据项目实际情况设计一套或多套勘探工作量部署方案，并提出项目各部署方案阶段储量规划目标和投资计划。对所提出的方案，从工作量安排、地理条件、社会环境、交通、气候等方面综合考虑，初步明确工程实施指标，保证方案切实可行。前沿勘探区块因目标尚不明确，工作量安排酌情简化。依据勘探部署工作量及预期实施效果，结合最大可承受沉没成本，提出退出机制原则性建议。

三、勘探新项目特点分析与储量/资源量评估

(一)储量/资源量估算的不确定性

储量/资源量评价是开展全周期技术经济评价和资产价值估算的基础，海外勘探新项目具有鲜明的特点，诸多因素影响着储量/资源量评估的精度：①资料少、时间紧，通常数个或数十个远景圈闭储量/资源量需在一两个月内完成复算。资料少的原因主要包括两方面：一是在前沿和低勘探程度盆地，开展的勘探工作量少，相应积累的数据量较少；二是本身具有相对丰富的资料，但因种种原因，卖方或政府披露的资料相对偏少，并且往往提供有利于卖方的资料，隐瞒不利的资料，相应潜在买方得到的数据也较少。②地质认识相对不足，无法按照常规步骤和思路开展详细的研究，例如地质建模等工作，只能抓大放小，选择影响项目价值的最核心因素开展研究。③孔隙度、含油饱和度等参数可通过测井解释求取，但因已钻井少，数据样本点相对有限，代表性不强。④受资料条件限制，油水边界和含油范围常不能准确界定，同时对油层平面厚度展布较难建立客观的认识，等值线勾画准确性偏低。

由于地质认识的阶段局限性，即便拥有相应的技术资料，对于储量评估的关键参数，在不同阶段也会存在相应的数据偏差，只是程度有所不同。资料掌握越多，评估的准确性越高，相对误差越小(表 4-7)。这种固有的不确定性即使在油田开发的中后期仍然可能存在，后天的努力只能减小不确定性范围，但不可能完全消除不确定性因素。

表 4-7　关于地质储量参数的精度范围(据 DeSorcy，1979；Smith and Buckee，1985)

容积法参数	估算值来源	近似精度范围/±%		容积法参数	估算值来源	近似精度范围/%	
		DeSorcy (1979)	Smith 和 Buckee (1985)			DeSorcy (1979)	Smith 和 Buckee (1985)
面积	钻井井点控制	10～20	10	孔隙度	取心	5～10	
	地球物理资料	10～20	15		测井	10～20	15
	地区地质经验	50～80	50		生产数据	10～20	8
有效厚度	取心	5～10	8	饱和度	井壁取心	20～40	
	测井	10～20	30		相关性对比	30～50	50
	录井	20～40			毛细管压力	5～15	
	地区地质经验	40～60	50		油基泥浆取心	5～15	20
体积系数	PVT 取样分析	5～10	10		饱和度测井解释	10～25	8
	相关性对比	10～30	20		归一化的常规取心	25～50	
					相关性对比	25～50	50

尽管 SPE 和 SEC 对储量分类的指导方针都相当具体，但各公司在确定和报告储量方面仍然有很大的自由裁量权。挪威近海的 Ormen Lange 气田就是一个很好的例子，不同公司的储量报告存在较大差异。Ormen Lange 气田位于挪威大陆架，2003 年，该气田的勘探由挪威国家石油公司(作业者)、壳牌公司、挪威水力发电公司(Norske Hydro)、埃克森美孚公司和碧辟等五家公司组成的财团负责。在签署最终投资决定后，每家公司都按照通常的行业惯例登记了他们在 Ormen Lange 储量中的份额。但德意志银行(Deutsche Bank)对五家公司财务报告分析发现，各家披露的天然气储量(图 4-16)结果却大相径庭(Inkpen and Moffett，2011)。

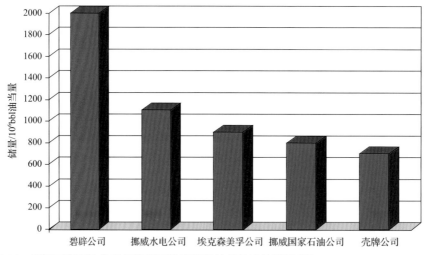

图 4-16　根据五家石油公司权益储量推算得到的总油当量储量(据 Inkpen and Moffett，2011)

(二)概率法评估的优点

油气勘探开发过程中，地质储量/资源量的评估是油气藏勘探和开发各个阶段的核心，是指导油气勘探开发工作、确定开发投资规模的重要依据。目前常用的资源量评估方法大致包括 3 类，即容积法、类比法和动态法(DeSorcy et al.，1993)。此处主要讨论容积法储量/资源量评估。

容积法储量/资源量评估可分为确定法和概率法两种。确定法是最基本的油气田储量评估方法，目的是估算"最可能的储量"，只取每个参数的最佳估算值，对不确定性的评估更为主观(胡允栋，

2007)。总体而言，确定法更适用于掌握了大量生产资料和钻井资料的已开发或待开发油气藏，相应估算精度也较高。

概率法是一种风险分析方法，对独立变量的不确定性进行量化估计，给出储量的概率分布，对于新发现或钻井较少的油气藏储量评估是一种较好的方法，它能给出储量的概率分布，不同的储量风险有所不同，可供决策者参考(Capen，2001；贾成业等，2009；谢寅符等，2014)。

在 1997 年石油工程师学会(SPE)和美国证券交易委员会(SEC)承认概率法储量评估方法以前，国际上通用的是确定法评估储量[1][2]。目前，概率法已被国际上很多大型石油公司和机构所采用。

对于海外低勘探程度地区(油田)而言，确定法储量估算并不能很好满足工作需要，概率法可能更加客观：①确定法只求取每个参数的最佳估算值，对不确定性的评估更为主观，评价结果容易受评价者经验影响。②受限于资料的不确定性和认识的不足，海外低勘探程度地区(油田)很难给出确定性的最佳估算值，并不能客观反映误差和不确定性。③概率法储量评价时用已知地质、油藏等资料产生一个估算范围值及其相应的概率，充分考虑了保守、最佳和乐观等各种情景，对储量的认识相对更加全面。

随着中国石油企业走向海外、利用境外资源步伐的进一步加快，评价海外新项目的数量也越来越多。与国际接轨，为油气藏概念开发方案编制提供更加客观的储量/资源量，采用概率法开展储量/资源量评价已经成为必然选择。

由 SPE、AAPG、WPC、SPEE 和 SEG 联合制定的 PRMS-2007 储量规范对概率法储量(资源量)做出如下定义：当采用概率法时，实际采出量将大于或等于远景资源量低估值(1P 储量或 1C[3] 资源量)的概率至少应为 90%(P_{90})；预计实际可采量将大于或等于远景资源量最佳值(2P 储量或 2C 资源量)的概率至少应为 50%(P_{50})；预计实际可采量将大于或等于远景资源量高估值[3P 储量(证实储量+概算储量+可能储量)或 3C 资源量]的概率至少应为 10%(P_{10})。

采用概率法评估地质储量时，各储量评估参数均是有一定取值范围的随机变量，采用概率分布函数量化参数的不确定性，运用蒙特卡罗模拟抽取模型内每个输入的概率分布，得到多次迭代的结果，输出值的分布反映了储量值的概率分布特征，从而对地质储量的不确定性进行评估(Capen，1993；Dobson et al.，2011)。

一般而言，对于某个具体油气田或区块，如果储量评估参数的数据样本点足够多(最少 15 个样点即可开展拟合，样点越多拟合精度越高)，则可以通过数据拟合得到各参数的概率分布类型；在样本数量较少，不支持拟合时，可通过数据分析或平均值经验法获得各储量评估参数的概率分布类型。

PRMS-2007 给出了应用概率法进行储量估算时一些主要参数的取值范围，可在拟合样本点数量不够时参考。

含油气饱和度、孔隙度、体积系数等参数，即使在资料较少的时候，总体也可以根据区域类比得到其平均值，并将其作为 P_{50} 值，再根据实际情况给予±(20%～30%)的偏差，进而得到相应 P_{90} 和 P_{10} 值。

对于已有钻井的圈闭，如果数据样点数量足够多，则建议通过拟合方式得到含油气饱和度与孔隙度的概率分布模型。体积系数可以将已钻井 PVT 分析数据作为 P_{50} 输入值，给予±10%的偏差作为 P_{90} 和 P_{10} 的输入值。

在当前工作习惯中，有时会出现"只要给出了低、中、高值，就是概率法评估"的理解和认识。按照 PRMS-2007 操作指南中的确定法储量评估的实例，低、最佳和高三种情形下油层体积不断增加，

---

① 来源：http://www.spe.org/industry/reserves/docs/Petroleum-Resources-Management-System-2007.pdf.

② 来源：http://www.spe.org/industry/docs/PRMS-Guideline-Nov-2011.pdf.

③ 来源：是业内的统一说法，C 是指 contingent resources。即在当前技术和商业条件下，还不能进行经济开发的储量，计算的方法与 P 级储量相同。

但孔隙度和含油饱和度却不断降低，几个参数之间相互平衡，才能最终收窄资源量估算区间，客观反映实际情况（表 4-8）。如在 PRMS-2007 未钻井情形中，油层体积低估值、最佳值和高估值分别为 241.4×10^6 bbl、1055.6×10^6 bbl 和 2134.7×10^6 bbl，但孔隙度低、最佳和高估值分别为 17%、16% 和 15%，相应含油饱和度低、最佳和高估值分别为 82%、81% 和 80%，最终地质资源量高估值为 1419.5×10^6 bbl，低估值为 186.5×10^6 bbl，两者比例为 7.6。如果低估值都采用小值，高估值都采用大值，那么资源量高估值为 1649.12×10^6 bbl，低估值为 160.53×10^6 bbl，两者比例为 10.3，明显高于参数相互平衡的结果。对于已钻 1 口井和 3 口井情形下的确定法储量评估，PRMS-2007 均采用此原则。

表 4-8　PRMS-2007 操作指南中不同阶段储量/资源量评估参数取值[①]

参数	单位	未钻井			已钻 1 口井			已钻 3 口井		
		低	最佳	高	低	最佳	高	低	最佳	高
油层体积	M ac-ft	241.4	1055.6	2134.7	448.4	1258.7	2287.1	821	1370.8	1917.9
孔隙度	%	17	16	15	19.10	18.90	18.70	18.90	18.70	18.50
孔隙体积	M ac-ft	41	168.9	320.2	85	237.9	427.7	155.2	256.3	354.8
含油饱和度	%	82.0	81.0	80.0	85.5	85.2	84.8	85.2	85.0	84.7
烃类孔隙体积	M ac-ft	33.7	136.8	256.2	73.2	202.7	362.7	132.2	217.9	300.5
体积系数	RB/STB	1.4	1.4	1.4	1.4	1.4	1.4	1.33	1.33	1.33
地质资源量	MMSTB	186.5	758.1	1419.5	405.8	1123.2	2009.8	771.2	1271	1753
采收率	% OOIP	35	40	45	35	40	45	35	40	45
可采资源量	MMSTB	65.3	303.2	638.8	142	449.3	304.4	269.9	508.4	788.8
原始气油比	SCF/STB	500	500	500	500	500	500	550	550	550

注：M ac-ft 指 M acre-ft，表示千英尺-英亩（1 英亩=0.404686 hm²，1ft=0.3048m）；　STB（standard tank barrel）是指地面的储罐桶，即石油在标准状况下的体积，RB（reservoir barrel）指油藏条件下的桶，即石油在油藏条件下的体积；　MMSTB（million standard tank barrel）指百万桶；%OOIP（original oil initial in place）指占原始地质储量的比例）；SCF（standard cubic feet）/STB 指立方英尺/桶。

四、勘探新项目的价值评估

勘探新项目的价值评估方法可以分为基于现金流经济评价模型的定量评估和基于类比的粗略估值法两大类。其中，期望货币价值法和全流程蒙特卡罗模拟的价值评估方法也是基于现金流模型的评价方法开展的，本质上属于现金流经济评价的一种。基于类比的估值方法有可比交易类比估值、历史投入估值、单桶价值类比和最大沉没成本等。

（一）基于现金流经济评价模型定量评估

基于现金流经济评价模型定量评估的总体思路是以项目所在盆地油气地质研究成果为出发点，以成藏组合评价为着眼点，以目标区块内储量/资源量评估为基础，综合开展油气藏开发、钻采和地面工程的部署评价，评价过程中始终贯穿风险分析，以项目后评估结果对评价方法进行修正，可以分为折现现金流法和期望货币价值法。

基于现金流经济评价模型定量评估技术特点：①项目全周期评价。对勘探项目实施油气生产全周期（勘探-油气田发现-开发-废弃）技术经济评价，包括地质和资源、油气藏工程、钻采/地面工程、投资和经济及风险等五项主要评价内容。②项目的投资和效益是评价的核心，确保项目实施后能够收回投资并达到预期的经济效益。③重视项目的风险分析。风险分析贯穿于勘探新项目

---

① 来源：http://www.spe.org/industry/docs/PRMS-Guideline-Nov-2011.pdf.

全周期评价的各个技术评价环节，预测区块在勘探开发过程中可能出现的各类风险，并提出规避方案。④基于成熟可靠的技术开展预测评价。由于项目地处国外，且有一定的勘探开发合同期，因此，项目评价中的预测值是基于现今成熟可靠的技术能够实现的情况，以确保获取项目后能够按照评价预测的方案顺利运营。

在基于现金流经济评价模型中，经济评价参数分为三大部分，包括项目基础数据、概念方案设计参数和经济评价参数。其中，项目基础数据确定性高，概念方案设计参数的不确定性取决于区块勘探程度，资源量评估是核心，而经济评价参数的不确定性往往与地上风险息息相关。

项目基础数据主要包括合同期限、各种税费、分成比、签字费等合同条款参数，以及资料费、处理费、历史投资等前期投资。这是现金流经济评价定量评估和类比估值法中均十分重要的参数，可通过资料收集和条款解读等方式获取。部分参数可能是投标参数，如义务工作量、分成比、签字费等，可以对相应参数开展多情景测算和敏感性分析，为拟投标参数和范围提供决策依据。

概念方案设计参数主要包括年产量、商品量、日产量、注入量、单位换算系数、分年投资和分年操作费等。应基于现今成熟可靠的技术，通过地质和资源评价、油气藏工程评价、钻采/地面工程评价、投资和经济评价等开展生产全周期(勘探-油气田发现-开发-废弃)的技术性预测评价，确定合理技术评价参数。投资和操作成本估算应尽可能细化，充分考虑评价项目实际数据或可类比项目历史数据来确定成本费用标准。

经济评价参数主要包括油气价格(油品性质、销售途径和实现价格)、油价升贴水和基准收益率等。油价升贴水可结合周边项目近3~5年销售价格与历史油价的差价综合确定，天然气价格可通过分析市场供需、历史价格、销售合约等开展研究，并参考机构预测综合确定。各公司基准油价和基准收益率的选取及是否考虑油价上涨和投资通胀，标准不一，通常可以开展不同基准收益率和油价的多情景测算，为项目决策提供更加清晰的认识和依据。

(二)期望货币价值法

1. 期望货币价值法简介

期望货币价值(expected monetary value，EMV)是为了确定一项投资的期望货币价值，计算每一种可能出现结果的货币收益(或损失)与其出现的概率乘积之和(Covello and Mumpower，1985)。EMV 方法利用了概率论原理和树形图作为分析工具。基本原理是用决策点代表决策问题，用方案分枝代表可供选择的方案，用概率分枝代表方案可能出现的各种结果，通过对不同方案在各种条件下损益值的计算比较，为决策者提供决策依据(Rose，1987，2001)。整个决策树由决策节点、方案分枝、状态节点、概率分枝和结果节点五个要素构成。

油气勘探项目 EMV 的评价方法是综合考虑项目的资源潜力、地质风险和经济风险，结合项目勘探成功的收益和勘探失败的损失，建立评估决策模型，求解 EMV，从而对勘探项目进行评价。核心问题是如何对地质成功率、商业成功率进行合理的估算。

例如，对于一个处于成熟油区内的远景圈闭，通过地质条件类比和专家特尔菲打分，估算探井地质成功率为65%，相应失败概率为35%；因本区生产设施完善，经济门槛很低，商业成功率为95%。在探井成功的情形下，考虑最小经济规模(minimum commercial field size，MCFS)后，风险前可采资源量 P_{90}、P_{50} 和 P_{10} 分别为 3×10^4bbl、6×10^4bbl 和 9×10^4bbl，这些储量对应的价值分别为 6 万美元、12 万美元和 18 万美元，相应干井损失为6.5万美元。根据 Swansen 均值法则(Hurst et al.，2000)，P_{90}、P_{50} 和 P_{10} 实现概率分别为 30%、40% 和 30%，将相应的节点值和概率代入到决策树中，可以求出本例中 EMV 为 49238 美元，钻井的分枝最为有利，即在此假设条件下，钻井是有利可图的，即决策支持钻井(图 4-17)。

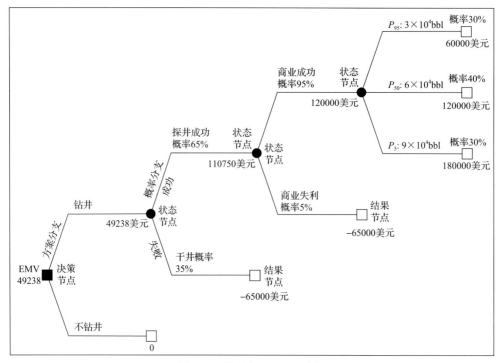

图 4-17　钻井与否 EMV 分析

当然，此处 EMV 的值与钻井地质成功率估算直接相关，只要地质成功率稍有变动，EMV 将会发生较大的变化。在本例中，当其他条件不变，地质成功率由 65% 变为 50% 时，EMV 缩减为 22875 美元；探井成功率为 40% 时，EMV 为 5300 美元；地质成功率 30% 时，EMV 已经变为 -12275 美元。因此，如果对钻井成功率的概率没有把握，可以选择敏感性分析给出概率范围。

要在两个互斥的投资方案中做出选择，需计算每个方案的期望货币值，选择 EMV 最大的方案。在筛选方案时，凡是 EMV 大于零的方案都是可接受的。例如，一个投资 1000 万美元的项目期望货币值为 1500 万美元，而另一个投资 200 万美元的项目则创造了 500 万美元的 EMV。根据 EMV 决策准则，决策者将选择前者，因为其 EMV 值更高。

需要明确的是，期望值仅仅是抽象的概念。它表示的是平均游戏策略，因此它的作用仅限于作为决策准则，只能用于模拟实际的选择过程并提供参考，而不能取代选择。

2. EMV 法测算流程

低勘探程度区块的投标，通常需要测算结果给出具体的投标建议，情况相对更复杂一些。一般情况下，选取区块内资源规模最大的远景圈闭开展 EMV 价值测算，以此作为最主要的投标依据。EMV 评估依托的资源基础为风险前资源量，同样需要采用传统折现现金流方法估算经济截断后的资源量价值，最终根据地质成功率、商业成功率、商业成功情形下的收益、商业失败损失、探井失利损失等参数，来估算圈闭的 EMV(图 4-18)。具体实现可划分为六个步骤：①远景圈闭地质成功率求取；②概率法资源量评估；③最小经济规模测算；④商业成功率求取与资源量分布重构；⑤截断后分级资源量排产与折现现金流测算；⑥圈闭 EMV 求取。本处结合某项目实例，对重点步骤开展论述。

1) 远景圈闭地质成功率求取

地质成功率(P_g)是指在储层内发现油气流的概率，主要是通过对烃源岩、储层、圈闭、运移和保存等基本油气地质条件综合打分再连乘后得出。地质成功率与商业油气规模、产量、最小经济规模等因素无关。此外，地质成功率是基于当前资料和认识条件下的估算值，未来有新地震采集、新探井钻探后，地质认识有所加深，专家给出的本区远景圈闭地质成功率也会随之改变。

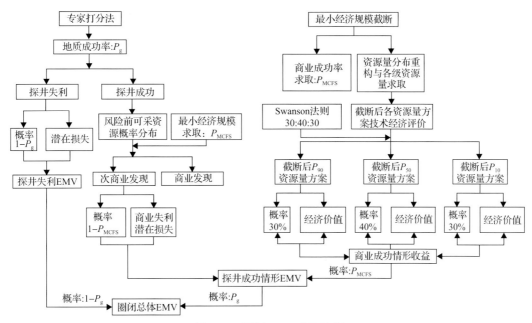

图 4-18 圈闭 EMV 求取流程

P_g-地质成功率；P_{MCFS}-超过最小经济规模的概率

因 EMV 的测算值与地质成功率密切相关，考虑地质成功率可能会产生估不准的实际情况，在统计专家的地质成功率打分时，除统计平均分外，还可以利用数理统计方法求取地质成功率的 P_{90}、P_{50} 和 P_{10}，作为辅助决策的依据。

在本例中，10 位专家根据油气成藏条件给予某远景圈闭地质成功率，最高 81%，最低 25%，总体较为分散，平均值为 62.7%。数理统计表明，P_{90} 为 56.8%，P_{10} 为 68.6%，P_{50} 均值为 62.7%。

2）最小经济规模求取

最小经济油田规模简称为最小经济规模，是指在财税条款约束下，能够收回勘探、开发投资，并获得合理回报的最小可采储量，只有满足最小经济规模储量，才意味着项目全面经济成功。在合同条款和地质条件日益复杂的今天，最小经济规模的求取十分必要，尤其是对于勘探投入很大、商业门槛很高的海上勘探区块。

最小经济规模求取最常用的方法是折现现金流法测算盈亏平衡点，通过反复调整产量和投资数据，当合同期内 NPV 为零时所对应的采出量。但这种方法需要投入的工作量很大，可进行适当简化：即通过区域类比，初步确定本区的最小经济规模，根据此规模开展方案设计与投资估算，在投资不变的情况下，通过反复整体调整产量剖面，得到某种条件下的最小经济规模。

需要注意的是，即使在合同条款确定的前提下，最小经济规模影响因素还有油价、折现率、政府利润油分成比(government profit oil，GPO)、开发方式、储层和油品物性等，其是特定假设条件下的测算值，并非完全一成不变。在相同的政府利润油分成比条件下，油价越高，对应的最小经济规模越小(表 4-9)。在相同的油价条件下，政府利润油分成比越高，对应的最小经济规模也越大。

表 4-9 不同油价和政府分成比条件下最小经济规模及截断后资源分布

GPO/%	60 美元油价时 最小经济规模/10^6bbl	70 美元油价时 最小经济规模/10^6bbl	60 美元油价时最小经济规模截断后资源量			
			P_{90T}/10^6bbl	P_{50T}/10^6bbl	P_{10T}/10^6bbl	商业成功率/%
40	539	489	748	1544	3279	87.5
50	650	611	837	1605	3335	83
60	723	689	898	1649	3376	79.9
70	819	782	981	1713	3435	75.6
75	878	821	1034	1754	3475	72.9

3）商业成功率求取与资源量分布重构

商业成功率是指在探井成功情形下可采资源规模超过最小经济规模的概率，可通过圈闭风险前资源量结合最小经济规模进行求取。借助蒙特卡罗模拟软件对小于最小经济规模样点进行截断（舍弃小值），重构后得到截断后可采资源分布。在某区块评价实例中，特定条件下最小经济规模为 $540×10^6$bbl，相应商业成功率为 87.5%，圈闭截断前资源量 P_{90}、P_{50} 和 P_{10} 分别为 $471×10^6$bbl、$1385×10^6$bbl 和 $3135×10^6$bbl。利用最小经济规模进行资源量截断重构后，P_{90T}（截断后资源量）、P_{50T} 和 P_{10T} 分别变为 $748×10^6$bbl、$1544×10^6$bbl 和 $3276×10^6$bbl（图 4-19）。因截断了低值，截断前后的可采资源量概率分布曲线发生了较大变化，由对数正态分布变化为伽马分布。显然，用于截断的最小经济规模不同，截断后的资源量分布曲线也将会有所不同。

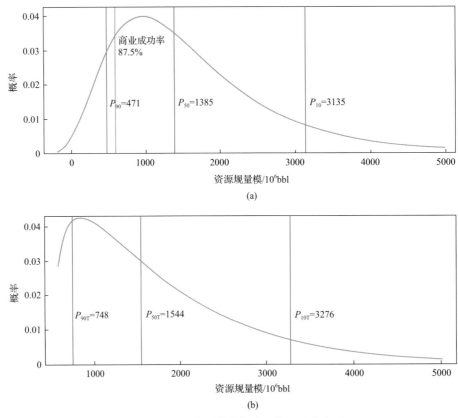

图 4-19　最小经济规模截断前后资源量分布对比

(a)最小经济规模截断前；(b)最小经济规模截断后

4）圈闭 EMV 求取

若远景圈闭地质成功率平均值为 62.7%，则探井为干井的概率为 100%−62.7%=37.3%；在探井钻探成功后，若超过最小经济规模储量的概率（商业成功率）为 87.5%，则相应有 12.5%的概率是不经济的。

之后，利用 Swanson 均值原理，给予 P_{10T}、P_{50T} 和 P_{90T} 方案实现概率分别为 30%、40%和 30%，也即在发现商业储量后这三个方案的实现概率。如果将地质成功率、商业成功率考虑在内，这三个方案的全流程实现概率分别为 62.7%×87.5%×30%=16.46%、62.7%×87.5%×40%=21.95%和62.7%×87.5%×30%=16.46%。

最后，综合各节点概率、相应盈利/损失值，反推求得在某一油价和 GPO 前提下的 EMV。

5）根据测算结果反求投标参数

在本例中，GPO 是唯一的投标参数。鉴于不同政府分成比条件下经济截断之后的 P_{90T}、P_{50T}

和 P_{10T} 圈闭资源量相差不是太大(表 4-9)，在资源量尚不能准确评估的前提下，为避免不必要的重复工作量，可在 P_{90T}、P_{50T} 和 P_{10T} 经济模型中产量、投资等不变的情况下，通过调整 GPO 值，来求取在不同 GPO 条件下的 EMV，最终得到某一油价条件下 EMV 为零时最高 GPO 值。

分别测算地质成功率 P_{90}、P_{50} 和 P_{10} 时 EMV 与 GPO 之间的对应关系，进而得到不同地质成功率条件下最高的 GPO 值，为最终投标提供基础。在本例中，P_{90}、P_{50} 和 P_{10} 地质成功对应的最大 GPO 分别为 72.1%、73.45% 和 74.5%(图 4-20)。按照同样的方法，可以反求在特定 GPO 条件下 EMV 为零时最低地质成功率要求，进一步核验方案实现的可能性。

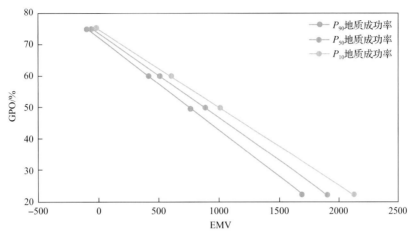

图 4-20　不同地质成功率情形下 GPO 与 EMV 的关系

(三)基于全流程蒙特卡罗模拟的价值评估方法

概率法资源量/储量评估是在容积法资源量评估的基础上，对孔隙度、含油饱和度等各个因素进行蒙特卡罗模拟，形成资源量/储量的概率分布。从勘探新项目评估角度来看，将蒙特卡罗模拟发展应用于全流程评估已经逐渐成为新的发展趋势，而不是仅仅局限于资源量/储量评估。结合地上地下风险，将资源量、初始产能、递减系数、投资、操作费、油价和汇率等参数设定为概率分布，开展全流程、全周期蒙特卡罗技术经济评价，进而实现项目估值的概率表达，能够更深入分析项目风险和不确定性。目前业内已经针对基于全流程蒙特卡罗模拟的价值评估方法开展系统研究，但基本未见系统论述的文献发表。

(四)基于类比的估值方法

在历史资料或数据不够充分的情况下，可以将类比法与其他方法进行结合，用于综合决策。相对于专家特尔菲法、期望货币价值法和折现现金流法，类比法无需开展大量工作，方法简单，但估算结果也相对粗略。基于类比的估值方法有可比交易类比估值法、历史投入估值法、单桶价值类比估值法和最大沉没成本法等。

可比交易类比估值法基于同区域项目交易情况进行类比，类比指标可以是勘探区块面积、资源量等，根据单位指标的交易金额推算目标区块估值范围。可比交易类比估值法适用于相同财税条款、相似地质条件的交易类比，在交易活跃的北美等区域应用较多。

历史投入估值法将区块累计历史勘探投资作为项目估值的重要参考，在现有资料和数据不能明确区块潜力的情况下,卖方基于收回成本、降低风险的角度,可能提出以历史投入估值法作为交易对价。

单桶价值类比估值法以邻区项目评估情况进行类比，根据邻区单位可采资源量的估值推算目标区块估值范围。单桶价值类比估值法适用于相同财税条款、相似地质条件的交易类比，在滚动勘探开发项目中应用较多，通常以开发区块为基准类比评估周边勘探区块。

最大沉没成本法以义务工作量投资作为最大沉没成本，用于辅助决策。在折现现金流法和 EMV 法中，概念方案设计的投资并不是项目执行投资，而是基于资源量情景做出的估算，最大沉没成本法清晰地给出了项目最大可能损失，对于勘探项目决策有着重要作用。

第四节　尽 职 调 查

尽职调查，又称审慎性调查(due diligence)。根据《布莱克法律词典》，"尽职(due diligence)"一词的定义为"在特定情境下一个合理谨慎的人应当采取且通常保持的审慎、行为和勤勉的措施，没有绝对的标准，需依据特定情形的事实确定"(Bryan，2019)。尽职调查概念的核心在于保持一定程度的谨慎，而不是绝对的、完全的谨慎。跨国油气勘探开发属于风险密集型、技术密集型和资本密集型行业，一旦投资出现失误则可能导致巨大损失，因此，开展尽职调查对境外投资和收并购非常重要。

一、尽职调查的目的和作用

尽职调查的需求源于交易各方拥有的信息不对称。所谓信息不对称，是指交易各方对于并购标的了解存在差异，这种差异容易导致交易各方的不公平交易。

在英美法系下，交易适用"现实交付(caveat emptor)"，即让买家自负。在此原则下，买方不能就影响资产的瑕疵从卖方获得赔偿，除非交易有其他安排。因此，有必要进行尽职调查。

(一)油气行业尽职调查的特殊性

石油行业的尽职调查与其他行业尽职调查相比，存在一些特殊之处：一是关注系统性风险。系统性风险是指资产所处外界环境存在的风险，并不是资产自身产生的，该类风险往往容易被忽视。系统性风险包括目标资产资源国或目标公司主要资产分布国的政治法律稳定性和可适应性，如外汇管制、国家征收、整体司法状况及当地的劳动和社区法律等。对存在系统性风险的资产，需要慎重做出投资决定。二是关注交易完成所需的审批。油气行业投资并购往往需要政府审批或第三方同意，在交易前需要通过尽职调查弄清楚审批的层级、种类、流程及取得方式，避免取得资产后权属存在瑕疵。三是重视环保尽职调查。一直以来，油气行业对环保都非常重视。在油气并购中，尽职调查应关注目标企业环保法律法规规定的遵守情况，石油作业是否符合国际油气环保实践惯例，相关合同中的弃置和环保义务是否满足要求，并要重视环保的现场尽职调查。四是社区和土著居民问题。由于油气作业会不可避免地对当地社区造成一定影响，在某些国家，油气作业者对当地社区或者土著居民有较为繁重的义务，例如优先雇佣当地社区或者土著居民从事相关工作，为社区做贡献等，这些看似细小的问题，却可能给项目推进带来巨大阻碍，需要在尽职调查中一并查明(张华伟，2021)。

(二)尽职调查的作用

买家开展尽职调查的目的是尽可能全面地获取目标公司的真实信息。尽职调查主要有三方面的作用。

1. 风险发现

买家收集充分的信息，全面识别投资风险，评估风险大小并提出风险应对方案。考察的内容包括经营风险、股权瑕疵、或然债务、法律诉讼、环保问题及监管等问题。最终在交易文件中可以通过陈述和保证、违约条款、交割前义务、交割后承诺等方式进行风险和责任的分担。

2. 价值评估

买家通过尽职调查获得的信息，对地下油气资源潜力、义务工作量完成情况、工程服务、商业模式、管理团队等方面进行评估，结合投资偏好，判断目标公司是否值得投资。

3. 投资决策辅助

尽职调查有助于买家更好地进行各项投资决策，具体包括投资协议谈判策略、投资后管理的重点、评估项目今后退出的方式和可行性等。此外，尽职调查的发现也会影响协议中陈述保证的范围及卖家赔偿责任条款的约定。

二、尽职调查的分类

资产交易遵循买方自慎原则，根据这一原则，买方未来不能就资产缺陷向卖方追偿。买方自慎原则引发了尽职调查。在油气资产交易中，通过尽职调查验证买方对资产状况和价值的初步假设。如果尽职调查中发现假设有偏差，买方有权要求调整、赔偿、终止或解除合同。

尽职调查关注的领域包括财务、法律、劳动、税务、IT、环境、市场和商业环境、知识产权、不动产和动产、保险、债务、员工福利及其他员工问题、国际贸易、诉讼争议和刑事处罚等。近年来，网络安全也逐渐成为尽职调查关注的重点区域。而随着美国《反海外腐败法》执法越来越活跃，处罚金额越来越高，如未在并购前对交易对方做腐败方面的尽职调查，可能导致买家因卖家并购前的违法行为遭受巨额处罚，因此腐败也成为尽职调查重点关注的领域。

传统意义上，尽职调查通常分为业务尽职调查、财务尽职调查和法律尽职调查几类(表 4-10)。业务尽职调查的目的是了解过去和现在目标石油公司创造价值的机制，以及这种机制未来变化的趋势。业务尽职调查是整个尽职调查工作的核心，财务、法律、资源、资产及人事方面的尽职调

表 4-10　尽职调查主要内容(据 Howson，2017)

尽职调查主题		调查的重点	寻求的结果
主要	财务	确认历史财务信息，审核管理和系统	确认实际利润，提供估值基础，确定无现金/无负债调整
	法律	核查资产，确认所有权，合同约定，发现问题	优先考虑保证和赔偿及其他法律保护手段，确认现有合同，起草买卖协议
	商业	市场动态，目标公司的竞争地位，目标公司的商业前景	未来利润的可持续性，为合并业务制定战略，对估值的投入
次要	人力资源和文化	劳动力构成、雇佣条款和条件、承诺和激励水平、组织文化	发现雇佣责任，评估潜在的人力资源成本和风险，优先考虑人力资源整合问题，评估文化契合度，对交易后的人力资源变化进行成本计算和制作计划
	管理	管理质量，组织结构	对整合问题进行识别
	养老金	各种养老金计划和计划估值	将资金不足的风险降到最低
	税务	现有的税务水平、负债和安排	避免不可预见的税务责任，发现对合并业务的税务状况可进行优化的机会
	环境	因场地和工艺而产生的责任，对法规的遵守情况	潜在的责任和性质，以及采取相应限制措施的成本
	IT	当前系统的性能、所有权和充分性	集成系统的成本和可行性，网络安全，通过 IT 可改善业务的范围
	技术	技术的性能、所有权和充分性	产品技术的价值和可持续性
	作业	生产技术，当前技术的有效性	技术威胁，当前方法的可持续性，改进的机会，投资要求
	知识产权	专利和其他知识产权的有效性、期限和保护	到期时间、影响和成本
	财产	契约、土地注册记录和租赁协议	确认财产的所有权、估值和成本/潜力
	反垄断	各种国家备案要求(如果未遵守，其中一些要求可能会导致很昂贵的代价)，与竞争对手的市场/信息共享程度	并购控制的报批，对目标企业行为构成反垄断风险的评估，对目标企业合同可执行性的评估

查都是围绕业务尽职调查展开的(Alexandra and Elson，2000；Carlson，2007；Howson，2017)。不同投资策略针对的目标石油公司类型及所处发展阶段不同，业务尽职调查的侧重点也不同。

(一)财税尽职调查

油气资产评估通常采用收益法，即根据目标资产预期净现金流进行折现来确定估值。在项目技术经济评价中，需要根据目标资产内外部环境来确定评价参数，而财税尽职调查就是通过对资源国财税条款、目标企业/资产财务数据的调查来核实确认这些参数。资源国财税条款复杂多变，尤其是中东、非洲国家政局动荡，外汇、税务和资金方面的风险较高，因此财税尽职调查需要识别并量化这些风险。此外，应当通过财税尽职调查明晰目标资产税务结构和资金流向，明确买方进入后的税收成本、投资路径与资金回流的外汇和税务风险，从而进一步优化设计交易架构。

由于海外油气资产并购相对复杂，通常买方委托全球知名会计师事务所开展第三方财税尽职调查，买方内部财务人员和财务顾问共同开展工作。财税尽职调查一般包括以下几个方面的内容(肖华方，2015)。

1. 投资环境

在关注资源国所得税、增值税等一般性财税制度的同时，更要深入调研油气合同财税条款，如俄罗斯等国家的矿税制合同模式中资源开采税等条款面临经常性的变更。此外，还应当关注资源国和中间控股公司所在国的外汇政策和汇率波动风险。

2. 财务会计

调研目标公司的控股结构、历史沿革和会计政策等方面，开展资产负债表、损益表和现金流量表的财务报表分析。在负债方面查明是否存在列示不足的债务、是否存在借贷担保、是否足额计提弃置义务，在损益表方面查明油气销售贴水情况、销售费用等，在资本性支出方面核查历史投资、未来投资预算等。此外，对于产品分成合同还需要关注投资成本的政府审计情况，核查发生的成本是否得到政府认可且具备成本回收的条件。

3. 税务

调研目标企业历史纳税情况，评估其纳税的合规性，重点关注在税务检查中发现的问题和未决的税务诉讼。分析设计交易架构下税务成本、分红和预提税的相关问题，同时关注资产交易本身涉及的资本利得税和印花税等。

(二)法律尽职调查

海外油气资产并购项目中，法律尽职调查着眼于发现风险，其主要目的在于确认目标公司的合法成立和有效存续，核查相关文件资料的真实性、准确性和完整性，充分了解其组织架构、资产和业务的产权状况和法律状态，发现和分析其现存的法律问题和风险并提出解决方案，出具法律意见并作为准备交易文件的重要依据。通常买方将聘请擅长油气领域事务的第三方律师事务所开展相关尽职调查工作。

海外油气资产并购法律尽职调查包括以下几个方面(刘娟娟，2014)。

1. 法律政策尽职调查

首先应当调查油气投资领域的法律法规，对于财税条款频繁变动的国家，可以考虑在合同中安排稳定性条款，要求资源国承诺签约时的法律环境在合同有效期内稳定存续。其次，调研政府审批流程，很多资源国对油气资产交易的审批权在石油部，部分国家还采取资格预审制度，预审通过的买家才可以参与投标或者签署合同，部分国家可以在合同文本签署后报批，交易双方将获得政府审批作为项目交割的前提条件。此外，劳动用工法律也十分重要，很多国家对当地用工比例有要求，对裁减雇员规定一些限制性条款和补偿标准。

2. 权属尽职调查

资产交易的核心目的是获得完整的资产权益，因此权属尽职调查尤为重要。首先应当确认资产所有者，通常可以通过油气勘探开发合同或其他权属证照来确认。其次，确认资产权益的合法性和有效性，包括原始取得是否合法有效，历次转让的链条是否完整和有效，相关权属证照是否在有效期内。此外，确认目标股权和油气资产权益上是否存在权益负担，例如抵押权等。最后，还应当查清楚各合作伙伴间联合作业协议中规定的权利义务，尤其是对转让设置的同意权和优先购买权等。

3. 纠纷、诉讼尽职调查

需要查清楚目标公司在交易前涉及的所有纠纷和诉讼情况并评估对交易的影响，可以考虑将相关因素在交易报价中做减值调整。通常尽职调查团队可以准备一份与资产相关的所有诉讼和潜在诉讼的一览表，包括诉讼或案件名称、争议类型、未决诉讼或案件的管辖权、争议的数额等方面。

4. 劳资事宜尽职调查

需要关注到目标公司是否存在对员工的长期股权激励计划，在员工劳动合同中是否有条款规定员工针对公司控制权变更事项而有权要求相应的补偿金。

(三)技术尽职调查

在收到卖方推介材料后，技术人员就开始开展尽职调查，通常技术人员进入卖方实物或者网络资料室查阅技术资料，基于资料认识开展各个专业的研究和判断，从而确定资产的估值和购买价格。在提交投标书或者报价之前，技术人员将随着尽职调查过程中获得的新资料持续更新资产估值，这项工作通常一直持续到资产交割。

此外，技术人员还可以赴油气田现场开展尽职调查，开展资产和设施运行情况的评估，了解油气产品是如何收集、加工/处理、运输和最终销售的。技术人员将检查设施，以确保所有主要设备都处于良好状态，并对全部库存进行核对。在尽职调查中，还应当确定对全部资产弃置义务的理解是否完全正确，对弃置义务的错误假设将对交易的经济性产生负面影响。

在尽职调查过程中，从事这方面工作的技术人员必须就发现的问题及时与团队其他成员进行沟通。针对发现的某个缺陷或问题，可能提出卖方违反相关标准运行资产的承诺，在油气资产买卖合同谈判中作为商务条件谈判。如果未能及时就缺陷或问题提出意见，可能在交易中放弃对该问题的追索。

(四)环境尽职调查

近年来随着环境保护意识的不断加强，资源国实施和执行更加严格的环境法律，通常规定了环境污染的高额罚款，也为环境恢复设置了严格的审查标准。油气资产并购中环境尽职调查变得越来越重要，一个环境问题可能引发整个交易失败，而且最大的环境问题往往发生在价值较高的资产上，因此买方应当对环境尽职调查高度重视。

环境尽职调查的程度和内容将取决于资产的性质，相对成熟的油气资产往往需要更多的调查。除现场环境情况之外，环境许可问题也非常重要。环境尽职调查的内容包括但不限于以下几个方面。

(1) 地形图和航空照片分析。

(2) 油气田资产现场踏勘调研。

(3) 审查已知污染场址、危险材料使用者和遗洒泄漏的清单。

(4) 评估附近油气作业对资产的潜在影响。

(5) 审查资产现有相关环境文件。

(6) 审查资产当前和过去使用情况。

三、尽职调查的方法

尽职调查的方法主要包括资料收集和研读、内部访谈和外部访谈、油气田现场调研等。首先应当编制尽职调查计划，一份详尽的尽职调查工作计划通常包括尽职调查对象、内容与方法、项目组人员组成、日程安排及配套安排等内容。尽职调查清单也是尽职调查中常用的工具，一方面可以使投资人划定尽职调查的范围和重点，使尽职调查及编写调查报告工作有序进行；另一方面可以使目标公司明确买方需要了解的内容及提供的相关文件，给目标公司准备与协调的时间，提高进场后的工作效率。

一旦决定进行交易，通常会委派律师来制订尽职调查计划，并主导相关过程，大部分交易都采用了相似的尽职调查流程。一般而言，买方尽职调查是在签署买卖合同之前进行，买方一旦签署买卖合同就失去了选择权。但也有部分买方尽职调查是在签署买卖合同之后进行，这就要求在合同中明确约定如果买方发现实质性问题/缺陷，有权终止协议。

第五节　风险分析和管理

勘探新项目的核心在于是否能发现经济可采的储量，投入商业开发，最大限度回收投资，实现效益。在评价中，所涉及的风险较多，地上和地下均有，包含地质认识、工程技术、投资环境、市场运输、自然环境、尽职调查不足和赢家的诅咒等风险，其都会对项目能否正常运营产生深远影响，每一个风险都可能使项目失去商业价值，甚至给公司造成巨大的损失。因此，风险分析和管理显得十分重要，也十分必要。此处主要介绍几个失利或失败的案例。有关合同的风险将在第五章介绍。

一、地质认识风险

风险勘探的最大特点和属性就是高风险、高回报，俗语"十年不开张，开张吃十年"。对于风险勘探新项目，合同者面临的最主要风险是对区块的地质认识是否准确，区块是否能获得预期的储量发现，同时也需要客观评估是否能够承受勘探失利带来的潜在损失。对绝大多数风险勘探项目而言，此阶段进入的代价相对最小，潜在损失也相对较小。通过自主风险勘探夯实储量和后续发展基础，是国际石油公司的通行做法，其每年都要大面积介入风险勘探区块，也基本都享受到了风险勘探成功为公司带来的丰厚红利(陆如泉等，2016)。

当然，对于一些勘探投入很大的勘探区块，进入后如果没有获得达到经济条件的规模性发现，其潜在的损失也很大。例如，2015年9月，壳牌公司宣布，由于勘探未取得重大发现，加之开发成本过高，该公司决定停止在阿拉斯加近海进一步勘探活动，并准备进行数十亿美元的资产减值。从2007年壳牌公司决定在北极地区勘探石油天然气以来，壳牌公司已经在其中花费了大约70亿美元费用[①]。

---

① 来源：https://wolfstreet.com/2015/09/28/shell-oil-loses-7-billion-in-us-artic-leaves-it-for-dead/.

（一）对烃源岩的误判

烃源岩的准确判断是决定是否进入一个勘探区块的第一要素，没有烃源岩就没有勘探的价值。壳牌公司在 Schlee 穹隆构造勘探中的失利就是对烃源岩的判断失误造成的。Schlee 构造位于巴尔的摩（Baltimore）峡谷西侧大陆架上（图 4-21），构造闭合高度 244m，圈闭体积 $34 \times 10^8 m^3$，若该圈闭全部充满，估计可采储量为 $9.55 \times 10^8 t$。因此，该构造吸引了许多石油公司。

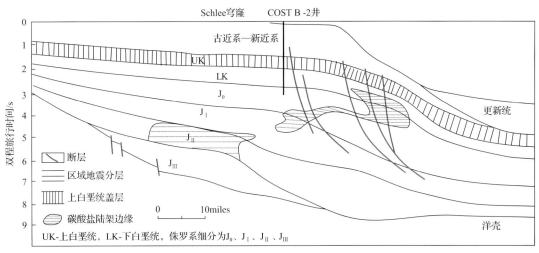

图 4-21　过 Cost B-2 井地震解释剖面及地层分布图（据 Smith，1994）

在风险勘探投标前，壳牌公司做了如下评价：该穹隆是由早白垩世侵入岩形成的，构造变形作用使该区形成了大量的断裂构造，使下部侏罗系中可能存在的"烃源岩"与下白垩统优质砂岩储层联系在一起，而上白垩统页岩可作为良好的盖层。利用 Cost B-2 井钻井分层资料，根据侏罗系可能存在的"烃源岩"的埋藏史，应用 Lopatin 成熟度指数计算表明，在晚白垩世圈闭形成时，烃源岩 R_o 为 0.9%。因此，该穹隆圈闭与油气形成时间是相互匹配的，烃源岩生成的油气与穹隆圈闭可形成一个从烃源岩到圈闭的"烃类流体系统"。但 Cost B-2 井在区块招标时只钻到了上侏罗统顶部，未钻遇良好的烃源岩，只见到上侏罗统—下白垩统约 2000m 厚的海陆过渡相含煤地层。壳牌公司的勘探家们根据常规的沉积相模式，将该区与墨西哥湾对比，推测该区的侏罗系可能存在碳酸盐岩礁前斜坡相、礁后潟湖相，而海进层序中可能存在良好生油能力的页岩。

根据以上分析，除了烃源岩为未确定的风险因素外，该区推测的"含油气系统"的其他条件都具备。因此，在区块招标会上，壳牌公司以 5.53 亿美元的高额标价中标，赢得了对 Schlee 穹隆的勘探开发权。

钻探的结果令壳牌公司的勘探家们十分沮丧，5 口探井都没有油气显示。之后的评价表明，中-上侏罗统没有见到海进层序及礁前斜坡相和礁后潟湖相烃源岩，其原因是该区主要为一个海退层序，而且礁体与氧化环境之间的距离很近，也制约了烃源岩的形成。

（二）对潜力的误判

壳牌公司错失圭亚那系列大发现是一个典型。1999 年 6 月，埃克森公司获得圭亚那斯塔布鲁克区块合同，面积为 $50370 km^2$，覆盖圭亚那海域水深从 $400 \sim 3000m$ 的几乎整个范围。因投入高，资料条件差，埃克森公司一直在寻找合作伙伴进行联合勘探，进而分散风险。2009 年，壳牌公司购入 25%的权益；2012 年，壳牌公司将权益增加至 50%。2013 年，区块内采集了部分三维地震；2014 年，壳牌公司出售在圭亚那所有权益后退出。埃克森公司将本区块权益由 50%调减为 45%，同时引入赫斯公司和中国海油为新的伙伴，其中赫斯公司权益为30%，中国海油权益为25%。2015年3月，埃克森公司在区块东南角部署Liza-1探井，在上白垩统浊积砂岩成藏组合内获得世界级大发现。之后，圭亚那盆地的勘探工作不断获得突破，目前已发现37个油气田，证实了上侏罗统生物礁、上白垩统浊积砂岩、中新统浊积砂岩三类成藏组合，可采储量达到 $20.46 \times 10^8 t$[①]。而壳牌公司遗憾提前离场，错失了一次分享大发现的机会。

(三)对大构造的误判

1977年，普鲁德霍湾大油田投入生产，鼓舞着大型石油公司在阿拉斯加再接再厉，争取发现更大的油田。多个石油公司通过分析地质、地震资料，得出一个共识：距离普鲁德霍湾油田105km的波弗特(Beaufort)海上存在一个巨大的地质构造，其长约32km，宽约14.5km，总面积约460km²，闭合度超过100m，而且烃源岩与可能的储层和普鲁德霍湾油田为同一套，其将很可能是又一个普鲁德霍湾大油田，估算的可采储量至少为 $1.37 \times 10^8 \sim 2.05 \times 10^8 t$。从技术上来看，开发普鲁德霍湾的经验很成熟。从经济上看，穆克鲁克(Mukluk)离已开发的普鲁德霍湾油田非常近，可以充分利用现成的原油外输系统(包括管道、港口、油库)，发挥协同效应。世界权威性杂志 *Oil & Gas Journal* 1982年6月27日发表《一项计划——超高造价的探井去探明波弗特海中的穆克鲁克构造》文章，该杂志一位编辑说，"几乎每个人都寄希望于那里是又一个普鲁德霍湾"。

1982年，美国联邦政府第71轮招标中，共向4个区块发放许可证。索亥俄公司(俄亥俄美孚石油公司)及其合伙人花费2.27亿美元赢得了191区块。因这里水深仅为15m，对于这个大构造，索亥俄公司的方案不是先上钻井平台，落实构造后再上采油平台，而是先建人工岛，既用它勘探，也用其开发和生产。人工岛高出水面6.4m，直径约106m，周围用沙袋筑成斜坡。人工岛主体用沙砾石填充，共使用沙砾石约 $15 \times 10^4 m^3$。

多家国际石油公司赞成这个方案，它们联合起来共同进行风险勘探。最后达成协议，投资和权益的分配是：索亥俄公司为作业者，权益13.429%；美孚公司15.75%；美国壳牌公司14%；德士古公司10.7033%；戴蒙德沙姆罗克公司10.4217%；英国石油公司7.0417%；普拉斯德公司4.225%；阿美拉达赫斯公司2.8167%；海湾石油公司1.7956%；柯奇公司1.56%；埃尔夫公司0.3169%。

索亥俄公司的工程建设公司承建人工岛，并如期在1983年11月1日建成，随后立即上钻机。1983年12月初，第一口探井完成。12月12日的 *Oil & Gas Journal* 发布了令人痛心的结果：这是一口干井。联合体接着钻了几口探井，均一无所获。最终结果表明，穆克鲁克是一个没有油和气的空构造，15亿美元投资打了水漂(Inkpen and Moffett, 2011)。

二、工程技术风险

海外项目一般都遵循"有油快流"的原则，进入后建产时间越短、越早投入开发，一般来讲对合同者越为有利。在评价时，即需要对项目潜在的工程困难和自身能力匹配情况进行合理的预估，对建产时间有相对客观的认识，这样才能在后续经营中获得主动。

哈萨克斯坦卡沙甘巨型油田开发不断推迟，是对工程技术困难和建产时间预判不足的典型例子。卡沙甘油田是世界最大的油田之一，地质储量 $47.7 \times 10^8 t$，规划未来最高产量为 $7000 \times 10^4 t/a$。根据里海国际财团与哈萨克斯坦政府签署的产品分成合同，卡沙甘油田应在2005年6月进行工业试采。2007年7月，作业者埃尼公司声明因卡沙甘油田开发工程量巨大且面临众多技术难题，再加上设备材料价格上涨、开发成本增加等原因，将该油田试采启动的时间由2008年底推迟到2010年下半年，油田开发费用由570亿美元提高到1360亿美元。2008年6月，国际财团与哈萨克斯

---

① 来源：https://edin.ihsenergy.com/portal/search-Guyana Basin.

坦政府签署备忘录，将卡沙甘油田的工业试采日期由 2010 年进一步推迟到 2013 年。最终，卡沙甘油田于 2013 年 9 月 11 日首次投产，当年 9 月 24 日因输气管道发生泄漏被迫停产，2016 年 10 月重新开始试运行[①]。

卡沙甘油田工业开发一再推迟的原因主要有：①恶劣的气候及自然地理条件，致使项目实施难度大；②复杂的地质条件及油气性质，对开采工艺及设备要求高；③项目工程量巨大，而哈萨克斯坦海洋石油工业基础较薄弱，导致项目进展缓慢；④随着里海环境污染日趋严重，对环保提出了严格要求，项目环保风险大；⑤哈萨克斯坦政府通过修改法律不断加强对资源的监控，项目运作难度增大。

三、投资环境风险

投资环境风险，也是政治风险，是指未来政府单方面行为、敌对政治势力或社会变革对外国投资回报产生不良影响的可能性（王越，2020；冯贺等，2021）。尽管政治风险可以通过购买保险来进行一定的预防，或以请咨询机构提供咨询等方式来做好应对，但政治风险的不确定性很大，需要将政治风险作为勘探项目的一个重要风险来进行预测和评价。

（一）政局变动的风险

部分资源国政治环境日趋复杂。非正常政权更替，税收参数不断调整，以及"资源民族主义"的抬头，都加剧了在海外勘探开发投资的能源政策风险。

2010 年底，突尼斯爆发"茉莉花革命[②]"，拉开了中东北非地区"阿拉伯之春"的序幕，2019 年阿尔及利亚和苏丹共和国（北苏丹）出现了非正常的政权更替。苏丹是中国石油在海外油气合作中重要的桥头堡，但是南北苏丹矛盾由来已久，民族问题、宗教问题复杂严峻，尤其是 2011 年南苏丹独立后，利益格局发生变化，武装冲突使合作项目多次关停，严重影响了投资者的经济效益。

（二）社会安全风险

资源国政治和安全风险，是评价中必须要考虑的关键问题之一，在某些情况下甚至是首要的考虑因素。例如，2015 年前后，尼日利亚安全形势呈逐渐恶化态势，恐怖袭击频发，"博科圣地"等恐怖组织活动猖獗，造成了大量人员伤亡。原油偷盗、对管线及油田设施的破坏异常严重。2012—2016 年，中国驻尼日利亚大使馆就发出安全形势提醒 19 次，告知谨慎前往敏感地区[③]。时至今日，尼日利亚安全形势依然复杂、严峻，未得到根本性改善。在这种背景下，国际大型石油公司纷纷谋划转让尼日利亚陆上和浅海资产。此时，项目评价的重点应该是安全形势，是评估项目拿到后能否安全运营，而不是测算出来的项目收益率有多高，安全形势应当是第一位的决策因素。

当然，部分情况是因为评价时无法预估未来安全局势，使项目遭受潜在损失。例如，道达尔能源公司于 2019 年斥资 39 亿美元从阿纳达科公司手中购买了莫桑比克鲁伍马盆地 1 区块 26.5% 的股份。2021 年 4 月 27 日，道达尔能源公司宣布，因莫桑比克地区暴力事件升级，将无限期暂停液化天然气项目。项目原计划在 2024 年底开始投产，项目 200 亿美元投资计划的 75% 融资也已落实，融资来自 8 个出口信贷机构、19 个商业银行和非洲开发银行贷款，是非洲有史以来最大的融资项目[④]。2021 年 11 月，道达尔能源公司发布战略和展望报告，表示将把 1 区块液化天然气生

[①] 来源：https://www.spglobal.com/commodity-insights/en/market-insights/latest-news/oil/ 052019-kazakhstans-giant-kashagan- oil-field-restarts-production-partner.

[②] 来源：https://epaper.gmw.cn/gmrb/html/2018-01/22/nw.D110000gmrb_20180122_1-12.htm.

[③] 来源：http://ng.china-embassy.gov.cn/.

[④] 来源：https://nairametrics.com/2021/04/26/total-suspends-mozambique-20-billion-lng-project-indefinitely-declares-force-majeure/.

产推迟到 2026 年。

（三）外部制裁风险

当前国际形势出现新的特点，美国和欧盟对部分重点资源国施加制裁，对不同行业、不同项目制裁的程度不一，需要对制裁风险开展专项研究，判断融资、资金路径等方面的风险。

2013 年埃克森公司进军俄罗斯北极地区勘探，与俄罗斯石油公司在喀拉海开展勘探合作，累计投资 7 亿美元以上，但受美国制裁影响，不得不退出北极海上区块的合作。与此类似，道达尔能源公司和中国石油在伊朗的南帕斯 11 项目也同样因欧美制裁而未能启动。

2022 年初，俄罗斯与乌克兰冲突持续升级，美国、欧盟等对俄罗斯出台"史上最严厉"的制裁措施，碧辟公司等 9 家西方的石油公司相继宣布退出俄罗斯或不再新增投资[①]。碧辟公司已进入俄罗斯市场 30 多年，是最早投资俄罗斯油气业务的欧洲石油公司之一。自 2013 年以来，碧辟公司一直持有 Rosneft 公司 19.75%的股份，成为俄罗斯最大的外国投资公司之一。碧辟公司在官方声明称，本次退出可能导致其面临 250 亿美元的损失，这包含了 140 亿美元的资产价值减值，以及自 2013 年起累积的外汇损益等价值 110 亿美元的损失[②]。

（四）来自资源国的风险

资源国政府单方改变合同条款的行为也是一种政治风险，如强行修改合同模式或合同条款。如哈萨克斯坦 2017 年 12 月 27 日颁布了新的《矿产资源及矿产资源利用法》，一方面增加了油气合同的透明度，降低了投资者风险；调整了油气勘探开发条件，提高工作效率，强化国家管控；但也加强弃置费管理，明确资源利用者对油田弃置后的恢复义务，对违反合同义务处罚明显提高。旧资源法中规定资源利用者应计提弃置费，其额度为当年投资的 1%，存入哈萨克斯坦境内专门账户。尽管有明确规定，但因缺少强制性监管措施，绝大多数公司并未履行弃置费的规定，也未受到处罚，但新资源法规定必须强制履行弃置义务。新资源法对国内供油义务的比例和销售价格都有明确的规定，未完成合同规定的原油内销义务，将被处以 10000 个月核算指标的罚款[③]（明海会等，2018）。但执行国内供油义务实现的油价往往低于国际市场价格，如哈萨克斯坦部分项目的国内供油义务为总产量的 60%，售价仅为布伦特油价的 40%~50%，严重影响了项目的经济效益。因此，在项目的获取中，需要尽可能争取较少的国内供油义务。高油价时，国内供油义务的影响可能不是特别明显，但当国际油价偏低时，项目本来就经营困难，加上国内供油义务后，将会雪上加霜。

资源国资产国有化将对海外投资者造成巨大的损失。2005 年，委内瑞拉总统查韦斯开始实施以新国有化为主的石油政策，在 2007 年委任立法权颁布法令对奥里诺科石油带重油升级项目实行国有化，接管了奥里诺科河油田和邻近布兰基亚岛的三个勘探区块等项目的控制权。在 2008 年颁布《石油高价特殊贡献法》，规定当布伦特油价超过 70 美元/bbl 时所有石油公司需缴纳超出部分的 50%，油价超过 100 美元/bbl 时税率再增加 10%。在 2011 年，委内瑞拉政府宣布当油价超过 70 美元/bbl 时，企业须将销售收入的 80%交给政府，当油价超过 80 美元/bbl 和 90 美元/bbl 时上交率达 90%和 95%（陈利宽，2013）。埃克森美孚公司在 2007 年决定撤出重油带开发项目，但未能就赔偿事宜达成一致，转而付诸国际仲裁，并且向美国、英国和荷兰法院分别提起诉讼，虽然历经数年的国际仲裁后最终获得 10 亿美元补偿，但仍然给投资者造成一定的损失。

所在国政治和政策障碍也可能导致收并购夭折。如中国海油竞购优尼科公司的失败。2005

---

① 来源：https://www.perthnow.com.au/news/conflict/shell-joins-bp-others-in-exiting-russia-c-5881477.

② 来源：https://tokenist.com/bp-exits-russia-with-potential-25b-loss-more-companies-to-follow/.

③ 根据哈萨克斯坦税法等法律规定，一个月度核算指标约 2405 坚戈，折合人民币约 45.46 元，人民币对坚戈的汇率为 1：52.9。

年 3 月，中国海油与优尼科公司高层接触，并向优尼科公司提交了 130 亿美元"非约束性报价"。4 月 4 日，美国雪佛龙公司提出以 164 亿美元的现金和股票并购优尼科公司，并很快与优尼科公司达成了约束性收购协议。6 月 10 日，美国联邦贸易委员会批准了雪佛龙公司并购优尼科公司的协议，但雪佛龙公司的收购在完成交割之前，还需经过反垄断法和美国证券交易委员会的审查。6 月 23 日，中国海油宣布以每股 56 美元的价格、全现金方式并购优尼科公司，此要约价相当于优尼科公司股本总价值约 185 亿美元。此外，中国海油还做出了当地市场、当地用工等一系列承诺。6 月 29 日，雪佛龙公司宣布，该公司并购优尼科公司的计划已经得到美国证券交易委员会的批准。

2005 年 6 月 30 日，美国众议院以 333 比 92 票的压倒性优势，要求美国政府中止这一收购计划，并以 398 比 15 的更大优势，要求美国政府立即对收购本身进行调查[①]。7 月 2 日，中国海油向美国外国投资委员会提交通知书，要求其对中国海油并购优尼科公司提议展开审查。7 月 19 日，雪佛龙公司将收购价格提高至 171 亿美元。7 月 20 日，优尼科公司董事会决定接受雪佛龙公司加价之后的报价，并推荐给股东大会。中国海油对此深表遗憾。7 月 25 日，美国参众两院的代表经过投票决定，中国海油收购尤尼科公司必须首先经过美国能源部、国土安全部及国防部的审查。7 月 30 日美国参众两院又通过了能源法案新增条款，要求政府在 120 天内对中国的能源状况进行研究，研究报告出台 21 天后，才能够批准中国海油对优尼科公司的收购[②]。这一法案的通过基本排除了中国海油竞购成功的可能。8 月 2 日，中国海油撤回对优尼科公司的收购要约。8 月 10 日，优尼科公司如期举行股东大会。雪佛龙公司收购优尼科公司成为定局。

因此，目标企业所在国的政治和政策障碍是这次中国海油并购美国优尼科公司失败的最主要原因，"中国威胁论"和作为国有企业的背景也是美国政府打压此次并购的原因(单宝，2005)。

四、运输风险

部分项目周边配套条件差，远离消费市场或主要港口，油气出口不便，当地天然气市场缺乏，油气新建管线投资巨大，使项目迟迟不能投产或经济效益变差，即使有油气发现，也无法投产，不得不最终放弃。

图洛石油(Tullow)公司是一家以勘探见长的公司，近年来，由于在非洲加纳、乌干达、肯尼亚三国的勘探获得巨大成功，该公司名声大噪，成为业内竞相追捧的"模范生"。然而，发现储量并不意味着能及时变现，对于图洛石油这种小型公司，持续的勘探投入可能成为"压垮骆驼的最后一根稻草"。图洛公司自 2004 年开始就进入乌干达，之后不断获得勘探突破，但乌干达国内的石油消费非常有限，需要将原油通过近 1500km 的外输管线输送至东非海岸才能出口，管线的缺乏，导致乌干达境内的油田迟迟不能投入开发。即使在 2012 年引入了道达尔能源公司和中国海油后，外输管线也迟迟未能建成。2020 年道达尔能源公司以 5 亿美元收购图洛公司在乌干达艾尔伯特湖区块 33.33%的权益，该权益在 2012 年价值 14.67 亿美元(吕荣洁，2011)。2021 年 8 月，乌干达-坦桑尼亚管线开工建设[③]，预计工期为 3 年，2024 年正式投产，此时距道达尔能源公司和中国海油进入乌干达已经过去了 12 年。随着投产日期的不断推迟，资产价值也在持续缩水。

五、市场风险

天然气市场具有区域性的特点，不少国家对天然气价格实行管制，在勘探区块评价时需要研究液化天然气出口和天然气当地销售的可行性，对市场出口和销售价格有综合判断。此类项目资

---

① 来源：http://www.dzwww.com/caijing/cjsp/200507/t20050714_1124553.htm.

② 来源：https://www.guayunfan.com/baike/184824.html.

③ 来源：https://ipsk.ac.ug/2021/04/12/uganda-tanzania-sign-oil-pipeline-project-agreement/.

源潜力已经基本确定，地质认识程度相对较高，资源相对落实，地质风险不是很大，后续能否顺利投产和销售成为评价中需要充分关注的方面，即项目经济变现的风险。

(一)热带雨林地区的项目

秘鲁某项目位于亚马孙热带雨林地区，含 1 个待开发区块和 1 个勘探区块，在项目评价时，正处于高油价时期，项目未签署天然气销售协议，且勘探区块无外输天然气管网。在项目获取 4 年后，跟踪评价认为，勘探实际发现的储量和设计开发指标与评价时基本吻合，但预期油气价格，尤其是天然气价格出现了较大的偏差，市场难以落实，面临较高的市场价格风险和地面投资风险，导致勘探区块获得发现后难以投产。

1981 年 7 月，壳牌勘探开发(秘鲁)公司独家获得了秘鲁东南部热带雨林中的乌卡亚利(Ucayali)盆地 Camisea 地区的第 38 和第 42 区块的勘探许可，区块面积分别为 9951km² 和 9992km²(图 4-22)。第一阶段 4 年勘探期最低义务工作量为 2000km 二维地震和 4 口探井。合同规定，如果发现天然气和凝析油，壳牌公司将获得 40 年的开发权[①]。

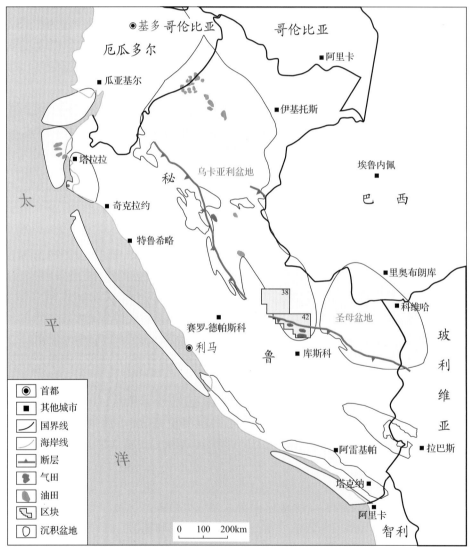

图 4-22　壳牌公司在秘鲁 38 和 42 区块位置图

---

① 来源：http://ssecoconsulting.com/historia-del-desarrollo-del-gas-de-camisea.html.

乌卡亚利盆地南部山麓的构造形态特征为一系列东到东北向延伸的大型背斜构造(Decou et al.,2011)。Camisea 推覆背斜构造的气藏为二叠系 Mitu 群(Nia、Noi 和 Ene 组)和白垩系 Chonta、Vivian 组和 Oriente 组砂岩。之前在盆地的北部发现过多个小型的油气田。壳牌公司在前期二维地震的基础上,发现了多个大型推覆背斜构造。1984 年 3 月,部署的圣马丁(San Martin)-1X 井完钻,井深 3894m。对 2275~2281m 测试获得 $317×10^4m^3$ 的高产气流,并在其他多层获得高产气流。1986 年,在圣马丁-1X 发现井的下倾部位部署钻探的 Sagokiato-2X 井(图 4-23),在 Chonta 组底部、Nia、Noi 和 Ene 组砂岩都含气,发现了 San Martin 气田,天然气可采储量 $1423×10^8m^3$,凝析油可采储量 $5483×10^4t$。之后于 1986 年发现 Cashiriari 气田,天然气可采储量 $1569×10^8m^3$,凝析油可采储量 $6043×10^4t$。1998 年发现了 Pagoreni 气田,天然气可采储量 $781×10^8m^3$,凝析油可采储量 $2360×10^4t$。三个气田的合计天然气可采储量达到 $3773×10^8m^3$,凝析油可采储量 $1.39×10^8t$(据 IHS 2023 年数据)。

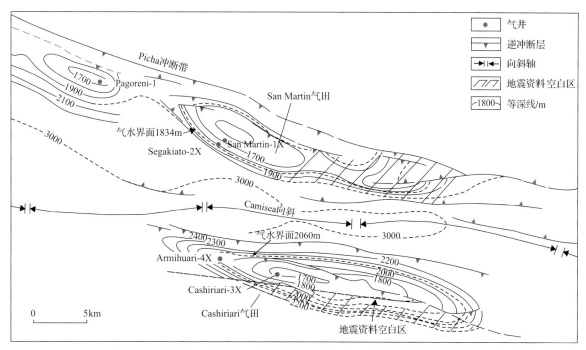

图 4-23　壳牌公司在秘鲁 38 和 42 区块发现的气田分布图(位置见图 4-22)

1994 年,壳牌公司与秘鲁政府签订了 Camisea 项目开发的协议,该协议规定,壳牌公司将分两个阶段执行,第一阶段 4 年,将钻 4 口评价井,进一步证实资源潜力和开发的经济可行性,如果经济性不佳,其可在第一阶段结束后退出。据初步估算,该项目是秘鲁历史上最大的私人投资项目,秘鲁总统阿尔韦托·藤森(Alberto Fujimori)曾将 Camisea 协议称为"世纪项目"。由于当时秘鲁国内天然气市场缺乏,气田区距离首都利马约 560km,从热带雨林建设一条横跨安第斯山的管线到沿海再液化出口的成本过高,加之当时天然气价格较低,经系统评估后,壳牌公司为首的财团在 1998 年 7 月决定退出该项目[①],据估算,该财团在本项目投入为 2.5 亿~4.0 亿美元(据 IHS 2023 年数据)。

(二)深水项目

印度尼西亚阿巴迪气田位于东帝汶海域,水深约 450m。2000 年 12 月由 INPEX 公司发现,

---

① 来源:https://www.latimes.com/archives/la-xpm-1998-jul-17-fi-4444-story.html.

天然气 2P 可采储量 3248×10^{8}m^3，凝析油 2564×10^{4}t，合计油气当量 3.01×10^{8}t；另有天然气 2C 可采资源量 2549×10^{8}m^3，凝析油 680×10^{4}t。2000 年 12 月 Abadi-1 井获得突破后，INPEX 公司分别于 2002 年和 2008 年钻探井 2 口和 5 口，均获得巨大成功。2009 年 11 月，EMP 公司以 7725 万美元的价格获得项目 10% 的权益。2011 年 7 月，壳牌公司以 8.75 亿美元收购 INPEX 公司阿巴迪气田 30% 的股权；2013 年 4 月，EMP 公司以 3.13 亿美元的价格，将其 10% 的权益出售给 INPEX 公司和壳牌公司（Wood Mackenzie，2019）。此时，壳牌公司持股比例已经达到 35%。但该项目位于偏远浅海地区，缺乏基础设施，市场难落实，加之本地化要求高、印度尼西亚国内服务业能力不足、开发方案及开发方式的频繁调整，导致项目迟迟不能投产。无奈之下，壳牌公司于 2020 年 7 月宣布将剥离其 35% 的权益。

六、环境敏感性风险

勘探区块所处的地理环境对进入项目后能否作业有直接的影响。环境的恢复也是一项重要的投资。非政府组织对环境保护区的关注也会影响项目的正常作业。

2013 年，在巴西国家石油局举行的第 11 轮油气勘探区块许可证招标中，以道达尔能源公司为首的财团获得了福斯杜-亚马孙（Foz do Amazonas）盆地 5 个浅海油气勘探区块的作业权，道达尔能源公司持股 40%（作业者），合作伙伴为碧辟公司（30%）和巴西国家石油公司（30%）。

由于该海域存在一片面积 9.5km^2 的世界稀有种类的珊瑚礁，其油气勘探活动遭到国际绿色和平组织的强烈抵制，因此道达尔能源公司的钻探计划经历了漫长的环境许可审批过程。尽管巴西联邦环境监管机构巴西环境保护局和巴西可再生资源管理局批准其在这 5 个区块内钻 7 口预探井，但是巴西民众和环保组织对该区内新的石油勘探活动十分敏感，导致道达尔能源公司的钻探环境许可申请始终无法得到巴西环境保护局的环评许可和巴西可再生资源管理局的批准。2020 年 9 月 7 日，道达尔能源公司毅然决定放弃这 5 个浅海油气勘探区块的作业权[①]，尽管该盆地估算的石油可采资源量达 19.1×10^{8}t。

当前碳减排成为全球共识，低碳形势下未来碳价格必然呈上行态势，油气投资者也应当关注项目二氧化碳排放问题。根据世界银行数据，全球大部分国家和地区碳价格仍远低于实现《巴黎协定》2℃温控目标 40～80 美元/t 的标准，全球重点油气资源国中加拿大、墨西哥、阿根廷、哈萨克斯坦等国家已实施碳税或碳排放交易体系，巴西、印度尼西亚、巴基斯坦等国家已将其纳入考虑。加拿大是重点油气合作国家/地区中的高碳税国家，2019 年起开始征收碳税，从 20 美元/t 的低价开始，每年以 10 美元/t 幅度上涨，至 2022 年涨到 50 美元/t（窦立荣等，2020a）。2020 年 12 月，加拿大提出要将其碳税价格从 2022 年起每年提高 15 加元/t，从 50 加元/t 提高到 2030 年的 170 加元/t，预计未来十年增长近三倍，这将大幅提高项目碳税成本[②]。虽然受疫情影响，加拿大部分省份推迟了碳税提价进程，但逐渐增加碳税已成为可预见的趋势，这将持续压缩油气项目的收益。

七、尽职调查不足的风险

（一）环境尽职调查不足带来的风险

国际市场机会很多，陷阱也很多。大项目具有高投资、高风险、高回报的特点，小项目具有低投资、低风险、低回报的特点。有的石油公司到国外去找项目，一看进入费很低，以为有利可图。可签订合同后才知道，将来的油田弃井费将是一大笔开支，项目的收益完全不足以支付弃井

---

① 来源：http://www.sinopecnews.com.cn/news/content/2018-12/10/content_1726966.htm。
② 来源：https://www.latimes.com/archives/la-xpm-1998-jul-17-fi-4444-story.html。

费。有的石油公司以为将国内的做法搬到国外就是国际化了，结果在项目运行中屡屡碰壁（周吉平，2004）。位于南美热带雨林的某项目，中方以较低的价格获得部分权益。进入后发现，前作业者在作业期间曾排放了大量的污水，造成政府要求大额赔偿。由于环境尽职调查不足给项目的后期运行带来很大的压力。

（二）财税尽职调查不足带来的风险

2008 年 7 月 7 日，中海油田服务股份有限公司（简称中海油服）发布公告，宣布以总对价 127亿挪威克朗（25 亿美元）收购 AWO 公司 100% 的股份，全部以现金方式支付[①]。AWO 公司是一家在挪威奥斯陆上市的油田服务公司，收购后更名为 CDE 公司。AWO 公司的净资产为 5 亿美元，而此次收购的价格为 25 亿美元，相当于以 5 倍的价格收购了这家公司。AWO 公司拥有并经营 5座新建的自升式钻井平台、两个生活钻井平台，以及 3 座正在建造的自升式钻井平台和 3 座半潜式钻井平台，此外还拥有两座半潜式钻井平台的选择权。

在交易的最后关头，收到来自 AWO 公司之前收购的一个公司 Offrig Drilling ASA（Offrig）的诉讼，2010 年法院最终裁定，中海油服向原告 Offrig 支付 2946 万挪威克朗。2012 年 12 月，CDE 公司再次收到了挪威税务主管部门的决议函件，要求其缴纳 7.88 亿挪威克朗（约合人民币8.72 亿元）的额外税项及罚款，并须缴纳额外税额的利息。原因是在 2006～2007 年 AWO 公司的子公司在转让某些钻井平台建设合同及其选择权时存在税务处理问题。直到 2013 年 8 月 15日，中海油服及 CDE 公司终于与挪威税务机关就税务争议达成和解协议，共需补缴所得税约1.73 亿挪威克朗（折合人民币约 1.81 亿元）[②]。在整个交易期间，尽职调查只用了两周时间，流于形式，没有及时发现 AWO 公司历史遗留问题，给 CDE 公司交易完成后带来了严重的影响（张欣，2017）。

八、赢家的诅咒

Capen、Clapp 和 Campbell 在 1971 年第一次认识并讨论过"赢家的诅咒（winner's curse）"这一现象，即"如果你中标了并且你所投资的地区有发现，但是你有可能过高地估计了净现值（NPV），因此你可能不会按你所期望的那样收回投资；如果你所投资没有回报，你可能过高地估计了它的价值，从风险回报来说你会很痛苦"（Rose，2001）。

对勘探区块内油气资源量的不确定是造成"赢家的诅咒"的主要原因。任何竞标者无意中时常过高估计资源量的概率，估值最高的公司可能是最终的中标者。由于大部分竞标价是基于储量潜力，所以过高的出价也是呈对数正态分布的，第一竞标价与第二竞标价的差比较大，比第五和第六竞标价的差更大。1983 年之后墨西哥湾租让区块最高标值比第二标值平均高出 75%（Rose，2001）（图 4-24）。在巴西的多轮盐下区块竞标中，第一标比第二标高出了很多。如第二轮招标的 Sapinhoa 油田外延部分，第一标的政府利润油分成比为 80%，第二标仅 21.17%（表 4-4）。

如何避免赢家的诅咒？首先，最重要的是要修改成功的标准，竞标的目的不是得到区块，而是能够拿到有勘探潜力的区块，能盈利。第二，把标值限制在区块较大贴现率下期望净现值（ENPV）的范围内：资源潜力越是不确定，贴现率取值越要大。风险勘探项目的基准收益率要比开发区块高出 2～5 个百分点（Rose，2001）。第三，尽可能多投标，在认识到勘探本身固有的不确定性的基础上，应该竞标所有的区块，以确保盈利。第四，提倡一种超然的、严谨的投标态度，如果按公司评价结果投标不能拿到某个区块，那么就放弃它。

---

① 来源：https://www.chinanews.com/cj/ssgs/news/2008/07-07/1304871.shtml.
② 来源：https://finance.eastmoney.com/a2/20130817315822140.html.

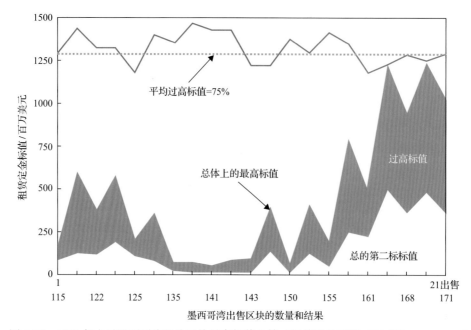

图 4-24　1983 年之后墨西哥湾租让区块最高标值比第二标值平均高出 75%（据 Rose，2001）

第五章　国际石油合同

1859 年，现代石油工业迅速发展起来。以标准石油为代表的美国公司开始走出去到世界有油苗的国家(包括秘鲁、罗马尼亚等)进行油气勘探开发。这一时期的石油合同主要是以租地的形式进行。随着 1911 年标准石油公司的解体和英国石油、壳牌等石油公司的成立，在全球开展油气勘探开发的公司快速增加。早期租让制合同可以追溯到 1901 年英国富翁达西在中东波斯(伊朗)签订的租让协定，甚至在更早时期的荷属东印度的租让制。早期租让制的特点是租让区面积大、租期长，在租让期内，外国石油公司享有在租让区块进行石油勘探、开发和生产的完全经营管理权，并对所产石油拥有所有权，资源国收益仅限于矿区使用费。

1949 年，GETTY 公司和沙特阿拉伯政府所签的合同，代表现代租让制合同的开始。现代租让制合同区别于早期让制合同，强调资源国对石油资源的主权地位，租让面积受到限制，租让期限更短，资源国的收益增加，并且有权对石油公司的生产经营活动进行监督(Inkpen and Moffett，2011)。

第二次世界大战以后，随着民主解放运动的兴起，许多产油国在政治上独立以后，纷纷要求在经济上的独立，先后提出石油公司收归国有，对西方跨国石油公司的垄断有一定冲击作用，但这仍未使这些国家在石油关系上与西方国家处于平等地位。科威特、委内瑞拉、伊朗、沙特阿拉伯和伊拉克等国政府发起并成立了石油输出国组织，开始了争取平等石油经济关系的运动。

随着 20 世纪 50 年代殖民制度的瓦解，到 50 年代中期，租让制协议基本上不再签订，并逐渐演变为现代许可证制合同(矿税制合同)。其特点是租让区面积缩小，合同期缩短，增加定期退地的规定；除矿区使用费外，资源国增加了收取公司所得税和各种定金；资源国政府对石油公司的控制加强，有权对外国石油公司的重大决策进行审查和监督，在开发阶段资源国有权参股。

1966 年，在印度尼西亚诞生了第一份产品分成合同。从此，合同制合同开始快速代替租让制合同。合同制合同是由资源国政府保留矿产资源的所有权，外国石油公司通过产品分成合同、服务合同、回购合同等模式，获得油气产品或其销售收入的分成权、报酬费。合同制合同使油气资源国在整个勘探开发过程中具有较大的控制权，并对外国石油公司有了更多的限制。

每年大约有 4～50 个国家推出区块或许可证，其中一半以上采用产品分成合同，其次为矿税制，其他财税制度的使用比例不到 10%(Johnston，2000)。

国际石油合作发展至今，石油资源国结合国内外石油工业发展、石油立法、经济发展程度、油气市场开放及本国油气资源发展状况、本国经济对石油工业的依赖程度等因素，逐步形成和发展了一系列相对成熟的石油合作合同模式(表 5-1 和图 5-1)。

表 5-1　世界主要产油国石油合同类型

地区	国家	合同类型	地区	国家	合同类型
亚太	印度尼西亚	PSC、Gross Production/Revenue Sharing Contract	非洲	利比亚	PSC
	马来西亚	PSC		埃及	PSC
	越南	PSC		苏丹	PSC
	蒙古国	PSC		加蓬	PSC(1997 年前为 R/T)
	澳大利亚	R/T		刚果	PSC
	泰国	R/T		安哥拉	PSC、RSC

续表

地区	国家	合同类型	地区	国家	合同类型
中亚俄罗斯	哈萨克斯坦	R/T	非洲	阿尔及利亚	R/T、PSC、RSC
	乌兹别克斯坦	R/T、PSC、JV		尼日利亚	PSC
	阿塞拜疆	PSC		喀麦隆	PSC
	土库曼斯坦	PSC、RSC		摩洛哥	R/T
	俄罗斯	PSC、R/T	南美	厄瓜多尔	SC、JV、Participation Contract
	塔吉克斯坦	PSC		阿根廷	R/T
中东	卡塔尔	PSC		秘鲁	R/T
	阿曼	PSC		玻利维亚	RSC、JV
	也门	PSC		哥伦比亚	R/T
	伊拉克	PSC、RSC		委内瑞拉	R/T、JV
	沙特阿拉伯	R/T		巴西	R/T、PSC
	科威特	SC	北美洲	加拿大	R/T
	伊朗	SC、Buy-back		美国	R/T

注：据 IHS 2021 年数据。

R-无回收机制的分成合同/T-矿税制；PSC-产品分成合同；Gross Production/Revenue Sharing Contract-无回收机制的分成合同；Participation Contract-无回收机制的分成合同；SC-服务合同；RSC-风险服务合同；Buy-back-回购合同；JV-联合经营。

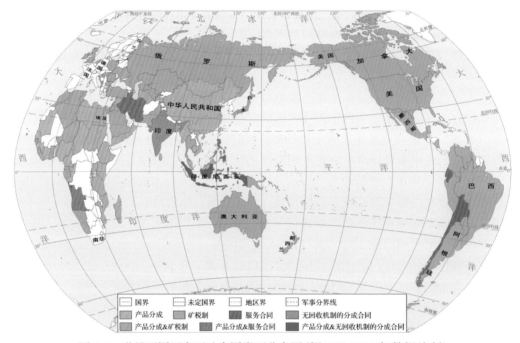

图 5-1　世界不同国家石油合同类型分布图（据 IHS 2021 年数据编制）

第一节　合同条款

国际石油合同是指资源国政府（或授权其政府部门及国家石油公司）与外国石油公司为合作开采本国油气资源而依法订立的，涉及油气勘探、开发、生产和销售等环节的国际合作合同。国际石油合同既是规范和约束合同双方权利和义务的有效法律文件，同时又是调节油气生产总利润在资源国政府与合同者之间分配的杠杆和基准。

国际石油合同的合同文本包含主合同和附件。主合同条款根据其作用和属性分为基本条款、经济条款和法律条款等。通常情况下，石油合同的常规条款要遵守国家层面颁布的石油法，非税收相关的经济条款在每个单独的合同中具体约定。

一、基本条款

基本条款通常包含术语和定义、合同范围、合同期限、合同区面积的撤销、最低义务工作量或最低限度勘探费用、合同双方的权利和义务、管理委员会、作业、工作计划和预算等条款。

(一)面积、期限及撤销

世界范围内合同区块的面积差别很大。早期区块的面积一般非常大，有时就是一个国家的范围。随着全球勘探程度的增加，勘探区块的面积被划分得越来越小。此外，成熟盆地勘探区块面积一般较小，而偏远盆地区块面积较大。海上的勘探区块一般面积较大，陆上的区块面积一般较小。

合同期限通常包括勘探期和开发生产期、延期条件和延期期限等条款。

合同的勘探期一般划分为三个阶段，即初始勘探期、第一勘探延长期和第二勘探延长期。在20世纪初，勘探时间一般较长，有时达到70年。80年代以来，初始勘探期一般为3～5年，之后是2～3年的勘探延长期，这是典型的勘探协议。在资料很少、缺少基础设施或气候条件差(如季风或其他不利气候使有效工作时间减少)时，有些合同可提供更长的勘探时间。

每一勘探阶段结束时都将把一定的区块面积返还给资源国政府。勘探期第一阶段结束时通常退还原始区块面积的25%，有时是50%。第二勘探延长期结束时需要退还除发现油气田外的所有区块面积。

有些合同还定义了评价期或先导试验期。合同的开发期可以持续20～40年或更长，很多合同都允许开发期可以进一步延长。天然气勘探区块的合同期往往比石油勘探区块的合同期长。

(二)勘探义务工作量/投资

勘探期的每一个阶段都有不同的勘探义务工作量和/或投资的要求。勘探义务工作量通常包括重力、磁力勘探，二维、三维地震采集和处理工作量，以及探井和评价井工作量。有的合同还规定了不同工作量的投资额和钻井的深度和/或地层层位的要求，如果完不成义务工作量或没有达到工作量要求，剩余未完成的工作量需要折算成现金支付给资源国政府。

(三)签字费

约40%的勘探和开发合同都要求有签字费(签字定金)，通常在合同签订后30天内支付给政府(Johnston，2000)。签字费的确定有公开招标、谈判或资源国单方确定三种方式。合同者支付的签字费往往不能作为成本进行回收(有时通过谈判可以部分回收)，但通常可以抵减应税收入。签字费在不同国家、不同的项目之间有非常大的差异。在巴西深水合同区块，单个区块的招标签字费超过了10亿美元。

除了签字定金以外，还有许多在不同时间点上发生的其他类型的定金。例如，在颁发油气田开发许可证时需要支付一笔定金，进入开发期后产量或累计产量上升到不同台阶时支付产量定金等。

(四)培训费

许多合同都有培训费要求，用于培训当地员工。在勘探阶段培训费一般较低，通常为每年10万～50万美元。进入开发期后，培训费会相应增加，有的甚至会达到每年200万美元以上。有些合同，一旦有油气发现或开始生产油气，就要求培训费逐年增加。产品分成合同的培训费一般属于石油费用，可以回收。在厄瓜多尔，合同者需要制定年度培训计划，对当地员工进行培训，每年的培

训费应不少于操作费总额的 0.5%。

(五)地租

根据持有的合同区块面积支付年度地租是最常见的条款。相对其他合同义务，地租的经济影响通常是最小的。在初始勘探期、第一延长期、第二延长期和开发期的地租一般会逐渐增加，开发期的地租有时是初始勘探期的 200 倍。地租常常以当地货币来确定。

二、经济条款

经济(财税)条款通常包括矿区使用费、成本回收、利润油气分配、产品定价及销售、税收和成本的"篱笆圈"、所得税及其他税收、折旧摊销、政府参股等条款。经济条款是合同的核心部分，界定了合同双方的利益分配方式，是合同类型的划分依据。

(一)矿区使用费

简称矿费，是矿税制合同下合同者现金流出中的第一扣减项，无论合同者有无利润均需交纳矿费。矿费是资源国政府从油气开发项目中获得收入的一项重要来源。资源国政府可以通过矿费税率的高低及相关政策来鼓励或限制投资者对其境内油气资源的开采。早期的产品分成合同没有矿费规定，后来资源国政府为了增加收益，在有的产品分成合同中增加了矿费条款，参照矿税制合同来收取。

世界平均矿费税率约为 7%(Johnston，2000)。在同一国家，陆上矿费税率一般高于海上，天然气矿费税率一般低于石油的矿费税率。

矿费的征收有多种形式，可采用固定税率或滑动税率。滑动税率是指矿费税率根据年度、产量、R 因子、价格等因素的变化而滑动。按生产年序规定的矿费，一般在生产期的前期税率低，之后逐年增加至按固定比例交纳矿费，采用按年滑动矿费的国家较少。按年产或日产水平确定的矿费，税率随产量水平的提高而增大(表 5-2)。

表 5-2　某项目原油矿费的滑动比例

产量水平 $P/(10^4\text{bbl/d})$	矿费的比例/%
$P \leqslant 2$	2.5
$2 < P \leqslant 5$	5
$5 < P \leqslant 10$	10
$P > 10$	12.5

尼日尔旧石油法规定，原油矿费按照产量水平滑动，为原油销售收入的 2.5%～12.5%，对应的销售价格为井口价格。在印度尼西亚的合同中，矿费通过头份油等形式来体现。

R 因子是累计收入与累计成本的比值，每个会计核算期都要计算该比率，R 因子将会随着合同期逐渐增长而变化。R 因子属于一种综合指标，受产量、价格、成本等因素的影响。按照 R 因子规定的矿费，矿费税率均随 R 值的增大而台阶式上升。

资源国为了促进非常规等难动用储量的开发，通常会采用优惠的矿费规定。根据加拿大 BC 省天然气矿费测算规则，天然气矿费是逐井、逐月计算并缴纳的。对于低产井和边际井，矿费具有相应的优惠政策，税率在初始矿费税率基础上扣除一定的扣减因子。

(二)成本回收

成本回收机制是产品分成合同最普遍的特征之一，指的是当有足够油气发现时，合同者可以通过成本回收使其投资和成本得以补偿。在成本回收机制下，合同者有权从商业性生产开始按月或者季度回收成本。世界上 80% 以上的产品分成合同都有成本回收限制,通常范围为 35%～70%,世界平均值约为 63%(Johnston,2000)。成本回收以实物形式返还给合同者。成本回收顺序通常为操作费用、勘探费用、开发费用、弃置费用。如果任一月(季度)的成本油气不足以完全回收成本,未回收部分应结转到随后月(季度),直到完全回收。

(三)折旧摊销

折旧摊销有两层含义。一是指在产品分成合同中,投资按照年度折旧摊销额进行回收。约有一半产品分成合同计算成本回收时不要求计算折旧,全部可以进入当期回收池进行回收。

折旧摊销的另一层含义是勘探开发投资以折旧的形式作为所得税税前抵扣项。折旧资产类别有不同的分类方法,如按照勘探投资、开发投资分类;或者按照钻井、设施、管道等分类。折旧方法分为直线法、余额递减法、双倍余额递减法和产量法等,因国家或项目而不同。不同资产的折旧年限和折旧率不同,折旧期限越短对合同者越有利。巴西深海油气项目,资产折旧方式除了直线法和产量法,也允许在此基础上的 2.5 倍加速折旧方式,加速折旧方式提升了高勘探开发成本的深海投资项目的经济性。

(四)利润油(气)分割

产品分成合同下,油气销售收入扣除矿区使用费及回收成本后剩余的产量(或收入)称为利润油或利润气,利润油气将在合同者和资源国政府间根据约定的分成比例进行分割。利润油气分成可以看作是税收的另一种形式。

世界上约 80% 的产品分成合同采用滑动分成比例进行分成,即分成比例随产量、价格、R 因子、内部收益率等单因素或多因素组合的变化而滑动。例如,巴西深海第六轮招标中,利润油分成比采用由单井日产和油价双因素确定的滑动比例。滑动比例的设置对合同双方的利益分配起到限制作用。在产量和价格较低的时候,合同者获得较高的分成比例;随着产量和价格升高,合同者分成比例会降低。

以下是以 R 因子来确定合同者和政府利润油滑动分成比的例子(表 5-3)。

表 5-3　某国项目利润油分成比确定方式

R 因子	合同者利润油/%	政府利润油/%
<1	60	40
1～1.5	55	45
1.5～2	50	50
≥2	45	55

收益率(ROR)制度是采用内部收益率来确定滑动比例。合同者的收益率一旦超出预先确定的收益率上限,政府利润油分成比就会增加,以此作为利润油分割的滑动台阶。表 5-4 是一个典型例子,当 ROR 达到 20% 时,政府利润油分成比例为 40%。

表 5-4　ROR 利润油分成比例

ROR/%	政府利润油/%
<20	0
20～30	40
30～40	60
≥40	75

（五）所得税

所得税通常按照通用会计准则（或惯例）来计提，应纳税收入为总收入扣除税收抵扣项，会计程序中一般也会包含税损结转时间的规定。有些合同为了吸引投资，会设置一定的免税期，免税期限通常以固定年限或者达到某一经济指标为标准。

所得税的应税收入计算方式也有例外。比如伊拉克的服务合同规定，所得税计提是基于当年实收的报酬费用，也就是说合同者只要有报酬费用收入就需要缴纳所得税，不能弥补当年的支出亏损。

（六）预扣税

预扣税，即源泉扣缴所得税的简称，通常指境外机构就来源于所得来源地的收入由在岸收入支付方代扣代缴的所得税，课税对象往往包括来源于一国境内的股息、红利、利息、租金、特许权使用费及其他所得。世界上 17% 的国家都有预扣税。预扣税的征收方式受国家间的税收协定影响，也受资金返回路径影响，有时比较复杂。

（七）碳排放税

碳排放税是针对二氧化碳排放所征收的税。各国政府在征收油气上游领域的碳税时，除了碳排放交易体系外的首选就是征收碳排放税。2011 年 7 月 10 日，澳大利亚联邦政府公布碳税方案，规定自 2012 年 7 月 1 日开征碳税，计税基数最大为项目碳排放量的 50%。全澳大利亚 500 家污染最严重的企业需要支付碳税，包括煤层气开采企业。2014 年 7 月开始，澳大利亚废除固定碳税制，将实施类似欧盟的市场制排碳交易制度，采用以市场为基准的浮动税率。碳税的价格由每吨 24.15 澳元降至每吨 6～10 澳元。值得关注的是，欧盟也正在研究设立碳关税。2023 年 4 月 18 日，欧洲议会通过了新的欧盟碳边境调节机制（CBAM）。

（八）篱笆圈

在大多数资源国，合同区块内以生产许可证（production license）为缴纳矿费、回收成本和利润分成的篱笆圈。对合同者不利的是，篱笆圈意味着一个许可证区块的费用不能与另一个许可证区块的费用相合并。因此，一个合同者在某一区块发生的干井费用就不能用已经有石油产量的另一个区块的收入来补偿。如苏丹大尼罗河公司拥有的穆格莱德盆地 1/2/4 区块之间就有严格的篱笆圈，需要在各自的区块取得商业发现来回收各自的投资成本。

但在某些国家或地区，为了鼓励勘探，有时就不设篱笆圈。例如在美国外陆架不设篱笆圈，在一个许可证区块内发生的干井费用可以从其他许可证区块的 35% 的联邦所得税中得到补偿，因此风险投资就降低了 35%（Johnston，2000）。中国石油在缅甸海上拥有三个风险勘探区块，经过谈判，三个区块间的义务工作量可以转移。

另外，广义的篱笆圈也针对税收层面。比如所得税的征收篱笆圈是基于合同区层面还是州或国家层面。

（九）政府参股

当一个勘探区块宣布获得油气商业发现（即达到商业价值点）时，资源国政府有权让其国家石油公司参股（或回购）部分工作权益。大约 40% 的资源国的石油法中规定国家石油公司有参股权，参股比例为 10%～50%，平均为 30%（Johnston，2000）。一般情况下，国家石油公司会从它的利润油分成中补偿合同者在获得商业发现前所发生的勘探和评价费用，有时需要支付一定的利息。资源国国家石油公司自参股时起通常就要按照参股比例支付权益投资，但也有个别参股方式为干股，如原苏丹 3/7 区项目，政府拥有 5% 干股。

三、法律条款

法律条款一般包括转让、稳定性条款、不可抗力、保险、保密、合同生效和终止、适用法律与争议解决等条款。

(一)权利转让

权利转让分为向关联方转让和非关联方转让。权利转让给关联公司通常为简单形式上给政府的通知或申请，权利转让给第三方通常需要资源国政府批准。

比如印度尼西亚的某 PSC 合同中有关权利转让的规定：在获得政府的事前书面同意(政府不得无故拖延)后，合同者有权向其关联公司销售、转让、转移其在本合同中的全部或部分作业权益。在合同期的最初三年内，合同者必须保持本合同中作业权益的多数利益持有人地位(多于 50% 权益)并且必须保持作业者身份。

在拟对任何直接或间接的控制权转让前，合同者应通知政府并得到政府的批准。在合同者继续保持其合同者的资格并完全承担本合同中因石油作业和已批准的作业计划和作业成本预算所产生的责任的情况下，政府不得无故拖延其批准。

权利转让条款通常附带优先购买权内容。该条款规定，合同一方享有同等条件下优先购买其他合作方拟转让权益的权利。

(二)稳定性条款

合同的稳定性是指资源国通过石油合同，向外国合同者做出承诺，保证合同者的合法权益不因该国法律或政府的改变而受到不利影响。适用范围包括稳定财产、稳定税收、稳定外汇管理、稳定进出口、稳定与合同有关的一般法律结构。稳定性条款可以按不同标准分为约定和法定两种(王斌，2010)。约定性稳定条款是指国家契约本身有此规定；法定性稳定条款是指资源国关于外商投资的法律和宪法等规定的给予外国投资者的待遇，此类规定除非合同双方将资源国的法律纳入相关合同，且该合同得到资源国政府的认可，否则资源国可单方面修改法律，而无论对外国投资者的影响如何。

中国石油某天然气项目的稳定性条款规定：如果在产品分成合同签署生效后资源国法律有对合同项下的经济结果产生不利影响的任何变化，合同双方应通过善意协商来修改合同内容，以确保双方利益平衡并保证获得根据合同条款在签署日所预期的经济结果。

(三)不可抗力及紧急事件

不可抗力条款的主要目的是减轻或免除受不可抗力影响而无法履行石油合同项下的义务及合同者的合同责任。各国的石油合同中关于不可抗力事件范围的约定并没有统一的标准，概括起来主要包括自然灾害(如地震、海啸等天灾)和人为因素(暴乱、战争、罢工、恐怖活动、政府立法和行政命令等)(于海涛和袁鹏崧，2014)。

有的合同规定，若因不可抗力或紧急事件而使合同无法履行时，合同双方均有权中止合同执行，但援引不抗力或紧急事件条款的一方应当于不抗力或紧急事件发生之日起 10 日内通知对方，并采取合理的补救措施减轻损失。如不可抗力或紧急事件致使油气项目总产量减少 50% 以上并持续发生 6 个月，则双方可协商终止合同。

印度尼西亚产品分成合同中的不可抗力条款规定除了未能按期履行本合同中支付义务以外，合同任何一方的未能履行或迟滞履行义务都可以因不可抗力因素得以宽免。受不可抗力影响而不

能履行义务的合同方应该尽可能在最短时间内书面通知对方，但在任何情况下都不能超过48h。

受乌克兰冲突影响，埃克森美孚公司宣布退出其持股30%并担任项目作业者的俄罗斯萨哈林-1项目。埃克森美孚公司在2022年一季度季报中对萨哈林-1项目进行了减计，共计损失34亿美元。俄罗斯先后颁布三条法令，分别涉及萨哈林-1项目的限制股权出售、临时运营权和股权重新分配。

（四）再谈判条款

合同再谈判条款是指在合同执行的不同阶段，可以就合同条款内容与规定进行评议和再谈判。该规定对合同双方都有重要影响，再谈判条款为有关问题的达成一致提供了一种途径，也可使不确定性较大的事项留到决策信息较为充分的时候来解决。但是再谈判条款的存在本身带来了合同的不稳定性和变数，使合同者的稳定收益面临着较大的变动风险。同时合同双方对合同条款的再评议和再谈判可能需要较高昂的费用开支，也使合同者对这一条款的价值产生怀疑。因此最好的办法是在合同中设计可适应各种经济条件的灵活条款，合同者通常都愿意把所有的合同条款尽可能精确地确定下来（王年平，2009）。

2004年，中国石油和苏丹政府谈判，转让苏丹六区5%的股份给苏丹政府，苏丹政府同意把勘探开发篱笆圈去掉，勘探投资可以从开发油田回收，勘探期延长与开发期一样，到2027年底，这为六区持续勘探发现奠定了基础。

有的天然气项目因天然气销售协议稳定供应的需要，在谈判条款规定如果合同区域内天然气资源缺乏或不足以履行天然气销售协议，合同者有权就合同区域扩展至气田相邻区域提交申请，并有排他权对上述扩边进行谈判。

（五）适用法律及争议解决

资源所在国法律为适用法律，但不得违反资源国承认的国际法原则和资源国作为缔约方的国际条约。在产生争议时，通常做法是合同双方依据合同规定先通过协商解决争议，之后未能解决的才可采取仲裁或诉讼手段。

厄瓜多尔服务合同规定，在合同履行中产生争议后，合同双方必须先协商解决纠纷。同时，双方也可选择将纠纷提交调解或专家决议，但专家决议只适用于开发方案、生产量、服务费、作业方案和经济调整因子等关于技术或经济问题争议。如通过30天的协商双方仍未能解决争议，则双方均可提起仲裁。值得注意的是，关于税务的纠纷或政府单方终止合同行为的争议不能提交仲裁，而只能通过厄瓜多尔司法系统寻求救济。

（六）离职补偿

离职补偿（enterprises severance bonus，ESB）是劳动法对于职工离职时给予必要的经济补偿的规定。苏丹石油法规定，员工在退休时或公司解雇原员工时要给予其经济补偿，根据劳动者在本单位工作的年限，每满一年支付一个月工资的标准向劳动者支付。六个月以上不满一年的，按一年计算；不满六个月的，向劳动者支付半年工资的经济补偿。如果员工主动辞职，则可能得不到离职补偿。离职补偿可以当年计提，进入成本回收。

四、其他条款

（一）弃置义务

随着HSE规定的日趋严紧，弃置义务逐渐成为标准合同文本的一部分。合同规定合同者须履行弃置义务，应根据开发条例和国际石油作业惯例制定详细的弃置计划，该计划作为开发方案的一部分提交资源国有关部门批准。

弃置费用是履行弃置义务的成本支出，是指根据资源国法律法规、国际公约等规定，由合同者承担的环境保护和生态恢复等义务所确定的支出。通常由合同双方共同建立和管理弃置基金账户。弃置成本随着 HSE 的管理趋紧会越来越沉重，特别是在海上。目前，国际上弃置费处理比较成熟的地区包括墨西哥湾、北海及亚太地区等。弃置费提取主要有合同末期提取和合同期间提取两种类型。弃置费提取方式一是按预计总弃置费提取，二是按比例提取(窦立荣，2019)(表 5-5)。

表 5-5　国际通行弃置费计提方式(据窦立荣，2019)

主要类型	合同末期		合同期间	
合同模式	通常为矿税制合同		通常为产品分成合同	
主要特点	合同者在项目末期可能承受损失，但政府提供税收减免获补贴		合同者负责未来的弃置费用，政府允许弃置费进成本回收	
计税/支付方式	直接减免	补偿退税	财务担保	基金账户
主要特点	简单直接，在项目末期开始提取弃置费，当年收入不够可递延到下一年；计提部分享受税收减免。	与直接减免相似；在项目末期收入无法弥补弃置费计提情况下，将根据弃置费发生情况重新计算以往年度应付税额，根据不同税基给予税收补偿并可计息	合同者按照预计弃置费额度提供财务担保；政府批准成本回收和税收扣除；合同期间没有实际弃置费用支出	合同者在合同期内按预计弃置费额度逐年向基金账户进行实际支付；合同结束进行弃置时基金将被提取，如不够需追加；政府允许成本回收及税收扣除
主要采用国家	美国、巴西(矿税制)、泰国(矿税制)、尼日利亚(矿税制)、澳大利亚	英国、挪威、加拿大	荷兰、印度尼西亚(早期 PSC)、马来西亚(早期 PSC)	安哥拉、巴西(PSC)、尼日利亚(PSC)、印度尼西亚(近期 PSC)、马来西亚(近期 PSC)

(二)跨界油藏联合开采

发现的油气田有时油气藏构造会延伸到另一个合同区，在这种情况下，资源国的石油法或石油合同会有相应条款来界定跨界油气田的开发。厄瓜多尔《石油法》规定，如两合同区存在跨区油藏，则该合同区的作业者必须签署由国家油气总署和厄瓜多尔油气部批准的联合作业协议，对跨界油藏进行联合开采。各服务合同均依此规定，合同者需依法履行对跨区油藏的联合开采的义务。

中国石油参与的莫桑比克 4 区北部发现 Coral 气田，延伸到北侧阿纳达科公司(现在的西方石油公司)的 1 号区块，是个整装巨型气田。4 区和 1 区跨界气藏联合开发协议(UUOA)是由两个区块作业者按照莫桑比克国家法律联合开发跨界气藏的规定，根据国际上跨界油气藏联合开发惯例并结合跨界气藏实际情况，共同商讨签署。该协议 2019 年 5 月获得莫桑比克政府批准，在产品分成合同存续期内有效。对于跨界气田双方统一部署、分期开发。统一部署体现在两个区块作业者为跨界气藏编制共同的总体开发方案(MDP)，评估地质储量，初期按照各自的储量占比来决定产量权益。后期根据复算的地质/可采储量对权益产量重新进行调整，依据是重新计算的天然气原始可采储量及其各自的占比。

如果一个合同区内的油气田跨入到另一个国家，则需要基于两个国家之间的有关协议来执行。如果没有协议，则很容易造成油气田的不平衡开发，导致一方利益受损。在中亚某国的一个气田跨两个国家，一方高速开发，导致压力和产量快速下降，另一方的天然气则流入到高速开采的一方。

(三)国内供应义务

一些国家的合同要求合同者须履行国内供应义务，在商业生产后把所得的部分油气份额以规定价格供应国内市场，以满足资源国本国的需要。供应国内义务的产品销售价格通常低于国际市场销售价格，一种方式是按照国际市场价格的一定比例，另一种方式为按照规定的固定价格。国内供应义务作为一项合同义务，降低了合同者获得其产品收益的公允市场价值。

印度尼西亚某产品分成合同规定，在油田生产 60 个月以后，合同者要将其石油份额的 25% 以市场价格的 10% 出售给国家石油公司。

第二节　主要合同类型

由于在勘探和开发生产阶段油气权益所有权的多样性，以及合同各方分担成本和风险的需要，油气行业发展形成了不同类型的石油合同。

对于每个合同的细节和具体特征，需要按照国家或者单个合同来进行分析。根据油气所有权转移的时间不同，石油合同可以合并为矿税制和合同制两大类。在矿税制下，合同者自原油从地下采出到井口就对其拥有所有权。而在合同制下，政府保持油气所有权直到双方商定的交油点转交给合同者。合同制又分为服务型合同和分成型合同，两者之间的差别在于合同者得到的补偿方式不同，前者收到的是现金（或等价实物），后者收到的是实物（表 5-6）。除了以上三种石油合同类型，其他合同类型还有回购合同和联合经营合同。

表 5-6　主要油气合同差异分析

合同类型	油气产品所有权转移	合同者所得	设施所有权	管控	政府参股
矿税制合同	井口	净利润	合同者	混合	较少
产品分成合同	交油点	成本油+利润油	政府	混合	常见
风险服务合同	无转移	服务费	政府	政府	较少

一、矿税制合同

在这种合同形式下，政府通过招标或谈判，把待勘探开发的油气区块"租让"给合同者，合同者被授权对指定区域进行勘探开发，合同者拥有较大的经营自主权。如果勘探成功，合同者将有权保留已开采的油气储量。当进入到开发生产期时，合同者拥有开采到井口的油气产品的所有权。所有勘探和生产设备的所有权属于合同者，但通常在许可证合同期满时转让给资源国。合同的弃置义务由合同者承担。

合同者被授予在合同许可区域内勘探和生产的专有权，通常需要支付矿费、地租（视所处阶段有所不同）、所得税、特别石油税（SPT）（其形式可以是在矿区使用费中增加一个额外的百分比），或者其他资源国法律规定的额外征税。由于资源国政府基本不参与投资，因此不承担勘探风险。大多数国家不愿将其自然资源移交给外国公司，因为对这些公司如何开展业务几乎没有控制权。由于旧租让制合同的影响，一些第三世界国家认为矿税制合同是出让资源所有权的合同而不愿意采用，更倾向于采用政府对生产经营过程能够有更大控制权的合同类型。

（一）合同基本条款和收入分配流程

矿税制合同的基本条款包括区块面积、合同期、面积撤销、签字费、当地雇佣、最低义务工作量和投资、矿费、政府参股、国内市场义务等。矿税制合同中的利益分配（图 5-2）包括以下层次：首先提取矿区使用费得到净收入；其次是费用扣减，包括经营成本，签字费，培训费等义务，租金，折旧、折耗与摊销及其他成本，弃置费，可抵扣税费。从净收入中减去这些可扣减费用后为应纳税收入，最后对应纳税收入缴纳所得税。

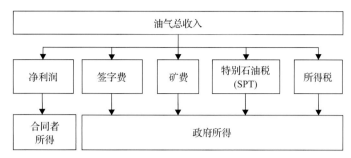

图 5-2　矿税制合同收入分配流程图

（二）合同特征分析

矿税制合同下，资源国政府不承担投资风险，并且可获得一定数额的矿费和税费。对一些潜力巨大的油气项目，资源国政府所获得的收益比重会因项目盈利水平的提高而降低。在该合同模式下，资源国政府和合同者之间合理分配项目收益可能存在困难。

对合同者来说，矿税制合同下合同者的收入来源为基于产品的销售收入的净利润。因此储量品质、开发技术水平及销售市场的便利程度决定了合同者的主要收入水平。影响合同者最终收入的另一关键因素就是税赋的影响。相对于其他合同类型，通常该模式下的项目经济效益受油气价格波动影响相对更大。低油气价格下，合同者的收益大幅下降；而较高油气价格下，合同者可能会实现较高的收益。

如果一个国家尚未开采出其第一桶油，或需要大量勘探工作获得新发现以提高产量，那么矿税制并不是很理想的合同类型。因为这种合同类型需要合同者预先支付一系列款项，尤其是投标项目，合同者要在对区块特征不够充分了解的情况下直接参与合同条款的投标。政府可能会发现它难以吸引投资，所以还需要提供未来进入开发生产期后开发效果可能不够经济时的合同条款。而在合同制下，特别是分成型合同，其分配机制更加灵活，使得合同者对项目收益有更清晰的认识。

二、产品分成合同

在这种合同类型下，合同者被资源国授予区块勘探和开发生产权，并获得油气产品的分成权。1966 年 8 月 18 日，美国独立公司（Independent Indonesian American Petroleum Company）与印度尼西亚国家石油公司（Pertamina）签署了西北爪哇海上区块的产品分成合同，这是世界第一份产品分成合同（Sihotang，2003）。产品分成合同在 20 世纪 70—80 年代发展成为一种较为通用的合同类型。

根据有无成本回收机制，分成型合同分为典型产品分成（PSC）合同和收入分成合同（gross revenue/profit share）。对于有成本回收机制的产品分成合同，政府与合同者从一开始就确定了当勘探取得成功后成本油和利润油的分配方式。收入分成合同双方分成的是油气产品的销售收入（比如墨西哥），这种合同类型称为收入（利润）分成合同。印度尼西亚政府在 2017 年 1 月引入了一种以总产量价值作为利润分配基础的分成合同，称为总收入分成合同。收入分成模式下，合同者承担了勘探和开发阶段所有的风险和投资且不能保证成功，由于缺乏成本回收机制，剥夺了合同者在开发早期通过成本回收机制来获得成本补偿的机会，对外国合同者的投资积极性造成负面影响。

产品分成合同下，资源国拥有石油资源所有权，合同者承担勘探开发投资、生产运营费用，并就成本回收、产量分成与资源国政府（或国家石油公司）签订油气勘探开发合同。成本回收上限是油气总收入的一定百分比，这个上限用来补偿合同者进行勘探开发承担的投资、操作成本等石油会计程序认定的可回收成本。总收入扣除成本油气后，剩余部分为利润油气。利润油气在政府与合同者之间根据合同条款的约定进行分成。各资源国就如何确定分成比例存在差异。

产品分成合同模式是当前世界上油气资源国采用最多的一种合同类型。在非洲地区的许多国家，当地国家石油公司的经验有限，且政府的有限财政资源通常会分配到其他领域，因此需要寻求合格的合作伙伴(尤其是海上油田)获得资金，资源国政府通常要求签订 PSC 合同的公司与当地国家石油公司结成合作伙伴。通过这种合作方式，政府可以实现对国家油气储量勘探开发的控制权，并获得勘探开发的经验和技术，而不必在油田的早期阶段面临巨额支出。

(一)合同条款和收入分配流程

产品分成合同的条款主要包括矿费、成本回收、超额成本油气、油气利润分成、篱笆圈、税收、政府参股、国内市场义务等内容。可回收成本一般包括上一期结转的未回收成本，操作成本，资本成本费用化，折旧、折耗及摊销(或勘探开发投资)，资金利息(常有限制)和弃置费。

产品分成合同的典型特征是成本回收限额和利润油气分成，其成本回收和利润油气分配顺序：首先提取矿区使用费后得到净收入，如没有矿费规定也可不提取。合同者从净收入中回收成本，多数产品分成合同对成本回收有上限限制，未回收成本超出部分结转至下一个财务单位(月、季度)。净收入回收成本后的剩余收入称为利润油气，合同者与政府按合同规定比例进行分配(图 5-3)。

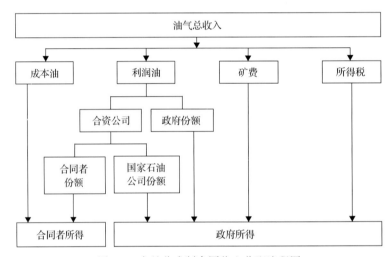

图 5-3　产品分成制合同收入分配流程图

未使用的超额成本油气(成本回收上限超过当年应回收成本的部分)计入利润油气中(比较常见，例如埃及的 PSC)，也可以归资源国所有(苏丹某项目 PSC)。

(二)合同特征分析

产品分成合同下，资源国政府拥有资源的所有权，合同者全部承担早期的勘探风险。如果勘探失败，合同者承担所有的投资损失；如果勘探成功并有商业生产价值，则合同者继续承担投资进行开发生产，资源国的国家油气公司可代表政府参股参与经营管理。扣除矿区使用费后(有的合同没有矿区使用费)的净产量用于成本回收和利润油气分配。成本油气用于限额回收合同者花费的投资和生产作业费等，剩余的成本油气计入利润油气或者归资源国所有，利润油气在资源国和合同者之间按照合同规定进行分配，合同者通常还需履行所得税义务。

产品分成合同模式较好地界定了资源国政府和合同者之间针对油气勘探开发与生产过程中的风险控制和利益分配的关系。资源国政府保留一定的监督管理权，通过对成本回收和分成的设置，使合同双方均获得油气，合同者在承担风险的同时也获得了成本补偿和相应的分成回报，达到了资源国吸引投资的目的，有利于发挥合同者投资的积极性。产品分成合同模式下合同内容较为复杂，需要合同者有较好的经营管理水平和商务谈判能力。

三、风险服务合同

有些资源国特别关注对外合作过程中的资源控制权,但又需要通过油气合作获得国际石油公司的技术和投资资金,因此采用了风险服务合同。风险服务合同模式源自 20 世纪 60 年代的伊朗,伊拉克在第二次海湾战争后逐渐采用这种合同模式。在 2008 年 10 月底,伊拉克与中国石油和振华石油重启艾哈代布(Ahdeb)合同谈判签字,将合同模式由产品分成模式改为风险服务合同模式。伊拉克石油部自 2009 年 6 月以来共进行了 5 轮招标,全部采用风险服务合同模式。

风险服务合同模式下合同者提供全部资金,并承担所有勘探和开发风险。如果没有商业发现,合同者承担所有的投资损失。如果勘探获得商业发现,作为回报,政府允许合同者通过项目油气销售收入来回收成本,并获得服务报酬费。合同者报酬费通常以现金支付。报酬费可以是固定的,也可以是变动的,如随油气价格或随 R 因子变动而滑动。

(一)合同基本条款和收益分配流程

风险服务合同的主要合同条款包括成本回收、报酬费的计提方式、高峰产量、篱笆圈、政府参股、所得税税率和税基。

关于成本和报酬费回收起点,伊拉克增产风险服务合同规定:只有达到合同中规定的增产目标才允许开始回收,如鲁迈拉油田需要产能达到初始产能的 110%时才可以启动回收;开发风险服务合同则需要在一定时间内实现合同规定产能并维持一段时间后才能启动回收;勘探开发合同设置有篱笆圈,规定篱笆圈内油气藏的成本,只能在达到商业生产量后才可以回收(张军等,2019)。

成本和报酬费回收是风险服务合同下合同者的主要收入来源。成本回收与产品分成非常类似,在整个合同期内可按照一定的回收速率进行回收,并且当期没有回收完的成本可结转至下一期继续回收。报酬费通常按照单位产量计提,与成本回收一起作为合同者在整个合同期间的主要现金流入项。报酬费的高低反映了合同者承担的风险,勘探项目的单位报酬费通常高于开发项目的单位报酬费。

伊拉克服务合同的所得税税基为当年实际获得报酬费,也就是从合同者开始取得报酬费收入就需要上缴所得税。

合同中一般会约定合同者的最低义务工作量和投资要求,合同者基于双方确定的合同条款承担勘探风险。油田投产后,资源国通过出售油气在合同规定的期限内偿还合同者的投资成本和费用,并按照约定向合同者支付服务报酬费。

风险服务合同的特征是资源国政府享有原油或天然气的支配权,合同者收取报酬费。风险服务合同的收入分配按照以下流程(图 5-4)。首先是成本回收,政府允许合同者在一定比例的油气销

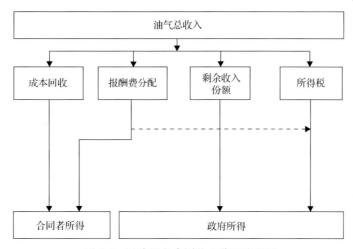

图 5-4　风险服务合同收入分配流程图

售收入数额范围内回收成本。多数服务合同对成本回收有限制，成本超出部分结转至以后财政单位，结转部分可以计息。然后是报酬费获取，根据合同规定的报酬费率及调整系数，资源国政府向合同者通过现金方式支付报酬费，或合同者申请提取等价实物油气自行销售。

(二)合同特征分析

风险服务合同更强调资源国国家石油公司对合同区块的控制权和产出油气的支配权。风险服务合同要求合同者承担全部的勘探风险，承担高额的开发成本，因此通常需要向合同者支付与其承担风险相匹配的单位报酬费或者随着油气价格增加而提高单位报酬费。但通常合同者获得的收益相对固定，与其承担的风险不对称。此类合同通常在一些勘探风险相对小的勘探区块，或者已经长期开发并需稳产或持续上产的开发区块采用。

与其他石油合同相比，资源国政府通过风险服务合同保留了所有油气产品，获得了最大限度的权利。资源国政府可以通过采用这种合同模式对外开放一些缺乏资金和技术的区块。但由于风险服务合同模式下外国合同者投资收益的经济性并不高，所以风险服务合同并没有像矿税制合同和产品分成合同那样被广泛采用。风险服务合同目前主要在伊拉克、伊朗、土库曼斯坦、厄瓜多尔、安哥拉等国家使用。

四、回购合同

回购合同模式是伊朗在 1997 年底进行 42 个区块公开招标时，为了控制国家资源而推出的一种特殊风险服务合同，后来被伊拉克政府在油田对外合作项目中也采用过。2003 年 4 月，伊朗对回购合同重新进行了修改，并在 2004 年 1 月进行的 16 个区块对外招标中正式推出。

伊朗回购合同模式是指由外国公司(合同方)提供资金、技术、机械设备开发油气田，作为回报，合同方油气成本(包括资本成本、非资本成本、操作费、银行费)和报酬费将通过油气田开发带来的销售收入回收的一种油气田开发合同模式。在回购合同模式下政府拥有油气的所有权，而合同方可以选择获得现金作为报酬或购回一定量油气。

(一)合同基本条款和收益分配流程

回购合同的基本条款包括定义及工作范围、合同期限及合同终止条款、合同双方的权利和义务、作业者、联管会、初始产量、投资上限、非资本成本、银行利息、成本和报酬费回收、产量测试、合同者收益率、记账、财会、审计、进出口税费及外汇结转等。

合同期不超过 15 年，开发期一般为 3～5 年，回收期一般为 3～4 年。

签订回购合同时需要完成主体开发方案编制，并且在合同实施后很难更改。

回购合同有明确的资本成本上限要求，承包商只能在不超过资本成本上限的范围内回收资本成本。

合同对产量有严格要求，必须达到合同规定的产量目标，通过 21/28 天测试并移交后才能回收成本和报酬。

在作业权方面，回购合同项目的承包商无权参与和监管生产作业，油田能否平稳生产以及用于回收的产量是否足够，基本取决于伊朗方面。合同者对油气资源无直接权益及无生产作业权，却承担无限责任。

按照回购合同规定，每一阶段(一般为一个季度或月)销售收入的一定比例将优先成为政府优先油，合同方的油气成本回收和报酬费将从余下的销售收入中取得。如果销售收入扣除政府优先油、合同方油气成本回收和报酬费外仍有剩余，则全部归政府留存所有(图 5-5)。

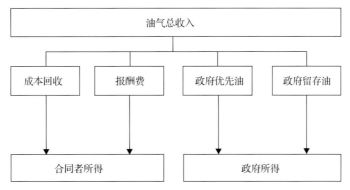

图 5-5　回购合同收入分配流程图

（二）合同特征分析

回购合同被认为是史上最严苛的合同模式。根据回购合同主要条款，可将回购合同的主要特点归结为"五个一定"，即在一定的合同期内，投入一定的投资，完成一定的工作量，达到一定的产量目标，进而获得一定的报酬。在顺利达到前四个"一定"的前提下，才能实现最后一个"一定"，即一定 ROR。

一定的合同期就是指一定的勘探和项目建设期，合同者必须在这一定的合同期完成所提交的工作量（即第三个一定），而且完成这一定的工作量只能在规定的投资范围内（即第二个一定），从而达到一定的产量目标（即第四个一定），合同者才能回收其成本和报酬费用，才能实现一定的收益率。

回购合同的合同期较短，虽然合同者的成本回收和获得报酬也与项目的产量和油价有关，但仅影响成本和报酬回收的速度，相对关系不是很紧密。成本回收是按产量一定比例进行回收，而获得报酬是根据实际的投资和报酬指数来确定，报酬总额与产量无关，产量只是确定每年获得报酬的限额。开发建设期的资本化投资和产量的预测以及报酬指数的确定对于合同者来说非常重要。

合同者执行回购合同的难度非常大。比如，在一定的开发期限制下，如果延期完工，将导致银行利息、管理费不能回收；在一定的投资上限约束下，超过上限的投资不得回收，同时通货膨胀、利率和汇率变化所导致的超支风险由投资者自己承担；在一定的工作量约束下，任何对开发方案的修改，都需要政府审批，审批程序复杂批复难。在一定的产量目标约束下，如果未能实现产量目标，并在一定的整改期内仍不能投产的，投资可能完全沉没；如果投产后不能维持稳产目标，报酬费甚至成本都要被调减。回购合同项目执行收益率很大可能低于约定的回报上限。

伊朗回购合同的严苛条款、越箍越紧的收益限缩机制，以及执行过程中伊朗方面缺乏双赢的合作精神，使石油公司持续投资的积极性大大挫伤，进而对回购合同畏而远之（姜明军等，2015）。

2015 年底，伊朗推出了新版石油合同（Iranian petroleum contract，IPC）。新版 IPC 参照伊拉克服务合同，在投资、工作量、开发期、成本回收、报酬、产量目标、参与权等很多方面实现突破回购合同的限制。

新石油合同的合同期延长到 20 年。投资者在勘探开发过程中可以通过年度工作计划调整开发方案。新石油合同不再要求确定的投资上限，而以年度工作计划和预算作为年度投资依据；无工期限制；新石油合同报酬费计算采用固定桶油报酬费或变动桶油报酬费，而不是回购合同按照折现现金流的方法倒算报酬费；作业权方面，新石油合同项目的承包商和伊朗国家石油公司（或其关联公司）可按一定比例组建一个联合作业公司。

五、联合经营合同

联合经营合同是以资源国政府和合同者之间签订的联合经营协议为基础的一种典型混合型合

同模式，联合经营合同通常与产品分成合同、风险服务合同或矿税制合同模式相结合，或嵌入其他合同模式之中。

联合经营合同产生的背景是吸引外资和引进国外先进技术。联合经营合同是资源国(或国家石油公司)和合同者各按一定权益比例组建一个新公司，双方共同承担相关风险和义务，并按合同规定比例分享收益。油气勘探开发联合经营合同中，政府(一般通过国家石油公司)以资源、设备入股，外国投资者以资本和技术入股。联合经营合同多用于储量已经探明的油气田开发项目。联合经营合同一般由合同者和资源国公平承担成本和风险。联合经营合同于 1957 年首先在埃及和伊朗出现，目前主要还在使用联合经营合同的国家有乌兹别克斯坦、厄瓜多尔、玻利维亚、委内瑞拉等。

借助于联合经营合同既可以在一定程度上降低合同者所承受的高风险，又可以在合理开发和利用资源国政府油气资源的同时，保证资源国国家石油公司按权益比例参与油气项目管理，获得油气经营方面的专业技能和管理经验。但联合经营合同中较高的国家参股比例也会大大降低联合经营对合同者的吸引力。

第三节　合同模式对比

一、合同主要差异

(一)经营权

矿税制合同下，合同者在合同有效期内拥有区块专营权和油气产品的所有权，资源国政府有权对合同者的重大决策和事项进行审查和监督。

产品分成合同模式下，资源国拥有油气资源的所有权，合同者对用于回收成本的油气和利润油气分成拥有所有权，合同者作为作业者在资源国监管下开展油气作业。

在风险服务合同和回购合同下，合同者只是服务承包商，不享有油气资源和产出油气产品的所有权。合同者通过提供资金、技术等服务对区块进行勘探开发生产作业，借此获取报酬。资源国政府享有油气资源所有权、开发生产的直接控制权和全部油气产品的所有权。

(二)合同核心内容

矿税制合同的核心内容是合同者向资源国政府缴纳矿费和其他纳税义务后获得油气销售收入的净利润。

产品分成合同模式的核心内容是产品分成，并且基于成本回收机制，可以保证合同者在生产期间获得回收成本和利润油气份额。合同者的收益高低与区块的储量、产能、投资成本、油气价格均有关。

风险服务合同的核心内容是合同者获得报酬费，是一种介于产品分成合同和回购合同之间的合同。报酬费一般与合同者的产量直接挂钩，在整个合同期合同者不能享受到高油价带来的高收益。

回购合同的核心内容是合同者通过承包建设投资获得相应投资报酬。回购合同模式类似于工程总承包合同。合同者的报酬所得为年实际的投资总额乘以固定报酬指数，因此投资的大小和报酬指数的高低，对于合同者来说影响较大。伴随项目的移交，合同者无法获得整个油田开发后期的产量所带来的收益。

(三)收入影响因素

矿税制合同下合同者的最终收入为税后净利润。因此储量品质和开发效果、产品价格及税赋都是影响合同者收益的重要因素。

产品分成合同下合同者收入来自成本费用的回收和利润油气分成。因此除了资源品质和开发效果，成本回收上限和利润油气分成比例等条款对合同者投资回报的影响都非常大。

风险服务合同下合同者获得的收入为成本回收和投资报酬，以现金或等价实物形式等价获得，报酬费的数额受到初始产量、高峰产能及报酬费指数高低的影响。

回购合同模式追求快速投入产出以回收成本及得到报酬费用。回购合同下合同者收益受工期建设时间、投资规模、高峰产能及稳产时间等影响。

(四)承担风险

矿税制合同和产品分成合同下，合同者均全部承担勘探开发投资的风险。合同者能获得产量增加和油价上涨的潜在收益，但当油气价格低、产量达不到预期水平、勘探开发成本较高时，合同者均面临较大的投资风险。矿税制下，资源国政府经济风险较小，管理上也相对简便。在产品分成合同模式下，虽然有的合同资源国通过在开发期政府参股分担了部分油气开发作业风险，但较合同者承担的风险还是低得多。

风险服务合同和回购合同存在风险与报酬收益不对等的特点。合同者承担了全部投资风险，却无法分享到油气价格上涨带来的额外收益，除非设定随油气价格变动而变动的报酬费率。

二、政府所得排序

无论是资源国政府还是外国合同者，都想获得尽可能大的油气生产收益份额，因而在石油勘探开发合同的谈判过程中形成了资源国政府与合同者之间就风险承担和收益分配的博弈。

政府收益占石油生产总收入的比重即为政府收益比，合同者收益占石油生产总收入的比重为合同者收益比。理论上，资源国政府总是希望通过国际石油合同的签订，使自己在合同约定的范围内获取最大限度的石油生产收益，即政府收益比最大化；同样，外国投资者的目标也是通过约定使投资项目在风险一定的前提下合同者收益比最大化。

资源丰度、市场运输条件、地理位置、国家总体发达程度等都对合同模式和财税制度的采用有一定的影响。油气资源丰度高的地区(如中东、非洲地区中相对资源丰度高的国家)所采用的税制大多较为苛刻；同一国家，由于项目资源前景状况不同，也会形成税制宽严程度的明显差别。

以下为陆上常规油气项目(图 5-6 和图 5-7)、海上油气项目(图 5-8 和图 5-9)、深水油气项目(图 5-10 和图 5-11)在现有财税制度下的政府所得(政府收益比)排序(据 IHS 2021 年数据)。

在国际石油合作实践中很难判定何种国际石油合同模式最好或最优，通常没有最好的合同只有相对较好的合同模式。理论上理想的合同模式应能提供合理的合作基础以满足合同双方的期望和合同目标。

国际石油合同的目标是追求公平和平衡，一旦合同对某一方显失公平，合同将很难维持，合同关系也难以稳定。无论对资源国政府还是合同者，所签合同都应是公平且与股权对等的。合同的平衡应是任何合同一方在任何时候都要达到的，随着国际石油勘探开发市场走向成熟，任何国际石油合同中大都体现了"平衡原则"，即石油资源前景、财税条款和政治风险之间是平衡的。

但同时，国际石油合同是掺杂主权因素和政府意志的国际投资合同，其中投资者和资源国政府的法律地位是不平等的，有关权利和义务的配置是不均等的。权利义务结构呈现出显著的先天不均衡性(刘鸿娜，2010)。

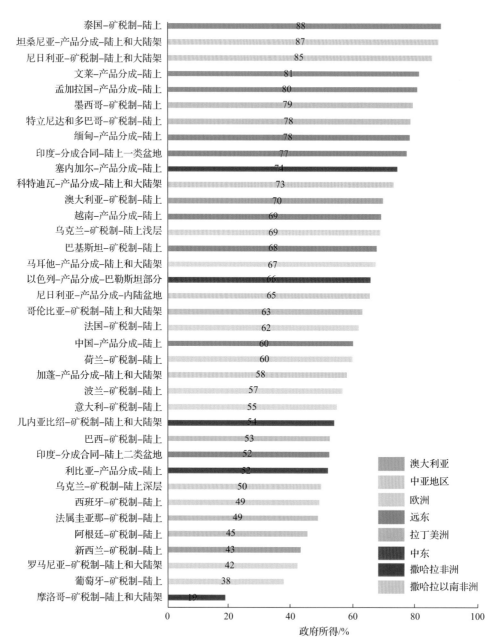

图 5-6　世界主要国家陆上原油项目政府所得排序（据 IHS 数据编）

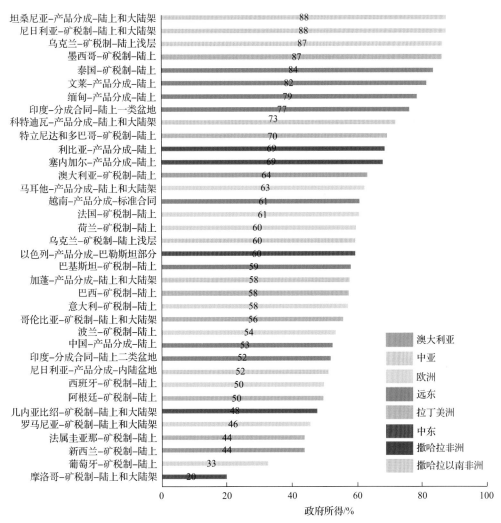

坦桑尼亚-产品分成-陆上和大陆架 88
尼日利亚-矿税制-陆上和大陆架 88
乌克兰-矿税制-陆上浅层 87
墨西哥-矿税制-陆上 87
泰国-矿税制-陆上 84
文莱-产品分成-陆上 82
缅甸-产品分成-陆上 79
印度-分成合同-陆上一类盆地 77
科特迪瓦-产品分成-陆上和大陆架 73
特立尼达和多巴哥-矿税制-陆上 70
利比亚-产品分成-陆上 69
塞内加尔-产品分成-陆上 69
澳大利亚-矿税制-陆上 64
马耳他-产品分成-陆上和大陆架 63
越南-产品分成-标准合同 61
法国-矿税制-陆上 61
荷兰-矿税制-陆上 60
乌克兰-矿税制-陆上浅层 60
以色列-产品分成-巴勒斯坦部分 60
巴基斯坦-矿税制-陆上 59
加蓬-产品分成-陆上和大陆架 58
巴西-矿税制-陆上 58
意大利-矿税制-陆上 58
哥伦比亚-矿税制-陆上和大陆架 56
波兰-矿税制-陆上 54
中国-产品分成-陆上 53
印度-分成合同-陆上二类盆地 52
尼日利亚-产品分成-内陆盆地 52
西班牙-矿税制-陆上 50
阿根廷-矿税制-陆上 50
几内亚比绍-矿税制-陆上和大陆架 48
罗马尼亚-矿税制-陆上和大陆架 46
法属圭亚那-矿税制-陆上 44
新西兰-矿税制-陆上 44
葡萄牙-矿税制-陆上 33
摩洛哥-矿税制-陆上和大陆架 20

政府所得/%

澳大利亚
中亚
欧洲
远东
拉丁美洲
中东
撒哈拉非洲
撒哈拉以南非洲

图 5-7 世界主要国家陆上天然气项目政府所得排序(据 IHS 数据编)

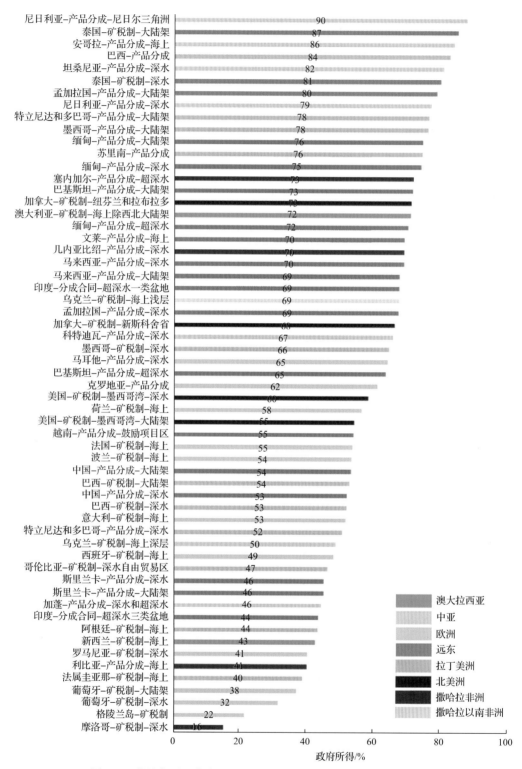

图 5-8 世界主要国家海上原油项目政府所得排序(据 IHS 数据编)

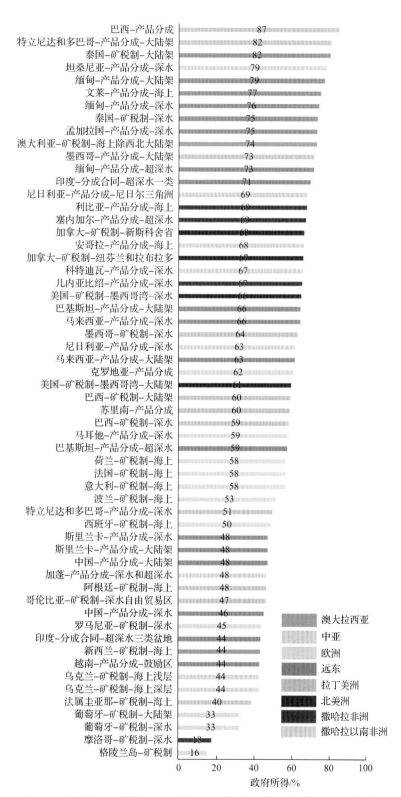

图 5-9 世界主要国家海上天然气项目政府所得排序(据 IHS 数据编)

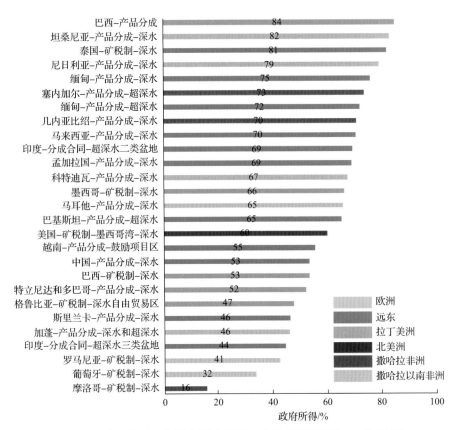

图 5-10　世界主要国家深水原油项目政府所得排序（据 IHS 数据编）

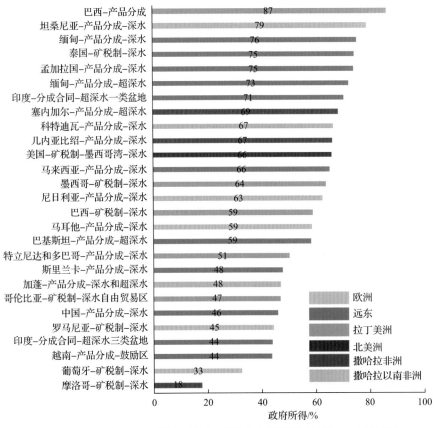

图 5-11　世界主要国家深水天然气项目政府所得排序（据 IHS 数据编）

第四节　合同风险分析

一、合同的内部风险

(一)矿税制合同

矿税制合同模式的核心内容为合同者税后利润收入。矿税制合同中，合同者获得扣除矿费后的原油净收入，在支付油气投资生产成本费用、缴纳所得税等税收后获得税后净利润。影响合同者效益的风险因素包括产储量、投资、成本、市场和价格、税率及税收稳定性、汇率波动等。

矿税制合同模式是风险和效益并存的合同模式。矿税制合同中，油气生产成本费用、产量、销售油价的变化与合同者所得到的税后利润息息相关。如果国际油价低迷，项目的产量达不到预期水平，使合同者很可能在合同到期时无法实现预期税后油气利润指标。但合同者同时也可以享受产量增加和油价上涨带来的超额利润。

(二)产品分成合同

产品分成合同模式追求的是长期的投资效益，与矿税制合同一样，也是风险和效益并存的合同模式。风险因素包括储产量潜力、投资成本水平、市场和销售价格、成本回收限额、利润油气分配、税收等。

产品分成合同中的成本回收和利润分成与产量和油价的变化关系紧密。如果国际油价较低，项目产量低于预期水平，合同者可能在合同到期时无法回收全部投资。产量增加、油价上涨无疑对合同双方均有利，但是否为线性关系也取决于合同者的利润油分配方式是否是与产量、价格等相关的滑动比例关系。

一般情况下，产品分成合同随着油价大幅攀升给合同者所带来的超额利润较矿税制合同要少。但近些年来不少油气资源国纷纷修改矿税制下的石油税法，增加了越来越多样和复杂的税种，从而使矿税制合同比产品分成合同的优势逐渐缩小。

(三)风险服务合同

以伊拉克的风险服务合同为例，对项目经济效益最敏感的风险因素为初始产能及初产时间、项目的高峰产能、项目投资等因素。

石油成本主要包括资本性支出和费用性支出，风险服务合同对启动回收和计提报酬费的起始时间有规定，只有在达到初始商业产量后才可以开始回收石油成本和报酬费。增产服务合同、开发服务合同、勘探开发服务合同对启动回收成本和报酬费都有特别规定。因此是否能够尽早达到商业初始生产并快速上产，尽早回收投资是影响合同者收益的最大风险因素。

合同生效后，合同规定需保持一段时间的油田高峰产量稳产期。如果产量达不到高峰产量，合同将受到惩罚(P 因子)，单桶报酬费按照对应规定比例降低。投资规模尤其是早期投资对合同者经济效益也有较大影响。

(四)回购合同

伊朗的回购合同是独特的国际合作模式，国际石油公司承担勘探或开发建设任务，提供资金、技术和管理，但不拥有油气生产的操作权和油气权益。国际石油公司在"一定期限内"，以"一定的投资上限"，完成"一定的工作量"，达到"一定的年产量"时，伊朗国家石油公司(NIOC)以"一定的上限收益率"实行回购，进入商业回收期(刘朝全和李程远，2017)。回购合同的主要风险因

素为产量、投资及建设工期。

合同规定：主开发方案(MDP)决定了合同方的产量剖面，每一阶段原则上不允许产量超出主开发方案中预定的产量。如果产量在移交后第一年的每半年测试中产量降低超过 5%，则有相关惩罚，报酬费用按照相应比例降低。

合同还规定，主开发方案决定了合同方可回收成本和报酬费，如果投资低于主体开发方案的规定，则伊朗方面会给予一定奖励。但如果投资超过投资上限，则超过部分没有利息，且不能回收。因此，在建设期内合同者要严格控制投资支出。另外，超过工期期间的投资没有银行利息和管理费用，所以合同者要尽量在规定的合同期内完成工期建设，以免因工期延迟影响内部收益率指标。

二、合同的外部执行风险

在国际石油合同执行过程中，会面临政治风险、国有化风险、法律诉讼风险、资源国财税制度变化、环保诉讼、资源国强行修改合同模式、终止合同等风险，给合同者带来损失。

(一)资源国强行修改合同模式——南美石油国有化

委内瑞拉于 2006 年发动了石油国有化风潮，实施了比较激进的排斥外国公司、掌控石油资源的行动。在委内瑞拉政府的推动下，大多数石油公司被迫与委内瑞拉国家石油公司(PDVSA)签署转制协议，由作业者转化为非作业者和小股东。

埃克森美孚公司与委内瑞拉国家石油公司于 1997 年签订了"黑山项目合作协议"(Cerro Negro Association Agreement)，开采委内瑞拉奥里诺科重油带的超重油(API 度小于 10°)，并利用埃克森美孚公司的资金和技术，进行改质、脱硫、去除重金属等杂质，生产稀油。合同期限为 28 年，若委内瑞拉国家石油公司提前解约，则需给予埃克森美孚公司赔偿。在委内瑞拉实施国有化运动后，埃克森美孚公司提出了三种退出解决方案：一是要求委内瑞拉偿还埃克森美孚公司的投资款并补偿损失；二是要求委内瑞拉国家石油公司按市场价收购埃克森美孚公司在黑山项目的权益；三是委内瑞拉允许埃克森美孚公司将项目权益卖给其他公司。但是，委内瑞拉政府坚持要求埃克森美孚公司变成小股东，且双方在补偿问题上存在重大分歧，难以达成协议，最终埃克森美孚公司因委内瑞拉国有化运动而退出项目(刘朝全和姜学峰，2021)。

(二)财税制度变化——乌干达税收法案新变化

乌干达议会于 2021 年 12 月中旬通过了三项与该国石油和天然气有关的法案，分别是《EACOP(特别条文)条例草案》《公共财政管理(修订)条例草案》《所得税(修正案)法案》。EACOP法案的通过对该国上游行业来说是利好，一旦生效，艾伯特湖(Lake Albert)石油开发项目合作伙伴将宣布最终投资决定(FID)，上游项目 Tilenga 和 Kingfisher 能够将 14×10^8 bbl 石油变现。

《所得税(修正案)法案》[The Income Tax(Amendment)Bill]规定，在产品分成合同 PSC 下，一旦油价超过 75 美元/bbl 的门槛，将征收 15%暴利税。暴利税类似于矿税的作用，以上项目的 NPV(10%)将减少约 15%，最终将导致项目 FID 延迟。暴利税将降低投资者对该国上游领域的兴趣。

(三)法律纠纷——厄瓜多尔起诉雪佛龙公司污染环境案[①]

美国德士古公司与厄瓜多尔国家石油公司组建的合资企业在 1964～1990 年的 26 年间在奥连特盆地开采石油。1995～1998 年，德士古公司撤出时，根据退出协议，德士古公司花了 4500 万

---

① 来源：https://www.chevron.com/stories/the-hague-court-rules-for-chevron-in-ecuador-dispute.

美元集中清理污染,并且于 1998 年和厄瓜多尔政府达成了协议,厄瓜多尔政府同意免除对德士古公司进一步索赔要求。但在德士古公司从厄瓜多尔撤出后,厄瓜多尔当地居民在律师的支持下发起集团诉讼,控诉德士古公司修复不完善,污染比先前所认定的更为广泛,提出 263 亿美元赔偿。

2000 年 10 月,雪佛龙公司以 450 亿美元的价格收购德士古公司,德士古(厄瓜多尔)项目成为雪佛龙公司资产。雪佛龙公司分别于 2006 年 12 月和 2009 年 9 月向海牙常设仲裁法院提出了国际仲裁请求。

2011 年 2 月,厄瓜多尔法院裁决雪佛龙公司支付 182 亿美元(后增加至 190 亿美元)补偿金和清理费。2013 年 11 月,厄瓜多尔最高法院维持原判,但将赔偿金减少了一半至 95 亿美元。

雪佛龙公司拒绝接受厄瓜多尔方面的裁决,表示德士古公司在将装置交付给厄瓜多尔国家石油公司之前已经将全部的污染清理完毕。雪佛龙公司认为其已清偿了对环境的损害份额,尽到了应该承担的责任。美国法院通过冻结雪佛龙公司在美国的资产,使之前的法院判决无法实施。

2018 年国际常设仲裁法院驳回厄瓜多尔对雪佛龙公司的环境污染指控,判决厄瓜多尔高院给出的裁决结果不可执行。根据美国-厄瓜多尔双边投资条约,国际仲裁法庭一致裁定,厄瓜多尔对雪佛龙公司 95 亿美元判决是由原告法律团队通过令人震惊的欺诈和腐败行为,包括贿赂首席法官和代写判决。根据国际法,法院裁定该判决不可执行。法庭还驳回了对雪佛龙公司的环境指控。2020 年 9 月 16 日,海牙地区法院裁定雪佛龙公司在与厄瓜多尔共和国的争端中胜诉,支持由常设仲裁法院管理的国际法庭在 2018 年做出的仲裁裁决驳回厄瓜多尔对雪佛龙公司的环境污染指控,判决厄瓜多尔高院给出的裁决结果不可执行。

(四)资源国终止合同——阿根廷对雷普索尔-YPF 公司强制收购

2012 年初,阿根廷对雷普索尔-YPF 公司的强制收购。阿根廷限制雷普索尔-YPF 公司等跨国石油公司的利润分红和汇出,要求对油气勘探开发进行再投资。2012 年 3~4 月,阿根廷收回了雷普索尔-YPF 公司的十多个石油开发许可合同。4 月 16 日,阿根廷总统克里斯蒂娜宣布,阿根廷政府将向 YPF 公司第一大股东、西班牙雷普索尔公司强行收购 YPF 公司 51%的股份,实现对这家石油公司控股。5 月,阿根廷议会通过由克里斯蒂娜总统签署实施的对雷普索尔-YPF 公司"国有化"的法令[①]。

(五)改变合同模式——厄瓜多尔国有化

2006 年 5 月,厄瓜多尔政府以未经许可转让油田权益为由终止了美国西方石油公司的石油合同,将其资产和设施收归国有。2010 年 7 月,厄瓜多尔因税收争端废除了法国佩朗科公司(Perenco)的石油合同。以法国 Perenco 石油公司为作业者的财团因与政府就补缴停付的暴利税事宜未达成一致而遭驱逐,政府接管了相关资产。

2010 年 8 月起,厄瓜多尔以强硬态度与跨国石油公司重新谈判,推行油气服务合同,取代原有产品分成合同。根据新服务合同,厄瓜多尔根据产量向跨国公司支付费用,并要求跨国公司必须追加投资,以提高油气储量、产量。因合同模式变更的不确定性,跨国公司在厄瓜多尔的生产活动较为消极,期望厄瓜多尔政府做出适当的条款让步。2010 年 11 月 27 日,雷普索尔、埃尼等 5 个跨国石油公司才同意接受新的服务合同,而巴西国家石油公司则拒绝签署(据 Wood Mackenize 数据及公开资料)。

---

① 来源:http://www.nea.gov.cn/2012-05/04/c_131568356.htm.

(六)合同延期再谈判—印度尼西亚 Jabung 延期

印度尼西亚 Jabung 区块是中国石油自 2002 年通过收购美国戴文能源公司获取,中国石油为作业者。项目位于印度尼西亚南苏门答腊盆地,合同期限 30 年,将于 2023 年 2 月 26 日到期。原合同模式为产品分成模式。根据印度尼西亚石油和天然气监管机构(SKK MIGAS)的要求,延期合同需要重新谈判。延期过程中,资源国能矿部对财税条款频繁修订。起初要求合同模式变更为收入分成模式,取消成本回收条款及头份油规定,同时改变合同双方分成比确定方式及所得税比例。中方基于此完成评价后,印尼方再次修改合同,恢复合同为产品分成模式,但减少中方权益比例,引入地方政府参股,降低中方分成比,同时需要缴纳延期签字费。历经多轮次谈判,最终在 2021 年 11 月底,印度尼西亚能矿部批准合同延期[①]。

(七)资源国执法风险——中国石油哈萨克斯坦项目

2008 年 5 月哈萨克斯坦政府出台 328 号决议,开征原油出口关税,中国石油 C 公司本不在政府开列的缴税企业名单中,但也被海关强制纳税。另外根据哈萨克斯坦法律规定,自 2009 年 1 月 1 日起对出口原油改征出口收益税,不再征收之前规定的原油出口关税。但由于出口关税实行预缴制,致使 C 公司在预缴原油出口关税后,又被按照 2009 年新税法典征缴了原油出口收益税。同一批原油被重复征税,且不予退还或抵缴。C 公司试图通过法律途径解决问题,但当地法院根本不按照法律来公正审理,反而以危害国家经济安全为由支持政府的做法(郭锐等,2019)。

综上所述,为防范和应对在合同执行过程中的风险,要对资源国投资法律环境进行充分论证,在新的油气项目启动评估时同步开展对资源国油气投资法律环境全面系统的评估,包括油气行业投资和运营监管制度、公司法、外汇监管、公司和个人税收、海关管理、劳动法、环保法、土地法、反腐败制度、资源国政府执法和法院司法等情况。加强对资源国油气产业政策的持续跟踪研究,高度重视石油合同的研究和谈判(王志峰等,2020)。

---

① 中国石油勘探开发研究院. 2021. 印尼 Jabung 区块延期可研报告. 北京: 中国石油勘探开发研究院.

第六章 中国油公司的跨国勘探

20世纪90年代以来，随着苏联解体、东欧剧变，世界地缘政治格局发生巨大变化，由美苏"两极"争霸变为"一超多强"，中美关系也逐渐由合作伙伴转为竞争对手。页岩革命使美国能源逐步实现独立。全球气候问题国际化，能源转型加速，导致全球油气投资环境和投资偏好都发生了巨大变化。苏联解体带来新一轮私有化和国际合作，国际石油公司在俄罗斯、哈萨克斯坦、土库曼斯坦、阿塞拜疆等国发现了多个巨型和大型油气田。"石油七姊妹"及其他多个石油公司的兼并重组，形成了五巨头，他们积极应对全球的竞争和能源转型，并保持在跨国油气勘探开发中的主导地位。多个资源国国家石油公司快速崛起，并积极布局国际油气投资业务，发现多个世界级大油气田。全球常规大油气田发现的难度越来越大，各大石油公司实施战略转移，深水和非常规油气成为勘探热点。

30年来，中国经济快速发展，国际影响力不断提升。中国的石油公司，尤其是四大国有石油公司积极践行"走出去"战略、"一带一路"倡议和"四个革命、一个合作"能源安全新战略，通过竞标、收并购获取了一大批勘探开发区块，在充分利用国内积累的成熟勘探开发技术的同时，结合不同区块面临的地质挑战，创新并研发了多项先进适用的勘探开发理论和技术，取得一批重要油气发现，建成多个千万吨级原油生产区，形成了六大油气合作区；中国石油、中国石化、中国海油三大国有石油公司的跨国指数从0增加到16%～35%（表6-1），为国家能源安全做出了重要贡献，也促进和巩固了与资源国的外交关系。

表 6-1 2021年按跨国指数进行排名的世界前100家非金融跨国公司中的上游石油公司

排序		公司	资产/百万美元		销售收入/百万美元		员工人数/人		TNI[①]/%
境外资产	跨国指数		境外	总资产	境外	总收入	境外	总数	
1	16	壳牌公司	367818	404379	239658	261504	56000	82000	83.6
3	35	道达尔能源公司	298425	332380	172322	218243	58050	101309	75.3
6	65	埃克森美孚公司	197420	338923	172426	276692	25200	63000	53.5
8	70	碧辟公司	191516	287272	106398	157739	11100	64000	50.5
12	55	雪佛龙公司	161158	239535	90317	162465	22968	42595	58.9
24	96	中国石油	129200	625390	111599	299188	121197	1242245	22.6
26	60	埃尼公司	116788	156037	55091	90514	11339	32689	56.8
35	95	沙特阿拉伯国家石油公司	98915	576717	121190	359181	11748	68493	22.7
59	87	中国海油	75169	193135	47839	78826	3885	80058	34.8
60	90	艾奎诺公司	71333	147120	17246	88744	2889	21126	27.2
70	98	中国石化	65791	265197	59801	305202	34222	553833	16.9
94	23	奥地利石油天然气集团	49137	60933	35732	42027	16672	22434	80.0
99	82	马来西亚国家石油公司	46326	152425	41275	59819	7545	48679	38.3

来源：联合国贸易和发展会议（UNCTAD）2022年发布, https://unctad.org/node/41445。

---

① 跨国指数（transnationality index, TNI）按以下三种比率的平均值计算：外国资产与总资产的比率、外国销售额与总销售额的比率和外国就业人数与总就业人数的比率。

第一节 近 30 年世界政治经济及油气投资环境

一、全球气候治理进程持续推动天然气从地域限制走向全球化

气候变化的应对成为全球、国家和行业的共同责任。1960 年，美国地球化学家查理斯·大卫·基林发布了反映大气中二氧化碳含量变化的基林曲线(Keeling，1960)，气候变化、大气中二氧化碳含量和化石燃料消费之间的因果关系开始受到全球重视。人类活动一方面引起社会经济的空前发展，另一方面导致环境持续恶化。自 1960 年至今的 60 多年时间里，随着全球人口增加、工业化进程和科技的空前发展，煤炭、石油和天然气等化石能源的消费快速增长(图 6-1)，全球温室气体(GHG)排放量也随之由 1960 年的 $165 \times 10^8 t$ 二氧化碳当量增加到 2021 年的 $489 \times 10^8 t$ 二氧化碳当量，其中二氧化碳排放量从 1960 年的约 $93.9 \times 10^8 t$ 增加到 2021 年的 $363 \times 10^8 t$(图 6-2)。与此同时，全球大气中二氧化碳浓度也从 1960 年的 316.9ppm 增加到 2021 年的 416.1ppm，全球平均气温从 1960 年的 14.04℃上升到 2021 年的 14.8℃，整体上升了约 0.76℃。

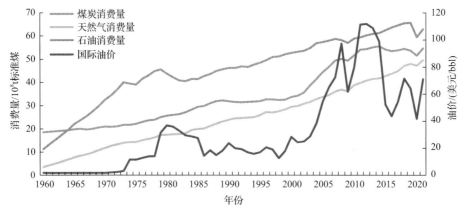

图 6-1 1960~2021 年全球化石能源消费变化(据碧辟公司能源统计数据绘制)

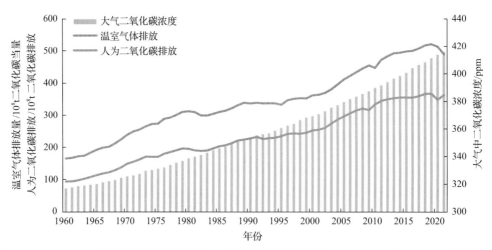

图 6-2 1960~2022 年全球温室气体排放和二氧化碳浓度变化(据 https://ourworldindata.org 数据绘制)

1988 年联合国成立政府间气候变化专门委员会(IPCC)和通过保护全球气候的 43/53 号决议。20 世纪 90 年代，人类活动影响气候变化逐渐为人们所认知和接受，国际石油公司普遍认识到气候变化问题会对油气行业带来不利影响，气候问题最终由科学问题演变为政治问题。1992 年《联

合国气候变化框架公约》和 1997 年《京都议定书》的签订，推动全球气候治理由发展蓝图变为法律约束，欧美国际石油公司从维护油气行业和自身利益出发进行了短期的"条件反射性"共同防御后，开始趋同于气候治理的全球共识。2015 年签署的《巴黎协定》，对 2020 年后全球应对气候变化的行动做出了统一安排。2019 年成立油气行业气候倡议组织(OGCI)，成员公司相同的标准报告联合减排数据，国际石油公司形成了气候应对策略的普遍共识。2020 年，全球绝大多数国家公布碳中和目标或减排承诺，几乎所有国际石油公司和多数国家石油公司先后宣布了净零排放目标或碳中和愿景。国际石油公司气候变化应对经历了共同认知(1960~1988 年)、共同防御(1989~1997 年)、共识趋同(1998~2019 年)和共同建设(2020 年以来)4 个阶段(窦立荣，2022；窦立荣等，2022f)。

碳中和进程中，天然气地位凸显。天然气作为优质高效、绿色清洁的低碳能源，燃烧时可减少二氧化硫和粉尘排放量近 100%，减少二氧化碳排放量 60%，减少氮氧化物排放量 50%。早在 20 世纪 90 年代，就有专家预测，天然气将成为 21 世纪的主体能源，是通向未来能源的桥梁(森岛宏等，2000；孟萦，2010)。国际石油公司一直注重天然气项目的获取，如七大国际石油公司(碧辟公司、壳牌公司、道达尔能源公司、埃尼公司、艾奎诺公司、雪佛龙公司、埃克森美孚公司)的年度天然气储量在油气总储量中的平均占比由 1992 年的 39%上升到 2022 年的 45%，虽然占比增加不大，但天然气资产的交易却比较大，尤其是埃尼公司在立足天然气勘探发现大气田后，不断采用"双勘探模式"出让部分股份，天然气的储量占比有较大幅度的下降，但天然气的产量占比却持续上升。此外，七大国际石油公司的天然气平均年产量在油气总产量当量中的占比由 1992 年的平均 39%上升到 2022 年的 46%(图 6-3)。壳牌公司在 2015 年并购了 BG，天然气储量和产量都大幅度增加，1997 年壳牌公司的天然气产量在油气总产量中占比 36%，2022 年增加到了 49%。

天然气液化等技术的发展使得天然气勘探走向全球化，早期全球天然气市场为区域市场，但天然气液化、船运、储存等技术的发展与进步，打破了天然气市场区域的界限，推动天然气全球贸易成为可能，也带动了天然气勘探走向全球化。

1964 年全球第一个商业运营的液化天然气工厂在阿尔及利亚投产，开启了天然气贸易的全球化时代。随着低温制冷技术发展，天然气液化技术从早期单一制冷剂分级制冷的级联式液化工艺到丙烷预冷混合制冷剂液化工艺，液化效率不断提高；单条生产线的年液化能力从早期不足百万吨到目前最大 $800×10^4t$，规模不断增加(图 6-4)；液化天然气运输船船容从早期的 $2.74×10^4m^3$

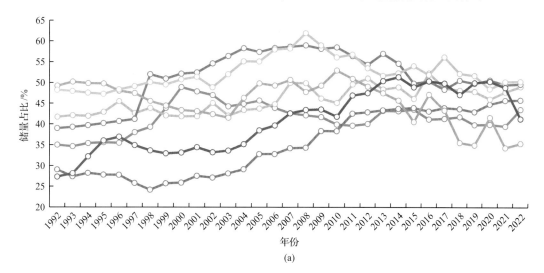

(a)

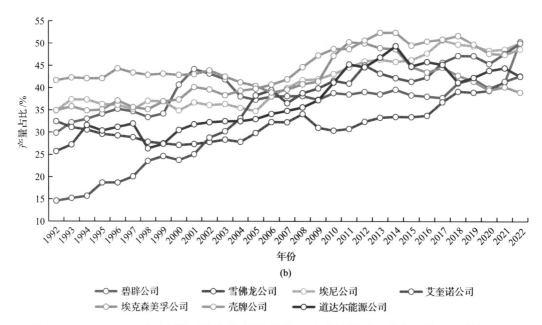

碧辟公司 雪佛龙公司 埃尼公司 艾奎诺公司
埃克森美孚公司 壳牌公司 道达尔能源公司

图 6-3　1992～2022 年七大国际石油公司天然气储量(a)和产量(b)占比的变化(据 IHS 数据绘制)

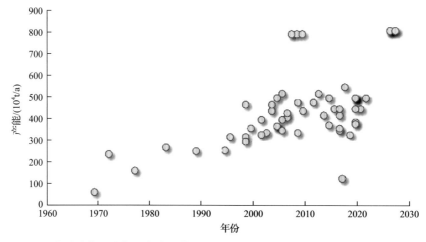

图 6-4　全球液化天然气生产线规模发展趋势(据 Wood Mackenize, IHS 数据绘制)

到目前最大的 $27 \times 10^4 m^3$,增长近 10 倍,液化天然气运输船数量在过去的 60 年间增长至 641 艘(截至 2021 年底)。近年来,浮式液化天然气生产储卸装置技术与装备的突破以及成功应用,使离岸较远的深水天然气经济有效的勘探开发成为可能,浮式液化天然气储存及再汽化装置使液化天然气的进口与利用更加灵活。

2022 年,全球共有 20 个国家生产液化天然气,产能共计 $4.6 \times 10^8 t$;液化天然气进口国家共有 48 个、接收终端气化能力共计 $9.8 \times 10^8 t$。2000 年,全球液化天然气产量仅 $1405 \times 10^8 m^3$,占全球天然气总产量的 5.9%,2022 年,全球液化天然气的产量达到 $5440 \times 10^8 m^3$,占全球天然气总产量的 13.4%(图 6-5)。液化天然气的快速发展,不仅使早期发现的一系列大气田到 20 世纪末得以以液化天然气的方式进行大规模开发和进入国际市场,也使大规模的天然气勘探区块和资产得到国际石油公司的青睐,在环非洲深海、中亚地区、北极和澳大利亚等地区/国家发现了一系列大型和巨型天然气田,天然气勘探进入了快速发展期。

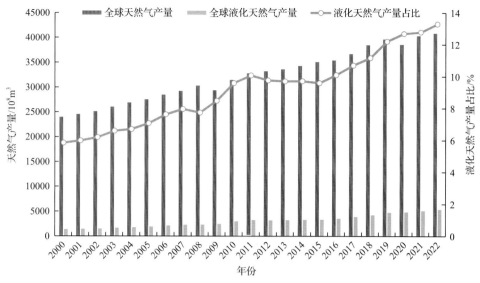

图 6-5　2000～2022 年全球天然气及液化天然气产量趋势(据碧辟公司能源统计，IHS 数据绘制)

二、中美从伙伴到竞争对手的转向促使宏观环境更趋复杂严峻

冷战后美国成为世界上唯一的超级大国，但国际力量对比深刻调整，以中国为首的发展中国家在国际经济与政治格局中的地位持续提升，成为推动世界多极化发展、构建更加合理国际政治经济秩序的重要力量。在国际格局演进调整的大背景下，中美关系也发生了深刻的变化，日益从合作伙伴转向竞争对手，中国油公司"走出去"面临更加复杂严峻的宏观环境。

克林顿政府时期(1993 年 1 月至 2001 年 1 月)中美达成"建设性战略伙伴关系"的共识(任远喆和王戴麟，2019)，为中国油公司"走出去"战略的实施创造了较为宽松的国际环境。1993 年中国石油中标秘鲁 7 区块，标志着中国油公司正式走出国门；1997 年，中国石油签署苏丹 1/2/4、哈萨克斯坦阿克纠宾和委内瑞拉陆湖三大项目，中国油公司开始规模性参与海外油气勘探开发，成为国际石油市场上不可忽视的新兴力量。小布什政府时期(2001 年 1 月至 2009 年 1 月)，中美关系迎来第二个"蜜月期"(徐小敬，2022)，为中国油公司海外业务发展创造了宝贵的战略机遇。2005 年中国石油海外权益油气产量当量超过 2000×10⁴t，并实现 PK、安第斯等公司并购的突破；2006 年中国海油成功收购尼日利亚深海项目。奥巴马政府时期(2009 年 1 月至 2017 年 1 月)，从执政初期的"构建合作伙伴关系"转向加大对华战略遏制，力推"亚太再平衡战略"(郑易平，2017)，中国油公司走出去虽持续取得进展但面临更加复杂的国际环境，遭遇了 2011 年南苏丹独立、2011 年叙利亚内战、2014 年伊拉克 ISIS 恐怖势力崛起等多方地缘政治风险挑战。特朗普和拜登政府时期(2017 年 1 月至今)，将中国明确界定为美国最主要的战略竞争对手，开展全方位战略竞争(徐小敬，2022)，给海外油气合作发展带来严峻挑战。总体看，美国制裁风险加大，地区不稳定因素增多，针对中国投资的误解和不满显现，中国油公司海外油气合作面临更加复杂严峻的外部形势(图 6-6)。

在能源领域，近 15 年美国油气对外依存度大幅下降，继实现能源独立后，美国进而谋求能源霸权，这使得与能源密切相关的全球地缘政治格局也随之剧烈变革。中国作为最大的经济体和能源消费国之一，石油和天然气对外依存度不断攀升，2021 年分别达到 72.2%和 44.8%(图 6-7)。为强化国家能源安全，中国实施多元化的能源战略，形成与美国能源霸权战略的博弈，也使得中美与其他第三方国家的双边、多边关系更加错综复杂。

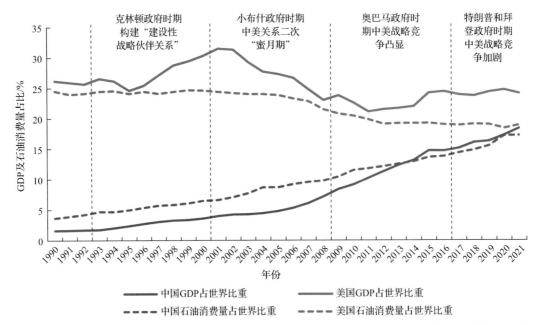

图 6-6　中美两国 GDP 及石油消费量占世界比重历史变化(据世界银行、碧辟公司能源统计数据绘制)

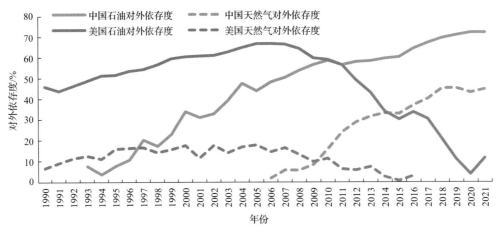

图 6-7　中美两国油气对外依存度历史变化(据碧辟公司能源统计、中国石油经济技术研究院能源统计数据绘制)

三、经济全球化从加速发展到逆全球化盛行推升合作政策壁垒

冷战结束后经济全球化的加速发展拉动全球油气需求和贸易持续增长。1991 年冷战结束至 2008 年国际金融危机爆发之前，虽然遭遇 1997 年亚洲金融危机冲击，全球贸易仍然稳步发展，2000 年世界商品贸易量达到 6.5 万亿美元，比 1991 年苏联解体时期增长了 87%。2001 年中国加入世贸组织，极大地推动了经济全球化的发展，2002～2008 年，全球贸易量平均增速达 14.8%，2008 年全球贸易量达 16.3 万亿美元，是 2001 年的 2.6 倍(图 6-8)。1991 年以来经济全球化的快速发展也拉动了全球油气需求和贸易量的快速增长，以及国际油价的持续增长，推动全球油气跨国合作稳步发展。1991 年至 2008 年全球石油需求量从 1991 年的 31.4×10^8t 增长至 2008 年的 39.4×10^8t，增长 25%，贸易量从 16.3×10^8t 增长至 28.2×10^8t，增长达 73%(图 6-9)。

但 2008 年国际金融危机爆发以来，原有的经济全球化进程受到剧烈冲击，世界经济发展不确定性加强，再加之国际经济和地缘政治动荡交织发展，保护主义、孤立主义、民粹主义抬头，全

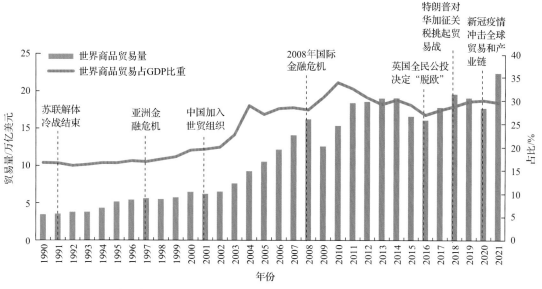

图 6-8 世界商品贸易量及其占全球 GDP 比重历史变化(据世界银行数据绘制)

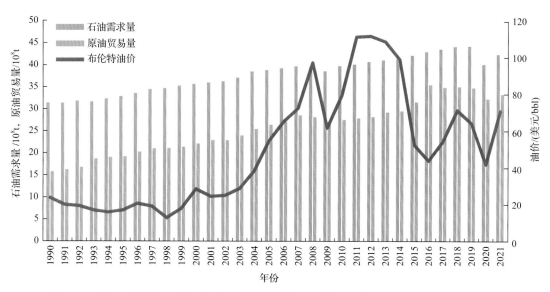

图 6-9 世界石油需求、原油贸易及布伦特油价历史变化(据碧辟公司能源统计数据绘制)

球掀起新一波"逆全球化"浪潮并呈螺旋式发展(李敦瑞,2022)。"逆全球化"的发展对国际油气合作产生了明显的不利影响,国际油气需求及贸易波动性明显增强。2008~2021 年的 14 年间,全球石油需求分别于 2008 年、2009 年、2020 年三度出现负增长,全球原油贸易分别于 2008 年、2009 年、2017 年、2019 年、2020 年 5 度出现负增长;而冷战后 1992~2007 年的 16 年间,全球原油需求和消费仅出现一次负增长。"逆全球化"还深刻影响了全球油气贸易格局,随着以美国为首的西方国家持续加大对俄罗斯能源领域的制裁,美国制裁覆盖的全球油气储量和产量规模大幅增加,严重干扰了市场秩序,对油气生产和贸易产生深远影响。此外,"逆全球化"浪潮下,部分资源国加强了对中国海外投资的审查与限制。

四、OPEC 与非 OPEC 产油国竞争与合作交织凸显供给侧新格局

OPEC 至今仍是全球石油市场最具影响力的产油国组织。20 世纪 60~70 年代初是 OPEC 影响力的快速上升期。OPEC 原油产量和出口量占全球的比例一度分别达到 52.7% 和 72%。20 世纪 80~

90 年代，OPEC 影响力和市场份额有所下滑。经过三次石油危机，OPEC 的原油产量和出口量占全球比例跌至 26.7% 和 43.9%。进入 21 世纪，以美国页岩油气为代表的非 OPEC 国家原油产量增长等诸多因素的影响，使国际石油市场连续发生剧烈波动。2016 年起 OPEC 实施数轮限产保价政策，尽管市场份额受到一定影响，但再次发挥了强大的市场稳定器作用，2021 年 OPEC 原油产量和出口量占全球的比例分别为 37.9% 和 47.7%（图 6-10）。此外，尽管过去 60 余年中，OPEC 原油产量和出口量市场份额有所波动，但原油储量份额总体呈稳定上涨趋势，2021 年 OPEC 原油证实储量占全球总证实储量的 80.4%。

OPEC 与非 OPEC 产油国竞争与合作并存。OPEC 与非 OPEC 产油国之间的竞争由来已久，早在 20 世纪 80 年代，双方对市场份额和话语权的竞争一度引发价格战，但市场压力也使双方多次联手救市。进入 21 世纪，随着美国页岩油开发取得突破，原油产量不断增长，对市场供给和 OPEC 市场份额形成冲击，造成 2014 年国际油价断崖式下跌。为稳定市场波动，2016 年 OPEC 及以俄罗斯为代表的 11 个非 OPEC 国家[①]先后签署《维也纳协议》宣布联合减产，作为双方再度合作标志的 OPEC+（也称"维也纳联盟"）形成，至今发挥着越来越重要的调节市场供给作用。

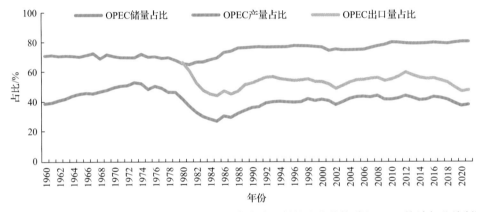

图 6-10　OPEC 原油证实储量、产量、出口量占全球比例的变化趋势（据 OPEC 统计年鉴绘制）

在当前供给侧竞合态势中，以沙特阿拉伯和俄罗斯为首的 OPEC+ 和美国进行博弈对抗的新格局已经形成（图 6-11）。一方面，美国成为沙特阿拉伯在国际原油市场上的主要竞争对手，旧的美沙利益共同体受到严重冲击，沙特阿拉伯不再能通过美沙同盟来维护原油出口利益和巩固自身在 OPEC 的主导地位（李坤泽，2022），因此沙特阿拉伯作为 OPEC+ 最坚定的推行者，希望实现以 OPEC 为主体、联合俄罗斯等非 OPEC 产油国共同维护供给侧话语权的目的。另一方面，美国在提升本国页岩油产量的同时，通过打压其他产油国，控制加拿大原油出口（窦立荣，2019），积极抢占原油出口市场。美国以制裁等手段打压俄罗斯、伊朗和委内瑞拉等产油国对手。继 2018 年恢复对伊朗制裁、2019 年宣布对委内瑞拉石油公司实施制裁，导致两国石油出口显著下降后，2022 年借乌克兰危机，美国主导七国集团并促使欧盟对俄罗斯油气出口实施制裁。自 2015 年起，美国原油出口量快速上升，2022 年 12 月月均原油出口超过 57.5×10^4t/d，几乎是 2015 年同期的 10 倍；同期净进口量则降至 11.1×10^4t/d，是 2001 年有记录以来的最低水平。

---

　　① 11 个非 OPEC 产油国包括俄罗斯、哈萨克斯坦、阿塞拜疆、巴林、文莱、赤道几内亚、马来西亚、墨西哥、阿曼、苏丹、南苏丹。

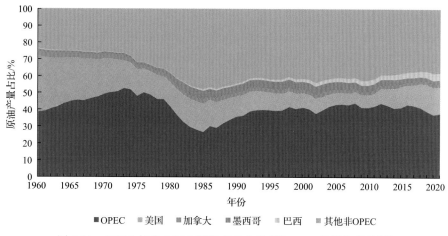

图 6-11　OPEC 与非 OPEC 原油产量占比（据 OPEC 统计年鉴绘制）

五、页岩革命使美国从能源独立走向能源霸权

页岩革命的成功为美国从能源独立走向能源霸权奠定基础。20 世纪 80 年代，美国中小独立石油公司开始页岩气开发先导试验，随着水平井和分段压裂技术的突破，带动了美国非常规油气从致密气、煤层气到页岩气、致密油的接续发展。页岩气和致密油产量分别由 2000 年的 $320 \times 10^8 m^3$ 和 $0.8 \times 10^8 t$ 增加到 2022 年的 $8105 \times 10^8 m^3$ 和 $3.93 \times 10^8 t$，分别占天然气和原油总产量的 76% 和 66%，推动美国在 2017 年成为天然气净出口国，在 2020 年成为石油净出口国（图 6-12 和图 6-13）。2021 年，美国已成为全球液化天然气第三大出口国和原油第六大出口国。在"页岩革命"带动下，美国历经 70 年实现了能源独立。

页岩革命使美国重回全球最大油气生产国的地位，在提高油气消费自给率、实现油气净出口的同时，重塑了全球油气供需与地缘政治格局，奠定了美国走向能源霸权的资源基础。强大的综合实力使美国在区域内能够掌控"后院"加拿大、俯视"前院"委内瑞拉。通过长臂管辖、制裁手段及石油公司全球化深耕等方式，美国实现影响主要产油国政策、扼制油气运输通道、维护石

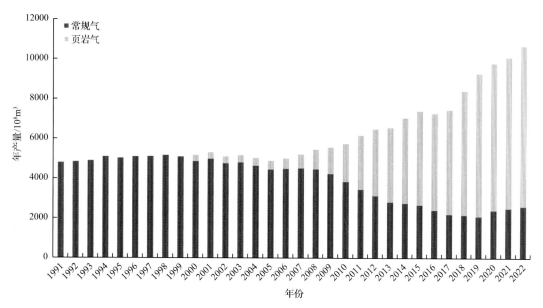

图 6-12　1991～2022 年美国天然气产量构成变化（据 EIA 数据绘制）

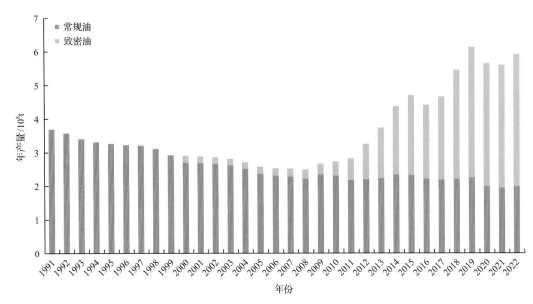

图 6-13　1991～2022 年美国原油产量构成变化(据 EIA 数据绘制)

油美元垄断地位,奠定了走向能源霸权的政治基础(窦立荣等,2023)。

　　此外,美国石油公司遍及全球的油气资产网络,也间接强化了美国对全球油气资源的掌控。2021年,仅埃克森美孚公司、雪佛龙公司、康菲石油公司、西方石油公司、阿美拉达赫斯公司、马拉松石油公司和依欧格资源公司这 7 家美国石油公司在美国境外的权益油气产量当量就达 $3.35×10^8$t。据此计算,美国本土、加拿大和美国石油公司境外产量共计约占全球油气产量当量的30%。

六、拉丁美洲与非洲地区加快对外开放引领新一轮大油气田发现

　　20 世纪 90 年代以来,拉丁美洲和非洲国家加快对外开放合作的步伐。拉丁美洲地区资源国油气行业对外开放程度较高,并不断调整和改善油气对外合作政策,增强投资吸引力。部分资源国政府通过开放新的油气勘探区块招标、修改油气投资相关法律、推出政策优惠和税收改革等措施来吸引外国投资(钟文新等,2022)。苏丹、阿尔及利亚、埃及等北非国家对外开放较早,莫桑比克、尼日利亚、安哥拉等撒哈拉以南非洲各国近年来持续加快对外开放步伐。

　　随着拉丁美洲和非洲国家对外开放合作程度和资本投资规模的提高,油气勘探,特别是在深水领域取得了极大突破。1993～2022 年,全球发现大油气田中,拉丁美洲发现 59 个,占全球发现的24.3%;非洲发现 54 个,占全球发现的22.2%(表 6-2)。

表 6-2　1993～2022 年全球发现的大油气田统计表

地区	大油田/个	大气田/个	跨境发现的大油气田/个
非洲	28	26	49
独立国家联合体	6	15	5
中东	16	29	13
亚太	7	35	20
欧洲	5	6	5
拉丁美洲	45	14	29
北美洲	10		6
合计	117	125	127

国际石油公司积极参与拉丁美洲和非洲的油气上游投资。20 世纪 90 年代后期开始，拉丁美洲和非洲地区的收并购和招投标项目逐渐增加(图 6-14)，国际石油公司通过并购公司、收购资产和投标等方式，积极参与了大量勘探和风险勘探项目，获得了一系列重大油气田发现，并通过自身一体化优势对发现的油气田进行开发。在埃克森美孚公司圭亚那海上取得的巨大勘探成就的激励下，道达尔能源公司、壳牌公司、雪佛龙公司等国际石油公司对邻国苏里南海上的油气勘探潜力也产生了极大兴趣。

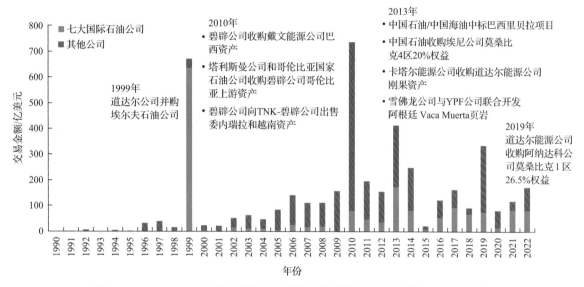

图 6-14 1990~2022 年拉丁美洲和非洲地区收并购交易金额(据 IHS 数据绘制)

近年来巴西政府采取了一系列措施优化投资环境，吸引国外资本和有技术优势的先进公司参与巴西油气资源勘探开发。从 1999 年起，国际石油公司就通过收购和政府授予等方式进入巴西勘探领域。随着巴西盐下油气资源受关注度的提高和巴西改善投资环境的不断努力，国际石油公司的投资热情高涨。2016 年 11 月巴西联邦众议院通过石油法修正案取消了巴西国家石油公司(Petrobras)盐下油气藏勘探开发"唯一作业者"的垄断地位，允许外国公司成为深海盐下油田勘探开发作业者。2017 年巴西开展了两轮深海盐下油田产量分成合同招标，在实施竞标的 8 个深海盐下油田区块中，有 6 个区块分别被 11 家石油公司或其合作组成的竞标联合体竞标成功。

国际石油公司在非洲项目运营模式的创新为其带来了巨大的收益。埃尼公司创建的"双勘探模式"，即在作业的、高工作权益的项目早期取得大发现后，出让部分权益获得高额回报，产生的现金流可支付开发成本，并缩短资源开发项目的销售时间，减轻公司的资产负债表压力(刘小兵等，2022)。2006 年 2 月，埃尼东非公司获得莫桑比克海上 4 区块的产品分成合同，2006 年 12 月、2007 年 4 月、2007 年 7 月莫桑比克油气公司(ENH)、GALP 勘探和生产石油有限公司和韩国天然气公司购入 10%的权益。2011 年，埃尼东非公司在三维地震基础上，通过钻探发现了深水盆底扇巨型天然气田，与此同时启动了权益的出让。2013 年 3 月，埃尼公司以 42.1 亿美元的价格出让埃尼东非公司在 4 区块 20%的权益给中国石油；2017 年 3 月，又以 28 亿美元的价格将莫桑比克 4 区 25%的间接权益出售给了埃克森美孚公司。

七、苏联解体带来的新一轮全球私有化吸引大型石油公司积极布局

1992 年初，俄罗斯实施经济改革，大规模推行私有化，成立了俄罗斯石油公司、俄罗斯天然气公司、诺瓦泰克公司、卢克石油公司等多个公司(张树华，2018)。中亚-俄罗斯地区油气资源丰

富，各国新政府积极谋求新举措，摆脱苏联解体以后石油出口过分依赖波罗的海国家的局面。

进入 20 世纪 90 年代，石油的国际地位从军事安全层面扩展到世界政治、经济层面，变成了牵一发动全身的全球性战略资源。埃克森美孚、壳牌、雪佛龙、碧辟和道达尔能源等国际石油公司都积极布局中亚-俄罗斯地区，并获得了一批大型勘探和油气田项目。如埃克森美孚和壳牌公司获得了萨哈林 1 号和萨哈林 2 号项目，并完全主导项目的设计和执行（日兹宁，2006；塞恩·古斯塔夫森，2014）；雪佛龙公司获得了哈萨克斯坦田吉兹巨型油田开发项目；碧辟公司在阿塞拜疆里海深水发现巨型气田——沙赫德尼兹气田，这是碧辟公司自 1968 年在美国发现普拉德霍湾大油田以来在全球发现的最大油气田。此外，碧辟公司参股俄罗斯石油公司 19.75% 的权益，道达尔能源公司参股诺瓦泰克公司 20% 的权益，并同时参股了亚马尔和北极 2 等项目。中国石油、中国石化等公司也积极进入了中亚-俄罗斯多国的油气勘探开发，获得了一批油气勘探项目，建成了中亚-俄罗斯油气合作区，也带动了独立国家联合体（以下简称独联体）国家原油产量的复苏与增长（图 6-15）。

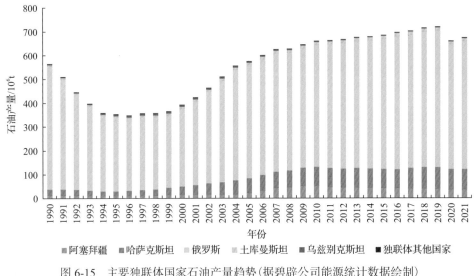

图 6-15　主要独联体国家石油产量趋势（据碧辟公司能源统计数据绘制）

八、油砂及重油等高碳资产从热变冷

随着苏联的解体和产量大幅下降，加拿大的油砂和委内瑞拉的重油得到了前所未有的重视，大批的国际石油公司进入加拿大和委内瑞拉开展油气合作。但随着国际油价的波动以及低碳发展进程的加快，国际石油公司又调整了在加拿大和委内瑞拉的业务发展战略。

（一）加拿大油砂

2000 年以来，加拿大常规石油产量明显趋向衰退。虽然在西部的钻井数量增加 3 倍，但储量、产量没有大幅上升，曾寄有厚望的东岸近海油气在经过 18 年的勘探后效果仍然很不理想（张绍飞，2005）。油砂开采技术的成熟、中东伊拉克战争的爆发和油价的快速上涨，为油砂的开发利用创造了良好的外部环境。为了招商引资促进油砂开采，加拿大艾伯塔省政府制定了一系列激励投资油砂开采的政策，油砂矿区使用费的收取标准大大优于国际常规石油开采通常使用的产量分成合同的利益分配比例。此外，对外国石油公司，政府给予国民待遇，实行无歧视政策，均可享受所有的优惠政策。这些政策大大吸引了碧辟、雪佛龙、康菲石油、埃克森美孚、壳牌、道达尔能源、艾奎诺等国际石油公司进入加拿大从事油砂开采业，带动了油砂产量的快速增长。

2008 年，金融危机冲击导致国际油价大幅下跌，重创全球油气行业，加拿大多个油砂项目因此

而延缓投资。2009 年后，国际油价复苏反弹，亚洲石油公司加大在加拿大油砂的投资。2010 年
2 月，中国石油以 19 亿美元收购阿萨巴斯卡公司麦凯河和多佛两个油砂区块 60%的权益，并于
2012 年和 2014 年完成两个项目剩余 40%权益收购；2010 年 6 月，中国石化以 46.5 亿美元收购
辛克鲁德油砂项目 9.03%的权益，此前，在 2005 年和 2009 年，中国石化就分次收购北方之光
油砂项目共 50%权益；2010 年 11 月，泰国国家石油公司(PTTEP)以 23 亿美元收购阿萨巴斯卡
地区 KKD 油砂项目 40%权益；2011 年中国海油以 21 亿美元收购加拿大油砂生产商 OPTI 公司
100%权益，从而拥有该公司在长湖等四个油砂项目 35%权益；2012 年中国海油以 151 亿美元收
购加拿大尼克森石油公司，该公司拥有阿萨巴斯卡长湖油砂项目 65%权益、辛克鲁德油砂项目
7.23%权益(图 6-16)。2007～2013 年，中国三大国有石油公司在加拿大油砂领域投资成为加拿
大油气领域最大的外国直接投资。

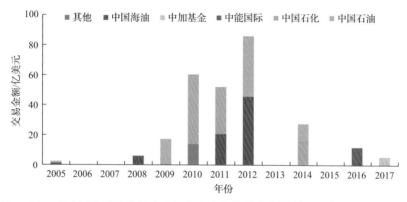

图 6-16　2005～2017 年中国公司作为买方在加拿大油气收并购交易(大于 1 亿美元)(据 IHS 数据绘制)
中国海油尼克森公司并购投资中，分配 30%的比例到加拿大资产

2014 年下半年全球油价断崖式下跌，高成本的加拿大油砂资产已成为国际石油公司的非核心
资产。基于项目亏损、战略调整、环保压力等原因，多家国际石油公司相继剥离加拿大油砂等非
常规资产，将投资重点转移到美国非常规油气领域。2016 年以来，加拿大境内超过 1 亿加元的油
气资产交易达到 66 笔(图 6-17)，总交易金额为 908.1 亿加元(图 6-18)，其中油砂项目 18 笔，交
易额为 440.4 亿加元。加拿大本土公司则利用此时机增持油砂等非常规资产，通过产能规模化降
低成本，谋求规模效益。2022 年，加拿大自然资源(Canadian Natural Resources)、森科能源、塞
诺佛斯能源等本土石油公司油砂产量占比已达 68%(图 6-19)。

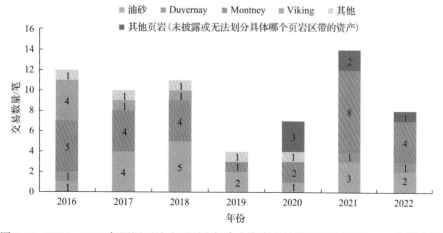

图 6-17　2016～2022 年国际石油公司剥离加拿大资产交易数量统计图(据 IHS 数据绘制)

图 6-18　2016～2022 年国际石油公司剥离加拿大资产交易额统计图(据 IHS 数据绘制)

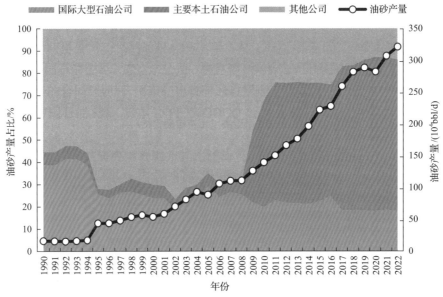

图 6-19　加拿大油砂产量及不同公司油砂权益产量占比趋势(据 Wood Mackenize 数据绘制)

国际大型石油公司包含埃克森美孚公司、道达尔能源公司、雪佛龙公司、壳牌公司、碧辟公司、艾奎诺公司;主要本土公司包含森科能源公司、加拿大自然资源公司、塞诺佛斯能源公司、MEG 能源公司、哈斯基能源公司(Husky Energy)、阿萨巴斯卡石油公司、加拿大油砂公司

(二)委内瑞拉重油

1992 年,为解决投资不足问题,委内瑞拉政府实行"石油开放"政策,允许国内外私人资本参与到石油的勘探、生产、提炼、运输和销售。据统计,截至 2001 年,委内瑞拉有 14 个国家的 58 家外国石油公司为 34 个油田联合作业或单独开发石油,另有 4500 家公司向委内瑞拉石油公司提供各类产品和服务。此外,委内瑞拉政府推出了系列上下游开放举措,包括吸引外资对奥里诺科重油带进行"战略联合"开发等国际化战略,开放政策给委内瑞拉重油资源开发利用带来成效(夏尚明,1997)。

2005 年,委内瑞拉加大对重油资源的勘探开发投资,委内瑞拉国家石油公司推出了一项面向今后 25 年的能源规划——"石油播种计划"。根据该计划,第一阶段(2005～2012 年)将向奥里诺科重油带投入资金 154 亿美元,占同期总投入的 30%,将重油产量从 2005 年的近 $3500 \times 10^4 t$ 增加到 2012 年的 $6000 \times 10^4 t$(杨辉等,2006),还将完成对奥里诺科重油带油气资源总量的重新评估和进一步开发(表 6-3)。

表 6-3　2006 年委内瑞拉重油项目信息表(据杨辉等，2006)

项目	生产方式	项目分布	经营者	公司组成和份额	投产时间	重度/°API	产能/(10⁴t/a)
Petrozuata	改质	胡宁	Petroiata CA	康菲石油公司(50.1%)、委内瑞拉国家石油公司(49.99%)	1998-10	8.3	600
Cerro Negro	改质	卡拉沃沃	Operadora Cerro Negro CA	埃克森美孚公司(41.67%)、委内瑞拉国家石油公司(41.67%)、碧辟公司(16.67%)	1999-11	8.5	600
Sincor	改质	博亚卡	Sincrudos de Oriente Sineor CA	道达尔公司(47%)、委内瑞拉国家石油公司(38%)、挪威国家石油公司(15%)	2000-12	8-8.5	1200
Hamaca	改质	阿亚库乔	Petrolcra Ameriven SA	康菲石油公司(40%)、委内瑞拉国家石油公司(30%)、雪佛龙公司(30%)	2001-10	8.7	950
Oimulsion	乳化	卡拉沃沃	Bitor	委内瑞拉国家石油公司(100%)		7.5~8.5	200

2007 年，委内瑞拉宣布将国有化范围扩大到整个能源行业，规定委内瑞拉重油带的外资控制项目都必须转为由委内瑞拉国家石油公司控制，委内瑞拉国家石油公司的股份不低于 60%。委内瑞拉国家石油公司与美国雪佛龙-德士古石油公司(现雪佛龙公司)、挪威国家石油公司(现艾奎诺公司)、法国道达尔石油公司(现道达尔能源公司)等 7 家跨国企业签署谅解备忘录，把奥里诺科重油带战略合作项目和风险开发项目改组为委内瑞拉国家石油公司控股的合资企业。受此影响，美国与加拿大的部分石油公司决定撤出委内瑞拉，双方就赔偿问题达成了协议(朱继东，2013；徐世澄，2013)。

2017 年，时任美国总统特朗普宣布对委内瑞拉实施新一轮经济制裁，委内瑞拉宣布与美国断交并弃用美元。委内瑞拉保障油气生产的基础设施严重匮乏，电网等损毁严重，石油生产经营风险逼近临界值。2020 年，美国分别对俄罗斯石油公司的两家子公司——俄石油贸易和 TNK 国际贸易公司实施了制裁。俄罗斯石油公司为规避全面制裁风险，决定停止在委内瑞拉全部业务并出售在该国的所有资产，俄罗斯政府成立全资公司接手了俄罗斯石油在委内瑞拉的资产(张星，2020)。2021 年，艾奎诺公司和道达尔能源公司也分别将 Petrocedeño 合资公司 9.67% 和 30.32% 权益出售给委内瑞拉国家石油公司。

多年的制裁给委内瑞拉的经济带来严重影响，油气工业损失巨大，原油产量急剧下滑，由 2016 年的 1.33×10^8t 下降到 2022 年的 3717×10^4t，仅约为制裁前水平的 28%(图 6-20)。中国石油公司

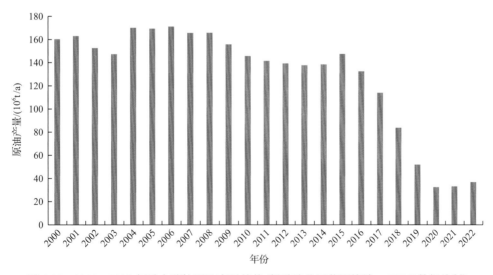

图 6-20　2000~2022 年委内瑞拉原油产量趋势(据碧辟公司能源统计，OPEC 数据绘制)

在委内瑞拉的项目也因制裁导致稀释剂无法进口，权益产量大幅度下降。

九、乌克兰危机重塑全球能源格局

乌克兰危机以来，全球能源权力中心、贸易流向、竞合局势均发生明显变化。乌克兰危机使全球油气供需的权力中心结构性调整，东西半球油气供需格局分化。美国能源权力显著增强，欧洲能源脱俄，美国意图打造"新马歇尔计划"，通过再塑能源纽带强化对欧洲控制，同时美国通过加大油气出口直接获利，支撑其经济总体发展。欧盟能源权力急速滑落，欧洲能源安全受到极大冲击，战略自主性受挫，能源转型进程受阻，新能源发展和气候治理领域的优势遭到削弱。俄罗斯能源权力显著下降，美国领导西方世界形成对俄罗斯制裁的"统一战线"，如果欧洲能源脱俄，俄罗斯60%以上能源出口将难以寻找可完全替代的出口市场。

此外，乌克兰危机使全球油气供需流向呈现东西半球分化趋势。俄罗斯油气禁运导致欧洲必须进行能源供给来源替代（图 6-21），长期而言，欧洲将依靠发展可再生能源等多元化途径保障能源安全，而短期内，欧洲需要寻求俄罗斯以外的油气供应以满足当前市场需求。在资源供给能力方面，中东作为全球油气资源最富集的地区和主要出口来源地，是俄罗斯油气的优选替代来源。此外，美国自"页岩革命"成功以来，已向油气净出口国转型，特别是乌克兰危机以后，LNG 出口量迅速攀升，未来也将是欧洲替代俄罗斯天然气的重要替代来源。从地缘关系和地理位置方面，欧洲与美洲、北非、西非等地区拥有传统地缘政治、航运距离短等优势，因此上述各区域资源作为俄罗斯油气的替代来源可获性较高。预计在对俄罗斯长期制裁的背景下，以欧洲为消费中心，美国-中东-非洲为主要供给来源的"西半球"区域供需循环将逐渐形成。同时俄罗斯油气西向出口受阻后，也需要寻找替代出口方向，俄罗斯油气未来将更多流向中国、印度等国家，以亚太为消费中心，俄罗斯-非洲-中东为主要供给来源的"东半球"区域供需循环逐步增强。

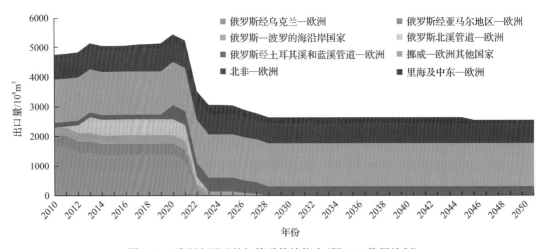

图 6-21　欧洲主要天然气管道管输能力（据 IHS 数据绘制）

自乌克兰危机爆发以来，西方多国对俄罗斯实施大规模制裁，陆续有欧美石油公司及油服公司宣布退出俄罗斯，退出规模之大与程度之深前所未有（表 6-4 和表 6-5）。西方的石油公司和油服公司退出俄罗斯市场，一方面将会影响俄罗斯油气行业直接投资，另一方面俄罗斯油气市场竞合格局也随之改变，本土油气公司、亚洲的油气公司将成为支撑俄罗斯油气生产的关键力量。

表 6-4　国际石油公司调整在俄罗斯资产的情况

石油公司	在俄合作者	项目/投资	现状
碧辟公司	俄油	持有俄油 19.75%股份，另有 3 个合资公司	宣布退出所有投资
艾奎诺公司	俄油	与俄油共有 3 个合资公司	以 1 美元出售在俄罗斯资产，完全退出俄罗斯
壳牌公司	俄气	持有 Salym 开发项目 50%权益，Gydan 半岛开发项目；萨哈林 LNG 27.5%权益；北溪 2 投资者	宣布退出所有投资
道达尔能源公司	诺瓦泰克	诺瓦泰克 19.4%股份，并在其他上游和 LNG 项目中有直接投资	宣布停止在俄罗斯新投资
埃尼公司	俄油、俄气	与俄油共建合资公司进行黑海勘探，蓝溪管道 50%权益	宣布退出蓝溪和黑海合资公司
埃克森美孚公司	俄油	萨哈林 1 项目 30%权益	俄罗斯单方面终止了其在萨哈林-1 项目权益，该公司已完全退出俄罗斯市场
奥地利石油天然气集团	俄气	Yuzhno Russkoye 项目 25%权益；北溪 2 投资者	放弃收购 Achimov 4A/5A 项目 25%权益；考虑退出或出售 Yuzhno Russkoye 项目权益
德国温特沙尔	俄气	Yuzhno Russkoye 和 Achimov 4A/5A 项目 25%权益；北溪 2 投资者	停止在俄罗斯新项目收购计划，停止向俄罗斯付款，计提北溪 2 减值损失
中国石油	诺瓦泰克	亚马尔 LNG 20%权益；北极 LNG2 10%权益	无变化
中国石化	俄油	Udmurtneft 49%权益	无变化
中国海油	诺瓦泰克	北极 LNG2 10%权益	无变化
印度石油天然气公司	俄油	Vankor 26%权益	无变化

注：俄油-俄罗斯石油公司；俄气-俄罗斯天然气工业股份公司。

表 6-5　国际油服公司调整在俄罗斯业务的情况

油服公司	现状
斯伦贝谢公司	暂停新投资，合规开展现有业务
哈里伯顿公司	结束现有业务，暂停新业务，停运零部件
威德福公司	暂停发货和新投资新技术
贝克休斯公司	暂停新投资
伍德公司	不竞标新项目
德希尼布 FMC(法国)公司	放弃在俄罗斯寻求新的商业机会

第二节　近 30 年全球油气勘探发现

一、近 30 年油气勘探投资受油价波动影响大

据睿咨得能源(Rystad Energy)统计，1993～2021 年全球油气勘探投资共计 1.53 万亿美元。纵观近 30 年全球油气勘探投资，可以发现勘探投资受油价波动影响较大，整体表现为"先增后降"的趋势(图 6-22)。

(一)稳步增长期(1993～2013 年)

自 20 世纪 90 年代，亚洲经济的崛起对石油的需求日益增高，成了世界石油的主要消费区，

油价持续增长。在此期间，虽然经历了 1997 年亚洲金融危机、全球石油市场短期供过于求、2008 年的全球金融危机，但勘探投资整体呈现持续快速增长，从 1993 年的 129 亿美元增长到 2013 年的 1238 亿美元，年均增长率达 12.0%。其中，随着 2008 年国际油价达到历史最高点的 146 美元/bbl，勘探投资也相应达到了 920 亿美元的小高峰。虽然勘探投资受随后的国际油价急速下跌影响，于 2009 年迅速回调至两年前的水平，但伴随着 2010～2013 年逐步攀升的国际油价，勘探投资开始逐年增长，在 2011 年首次超过 1000 亿美元，达到历史峰值。

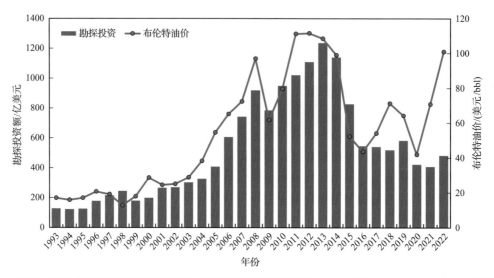

图 6-22　1993～2022 年全球油气勘探投资及油价变化柱状图（根据 EIA（2023）和 Rystad Energy（2023）数据绘制）

（二）阶梯下降期（2014～2022 年）

该阶段可进一步划分为 2014～2015 年快速下降期、2016～2019 年缓慢增长期、2020～2022 年低位调整期。2014 年以来，受国际油价断崖式下跌至十年前水平的影响，全球油气勘探投资腰斩，2016 年缩减至高峰的 44.2%，为 547 亿美元。虽然其后油价由 2016 年的 40 美元/bbl 缓慢上升至 70 美元/bbl，但勘探投资信心受损，其受油价的影响低于 1993～2013 年，基本维持在 500～600 亿美元的勘探投资水平，以 2.2% 的年均增长率保持平稳至 2019 年。2020 年以来，受新冠疫情叠加中低油价的持续影响，勘探投资再次下跌约 150 亿美元，基本维持在 400～500 亿美元的投资水平。

二、近 30 年全球常规油气勘探发现

1993～2022 年，全球共发现 242 个常规大油气田（不包含北美陆上），含巨型油田 4 个，巨型气田 5 个（图 6-23），其中陆上 79 个、海上 163 个。最大的两个发现分别是 2000 年在哈萨克斯坦发现的卡沙甘油田和 2004 年在土库曼斯坦发现的约洛坦气田，可采储量当量分别为 $24.6×10^8$t 和 $7.43×10^{12}$m^3。近 30 年发现的天然气储量当量在油气储量发现中占比达 60.6%。

（一）发现大油气田难度加大，但仍持续有大发现

发现常规大油气田的难度越来越大，近 30 年年均发现 8～9 个大油气田，发现的油气田平均规模为 $2.24×10^8$t 油当量，而 1963～1992 年年均发现 20～21 个大油气田，发现的油气田平均规模为 $4.4×10^8$t 油当量。近 5 年共发现 33 个大油气田，储量规模合计 $46.2×10^8$t 油当量，平均规模为 $1.4×10^8$t 油当量；其中油田 20 个，气田 13 个，虽然油田数量多于气田，但天然气可采储量

略高于石油(图 6-24)。

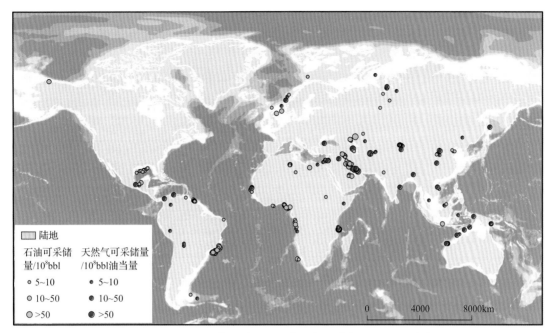

图 6-23　1993～2022 年全球发现的大油气田分布图(不含北美陆上)

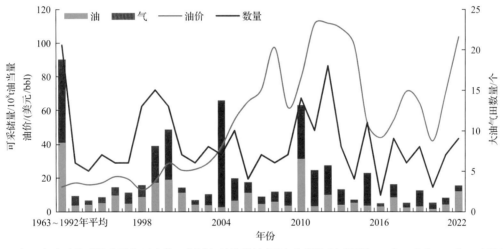

图 6-24　近 30 年全球发现的大油气田个数、规模与油价统计(不含北美陆上)(根据 IHS(2022)和 EIA(2023)数据绘制)

(二)超级盆地仍是大发现的主体,但出现多个新领域

IHS 公司将超级盆地[①]定义为:①已产出 50×10^8 bbl 油当量(6.85×10^8 t 油当量),至少还有 50×10^8 bbl 油当量可采资源的盆地,其致密油气、非常规油气资源也很丰富;②盆地地层中含有多套烃源岩和含油气系统;③盆地已有较完善的基础设施和工程服务,作业者拥有水平井和完井等技术与经验,用以开发剩余资源。根据 IHS 公司定义,次超级盆地为在盆地中已经产出 50×10^8 bbl 油当量,或还有 50×10^8 bbl 油当量的可采资源,并含有丰富的非常规资源的盆地。全球超级盆地共 25 个,其中北美洲 7 个、拉丁美洲和中东地区各 4 个、非洲 3 个、独联体地区 3 个、欧洲 1 个、亚太 3 个(包括中国的渤海湾盆地和松辽盆地)。这 25 个超级盆地剩余储量潜力达 1150×10^8 t 油当

[①] IHS. 2018. The prospects for international super basins[R]. Englewood: IHS.

量，勘探开发历史最短的也在 20 年以上。全球次超级盆地有 24 个，其中 8 个分布在亚太地区，包括中国的塔里木盆地和四川盆地；北美洲和拉丁美洲各有 5 个；独联体、欧洲和非洲各有 2 个。

超级盆地仍是目前全球油气发现的主力，占比近一半(表 6-6)；成熟盆地老区仍有很大的发现潜力。中东、中亚-俄罗斯是传统大发现的地区，大西洋两岸、墨西哥湾深水和地中海是新的发现集中区。近期，在埃及、巴西和圭亚那等国海上都发现了大型或巨型油气田。

表 6-6　近 30 年世界含油气盆地发现油气田统计(据 IHS 2022 年数据；Fryklund and Stark，2020)

盆地	油气田数量	石油		天然气		油当量	
		储量/10^8t	占比/%	储量/10^8t 油当量	占比/%	储量/10^8t 油当量	占比/%
超级盆地	121	162	76	126	38	289	53
次超级盆地	23	12	5	22	7	33	6
其他	98	40	19	181	55	221	41
合计	242	214	100	329	100	543	100

(三)中浅层油气田仍是发现的主体

近 30 年发现的 242 个常规大油气田中，168 个埋深小于 4500m，占比达到 69.4%，储量占比为 71.9%。在埋深大于 4500m 的油气田中，81.1%分布在海上深水区，如果扣除水深，63.5%的目的层仍分布在 1500～4500m，海上深层仍具备发现大油田的机会。海域大于 8000m 的油气田主要分布在墨西哥湾深水盆地，尤其是 2000 年以来石油公司陆续发现 8000m 以深的油气田。例如，埃克森美孚公司 2001 年在 1458m 水深的中中新统砂岩发现盐下 San Patricio 气田，为墨西哥湾深水盆地首个超过 8000m 的发现。2005 年，优尼科公司钻探至 10421m 发现 Stampede 油田，开启了盆地 10000m 深层勘探。随后的 2009～2020 年，碧辟、科博尔特国际能源(Cobalt International Energy)、雪佛龙、必和必拓、艾奎诺等公司相继获得油气田发现，可采储量当量 890×10^4～9100×10^4t，合计 3.06×10^8t。其中，碧辟公司在 2009 年发现的提伯(Tiber)油田钻井垂深最大、储量规模最大，钻井垂深 10685m，可采储量油 8219×10^4t、气 113×10^8m³，地温梯度更是低至 12.77℃/km。

(四)进入深水大发现时代

近 30 年发现的大油气田中，陆上 79 个、浅水(大陆架)38 个、深水(水深大于 200m)125 个[图 6-25(a)]。深水油气勘探开发起步较晚，资金和技术门槛较高，这个领域是近 30 年国际大型石油公司战略转移和大发现的主战场。自 1969 年发现第一个深水油田以来，深水领域持续获得油气田大发现，深水油气田数量在 20 世纪 90 年代和 21 世纪头十年基本稳定在 26～27 个，但 2010～2019 年的深水大油气田数量较上一个十年翻番，数量高达 56 个，储量为 2000～2009 年的 2.6 倍[图 6-25(b)]。据壳牌公司 2021 年度战略报告，未来全球油气上游投资占比超 70%的 9 大核心业务中 5 个位于深水领域，预计以深水油气勘探为主的上游领域收益率将达到 20%～25%，远高于一体化天然气 14%～18%、新能源 10%的收益水平。

(五)国家石油公司快速崛起，发现大批大型油气田

20 世纪 70 年代，中东、北非和南美洲等资源国掀起国有化运动，逐步成立国家石油公司，不断提升自身实力，立足本土勘探开发，发现了一批大型油气田(含巨型油气田)，如伊朗、土库曼斯坦、巴西、俄罗斯、沙特阿拉伯、科威特等国家石油公司。在近 30 年发现的陆上 79 个大油气田中，国家石油公司共发现 56 个，其中 49 个为本土发现，可采储量为 159.6×10^8t 油当量，占

陆上大油气田总储量的 80.7%；国际石油公司的陆上大发现均位于境外，数量仅 5 个，可采储量 4.6×10^8t 油当量，主要位于南美洲、伊朗和印度尼西亚。

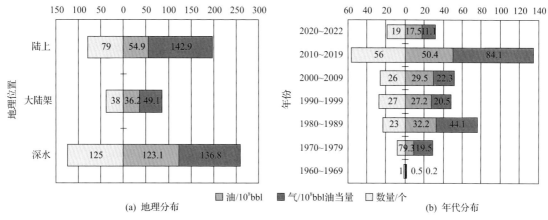

图 6-25　近 30 年发现的大油气田地理分布(a)和深水大油气田发现的年份分布(b)

在近 30 年的 163 个海上大发现中，国家石油公司仅发现 45 个，其中仅有 2 个位于境外。而资金和技术实力雄厚的国际石油公司在境外获得 70 个海上大发现(表 6-7)，其中 62 个位于深水领域，可采储量 104.7×10^8t 油当量，主要位于环非洲地区、拉丁美洲的圭亚那盆地、美国的墨西哥湾深水盆地，占深水储量的比例分别为 48%、24% 和 10%。

表 6-7　近 30 年跨国石油公司主要油气发现数量分布(不含北美陆上)

序号	公司	陆地/个	大陆架/个	深水/个	数量/个
1	道达尔能源公司	1		7	8
2	埃克森美孚公司	1		24	25
3	碧辟公司	1	2	9	12
4	壳牌公司	1	1	10	12
5	艾奎诺公司	1		4	5
6	雪佛龙公司		2	2	4
7	埃尼公司		3	6	9
8	康菲石油公司		3	1	4
9	中国石油	3			3
10	其他	20	6	19	45
	合计	28	17	82	127

近 30 年石油公司共发现 9 个巨型油气田，其中国家石油公司发现数量最多，为 5 个本土发现，主要位于伊朗的扎格罗斯盆地和中阿拉伯盆地陆上、巴西的桑托斯盆地深水、土库曼斯坦的阿姆河盆地陆上，可采储量分别为 19.3×10^8t 油当量、36.0×10^8t 油当量和 59.9×10^8t 油当量，占巨型油气田总储量的 70%。另外 4 个巨型发现中有 2 个来自莫桑比克鲁伍马盆地，分别为阿纳达科公司的 Prosperidade Complex 气田和埃尼公司的 Mamba Complex 气田，天然气可采储量合计 2.36×10^{12}m³。国际石油公司在里海海域获得 2 个巨型油气田发现，分别是国际石油公司在滨里海盆地联合勘探发现的卡沙甘油田和碧辟公司在南里海盆地发现的沙赫德尼兹气田，可采储量合计 34.2×10^8t 油当量。

(六)跨国石油公司在跨国勘探中仍占主导，多伙伴联合经营方式占比高

跨国油气勘探具有高风险、高投入特点，大型国际石油公司仍是风险勘探大发现的主体。近30年跨国石油发现127个，主要大发现仍集中在几个跨国石油公司，尤其是在深水领域，比例更高(表6-8)。为了规避风险，实现风险共担，跨国石油公司大多开展合作，组成联合公司进行勘探开发(图6-26和表6-8)。

表6-8 哈萨克斯坦卡沙甘巨型油田合作伙伴及股权变迁统计 (单位：%)

公司	年份					
	1997	1998	2002	2005	2008	2013
埃尼公司	14.29	14.29	16.67	18.52	16.81	16.81
壳牌公司	14.29	14.29	16.67	18.52	16.81	16.81
埃克森美孚公司	14.29	14.29	16.67	18.52	16.81	16.81
道达尔能源公司	14.29	14.29	16.67	18.52	16.81	16.81
哈萨克斯坦国家石油天然气公司	14.29			8.33	16.81	16.88
中国石油						8.33
日本国际石油开发株式会社		7.14	8.33	8.33	7.56	7.56
英国天然气集团	14.29	14.29	16.67			
碧辟公司	9.53	9.53				
艾奎诺公司	4.76	4.76				
康菲石油公司		7.10	8.33	9.26	8.40	

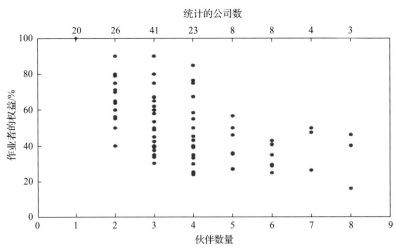

图6-26 近30年发现的大油气田伙伴数量和作业者权益关系(据窦立荣等，2020b)

三、近30年全球非常规油气勘探大发现

1993～2022年，除北美陆上和中国外，全球共发现10个非常规大油气田(表6-9)，均分布在陆上，绝大部分由本土公司发现。埃克森美孚公司在沙特阿拉伯南部鲁卜哈利盆地陆上和澳大利亚西北部的博纳帕特盆地浅水各发现1个非常规气田。沙特阿拉伯的 Tukhman 致密气田发现于2002年，位于加瓦尔油田以南地区，为下二叠统 Unayzah 组致密砂岩气藏，其后卢克石油、中国

石化等公司在这一地区开展勘探,但未获大型非常规油气田发现。近年来,沙特阿拉伯由于天然气等清洁能源占比较低,开始积极布局非常规油气勘探,本土的沙特阿美公司计划在 2030 年前提高天然气在其能源结构中的份额,持续加大非常规天然气勘探力度。

表 6-9　1993 年以来全球发现的可采储量大于 $5 \times 10^8 bbl$ 油当量的非常规油气田统计表(不含北美和中国)

名称	国家	发现年份	气/$10^8 m^3$	凝析油/$10^4 t$	油当量/$10^4 t$	发现者
Jebel Ali 1	阿拉伯联合酋长国	2016	1133	55	9192	迪拜石油机构
Khazzan-Makarem-Ghazeer	阿曼	1994	2860	1274	14397	阿曼石油开发公司
Ascalon 1A	澳大利亚	1995	852	41	6918	埃克森美孚公司
Combabula	澳大利亚	2009	854		6890	澳大利亚 APLNG 公司
Amungee North West 1	澳大利亚	2015	1501		12096	起源能源公司
KA 3PT（Amersfoort）	南非	2013	1030		8315	Kinetiko 能源公司
Tukhman 2	沙特阿拉伯	2002	779	1233	7507	埃克森美孚公司
Jalameed	沙特阿拉伯	2010	849	41	6890	沙特阿美公司
Hazem	沙特阿拉伯	2013	8682	41918	153836	沙特阿美公司
Al Hasa	沙特阿拉伯	2015	8682	41918	153836	沙特阿美公司

注：据 IHS 数据整理。

美国是全球页岩油气发现和储量增长最大也是最快的国家,已发现并成功开发了 12 个主力页岩油气区带(图 6-27)。页岩油气证实储量总体呈增长趋势。EIA 2022 年报告指出,截至 2020 年底,美国的页岩气累计探明可采储量为 $8.9 \times 10^{12} m^3$;致密油(含页岩油)累计探明可采储量超过 $26.8 \times 10^8 t$。2021 年,美国页岩气年产量达到 $7616 \times 10^8 m^3$(EIA,2022),产量主要来自 Marcellus、

图 6-27　美国本土页岩区带分布(据 EIA(2017)绘制)

鹰福特、Haynesville、Barnett、New Albany Utica、二叠盆地等区带；致密油产量达到 $3.6×10^8t$（EIA，2022），产量主要来自二叠盆地、Bakken 和鹰福特等三大页岩区。

尽管美国非常规油气资源勘探开发理论和技术处于全球领先地位，但世界各国国家石油公司和本土石油公司也积极布局非常规油气资源，其勘探开发水平也在不断提升，如中国和阿根廷等。阿根廷页岩油和页岩气资源量分别排在全球的第四位和第三位。内乌肯盆地被认为是北美以外最可能实现大规模页岩油气开采的盆地，该盆地页岩油技术可采资源 $36.9×10^8t$，页岩气技术可采资源 $22.4×10^{12}m^3$（EIA，2013）。自 2004 年以来，阿根廷天然气产量逐年下滑，并成为天然气进口国，从而出台了天然气优惠政策（姜向强等，2018）。近几年各大石油公司包括壳牌、埃克森美孚、陶氏化学、雪佛龙、中国石化等公司均参与到该盆地页岩油气的勘探开发中。据 Wood Mackenize 数据表明，2022 年阿根廷的致密油（含页岩油）年产量达到 $1269×10^4t$，页岩气年产量达到 $177×10^8m^3$，在全球排第三位。

第三节　近 30 年中国公司境外油气勘探进展

加大跨国油气勘探开发力度，"充分利用国际国内两个市场、两种资源"，积极参与国际竞争与国际经济合作是保障国家能源安全的重要途径（周吉平，2004）。1993 年开始，中国国有石油公司积极实施"走出去"战略，在面对国际大型石油公司长期跨国经营、多个国家石油公司快速崛起的竞争态势下，通过不懈努力取得显著成效，在全球 50 多个国家运行着 200 多个油气勘探开发合作项目，已经建成了中亚—俄罗斯、中东、非洲、美洲、欧洲和亚太六大油气合作区（窦立荣等，2020b，2022e）。2022 年中国油公司在境外的权益油气产量超过 $1.7×10^8t$ 油当量，为国家能源安全做出了积极的贡献。

海外油气项目一般是 5～10 年勘探期和 20～30 年开发期。合同到期后，当地政府要收回合作区块，或在满足政府一定条件下，项目得以延期。资源国对其认为"不合理"的油气田开发事项拥有否决权。因此，如何在一定时间内实现高效勘探开发，事关投资项目的效益和成败。合同模式多样，包括产品分成、矿税制、服务和回购合同等（叶先灯等，2009），不同的合同模式作业特点不一样。为了降低海外作业风险，一般一个项目都有 3～4 家合作伙伴，一些高投入高风险项目甚至有 6～7 家合作伙伴，合作伙伴之间相互制约，资源共享，风险共担。资源国通过提出干股、高分成比等要求，以及众多不能作为成本回收的签字费、培训费、捐赠等来增加政府的收益。面对陌生的当地环境和复杂的地质条件，作业公司需要发现规模油气田，获得较高的单井产量，才能确保投资回收。

海外勘探开发与国内不一样，不仅受资源条件制约，还受合同条款、当地治安状况、文化差异和政府限制等因素影响。中国油公司海外油气合作既要符合国际惯例，又要具有中国特色。通过油气田开发取得经济效益、确保项目可持续发展是海外勘探开发的首要任务。海外找油这一商业行为不能与解决国家石油安全完全画等号，相当数量的权益油需在当地卖掉，将油换成现金收入。石油公司到国外找油是一种商业行为，一定要以经济效益为中心，必须讲求投资回报。

一、跨国油气勘探开发历程

"自主勘探"成功的区块桶油成本低，效益一般都较好，而以购买储量为主的油气项目桶油购买成本高，未来的开发效益一般较低，自主勘探的成败对海外油气项目至关重要。

30 年来，中国油公司通过竞标和收并购获得了一批风险勘探项目和油气田的勘探开发权。海外油气勘探经历了从小项目滚动勘探开发到大型项目担任作业者的风险勘探、再到深水和非常规油气勘探的转变，从以油为主到以油为主兼顾天然气的勘探，从陆上勘探向深水勘探的转变。中国跨国油气勘探总体上经历了滚动油气勘探、陆上大型风险油气勘探、深水和非常规油气勘探和超深水油气勘探等 4 个阶段(穆龙新和计智锋,2019;窦立荣等,2022e,2023)。

（一）滚动勘探阶段（1993～2002 年）

1993 年 10 月,中国石油"走出去"签订了第一个油气区块——秘鲁 7 区,1995 年又签订了 6 区。这两个区块是世界上开发最早的油田之一,已有近 150 年的开发历史。中国石油进入后,发挥中方陆上油田勘探开发优势,通过老油田滚动挖潜,不但快速提高了原油产量,且仅用 5 年时间就回收全部投资,开启了海外滚动勘探的先河(陈金涛等,2019)。1994 年初,中国石油(21.9%,作业者)与日本石油工团(Marubeni)、加拿大 Arakis 能源①等 8 家公司成立联合体,1995 年 1 月 18 日通过竞标获得巴布亚新几内亚政府颁发的 PPL174 区块勘探许可证,区块位于巴布亚前陆盆地冲断带,合同区面积 506km²。中国石油进入后完成了区块综合地质研究、地震资料的重新处理解释及钻井设计等,在前陆盆地冲断带部署 1 口探井——Kamusi-1 井,1996 年 1 月 10 日开钻,3 月 5 日完钻,钻遇目的层下白垩统 Toro 组和上侏罗统 Imburu 组砂岩,砂岩厚度 134m,未见任何油气显示(据 IHS 2022 年数据)。1997 年 4 月退出区块。该井的钻探,是中国石油国际化进程中勘探工作的初步尝试,尽管没有取得成功,但为中国石油开展国际化合作积累了宝贵的经验(薛良清等,2014b)。

以 1996 年中标苏丹 1/2/4 区项目为标志,中国石油海外油气勘探进入到大型勘探开发项目,即在实施大规模油田开发生产的同时,带动油气田周边自主滚动勘探,扩大油田规模,发现新的油田。在开发评价已发现油田的同时,集成创新应用国内成熟勘探理论和技术,大规模甩开勘探,结合盆地的具体地质条件发展了一些海外特色理论技术,及时应用于勘探实践,发现了一系列大中型油田,尤其是在南苏丹 3/7 区(原在苏丹)迈卢特盆地发现了海外第一个世界级 Palogue 大油田,为中国石油海外进一步加大高风险勘探力度提供了信心(窦立荣和傅诚德,2003;薛良清等,2014b;穆龙新和计智锋,2019)。

在这一阶段,中国油公司也开始积极布局,开展海外油气上游资产的收并购。2002 年 4 月,中国石油以 2.62 亿美元的价格收购了美国戴文公司印度尼西亚的资产,包括 Jabung 区块 30%的权益、南 Jambi B 区块 30%的权益和 Tuban 区块 25%的权益,海外原油的权益产量大幅度提升(窦立荣和傅诚德,2003;童晓光,2004),2002～2014 年以作业者身份陆续发现 17 个油气田,可采储量 2730×10⁴t 油当量(IHS 2022 年数据)。

中国海油的跨国勘探开发起步较早,在 1994 年获得了马六甲油田参股权,但很长一段时间进展不大。2002 年 1 月,中国海油以 5.85 亿美元收购了西班牙雷普索尔公司在印度尼西亚五个油田的部分权益,包括其中三个油田的作业权,为中国海油带来了年产 548×10⁴t 的权益油。2005～2011 年以作业者身份发现 7 个小型油气田,可采储量 296×10⁴t 油当量(IHS 2022 年数据)。2002 年 2 月,中国海油以 1.36 亿美元购买了碧辟公司在墨西哥海上 Green Canyon 243 区块内 Aspen 油田 40% 的权益,同年 9 月以 2.75 亿美元收购了碧辟公司印度尼西亚东固天然气上游项目 12.5%的权益(童晓光等,2003)。

中国石化在重组后才启动"走出去"开展上游业务,2000 年签订了一个伊朗勘探项目。2001 年 1 月,中国石化成立了国际石油勘探开发有限公司,当年与德国普鲁士格公司签订了也门 Shabwah 省北部的 S2 勘探开发项目的权益转让协议,第一勘探期面积 2800km²,第二勘探期面积 2100km²,开发期面积 904km²;同年 10 月中标阿尔及利亚扎尔扎亭(Zarzaitine)油田提高采收率项目。

中国化工进出口公司也紧随其后,在 2002 年成立了中化石油勘探开发有限公司,并与挪威

---

① Arakis 能源公司 1994 年收购了 State Petroleum 公司,State Petroleum 公司 1993～1994 年拥有苏丹 1/2/4 生产区块(该生产区块在 1996 年重新授予中国石油,State Petroleum 持股由 100%降至 25%)。

PGS 公司签署了 Allantis 项目的股权转让协议，年底与厄瓜多尔签订了 2 个区块的合作协议（童晓光等，2003）。

（二）陆上大型风险勘探阶段（2003～2008 年）

2003～2008 年，中国油公司"走出去"步入快速发展阶段，获得了尼日尔、乍得、哈萨克斯坦、土库曼斯坦、俄罗斯等国项目。在这一阶段，中国油公司更加注重大型风险勘探项目的获取，重点注重获取作业者项目，发挥中方技术优势和效益发展。

中国石油在苏丹勘探的成功极大地鼓舞了中方，随后在乍得、尼日尔、哈萨克斯坦等陆上区块陆续获得突破，发现多个亿吨级油气田，建成了 2 个千万吨级原油产区。2002 年，中国石油中标哈萨克斯坦区块，区块面积超 $3000km^2$，中国石油工作权益 90%，为作业者。2006 年部署第一口探井 CT-1 井，在多层获得高产工业油流，从而发现了北特鲁瓦整装大油田（张淮等，2007）。2003 年 5 月，中国海油以 3.48 亿美元的价格收购了澳大利亚西北大陆架天然气上游项目 5.3%的收益，同时获得了中国液化天然气合资企业 25%的股权。

2005 年 1 月，中国石化与也门石油与矿产部签署了哈德拉毛陆上 Qarn 71 区块，为产量分成协议，区块面积 $1801km^2$，在两个勘探阶段的最低义务工作量投资为 3600 万美元，包括采集新的三维地震和两口探井；2007 年 12 月，道达尔公司参股 71 区块 40%权益，中国石化以 50%权益为区块的作业者，2008～2010 年共发现 3 个中小型油气田，可采储量 $331×10^4t$ 油当量。2005 年 5 月，中国石化从 Tranworld 公司手中获得加蓬陆上 Salsich 区块 50%权益，并成为区块作业者，次年发现一个小型油气田，可采储量 $4.5×10^4t$ 油当量，随后陆续并购加蓬陆上油气田以形成规模效应。

2006 年 6 月，中国石化宣布以 35 亿美元的价格收购碧辟公司与俄罗斯合资的 TNK-碧辟公司旗下原油生产子公司乌德穆尔特（Udmurtneft）在俄罗斯西部的勘探开发资产，2012～2022 年以非作业者身份发现 4 个油气田，可采储量合计 $1.06×10^8t$ 油当量。

2007 年 1 月，中国石油以作业者身份获得乍得 H 区块 100%权益，区块原始勘探面积达 $44×10^4km^2$，该区块是埃克森美孚等外国石油公司经过 35 年勘探后退出的部分。中国石油充分发挥一体化优势，通过多年的石油地质综合研究，建立了强反转裂谷盆地的地质模式和成藏模式，取得了一系列重大突破和发现，快速发现 15 个稀油油田，并在 2013 年 1 月在基岩获得首次突破，目前已建成 $600×10^4t/a$ 原油生产区（窦立荣等，2011，2015，2018b）。

2007 年 7 月，中国石油与土库曼斯坦签署了《土库曼斯坦阿姆河右岸"巴格德雷"合同区域产品分成合同》，当年 9 月 12 日正式生效，为中国石油当时海外最大的天然气勘探开发合作项目。该项目合同期为 35 年，中国石油拥有 100%权益，为作业者。中国石油通过创新提出阿姆河右岸中部广泛发育台缘缓坡礁滩复合体、西部发育台内叠合颗粒滩、东部发育逆冲断块缝洞体的地质认识，改变了前人只认为台缘堤礁带发育大气田的传统观念，大大拓展了勘探领域。通过大面积连片三维地震勘探，发现并落实阿姆河右岸天然气地质储量超过 $7000×10^8m^3$。该项目的获取成为我国在境外最大的天然气勘探项目，也为中亚管线的建设奠定了可靠的储量基础（吕功训等，2013；王红军等，2020）。

2008 年 7 月，中国石油签订了尼日尔阿加德姆项目，区块原始勘探面积 $2.77×10^4km^2$。在中方进入前，前作业者埃克森美孚等公司对该地区勘探了近 40 年，仅发现 3 个小油田，最后退出该地区（薛良清等，2014b）。中方进入后，通过综合地质研究，创造性提出了特米特（Termit）盆地"晚白垩世裂谷拗陷期大范围海相烃源岩控源，后期（古近纪）叠置裂谷控砂，断层和砂体配置控藏"的模式，在主力和次要组合均取得突破，发现 4 个三级地质储量达亿吨级的区带，探井成功率达到 72%，已经建成年产百万吨的油田，二期 $450×10^4t/a$ 产能的扩建项目已经启动（薛良清等，2014a；

袁圣强等，2022，2023a）。

2008 年 9 月，中国石化从坦噶尼卡石油公司购买了其叙利亚项目，位于叙利亚东北部，包括 Oudeh、Tishrine 两个油田区块和 Sheikh Mansour 勘探区块，勘探未获突破。自 2013 年 3 月起，叙利亚项目因叙利亚内战停产。

在此期间，中国油公司开始关注海上勘探开发，项目主要位于西非海域。2004 年 4 月，中国石化以 6 亿美元的价格收购壳牌公司安哥拉海上 18 区块 50%的权益，面积 322.57km^2，水深 1200～1800m，该区块包括东区和西区两个独立开发区。2006 年 1 月，中国海油获得南太平洋石油有限公司在尼日利亚深水 OML130 区块 45%的权益（包含 Akpo 油田）；同年 11 月，中国石化购买安哥拉 15/06 项目 13.16%权益（非作业者），为产品分成合同，面积为 2675km^2，水深 300～1800m。2008 年 4 月，中国海油进入印度尼西亚东爪哇盆地 Madura Strait 合同区块，水深在 100m 以内，工作权益为 40%，与哈斯基能源公司联合作业，2011～2013 年累计发现 6 个小型油气田，可采储量 1138×10^{4}t 油当量。

（三）深水和非常规油气勘探阶段（2009～2013 年）

2009～2013 年，中国油公司"走出去"进入规模发展阶段，先后获得了一系列的非常规项目和深水项目。此阶段注重发达国家非常规和深水前沿领域，获取了系列深水、非常规等"小大非"项目，即"所占股比少、投资金额大、非作业者"的油气项目。主要包括以开发为主的美国页岩油、加拿大油砂和澳大利亚煤层气，以及莫桑比克 4 区、安哥拉 32 区块、加蓬 BC9-BCD10 区块和巴西里贝拉等区块，4 个深水区块中方都是非作业者（张功成等，2017，2019）。

2009 年 6 月，中国石化宣布以每股 52.80 加元的价格收购总部位于瑞士的 Addax 石油公司，总额接近 72.4 亿美元，是当时中国石油业最大的一宗海外并购。Addax 石油公司是一家总部位于瑞士、分别在加拿大和伦敦上市的国际油气开发商，是西非最大的独立油气开采商。Addax 石油公司的主要业务集中于尼日利亚、喀麦隆和加蓬，同时也在敏感的伊拉克库尔德地区拥有油田。在尼日利亚，2010～2011 年以作业者身份发现 5 个油气田，可采储量合计 1459×10^{4}t 油当量；在喀麦隆地区，分别在 2012 年和 2015 年以作业者身份发现 2 个油气田，可采储量合计 1045×10^{4}t 油当量；在加蓬地区，以非作业者身份发现一个油田，可采储量 70.8×10^{4}t。2009 年 7 月，中国石化与中国海油联合收购美国马拉松石油公司持有的安哥拉 32 区块 20%的权益，包括获得 12 个已发现油气田。

2009 年 9 月，中国海油以作业者（85%）身份中标刚果 Haute Mer A 深水区块，刚果国家石油公司拥有 15%权益。区块面积 371.99km^2，水深 549m。2013 年，通过 1 口探井和 1 口评价井钻探，在中新统浊积砂 N5 层发现 20.3m 的净油层和 58.8m 的净气层，在 N3 层发现 9.2m 净油层。原油重度 18～24°API，发现了 Elephant 1 油气田，可采储量 812×10^{4}t 油当量。

2010 年 10 月，中国石化宣布收购雷普索尔巴西公司 40%权益，获得巴西深水资产 4%～14%的权益。随后通过勘探，在 2011～2013 年间发现 3 个油气田，可采储量 3.28×10^{8}t 油当量。2010 年 11 月，中国石化购买安哥拉 31 区块 7.5%权益，为产品分成合同，该区块位于下刚果盆地，水深 1500～3000m，合同总面积 4593km^2，PSVM 油田位于 31 区块东南方向，由 4 个油田组成，最大的一个油田为 Saturno，其后在 31 区块未获勘探突破。

2011 年 11 月，中国石化宣布收购葡萄牙高浦能源公司在巴西超深水资产获得 0.45%～6%的权益，2012～2013 年以及 2020～2022 年以非作业者身份分别发现 4 个和 2 个油气田，可采储量 9.5×10^{8}t 油当量。中国石化自 2006 年参股安哥拉 15/06 区块以来，持续在区块深水领域获得油气发现，2009～2013 年发现 6 个油气田，可采储量合计 3922×10^{4}t 油当量；2014～2022 年发现 4 个

油气田，可采储量合计 6285×10⁴t 油当量，其中值得一提的是 2019 年发现的 Ndungu 油田，2022 年完钻评价井，证实可采储量达到 3196×10⁴t。

2012 年 7 月，中国海油从壳牌公司购入加蓬超深水 BCD10 区块 25%的权益(非作业者)，水深达到 2110m。2014 年 10 月，中国海油宣布以 194 亿美元价格收购加拿大尼克森公司，创造中国公司海外收购纪录，尼克森公司主要拥有常规油气、油砂、页岩油气三类资产，业务遍布北美洲、南美洲、欧洲北海、非洲地区，后在英国和哥伦比亚发现 3 个中小型油气田。

此外，在陆上常规油气勘探开发方面，中国油公司获取资产的力度小于非常规资产和深水资产。2010 年 10 月，中国海油中标阿尔及利亚哈西迈萨乌德(El Biod) 隆起 443a、424a、415ext、414ext 区块，面积 5378km²，累计发现 8 个小型油田，可采储量 1450×10⁴t 油当量，后因无法达到经济开发门槛，于 2021 年退出该区块。2013 年 11 月，中国石化与阿帕奇公司签署协议，以 31 亿美元的价格收购阿帕奇公司埃及油气资产 1/3 的权益，该收购使得中国石化高峰期增加年权益产能约 650×10⁴t 油当量；2014~2022 年，以联合作业公司或非作业者身份发现 65 个中小型油气田，可采储量合计 5306×10⁴t 油当量。

(四)超深水油气勘探阶段(2013 年至今)

随着 2014 年国际油价断崖式下跌，中国油公司已经获得的部分超重油/沥青砂和煤层气等项目的效益受到较大影响。虽然获取勘探新项目的力度受到影响，但中国油公司通过完善海外效益勘探管理体系，建立勘探资产分类及排队体系，制定差异化勘探策略，提高部署准确率，降低单井储量发现成本，进一步加强海外新项目的评价(穆龙新和计智锋，2019)。中国油公司在中东、俄罗斯、巴西、圭亚那等国家/地区获得了一系列项目，并签约了一些 LNG 项目(黄献智和杜书成，2019；刘贵洲等，2018)，更加注重战略引领、创新发展和资产组合的规模效益。

2013 年 3 月，中国石油和意大利埃尼公司签署协议，获得莫桑比克海上 4 区项目 20%权益。中国石油进入该项目后，2013 年 8 月参与发现了 Agulha 气田，可采储量 1309×10⁸m³，加上 2011~2012 年的两个气田共拥有天然气可采储量 1.9×10¹²m³(IHS，2022)。莫桑比克 4 区项目是中国石油参股的第一个超深水大型天然气(LNG)勘探开发生产销售一体化项目。项目分 4 期进行：科洛尔 FLNG 一期、鲁伍马 LNG 一期、二期和三期，开发期内累计产气量将达到 1.2×10¹²m³[①]。

2013 年，中国石油和中国海油进入巴西里贝拉区块，各获得 10%的工作权益，壳牌公司和道达尔能源公司各有 20%权益，巴西国家石油公司为作业者，工作权益 40%。该区块面积约 1500km²，水深范围约 1900~2200m。2001 年，原作业者壳牌公司在盐上构造完钻探井 1-SHELL-5-RJS，完钻深度 3986m，失利后退出该区块。2010 年 6 月，巴西石油管理局(ANP)在该区块钻探 2-RNP-2A-RJS 井，在盐下碳酸盐岩获油气发现(万广峰，2020)。中方进入后，配合作业者对碳酸盐岩发育范围、油气成藏条件和资源潜力进行评价，成功落实探明和控制地质储量超 16×10⁸t 油当量，具备建成产能 5000×10⁴t/a 的资源基础(刘合年等，2020；万广峰，2020)。

2014 年 8 月，中国海油获得圭亚那斯塔布鲁克区块 25%的工作权益，埃克森美孚公司为该区块的作业者，拥有 45%权益，另一伙伴赫斯公司占 30%权益。斯塔布鲁克区块面积 2.7×10⁴km²，水深范围 1000~3000m。该区块之前没有钻探井，2015 年针对上白垩统浊积水道砂体钻探发现 Liza 大油田(张功成等，2019)，控制可采储量达 2.5×10⁸t 油当量，后连续钻探数十口探井，在深水和超深水领域再获 30 个油气田，合计控制可采储量达 19.28×10⁸t 油当量(刘小兵和窦立荣，2023)，其中 20 个油气田位于超深水领域，可采储量 13.2×10⁸t 油当量。2014 年 10 月，中国海油在加蓬 BCD10 区块发现 Leopard 气田，水深 2110m，可采储量 5068×10⁴t 油当量。

---

① 来源：https://mp.weixin.qq.com/s/NCEJDLIsL2rLHAK2Ph0VcQ?notreplace=true.

2014 年 10 月,中国石化在安哥拉 32 区块以非作业者身份发现 1 个油田,可采储量 963×10^4t。在安哥拉 15/06 区块,中国石化除了获得深水油气田发现外,还于 2019 年在 1600~1700m 的超深水领域发现 Agogo 和 Ndungn 油田,可采储量合计 5212×10^4t(据 IHS 2022 年数据)。

2016 年 12 月,中国海油在墨西哥深水-超深水区块招标中获得 Perdido 褶皱带 1 号和 4 号两个区块,均为作业者,权益分别为 100% 和 70%;2021~2022 年在 1 号区块发现 Ameyali 和 Ameyali Sur 两个油气田,水深 1600~1750m,可采储量合计 2495×10^4t 油当量。2017 年 10 月,中国海油以 20% 权益在巴西第三轮盐下招标中获得桑托斯盆地 Alto CF Oeste 区块,合作伙伴为壳牌公司和卡塔尔能源公司,2019 发现 Vidigal 油田,可采储量 682×10^4t(据 IHS 2022 年数据)。

随着深水勘探开发实力的稳步提升,中国油公司开始布局前沿/风险勘探领域。2019~2022 年,中国油公司在南大西洋两岸和东非陆续获得深水-超深水前沿/风险勘探区块。2019 年 11 月中国石油(20% 权益)和巴西国家石油公司(80% 权益,作业者)组成联合体在巴西第六轮盐下区块招标中成功获取阿拉姆区块,2022 年宣布在阿拉姆区块部署的古拉绍-1 井试油获得高产(何文渊等,2023),为中国石油海外深水油气勘探的重大突破,也为做精做强全球海洋深水油气勘探开发业务、培养人才和积累技术管理经验奠定了坚实基础(崔茉,2022)。2020 年 1 月,中国石化以 20% 的权益与埃尼公司(60% 权益,作业者)、安哥拉国家石油公司(20% 权益)获得安哥拉南部海域的 28 号区块,面积 4898km²,该区块邻近纳米比亚,为前沿勘探领域,计划 2024 年钻探第一口风险探井。2022 年 12 月,中国海油在莫桑比克第六轮油气招标中获得 5 个风险勘探区块,总面积 2.9×10^4km²,水深 500~2500m;中国海油为区块作业者,权益占比为 70%~80%,其合作伙伴均为莫桑比克国家石油公司。

二、勘探发现一批大油气田

(一)区块分布特点

据统计,30 年来,中国石油先后获取 130 个勘探区块,分布于非洲(29 个/11 国)、中亚-俄罗斯(35 个/7 国)、美洲(20 个/4 国)、亚太(37 个/7 国)、中东(9 个/6 国)等 5 个大区。130 个区块中 57.9% 是通过直接竞标获取的,19.5% 是通过资产收购获取的,剩余是通过公司并购获取的。2007~2008 年高峰期持有的权益勘探区块面积超过 49×10^4km²(图 6-28)。

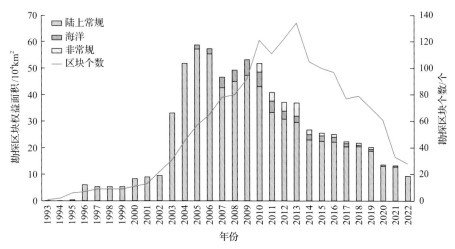

图 6-28　中国石油勘探区块数量和权益面积变化图

截至 2022 年底,中国石油在全球 5 大区、16 个国家仍拥有勘探区块 38 个(其中包括 18 个将已发现油气田的区块转开发后继续开展滚动勘探的区块),其他 75 个区块中,勘探成功后已转开发且勘探工作终止的区块 17 个，勘探主动退出或准备退出的区块 58 个。海外风险勘探项目的商业成功率达到 20% 以上。

中国石油的区块数量和权益面积超过雪佛龙公司(图 6-29)，但中国石油的区块主要分布在陆上，面积占比高达 85%，最大的几个区块都是内陆区块，如乍得、尼日尔、土库曼斯坦、塔吉克斯坦等国的区块；而西方的大型石油公司的区块分布领域广，以深水区块为主。从地区上看，中国石油的区块主要分布在非洲和中亚地区。中国海油的海外区块权益面积仅次于中国石油(图 6-29)，约 $5.1 \times 10^4 km^2$，主要分布在全球 20 多个国家，其中海域权益面积占比为 90%，其中非洲的加蓬和几内亚比绍、南美洲的圭亚那的权益面积合计 $2.0 \times 10^4 km^2$。中国石化的海外区块权益面积不足 $4.5 \times 10^4 km^2$，陆上区块面积占比高，为 76%，主要位于非洲的南苏丹和埃及、俄罗斯、哈萨克斯坦等国家；海上区块主要位于非洲的安哥拉和尼日利亚、美洲的巴西等国家，权益面积 $800 \sim 1600 km^2$ 不等。

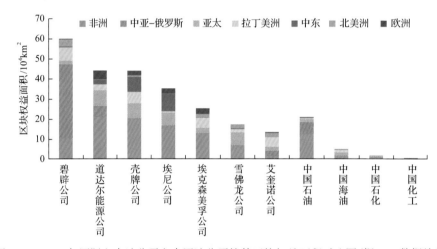

图 6-29　2022 年国际七大油公司和中国油公司境外区块权益面积对比图(据 IHS 数据绘制)

(二)发现的大油气田

通过统计 IHS 2022 年的数据发现，中国国有石油公司以作业者身份自主勘探或以非作业者身份参与发现了 26 个大油气田，但地域分布具有较大差异，例如中国石油主要位于哈萨克斯坦、土库曼斯坦和南苏丹陆上以及巴西深水，而中国石化和中国海油分别位于巴西和圭亚那深水。

中国石油在海外发现 5 个大型油气田，主要分布在中亚-俄罗斯、非洲和南美洲，除巴西和莫桑比克外，均以作业者身份自主勘探获得大油气田发现。1997 年 6 月，中国石油收购阿克纠宾项目，拉开了中国与中亚油气合作的序幕，经过近 10 年勘探攻关盐下地震成像、构造识别和碳酸盐岩储层预测技术，发现了北特鲁瓦整装大油田(窦立荣等，2022e)，可采储量 $0.96 \times 10^8 t$ 油当量。2007 年中国石油进入土库曼斯坦 B 区块，2010 年和 2015 年分别发现 Agayry 气田和 Gokmiyar 气田。另一个自主勘探发现的油气田是南苏丹迈卢特盆地的 Palogue 油田，可采储量合计 $1.32 \times 10^8 t$(据 IHS 2022 年数据)。在非洲地区，自 2013 年 3 月中国石油宣布参股埃尼公司在莫桑比克 4 区之后，在当年 8 月发现 Agulha 气田，可采储量为 $1.05 \times 10^8 t$ 油当量。另一个重大的油田发现位于巴西桑托斯盆地的阿拉姆区块，该区块有利目标面积 $1350 km^2$，2021 年 11 月宣布在盐下 Barra Velha 组碳酸盐岩储层获得发现，据 IHS 2022 年数据估算，油气可采储量为 $1.84 \times 10^8 t$ 油当量，其中石油 $1.5 \times 10^8 t$、天然气 $428 \times 10^8 m^3$。

中国石化通过 2010 年收购雷普索尔巴西公司 40% 权益获得巴西深水资产，2012 年分别在坎普斯盆地和桑托斯盆地发现 Pao de Acucar 油气田和 Sagitario 油气田，可采储量合计 $3.03 \times 10^8 t$ 油当量。其中 Pao de Acucar 油气田所在区块在收购前的作业者为雷普索尔-YPF 公司，收购后变为雷普索尔-中国石化联合公司，而 Sagitario 油气田所在区块则是巴西国家石油公司为作业者，雷普索尔-中国石化联合公司和壳牌公司各占 20%权益。2011 年，中国石化从葡萄牙石油公司购买的巴西深水资产部分权益，区块作业者为巴西国家石油公司，2012 年在桑托斯盆地发现 4 个大油气田，单体可采储量规模为 $1\times10^8\sim3\times10^8$t 油当量。

中国海油的海外油气勘探大发现主要位于南美洲的圭亚那，合作伙伴是埃克森美孚和赫斯公司。截至 2022 年共发现 15 个大型油气田，权益可采储量合计 3.6×10^8t 油当量。

三、收并购一批大油气田

资产并购是获得海外项目的一个重要途径。1995～2022 年，中国石油、中国石化和中国海油在海外进行了多起油气资产并购。据不完全统计，中国三大石油公司（"三桶油"）在并购方面共花费约 1397 亿美元(图 6-30)，中国石油、中国石化和中国海油的占比分别为 31%、40%和 29%。

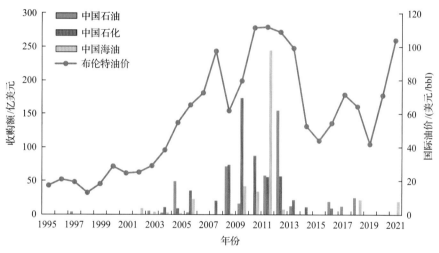

图 6-30　1995～2022 年中国三大国有石油公司收并购统计图(据 IHS 数据绘制)

自 2001 年中国加入世贸组织以来，中国石油、中国石化和中国海油大于 10 亿美元的公司并购交易共花费 414 亿美元，资产收购共花费 812 亿美元(表 6-10)。

表 6-10　2001 年以来中国油公司境外收并购的上游油气资产(大于 10 亿美元)统计表(据 IHS 数据)

交易类型	宣布日期	买方	卖方	资产类型	涉及国家/地区	关键资产
公司并购	2005-08-22	中国石油*	PK 公司	常规资产	哈萨克斯坦	相关在产油气田
	2008-09-25	中国石化*	坦噶尼卡石油公司	重油	叙利亚	Oudeh 油田 50%权益、Tishrine 油田和 Sheik Mansour 区块 100%权益
	2009-04-17	中国石油*	曼格什套油气公司	常规资产	哈萨克斯坦	Kalamkas、Zhetybay 油田及相关勘探开发区块
	2009-06-24	中国石化*	阿达克斯石油公司	多元化资产	尼日利亚、加蓬等	尼日利亚 OML 123 区块 100%权益、加蓬和库尔德地区资产 31.35%～100%权益
	2010-03-21	中国石油*	箭牌能源公司	煤层气	澳大利亚	昆士兰煤层气与 LNG 项目相关资产
	2011-07-20	中国海油	加拿大 OPTI 公司	油砂/重油	加拿大	Long Lake 油砂 SAGD 项目中持 35%权益等

交易类型	宣布日期	买方	卖方	资产类型	涉及国家/地区	关键资产
公司并购	2011-10-10	中国石化	加拿大日光公司	常规资产	加拿大	加拿大艾伯塔省西部在产气田、都沃内页岩
	2012-07-23	中国海油	尼克森公司	上游资产	加拿大	西加在产油砂、页岩气，北海、墨西哥湾、也门、哥伦比亚、尼日利亚在产油气田
资产收购	2009-01-15	中国石油	伊朗政府	常规资产	伊朗	北阿项目
	2005-09-13	中国石油*、中国石化*	恩卡纳公司	常规资产	厄瓜多尔	厄瓜多尔作业资产
	2006-01-09	中国海油*	南大西洋石油有限公司	深水资产	尼日利亚	尼日利亚 OML 130 区块 45%权益与 Akpo 油田资产
	2006-06-20	中国石化	俄罗斯乌德穆尔特公司	常规资产	俄罗斯	乌德穆尔特在产相关油田
	2009-08-31	中国石油	阿萨巴斯卡公司	油砂/重油	加拿大	麦凯恩河与多佛油砂及 SAGD 项目 60%权益
	2010-03-14	中国海油	达斯能源公司	常规资产	阿根廷	阿根廷、玻利维亚和智利相关资产
	2010-04-12	中国石化	康菲石油公司	油砂/重油	加拿大	Syncrude 项目 9.03%权益
	2010-05-21	中化公司	挪威国家石油公司	浅水资产	巴西	Peregrino 油田 40%权益
	2010-10-01	中国石化	雷普索尔公司	深水资产	巴西	雷普索尔巴西公司 40%权益，即巴西深水资产 4%~14%权益
	2010-10-10	中国海油	切萨皮克公司	致密油/页岩油	美国	鹰福特页岩资产
	2010-12-10	中国石化*	西方石油公司	常规资产	阿根廷	阿根廷圣乔治、布约与内乌肯盆地等资产 100%权益
	2011-01-31	中国海油	切萨皮克公司	致密油/页岩油	美国	Niobrara 页岩资产
	2011-03-30	中国海油	塔洛石油公司	多元化资产	乌干达	艾伯特盆地 Areas1、2 和 3A 区块 33.3%权益
	2011-04-21	中国石化*	康菲石油公司、起源能源公司	煤层气	澳大利亚	Pacific LNG 项目 15%权益
	2011-10-31	中国投资有限责任公司	苏伊士能源公司	浅水资产	荷兰、挪威、英国	苏伊士能源欧洲北海、埃及、阿尔及利亚相关资产 30%权益
	2011-11-11	中国石化	葡萄牙高浦能源公司	深水资产	巴西	高浦能源巴西资产 30%权益，即巴西超深水资产 0.45%~6%权益
	2012-01-03	中国石化	戴文能源公司	非常规资产	美国	密歇根盆地、密西西比和犹他州页岩资产
	2012-01-21	中国石化*	康菲石油公司、起源能源公司	煤层气	澳大利亚	Pacific LNG 项目 10%权益
	2012-01-31	中国石油	壳牌公司	致密气/页岩气	加拿大	加拿大 Groundbirch 页岩气项目 20%权益
	2012-07-23	中国石化	塔利斯曼能源公司	浅水资产	英国	北海相关资产 49%权益
	2012-10-31	中国海油	英国天然气集团	煤层气	澳大利亚	QCLNG Train 1 的 40%权益、昆士兰 Surat 盆地相关区块 20%权益;
	2012-12-11	中国石油	必和必拓公司	深水资产	澳大利亚	布劳斯 LNG 项目资产
	2012-12-13	中国石油	恩卡纳公司	致密气/页岩气	加拿大	都沃内未开发相关资产（Kaybob 和 Willesden Green）49.9%权益

续表

交易类型	宣布日期	买方	卖方	资产类型	涉及国家/地区	关键资产
资产	2013-01-30	中化公司	先锋自然资源公司	致密油/页岩油	美国	得克萨斯 Wolfcamp 页岩资产 40%权益
	2013-02-25	中国石化	切萨皮克公司	致密油/页岩油	美国	密西西比致密油资产 50%权益
	2013-03-14	中国石油	埃尼公司	深水资产	莫桑比克	鲁伍马盆地海上 4 区 20%权益
	2013-06-21	中国石油	诺瓦泰克公司	常规资产	俄罗斯	亚马尔 LNG 项目 20%权益
	2013-06-25	中国石化	马拉松石油公司	深水资产	安哥拉	安哥拉 31 区块 10%非作业权益
	2013-08-29	中国石化	阿帕奇公司	常规资产	埃及	阿帕奇埃及资产 33.33%权益
	2013-09-07	中国石油	哈萨克斯坦国家石油天然气公司	浅水资产	哈萨克斯坦	卡沙甘开发项目 8.33%权益
	2013-11-13	中国石油[①]	巴西石油公司	常规资产	秘鲁	X 区块 100%权益，57 区块 46.16%权益，58 区块 100%权益
	2014-02-25	中国石化	马来西亚国家石油公司	致密气/页岩气	加拿大	加拿大页岩气相关资产 15%权益
	2014-04-17	中国石油	阿萨巴斯卡公司	油砂/重油	加拿大	艾伯塔多佛 SAGD 油砂项目 40%权益
	2015-06-11	中国石化	卢克石油公司	常规资产	哈萨克斯坦	滨里海资源投资公司 50%权益
	2017-02-19	中国石油	阿布扎比石油公司	常规资产	阿联酋	阿布扎比 ADCO 陆上区块 8%权益
	2018-03-21	中国石油	阿布扎比国家石油公司	常规资产	阿联酋	下扎库姆 10%权益、乌姆沙依夫-纳斯尔 10%权益
	2019-04-25	中国石油、中国海油	诺瓦泰克公司	常规资产	俄罗斯	北极 2 项目各 10%权益
	2019-11-06	中国石油、中国海油	巴西政府	深水资产	巴西	各获得布兹奥斯项目 5%的权益
	2022-11-25	中国海油	巴西国家石油公司	深水资产	巴西	布兹奥斯项目 5%的权益

* 作业者。

(一)公司收购

公司并购是快速获取多元化资产的重要途径，近 20 年来，尤其是 2005～2012 年期间，中国油公司加紧全球油气产业的布局，中国石油、中国石化和中国海油分别花费 85 亿美元、114 亿美元和 215 亿美元(图 6-31)，获得的公司资产几乎遍及全球各大洲。

中国石油 2005 年以 41.8 亿美元收购哈萨克斯坦 PK 公司，为中国能源企业在海外收购公司的第一个成功案例。2009 年，中国石油出资 27.7 亿美元联合哈萨克斯坦国家油气公司收购曼格什套油气公司全部股份，涉及资产包括 Kalamkas、Zhetybay 油田及相关勘探开发区块。次年，中国石油联合壳牌公司以 16 亿美元收购了澳大利亚规模最大的煤层气(非常规天然气)生产商箭牌能源公司(Arrow Energy)，涉及昆士兰煤层气与 LNG 项目等相关资产。

中国石化的海外收购力度也不断加强，2008 年以 20 亿美元的价格收购加拿大坦噶尼卡石油公司(Tanganyika)，涉及的主要资产包括 Oudeh 油田、Tishrine 油田和 Sheik Mansour 区块 50%～100%的权益。2009 年 6 月，中国石化与瑞士阿达克斯石油公司(Addax Petroleum Corp.)达成购买决定性协议，以 72.4 亿美元收购该公司全部股份，阿达克斯石油公司油气资产主要位于尼日利亚、加蓬和伊拉克库尔德地区，拥有 25 个勘探开发区块。2011 年，中国石化以 21.3 亿美元的溢价收购加拿大日光能源公司，资产主要包括加拿大艾伯塔省西部在产气田、都沃内页岩气等。

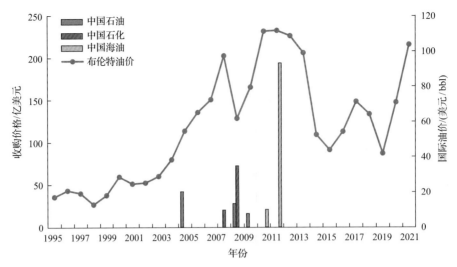

图 6-31 1995～2021 年中国三大国有石油公司的公司收购统计图（据 IHS 数据绘制）

中国海油的公司收购力度在"三桶油"中最大。2011 年收购加拿大油砂生产商 OPTI 公司，交易总价为 20.8 亿美元，主要资产包括位于艾伯塔省东北部阿萨巴斯卡地区的 Long Lake 油砂项目中 35%的工作权益。2012 年，中国海油宣布以 151 亿美元并购加拿大尼克森公司，加上需承担尼克森公司 43 亿美元的债务，这笔收购的实际总价高达 194 亿美元，尼克森公司资产分布在加拿大西部、英国北海、墨西哥湾和尼日利亚海上等全球主要产区，包含常规油气、油砂以及页岩气资源。

（二）资产收购

海外油气资产收购是中国国有石油公司"走出去"进行海外资产布局的重要途径，近 30 年来，"三桶油"海外资产已经遍布全球主要产油区。自中国加入世贸组织带来的经济快速腾飞，国内对油气需求快速提升，其后完成 39 笔大于 10 亿美元的资产收购。根据交易的整体收购趋势可以看出，2005～2013 年为加速发展期，2014～2022 年为平稳收紧期（图 6-32）。

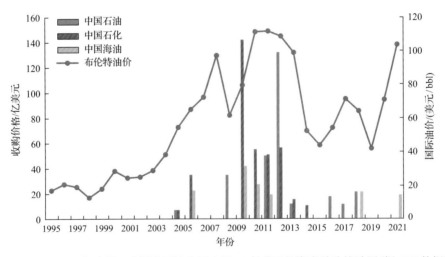

图 6-32 1995～2021 年中国三大国有石油公司大于 10 亿美元的资产并购统计图（据 IHS 数据绘制）

1. 2005～2013 年加速发展期

2005～2013 年，"三桶油"资产收购交易金额总计达到 682 亿美元。中国石化交易金额占比过半，以 347 亿美元位列首位，其中 2010 年并购西班牙雷普索尔公司的巴西海上资产 40%权益的花费最大，为 71.1 亿美元，同年还以 46.5 亿美元价格收购加拿大 Syncrude 公司 9%的股权，这是继 2005 年收购加拿大"北极之光"油砂项目后在油砂业务领域的又一次收购。中国石化有 3 个资产收购项目均超过 30 亿美元，分别是 2006 年收购俄罗斯乌德穆尔特公司的常规资产项目，2011 年收购葡萄牙石油公司的巴西深水资产 30%权益项目，2013 年收购阿帕奇公司埃及资产 33.33% 权益项目。20 亿~30 亿美元项目有 2 个，分别是 2010 年收购西方石油公司阿根廷圣乔治、布约与内乌肯盆地等关键资产，以及 2012 年收购戴文能源公司在密歇根盆地、密西西比和犹他州页岩资产。10 亿~20 亿美元的项目共 5 个，其中 1 个为 2013 年收购切萨皮克公司的密西西比致密油资产 50%权益项目；涉及煤层气收购项目有 2 个，分别是 2011~2012 年收购康菲石油公司和起源能源公司在澳大利亚 Pacific LNG（APLNG）项目的 15%和 10%权益项目；此外还涉及海域的资产分别是 2012 年收购塔利斯曼能源公司北海相关浅水资产 49%权益和 2013 年收购马拉松石油公司在安哥拉 31 区块深水 10%权益。

中国石油于 2005~2013 年收购交易金额为 224 亿美元，最大的一笔交易当属 2013 年以 54 亿美元收购哈萨克斯坦国家石油天然气公司的卡沙甘开发项目 8.33%权益，同年还以 42.1 亿美元收购埃尼公司在莫桑比克鲁伍马盆地 4 区的深水资产 20%权益项目。其次是在 2012~2013 年间完成两笔大于 20 亿美元的交易，分别是恩卡纳公司都沃内未开发相关资产（Kaybob 和 Willesden Green）49.9%权益的页岩油气项目，以及巴西国家石油公司在秘鲁的 X 区块、57/58 区块等项目。此外，中国石油有 5 笔 10 亿~20 亿美元的交易，主要包括伊朗北阿项目、阿萨巴斯卡公司麦凯恩河与多佛油砂及 SAGD 项目、壳牌公司加拿大 Groundbirch 页岩气项目、必和必拓公司在澳大利亚布劳斯 LNG 项目、诺瓦泰克公司亚马尔 LNG 项目。

中国海油在 2005~2013 年收购交易金额为 111 亿美元，最大一笔金额为 2010 年以 31 亿美元收购达斯能源公司在阿根廷、玻利维亚和智利相关资产项目，其次是 2006 年以 22.6 亿美元收购南大西洋石油有限公司在尼日利亚 OML130 区块 45%权益与 Akpo 油田资产。另外 4 笔 10 亿~20 亿美元的交易中有 2 笔是与切萨皮克公司交易，即 2010 收购美国鹰福特页岩资产及 2011 年收购 Niobrara 页岩资产，此外还在 2011 年收购塔洛公司在加拿大艾伯塔盆地 3 个区块及 2012 年收购英国天然气公司在澳大利亚的煤层气项目的部分权益。

2. 2014~2022 年平稳收紧期

在此期间，"三桶油"在海外大额收购交易总金额仅为 130 亿美元，相比 2005~2013 年出现大幅回落。其中，中国石油、中国石化和中国海油分别占总金额的 49%、31%和 20%。

中国石油的资产收购主要集中在 2014~2019 年，包括 2014 年收购阿萨巴斯卡公司艾伯塔多佛 SAGD 油砂项目 40%权益，2017 年收购阿布扎比陆上区块 8%权益，2018 年收购阿布扎比国家石油公司的乌姆沙依夫-纳斯尔油田开发项目和下扎库姆油田的部分权益项目。此外中国石油与中国海油在 2019 年联合收购了诺瓦泰克公司的北极 2 项目和巴西政府布兹奥斯项目的部分权益，中国海油在 2019 年和 2022 年两次成功增持布兹奥斯项目 5%的权益。中国石化在此期间有两笔超过 10 亿美元的收购项目，分别为 2014 年收购马来西亚国家石油公司在加拿大页岩气相关资产 10% 权益以及 2015 年收购卢克石油公司持有里海资源投资公司 50%股权，实现对这家公司拥有的 5 个油田区块的控股。

（三）获得的大油气田

中国三大国有石油公司在"走出去"的历程中，通过公司收购和资产收购获得了一批大型油气田，遍布全球各大洲。据 IHS（2022）统计，不含北美洲和澳大利亚的非常规油气田，中国石油以 31 个大油气田数量位居首位，中国海油和中国石化位列第二、第三位，分别为 20 个和 15 个。"三桶油"共参股 63 个常规大型油气田，其中，中国石油与中国海油共同参股 2 个油气田，中国石油与中国石化共同参股 1 个大油田。

1. 中国石油

1997年，中国石油正式进入哈萨克斯坦，与哈萨克斯坦政府控股哈油气集团合资建立了中油-阿克纠宾油气股份公司，获得扎纳若尔(Zhanazhol)和肯基亚克(Kenkiyak)油田，开启中国国有石油公司在海外获得大油气田的进程。截至2022年底，中国石油共参股31个大型油气田，工作权益为0.44%～85.15%，这些油气田主要分布在中亚-俄罗斯、中东、美洲、非洲及亚太地区(表6-11)。

表 6-11　中国石油购买的大油气田信息表

大区	所在国家	所在盆地	油气田名称	发现年份	并购年份	原始可采储量[①]/10^8 t 油当量	权益/%	进入时的作业者
中亚-俄罗斯	哈萨克斯坦	滨里海	扎纳若尔	1977	1997	2.63	85.15	阿克纠宾公司
			肯基亚克	1959	1997	0.77		
			卡沙甘	2000	2013	24.57	8.33	哈萨克斯坦海上作业公司(OKIOC)
		北乌斯丘尔特	Buzachi North	1975	2003	0.79	50.00	雪佛龙公司
			Kalamkas	1976	2009	2.23	50.00	MMG 联合作业公司
		曼格什拉克	Zhetybay	1960	2009	1.68	50.00	MMG 联合作业公司
		图尔盖	Kumkol	1984	2005	1.10	48.58	图尔盖联合作业公司
	乌兹别克斯坦	阿姆河	Dengizkul-Hauzak-Shady-Hojasayat	1967	2006	1.80	10.00	乌兹别克斯坦石油公司
	土库曼斯坦		Samandepe	1964	2007	0.73	68.55	土库曼斯坦石油公司
	俄罗斯	西西伯利亚	Salmanovskoye	1979	2019	5.16	10.00	诺瓦泰克公司
			Tambeyskoye Yuzhnoye	1974	2013	8.09	20.00	
中东	阿拉伯联合酋长国	鲁卜哈利	扎库姆	1964	2018	50.30	3.50	阿布扎比国家石油公司
			乌姆沙依夫	1958	2018	24.49	10.00	
			纳斯尔	1971	2018	1.61	5.00	
			巴布	1954	2017	32.17	4.80	
			布哈萨	1962	2017	20.64	8.00	
			阿萨布	1965	2017	14.85	8.00	
			Shah	1966	2017	4.98	4.80	
			Al Dabb'iya	1969	2017	3.55	8.00	
			萨希尔	1967	2017	1.95	8.00	
			Mender	1975	2017	0.73	8.00	
非洲	莫桑比克	鲁伍马	Mamba Complex	2011	2013	11.54	20.02	埃尼公司
			Coral	2012	2013	2.76	20.02	
美洲	巴西	桑托斯	布兹奥斯	2010	2019	15.68	5.00	巴西国家石油公司
			Libra&Mero	2010	2013	8.56	10.00	
	委内瑞拉	东委内瑞拉	Iguana Zuata[②]	1939	2010	47.50	13.71	委内瑞拉国家石油公司
			Jose Pent[②]	1977	2001	31.71	7.34	
			Jose Nafta[②]	1981	2001	3.78	0.44	
		马拉开波	Bachaquero	1930	1997	17.13	2.50	
亚太	澳大利亚	布劳斯	Calliance	2000	2012	1.84	13.00	伍德塞德石油公司
			Torosa	1971	2012	1.79	8.33	

① 储量数据据 IHS 数据库；② 超重油储量。

中亚-俄罗斯地区共有 11 个大油气田，其中 7 个位于哈萨克斯坦。继 1997 年在哈萨克斯坦获得 2 个大油田之后，中国石油不断加大在哈萨克斯坦的勘探开发力度，2003 年获得北布扎奇(Buzachi North)油田项目，2005 年通过收购 PK 公司获得南图尔盖盆地的 Kumkol 大油气田，2009 年从曼格什套油气公司手中获得北乌斯丘尔特盆地 Kalamkas 油气田和曼格什拉克盆地的 Zhetybay 油气田，2013 年获得滨里海盆地卡沙甘开发项目 8.33%的权益，进入哈萨克斯坦海上作业公司(OKIOC)。另有 2 个大气田来自俄罗斯西西伯利亚盆地，分别是 2013 年和 2019 年从诺瓦泰克公司手中并购的北极 2 项目 10%权益的 Salmanovskoye 气田和亚马尔 LNG 项目 20%权益项目的 Tambeyskoye Yuzhnoye 气田。

中东地区的大型油气田收购主要集中在 2017～2018 年，均是参股阿联酋鲁卜哈利盆地的几个油气田，涉及资产主要是陆上区块 8%权益项目及海上的下扎库姆和乌姆沙依夫-纳斯尔油田。美洲地区的大油气田并购主要是巴西的里贝拉项目和布兹奥斯项目，此外主要是东委内瑞拉盆地的 Iguana Zuata、Jose Pent、Jose Nafta 油田及马拉开波盆地的 Bachaquero 油气田。

非洲地区和亚太地区参股大型油气田项目较少，主要包括 2013 年从埃尼公司购买的鲁伍马盆地深水 4 区 20%权益项目涉及的 Mamba Complex 和 Coral 大气田，以及 2012 年从必和必拓公司购买澳大利亚布劳斯盆地的 Calliance 和 Torosa 油气田。

2. 中国石化

中国石化自 2006 年收购俄罗斯乌德穆尔特公司的资产以来，截至 2022 年在全球共获得 15 个大型油气田，分别位于美洲地区 5 个、中亚-俄罗斯地区 4 个、欧洲地区 4 个、非洲地区 2 个，工作权益为 2.43%～75%(表 6-12)。

表 6-12　中国石化购买的常规大型油气田信息表

大区	所在国家	所在盆地	油气田名称	发现年份	并购年份	原始可采储量[①]/10^8t 油当量	权益/%	进入时的作业者
中亚-俄罗斯	哈萨克斯坦	北乌斯丘尔特	Buzachi North	1975	2015	0.79	50.00	布扎奇作业公司
	俄罗斯	伏尔加-乌拉尔	Chutyrsko-Kiyengopskoye	1962	2006	1.68	47.04	乌德穆尔特公司
			Yelnikovskoye	1959	2006	0.73	49.00	
			Mishkinskoye	1966	2006	0.73	43.37	
非洲	阿尔及利亚	伊利兹	Zarzaitine	1957	2001	1.96	75.00	阿尔及利亚国家石油公司
	埃及	北埃及	Qasr	2003	2013	0.80	33.00	Khalda 石油公司
美洲	巴西	坎普斯	Albacora Leste	1986	2010	0.88	4.00	巴西国家石油公司
		桑托斯	Tupi	2006	2011	11.16	2.93	
			Sururu	2008	2011	2.84	3.00	
			Jupiter	2008	2011	2.30	6.00	
			Sapinhoa	2008	2010	1.65	10.00	
欧洲	英国	北海	Fulmar	1975	2012	0.93	49.00	塔里斯曼公司
		韦塞克斯	Wytch Farm	1974	2012	0.82	2.43	Perenco 公司
		默里湾区	Piper	1973	2012	1.59	49.00	塔里斯曼公司
			Claymore	1974	2012	0.91	45.30	

① 储量数据据 IHS 数据库。

中国石化在中亚-俄罗斯地区的并购主要也集中在俄罗斯和哈萨克斯坦，分别为 2006 年并购的乌德穆尔特公司相关在产油田项目，涉及的大油田位于伏尔加-乌拉尔盆地 Chutyrsko-

Kiyengopskoye、Yelnikovskoye 和 Mishkinskoye 油田（工作权益为 43%～47%），以及 2015 年从卢克公司购买的滨里海资源投资公司 50%权益项目，该项目涉及的大油田为北乌斯丘尔特盆地的 Buzachi North 油田，并购后与中国石油联合作业。

美洲地区的大型油气田主要分成两部分。一部分是 2010 年从并购的雷普索尔巴西公司 40% 权益中获得巴西深水资产，涉及的两个大油田分别为坎普斯盆地的 Albacora Leste 油气田和桑托斯盆地的 Sapinhoa 油气田。另一部分是 2011 年从葡萄牙石油公司手中并购的巴西深水资产获得 0.45%～6%权益，涉及桑托斯盆地 Tupi、Sururu 和 Jupiter 3 个大型油气田。非洲地区的大型油气田并购发生在阿尔及利亚和埃及两国，包括阿尔及利亚伊利兹盆地的 Zarzaitine 油气田，以及从阿帕奇公司购买的埃及资产中的 Qasr 油气田。

欧洲地区的大型油气田主要位于英国，2012 年通过收购英国塔利斯曼能源公司的相关资产，大油气田主要为北海盆地的 Fulmar 油田、韦塞克斯盆地的 Wytch Farm 油气田，以及默里湾区的 Piper 和 Claymore 油气田。

3. 中国海油

中国海油的海外大型油气田并购主要位于美洲、亚太、非洲、欧洲和中亚-俄罗斯等地区（表 6-13），工作权益为 3.5%～45%。并购项目最多的当属美洲地区，涉及的大型油气田有 8 个，其中有 5 个来自 2010 年并购达斯能源公司在阿根廷和玻利维亚的大型油气田。其次是与中国石油共同参股获得的 Libra & Mero 和布兹奥斯两个油田。此外，中国海油通过收购尼克森公司，获得尼克森公司在墨西哥湾深水盆地的 Appomattox 油气田，同时也获得该公司在英国北海地区的 Buzzard 油气田和 Scott 油气田。

表 6-13　中国海油购买的大型油气田信息表

大区	所在国家	所在盆地	油气田名称	发现年份	并购年份	原始可采储量[①]/10^8t 油当量	权益/%	进入时的作业者
中亚-俄罗斯	俄罗斯	西西伯利亚	Salmanovskoye	1979	2019	5.16	10.00	诺瓦泰克公司
非洲	尼日利亚	尼日尔三角洲	Owowo West 1	2012	2012	1.05	18.00	道达尔公司
			Usan	2002	2012	0.96	20.00	道达尔公司
			Akpo	2000	2006	1.55	45.00	南大西洋石油有限公司
			Egina	2003	2006	0.87	45.00	
美洲	阿根廷	奥斯拉尔	Carina	1983	2010	0.96	6.25	道达尔公司
			Ara-Canadon Alfa	1971	2010	0.88	6.25	
		内乌肯	Aguada Pichana Este Vaca Muerta	1970	2010	0.74	3.50	
			Aguada Pichana Este Mulichinco	1970	2010	0.74	3.50	
	巴西	桑托斯	Buzios	2010	2019 及 2022	15.68	10.00	巴西国家石油公司
			Libra & Mero	2010	2013	8.56	10.00	
	玻利维亚	查科	Margarita-Huacaya	1998	2010	0.78	6.25	雷普索尔公司
	美国	墨西哥湾深水	Appomattox	2010	2012	0.73	21.00	壳牌公司
亚太	印度尼西亚	宾图尼	Wiriagar Deep	1994	2003	1.01	13.90	碧辟公司
			Vorwata	1997	2003	3.37	13.90	壳牌公司
	澳大利亚	北卡那封	Rankin North	1971	2005	3.11	5.32	伍德塞德能源公司
			Perseus	1972	2005	2.69	4.79	
			Goodwyn	1971	2005	1.93	5.32	
欧洲	英国	默里湾区	Buzzard	2001	2012	1.38	43.21	尼克森公司
			Scott	1984	2012	0.74	41.89	

① 储量数据据 IHS 数据库。

在非洲地区，中国海油通过 2006 年收购南大西洋石油公司在尼日利亚的资产，获得尼日尔三角洲 Akpo 和 Egina 大油气田，另外通过收购尼克森公司获得尼日尔三角洲 Usan 和 Owowo West 大油气田。亚太地区并购油气田 5 个，主要分布在印度尼西亚宾图尼盆地和澳大利亚的北卡那封盆地。在中亚-俄罗斯地区，中国海油与中国石油联合参股北极 2 项目。

四、油气权益储量和产量稳步增加

据 Wood Mackenzie 数据，截至 2022 年底，中国石油海外剩余经济可采权益储量为 45.8×10^8 t 油当量，中国石化和中国海油分别为 11.1×10^8 t 油当量和 10.5×10^8 t 油当量。

2002 年，中国石油海外权益产量超过 1000×10^4 t 油当量，2005 年随着苏丹 3/7 区 Palogue 油田的投产，当年权益产量突破 2000×10^4 t；2011 年中国石油海外油气作业产量当量超过 1×10^8 t、权益产量达到 5170×10^4 t，相当于在海外建成了一个大庆油田（赵建华，2012）；2019 年，海外油气权益产量当量达到 1.09×10^8 t，相当于建成了第二个海外"大庆油田"，并在 2020 年、2021 年和 2022 年保持在 1×10^8 t 产量水平（图 6-33），为中国石油"三个 1 亿吨（国内原油和天然气产量当量各 1×10^8 t，海外油气权益产量当量 1×10^8 t）"格局做出了重要贡献，为国家能源安全提供了坚实保障[1]。

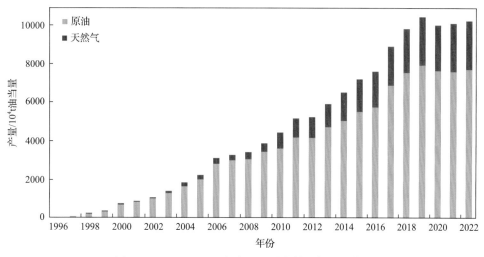

图 6-33　1993～2022 年中国石油海外油气权益产量

2003 年，中国石化海外权益产量超过 100×10^4 t 油当量；2006 年随着收购俄罗斯乌德穆尔特公司的在产油田资产，油气权益产量突破 500×10^4 t 油当量；2009 年收购阿达克斯尼日利亚等国家的资产，油气权益产量突破 1000×10^4 t 油当量；2013 年，随着成功开发阿帕奇埃及资产、美国切萨皮克能源公司密西西比页岩资产合作、安哥拉 31 区块 10%权益、加拿大 Tumbleweed 等项目，权益油气产量首次超过 3000×10^4 t 油当量，超计划完成产能建设任务[2]。

2002 年，中国海油并购西班牙雷普索尔（Repsol）公司在印度尼西亚资产权益之后，海外权益产量首次突破 100×10^4 t 油当量；2009 年随着尼日利亚 OML 130 区块的油田投产，权益产量超过 500×10^4 t 油当量；2012 年海外权益产量超过千万吨级别，并且随着 2013 年成功完成收购加拿大尼克森（Nexen）公司，权益产量首次突增至 2000×10^4 t 油当量，并且持续至今均保持在 2000×10^4 t 油当量以上产能。

---

① 资料来源: https://baijiahao.baidu.com/s?id=1754319837997868655&wfr=spider&for=pc.

② 资料来源: http://www.sinopecgroup.com.cn/group/shzr/hwshzr/ywqk/.

五、形成六大油气合作区

自 1993 年以来，中国石油始终践行"走出去"战略，油气勘探开发取得一系列成果，其业务布局全球六大油气合作区(图 6-34)，通过自主勘探及资产并购获得一批大型油气田，并积极响应"一带一路"倡议，不断夯实储量和产量基础，境外的权益产量超过 1.6×10^8 t 油当量(图 6-35)。

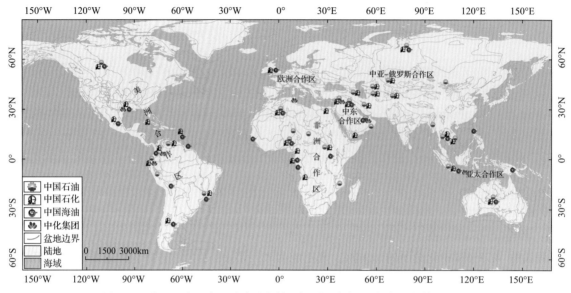

图 6-34　中国四大国有石油公司海外油气项目分布图(据窦立荣等，2023)

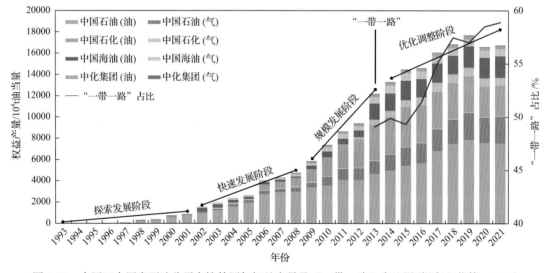

图 6-35　中国四大国有石油公司在境外历年权益产量及"一带一路"占比图(据窦立荣等，2023)

据 IHS、Wood Mackenzie 数据绘制

截至 2020 年底，中国四大国有石油公司在 51 个国家开展油气勘探开发，区块权益面积合计为 28.7×10^4 km²。其中，中国石油在 29 个国家有油气勘探开发项目 70 个，区块权益面积合计为 21×10^4 km²，在乍得、尼日尔、南苏丹的区块权益面积均超过 1×10^4 km²，在伊拉克、哈萨克斯坦、土库曼斯坦的年度权益产量超过 1000×10^4 t 油当量，还有多个 500×10^4 t/a 产能的油田；中国石油海外连续四年年度权益油气产量均超 1×10^8 t 油当量，其中 75% 为石油，25% 为天然气。中国石化在 25 个国家有油气勘探开发项目 52 个，区块权益面积合计为 4.5×10^4 km²，安哥拉年产能最大，石油权益年产量为 520×10^4 t，在巴西、澳大利亚、俄罗斯、加拿大等有 400×10^4 t 油当量的

权益年产能；中国石化海外连续两年年度权益产量均超 $4000 \times 10^4 t$ 油当量，其中 78%为石油，22%为天然气。中国海油在 24 个国家有油气勘探开发项目 75 个，合计区块权益面积为 $5.1 \times 10^4 km^2$，其中加蓬区块权益面积最大，近 $1 \times 10^4 km^2$，在美国、尼日利亚、加拿大和英国年度权益产量均超 $400 \times 10^4 t$ 油当量；中国海油连续两年海外年度权益产量均超 $2500 \times 10^4 t$ 油当量，其中 74%为石油，26%为天然气。中国中化集团有限公司在 7 个国家有油气勘探开发项目 25 个，合计区块权益面积仅 $0.7 \times 10^4 km^2$，其中哥伦比亚区块权益面积最大，2020 年中化集团海外年度权益产量为 $273 \times 10^4 t$ 油当量。

六、积极践行"一带一路"油气合作

自 2013 年以来，中国国有石油公司积极响应"一带一路"倡议，不断加大"一带一路"沿线国家的油气合作，持续打造互惠共赢的油气合作利益共同体。中国国有石油公司的油气权益产量呈现增长态势，其在"一带一路"65 个沿线国家的权益产量从 2013 年的 $0.60 \times 10^8 t$ 油当量跃升到 2021 年的 $0.99 \times 10^8 t$ 油当量，其中 2019 年的高峰权益产量达 $1.01 \times 10^8 t$ 油当量。中国国有石油公司"一带一路"沿线国家权益产量占总产量的比例同样呈现上升趋势，从 2013 年的 49.1%增加到 2021 年的 58.9%(图 6-35)。

其中，中国石油在"一带一路"沿线国家的权益产量贡献最大，2021 年达到 $8403 \times 10^4 t$ 油当量，占中国四大国有石油公司"一带一路"沿线国家总产量的 85.20%，远高于中国石化的 9.93%、中国海油的 4.73%和中化集团的 0.14%，真正成为"一带一路"沿线国家油气合作的主力军。自 2013 年以来，中国石油持续深耕"一带一路"沿线国家，亚马尔 LNG 项目、中俄东线、阿布扎比陆上和海上项目等一批沿线重点油气合作项目落地投产，2021 年在"一带一路"沿线国家的权益产量增长了 $4024 \times 10^4 t$ 油当量(窦立荣等，2023)。

从中国石油在"一带一路"沿线国家的油气权益产量占其海外权益总产量的比例来看，呈现快速上升趋势。2010 年，"一带一路"沿线国家油气权益产量占比为 25%，2010 年增加至 62%，2022 年进一步增至 82%(图 6-36)。中国石油在"一带一路"沿线国家权益产量及其占比的快速增长，主要得益于伊拉克的鲁迈拉、哈法亚、西古尔纳、艾哈代布，阿布扎比的陆上油田、下扎库姆油田、乌姆沙依夫-纳斯尔油田，哈萨克斯坦的阿克纠宾、曼格什套、卡沙甘、北布扎奇油田，土库曼斯坦的阿姆河天然气，以及俄罗斯亚马尔 LNG 等项目。

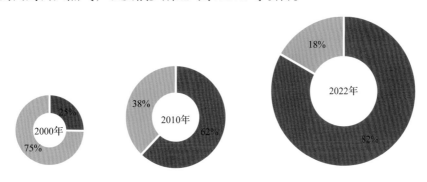

图 6-36　中国石油在"一带一路"沿线国家油气年权益产量占比(据 IHS、Wood Mackenzie 数据绘制)

"一带一路"沿线国家的油气合作项目占所有海外项目近六成。中国石油对外合作政治和经济效益显著，在"一带一路"沿线国家的投资、油气权益产量和效益均超过中国三大石油公司总和的 50%。中国石油与"一带一路"沿线国家的项目合作，积极履行社会责任，带动了所在国基础设施建设，促进了相关国家的油气供应和经济社会发展。在"一带一路"沿线 19 个国家执行

51 个油气合作项目，截至 2019 年底，中国石油在"一带一路"沿线 19 个国家累计上缴税费超 670 亿美元，带动当地就业超 10 万人，惠及资源国人口超 300 万人。

七、降低油气综合对外依存度 10%

油气对外依存度(ID)是国内总消费量(TC)减去国内产量(TP)与国内总消费量的比值，也是一个国家石油净进口量占本国石油消费量的比例，体现了一国石油消费对国外石油的依赖程度(窦立荣等，2020a)。考虑到中国的油公司在境外可以通过勘探开发获得净产量，提出了综合对外依存度(IID)的概念，可以较好地反映跨国勘探开发在保障国家能源安全方面的作用。IID 是指国内总消费量(TC)减去国内产量(TP)和企业在境外通过勘探开发获得的净产量(INP)与国内总消费量(TC)的比值：

$$IID = \frac{TC - TP - INP}{TC}$$

2022 年中国石油境外原油净产量为 4609×10^4t，天然气净产量为 205×10^8m^3，均占当年全国总消费量的 6.7%，即中国石油跨国勘探开发降低了我国油气综合对外依存度 6.7%。三大油公司合计降低了我国油气综合对外依存度 10%(窦立荣等，2020b)。

第七章 苏丹地区勘探项目

2011 年 7 月 9 日,南北苏丹分离为南苏丹共和国和苏丹共和国。苏丹共和国(简称苏丹)国土面积 $188×10^4km^2$,南苏丹共和国(简称南苏丹)国土面积约 $62×10^4km^2$。两国国语为阿拉伯语,境内南高北低,有高原、山地、丘陵和沙漠,尼罗河纵贯全境。苏丹以热带沙漠气候为主,南苏丹以热带雨林气候为主。苏丹和南苏丹都是联合国公布的世界最不发达国家,经济结构单一,基础薄弱,工业落后,对自然环境及外援依赖性强。

苏丹地区石油勘探始于 20 世纪 50 年代,根据 1959 年颁布的石油法,采用矿税制合同。意大利阿吉普公司在红海沿岸获得海上和陆上 11 个区块许可证,面积 8545km²,先后进行了地面地质调查、重磁力测量和地震勘探,于 1961 年在苏丹港钻第一口探井——Durwara-1 井,完钻井深 2802m,结果为干井;1962～1963 年又钻了 5 口干井,随后于 1966 年退出苏丹。

20 世纪 70 年代初,雪佛龙公司地质学家在评价肯尼亚 Anza 裂谷时,推测该裂谷可能会向北延伸到苏丹,因此开始与苏丹政府谈判有关石油勘探开发事宜。1974 年 11 月雪佛龙公司与苏丹政府签订特许经营协议(Concession Agreement),原始合同区块(称为"穆格莱德区块")面积 $51.6×10^4km^2$。1975 年 10 月,特许经营协议转为产品分成协议,期限 25 年。1977 年苏丹政府将原始穆格莱德区块拆分为穆格莱德区块($19.3×10^4km^2$)和迈卢特区块($6.4×10^4km^2$)(图 7-1)。1984

图 7-1 苏丹/南苏丹主要含油气盆地及区块分布图

年雪佛龙公司转让 25%权益给壳牌公司，但由于战争，壳牌公司于 1988 年将权益退还给了雪佛龙公司(Schull，1988)。1992 年雪佛龙公司撤离苏丹。

1959 年 2 月 4 日，中国同苏丹建立大使级外交关系；2011 年 7 月 9 日，中国和南苏丹建立大使级外交关系。中国石油于 1995 年进入苏丹，先后获得 6 区、1/2/4 区、3/7 区以及红海 13 区和 15 区。经过近 30 年的勘探开发，累计发现石油地质储量近 $20×10^8$t；1999 年 1/2/4 区项目正式投产，实现了苏丹石油产品的自给自足，并开始向国际市场出口原油，随后建成 $1500×10^4$t/a 生产能力；2004 年 6 区项目投产，随后建成 $350×10^4$t/a 产能；2006 年 3/7 区 Palogue 油田投产，随后建成另一个 $1500×10^4$t/a 产能的油田。这些油田的勘探开发对苏丹的国民经济和社会发展起到了极大的促进作用。

由于部分区块跨越了苏丹和南苏丹边境，在南苏丹独立后继续进行勘探开发。因此，为简便起见，本章将苏丹和南苏丹合称为苏丹地区。

第一节　苏丹地区油气勘探历程

一、前作业者勘探阶段

雪佛龙公司于 1974 年开始对苏丹地区开展陆地卫星和遥感影像地质分析，1975 年以重力、磁力勘探为先导，采用宽线距(4～6km)、大点距(2～3km)，共测点 30917 个，覆盖了整个工区，大致确定了工区内主要沉积盆地形态和分布范围(图 3-23)。1976 年利用当时世界最新的多次覆盖二维数字地震勘探技术，初步确定井位。1977 年首先在 Baraka 隆起上钻探区块内第一口资料井——Baraka-1 井(图 7-1)，这是一口干井，但井壁取心的孢粉研究表明，区块内的地层为白垩系—新近系非海相沉积，并发现一套暗色地层，明确基底性质，验证了地球物理资料解释成果。1978 年在 Unity 地区钻探 Unity-1 井，完钻井深 4417m，在 2290～3970m 多个上白垩统薄层砂岩中见油气显示，其中一层测试获 8bbl 重度 38.2°API 原油。1980 年 Unity-2 井完钻井深 4000m，对 1798～2469m 井段内 6 层砂岩进行测试，折合日产超 8000bbl，单砂层测试日产 144～2939bbl，原油重度 31～38°API，从而发现了第一个油田——Unity 油田(图 7-1)。1983 年，在 Unity 地区部署 $9×14km^2$ 三维地震，随后在 Unity 地区累计完钻 24 口井，其中 18 口具有生产能力，当时估算的石油地质储量为 $5.94×10^8$bbl(Giedt，1990)。

同时，雪佛龙公司于 1979 年在 Nugara 拗陷 Abu Gabra-Sharaf 隆起带南部 Abu Gabra 构造上完钻 Abu Gabra-1 井，在 Abu Gabra 组获得 $89.7m^3$/d 的油流，取得该区勘探的首次突破。随后的钻探一直围绕 Abu Gabra-Sharaf 隆起带进行，共钻井 23 口，最终仅发现 Sharaf 和 Abu Gabra 两个小油田，探井成功率仅 17%，圈闭成功率仅 13%。

雪佛龙公司在穆格莱德和迈卢特区块先后累计完成航磁 98170km，重力点 $10.9×10^4$ 个，二维地震 57937km，三维地震 $135km^2$，钻井 86 口，进尺 $25.3×10^4$m，其中 79 口位于穆格莱德盆地，5 口位于迈卢特盆地，另外两口分别位于 Bara 和 Blue Nile 盆地。在穆格莱德盆地发现了 Unity 油田、Heglig 油田、Abu Gabra 油田和 Sharaf 油田。1983 年雪佛龙公司与苏丹政府签订从 Heglig 到苏丹港的输油管道建设协议，准备进行油田开发。1989 年雪佛龙公司与苏丹政府重新谈判产品分成条款，将合同延期 5 年至 1994 年，并将迈卢特区块及穆格莱德盆地内的 Abu Gabra 和 Sharaf 两个小油田归还给政府，保留 Unity、Heglig 和 Bamboo 三个油田。至此，雪佛龙公司已投入近 10 亿美元(含 1984～1989 年间壳牌公司投入的 2.5 亿美元)。据估算，进一步的开发和管线建设至少还需要再投入 10 亿美元。

1989 年新任总统巴希尔上台，给雪佛龙公司施加压力，要求退还部分区块。1992 年 6 月，雪佛龙公司因安全等原因将穆格莱德区块 100%权益转让给当地的 Concorp 公司。1993 年 Concorp

公司又将穆格莱德区块 100%权益转让给加拿大 SPC 公司。1993 年 8 月 29 日，SPC 公司与苏丹政府签订了产品分成协议，到 1996 年底，共完成二维地震 1174km，在 Heglig 油田采集三维地震 129km²，完钻探井和评价井 10 口，发现 Toma South 和 El Toor 两个油田，探明石油地质储量 $4.8×10^8bbl$，可采储量 $1.29×10^8bbl$。但因未完成第一勘探期最低义务工作量而被苏丹政府收回作业区块。

在迈卢特区块,雪佛龙公司于 1981 年 6 月钻第一口探井——Adar-1 井,至 1982 年 5 月 Sobat-1 井完钻,共完钻 4 口探井和 1 口评价井,其中在北部凹陷 Adar 背斜构造带完钻的 Adar-1 井、Adar-2 井、Yale-1 井均于古近系获工业油流,发现 Adar 油田,该油田油层埋深小于 1300m,油层单层试油最大厚度 5m,敞喷最高产量 600bbl/d,石油地质储量 $1.68×10^8bbl$。

鉴于穆格莱德区块的发现均在白垩系,雪佛龙公司在迈卢特区块的探井部署目的层为白垩系,而忽视了对古近系的石油地质研究和针对性勘探,认为迈卢特区块资源远景较低,最终于 1992 年将迈卢特区块退还给政府。同年,加拿大 Melut 公司(46%)、美国 Gulf 公司(46%)联合苏丹石油公司(Sudapet)(8%)与苏丹政府签署协议共同勘探开发迈卢特区块,在 Adar 油田修建了简易地面拉油设施,进行短期开采,累计采油约 $5×10^4t$,未进行任何勘探作业。2000 年 7 月,Melut 公司将其持有的 46%股份退还给苏丹政府(Giedt, 1990；窦立荣等, 2018b)。

二、中国石油进入后的勘探阶段

1993 年 8 月,苏丹政府将其境内的勘探区块进行了重新划分。1995 年、1996 年、2000 年中国石油分别参与了苏丹 6 区、1/2/4 区、3/7 区项目,区块主要位于穆格莱德盆地和迈卢特盆地(图 7-1)。

(一)6 区项目

1995 年 9 月 26 日,中国石油与苏丹政府签订 6 区石油产品分成协议,1996 年 1 月 1 日生效,中国石油拥有 100%权益,委托当时的中原石油勘探局担任作业者。2001 年 3 月,该项目由中国石油天然气勘探开发公司(CNODC)全面接管,中国石油占股 95%,苏丹国家石油公司(Sudapet)占 5%干股。6 区位于穆格莱德盆地北部(图 7-1),距喀土穆约 750km,原始合同区面积 59583km²,经过几次退地后,目前保留面积 17875km²,2026 年 10 月底勘探开发到期。

随着 1998 年中国石油和中国石化的重组上市, 6 区的作业经历了两个阶段。1996～1997 年,中原石油勘探局针对之前雪佛龙公司发现的 Sharaf 和 Abu Gabra 两个含油构造分别采集 57km² 和 63km² 三维地震,并钻探 3 口评价井,其中 Abu Gabra 构造两口井获工业油流,但油藏破碎,含油丰度低。在 Sharaf 构造所钻的评价井失利,说明该区成藏条件十分复杂。决定将目光转向 Abu Gabra-Sharaf 隆起带以外地区,在 Sufyan 拗陷和 Kaikang 地堑分别部署 282.3km、260.5km 二维地震。1997 年于 Nugara 拗陷东部钻探 Gato C-1 井,见油气显示。随后,中国石油组织多单位联合攻关,在系统研究和综合评价基础上优选 Fula 凹陷作为突破口,于 1998 年在 Fula 凹陷中部构造带部署二维地震 273km。2000 年 6 月 8 日,Fula-1 号背斜上 Fula-1 井开钻,在 Bentiu 组和 Aradeiba 组获工业油流,证实发现 Fula 凹陷含油气系统。

2001 年 3 月,在中国石油和中国石化重组后,中油国际勘探开发公司(CNODC)接管苏丹 6 区块的作业权并 100%拥有区块。同年钻探的 Fula North-1 井在 Aradeiba 和 Bentiu 组发现近 60m 厚油层,证实 FN 构造为一富油构造。随后针对 Fula 凹陷中部构造带采取整体部署、分步实施三维地震采集,首先采集三维地震 348km²,同时在凹陷的西部陡坡带、南部和北部断阶带采集二维地震。为了探明整个中部构造带的资源潜力,随后甩开钻探 Moga-1 井,在 Bentiu 和 Aradeiba 组再获工业油流,证实了中部构造带为一整体含油区带。2002 年 5 月完钻 Fula North-4 井,在 Abu Gabra 组试油获得高产气层和稀油层,同时发现 Bentiu 组含油高度达 80m,从而发现了 FN 亿吨

级油田，拉开了 Fula 凹陷油气开发序幕。

2004 年 3 月 15 日，Fula 油田一期工程全面投产，油田开始进入商业开发期。同时，区域勘探也相继取得突破。2002 年在 Nugara 东凹陷发现 Hadida-1 和 Shoka-1 油藏；2003 年 Kaikang 地堑 Naha-1 井于 Aradeiba 组获高产稀油；Sufyan 拗陷 Suf-1 井在 Abu Gabra 组获高产稀油、Bentiu 组获稠油。这些区域勘探的不断突破，展示了 6 区良好的勘探前景。

（二）1/2/4 区项目

1996 年经公开招标，中国石油与马来西亚国家石油公司（Petronas）、加拿大 State Petroleum Corporation 公司（简称 SPC 公司）（后转股给 Talisman 公司）、苏丹国家石油公司（Sudapet）联合中标苏丹 1/2/4 区项目，分别占股 40%、30%、25%、5%（干股），11 月 29 日勘探与生产合同生效，组建大尼罗石油作业有限公司（GNPOC），中国石油代表出任公司总裁，合同期 25 年。合同区面积 48914km²，包括 2 个开发区（1B 和 2B）和 3 个勘探区（1A、2A 和 4）。这 5 个区块是相互独立的投资和回收单元，即勘探义务工作量、勘探开发与生产作业等一切成本回收及投资利润分配等都只能在各区块内分别进行。

2003 年 2 月，苏丹西部爆发种族和部落冲突，美国进一步升级对苏丹的制裁。2005 年加拿大 Talisman 公司以 7.71 亿美元的价格将其持有股份转让给印度国家石油公司（ONGC），由此联合作业公司调整为中国石油、Petronas、ONGC 和 Sudapet 四家合作伙伴。

为了更好地开展全区石油地质评价，GNPOC 在 1/2/4 区重点地区开展航磁精查、高精度航磁和高精度重力采集处理，以落实区内基底埋深、断裂系统、主要二级构造带展布及火成岩分布范围。1997 年开始大规模上钻，预探井部署思路为滚动与甩开相结合，既注重已知油气聚集带的滚动和扩展，又在区域上兼顾甩开勘探。早期以 1A 和 2A 区为勘探重点，不断加大地震和钻井力度，发现油田储量快速增加，甩开勘探也取得一系列发现。

1998 年 5 月 25 日苏丹管道和喀土穆炼厂开工建设，1999 年 8 月 20 日，苏丹 1/2/4 区原油油头抵达苏丹港，标志着该项目由建设投入期转向生产回收期。同年 8 月 30 日，第一艘原油外输油轮抵达苏丹港，9 月 1 日离开苏丹港。为此，时任苏丹总统在庆典大会上称赞：为苏丹石油工业的开创做出最大贡献的是中国，干得最出色的是中国石油。

（三）3/7 区项目

2000 年 7 月，Melut 公司退出 3/7 区，苏丹政府对其 46% 股份进行转让招标；11 月 11 日，政府批准中国石油和阿联酋 Al Thani 公司中标。加上之前的 Gulf 公司和 Sudapet 公司，持股比例为 Gulf 46%、中国石油 23%、Al Thani 23%、Sudapet 8%，合同模式为产品分成合同。2001 年 9 月 1 日，联合作业公司 Petro-Dar Operating Company（简称 PDOC 公司）成立，同年 12 月，中国石油从 Al Thani 公司购股 18%，股份增至 41%；2002 年 10 月，马来西亚 Petronas 公司从 Gulf 公司购股 40%；2004 年 3 月，中国石化（SINOPEC）购买 Gulf 公司 6% 股份。至此，新的股东构成为：中国石油 41%、Petronas 40%、Al Thani 5%、Sudapet 8%、中国石化 6%。

截至 2021 年底，3/7 区累计新采集二维地震 22529km、三维地震 5436km²，新完钻探井 221 口、评价井 28 口，累计探明石油地质储量近 $10×10^8$t，2010 年高峰产量 $1530×10^4$t。这是中国石油海外第二个自主勘探建成的千万吨级油田。

2011 年 7 月 9 日南苏丹独立，成立 DPOC 联合作业公司，股东构成：中国石油 41%、Petronas 40%、Nilepet 8%、中国石化 6%、Triocean 5%。按合同约定，成本回收和利润油分成按篱笆圈分区块进行。经谈判，南苏丹政府给予停产延期补偿，3E、7E 区勘探期至 2020 年 2 月 16 日，开发期至 2027 年 2 月 11 日结束；3D 开发区于 2029 年 2 月 11 日结束。

位于 7 区北部的那瓦特(Rawat)盆地(图 7-1),面积 8800km²,主体位于苏丹境内,呈 NW—NNW 向,距 Khartoum 南 371km。雪佛龙公司完成 2125.2km 地震;PDOC 公司在 7E 区发现 Palogue 大油田后,启动外围盆地的侦查勘探,于 2001~2005 年完成 3946.16km 地震,2010 年完成 430km² 三维地震;先后完钻 13 口探井,1 口评价井,新增可采储量不足 $70×10^4$t,因此认为那瓦特盆地油气勘探潜力有限。在南北苏丹分离后,将那瓦特盆地退还给了苏丹政府。

(四)红海项目

中国石油曾先后进入位于苏丹红海地区的 13 区和 15 区。2005 年 8 月 30 日,中国石油(35%)、Petronas(35%)、Sudapet(15%)、尼日利亚 Express 公司(10%)和 Hi-Tech 公司(5%)与苏丹政府正式签署 15 区勘探开发产品分成合同。2007 年 6 月 26 日,中国石油(40%)、印度尼西亚国家石油公司 Pertamina(15%)、Sudapet(15%)、Express(10%)、Africa Energy(10%)以及苏丹 Dindir 公司(10%)与苏丹政府签署 13 区产品分成合同。15 区在完成有关合同规定义务工作量、没有获得商业发现后将区块退还给了政府。13 区没有完成义务工作量,经政府同意后退出(王国林,2008;2009)。

第二节　中非裂谷系地质特征

非洲板块由几个古老的克拉通核(即古老的稳定陆核)组成,这些太古宙的克拉通核形成于 38 亿年到 25 亿年间。之后经历了多期陆壳增生和造山运动,发育了大量的 5.6 亿年的岩浆岩,这些克拉通核被一系列巨型的剪切带和造山活动带所分割,大约在 5.5 亿年前冈瓦纳超大陆形成的过程中汇聚在一起,形成现今非洲大陆的前身(图 7-2)(Fairhead et al.,2013)。泛非运动(750~550Ma)使得非洲成为单一的克拉通,同时形成了一系列大型的基底线性构造带(Guiraud et al.,2005),这些大型的线性构造带控制和影响了显生宇构造再活化和盆地的形成和演化。

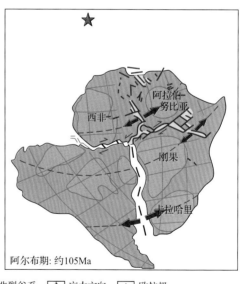

克拉通　泛非活动带　中西非裂谷系　↑ 应力方向　★ 欧拉极

图 7-2　中西非裂谷系演化示意图(据 Fairhead et al.,2013)

一、前裂谷期演化阶段

(一)前寒武系基岩的形成阶段

基岩是不整合覆盖在沉积层序之下的变质岩或火成岩组合(不论年代)(Landes,1960),是盆地形成和演化的基础。泛非基岩露头分布广泛，岩性组成复杂，在东经 14°以西主要为活动带酸性火成岩和变质岩，以东主要为热变质带酸性深成岩。在乍得南部出露前寒武系花岗岩、花岗闪长岩、花岗片麻岩等，局部发育前寒武系大理岩。多巴盆地两口探井揭露的基岩岩性为花岗岩、片麻岩、片岩、伟晶岩和花岗闪长岩；多巴盆地西部花岗岩露头 Rb/Sr 分析表明，其形成于 481Ma±23Ma(Genik，1992)。南苏丹和苏丹南部基底岩性由前寒武系花岗岩、花岗闪长岩、花岗片麻岩、斜长角闪岩、石墨片岩、大理岩、石英岩组成。穆格莱德和迈卢特盆地基底岩性主要为 540Ma±40Ma 形成的花岗岩和花岗闪长质片麻岩(Schull，1988；Awad，2015)。在穆格莱德盆地的 Bamboo AG-1 井也钻遇了前寒武系大理岩，在苏丹北部和乍得西南部发现有前寒武系的大理岩露头，见裂缝发育。

寒武纪之前泛非克拉通主要的基底轮廓和基底断裂得到加强，决定了中非地区白垩系裂谷的走向和演化特征，区域上主要有北西西-南东东和北东-南西向两组基底断裂体系(Genik，1992)。Benue 地堑东部的 Yola 断陷的高分辨率航磁资料解释发现，基底主要断裂可能是在前寒武纪形成的，走向呈北东-南西向，少量南北、北西-南东和北西西-南东东向。这些基底构造控制了晚中生代裂谷盆地的形成和演化。

(二)寒武纪—侏罗纪基岩的风化剥蚀阶段

寒武纪—侏罗纪中非地区属于稳定台地发育阶段，断裂活动弱，一直处于干旱气候(Guiraud et al.，2005)，基岩大面积暴露，以物理风化作用为主，形成大面积的夷平原。露头观察发现，在表层有 10～50m 由风化作用形成的大小不等的大型球形石块组成的风化层，覆盖在块状的结晶岩之上，形成明显的双层结构(图 7-3)。在 Blue Nile 盆地钻遇了上侏罗统煤系地层(Guiraud et al.，2005)，发现了 2 个小的含气构造(Awad，2015)。到东非地区，Anza 盆地等白垩系裂谷之下发育了早—中中生代卡鲁期裂谷层系，与上覆的白垩系裂谷层序呈区域不整合接触。

(a)　　　　　　　　　　　　　　　(b)

图 7-3　具双层结构的基岩露头

(a)苏丹喀土穆郊区；(b)南苏丹朱巴郊区

二、白垩纪—古近纪裂谷发育阶段

早白垩世冈瓦纳大陆解体和南大西洋开启，导致非洲内部被激活形成三个亚板块：西非、努比亚和南非亚板块，它们之间发育了一系列的沉积盆地，即中西非裂谷系(WCAS)(图 7-4)。这三大亚板块在中—新生代的相互作用，导致中西非裂谷系内不同部位的应力场方向不同，同一时间有的盆地在伸展，而有的盆地却经历拉张、拉分、张扭、压扭和挤压反转等作用(Fairhead et al.，2013)。中西非裂谷系从西非海岸马里 Gao 盆地一直延伸到东非的肯尼亚安扎(Anza)盆地，长达 7000 km，可以进一步划分为西非裂谷系(WAS)和中非裂谷系(CAS)两段，它们之间的最大区别是在晚白垩世：西非裂谷系沉积充填了一套海相沉积，而中非裂谷系则全部为陆相沉积(McHargue et al.，1992；Genik，1992，1993；Awad，2015；窦立荣等，2018a)。目前已经在西非裂谷系的特米特乍得湖盆地发现了大量的油气田，在尼日利亚的贝努埃(Benue)盆地发现了大量的油气显示。在中非裂谷系的邦戈尔、多巴-多赛欧(Doba-Doseo)盆地和苏丹/南苏丹的穆格莱德、迈卢特、Blue Nile 等盆地和肯尼亚的 Anza 盆地也发现了大量油气田(图 7-4)。中西非裂谷系成了非洲大陆重要的含油气区，中非裂谷系的油气资源比西非裂谷系更丰富。

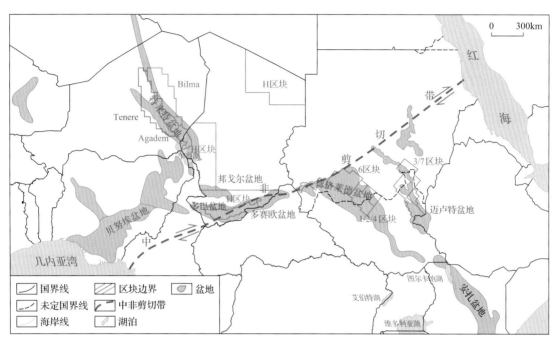

图 7-4 中西非裂谷系主要裂谷盆地和中国石油区块分布图(据 Genik，1993，修改)

中非剪切带(CASZ)位于非洲中部，是刚果克拉通与努比亚克拉通之间的活动带，西起几内亚湾，往东穿过喀麦隆、乍得南部和中非共和国进入苏丹和南苏丹，再往南进入肯尼亚，长达 4000km，是一个巨大的岩石圈转换剪切带，它和巴西的 Pernambuco 右旋剪切断裂系属同一条断层，都是泛非造山期形成的右旋剪切带。在中非剪切带右旋走滑拉张作用下，发育了一系列中—新生代裂谷盆地，如邦戈尔盆地、多巴盆地、多赛欧盆地、萨拉马特盆地、穆格莱德盆地、白尼罗盆地、蓝尼罗盆地、喀土穆盆地、那瓦特盆地、迈卢特盆地和安扎盆地(图 7-4)。

中非剪切带是由一系列走滑断层组成的断裂带，晚中生代中非剪切带的活动强烈影响和控制着盆地的形成和演化，具有明显的走滑-拉张的构造特点，区域上经历了三期裂谷旋回，不同部位的盆地发育和演化，不仅受到基底断裂的控制，还受到三大亚板块相对运动和更大尺度的板块运动(欧洲板块和阿拉伯板块等)的影响，地层充填和构造样式也有明显变化(Genik，1992，1993；Fairhead et al.，2013)。根据盆地所处的构造位置和盆地演化的差异，中非裂谷系可以进一步划分为与大型右旋走滑断层相伴的裂谷盆地群，简称"中部裂谷盆地群"，如邦戈尔盆地、多巴-多赛欧-萨拉马特裂谷盆地、穆格莱德盆地的 Sufyan 拗陷等；和位于苏丹/南苏丹斜向伸展的裂谷盆地群，简称"东部裂谷盆地群"，如穆格莱德盆地、迈卢特盆地、喀土穆和蓝尼罗盆地等，以及肯尼亚境内的安扎盆地(图 7-4)。盆地结构上，它们之间最大的差别是晚白垩世末的反转强度和第三期裂谷发育强度的差异，中部裂谷盆地群在晚白垩世末经历了较为强烈的反转，第三期裂谷不发育；而东部裂谷盆地群在晚白垩世反转作用较弱或不明显，而后期受到红海开启的影响，第三期裂谷作用强烈，沉积充填了一套"粗—细—粗"的陆相碎屑岩地层(图 7-5)，成为迈卢特等盆地的主力成藏组合(窦立荣，2005)。

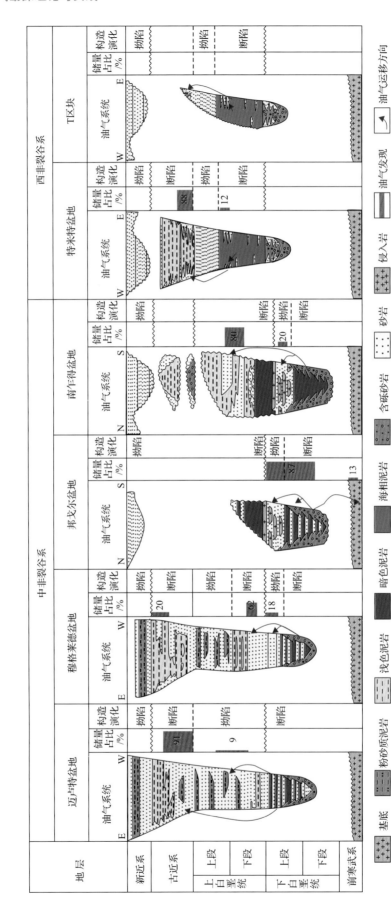

图 7-5 中西非裂谷系重点裂谷盆地地层对比图（据Genik，1992；窦立荣等，2018a；张光亚等，2020，修改）

（一）早白垩世强烈裂陷期

早白垩世早期冈瓦纳大陆解体，南大西洋由南往北张裂形成的"三叉裂谷"中的一支深入非洲大陆（Moulin et al.，2010），同时激活了泛非活动带中非洲大陆亚板块之间的大型断裂带发生右旋走滑拉张作用（Guiraud et al.，2005；Fairhead et al.，2013），一直持续到阿尔布期。这一区域性的裂谷作用在非洲中部形成了一系列的沉积盆地。位于乍得南部的邦戈尔盆地、多巴盆地、多赛欧盆地和萨拉马特盆地等，当时可能是一个相互连通的大型断陷群，北西向和北东向的基底断层控制了断陷湖盆的发育，具有明显的走滑拉分构造特征，多赛欧盆地和萨拉马特盆地的右旋位移达到35km（Genik，1992）。在不同的断陷中沉积了厚达5000m的下白垩统粗—细—粗完整旋回的河湖相碎屑岩地层，包含了早白垩世中期一套厚度500～1500m的深湖相富含有机质的泥页岩层，这套泥页岩层超覆到"凹间凸起"上，不仅提供了优质的区域盖层，也是中非地区已证实的烃源岩。位于苏丹/南苏丹的穆格莱德盆地、迈卢特盆地和 White Nile 盆地等，以北东-南西向的斜向拉张为特征，北西向断层控制了一系列大型断陷发育。这一期裂谷以一个区域不整合面结束。

（二）晚白垩世—古新世裂陷期

进入晚白垩世，在中非裂谷系发育了第二期裂谷作用，沉积了1000～3000m的由细变粗的陆相碎屑地层，从多巴盆地向东，上白垩统中泥质含量降低，砂岩含量增加，反映东部盆地，如 Sufyan 拗陷，受反转的影响小于西部盆地。

在中非裂谷系，白垩纪以来发生了几个短暂但影响广泛和重要的挤压或压扭事件，如120Ma、100Ma、84Ma、65Ma、36Ma 和 20Ma 由于板块运动方向变化产生的构造，其中"圣通期挤压事件"（83～85Ma）被认为是非洲和欧洲南北向挤压导致非洲板块内部白垩系盆地发生反转的主要事件。但在穆格莱德盆地内部根据地震资料只识别出轻微的挤压变形。在 80Ma 非洲和南美洲板块完全分离，非洲板块与欧洲板块发生碰撞，区域应力场从南北向变成北东-南西向，在非洲板块内形成南北向挤压构造环境，即圣通期事件（Santonian）（Guiraud and Bosworth，1997），造成中非中部裂谷盆地群发生不同程度的反转（Genik，1992；窦立荣等，2011），而在北西走向的东部裂谷盆地群没有大规模上隆而是持续沉降，沉积了另一套裂谷期沉积地层，如在穆格莱德盆地上白垩统主要发育在中部的 Kaikang 地堑、Nugara 和 Sufyan 拗陷，为厚 1500～3000m 的滨浅湖相地层，主要为河流相河道砂岩、泛滥平原相泥岩和半浅湖相泥岩，形成了区域上主要的盖层（童晓光等，2004；窦立荣等，2006）。而迈卢特盆地是以大套的砂岩夹薄层泥岩为主，缺乏区域盖层和有效烃源岩沉积（窦立荣等，2006）（图 7-5）。在多巴-多赛欧-萨拉马特盆地同样沉积了一套厚度 1500～3000m 的陆相碎屑岩地层（Genik，1992，1993）。到古新世末，中非剪切带的走滑活动停止。这一裂谷期以一个区域不整合面结束。

（三）古近纪裂陷期

进入始新世，中非剪切带活动停止，中部裂谷盆地群进入热沉降阶段，在多巴和多赛欧等盆地，断层活动基本停止于白垩系顶，古近纪为拗陷型沉积。而东部裂谷盆地群受非洲—阿拉伯板块的北东向加速运动、红海的分离和东非裂谷作用的影响（Lowell and Genik，1972），北西走向的"东部裂谷盆地群"的大型裂谷盆地进入了新的裂谷发育期，伸展作用有选择性地发生在边界断层与最大拉张应力场方向垂直的断陷，一直持续到渐新世末，在穆格莱德、迈卢特和安扎等盆地，沉积了厚 1000～3000m 的古近系（图 7-5）。而蓝尼罗和喀土穆等小型裂谷盆地伸展弱或停止伸展，北东向的调节断层可能调节了断陷间的位移。这一幕的裂陷作用以一个区域不整合面结束。

（四）后裂谷阶段

中新世，N40°E 至 N70°E 向的挤压作用导致中非裂谷盆地群停止演化，并发生不同程度的挤压反转（Fairhead et al.，2013）。西部 Adamawa 隆起抬升并伴随岩浆活动，东部 Matriq 和 Babanusa 隆起抬升。整个中非裂谷盆地群进入后裂谷期，冲积层厚度为 0~300m，全区厚度分布比较稳定。

三、裂谷盆地性质的转变

中西非裂谷系控制了一系列大型裂谷盆地的形成和演化。尽管这些裂谷盆地经历了三期裂谷发育期，但前人长期认为，这些裂谷都是"被动"裂谷（Sengor and Burke，1978；Genik，1992，1993）。根据盆地构造特征和岩浆性质，推断在白垩纪—古近纪演化过程中盆地的性质发生了明显的变化，由"被动裂谷"转变为"主动裂谷"性质（窦立荣，2004）。

磷灰石裂变径迹（AFT）和镜质组反射率（R_o）分析是恢复古地温的重要技术。通过穆格莱德盆地 Jidyan-1 和 Suf S-1 井 AFT 和 R_o 分析发现，在白垩纪古地温梯度仅 20~24℃/km（图 7-6），进一步证明了白垩纪期间盆地确实具有被动裂谷性质。根据分布式光纤测温系统（DST）测温计算现今地温梯度为 23.6~38.7℃/km，Sufyan 拗陷地温梯度低，向 Nugara 拗陷地温梯度升高，达到 32℃/km 以上，到盆地中部 Kaikang 地堑，地温梯度达 40℃/km 以上（窦立荣等，2021）。

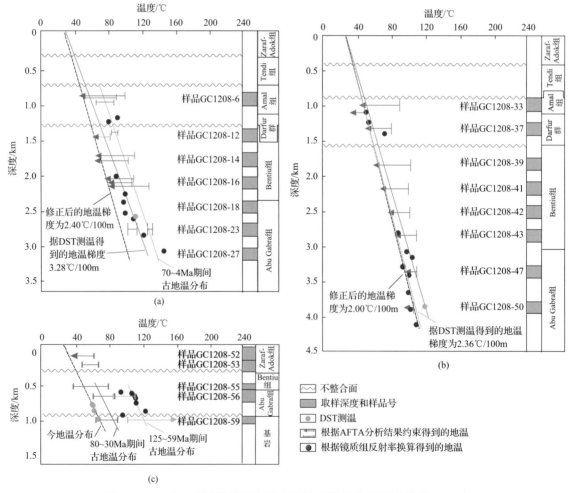

图 7-6　AFT 和 R_o 数据解释得到的古地温-深度关系（据窦立荣等，2021）

(a)Jidyan-1 井；(b)Suf S-1 井；(c)Tomat-1 井

在 Kaikang 地堑北侧和 Fula 凹陷内多井 Ghazal 组钻遇侵入岩体,经测定其年龄在 16Ma 左右,对应 Tendi 组沉积期,正是第三裂谷期发育的鼎盛时期。在盆地西北部 Darfur 地区有一个火成岩中心,发育两个火成岩系列,从碱性玄武岩到响岩之间有一个不整合面分界,第一期年龄为 23～14Ma,也是对应 Tendi 组沉积期;第二期 2～0.06Ma,应该和 Adok 组钻遇的火成岩同一期,对应 Jidyan-1 井 AFT 揭示的 5～0Ma 这一期热事件。这一特征和中国东部中—新生代发育的主动裂谷盆地同裂谷期的古地温梯度接近,如渤海湾盆地新生代地温梯度为 37.5～37.6℃/km,松辽盆地肇 12 井根据 R_o 推算得到晚白垩世地温梯度为 50.0℃/km,二连盆地巴-1 井地温梯度为 42.0℃/km(任战利,2000;任战利和赵重远,2001;姚合法等,2006)。此外,穆格莱德盆地中部区域布格重力异常显示,盆地下伏有一个地幔隆起(图 7-7)。这些特征都说明,第三裂谷期盆地性质已经转变为"主动"裂谷(窦立荣,2004)。

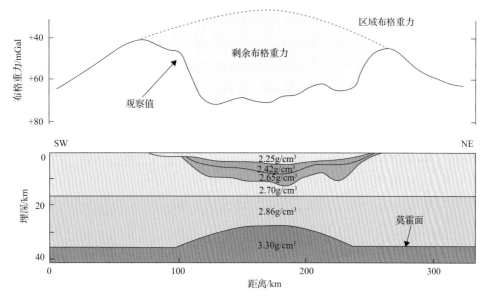

图 7-7 穆格莱德盆地区域布格重力异常大剖面(据 Fairhead et al.,2013)

Jidyan-1 和 Tomat-1 井共同揭示了在始新世(40Ma 左右)有一期强烈抬升、冷却和剥蚀事件,剥蚀量为 1000m 左右。结合地震剖面分析认为,该期抬升剥蚀事件不仅使 Tomat 隆起上白垩统裂谷层序被剥蚀,还进一步剥蚀了下伏的下白垩统 Bentiu 组部分地层。第二期抬升剥蚀事件对盆地北部甚至整个盆地来说才是一个区域构造事件。结合区域演化特征和盆地北部地区剩余地层厚度变化情况推断,Nugara 拗陷中央凸起是一个始新世才形成的隆起,而 Tomat 隆起是晚白垩世早期形成的隆起。在第三裂谷期主要沉降和沉积区转移到了 Kaikang 地堑。

第三节 穆格莱德盆地石油地质特征

穆格莱德盆地位于中非裂谷系中部,面积 11.2×10^4,最大沉积厚度 15km,以白垩系为主,新生界较薄。该盆地主体部位覆盖了苏丹地区的 1/2/4/6 区块。盆地的形成和演化与中非剪切带右旋走滑及伸展活动密切相关。

一、基岩特征

穆格莱德盆地边缘野外调查和岩石学分析发现,基岩主要为花岗岩、正长岩、闪长岩和二长岩,以碱长石、斜长石、石英为主,少量角闪石、黑云母和磁铁矿。锆石内部结构、Th/U 比值和稀土元素(REE)模式指示其岩浆成因。利用 LA-ICP-MS 对 5 个样品的 210 个锆石进行了分析,U-Pb

年龄为 195.0Ma±6Ma～225.0Ma±3Ma，属于晚三叠世—早侏罗世。这些结果表明，盆地基底并非普遍属于前寒武系。野外踏勘和定年测定结果表明，早—中生代岩浆侵入并改造了前寒武系结晶基底(Zhao and Dou，2022)。盆地内 Bamboo Deep-1 井钻遇的基岩为大理岩。

二、构造特征

(一)构造单元划分

根据基底结构、区域断裂的展布、Abu Gabra 组残余厚度与推测原始厚度以及 Bentiu 组、Darfur 群、古近系和新近系的展布，把穆格莱德盆地总体划分为四个拗陷带(图 7-8 和图 7-9)。拗(凹)陷带与隆(凸)起相间排列，具有东西分带的特点；同时在拗陷带与隆起内部又可细分出次级构造单元。主要发育两组正断层，一组为 NW-SE 向，另一组为 NNW-SSE 向。综合分析认为，NNW 向断裂发育较早，形成于白垩纪，而 NW 向断裂则形成于古近纪。

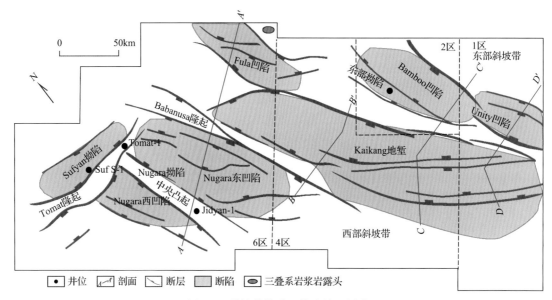

图 7-8 穆格莱德盆地构造单元划分

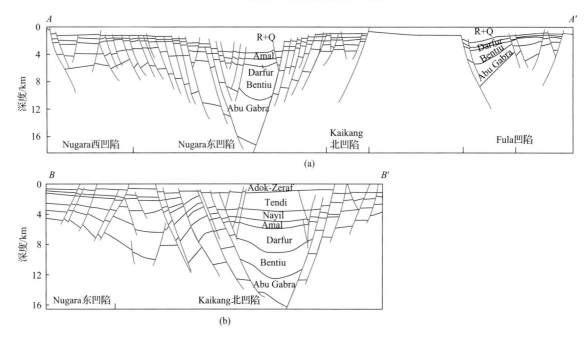

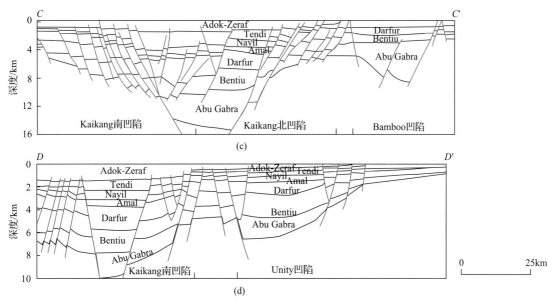

图 7-9　穆格莱德盆地构造剖面图（剖面位置见图 7-8）

1. 北部拗陷带

北部拗陷带是中非剪切带的一部分，发育一系列断陷，Sufyan 拗陷是一个已证实的含油气拗陷，南部以托北 1 号断层、托北 2 号断层为界，北部以断阶过渡，西接 Sufyan 西断层，东到 Nugara 中央披覆背斜带北断层，面积 2650km²。轴向近东西向，南断北超，南低北高。主要为 Abu Gabra、Bentiu 时期拗陷，Darfur 时期及以后表现为斜坡。构造断裂主要形成于早白垩世，经晚白垩世、古近纪多次改造。沉积有 Abu Gabra 组至第四系，最大沉积厚度 12300m。

2. 东部斜坡带

位于盆地东部拗陷区与露头区之间的过渡带，由盆地边界断层带向外延伸，除少量的 Darfur 群延至地表外，大多数地层缺失。

3. 东部拗陷带

东部拗陷带是目前油气储量最集中分布的地区，由 3 个富油凹陷组成，向西以 Azraq-Heglig-Unity 凸起与 Kaikang 地堑相隔。

Fula 凹陷：位于盆地东北部。西起 Fula 西界断层、东到 Fula 东界断层。南与 Heglig-Unity 隆起北端相邻，北边界因地震资料所限不详。轴向北北西向，面积 3560km²，分成南北两段，北段为 Fula 西界断层与 Fula 1 号断层所挟持，埋藏较浅，具有西断东超的结构；南段为 Fula 西界断层、Fula1 号断层、Fula 东界断层、Babanusa 南断层所挟持，具西断东超的结构。该凹陷最大的特征是凹陷内部断层、构造带走向与凹陷边界断层斜交，是典型的张扭拉分凹陷。凹陷主要发育于 Abu Gabra、Bentiu 时期，Darfur、Amal、古近纪活动较弱。地层沉积全，最大沉积厚度 11400m。

Bamboo 凹陷：近南北向，面积约 1000km²，主要分布于 2 区，在 Heglig 凸起与东斜坡之间，凹陷边缘控制断层为其东侧的 Nabaq 断层，重力呈负异常，是一个东断西超的箕状富油凹陷，Abu Gabra 组最大沉积厚度 11000m，顶部遭受不同程度剥蚀。

Unity 凹陷：已证实的富油凹陷，近南北向，面积约 2500km²，位于 Unity 凸起与东斜坡之间，由 1 区向 5 区延伸的重力负异常带，北窄南宽，Abu Gabra 组北部呈东断西超箕状断陷，南部断陷逐渐变缓过渡到向基底超覆斜坡接触。在 Unity 凸起的东翼 Abu Gabra 组上倾呈楔状减薄，凸起脊部 Abu Gabra 组则被严重削顶剥蚀。Abu Gabra 组最厚可达 10000m。

Azraq-Heglig-Unity 凸起：受一系列 NW-SE 向断裂控制的构造带，由 4 区东北角向南延伸至

1区西南部，为显著的重力正异常带。以受基底卷入型断裂控制的背斜、半背斜和断块为主要构造类型。其构造主要形成于 Abu Gabra-Bentiu 期，古近纪有改造。

4. Kaikang 地堑

Kaikang 地堑面积 8685.7 km²，由南北两个雁列式排列的凹陷(北凹陷和南凹陷)组成。东西两侧由边界断层控制，使得基底以上的沉积盖层尤其是古近系在地堑内明显增厚，其中古近系和新近系厚度最厚可达 4500m，而在隆起区仅为 0～1000m。Kaikang 地堑在平面上呈北西-南东向展布，向西过渡为西部斜坡带。

Kaikang 北凹陷：具明显三层结构，Abu Gabra 沉积时，其结构与 Bamboo 凹陷相似，西侧有一条规模较大断层，深部地震资料品质较差，但总体为一个东断西超的半地堑。晚白垩世 Darfur 期断陷作用强烈，表现为西断东超。古近纪两侧边界断层再次剧烈活动，形成古近纪地堑。

Kaikang 南凹陷：因地震资料品质较差，双层结构不如北凹陷明显；晚白垩世具凹陷特征，古近纪两侧边界断层再次剧烈活动，形成古近纪地堑。

西部斜坡带：位于 Kaikang 地堑西部，呈区域东倾的斜坡，斜坡上地层总体由东向西超覆减薄，地层厚度比 Kaikang 地堑薄得多，中生代沉积厚度小于 2500m。

5. 西部拗陷带

西部拗陷由一系列斜向断陷组成，并被小型凸起分割。

Tomat 隆起：位于 Sufyan 拗陷南部，南北挟持于托北 1 号、托北 2 号断层与托南 1 号、托南 2 号断层之间，西接中非线性带，东部与 Sufyan 南部披覆背斜带相接，面积 2040km²，轴向近东西向。它分为两段，西段为断垒结构，西高东低，西平东斜，自 Abu Gabra 时期以来长期隆起。东段为断垒结构，南北挟持于托北 2 号与托南 2 号断层和另一条南掉断层之间，Abu Gabra 时期接受了部分沉积，但 Abu Gabra 末期隆起后到古近纪均出露地表，没有接受沉积。

Nugara 西凹陷：包括 Rakuba 次凹、东 Rakuba 次凹、Hiba 次凹，总面积 8300km²。Rakuba 次凹位于 Tomat 隆起南部，由于工区资料所限，其西部、南部边界不清楚，面积 900km²，轴向近东西向，为北断南超的箕状凹陷，它与东 Rakuba 次凹的区别在于两者断裂走向与凹陷轴向完全不同，Rakuba 次凹断裂走向与凹陷轴向为东西向，且南部斜坡为反向断阶，而东 Rakuba 次凹断裂走向与凹陷轴向为北西向，且南部斜坡为顺向断阶，次凹主要发育于 Abu Gabra 与 Bentiu 时期，Darfur、Amal、古近纪虽有活动但活动较弱，地层沉积全，最大沉积厚度 9650m。东 Rakuba 次凹位于 Rakuba 次凹东部、Tomat 隆起南部，南部因地震资料所限不详，面积 2600km²，轴向北西向，东断西超、西高东低，次凹主要形成于 Abu Gabra、Bentiu 时期，Darfur、Amal、古近纪有活动且活动比 Rakuba 次凹、Sufyan 拗陷强，地层沉积全。地层最大沉积厚度大于 12000m。

中央低凸起：位于 Nugara 东西凹陷之间，轴向北西向，面积 2340km²，与 Nugara 凹陷、东 Rakuba 次凹呈断层接触关系。该凸起 Abu Gabra 时期三个二级单元各自独立，Bentiu 时期连成一体形成中央低凸，往上范围逐渐扩大但幅度逐渐减小，至古近纪时期为一斜坡。该带地层沉积较全，地层最大沉积厚度 7000m。

Nugara 东凹陷：位于中央低凸起东部，西起中央低凸起东界断层，东到 Babanusa 西断层，面积 9700km²，轴向北西向，与 Sufyan 拗陷、Tomat 隆起、中央低凸起、Babanusa 隆起、Nugara-Kaikang 低凸起呈断层接触关系。该凹陷结构 Abu Gabra 时期东断西超，Bentiu 及以后时期为堑式结构，具有双层结构特点。凹陷主要形成于 Abu Gabra、Bentiu、古近纪，Darfur、Amal 时期活动相对较弱。地层沉积较齐全，尤其古近系和新近系沉积较厚，地层最大沉积厚度约 16500m。

努凯低凸起：位于努加拉凹陷东部，西起 Babanusa 西断层，东到 Kaikang 西断层，北到 Babanusa 隆起，向南与西部斜坡带相接。轴向北西向，面积 760km²，与 Babanusa 隆起、Kaikang 地堑、Nugara 拗陷呈断层接触关系。该凸起呈断垒结构，且断垒结构中段明显，南北两段不很明显。该低凸在

Abu Gabra 时期形成，往上范围逐渐扩大，到古近纪范围最大。该凸起地层沉积全但较薄，地层最大沉积厚度仅 5800m。

（二）盆地结构

穆格莱德盆地多期断拗旋回明显，裂谷作用空间位置变化较大，走向上也有一定变化，纵向上三期裂谷作用表现为强—弱—强。裂谷翘倾作用较弱，扭动作用相对较强。半地堑是最主要的构造组合形式。

1. 陡断面半地堑

盆地由多个半地堑组成，且以陡断面为主，控制半地堑的断层倾角普遍大于 35°，一般为 40°～50°，比渤海湾等主动裂谷控洼断层倾角大。以 Unity 凹陷为例，由 1 区向南延伸的重力负异常带，北窄南宽，Abu Gabra 组北部呈东断西超箕状断陷，南部断陷逐渐变缓过渡到向基底超覆斜坡接触。在 Unity 凸起东翼 Abu Gabra 组上倾呈楔状减薄，凸起脊部 Abu Gabra 组则被严重削顶剥蚀。由于断层面产状相对较陡，盆地总体伸展量较小，约为 17.2%。而作为主动裂谷盆地的渤海湾盆地，其断层面一般较缓，伸展量一般大于 20%，多在 30% 左右，最大可达 40% 以上。

2. 双断结构

Kaikang 地堑是双断结构，内部可分南北两个次级断陷，白垩纪裂谷和古近纪裂谷叠加。

3. 转换带构造

转换带是发育于不同半地堑间的、为保持区域伸展应力守恒而产生的伸展变形构造的调节体系，如在 Unity 凹陷和 Bamboo 凹陷之间，即两个半地堑极性发生变化之部位，发育 Faras 转换带。需要特别指出的是，这一过渡带主要发育于 Abu Gabra 期，呈近南北向展布（图 7-10），后经 Darfur 期和 Tendi 期裂陷作用的改造，还发育大量的北西向断裂。

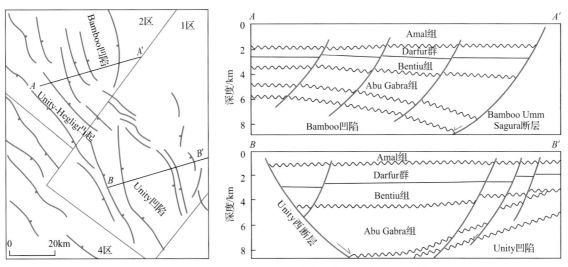

图 7-10　Unity 凹陷与 Bamboo 凹陷及其转换带构造（据童晓光等，2004）

4. 多旋回半地堑的叠加

由于盆地多期构造演化，不同时期半地堑垂向上往往发生叠置。受中非剪切带的影响，不同时期半地堑在平面上走向也不尽一致。

在 Abu Gabra 期，受基底结构和中非剪切带活动的影响，发生区域构造伸展作用，基底断块活动剧烈，沉积物明显受到凹陷边界同生断层控制。受区域构造控制，裂陷走向以 NNE 向为主。Abu Gabra 组下段为潮湿条件下的欠补偿沉积，以深湖相暗色泥岩为主，夹粉砂岩、砂岩；上段沉积时湖盆浅而广，以粉-细砂岩与暗灰色-灰色泥岩薄互层为主。Darfur 群的沉积以砂泥岩交互为沉积特点，厚度受断层控制。在 Baraka 组顶面存在白垩系与古近系的不整合面。Nayil-Tendi 组沉积期为盆地的第三裂谷阶段，以强烈的断陷活动为主要特征，裂陷方向为 NE 向，其特点是范围集中、厚度大，受断层活动强烈控制在盆地中央的 Kaikang 地垒为沉降和沉积中心，累计厚度可达 4000m，而在 Kaikang 地垒以外地区，仅有数百米厚。由于半地垒叠置，前两期裂谷的控制断层再度活动，并沿 Kaikang 地垒边缘派生出密集的断裂活动带。

Abu Gabra 组沉积期为盆地初始裂陷期，沉积了一套粗—细—粗的湖相地层，发育了一套厚层深湖相暗色泥岩，是盆地唯一证实的烃源岩，上覆 Bentiu 组沉积期为盆地统一后的第 1 拗陷期，沉积了一套厚层的河流相砂岩地层；Darfur 群沉积期为盆地的第 2 裂陷期，也沉积了一套粗—细—粗的湖相地层，但湖盆的发育程度相比第 1 裂谷期要弱得多，上覆 Amal 组沉积期为第 2 拗陷期；Nayil 组—Tendi 组沉积期为第 3 裂陷期，主要发育在 Kaikang 地垒和 Nugara 拗陷；Adok 组沉积期为第 3 拗陷期。之后盆地进入第四纪冲积平原阶段。

三、沉积地层

穆格莱德盆地地层由陆相碎屑岩局部夹火成岩(以喷发岩为主)组成。通过大量的古生物分析证实，盆地内的沉积地层从老到新发育下白垩统、上白垩统、古近系和新近系(图 7-11)。各套地层特征如下。

(一)白垩系

下白垩统分为 Abu Gabra 组和 Bentiu 组；上白垩统为 Darfur 群，由下至上细分为 Aradeiba 组、Zarqa 组、Ghazal 组和 Baraka 组。

Abu Gabra 组：裂谷断陷期深水或半深水湖相沉积，厚度变化大(100～5000m)，已证实为盆地主力烃源岩。6 区揭露较全，可分为三段：下段为棕褐色、红色泥岩、砂岩等；中段主要为灰色泥岩夹薄层砂岩；上段岩性较粗，砂岩发育。

Bentiu 组：主要为大套砂岩组合，砂岩通常呈块状夹薄层粉砂岩和泥岩。砂岩粒级从细到粗变化范围很大，偶见砾石。颜色为白、黄灰、棕灰等杂色。本组砂岩在全盆地广泛分布，厚度达200～2500m。属浅水河流相沉积，是主要储层。该地层与下伏地层呈角度不整合接触。

Aradeiba 组：厚度为 180～700m，是 Darfur 群中最下面的富含泥质地层，主要为灰-红色的粉砂质泥岩，不含钙。局部为泥质粉砂岩，偶尔见云母。在一些井中可见到微量的煤屑或碳质碎片。分布稳定，是盆地的区域盖层。与下伏 Bentiu 组呈角度不整合或假整合接触。

Zarqa 组：厚度 45～400m，砂岩、粉砂岩和泥岩间互。砂岩通常为无色或灰黄色，粒级中到极粗。泥岩通常为浅灰色和灰红色。与下伏 Aradeiba 组呈整合接触。

Ghazal 组：厚度 120～380m，砂岩、粉砂岩和泥岩间互，类似下伏的 Zarqa 组，但含砂量增加。与下伏 Zarqa 组呈整合接触。

Baraka 组：厚度 95～1300m，主要为砂岩夹薄层粉砂质泥岩。砂岩粒径变化从粗到细，局部变成泥质粉砂岩。最上部发育灰色泥岩夹一些薄砂岩，被命名为上泥岩段。该组变化很大，与下伏 Ghazal 组呈整合接触。

(二)古近系

古近系分为 Amal 和 Nayil 两个组。

Amal 组：厚度为 240～760m，灰到黄色的大套块状砂岩，粒度以粗为主，局部细到中粒。

Nayil 组：厚度为 0～3000m，以大套泥岩为主，颜色由灰白、浅灰到棕绿，局部为不含钙粉砂岩和砂岩。与下伏 Amal 组呈角度不整合或假整合接触。

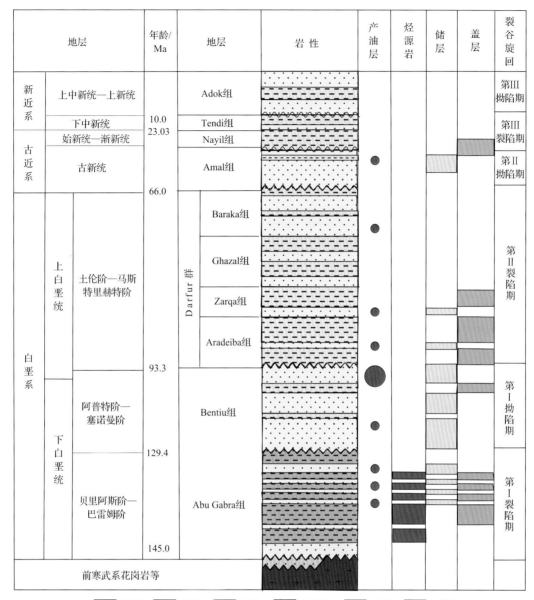

| 泥岩 | 砂岩 | 页岩 | 变质岩 | 基岩 | 不整合 |

图 7-11　穆格莱德盆地地层综合柱状图

（三）新近系

新近系可分为 Tendi 和 Adok 两个组。

Tendi 组：厚度 0～2800m，以黑灰和棕灰色泥岩为主的沉积组合，局部为粉砂岩。主要分布于盆地中央的 Kaikang 地堑中。与下伏 Nayil 组呈角度不整合或假整合接触。

Adok 组：厚度 120～910m，以砂岩为主的沉积组合，粒度从细到粗，局部富含泥质。与下伏 Tendi 组呈整合接触。

四、含油气系统

（一）烃源岩

受大西洋张裂、中非剪切带构造运动影响，穆格莱德盆地经历了三期断-拗裂谷演化旋回，发育三期断-拗转换不整合，形成垂向继承叠合、平面相对分割的构造格局；在三大不整合面之下发育暗色泥页岩沉积，为烃源岩的发育奠定了良好的物质基础。

根据完钻探井和地震反射特征，穆格莱德盆地发育下白垩统 Abu Gabra 组、上白垩统 Aradeiba 组、Baraka 组、古近系 Nayil 组和新近系 Tendi 组泥岩，其中 Aradeiba 组主要为红色、褐色和浅灰色泥岩，Nayil 组主要为浅灰色含砂泥岩，均不发育烃源岩。从沉积层序来看，穆格莱德盆地三套暗色泥岩为可能烃源岩，即下白垩统 Abu Gabra 组、上白垩统 Baraka 组及新近系 Tendi 组。综合地球化学实验分析资料和测井烃源岩评价成果，Abu Gabra 组为全盆地分布、有机质丰度高、有机质类型好的成熟优质烃源岩（图 7-12 至图 7-14）；Baraka 组、Tendi 组暗色泥岩仅局部发育于 Kaikang 地堑，且 Baraka 组厚度薄、有机质类型以Ⅲ型为主，生烃贡献有限；Tendi 组埋藏浅，有机质不成熟；经油源对比，确定主力烃源岩为 Abu Gabra 组中段。

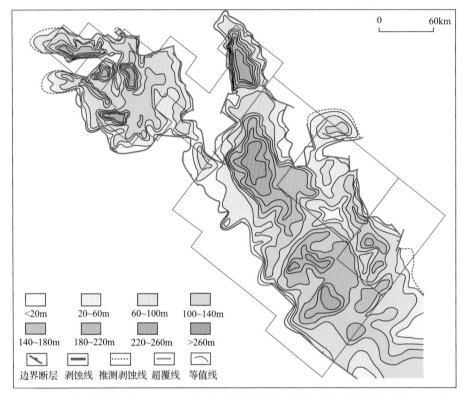

图 7-12　穆格莱德盆地 Abu Gabra 组中段优质烃源岩厚度趋势图（据张光亚等，2023）

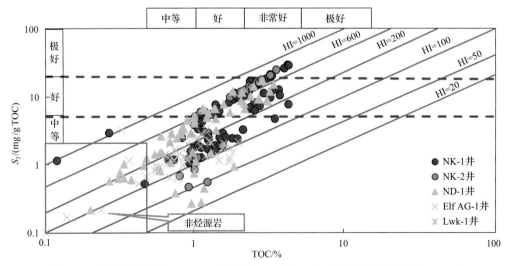

图 7-13　穆格莱德盆地 Abu Gabra 组泥岩 TOC 与 S_2 分布范围（据张光亚等，2023）

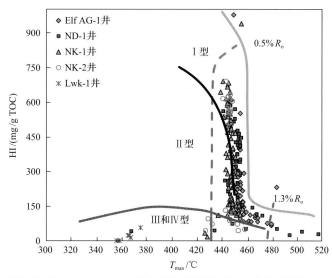

图 7-14　穆格莱德盆地 Abu Gabra 组泥岩有机质类型分布范围(据张光亚等，2023)

(二)储层

穆格莱德盆地 Bentiu 组砂岩的储集条件最为优越，拥有的储量占总储量的近 70%，是主力储层。Abu Gabra、Aradeiba、Zarqa 和 Ghazal 组砂岩，构成次要储层，它们的储量约占总数的 30%。另外，分别在 Amal 组、Nayil 组和 Tendi 组大套泥岩段之下的砂岩中，也获得了商业发现，其储量很少。这些储层都是滨浅湖-河流相砂岩，以曲流河-辫状河河道砂岩为主。

1. Abu Gabra 组储层

Abu Gabra 组发育砂泥岩互层，储层一般以三角洲-湖相砂岩为主，主要为细-粉砂岩，分选、磨圆较好，孔隙度随埋深增大而减小，总体表现为 3000～3500m 以下物性变差，优质储层主要在 3000m 以上。不同凹陷和构造带的 Abu Gabra 组储层表现出不同的特征。如 Fula 凹陷 FN-4 井 Abu Gabra 组 1 段和 3 段以砂泥岩互层为主，砂岩以灰白色细-粉砂岩为主，分选、磨圆好，厚 1～10m，属于三角洲前缘沉积；Abu Gabra 组 2 段和 4 段以大套泥岩发育为特征，夹有少量薄层细-粉砂岩，厚 2～6m，属于半深湖-深湖相沉积，区域分布较稳定。

2. Bentiu 组储层

Bentiu 组砂岩以中-粗粒长石或岩屑质石英砂岩为主(图 7-15)，是盆地内最重要的储层，厚度最大，分布最广，砂泥比高达 70% 以上。从上至下分 4 个砂组，每个砂组厚约 100m，由多套辫状河道砂岩叠加组成，各砂组间以较厚(5～20m)且分布较稳定的泛滥平原泥岩分隔，邻井之间各组基本可追踪对比，横向分布稳定。Bentiu 组有效储层总孔隙 12.6%～35.2%(平均 24%)，渗透率(1.0～10900)×$10^{-3}\mu m^2$(平均 1584.8×$10^{-3}\mu m^2$)。其中以基本不含杂基的高能河道粗粒长石砂岩和石英砂岩物性最好。各油田没有统一的有效储层下限。1 区油质较轻的油田，其有效孔隙度为 12.5%，相应的渗透率为 3×$10^{-3}\mu m^2$；2 区油质较重(约 20°API)且稠，如 Bamboo 油田，有效孔隙度为 15%，相应的渗透率为 10×$10^{-3}\mu m^2$。

3. Aradeiba 组储层

该储层主要分散在 Aradeiba 组下段泥岩中，呈夹层状，以高弯度曲流河道砂岩为主，共有 6 个砂层，单砂层厚一般 3～20m，宽 500～3000m，宽厚比 150 左右。Aradeiba 组砂岩物性比 Bentiu 组砂岩好，在局部地区是主要产层。据常规岩心样品分析及试油统计结果，有效储层总孔隙度 14%～36%(平均 26%)，渗透率(1.0～10100)×$10^{-3}\mu m^2$(平均 947×$10^{-3}\mu m^2$)，主要为中孔-中渗与高孔-中渗储层。孔隙类型以原生孔和次生粒间孔为主，少量颗粒铸模孔，孔隙连通性较好；铸模孔主要由不稳定长石和岩屑溶蚀形成(图 7-15)。孔渗关系类似 Bentiu 组砂岩的指数正相关关系，但相关性更好，反映了以粒间孔为主的储层共同特征，次生孔隙比 Bentiu 组差。

图 7-15　穆格莱德盆地 Fula N-2 井 Bentiu 组和 Aradeiba 组砂岩成分和主要成岩作用

(a) Bentiu 组次长石砂岩(1252m)薄片，方解石胶结，孔隙度 35.2%，渗透率 $3000 \times 10^{-3} \mu m^2$；(b) 次长石砂岩(1181m, Aradeiba 组)薄片，含自生菱铁矿，孔隙度 31.5%，渗透率 $918.8 \times 10^{-3} \mu m^2$；(c) Aradeiba 组砂岩(1178m) SEM 图像(×4790)，在石英颗粒周围生长薄石英；(d) Aradeiba 组砂岩(1181 m) 的 SEM 图像(×5330)，显示了絮凝蒙皂石周围的框架石英颗粒；(e) Aradeiba 组砂岩(1178m) 的 SEM 图像(×4590)，显示孔隙填充自生高岭石；(f) Aradeiba 组砂岩(1178m) 的 SEM 图像(×5600)，显示自生伊利石和针状自生绿泥石；(g) Bentiu 组砂岩(1176m) 的 SEM 图像(×1880)，显示了较小的长石溶解形成的次生孔隙；(h) Aradeiba 组砂岩(1179m) 的 SEM 图像(×100)，显示较小的火山岩屑溶解形成的次生孔隙；S-蒙皂石；I-伊利石；P-孔隙；Q-石英；F-长石；V-火山碎屑；QOG-石英次生加大；K-高岭石

4. Zarqa 组储层

Zarqa 组为曲流河道砂岩，正韵律，粒度从细—粗，岩性以石英砂岩、岩屑石英砂岩和长石石英砂岩为主，是 Unity、Talih 等油田的主力储层之一。从上至下共分 4 段砂层，分布均较稳定。每段砂岩毛厚 0～33m，纯厚最大 22.7m，有效厚度可达 20.9m，一般 5～14.1m，属高弯度

曲流河砂体。据常规岩心样品分析结果,有效储层总孔隙度 14%～31%(平均 22%),渗透率(1.0～6070)×$10^{-3}\mu m^2$(平均 $1065\times10^{-3}\mu m^2$),以中、高孔—中渗储层为主。孔隙类型以原生和次生粒间孔为主,少量的颗粒铸模孔,孔隙连通性较好。铸模孔主要是由不稳定长石和岩屑被溶蚀形成,在溶蚀不完全的地方,可能形成一些无效微孔。孔渗关系类似 Bentiu 组砂岩的指数正相关关系,反映了以粒间孔为主的储层特征。

5. Ghazal 组储层

Ghazal 组以辫状-曲流河道块状中-粗岩屑或长石质石英砂岩为主,从上到下共分九套砂层,单套砂层毛厚可达 79m(一般为 5～55.4m),净厚可达 39.7m(一般为 2.6～22m),有效厚度最大 23.4m(一般为 2.6～18.1m)。单砂层厚 3～12m,宽度(即河道宽)300～1800m(其中辫状河道砂体宽度较小),是 Unity、Talih 等油田的主力产层之一。据常规岩心样品分析及油层统计,有效储层总孔隙度 13%～35%(平均为 24%),渗透率(1.7～6590)×$10^{-3}\mu m^2$(平均为 $652\times10^{-3}\mu m^2$)。孔渗关系类似 Bentiu 组砂岩的指数正相关关系,反映以粒间孔为主的储层特征。Ghazal 组砂岩以中孔中渗、高孔高渗储层为主。

6. Baraka 组储层

Baraka 组为三角洲前缘-河道砂体,以块状中-粗岩屑或长石质石英砂岩为主。有效储层总孔隙度 12%～32%(平均为 23%),渗透率(3.7～6000)×$10^{-3}\mu m^2$(平均为 $610\times10^{-3}\mu m^2$)。Baraka 组砂岩以中孔中渗、高孔高渗储层为主。

7. Amal 组储层

Amal 组以中-粗粒长石或岩屑质石英砂岩为主,是上组合厚度最大的储层,分布最广,砂地比高达 70%。从上至下分 2 个砂组,每个砂组厚 100～300m,由多套辫状河道砂岩叠加组成,砂组间以较厚(5～20m)且分布较稳定的泛滥平原泥岩分隔,邻井之间各组基本上可追踪对比,横向分布稳定。Amal 组砂岩以中孔中渗-高孔高渗储层为主。

8. Nayil 组储层

Nayil 组在 1/2/6 区相对沉积厚度较小或被剥蚀殆尽,主要在 Kaikang 地堑发育,从下到上依次划分为 1 段、2 段和 3 段。在 Kaikang 地堑内部 1 段和 3 段以泥岩为主,Kaikang 地堑两侧为砂岩;2 段除在 Kaikang 地堑以泥岩为主外,大部分地区以砂岩为主。Nayil 组主要发育三角洲、曲流河、滨浅湖、半深湖及水下扇,其中 4 区主要发育三角洲、滨浅湖、半深湖及水下扇,1/2 区主要发育曲流河。

9. Tendi 组储层

同 Nayil 组一样,Tendi 组在 4 区 Kaikang 地堑相对发育,在 1/2/6 区沉积厚度相对较小或被剥蚀殆尽。Tendi 组下段砂岩沉积占优势,上段以泥岩沉积为主。Tendi 组沉积环境主要为湖泊-三角洲,因此推测砂岩中的石英含量应较高,而长石等不稳定组分含量较低。作为已有油气发现的 Tendi 组砂岩储层,由于沉积较晚,埋深不大,推测普遍处于成岩作用早期。孔隙应以原生粒间孔为主,可能存在数量很少的长石溶蚀孔。储层埋深在 3000m 以内,孔隙度一般大于 20%,主要为中孔高渗、中孔中渗储层。

(三)盖层

传统盖层评价认为,大面积分布的泥岩即为盖层,单点离散泥岩样品的封闭能力实验测定是盖层质量评价的指标,但在纵向上无法计算得到泥岩盖层突破压力的连续数值。通过开展泥岩盖层微观分析、测井泥岩突破压力定量计算和地震资料纵横向对比分析研究,发现泥岩含砂量、压实程度、有机质含量和演化等与突破压力之间的关系,有效解决了盖层突破压力计算封闭能力的关键难题。研发了预测储层和盖层组合评价新技术，准确确定不同构造单元主力勘探目的层。

1. Abu Gabra 组盖层

勘探实践证实，下白垩统 Abu Gabra 组既是主力烃源层，也是一套可靠盖层。在 Fula 凹陷发现的稀油主要分布在 Abu Gabra 组上部和中部，是典型的自生自储成藏组合。Fula 凹陷和 Sufyan 拗陷 3600m 以下的 Abu Gabra 组砂层发现了高产工业油气流。

2. Aradeiba 组盖层

Aradeiba 组厚度一般为 180～500m，在凹陷中心（Kaikang 地堑和 Nugara 拗陷中断层下降盘）厚度超过 1000m，以角度或平行不整合上覆于主力储层 Bentiu 组砂岩之上，构成了全盆地最好的成藏组合（窦立荣等，2006）。Aradeiba 组是高水位期沉积、区域广泛分布的以泥岩为主的地层，可分上下两段：上段为一大套泛滥平原相（局部为浅湖相）泥岩，颜色为各种红褐色、绿灰色、灰色（偶见深灰色）等较强氧化色，局部含粉砂岩薄夹层，基本上不含砂岩，电性上为平直的低电阻和齿状的低伽马；下段以红褐色、绿灰色、灰色泛滥平原泥岩为主，夹曲流河道和三角洲分流河道砂岩。通过对穆格莱德盆地不同凹陷 20 口探井 Darfur 群的测井盖层封盖性分析发现（图 7-16 和图 7-17），相同深度、相同岩性的 Aradeiba 组泥岩的封盖性近中非剪切带差，远离中非剪切带变好，这与 Bentiu 油藏原油物性的横向变化一致（图 7-18）。

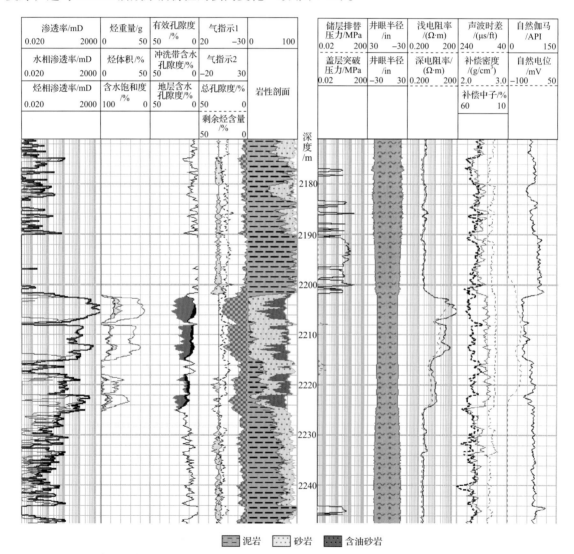

图 7-16　穆格莱德盆地 Unity-9 井 Darfur 群测井盖层评价图（位置见图 7-18）（据窦立荣等，2006）

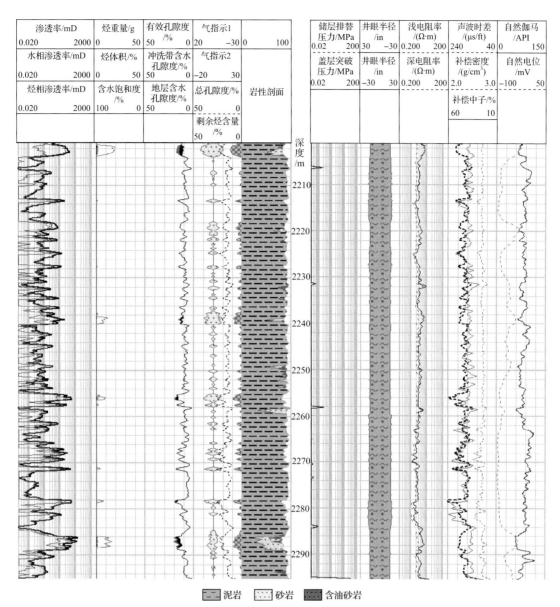

渗透率/mD	烃重量/g	有效孔隙度/%	气指示1			储层排替压力/MPa	井眼半径/in	浅电阻率/(Ω·m)	声波时差/(μs/ft)	自然伽马/API
0.020　　　2000	0　　　　50	50　　　　0	20　　　-30	0　　　100		0.02　　　200	30　　　-30	0.200　　200	240　　　40	0　　　150
水相渗透率/mD	烃体积/%	冲洗带含水孔隙度/%	气指示2			盖层突破压力/MPa	井眼半径/in	深电阻率/(Ω·m)	补偿密度/(g/cm³)	自然电位/mV
0.020　　　2000	0　　　　50	50　　　　0	-20　　　30		岩性剖面	0.02　　　200	-30　　　30	0.200　　200	2.0　　　3.0	-100　　　50
烃相渗透率/mD	含水饱和度/%	地层含水孔隙度/%	总孔隙度/%						补偿中子/%	
0.020　　　2000	100　　　0	50　　　　0	50　　　　0						60　　　10	
			剩余烃含量/%							
			50　　　　0							

图 7-17　穆格莱德盆地 S/S-1 井 Darfur 群测井盖层评价图位置（见图 7-18）（据窦立荣等，2006）

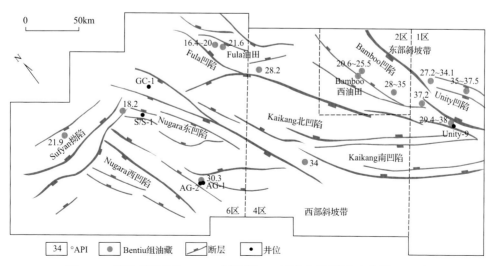

图 7-18　穆格莱德盆地 Bentiu 组油藏 API 度分布图（据窦立荣等，2006）

近中非剪切带的努东凹陷 S/S-1 井在 Darfur 群（1180～2990m）盖层测井评价发现，全段内的盖层质量普遍很差，段内虽然泥岩发育，单层厚度大，但次生的微细裂缝较发育，测井计算的泥岩总孔隙度为 15%，有效孔隙度一般为 8%～12%，突破压力一般小于 0.02MPa，即该段内不存在超压封闭（图 7-17）。从声波时差与埋深的关系图看，该井段内也不存在超压封闭系统，全段均属正常压实。因此，Darfur 群泥岩不存在有效封闭系统。

远离中非剪切带的 Unity 凹陷 UN-9 井 Darfur 群（1810～2760m）的盖层测井评价发现，泥岩发育，测井计算的突破压力在 2～10MPa，单层连续厚度也较大，最厚可达 27.0m；另外还存在超压与烃浓度封闭，综合评价为较好的优质封盖层。在 2300～2760m 井段 Aradeiba 组泥岩单层连续厚度较薄，测井计算的突破压力在 1.0～10.0MPa，但段内也存在超压特征和烃浓度封闭显示，综合评价为质量较好的优质封闭段（图 7-16），为该圈闭提供了良好的盖层条件。在 2203～2207m 井段测试获得近 600m³/d 的高产油流。

盖层的微观分析是验证测井处理解释结果的重要手段，岩心和井壁取心是样品的主要来源。鉴于近中非剪切带 6 区盖层的微裂缝可能较为发育，因此，对 AG-1 井、AG-2 井、GC-1 井的 Darfur 群和 Abu Gabra 组不同层位的井壁取心样品进行了扫描电镜分析（图 7-19），结果发现，不仅 Darfur 群泥岩的微裂缝发育［图 7-19（a）］，而且 Abu Gabra 组泥岩同样发育微裂缝［图 7-19（b）、（c）］，缝径在 10～30μm，大于等于烃源岩运移出来的油珠直径（10μm），更远远大于天然气分子的直径。微裂缝中充填了自生伊利石或绿泥石，说明微裂缝是在地质历史时期形成的，很可能是在 Darfur 群沉积之后形成的。这可能是因为该区构造应力作用强，导致泥岩区域性微裂缝发育。这一扫描电镜结果证实了测井处理和解释的可靠性（窦立荣等，2006）。

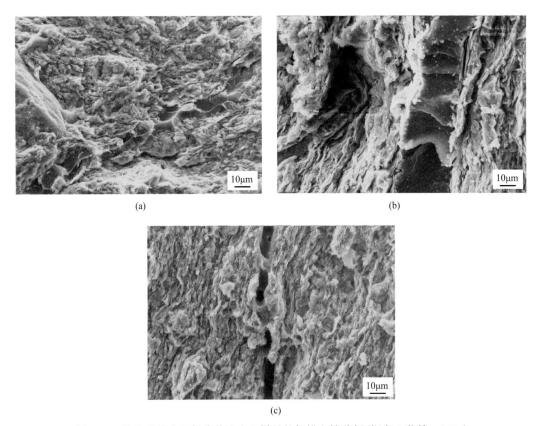

图 7-19　穆格莱德盆地部分井壁取心样品的扫描电镜分析（据窦立荣等，2006）

（a）Abu Gabra-2 井 Darfur 群 1289.3m，微裂缝被自生伊利石充填，×2500；（b）Abu Gabra-1 井 Abu Gabra 组 2768.8m，微裂缝被自生绿泥石充填，×2500；（c）Gato C-1 井 Abu Gabra 组 1829.6m，微裂缝被自生伊利石充填，×2500

3. 其他组盖层

除 Aradeiba 组发育区域盖层外,还存在多套凹陷级局部盖层,包括 Zarqa 组、Ghazal 组、Baraka 组、Nayil 组及 Tendi 组泥岩。

(四)含油气系统划分与评价

穆格莱德盆地早白垩世强烈伸展为形成断陷型深湖盆和优越的成烃环境提供了先决条件,广泛发育富含湖生生物的半深湖-深湖相暗色泥岩沉积,形成了下白垩统主力烃源岩。烃源岩热演化分析表明,下白垩统烃源岩现今成熟深度在 2500～2900m。早白垩世地温场偏低,烃源岩热演化缓慢;古近纪以来,地温场升高,烃源岩快速成熟演化,在古新世末开始大量生、排烃,油气具有晚期成藏的特点(图 7-20)。根据盆地内不同拗(凹)陷烃源岩发育时期的分隔性,将整个盆地划分为 8 个含油气系统,分别为 Unity 含油气系统(!)、Bamboo 含油气系统(!)、Kaikang 北含油气系统(!)、Kaikang 南含油气系统(!)、Fula 含油气系统(!)、Nugara 东含油气系统(!)、Nugara 西含油气系统(●)和 Sufyan 含油气系统(!),其中仅 Nugara 西含油气系统为可能的系统,其他系统均已证实,但油气富集程度和含油层位不尽相同。

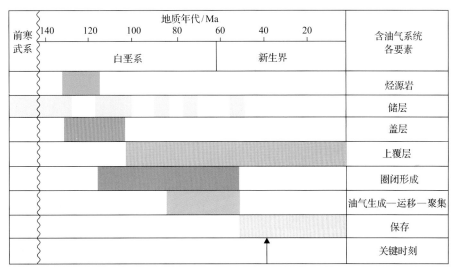

图 7-20　穆格莱德盆地含油气系统事件图

五、油气成藏模式

裂谷盆地演化、构造特征、沉积特征在很大程度上影响了盆地含油气系统的烃源岩、储层、盖层、储盖组合、圈闭类型和油气聚集规律。穆格莱德盆地早白垩世、晚白垩世和古近纪三期裂谷的叠置,使得下白垩统的构造更加破碎,大量早期的隆起和背斜构造进一步断裂,形成一系列的反向断块圈闭。上白垩统 Aradeiba 组区域盖层的广泛分布使得大量油气直接聚集在 Bentiu 组和 Aradeiba 组下部储层中,形成了大量的反向断块油气藏(图 7-21)。统计发现,70%以上的探明储量分布在 Bentiu-Aradeiba 组反向断块圈闭中。Fula 凹陷 Great Fula 油田储量近 $1×10^8$t,Bentiu 组油藏油水界面向东南倾斜,油藏底部发育一个沥青垫(窦立荣等,2006)。以"烃源岩"为核心要素,根据油气藏与烃源岩的相对位置关系,可以进一步划分出源内、近源、远源三类油气成藏模式(程顶胜等,2020)。

(一)反向断块是主要的圈闭油藏类型

穆格莱德盆地圈闭类型以断块圈闭为主(图 7-22)。而断块圈闭主要是反向断层翘倾断块(或断鼻）。这是由于这种断层最容易形成主力储层 Bentiu 组的侧向封堵。断层侧向封堵性较差，滑抹作用不明显，一般都要求对侧的岩性封堵。断距和相邻一侧的地层岩性决定了圈闭的有效性和含油高度。同一条断层对不同地层的封堵作用不同。单个圈闭的规模以小型为主，但在一定的地质背景控制下，成带成群分布，组成成藏带。

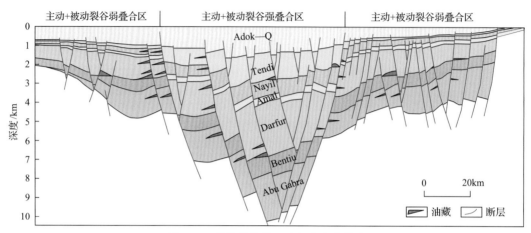

图 7-21 穆格莱德盆地油气藏成藏模式

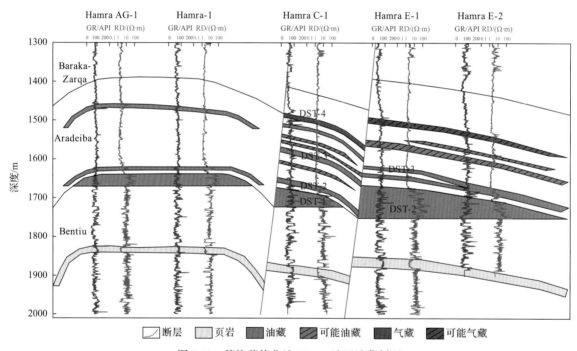

图 7-22 穆格莱德盆地 Hamra 油田油藏剖面

（二）斜向背斜构造带富油

断层复杂化背斜是穆格莱德盆地次要的油藏类型。FN 油田位于 Fula 凹陷中央隆起带南段，为基底隆起背景上发育的断背斜构造（图 7-23），含油面积 7.5km²，含油高度 80m。烃源岩为 Abu Gabra 组湖相暗色泥岩，储层为 Bentiu 组河流相块状砂岩和 Aradeiba 组三角洲和扇三角洲砂岩，具有多套成藏组合，目前已发现的从下至上主要成藏组合有：Abu Gabra 中段油藏、Abu Gabra 上段油藏、Bentiu 组中段油藏、Bentiu 组上段油藏和 Aradeiba 组油藏；潜在的成藏组合有 Abu Gabra 下段油藏、Zarqa-Ghazal 油藏和 Tendi-Amal 油藏。Bentiu 组上段和 Aradeiba 组油藏是该油田的主力油藏，Bentiu 组油水界面向东南倾斜，存在沥青垫，说明成藏后发生了翘倾作用（童晓光等，2004；聂昌谋等，2004；窦立荣等，2004，2006；汪望泉等，2007）。

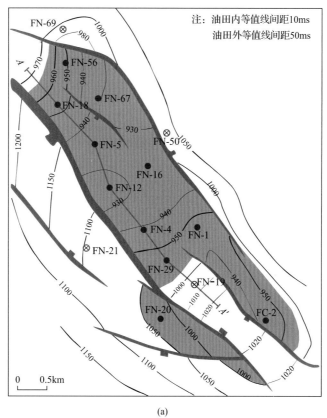

(a)

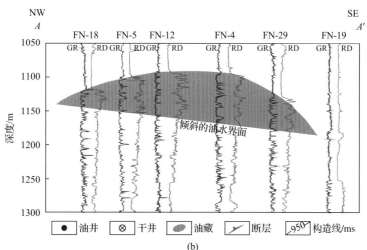

(b)

图 7-23　穆格莱德盆地 FN 油田平面图（a）和剖面图（b）（据汪望泉等，2007；Dou et al.，2013）

（三）主动裂谷发育区油气具有晚期成藏、多层系聚集特征

研究发现，4/6 区存在主动裂谷以不同程度、不同应力场方向叠置在被动裂谷之上的地质背景。早期被动型裂谷以高角度平面正断层控制断陷发育，走滑拉伸特征明显，断陷斜列分布，发育优质的深湖相暗色泥岩，缺乏火山活动，以低地温场为特征；晚期主动型裂谷以犁式边界正断层控制断陷发育，火山活动强，以高地温场为特征。根据叠置特征划分出弱、中等、强叠加型裂

谷三种类型，如 Fula 凹陷为弱叠加型，Nugara 拗陷为中等叠加型，Kaikang 地堑为强叠加型；强叠加型以凹陷两侧上组合为主要勘探层系。如 Hilba 地区主力成藏期在晚白垩世末—古新世，后期调整和再充注，形成了多层系含油的复合油气藏(图 7-24)。

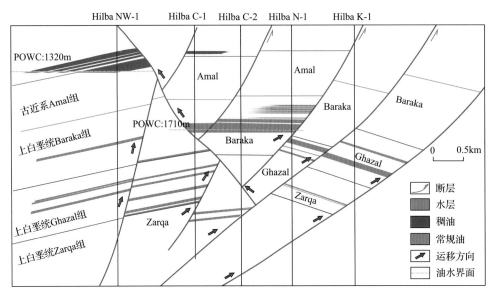

图 7-24　穆格莱德盆地 Hilba 油田油藏剖面图

油源对比分析明确 Hilba 地区油源条件优越；沉积相分析表明 Hilba 地区 AG 时期为三角洲前缘和前三角洲相带，在 Ghazal、Baraka 时期为三角洲前缘，为油气聚集提供了空间；构造演化分析明确 Hilba 地区多期构造活动形成三期断层，早白垩世和古近纪断层活动强，断距大，一方面古近纪活动断层易于形成滚动构造；另一方面也为油气运移提供通道，造成多层系含油，且在 Aradeiba 组获高产稀油。古近纪构造运动导致 Hilba 地区早期构造复杂化和破坏，构造高点迁移，早期白垩系油藏在古近系重新聚集成藏。

(四)以油藏为主，天然气藏不发育

由于穆格莱德盆地断层相对较陡，后期的构造活动较强，导致油藏的气油比很低，油藏绝大多数为正常压力系统或偏低的压力系统，如储量达数亿桶的 Heglig 油田，其压力系数为 0.78～0.83，气油比在 0～1.37。穆格莱德盆地油藏的气油比普遍偏低，绝大多数小于 5。油藏的原油物性明显受埋深控制，在 1300m 以内重油藏发育，气油比极低。油藏的这一特征明显不同于我国渤海湾盆地、北非的苏尔特盆地和欧洲的北海盆地等主动裂谷盆地，后者普遍存在异常高压和高的气油比等特征。

(五)生物降解形成高酸高钙油藏

穆格莱德和迈卢特盆地发现了高酸值原油，和中国渤海湾盆地为代表的湖相盆地类似，即随着生物降解程度的增加，原油的酸值逐渐增加。与加拿大 Williston 和 Beaufort-Mackenzie 盆地(简称 BM 盆地)为代表的海相盆地的原油酸值与生物降解程度的相关性对比分析发现[图 7-25(a)]，湖相沉积环境中生成的原油酸值随生物降解程度增加的速率远高于海相(窦立荣等，2007)。湖相原油在降解 1～2 级即可形成酸值大于 1 的高酸值原油，而海相原油在降解达到 4～5 级才形成高酸值原油。同时，生物降解作用还在 Fula 凹陷部分油藏中形成高钙原油，如 FN-4 井、FN-156 井、Keyi-8 井和 Keyi S-4 井[图 7-25(b)]。

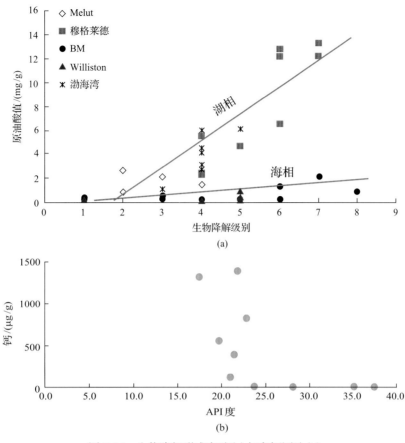

图 7-25　生物降解形成高酸(a)与高钙原油(b)

第四节　迈卢特盆地石油地质特征

3/7 区区域布格重力异常图(图 7-26)显示,区块内发育两个裂谷盆地:迈卢特盆地和那瓦特盆地,均表现为 NNW 走向。迈卢特盆地呈北西窄、南东宽的楔形,向北西方向收敛,向南撒开,主体沉积部位表现为宽缓的重力低,周边被重力高的基岩隆起环绕(Browne and Fairhead,1983;潘校华等,2019),盆地长约350km,宽50~100km,面积近 33000km²,最大沉积地层厚度超12000m,是南苏丹境内最主要的含油气盆地。前人在迈卢特盆地钻探井 4 口,评价井 1 口,仅发现 Adar 含油构造,石油地质储量 $1.68×10^8$ bbl。

一、基岩特征

迈卢特盆地基底构造层由前中生界组成,主要是前寒武系石英岩、花岗闪长岩及片麻岩等(Awad,2015)。在北部凹陷多口井钻遇基岩,Fal-1 井钻遇基底井段为 2661~2679m,累计揭示基底厚度18m,岩性为石英岩,呈浅灰-绿灰色,半透明,棱角状,部分呈长条形,隐晶质,坚硬,具脆性,部分含有软的岩石颗粒,含少量钙质。在 Ruman 地区基底埋藏浅,如 Ruman C-1 井在 1221~1439.63m 钻遇基岩,主要为变质岩(张宏等,2017),在顶部发育风化壳和裂缝段。此外,在区块北部的那瓦特盆地也有一口井——Taka-1 井揭示了基底,岩性为斜长花岗岩,岩石总体为块状中粒结构,呈灰色,成分以斜长石(60%)和石英(26%)为主,其次为黑云母(9%)和钾长石(5%),还有部分斜长石蚀变形成的矿物(绿帘石、方解石、绢云母等),石英颗粒具有不同程度的塑性变形,具轻微的片麻结构。

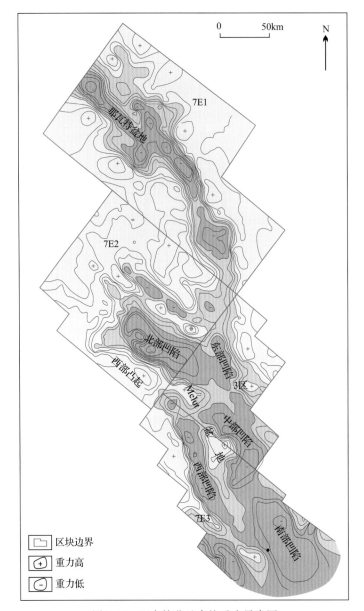

图 7-26　迈卢特盆地布格重力异常图

二、构造特征

迈卢特盆地为中非剪切带走滑扭动作用下形成的大型裂谷盆地，具"五凹一凸"构造格局（图7-27），即北部凹陷、东部凹陷、中部凹陷、西部凹陷、南部凹陷和西部凸起，五个凹陷均具"西断东超"的半地堑结构。其中，北部凹陷面积最大，为主力凹陷。其余 4 个凹陷规模均小于北部凹陷，位于盆地中南部，受地表条件及安全因素影响，勘探程度较低。

（一）北部凹陷

北部凹陷呈向北收敛的不规则菱形，NW-SE 走向，面积超过 $3000km^2$，早白垩世时期的凹陷具有明显的三分性：即北部呈西断东超的箕状凹陷，中部呈双断的地堑结构，南部呈东断西超的箕状凹陷，结构上呈现为复合的箕状凹陷。在古近系 Adar 组沉积时呈地堑结构。在地震剖面上，明显存在上下两套沉积楔状体，推测经历了白垩纪和古近纪两期裂陷演化。最大沉积盖层厚度超过 12000m，存在多个沉积中心。凹陷北部，地层向东渐薄；凹陷南部，地层向西渐薄。

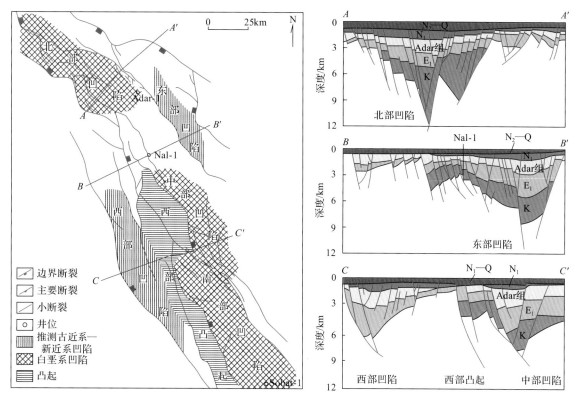

图 7-27　迈卢特盆地构造单元划分图(据窦立荣等，2006，修改)

北部凹陷的边界受大断层控制，其边界大断层通常由 2～3 条大断层构成，即不同部位的边界断层不同。北部凹陷西邻盆地边界，基底在大部分区域出露地表；东邻东部凹陷的北延部分，南部以断层与西部凹陷、西部凸起和中部凹陷相邻。

(二)东部凹陷

东部凹陷从南到北由 4 个西断东超的小型箕状凹陷组成，NW-SE 向，面积约 400km²。从地震剖面看，仅有一套沉积楔状体发育，推测是在古近纪沉积时形成的箕状断陷，区内最大沉积盖层厚度约 5000m，地层向东逐渐变薄。与北部凹陷类似，东部凹陷的边界受多条断层控制。它西邻北部凹陷，与其以断层接触，局部地区以凸起相隔。向北向东为盆地边界，基底在大部分区域出露地表。向南以断层与中部凹陷为邻。

(三)中部凹陷

中部凹陷呈 NNW-SSE 向，是一个西断东超的箕状断陷，面积约 800km²。从地震剖面看，发育两套沉积楔状体，是自白垩纪以来形成的箕状断陷。区内最大沉积地层厚度约 10000m，地层向东逐渐变薄。中部凹陷受其西界大断层控制。它以北部斜坡与北部凹陷相邻，向东以断层与东部凹陷接触，向西以断层与西部凸起为邻，向南以断层与南部凹陷相邻。东南方向推测为盆地边界，基底已出露地表。

(四)南部凹陷

南部凹陷向南延伸到埃塞俄比亚，呈 NNW-SSE 走向，是一个西断东超的箕状断陷，南苏丹境内面积约 1300km²。从地震剖面看，发育两套沉积楔状体，是白垩纪以来形成的箕状断陷，区内两口探井均揭示了白垩系的存在。南部凹陷最大沉积盖层厚度约 11000m，存在南北两个沉积中

心，地层向东逐渐变薄。南部凹陷受其西界的大断层控制，向北、向东以断层与中部凹陷接触，向西以断层与西部凸起为邻，向南延伸出区块边界。

(五)西部凹陷

西部凹陷呈 NNW-SSE 走向，面积约 600km²。从地震剖面看，仅有一套沉积楔状体发育，推测是在古近纪沉积时形成的箕状断陷，但目前尚无钻井资料证实。区内最大沉积盖层厚度约 5000m，地层向东逐渐变薄。西部凹陷受其西界断层控制，向西为盆地边界，基底在大部分区域出露地表。西部凹陷向北收敛与北部凹陷以断阶带过渡，向南地层逐渐抬高与南部凹陷以断层接触。东邻西部凸起，在北部主要以断层接触，南部逐渐变为断阶带接触。

(六)西部凸起

西部凸起介于北部凹陷、中部凹陷、南部凹陷与西部凹陷之间，呈 NNW-SSE 走向。从北往南一直延伸并逐渐倾没，是盆地内部的一个正向构造单元，面积约 550km²。其特征是北高南低、东高西低，北宽南窄。凸起高部位整个白垩系和部分古近系缺失，最大沉积厚度 4000m 左右，沉积地层向北、向东逐渐变薄。西部凸起主体是受两条北倾的 NNW-SSE 向大断层夹持的断垒带，向南倾没消失于南部凹陷，其东西两侧以边界大断层或断阶带与西部凹陷、南部凹陷、中部凹陷接触，向北抬高以断层与北部凹陷为邻。

三、沉积地层

迈卢特盆地地层由陆相碎屑岩局部夹火成岩(以喷发岩为主)组成。通过大量的古生物分析证实，盆地内的沉积地层从老到新发育下白垩统、上白垩统、古近系、新近系和第四系(图 7-28)，各地层特征如下。

(一)白垩系

1. 下白垩统

Al Gayger 组：总体上为砂泥岩不等厚互层，中下部为厚层、巨厚层中细砂岩夹薄层泥岩，上部为砂泥岩薄互层，泥岩在上部和下部为红褐色，中部为浅灰色、灰色，底界与基底呈角度不整合接触。

Al Renk 组：以暗色泥岩为主，偶夹薄层砂岩，是迈卢特盆地最有利的烃源岩。其顶部是一个区域性的不整合面，地震上易于追踪。底界以出现薄层砂岩为标志。与下伏 Al Gayger 组局部呈角度不整合接触。

2. 上白垩统

Galhak 组：总体上为一套透明、半透明中细砂岩与深灰色、绿灰色、褐色泥岩等厚互层。底界以出现块状厚层泥岩为标志。与下伏地层呈角度不整合接触。

Melut 组：上部基本上为砂泥岩中厚层间互或薄互层，砂岩为透明、半透明中粗粒砂岩，泥岩呈深灰色、灰色、褐色；下部为大套厚层砂岩夹薄层泥岩，砂岩呈透明、半透明，中粗粒，泥岩呈浅灰色。下部在北部凹陷北部较薄，仅 100m 左右，向中南部变厚。与下伏 Galhak 组呈整合接触。

(二)古近系

Samma 组：以大套厚层砂岩发育为显著特点。上部主要是大套厚层中粗粒砂岩夹薄层泥岩，下部主要是中厚层中粗粒砂岩夹薄层泥岩。砂岩呈透明-半透明，以浅灰色、白色、浅棕色中粗粒

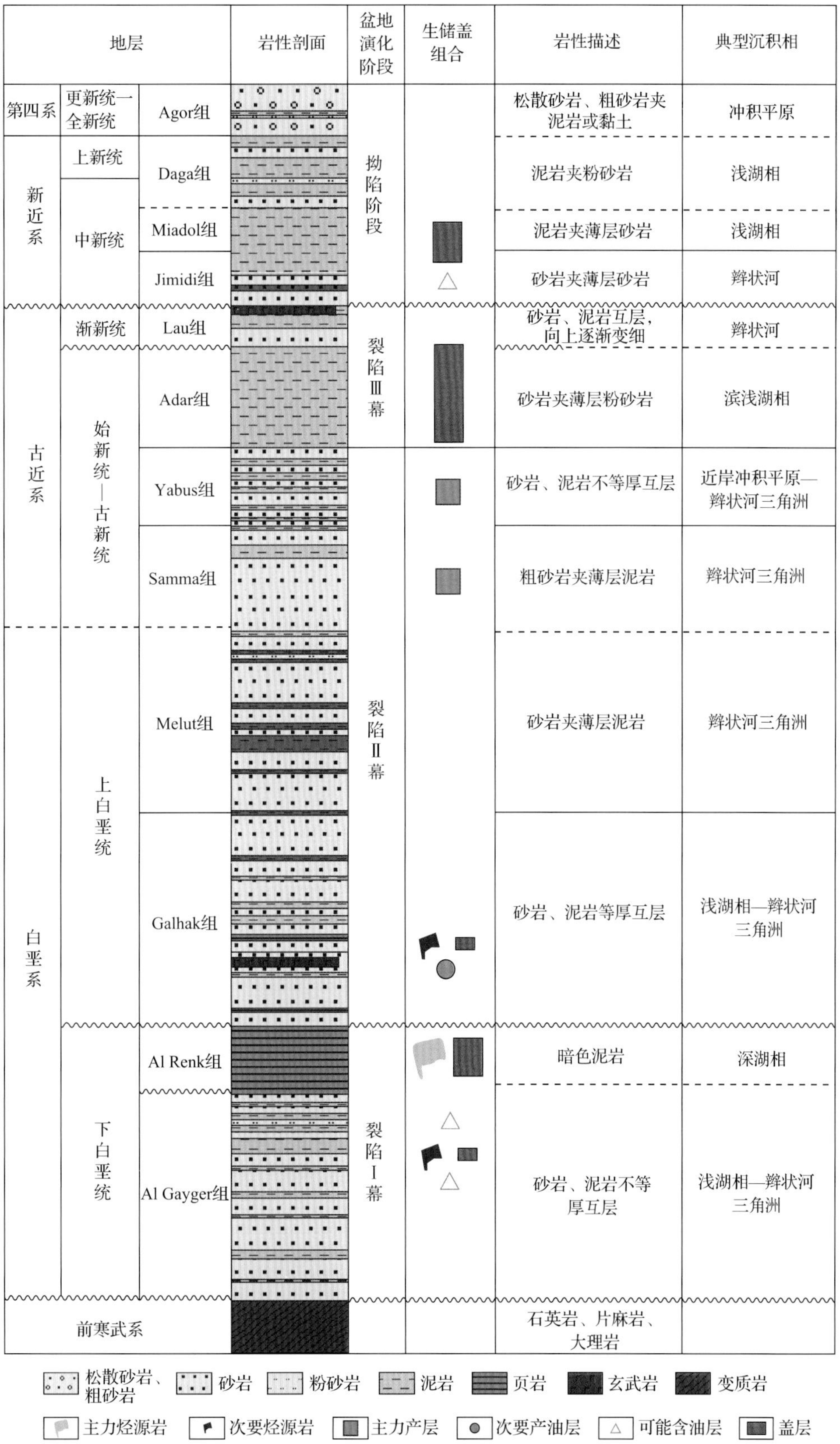

地层			岩性剖面	盆地演化阶段	生储盖组合	岩性描述	典型沉积相
第四系	更新统—全新统	Agor组		拗陷阶段		松散砂岩、粗砂岩夹泥岩或黏土	冲积平原
新近系	上新统	Daga组		拗陷阶段		泥岩夹粉砂岩	浅湖相
	中新统	Miadol组				泥岩夹薄层砂岩	浅湖相
		Jimidi组			△	砂岩夹薄层砂岩	辫状河
古近系	渐新统	Lau组		裂陷Ⅲ幕		砂岩、泥岩互层，向上逐渐变细	辫状河
	始新统—古新统	Adar组				砂岩夹薄层粉砂岩	滨浅湖相
		Yabus组				砂岩、泥岩不等厚互层	近岸冲积平原—辫状河三角洲
		Samma组				粗砂岩夹薄层泥岩	辫状河三角洲
白垩系	上白垩统	Melut组		裂陷Ⅱ幕		砂岩夹薄层泥岩	辫状河三角洲
		Galhak组				砂岩、泥岩等厚互层	浅湖相—辫状河三角洲
	下白垩统	Al Renk组		裂陷Ⅰ幕		暗色泥岩	深湖相
		Al Gayger组			△	砂岩、泥岩不等厚互层	浅湖相—辫状河三角洲
前寒武系						石英岩、片麻岩、大理岩	

图 7-28 迈卢特盆地地层综合柱状图（据潘校华等，2019，修改）

砂岩为主，分选好-中等，薄层泥岩下部主要为红褐色、灰褐色，向上变为褐灰色、深灰色或浅灰色，顶部为分布比较稳定的泥岩。区域上稳定分布，是盆地主要目的层之一，可进一步细分为 4 个砂层组。与下伏 Melut 组基本呈平行不整合接触。

Yabus 组：岩性总体上由下向上逐渐变细，单砂岩厚度逐渐变薄。上部为红褐色泥岩夹薄层浅灰色中粗粒或细、粉砂岩，中部为乳白色、浅灰色或浅褐色中细粒砂岩与浅灰、灰色泥岩等厚互层，下部为厚层砂岩夹薄层泥岩。从下往上，除了在岩性变化上的规律比较普遍和明显之外，泥岩的颜色也存在由灰-深灰或浅灰向褐色、红褐色变化的现象，反映了该组沉积期水体逐渐变浅、可容空间逐渐减小的过程。底部与 Samma 组的分界标志是一层厚度和分布均比较稳定的泥岩。该组地层区域上稳定分布，厚度介于 100～300m，是盆地主要目的层之一，可进一步细分为三段 6 个砂组。与下伏 Samma 组呈整合接触。

Adar 组：岩性以大套泥岩为特征，夹薄层砂岩、粉砂岩。泥岩颜色以红褐色为主，上部偶见深灰、浅灰或者黄绿、绿灰色-紫色等杂色，砂岩为透明-半透明、浅色中细粒砂岩，分选中-好。区域上稳定分布，厚度介于 141～507m，平均 293m，是区域盖层。与下伏 Yabus 组呈整合接触。

Lau 组：仅分布于盆地古近纪凹陷区域，大多数井没有揭示。北部凹陷的 Doam-1 井中揭示的该组比较完整，下部为浅绿灰-浅灰色泥岩和中粗粒石英砂岩互层，上部基本上为绿灰色泥岩夹石英砂岩。厚度一般在 300m 左右，与下伏的 Adar 组基本上为整合接触，局部呈角度不整合接触。

(三) 新近系

Jimidi 组：岩性以大套砂岩为主，下部为厚层粗粒砂岩夹薄层泥岩，上部为砂泥岩薄互层或泥岩、粉砂岩和砂岩互层，与上覆 Miadol 组形成一套正旋回沉积。砂岩一般呈透明-半透明、浅灰色、褐灰色，泥岩一般呈灰色、浅灰色。南部凹陷 Sobat-1 井见火山灰。区域上稳定分布，平均厚度 151m。与下伏 Lau 组或 Adar 组呈区域角度不整合接触。

Miadol 组：岩性基本上为厚层泥岩夹薄层粉砂岩和砂岩。泥岩颜色在下部为褐色、深灰色，上部为浅灰色、灰绿色；砂岩和粉砂岩呈透明、半透明或浅灰色、棕色、灰绿色，细粒或粉粒，分选很好。区域上稳定分布，平均厚度 183m。与下伏 Jimidi 组呈整合接触。

Daga 组：砂泥岩互层，总体上呈现向上泥质含量略有增加、粒度逐渐变细的弱的正旋回特征，偶见火山灰。区域上稳定分布，全区所有井均有钻遇，平均厚度约 210m。

(四) 第四系

Agor 组：岩性以松散砂岩、粗砂岩为主夹泥岩或黏土，砂岩主要为浅灰色、浅黄色、黄褐色中粗粒或极粗粒砂岩，泥岩为浅灰、黄褐、灰绿色、浅绿色等杂色，部分地区尚未固结成岩，大部分井未进行测井。全区分布比较稳定，平均厚度 285m。与下伏地层呈整合接触。

四、含油气系统特征

(一) 烃源岩

钻井结果表明，盆地内发育下白垩统、上白垩统和古近系 3 个暗色湖相页岩段，每段均与裂谷期有关。常规岩屑地球化学分析（TOC、全岩热解、GC-MS、碳同位素等）表明，Al Renk 组黑色富有机质页岩是盆地具有良好生烃潜力的主力烃源岩。Al Renk 组烃源岩总有机碳（TOC）含量为 0.32%～3.24%（平均 2.08%），氯仿沥青"A"含量为 83～7667μg/g（平均 2500μg/g），S_1+S_2 为 0.25～19.53mg/g（平均 9.96mg/g）。Fal-1 井优质烃源岩厚度约为 63m，Al Renk 组 TOC 大于 0.6% 的优质烃源岩的氢指数(HI)为 273～579mgHC/gTOC(平均 428mgHC/gTOC)。有机岩石学分析表明,烃源岩镜质组含量为 29%,壳质组含量为 60%,惰质组含量极低(小于 5%)。显然,Al Renk 组烃源岩干酪根类型主要为 Ⅱ 型(Dou et al.,2008)。

上白垩统 Galhak 组湖相页岩有机质含量较低,烃源岩质量由差到中等。几口钻井的泥岩岩屑地球化学分析表明,TOC 含量从 0.1%到 5.02%不等(平均 0.65%),氯仿沥青“A”含量从 237μg/g 到 2600μg/g(平均 782μg/g),S_1+S_2 从 0.12mg/g 到 2.32mg/g(平均 2.37mg/g),氢指数从 5mg HC/gTOC 到 143mg HC/gTOC(平均 76.69mgHC/gTOC)。根据湖相烃源岩评价标准,属于非烃源岩或差烃源岩(胡见义等,1991)。

烃源岩沉积环境的变化对各种地球化学参数很敏感,因此可以根据生物标志化合物组成特征来解释原始沉积环境和烃源岩中的有机质生烃贡献(Peters and Moldowan,1993)。$18\alpha(H)$-奥利烷通常被认为来源于白垩纪或更年轻的被子植物。Palogue-1 井上白垩统样品中检测到低含量的奥利烷;下白垩统页岩样品中未检出奥利烷。这表明上白垩统的陆源有机质含量应高于下白垩统。伽马蜡烷/C_{30}藿烷能反映沉积水体的盐度,上白垩统该比值高于 0.1,下白垩统低于 0.1,说明早白垩世沉积水体盐度低于晚白垩世。

甾烷分布可作为烃源岩有机质生源的表征,并可用于确定烃源岩与原油的成因关系。下白垩统样品中 C_{27} 甾烷和 C_{29} 甾烷占优势,上白垩统样品以 C_{29} 甾烷为主,C_{29} 甾烷>C_{27} 甾烷>C_{28} 甾烷。由此可见,上白垩统陆源有机质的贡献高于下白垩统。

Adar 组页岩 TOC 含量较高,为 0.8%～2.5%,但盆地大部分埋深小于 2500m,有机质不成熟,为无效烃源岩。

早白垩世迈卢特盆地的扩张主要是受中非剪切带走滑作用的影响,盆地内没有明显的火山活动。地温梯度相对较低,推测为 26℃/km。到了古近纪,东非裂谷系的活动对迈卢特盆地的影响越来越大,火山活动从北部向东南方向扩展。根据 RFT 测试结果计算,目前的地温梯度约为 46.5℃/km,与中国东部主动裂谷盆地的地温梯度非常接近(胡见义等,1991)。后期升温对下白垩统烃源岩的成熟有非常积极的影响。

Agordeed-1 井位于盆地中部,完钻井深 3800m,只钻遇上白垩统,钻井岩屑镜质组反射率和 T_{max} 分析表明,目前生油窗的顶为 2500m(R_o 为 0.6%),生油高峰深度为 3300～3400m(R_o 为 0.8%～1%)。一维盆地模拟结果(图 7-29)表明,沉积中心晚白垩世末 Al Renk 组烃源岩开始生油。但盆地大部分地区在约 23Ma(渐新世末)才达到生油高峰,目前仍处于生油高峰期。

(二)储层

迈卢特盆地的主要储层是古近系和上白垩统砂岩,均已获得商业油流。白垩纪以前,低凸起的结晶变质岩基底经历了长时间强烈的风化作用,这导致了迈卢特盆地砂岩中石英含量较高,Yabus 组和 Samma 组砂岩以次长石砂岩和次岩屑砂岩为主,Melut 组砂岩以长石砂岩为主(图 7-30)。盆地深层砂岩表现出良好的储集性能(孔隙度和渗透率)。晚白垩世相对较弱的裂谷作用导致其以砂质沉积为主,在上白垩统内没有厚层泥岩提供良好的区域盖层。因此,下白垩统 Al Renk 组烃源岩生成和排出的油气主要运移到 Yabus 和 Samma 组砂岩中聚集成藏。约 95%的石油储量富集在 Yabus 组和 Samma 组砂岩中(窦立荣,2005)。

1. 上白垩统 Melut 组储集岩

Melut 组砂地比总体较高(泥质含量小于 50%),介于 55%～83%。井壁取心岩性分析表明,大部分储层砂岩属长石砂岩[图 7-31(a)],粒度从细砂岩到粗砂岩不等,骨架颗粒成分主要为次棱角到次圆状的多晶石英(41%～83%)、长石(0%～45%)和变质石英岩岩屑(0%～41%),高含量的变质岩碎屑和石英成分证实了沉积物物源主要为浅变质岩。

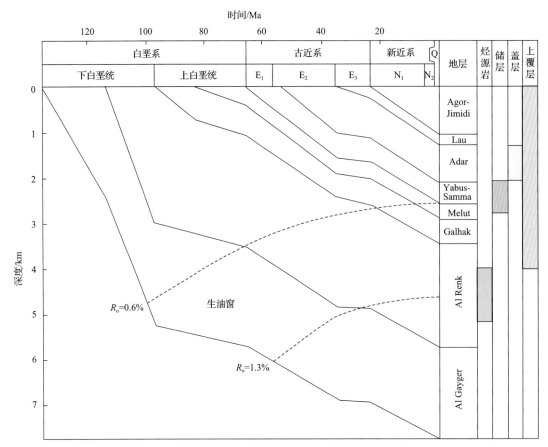

图 7-29　迈卢特盆地主要烃源岩埋藏历史和热演化的一维盆地模拟(据 Dou et al.，2008)

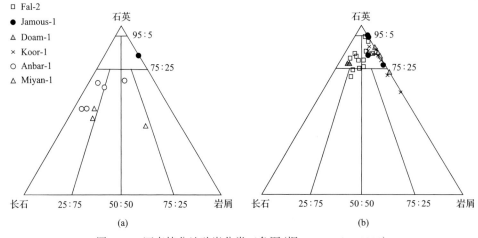

图 7-30　迈卢特盆地砂岩分类三角图(据 Dou et al.，2008)
(a)上白垩统砂岩；(b)古近系砂岩

　　填隙物和骨架颗粒蚀变成分包括未分化黏土(5%～14%)、铁白云石、方解石(0%～13%)和自生高岭石，排序从中等到较差，其中黏土矿物以伊利石-蒙皂石混层为主，占 36%～57%，伊利石占 3%～7%，蒙皂石占 20%～35%。砂岩中石英加大边包裹体均一温度为 90～130℃，普遍发育强烈的石英次生加大和铁白云石交代作用，表明迈卢特盆地 Melut 组储层处于中成岩作用阶段[图 7-31(a)]。

　　Melut组砂岩储层质量与岩性关系紧密,砂岩孔隙度为8%～25%,平均为20%,渗透率为(0.1～300)×$10^{-3}\mu m^2$ 属中孔低渗储层。

图 7-31　上白垩统 Melut 组和古近系 Yabus 组砂岩矿物组成和成岩作用（据 Dou et al., 2008）

(a) 长石砂岩（2676m，Miyan-1 井，Melut 组），由铁长石充填，骨架颗粒周围为石英次生加大，孔隙中为高岭石；(b) Yabus 组次长石砂岩（1213.79m，Fal-2 井），石英在"漂浮"的石英颗粒上次生加大，孔隙发育，被高岭石充填；(c) Yabus 组次长石砂岩（1213.79m，Fal-2 井）的扫描电镜照片，孔隙中含有自生高岭石，石英和发育良好的孔隙被高岭石填充；(d) Yabus 组长石砂岩（1223.59m，Fal-2 井），石英在"漂浮"的石英颗粒上次生加大，孔隙发育，被高岭石和晶内孔充填

AK-白云石；K-高岭石；P-孔隙；Q-石英；QOG-石英次生加大

2. 古近系储集岩

Samma 组主要由块状中粗粒砂岩和薄泥岩互层组成，平均砂地比为 71%。砂岩总厚度可达 210m，单个砂层厚度可达 37m。Yabus 组底部砂岩较为发育，单砂层厚度可达 26m，Yabus 组平均砂地比小于 50%，从上到下砂地比增大，砂层更连续。

储层为中粗砂岩，黏土含量低，分选中等。储层岩石颗粒石英含量在 75% 以上，长石平均含量为 6.13%。根据 Folk 砂岩分类，将岩石类型分为次长石砂岩和次岩屑砂岩（图 7-31）。填隙物和颗粒蚀变成分包括 1%～28% 的未分化黏土、0%～8% 的铁白云石和方解石以及自生高岭石。埋藏过程中，黏土膜（蒙皂石）转变为层间伊利石-蒙皂石或伊利石。伊利石-蒙皂石混层含量为 20%～35%，伊利石含量为 3%～7%，蒙皂石含量为 20%～35%。砂岩中石英次生加大边中的包裹体均一温度为 80～110℃，石英次生加大较弱和疏松胶结的特征表明其处于早成岩阶段晚期。

对 Fal-2 井 Yabus 组 1214～1226m 井段岩心进行室内分析，测定平均孔隙度为 26.8%，平均渗透率为 $3517 \times 10^{-3} \mu m^2$。

（三）盖层

Adar 组砂地比不到 20%。地震剖面显示，泥岩累计厚度为 128～507m，盆地沉积中心泥岩厚度可达 900m，对下伏 Yabus 组和 Samma 组起到区域封盖作用。这些泥岩密封质量中等至良好，压汞毛细管压力为 0.6～2MPa。

尽管后期构造运动，但 Adar 组泥岩对并置型断块具有较强的侧向和垂向封闭能力。对于反向断块，下盘 Yabus-Samma 组砂岩对接 Adar 组厚泥岩，为油气成藏提供了良好的断层封闭性条件。

此外，Melut 组内泥岩可以作为局部的顶部封盖和断层封闭，例如 Palogue S-2 井的 Melut 组就获得了商业油流。

（四）成藏组合

1. 古近系成藏组合

迈卢特盆地古近系为一套完整的成藏组合，盖层为 Adar 组泥岩，储层为 Yabus 组和 Samma 组砂岩。储层为辫状河三角洲分支河道砂体，盖层主要为泛滥平原-河湖沼泽或滨浅湖相泥岩。

2. 上白垩统成藏组合

目前在迈卢特盆地北部凹陷多口探井中证实了上白垩统下段发育有效的成藏组合，其特点是原油产量偏低（0.6～42m³/d），原油 API 为 30°～41°，具有一定的自喷能力。

3. 下白垩统成藏组合

由于下白垩统上段发育厚层状深湖相暗色泥岩，因此在早白垩世晚期的深陷区还可能发育类似古近系 Adar 组盖、Yabus+Samma 组储的成藏组合。如 Fal-1 和 Assel-1 井在 Al Renk 组以下气测异常普遍，但由于钻井揭示较少，且埋深较大，Al Gayger 组储层又位于烃源岩之下，因此判断可能不是主要的白垩系成藏组合。

4. 前寒武系基岩成藏组合

2007 年 2 月 22 日，在北部凹陷 Ruman 凸起带部署的 Ruman N-1 井新近系 Jimidi 组和白垩系 Galhak 组解释出薄油层，抽汲获 0.7～2.3t 稠油，证实潜山之上新近系和白垩系可以成藏，具备进一步勘探的潜力。2008 年 6 月 5 日，向高部位部署的评价井 Ruman N-2 井在基岩钻进过程中漏失钻井液 30m³，在基岩测井解释油层 56.5m，抽汲获日产 54t（张宏等，2017；潘校华等，2019）。由于油稠和规模有限，一直没有投入开发。

（五）圈闭和油气藏类型

迈卢特盆地以半地堑为主要特征，反映了拉张背景下形成的单断单超箕状盆地的特点。盆地的构造演化特征决定盆地以构造圈闭为主要类型，即断块型、背斜型以及断块-背斜复合型。从统计结果来看，盆地构造圈闭中反向断块（断鼻）占 33.33%、断背斜占 7.05%、墙角断块（断鼻）占 44.87%、顺向断块（断鼻）占 14.74%。背斜圈闭以堑式背斜为主，罕见披覆背斜圈闭，背斜圈闭通常被断层复杂化。

1. 背斜油气藏

迈卢特盆地白垩纪裂谷期一般边界断层较陡，不易发育大型的滚动背斜和逆牵引背斜。在古近纪裂谷期则发育大型披覆背斜构造，如盆地北部地区已钻探的 Palogue-Fal 披覆背斜、Adar-Yale 断背斜、Longyang-1 塌陷背斜、Jamous-1 背斜和 Bong West 构造。

Palogue-Fal 构造为北部凹陷转折带上一个被断层复杂化了的短轴背斜构造（图 7-32），是西倾鼻状古隆起背景上长期发育形成的披覆背斜，圈闭面积超 80km²，探明石油地质储量达 5×10⁸t。由于受北西向断层影响，整个构造带形成了大型背斜构造背景上的一系列断块、断鼻和断背斜组合。其北侧的 Teima-Assel 背斜带具不对称的背斜形态，轴部向东侧倾斜。

2. 反向断块圈闭油气藏

在构造高背景的控制下，当断盘沿断面下掉时，断盘的旋转活动在断层上升盘翘倾。由于正断层倾向与地层倾向相反，因此称之为反向翘倾断块（断鼻）。Adar 组发育的区域性厚层泥岩为 Yabus 组和 Samma 组储层提供了良好的顶盖层和侧向封堵条件。该圈闭类型是迈卢特盆地的重要圈闭类型，如 Luil-Jobar-Agordeed 油田。

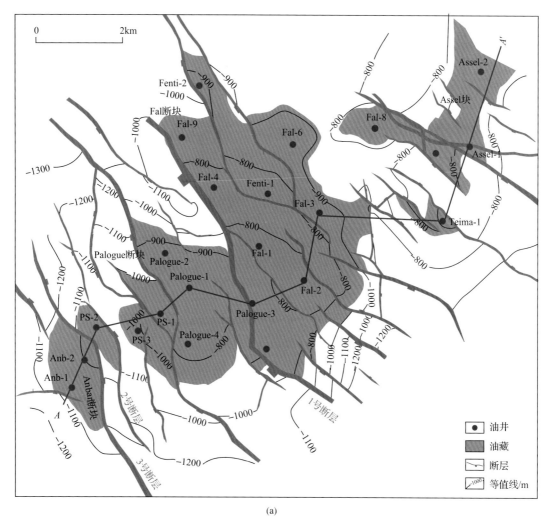

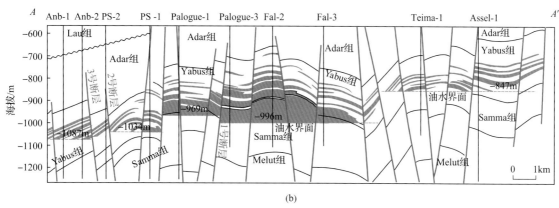

图 7-32　迈卢特盆地 Palogue 油田平面图和油藏剖面图（据 Dou et al.，2008）

(a)平面图；(b)剖面图

五、油气成藏模式

根据迈卢特盆地构造发育、沉积演化、石油地质特征，建立油气跨时代聚集模式（图 7-33）。

（1）古近系裂谷期层序是油气聚集的最有利层系。

早白垩世由于边界断层较陡，缺乏大型隆起、断块等构造，因而披覆构造和差异压实背斜不发育。晚白垩世由于沉降不明显，缺乏大型滨浅湖相沉积，而以巨厚的大面积分布的砂岩沉积为主，不易形成各种构造。古近纪新生裂谷期的发育和叠置，使早期构造进一步破碎成若干断块，油气聚集的概率大大降低，而断层的沟通使油气直接运移聚集到古近系区域盖层 Adar 组之下，95% 以上的石油储量在 Yabus 和 Samma 组砂岩中（图 7-33）。

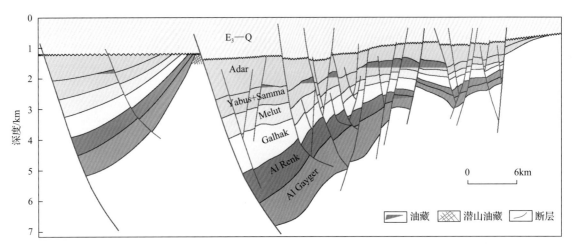

图 7-33　迈卢特盆地跨时代油气聚集模式图

（2）背斜是油气聚集的主要圈闭类型，其次是反向断块。

特定的成藏组合决定了背斜构造和反向断块是油气聚集的有利圈闭，排烃高峰期下伏烃源岩体的几何形态决定了油气的优势运移方向和聚集带的分布，缓坡是大型三角洲发育的场所，也是油气优势聚集的场所。基底断层和调节断层控制了油气聚集。陡边界断层可使烃源岩楔状体整体向缓坡抬升，生成的油气 90% 以上运移和聚集到缓坡。北部凹陷 Palogue 油田就是一个典型的背斜构造。

（3）构造调节带砂体发育，是油气有利的富集场所。

凹陷间调节带也是油气优势聚集场所。北部凹陷内南、北次洼间的 Palogue 调节带，探明油气储量占盆地总储量的 90%。Palogue 构造是一个横向潜入凹陷的古隆起，在剩余布格重力异常图（波长 λ 小于 20km）和重力垂向一阶导数异常图上，可以看出 Palogue 一带有一鼻状基岩隆起自北东方向进入北部凹陷，在地震剖面上也表现得十分清楚。鼻状隆起面积超 $180km^2$，走向北东，推测形成于早白垩世。隆起两翼的中生代—新生代地层向隆起上披覆减薄，在古隆起轴部 Adar 组遭受一定程度剥蚀，其上覆 Lau 组也没有沉积，反映了古基岩隆起的沉积背景。Adar-Yale 油田和 Agordeed 油田群整体位于几个凹陷之间的一个巨大古隆起上，后期继承发育构造的一部分。Jamous 构造是北部凹陷西边断层控制的一个次级横向构造，但其轴向横穿北部凹陷到东部斜坡带，同样表现为构造高部位，说明有小型的横向凹中隆存在。Plaogue 油田位于北部凹陷东斜坡带，邻近盆地边缘，也发育辫状三角洲沉积，物源充足，砂体发育，钻井揭示油层厚度超 100m，单砂层厚度也较大（一般 2~30m）。可见构造调节带上辫状河三角洲砂体是最有利的油气富集区。

（4）区域盖层埋藏浅、断层多次活动导致油藏压力系数正常或偏低、气油比低、油藏底水氧化普遍。

迈卢特盆地 Adar 组埋深一般小于 1500m，盖层质量总体仅为油盖层。后期构造活动导致油藏气油比很低，油藏绝大多数为正常压力系统或偏低压力系统，如 Palogue 油田压力系数为 0.78~1.0，气油比为 1~3.7。油藏原油物性明显受埋深控制，Samma 组大套砂岩埋深较浅，受底水氧化和生物降解作用影响，普遍有底部重油带，Yabus-Samma 组不同油层随深度增加而密度加大，油质变重。油藏的这一特征明显不同于我国渤海湾盆地、北非苏尔特盆地和欧洲北海盆地等主动裂谷盆地。后者普遍具有异常高压和高气油比等特征。

(5)两期充注形成混合型高酸值油藏。

早期聚集的原油遭受水洗和生物降解，导致原油酸值(TAN)增高，后期正常原油再充注，使得混合后原油酸值降低，酸值大于 1mg/g(KOH/原油)。地球化学特征表现为，一方面正构烷烃保存完好，另一方面检出 25-降藿烷。如 Palogue 油田古近系原油酸值为 3～10.6mg/g，为高酸值至特高酸值原油。原油饱和烃地球化学分析发现，原油正构烷烃保存相对完整，Pr/nC_{17} 为 0.17～0.29，Ph/nC_{18} 为 0.05～0.21，饱和烃色谱-质谱分析(m/z=177)检测出 25-降藿烷，说明生物降解程度达到 6 级(图 7-34)，是典型的混合型高酸值原油(窦立荣等，2007)。

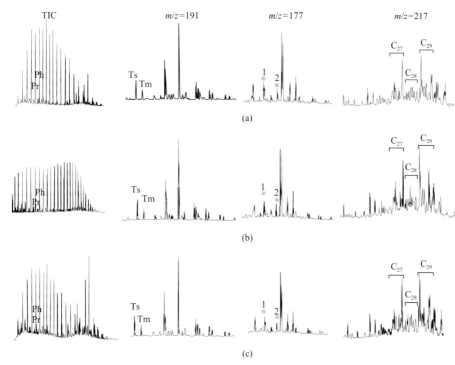

图 7-34　迈卢特盆地 Palogue 油田 Fal-1 井不同深度原油地球化学指纹对比

1-C_{28}降藿烷；2-C_{29}降藿烷。(a)Yabus 组 1145～1148m 井段，TAN=6.4mg/g；(b)Yabus 组 1203～1213m 井段，TAN=3.2mg/g；
(c)Samma 组 1366～1382m 井段，TAN=8.9mg/g

第五节　经验和启示

(1)互利共赢，是苏丹项目取得成功的基础。

1995 年 9 月苏丹总统巴希尔访华，与江泽民主席会见时提出，希望中国石油公司到苏丹勘探开发石油，帮助苏丹建立石油工业。江泽民主席当即表示支持，并指示中国石油进行研究。经初步评价认为，苏丹裂谷盆地的地质条件与我国渤海湾盆地相似，中方具有陆相裂谷盆地油气勘探开发成熟的理论和技术。1995 年 9 月 25 日，经外经贸部批准，中国石油利用中国政府贴息援外贷款，与苏丹政府签订了 6 区石油产品分成合同，开启了海外投资合作的新途径(周吉平，2000)。

① 快速建成海外首个千万吨级油田。

在开展苏丹 6 区项目的同时，中国石油还积极参与 1/2/4 区项目的投标。为降低投资风险，采用了与其他国际石油公司联合投资的方式投标。1996 年 11 月 29 日，苏丹政府同意由中国石油控股 40%，牵头组建国际石油投资集团，联合开发 1/2/4 区石油资源。其他几家参与者分别是马来西亚国家石油公司(30%)、Talisman(即原碧辟加拿大公司)(25%)和 Sudapet(5%干股)。1997 年 3 月，共同与苏丹能矿部签订了 1/2/4 区块石油产品分成合同和油田至苏丹港原油长输管道建设协议。同年 6 月初，按国际惯例联合组建了新的石油作业公司——大尼罗石油作业有限责任公司（GNPOC）。公司总裁由中方派任，中方人员在联合作业公司发挥主导作用。作业公司按国际石油公司模式管理，按国际标准组织作业。

GNPOC 在 1/2/4 区项目实施中取得显著成果（图 7-35）。一是勘探有新的发现，找到一批大中型油田，新增可采储量的勘探发现成本仅为 1.18 美元/bbl，低于国际石油公司平均发现成本 1.5~2.0 美元/bbl；二是配套建成了年产 1500×10^4t 的油田地面设施；三是建成了油田至苏丹港长 1506km、管径 28in（1in=2.54cm）、年输能力 1500×10^4t 的原油长输管道。1999 年 6 月 22 日，油田投产，同年 8 月 20 日油头抵达苏丹港末站，8 月 30 日实现首船苏丹原油装船外销。

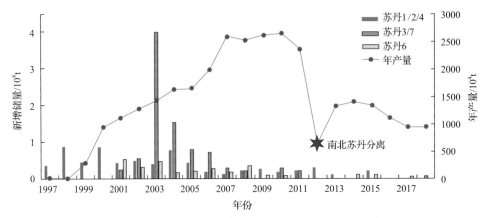

图 7-35　苏丹地区三大勘探项目历年新增石油地质储量和年产量

② 合资建成海外首个炼油厂。

为满足苏丹国内成品油消费的需求，中国石油与苏丹能矿部各出资 50%，合资建设年加工原油 250×10^4t 的喀土穆炼油厂。全部技术来自中国，全部装置在中国制造，并由中方总承包建设，投产后前 8 年以中方为主运营。按炼厂合资协议规定，项目建成投产后，苏丹政府用美元定额分月偿还中方投资本金、利息和投资回报，并以其出口原油的外汇收入作为担保。炼厂项目于 2000 年 5 月中旬全面投产，开启投资回收。

③ 进一步扩大合作，发现海外首个世界级大油田。

鉴于中国石油在苏丹的良好表现与信誉，在 2000 年苏丹 3/7 区的招标中，苏丹政府直接授予中国石油在该区块中 23% 的权益，并担任联合作业者，中方人员担任联合公司总裁，主导联合作业公司（PDOC）的运营。在中方主导下，2002 年快速发现世界级大油田——Palogue 油田，石油地质储量达到 5×10^8t。

④ 带动国内工程技术、服务和产品出口，实现了较高的连带效益。

在中国石油主导三大勘探项目的实施过程中，优先使用了中国的石油技术、物资装备和工程承包，中国石油带动出口额为权益投资的 135%，上游项目中方工程承包获得比较丰厚的利润。国内的石油技术服务如钻井、物探、测井及试油队伍都参与了项目的技术服务承包。中国公司工程承包带动了大量劳务出口。工程质量和施工速度都达到了国际石油工程建设的先进水平，在苏丹产生了巨大反响，受到国际石油界的普遍关注，为中国石油施工队伍走向尼日利亚、也门、叙利亚、埃及和伊朗，拿到作业承包合同起到了广告作用（周吉平，2000）。

⑤ 促进了中苏外交关系的发展，增强了"走出去"的信心。

苏丹项目开辟了我国技术经济合作的新途径，帮助苏丹建立了自己的石油工业体系，增进了两国之间的友谊，在合作方式上由过去资金物资援助转变为投资援助。短短两年之内，苏丹从石油进口国变为石油净出口国，在苏丹甚至非洲产生了深远影响。1999 年 5 月 31 日，苏丹总统在油田建设竣工典礼上称赞：是中国人民帮助我们开发了石油，在项目建设中，中国石油的贡献最大，感谢中国石油，感谢中国政府，感谢中国人民(周吉平，2000)。

苏丹项目的成功实施，增强了两国友好关系，加深了两国人民的友谊。苏丹项目是一个标志工程、效益工程、形象工程、友谊工程，为中国石油创造了效益，积累了经验，锻炼了队伍，增进了友谊，具有深远的意义(周吉平，2000)。与此同时，中国石油加快了"走出去"的步伐，在非洲先后获得了乍得、尼日尔、阿尔及利亚等多个风险勘探项目。

⑥培养大批高级管理人才和技术专家，为海外大发展提供了人才资源。

通过苏丹地区多个项目的实施，积累了一些国际化项目经营管理经验，基本掌握了国际油公司经营管理的方法。在联合作业公司按国际惯例建立了一套国际化管理程序、制度、政策和技术标准，形成了一套科学的决策机制、监控体系以及风险规避机制。苏丹项目的实施，为中国石油甚至中国石油公司锻炼培养了一支国际化经营队伍，涌现了一批可以参与国际作业的总经理、部门经理和国际法律商务人才，为六大油气合作区的构建输送了一大批经营管理和高级技术人才。

(2)创新裂谷盆地石油地质理论技术，发现一批大中型油田。

全球勘探实践证实，主动裂谷盆地拉伸强烈，沉降快，水体深，热流值高，不仅沉积了富含有机质的湖相烃源岩，还为油气生成创造了得天独厚的热环境，有利于形成大油田。如中国东部的松辽盆地和渤海湾盆地(图7-36)，以及欧洲的北海盆地。

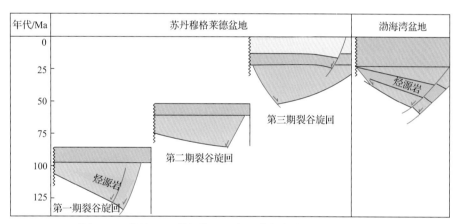

图7-36　苏丹地区裂谷盆地和中国渤海湾盆地演化史对比图

在苏丹1/2/4区块勘探早期，首先立足1B和2B开发区块进行滚动勘探，以及1A和2A区块进行风险勘探，快速发现储量。1/2区块古近纪裂谷期不发育，勘探的主要目的层集中在Bentiu组。建立了被动裂谷盆地地质模式和成藏模式，快速发现了一批油田，保障了苏丹1/2区千万吨油田的建设、投产和外输(童晓光等，2004；窦立荣等，2006)。

4/6区和2000年获得的3/7区，古近纪裂谷发育并叠置在早期的两期裂谷之上，地层厚度大于1000m，多期断裂活动和盆地演化期长，存在多期生烃、运聚和再调整的可能，油气富集的层系和区带位置不清，勘探目的层难以确定(图7-36)。窦立荣(2004)提出古近纪裂谷为主动裂谷的新认识，并进一步通过开展盆地演化史和古地温史系统研究发现，盆地早期缺乏火山活动，晚期火山活动强烈；早期的地层受到各自断陷边界断层控制明显，晚期的地层沉积集中在盆地的中部；通过古地温恢复发现，盆地早期地温梯度低，晚期地温梯度高。基于此，创新提出盆地晚期的裂谷应是主动裂谷成因，突破了三期裂谷皆为被动成因的传统观点(Dou et al.，2021；窦立荣等，2021)。早期地温梯度低，烃源岩大部分没有成熟，晚期地温梯度快速升高，烃源岩快速进入生油窗并大量生油，油气可以沿断层向上运移聚集形成油藏，建立了"主动-被动"裂谷叠合区晚期成藏和多层系聚集的成藏新模式，拓宽了勘探视野和勘探领域。

（3）建立地质模式，快速发现并评价 Palogue 大油田。

Palogue 大油田是中国石油实施海外石油勘探战略以来发现的最大规模整装油田，它的发现和评价，既保持了既定的勘探评价程序，节奏又非常快。面对 2002 年爆发的严重急性呼吸综合症（SARS）带来的严重挑战，从第一口发现井完钻、部署三维地震、钻探评价井，到基本探明油田地质储量和完成油田的开发方案，仅仅用了一年时间，成为快速发现和评价大油田的成功范例。在此过程中，采用了一系列技术和运作方式，充分利用发现井的测井、试油资料，结合二维地震解释成果，开展早期油藏描述，为正确确定在时间、经济和地质上都合理的三维地震工区范围、同时部署探井和评价井提供了重要依据。

① 提出晚期成藏新认识，明确了勘探主要目的层。

在 2000 年进入苏丹 3/7 区后，勘探主要集中在北部凹陷的主注。中方技术支持组先后通过竞标分别承担了联合公司 PDOC "迈卢特盆地全区构造成图"（第一次进行全区构造成图）、"迈卢特盆地干井分析"和"迈卢特盆地低阻油层的研究与识别"等多项科研项目。2001 年 2 月钻探 Agordeed-1 井，完钻井深 3797.6m，在古近系 Yabus 组 1204～1214m 见良好的油气显示，试油折合产油 100m³/d，在白垩系 3448～3450m 试油获得轻质原油（密度 0.82g/cm³）。通过对 Agordeed-1 井白垩系和古近系油油对比，证实原油同源。于 2002 年 2 月在广州召开的中油国际海外工作会议和 2002 年 6 月在北京召开的第一届中油国际勘探工作会议上均提出了"古近系为原生油藏"的认识和下一步勘探建议，明确了立足古近系寻找大油田的勘探方向。

② 创建构造调节带控藏新模式，发现 Palogue 大油田。

在分析迈卢特盆地构造特征时发现，受区域走滑背景的控制，单一断陷内缺乏中国东部裂谷盆地普遍发育的中央背斜带，而是在斜坡部位发育受断层控制的构造调节带。在凹陷内部多口井钻探仅发现薄油层的同时，2001 年提出在北部凹陷西北侧的 Palogue 地区可能是一个构造调节带，建议部署 5 条约 100km 的二维地震测线，发现了背斜构造显示。2002 年在构造主体部位再次部署 22 条共 500 多千米的二维地震测线，进一步落实了 Palogue 构造，这是一个在西倾鼻状古隆起背景上长期发育形成的被断层复杂化的短轴披覆背斜，由于受 NW 向断层的影响，整个构造带形成了在大型背斜构造背景上的一系列断块、断鼻和断背斜组合。当时在部署第一口井时，还是以断块的理念部署的 Palogue-1 井。2002 年 8 月，中方提出了井位建议，被联合作业公司和其他投资伙伴接受。2002 年 10 月，Palogue-1 井开钻，在 Yabus-Samma 组测井解释油层 72m，在 Yabus 组 1312～1333m 测试最高折算产量达到 810m³/d。2003 年 1 月，在 Palogue-1 井以北 2.8km 处的另一断块上部署 Fal-1 井，在 Yabus+Samma 组获得商业油流，从而进一步表明了 Palogue 地区为一个大型油田。在两口井获得重大发现后，在构造主体部位部署三维地震 308.88km²，并在三维区东侧部署 12 条二维地震测线共约 431km，于 2003 年 3 月完成采集。

Palogue-1 井和 Fal-1 井的钻探成功，显现出 Palogue 地区大油田的雏形。随后实施 5 口探井、16 口评价井，均获成功，使得 Palogue 油田地质储量逐步升级，揭示出该油田是一个世界级大油田。截至 2003 年 12 月 1 日，已有 12 口井完成了 Yabus+Samma 组油层试油工作，两口井完成了上白垩统油层试油工作。储量估算表明，Palogue 大油田的探明+控制地质储量已经超过 4×10⁸t，达到世界级大油田标准，是中国石油公司走出后发现的第一个世界级大油田。可采储量的发现成本仅 0.25 美元/bbl，大大低于同期国际大型石油公司的平均发现成本 1 美元/bbl 的水平。

③ 开展油藏地球化学研究，正确认识油藏成因，明确油藏性质。

结合早期油藏评价和油藏地球化学评价技术，按严格程序分层次、分阶段进行滚动勘探，评价井成功率 100%。在油田只有少量井资料情况下，开发人员早期介入油田评价工作，针对编制开发方案的需要对后续钻井提出了具体资料要求，节省了勘探与开发的过渡步骤，大大提高了工作效率，为快速确定油田储量和产能规模，早日建成投产奠定了坚实基础。

④ 建立盆地油气跨时代垂向长距离运移聚集成藏模式。

下白垩统上段烃源岩在古近系 Adar 组沉积末期进入生烃高峰，古近纪裂陷作用使大部分断层活化，在断层输导下，油气经历垂向长达 3000m 的运移，在古近系 Yabus-Samma 组聚集成藏。Lau 组沉积末期幔源 CO_2 气体从深层向浅层溢出，加速了油气运移。由于上白垩统缺少有利区域盖层，油气不能在上白垩统内大规模聚集，大量油气沿着断层和渗透性地层继续向上进入 Yabus-Samma 组优质储层中，在上覆区域分布稳定的 Adar 组泥岩有效盖层的遮挡下聚集成藏。发现的石油地质储量 95%以上在古近系储层中，仅有少量发现在白垩系储层中，证实了大部分油气跨越上白垩统垂向长距离运移进入古近系(图 7-37)。烃源岩主要发育在早白垩世裂陷层序中，有利储层发育在第二裂陷期后的拗陷阶段沉积的三角洲砂体中(即古近系 Yabus 组—Samma 组)，最

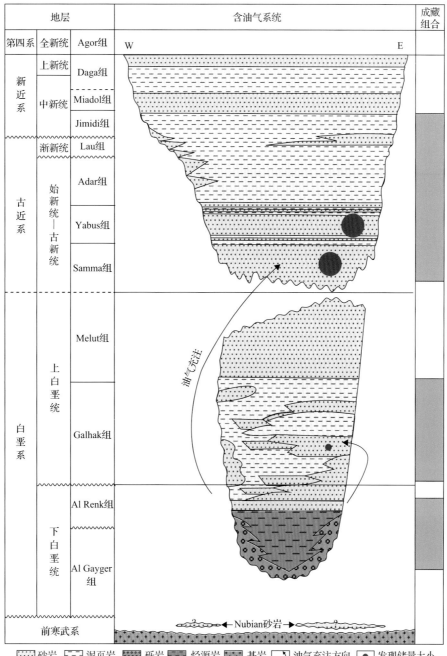

图 7-37　迈卢特盆地跨时代油气聚集成藏模式图

后一期裂陷(始新世—渐新世)过程中发育的泥岩为良好盖层。

⑤ 以规模目标为基础的圈闭评价技术。

在低勘探程度裂谷盆地的勘探中，首先就要预测盆地的主力生油凹陷。在主力生油凹陷确定之后，就要分析判断油气的主要运移方向和油气的主要聚集部位。油气首先应聚集在生油凹陷油气运移的主要方向上，油气运移的方向是沿流体压力降低的方向，即从生烃灶向上倾方向运移。具体到箕状凹陷，其缓坡断阶带是油气运移的优势方向和油气聚集的有利位置。

在明确油气藏分布的优势部位以后，再结合成藏组合中构造形态和构造演化的相似性，圈闭与构造的组合关系以及生、储、盖层空间上的配置关系划分区带或成藏带，并根据各成藏带圈闭的发育程度及规模、可能的储层发育情况以及断层的封闭性等因素对成藏带进行评价和筛选，由此确定勘探的首选区带。

规模目标优选是快速高效勘探的关键，其评价结果的准确性直接关系到勘探决策的成败以及钻探成功率的高低。在被动裂谷盆地勘探实践中，提出了以规模目标为核心的圈闭评价体系，采用地质和经济评价相结合的方法优选圈闭。目标的筛选分两个层次进行，首先是目标的初选阶段，主要根据地震资料的可靠性和圈闭的落实程度来筛选出构造落实的圈闭；第二阶段是目标的优选，即对初选出来的圈闭，通过圈闭地质风险分析、资源量估算和经济评价，最后根据圈闭的期望资金值(EMV)来优选目标，确定待钻圈闭。

地质风险评价是在资料可信度评价基础上进行的，通过目标的油源、储层、盖层、运移、圈闭和保存等诸要素的概率来确定；而圈闭资源量则是在圈闭规模的基础上，根据已知油气藏的解剖分析确定的油气丰度来估算。地质风险因子与圈闭资源量的乘积就是目标风险后资源量。

(4)制定并严格执行勘探管理与审批制度，提高勘探成功率。

境外油气勘探与国内最大的差异是多伙伴联合作业，最大限度降低风险，提高探井成功率，最快逼近大目标、大油田是伙伴共同的追求，但伙伴之间在理论技术和经验方面的差异，导致各自对地下认识的不同。因此，建立规范化勘探地质和风险评价制度及严格的勘探管理和审批制度是勘探项目管理的重要环节。通过多年的实践，和合作伙伴一起共同努力，建立了一套行之有效的勘探管理和审批制度，为高效勘探提供了保障。

① 同步开展成藏组合和圈闭的技术、经济评价和风险分析。

成藏组合和圈闭是油气勘探中经济评价的单元。之前往往是先进行地质评价，然后再进行经济评价。面对海外项目勘探期短的挑战，一种更好的方法是同时进行技术与经济评价，技术和经济评价人员协同工作，分享信息。这样可以使评价结果更可靠，及时发现那些没有经济或商业价值的成藏组合和圈闭，从而减少费钱费力的投资，可以将不足的人力和有限的费用应用于其他更有潜力的项目。

风险分析是技术评价和经济评价的桥梁，正确的风险分析将为经济评价提供可靠参数。风险分析是通过以下方式来提高经济效益的：识别并排除没有经济价值的圈闭；根据圈闭价值大小在不同潜力目标之间分配勘探投资；提高成本效益和人员使用率；重视具有最大潜力的远景圈闭；准确预测未钻圈闭成功率，并提供圈闭预测资源量；对预测和评价技术进行实时改进。

② 执行严格的三级勘探审批制度。

勘探技术审查会(Exploration Technical Review, ETR)或技术委员会会议(Technical Committee Meeting, TCM)是海外公司定期组织、由各伙伴代表参加的勘探技术会议，会议主要有两大议程，一是由技术人员汇报地震部署和井位建议，增加责任感、调动积极性和创造性；在此基础上对每一口探井/评价井构造成图进行审查，充分听取伙伴公司地质技术人员意见，并对各圈闭进行对比和排队。项目公司建立统一圈闭地质评价和经济评价标准。二是由伙伴公司代表共同讨论年度预算执行情况、勘探工作量完成情况和下一步勘探部署方案，有时还讨论预算调整方案，最大限度降低勘探风险，提高勘探成功率。ETR 或 TCM 会议达成的共识、完成的地震采集设计和井位地质设计需报伙伴公司审批，伙伴公司从不同角度对设计进行审查，最大限度分析各种地质风险，优选出地质风险和经济风险最小圈闭实施钻探，提高圈闭钻探成功率。

在苏丹地区各项目中，中国石油作为最大股东，在国内建立了强有力的技术支持中心，不仅对项目公司提交的地震部署和探井井位建议进行平行审查，还派专家参加每次的 ETR/TCM 会议，会上都做专题报告，介绍独自研究的研究成果和部署建议，引导勘探方向，在勘探生产过程中起到了十分重要的作用。

③ 正面的钻后评价。

对于每一口探井和评价井，建立规范的钻后评价程序，对可能失利的原因由当事人进行独立分析和总结，包括得到的经验和教训，以及所有钻前预测和钻后结果的对比。所有研究人员参与学习、讨论，同时转呈有关管理部门和高层领导。对钻前的预测必须是实际钻井所依据的决策，探井的钻后评价结果综合分析后，要向最高管理层和勘探部经理以及技术人员汇报，内容包括失利因素、重复出现的错误、改进措施以及对圈闭客观的评价认识。苏丹裂谷盆地是已证实的含油气系统，在新成藏组合，目的层的确定是主要风险；在已知成藏组合，圈闭的落实程度是主要风险。经常性的钻后评价，大大提高了探井的成功率，总体成功率达 60% 以上。

(5) 抢抓机遇，及时进行合同条款谈判和修改。

对海外勘探项目具有较大的影响力之一的是与资源国达成的原始合同条款可以重新谈判，因为勘探项目如果没有开始想象的有利，或者资源国政府因为环境的改变而希望修改合同条款。首先考虑由公司开始修改合同。在 1/2/4/6 区项目中，针对不同区块的特点，作业者与政府重新谈判合同条款，以求最大的经济效益。

针对 6 区勘探难度大，中方在 1995 年签署的产品分成合同基础上，2002 年与苏丹政府重新谈判，10 月 30 日，苏丹能矿部代表苏丹政府与 CNPC 和 Sudapet 签署了《苏丹 6 区产品分成合同补充协议》。该补充协议约定，合同者由 CNPC 合同权益 100% 变更为 95%，Sudapet 持有 5% 权益，成立联合作业公司 (Petro-Energy E&P)。CNPC 作为合同者来管理和运营项目。与此同时，政府同意作业者保持原始勘探区 30% 的面积至 2026 年 10 月底合同期结束。这样为 6 区的长期发展提供了区块和资源保证。

由于苏丹内战和南苏丹的独立，苏丹 1/2/4 区的部分面积和 3/7 区的主体都划归到南苏丹。南苏丹独立后，合作伙伴和南苏丹政府开展了多轮协商谈判，南苏丹政府同意给予一定的补偿延期。根据新签署的延期协议，南苏丹 3/7 区内 3D 开发区块本应于 2017 年 3 月到期，2014 年 10 月 14 日南苏丹政府同意延期申请，3D 开发区获得 5 年开发延期，到 2022 年 3 月到期。2017 年 1 月 6 日南苏丹政府批复无条件给予 3/7 区 23 个月停产延期补偿和勘探区块 612 天的勘探期延期补偿，同时给予项目 5 年石油合同延期。延期后，3E、7E 区块将于 2027 年 2 月 11 日到期（原合同约定 2020 年 2 月 15 日勘探到期），3D 区块将于 2029 年 2 月 11 日到期。

随后，南苏丹 1/2/4 区项目外方合作伙伴与南苏丹石油部就延期条件进行多轮谈判，南苏丹政府最终同意 1/2/4 区项目所有区块开发期停产补偿延期 80 个月、合同延期 5 年、勘探区块勘探期延期 54 个月。延期后，勘探区块的勘探期于 2023 年 2 月 25 日结束，开发区块和勘探区块开发单元的开发期于 2033 年 7 月 31 日结束。

第八章 乍得 H 区块风险勘探项目

乍得共和国是位于非洲中部的内陆国家,1960 年 8 月 11 日宣告独立。国土面积 128.4×10⁴km²,周边分别与利比亚、苏丹、中非、喀麦隆、尼日利亚、尼日尔等国接壤。人口 1640 万(2020 年)。乍得是农牧业国家,由于常年战乱,经济落后,基础设施极差,是世界最不发达国家之一。2022 年乍得国内生产总值 129.5 亿美元,人均国内生产总值 754 美元。

1962 年颁布第一部《石油法》,实行矿税制合同;2007 年颁布修改的《石油法》,改为产品分成合同。1969 年,乍得政府将全国的勘探许可证(不含厄蒂斯区块)颁发给了 Conoco 公司,为矿税制合同。壳牌、雪佛龙、道达尔和埃克森美孚等公司先后加入石油勘探,由于长期战乱等多种因素影响,部分公司先后退出,最终股权为埃索公司占 40%、雪佛龙公司占 35%、马来西亚国家石油公司(Petronas)占 25%。作业公司为 EEPCI 联合体。根据合同要求,1996 年 11 月作业公司保留在多巴、多赛欧和乍得湖三个盆地已发现的八个油田、三个含油构造及其周边探区后,将剩余的合同区域归还给了政府(窦立荣等,2018b)。

2003 年在世界银行等多家单位贷款的情况下,投产了 Kome、Bolobo 和 Mandoum 三个油田,建成了 910×10⁴t 的产能和 1081km 的乍得-喀麦隆原油运输管线,实现了乍得原油外输。之后产量逐年下降。2014 年雪佛龙公司将股权以 14 亿美元的价格转让给了乍得政府。2021 年 12 月 12 日,英国 Savannah Energy 公司①宣布,分别以 3.6 亿美元和 2.66 亿美元的价格收购了埃克森美孚公司和 Petronas 在乍得多巴地区石油项目的运营权益以及乍得-喀麦隆石油运输管道的权益。2020 年多巴项目的原油产量降到不足 170×10⁴t/a。

1999 年乍得政府将这些区块和东北部的厄蒂斯区块一起组成新的区块——H 区块(图 8-1),面积 43.924×10⁴km²,授予给了 Cliveden 石油公司,2001 年加拿大 EnCana 公司从 Cliveden 石油公司购买了区块 50%权益和独家作业权。2003 年 12 月中国石油和中信能源(香港)分别参股 Cliveden 石油公司 25%,各自间接获得 H 区块 12.5%权益,为非作业者。2006 年通过三次扩股,中国石油分别购买了 Cliveden、中信能源(香港)和 EnCana 公司持有的 H 区块权益,最终拥有了 H 区块 100%权益,2007 年 1 月 12 日成为 H 区块作业者,成立了中油国际(乍得)有限责任公司,开启了乍得 H 区块油气勘探新时代。

第一节 乍得 H 区块勘探历程

H 区块的合同模式为矿税制合同,原始、第一和第二勘探期结束后要求归还原始合同区的部分面积,归还的比例分别为原始合同区块面积的 50%、25%和除开发区以外的所有面积。勘探期应该在 2011 年 2 月 22 日结束。2011 年 1 月乍得政府以法律的形式给予 H 区块 5 年延期。

H 区块分布有 7 个沉积盆地的全部或部分,其中乍得湖区块(Lake Chad)、麦迪亚哥区块(Madiago)、邦戈尔、多巴、多赛欧和萨拉玛特(Salamat)等 6 个盆地/区块是受中西非剪切带影响发育起来的中—新生代裂谷盆地,北部的厄蒂斯(Erdis)盆地为古生代克拉通盆地,是利比亚境内

---

① Savannah Petroleum 公司于 2014 年 6 月成立,总部位于伦敦,在英国 AIM 上市。2014 获得尼日尔上游勘探区块。2017 年底开始逐步扩张至周边的尼日利亚(收购在产油气田)、乍得/喀麦隆上游和中游业务。2020 年公司更名为 Savannah Energy,2022 年开始在尼日尔、乍得布局风力发电等可再生能源项目。

Kufra 盆地的南延部分(图 8-1)。

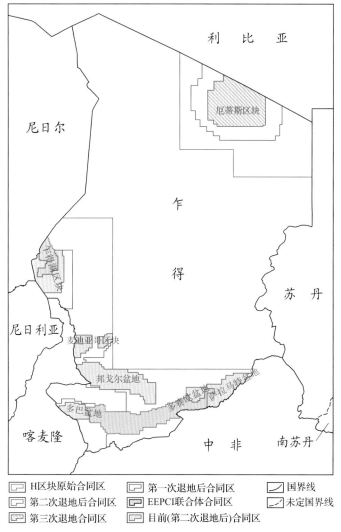

图 8-1 乍得 H 区块地理位置图

根据不同作业者的勘探工作量完成情况、勘探发现、勘探技术和所取得的成果，H 区块的石油地质研究和勘探历程可以划分为两大阶段：即前作业者勘探阶段和中国石油勘探作业阶段。

一、前作业者勘探阶段

1999 年之前，H 区块已有不同年份的重力、磁力和二维地震资料，有探井 3 口，1 口位于乍得湖区块，2 口位于邦戈尔盆地，全部为干井。1999~2000 年 Cliveden 石油公司作业期间，基本没有开展实物工作量；2001~2006 年 EnCana 公司担任作业者，在邦戈尔盆地、西多巴区块和麦迪亚哥区块部署了部分二维地震。在邦戈尔盆地钻探了 Mimosa-1 井、Mimosa-2 井、Kubla-1 井和 Baobab-1 井，仅在 Mimosa 发现薄的稠油层，Mimosa-1 井和 Kubla-1 井都钻入基底，随后采集 Mimosa 三维地震。2005 年在乍得湖区块钻探 Accacia-1 井，揭示的地层主要为上白垩统—新生界砂泥岩，夹侵入岩，无发现而弃井；2006 年在西多巴区块钻探 Figuier-1 井、Karite-1 井和 Nere-1 井，仅在 Figuier-1 井见薄油层。截至 2006 年底，在 H 区块没有对任何井进行试油。可以看出，前作业者没有选准主力区块，没有确定主力成藏组合和主力成藏带，也没有获得任何商业发现。这也是前作业者退出该区块的主要原因。

在 2004～2006 年中国石油作为非作业者参股 H 区块期间，关于有利区块的选择、勘探部署和有利目标的评价等理念，确实与作业者有明显的差异和冲突。但 3 年时间对过去积累的大量资料的消化和与中国东部和苏丹裂谷盆地的对比分析和深化研究，更加坚定了对 H 区块权益收购的决心。2006 年 12 月 8 日最终在卡尔加里和 EnCana 公司签署购股协议。中国石油成为 H 区块作业者，进入加大加快勘探的阶段。但"雄关漫道真如铁，而今迈步从头越"，需要我们突破前人、突破已有理念，才能在前人久攻不克的区块获得规模发现。

二、中国石油勘探阶段

H 区块的购股和勘探与不断深化地质研究工作密不可分，研究成果指导了购股和勘探部署，勘探发现又不断补充和完善地质认识，实现了"实践—认识—再实践—再认识"的螺旋式上升，不仅快速发现了优质规模油田，快速建产，也使乍得成为继苏丹地区之后在非洲又一个成功的风险勘探项目。

（一）首选邦戈尔盆地取得重大发现

在 2003 年 12 月成功参股 H 区块后，经过三年的研究，收集了所有的地质和地球物理资料，平行开展了重力、磁力资料的处理和解释，地震资料的解释，部分岩石和原油样品分析，在盆地地质条件、含油气系统、成藏组合、成藏模式和油气资源评价的基础上，建立了高风险勘探项目"选盆、定带、快速发现"的勘探评价方法，总结出十项低勘探程度盆地/区块评价指标，通过凹陷结构分析、烃源岩快速评价、成藏组合快速评价以及圈闭评价，从成藏条件、资源潜力和经济评价三个方面系统对比区内的七个盆地/区块，明确位于乍得北部的厄蒂斯区块为以下古生界为主的克拉通盆地，可能以生气为主，远离市场，地面存在大量未爆炸物，勘探难度大，勘探潜力小，作为第一批退地的候选区；位于乍得中部的麦迪亚哥区块构造简单，反转强烈，成藏条件差、资源潜力小，发现商业油田的难度大；位于乍得东南部的多赛欧和萨拉马特有一定成藏条件、资源潜力中等，有希望获得商业发现，但距现有的外输管道远，要求的商业发现门槛高；位于乍得西南部的西多巴区块是已证实的富油盆地——多巴盆地的一部分，区块面积较小，前人已经钻探 3 口探井，没有规模发现，可以作为第二层次的勘探区块；而邦戈尔盆地则是 H 区块内一个完整的沉积盆地，1974 年和 1976 年分别钻探了 2 口探井，失利后弃井，但钻探证实盆地是强烈反转的裂谷盆地，仅保存了下白垩统，上白垩统被剥蚀，最大剥蚀厚度达到 2500m(Genik，1992，1993)。21 世纪初，前作业者在该盆地钻探了 5 口探井，主要针对"源上组合"的目的层，在 Mimosa-1 和 Kubla-1 发现了较好的油气显示，但认为解释的油层薄，原油物性不好，没有试油，最终也没有获得商业发现。前作业者没有开展系统的地层研究和命名，没有开展构造单元的划分，地质认识还很肤浅。

通过 2003～2007 年的研究发现，邦戈尔盆地是已经证实的发育下白垩统湖相优质烃源岩的裂谷盆地，盆地面积达到 $1.8×10^4km^2$，前人勘探发现虽然油层薄、油品差、规模小，但资料显示盆地烃源岩条件极为优越，况且盆地的勘探程度低。邦戈尔盆地离管线约 210km。技术经济评价表明，只要建成 $200×10^4t/a$ 产能就能达到经济门槛。因此，最终选定邦戈尔盆地作为快速突破的首选区块，不仅突破了中非裂谷系"源下组合"勘探发现规模油田的新层系(窦立荣等，2011)，还首次在前寒武系花岗质基岩潜山获得高产稀油，打开了非洲陆上油气勘探的一个新领域(窦立荣等，2015，2018a)。

（1）2007～2009 年以"源上组合"为勘探目的层，首次获得商业发现。

2007 年接手 H 区块后，首先对当年完钻的 Ronier-1 井和 Mimosa-3 井进行系统试油，在 Ronier-1

井 1057.00～1070.80m 井段试油获得日产原油 43m^3，密度为 0.9352g/cm^3，证实了 Ronier 构造具有商业产能，快速部署实施了 503km^2 的 Ronier 三维地震。对 Mimosa-3 井 567.50～587.50m 进行试油，获得 19.25m^3/d 的低产稠油，密度为 0.9725g/cm^3。通过对所有探井钻遇地层的古生物分析及区域对比，对重点骨架地震剖面反复解释论证，确定了新的解释方案，首次初步统一了邦戈尔盆地地层命名，进一步坚定勘探稀油的信心，提出了低部位断块可能有勘探价值，勘探方向应尽快转变到以储层预测为主导的思路上来。

在三维地震资料的基础上，2008 年 1 月底在 Ronier 构造南部断背斜部署了一口探井——Ronier-4 井，由于乍得国内的内战提前完钻，当年 6 月对其 1452.80～1486.40m 井段进行试油，获得了 279m^3/d 的高产稀油，密度为 0.8500g/cm^3，成为邦戈尔盆地第一口日产量超 1000bbl 的井。

2009 年 3 月在 Ronier-1 井以东部署 Prosopis-1 井，在 1595.80～1619.80m（K 组）试油获得 509m^3/d 的高产油流，密度为 0.8600g/cm^3，单井合计试油产量超过 1000t/d。4 月份对 Baobab-1 井 P 组试油获得日产 90.15m^3 的油流，密度为 0.8900g/cm^3。在 Baobab 构造下倾部位断背斜部署 Baobab S-1 井，在 P 组试油获 273.60m^3/d 高产稀油，密度为 0.8700g/cm^3。通过地层对比发现，Boabab S-1 井 P 组的成功，突破了"源下组合"高产稀油关，打开了深层勘探领域，坚定了发现大油田的信心，勘探应该往现今盆地的北部进一步转移，寻找裂谷期的"扇体"，以期发现更厚的 Prosopis（简称 P）组油层。因此，当时就决定将 Kubla 三维的范围向北西延展，覆盖 Baobab 构造的以北地区，这为后来的 Baobab NE 和 Baobab N 油藏的快速发现奠定了基础，大大节约了时间。

2007～2009 年，基本证实了 Ronier、Maye、Baobab 和 Mimosa 地区的含油气连片；实现"2007 年突破工业油流关，2008 年突破稀油关，2009 年发现高产富集区块"的跨越式发展，为启动上下游一体化项目的详细设计和施工工作提供了可靠的储量基础。

（2）2010～2012 年以"源下组合"为勘探目的层，快速发现多个规模油田。

2010 年，以快速探明 Prosopis-Baobab 亿吨级区带为重点，扩大储量规模，为一期产能建设和长期稳产提供储量保障；甩开勘探以 Naramay 和 Kubla 三维潜力区带、南部陡坡带及西邦戈尔盆地等为突破口，加大了风险区带的勘探力度。

在大 Baobab 地区，采取"Baobab 块和 Baobab S 探边扩储，向东北甩开钻探新目标"的勘探思路，共钻井 9 口，Baobab S 块的含油面积扩大到 25km^2；甩开的 Baobab NE-1 井是在"优先采集、加急处理、快速定井"的思路上提出的 1 口风险探井，2010 年 7 月完钻，测井解释油层 183m，其中在 P 组 1434.00～1484.00m 井段试油获得高产；当年 10 月在 Baobab 次洼北部斜坡部署的 Baobab N-1 井，测井解释油层 108m，最终试油单井日产油气当量达到 1900m^3。在快速成藏研究和油水边界预测的基础上，向下倾部位部署 Baobab N-4 和 Baobab N-8 井，其中 Baobab N-4 井测井解释油层厚度 168.13m，Baobab N-8 井测井解释油层厚度更是高达 288.84m。证实了 Baobab NE 和 Baobab N 两个高丰度的大油田，单储系数超过 1000×10^{4}t/km^2。Baobab N-1 油藏的油柱高度达到 1000m，发现了一个大型的岩性油藏。Great Baobab 油田的发现，进一步证实了下白垩统 P 组储层和其上覆 Mimosa（简称 M）组纯泥岩盖层组成的良好的"源下成藏组合"的潜力，加大加快了勘探步伐。

通过钻井、地震、地质并结合区域重力资料的综合对比分析发现，北部斜坡区东部的 Daniela 地区与 Baobab N 地区具有类似的地质结构及生储盖组合特征，虽然该区有一口失利井，但早期的圈闭不落实及评价目的层系不同，根据以往的勘探经验，继续实施"先三维，后钻井"超前部署策略，先后实施了 Daniela 和 Lanea 三维采集，分别钻探了 Daniela-1 和 Lanea-1 井，均发现厚层油层，试油均获高产。此外，还发现了 Phoenix、Raphia S、Moul、Mango 和 Delo 等油田，储量快速增加。

（3）大胆探索，基岩潜山获得重大突破，打开一个新的勘探领域。

中非裂谷系前寒武系花岗岩和变质岩等大量出露，作为中—新生代裂谷盆地的基底，在不同盆地都有所钻遇。EnCana 公司作业时曾在邦戈尔盆地 Mimsoa-1 井和 Kubla-1 井钻入基岩完钻。2007~2012 年，先后有 61 口井钻遇基岩，均作为完钻的标志，而且常常由于基岩预测难度大而提前钻遇。2009 年 P 组获得重大发现后，潜山勘探已经成为科研项目组思考的问题，2010 年 10 月钻探 Baobab C-1 井，该井位于大 Baobab 构造的高部位，主要目的是探索两侧已经证实的 P 组砂岩，设计井深 1500m，预测基底顶面 1400m。钻井揭示 P 组砂岩不发育，在 1131m 提前 270m 钻遇基底，在二开继续钻入基岩段的过程中有钻井液漏失，极个别岩屑面上见油染，最后在 1192.86m 钻入基底 61.86m 因钻井液失返提前完钻，共漏失钻井液 230m^3。套管下到潜山顶部 1142.50m，潜山段裸眼，为后续的试油留出了空间。此外，在 Baobab E-2 井、Phoenix-1 井、Raphia S-6 井、Raphia S-8 井等都不同程度见到油气显示，出现钻井液漏失。基岩段的油气显示和钻井液漏失，揭示基岩可能是一个新的勘探成藏组合(窦立荣等，2011)。

2012 年，在大量论证和钻完井工程准备的基础上，选择在 Lanea 区块三维区已经发现 Lanea 油田(P 组)的构造带上，优选了 Lanea E-2 井，设计主要目的层为 P 层，兼探潜山，预测 P 组顶面 700m，基底顶面 820m，设计钻入基底 130m 于 950m 处完钻。为了更好地了解基岩段的地质和显示情况，第一次在该井将基底作为次要目的层写进钻井设计，钻井工程上首次采用三开设计，动迁欠平衡钻井设备到现场。2012 年 12 月 3 日 Lanea E-2 井开钻，在 826m 见基底，见到中等显示，因钻井液密度大，气测很弱，有漏失，834m 三开，根据显示情况决定加深到 1190 m 完钻。该井不仅在 P 组解释油层 60m，在基岩段解释油层 80.57m。基岩段裸眼试油，获得自喷折算日产 495m^3 的高产油流，原油密度为 0.8575g/cm^3。

Lanea E-2 井的成功，大大提振了潜山的勘探信心。之后先后对老井进行了复查和试油。2013 年 1 月即对 Baobab C-1 井试油，基岩段裸眼获得折算产量 638m^3/d 的原油和天然气 1586m^3/d，原油密度为 0.8498g/cm^3。之后又对 Baobab E-2 井基岩段试油获得高产。在 Lanea E 和 Baobab C 基岩测试获得高产油流后，从整体上预示了邦戈尔盆地潜山油藏规模可能较大，储量潜力大，一个新的勘探阶段——潜山勘探开始了。当年就先后发现了 Lanea E、Baobab C、Raphia S、Phoenix S 和 Mimsosa E 共 5 个潜山含油带，展示了潜山良好的开发前景。

(二)甩开勘探，外围区块获得重要发现

在邦戈尔盆地不断取得发现的同时，不断加强西多巴和多赛欧区块的研究，在西多巴区块部署了三维地震，在多赛欧-萨拉马特区块部署了二维地震加密线和部分微生物勘探，优选目标，实施钻探，取得了重要发现。

1. 西多巴区块取得突破

Figuier-1 是西多巴盆地 2006 年 8 月完钻的一口探井，该井上白垩统埋藏较浅，缺乏有效盖层；下白垩统以大套泥岩夹薄层砂岩为主，储层不发育，原解释油层仅 1 层 2m。2011 年 3 月，在深入分析基础上，进行测井重新解释，在下白垩统 Mangara 组解释油层 3m/2 层，气层 9m/4 层。其中 1237.4~1238.77m 井段，测试折合日产油 19m^3，密度为 0.8324g/cm^3，打开了西多巴区块的勘探局面。2014 年 1~5 月，以下白垩统为勘探目标，先后钻探了 3 口井：Moringa-1 井、Citrus-1 井和 Sena-1 井，测井均解释出油气层。

2. 多赛欧区块

2014 年 4 月在前期研究的基础上，在多赛欧盆地北部陡坡带部署了 Ximenia-1 井，下白垩统 Kedeni 组钻遇油层 53m，试油自喷轻质原油 663m^3/d，气 4×10^{4}m^3/d，原油密度为 0.79~0.86g/cm^3，黏度为 0.9~3.0mPa·s，倾点为 24~30℃，气油比为 21~35，酸值为 0.04~0.08mg/g。之后在区块东部连续发现多个含油气构造，突破了该区"缺储少盖"的传统认识，提升了区块的勘探潜力，

打开了多赛欧区块的勘探新局面。

第二节　前寒武系结晶基岩的特征

和中非地区其他裂谷盆地的基底岩性类似，邦戈尔裂谷盆地的基岩为前寒武系结晶基岩，包括变质岩和侵入岩两大类。变质岩岩石类型主要有区域变质岩、混合岩和动力变质岩等正变质岩。侵入岩以中、酸性岩为主，酸性岩主要为二长花岗岩、正长花岗岩和碱长花岗岩；中性岩主要为正长岩、石英正长岩、二长岩、石英二长岩、闪长岩和石英闪长岩等(图 8-2)。岩浆岩的年龄主要集中在 621Ma±16Ma～525.3Ma±2.5Ma，变质岩的年龄集中在 616Ma±6Ma～526.5Ma±2.7Ma。基岩形成或变质的时代为寒武纪纽芬兰世—新元古代(窦立荣等，2018a)。

图 8-2　邦戈尔盆地典型基岩岩心照片

(a)褐色花岗质角砾岩、碎裂二长花岗岩(Baobab C-2 井，深度 550.00m)，角砾大小 2～10cm；(b)粉红色混合花岗岩(Raphia S-11 井，深度 1409.20m)，不等粒花岗变晶结构，块状构造，见高角度裂缝两组，一组与岩心柱面夹角 30°左右，另一组与岩心柱面近于平行，裂缝宽度 1～2mm，沿裂缝发育溶蚀孔隙；(c)灰绿、杂粉红色花岗质黑云斜长片麻岩条带状混合岩(Mimosa-10 井，深度 1323.00m)，发育雁列式裂缝；(d)花岗闪长岩(BaobabC 1-4 井，深度 1419.71m)，一个长 30cm 的缝洞内生长了花状的自生方解石；(e)粉红杂黑色正长岩(Phoenix S-3 井，深度 1644.80m)，岩性致密；(f)灰绿色混合岩化绿泥斜长片麻岩(Lanea SE-1 井，深度 808.88m)，见 3mm 宽的裂缝

在经历了寒武纪—侏罗纪长期的风化剥蚀和淋滤作用之后，白垩纪—古近纪非洲板块内部的应力场变化导致盆地基岩受到了多期应力作用，不仅形成新的裂缝，也导致旧的裂缝开启。在成盆过程中的热液作用对基岩储层的改造，也会影响到储层的发育。这一特殊的地质构造环境在邦戈尔盆地基岩顶部形成了完整的储层序列，使得基岩成为盆地有利的成藏组合。多口探井的试井解释发现，潜山油藏主要表现为双重孔隙介质油藏、复合油藏及有限导流垂直裂缝井的油藏特征(图 8-2)。

一、基岩岩性

基于基岩矿物组成，结合储层测井评价，可以将结晶基岩划分为两种类型：长英质矿物和铁镁质矿物。长英质岩石，深色矿物含量低于 10%，如黑云母、角闪石等，具有高钾浓度、高自然伽马、低密度(RHOB)、低光电因子(PEF)(<4)、低钛浓度、高浓度硅、低铁浓度的特征，少量的密度中子交会。而铁镁质岩石，具有暗色矿物含量超过 10%，低钾浓度、低自然伽马、高密度、高 PEF(>4)、高钛含量、低浓度硅、高铁浓度的特征，没有密度中子交会。长英质岩石样品分析，石英平均含量 21.3%、长石含量 75%、黑云母和角闪石含量 3.6%；镁铁质岩石样品分析，石英平均含量 11.6%、长石含量 65%、黑云母和角闪石含量 23.4%。

根据岩心和井壁取心的分析发现，约 71.4% 的样品中黑云母和角闪石的含量小于 10%。通过岩心、井壁取心标定测井资料的解释，表明超过 70% 的基岩层段是长英质岩石。因此，尽管井径对伽马和密度测井有一些影响，但基岩岩性大致可以基于伽马和大量的密度测井资料确定。

二、基岩储层分类

在系统进行岩心观察、岩性分析、毛细管压力曲线特征、常规测井和地层微电阻率扫描成像 (FMI) 资料研究的基础上，将潜山储层划分为孔隙型和裂缝型 (图 8-3)。

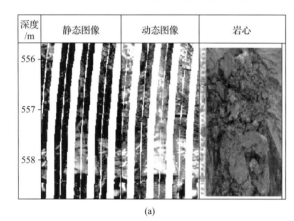
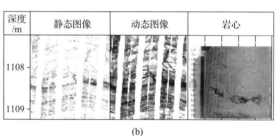

图 8-3　邦戈尔盆地 Baobab C-2 井两类花岗岩潜山储层岩心和 FMI 图像

(a) 孔隙型储层；(b) 裂隙型储层

(一) 孔隙型储层

该类储层岩石破碎，结构非均质性强 [图 8-3(a)]，风化现象明显，主要发育在潜山顶部，储集空间以破碎粒间孔为主，裂缝中存在泥质充填。同时，溶蚀形成的晶间孔隙也是重要的储集空间。在钻井过程中扩径明显，钻井液漏失严重。

(二) 裂缝型储层

该类储层岩石结构完整，天然裂缝发育，以张开的网状或高角度的裂缝群为主 [图 8-3(b)]。裂缝中有时被方解石、绿泥石和铁质充填。沿裂缝 (隙) 周围的矿物 (主要为角闪石和长石) 有溶蚀现象，在岩心及薄片中可以见到孔洞呈串珠状和裂缝共存，储集空间包括裂缝和溶蚀孔洞。在钻井过程中有一定扩径，有钻井液漏失。

三、基岩储层发育的控制因素

在中国东部辽河拗陷的变质岩基岩储层研究中，提出了"优势岩性"和"优势应力区"的概念 (谢文彦等，2012)。实际上，同样的矿物成分可能出现不同的岩石类型，因此，基于岩石的矿物成分进行基岩储层物性的控制因素分析，具有更强的实用性，也能够更好地和常规测井资料进行联系，对测井预测储层的岩性和物性具有更大意义。

(一) 岩石力学性质对裂缝发育的控制作用

为了研究基岩岩性和力学性质的关系，评价不同岩性裂缝发育的难易程度，在盆地潜山钻井取心中，选取了不同岩性和结构构造的岩石进行岩石力学试验。对其中 7 种不同岩性样品进行了岩相学鉴定，之后分别进行了单轴抗压、抗拉和三轴压缩变形试验。表征岩石变形性质的物理量主要是变形模量、弹性模量和泊松比等。弹性模量越大，泊松比越小，岩石性质越脆。泊松比由于试验数据量较少且数据离散性较大，难以反映真实的力学性质，在此主要根据弹性模量进行脆性评价。试验结果表明，眼球状花岗岩、碱长混合花岗岩和二长花岗岩的弹性模量相对较大，所以这几类岩石的脆性最高，主要为长英质矿物含量高引起的。暗色矿物含量高的正长岩、条带状混合岩和变粒岩脆性相对较小。

岩心样品的试验结果表明，黑云角闪斜长变粒岩抗压强度和抗拉强度最高，原因为该岩石新鲜，具有细粒结构和块状构造。眼球状花岗岩、碱长混合花岗岩和二长花岗岩的弹性模量相对较大，这几类岩石的刚度最大。眼球状花岗岩和碱长混合花岗岩的抗拉强度和抗压强度都比较高，反映出其岩石结构构造比较均匀的特点。二长花岗岩和条带状花岗岩的抗拉强度较低，可能是因为岩石中矿物差异富集形成了弱的结构面。正长岩中高含量的解理发育长石、角闪石和黑云母和似片麻状构造，可能是其岩石强度低的原因。

通过试验结果分析发现，岩石的力学性质与岩石的结构构造、矿物成分密切相关。岩石力学性质和岩性间的一些具体相关性分析可能因数据量偏少或者试验操作影响与实际有一定的偏颇，但总体上可以获得初步认识：长英质矿物含量高的岩石比暗色矿物含量高的岩石脆性强，岩石结晶颗粒越细且结构均匀，其强度越大，片麻状构造、条带状构造中存在的线理、面理等会降低岩石的强度。

(二)岩性对物性的控制作用

裂缝发育处岩心易破碎，具有好的孔渗性能的样品往往不能成功钻取岩样，岩心实测孔隙度、渗透率常常会低于岩石的实际孔隙度与渗透率，但物性参数在一定程度上仍能反映出以基质岩块为主的储集空间特点。通过基岩 14 个岩性亚类 251 块样品的物性分析发现，不同岩性、不同深度的岩石，由于受到地质作用改造破碎的程度不同，孔渗有较大的差别。总体上岩石的孔隙度与密度和渗透率都具有一定的相关性。通过交会图(图 8-4)分析，乍得基岩的孔隙度与密度呈线性相关且相关性较好，密度越小孔隙度越大，数据点相对集中；密度越大孔隙度越小，但是孔隙度差异减小。基岩的孔隙度与渗透率指数相关性最高，基本能反映孔隙度增大、渗透率增加的特点。物性变化总的趋势是以浅色矿物为主的花岗质岩石(包括混合花岗岩、花岗岩、二长岩、正长岩)密度相对较低，构造作用下容易破碎(形成碎裂岩类)，形成破碎粒间孔和裂缝，岩石孔渗好于暗色矿物含量较高且密度较大的变粒岩、斜长角闪岩、闪长岩类岩石，岩石密度可以用来刻画测井密度值，并可用测井密度曲线区分岩性段。

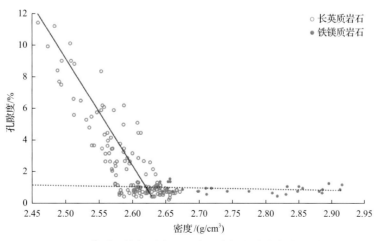

图 8-4　长英质和铁镁质岩石的岩心分析孔隙度与密度关系图

（三）岩石矿物组成对物性的控制作用

利用岩心化验分析获得的密度和孔隙度值进行拟合，得出矿物的骨架值，长英质岩石岩心密度-孔隙度拟合关系较好；铁镁质岩石线性关系较差，孔隙度值集中在高密度低孔区。以密度 2.68g/cm³ 为界，长英质岩石密度小于 2.68g/cm³，铁镁质岩石密度大于 2.68g/cm³。两类岩石的孔隙度与密度呈线性相关且相关性较好，总体密度越小孔隙度越大，但两类岩石的孔隙度随密度的变化趋势明显不同。长英质岩石的孔隙度范围在 0.3%～11.5%，密度在 2.2～2.7g/cm³，变化范围大，相关性好；而铁镁质岩石的孔隙度变化范围小，介于 0.5%～6%，主要集中在 0.5%～2%，密度介于 2.5～2.9g/cm³，相关性不如长英质岩石。这也反映了长英质岩石比铁镁质岩石更容易发育储集空间。最终拟合得到长英质岩石的骨架密度为 2.64g/cm³，铁镁质岩石的骨架密度为 2.78g/cm³。通过对岩心标定的测井孔隙度和密度进行交会，也发现类似的特征（图 8-5）。

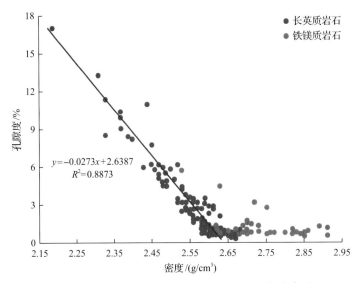

图 8-5　岩心标定后的测井孔隙度与测井密度交会图

（四）埋深和成岩作用对物性的控制作用

由以上分析可知，分岩性和储层类型均无法建立明显的孔渗关系，进而无法建立渗透率模型。于是尝试分析渗透率与深度的关系。统计发现，渗透率与距潜山顶面深度有关。除个别井外，在距潜山顶 40m 的深度范围内，渗透率大于 $1\times10^{-3}\mu m^2$；在潜山顶 40～140m 范围内，渗透率在 $(0.1\sim1)\times10^{-3}\mu m^2$；当距潜山顶深度大于 140m，很难有储层发育，大于 800m 后无储层。

（五）成岩作用对物性的影响

前寒武系基底岩性已经从岩心、岩屑进行了大量的观察，如自生黄铁矿、裂缝充填的方解石和钻井过程中的高岭石，可以发现结晶交代和石英结晶，对斜长石的长石绢云母化，黑云母、方解石和白云石胶结，选择性地蚀变交代方解石。热液活动对孔隙度增大有一定的积极影响，如长石和黑云母溶解。此外，构造诱导缝和裂解缝不仅是储集空间，也为油藏流体在大套储层中流动增加了渗透性。热液活动的矿化胶结同样有不利影响，破坏渗透性，影响了基质的总孔隙度。钻揭的深层基岩硬且脆，基质孔隙度和渗透率极低甚至没有，少数裂缝被石英或方解石完全充填。

溶蚀和充填作用是影响储集空间变化的重要因素。溶蚀作用主要对储集空间起着积极作用，在基岩顶部最为明显。基岩长期暴露地表遭受风化剥蚀的同时，受大气降水淋滤也发生着广泛的溶蚀。在盆地开始裂陷时，基岩顶部覆盖巨厚的中—新生代沉积物，地层流体对基岩顶部作用最直接。长石发生绢云母化、高岭土化和钠黝帘石化，黑云母角闪石蚀变成绿泥石等，这些蚀变产物随着水溶液渗流发生溶解，形成孔隙和缝隙。这也是基岩风化壳具有较好储集性能的主要原因。此外，强烈的多期构造运动使得大量断裂深入基岩深部，并相互交切形成基岩内幕裂缝网络，地层水进入裂缝网络空间对内部基岩进行溶蚀，为基岩内幕油气成藏提供运移和储集空间。

充填作用是早期形成的孔隙和裂缝中流体的离子浓度等于或大于被携带物的临界浓度，溶液饱和，被携带物在孔隙和裂缝中进行沉淀和重结晶，储层孔隙度减小且渗透率降低。该区的裂缝充填物主要有方解石、绿泥石、石英、铁质、原岩细碎屑和泥质。充填方式主要有全充填和半充填。大量的薄片鉴定资料表明，方解石的充填作用表现得较为强烈，主要充填于张开的裂缝及长石等矿物的解理缝中，裂缝中的方解石充填可见具有多期次性。绿泥石充填多发生在角闪石、黑云母等暗色矿物含量较高的岩石中。石英在裂缝边部生长并逐渐弥合裂缝。在构造破碎带及风化壳中，破碎粒间孔及裂缝常被原岩细碎屑和泥质充填。另外在部分薄片中可见铁质和硅质共同充填孔缝。在油气生成和充注阶段，地层水的溶蚀和沉淀作用，可以增加孔隙，也可以形成方解石等热液矿物的充填，从而降低裂缝孔隙度。随着埋深增加，裂缝发育的难度增加，最终变为致密的岩石。

四、基岩储层序列

邦戈尔盆地花岗岩潜山主要分布在盆地的北部斜坡区，潜山的形成主要受构造背景和断裂活动的影响，潜山类型以单面山为主，控山断层一般较陡，断面倾角在 50°以上，P 组在基底之上上超特征普遍，说明潜山只是在裂谷作用早期才翘倾形成的。潜山圈闭的幅度、规模和平面展布特征受断层的控制，其中 Baobab C、Mimosa、Pheonix 和 Raphia 潜山受与盆地走向一致的北西西向北倾断层控制，Lanea E 潜山受近东西向南倾断层控制。

花岗岩基岩在盆地形成和演化过程中产生的储层垂向分带性构成了完整的储层序列，岩石物性的变化为地震资料预测储层的空间展布提供了可能性，也决定了花岗岩储层油气藏的空间展布具有似层状的特征。不同学者曾对花岗岩潜山进行垂向储层分带，但由于潜山岩性复杂，深度变化大，钻入基岩的深度不够等原因，难以揭示和描述完整的储层序列。

邦戈尔盆地 Baobab C-2 井自 536m 进入基岩，完钻井深 2200m，除常规测井和取心外，还进行了 FMI、地层元素测井（ECS）等特殊测井，为系统进行潜山的储层序列描述提供了可靠的基础资料。在 Baobab C-2 井系统解剖的基础上，综合花岗岩潜山储层的储集空间组合特征、储层类型及其岩石物理特征和对应地震响应特征，垂向上将花岗岩潜山储层序列划分为四个带：风化淋滤带、缝洞发育带、半充填裂缝发育带和致密带（图 8-6 和图 8-7）。

（一）风化淋滤带

风化淋滤带主要分布在潜山的表层，岩石结构非均质性强，总体破碎。从地震剖面上看，该相与上覆的沉积层之间有明显的反射界面，内部以连续性好的强振幅反射特征为主，成层性较好，地层层速度为 3600～4700m/s。主要发育孔隙型和裂缝型储层，以前者为主，中间夹高阻铁镁质岩石。在 FMI 图上表现为总体色调暗、有麻点感，裂缝开度为 0.1～6mm。在测井响应上，该带的声波时差一般在 65～85μs/ft，曲线密集跳跃，幅值变化大，高低值呈不等厚互层，密度总体小于 2.45g/cm^3，深电阻率介于 100～1000$\Omega \cdot$m。裂缝开度 0.09～6mm。总孔隙度在 8%以上，最高达到 30%以上，具有很好的储集性能。在 Baobab C-2 井风化淋滤带厚达 100m，在 Lanea E-2 潜山风化淋滤带只有 10m。

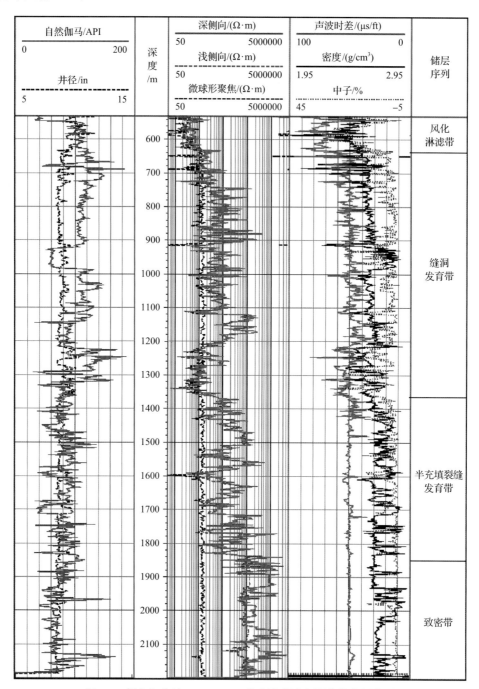

图 8-6 邦戈尔盆地 Baobab C-2 井花岗岩潜山测井综合评价图

(二)缝洞发育带

缝洞发育带与上覆的风化淋滤带之间有较明显的反射界面，呈块状特征，厚度变化大，在潜山古构造高部位厚度较大，低部位较薄。中间夹高阻的致密层。从地震剖面上看，内部以次连续的低频弱振幅反射特征为主，地层层速度介于 4700～6100m/s。主要发育构造裂缝，沿裂缝溶蚀孔洞发育，在断层切割的部位裂缝更加发育，发育断层角砾岩。在 FMI 图上表现为暗色条带纵横分布，反映网状缝和高角度缝发育，局部有麻点感，裂缝开度 0.1～4mm。在测井响应上，该带的声波时差一般在 50～65μs/ft，曲线跳跃，存在低阻、低密度的对应关系，密度和电阻都呈同方向脉冲状异常，密度主体为 2.55～2.65g/cm³；深电阻率介于 1000～6000Ω·m，孔隙度在 3%以上，裂缝开度 0.01～0.7mm，裂缝孔隙度 0.03%～0.3%。具有较好的储集性能。在 Baobab C-2 井缝洞发育带位于 634～1358m，在 Lanea E-4 井从 966m 至 1320m（井底）为缝洞发育带。

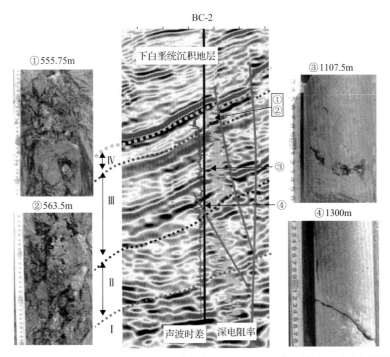

图 8-7　邦戈尔盆地 Baobab C-2 井测井标定的 Baobab C 潜山储层地震垂向分带图

Ⅰ-致密带；Ⅱ-半充填裂缝发育带；Ⅲ-缝洞发育带；Ⅳ-风化淋滤带

（三）半充填裂缝发育带

半充填裂缝发育带岩石结构完整，裂缝偶有发育，以高角度缝为主，溶蚀现象不明显，并且基本被方解石等热液成因的自生矿物充填。该带与上覆的缝洞发育带之间是过渡关系，界面不明显，内部以低频弱反射特征为主，地层层速度约 6000m/s。向下过渡为致密岩石。在 FMI 图上颜色相对亮，可见裂缝发育，但裂缝的颜色相对亮。在测井响应上，声波时差在 50μs/ft 左右，曲线整体平直，偶见脉冲状异常，但密度和电阻呈相向脉冲状异常，即低密度脉冲对应高阻脉冲，密度整体大于 2.60g/cm³，电阻率在 3000～60000Ω·m 跳跃。裂缝密度 0～3 条/m，裂缝开度 0.01～0.5mm，裂缝孔隙度 0%～0.03%。测井解释的总孔隙度小于 3%。试油一般为干层。在 Baobab C-2 井该带位于 1358～1835m，钻井过程中明显见到片状方解石。

（四）致密带

致密带岩石结构完整，一般不存在天然裂缝，以持续的钻井诱导雁列状裂缝为特征，不存在任何流体流动的通道。该带与上覆的半充填裂缝带之间界面不明显，内部以低频杂乱反射特征为主。在 Baobab C-2 井 1835m 以下岩心上未见张开缝和孔洞，可见被钙质或硅质胶结填充的裂缝。在该岩相段钻井过程中没有扩径现象，也没有钻井液漏失，钻时低，为 2～3m/h。FMI 图色亮，可见类似层理样暗色条带、诱导缝明显，偶见张开缝，开度 0.01～0.07mm。在测井响应上，声波和电阻曲线平直，声波小于 50μs/ft，密度整体处于 2.66～2.7g/cm³，且局部向高密度方向跳跃；常规电阻率数值很高，大于 60000Ω·m，最高可以达到 3×10⁶Ω·m，总体曲线平直。该带为非储层。

不同潜山由于经历的风化剥蚀及埋藏史不同,有时保存的储层序列不全,横向上差异也较大。根据对盆地内已钻探潜山的对比分析发现,埋藏浅的潜山(小于 1000m)一般发育完整的储层序列,如 Baobab C 和 Lanea E 潜山;埋藏深度中等的潜山(1000~1500m),一般顶部不发育孔隙型储层,潜山以缝洞发育带为主,如 Raphia S-8 潜山;而埋藏深度较大的潜山(大于 1500m),储集相以半充填裂缝发育带为主,如 Mimosa 潜山。说明成盆早期断块活动的强弱和潜山差异抬升的高度等决定了潜山顶部风化淋滤程度,从而控制了储层物性的好坏。

第三节 邦戈尔盆地石油地质特征

邦戈尔盆地位于乍得西南部、中非剪切带中段北侧,是受中非剪切带影响发育起来的中—新生代陆内裂谷盆地(图 8-8),其形成和演化与非洲板块,特别是中西非剪切带的演化密切相关。盆地呈近东西走向,长约 280km,宽 40~80km,面积约 $1.8\times10^4km^2$。盆地下白垩统最大厚度 6000~8000m,缺失上白垩统—古近系。

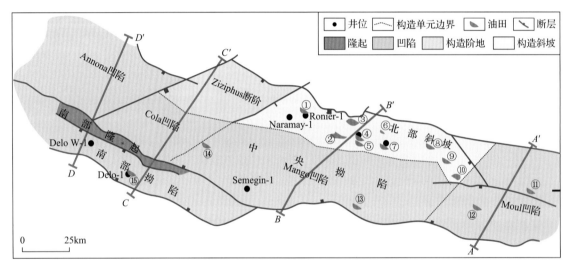

图 8-8 邦戈尔盆地构造单元划分图(位置见图 8-1)

① Ronier; ② Mimosa; ③ Baobab; ④ Phoenix; ⑤ Phoenix S; ⑥ Birrea; ⑦ Raphia S; ⑧ Daniela; ⑨ Lanea; ⑩ Lanea E; ⑪ Pavetta; ⑫ Moul; ⑬ Mango; ⑭ Vitex; ⑮ Delo

一、盆地构造特征

根据重力、航磁和地震反射波组特征及区域性不整合面的分布,把盆地内沉积盖层进一步划分为两个大的构造层:下白垩统和新生界(图 8-8 和图 8-9)。这些构造层反映了邦戈尔盆地构造演化经历了一次大的裂谷断陷活动、强烈的反转及其后拗陷沉降阶段。其中早白垩世是最主要的裂谷发育时期,盆地主力烃源岩和储盖组合就是在这一时期沉积形成的。

白垩纪以来盆地经历了五个演化阶段:①早白垩世裂谷期(145~100.5Ma),盆地发育初期具有明显的走滑拉分特点,特别是在盆地西部,发育反“Z”形断层,北西-南东向断层为撕裂断层,断面相对较缓,北东-南西向断层为走滑断层。早白垩世早期 P 组和 M 组沉积时期为强烈断陷期,早白垩世晚期 K—R—B 组沉积时期盆地进入稳定裂陷期,伸展作用逐渐变弱,沉积充填从以深湖相泥岩为主逐渐向以砂岩为主过渡。北东-南西向断层对沉积的控制弱。②晚白垩世裂谷期(100.5~75Ma),盆地应该继承性发育了第二裂谷期沉积层序。③晚白垩世末期—始新世反转剥蚀期(75~45Ma),盆地发生了强烈的挤压抬升反转剥蚀,短轴方向的缩短率为 1.1,抬升剥蚀厚度

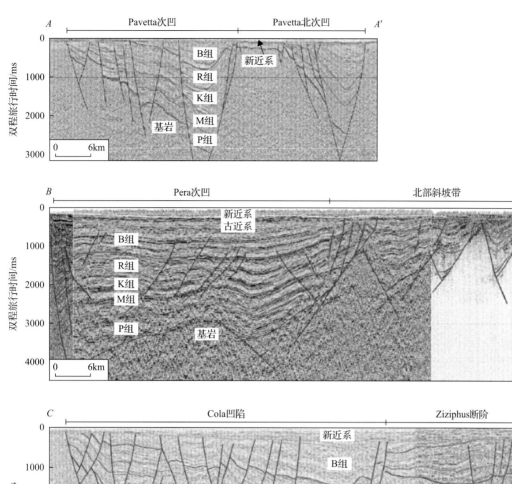

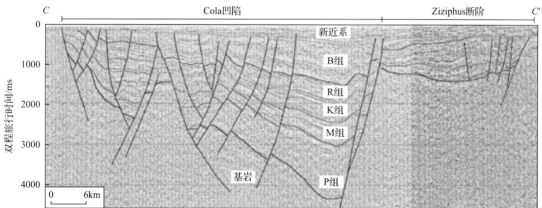

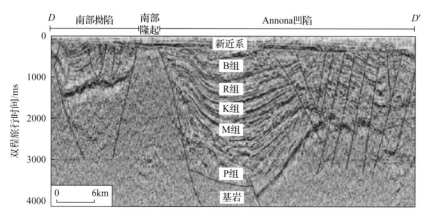

图 8-9 邦戈尔盆地反转构造典型地震剖面(剖面位置见图 8-8)

达到 1.2~1.5km，其中盆地北部、西部地层剥蚀量大，盆地东南部剥蚀量小。不但上白垩统被全部剥蚀，而且下白垩统也不同程度受到剥蚀，下白垩统层序发生了挤压反转，尤其在盆地边缘构造反转强烈，反转程度明显呈现出"北强南弱、西强东弱"的特点。④古近纪弱裂陷期(45~14Ma)，发生了一期弱裂陷，但缺乏可靠的时代证据。中新世末，盆地再次整体抬升剥蚀，剥蚀程度具有"西强东弱、北强南弱"的特征。⑤新近纪—第四纪盆地衰亡期(5~0Ma)，沉积的地层厚度在 100~300m。地层沉积稳定，横向上厚度变化不大，次级凹陷逐渐消失，最终成为统一拗陷。

利用古生物定年、火山岩年代学、元素地球化学等技术手段，结合地震资料分析、声波时差、镜质组反射率、平衡剖面等方法，恢复了邦戈尔盆地的反转强度和剥蚀厚度，发现盆地整体遭受抬升剥蚀，缓坡带剥蚀厚度一般大于1500m，陡坡带一般大于1000m。因此导致下白垩统成为邦戈尔盆地唯一的勘探层系，这与穆格莱德盆地勘探层系以上白垩统为主、迈卢特盆地以古近系为主明显不同。

邦戈尔盆地在多口井的下白垩统中钻遇火山岩，火山岩具有穿层的特征。Ronier-1 井火山岩经 K-Ar 和 ^{39}Ar-^{40}Ar 法测试其年龄为 66~52Ma 左右(路玉林等，2009)。区域上与西非裂谷系古近纪强烈伸展期一致(Guiraud and Maurin，1992；Genik，1992，1993)。

此外，盆地内正花状构造和挤压反转背斜发育。花状构造主要沿北东向的转换断层发育，是基底断层在挤压作用下再活化的结果；挤压背斜主要呈东西向展布，是早期凹间隆挤压的结果，如 Mimosa-Kubla 构造带、Ronier 构造带和 Baobab 构造带等。

二、地层

通过大量古生物分析证实，盆地内地层主要由下白垩统组成，上覆新近系(图 8-10)。

(一)Prosopis 组

Prosopis 组，简称"P 组"。在盆地北部埋藏较浅，有较多井钻穿，其他地区埋深大，无井钻穿或钻遇。地震解释在盆地中南部 Mango 凹陷 P 组最大厚度可达 3200m，北部斜坡钻井揭示沉积厚度较小(小于 1500m)。根据区域内多口探井分析，P 组垂向上可以划分为上段和下段，下段以大套砂岩为主，在盆地边部发育底砾岩；上段以泥岩为主，夹砂岩层，自下而上泥岩层逐渐增厚，从盆地边部向盆地中央，P 组的砂岩含量降低，泥岩密度增加，尤其是富含有机质的暗色泥岩比重增加。泥(页)岩呈绿灰色、褐灰色、深灰色、灰黑色；砂岩岩性以浅灰色、褐灰色细-中砂岩为主，其次为粗砂岩、砂砾岩等较粗岩性。

(二)Mimosa 组

Mimosa 组，简称"M 组"。该组为盆地最主要烃源岩层，最大厚度 1900m。主要为大套暗色泥岩、页岩夹粉砂岩和细砂岩沉积，局部有细—粗粒砂岩的反旋回沉积。东部地区泥岩发育，西部地区砂岩比例较高。

(三)Kubla 组

Kubla 组，简称"K 组"。盆地东、西部 K 组厚度相差不大，最大厚度为 1300m。岩性西粗东细，下部为大套细粒到粗粒砂岩，间互沉积泥岩和页岩，上部主要为页岩、粉砂岩和细砂岩，局部有细到粗粒砂岩的反旋回沉积。

(四)Ronier 组

Ronier 组，简称"R 组"。该组可进一步划分为下段和上段。盆地北部上段剥蚀严重，其至缺失，盆地南部保存相对完整，最大残余厚度近 1800m。盆地中南部以细岩相为主，为大套泥岩夹薄层粉-细砂岩沉积；北部主要沉积大套细粒到粗粒砂岩，间或沉积泥岩和页岩。

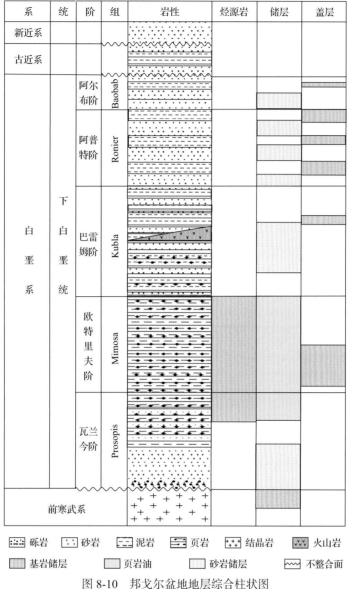

图 8-10 邦戈尔盆地地层综合柱状图

（五）Baobab 组

Baobab 组，简称"B 组"。是一套粗—细—粗的沉积旋回，厚度 200～1200m。在盆地北部主要保存了下段，为细粒到粗粒砂岩；盆地主体部位地层保存相对完整，下段为大套泥岩夹薄层粉砂岩，上部为中粗砂岩夹泥岩。

三、含油气系统

（一）烃源岩

多井烃源岩地球化学分析资料揭示，邦戈尔盆地在早白垩世强烈裂陷期发育大套的暗色泥岩，其中在早白垩世早期快速沉降阶段（Prosopis 组—Mimosa 组）沉积了一套暗色泥岩，厚度达 500～1000m，其分布受早期强烈活动的边界断层控制，晚期超覆到盆地内的凸起上。有机碳含量平均

达到3.5%,有机质类型以Ⅱ₁型为主,生烃潜力大,是盆地内的主要烃源岩(窦立荣等,2011,2018a)。

根据邦戈尔盆地48口井地温测定,计算的现今盆地地温梯度平均为2.59℃/100m,其中西凹的地温梯度只有2.33℃/100m,远低于东凹的2.60℃/100m。从现今地热流值分布情况来看,邦戈尔盆地的地温梯度比主动裂谷盆地低(如中国东部渤海湾盆地地温梯度为3.2~3.6℃/100m)。在邦戈尔盆地北部斜坡区,随着基底埋深变浅,地温梯度快速升高,如在Lanea E构造带,基底埋深只有900m,地温梯度达到7℃/100m,油层温度达到80℃以上,使得油藏免遭微生物降解。

(二)储层

邦戈尔盆地从上往下共钻遇Baobab组、Ronier组、Kubla组、Mimosa组和Prosopis组五套储层,砂岩类型以长石砂岩和岩屑质长石砂岩为主,杂基含量较高,成分成熟度和结构成熟度较低。储集空间类型以原生粒间孔为主,次生溶蚀孔和晶间微孔次之。Baobab组和Ronier组储层属于河道、三角洲水下分流河道砂体,横向连续性好;Kubla组和Mimosa组储层属于扇三角洲和湖相浊积砂体,横向连续性较差;Prosopis组储层以近岸水下扇和扇三角洲砂体为主,在裂谷发育早期的断陷缓坡发育,单层砂体可以达到40m,但平面延伸范围有限。

储层物性具有随埋深加大变差的趋势,由于反转抬升的原因,区域上有效储层的埋深下限约为2500m。纵向上Baobab组储层物性最好,向下依次变差。Baobab组储层孔隙度达20%~35%,渗透率达数百毫达西,甚至数达西,属中高孔-中高渗储层;Ronier组储层孔隙度在16%~28%,渗透率在(30~340)×10⁻³μm²,属中高孔-中渗储层;Kubla组、Mimosa组储层横向变化大,通常为中孔-中渗储层;Prosopis组储层仅在盆地北部斜坡区钻遇,孔隙度一般为15%~22%,渗透率变化大,为(10~1000)×10⁻³μm²,属于中孔-中渗储层。在盆地内部的深凹陷处,储层物性由于砂岩的分选较差,抗压实程度较低,物性递减快。

(三)圈闭条件

与穆格莱德盆地、迈卢特盆地以及乍得多巴盆地不同,邦戈尔盆地的主要含油气层系是下白垩统,晚白垩世的圣通阶挤压事件对圈闭的形成和改造作用十分强烈,导致先期成型的断块或断背斜圈闭更加复杂或破碎,另一方面形成了大量的反转背斜构造,成排成带分布。上部成藏组合中的圈闭类型以断层复杂化的背斜或断块为主,油气充满度不高,下部成藏组合的圈闭类型以反转背斜为主,油气的分布明显受反转的古构造和地层双重控制,油气充满度高,有时超出了局部构造的闭合度。

(四)成藏组合

根据下白垩统地层组合特征,可以划分出上下两大成藏组合。上部组合由Baobab-Ronier-Kubla组组成,以Ronier组下部的厚层泥岩为区域盖层,油气主要来自下部的Mimosa组和Prosopis组烃源岩,主要油层分布在Ronier组和Kubla组的砂岩中,以稠油或正常偏稠油藏为主,油气分布主要受构造控制,在Baobab组仅在局部盖层发育区形成重油油藏;下部组合由Mimosa-Prosopis组构成,是"自生自储型"成藏组合,也是邦戈尔盆地主力成藏组合,以轻质油藏、凝析油气藏或气藏为主,油气分布受构造和储层双重控制,原油物性好,气油比高,产量也高,局部发育异常高压。基岩潜山独立成藏或与砂岩一起构成复合油藏。

四、油气成藏模式

10年的勘探实践证明,立足"源下组合",勘探盆地早期的扇三角洲和水下扇砂体、反转背斜和砂体的复合、砂体和基岩的复合、源盖一体确保原油没有降解等,是快速逼近有利区带和成藏组合、快速发现大油田的关键要素(窦立荣等，2011，2015)。根据邦戈尔盆地的构造发育、沉积演化、石油地质特征等，将成藏模式总结如图 8-11 所示。

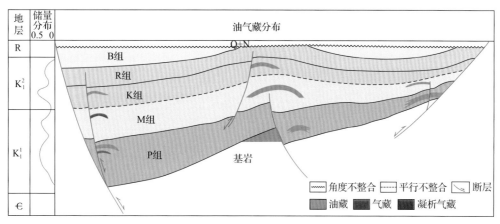

图 8-11　邦戈尔盆地成藏模式图

(1)"源下组合"是油气富集的主力成藏组合。

在过去 40 年的勘探实践中，在中西非裂谷系都是以"源上组合"为主要的勘探层系，发现的大中型油田也都是位于"源上组合"，如乍得多巴盆地和多赛欧盆地以及苏丹的穆格莱德盆地，80%以上的石油地质储量分布在上白垩统；在西非的特米特盆地和中非裂谷系与东非裂谷系交会处的迈卢特盆地，90%以上的石油地质储量分布在古近系。

在邦戈尔盆地，由于晚白垩世反转抬升的结果，上白垩统基本被剥蚀掉，导致在中非裂谷系其他盆地发育的古近系和上白垩统成藏组合不复存在，而下白垩统成藏组合抬升变浅了 1000～2000m，成为主要的勘探层系，也是油气富集的主力层系，已发现的油气储量 85%以上位于 M+P 组上段区域烃源岩之下(图 8-12)。

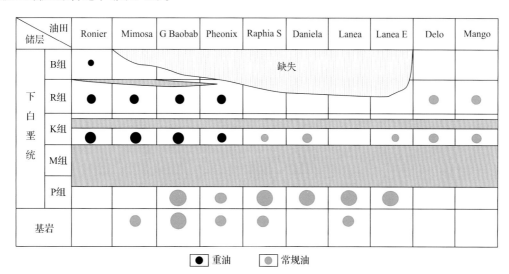

图 8-12　邦戈尔盆地主要油气田层位分布图

裂陷期沉积的巨厚 M 组和 P 组上段的泥岩对盆地深部油气的保存起到了至关重要的作用，将盆地纵向上分为上下两套成藏组合："源上组合"和"源下组合"。"源上组合"主要由 K 组、R 组和 B 组组成，内部的砂岩和泥岩组成区带级的储盖组合，由于向上地层逐渐变粗，缺乏区域厚的盖层，因此，以薄层稠油为主，如 Ronier 油田、Mimosa 油田的 K 组和 R 组油藏，以及 Ronier C-1 井的 B 组稠油藏，在盆地的陡坡带，在"源上组合"也发现了一些小型的挤压背斜油气藏，如 Mango 油田和 Delo 油田等。"源下组合"是一套"上生上盖下储式"成藏组合，M+P 组上段厚层富含有机质的泥岩，烃浓度封闭和欠压实封闭使其成为优质的区域盖层，同时也是优质且有效的烃源岩，最大限度地保证了其下伏油气在强烈的构造反转抬升过程中免遭破坏，使得现今盆地的油气主要富集在下白垩统裂陷早期的砂岩地层和前寒武系基岩潜山中。不仅如此，M 组厚层泥岩封盖作用也最大程度上保证了下部油气的成熟和原油性质。从现今勘探认识来看，邦戈尔盆地已经发现了沥青、稠油、正常油、稀油、凝析油等，但 M 组盖层之下基本以正常油、稀油为主。如 Lanea E-2 井 P 组油层埋深只有 710m，原油密度为 $0.8612g/cm^3$，原油地球化学分析表明，未受到生物降解或仅轻度降解的影响。

(2)挤压反转背斜是主要圈闭油气藏类型。

在中非裂谷系的穆格莱德盆地，Bentiu 组反向断块是主要的圈闭类型(童晓光等，2004)，如 Unity 油田(Giedt，1990)；在迈卢特盆地古近系大型披覆背斜是主要的圈闭类型，如 Palogue 油田(窦立荣，2005)；在多巴盆地古隆起基础上的先披覆后反转的挤压背斜是主要的圈闭类型(Genik，1992)；在多赛欧盆地发现的 Kibea 油田是位于边界大断层上盘的上白垩统挤压背斜。可以看出，中非裂谷系东部裂谷盆地内圈闭的形成和发育受断层和基岩隆起影响明显，反转作用的影响小；而中部裂谷盆地群中的圈闭受挤压反转的影响大。

从邦戈尔盆地已经发现的油气田看，基本都是挤压反转背斜构造，反转强度大。可以分为两类：一是在古隆起上发育的披覆背斜，后期再挤压反转，形成幅度更大的背斜，如 Naramay 背斜构造；二是在大断层的上盘，由于断层较陡，挤压作用下在上盘形成了新生的挤压背斜，如 Prosopis 背斜构造和 Baobab NE、Baobab N 构造(图 8-13)。它们共同的特点是圈闭面积上大下小，圈闭幅度上小下大，和典型的披覆背斜有明显的区别。Baobab N 构造原始背景是一个单斜，P 组砂体上倾尖灭形成了大型的岩性圈闭，后期的挤压反转作用在构造顶部形成了反转的鼻状构造，油气的充注大于顶部的局部构造幅度，形成了大型的岩性圈闭油藏，油柱高度达到 1000m。可以看出，反转作用不仅加大了圈闭幅度，地层倾角增大，还促进了后期油气的充注，两期充注形成了规模更大的油气藏。

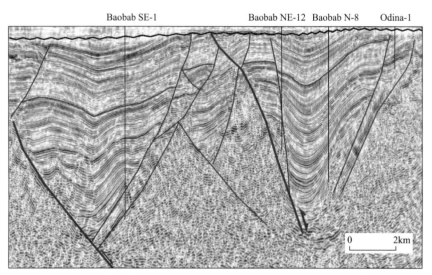

图 8-13　邦戈尔盆地 Baobab NE—Baobab N 构造三维地震剖面

(3)水下扇和扇三角洲砂体是主要储集体。

邦戈尔盆地 P 组和 M 组的沉积速率达到 475m/Ma 和 552m/Ma，高于渤海湾盆地主力烃源岩形成时期的沉降速率，陡边界断层、高沉降速率、地形起伏不大、形成的饥饿环境十分有利于深湖盆的形成和沉积物的聚集。Mango 凹陷南部边界断层 P+M 组的活动速率达到 350m/Ma，也高于渤海湾盆地富烃凹陷主力烃源岩形成时期控凹断层的活动速率(邓运华等，2013)。K+R+B 组沉积时期，边界断层的活动速率为 120m/Ma，湖盆变浅，陆源有机质供应量增加，发育滨-浅湖相和凹陷中部的局部半深湖相，三角洲砂体发育，总体以泥包砂向砂泥互层转变，粒度向上变粗。

除基岩潜山外，邦戈尔盆地 80%的储量分布在 P 组，15%分布在 K 组，5%分布在 M+R+B 组。P 组是主要的砂岩储层，可以划分为 P$_I$、P$_{II}$、P$_{III}$三个油层组，其中主力油层组 P$_I$又细分为 5 个砂层组。沉积环境为近岸水下冲积扇和扇三角洲，具有横向成排成带、纵向多层叠覆、单体规模小、侧向相变快的特点。储层岩性为含砾不等粒岩屑长石砂岩或长石岩屑砂岩，储集空间以原生粒间孔为主，次生溶蚀孔和晶间微孔次之，储层物性变化较大，非均质性强，主力储层为中孔-中高渗储层。

在分割的小断陷发育早期，突出水面的凸起提供内物源，在断层上盘形成水下扇砂体和扇三角洲砂体。如 Baobab 北次凹等，在 P 组沉积时期，在次凹的两侧发育了一系列的扇三角洲沉积(图 8-14)。

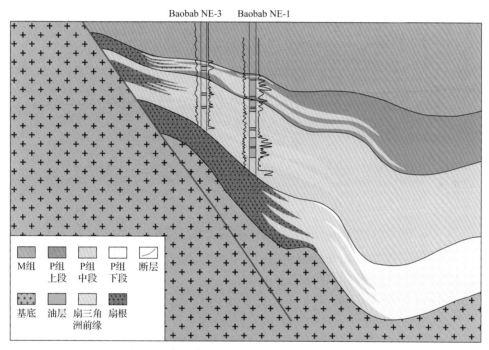

图 8-14　邦戈尔盆地 Baobab NE 区块沉积模式图

(4)长英质基岩与走滑-拉张环境的耦合导致潜山储层普遍发育。

中国东部辽河拗陷变质岩潜山勘探发现，变质岩潜山中"优势岩性"可以成为储层，非"优势岩性"成为潜山内幕的隔层。"优势岩性"的顺序为浅粒岩、变粒岩、混合花岗岩、片麻岩、黑云母变粒岩、煌斑岩、辉绿岩岩脉、斜长角闪岩、角闪岩(谢文彦等，2012)。原岩恢复研究发现，辽河拗陷潜山非储集岩的角闪岩类的母岩为沉积岩，继承了沉积岩母岩的层状结构，成为潜山内幕的隔层；而变粒岩和浅粒岩的原岩既有沉积岩，也有岩浆岩。大量负变质岩和晚期侵入的煌斑岩岩脉的存在，使潜山内幕的结构变得更加复杂，含油气性难以预测，也给潜山勘探带来了很大的难度。

邦戈尔盆地的变质岩类型包括变粒岩、片麻岩和浅粒岩。通过主量元素分析和尼格里值计算与 Van de Kamp 和 Beakhouse(1979)的图版来判断变质岩的原岩类型。200 块变质岩岩心样品矿物含量的统计发现，绝大部分原岩为火成岩，而且以酸性岩和中性岩为主，铁镁质岩比例很少。因此,邦戈尔盆地基岩中的变质岩主要为正变质岩,变质作用发生的时间主要在新元古代-寒武纪纽芬兰世(窦立荣等,2018a)。

总体看,基岩以花岗岩和混合花岗岩等长英质岩石为主是邦戈尔盆地基岩岩性的特点。在寒武纪—侏罗纪长期风化的基础上,形成了较发育的风化壳。早白垩世区域上的走滑拉张导致基岩顶部普遍发育共轭张开缝,垂向上形成了风化-淋滤带(风化壳)、裂缝发育带、半充填缝发育带和致密带,其中风化淋滤带和裂缝发育带大面积发育,储层物性普遍较好,使基岩成了重要的储层和勘探目的层。

(5)洼间隆的砂岩-基岩复合圈闭是形成大油田的有利区带。

洼间隆具有形成大油田的有利条件,一是双侧和上覆地层的油源供油,二是具有潜山和P组两套优质储层叠合发育,三是早期的披覆背斜背景和晚期的挤压反转造成圈闭的幅度大,四是后期的抬升使油层埋深大大变浅,保持正常甚至超压压力系统,压力系数达到1.4,单井产量高,超过1000t/d。目前发现的最大油田——大Baobab油田就是一个典型的实例,其他还有Lanea、Daniela、Mimosa、Phoenix等油田(图8-15)。

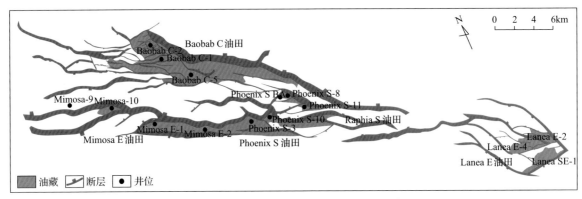

图8-15　邦戈尔盆地北部斜坡区潜山油田分布图

大Baobab油田实际是Baobab C潜山两侧的由Baobab-1、Baobab S、Baobab NE和Baobab N等几个砂岩油田组成,在Baobab C潜山发现高产油流并不断扩大含油面积的情况下,目前的测试基本可以推断几个油田P组砂岩的油底深度一致,含油层在纵向上叠置、平面上连片,形成了一个大型油田,含油面积超过100km²。

(6)北部斜坡是最有利的油气聚集区带。

邦戈尔盆地北部斜坡区类似于渤海湾盆地辽河拗陷辽西凹陷的西部斜坡带,后者富集了西部凹陷探明石油地质储量的71.1%,发育了中—新元古界变质岩潜山油藏和古近系砂岩油藏等,稠油资源丰富(邱中建和龚再升,1999)。

邦戈尔盆地油气聚集区带可划分为三类:斜坡带、凹陷区和陡坡带。陡坡带主要发现了一些小型的挤压背斜油气藏,主要目的层是K组、R组,由于相变快,岩性以砂泥互层为主,储层厚度有限,油气主要来自深层成熟-高成熟的M组,所以气油比高,如Mango油田和Delo油田。凹陷内发现了Pera和Vitex等油气田,油层薄。斜坡带油气资源丰富,发育了前寒武系的潜山油藏和下白垩统的砂岩油藏,集中了90%以上的石油探明地质储量。

第四节　多赛欧盆地石油地质特征

多赛欧盆地位于中非剪切带中段,宽70～100km,长550km,面积4.5×10⁴km²。前人认为多赛欧盆地上白垩统不发育,导致其缺少区域盖层(Genik,1992;Guiraud et al.,2005),而下白垩统以泥岩为主，缺少有效储层，与多巴盆地地层有明显不同(Guiraud and Maurin，1992；Guiraud and Bosworth，1997；窦立荣等，2006，2022c)，造成该区油气潜力不大。2007 年中国石油获得乍得 H 区块独资作业权后，开始集中在邦戈尔盆地进行油气勘探开发。2011 年在邦戈尔盆地投入商业开发后，启动了西多巴区块和多赛欧区块的石油地质研究和勘探工作，2014 年在多赛欧区块部署钻探了 Ximenia-1 井，获得高产油流，拉开了多赛欧区块的勘探序幕。

一、盆地构造特征

多赛欧盆地是在前寒武系结晶基底之上发育的中—新生代先走滑-伸展后挤压抬升的反转裂谷盆地(Genik，1992，1993；窦立荣等，2022d)，类似周边的裂谷盆地，多赛欧盆地也经历了早期伸展、晚期构造反转的演化史，40～50km 的走滑位移叠加后期反转，使得盆地构造和沉积地层特征较为复杂。

多赛欧盆地呈 NEE-SWW 狭长形展布(图 8-16)，由数个半地堑、地堑组成，整体呈现北断南超的结构特点(图 8-17)。多赛欧盆地北侧边界受中非剪切带及其分支断裂控制，西侧与多巴盆地被 Borogop 大断层相隔，东侧和萨拉马特盆地之间被中非剪切带相隔，形成一个相对较为独立的构造单元，可进一步划分为北部陡坡带、北部拗陷、Borogop 隆起、中部低凸起带、南部拗陷和南部缓坡带，主体仍为呈北东-南西向展布的沉积凹陷和局部凸起。

和周边裂谷盆地类似，多赛欧盆地也经历了早白垩世强烈走滑伸展、晚白垩世较弱伸展两期裂谷发育阶段，不同的是古近纪的伸展作用不明显，总体呈拗陷特征(Fairhead et al.，2013；Hassan et al.，2017；Dou et al.，2021)。从区域地震剖面看，可以划分出两大套构造层，下构造层为基底之上和区域不整合面之间的白垩纪地层，最厚超 8000m，整套地层上下一致挤压变形，在边界断层上盘形成同心挤压背斜构造，在缓坡带不整合之下的地层顶部受到削蚀，盆地总体的缩短率达到 10%～27%，在其内的下白垩统 Mangara 群顶部局部发育不整合面，前人认为的圣通期挤压事件在盆地内表现得不太显著或不明显(Hassan et al.，2017；Dou et al.，2021)。根据磷灰石裂变径迹分析、镜质组反射率测定和地震剖面推算，在 40Ma 左右盆地经历了一起强烈的抬升挤压，剥蚀厚度达到 800～1000m，与乍得邦戈尔盆地的抬升剥蚀量接近(Dou et al.，2021)。上构造层为区域不整合面之上的新生代地层，全区厚度不大，地层疏松，受边界断层控制弱。内部还有一个局部不整合面至平行不整合面，下部地层受边界断层继承性活动影响，最大厚度发育在边界断层下降盘，厚度在 50～200m；上部地层 0～150m，全盆地分布。

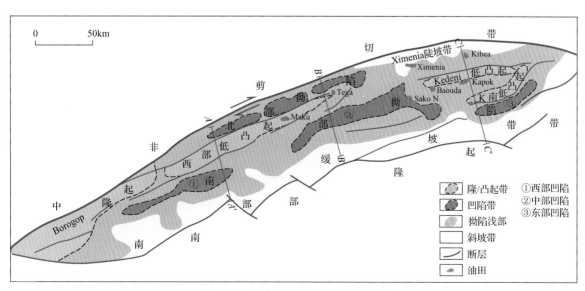

图 8-16　多赛欧盆地构造单元划分图

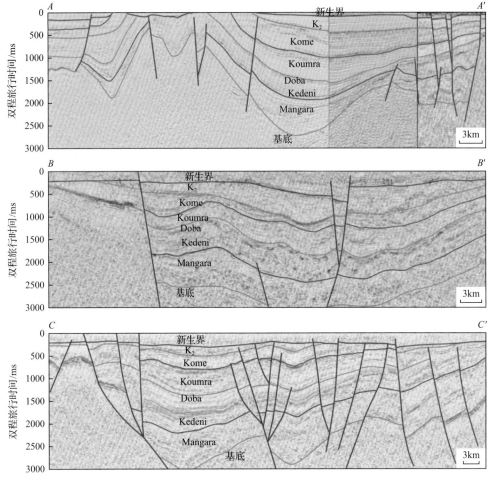

图 8-17 多赛欧盆地区域地震剖面(剖面位置见图 8-16)

根据盆地构造发育特征,平面上可以划分为北部陡坡带、北部拗陷带、中部隆起带、南部拗陷带和南部缓坡带,东部有局部发育的 Kedeni 低凸起和 K 南低凸起带。中部隆起带将盆地分隔为北部拗陷带和南部拗陷带,南部拗陷带规模较大,又可细分为西部凹陷、中部凹陷和东部凹陷;北部拗陷带具南北双断构造格局,南部拗陷带自西向东由南北双断过渡为北断南超构造格局。

二、地层

盆地发育早白垩世、晚白垩世、新生代三套沉积地层,以早白垩世沉积为主,基底暂无井钻遇,推测基底与中西非裂谷系其他裂谷类似,为泛非运动中形成的冈瓦纳大陆结晶基底(图 8-18)。Kapok-1 井 1265~2915m 深度孢粉和介形虫等古生物分析证实,地层主要为下白垩统,发育淡水藻类-盘星藻和淡水介形虫 Cypridea,反映当时的沉积环境为淡水-微咸水。下白垩统自下而上进一步划分为 Mangara 群和 Kedeni 组、Doba 组、Koumra 组,可划分为两个旋回。Mangara 群为湖盆裂陷早期完整的水进-水退旋回,发育湖泊-三角洲相砂泥沉积,厚度 1~3km,上部砂地比为45%~60%,下部暂无井钻穿。Kedeni 组、Doba 组和 Koumra 组组成裂陷平稳期水进-水退旋回,其中 Kedeni 组为低位-水侵体系域湖相泥岩夹辫状河三角洲-扇三角洲砂体沉积,厚度 800~1200m,上段砂地比为 40%~55%,下段砂地比为 30%~45%;Doba 组、Koumra 组为高位体系域湖泊-河流-三角洲相砂岩夹泥岩沉积,Doba 组厚度 400~700m,砂地比为 20%~35%,Koumra 组厚度为300~600m,砂地比为 45%~60%。上白垩统为河流-湖泊相沉积,厚度 500~1100m,砂地比为

55%～70%，下部可划分出 Kome 组，以湖泊-三角洲相砂体为主。古近系为滨浅湖-三角洲沉积，新近系以滨浅湖-冲积平原沉积为主，残余厚度 250～450m，以砂岩为主。

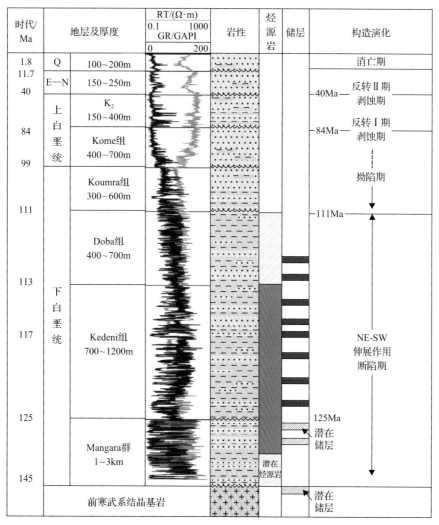

图 8-18　多赛欧盆地地层柱状图

三、含油气系统

(一)烃源岩

多赛欧盆地下白垩统包含多套湖相烃源岩，Doba 组、Kedeni 组和 Mangara 群均在拗陷内发育优质烃源岩，在拗陷边缘部分逐渐相变为砂地比高的地层。烃源岩的厚度在拗陷不同位置差异较大，在拗陷中心 Doba 组、Kedeni 组烃源岩厚度分别可达 400m 和 800m，Mangara 群未钻穿，地震推测在拗陷中心其泥岩厚度在 500m 以上。对 Ximenia-1 井和 Kedeni-1 井钻井泥岩岩屑系统分析发现，Doba 组暗色泥岩厚度约 400m，泥地比约为 70%，平均总有机碳(TOC)含量为 2.9%，生烃潜力(S_1+S_2)平均为 19mg/gTOC，氢指数平均为 524mg/gTOC，氧指数平均为 50mg/gTOC，以 Ⅱ 型干酪根为主，含有少量 Ⅰ 型干酪根。Kedeni 组暗色泥岩厚度约为 400m，泥地比为 60%，TOC 为 3.8%，S_1+S_2 平均为 32mg/gTOC，氢指数平均为 760mg/gTOC，氧指数平均为 38mg/gTOC，主要为Ⅰ型和Ⅱ₁型干酪根。Kedeni组泥岩均为优质烃源岩,上段略好于下段。钻井揭示的Mangara群暗色泥岩厚度165m,泥地比为50%,TOC平均为2%,S_1+S_2平均为10mg/gTOC。氢指数平均为454mg/gTOC,同样以Ⅰ-Ⅱ₁型干酪根为主(程顶胜等,2021;窦立荣等,2022d)。

平面上,拗陷北部沉积中心成熟度最高,该区域Doba组烃源岩处于低熟—成熟阶段,Kedeni组为成熟—高成熟阶段,Mangara群为高成熟—生气阶段。烃源岩成熟度由拗陷中心向拗陷边缘逐渐降低,在拗陷东部中央低凸起带Kapok-1井仅Kedeni组下段和Mangara群烃源岩为成熟阶段。DST(钻柱测试)地温数据换算得到盆地的现今地温梯度为3℃/100m。而根据磷灰石和镜质组反射率推算的古地温梯度只有2℃/100m。现今生油门限在1800~2200m。油源对比发现,目前已发现油藏的原油成熟度高于已钻遇的烃源岩成熟度,推断目前发现油层的原油来自凹陷深部或未钻遇的深层烃源岩(程顶胜等,2021)。

(二)储层

多赛欧盆地中Doba组、Kedeni组和Mangara群均发育多套砂岩储层,目前在Kedeni组砂岩发现的储量最多,埋深在1500~3000m,以辫状河三角洲/三角洲沉积为主,单砂层厚度介于5~20m,岩性以细砂岩和粉砂岩为主,岩石类型以石英砂岩和长石石英砂岩为主,主要矿物是石英,常见含量不等的长石和岩屑。拗陷东部和南部的Kedeni组储层,孔隙类型以原生粒间孔和次生溶蚀孔为主。该区下白垩统主力储层段孔隙度为11%~16%,渗透率为(80~2000)×10⁻³μm²,储层类型以中孔、中—高渗储层为主,孔隙度与渗透率正相关性强。成岩阶段作用以压实作用、胶结作用为主,主要处于早成岩晚期阶段;靠近拗陷沉积中心的Kedeni组砂岩埋深大,可达中成岩阶段早期,颗粒点-线接触,可见铁白云石、石英次生加大边,其伊/蒙混层中蒙皂石占比以10%~30%为主,R_o介于0.9%~1.0%。而在北部斜坡带,Kedeni组主要发育扇三角洲砂岩,储层分选性差,结构成熟度低,砂岩中长石和岩屑含量较高,虽然长石等颗粒容易溶蚀,但溶蚀孔隙易被方解石和高岭石等矿物充填,导致孔隙度低、孔隙连通性差。

Doba组储层主要发育于Doba组上部,目前已有油层发现,其岩性与Kedeni组相似,压实作用较弱,原生孔发育,储层物性好于Kedeni组。Mangara群储层多发育于Mangara群上段,该群储层岩性以中砂岩为主,压实作用强,储层物性较Kedeni组变差。

(三)成藏组合

多赛欧盆地上白垩统以砂岩为主,缺乏有效的区域盖层,已发现的成藏组合均位于下白垩统。下白垩统Doba组在盆地中央和北部为大套较纯的泥岩层,厚度可达到数百米,而在东部和南部等靠近盆地边缘地区变为砂泥岩互层,盖层条件逐渐变差。因此Doba组只能局部形成油气藏。Kedeni组暗色泥岩发育,单层厚度大,局部层段有欠压实和异常高压现象,可作为区域盖层。盆地东部Kedeni组发育大段稳定的泥岩层;北部Kedeni组泥地比高达80%,泥岩地层单层厚度也可达百米;在盆地东南等靠近边缘地区,单层泥岩厚度仍可达10~40m,是重要的区域盖层。钻井揭示的Mangara群上段泥岩单层厚度相对较薄,可以形成局部盖层。

与Doba组、Kedeni组和Mangara群相对应,多赛欧盆地内形成上、中、下三套有利储盖组合。考虑到Kedeni组和Mangara群为拗陷主要烃源岩,且Kedeni组内泥岩最稳定,因此以Kedeni组内储盖层为主的中组合是拗陷内主力成藏组合。盆地中心Mangara群埋深过大,储层条件差,因此下组合可能在靠近盆地边缘地区有效,以自生自储为主。受到盖层条件影响,以Doba组为主的上组合主要在靠近盆地中心的局部发育,以下生上储组合为主。

四、油气成藏模式

多赛欧盆地以正断层和走滑断层为主，受后期反转作用，局部发育逆断层。构造样式多样，包括典型的负花状构造、挤压背斜、断鼻和复杂断块等，形成了多种类型构造圈闭，为油气聚集创造了良好的圈闭条件。多赛欧盆地油藏零星发现始于 1978 年，直到近年才陆续有较大发现，且现有油气发现主要集中于拗陷东北部，绝大部分已发现油藏为背斜或断背斜油藏，具有复式油气藏的特点(图 8-19)，多套油水系统、油气层跨度大，但油气柱高度大多小于 100m。

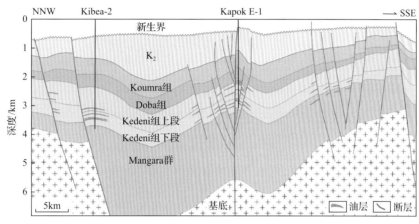

图 8-19　多赛欧盆地油气成藏模式图

(一)陡坡油气富集带

圣通期和比利牛斯期两期反转构造运动，使得多赛欧盆地陡坡带沿控拗断裂带发育了一系列背斜和断背斜构造圈闭。这些圈闭既靠近生烃中心，又靠近输导断裂，成为油气运移非常有利的地区。多赛欧盆地陡坡带下白垩统储层以扇三角洲砂体为主，伴有重力流沉积，储集条件与横向连续性均不稳定，因此储层条件成为该有利区带油气成藏的主控因素。在该带已完钻 4 口井均发现油气，油层多分布于 Kedeni 组，Doba 组有少量发现；油层埋深 1200～2600m，Kedeni 组以正常原油为主，偶含气，原油重度为 22～68°API；Doba 组原油偏稠，约为 15°API。

(二)中央低凸起油气富集带

拗陷东部中央低凸起的形成与早白垩世晚期的走滑构造有关，后期经历一定程度的反转挤压，使得原有构造再改造，发育一系列断块、断鼻和断背斜圈闭。在 Kedeni 组已发现多个油藏，油藏纵向跨度较大。中央低凸起是盆地内油气运移的指向区，同时靠近东侧的长轴物源区，发育较为稳定的辫状河三角洲，具有较好的储层条件。多个水进期形成的湖相泥岩使该区盖层条件也比较优越。由于多期构造运动叠加，使该区断裂发育，已发现多个油藏的油水关系复杂，油藏之间几乎没有统一的油水界面，因此该区油气成藏受断裂-盖层组合控制作用较强。该带已发现 Kapok 等油田，油层多分布于 Kedeni 组，Doba 组及 Mangara 群有少量发现；油层埋深 1400～2700m，Kedeni 组及 Mangara 群以正常原油为主，偶含气，原油重度 25～48°API；Doba 组原油偏稠，重度为 17°API。

(三)缓坡潜在油气富集带

多赛欧盆地南部缓坡带发育一系列的断鼻和断块圈闭，这些圈闭在油气运移条件上比较有利。但是地层砂地比逐渐变高，烃源岩质量和成熟度均有所变差，因此油源和盖层条件是成藏的主控因素，结合邻区 Mangara 群烃源岩及岩性情况，推测下组合 Mangara 群有较好的成藏组合，可形成自生自储型油藏。目前该区勘探较少，仅有 1 口老井发现大量的死油，说明该区有过成藏过程，是潜在的油气成藏带。

综上所述，受控于构造发育特征及油气成藏条件，多赛欧盆地不同区带油气成藏也具有一定差异，陡坡带以背斜、断背斜圈闭成藏为主，中央低凸起以断背斜、断块圈闭成藏为主，南部缓坡带则主要为油气侧向运移至断鼻、断块圈闭成藏，断层侧向封堵性及封盖条件为其成藏主控因素。

第五节　经验和启示

乍得 H 区块的勘探发现，是中国石油继苏丹/南苏丹之后，在中西非裂谷系油气勘探的又一次跨越，也是中国石油海外独资开展高风险勘探最成功的项目之一，不仅为乍得建成了上下游一体化的石油工业，帮助乍得实现了能源的独立，也打通了原油出口销售的通道，实现了原油进入国际市场，为快速投资回收提供了保障。

通过 15 年的研究和勘探，在"实践—认识—再实践—再认识"的基础上，建立了不同于中国东部和苏丹裂谷盆地的邦戈尔强反转裂谷盆地的地质模式和成藏模式，集成了高效勘探的配套技术，也取得了几点经验。

(1)实施"立体勘探"，不断突破新层系和新领域。

在世界范围内，地层-岩性圈闭的勘探往往是盆地勘探中后期的主要目标和储量增长的主要来源。而在跨国勘探中，勘探期很短，只有 5～10 年左右。因此，快速发现规模油田要求必须采取"立体勘探"策略，即一开始就必须构造圈闭和非构造圈闭兼探、浅层和深层兼顾、常规和非常规兼顾，尤其要有目的地勘探地层-岩性圈闭。科研团队在地震、测井和层序地层等研究的基础上，建立了"强反转裂谷盆地地层-岩性圈闭识别技术"，2010 年首次发现了单斜背景上的地层-岩性油藏——Baobab N 高产高丰度的砂岩油藏，单井油层厚度达到 288m，之后相继发现了 RS 等多个油藏。通过地震和测井储层分析研究，科学预测了花岗岩潜山的有利成藏因素，2013 年部署发现了多个花岗岩基岩潜山油藏，钻探获得高产油流。这是我国在境外最大的花岗岩潜山油田群的发现。

(2)打破常规，加快勘探节奏。

①"先三维后探井"的部署大大加快了勘探的发现。

乍得油气勘探不仅面临合同期短、每年 5 个月的雨季无法采集地震、野外作业条件恶劣、物资运输周期长、作业成本高等商务、施工和安保方面的挑战，也面临前人不同年份采集的大量二维地震资料采集参数差异大的技术难题，导致资料品质差异大，不同年份资料存在闭合差。常规勘探往往采取先二维地震再探井的程序，在探井获得商业发现后再部署三维地震。这样的流程往往需要 1～2 年的时间才能钻评价井，大大延长了勘探周期，无法在区块面积很大的情况下，快速逼近有利带和目标，或无法对多个有利区带进行勘探评价。因此，必须调整策略，"科学部署、高效实施"是快速发现大油田的关键。

有利区带"先三维、后探井"的快速勘探思路是建立在充分的盆地结构及构造分析的基础上，通过对盆地烃源岩评价、储层评价及盖层评价等石油地质条件分析，对盆地内有利构造区带进行划分，优选出有利的一类构造远景区带开展详细的解剖，再结合地震资料品质及项目勘探规划的实际情况，发展起来的一项快速勘探方法。该方法具有"目标选得准、勘探发现快、勘探周期短"的优势，也为"立体勘探"和"岩性勘探"提供了更加可靠的地震资料，大大缩短了勘探发现的周期，加快了勘探进程。

2007~2012 年，在邦戈尔盆地北部斜坡区实施"先三维、后钻井"的快速勘探部署，共完成了 5 块三维地震部署，均实现了先三维、后探井的勘探策略，首口探井均获得高产油流，勘探效果极为显著，大大缩短了勘探发现周期(图 8-20)。

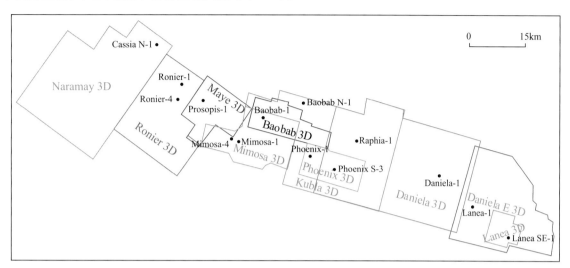

图 8-20　邦戈尔盆地北部斜坡"先三维后探井"地震工区和重点探井分布图

2007 年上半年利用二维地震资料锁定位于主凹陷北部斜坡上的 Ronier 构造，作为勘探突破口，发现了 Ronier 油田，坚定了勘探重点逐步向深层、向稀油转移的信心。2007 年 10 月在 Maye 地区部署三维地震(图 8-21)，三维地震解释结果发现，断层和圈闭的形态和二维地震解释结果差异较大。基于三维构造图，2008 年 12 月和 2009 年 3 月分别钻探 Prosopis C-1 和 Prosopis-1 井，在 K 组测试均获得高产油气流，从而发现了 Prosopis 油田。该油田的发现极大鼓舞了勘探信心，也更加坚定了"先三维后探井"的部署策略。之后，在北部斜坡区，连续部署了四块三维地震，部署的第一口探井全部获得成功，大大缩短了勘探发现周期，加快了勘探速度，充分证实了在石油地质条件优越、地质条件复杂的勘探区"先三维后钻井"的勘探策略的科学性和高效性。

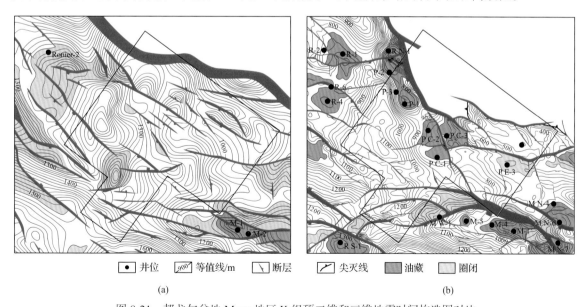

图 8-21　邦戈尔盆地 Maye 地区 K 组顶二维和三维地震时间构造图对比

(a)二维地震时间构造图；(b)三维地震时间构造图

② 大胆部署二次三维，精细刻画基岩顶和潜山内幕。

"两宽一高"是地球物理勘探新技术，宽方位采集的资料能够提高照明度，提高高陡潜山顶面成像精度，同时为分方位处理、预测潜山内幕断裂或裂缝发育特征提供基础；高密度即小面元、小采样间隔采集，通过高炮道密度来实现，能够大幅度提高地震数据的采样密度、信噪比与激发（接收）能量，避免地震资料假频出现，实现对潜山内幕小尺度地质现象弱反射、弱绕射的充分采样，使之更好收敛成像，有利于高陡潜山顶面成像。宽频激发与接收，核心是低频段地震信息的激发、接收和应用。低频信息具有穿透力强、抗噪声污染能力强、能量稳定性高等特征，拓展低频提高潜山内幕深层反射能量；拓展低频增加相对频宽，可以提高刻画潜山地质细节特征和内幕变化的能力，如潜山顶风化壳、小断层，潜山内幕缝洞发育带等很难用常规地震资料完成识别和描述。针对邦戈尔盆地北部斜坡带一系列潜山油藏的发现，于 2013～2014 年先后针对 Baobab C、Phoenix S 和 Lanea E 潜山采集了三块"两宽一高"的三维地震（图 8-22），采集参数比常规三维大大提高，处理和解释结果有效指导了潜山的评价钻探，也为储量计算和开发方案的编制提供了更加可信的资料。

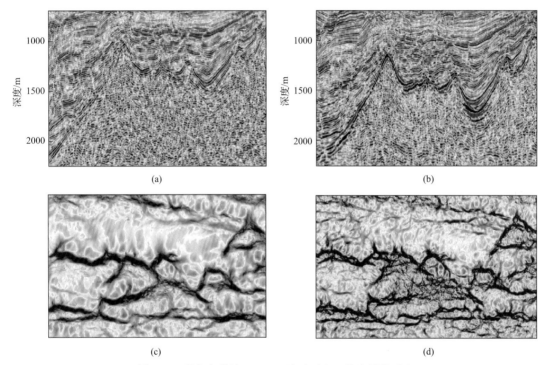

图 8-22　邦戈尔盆地 Phoenix 地区两次三维地震的对比

(a)常规三维地震剖面；(b)"两宽一高"三维 PSDM 剖面；(c)常规三维潜山顶面沿层曲率切片；
(d)"两宽一高"三维 PSDM 沿层曲率切片

（3）地质资料的录取为油田快速评价和开发提供了保障。

海外油气勘探的目的不仅是快速找到规模储量，更重要的是"有油快流"，早投产，早见效。因此，在勘探阶段不仅需要取全取准各项地质资料，还需要考虑开发所需资料的录取，在评价阶段需要考虑地面工程和外输管道所需资料的录取，确保各方面可研报告编制时所需要的数据能够及时准确得到。由于当地基础设施落后，没有合格的实验室能够提供可靠的分析化验，因此，所有样品必须通过空运到第三国进行分析，运输许可和运输周期等大大增加了分析所需要的时间。因此，样品必须及时采集，妥善保存，快速运输，合格分析，才能保障有关研究和科研工作的开展。

在探井阶段及时采集古生物地层、烃源岩、储层、盖层等样品，在测试阶段及时采集油气水样品，确保满足各项分析要求。乍得项目所有油田的样品都快速运输到国内，提供给地质、地面和管道工程技术人员进行分析，确保了可研报告的科学编制和工程建设的顺利推进。从 2007 年开始作业发现油田，到建成上下游一体化的项目，只花了 4 年半的时间，没有因为缺乏资料影响勘探开发的步伐。2013 年完成了 600×10^4 t/a 的整体开发方案。此外潜山油田的开发研究工作也全面展开。

（4）优秀的科研团队和科技攻关是快速发现规模油田的基础。

中国石油及时立项，下达科研课题，为乍得 H 区块石油地质研究和潜力评价提供了坚实的基础。CNODC 作为唯一的伙伴公司，高度重视乍得项目的勘探和科研工作，每年投入一定比例的研究经费，同时及时邀请专家把脉会诊，指明方向。

项目公司召开各种形式、不同规模的技术交流会和座谈会是勘探项目经常性的业务活动，勘探部署、实施方案、动态调整、取样计划、分析内容等，都是通过技术交流会的形式，在认真听取各专业人员的意见后，做最终的决策。

项目公司有一个较强的技术团队，包含地质、地震、测井和录井等技术人员，经常在周六举行勘探技术交流会，不仅进行勘探动态分析，还要进行地质研究认识的交流，发挥"头脑风暴"作用，地质、地震解释人员、测井人员和现场的录井人员一起，交流研究进展，提出问题，根据最新的钻井动态及时调整钻井策略、地震解释方案、取心取样方案等等。同时，以海外中心为主要支持单位的科研人员靠前支持，不仅参与项目公司的技术交流，还融入项目，形成一个团队；前方技术人员利用休假时间到国内的技术支持单位进行交流，真正形成"科研-生产一体化、前后方一体化、甲乙方一体化"的科研团队。支持单位承担合作课题，但不唯课题，及时根据项目公司的需要和勘探的进展，提供样品分析和解释结果，加强技术交流，最大限度地达成共识后报批实施。

（5）"一分为二"看待强反转盆地。

强反转盆地在地质上往往不利于油气的保存，难以形成大油气田（Macgregor，1996）。在刚刚进入乍得 H 区块时，有些专家认为邦戈尔盆地有稠油发现，就认为盆地经历了强反转，难以找到规模稀油油田。留给乍得政府的印象也是勘探难度大，难以发现稀油油田。

任何事物都有它的两面性，过去过多地去思考它带来的负面影响，却忽略了它带来的正面影响，从正面去思考问题，会发现新的认识和体会，带来惊喜的发现。强反转作用导致盆地大幅度抬升剥蚀，可能导致浅层的成藏组合遭到破坏，断层沟通导致油气藏的油气散失，形成稠油油藏等，这些都是负面的影响。但另一方面，正面的影响是强反转可以增强圈闭的幅度和规模，导致油气再次运移聚集，形成更大的油气藏；更为重要的是，抬升剥蚀 1000～2000m，使在穆格莱德、迈卢特和多巴等盆地难以钻遇的深层"源下组合"大大变浅，单井少钻 1000～2000m 井段，可以节约钻完井等投资达到 100 万～200 万美元。10 年的勘探证明，邦戈尔盆地虽然经历强烈的挤压抬升剥蚀，但仍可以发现规模油田，如大 Baobab 油田，储量大于 2×10^8 t，90%以上的储量为稀油，单井日产量高，单储系数达到 $500 \times 10^4 \sim 1000 \times 10^4$ t/km^2。单井成本大大低于周边项目的水平，大大提升了项目的经济性。

之前"源下组合"在周边盆地由于埋藏深，很少有井钻遇，即使钻遇，也是发现一些薄层油层，开发潜力小。对于邦戈尔盆地，在早期认为发现厚油层的难度大。但一旦转变理念，向反转后的残留盆地的边缘转移，向"源下组合"转移，去勘探裂谷早期的水下扇和扇三角洲砂体，可能会发现厚层砂体。勘探实践证明，最厚的油层分布在 Baobab N 和 Baobab NE 油藏，净油层厚度达到 288m，单井产量超千吨。这些勘探突破和取得认识对周边盆地的勘探有借鉴意义。

（6）提早进行合同延期，为潜山油藏大发现赢得了时间。

根据 H 区块的原始合同条款，最后一期勘探期到 2011 年 2 月 22 日到期，没有发现的勘探面积需要全部退还给乍得政府。鉴于 2008 年乍得内战导致勘探停止及乍得政府希望参股的愿望，双方及时启动了勘探期延期谈判，最终乍得总统批准 H 区块剩余勘探面积延期 5 年，合同者同意乍得政府参股 10%。这一延期为 2013 年初发现 5 大潜山含油带创造了机会，也为项目上产到 600×10^4 t/a 奠定了可靠的储量基础。

第九章 尼日尔大型风险勘探项目

尼日尔共和国(简称尼日尔)位于非洲中西部,是一个内陆国家,北边与阿尔及利亚和利比亚接壤,南边与尼日利亚相邻,东靠乍得,西部与马里接壤,西南边紧靠布基纳法索和贝宁。尼日尔国土面积约 126.7×10^{4}km^2,人口约为 2590 万(2022 年),官方语言是法语。全国大部地区属撒哈拉沙漠,全年分旱雨两季,是世界上最热的国家之一,被称为"阳光灼热之国"。年平均气温 30℃,气候干燥,植被稀少,霍乱与伤寒频发,是世界上最不发达和不适合生存的地方之一。2022 年国内生产总值 139.7 亿美元;2022 年联合国开发计划署发布的人类发展报告中,尼日尔排名第 189 位。

1961 年尼日尔颁布第一版石油法,相关条款内容主要是仿照法国能源法,合同模式为矿税制。2007 年,尼日尔政府修改了石油法,合同模式改为产品分成。

1961 年 10 月,Soc Prosp/Expl Petr Alsac 公司在贾多(Djado)盆地钻探了尼日尔第一口风险探井(野猫井)Kourneida-1(图 9-1),未获油气发现。1970 年,尼日尔政府对外公开区块招标,并签署了第一个区块合同——原阿加德姆区块(简称 A 区块)。1970~2006 年,多家国际石油公司先后(以欧美公司为主)在 A 区块进行了 36 年勘探,累计投资约 3.5 亿美元,完成了 30825km 航磁及17000km 二维地震,平均地震测网密度 4km×8km,在 Dinga 地堑最密可达 2km×2km,南部邻近乍得湖盆地的 Trakes 和 Moul 区最稀为 8km×16km。共完钻探井 20 口和评价井 5 口,发现 8 个油气藏,3P 地质储量 2980×10^{4}t,因发现储量无商业开发价值而先后退出。主要实物工作量集中在尼日尔最大的沉积盆地——特米特盆地,其第一个油藏发现于 1975 年(万仑坤等,2014;周立宏等,2017)。

在 2011 年之前,尼日尔不产油气,成品油全部依赖进口。2003 年中国石油进入尼日尔进行勘探作业,获得了 Tenere 区块(简称 T 区块)和 Bilma 区块(简称 B 区块),2008 年获得阿加德姆区块(三个区块简称为 A/B/T)。经过近 20 年的勘探,不仅在 A 区块和 B 区块实现了商业发现,2011 年建成了一期 100×10^{4}t 上下游一体化的油田和炼油厂,且二期 450×10^{4}t 产能建设和近 2000km 的外输管道建设已全面启动(窦立荣等,2022e;袁圣强等,2022),使得尼日尔不仅成为原油生产国和成品油出口国,还将成为原油出口国。

第一节 前作业者勘探阶段

中方进入尼日尔进行勘探作业之前,尼日尔 A 区块进行过多轮次的作业者变更和合同重新签订,后进一步划分了 B 区块和 T 区块,勘探总体可分为 4 个阶段[图 9-1(a)和图 9-2]。

(1)早期探索阶段(1970~1980 年):德士古公司和埃索公司先后成为 A 区块作业者。

德士古公司和埃索公司是首批进入尼日尔进行勘探的国际石油公司。1970 年 1 月,两家公司联合投标获得了原始 A 区块,两家公司各占 50%的权益,德士古公司担任作业者。区块面积为 117000km^2(图 9-1,当时尚未划分 T 和 B 区块),合同是常规资源勘探许可,勘探期为 1970~1977 年,没有规定义务工作量和退地要求,其间钻探了特米特盆地第一口风险探井 Madama-1 井,获发现。1977 年,通过股权变更,埃索公司成为作业者,权益 75%,德士古公司权益 25%。1978~1980 年,又钻探了 7 口风险探井(IHS 2022 年数据)。

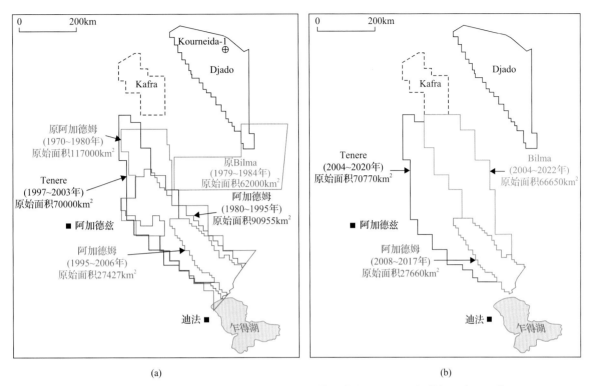

图 9-1 尼日尔 A/B/T 区块范围变化示意图(部分区块数据参考 IHS 2022 年数据；袁圣强等，2022)

(a)前作业者期间区块分布图；(b)中方作业期间区块分布图

A区块	完成工作量	二维：3937km 钻井：8口	二维：7843km 钻井：11口(评价井5口)	二维：1800km 钻井：6口	—	二维：约13026km 三维：约11900km² 钻井：178口	—
	作业者/原始区块面积/义务工作量	Texaco/Esso； 11700km²； 无义务工作量	Elf； 90955km²； 二维：1500km 钻井：2口	Elf/ Esso/ Petronas； 27427km²； 钻井：3口； 投资：6600万美元		CNPC； 27660km²； 二维：3600km 三维：320km²； 钻井：18口	
时间轴(年份)		1970　　　　1980　　　1990　　1995　　　　2000　　2006 2008　2010　　　2017　2022 　　　　1979　　1984　　　　　　1997　　　　2004　　　　　　　　2020					
B区块	作业者/原始区块面积/义务工作量	—	Elf； 62000km²； 无义务 工作量	—		CNPC； 66650km²； 二维：22500km 钻井：4口	
	完成工作量	—	—	—		二维：约5000km； 三维：约1600 km²； 时频电磁测线：19条694km； 钻井：42口	
T区块	作业者/原始区块面积/义务工作量	—			TG World； 70000km²； 二维：1500km； 钻井：2口	CNPC； 70770km²； 二维：2500km 钻井：8口	—
	完成工作量	—			—	二维：6702km； 钻井：8口	

图 9-2 尼日尔 A/B/T 勘探区块演变时间轴

　　1970~1980 年，作业者共采集二维地震资料 3937km，在 A 区块共钻探风险探井 8 口(Madama-1、Laguil A-1、Donga-1、Dilia langrin-1、Yogou-1、Moul-1、Trakes-1 和 Fachi-1)，除了 Fachi-1 井，其他 7 口位于特米特盆地(图 9-3)。1975 年钻探的 Madama-1 井在特米特盆地首次发现了古近系 Sokor 1 组油藏，1979 年钻探的 Yogou-1 井在盆地首次发现了上白垩统 Yogou 组油藏，其余井都失利了，探井成功率 25%。探井是针对盆地各个区带具有背斜背景的构造进行钻探的，主要目的层是白垩系(下组合),其中 3 口井揭示了基底。

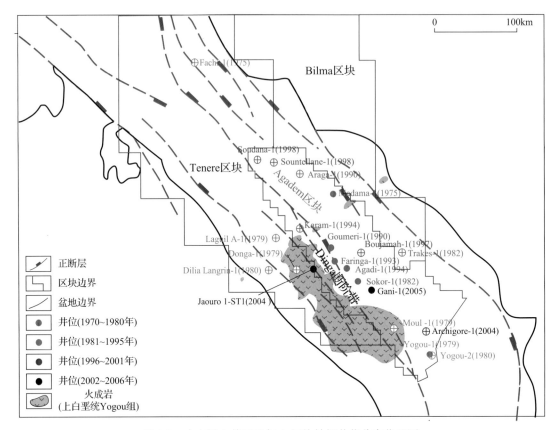

图 9-3　中方进入前尼日尔 A 区块钻探井位分布位置图

该时期早期阶段部署的探井是围绕主力凹陷周边高部位的凸起区和斜坡区进行钻探,总体是以白垩系为主要目的层,其中 3 口井钻遇基底,揭示了所有沉积地层,推测其目的是探索整个盆地的含油气性,以风险探索为主。

(2)盆地古近系(上组合)探索获突破(1980~1995 年):埃尔夫公司为 A 区块和 B 区块作业者。

1980 年 12 月,通过股权变更,埃尔夫公司入股并成为 A 区块作业者,权益 33.33%,伙伴有埃索和德士古公司。区块面积为 90955km²(图 9-1),合同模式是常规资源勘探许可。1980~1985年,合同规定义务工作量是采集二维地震资料 1500km 和钻井 2 口。1985 年,德士古公司退出,政府重新签署了区块合同,埃尔夫公司持股增加到 62.5%,仍为作业者,伙伴是埃索公司。区块面积为 72681km²,合同模式是常规资源勘探许可。1985~1990 年为第一勘探期,义务工作量为采集二维地震 1500km 和钻井 2 口。1993 年,埃尔夫公司持股变更为 50%,保持作业者到 1995 年。

1979 年,埃尔夫公司获得了原 B 区块合同,权益 100%,区块面积为 62000km²[图 9-1(a)和图 9-2],合同模式是常规资源勘探许可,没有规定义务工作量。1981 年,AG 公司入股 25%,埃尔夫权益 75%,至 1984 年合同结束,B 区块未实施实物工作量。

1980~1995 年,埃尔夫公司在 A 区块共采集二维地震 7843km,钻探风险探井/评价井 11 口(风险探井 6 口,评价井 5 口,图 9-3)。6 口探井均针对上组合古近系 Sokor 1 组进行钻探,共发现5 个油气藏(分别为 Sokor、Goumeri、Agadi、Faringa 和 Karam),其中针对下组合上白垩统 Yogou组钻探的评价井 Yogou-2 井失利,针对 Sokor 1 组钻探的 4 口评价井成功 2 口,失利 2 口。6 口探井中有 5 口探井位于特米特盆地西部 Dinga 断阶带(针对上组合 Sokor 1 组)、1 口探井位于特米特盆地东北部 Araga 地堑(与 Madama-1 井同一个构造带)。

　　该阶段钻井以古近系为目的层，在西部 Dinga 断阶带获得一定程度的发现，是前作业勘探发现的高峰期。其成功的原因推测是其吸取前期教训，探索和发现了上部成藏组合含油气性。

　　(3)继续甩开探索上组合，收效甚微(1995～2001 年)：埃索公司再次成为 A 区块作业者。

　　1995 年 11 月，尼日尔政府将区块进行重新划分为 A 区块、B 区块和 T 区块[图 9-1(a)]。通过作业者变更埃索公司再次成为新划分的 A 区块作业者，工作权益 80%，埃尔夫公司为合作伙伴，权益 20%(1995 年到 2006 年，都是股权和作业者变更，未重新签署合同)。A 区块面积为 27427km^2，合同模式是常规资源勘探许可。勘探期 1996～2006 年，义务工作量为钻井 3 口和完成投资 6600 万美元。1998 年，埃尔夫正式退出，埃索公司拥有 A 区块 100%的权益。1995～2001 年，埃索公司担任作业者期间，采集二维地震 1800km，钻井 3 口(图 9-3)。3 口井目的层都是上组合 Sokor 1 组，其中 Soudana-1 井和 Sountellane-1 井位于盆地北部隆起带，Boujamah-1 井位于盆地东部构造，均失利(图 9-3)，这两个新区带的失利显示出古近系油气成藏的复杂性。

　　1997 年，TG World 公司获得 T 区块 100%权益，区块面积为 70000km^2[图 9-1(a)和图 9-2]，合同为勘探许可，合同期 1997～2007 年，勘探期分为三个阶段(时间分别为 4 年、3 年和 3 年)。第一勘探期 4 年，义务工作量为采集二维地震 1200km 和钻井 2 口；第二勘探期为 3 年，义务工作量为采集二维地震 1500km 和钻井 2 口；第三勘探期为 3 年，义务工作量为钻井 2 口。这期间至 2003 年中方进入，T 区块没有实施钻井和地震工作量。

　　其间继续以古近系为主力成藏组合进行甩开勘探，未获油气发现，古近系探索受挫，显示作业者未认识到其成藏规律。

　　(4)发现少量油气，进入勘探低谷期(2001～2006 年)：Petronas 作为 A 区块作业者。

　　2001 年 6 月，Petronas 承诺独家新完成 3 口探井工作量，获得 A 区块 50%的工作权益和作业者，埃索公司为合作伙伴，权益 50%。区块面积为 27427km^2[图 9-1(a)]，合同模式和义务工作量与 1996 年规定的一致。2005 年 1 月，埃索公司重新成为作业者，和 Petronas 各拥有区块 50%的权益，2006 年它们正式退出 A 区块，发现油藏未开发。在此期间 Petronas 主导钻探了 Jaouro-1ST 井、Archigore-1 井和 Gani-1 井 3 口探井(图 9-3)，目的层是上组合 Sokor 1 组，2 口井位于盆地西部 Dinga 断阶带，发现 2 个小规模油藏，1 口井位于盆地西南部 Yogou 斜坡带，失利。根据其探井部署可以看出，Petronas 以 Dinga 断阶带上组合为探索目标，反映其认为西部断阶带油气富集，未敢大规模甩开勘探，同时在 Yogou 斜坡探索失利。根据后来中方对成藏的认识，Yogou 斜坡因为断层断距小，油气不利于运聚到上组合，上组合 Sokor 组含油性差，应以 Yogou 组自生自储成藏为主，中方在该地区以 Yogou 组为目的层发现了 1 个亿吨级油田群，反映出 Petronas 对成藏规律认识的不足。

　　(5)前作业者勘探认识局限性与勘探面临挑战。

　　经过前作业者 36 年勘探，基本摸清了特米特盆地的二级构造单元和层序(图 9-4 和图 9-5)，认为特米特盆地发育两套成藏组合，分别针对白垩系和古近系成藏组合都进行了勘探，并在全盆地主要构造带进行了甩开勘探，但未锁定主力目的层，发现集中在 Dinga 断阶带，认为其他区带成藏概率低，反映前作业者对盆地主力成藏组合认识不清，对盆地其他新区带潜力缺乏信心。由于成藏机理认识不深入，造成许多部署钻井目的层错位而失利。最典型的案例之一是埃尔夫公司 1982 年钻探的 Trakes-1 井，目的层是针对上白垩统，2020 年中方在另一侧的上升盘针对古近系目的层进行钻探，获得了 Trakes 斜坡亿吨级油田群发现。另外，特米特盆地多期裂谷叠置，构造结构复杂、破碎，以发育反向断块和断垒为主，圈闭识别难度大，使得中方进入后要取得规模油气发现面临诸多挑战。

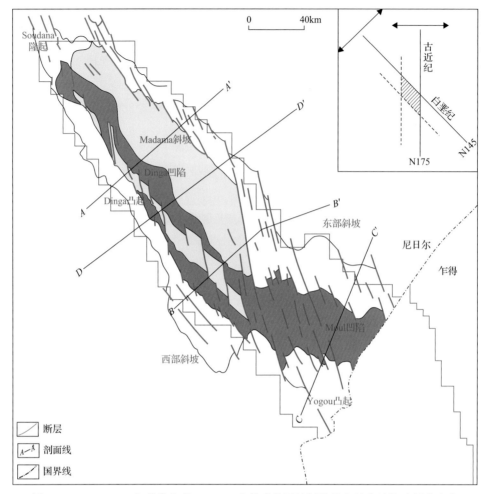

图 9-4　1980～2005 年前作业者 Petronas 和埃索公司绘制的特米特盆地构造划分方案

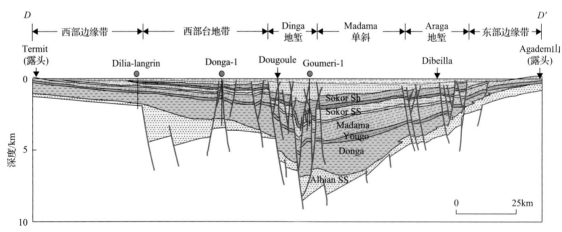

图 9-5　2005 年 Petronas 和埃索公司绘制的特米特盆地地质剖面（位置见图 9-4 中的 D—D′）

SS 表示以砂岩夹泥岩为主；Sh 表示以泥岩夹砂岩为主

第二节　中国石油区块评价获取与重大突破

2003 年初，中国石油通过对特米特盆地进行初步评价，认为该盆地具有与苏丹穆格莱德盆地等相似的盆地演化和成藏地质条件，属于陆相裂谷盆地范畴。一是认为具备基本的石油地质条件，主拗陷埋藏深(超过 8000m)，具有勘探潜力；二是认为发现主要集中在盆地西部陡坡带，广大东部和南部缓坡带地区尚未突破，勘探领域广；三是中国石油在陆相裂谷盆地勘探有丰富经验和技术优势。基于技术和商务一体化运作，中国石油在 2003 年先获取覆盖特米特盆地外围的 T 区块和 B 区块[图 9-1(b)]，2008 年获得涵盖特米特盆地主拗陷的 A 区块。

(1)技术商务一体化和接触战略见成效，2003 年获取 B/T 区块，并进行初步探索。

2003 年底，通过股权变更，中国石油进入 T 区块并获得 80%的权益，TG World 公司权益 20%。2004 年，中方正式与政府签署区块合同，中方为作业者，区块面积为 70770km²，为矿税制合同，分为三个勘探期(时间分别为 4 年、3 年和 3 年)。第一勘探期为 2004~2008 年，后延长了 2 年，义务工作量为采集二维地震 1500km 和钻井 3 口，进行了钻探和区域地质研究探索；2011 年，因未获勘探发现，TG World 公司彻底退出 T 区块，中方权益 100%，并进入了第二勘探期。根据合同规定，新的勘探期退地 50%，义务工作量为采集二维地震 1000km 和钻井 4 口；2016 年进入第三勘探期，义务工作量为钻井 1 口，退地 50%。其间因不可抗力和勘探潜力等与政府谈判，勘探期有所补偿。2020 年因未获商业油气发现，中方最终退出 T 区块，共采集二维地震 6702km，钻井 8 口。

2003 年底，中国石油进入 B 区块，权益 100%。2004 年，中方正式与政府签署 B 区块合同，区块面积为 66650km²，为矿税制合同，分为三个勘探期(时间分别为 4 年、3 年和 3 年)，开发期为 15 年，可延长 10 年。第一勘探期义务工作量为采集二维地震 1000km，无钻井；第二勘探期义务工作量为采集二维地震 1000km 和钻井 1 口；第三勘探期义务工作量为采集二维地震 500km 或三维地震 100km² 和钻井 2 口。其间通过与政府谈判，申请了勘探延长期，在 2020 年发现了 Trakes 亿吨级油田群，最终勘探于 2022 年到期，申请转开发。

(2)抓住时机，成为 A 区块作业者，地质研究攻关和勘探并行，获规模勘探突破。

2008 年 7 月，中国石油与尼日尔政府正式签署合同成为 A 区块作业者，权益 100%，根据地质认识和分步走战略，进行滚动和风险勘探。区块面积为 27660km²，合同模式为产品分成，分为三个勘探期(时间分别为 4 年、2 年和 2 年)，开发期为 25 年，可延长 10 年。第一勘探期 4 年，义务工作量为采集二维地震资料 600km、采集三维地震资料 220km² 和钻井 11 口，到期退地 50%；第二勘探期 2 年，义务工作量为采集二维地震资料 1500km、采集三维地震资料 100km² 和钻井 4 口，退地 50%；第三勘探期 2 年，义务工作量为采集二维地震资料 1500km 和钻井 3 口，勘探到期退出未获油气发现的所有探区。其间，因为不可抗力勘探期补偿了 1 年。2017 年 6 月 A 区块勘探到期，全面转入开发。其间，2013 年 8 月 23 日中国石油向台湾中油股份有限公司(简称"台湾中油"，OPIC)出售 A 区块 20%的权益。根据合同规定，尼日尔政府在 A 区块进入开发期有权参股 15%，开发期内中国石油权益 65%(作业者)，OPIC 权益 20%，尼日尔政府权益 15%。至 2017 年 A 区块勘探到期转开发，共新发现 3 个亿吨级油田群。

(3)中方在尼日尔 A/B/T 三个区块完成工作量。

2003~2022 年，中方针对尼日尔 A/B/T 三个区块实施了大量实物工作量(表 9-1)，其中 A 区块 2017 年勘探到期转开发，T 区块 2020 年勘探到期未获商业储量发现退出，B 区块 2022 年勘探到期转开发。中国石油在尼日尔累计完成二维地震资料采集约为 24728km，三维地震资料采集近 13500km²，时频电磁采集 2122km，共完钻探井/评价井 228 口，新发现油气藏约 130 个(90 多个油气藏位于 A 区块，30 多个油气藏位于 B 区块)，其中亿吨级油气区带 5 个。2011 年 11 月，A 区块一期油田(EEA1，含 3 个断块)建成投产，年产能为 100×10^4t 石油，已稳产 11 年。目前二期油田 450×10^4t 年产能正在建设中，预计 2023 年建成投产。

表 9-1　中方在尼日尔 A/B/T 三个区块累计勘探工作量表

区块	原始面积/km²	总勘探期	义务工作量	完成工作量	新发现油气藏
A	27660	2008～2017 年	钻井 18 口 二维地震资料 3600km 三维地震资料 320km²	钻井 178 口 二维地震资料约 13026km 三维地震资料约 11900km² 时频 997km	90 多个
B	62000	2003～2022 年	钻井 4 口 二维地震资料 3600km 或三维地震资料 100km²	钻井 42 口 二维地震资料近 5000km 三维地震资料近 1600 km² 时频电磁 19 条 694km	30 多个
T	70000	2003～2020 年	钻井 8 口 二维地震资料 2500km	钻井 8 口 二维地震资料 6702km 时频 431km	
合计				钻井 228 口 二维地震资料约 24728km 三维地震资料约 13500km² 时频 2122km	约 130 个

第三节　特米特盆地石油地质特征

针对前作业者在特米特盆地勘探研究中的认识盲区，中方基于陆相裂谷地质理论和被动裂谷盆地地质理论（窦立荣等，2003）进行攻关研究，提出新的地质认识，促进特米特盆地勘探大发现。

一、构造演化特征

在前寒武纪，非洲的克拉通之间由泛非造山带连成古大陆（Martin et al.，1981）。特米特盆地是发育在前寒武系结晶基底之上的中—新生代叠合裂谷盆地（张光亚等，2022），发育了一套厚达8～9km 的白垩系—第四系的陆/海相沉积岩，钻井揭示的基底岩性有花岗岩、片麻岩、片岩、伟晶岩等，在北部 Grein 地区揭示的片麻岩和伟晶岩年龄为 434～489Ma，特米特盆地西部揭示的花岗岩基底年龄为 190Ma±7Ma（Genik，1993）。盆地的形成与冈瓦纳大陆解体、南大西洋裂开和印度洋的开启有关，同时泛非基底构造可能对其走向和构造有显著的影响（Genik，1992，1993；张庆莲等，2013）。特米特盆地早白垩世火山活动不发育，晚白垩世—古近纪火山活动发育，火成岩年龄通常小于 85Ma（Genik，1993），部分年龄在 62Ma 左右（路玉林等，2009；窦立荣等，2018a，2018b）。

关于特米特盆地的裂谷期划分，据公开发表文献，有发育两期裂谷（刘邦等，2012；Fairhead et al.，2013；王涛等，2022a）和 3 期裂谷（Genik，1993）两种认识，两期裂谷是指早白垩世第Ⅰ期和古近纪第Ⅱ期裂谷（图 9-6），3 期裂谷则被认为是发育于早白垩世、晚白垩世和古近纪的裂谷。根据前人研究，中西非裂谷系广泛发育 3 期裂谷，如穆格莱德盆地等（张光亚等，2022）。针对晚白垩世这一期在特米特盆地到底是裂谷期还是拗陷期，本章结合前人工作和新钻井沉降曲线进行研究探讨。

早白垩世，特米特盆地受非洲-阿拉伯板块内部北东-南西向伸展作用发生第Ⅰ期裂谷作用，形成一系列北西-南东向断层控制的盆地雏形（王涛等，2022b；张光亚等，2022）。古近纪受非洲-阿拉伯板块与欧亚板块俯冲、碰撞而形成的北东东-南西西伸展应力形成第Ⅱ期裂谷作用，发育北北西-南南东走向断裂，改造早白垩世盆地形态，新近纪—第四纪仍存在断裂活动，但规模有限。

由于古近系 Sokor 2 组沉积时期断裂大量发育、断距大、切穿层位多，认为 Sokor 2 组沉积期为古近纪断裂活动最强期。从演化剖面可以看出，早白垩世盆地主要由正断层控制，盆地沉积范围有限。根据断裂活动强度，前人认为晚白垩世盆地进入拗陷热沉降阶段(刘邦等，2012)，同时受海侵影响，地层稳定沉积，沉降中心主要位于南北两个凹陷内，盆地范围大幅扩张(图 9-7)。

Trakes 斜坡位于盆地东部边缘，现今埋藏较浅，上部有剥蚀，部分地区下白垩统不发育(图 9-8)。本章选取了 Trakes 斜坡新钻井进行沉降曲线研究(图 9-9)。T N-1D 井钻遇了 Donga 组下部，T NE-1 井钻遇基底，证实下白垩统不发育。从两口井沉降曲线上看，上白垩统综合沉降速率都较高，特别是 Donga 组沉积早期 D1 段(对应 DS1 层序，图 9-6)，沉降速率最大，在 Madama 组沉积末期有剥蚀，在 Sokor 1 组沉积期沉降速率反而不高。其是否与中西非裂谷系穆格莱德等盆地类似(张光亚等，2022)，在晚白垩世发育裂谷作用，值得探讨。经研究认为，上白垩统沉积于海侵背景下，沉积速率高，快速发育巨厚的泥岩沉积(Donga 组和 Yogou 组)，这与中西非裂谷系其他主要盆地发育陆相沉积不同(袁圣强等，2018)。选取的两口井位于盆地东缘 Trakes 斜坡，其

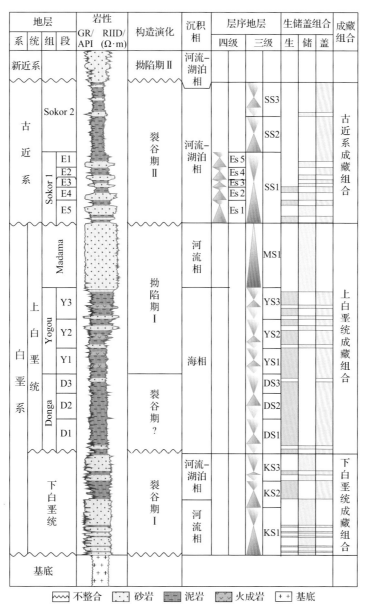

图 9-6 特米特盆地地层综合柱状图(据袁圣强等，2023a)

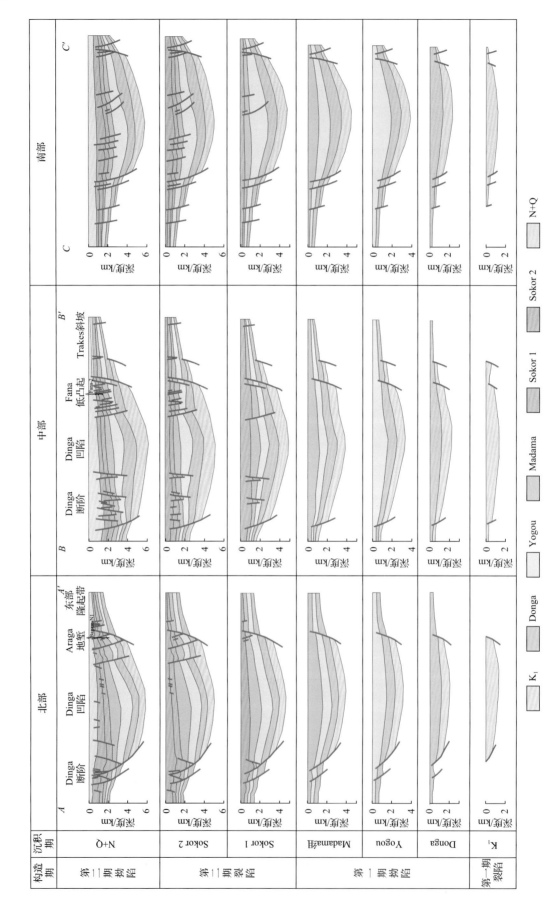

图9-7　Termit盆地区域构造演化剖面(剖面位置见图9-4中的$A-A'$、$B-B'$和$C-C'$)

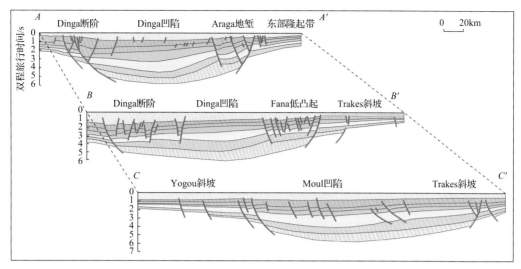

图 9-8 特米特盆地区域地质剖面对比图(剖面位置见图 9-4)

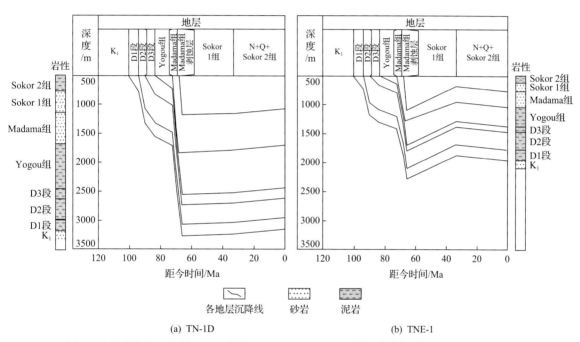

(a) TN-1D　　　　　　　　　　　　　(b) TNE-1

图 9-9 特米特盆地东部 Trakes 斜坡上 TN-1D 和 TNE-1 井沉降曲线(井位位置见图 9-10)

构造和沉积响应可能与主凹陷有差异,特别是其在 Madama 组、Sokor 1 组后期剥蚀特征明显。综合分析认为,特米特盆地晚白垩世高沉降速率应该是受到了快速海侵和可容纳空间增加的影响,但不能排除该时期发育弱裂谷作用,需要进一步做研究工作(袁圣强等,2023a)。

二、发育"两种源汇"沉积模式

特米特盆地地层从下往上划分为下白垩统(K_1)、上白垩统 Donga 组(可细分为 D1、D2 和 D3 段)、Yogou 组(可细分为 Y1、Y2 和 Y3 段)、Madama 组、古近系 Sokor 1 组(与四级层序 ES1、ES2、ES3、ES4 和 ES5 对应,从下至上可细分为 E5、E4、E3、E2 和 E1 砂组)、LV(低速)泥岩段和 Sokor 2 组、新近系(图 9-6)。沉积环境经历了陆相—海相—陆相的演变过程,早白垩世初陷期以河流相沉积为主,上白垩统 Donga 组和 Yogou 组以海相砂泥岩沉积为主,形成特米特盆地独特的上白垩统海侵—海退沉积层序和盆地主力烃源岩,古近纪裂谷期湖侵—湖退旋回发育了盆地主力储盖组合(Reyment，1980；付吉林等，2012；刘邦等，2012；汤戈等，2015；毛凤军等，2016；袁圣强等，2023a，2023b)。特米特盆地发育独特的晚白垩世和古近纪"两种源汇"沉积模式，控制盆地的沉积充填和含油气系统。

(一)晚白垩世海侵期"源汇"特征

上白垩统 Donga 组和 Yogou 组海侵旋回沉积层序，总体呈退积叠置样式，沉积体系由三角洲—滨海—浅海向浅海—半深海转变。从 YS1 层序高位体系域至 MS1 层序，总体呈现进积叠置样式，沉积体系由浅海-半深海向河流相转变。该期沉积范围较下白垩统沉积范围迅速扩大，东尼日尔盆地群连成一片，泥岩跨盆地广覆式发育，为烃源岩广泛发育提供了物质基础(图 9-10)。MS1 层序时期海水已完全退出特米特盆地，以河流相粗粒砂岩沉积为主。

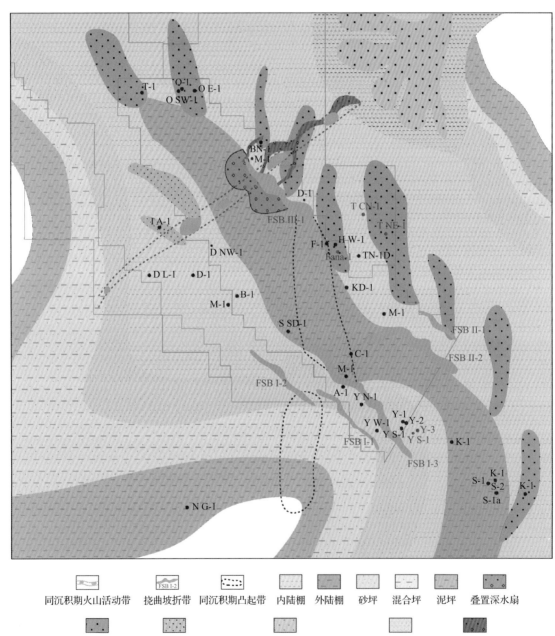

图 9-10 特米特盆地 Yogou 组 3 段(Y3)沉积相图

（二）古近纪湖侵期"源汇"特征

古近系 SS1 层序至 SS2 层序湖侵体系域总体呈退积样式，由三角洲相向浅湖-半深湖相转变（图 9-6）。从 SS2 层序高位体系域至 SS3 层序，总体呈进积样式，沉积体系由浅湖-半深湖相向三角洲相转变（袁圣强等，2023a）。从四级层序 ES1 至 ES3，总体呈退积叠置样式，砂体含量逐渐减少。从 ES3 至 ES5 时期，总体呈进积叠置样式，砂岩含量逐渐增加。相对于早白垩世海侵期层序，古近纪湖侵期层序沉积范围要小得多，东尼日尔各盆地之间处于分割状态，形成的储层组合叠合于海侵期广泛发育的泥岩之上，形成"下大上小"的叠合模式，有利于后期油气充注。

两种"源汇"的沉积特征在 Trakes 斜坡表现为古近系具有剥蚀现象，地层向东部减薄趋势明显，Donga 和 Yogou 组向东近等厚沉积，说明在地震资料范围之外仍有较远延伸。

三、含油气系统发育特征

（一）特米特盆地叠置裂谷多期构造叠加控制多元生烃，发育海陆混源型主力烃源岩

地球化学分析认为特米特盆地存在古近系 Sokor 1 组、上白垩统 Yogou 组和 Donga 组三套泥岩烃源岩（Wan et al.，2014；Liu et al.，2015；Dou et al.，2022）。Yogou 组上段（Y3）泥页岩为中等-好烃源岩，是主力烃源岩（董晓伟等，2016；程顶胜等，2020），其总有机碳（TOC）含量平均达 4.9%，每克岩石生烃量达 14.45mg，以 II_2 型有机质为主，镜质组反射率为 0.62%～1.29%，且以陆源有机质为主，含油气系统分析与模拟显示该烃源岩全盆地大面积成熟，油气运移具有原地生油、垂向和侧向运移的特征。次要烃源岩包括 Yogou 组下段（Y1、Y2）泥页岩、Donga 组泥页岩（III-II_2 型有机质为主，成熟-过成熟）和古近系 Sokor 1 组泥岩（II_1-I 型为主，成熟范围小，只在 Dinga 深凹区局部成熟）。

晚白垩世非洲板块内部存在一条横跨撒哈拉海道（Trans-Saharan Seaway），特提斯洋和南大西洋连通，特米特盆地遭受大范围海侵，晚白垩世塞诺曼期—圣通期发现海相菊石，Yogou 组—Donga 组发现多种类型海相化石，指示近岸海陆过渡相-海相沉积。微量元素和噻吩硫、β-胡萝卜烷与伽马蜡烷等特征生物标志化合物揭示晚白垩世温暖潮湿古气候、水体相对还原的咸水环境，较高的古生产力形成广覆式厚达 500m 以上的海陆混源型烃源岩。Yogou 组和 Donga 组泥岩抽提物中检测出来自典型淡水藻的 4-甲基甾烷和来自海相藻的甲藻甾烷共存，进一步佐证了陆源水生生物和海相水生生物共生。对特米特盆地上白垩统 Yogou 组优选 14 件不同类型烃源岩岩屑样品开展镜质组反射率测定和可溶有机质饱和烃气相色谱分析，对有机质中高等植物贡献进行初步定量判识表明（图 9-11）：Y3 滨岸泥岩有机质中高等植物贡献高，而且变化较大，介于 40%～90%；滨外陆棚和滨外陆棚过渡带烃源岩有机质中高等植物构成比例相对较低，介于 10%～50%。总之，Yogou 组烃源岩为海陆混源型烃源岩。

中西非裂谷系新生代裂谷演化阶段均为陆相沉积，在强烈裂谷期发育一套暗色泥岩沉积，如特米特盆地 Sokor 1 组、Sokor 2 组，穆格莱德盆地 Tendi 组，迈卢特盆地 Adar 组，富含 I-II_1 型有机质，但多数未成熟，仅 Sokor 1 组在特米特盆地 Dinga 凹陷进入低成熟阶段，经油源对比研究有过局部生烃贡献。

（二）储盖组合和圈闭

1. 储层

根据钻井、岩心、井壁取心等资料分析，认为特米特盆地发育多套储层，包括下白垩统砂岩

（发育范围有限）、上白垩统砂岩（包括 Donga 组下部、Yogou 组上部和 Madama 组）、古近系 Sokor 1 组和中新统—全新统砂岩。目前有工业油气发现的储层包括上白垩统 Donga 组下部（少量发现）、Yogou 组上部（储量发现占比 10%左右）和古近系 Sokor 1 组储层（储量发现占比超 80%），K_1 和中新统—全新统未获油气发现。通过对 3 个主要含油储层的岩石类型统计认为储层的岩石类型较为单一，主要为石英砂岩（图 9-12）。

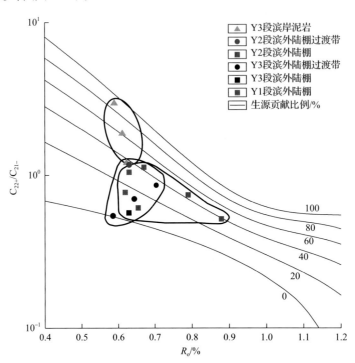

图 9-11　正构烷烃 C_{22+}/C_{21-} 参数定量判识特米特盆地 Yogou 组烃源岩有机质生源构成图版

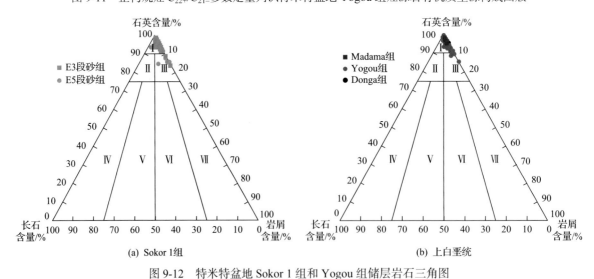

图 9-12　特米特盆地 Sokor 1 组和 Yogou 组储层岩石三角图

Ⅰ-石英砂岩；Ⅱ-长石石英砂岩；Ⅲ-岩屑石英砂岩；Ⅳ-长石砂岩；Ⅴ-岩屑长石砂岩；Ⅵ-长石岩屑砂岩；Ⅶ-岩屑砂岩

　　特米特盆地在古近系 Sokor 1 组以不等粒石英砂岩、细粒石英砂岩为主，其次为粉粒及中粒石英砂岩。碎屑组分主要为石英、长石、岩屑，其中石英占主导，平均含量达 85%，成分成熟度高，偶见少量长石，岩屑类型单一，为变质岩（以石英岩为主，图 9-12）。Sokor 1 组砂岩储层发育原生孔隙和部分次生孔隙。原生孔隙主要是碎屑沉积颗粒在成岩作用过程中经压实作用和胶结作用而残余的原生粒间孔隙。次生孔隙则是长石、黏土矿物和杂基等经淋滤作用、溶解作用、交代作用等形成的，包括各种溶蚀孔[图 9-13（a）、（b）]，平均面孔率 14%～18%，水下分支河道砂体储层面孔率最大可达 35%。Sokor 1 组 E5、E4 段沉积时期（图 9-6），叠置裂谷作用较弱，可容纳空间增加速率较小，物源供给充足，主要为辫状河三角洲沉积，特别是 E5 段砂体全盆地大面积稳定分布；在 E3、E2 段沉积时期，裂谷作用增强，可容纳空间增加速率较大，物源供给减弱，砂体主要发育于三角洲前缘沉积体系。沉积微相是影响储层质量的主要因素，成岩作用次之，砂岩中黏土杂基含量是影响储层非均质性的主要因素（吕明胜等，2015；刘计国等，2022）。

特米特盆地上白垩统储层岩石类型主要为石英砂岩，以细粒结构和少量的不等粒结构为主，分选中等-差，磨圆度一般为次棱角-次圆状，磨圆差。碎屑组分主要为石英、长石、岩屑，其中以石英为主，岩石类型主要为石英砂岩，成分成熟度高，石英含量可达 90%以上，石英平均含量为 86%，黏土矿物为 7%，其次为钾长石、方解石与菱铁矿，含量均为 2%，斜长石为 1%。从成分角度分析，成分成熟度高，较高的石英含量可以较好地保护原生孔隙不受压实作用破坏，平均面孔率 10%～15%[图 9-12（b）和图 9-13（c）、（d）]，包括发育原生孔隙和部分次生孔隙，但这种高成分成熟度并不能代表其搬运距离的远近。重矿物类型为磁铁矿、赤铁矿、锆石、磷灰石，推测物源区的母岩类型主要为花岗岩。晚白垩世特米特盆地因遭受海侵形成了以巨厚泥岩沉积为主的 Donga

(a) (b)

(c) (d)

图 9-13 特米特盆地 Sokor 1 组和上白垩统砂岩储层薄片特征

（a）细粒石英砂岩，A-2 井，2002.5m，Sokor1 组，少量溶蚀微孔；（b）中粒石英砂岩，D N-3 井，1638.2m，Sokor1 组，原生孔和溶蚀孔；
（c）细粒石英砂岩，Y S-1 井，2453.8m，Yogou 组，原生孔和粒间溶孔；（d）细粒石英砂岩，T N-1D 井，3306m，Donga 组，溶蚀孔组和 Yogou 组，边缘发育三角洲前缘相，海退后沉积了巨厚河道砂岩为主的 Madama 组。研究认为影响上白垩统储层物性的主要因素是岩石类型及成岩作用，由于储层的岩石类型为石英砂岩，压实作用对储层的破坏作用较一般岩石类型偏小。现今埋深小于 2500m 时，主要发育原生孔隙，面孔率大于 15%（毛凤军等，2019）。

2. 盖层

古近系 Sokor 2 组中下部沉积于后期叠合裂谷旋回的裂谷深陷期，处于最大湖泛面附近（图 9-6）。深湖-半深湖相泥岩全盆地大面积分布且厚度较大，为 20～210m，仅在特米特盆地西台地、东斜坡和 Soudana 隆起等盆地边部区域因受后期构造隆升剥蚀影响厚度较小（小于 20m）。测井资料分析显示 Sokor 2 组泥岩盖层物性封闭能力强，且普遍存在异常压力/欠压实带（图 9-14）。以 Tya-1 油气藏为例，Sokor 2 组下部连续泥岩段埋深仅为 1000m 左右，但可有效地封闭住其下的天然气层，证实了该套区域盖层良好的封闭性。

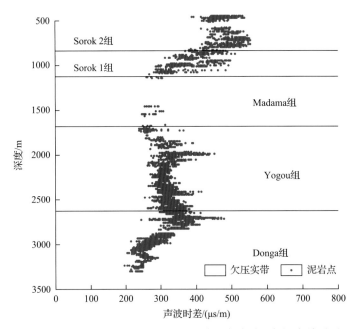

图 9-14　特米特盆地 T N-1D 井泥岩盖层声波时差与深度关系图

除 Sokor 2 组区域盖层外，特米特盆地上白垩统 Yogou 组和 Donga 组也发育厚层泥岩，测井评价认为具备良好封盖条件（图 9-14）。T N-1D 井处于盆地东部 Trakes 斜坡带，其 Yogou 组以泥岩为主，测井计算 $1MPa < p_a < 10MPa$，评价为 II 类盖层，且该段泥岩存在欠压实，综合评价为区域油气盖层；Donga 组以泥岩为主，测井计算 p_a 大于 10MPa，评价为 I 类区域盖层。

3. 圈闭

特米特盆地后期叠置裂谷断裂活动形成大量与断层相关圈闭，其中在 Dinga 断阶带，后期叠置裂谷的继承和改造作用并存，表现为早白垩世边界断层在后期裂谷旋回发生继承性再活动，同时派生一系列反向和同向的次生断层，所形成的圈闭类型主要为断垒和反向断鼻；在 Araga 地堑和其他构造带，因早白垩世断层不发育，在后期叠置裂谷主要发育新生断层，对应圈闭类型主要为反向断鼻。

特米特盆地有利油气聚集的圈闭类型为断垒和反向断鼻，在断垒和反向断鼻圈闭中，主力储层 Sokor 1 组砂岩通过反向断层与 Sokor 2 组厚层连续泥岩段侧向对接，易形成良好的侧向封堵条件；而在顺向断块圈闭中，Sokor 1 组砂体易通过顺向断层与自身砂岩或 Madama 组厚层连续砂砾岩侧向对接，封堵条件较差。

4. 成藏期次分析

特米特盆地具有早白垩世火山活动弱和晚白垩世—古近纪火山活动强的特征(Genik，1993；路玉林等，2009)。白垩纪古地温梯度较低(平均 27.6℃/km)，古近纪古地温增高(平均35.7℃/km)(王涛等，2022b)。M-1 井和 T-1 井分别位于盆地西南缘 Yogou 斜坡和东南缘 Trakes 斜坡，其生烃史模拟表明，Yogou 组主力烃源岩主要生烃时间为距今 50～20Ma 的古近纪(图 9-15)，主力烃源岩至古近纪末期才开始大规模生排烃(董晓伟等，2016)，其生排烃高峰期与古近纪圈闭形成期完美耦合，且至今仍处于生排烃高峰期，促成了古近纪油气的大规模聚集，奠定了特米特盆地古近纪为主力成藏组合的基础，同时明确了 Trakes 斜坡具备生烃潜力。

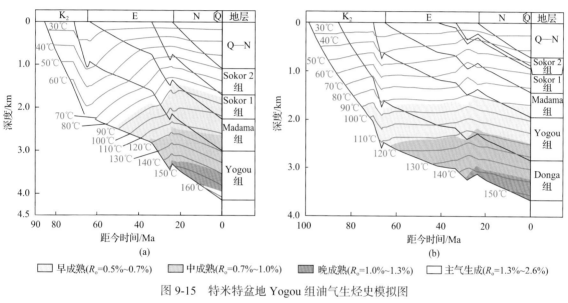

图 9-15　特米特盆地 Yogou 组油气生烃史模拟图
(a)M-1 井生烃史模拟图；(b)T-1 井生烃史模拟图

四、成藏组合

根据前面盖层分析结果，特米特盆地主要发育上白垩统和古近系盖层，其中古近系 Sokor 2 组为区域盖层。通过测井评价，认为均为有效盖层。其中 Sokor 2 组泥岩盖层物性封闭能力强，且普遍存在异常压力，Yogou 组和 Donga 组以泥岩为主，为 I-II 类盖层，均可有效封盖油气。

由此，特米特盆地垂向上划分为上下两套成藏组合，上组合为古近系成藏组合，包括下部 Sokor 1 组 1 段砂泥互层段，上部 Sokor 2 组 2 段发育区域性泥岩盖层；下组合为上白垩统成藏组合，晚白垩世拗陷期发育海进-海退旋回，海退期形成主力烃源岩及近源成藏组合(图 9-6 和图 9-16)。

(一)上部成藏组合(上组合)

古近纪裂谷早初始期 Sokor 1 组发育三角洲平原河道砂体及三角洲前缘分流河道砂体，古近纪裂谷深陷期中期 Sokor 2 组湖相为区域盖层。同时，研究认为古近纪裂谷层序发育范围小于晚白垩世海侵层序范围(图 9-5)，古近系储盖组合处于烃源岩的有效供给范围内。特米特盆地古近系 Sokor 1 组反向断块发育，研究认为反向断块中主力储层 Sokor 1 组砂岩与 Sokor 2 组厚层泥岩段侧向对接，易形成良好的侧向封堵条件，结合前作业者钻探认识，综合确定古近系成藏组合是特米特盆地的主力成藏组合。

(二)白垩系成藏组合(下组合)

上白垩统成藏组合油气也来自 Yogou 组和 Donga 组海相烃源岩,下白垩统是否发育烃源岩尚未证实。该套成藏组合的储层为三角洲及滨海相砂岩,主要发育在 DS1 层序及 YS3 层序上部。MS1 层序砂岩缺乏盖层,不能有效聚集油气,故该套成藏组合主要储集层段为 YS3 层序和 DS1 层序,DS2 层序及 YS2 层序在盆地边缘沉积薄层砂岩,以自生自储为主(袁圣强等,2023b;图 9-16)。

另外,下白垩统是否存在成藏组合尚未确定。早白垩世是盆地第一期裂谷期,裂开范围有限,只在局部凹陷区有沉积,推测以河流-湖泊相粗粒沉积为主,总体泥岩不发育。因为深凹区埋藏较深,可能局部发育泥岩,是否能够成为有效烃源岩还没有证实,且埋藏太深,推测砂岩物性差,可能不发育有效成藏组合。

五、油气成藏模式

基于以上研究,认为特米特盆地发育多期裂谷叠置,上白垩统海相烃源岩广覆式发育,形成大范围生烃灶,与上覆古近系陆相主力成藏组合形成良好源储配置。热史重建与流体势运移模拟发现,主力烃源岩在古近纪末期开始大规模排烃,油气可以通过主力成藏组合下部的 Madama 组厚层砂岩(平均厚度达 600m)和断裂系统进行侧向和垂向运移,在远离凹陷的构造带聚集成藏。古近纪裂谷期盆地在近东西向拉张应力诱导下,发生北西-南东向右旋弱走滑,形成一系列断块圈闭,据此建立了海陆叠合裂谷油气成藏模式(图 9-16)。

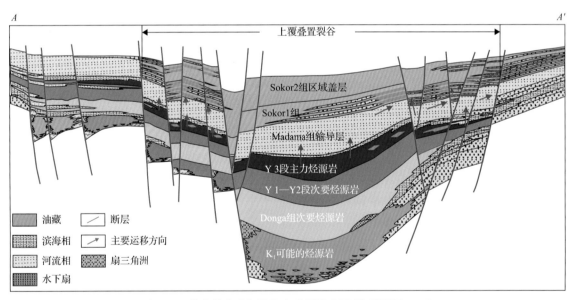

图 9-16 特米特盆地海陆叠合成藏模式图(位置见图 9-17)

在该模式的指导下,突破了前作业者勘探认识,指导落实 Dinga 断阶带一个亿吨级区带,在前人失利的 Dibeilla 构造带、中部 Fana 低凸起(周立宏等,2017)和东部 Trakes 斜坡等新发现四个亿吨级含油区带(图 9-17)。

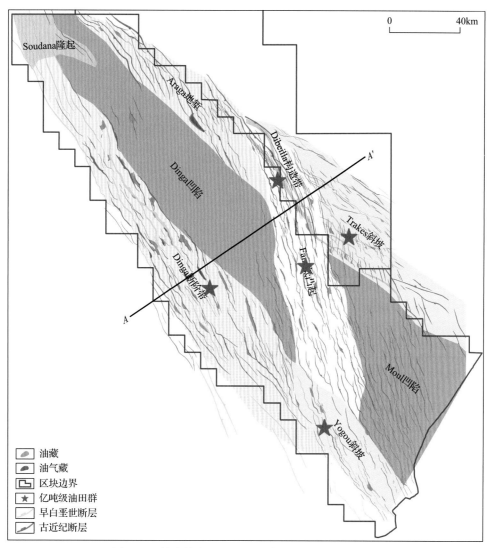

图 9-17　特米特盆地主要构造单元划分及油藏分布图

第四节　勘 探 实 践

一、明确烃源岩

优先明确特米特盆地晚白垩世大面积海侵环境下存在海陆混源型烃源岩，广覆式发育且潜力大。

中方进入尼日尔勘探以来，首先面临的挑战就是主力烃源岩层的确定，进而明确主力含油气系统。基于前作业者的研究，又进行了大量的地球化学分析、埋藏史等研究，确认了上白垩统 Yogou 组 3 段为主力烃源岩。通过油气系统模拟预测表明，Yogou 组生烃潜力较大，占总生烃量的 96.3%，以生油为主，特米特盆地总生烃量为 $494.5 \times 10^8 t$，总排烃量为 $401.6 \times 10^8 t$，总资源量约为 $16 \times 10^8 t$。

另外，通过古生物、沉积环境分析，在上白垩统泥岩中识别出 *Cribroperidinium cooksoniae* 克氏筛多甲藻(沟鞭藻)等、*Ovocytheridea bashibulakeensis* 巴什布拉克乱美花介(介形虫)、钙质超微

Micula staurophora 等典型海相化石，证实晚白垩世与世界同步的大规模海侵的存在，结合地震资料，确定 Yogou 组海相烃源岩广覆式发育，潜力巨大。

二、锁定储盖组合

基于地质研究攻关，快速锁定古近系主力储盖组合，明确特米特盆地晚期成藏特征，为勘探发现奠定基础。

基于对盆地构造、沉积和主力烃源岩的认识，提出主力成藏组合为上覆古近纪裂谷层序，主要储层为古近纪裂谷早期三角洲平原河道砂体及三角洲前缘分流河道砂体。沉积体系受古近纪叠置裂谷继承和改造控制明显，古近纪早期砂体发育规模大，晚期砂体规模小，仅在古近纪裂谷两侧分布。区域盖层为古近纪裂谷中期湖相区域泥岩。

通过热史重建与流体势运移模拟明确了盆地古近纪末期大规模排烃，油气通过 M 组输导层横向和断裂侧向运移可在远离凹陷的构造带聚集成藏。突破了前作业者把白垩系作为主力成藏组合或古近系有利区带仅限于盆地西部陡坡带的勘探理念，发展了裂谷盆地油气地质理论。

三、建立成藏模式

建立了海陆叠合裂谷油气成藏模式，指导盆地风险勘探和精细勘探获得重大成果。

基于构造演化和有限元数值模拟分析，认为特米特盆地多期裂谷叠置，白垩系海相烃源岩广覆式发育，形成大范围生烃灶，与上覆古近系陆相主力成藏组合形成良好源储配置；古近纪裂谷期盆地在近东西向拉张应力诱导下，发生北西-南东向右旋弱走滑，形成一系列近南北走向雁列式正断层，与白垩纪先存断裂一起控制系列优质规模圈闭发育；油气沿双通道运移体系高效运移，盆地陡坡带、缓坡带乃至盆缘高带都是油气成藏有利区。由此建立的海陆叠合裂谷油气成藏模式（图 9-16），指导落实 Dinga 断阶带一个亿吨级区带，在前人失利的 Dibeilla 构造带、中部 Fana 低凸起和东部 Trakes 斜坡等新发现四个亿吨级含油区带，使得以古近系为主力目的层的亿吨级区带达到 4 个（图 9-17）。

四、提出适用勘探技术

提出"三维地震资料整体部署、分步实施"策略，攻关适用技术，提高圈闭和油层识别精度，加快规模储量发现。

特米特盆地圈闭以复杂断块为主，构造破碎，落实难度大。尼日尔摸索出"三维地震资料整体部署、分步实施"的策略，一是提高三维采集效率，根据二维地震资料落实情况和石油地质研究认识确定先采集哪一部分，逐步实施，也可以根据实际钻探情况进行调减或调增。二是整体部署的三维相接部分不会出现覆盖次数异常、方位角不一致、炮检距异常等问题，保证数据一致性，可以保证最后连片三维的(Dinga 断阶带、东部斜坡、Yogou 斜坡、Trakes 斜坡)后续连片处理，目前共采集三维 12 块，面积约 $1\times10^4\text{km}^2$。三是与非整体部署相比，整体部署可以共享边界炮点信息，节省满覆盖面积约 8%，极大地降低了作业成本。四是针对有利区带部署三维，大大促进勘探。以 Trakes 斜坡为例，同一个区域二维地震资料解释只发现 2 个小圈闭，圈闭总面积 2.3km²，三维实施后，新发现圈闭目标 20 多个，圈闭总面积达 130km²(图 9-18)，充分显示了有规划的整体部署和分步实施三维的重要性。五是攻关形成系列适用技术，包括复杂断块精细刻画技术、相控模式下的分频属性反演技术和低阻油层成因机理研究与综合评价技术等，形成了技术手册和获得了软件著作权，有效解决了勘探中面临的难题，提高了勘探的效率。

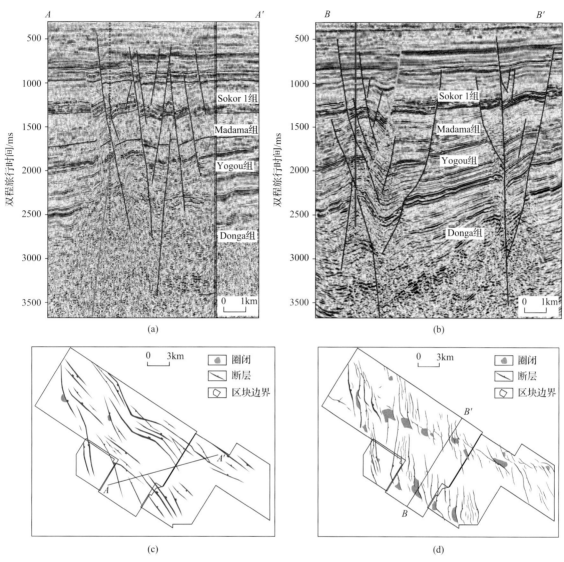

图 9-18　特米特盆地东缘斜坡 Trakes 南构造带二维 [(a)、(c)] 与三维 [(b)、(d)]
构造解释对比(古近系 Sokor 1 组顶构造图)

五、典型油气藏分析

2003 年中国石油进入尼日尔进行勘探实践以来，在特米特盆地共落实 1 个亿吨级和新发现 4 个亿吨级油田群，其中 4 个为古近系油田(图 9-17；薛良清等，2012；万仑坤等，2014；袁圣强等，2022)。以复杂断块油气田为主，Sokor 1 组油藏以反向断块、断垒为主，含油层系以河流、三角洲相沉积为主，储层孔隙度为 20%～30%，渗透率为(200～1000)×$10^{-3}\mu m^2$，属中—高孔、中—高渗储层；白垩系 Yogou 组以低幅度背斜、顺向断块和小断层控制的反向断块为主，储层为海相细砂岩，孔隙度为 8%～25%，渗透率低于 500×$10^{-3}\mu m^2$，属中孔中渗储层。油藏类型主要为层状边水砂岩未饱和油藏，天然能量较为充足，盆地西侧的部分油田发育气顶油藏。油藏埋深范围在 700～3200m，Sokor 1 组主力油田埋深 1500～2600m，原油重度 11～45°API，以中轻质原油为主，采收率介于 20%～30%。主要油田群详情如下。

(一) 古近系 D 油田群

D 油田群以古近系 Sokor 1 组为主力油层，地层埋深为 1000～2500m，埋深适中，以反向断块和断垒圈闭为最有利圈闭类型(图 9-17 和图 9-19)。该区紧邻西侧的 Dinga 生油凹陷，发育两期断裂，包括早白垩世断层和古近纪断层，且发育继承性大断层，成为沟通油气运移的主要通道，在反向断块上升盘聚集形成大油田群(薛良清等，2012)。

D-1 断块为断鼻构造，局部被反向次级断层切割复杂化(图 9-19)；主断层断距 500～600m，次级断层断距 30～50m，含油圈闭南北长 9km，东西宽约 700m，含油圈闭幅度 160m；发现井 D-1 目的层是 Sokor 1 组的 E2—E5 油组，砂层厚、物性好，储层相对发育，为中高孔中高渗储层。D-1 断块 E3、E4 油组主力油层试油产量高，自喷达到 1500bbl/d 以上。纵向上原油性质有差异，主力油组 E3 和 E4 为中质原油，密度 0.90g/cm^3；次主力油层 E2 为重质原油，密度较高，为 0.94g/cm^3。

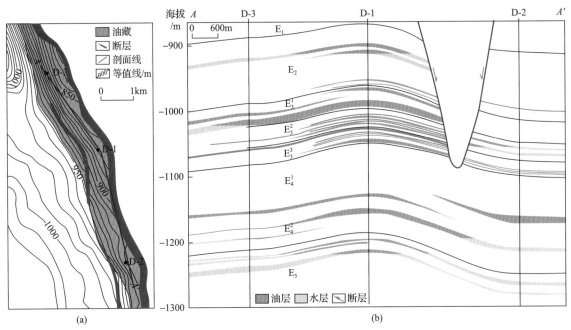

图 9-19　特米特盆地 D 油田 Sokor 1 组油藏平面图(a)和剖面图(b)

(二) 古近系 F-K 油田群

Fana 低凸起位于特米特盆地 Dinga 凹陷和 Moul 凹陷之间，勘探面积约 2200km^2，该区带发育一系列 NNE-SSW 走向的断裂(图 9-17)。中国石油进入之前，外国公司在 Fana 低凸起东西两侧完钻了 T-1 和 B-1 两口探井，均失利。中方通过研究认为该区紧邻西侧的生油凹陷，同沉积继承性断层沟通了上白垩统 Yogou 组、Donga 组的油源和古近系 Sokor 1 组储盖组合，为油气成藏创造了非常有利的地质条件。据此部署三维地震和风险探井，针对上组合古近系发现了 F-K 亿吨级油田群。油藏埋深 1000～2600m，稀油，以 Sokor 1 组 E1 油组为主，E2 和 E5 油组为辅(图 9-20)。

K CE 断块完钻三口井，在 Sokor 1 组和 Yogou 组均钻遇油层(图 9-20)。在 Sokor 1 组为断鼻构造，含油圈闭南北长 7km，东西宽约 1.3km，含油圈闭幅度 60m，E1—E2 油组发育三套含油层系，为低幅度层状构造油藏，Sokor 1 组油藏试油产量近 200bbl/d，原油密度 0.93～0.95g/cm^3，为中质偏重原油。Yogou 组为低幅度断背斜构造，圈闭幅度 20～30m，试油日产达到 1228.2bbl，自喷，原油密度 0.82～0.88g/cm^3，为轻—中质原油。

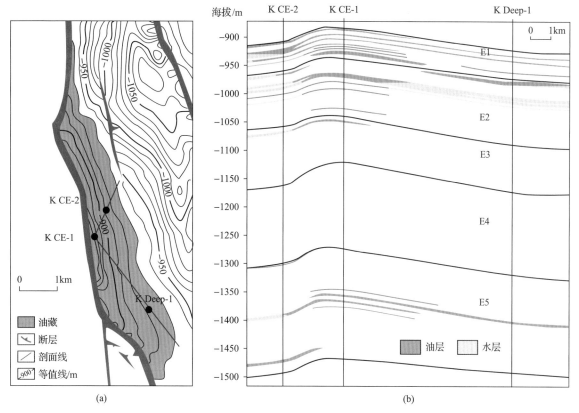

图 9-20 特米特盆地 K CE 油田油藏顶面构造图(a)和剖面图(b)

(三)古近系 T S 油田群

特米特盆地 T 斜坡区属于 B 区块，面积约 5000km^2。前作业者 1982 年在 T S 构造带针对下组合上白垩统钻探了一口风险探井 T-1，失利。中方 2014 年在 T S 构造带针对下组合上白垩统钻探 1 口井，获少量油气发现。2019 年以来，通过深化地质研究，认为 T S 构造带上组合古近系具备良好潜力，2020 年底部署第一口风险探井 T S-1 井，引领了走滑断裂带控制的亿吨级油田群的发现[图 9-17 和图 9-18(b)]，并在 2022 年初区块到期前快速探明(图 9-17 和图 9-21)。

T 油田群以古近系 Sokor 1 组储量为主，有少量上白垩统储量。T 油田群古近系油藏埋深相对较浅，在 600～1200m 之间。已发现古近系 Sokor 1 组油藏油层平均厚度 24m，油气主要富集在 E4—E5；Sokor 层 E1—E5 油组油层孔隙度为 21%～32%，平均为 25%，属中、高孔储层；Sokor 层 E1—E5 油组油层渗透率为(63.5～1473.9)×10^{-3}μm^2，平均为 554.16×10^{-3}μm^2，为中、高渗储层。原油黏度偏高，地下原油黏度普遍在 50cP 以上，单井试油产量总体平均为 150～250bbl/d。试油最高产是 T SW 井在 Sokor 1 组试油获折合日产 1600bbl 以上。

(四)白垩系 Y 斜坡油田群

Y 斜坡位于特米特盆地西南部，西邻 Moul 凹陷。前作业者在该地区共钻井 5 口，分别为 M-1、A-1、T-1、Y-1 和 Y-2，其中干井 4 口，只发现了 Y-1 井一个出油点。结合失利井分析和盆地模拟结果，认为失利原因为侧向封堵和圈闭落实问题。Moul 凹陷 Yogou 组烃源岩现今大面积成熟，

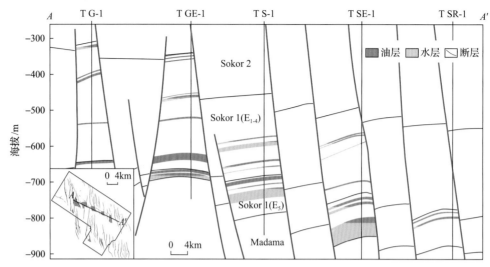

图 9-21　Trakes 油田群油藏剖面

具备油气成藏的物质基础；Yogou 斜坡西侧的古构造高点提供稳定物源，储层较发育；小断距断裂发育，Yogou 组烃源岩生成的油气易于垂向运移自生自储，据此进行勘探部署。

　　2012 年在 Yogou 斜坡下组合白垩系部署风险探井 Y W-1 井首次获得重大突破，其 DST3（2067.3～2069.3m）测试自喷，折合日产油 800bbl。通过测井解释和试油证实油层 23.6m/9 层。2014 年在 Yogou 斜坡针对下组合白垩系部署探井 A Deep-1（前作业者老井加深），在 Yogou 组 3167.9～3173.7m 试油结果日产油 1150bbl，重度为 42°API，证实为凝析油气层，探明了 Yogou 斜坡亿吨级油田群（图 9-17）。

第五节　经验和启示

　　(1)坚持技术和商务一体化评价，制定适合勘探策略，是尼日尔项目成功的基石。

　　自主勘探成功的区块桶油成本低，效益一般均较好，自主勘探的成败对于海外油气项目至关重要（窦立荣等，2022b，2022c，2022e）。中国石油之所以能够在尼日尔勘探获得成功，技术和商务一体化的密切结合，以及坚持在自己擅长领域进行自主勘探区块获取是重要原因。

　　海外勘探与国内差别很大，主要体现在时间紧、节奏快、任务重等方面，都有明确的勘探期，一般累计不超过 10 年。以 A 区块为例，2008 年 6 月，中方获得 A 区块，按照合同规定勘探期 8 年，分为 4+2+2 年，且 3 年内还要建成 100×10^4t 的产能、输油管线及炼厂，时间紧、节奏快、任务重。中方专家立足于长远规划，集思广益，制定了勘探分四步走策略。首先依托前作业者已有的勘探发现，优先落实老油田及周边圈闭的油气储量规模，为 100×10^4t 产能建设提供储量基础；二是依托前作业者已有的勘探发现，重点勘探 Dinga 断阶带，尽快落实该区带古近系的资源潜力；三是甩开评价盆地其他区带尤其是东部斜坡古近系勘探潜力；四是进一步探索白垩系勘探潜力。按照当初制定的分四步走的勘探策略，逐步实现了当初制定的战略目标，为二期 450×10^4t 产能建设和原油外输提供了储量基础。

　　(2)创新地质认识是特米特盆地风险勘探突破的核心。

　　中国石油接手后，针对面临的难题，系统开展了盆地构造演化、沉积储层、烃源岩评价、含油气系统模拟和油气运移成藏等研究工作，形成了"特米特盆地晚期生烃，跨时代运聚，晚期成藏"的地质新认识。提出晚白垩世拗陷期特米特盆地遭受大规模海侵，泥岩全盆地广泛沉积，形成了上白垩统 Yogou 组和 Donga 组烃源岩；此外，由于古近纪裂谷作用较弱，沉积范围小，坐落于上白垩统优质烃源岩之上，形成"断拗叠置、下大上小"的盆地结构特征，供油面积大大增加，晚期生烃和跨时代运移使得上白垩统生成的油气运移到古近系中成藏。打破了前作业者认识局限，从而为后续盆地东部斜坡 Dibeilla 构造带、Fana 构造带、Yogou 斜坡风险勘探的突破及规模储量发现提供了坚实的指导。也正是基于这样的创新认识，2019～2022 年，中方在盆地东缘 Trakes 斜坡勘探获重大突破，发现一个新的亿吨级油田群，距 1982 年第一口风险探井已历时 40 年。

(3)应用和攻关适用的陆相裂谷技术，是促进规模储量快速发现的催化剂。

针对特米特盆地构造复杂、圈闭破碎等难题，参考经典陆相裂谷盆地勘探理论技术，提出针对性建议和集成配套技术。一方面是应用成熟技术，提出"三维地震资料整体部署、分步实施"策略，根据二维地震资料落实情况和石油地质研究认识确定先采集哪一部分，逐步实施，也可以根据实际钻探情况进行调减或调增，同时保持采集数据参数一致性，降低作业成本，提高圈闭识别精确度。同时攻关形成系列适用技术，并取得相应的知识产权并进行应用，有效提高了勘探的效率。

(4)采取风险勘探和转股并行的"双勘探模式"，快速回收投资。

中国石油 2008 年进入 A 区块以来，作业权益 100%。一方面进行了高效的勘探实践，并在短期内取得了勘探突破，在 2011 年建成了一期开发年产 100×10^4t 产能。另一方面，中国石油也在寻求合作伙伴，试图降低自己控股比例，提前回收勘探投资，分担风险。根据中国石油新闻中心公告，2013 年 8 月 23 日，中国石油与台湾中油股份有限公司(简称"台湾中油"，OPIC)在北京签署关于尼日尔阿加德姆项目权益转让交割确认书，中国石油向台湾中油出售 A 区块 20%的权益，包括 A 区块勘探、开发和油田至炼厂管道 20%的合同权益。转让后，中国石油、中国台湾中油和尼日尔政府在这个项目上游区块所占权益分别为 65%、20%和 15%。这次转股，是中国石油在海外第一次自主勘探区块成功后进行的，是一次"双勘探模式"的成功案例，提前回收了投资，降低了风险，提升了效益。

第十章 阿曼5区块项目

阿曼苏丹国(以下简称阿曼)位于阿拉伯半岛东南沿海,是阿拉伯半岛最古老的国家之一,国土面积 $30.95 \times 10^4 km^2$,人口约 508 万(2023 年 7 月)。阿曼西邻阿拉伯联合酋长国和沙特阿拉伯,南连也门共和国,东北与东南濒临阿曼湾和阿拉伯海。阿曼政治环境稳定,政府对内完善经济体系,推动转型,对外政策中立灵活,吸引投资。石油和天然气产业是阿曼的支柱产业,油气收入占国家财政收入的 68%,占国内生产总值的 41%。

1978 年 5 月 25 日中国与阿曼建立外交关系。2002 年 3 月,国务委员吴仪率中国企业代表团访问阿曼,与阿曼政府签署了石油合作等协议。2018 年 5 月,中阿签署政府间共建"一带一路"谅解备忘录,重点推进两国互联互通、产业园、能源、产能、科技、金融、港口等领域务实合作。

第一节 阿曼石油工业概况

一、油气勘探史

阿曼最早的油气勘探活动始于 1925 年,由英国达西勘探有限公司开展,但并未发现有工业价值的油田。1937 年,伊拉克石油公司作为英国特许公司与阿曼签署石油特许协议,授予伊拉克石油公司在阿曼长达 75 年的特许勘探权,以及在阿曼西南部佐法尔省 15 年的单独特许权。为方便经营,伊拉克石油公司成立另一联营公司——石油开发(阿曼和佐法尔)公司。1951 年佐法尔省单独特许权到期后,石油开发(阿曼和佐法尔)公司更名为石油开发(阿曼)公司(PDO)。1954~1961 年石油开发(阿曼)公司开展的勘探活动没有发现有商业价值的油气藏。1962 年 4 月在首都马斯喀特西南部 Yibal 地区发现了第一处可供开采的商业油田——Yibal 油田。随后数年获得多处商业发现。1967 年 7 月 27 日阿曼开始出口石油。

进入 20 世纪 70 年代,石油开发(阿曼)公司先后发现了 Ghaba North、Saih Nihayda、Saih Rawl、Barik 等数个油田。阿曼于 1967 年统一并独立,1970 年确立为阿曼苏丹国,并逐步控制石油工业。1974 年 1 月 1 日,阿曼政府出资收购石油开发(阿曼)公司 25%股份,7 月增持至 60%。1975 年 1 月 1 日,阿曼《42/74 号石油和矿产法》正式生效,该法规定阿曼矿产资源均为国家所有,私营企业进行矿产勘探与开采需与阿曼政府签订合作协议。受两次石油危机带来的高额利润影响,阿曼政府加大了勘探开发力度,并且勘探成功率非常高。至 1990 年初阿曼日平均产量达到 $68.9 \times 10^4 bbl$。进入 21 世纪,阿曼政府设立了激励机制以鼓励石油公司在较难开发的地区进行勘探开发活动,并以优质的合作条件邀请外国公司参与勘探生产项目。截至 2022 年底,阿曼国家共发现油气田 476 个。

二、油气资源情况

阿曼共有 5 个盆地,其中以阿曼盆地为主(Droste,2014),还包含 Musandam 盆地、Masirah 海沟,以及小部分鲁卜哈利盆地东缘和扎格罗斯盆地东南缘(图 10-1)。根据 IHS 数据统计,截至 2022 年底,阿曼剩余油气可采储量当量为 $45.64 \times 10^8 t$,均位于陆地,其中 99.6%都位于阿曼盆地。

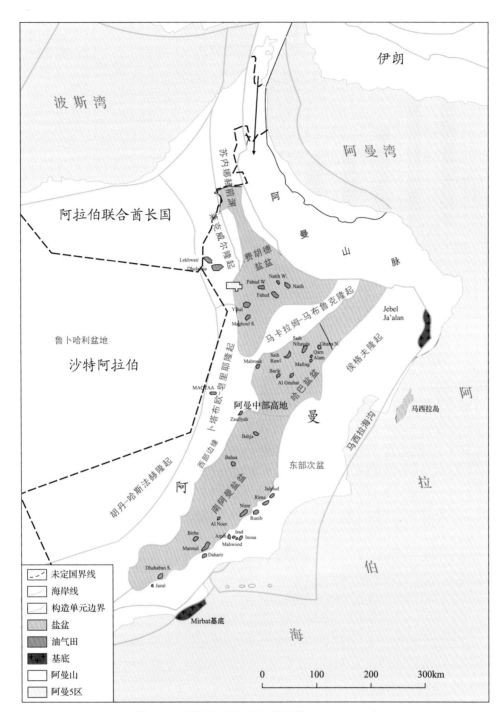

图 10-1　阿曼盆地构造纲要图(据 Droste,2014)

　　阿曼盆地可以划分为 10 个次级构造单元,已发现油气可采储量主要位于哈巴盐盆(25.7%)、费胡德盐盆(23.5%)和南阿曼盐盆(14.9%)内(图 10-2)。

三、油气对外合作情况

　　阿曼石油合作主要采用产品分成合同(代玎和李洪玺,2015)。合同条款相对比较优惠。优惠条款包括:以产量的浮动费率计算投资方利益分成,浮动费率比例可商议;投资方所得税从政府份额油中代缴,联合作业公司所得税可计入成本回收,且无其他税赋义务等;以净产量的一定比例进行成本回收,比例也可协商,且对于石油、凝析油、伴生气和非伴生气,回收比例都不同,

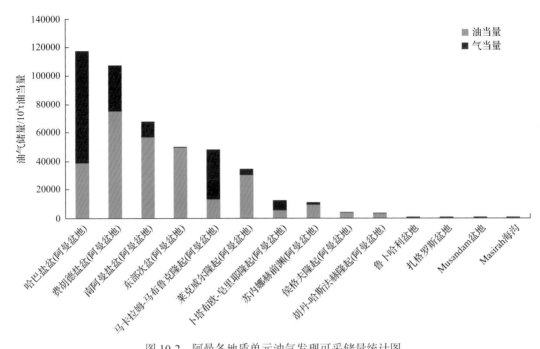

图 10-2　阿曼各地质单元油气发现可采储量统计图

回收比例上限一般为 40%～60%；成本回收后剩余油气由政府和投资方分配，通常采用浮动费率制，比例可商议；投资方获得利润分成比例可达 20%～30%。

　　为了进一步吸引外资对阿曼石油行业进行投资，2014 年低油价以来阿曼又进行了几项改革促进油气行业发展，鼓励投资者加大油气田勘探开发力度。主要改革措施包括把 PDO 所持有的区块股份逐年交回给政府，由政府对外公开招标；将原油、天然气、凝析油等不同类型资源勘探权与开发权分开，实行"混合所有权"的许可合同模型；提高天然气井口销售价格等。改革措施促进了投资增长，满足了油气田投资需求，近 10 年来阿曼主要油气田投资一直保持较高水平，增长了77%。

　　阿曼油气改革后，成功实现了多轮招标和股权转让。在所有的 46 个区块中，有 15 个区块是2014 年以后签署的，累计面积超过 $17\times10^4km^2$。国际资本对阿曼的油气田勘探开发前景仍然看好。另有 3 个区块获得了延期，包括中国石油的 5 区块。通过招标或与政府谈判，壳牌公司和道达尔公司进入阿曼 LNG 和天然气领域，碧辟公司和埃尼公司进入阿曼海上和深水区块。西方石油公司（OXY）进入阿曼多个区块，成功将其持有的阿曼境内油气区块面积翻倍。一些国有石油公司，包括卡塔尔石油、印度石油和马来西亚国家石油公司 Petronas 等也与阿曼签署了一系列协议，分别获得 52 区块、Mukhaizna、Khazzan 项目部分权益。

第二节　阿曼盆地油气地质特征

一、勘探历程

　　阿曼最早于 1956 年在南阿曼盐盆 Marmul 油田发现油气，但当时不具备商业价值。1962 年在费胡德盐盆发现 Yibal 油田并开始商业开发。后者也是目前阿曼最大的油气田，油气可采储量达到 5.08×10^8t 油当量。在随后的 12 年间，在阿曼北部的费胡德盐盆和哈巴盐盆发现多个油气田。1975～2000 年，油气发现主要分布于阿曼南部的南阿曼盐盆和东部次盆内。尽管在此期间发现的油气田数量众多，但可采储量均不大，其中最大的 Mukhaizna 油田位于南阿曼盐盆，剩余可采储量

1.5×10^8t。2000 年以后的油气发现多位于盐盆边缘向构造隆起的斜坡上，储量小、数量多(图 10-3)。

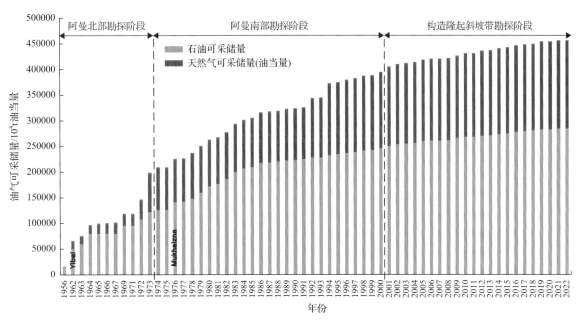

图 10-3　阿曼油气可采储量变化历程

二、构造沉积演化及构造地质单元

阿曼盆地位于阿拉伯板块东南部，面积 15.3×10^4km^2。前寒武纪—早寒武世，受阿拉伯板块内 Najd 断裂带左旋应力场与扎格罗斯构造带右旋应力场的共同作用(Al-Husseini，2000)，形成阿曼 3 个盐盆：费胡德(Fahud)、哈巴(Ghaba)和南阿曼(South Oman)盐盆，沉积了浅海相碳酸盐岩、碎屑岩及盐岩，发育了盆地内最早的烃源岩。晚古生代海西构造运动和三叠纪印度洋开启造成的抬升作用十分强烈，导致上古生界和三叠系大量剥蚀。海西期石炭系沉积层序覆盖在奥陶系或更老的沉积上，形成巨大沉积间断，局部保存有泥盆系。该阶段构造运动以垂向为主，几乎不发育褶皱或反转断层。晚二叠世—古新世，由于新特提斯洋的张开(朱日祥等，2022)，包括阿曼盆地在内的阿拉伯板块北缘转变为被动大陆边缘(窦立荣和温志新，2021)，其中发育了广泛的浅海相碳酸盐岩沉积。陆架内的小盆地也时有发育，其中沉积了海相烃源岩，在隆升断块边缘发育了生物碎屑建造。区域展布的页岩和泥灰岩构成了有效的盖层。白垩纪是一个重要时期，其间形成了多套重要的储层(图 10-4)。

新生代，阿曼山构造运动造成盆地反转，从而形成现今构造格局(张宁宁等，2021)。盆地南北地质结构差异明显，北部基底起伏相对较小，沉积厚度大，构造变形主要受盐底辟作用影响，形成一系列的背斜构造。东西方向同一个沉积凹陷整体向西倾斜。南部基底起伏明显，中间北东-南西走向的胡丹-哈斯法赫(Ghudun-Khasfah)隆起将盆地分为东西两个截然不同的构造单元——阿曼南部盐盆和鲁卜哈利次盆东南翼，其地层分布、成藏特征和油气控制因素有所不同。

受不同地质历史阶段的控制，形成阿曼盆地现今构造格局。阿曼盆地可分为 10 个构造单元(图 10-1)，包括 3 个前寒武纪至早寒武世的含盐盆地，即费胡德盐盆、哈巴盐盆及南阿曼盐盆，以及费胡德盐盆与哈巴盐盆之间的马卡拉姆-马布鲁克隆起，位于盐盆翼部的东部次盆、侯格夫隆起及胡丹-哈斯法赫隆起、莱克威尔隆起等。阿曼盆地以胡丹-哈斯法赫隆起到莱克威尔隆起为界与鲁卜哈利盆地分开。阿曼盆地油气分布主要与三大盐盆密切相关。哈巴盐盆沉积岩厚度达 14km，南阿曼盐盆沉积岩厚度达 10km，为油气的生成、运移和聚集创造了物质条件。阿曼盆地的北部边界为阿曼山脉的前缘推覆体，东部边界为侯格夫隆起。在东南部，阿曼盆地以一条正断层与第三纪盆地分开。阔若隆起的构造顶部构成了阿曼盆地的南边界。在西边，阿曼盆地与鲁卜哈利盆地以卜塔布欧-皂里耶隆起和胡丹-哈斯法赫隆起相隔。

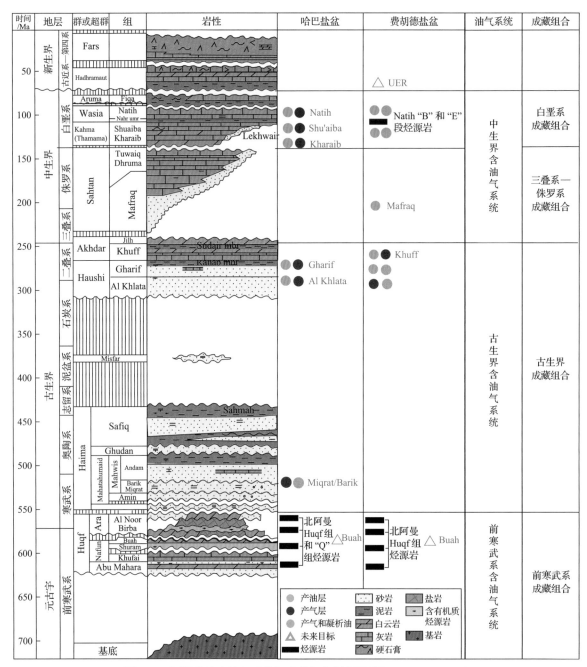

图 10-4 阿曼盆地含油气系统与成藏组合划分图（据 Pollastro，1999）

三、白垩系油气地质特征

阿曼盆地发育多套烃源岩，有多套含油气系统，大致归纳为前寒武系、古生界和中生界三套含油气系统。纵向上，储盖组合有多套，主要包括前寒武系、古生界、三叠系—侏罗系和白垩系储盖组合（段海岗等，2014）。

白垩系成藏组合是阿曼盆地第二大成藏组合（白国平，2007），也是盐盆内最主要的成藏组合，阿曼 5 区主要的勘探目的层系处于其中。该成藏组合的油源来自上白垩统 Natih 泥岩和泥灰岩(Terken，1999)，储层主要有白垩系 Natih、Shuaiba 和 Kharaib 石灰岩，盖层是 Nahr Umr 泥岩和 Fiqa 致密泥灰岩和泥岩。圈闭主要为盐盆内背斜和断背斜构造。白垩系成藏组合已发现油气藏 254 个，探明油气可采储量 14.8×10^8 t(油当量)，占阿曼盆地已发现可采储量的 34.7%，成藏组合主要分布于费胡德盐盆和哈巴盐盆，南阿曼盐盆内有少量油气发现。

(1)被动陆缘内盆地相富有机质烃源岩提供了充足的油源。

Natih 含油气系统主要分布在费胡德盐盆，在哈巴盐盆可能存在。Natih 组为一套碳酸盐岩层系，发育两套沉积旋回，每个旋回的底部岩性为海进期富含有机质泥灰岩和泥岩到海退期生物碎屑颗粒灰岩。沉积环境由每个旋回的底部浪基面以下环境，变为顶部的浅海相潮间环境，在顶部甚至变为海岸环境。每套旋回底部的富含有机质泥灰岩是主要烃源岩，分别为 Natih B 和 E 层。Natih B 层厚达 50m，Ⅰ-Ⅱ型干酪根，TOC 平均为 5%，最高为 15%。Natih E 层厚为 15m，Ⅰ-Ⅱ型干酪根，TOC 平均为 2%，最高为 5%。Natih 组最大埋深 3000m。侧向上相当于鲁卜哈利盆地 Khatiyah 组和 Shilaif 组泥岩、页岩(罗贝维等，2019)。姥鲛烷和植烷比值大约为 1，C_{27}、C_{28}、C_{29} 甾烷均等分布，重排甾烷比重较低。碳同位素-29‰，原油重度为 13~55° API，平均为 29°API，硫含量平均为 1.4%。

(2)被动陆缘浅水沉积环境及后期成岩改造为优质储层发育创造了条件。

Shuaiba 组沉积环境主要为浅海，具有一个明显的沉积旋回，从浅水到深水再到浅水，泥质灰岩沉积时海水要深一些。对应的岩性底部为粒泥灰岩，经过泥质灰岩过渡到顶部的富含有孔虫和厚壳蛤的泥粒灰岩和颗粒灰岩(沈安江等，2015)。Shuaiba 组储层孔隙度为 21%~40%，渗透率为 $(1~50) \times 10^{-3} \mu m^2$(罗贝维等，2019)。古地貌差异对储层分布和物性影响很大，潟湖相和盆地相泥岩渗透率低(李峰峰等，2021)，高孔隙度、高渗透性储层发育在颗粒灰岩中。Shuaiba 组顶部发生的淋滤作用和喀斯特作用改善了储层性能(罗贝维等，2022)。该组除最南部遭受剥蚀缺失外，在盆地的其他地方都有分布。

Natih 组顶部浅海相生物碎屑颗粒灰岩是主要储层(李峰峰等，2020)，在费胡德盐盆存在出露剥蚀，储层孔隙度较高，在 Fahud 油田可以达到 40%，Natih 油田为 30%，阿曼 5 区孔隙度大于 25%。高孔隙度并不一定对应高渗透率，在该组的最上部地层物性最好，主要是顶部暴露剥蚀造成。影响成岩作用的因素包括水盐度、有机质含量、白云岩化、大气水渗滤作用以及储层中烃的含量(张宁宁等，2014)。

第三节　阿曼 5 区滚动勘探实践

一、勘探历程

阿曼 5 区位于阿曼盆地西北部，在首都马斯喀特市西南 450km，区块面积 992km^2。区内为平坦戈壁地貌，人烟稀少，属热带沙漠气候，5~10 月为热季，气温在 40℃以上，11 月至次年 4 月为凉季，平均温度约 10℃。很少降雨，年均降雨量 130mm。

(一)中标前勘探历程

1981 年 7 月 4 日，日本 Japex 公司获得阿曼 5 区块的勘探开发经营权。1982 年采集二维地震 2883km。1983 年针对区块内唯一的较大背斜构造 Mezoon 部署钻探 MZ-1 井，仅在下白垩统 Shuaiba 组发现薄油层。1984 年在东部斜坡断块区钻探 BS-1 井，在 Natih 层获得油气发现。1984~1985 年在 Mezoon 及其北部钻探 MN-1 井和 MZ-2 井。甩开的 MN-1 井没有钻探发现，MZ-2 井进一步证

跨国油气勘探理论与实践

实了 Mezoon 构造 Shuaiba 薄层含油范围。1986 年钻探 D-1 井，发现 Daleel 油田。1988 年完成二维地震约 2000km。1991 年针对 Daleel 油田部署采集三维地震 65km²。1996 年采集 Daleel West&East 三维地震 386km²。

Daleel 油田发现后，Japex 公司工作重点是 Daleel 油田评价和开发投产。1990 年，Daleel 油田投入开发，最初以天然能量衰竭方式开采，生产方式以自喷采油为主。油田初期产量约 8000bbl/d，开井 18 口，随后产量有所递减，递减率约为 14%。1996 年通过钻探新井，1997 年产量回升，产量达到峰值 10500bbl/d，但随后产量迅速递减，到 2002 年 7 月已降到 4500bbl/d(图 10-5)。

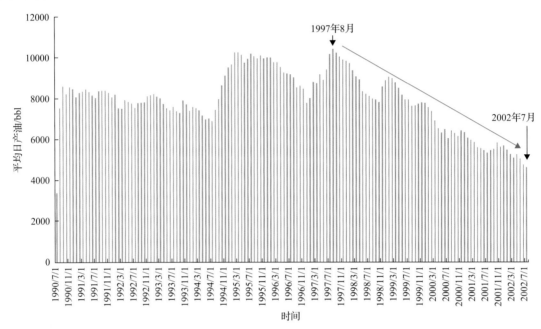

图 10-5 阿曼 5 区块 1990～2002 年产量剖面图

1997 年高峰产油期后，在油田产量迅速递减的形势下，Japex 公司努力寻求新的资源接替。1999 年部署钻探 SD-1、SH-1 和 RN-1 三口探井。SD-1 井在 Shuaiba 薄层灰岩有油气发现，另外 2 口探井失利。在主力油田产量迅速递减难以遏制，勘探又难以取得新突破的形势下，Japex 公司决定出让 5 区块。

截至中方进入前，区块内共钻井 65 口，只有 Daleel 油田投入开发生产。Mezoon 和 Mezoon North 共钻 5 口井，虽然 MZ-1 井试油产量为 300bbl/d，但由于储层比较致密而未投入开发。其余的探井虽有油气显示，但均因储层致密而未投入开发生产。

(二)中标后勘探历程

2002 年 4 月阿曼 Petrogas 公司①收购阿曼 5 区块，并转让 50%股份给中国石油(4500 万美元)，成立联合作业公司 Daleel Petroleum LLC。该项目以开发为主，合同类型为产品分成合同模式，允许进行滚动勘探，项目采用双签制。原项目合同 2019 年 6 月 26 日到期，可申请延长 10 年。经过多方努力，于 2019 年 8 月成功延期，延期 15 年，到 2034 年 6 月结束。

中国石油进入阿曼 5 区后，在围绕已投产 Daleel 油田开展油气地质和储层分布特征研究的同时，通过精雕细琢、滚动勘探，发现新储量，确保老油田稳产。在逐步掌握该区油气地质特征和油气分布规律，积累相应经验和勘探技术后，大胆甩开勘探，不断获得不同类型碳酸盐岩岩性地

① Petrogas 公司 1999 年成立于阿曼，是一家石油和天然气勘探和生产公司，母公司为阿曼 MB 集团。

层油藏新发现。2002～2022 年共完钻 27 口探井/评价井。其中 2002～2015 年为东部断块油藏勘探阶段；2015 年采集高密度三维地震后，到 2018 年为西部薄层石灰岩岩性油藏勘探阶段；2019～2022 年为不整合面相关岩性地层油藏勘探阶段(图 10-6)。

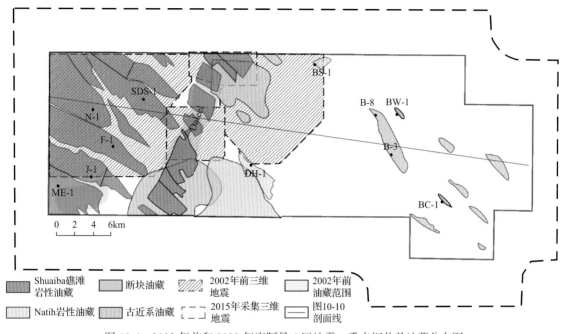

图 10-6 2002 年前和 2022 年底阿曼 5 区地震、重点探井及油藏分布图

1. 东部 Bushra 油田断块油藏滚动勘探开发

2002 年中方进入后，基于老井复查总结 B-1 井钻井认识，提出 Natih 组反向断块成藏模式。阿曼 5 区 Natih 组油层控藏断层多为二级断层，垂向断距较小，不会将区域性泥岩盖层完全断开，断层在泥岩层剪切作用下形成剪切型泥岩涂抹，垂向封闭性好，即使活动期也能有效阻滞原油的垂向散失。Natih 组已探明油藏主要分布在东部断块圈闭中，与圈闭的吻合度相对较高。通过油藏解剖已经认识到，Natih 断块圈闭中的油主要来自 Natih B 和 E 两层富含有机质的泥灰岩层。受控于早期伸展、中期张扭断裂系统侧向遮挡富集成藏，一般具有相对统一的油水界面，因此 Natih 组断块圈闭的含油性主要受控于断层的侧向封闭能力。一般来说，反向断块由于有效的 Fiqa 泥岩下拉遮挡，在侧向形成较强的封堵能力，圈闭含油性好。顺向断块和被破坏的低幅度断背斜侧向不封闭或封堵性较差，含油性较差。

2007～2022 年在阿曼 5 区块东部针对 Natih 断块共实施 11 口探井，成功率达 63.6%，新增地质储量 1565×10^4t。

2. 西部 Shuaiba 薄层石灰岩油藏勘探开发

2005 年，为进一步拓展 Daleel 油田 Shuaiba 油藏的含油范围，在 Daleel 油田西侧钻探 WD-1 井，钻探深度 1405.4m，在 Shuaiba 上段气测显示异常，但测试效果不理想；后侧钻水平段约 1000m，投产日产油 23bbl。

阿曼 5 区内早期三维地震覆盖范围小，三维和二维地震数据资料品质一般。为提高圈闭的描述精度和勘探成功率，2015 年阿曼 5 区采集了 1890km² 的高密度三维地震，覆盖全部工区范围，并沿工区边界外扩 5km。根据新采集高密度三维地震属性分析，中浅层岩相特征识别更加清楚，在 Daleel 油田西部识别出大面积薄层岩性圈闭(图 10-7)，结合 Daleel 油田岩性油藏形成机制及模式的分析，优选钻探目标，并大胆开展部署钻探，揭开了西部礁前薄层石灰岩油藏勘探的序幕。

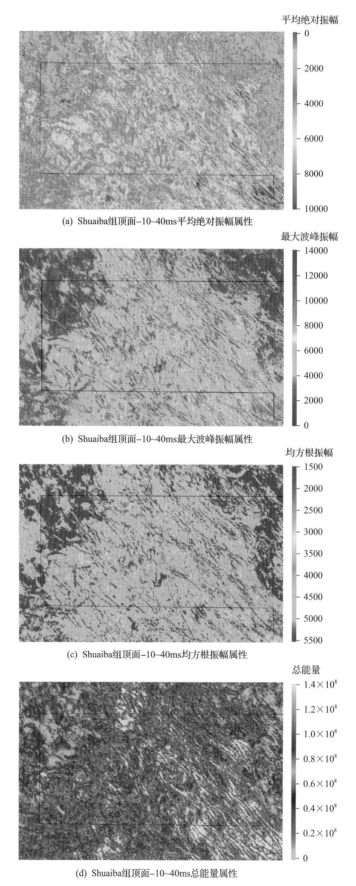

平均绝对振幅

(a) Shuaiba组顶面-10~40ms平均绝对振幅属性

最大波峰振幅

(b) Shuaiba组顶面-10~40ms最大波峰振幅属性

均方根振幅

(c) Shuaiba组顶面-10~40ms均方根振幅属性

总能量

(d) Shuaiba组顶面-10~40ms总能量属性

图 10-7　阿曼 5 区西部 Shuaiba 顶不同地震属性分布图(时窗范围-10~40ms)

2015 年部署了甩开勘探井 SDS-1 井，主要勘探 Daleel 油田西部的 Shuaiba 层岩性目标（构造上为单斜地层），兼探侏罗系 Tuwaiq 层和白垩系 Habshan 层。该井顺利实施，在主要目的层 Shuaiba 组测井解释油层 3.96m，平均孔隙度 25%，含油饱和度 60%。随后，对 Shuaiba B1 小层侧钻水平段 1597.0～2612.0m，测井解释有效水平段 600 多米。筛管完井后投产测试，20/64″油嘴，日产油 1398bbl，日产气 $1800 \times 10^4 m^3$，实现了薄层高产。

随后在 2016～2017 年分别部署了 F-1 井、J-1 井和 N-1 井。F-1 井于 2016 年 5 月完钻，在 Shuaiba 组 B5 段进行水平段钻井 1106m，裸眼测试日产油 1155bbl。J-1 井于 2016 年 12 月完钻，Shuaiba 组顶部水平段钻井 1100m，测试日产油 43bbl。N-1 井 2017 年 7 月 18 日水平段自喷投产成功，初产油 479.56bbl/d。

截至 2022 年底，Daleel 油田西部 Shuaiba 薄储层已识别的构造-岩性圈闭均已上钻，成功率 100%，并通过滚动勘探开发一体化的方式投入开发。探明了一个宽 10～14km，长约 20km 的含油气区带，明确了西部 Shuaiba 组礁前石灰岩薄储层大面积叠合连片成藏的规律，新增地质储量约 $5000 \times 10^4 t$。勘探评价井有油气发现后，针对储层厚度薄的特点，通过精准的水平井地质导向技术（杨双等，2013），钻水平段直接投产，转为开发井，节约了钻井成本，加快了勘探开发节奏，提高了经济效益。

3. 不整合面相关岩性地层圈闭油藏勘探

2020 年，基于沉积相研究和多类型地震属性分析（图 10-8），在区块中东部 Natih 组顶部识别出溶蚀沟谷，并首次提出溶蚀沟谷泥岩充填遮挡型圈闭。据此在 Daleel 东北部署 BS-1 井，目的层为白垩系 Natih 组和 Shuaiba 组。该井于 2020 年 9 月 12 日完钻，导眼井段测井解释 Natih 组油层厚 6.25m，Shuaiba 组油气显示 5.0m。随后，在 Natih A 层钻长水平段 855m，自喷投产，日产油 456bbl。

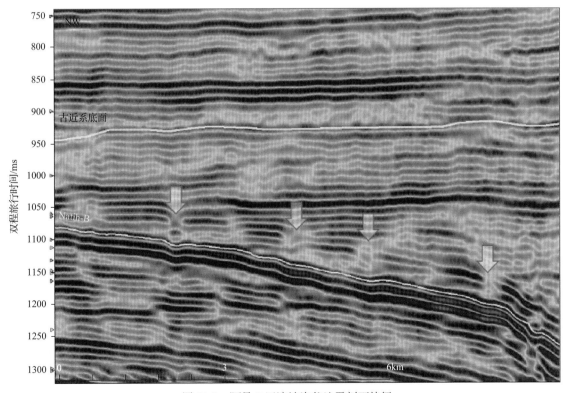

图 10-8　阿曼 5 区溶蚀沟谷地震剖面特征

Natih 组剥蚀面发育碳酸盐岩溶蚀地貌，其中溶蚀水道是特征典型的地貌类型之一。上白垩统 Fiqa 组泥岩沉积、充填和覆盖在 Natih 组古地貌之上。Natih 组顶部地层淋滤改造后形成了优质储层，并与上覆 Fiqa 泥岩构成良好的储盖组合，同时 Fiqa 组泥岩充填溶蚀古地貌上的沟壑、水道，提供了 Natih 储层的侧向遮挡。BS-1 井油藏类型为溶蚀沟谷与反向断块共同遮挡形成的复合型圈闭。溶蚀沟谷的宽度一般在 150～300m，下切深度最大可以超过 150m（Droste and Steenwikel，2004）。BS-1 井成功钻探证实了白垩系不整合对油气成藏的关键作用。

2021 年，在 Daleel 东南部署的 DH-1 井同样验证了白垩系不整合对成藏的重要意义。DH-1 井勘探目的是评价上白垩统 Natih-A 层石灰岩含油气情况。该井 2021 年 4 月完钻，在中白垩统 Natih A、古近系 Shammar、UER 和 Dammam 分别钻遇多层显示和气测异常，测井解释油层共 11m。其中 Shammar 组测试日产油 567bbl，喜获勘探新发现。DH-1 井油藏为上白垩统与古近系不整合面以上古近系地层-岩性油藏。

二、基本成藏条件

(一)圈闭特征

阿曼 5 区成藏条件受费胡德盐盆、莱克威尔隆起和苏内娜赫前渊三个主要构造单元控制，后两者形成于晚白垩世。阿曼 5 区处于费胡德盐盆西缘、莱克威尔隆起的东翼，为西南高、东北低的单斜构造背景，地层倾角 2°～5°，由西南到东北地层高差数百米。受白垩纪晚期开始的阿曼山运动影响，区块内北西-南东走向断层较发育，并均为正断层，断距 10～70m，最大 120m。断层走向与地层产状近垂直，构造等值线与断层近平行，难以形成大的构造圈闭，一般为数平方千米的小断块。

Daleel 油田近北东-南西向展布，长约 15km，宽约 4km，面积约 60km²。油藏受构造和岩性控制，西北侧和东南侧由岩性控制，西南和东北被断层切割，主要分成 A、B、C、D、E、F 6 个断块。Daleel 油田总体上为发育在西北高、东南低的单斜构造背景下的断块-岩性油藏（图 10-9）。

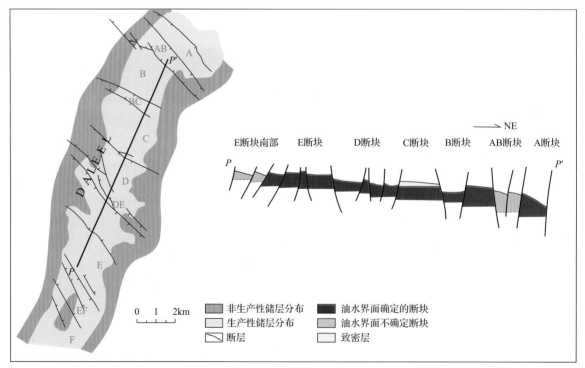

图 10-9　阿曼 5 区早期 Daleel 油田平面分布图及油田构造剖面图

（二）烃源岩特征

阿曼盆地内共发育三套烃源岩层，包括前寒武系—下寒武统 Huqf 群烃源岩，志留系 Safiq 组烃源岩，以及上白垩统 Natih 组烃源岩。阿曼 5 区块白垩系 Shuaiba 组油藏油源主要来自志留系 Safiq 组泥岩，Natih 组油藏油源主要来自 Natih 组 B 和 E 层相对深水沉积的泥灰岩以及深层油源（Terken，1999）。Natih 组烃源岩主要分布在费胡德盐盆、阿曼山前渊带内，有机质成熟度 R_o 在 0.7%～0.9%。区域油源对比研究分析认为，Natih 组油藏的油源大多为混源，深层 Huqf 烃源岩也有一定贡献。

（三）储层特征

阿曼 5 区主力储层主要为下白垩统 Shuaiba 组上部地层和上白垩统 Natih 组。Daleel 油田 Shuaiba 组石灰岩主要沉积于有较高能量的滨岸碳酸盐岩浅滩环境（王锋等，2007）。高能环境下的鲕粒、有孔虫生物碎屑等颗粒灰岩和低能环境下泥晶灰岩较发育，局部分选较好的颗粒状灰岩具有很好的储集物性条件。Shuaiba 组主要发育礁间洼地、障积岩礁滩和开阔海沉积（金振奎等，2013），其垂向上和横向上相变快，使得井间储层厚度和物性变化大。储层为细粒状有孔虫生物碎屑、鲕粒微晶灰岩和泥晶灰岩，储集空间为粒间孔和溶蚀孔洞，未发现裂缝。

Shuaiba 组在 Daleel 油田厚度一般为 30～45m，分布较稳定，埋深 1500～1700m（南浅北深）。储层岩性为生物碎屑泥粒灰岩和颗粒灰岩，储层厚度 10～20m，Daleel 油田西部礁前薄层石灰岩储层厚度一般为 1～3m。

Natih 组位于 Wasia 群上部，顶部为一区域不整合面（叶禹等，2022），上覆上白垩统 Aruma 群 Fiqa 组泥岩。纵向上划分为 A、B、C、D、E、F 和 G 共 7 段，以夹薄层页岩的石灰岩为主，石灰岩主要为泥灰岩、粒泥灰岩和泥粒灰岩。Natih 组储层受大气淡水淋滤作用的影响，风化面附近是优质储层发育段。

Natih 组各段储层各小层厚度一般 5～15m，最优质的 Natih A 厚度一般不超过 13m。储层孔隙度一般为 15%～33%，渗透率 $(0.1～20) \times 10^{-3} \mu m^2$。Natih 组中 A、C 段具有较好的储集能力。主要目的层 Natih-A 层，孔隙度为 20%～35%，平均为 27%；渗透率为 $(0.5～43) \times 10^{-3} \mu m^2$，平均为 $17 \times 10^{-3} \mu m^2$（田中元等，2010）。

（四）盖层及保存条件

下白垩统 Shuaiba 组沉积后，Nahr Umr 层泥岩形成了区域盖层，分布范围广。上白垩统 Natih 组沉积结束后，上覆 Fiqa 层区域泥岩作为区域性盖层。区块西部 Natih 组顶部地层以及 Fiqa 层受阿曼山逆冲推覆作用影响遭受剥蚀，Natih 组与古近系 Shammar 层直接接触，Shammar 层为海平面快速上升时期沉积的区域性泥岩，可以作为盖层。尽管 Shuaiba 组和 Natih 组内正断层发育，但上覆泥岩对接可以在上倾方向上形成侧向遮挡。

阿曼 5 区历经 20 年的滚动勘探开发，基本明确了该区碳酸盐岩礁滩岩性圈闭连片成藏特征，以及不整合面对成储、成藏的关键作用，成功在薄层石灰岩滩、溶蚀沟谷泥岩充填遮挡、不整合面薄砂岩储层等领域相继取得多类型突破和发现，并通过水平井精准地质导向技术实现了薄储层油藏的商业开发（赵国良等，2010）。阿曼 5 区尽管面积小，但其代表性的构造沉积演化背景，孕育了多种类型的非背斜构造圈闭油藏（图 10-10），总结出了一套适用于中东地区孔隙型生屑灰岩油藏的勘探评价技术。

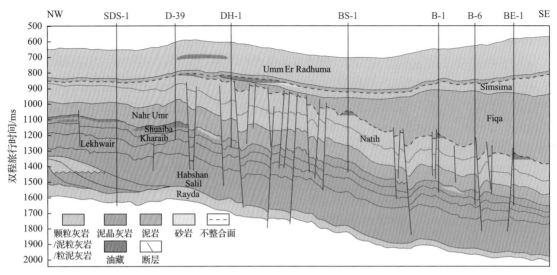

图 10-10　阿曼 5 区北西-南东向油藏地质剖面(位置见图 10-6)

第四节　经验和启示

中方进入阿曼 5 区块项目 20 年,把一个西方的石油公司认为临近废弃的边际油田的产量从年产 24×10⁴t 提升到 2022 年的年产 240×10⁴t,产量增加约 10 倍,并且近 10 年年产量一直保持在 200×10⁴t 以上。其成功原因除了老油田水平井注水开发的贡献(宋新民和李勇,2018),主要是碳酸盐岩油藏滚动勘探扩边、甩开勘探新发现油藏。新油田、新油藏的不断取得发现,有效支撑了储量及产量的增长。主要的勘探经验和启示如下。

(1)扎实的油气地质研究和多类型圈闭准确识别,是滚动勘探持续取得成功的关键。

一是针对复杂构造圈闭方面,深入分析阿曼造山对阿曼 5 区构造沉积演化的控制过程,梳理阿曼 5 区构造活动及成因,划分构造圈闭类型,解剖不同类型构造圈闭的遮挡和封盖条件,明确了反向断块是上白垩统成藏条件最有利的构造圈闭类型。二是针对白垩系—古近系碳酸盐岩岩性地层圈闭,分析了白垩纪至古近纪沉积充填过程及构造变形特征,通过沉积旋回和高频层序划分(Loucks and Sarg,1993),剖析了白垩系生屑灰岩台缘展布及其迁移相变规律,厘清了晚白垩世、晚白垩世与古近纪之间存在的两次出露剥蚀,明确了礁滩岩性和不整合岩性地层圈闭等勘探新领域和新类型。在地质认识基础上,综合利用碳酸盐岩不同类型地质体的地震相外形和内幕反射特征,阻抗反演数据展现的储层特征,识别和预测礁滩岩性和不整合相关圈闭及油气规模潜力,高效部署探井和评价井,支撑区块精细勘探和滚动甩开勘探取得巨大成功。2007～2022 年在阿曼 5 区块东部断块油藏实施探井 11 口,成功率达 63.6%。白垩系—古近系礁滩岩性和不整合面相关地层岩性勘探方面,2005～2022 年实施探井 12 口,成功率达 83.3%。

(2)高精度三维地震的应用助力薄层岩性地层和小断块油气藏的成功发现。

中国石油进入阿曼 5 区后,首先围绕已发现的 Daleel 油田周边进行滚动扩边勘探。其次,借助当时局部三维地震和二维地震资料开展东部断块的勘探。随着勘探进展,东部断块圈闭越来越小。同时,随着 Daleel 油田的滚动勘探和地质研究的深入,逐渐认识到白垩系—古近系沉积地层存在不同层系多种岩性地层圈闭潜力。小断块描述、薄储层预测、岩性圈闭的识别都需要高精度的三维地震数据。2015 年 Daleel 公司大胆实施整个区块全覆盖的高精度三维地震采集,迎来了阿曼 5 区多类型油气藏勘探发现的新阶段。通过高密度三维地震的采集、处理和地震地质综合研究,有效助推了薄石灰岩岩性、不整合岩性地层圈闭和小断块的识别及勘探。2015～2017 年在 Daleel 油田西部钻探 4 口探井，分别发现了下白垩统 Shuaiba 石灰岩薄层岩性油藏，夯实西部地区超过 200km² 的 Shuaiba 薄石灰岩油藏区。同时，不整合面相关岩性地层圈闭也不断取得新的勘探发现。2020 年发现不整合面喀斯特岩溶沟谷泥岩充填遮挡形成的油藏。2021 年发现古近系砂岩上倾尖灭油藏、发现古近系次生石灰岩岩性油藏。

(3)勘探开发一体化和水平井技术实现了大面积薄层、小规模岩性等边际油藏的高效勘探开发。

西部 Shuaiba 大面积薄层、东部小型反向断块、溶蚀沟谷遮挡的小型岩性油气藏具有油层薄、规模小、有底水等特点。发现油层后，如何经济有效转开发是滚动勘探是否可行的关键。中国石油在国内复杂断块精细勘探方面经验丰富，技术成熟。这些技术及经验能够快速应用到阿曼 5 区精细勘探当中，确保快速高效获得勘探成功，降低地质风险。在勘探开发一体化方面，由于断块小、油藏规模小，因此，联合公司充分利用合同条款优惠的有利条件，简化开发方案编制和论证，借助成熟油区设施，采取导眼井发现、侧钻水平井开发一井一投的滚动勘探开发一体化模式，实现了探井发现后的快速及时投产，确保了发现储量的快速转产，基本实现了当年勘探当年投产当年回收钻探成本。

其中水平井技术有效提高了大面积薄层、小规模断块等油藏的勘探开发效果。区块西部边界附近钻探的 RNN-1 井在 Shuaiba 层获得油气显示发现，由于层薄，前人认为没有潜力，没有测试，直接放弃。2015 年高密度三维采集后，针对西部薄石灰岩勘探采用了导眼井探索油气，测井评价后直接钻探水平井测试投产，把以前直井认为没有价值的 Shuaiba 薄石灰岩储层产能充分释放，实现薄层高产，半年回收全部钻井投资。

(4)双签制保证了双方股东作用和联合公司的效益提升。

阿曼 5 区项目双方股东 Petrogas 和中油国际各占 50%股份。双方组建了 Daleel Petroleum LLC 联合作业公司，采用双签制共同实施管理和决策行权。双签制是指联合作业公司所有勘探开发及投资决策需要双方共同签字认可。双签制更能发挥双方股东作用，通过充分探讨，暴露项目执行当中的风险和不确定因素，达到互相监督，规避风险，从而实现区块勘探开发高效运行、双方经济效益最大化。

(5)抓住时机，成功实现合同延期。

20 年来，中国石油在阿曼 5 区的成功勘探开发，不仅给中油国际带来良好的经济效益，也得到了伙伴的认可和信任。更为重要的是推动了资源国油气勘探开发技术的进步，获得了资源国的高度认可，中国石油的社会声誉和当地影响力得到快速提升。白垩系薄石灰岩大面积连片发现和岩性地层等领域的新发现经验和案例，促使阿曼 5 区周边几个以前石油公司退出的区块重新受到关注。

按照合同规定，2019 年合同到期，石油公司可以在合同到期时申请延期十年。依托这些年来获得的良好社会声誉和认可，以及伙伴公司的充分信任，中油国际抓住机遇，积极和资源国商谈，成功获得了阿曼 5 区块 15 年的延期。2022 年并进一步获得了阿曼 5 区西扩区块的许可，增加 163km² 勘探面积。阿曼 5 区块的高效滚动勘探开发和项目成功运作，为中阿油气合作树立了榜样，为后续合作储备了人才、技术和信誉。

第十一章 土库曼斯坦阿姆河右岸项目

1991 年 10 月 27 日土库曼斯坦宣布独立，同年 12 月 21 日加入独联体，1992 年 3 月 2 日加入联合国。1995 年 12 月 12 日，第 50 届联大通过决议，承认土库曼斯坦为永久中立国。土库曼斯坦位于中亚西南部，科佩特山以北，为内陆国家，北部和东部与哈萨克斯坦、乌兹别克斯坦接壤，西濒里海与阿塞拜疆和俄罗斯隔海相望，南邻伊朗，东南与阿富汗交界。国土面积为 $49.12 \times 10^4 km^2$，首都阿什哈巴德，约 80% 的国土被卡拉库姆大沙漠覆盖，是全球最为干旱的国家之一。全国人口约 705 万（截至 2022 年 12 月），由 120 多个民族组成，土库曼族占 94.7%，主要信奉伊斯兰教。土库曼斯坦政局稳定，但经济相对落后，2020 年全国 GDP 为 485 亿美元，人均 GDP 为 8083 美元。土库曼斯坦矿产资源丰富，主要有天然气、石油、芒硝、碘、有色金属及稀有金属等，另有少量天青石、煤、硫黄、矿物盐、陶土、膨润土、地蜡等矿产资源，油气工业是国民经济的支柱产业。

第一节 土库曼斯坦石油工业概况

一、油气勘探发现史

土库曼斯坦处于特提斯富油气构造域，油气资源丰富，石油主要分布于西部的南里海盆地，天然气主要分布于中东部的阿姆河盆地，境内已发现油气田 219 个，其中南约洛坦、道勒塔巴德-顿麦兹、雅什拉尔等气田地质储量均超过 $1 \times 10^{12} m^3$。阿姆河右岸项目区块位于阿姆河盆地。与世界其他大型含油气盆地相似，阿姆河盆地的油气勘探经历了一个平面上由盆地边缘到盆地中部、纵向上由浅层到深层、勘探对象由简单构造圈闭到复杂多类型圈闭的艰难探索历程。自 1929 年开始区域性油气普查以来，大致经历了两个时期 4 个勘探发现阶段。

(一)土库曼斯坦独立以前

1. 区域普查预探阶段(1929～1964 年)

苏联首先在盆地东北部布哈拉和查尔朱阶地的边缘进行野外地质调查，发现了一批地面构造和油气显示。经钻探于 1953 年在卡甘隆起区东北部和加兹里隆起区南部发现了谢塔拉捷佩和塔什库杜克两个小气田，1956 年发现探明储量达 $5087.5 \times 10^8 m^3$ 的特大型加兹里白垩系砂岩气田，1961 年又在盆地西部斜坡带倾没部位发现了大型巴伊拉马里下白垩统砂岩气田，证实白垩系砂岩为盆地盐上高产含气层系。1962～1964 年，先后钻探了查尔朱断阶带阿姆河右岸区块西部的法拉普、萨曼杰佩和乌尔塔布拉克盐下碳酸盐岩构造圈闭，发现了高产气流，打开了寻找盐下大气田的局面。通过此阶段的勘探，基本确定了盐上白垩系砂岩和盐下上侏罗统碳酸盐岩两套主力含气层系(吕功训等，2013)。

2. 浅层勘探发现阶段(1965～1991 年)

1966～1985 年，土库曼斯坦先后探明了阿恰克、纳伊普、萨特雷克和道勒塔巴德-顿麦兹等特大型和巨型白垩系气田，形成了两次天然气储量与产量快速增长期，累计探明天然气储量约 $5 \times 10^{12} m^3$，1988 年高峰年产量达 $850 \times 10^8 m^3$。在盐下碳酸盐岩气田勘探开发也取得了重要进展，先后发现了一批埋藏浅、圈闭形态简单的盐下碳酸盐岩构造圈闭气藏，如帕穆克、坎迪姆、坚基兹库尔、泽瓦尔迪、舒尔坦、阿兰和科克杜马拉克等，探明天然气储量 $3 \times 10^{12} m^3$，天然气产量达 $400 \times 10^8 m^3$。此阶段盆地勘探开发都取得了快速发展，但主要集中在盐上白垩系及埋藏浅的盐下侏罗系，右岸地区中东部盐下深层的勘探进展迟缓，没有获得较大的发现。

(二)土库曼斯坦独立以后

1. 勘探发现停滞阶段(1992～1999年)

土库曼斯坦独立后，其石油天然气工业也随之独立。独立后的最初几年，由于国内经济困难、对外油气出口渠道不畅，致使其油气资源开发遭到很大挫折(王然，2015)。地质勘探投入减少，勘探力度下降，石油天然气新增探明储量呈下降趋势，勘探发现处于停滞阶段。

2. 深层勘探发现阶段(2000年至今)

随着勘探技术的进步，盐下深层碳酸盐岩陆续发现一批巨型气田，21世纪初期发现了雅什拉尔巨型气田，2007年发现了南约洛坦巨型气田，2010年发现了阿盖雷大气田，这些发现再次彰显了盐下碳酸盐岩勘探的前景，包括南约洛坦在内的多个气田先后得到开发，盐下深层碳酸盐岩气田勘探开发步入快速发展阶段。南约洛坦巨型气田(复兴气田)位于阿姆河盆地穆尔加勃拗陷，是世界最大的凝析气田之一。1967年土库曼斯坦石油公司对南约洛坦构造进行了勘探，仅在钦莫利阶—提塘阶盐间碳酸盐岩发现油藏。2004年土库曼斯坦天然气康采恩部署 Yoloten Gunorta 010井，井深4190m，在盐下碳酸盐岩测试产气 $118.6 \times 10^4 m^3/d$，2007年宣布发现南约洛坦巨型气田。

二、油气对外合作情况

(一)油气对外合作阶段

从天然气产量和出口来看，土库曼斯坦油气资源大规模开发是在苏联时期，1981～1990年天然气产量达到高峰，年产量超过 $850 \times 10^8 m^3$。土库曼斯坦独立后，对外油气出口渠道不畅，国内经济困难，叠加全球金融危机，致使石油天然气产量降低，石油天然气对外出口量下降，1998年天然气产量和出口量达到历史最低点(图11-1)。随着"油气资源立国"战略实施和经济发展，2000年以来天然气产量和国内消费量逐步恢复，2022年天然气产量重新达到 $800 \times 10^8 m^3$ 以上。出口方面，

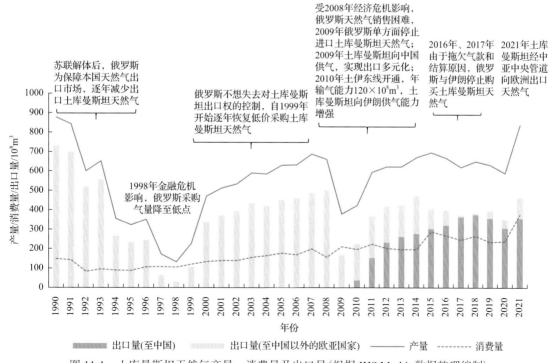

图 11-1　土库曼斯坦天然气产量、消费量及出口量(根据 IHS Markit 数据整理编制)

2010 年后实现天然气出口多元化，并逐渐由向西看转为向东看，天然气从向西出口转变为向东出口(图 11-1)。乌克兰危机影响下，可能进一步加大向东看的同时，谋求通过筹建和规划中的跨国天然气管线，包括沿里海天然气管线、跨里海天然气管线、土库曼斯坦—阿富汗—巴基斯坦—印度天然气管线和土库曼斯坦—伊朗—土耳其—欧洲天然气管线(王然，2015)，继续实施其出口多元化战略。

从对外油气合作开发来看，独立后总体划分为 2 个阶段：①1991~2007 年的俄土油气合作阶段，主要业务包括里海油气勘探开发、天然气购销和工程建设等。其间，针对阿姆河右岸地区的天然气勘探开发，中俄土 1988 年起对查尔朱阶地天然气地质条件开展了联合研究(中俄土合作研究项目组，1995)，20 世纪 90 年代中期俄罗斯天然气公司曾计划在阿姆河右岸开采石油天然气，中日土也曾试图联合开发阿姆河右岸地区的天然气，但都未能实施。②2007 年至今的中土油气合作阶段，主要合作包括阿姆河右岸勘探开发、天然气购销、工程建设和技术服务等。除中国和俄罗斯外，美国、印度尼西亚和一些欧洲能源公司等也参与了里海区块的油气勘探开发，英国、韩国参与了油气加工设施建设。目前，外国公司投入的油气勘探开发区块中，陆上仅有中国石油(阿姆河右岸)和埃尼公司(巴尔坎州"涅比特达克"合同区域产品分成项目)两家作业者公司，海上仅有 Dragon Oil 和 Petronas Calgari 两家作业者公司。

(二)油气合同模式

从土库曼斯坦对外油气合同模式来看，总体具有从产品分成合同向服务合同转变的特征。根据 2008 年的《油气资源法》，土库曼斯坦石油合同类型包括产品分成合同、矿税制特许合同、联合经营合同和风险服务合同，除前述类型外，准予视石油作业具体情况采用混合型石油合同或其他类型合同。其中，对于产品分成合同、矿税制特许合同、风险服务合同，土库曼斯坦总统下属油气资源利用与管理署(下称"油气署")代表政府一方进行签署，康采恩只能以承包商的身份参与。2014 年前，外国油气企业在土库曼斯坦从事油气作业主要采用产品分成合同模式(牛刚等，2014)。2001 年俄罗斯与土库曼斯坦签订的油气勘探开发协议中规定，天然气合作采用产品分成合同模式共同勘探开发，12 月签订的 25 年天然气开发合同规定开采的天然气 45%由俄罗斯公司支配。欧洲也参与土库曼斯坦的油气开发，均采用产品分成合同模式与土库曼斯坦合作开发，但仅占有部分股份。2007 年中国与土库曼斯坦签署了阿姆河右岸的天然气勘探开发协议，采用产品分成合同模式，并且由中方 100%控股。中国油气企业与土库曼斯坦天然气康采恩或石油康采恩签署的石油天然气 EPC 工程承包合同，例如，中国石油与土库曼斯坦天然气康采恩签署的《关于土库曼斯坦加尔金内什气田 $300 \times 10^8 m^3/a$ 商品气产能建设工程设计、采购、施工(EPC)交钥匙合同》不属于上述石油合同范畴，不受土库曼斯坦《油气资源法》的约束。

三、油气工业现状

据碧辟公司 2022 年的数据统计，土库曼斯坦截至 2021 年底探明天然气储量 $13.6 \times 10^{12} m^3$、石油储量 $8220 \times 10^4 t$，天然气储量位居世界第四。2021 年生产天然气 $793 \times 10^8 m^3$、原油 $1100 \times 10^4 t$，其中出口天然气 $421 \times 10^8 m^3$，主要通过中亚天然气管道输入中国。目前，土库曼斯坦已建成天然气管道包括中亚-中央天然气管道(俄罗斯、年输气 $500 \times 10^8 m^3$)、科别兹-科尔德库伊管线(伊朗、年输气 $80 \times 10^8 m^3$)和中亚-中国天然气管道(ABC 线、年输气 $550 \times 10^8 m^3$)。

第二节　阿姆河盆地石油地质特征

一、构造特征

阿姆河盆地位于欧亚板块南缘，北以乌拉尔-天山造山带与东欧板块、哈萨克斯坦板块相隔，南以阿尔卑斯-喜马拉雅造山带与伊朗地块、阿富汗地块相连。根据基底起伏和沉积盖层的构造形态，阿姆河盆地分为科佩特山前拗陷、中央卡拉库姆隆起和阿姆河台向斜等大型构造单元。阿姆河台向斜进一步划分为布哈拉阶地、查尔朱阶地、别什肯特拗陷、卡拉别卡乌尔拗陷、巴加德任拗陷、扎翁古兹拗陷、东翁古兹长垣、希文拗陷、别乌尔杰什克阶地、马里-谢拉赫隆起带、沙特雷克隆起、列别切克-克里弗盐丘断裂背斜带、乌恰德任隆起、北卡拉比尔拗陷、巴德赫兹-卡拉比尔隆起等 19 个构造单元(图 11-2)。盆地内主要发育北西和南北向两组断裂，控制了盆地构造格局和沉积盖层的分布。阿姆河右岸区块位于盆地东北部查尔朱阶地和别什肯特拗陷内。

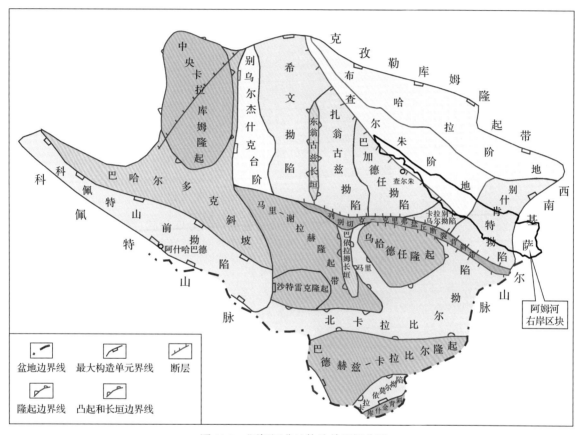

图 11-2 阿姆河盆地构造单元划分图

二、地层和沉积特征

从地层赋存情况看，阿姆河盆地可分为三大构造层系：前寒武系—古生界基底、二叠系—三叠系过渡层和中—新生界沉积盖层(图 11-3)(Крючков，1996)。

阿姆河盆地基底包括古生代后期改造的前寒武纪变质基底及海西期构造运动形成的褶皱基底。基底埋深变化大，卡拉库姆隆起最浅处不足 2000m，西南部山前拗陷最深达 14000m 以上。在盆地基底和中—新生代盆地沉积之间，沉积一套二叠系—三叠系的过渡层，主要为红色磨拉石建造，由砾岩、砂岩、粉砂岩、薄石灰岩和泥页岩组成，有轻度变质。

盆地稳定广泛沉积开始于侏罗纪，从早侏罗世到第四纪，盆地大部分地区表现为连续沉积，局部存在剥蚀不整合面或沉积间断。下侏罗统为含煤碎屑岩系，其分布受前侏罗纪侵蚀地形控制，在中央卡拉库姆穹状隆起、布哈拉阶地和查尔朱阶地等地区厚度为 50～500m。中侏罗统下段(阿林阶—巴柔阶下部)为细砂岩、粉砂岩、黏土岩和煤层，砂岩多分布在古隆起之上，粉砂岩和黏土

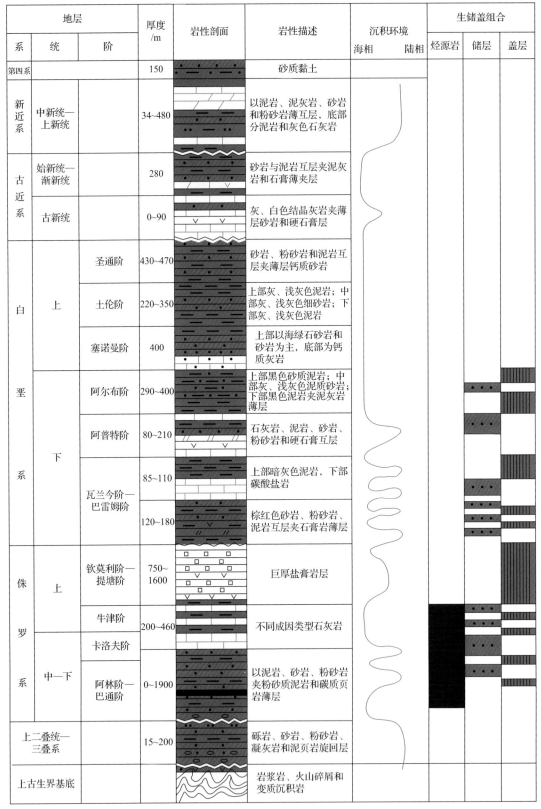

图 11-3　阿姆河盆地地层综合柱状图

岩多分布在古拗陷中。中侏罗统上段(巴柔阶上部—巴通阶)为砂岩、粉砂岩、泥岩,顶部以钙质泥岩出现为标志进入卡洛夫阶,沉积环境以海陆过渡相为主。中—上侏罗统岩性复杂,按照岩性分为三段:下部卡洛夫阶—牛津阶碳酸盐岩、中部钦莫利阶—提塘阶盐膏岩和上部提塘阶卡拉比尔组棕红色砂泥岩。卡洛夫阶—牛津阶以厚层状海相石灰岩为主,局部地区夹薄层泥岩和石膏,是盆地主要的油气产层之一,厚度 200~460m(Горюнов and Ильин,1994);钦莫利阶—提塘阶为巨厚的潟湖相盐膏岩层,局部夹薄层砂泥岩,分布面积 $30 \times 10^4 km^2$,厚度可达 1500m 以上;提塘阶卡拉比尔组为一套潟湖相棕红色砂泥岩夹石膏层沉积。

白垩系以浅海相沉积为主。下白垩统下部瓦兰今阶和欧特里夫阶属陆上潟湖相沉积,巴雷姆阶为潟湖相向海相过渡阶段的沉积,上部的阿普特阶和阿尔布阶为海相沉积。晚白垩世海侵范围扩大,沉积了一套灰色碎屑岩,局部夹薄层石灰岩,上部圣通阶岩性为一套海相灰绿、灰、灰黑色泥岩和黑色砂质泥岩,局部地方遭受区域性的剥蚀。古新统沉积环境为浅海相和潟湖相,岩性以碎屑灰岩、鲕状灰岩、泥灰岩夹白云岩为主。该套地层向盆地边缘逐渐海侵超覆,地层厚度减薄,在盆地边部缺失下部地层,厚 70~140m,与下伏地层为假整合接触。古近系砂岩可作储层,泥岩和膏岩可作为盖层。新近系—第四系为一套灰、浅黄色砂岩夹粉砂质泥岩薄层、砂质黏土、砂土和冲积层、含砾砂层、卵石层以及泥岩等地层组合,厚度变化很大,厚 34~480m,与下伏古近系为假整合-不整合接触。

三、含油气系统特征

盆地内主要发育盐上白垩系和盐下侏罗系两套含油气系统(Пашаев et al.,1993;Бабаев,1990;Максимов et al.,1987;Тимонин,1989)。烃源岩主要是中—下侏罗统煤系和中—上侏罗统泥灰岩-泥岩。煤系地层是主要的生气源岩,岩性主要为深灰色泥岩、粉砂岩夹薄层碳质泥岩和薄煤层,有机质类型主要以陆相腐殖型(II_2-III型)干酪根为主,倾向生气。中—上侏罗统泥灰岩整体有机质丰度较低,TOC 含量在 0.2%~0.69%;泥岩有机质丰度较高,TOC 含量在 1.5%~6%,厚度较薄,仅 5~25m,在生烃凹陷内烃源岩已进入凝析油-湿气生成阶段。储层主要是中—上侏罗统卡洛夫阶—牛津阶石灰岩和白垩系砂岩,碳酸盐岩厚度 250~700m,埋深 2000~5000m,孔隙度 5%~20%;白垩系三角洲相砂岩厚 10~130m,埋深 3~3.5km;主要发育两套区域性盖层,上侏罗统盐膏岩和白垩系泥岩。

中—下侏罗统煤系、中—上侏罗统碳酸盐岩和上侏罗统盐膏岩形成盐下成藏组合,油气藏类型以背斜、断背斜、构造-岩性、生物礁-岩性等为主。平面上主要分布于盆地中东部阿姆河台向斜厚层盐膏岩发育区。下白垩统砂岩和泥岩形成盐上储盖组合,油气藏类型以背斜、断背斜为主,主要分布于盐膏岩缺失区。

阿姆河右岸区块主要发育盐下侏罗系含油气系统。阿姆河盆地天然气主要来源于中—下侏罗统煤系烃源岩。盆地内中—下侏罗统镜质组反射率 R_o 从约 3000m 深度的 1.15%变化到 4600~5500m深的 2.30%~2.40%,在古近纪盆地大多数区域达到生气窗,仅盆地的最北部和卡拉库姆高部位处于生油窗。晚白垩世—古近纪,天然气大量生成,在盆地生物礁圈闭和继承性披覆背斜构造内聚集成藏。新近纪,在喜马拉雅构造运动作用下,阿姆河盆地开始遭受挤压隆升,盆地内开始发育大量的构造圈闭,油气重新调整成藏。由于厚层盐膏岩发育,盐下天然气以侧向运移为主,横向运移的距离可以超过 200km,运移过程中被盐下碳酸盐岩大型构造圈闭或者生物礁圈闭捕获形成天然气藏,大型—巨型气田处于盆地煤系生气灶中心,也多具有基底古隆起背景。在盐岩缺失区或大型断裂区,天然气可以垂向运移至白垩系,在白垩系构造圈闭中聚集成藏(图11-4)。

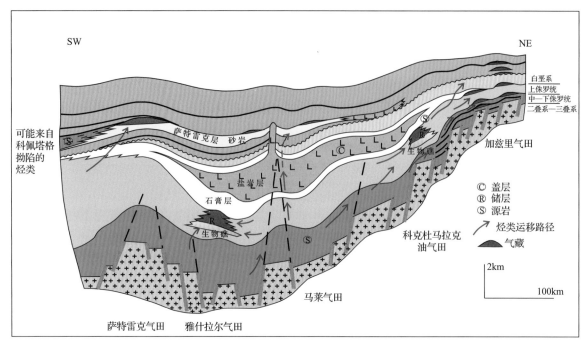

图 11-4　阿姆河盆地天然气成藏模式图

第三节　阿姆河右岸项目勘探实践

一、项目概况

　　阿姆河右岸合同区位于土库曼斯坦东北部，隶属列巴普州，西南以阿姆河为界，东北以土库曼斯坦和乌兹别克斯坦两国国界为界，总面积 14314km²（图 11-5）。距合同区块最近的城市是列巴普州州府——土库曼纳巴德，区内居民点较少，只有少量村镇。区块地势南高北低，东南部为山区，向西北部逐步过渡到戈壁。地表多为沙漠，分布灌木和土丘，阿姆河由东南流向西北。

　　区块内普遍发育上侏罗统厚层盐膏岩，盐上白垩系油气藏不发育，勘探开发目标主要是盐下中—上侏罗统卡洛夫阶—牛津阶碳酸盐岩气藏。自西北向东南，右岸横跨查尔朱断阶带、别什肯特拗陷和西南基萨尔逆冲带等构造单元，碳酸盐岩顶面埋深向中部加大，至东部抬升变浅上覆盐膏岩厚度及变形程度逐渐加大，造成盐下构造落实、礁滩体预测及安全钻井难度也逐渐加大。

　　2006 年，中土双方签署了《中华人民共和国政府和土库曼斯坦政府关于实施中土天然气管道项目和土库曼斯坦向中国出售天然气的总协议》和《中国石油天然气集团公司与土库曼斯坦油气工业和矿产资源部关于开展中土天然气合作项目的基本原则协议》。2007 年 7 月，在北京正式签署了《土库曼斯坦阿姆河右岸"巴格德雷"合同区域产品分成合同》，合同于 2007 年 9 月 12 日正式生效，中国石油为实际操作者，拥有 100%权益。

　　项目合同期为 35 年，即 2007 年 9 月 12 日至 2042 年 9 月 12 日。合同区分 A、B 两个区块，区块之间存在篱笆圈，A 区块 983km²，主要是已经发现的萨曼杰佩气田，B 区块 13331km²（图 11-6）。A 区块勘探期 6 年（初始勘探期为 3 年，两个延长勘探期分别为 2 年和 1 年），即 2007 年 9 月 12 日至 2013 年 9 月 12 日，剩余为开发期；B 区块勘探期 10 年（初始勘探期为 6 年，两个延长勘探期分别为 2 年），即 2007 年 9 月 12 日至 2017 年 9 月 12 日，剩余为开发期。初始勘探期和延长勘探期有不同的勘探义务工作量要求，每个勘探期结束后，都要完成区块原始面积 25%的退地。

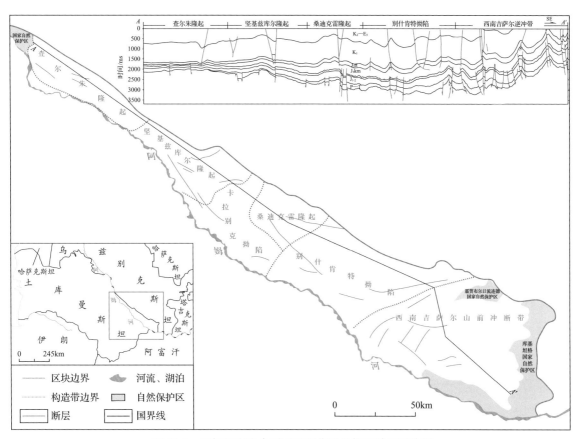

图 11-5　阿姆河右岸合同区地理位置及构造单元划分图

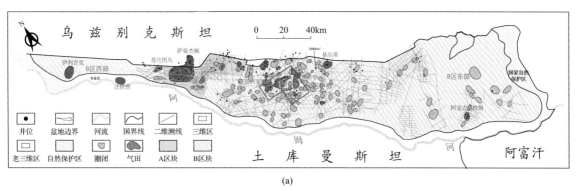

(a)

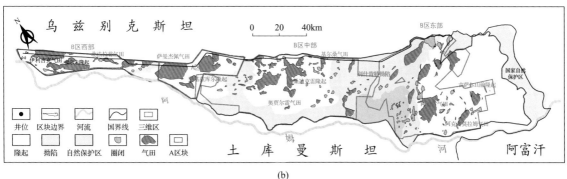

(b)

图 11-6　土库曼斯坦阿姆河右岸 2007 年及 2017 年末勘探形势图

(a)土库曼斯坦阿姆河右岸合同区块 2007 年勘探形势图；(b)土库曼斯坦阿姆河右岸合同区块 2017 年末勘探形势图

根据合同规定，项目最低勘探义务工作量 A 区为三维地震资料采集、处理和解释 200km², 钻

探井或评价井 4 口；B 区为三维地震资料采集 1400km²，处理和解释三维地震资料 1900km²，处理和解释二维地震资料 4000km，钻探井或评价井 13 口。

二、勘探成效

（一）接手前的勘探成效

阿姆河右岸区块勘探工作始于 20 世纪 50 年代，经历了浅层预探阶段（1956～1964 年）、深层探索阶段（1965～1996 年）和整体停滞阶段（1997～2006 年）三个阶段。1964 年率先发现了右岸最大的萨曼杰佩气田，地质储量 870×10⁸m³。1975～1990 年，甩开勘探东部，在召拉麦尔根、霍贾姆巴兹等三个断背斜构造带的 7 个构造上共钻探井 34 口，仅 3 口井获工业性气流和低产气流，探井成功率 8.8%。1988～1996 年，全面勘探中部，在 10 多个礁滩体圈闭上共钻探井和详探井 28 口，9 口井获工业性气流和低产气流，发现 6 个小气田，探井成功率 32.1%。截至 2007 年 9 月，苏联及土库曼斯坦部署了大量勘探工作，累计完成二维地震 19364km，三维地震 500km²，发现构造圈闭 130 个；共钻探井和评价井 192 口，钻井成功率仅为 22%，发现气田 18 个，其中最大的萨曼杰佩气田已初步探明，其余均为储量未落实的小型气藏（图 11-6）。

（二）接手后的勘探成效

2007 年以来，中国石油大力拓展盐下碳酸盐岩天然气勘探，历经 A 区和 B 区中部滚动勘探、B 区东西部风险勘探和 B 区精细勘探三个阶段，取得了丰硕成果。截至 2017 年 9 月勘探期结束，右岸区块新采集处理二维地震 4163km、三维地震 10870km²，全区三维地震覆盖率达到 79.4%。三维地震的大面积覆盖为项目高效勘探奠定了重要基础（图 11-7）。通过三维地震构造解释共发现落实圈闭 150 个，面积 2526km²；全区共部署探井、评价井 77 口，获工业气流井 63 口，探井油气发现成功率达 82%，共新增天然气 2P 可采储量 3386×10⁸m³，其中 A 区占 15.8%，B 区占 84.1%（图 11-7）。

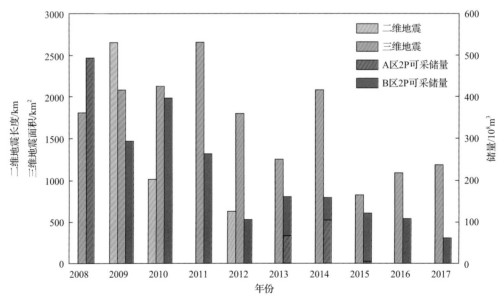

图 11-7　阿姆河项目 2008～2017 年地震部署工作量与 2P 可采储量增长情况

1. A 区和 B 区中部滚动勘探成效

2007 年至 2012 年，勘探工作以详细评价 A 区气田的储量规模和滚动评价中部气田群的资源潜力为重点，为东部第一处理厂恢复投产和中部第二处理厂建设奠定资源基础。

1) A 区萨曼杰佩气田详细评价与快速规模增储

萨曼杰佩气田是阿姆河右岸合同区块最大的整装气田，1963 年 7 月开始钻探 Sam-2 井，1964 年完钻后测试获得天然气发现。1986～1993 年期间曾投入开发，最高年产气 $33 \times 10^8 \mathrm{m}^3$，累计采气 $166.2 \times 10^8 \mathrm{m}^3$。该气田为大型穿隆状背斜，构造相对简单，原认为储层主要是牛津阶 XVm 层堤礁带生物礁相块状孔洞型储层（吕功训等，2013）。

中国石油进入后第一口井 Sam-53-1 井 2008 年 6 月 2 日部署于 A 区萨曼杰佩气田内，2009 年测试获天然气产量 $70 \times 10^4 \mathrm{m}^3/\mathrm{d}$。2009 年在 A 区采集三维地震后，井震结合深化了储层地质研究，揭示 XVm 层为隐伏古隆起上古地貌高部位发育的开阔台地相台内滩，横向连片分布；通过三维地震刻画台内滩体，认识到上覆 XVp 层和 XVac 层开阔-局限台地相低能台内滩也具备勘探开发潜力（图 11-8）。2009 年后相继完钻 7 口新井，测试均获得高产气流，其中 Sam-44-1 井、Sam-55-1 井、Sam-53-1 井在 XVp 层和 XVac 层单独射孔测试，均获得高产气流。由此，证实萨曼杰佩气田为隐伏古隆起上的大型盐下叠合台内滩气田（图 11-9），气田的天然气地质储量由 $870 \times 10^8 \mathrm{m}^3$ 增加到 $1400 \times 10^8 \mathrm{m}^3$，增加了 60%，推动第一处理厂规模由可研的 $55 \times 10^8 \mathrm{m}^3$ 扩建到 $80 \times 10^8 \mathrm{m}^3$。

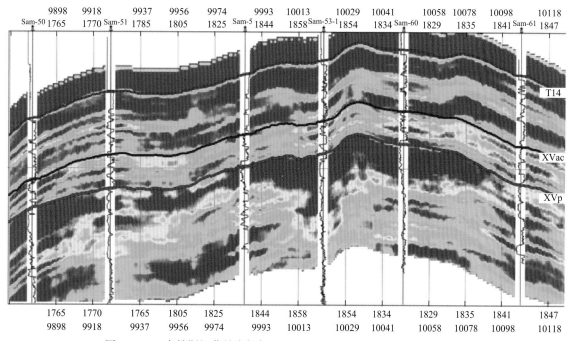

图 11-8 土库曼斯坦萨曼杰佩气田 XVac 层和 XVp 层薄储层预测剖面图

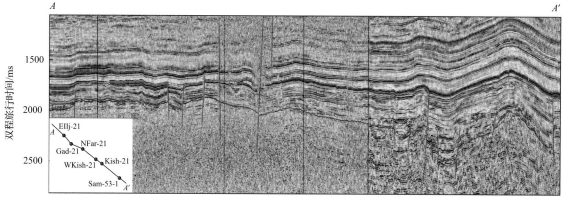

(a)

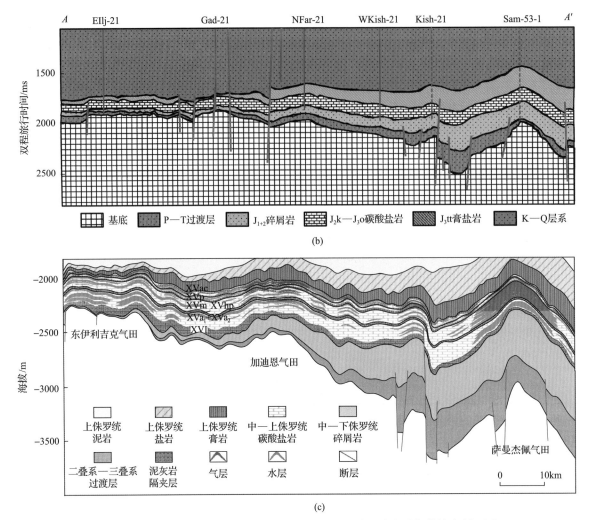

图 11-9　土库曼斯坦阿姆河右岸西部卡洛夫阶—牛津阶台内滩气藏综合剖面图

(a)阿姆河右岸西部过伊利吉克—萨曼杰佩气田地震剖面；(b)阿姆河右岸西部过伊利吉克—萨曼杰佩气田地质剖面；

(c)阿姆河右岸西部过伊利吉克—萨曼杰佩气藏模式图

2)B区中部礁滩群滚动扩边与资源落实

苏联及土库曼斯坦对 B 区中部曾进行近 30 年的艰难探索，受制于二维地震资料品质及台缘斜坡礁体零星分布的地质认识，勘探成效甚微。1988～1993 年，土库曼斯坦在中部鲍塔—坦格古伊—乌兹恩古伊构造群 10 多个圈闭上共钻探井和详探井 25 口，6 口井获工业性气流和低产气流，发现 3 个小气田，探井成功率仅 24%。1992～1996 年开始勘探中部别列克特利、皮尔古伊和扬古伊构造，钻探井 3 口，测试获气后，发现 3 个孤立的、受断层控制的小气田。在中国石油进入前，资源国在中部地区采集二维地震超过 10000km、三维地震 500km²(二维和三维地震采集参数的差异见表 11-1 和表 11-2)，部署探井、评价井 74 口，其中 15 口获气，成功率 20.2%，发现 6 个小型气田，未形成规模储量区，也一直未投入开发。

表 11-1　前人和中国石油接手后二维地震采集参数的差异

参数	老二维地震采集参数	新二维地震采集参数
震源类型	可控震源	可控震源、炸药震源
接收道数/道	24、48	384
道距/m	50	25

参数	老二维地震采集参数	新二维地震采集参数
炮距/m	50/100	50/100
覆盖次数	12、24	48、96
采样间隔/ms	4	1
记录长度/s	4、5	6
观测系统	50-1000-3350、50-600-2950、50-1200-3550	4787.5-12.5-25-12.5-4787.5
扫描长度/s		12、16
扫描频率/Hz		8～96

注：老二维地震采集数据中的观测系统 5-1000-3350 数据含义为道距 50m-最小炮检距 1000m-最大偏移距 3350m。

表 11-2　前人和中国石油接手后三维地震采集参数的差异

参数	老三维地震采集参数	新三维地震采集参数
采集年份	1999	2008～2017
观测系统类型	6 线×48 炮′120 道	12 线×8 炮′160 道 24 线×160/200 道×4 炮
接收道数/道	720	1920～4800
覆盖次数	36	60～240
CMP 面元/m	25×25	25×25
道距/m	50	50
炮点距/m	50	50
接收线距/m	200	400/200
炮点线距/m	500	400
纵向最小炮检距/m	25	25
纵向最大炮检距/m	2975	3975～5975
纵向排列方式	2975-50-25-50-2975	3975-25-50-25-3975/5975
束线滚动距离/m	1200m（横向滚动 24 个炮点）	每次滚动一条检波线/200
采样间隔/ms	2	1
记录长度/s	5	6
扫描长度/s	12	12
扫描频率/Hz	8～70、14～70	8～96、6～84

　　2008 年，阿姆河公司在分析苏联和土库曼斯坦勘探效果的基础上，决定先行实施三维地震部署，在中部地区大规模部署三维地震 2900km²，最终连片处理达到 3400km²。基于三维地震资料和后续钻井资料，重新认识中部地区构造发育特征，重新认识礁滩体地质成因和发育规模，重新识别评价盐下构造-岩性礁滩圈闭目标，指导了中部井位部署和缓坡礁滩气藏群的发现。

　　重新认识中部地区构造发育特征，发现别列克特利-皮尔古伊（以下简称别-皮）背斜和扬古伊-恰什古伊（以下简称扬-恰）背斜分别为两个完整的大型背斜构造，打破了中部发育孤立小断块的认识（图 11-10）。2008 年 8 月 18 日，在恰什古伊部署了 B 区中部第一口滚动扩边探井 Cha-21 井，随后 Pir-21、Pir-22、Ber-21、Ber-22、Yan-21 和 Yan-22 等井也相继开钻，并先后测试获气。2009 年重新落实别-皮气田储量，相比进入前增加近 5 倍，达到 600×10⁸m³，增强了中部第二处理厂建设的信心。

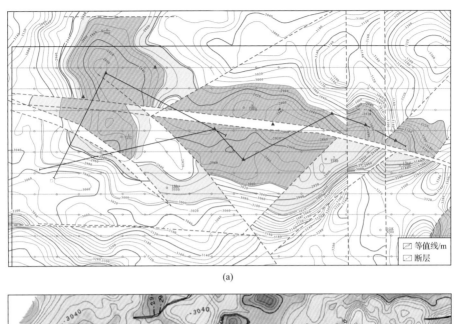

(a)

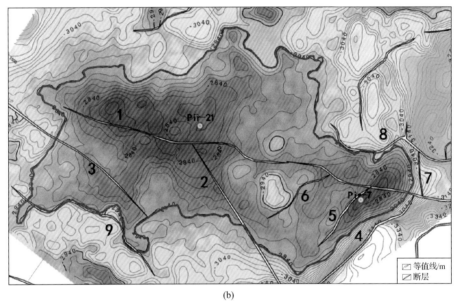

(b)

图 11-10　土库曼斯坦别-皮气田断裂系统重新解释前后的碳酸盐岩顶界构造图对比

(a)土库曼斯坦编制的别-皮气田碳酸盐岩顶界构造图；(b)中方编制的别-皮气田碳酸盐岩顶界构造图

　　重新认识礁滩体地质成因和发育规模，基于地震和钻井取心分析，提出了斜坡带广泛发育规模缓坡礁滩复合体，突破了前人斜坡点礁储集体零星分布的认识(吕功训等，2013)。基于新的地质认识和地震识别技术，重新评价了主力气田围斜区发育的构造-岩性礁滩圈闭，在别-皮-扬-恰气田周围相继发现桑迪克雷、布什鲁克、多瓦姆雷等气田，实现 B 区中部规模储量的快速增长，夯实了第二处理厂的资源基础。

　　中部构造-岩性礁滩气藏勘探并非一帆风顺，2010 年 5 月 5 日完钻的桑南斜坡奥贾尔雷构造 Oja-21 井测试获气 $179.8×10^4 m^3/d$、凝析油 $39.3 m^3/d$ 的高产。Oja-21 井钻遇高能礁滩体后，基于碳酸盐岩顶界面的方案差异，存在"桑南斜坡处于台缘堤礁带""奥贾尔雷为深水点礁""桑南斜坡发育厚层石膏台地"等不同地质认识。2011 年在桑南斜坡带同时部署了 4 口探井，2012 年相继完钻后证实桑南斜坡发育厚层石膏，卡洛夫阶—牛津阶碳酸盐岩勘探潜力有限，奥贾尔雷属于沿古隆起、古断块和断裂带边缘发育的高能礁滩"金豆子"气藏(图 11-11)(吕功训等，2013)。

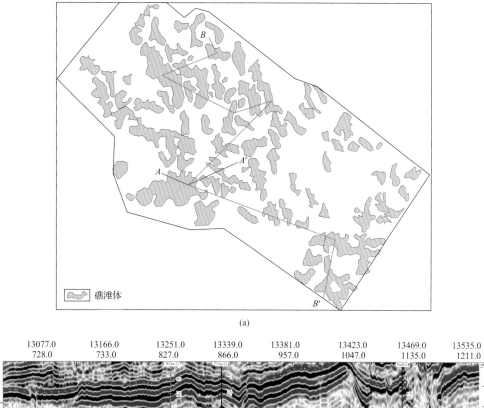

(a)

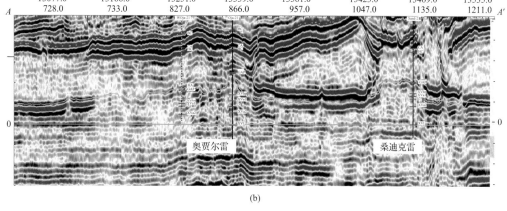

(b)

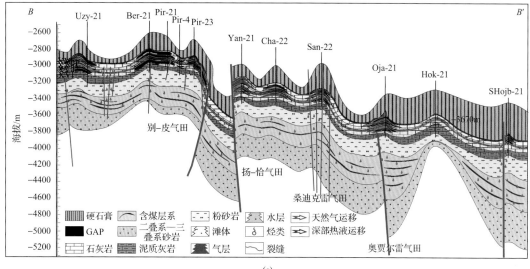

(c)

图 11-11　土库曼斯坦阿姆河右岸中部卡洛夫阶—牛津阶台缘斜坡礁滩气藏特征图

(a)阿姆河右岸中部缓坡礁滩分布图；(b)阿姆河右岸中部过奥贾尔雷—桑迪克雷地震剖面(碳酸盐岩底拉平)；

(c)阿姆河右岸中部碳酸盐岩成藏模式图

经过艰苦勘探，中部缓坡礁滩气藏勘探取得突破性成果，除了探明别-皮、扬-恰、鲍-坦-乌等气田外，还在构造斜坡带发现了 10 个中小型气田，合计三级储量 $2200 \times 10^8 m^3$，为夯实中部第二处理厂资源发挥了重要作用。至此，中部缓坡礁滩体群的勘探目标与潜力基本明确，进入详探阶段。

2. B 区东西部风险勘探成效

2010 年，在 A 区萨曼杰佩气田储量规模落实后，阿姆河公司提出了"主攻中区、甩开勘探、突破东西"的勘探策略，加强了东西两翼的勘探，为寻找规模储量做准备。

1）西部台内滩气田群的发现

B 区西部在中国石油进入前部署了少量的二维地震，探井评价井 10 口，其中气井 5 口、水井 1 口、干井 3 口、报废井 1 口，发现了伊利吉克和基什图凡两个小型构造气田，气田类型和规模尚不明确。2010 年二维地震发现了东伊利吉克构造和西基什图凡构造，据此部署了 EIlj-21 井和 WKish-21 井，酸化后分别获气 $21 \times 10^4 m^3/d$ 和 $33.9 \times 10^4 m^3/d$，发现两个新气田。

2011 年部署三维地震 $1020 km^2$，通过三维地震高精度处理和低幅度构造刻画攻关，落实伊利吉克、东伊利吉克和西基什图凡构造形态的同时，还发现了加迪恩、北加迪恩以及北法拉普三个构造，其中前人对加迪恩构造进行过探索，但由于探井未钻至目的层报废，未发现该气田。地震与地质研究结合，建立了基底局部古隆起上发育规模台内滩的储层模式（田雨等，2016，2017），形成了台内滩储层预测技术。2012 年在加迪恩构造和北法拉普构造部署 Gad-21 井和 NFar-21 井，测试后分别获气 $102 \times 10^4 m^3/d$ 和 $11 \times 10^4 m^3/d$。2013 年后在北加迪恩构造部署了 NGad-21 井，测试获得了 $44 \times 10^4 m^3/d$ 的高产气流。随后部署的 Gad-22 井和 Ilj-21 井均获得了成功，西部气田储量规模快速扩大。

至 2014 年，B 区西部的勘探工作基本结束，发现气田 7 个，落实储量近 $1000 \times 10^8 m^3$，成为第一处理厂重要的补充气源区。

2）东部地区缝洞型气田群的发现

苏联及土库曼斯坦在东部共钻井 25 口，仅 3 口获气，成功率仅 12%，工程报废率高达 48%，仅发现阿克古莫拉姆小型气田。在钻至碳酸盐岩目的层的探井中多数未钻遇优质储层，测试多为干层。

根据东部山前逆冲带地面地下构造复杂、地震信噪比低、成像难的实际，阿姆河公司制定了"逼近烃源岩，靠近大断裂，优选大圈闭"的勘探策略，组织开展了适合该区域的二维宽线采集 $1460 km$，通过处理技术攻关，获得了较高质量的地震剖面。经过精细地震解释，刻画出 9 个较大圈闭，面积 $26.1 \sim 157.6 km^2$，优选出圈闭规模最大的阿盖雷构造作为风险勘探的首要目标。2010 年 2 月 10 日完钻的 Aga-21 井钻遇裂缝-孔隙型储层（刘石磊等，2012），初期测试产量超过 $15 \times 10^4 m^3/d$，发现了东部首个大型气田。随后部署三维地震 $750 km^2$，落实阿盖雷断背斜构造面积将近 $300 km^2$。2010 年部署的评价井 Aga-23 井钻遇优质缝洞型碳酸盐岩储层，单井测试产量超过 $100 \times 10^4 m^3/d$。2011 年部署的 Aga-22 井缝洞不发育，测试产量 $20 \times 10^4 m^3/d$，评价落实阿盖雷气田地质储量超过 $1000 \times 10^8 m^3$。基于 B 区中东部断层相关碳酸盐岩储层成因分析，建立了逆冲断块缝洞体发育模式，提出在逆冲断背斜靠主断层一侧多发育裂缝-孔洞型优质储层，经钻探获得证实（图 11-12）。2012 年，在东部山区部署二维地震 $1107 km$，发现霍贾古尔卢克和塔加拉构造，基于逆冲断块缝洞体地质认识，部署风险探井 Hojg-21 井和 Tag-21 井。Hojg-21 井 2012 年 5 月于井深 $3375m$ 提前完钻，钻遇大型缝洞系统，发生井漏、井涌及放空现象，裸眼测试获无阻流量 $593 \times 10^4 m^3/d$ 的高产气流，发现了霍贾古尔卢克气田。2012 年 7 月完钻的 Tag-21 井钻遇裂缝性储层，测试获得 $50 \times 10^4 m^3/d$ 高产，发现了塔加拉气田。Hojg-21 井和 Tag-21 井的钻探成功进一步揭示了东部山前缝洞储层及高产富集区的分布规律（王红军等，2020；Zhang et al.，2018）。

(a) (b)

(c) (d)

图 11-12 土库曼斯坦阿姆河右岸东部典型缝洞型储层岩心特征

(a)颗粒泥晶灰岩，裂缝及溶蚀孔洞发育，方解石半充填，Jor-21 井；(b)泥晶灰岩，裂缝及缝洞发育，方解石半充填，Jor-22 井，XVI 层；(c)颗粒泥晶灰岩，岩石破碎，裂缝发育，沿裂缝发育孔洞，EHojg-22 井，XVz 层；(d)泥晶灰岩，岩石破碎，裂缝及缝洞发育，方解石部分充填、有明显溶蚀作用，Aga-23 井，3105.26~3105.47m，XVa1 层

　　2013 年在东部大规模部署了三维地震，东部山前三维地震面积达到 4000km²，发现与落实了召拉麦尔根、西召拉麦尔根、东召拉麦尔根、东霍贾古尔卢克和戈克米亚尔等构造，优选缝洞储层发育较好的东霍贾古尔卢克和召拉麦尔根构造，部署了 EHojg-21 井和 Jor-21 井。2014 年完钻的 EHojg-21 井钻遇缝洞储层发育带，测试获得 $85 \times 10^4 m^3/d$ 的高产；2015 年完钻的 Jor-21 井钻遇缝洞型储层，测试后获得 $101 \times 10^4 m^3/d$ 的高产，发现了东霍贾古尔卢克和召拉麦尔根气田。2015 年在西召拉麦尔根部署探井 WJor-21 井获得成功，测试获得 $102 \times 10^4 m^3/d$ 的高产，发现了西召拉麦尔根气田。至此，东部规模较大、地质条件较好的大型构造圈闭均获得了重要发现(图 11-13)。

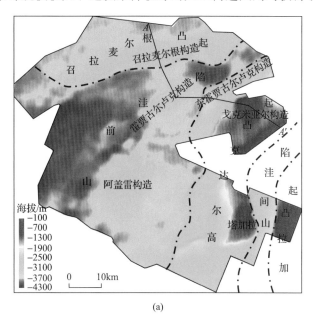

(a)

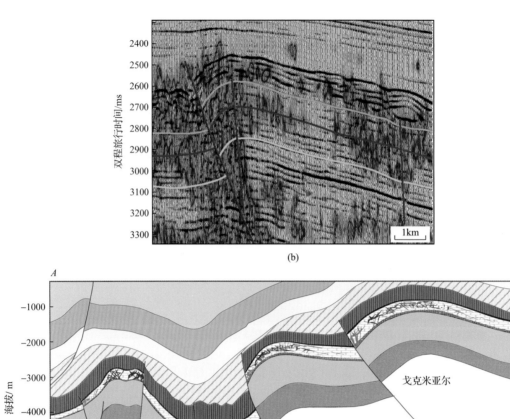

图 11-13　土库曼斯坦阿姆河右岸东部卡洛夫阶—牛津阶断块缝洞气藏综合剖面图

(a)阿姆河右岸东部碳酸盐岩顶界形态图；(b)阿姆河右岸霍贾古尔卢克地震与缝洞叠合剖面图；(c)阿姆河右岸东部缝洞气田发育模式图

至 2015 年，阿姆河右岸盐下大型构造圈闭基本勘探殆尽，初步形成了西部叠合台内滩气田、中部缓坡礁滩气藏群和东部缝洞型气田等 3 个 $2000 \times 10^8 m^3$ 气区。

3. B 区精细勘探成效

根据盐下主体构造圈闭钻探完毕、剩余圈闭规模小、地质条件较差等勘探形势，阿姆河公司提出了"精细刻画斜坡带，扩大优质储量"的勘探思路，勘探重点转移至中部主力气田周边斜坡带和东部山前库瓦塔格洼陷带，勘探部署策略主要是通过三维地震指导钻探，最大限度保留潜力勘探开发区。

地震部署方面，2015 年在索尔坦湖区和库瓦塔格洼陷部署三维地震 $420km^2$，落实构造圈闭 15 个，面积 $91.5km^2$；2016 年在东萨拉尔卡克和库瓦塔格洼陷部署三维地震 $430km^2$，为探井井位优选和保地奠定了基础。

探井部署方面，在 B 区中部地区别-皮-扬-恰周缘部署探井、评价井 7 口，库瓦塔格洼陷部署风险探井 2 口，东部召拉麦尔根–杜戈巴构造带部署评价井 2 口。其中 4 口井钻遇缝洞型储层，测试后获高产，包括 2015 年扬–恰气田东斜坡多瓦姆雷构造上部署的 Dov-21 井，别什肯特拗陷莫拉珠玛构造部署的 Mol-21 井，以及东部库瓦塔格洼陷区达什拉巴特构造部署的 Drt-21 井和库瓦塔格构造部署的 EKuv-21 井。其他 3 口探井和评价井效果不理想，2016 年在扬–恰气田东斜坡加拉古伊和卡克雷约勒构造上部署的 Garg-21 井和 Kak-21 井测试或测井解释为水层，油气充注条件不利。2017 年完钻的索尔坦湖区赛亚雷构造上 Say-21 井钻遇目的层的深度比钻前预测低了近 120m，测试为干层。2017 年完钻的麦杰特构造 Med-21 井揭示的储层厚度和气柱高度远超圈闭幅度，为区域内第一个也是唯一确定的岩性圈闭气藏，早期测试获得 $15 \times 10^4 m^3/d$ 高产，但很快产气量下降明显，揭示地层能量供给不足，气藏规模有限。

三、发现的典型大气田

中国石油在阿姆河右岸区块新发现气田 26 个，均位于 B 区。按气藏储集体的类型，可以划分为西部叠合台内滩气田、中部缓坡礁滩气田和东部缝洞型气田，三类气田各有特色，下面分别选择有代表性或规模较大的气田进行介绍。

(一) 加迪恩气田

加迪恩气田是 B 区西部最大的叠合台内滩气田，基底具有明显的古隆起特征，新近纪受喜马拉雅构造运动影响，南北两侧发育北西向走滑断层，形成了断层挟持的断块构造，东西长、南北窄(图 11-14)。气田主要产层为 XVm、XVp 和 XVac 层，储集体主要是纵向叠置的台内滩，在滩体之间沉积了多套隔夹层，包括有厚层泥灰岩、薄层硬石膏。储层岩石类型包括泥晶砂屑鲕粒灰岩、亮晶鲕粒灰岩、球粒灰岩和鲕粒(球粒)泥晶灰岩；储集空间以孔隙为主，包括粒间孔、粒间溶孔、粒内孔、粒内溶孔和铸模孔，发育少量裂缝，为孔隙(洞)型储层。储层岩心孔隙度为 $0.07\% \sim 28.02\%$，平均为 6%；渗透率为 $(0.0001 \sim 1364) \times 10^{-3} \mu m^2$，几何平均为 $0.171 \times 10^{-3} \mu m^2$。由于泥灰岩和硬石膏隔夹层的发育，加迪恩纵向上分为 XVac、XVp、XVm 和 XVa1 四套气水系统，为层状叠置的边水气藏(王红军等，2020)。气田最底部 XVa1 层气藏规模较小，测试已见水；上部三套气水系统尚未确定气水界面。气田的 2P 可采储量是 $87 \times 10^8 m^3$。

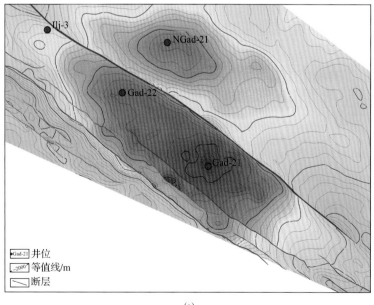

(a)

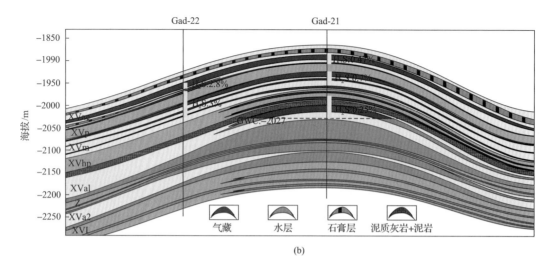

(b)

图 11-14　土库曼斯坦阿姆河右岸西部加迪恩气田气藏综合剖面图

(a)加迪恩气田碳酸盐岩顶界构造图；(b)加迪恩气田气藏剖面

（二）奥贾尔雷气田

奥贾尔雷气田是位于别-皮气田南侧的构造-岩性气田。构造上位于查尔朱断裂带边缘，古生界基底发育大型西南倾向的正断层。在新近纪挤压作用下，早期正断层活化，发生轻微走滑，奥贾尔雷构造低幅隆升。受基底古地形影响，卡洛夫期—牛津期沿查尔朱断裂带边缘形成坡折带，奥贾尔雷位于坡折带凸起部位，沉积了高能礁滩复合体(图 11-15)，礁滩体厚度超过 260m。礁滩体岩石类型包括障积灰岩、黏结灰岩、颗粒灰岩和颗粒泥晶灰岩；储集空间以粒内溶孔和粒间溶孔为主，其次是铸模孔。储层成像测井解释裂缝密度较高，岩心溶蚀孔洞发育，为裂缝-孔洞型储层(卢炳雄等，2011)；岩心孔隙度平均为 8.54%，储层段平均为 9.39%；岩心渗透率几何平均为 $0.29 \times 10^{-3} \mu m^2$，储层段几何平均为 $0.36 \times 10^{-3} \mu m^2$。在高能礁滩体与晚期构造活动共同作用下，形成构造-岩性圈闭，同时邻近生烃凹陷，天然气充注强，单井测试产量超过 $120 \times 10^4 m^3/d$。气田的 2P 可采储量是 $45 \times 10^8 m^3$。

（三）阿盖雷气田

阿盖雷气田是东部逆冲构造带规模最大的裂缝-孔隙型气田。气田构造总体为新近系强烈挤压作用下形成的大型背斜，南部断层滑脱褶皱上规模断层发育程度较低；北部发育多条逆冲断层，并被北西向走滑断层切割，碳酸盐岩受断层改造作用强。储层为低能斜坡相颗粒泥晶灰岩和泥晶

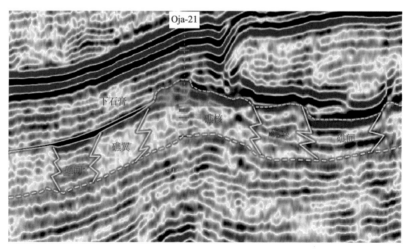

(a)

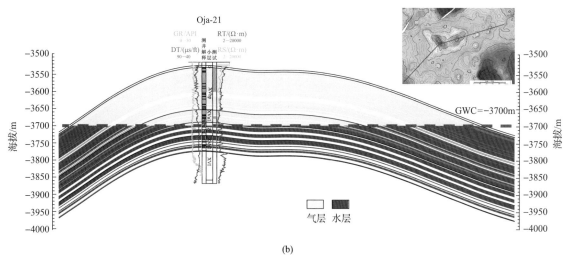

(b)

图 11-15 土库曼斯坦阿姆河右岸中部奥贾尔雷气田气藏综合剖面图

(a)过奥贾尔雷 Oja-21 井典型地震剖面；(b)奥贾尔雷气藏剖面

灰岩，基质物性差，储集空间主要为粒间溶孔和沿裂缝的溶蚀孔洞。南部基质物性相对较好，岩心平均孔隙度 5%、平均渗透率 $0.26×10^{-3}μm^2$，属于低孔低渗储层；北部基质物性差，岩心平均孔隙度 2%、平均渗透率 $0.4×10^{-3}μm^2$，但构造裂缝及沿裂缝的溶蚀孔洞发育(图 11-16)，试井渗透率可高达 $316×10^{-3}μm^2$。气田平面上发育多个气水系统，北部断裂发育，油气充注较强；南部远离气源主断裂，天然气充注较弱。气田的 2P 可采储量 $427×10^8m^3$。

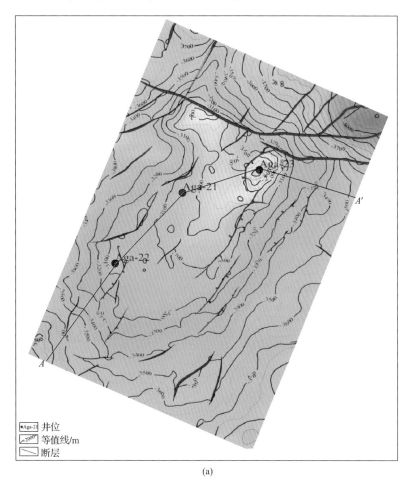

(a)

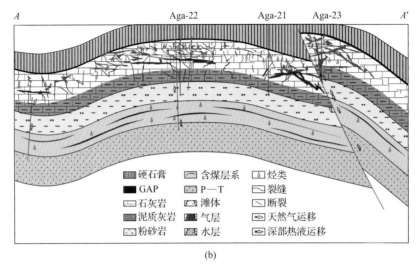

(b)

图 11-16　土库曼斯坦阿姆河右岸东部阿盖雷气田气藏综合剖面图

(a)阿盖雷气田碳酸盐岩顶界构造图；(b)阿盖雷气藏模式图

第四节　经验和启示

2017 年 9 月 12 日，阿姆河右岸区块的勘探工作全部结束，按照合同规定，退出所有的勘探区块，全面进入开发阶段。回顾阿姆河右岸高效勘探的 10 年历程，主要有以下几点启示值得借鉴。

(1)高精度三维地震是高效勘探的前提。

阿姆河项目在进入之初就确定了"先做地震、后打井，多做地震、少打井"的原则，以实现稀井高产和经济效益的最大化。截至勘探期结束，除东部山区外，项目区块内基本实现了三维地震全覆盖。

三维地震的采集处理也充分考虑了各区块的地质特征，针对台内多层薄储层采用高分辨率采集和处理解释，针对台缘斜坡礁滩裂缝和缝洞石灰岩储层采用宽方位采集提高信噪比。实践也证明，三维地震为复杂岩性体的高效勘探和效益勘探提供了重要前提，通过三维地震采集，提高了盐下地震成像品质(图 11-17)，快速识别了大型构造、规模礁滩体和缝洞储集体，保障了探井高成功率，也助推了地质理论认识的不断深化。

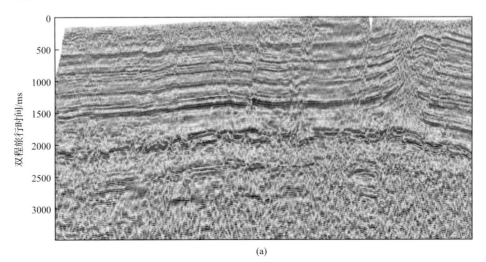

(a)

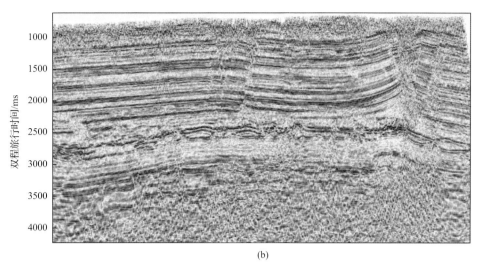

(b)

图 11-17　土库曼斯坦阿姆河右岸二维地震剖面与三维地震对比图

(a)阿盖雷地区二维地震剖面；(b)阿盖雷地区三维地震剖面

（2）合理的地质认识是高效勘探的基础。

通过阿姆河右岸盐下碳酸盐岩气田地质研究，明确了西部隐伏古隆起上发育叠合台内滩规模储层，创新性提出了中部斜坡带广泛发育大面积分布的缓坡礁滩群观点(图 11-18)，建立了东部山

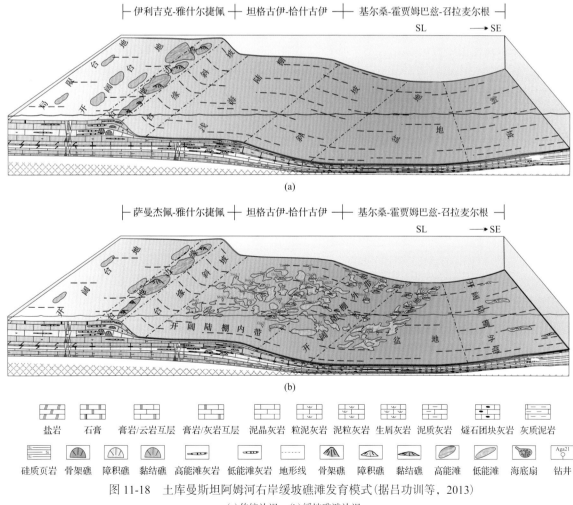

图 11-18　土库曼斯坦阿姆河右岸缓坡礁滩发育模式(据吕功训等，2013)

(a)传统认识；(b)缓坡礁滩认识

前逆冲断块缝洞储集体发育模式，丰富发展了盐下海相碳酸盐岩储层地质和成藏理论认识。在地质认识指导下，西部勘探目标主要集中于隐伏古隆起发育区，中部勘探对象实现了由构造圈闭向规模缓坡礁滩群构造-岩性圈闭的转变，东部大型构造圈闭上缝洞储层发育模式指导了风险探井井位的精确部署，保障了右岸探井的高成功率。

(3) 特色的支持模式是高效勘探的保障。

阿姆河项目的技术支持团队包括了中国石油勘探开发研究院、川庆钻探地质研究院和东方地球物理公司，形成了"发挥特色、整体协调、科学管理、专家把关"的技术支持运行模式。按照集团公司对口支持原则，利用各家技术特色优势，充分发挥了 BGP 采集、处理、解释一体化优势，发挥了川庆钻探在碳酸盐岩储层描述和气藏描述技术上的优势，发挥了中国石油勘探开发研究院地质地震综合研究、气藏开发和方案规划等技术优势。三家技术支持团队精诚合作，同时又相互竞争，重点探井平行研究论证，根据各自单位认识提出井位建议。经多轮次论证与相互交流后，共同确定，降低风险，探井、评价井地质成功率高达 80%。研究团队统一受阿姆河公司协调管理，统一安排计划、统一成果检查、统一成果申报，通过定期井位论证会、地质论证会、开发方案审查会等方式，保证信息沟通、成果共享；按照项目管理模式，实行"计划、人员、进度"三落实，月报、定期汇报制度。聘请一批有特长的专家，采取坐班和不坐班方式协助勘探开发部署、审查研究成果。

(4) 一体化生产管理是高效勘探的核心。

通过 5 个一体化支撑勘探工作高效运行。①决策执行一体化：按照中国石油国际勘探开发公司统一部署，制定勘探开发规划、计划、方案，有序执行是阿姆河勘探开发取得丰硕成果的根本保证。②研究体系一体化：按照专业，地震、地质、钻井、气藏、采气、经济等专业从勘探到开发，不断继承、深化不同阶段成果，不仅避免重复研究、降低研究周期和成本，还提高了成果质量。③业务管理一体化：勘探开发专业岗位设置不重复，勘探业务延伸至开发储量评估、开发井位论证，工作不重复、不交叉。地震、评价井部署，探井完井、测试兼顾勘探、开发需求，提高整体效益。④地质工程一体化：优化工程、保障地质，从部署论证、方案设计到现场实施全过程一体化管理，最终实现良好的勘探开发效果和经济效益。⑤部署规划一体化：详探评价、统一决策，勘探开发部署原则是整体规划、有序接替、优化实施，实现项目效益最优化。

阿姆河右岸天然气项目经过 10 年勘探取得了丰硕成果，勘探发现保障了项目天然气 $130 \times 10^8 \mathrm{m}^3/\mathrm{a}$ 稳产（图 11-19），为中亚天然气管道稳定供气提供了重要支撑，为保障国家能源安全做出

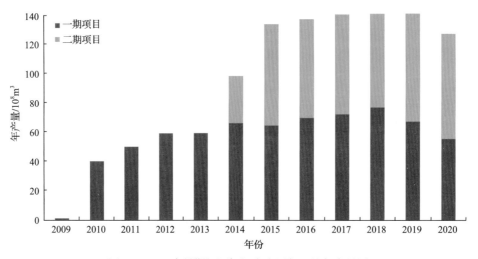

图 11-19　土库曼斯坦阿姆河右岸历年天然气产量图

了重要贡献。勘探实践和研究形成的盐下碳酸盐岩气田勘探地质理论认识、地球物理技术和管理经验，给类似碳酸盐岩天然气田的勘探提供了重要的借鉴意义。

（5）友好的外交关系是项目成功的前提。

自 2002 年开始，土库曼斯坦不准外国公司独立开发陆上油气田，产品分成模式仅针对里海区域，陆上油气区块主要采用服务合同。但由于中土良好的外交关系和土库曼斯坦寻求天然气出口多元化，2006 年 4 月 3 日，两国元首在北京签署《中华人民共和国政府和土库曼斯坦政府关于实施中土天然气管道项目和土库曼斯坦向中国出售天然气的总协议》；2007 年 7 月 17 日，在北京正式签署《土库曼斯坦阿姆河右岸"巴格德雷"合同区域产品分成合同》。阿姆河项目成为 21 世纪以来第一个陆上天然气产品分成合同模式的项目。

得益于中土外交关系进一步发展深化，中土天然气合作也逐渐加强。2011 年中土两国元首共同签署了《中华人民共和国和土库曼斯坦关于全面深化中土友好合作关系的联合声明》和《中华人民共和国和土库曼斯坦关于土库曼斯坦向中华人民共和国增供天然气的协议》。2013 年 9 月，习近平主席访问土库曼斯坦期间，与土库曼斯坦总统共同签署了《中华人民共和国和土库曼斯坦关于建立战略伙伴关系的联合宣言》，极大地促进了中土经贸合作。2023 年 1 月 6 日，中土两国元首在北京发表的联合声明指出，天然气合作是中土关系基石，扩大天然气合作符合中土双方战略和长远利益。双方要加快实施重大项目合作，同时全面挖掘绿色能源、天然气利用、技术装备等领域合作潜力，打造全产业链合作。

第十二章　哈萨克斯坦两个勘探区块

哈萨克斯坦共和国(简称哈萨克斯坦)位于亚洲中部，北邻俄罗斯，南与乌兹别克斯坦、土库曼斯坦、吉尔吉斯斯坦接壤，西濒里海，东接中国，面积 $272.49 \times 10^4 km^2$。哈萨克斯坦是世界最大的内陆国，人口约 1983.3 万(截至 2023 年 4 月)。全国设 17 个州、3 个直辖市。首都阿斯塔纳。

1936 年建立哈萨克苏维埃社会主义共和国并加入苏联，成为苏联加盟共和国之一。1991 年 12 月 16 日独立，哈萨克斯坦共和国成立。2022 年，哈萨克斯坦国内生产总值 2204.72 亿美元。哈萨克斯坦能源资源丰富，以石油、天然气和煤炭为主。哈萨克斯坦在独立后推行市场经济和私有化。

哈萨克斯坦是中国石油"走出去"在中亚-俄罗斯地区获得第一个油气合作项目——阿克纠宾项目的所在国，也是迄今为止中国石油在海外一个国家拥有油气合作项目最多的国家。

第一节　哈萨克斯坦石油工业概况

一、油气勘探史

哈萨克斯坦的石油勘探始于 20 世纪初，历经一百多年的油气勘探历程，实现了该国油气业务从无到有的历史跨越，归纳起来主要经历了两大勘探阶段。

(一)苏联时期勘探阶段

1920 年，开始在南恩巴地区进行油气勘探，相继发现了众多小型盐丘穹隆之上的浅层小油田。从 1950 年开始，逐步推进滨里海盆地盐下深层及其他盆地大范围风险勘探，相继在曼格什拉克盆地(1953 年)、楚河-萨雷苏盆地(1958 年)和北乌斯丘尔特盆地北布扎奇隆起水域(1962~1963 年)等地区实施地震勘探。20 世纪 60 年代末期，加强对滨里海盆地盐下地层的油气勘探，随着综合研究水平的提高及共深度点多次覆盖技术的应用，地震勘探分辨率明显提高，在滨里海盆地相继发现了一批深部构造。同时随着深钻井技术的发展，对盐下油气勘探的力度不断增加，获得了诸如卡拉恰甘纳克(1979 年)和田吉兹(1980 年)等世界级巨型油田。80 年代，油气勘探工作逐步向南图尔盖盆地推进，相继发现库姆科尔和阿雷斯库姆等构造油田。1976 年以来，哈萨克斯坦东部楚河-萨雷苏盆地的穆尤恩库姆拗陷也相继取得油气发现，实现了油气勘探突破。

(二)独立后勘探阶段

20 世纪 90 年代初苏联解体之后，面对国内和国际形势，以哈萨克斯坦为代表的中亚国家积极实施对外开放政策，推行"资源立国"的发展战略，希望通过吸引大量国外投资，优先发展油气工业，从而积累资金振兴国内经济。美国、俄罗斯、欧洲国家纷纷涌向哈萨克斯坦的油气领域，促进了其油气工业的国际化发展。随着多家大型跨国公司和独立石油公司相继进入及二维、三维地震和深探井技术的应用，2000 年在里海海域北部中—下石炭统生物礁体发现了卡沙甘世界级巨型油田。2006 年，中国石油在滨里海盆地东缘发现北特鲁瓦油田，储量规模达到 $2.5 \times 10^8 t$，为哈萨克斯坦独立以来陆上最大的油气发现，并相继在盐上/盐下发现多个中小型油气田。2005 年，中国石油进入南图尔盖盆地，针对中—下侏罗统的复杂断块、岩性和前侏罗系潜山等领域开展滚动勘探，发现了一系列中小型油气田，储量规模达 $2.5 \times 10^8 t$。

二、油气资源和储产量情况

哈萨克斯坦境内涉及滨里海、北乌斯丘尔特、曼格什拉克、图尔盖、楚河-萨雷苏、斋桑、锡尔河、特尼斯、巴尔喀什、伊犁、阿拉科尔共 11 个沉积盆地，总面积约 $170 \times 10^4 km^2$，目前已在前 6 个盆地中发现工业油气流，前 5 个盆地正在进行工业化开采。

据碧辟公司能源 2022 年统计，截至 2021 年底，哈萨克斯坦累计发现油气 2P 可采储量 $91.7 \times 10^8 t$ 油当量，其中石油 $53.6 \times 10^8 t$，凝析油 $4.2 \times 10^8 t$，天然气 $3.9 \times 10^{12} m^3$。累计生产石油、天然气分别为 $19.4 \times 10^8 t$、$6230 \times 10^8 m^3$。常规油气剩余 2P 可采储量 $66.9 \times 10^8 t$ 油当量，其中石油 $33.3 \times 10^8 t$，凝析油 $3.4 \times 10^8 t$，天然气 $3.8 \times 10^{12} m^3$。

据中国石油 2021 年资源评价结果，哈萨克斯坦常规待发现油气资源量 $54.5 \times 10^8 t$ 油当量，其中石油 $23.8 \times 10^8 t$，凝析油 $3.4 \times 10^8 t$，天然气 $3.5 \times 10^{12} m^3$。滨里海盆地潜力最大，其次为北乌斯丘尔特盆地；非常规油、气技术可采资源量分别为 $62.5 \times 10^8 t$、$5.8 \times 10^{12} m^3$。非常规油以重油和油砂资源为主，重油 $31.7 \times 10^8 t$，油砂 $30.8 \times 10^8 t$。其中北乌斯丘尔特盆地为重油，滨里海盆地为油砂。非常规天然气资源以页岩气为主，主要分布在滨里海盆地。

三、对外油气合作情况

哈萨克斯坦丰富的油气资源吸引了一大批石油公司参与哈国的油气勘探开发，包括雪佛龙、埃尼、埃克森美孚等国际大石油公司，中国石油、中国石化等国家石油公司，以及卢克石油等独立石油公司。除此之外，中国的振华石油控股有限公司(以下简称振华石油)、广汇能源股分有限公司(以下简称广汇能源)，日本的 INPEX，韩国的 KNOC，泰国的 PTTEP 和哈萨克斯坦独立石油公司等也积极参与哈萨克斯坦油气勘探开发(表 12-1)。

表 12-1 参与哈萨克斯坦油气开发的主要国际石油公司及资产统计(据 IHS 数据编制)

类别	公司名称	主要资产
国际公司	雪佛龙	田吉兹(50%)、卡拉恰甘纳克(18%)
	埃尼	卡沙甘(16.81%)、卡拉恰甘纳克(29.25%)
	埃克森美孚	卡沙甘(16.81%)、田吉兹(25%)
	壳牌	卡拉恰甘纳克(29.25%)、卡沙甘(16.81%)
	道达尔能源	卡沙甘(16.81%)
中国公司	中国石油	阿克纠宾项目(89.65%)、PK 项目(33.5%~66.83%)、曼格什套项目(50%)、北部扎齐项目(50%)、KMK 项目(50%+1)、卡沙甘(8.33%)、ADM 项目(100%)、KAM 项目(25%)等
	中国石化	Aktobe 项目(50%)、北部扎齐项目(50%)、Arman 油田(100%)、Karakuduk 油田(100%)、Alibekmola 油田(50%)、Kozhasay 油田(50%)
	振华石油	KAM 项目(75%)
	广汇能源	斋桑油气田(52%)
其他公司	卢克石油	TCO(5%)、卡拉恰甘纳克(13.5%)

续表

类别	公司名称	主要资产
其他公司	INPEX	卡沙甘 (7.56%)
	KNOC	KNOC Caspian 项目（包括 Arystan、Kulzhan 油田，85%）、Altius 项目 (95%)
	PTTEP	Dunga 油田 (20%)
	Magnetic Oil	Kom-Munai 项目 (100%)、Tasbulat Oil 项目 (100%)
	KazAzot	Shagirli-Shomishti 油田 (100%)
	CITIC Resources	Karazhanbas 油田 (47.3%)
	Caspi Neft	Airankul 油田 (100%)
	Nostrum Oil & Gas	Chinarevskoye 油田 (100%)
	Sauts Oil	Sauts Oil Area 项目 (100%)

从产量来看，IHS 资料统计表明，哈萨克斯坦国家石油公司（KMG）是哈国油气产量最大的生产商，2021 年油气产量合计 2817×10^4 t 油当量；其次是雪佛龙公司，油气产量当量合计 1895×10^4 t；埃克森美孚和中国石油产量当量分别为 1260×10^4 t 和 1373×10^4 t。其他国际石油公司中，埃尼公司、壳牌公司、道达尔能源公司油气产量当量分别为 740×10^4 t、655×10^4 t、394×10^4 t。

哈萨克斯坦是中国石油三大海外油气战略区之一，是实现中国石油进口陆上安全的首选重点地区。IHS 资料统计表明，1997 年 5 月中国石油全资子公司在哈萨克斯坦阿克纠宾油田的竞标中获胜，中国与哈萨克斯坦油气领域合作正式拉开帷幕。中国石油与哈萨克斯坦政府签订了购买阿克纠宾油气公司 60.34% 股份的协议，2003 年中国石油里海公司以 1.5 亿美元购买公司 25.12% 普通股，迄今拥有阿克纠宾油气公司 89.65% 股份，还拥有北布扎奇油田 50% 股份和 BARS 勘探区块 100% 权益。2005 年，中国石油收购 PetroKazakhstan（PK）公司。2004 年 8 月，中国石化通过参股 FIOC 项目和 CIR 项目进入哈萨克斯坦，2022 年在哈权益产量 154×10^4 t 油当量，主要来自 Kazakhoil Aktobe 项目和北布扎奇项目，二者合计占比 62.5%。2003 年，振华石油进入哈萨克斯坦，从英国 Amlon 公司收购 KAM 项目 25% 权益，2009 年从哈萨克斯坦 Kuat 公司收购 50% 权益，总计持有 KAM 项目 75% 权益，项目合作伙伴为中国石油。2009 年，广汇能源进入哈萨克斯坦，收购斋桑油气田 49% 权益，2014 年进一步收购该油气田 3% 权益，合计拥有斋桑油气田 52% 权益（图 12-1）。

从产量增长趋势看（图 12-2），IHS 资料统计表明，KMG、雪佛龙、埃克森美孚公司未来增长潜力较大，预计 2025 年产量分别较 2021 年提升 495×10^4 t 油当量、407×10^4 t 油当量、296×10^4 t 油当量，增长比例分别为 18%、21%、23%。相比之下，同期中国石油产量仅增长 85×10^4 t 油当量，增幅 6%。

对石油公司来讲，哈萨克斯坦资产在公司整体资产组合中也占有重要地位。IHS 资料统计表明，雪佛龙公司贡献了哈萨克斯坦 18.3% 的油气产量，约占公司全部产量的 12.5%；中国石油贡献了哈萨克斯坦 14.4% 的油气产量，约占公司全部产量的 4.8%；埃克森美孚公司贡献了哈萨克斯坦 11.7% 的油气产量，约占公司全部产量的 6.4%；埃尼公司贡献了哈萨克斯坦 7.4% 的油气产量，约占公司全部产量的 8.9%。

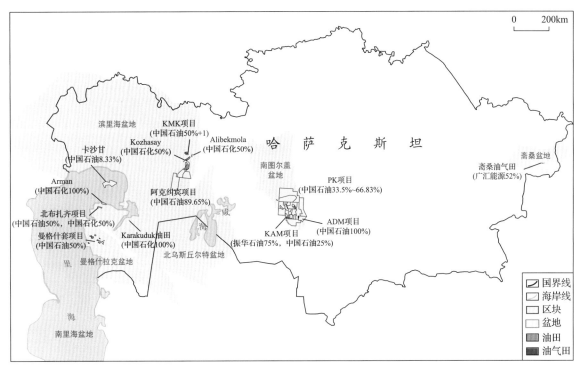

图 12-1　中国石油公司在哈萨克斯坦油气项目分布图

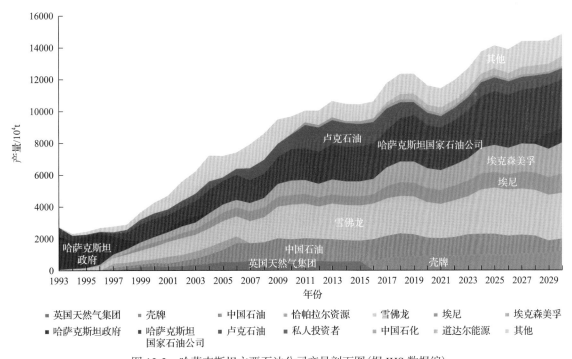

图 12-2　哈萨克斯坦主要石油公司产量剖面图(据 IHS 数据编)

第二节　滨里海盆地石油地质特征

滨里海盆地位于东欧地台的东南缘,盆地西部及北部主要以二叠系碳酸盐岩凸起为界,与俄罗斯地台相邻,东部、东南部分别为乌拉尔褶皱带的南端和南恩巴隆起,南邻里海,面积 $50 \times 10^4 km^2$,呈东西方向延伸,长 1000km,最宽处达 650km(图 12-3)。该盆地是世界超级盆地之一。

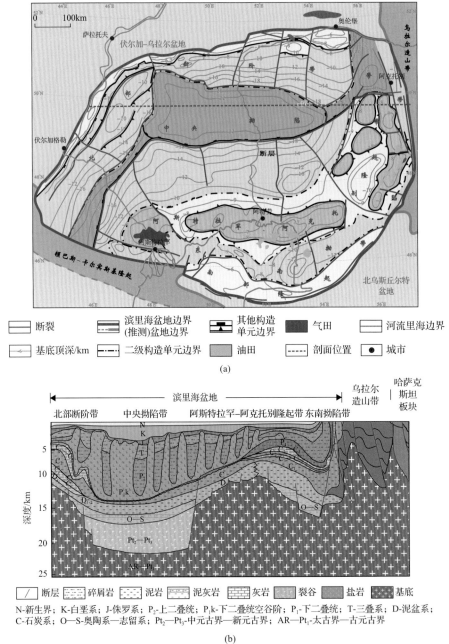

图 12-3　滨里海盆地构造单元划分(a)及地质结构横剖面图(b)

一、盆地构造特征

盆地类型主要为早古生代裂谷—晚古生代克拉通边缘拗陷—中新生代克拉通内拗陷的大型叠合型盆地。古生代以来先后经历六大构造演化阶段。奥陶纪—早泥盆世裂谷期，东欧克拉通东南缘开始裂陷，形成滨里海裂谷；晚泥盆世—早二叠世整体拗陷期，盆地中部以碎屑岩沉积为主，边缘隆起带发育碳酸盐台地和生物礁；早二叠世中晚期东欧板块与哈萨克板块碰撞，在盆地东部和东南部形成了乌拉尔褶皱带和海西褶皱带，乌拉尔洋关闭，滨里海盆地被封闭，盆地内形成巨厚蒸发岩；早二叠世空谷期末，盆地重新沉降，形成巨厚的中生代、新生代碎屑岩沉积。晚三叠世—早侏罗世盆地整体抬升剥蚀期，形成了区域性角度不整合面；侏罗纪—新近纪整体沉降与盐构造再活动期，盆地开始稳定、缓慢、持续沉降，接受侏罗系及以上地层沉积。

根据盆地的基底结构特征，将盆地划分为五大构造单元，分别为北部断阶带、中央拗陷带、阿斯特拉罕-阿克托别隆起带、东南拗陷和南部隆起带。其中，北部和西部以断阶为主，东部和南部以缓坡为主，隆起带发育大型碳酸盐岩台地，由盆地边缘向中心逐渐下降，具有北深南浅、西深东浅的不对称结构。

二、沉积地层

滨里海盆地以太古宙变质岩为基底，在结晶基底上形成了自古生代以来的巨厚沉积盖层，成为世界上沉降最深、厚度最大的含油气盆地之一。古生界以海相沉积为主，中生界以海陆过渡相沉积为主，新生界则以陆相沉积为主。沉积地层由下而上主要发育：古生界泥盆系、石炭系和二叠系，中生界三叠系、侏罗系和白垩系(图 12-4)。

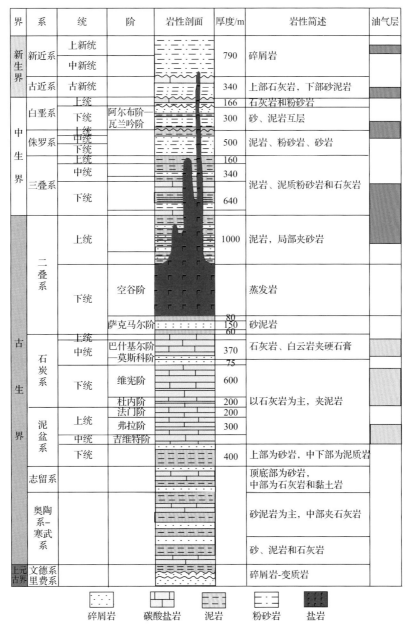

图 12-4 滨里海盆地东缘地层综合柱状图

泥盆系：主要为陆源碎屑岩或碳酸盐岩-陆源碎屑岩沉积，不同地区厚度及岩性变化较大，厚度从 400m 到 3000m。

石炭系：包括杜内阶、维宪阶、KT-Ⅱ碳酸盐岩层、MKT 碎屑岩层及 KT-Ⅰ碳酸盐岩层。其中杜内阶岩性主要为海相杂砂岩、泥岩及石灰岩等。维宪阶主要为砂泥质碎屑岩夹少量碳酸盐岩。KT-Ⅱ层主要为厚层的碳酸盐岩(石灰岩、白云岩等)夹薄层泥岩层。MKT 岩性以深灰色-灰色灰质泥岩、泥岩为主。KT-Ⅰ层主要为碳酸盐岩、膏盐岩及泥岩。

二叠系：下二叠统岩性主要为泥板岩、砂岩、粉砂岩互层，偶见砾岩、泥质灰岩，其中空谷阶主要由硬石膏、泥岩和粉砂岩组成，厚度 26~3578m。上二叠统厚度在 20~2032m，为杂色的陆源地层。

中生界：地层总厚度 509~2270m。砂岩为浅灰色、细粒-中粒，含有黄铁矿包裹体。

三、含油气系统

(一)烃源岩

滨里海盆地盐下层系的上泥盆统、中—下石炭统和下二叠统海相页岩和碳酸盐岩是最主要的油气源岩。盆地内不同区域的烃源岩具有一定的差异性。盆地北部和西北部边缘，烃源岩主要发育在中—上泥盆统、下石炭统和下二叠统。下二叠统盆地相泥岩的总有机碳(TOC)含量为 1.3%~3.2%，氢指数(HI)300~400mg HC/g。卡拉恰甘纳克油气田的下二叠统黑色页岩 TOC 高达 10%。盆地东缘烃源岩主要为下石炭统盆地相黑色页岩，其 TOC 含量为 7.8%。盆地东南缘烃源岩主要为中泥盆统和下石炭统的黑色页岩，有机质为海相和陆相混合的腐泥质，属于 Ⅱ、Ⅲ 型干酪根，总有机碳含量 0.1%~7.8%，平均 0.75%，氢指数 100~450mgHC/g。总体来说，盆地烃源岩地球化学分析数据比较少，但所有边缘烃源岩的 TOC 含量和盆地相页岩硅含量均较高，且伽马值也较高，这些都是深水缺氧黑色页岩相的典型特征。镜质组反射率和地球化学数据表明，滨里海盆地盐下烃源岩已经进入大量生成液态烃成熟期(Yensepbayeva，2010)，烃源岩分布情况如图 12-5 所示(徐可强，2011)。

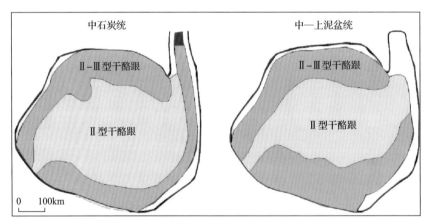

图 12-5　滨里海盆地烃源岩分布图

(二)储层

从中泥盆统到中新统都发育有效储层(表 12-2)，其中最重要的储层是在盐下层系。盐下含油气储层以石炭系、下二叠统和上泥盆统碳酸盐岩和生物礁为主，储层厚度大，分布较广，具有良好的储集性能(郑俊章等，2015)。中—上泥盆统的碎屑岩-碳酸盐岩是盆地南恩巴区域和北部斜坡区的主要储层；上泥盆统—空谷阶的碳酸盐岩是盆地北部、东部和南部的重要储层，往往形成大型的碳酸盐岩台地(郑俊章等，2009，2019)。滨里海盆地内盐上层系的油气储层多，分布层位广，

在 P_2—K_2、E_2 和 N_2 各时代地层中均见到了油气，其中，以侏罗系和白垩系两套地层的砂岩储层最为发育，P_2—T 砂岩储层次之，其他地层储层相对较少。

表 12-2　滨里海盆地储层特征统计表（据郑俊章等，2015，修改）

储层	孔隙度/%	渗透率/$10^{-3}\mu m^2$	厚度/m
上新统砂岩	10～40		120
古近系砂岩	11.0～25.2	187	25～205
白垩系砂岩	11～45	4～9718	6～508
侏罗系砂岩	6～44	2～9805	15～1000
上二叠统—三叠系砂岩	8～40	1～2024	5～3500
盐内碳酸盐岩	6.0～14.0	1～255	10～260
莫斯科阶(C_2)—亚丁斯克阶(P_1)碳酸盐岩	1～38	1～1800	50～1000
维宪阶(C_1)—巴什基尔阶(C_2)碳酸盐岩	1.0～24.0	1～173	50～1600
法门阶(D_3)—杜内阶(C_1)碳酸盐岩	2～33	7～73	150～1500
中泥盆统砂岩	1～33	4～700	10～230

盐岩对储集岩成岩后生作用具有重要的影响，主要表现在以下几个方面：压实程度低，成岩过程慢，储层原生孔隙易于保存；石膏与烃反应生成有机酸及超压形成裂缝可以改造储层形成次生孔隙(蔡春芳等，1997；张水昌等，2007；Orr，1974；李熙哲等，1997)；盐充填孔隙导致储层物性变差；盐丘间形成新容纳空间(图 12-6)。

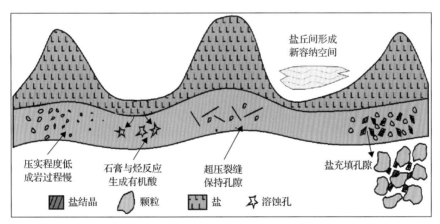

图 12-6　盐对储层影响机理模式图

(三)盖层

滨里海盆地区域盖层主要有两套，分别为下二叠统空谷阶盐岩和下石炭统泥岩；半区域盖层主要为上石炭统及下二叠统泥岩；局部盖层包括侏罗系及白垩系泥岩。下二叠统空谷阶蒸发岩是海西期乌拉尔及南缘造山运动使盆地封闭的结果，含盐量增加到最初含盐量的 11 倍(Jackson，1995)，形成盐下储层的区域性盖层，其分布范围几乎覆盖整个盆地，只在盆地东缘和南缘很窄的范围内缺失(无沉积或被前侏罗系剥蚀)；下二叠统亚丁斯克阶页岩及中石炭统页岩也普遍存在，在一些油气藏中充当主要盖层，从封盖性能来看，各局部和半区域性的盐下页岩盖层不如盐岩层有效。上侏罗统—白垩系海相页岩是盐上含油气层的主要盖层，此外下三叠统—上新统发育的厚层泥页岩对下部的油气起到了有效的封盖和保存作用。

四、成藏组合特征

全盆地分布的下二叠统空谷阶厚盐层在三叠纪末和古近纪—新近纪发生盐体上拱和刺穿构造活动（王东旭等，2005），在全盆地形成了大约 1500 多个盐丘构造，同时使上覆储层形成了大量的背斜褶皱、断背斜及盐株刺穿遮挡等圈闭。盐下层系圈闭主要为生物礁建造和背斜，以及斜坡区的岩性-成岩型圈闭（图 12-7）。下二叠统空谷阶盐岩层是盆地良好的区域性盖层，把盆地分为盐上和盐下两大成藏组合。

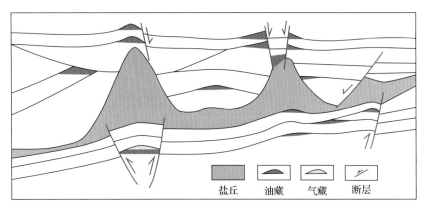

图 12-7　滨里海盆地油气成藏模式图

经钻井证实盐上成藏组合储层主要为上二叠统—三叠系、侏罗系—下白垩统的砂岩和粉砂岩，盖层为层间区域性分布的泥岩。总体盐上油田规模小、储量低（Дальян，1987）。

盐下成藏组合可划分出下二叠统、上石炭统 KT-Ⅰ、中—下石炭统 KT-Ⅱ、下石炭统维宪阶四套成藏组合，同时推测上泥盆统可能存在一套成藏组合。

从发现的油气储量来看，本区的主力成藏组合是上石炭统 KT-Ⅰ、中—下石炭统 KT-Ⅱ（Орешкин et al.，1991），其次为下二叠统、下石炭统维宪阶。下二叠统成藏组合内的生物灰岩和砂岩是主要储层，其上空谷阶盐岩以及储层顶部区域性发育的泥岩层可作为盖层。上石炭统 KT-Ⅰ成藏组合的浅灰、灰色石灰岩和白云岩是主要储层，孔隙、裂缝发育，其上下二叠统的泥岩可作为区域性的盖层。中—下石炭统 KT-Ⅱ成藏组合内的石灰岩是主要储层，白云岩化程度较弱，其上中石炭统 MKT 层的泥岩可作为区域性的盖层。

第三节　南图尔盖盆地石油地质特征

一、构造特征

图尔盖盆地位于乌拉尔山以东的哈萨克斯坦中部，为中生代的走滑裂谷盆地，呈南北向长轴状分布，分为南图尔盖盆地和北图尔盖盆地，总面积约 $20\times10^4km^2$，最大沉积厚度 4km（Нурсолтанова，2016）。其中南图尔盖盆地总面积 $8\times10^4km^2$，呈东西向垒堑相间的构造格局，自西向东依次为阿雷斯库姆凹陷、阿克沙布拉克凹陷、萨雷兰凹陷和鲍金根凹陷，这些地堑被其间的阿克塞凸起、阿希塞凸起和塔巴克布拉克凸起分隔（图 12-8）。南图尔盖盆地构造演化主要划分为五个阶段，即初始裂陷阶段、断陷阶段、断拗转换阶段、拗陷阶段和萎缩隆起阶段（田作基等，2010）。

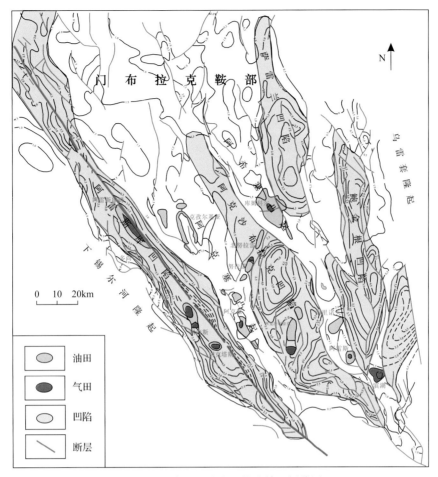

图 12-8　南图尔盖盆地构造单元划分图

二、沉积地层

南图尔盖盆地沉积地层由下而上依次发育：下侏罗统鲍金根组(J_1bz)、萨济姆拜组(J_1sb)、埃巴林组(J_1ab)，中侏罗统多尚组(J_2ds)、卡拉甘塞组(J_2kr)，上侏罗统库姆科尔组(J_3km)、阿克沙布拉克组(J_3ak)，下白垩统下达乌尔组(K_1nc_1)、上达乌尔组(K_1nc_2)、卡拉沙淘组、拜姆拉特组，上白垩统，古近系，新近系和第四系(图 12-9)。

中—下侏罗统：早期地层以河流相和扇三角洲相沉积为主，岩性为粒度较粗的砂砾岩。中后期随着湖盆范围的快速扩大和水体加深，各凹陷主要发育湖相泥岩沉积，凹陷边缘有时相变为粗粒的扇三角洲碎屑岩，物源来自凹陷侧缘的基底隆起区。

上侏罗统：该时期盆地停止强烈活动，湖盆沉积范围不断扩大，发育大型三角洲沉积，岩性为细—中砂岩与泥岩互层。晚侏罗世末期，裂谷沉积基本结束，整个盆地转为缓慢拗陷沉积，部分地区遭受剥蚀，形成白垩系底部的砂砾岩。

白垩系—古近系：主要为河湖相及冲积相成因的砂泥岩互层。

三、含油气系统

(一)烃源岩

南图尔盖盆地发育四套烃源岩，岩性主要为湖相暗色泥岩、页岩及煤系泥岩，从下往上依次为萨济姆拜组(J_1sb)、埃巴林组(J_1ab)、多尚组(J_2ds)、卡拉甘塞组(J_2kr)，为盆地裂陷早-中期发

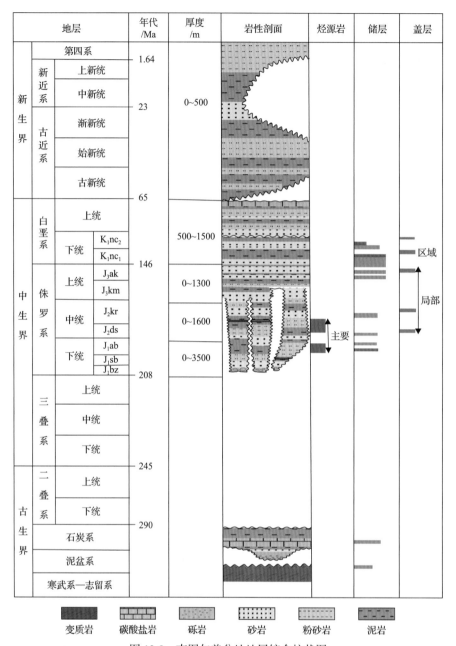

图 12-9　南图尔盖盆地地层综合柱状图

育的湖相沉积，该时期水体较深，沉积环境为还原环境，以暗灰色泥岩和页岩为主，煤系为辅。有机质类型以 II_2-III 型为主，有机碳的含量都达到好烃源岩标准。从烃源岩的有机碳指标来看，四套烃源岩地层有机碳最大值均大于 5.0%，但有机碳的分布规律存在差异。下侏罗统烃源岩有机碳在阿雷斯库姆凹陷北部最大超过 5.0%，阿雷斯库姆凹陷南部、阿克沙布拉克凹陷以及萨雷兰凹陷有机碳最大在 3.0% 左右；中侏罗统烃源岩有机碳在阿雷斯库姆凹陷和阿克沙布拉克凹陷南部最大约 5.0%，萨雷兰凹陷以及鲍金根凹陷最小，小于 3.0%。总体上，在 1800m 深度时 R_o 达到 0.6%，盆地的有机质开始生烃，在 2400m 深度时 R_o 达到 0.7%，有机质开始大量生烃，在 3100m 时 R_o 为 1.0%，对于 II_2 型有机质来说可能已完成了大部分生烃过程，对于 III 型有机质来说已完成了一半的生烃量(邱波，2018)。

平面上，烃源岩主要分布在阿雷斯库姆凹陷、阿克沙布拉克凹陷、萨雷兰凹陷及鲍金根凹陷的主体洼陷区，煤系主要发育在鲍金根凹陷及阿克沙布拉克凹陷南部等地区。其中，阿雷斯库姆凹陷和阿克沙布拉克凹陷烃源岩条件最好，烃源岩分布范围广、厚度大、成熟度高。从空间差异性来看，阿雷斯库姆凹陷有效烃源岩最厚达 1500m，该凹陷生烃量也最大，占了盆地总生烃量的 70%以上(陈安定等，2013)，其次为阿克沙布拉克凹陷，占盆地总生烃量的 20%，萨雷兰凹陷和鲍金根凹陷的生烃量都较小。

（二）储层

南图尔盖盆地发育了下白垩统阿雷斯库姆组、上侏罗统阿克沙布拉克组、上侏罗统库姆科尔组、中侏罗统多尚组及古生界潜山等多套储层，从储层的孔渗性、成岩期和主要孔隙类型总体评价来看(表 12-3)，阿雷斯库姆组、阿克沙布拉克组和库姆科尔组可以作为优质储层，属于Ⅰ类储层，多尚组总体变差，属于Ⅱ类储层。基岩储层主要发育在基岩风化壳内，由于受长期风化和淋滤作用，形成了丰富的次生孔隙，成为盆地基岩有利储层发育带。

1. 下白垩统阿雷斯库姆组

该组为辫状河及小型的三角洲沉积，岩性主要为杂色砂砾岩、细砂岩、粉砂岩夹泥岩，下部砂砾岩层(M-Ⅱ)是主力产层。孔隙类型主要为原生孔隙，孔隙度最大值为 32%、平均值为 25.1%，渗透率最大值为 $8101.69 \times 10^{-3} \mu m^2$，一般在 $(0.79 \sim 4242) \times 10^{-3} \mu m^2$ 范围内变化(叶兴树，2008)，成岩期处于早成岩 B 期，总体评价该套储层为Ⅰ类优质储层。

2. 上侏罗统阿克沙布拉克组

该组为曲流河和洪泛平原沉积，岩性主要为灰绿色泥岩和泥质粉砂岩，夹胶结较差的细砂岩和粉砂岩。储层孔隙类型主要为混合型，孔隙度最大值为 35.7%、平均值为 23%，渗透率最大值为 $7876.86 \times 10^{-3} \mu m^2$，一般在 $(0.05 \sim 3991) \times 10^{-3} \mu m^2$ 范围内变化，成岩期处于早成岩 B 期或晚成岩 A 期，总体评价该套储层为Ⅰ类优质储层。

3. 上侏罗统库姆科尔组

该组主要为三角洲相沉积，岩性主要为灰色泥质粉砂岩、细-中砂岩和泥岩，有时相变为粗粒沉积。砂岩颗粒多为石英-长石质，泥质和钙质胶结。孔隙类型主要为混合型，孔隙度最大值为 29.5%、平均值为 22%，渗透率最大值为 $13841.18 \times 10^{-3} \mu m^2$，一般在 $(0.01 \sim 5455) \times 10^{-3} \mu m^2$ 范围内变化，成岩期处于早成岩 B 期或晚成岩 A 期，总体评价该套储层为Ⅰ类优质储层。

4. 中侏罗统多尚组

该组为半深湖-深湖、扇三角洲沉积，下部可见近岸水下扇沉积，岩性以含有少量泥岩夹层的细-中砂岩为主，含有大量碳化植物碎屑，在阿雷斯库姆凹陷斜坡带发育一定规模的砂砾岩。孔隙类型主要为混合型，孔隙度最大值为 21.9%、平均值为 17%，渗透率最大值为 $1008 \times 10^{-3} \mu m^2$，一般在 $(5.4 \sim 995.01) \times 10^{-3} \mu m^2$ 范围内变化，成岩期处于晚成岩 A 期或早成岩 B 期(周海燕等，2008)，总体评价该套储层为Ⅱ类优质储层。

5. 古生界潜山

古生代基底表层岩性比较复杂，主要为各类浅变质岩和碳酸盐岩。其中碳酸盐岩储层物性相对较好，含有孔虫、介形虫、腕足类及其他生物碎屑，孔隙较发育，构造裂缝也比较发育。总体评价变质岩储层物性较差，碳酸盐岩储层物性较好。

从各油田的储层来看，发育阿雷斯库姆组储层的油田主要分布于凹陷间的凸起带上，包括克孜基亚、阿雷斯库姆、阿克沙布拉克等油田；发育阿克沙布拉克组储层的油田主要分布于凸起带边缘或凹陷内的低位隆起区，包括阿雷斯、努拉雷和肯尼斯等油田；发育库姆科尔组储层的油田主要分布于盆地东部的凸起带上，包括库姆科尔油田群和阿克沙布拉克等油田；发育多尚组储层的油田主要分布于凹陷斜坡带或凹陷内的局部隆起区，包括梅布拉克和北努拉雷等油田。总体上看，南图尔盖盆地储层比较发育，储集性能好，有利于形成大规模的油气藏。

表 12-3　南图尔盖盆地储层综合评价表

层位	孔隙度/%		渗透率/$10^{-3}\mu m^2$		成岩期	主要孔隙类型	评价结果
	最大值	平均值	最大值	一般值			
阿雷斯库姆组	32	25.1	8101.69	0.79~4242	早成岩 B	原生孔	I 类
阿克沙布拉克组	35.7	23	7876.86	0.05~3991	早成岩 B 或晚成岩 A	混合孔	I 类
库姆科尔组	29.5	22	13841.18	0.01~5455	早成岩 B 或晚成岩 A	混合孔	I 类
多尚组	21.9	17	1008	5.4~995.01	晚成岩 A 或早成岩 B	混合孔	II 类

（三）盖层

南图尔盖盆地具有较好的盖层条件，自下而上发育中侏罗统多尚组上部、中侏罗统卡拉甘塞组、上侏罗统库姆科尔组上部、上侏罗统阿克沙布拉克组上部和下白垩统尼欧克组上部五套盖层。其中，多尚组上部、卡拉甘塞组、库姆科尔组上部、阿克沙布拉克组上部泥岩盖层均为局部盖层，仅分布在盆地的凹陷区，而下白垩统底部尼欧克组泥岩则在全盆地全区广泛发育，具有厚度大（大于80m）、分布稳定的特点，为区域性盖层，这套区域性盖层的存在对阻止其下部油气的逸散起到了关键作用。

四、成藏组合特征

南图尔盖盆地生储盖组合配置良好，烃源岩层主要是中—下侏罗统，且厚度大、分布范围广。储层主要分布在上侏罗统以及下白垩统，储层砂体分布广泛，其中下白垩统阿雷斯库姆组为盆地分布最广的含油层。盆地储层与盖层配置关系良好，每套含油层均有较好的盖层对其形成有效封盖。

南图尔盖盆地纵向上发现 6 套含油层系（Pz、J_{1-2}、J_3km、J_3ak、K_1nc_1、K_1nc_2），根据烃源层、储层和盖层形成的先后顺序及其空间组合关系，自下而上划分为四套成藏组合：Pz、J_{1-2}、J_3—K_1^1、K_1^2（图 12-8），其中以 J_3—K_1^1 组合最为重要，发现的油气储量占整个盆地发现储量的 90%以上。油气在纵向上的这种分带性明显受控于烃源岩上部的储、盖组合配置关系（盛晓峰等，2014）。

J_3—K_1^1 和 K_1^2 成藏组合属于下生上储类型，各凹陷中—下侏罗统烃源岩生成的油气通过通源断层、区域不整合面或砂体，运移到上侏罗统或下白垩统储层中，在下白垩统顶部区域性盖层的遮挡下聚集成藏。

J_{1-2} 成藏组合以自储类型为主，盆地中—下侏罗统是主要的烃源岩系，其内及其侧缘发育的砂体是主要的储集单元，同时被中—下侏罗统泥岩自身封盖，形成中—下侏罗统内部自生自储的含油层系（尹微等，2011）。

Pz 成藏组合以古生界碳酸盐岩潜山油藏为主，盆地具备四凹三隆的构造格局，凹陷之间的基岩凸起上部盖层条件好，紧邻生烃灶，油气源充足，在古生界基岩储层发育的部位具有良好的成藏条件。

第四节　滨里海盆地中区块勘探实践

滨里海盆地东缘中区块（原名南扎区块）面积 3262.2km²，是中国石油在中亚地区的第一个风险勘探区块，位于哈萨克斯坦共和国阿克纠宾州，滨里海盆地东缘扎纳若尔油田南部地区。该区块经过苏联和西方的石油公司多年勘探，钻探了 18 口探井，均未能取得突破。

一、前作业者勘探阶段

（一）苏联时期勘探阶段

1962 年以前，苏联在该地区已完成重力、磁力普查和地震区域性普查工作，编制了 1∶200000

重力和磁力图，基本查明了区域地质结构和主要构造单元。1963 年发现肯基亚克油田，包含盐上上二叠统、下三叠统、侏罗系和白垩系约 30 个油气层。

从 1969 年开始对该区进行地震共深度点方法勘探，1974 年使用地震模拟技术进行勘探，1987 年后才开始应用数字地震技术进行勘探，累计完成二维地震约 4000km。

1978 年发现扎纳若尔油气田，为一个带凝析气顶的大型整装石炭系碳酸盐岩油田，包括 KT-I 层和 KT-Ⅱ 层两套含油气层系。

1987 年扎纳若尔油田南部发现西涅里尼科夫油田，含油层系与扎纳若尔油田相同，油藏为块状油藏，盖层为二叠系下部泥岩。

(二)TEPCO 公司作业阶段

1997～2000 年捷尔索公司(土耳其和碧辟公司组成的联合体，以下简称 TEPCO 公司)进入该区块，新采集二维地震 680km，主要集中在区块南部的 Yakut-1 井地区。重新处理老地震剖面 84 条(共约 2100km)，其中 70 年代 19 条、80 年代 59 条、90 年代 6 条，还进行了少量重力和磁力勘探工作。TEPCO 公司在 1999 年部署钻探 Yakut-1 井，在下二叠统发现了薄油层，认为没有商业价值后，于 2002 年退出了该区块。

截至中国石油接手前，中区块探区内没有三维地震，共有老二维地震测线 4000km，只有 80 条 2000km 可用，钻探 18 口区域深探井(15 口以盐下为目的层)，未获油气发现(图 12-10)。

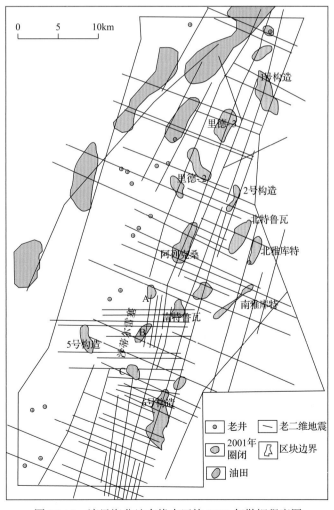

图 12-10 滨里海盆地东缘中区块 2002 年勘探程度图

二、中国石油作业阶段

(一)区块基本情况

中区块勘探合同 2002 年 6 月 6 日签署,勘探期 6 年,义务工作量为二维地震采集 500km,三维地震采集 300km²,钻井 8 口。该区块先后经过了两次退地、三次扩边、六次延期以及 2012 年北特鲁瓦油田转开发等多个阶段。截至 2022 年 12 月 31 日到期前勘探面积为 2723km²。2022 年 12 月 27 日,中区块的 3 个区域(面积 1663km²)经哈萨克斯坦能源部批准,正式转为开发准备期,进入准开发阶段,其他勘探区域正式退出。目前保留开发区块面积 1663km²。

(二)勘探的难点与挑战

由于特殊的地质特点,滨里海盆地东缘的勘探难度是世界上不多见的,这也是苏联和 TEPCO 公司在中区块无功而返的原因。勘探技术难点主要如下。

(1)圈闭识别难度大,速度研究和构造成图难。

受下二叠统巨厚岩丘影响,探区盐下和岩丘边界成像困难,圈闭识别难度大。盐下和盐丘边界地层地震资料品质差、反射同相轴杂乱,速度变化导致盐下地层在构造上存在上拉现象。同时,受纵向上地层岩性变化的影响,探区存在高速盐丘和速度反转现象,应用常规时深转换很难得到准确的构造成图。

(2)储层预测难度大,碳酸盐岩储层分析难。

探区碳酸盐岩储层空间类型多、储层物性变化大、非均质性强,给碳酸盐岩储层分布研究带来了较大的困难;盐丘的发育造成了对盐下地层的上拉假象,影响了对地震相的判断(金树堂等,2015)。另外,高速盐丘的存在影响了盐下地层的成像效果,在利用地震属性或者反演进行碳酸盐岩储层预测时难以得到地层岩性物性的真实反映。因此,在加强精细构造解释以及构造成图研究的基础上,开展对碳酸盐岩储层非均质性的分析,明确探区有利的储层分布范围,也是亟待解决的难点之一。

(三)完成的实物工作量

中国石油进入以来,以"含盐盆地石油地质理论"为指导,深化区域地质认识,找准油气成藏领域区带,按照"坚持盐下勘探寻找规模油气藏、由西向东寻找优质储层发育区与盐下构造圈闭叠合带"的原则,从三个层次开展部署。一是重点开展盐下石炭系圈闭落实和评价,聚焦中部成藏带构造圈闭的勘探;二是采用整体部署、分步实施的战略,根据勘探发现的程度,加大或调整勘探力度;三是勘探获得突破之后,对其周边地区部署三维地震,详探含油面积,加快评价井的钻探,缩短圈闭评价周期。

截至 2022 年底,滨里海中区块共完成二维地震 5283km、三维地震 7184km²,完钻探井 55 口、评价井 83 口(图 12-11),全面完成了有利区带、重点领域及目标的钻探与评价。实践表明,规划方案合理可行,取得了良好的勘探效果。

三、做法与成效

(1)强化速度建模攻关,发现亿吨级大油田。

基于盆地整体和中国石油区块成藏条件研究(刘东周等,2004),2002~2003 年制订了"主攻速度建模技术、力争发现大构造"的先期部署原则。首先重新处理 2000km 老二维地震资料,质量有了明显的改善,但受速度假象影响,未发现大型盐下构造。鉴于老资料缺乏高质量的速度资料,中方决定补充采集二维地震,同时开展盐下圈闭识别技术攻关,在盐下石炭系 KT-I 和 KT-II 层解释出了北东向延伸的较大规模的"构造圈闭"(图 12-12),据此部署了第一口探井 KB-1 井。

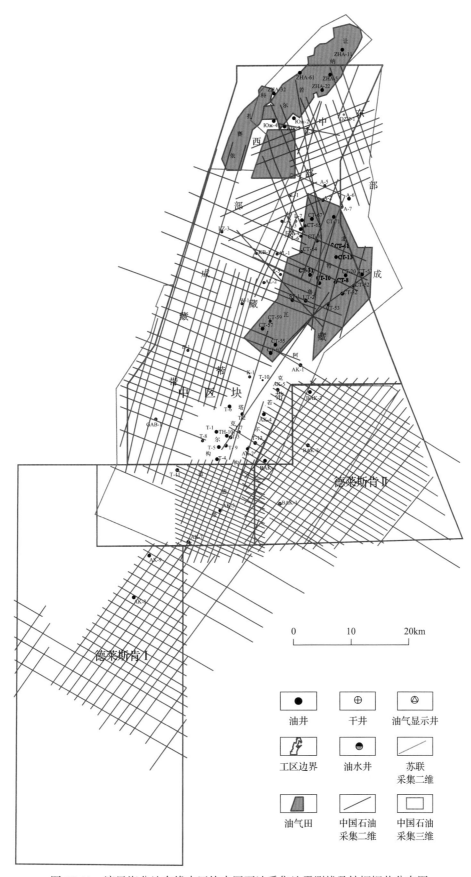

图 12-11　滨里海盆地东缘中区块中国石油采集地震测线及钻探探井分布图

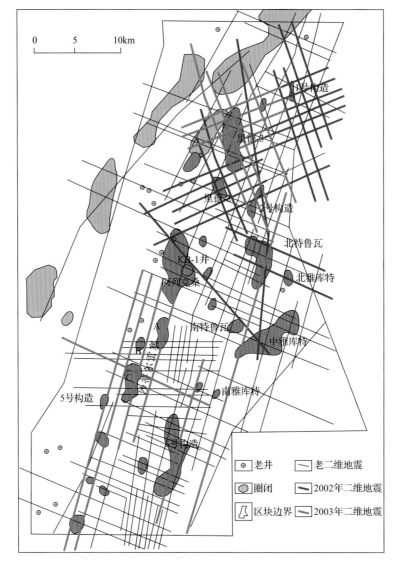

图 12-12　滨里海盆地东缘中区块二维地震和井位部署

　　KB-1 井于 2003 年实施，完钻层位为下石炭统维宪阶，完钻井深 4301m。钻井获得油气显示，但测试只见油花，未获工业油流。尽管失利，但该井发现了较好的盐下碳酸盐岩储层，平均孔隙度达到 8%～11%，且见到了油气显示。经过进一步的速度分析认为，该构造位于两个盐丘之间，由于速度补偿过度，且二维地震资料刻画盐丘准确度偏低，因此解释出的构造偏大（图 12-13），后期构造成图证实为低幅度构造，探井打在了构造边部。

　　西部盐丘间勘探失利后，经过深入分析，决定探索位于盐丘下的构造，并根据含油气系统分析，把勘探目标重点向中部成藏带高部位转移。2004 年技术上主攻盐下构造变速成图技术，发现了盐丘下的 2 号构造（图 12-14）。经过论证，部署了 A-1 井。该井 2004 年 10 月 20 日开钻，2005 年 2 月 22 日完钻，井深 4168m。钻井获得良好油气显示，解释油层 3.4m，可疑油层 17m，平均孔隙度 10%，7mm 油嘴获日产 95m^3 的工业油流，从而拉开了勘探大发现的序幕。

　　A-1 井的成功，进一步增强了向东部高部位寻找盐下大构造的信心，2005 年立即部署了 658km^2 三维地震，重点加大盐下圈闭识别攻关力度。一是进一步探索盐丘刻画及速度建模技术；二是注重其他速度异常体的寻找。结合东部老井、地震岩性识别研究，认识到主要目的层石炭系碳酸盐岩之上的二叠系泥岩，向东过渡为速度较高的碳酸盐岩，造成东部地震时间剖面上拉严重，导致产生"大斜坡"的假象，掩盖了真实背斜的存在(图 12-15)。

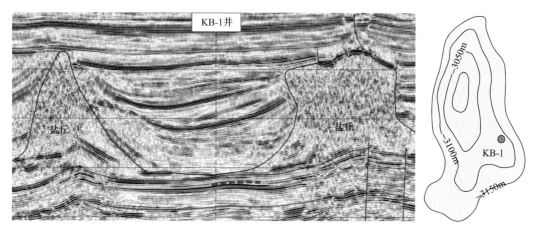

图 12-13 滨里海盆地东缘中区块 KB-1 井地震剖面及 KT-Ⅱ层构造图

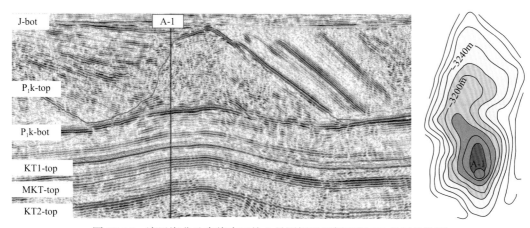

图 12-14 滨里海盆地东缘中区块 2 号圈闭地震剖面和 KT-Ⅱ层构造图

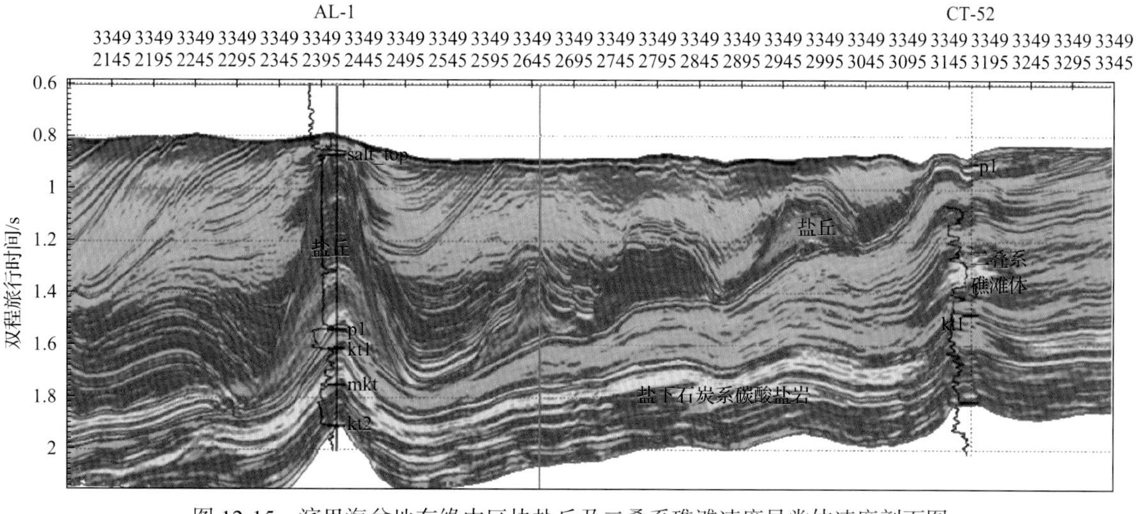

图 12-15 滨里海盆地东缘中区块盐丘及二叠系礁滩速度异常体速度剖面图

　　针对上述认识，利用沉积相、钻井、地震相、速度分析等技术，寻找速度异常体。通过对多种速度异常体的精细解释与刻画建立了速度模型，大大提高了构造图精度。在此基础上，利用叠后分体建模法依次建立速度模型进行时深转换，创新使用变形系数建模方法校正异常体引起的速度畸变，发现了北特鲁瓦构造(图 12-16)。2006 年初部署了 CT-1 风险探井。

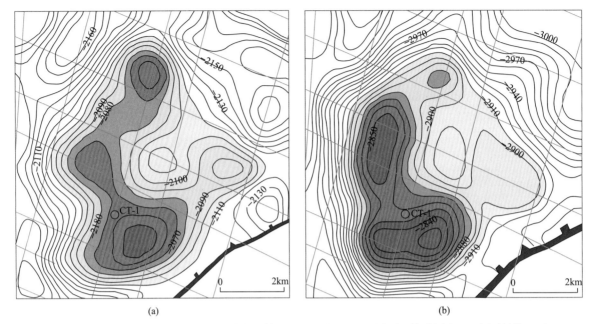

图 12-16　滨里海盆地东缘中区块北特鲁瓦构造 KT-Ⅰ 层和 KT-Ⅱ 层顶面构造图（2006 年）（单位：m）

(a)KT-Ⅰ；(b)KT-Ⅱ

CT-1 井 2006 年 5 月 25 日开钻，2006 年 9 月 8 日完钻，完钻井深 3350m。钻井过程中首先在石炭系 KT-Ⅰ 层白云岩发现良好油气显示，中途测试日产原油 50m³，从而发现北特鲁瓦油田。

CT-1 井 KT-Ⅰ 层划分出有效储层 6 层（有效储层孔隙度下限为 7.0%），累计净厚度 22.8m，其中单层厚度最大 8.9m，平均孔隙度 10.4%，含油饱和度 70%。KT-Ⅱ 层主要岩性为石灰岩，划分有效储层 21 层，累计净厚度 31.7m，其中单层厚度最大 6.5m，平均孔隙度 9.8%，含油饱和度 65%。KT-Ⅱ 层 9mm 油嘴试油日产达 148m³。证实北特鲁瓦油田包含石炭系 KT-Ⅰ、KT-Ⅱ 两个独立油藏（IHS，2020）。

CT-1 井成功后，陆续部署三维地震覆盖以南地区。通过叠后技术的不断完善和叠前深度偏移和逆时偏移处理技术应用，整个油田的构造形态逐步趋于真实，油田面积扩大到 300km²（图 12-17）。后续部署的探井均获得工业油流，3P 石油地质储量达到 2.4×10⁸t，目前油田已投入开发，取得了良好的经济效益和社会效益。

已发现的北特鲁瓦油田位于中部成藏带，以西为向盆地过渡的大面积斜坡区，即西部成藏带，与油田相连的西北部勘探潜力情况需进一步明确。临近勘探期结束时，中方决定采集"两宽一高"三维地震，解决薄储层物性、裂缝、流体预测等问题，力争西部斜坡区非构造勘探取得突破，扩大北特鲁瓦油田的规模。研究认为，斜坡区具有发育岩性或物性封闭的条件（穆龙新，2019）。一是层序格架研究表明，石炭系碳酸盐岩具有多个沉积间断-溶蚀面，为储层和运移通道发育提供了有利条件；二是成岩作用的实验室分析研究表明，一些地区有尖灭现象、盐结晶封堵以及上倾蒸发岩封堵现象，为岩性圈闭的形成提供了条件（图 12-18）。

基于以上认识，中方采集了 300km² "两宽一高"三维地震（表 12-4），并组织了联合攻关，一方面继续加强速度建模研究，另一方面重点攻克盐下储层综合预测技术，形成了含盐盆地地震资料处理与成像关键技术：①综合静校正技术。应用模型法野外静校正技术解决长波长静校正问题，应用中波长静校正技术解决中波长静校正问题，应用剩余静校正技术解决短波长静校正问题。②强化一致性处理技术研究，保证全区资料信号的一致性。③速度分析与偏移成像处理技术，保证盐丘及盐下构造准确成像。高精度的 DMO 处理、偏移速度扫描、叠前深度偏移、逆时偏移等技术为最终准确偏移成像提供了技术保障。

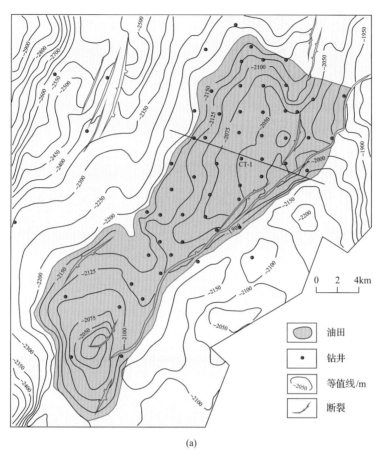

(a)

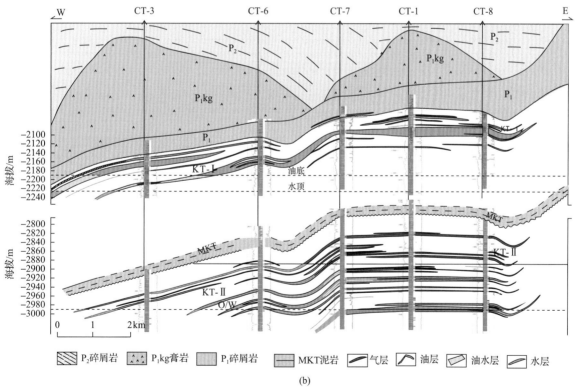

(b)

图 12-17 滨里海盆地东缘中区块北特鲁瓦油田 KT-Ⅰ顶面构造图(a)和油田东西向油藏剖面图(b)

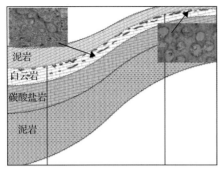 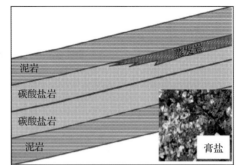

图 12-18 滨里海盆地东缘中区块斜坡区盐下岩性油气藏封堵机制(不整合面溶蚀、岩性遮挡)示意图

表 12-4 滨里海盆地东缘中区块"两宽一高"三维与常规三维地震采集参数对比表

采集参数	"两宽一高"三维地震	常规三维地震
震源类型	低频震源	常规震源
扫描频率/Hz	1.5~96	8~68
观测系统	36L×8S×320P	12L×6S×160P
面元(提高1倍)/m	12.5×12.5	25×25
覆盖次数(提高6倍)	720	120
总道数	36×320=11520	12×160=1920
接收线距/m	200	300
炮线距/m	100	200
横向最大炮检距/m	3587.5	1789
纵向最大炮检距/m	3987.5	3975
最大炮检距/m	5363	4353
横纵比(提高1倍)	0.90	0.45

采用上述关键技术进行精细处理取得了明显的效果,新处理的成果剖面信噪比较高,目的层连续性较好,波组特征与盐丘边界清晰;盐丘边界与盐丘底界归位较好,成像精度得到明显提高,有利于精细研究中区块的盐丘分布及速度建模(图 12-19)。对全区二维资料也进行了叠前处理,成

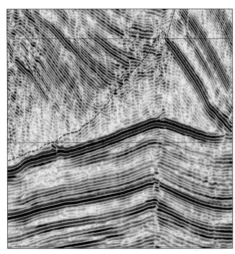 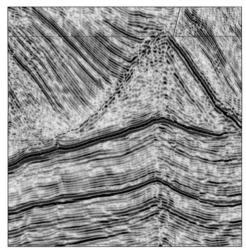

(a) 常规采集   (b) 高精度采集

图 12-19 常规和高精度地震采集剖面质量对比图

果剖面品质得到改善。通过以上研究，完善了盐下圈闭识别技术，建立了完整的技术流程，使深度误差由 2%降低到 0.5%以下。

针对盐下储层预测开展地质-地球物理攻关，形成盐下碳酸盐岩储层预测技术流程：①"属性+谱分解技术"识别优质储层厚度和平面分布；②"相干+倾角检测+构造导向滤波+曲率计算+多子波地震道分解+成像测井+宽方位"等技术预测缝洞和优质储层分布；③"地震多属性+正演模型+地质统计学反演"等技术定量预测储层物性；④首次引入叠前反演多属性"穷举法"储层预测技术，通过反演获得各种属性，穷举扫描获得最优化地震参数组合，以此为基础进行储层和含油气性综合预测；⑤应用 Klinversion+多子波分解与重构+相位分解油气检测技术，辅助进行优质储层评价。

通过以上技术刻画出斜坡区多个岩性圈闭。2010 年钻探的 CT-47 井获得商业油流，之后的 CT-62、L-4 等井也相继获得成功，从而发现盐下岩性油藏群(图 12-20)，油水界面比北特鲁瓦主油藏低 100m 以上，扩大了北特鲁瓦油田西北部的含油范围。

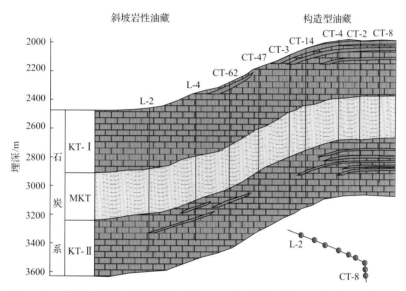

图 12-20　滨里海盆地东缘中区块北特鲁瓦油田斜坡区盐下岩性油气藏剖面图

(2)探索乌拉尔前缘反转翘倾成岩型圈闭，东部成藏带落实5000×10⁴t 储量规模。

滨里海盆地中区块东部成藏带未钻探区域面积大，地层埋深浅，二叠系区域膏盐岩盖层缺失，但石炭系为台缘-斜坡相沉积，主力目的层 KT-Ⅰ、KT-Ⅱ齐全。由于紧邻乌拉尔造山带，地层抬升剧烈，油气成藏风险较大，故前期勘探程度低。东部成藏带整体处于向东南抬升的斜坡背景，大型构造圈闭不发育，但由于多期构造活动，断裂和裂缝发育，溶蚀作用普遍，具有中国西部叠合盆地成藏的特点(窦立荣，2001)。2018 年部署的 T-13 井出油(图 12-21)坚定了东部勘探的信心，因此确定了"成岩型"圈闭的阿克若尔勘探方向。通过储层预测认为储层较发育，且位于有利礁滩体发育区，利于形成大面积圈闭。

2019～2020 年在东部成藏带阿克若尔区陆续完钻了 AK-1 井、AK-2 井、AK-3 井、AK-4 井、AK-5 井，五口井录井和测井解释均获多套油气层，试油均获工业油流，其中 AK-5 井在石炭系 KT-Ⅱ层试油日产 94m³，形成了中区块另一个 5000×10⁴t 级储量规模的新区带(图 12-22)，有利勘探面积达 1000km²，为向东部扩展打下了坚实的基础。

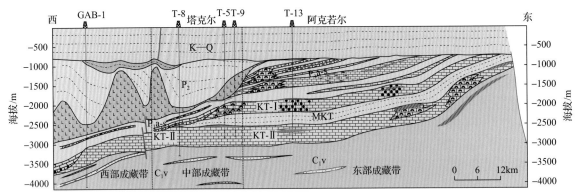

图12-21 滨里海盆地东缘中区块过塔克尔-阿克若尔构造油藏剖面图

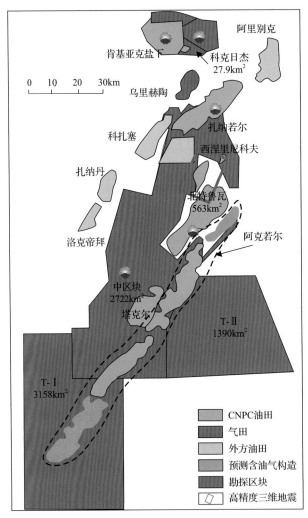

图12-22 滨里海盆地东缘中油区块高精度三维地震、油气田及含油气区带分布图

(3)典型油气藏分析。

北特鲁瓦构造处于区块中段东部，整体上为一个早二叠世反转的背斜构造。2006年以来在该构造上先后完钻的探井及评价井有88口，都在石炭系KT-Ⅰ层或者KT-Ⅱ层试油获得成功，从而证实了北特鲁瓦含油气构造的存在。

北特鲁瓦构造处于一西倾的斜坡上，KT-Ⅰ层顶面构造图上面积117.7km²，KT-Ⅱ顶面构造图上面积94.7km²。这两层高点、形态基本一致。整个构造除了局部发育一两条小断层外，总体来讲断层不发育。

北特鲁瓦油气藏纵向上分为两个独立油气藏,分别为 KT-I 油藏以及 KT-II 油气藏。

KT-I 油藏的主要储层为白云岩层,成岩作用中的白云化作用对储层起了很大的改善作用。储层单层厚度大,分布比较集中,产量高。主要属于局限海台地相中的白云坪和杂屑滩微相。顶部 A3 段,杂屑滩的平均孔隙度为 6.58%,最大孔隙度为 39.2%,最小孔隙度为 0.3%。KT-I 中部 Б1 段白云坪的平均孔隙度为 13%,最大孔隙度为 24.5%,最小孔隙度为 0.4%。储集空间主要为与白云岩化作用有关系的白云石晶间孔和晶间溶孔。其均质性明显好于上部 A3 段的杂屑滩,是石炭系中最有利的储集微相。根据储层沉积特征 KT-I 油藏属于成岩型油气藏。从油气藏类型上,受构造和岩性双重控制。从东西向油藏剖面发现,储层向东有变差的趋势,地层压力系数 1.066,具有正常的温度和压力系统。

KT-II 油藏的孔隙度与沉积相有很大关系,属于开阔海台地相的生屑滩及台缘暴露滩礁相沉积。储层主要发育在中部,单层厚度不大、但比较集中,储集条件属于好-很好。沉积相分析认为,主要属于台地边缘滩(礁)中的鲕粒滩,平均孔隙度为 6.77%,最大孔隙度为 20.1%,最小孔隙度为 0.6%,以粒间孔、粒间溶孔占绝对优势。从油气藏类型上,该油气藏受构造和岩性双重控制。地层压力系数 1.052,地层温度为 50.26℃,具有正常的温度和压力系统。

该油藏顶部存在厚约 1000m 的盐丘,KT-I 层顶面 P_1as 层厚 553m、KT-II 层顶面 MKT 层厚 347m,油藏保存条件良好。

第五节 南图尔盖盆地 1057 区块勘探实践

一、前作业者勘探阶段

(一)苏联时期勘探阶段

南图尔盖盆地的勘探始于 20 世纪 60 年代末。60 年代末至 70 年代初,苏联先后进行了重力、磁力、电法和区域地震勘探工作,了解了盆地的基本地质结构。1983 年以前,在部分构造带上钻探了一批预探井和参数井,其中多为构造浅井和关键的几口深参数井,未获勘探发现。

1983 年,把勘探重点转向盆地南部的阿雷斯库姆拗陷,开展了区域地震采集,钻探一批构造井、参数井和预探井,发现油气显示。1984 年,在利用重力和二维地震资料发现的库姆科尔构造上钻探了探井 Kumkol-1C,获得工业油流,从而发现了该盆地的最大油田——库姆科尔油田,拉开盆地勘探的序幕,此后陆续发现了 16 个油田,储量从 2000×10^4bbl 到 12×10^8bbl 不等,油田主要分布于凸起带、凹陷内的挤压隆起带上,类型以背斜、断背斜等中-大型构造圈闭为主,勘探目的层为下白垩统 M-II 和上侏罗统 J_3。至 80 年代末达到了构造勘探阶段高峰(郑俊章等,2019),累计发现石油地质储量近 4.5×10^8t(图 12-23)。

(二)哈萨克斯坦勘探阶段

20 世纪 90 年代早期到中期,油气勘探逐渐步入低潮,平均每年新钻探井仅为 2 口。该时期基本没有较大的勘探发现。90 年代末期,随着西方的石油公司和当地哈萨克斯坦公司的进入,勘探活动日益活跃。

(三)PK 公司勘探阶段

1996 年 11 月 30 日,Petrokazakhstan 公司出资 1.2 亿美元获得哈萨克斯坦国有石油公司——南方石油天然气公司(Yuzhneftegaz)。随后,该公司命名为哈里肯库姆科尔石油公司,拥有了南图尔

盖盆地几个油田的权益,该公司常被称为哈里肯油气有限公司(Hurricane Hydrocarbons Ltd.)。2003年6月2日,公司改名为 Petrokazakhstan 公司,简称 PK 公司。

PK 公司在南图尔盖盆地南部的阿雷斯库姆拗陷开展了大量地震勘探工作,二维地震测线基本覆盖了拗陷的大部分地区,油田区基本上覆盖了三维地震,以油田开发为主,勘探未取得较大规模的商业发现。

1057 区块是南图尔盖盆地最南部的勘探区块,包括苏联在内,共在该区采集二维地震测线2632km(图 12-24),在两凹陷斜坡高部位钻探 2 口探井,没有获得任何发现。

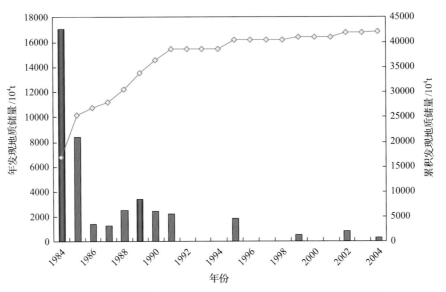

图 12-23 中方接手前南图尔盖盆地历年发现石油地质储量图

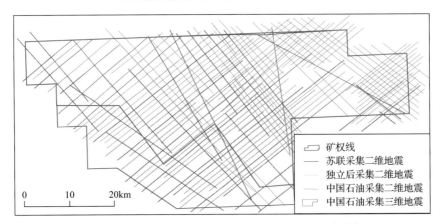

图 12-24 南图尔盖盆地 1057 区块不同阶段地震测线分布图

二、中国石油勘探阶段

(一)区块基本情况

2005 年 10 月 26 日,中国石油以 41.8 亿美元的价格收购 Petrokazakhstan(PK)公司 100%的股权,合同模式为矿税制,开创了中国企业有史以来规模最大的海外并购壮举,也是中国石油首个千万吨级上下游一体化公司并购项目。中国石油获得了南图尔盖盆地绝大部分的勘探开发权益,拥有 4 个勘探许可证(5 个区块)和 14 个油田全部或部分股份。拥有 2P 地质储量 34442×10⁴t,原油年产量 790×10⁴t。其中,勘探许可区块包括 1928、260D-1、1057、951D-Doshan 和 951D-Zhamansu,

合计勘探面积 $1.28\times10^4km^2$，勘探期限 3～6 年，可以申请延期 2 年、可多次延期，且接手时上述区块义务工作量已经全部完成，勘探区块之间存在篱笆圈，若发现可以转开发，否则勘探期结束，勘探投资沉没。

2006 年 7 月 5 日，中国石油出售 33%股权给哈萨克斯坦国家石油公司 National Company KazMunayGas（NC KMG），中国石油和哈萨克斯坦国家石油公司分别拥有 PK 公司 67%和 33%的股份。

（二）勘探的难点与挑战

1057 区块位于南图尔盖盆地最南部，自西向东横跨阿雷斯库姆凹陷南端、阿克赛凸起和阿克沙布拉克凹陷南端，油气地质条件远远不如盆地内部的区域。虽然南图尔盖盆地整体已进入成熟勘探阶段，但是 1057 区块勘探程度比较低，前作业者共在该区采集二维地震测线 2632km，钻过 2 口探井，没有获得油气发现，对这个区块的地质认识比较少，未对整个区块进行全面系统的综合研究，导致基础地质研究薄弱，许多关键问题未能解决，严重制约着该区块的勘探进程，主要表现在：①区块内不同凹陷间地层统层问题未得到解决，凹陷内的小层对比也没有得到统一；②早期的二维地震资料密度和品质难以满足构造圈闭目标的识别与刻画；③区块内有效烃源岩分布及生烃演化阶段还不清楚，对未来有利勘探区带的预测尚未开展；④急需开展系统的综合地质研究，搞清该区的油气成藏条件与主控因素，明确资源潜力与勘探方向，为快速取得勘探突破提供技术支撑。

（三）完成的实物工作量

中国石油进入以来，按照"效益优先、兼顾长远"的原则，坚持效益勘探、精细勘探、甩开勘探，从两个层次开展部署。一是加强基础研究、整体评价，快速取得商业发现，在已发现油田周边精细滚动，并确保快速投产见效。二是加大甩开勘探力度，积极探索新区带和新层系，系统开展有利区带、领域及目标的钻探与评价，寻求较大规模的储量发现，为项目的稳产提供支撑。

地震部署方面，在二维地震密度不能满足构造落实的地区进行二维地震补充或加密；在勘探发现区和精细勘探有利区带大力加强三维地震部署，并针对性开展采集参数实验，及时调整施工参数，以获取最佳地震资料。积极开展新理论、新技术、新方法研究，大力加强地震资料的精细解释、储层反演、烃类检测、油气成藏条件及综合地质评价，优选有利目标进行钻探，确保探井部署的科学性与合理性。

截至 2022 年底，中国石油在 1057 区块共完成二维地震采集 2523km、三维地震采集 $1652km^2$（图 12-24），完钻探井 105 口、评价井 73 口，全面完成了有利区带、重点领域及目标的钻探与评价。

三、做法与成效

（1）创新走滑裂谷盆地成藏与主控因素新认识。

中国石油进入后，加强了 1057 地区的基础地质研究，应用国内外先进的理论和技术，进行多学科联合研究，开展盆地区域大地构造演化、热演化模拟、成藏条件、勘探领域与潜力等方面的综合研究，系统开展 1057 地区整体评价和重新认识，总结了油气成藏的主控因素：①1057 区块中部凸起带两侧凹陷均进入大量生排烃阶段，是最有利的油气聚集区；②输导体系与圈闭的有效配置控制了油气的运移方向和聚集部位；③有效的储盖组合控制了油气的纵向分布层位；④构造带类型控制了油气藏类型，东部复杂断裂带是断块油气聚集的有利区带。在此基础上，进一步指出该区 3 类油气聚集带：基岩凸起复式油气聚集带、断裂带控制的油气聚集带、缓坡型岩性油气聚集带。结合油气成藏规律和油气运聚系统的划分，指出未来的有利勘探领域为低幅度构造、复杂断块、岩性地层等类型。

针对不同勘探领域，加强先进成熟技术与方法的集成与应用，形成了该区两大优势配套技术：复杂断块精细解释与综合评价技术和含煤层系岩性地层油气藏勘探评价及配套技术。自此，揭开了1057区块亿吨级油气发现的序幕。

(2)集成应用勘探新技术，不断挑战深层复杂断块新层系。

通过开展南图尔盖盆地走滑断裂体系研究，揭示了三期走滑反转活动(Zhang et al., 2019)。总结了影响油气成藏的4种走滑构造样式，明确了走滑断裂及其反转构造对油气成藏的控制作用，并指出卡拉套走滑断裂带、图孜科尔-扎曼苏走滑构造带为复杂断块精细勘探的有利区带。在区域构造特征和构造演化分析的前提下，以断层平/剖面形态、断裂成因、断裂期次分析为基础，形成了构造导向滤波+子体相干+断棱检测为核心的复杂断层精细刻画与评价技术。

1057区块东部图孜科尔-扎曼苏走滑构造带中—下侏罗统断裂直接切入凹陷深部，有效沟通油气源，是中—下侏罗统生成油气向上运移的有效通道，成为该区复杂断块圈闭有利的油气聚集部位。在地质综合研究基础上，结合多种地球物理方法，在断层识别、精细刻画与评价等方面进行了攻关，利用地震优化部署、采集、处理、解释一体化技术，改进地下成像，结合复杂断块圈闭精细解释与成图技术，大大提高了断块圈闭的落实程度，结合油气输导体系及其他成藏要素分析，部署钻探了Tuz-1井并获得成功，中侏罗统1488～1596m、1502～1510m层段合试，8mm油嘴，自喷，日产油70m³，成为南图尔盖盆地40年勘探历史上在该地区第一次获得的商业油流，发现了图孜科尔油田(图12-25和图12-26)。Tuz-1井的成功不但提升了中国石油的影响力，而且历史性地揭开了该地区油气勘探的新篇章，图孜科尔地区累计新增石油地质储量2900×10⁴t，为项目增储上产做出了突出贡献。

(3)解放思想，转变思路，积极拓展岩性油气藏勘探新领域。

随着1057区块在东部图孜科尔复杂断裂带取得商业突破并不断向外围拓展，在加强盆地基础地质评价和重新认识后，认为该地区凹陷斜坡带的构造特征、沉积背景和油源条件有利于形成岩性油气藏(贾承造等，2008)。因此，及时转变勘探思路，采取"由浅层转向深层，由构造转向岩性地层，由中心转向边缘"的勘探策略，针对河道、各类扇体等目标开展攻关研究与部署。

侏罗纪末期，1057区块所在区域广泛发育河流沉积体系，结合区域地质研究与综合分析，认为上侏罗统河道砂体能否成藏，主要取决于是否与油源形成有效沟通。该盆地上侏罗统河道砂体与油源沟通主要有以下几个因素：河道砂体位于有效烃源岩附近，河道砂体位于通源断层附近，或者河道砂体位于油气运移通道附近。针对河道砂体，总结出非常有效的识别与评价技术。以1057区块西部地区J₃ak河道砂体为例，利用多属性分析技术、波形分类技术、子体相干技术、三维可视化技术、地震反演等技术(孟宪军，2006)，对河道砂体进行精细刻画，结合频率衰减梯度油气检测技术，对砂体的含油气性进行预测。2012年针对河道目标部署的Ket-8井，获得商业气流，1301.71～1309.71m层段测试，8mm油嘴，日产气8.7×10⁴m³，揭开了一个新的油气勘探领域。

对于1057区块斜坡区各类扇体形成的岩性圈闭，借鉴国内的勘探经验，形成了一套适合该盆地的勘探流程：高分辨率层序地层学分析—沉积相及沉积微相研究—有利相带预测—地震储层预测—岩性圈闭综合评价与优选。其中，阿克沙布拉克凹陷北部斜坡带中侏罗统扇三角洲前缘前端的浊积砂体，在上倾方向形成砂岩尖灭圈闭。2007年部署的探井Kar-12取得了很好的效果，对中侏罗统3004～3032m层段进行压裂试油，抽汲日产油12.4m³。另外在阿雷斯库姆凹陷西部斜坡带，2018年针对中—下侏罗统浊积扇体部署的探井Ket-18获得高产油气流(图12-27)，对3069.5～3137.5m裸眼段测试，12mm油嘴，日产气25×10⁴m³、日产凝析油98.4m³，合计新增天然气地质储量50×10⁸m³、凝析油地质储量150×10⁴t。

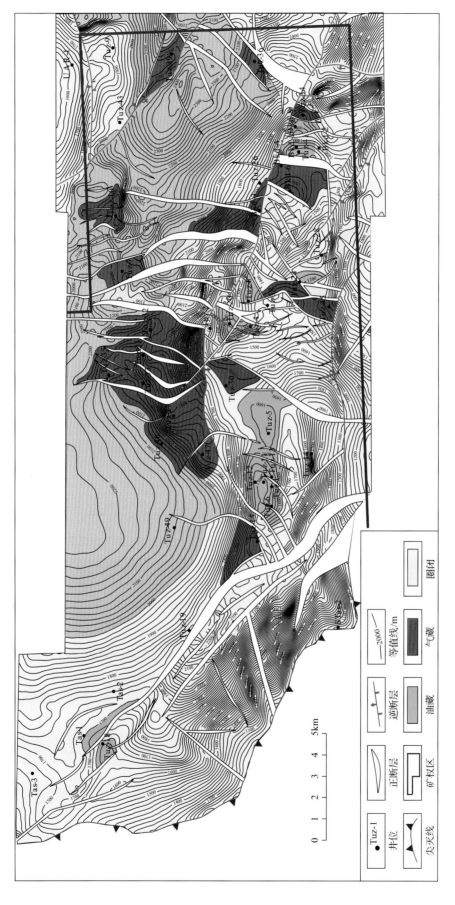

图12-25 南图尔盖盆地1057区块东部凹陷油气分布图

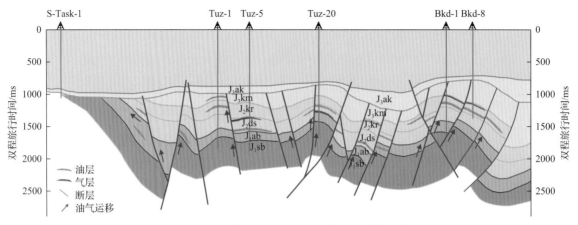

图 12-26 南图尔盖盆地 1057 区块东部复杂断裂带油藏剖面图

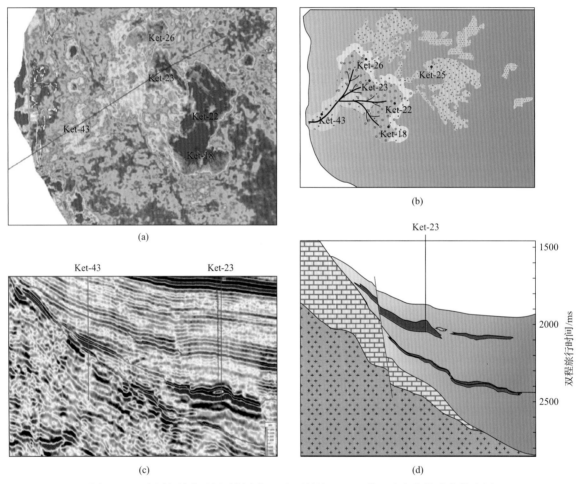

图 12-27 南图尔盖盆地阿雷斯库姆凹陷西斜坡 Ket-18 井区浊积扇体成藏模式图

(a)地震均方根属性图；(b)沉积相平面展布图；(c)过井地震剖面图；(d)成藏模式图

(4)典型油气藏分析。

截至 2022 年底，勘探新发现潜山、岩性、复杂断块、低幅度构造+岩性等各类油气藏 86 个(其中油藏 70 个、气藏和凝析气藏 16 个，合计新增石油地质储量 19733×10⁴t，迎来 20 世纪 80 年代以来南图尔盖盆地的第二次储量增长高峰期，探区新增石油储量已建成 160×10⁴t/a 的生产能力，为千万吨级油区稳产及中哈石油管道稳定供油提供了可靠的资源基础。

西图孜科尔油田位于南图尔盖盆地南部 1057 区块中部的凸起带(图 12-28)，是中国石油进入以来发现的储量规模最大的油田(石油地质储量 6500×10⁴t),其西部为阿雷斯库姆凹陷,东部为阿克沙布拉克凹陷。

尽管该区位于生油洼陷两侧,构造背景优越,但是盆地稳定发育的区域盖层 K_1nc_1 泥岩在两侧凹陷斜坡发生尖灭,前作业者认为凸起区封盖条件差、不具备勘探潜力,勘探注意力集中在两侧凹陷区的侏罗系。中国石油接手初期,受此认识影响,并没有对凸起区的勘探加以重视。直到2009 年,通过调整新一轮的勘探思路,在邻区老井复查和白垩系层序地层与沉积相分析的基础上,认为区域盖层之上白垩系可以形成有效的储盖组合。2010 年 9 月,针对 K_1nc_2 新勘探层系部署WTuz-1 井在下白垩统目的层获得高产商业油流,从而发现了西图孜科尔油田(图 12-29)。

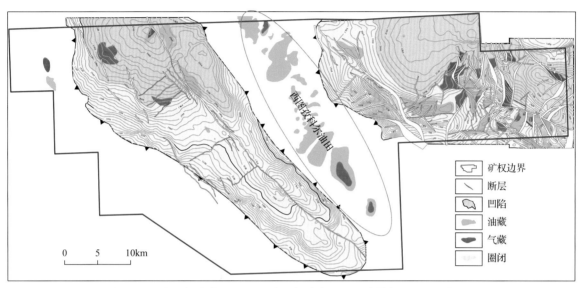

图 12-28 南图尔盖盆地 1057 区块油气分布及西图孜科尔油田平面位置图

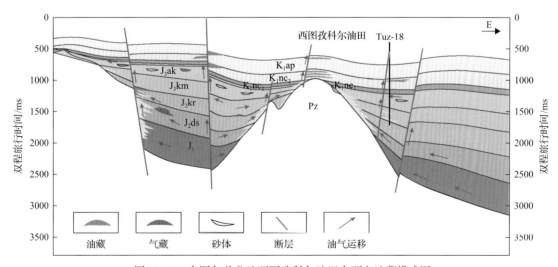

图 12-29 南图尔盖盆地西图孜科尔油田东西向油藏模式图

该区中部凸起带主力含油层白垩系 K_1nc_2 直接覆盖在变质岩基底之上,发育规模不大的小型断裂,圈闭类型以一系列小规模的低幅度背斜、断背斜圈闭为主。地球化学分析和油源对比表明,该区原油主要来自西侧的阿雷斯库姆凹陷,油气沿基底不整合面向凸起区高部位运移并聚集成藏。油藏类型属于构造和岩性双重控制的层状油藏,正常温度和压力系统,油藏饱和度偏低,地层条件下原油黏度 1.835mPa·s。

主力含油层 K_1nc_2 的沉积相类型为辫状河三角洲前缘和滩坝相,储层主要岩性为细—中砂岩,

平面分布较稳定，胶结类型为泥质和灰质胶结，较疏松，泥质含量较低，碳酸盐含量为 3%～8%。储层物性好，孔隙度主要分布在 20%～25%，平均为 22.2%，渗透率主要分布在 $(100～1000)×10^{-3}\mu m^2$，平均为 $536×10^{-3}\mu m^2$，属于中高孔-中高渗储层。西图孜科尔油田的油藏主要受构造控制，同时受岩性因素的影响，油藏类型为带边底水的层状油藏。该油区单井试油产能较高，一般日产 $200m^3$ 以上，例如 W Tuz-4 井 1045～1054m 试油，16mm 油嘴，日产油最高达 $404m^3$。从西图孜科尔油田 PVT 资料中油气藏组分来看，C_1 含量远低于典型黑油，中间烃含量远高于典型黑油，C_{7+} 含量稍高于典型黑油，确定为中间烃含量高的黑油。

西图孜科尔油田单个油藏规模不大，面积一般为 1～$5km^2$，但是砂体纵向叠置、横向连片，整体含油面积达 $160km^2$，总的储量规模也比较大，合计石油地质储量 $6500×10^4t$，已经在 2018 年正式转入开发期。

第六节　经验和启示

(1)加强基础研究，深化成藏条件认识，找准勘探领域。

在滨里海盆地，中国石油进入后，不受前人勘探结果的束缚，从盆地角度开展全方位研究，始终坚持盐下勘探寻找规模油气藏的勘探思路和方向，针对盐下构造畸变严重问题，持续开展针对性攻关研究，利用沉积相、钻井、地震相、速度分析等技术，寻找速度异常体，利用叠后分体建模法依次建立速度模型进行时深转换，创新使用变形系数建模方法校正异常体引起的速度畸变，提高构造成图精度，发现了北特鲁瓦构造，从而获得规模突破。找准勘探领域与方向，针对瓶颈技术问题，持续开展攻关研究，是取得滨里海盆地中区块勘探突破最关键的因素。

在南图尔盖盆地，中国石油进入后，加强全盆地基础研究，重视烃源岩和油源对比，结合盆地热演化模拟，深化各个凹陷的石油地质和成藏条件认识，划分各个成藏组合的油气运聚系统(窦立荣等，2002)，开展整体评价，优选出 1057 区块东部复杂断裂带、1057 区块中部隆起带、1057 区块西部斜坡带等有利勘探区带。2006 年底，在 1057 区块部署的第一口探井 Tuz-1 井在 J_2kr 层获得高产工业油流，成为南图尔盖盆地 40 年勘探史上在该地区的第一个商业发现。1057 区块东部复杂断裂带侏罗系勘探取得突破之后，在 1057 区块西部卡拉套走滑断裂带和中部隆起带下白垩统 K_1nc_2 新勘探层系相继获得了商业油流，为中国石油项目石油储量接替奠定了基础。

(2)突破区域盖层的禁锢，探索新的油气成藏模式。

1057 区块中央隆起带构造位置较高，地层埋深较浅，南图尔盖盆地全区稳定分布的区域盖层在该区不发育，早期认为该区储盖组合不理想。从 2009 年起，通过调整新一轮的勘探思路，在老井复查和区域地质、成藏条件分析的基础上，重新评价区域盖层之上浅层的储盖组合及勘探潜力。2010 年 9 月，针对 K_1nc_2 新勘探层系部署了 W Tuz-1 井，该井在 K_1nc_2 目的层获得日产油 $200m^3$ 的高产油流，从此发现了西图孜科尔油田，再次成功地实现了 1057 区块勘探工作的二次转型，也揭开了南图尔盖盆地 K_1nc_2 新勘探层系勘探的序幕。西图孜科尔油田累计新增石油地质储量 $6500×10^4t$，为 1057 区块实现规模性开发、回收投资打下了较好的资源基础。

(3)勘探开发一体化的协同运作。

中国石油接手以来，以效益为先导，成功在该盆地实施了勘探开发一体化的运作策略。在加强石油地质条件研究和针对性勘探技术攻关的基础上，对 1057 区块进行整体评价、科学部署、快速突破，确保区块申请勘探延期或开发的顺利进行，为该项目长远运行提供了可靠的保障。同时，利用资源国政府对于探井、评价井试油和试采的规定，将勘探发现储量迅速转换为现实产量。这部分销售收入，在勘探期就实现了勘探投资的回收，让勘探成果在最短的时间里转化为产量效益，在海外项目时间紧、区块勘探期有限、各种限制条件多、不可预测风险巨大的情况下有着很大的参考借鉴意义。

(4)持续开展技术攻关,是推动勘探突破的有力保障。

重视不同阶段的技术瓶颈梳理,针对性攻关并形成不同技术系列,持续推动勘探深入与突破。在盐下构造勘探阶段,重点要解决速度问题,因此开展包括:①地震采集技术(获取含盐地区的优质资料);②盐下地震资料处理技术(改善成像);③盐下圈闭识别技术(消除速度异常,识别真实构造)等技术攻关。在盐下岩性地层油气藏勘探阶段,强化:①盐区成岩机制;②盐下储层多属性预测;③应用"两宽一高"(宽方位、宽频、高密度)地震资料进行岩性体刻画及油气检测等技术攻关,精确识别有利储层发育区带。

面对上述技术瓶颈,针对性形成配套技术并不断改进:①集成针对滨里海盆地的提高分辨率与成像质量的处理技术;②集成速度建模与巨厚盐丘下构造识别技术,包括边界检测技术开展盐丘边界的识别与刻画、射线追踪法+模型迭代垂向比例时深转换技术;③建立了滨里海盆地东缘沉积相模式和划分微相;④完成储层岩石学及溶滤性能评价;⑤集成盐下储层地质-地球物理预测技术,并提出地震振幅、分频 40Hz、振幅包络、相对波阻抗、本征相干 5 个参数对该区碳酸盐岩储层预测具有较好效果,应用频谱分解及相位分解技术开展油气检测;⑥建立了一套适用于中区块地质特征的储层测井评价方法与识别标准。

地质认识不断深化和勘探技术持续改进并推广应用,助推滨里海盆地中区块项目持续取得勘探突破,也为类似地区的勘探起到了可供借鉴的作用,提高了海外项目实施的效率。

(5)适时开展区块延期谈判,为后续滚动开发提供资源保障。

滨里海盆地中区块签署勘探合同规定只能延期两次,但是经过成功的合同谈判,该区块先后经历了 6 次合同延期、两次退地、三次矿权区扩边以及一次勘探区块转开发,实现了项目的可持续发展,为油田上产和稳产提供了资源保障。

2008 年 6 月 6 日中区块勘探到期,为最大限度保障潜力区带的勘探成果,经多轮谈判,中区块成功实现六次延期,共延长勘探期 14 年,勘探期延至 2022 年 12 月 31 日,有效保障了塔克尔含油气构造、油田斜坡区岩性油藏、阿克若尔含油气构造带的勘探发现,为项目的发展奠定了良好的基础。

科学研判,努力争取最大限度保留开发区。在延长期内,加大北特鲁瓦油田评价力度,加强油气藏区带评价,北特鲁瓦油田含油气范围不断扩大,含油气面积从 16km^2 达到 300km^2,并在第二延长期内顺利转开发,开发保留区面积达到 562.62km^2,高峰原油年产量达到 220×10^{4}t。在最后一个延长期内加大勘探评价节奏,加快完成剩余潜力目标钻探,不留遗憾。2022 年 12 月 27 日,塔克尔和阿克若尔大型含油构造作为一个整体转入开发评价期,扎纳若尔油田南部外围区、北特鲁瓦西斜坡区分别转入开发准备期。

瞄准潜力区扩边,在扩边区获得规模发现。2011 年 10 月发现塔克尔油田后,盐下构造成图预测塔克尔构造向南延伸,具有较大勘探潜力。2014 年经过谈判在中区块东南部完成第二次勘探矿权的扩边,面积 310km^2。在该扩边区钻探的两口探井 AK-3 及 AK-7 井在石炭系 KT-Ⅱ层试油获日产油 80 多立方米的高产工业油流,进一步夯实了阿克若尔构造带亿吨级储量规模,实现了南部含油气连片,含油气面积达到 121km^2。2017 年经过谈判在塔克尔构造西南部完成第三次勘探矿权的扩边,面积 358km^2。该区域钻探的 T-11 井在石炭系 KT-Ⅱ层试油日产油 9.6m^3,含油气面积达到 23.3km^2。

第十三章　厄瓜多尔安第斯项目 T 区块

厄瓜多尔共和国(简称厄瓜多尔)位于南美洲西北部,东北和东南分别与哥伦比亚和秘鲁接壤(Dashwood and Abbotts,1990;谢寅符等,2012a,2012b),西濒太平洋,全境分为西部沿海平原区、中部安第斯山区、东部亚马孙雨林区,国土面积约 $25.6\times10^4km^2$,总人口 1800 万(截至 2022年),首都基多,官方语言为西班牙语。厄瓜多尔原为印第安部落居住地,1532 年沦为西班牙殖民地,1809 年 8 月 10 日宣布独立,但仍被西班牙殖民军占领。1822 年厄瓜多尔彻底摆脱了西班牙殖民统治并加入大哥伦比亚共和国(包括今哥伦比亚、委内瑞拉、厄瓜多尔和巴拿马)。1830 年厄瓜多尔脱离大哥伦比亚,成立厄瓜多尔共和国,但建国后政局一直动荡,政变迭起,直到 1979年 8 月文人政府开始执政后国家政局才逐渐稳定。由于长期受西班牙殖民统治,以及建国后近 150年的政局动荡,厄瓜多尔工业基础薄弱,是南美地区经济相对落后的国家,石油工业是国家第一大经济支柱(施晓康等,2021)。1980 年 1 月 2 日,中华人民共和国与厄瓜多尔共和国正式建立外交关系。

第一节　厄瓜多尔石油工业概况

厄瓜多尔的石油勘探始于 20 世纪 20 年代,但直到 20 世纪 70 年代在该国东部亚马孙雨林地区奥连特(Oriente)盆地发现一系列油田之后,该国才逐渐建立起现代化的石油工业。厄瓜多尔是欧佩克成员之一,累计探明石油可采储量 15.3×10^8t(截至 2021 年 12 月),高峰日产原油 8.3×10^4t(2014 年),目前日产原油 7×10^4t,日出口原油 5.9×10^4t(2021 年)(IHS,2022),其中 90%以上的原油储量和产量来自奥连特盆地。

一、油气勘探史

厄瓜多尔发育了奥连特、马纳比(Manabi)和普罗格雷索(Progreso)三大沉积盆地,油气勘探集中在奥连特盆地(IHS 数据库中将盆地北部称为 Napo 盆地,南部称为 Pastaza 盆地;IHS 2022 年数据)。厄瓜多尔安第斯项目 T 区块就位于奥连特盆地,目前,该盆地已发现油气田 200 余个,其中地质储量排名前 5 的油气田依次为 Pungarayacu、Sacha、舒舒芬迪-阿瓜里科、Ishpingo 和 Auca(地质储量均大于 3.3×10^8t),其中西方德士古(Texaco)公司在 1969 年发现舒舒芬迪-阿瓜里科和 Sacha 油气田,在 1970 年发现 Auca 油气田;厄瓜多尔国家石油公司分别在 1980 年和 1992 年发现 Pungarayacu 和 Ishpingo 油气田(IHS 2022 年数据)。从 1858 年发现沥青开始,奥连特盆地油气勘探大致经历了 4 个阶段。

(一)萌芽起步阶段(1960 年以前)

由于长期受西班牙殖民统治及建国后长期的政局动荡,奥连特盆地早期勘探基本由西方的石油公司控制。1858 年,盆地首次在 Hollin 河发现了沥青。1921 年,加拿大伦纳德勘探公司获得盆地南部勘探权。1937 年,盎格鲁-撒克逊石油公司获得了全盆地约 $10\times10^4km^2$ 的勘探权,次年壳牌公司接手该勘探权并钻了盆地第一口探井(Tschopp,1953)。1943～1949 年,壳牌公司采集二维地震超过 3000km。1944 年起，壳牌公司在盆地西南部前缘褶皱带钻了 5 口探井，见到了油气显示。20 世纪 50 年代没有钻井作业(IHS 2014 年数据)。

(二)构造油藏规模发现阶段(1960～1978 年)

1960 年开始，针对盆地背斜圈闭钻探取得了突破，发现了多个大型构造油气田，盆地进入构造油藏规模发现阶段，该阶段盆地勘探全面由西方的石油公司主导。20 世纪 60 年代，厄瓜多尔政府向多个国际公司出让部分区块权益。1966 年德士古公司在盆地北部钻探的 3 口井在白垩系获高产油流。1967～1972 年，西方的石油公司先后发现 Bermejo Norte、舒舒芬迪-阿瓜里科、Sacha、Auca 和 Cuyabeno 等大型构造油气田，其中 1969 年由德士古公司发现的舒舒芬迪-阿瓜里科油田油气总可采储量为 $2.38 \times 10^8 t$，其中石油可采储量 $2.2 \times 10^8 t$，天然气可采储量 $153.7 \times 10^8 m^3$(IHS 2022 年数据)。

(三)构造油藏为主、构造-岩性油藏为辅发现阶段(1979～2006 年)

1979 年文人政府执政后，厄瓜多尔政局日趋稳定，国家对油气资源的重视程度提升，厄瓜多尔国家石油公司走向前台，与西方的石油公司共同主导了盆地勘探。该时期，厄瓜多尔政府对西方的石油公司进入本国进行油气勘探持欢迎态度，CEPE、Occidental、埃索、碧辟、Conoco 和埃尔夫等西方的石油公司陆续在奥连特盆地实施了地震采集和油气勘探等工作。该阶段盆地勘探发现以构造油藏为主，以构造-岩性油藏为辅。1980 年，厄瓜多尔国家石油公司在安第斯山前 Napo 隆起发现 Pungarayacu 超重油油气田(构造-岩性油气藏，地质储量 $9.5 \times 10^8 t$ 油当量)，以及 Huito、马拉农(Maranon)等多个构造油气田。1985～2005 年，西方的石油公司发现 Limoncocha、Amo、Alice 等一些中小型构造油气田和 Dorine 等规模构造-岩性油气藏。1992～1993 年，厄瓜多尔国家石油公司发现 Ishpingo、Conga、Tambococha 等构造油气藏(IHS 2022 年数据)。

(四)构造-岩性油藏规模发现阶段(2006 年至今)

2006～2010 年，仅厄瓜多尔国家石油公司发现 10 个小油气田，国外石油公司勘探活动陷入低谷，部分公司撤离厄瓜多尔，盆地勘探发现进入低谷期(卫培等，2017)。

2011 年之后，盆地斜坡带勘探获得突破，先后发现 JE、TNW、AS 等多个构造-岩性油藏，盆地进入构造-岩性油藏勘探阶段(Ma et al.，2021)。

二、上游对外合作情况

2005 年以前，受西班牙多年殖民影响，厄瓜多尔早期的油气勘探主要由西方的石油公司主导，以产品分成合同为主；2006～2010 年，厄瓜多尔政府颁布《石油修改法案》，该法案规定外资石油公司必须将"油价暴利"的 50%上缴政府，并需要与政府重新进行合同谈判，该法案的颁布导致西方的石油公司纷纷退出奥连特盆地(卫培等，2017)。2006 年，安第斯公司(中国石油和中国石化控股)收购加拿大 Encana 公司在厄瓜多尔资产，获得厄瓜多尔政府批准，从而进入奥连特盆地上游勘探开发领域(张兴和万学鹏，2007)。

2010 年，厄瓜多尔政府颁布政府令，要求将所有外国公司的合同改为服务合同，不同意修改的公司将视为自动放弃在厄瓜多尔的权益(施晓康等，2021)。该时期，厄瓜多尔国有石油公司控制了国家大部分的原油生产，产量占国家石油总产量的 80%，外资石油公司的石油产量只占 20%。外资石油公司主要有安第斯公司、雷普索尔(西班牙)、阿吉普(意大利)、Enap(智利)

等(卫培等，2017)，其中，安第斯公司的石油产量约占国家石油总产量的 10%，是第一大外资石油公司。

三、油气资源和储量产量情况

厄瓜多尔油气总可采资源量为 24.7×10^8t，其中奥连特盆地为 23.5×10^8t（马中振等，2017），约占国家油气可采资源量的 95%。厄瓜多尔总油气可采储量为 15.3×10^8t，其中约 14×10^8t 位于奥连特盆地内。

厄瓜多尔原油产量从 20 世纪 80 年代开始稳步上升，从 1980 年的 3×10^4t/d 逐渐上升到 2014 年的 8.3×10^4t/d，之后在 2015～2019 年保持在 $7.7 \times 10^4 \sim 7.9 \times 10^4$t/d 的水平。近两年，原油产量下降至 7×10^4t/d(IHS 2022 年数据)。

四、中国公司在厄瓜多尔油气合作情况

1994 年，厄瓜多尔政府与中国政府签订了经济与技术政府合作协议。中国石油与厄瓜多尔国家石油公司签订了有关石油产业合作的协定(施晓康等，2021)。

2001 年，中国石油长庆石油勘探局厄瓜多尔分公司成立，中国石油企业首次进入厄瓜多尔能源领域，为厄瓜多尔国家石油公司和其他外国石油企业提供物探、钻井、修井等服务。中国石油、中国石化和中化集团也陆续在厄瓜多尔开展能源合作项目。

2002 年，中化集团购买奥连特盆地 16 区块和 Tivacuno 区块 14%权益。2003 年，中化厄瓜多尔资源公司成立，同年，中国石油收购奥连特盆地 11 区块 100%权益(并于 2011 年退出)。2004 年，中国石油长庆石油勘探局厄瓜多尔分公司在 A-P 石油项目中建成第一座双燃料发电站，并与中国石化国际工程公司分别创造了厄瓜多尔石油钻井速度新纪录，受到厄瓜多尔国家石油公司的高度赞誉并颁发荣誉证书。

2006 年，中国石油和中国石化以 55：45 的股比合资组建安第斯公司，并以 14.2 亿美元的价格购买加拿大 EnCana 公司在厄瓜多尔的全部油气资产，主要包括 T 和 14 区块 100%权益、17 区块 70%的权益和 OCP 输油管线 36.26%的权益等，产品为分成合同(张兴和万学鹏，2007)。T 区块面积 362.27km^2，合同期到 2015 年 7 月 30 日；14 区块面积 2000km^2，合同期到 2012 年 7 月 21 日；17 区块面积 1200km^2，合同期到 2018 年 12 月 23 日；OCP 管线长 520km，管径 0.6～0.9m，设计输油能力为 6.7×10^4t/d (19°API 的原油)，该管线由 OCP 管道公司运营管理(施晓康等，2021)。2011 年安第斯公司与政府签署服务合同，区块总面积从 3562km^2 增加到 4900km^2，T 区块和 14 区块合同期分别延长至 2025 年和 2018 年。之后，安第斯公司与政府又分别在 2014 年和 2016 年达成区块延期协议，目前安第斯公司持有的 T 区块、14 区块、17 区块的合同期统一到 2025 年 12 月，OCP 管线合同到 2023 年 12 月截止(图 13-1)。

2011 年，中国石化参股奥连特盆地 16 区块和 Tivacuno 区块(占股 20%)。

2016 年 6 月，安第斯公司与政府签署奥连特盆地 79 区块和 83 区块服务合同，面积分别为 1580.6km^2 和 1469.3km^2，但由于当地社区抵制，公司一直无法进入作业。2019 年 10 月 17 日，政府接受安第斯公司不可抗力申请。

2021 年 9 月，中国石化国际石油工程有限公司中标厄瓜多尔国家石油公司 SACHA 钻完井总包项目，合同期 20 个月，中标金额 1.26 亿美元。

2022 年 12 月，由于合同到期，中国石化和中化集团退出 16 区块和 Tivacuno 区块。

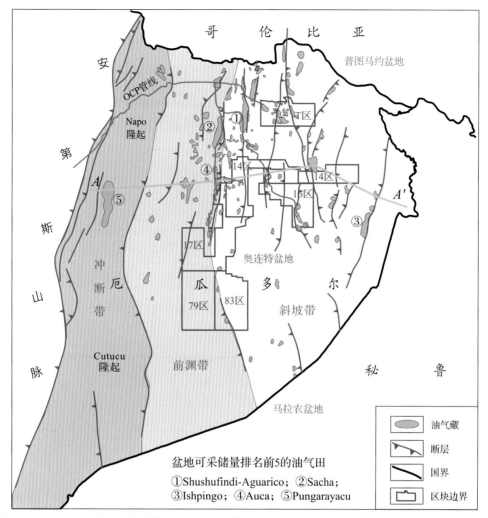

图 13-1　中国石油公司在奥连特盆地上游项目位置(据 Ma et al.，2021；施晓康等，2021，有修改)

第二节　奥连特盆地石油地质特征

奥连特盆地是一个典型的南美安第斯型前陆盆地，东北与哥伦比亚境内的普图马约盆地接壤，东南与秘鲁境内的马拉农盆地接壤(图 13-2)，面积约 $10 \times 10^4 km^2$(Tschopp，1953；Mathalone and Montoya，1995；Marksteiner and Aleman，1996；Higley，2001)。截至 2022 年底，发现油气田 209 个，主要分布在东部斜坡带(IHS，2022)。

一、构造特征

奥连特盆地长轴近南北向，构造东西分带，西陡东缓，自西向东依次为冲断带、前渊带和斜坡带(谢寅符等，2012a，2012b)。冲断带位于盆地西部，东部以山前大型冲断断层与前渊带为邻，发育大型逆冲断裂；前渊带位于盆地中部，向东与斜坡带以舒舒芬迪油田东部南北向大断层为界，发育大型反转断层；斜坡带位于盆地东部，地层平缓超覆到圭亚那地盾之上，发育具走滑性质的反转断层(图 13-3)。

安第斯项目 T 区块所在斜坡带坡度小(小于 2°)(Marksteiner and Aleman，1996)、构造活动弱(发育少量 NNE-SSW 和 NNW-SSE 走向带有走滑性质的共轭断层)(Tschopp，1953；Baby et al.，

2013；Balkwill et al.，1995)、发育与断层伴生的构造圈闭及构造-岩性复合圈闭(Canfield et al.，1982；Dashwood and Abbotts，1990；Lee et al.，2004；谢寅符等，2010；马中振等，2014)。

二、地层及沉积特征

古生代，盆地位于克拉通边缘，以海相沉积为主。泥盆系 Pumbuiza 组以半深海细粒沉积为主，厚度约 1400m，盆地东部发育向上变粗的粗粒碎屑岩沉积(图 13-4)。石炭系至二叠系 Macuma 组由薄层状碳酸盐岩和页岩组成，最厚约 750m。

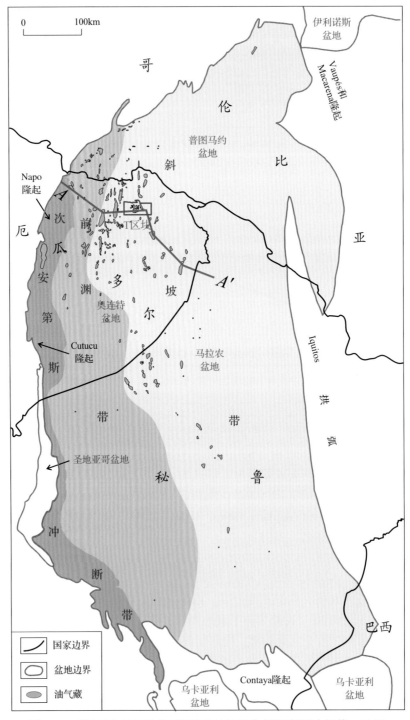

图 13-2　奥连特盆地构造单元划分及油气田分布图(据马中振等，2017)

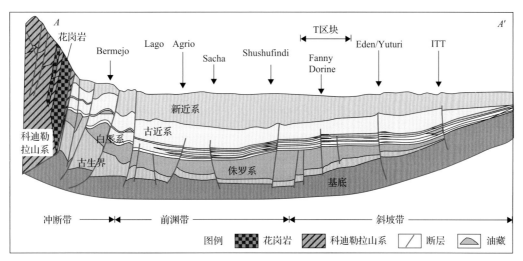

图 13-3 奥连特盆地构造剖面图(剖面位置见图 13-1,据 Baby et al.,2013)

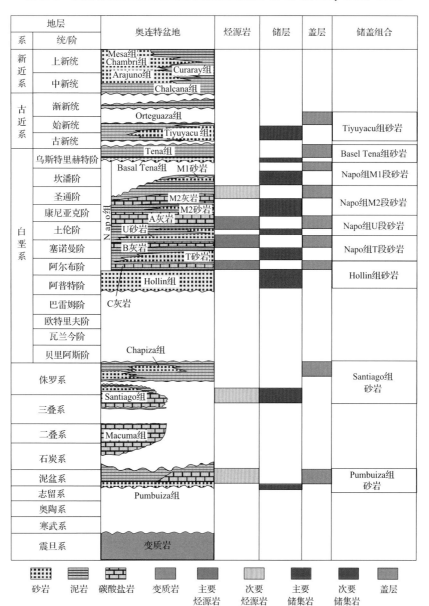

图 13-4 奥连特盆地综合柱状图及成藏组合划分(据 Dashwood and Abbotts,1990;马中振等,2017)

中生代早期，盆地演变为裂谷盆地，发育海陆交互相沉积（Dashwood and Abbotts，1990；Vallejo et al.，2021）。三叠系—下侏罗统 Santiago 组由海侵薄层碳酸盐岩和黑色沥青页岩组成（Marksteiner and Aleman，1996；Vallejo et al.，2021）。上侏罗统 Chapiza 组由砾岩、砂岩和页岩组成，盆地西部最厚约 200m，向东逐渐减薄。白垩系 Hollin 组由厚层至块状石英砂岩组成，含少量横向分布稳定的泥岩层和煤层，最厚约 150m。白垩系 Napo 组由海相泥岩、石灰岩和砂岩组成，最厚超过 600m，砂岩向东逐渐增厚。白垩系 Basal Tena 组由红色陆相和滨海相泥岩、粉砂岩组成，在盆地西部最厚超过 700m。

中生代晚白垩世之后，盆地演化成前陆盆地，以陆相沉积为主。古近系发育 Tena 组、Tiyuyacu 组和 Orteguaza 组。Tena 组为红色泥岩，Tiyuyacu 组由红色页岩和细砂岩组成，自东向西逐渐增厚，最厚约 600m。Orteguaza 组由蓝灰色泥岩组成，偶见海绿石砂岩，最厚约 300m。新近系主要为粗粒碎屑岩沉积，最厚超过 2000m（Dashwood and Abbotts，1990；Pindell and Tabbutt，1995；Valasek et al.，1996；Shanmugam et al.，2000；Estupiñan et al.，2010）。

三、含油气系统

（一）烃源岩

盆地发育两套主要的烃源岩，即三叠系—侏罗系 Santiago 组和白垩系 Napo 组。Napo 组海相黑色页岩是盆地最重要的烃源岩（图 13-4），以 Ⅱ 型干酪根为主，盆地东部局部地区见 Ⅲ 型干酪根（Dashwood and Abbotts，1990；Higley，2001），总有机碳（TOC）含量平均为 2.5%，东部约为 1%，西部前渊带增加到 4%，局部地区可达 6%～8%，盆地中部和西部地区已经整体进入生油窗，东部斜坡带仅局部地区进入生油窗（Baby et al.，2013），位于现今盆地西部边界的烃源岩在早—中始新世达到生烃高峰（Dashwood and Abbotts，1990）。

（二）储层

盆地主要储层是白垩系 Hollin 组和 Napo 组砂岩（图 13-4），古近系 Tena 组和 Tiyuyacu 组碎屑岩是次要储层。

Hollin 组砂岩为河流-三角洲相沉积，最厚约 150m，整体为白色厚层状至块状中粒-粗粒石英砂岩，孔隙度和渗透率分别为 12%～25% 和 $(20～2000)×10^{-3}\mu m^2$。Hollin 组砂岩自西向东厚度逐渐变薄（Vallejo et al.，2021）。

Napo 组包含 M1、M2、U 和 T 四段砂岩。M1 段砂岩和 M2 段砂岩为滨-浅海相沉积，孔隙度为 17%～32%，渗透率为 $(10～8000)×10^{-3}\mu m^2$，主要分布在盆地东部，向盆地中西部逐渐减薄并尖灭；T 段砂岩和 U 段砂岩为三角洲相沉积，孔隙度为 11%～26%，渗透率为 $(5～2000)×10^{-3}\mu m^2$，砂体厚度自东向西逐渐减薄（Shanmugam et al.，2000；Pindell and Tabbutt，1995；Vallejo et al.，2021）。

（三）盖层

盆地 Tena 组泥岩为区域性盖层，Napo 组层间页岩和石灰岩为局部盖层（Dashwood and Abbotts，1990）。

（四）储盖组合

盆地发育 9 套储盖组合（图 13-4）。已发现储量主要分布在 Hollin 组砂岩储盖组合、M1 段砂岩储盖组合、U 段砂岩储盖组合和 T 段砂岩储盖组合，这四套储盖组合内发现的油气可采储量约占盆地总可采储量的 95%以上(马中振等，2017)。

四、成藏模式

始新世开始，盆地西部前渊带白垩系 Napo 组烃源岩进入生油窗，一部分油气沿冲断带深大断层直接进行垂向运移，并在白垩系储层中聚集形成油气藏(如冲断带 Bermejo 油田)；大部分油气则沿白垩系 Hollin 组砂岩、Napo 组 U 段和 T 段砂岩等区域性输导层从西部向东部进行长距离运移，运移过程中如遇到断层油气则再次进行垂向运移，从深部的 Hollin 层运移至浅部的 U 层、T 层和 M1 层并在圈闭中聚集成藏，形成从西向东"砂体—断层—砂体"阶梯式运移模式(图 13-5，Yang et al.，2017)。

第三节　T 区块勘探实践

T 区块位于奥连特盆地东部斜坡带，面积 1047km^2，主要目的层为白垩系 Napo 组 U 层和 M1ss 层，地表为热带雨林，区块环保要求高，采用丛式平台进行勘探和开发。区块经过 20 余年的勘探有多个油藏发现，属于高勘探成熟区块。2006 年安第斯公司进入 T 区块时，区块正处于勘探低谷期。安第斯公司接手后，在 10 余年间先后发现 10 余个构造-岩性油气田，掀起了区块勘探的又一个高潮。

一、勘探历程

以 2003 年 EnCana 购买 T 区块资产和 2006 年中方接手 T 区块资产两个时间点为界，T 区块勘探历程可分为"EnCana 进入前""EnCana 作业期间"和"中方作业期间"三个阶段。

(一)EnCana 进入前

2003 年 EnCana 接手时，T 区块共采集二维测线 76 条，长约 1350km；从 1970 年开始，T 区块进入快速发现阶段，1971 年和 1972 年分别发现 Mariann 和 Fanny 油气田，1980 年之后相继发现 Dorine、Mariann 4A、Mahogany、Shirley 和 Tarapoa South 等油气田。进入 21 世纪后，在西北部先后发现 Alice、Sonia 和 Mahogany 等油气田。

(二)EnCana 作业期间

2003 年到 2006 年 EnCana 作业期间，没有采集地震资料，钻探井 1 口，开发井 59 口，发现油气藏 1 个(Chorongo 油藏，地质储量 83×10^{4}t)，区块原油产量由 0.58×10^{4}t/d 提升到 0.88×10^{4}t/d。

(三)中方作业期间

中方接管 T 区块之后的勘探历程分为两段：①早期适应阶段(2006~2010 年)，受此阶段合同期限制，勘探主要围绕已有地面设施开展，利于油气田发现后快速投产；②扩展区高效勘探阶段(2011~2021 年)，2011 年新合同生效后，T 区块合同期延长，同时新增了 685km^2 的扩展新区，公司积极推动甩开勘探，先后采集三维地震 450km^2，部署探井、评价井 49 口，区块进入高效勘探阶段，相继发现了 10 余个构造-岩性复合油藏(图 13-6)，新增石油探明地质储量 2.3×10^{8}t，T 区块连续 10 年储量替换率大于 1。

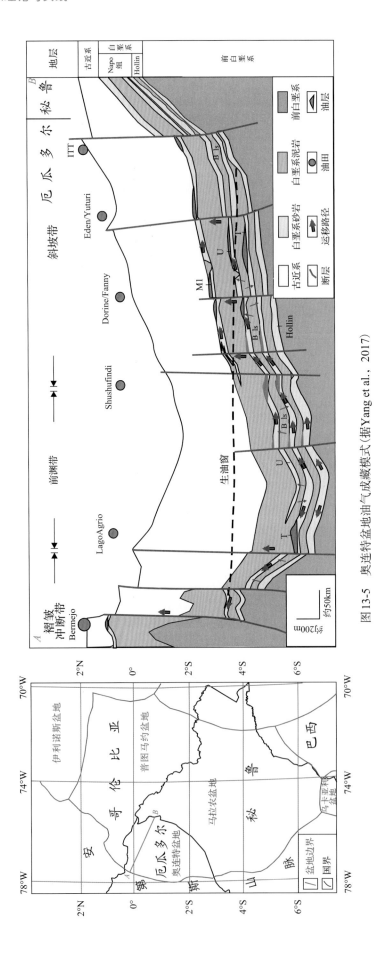

图 13-5 奥连特盆地油气成藏模式（据 Yang et al.，2017）

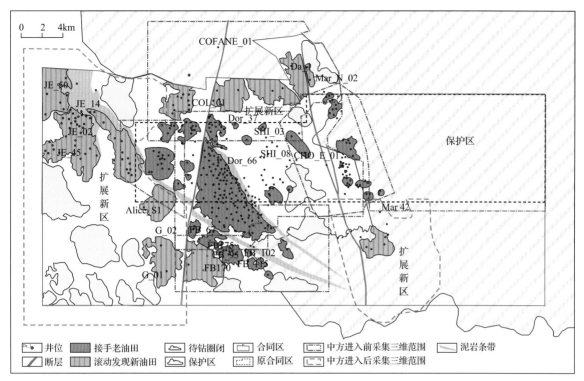

图 13-6　奥连特盆地安第斯项目 T 区块油气田分布图(位置见图 13-1)

二、勘探难点与挑战

(1)圈闭幅度低,准确识别难。

盆地东部斜坡带整体构造倾角小于 2°,构造活动不活跃,仅北部发育近南北走向具走滑性质的反转断层,断层上盘伴生南北长轴走向的大型构造圈闭,断层间则主要发育低幅度圈闭,这些低幅度圈闭具有面积小(一般在 1km² 左右)、幅度低(幅度一般在 3～10m)的特点,常规地震解释识别难度大。

(2)油藏分布复杂,成藏规律认识难。

一是纵向含油层段多,且不同地区含油层段差别大,有的地区 5 套目的层含油,有的地区仅 1 套目的层含油;二是原油 API 度差异大,不仅不同目的层之间原油 API 度差异大(UT 层原油重度为 25～35°API,而 M1ss 层原油重度为 10～22°API),同一套储层内不同油藏之间原油重度也有较大差异,甚至同一个油藏内不同位置原油重度也差异较大(张志伟等,2020)。

(3)海绿石砂岩油层电阻低,识别与评价难。

海绿石砂岩由于富含海绿石导致其测井响应特征为"高伽马、高密度、低电阻",录井显示级别低(图 13-7),常规测井评价方法一般解释为非渗透层或水层,是油气勘探开发过程中极易忽略的隐蔽性含油新层系(阳孝法等,2016a;Yang et al.,2019)。海绿石砂岩油层"高伽马、高密度、低电阻"的成因不清,缺少针对性的测井解释方法和软件,海绿石砂岩低阻油层测井综合解释和识别难。

(4)斜坡带主力储层厚度薄,准确预测描述难。

主力目的层为海陆过渡相砂岩,具有纵向发育层系多、储层单层砂体厚度小(3～10m)的特点,常规地震资料(主频 30Hz)反演难以准确识别。

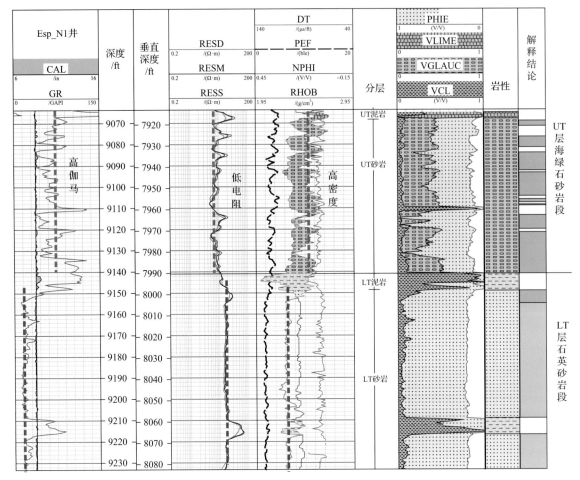

图 13-7　海绿石砂岩油层测井响应特征

三、勘探实践

基于斜坡带大范围烃源岩和原油取样及地球化学分析，形成了关于盆地成熟烃源岩分布、油气成藏模式的新认识，提升了斜坡带的资源潜力，指明了优质储量勘探方向，增强了斜坡带成熟探区勘探信心。

（一）石油地质新认识

（1）斜坡带发育白垩系"优质、成熟"烃源岩。

西方学者认为白垩系 Napo 组海相黑色页岩是盆地最重要的烃源岩，成熟烃源岩主要位于盆地西侧，在早—中始新世达到生烃高峰，油气自盆地西侧经阶梯式运移在断层伴生构造圈闭中聚集成藏（Feininger，1975；Dashwood and Abbotts，1990；Mathalone and Montoya，1995；Baby et al.，2013）。

中方进入后，高度重视盆地基础石油地质研究，先后采集了大量的烃源岩样品，完成了超过1100 项次的地球化学分析，提出了 Napo 组烃源岩的新认识，认为白垩系烃源岩是一套优质烃源岩（Yang et al.，2017）。

地球化学分析证实 Napo 组烃源岩干酪根类型为 II_1-II_2 型，总有机碳（TOC）含量为 0.12%～7.46%，平均为 2.45%（图 13-8）；氯仿沥青"A"含量为 0.04%～1.06%，平均为 0.276%；生烃潜力为 0.33～44.1 mg/g，平均为 8.8 mg/g。综合评定 Napo 组烃源岩为高丰度的优质烃源岩。

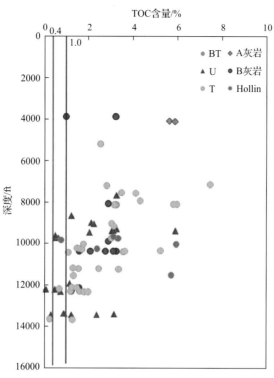

图 13-8 奥连特盆地烃源岩样品 TOC 与深度关系图

Napo 组烃源岩大面积成熟，斜坡带大部分地区进入生油门限。综合有机质成熟度 R_o、生物标志化合物、岩石热解参数、干酪根元素原子比等数据，明确前渊带和斜坡带西部的 Napo 组烃源岩已经进入生油窗(图 13-9)。

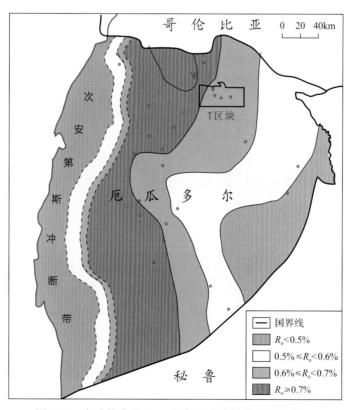

图 13-9 奥连特盆地 Napo 组烃源岩成熟度平面展布。

该认识突破了盆地 Napo 组成熟烃源岩局限分布在盆地西侧前缘带及盆地南部靠近秘鲁地区的认识，证实盆地斜坡带大面积发育优质、成熟烃源岩，极大地提升了斜坡带的资源潜力，增强了在盆地斜坡带 T 区块进行滚动勘探的信心。2011 年后，安第斯公司持续加大勘探投入，在 T 区块西部、北部和南部扩展新区相继获得勘探突破，在老油田生产层系下部也发现了一套新含油层(Yang et al.，2017)，取得了非常好的滚动勘探效果。

(2)建立斜坡带多期充注、早降解、晚降稠的成藏模式。

证实斜坡带原油母源为白垩系 Napo 组泥灰岩烃源岩。原油和烃源岩 GC-MS 分析结果表明，斜坡带白垩系原油与 Napo 组泥灰岩具有较强的亲缘关系，具体表现在：①原油与泥灰岩具有相似的正构烷烃组成，单峰-前峰型、主峰 $C_{15} \sim C_{17}$、较小的 Pr/Ph 比；②m/z=191 和 m/z=217 质量色谱图对比分析表明，斜坡带原油的三环萜烷、升藿烷、C_{27} 重排甾烷和 C_{27}—C_{28}—C_{29} 规则甾烷组成特征与斜坡带 Napo 组泥灰岩的对应参数分布特征高度相似(图 13-10)，表明原油与泥灰岩具有亲缘关系(Ma et al.，2020，2021)。

斜坡带白垩系原油具有多期充注特征。储层流体包裹体均一化温度测定表明，石英颗粒加大边类流体包裹体均一化温度集中分布在 86～90℃，对应形成时间为早中新世(17～15Ma)；而石英颗粒微裂隙中的流体包裹体均一化温度主要分布在 86～105℃，对应时间为早—晚中新世(17～12Ma)(图 13-11)。流体包裹体均一化温度的分布特征表明，斜坡带白垩系储层中原油充注是一个持续过程，其间存在两个充注高峰期：早中新世和中中新世(张志伟等，2021；Ma et al.，2021)。

原油总离子流图上存在较为明显的基线隆升(UCM 鼓包)现象，部分原油样品中发现 25-降藿烷存在，证明原油遭受严重的生物降解作用。同时原油总离子流图保留较为完整的正构烷烃序列，表明原油中存在正常原油。原油同时存在正常原油和降解原油的谱图特征，唯一合理的解释就是原油经历了多期次的充注混合，早期充注原油遭受生物降解，后期又有正常原油充注混合(Ma et al.，2020)。

基于斜坡带白垩系原油来源、成藏期及充注过程的认识，建立了斜坡带"多期充注、早降解、晚降稠"的油气成藏模式(Ma et al.，2021；张志伟等，2021)。斜坡带油气充注过程分为三个阶段：①早期常规原油充注阶段，盆地西部和斜坡带局部地区成熟烃源岩开始生排烃，油气沿着有效输导体系运移并在圈闭中成藏；②大规模生物降解阶段，斜坡带储层埋藏普遍较浅(小于 2000m)、温度较低(小于 100℃)，适宜生物生存，导致斜坡带白垩系油藏普遍遭受生物降解；③晚期混合充注降稠阶段，晚期正常原油充注并与早期降解的原油混合，正常原油与降解原油的混合程度决定了原油重度(°API)，靠近油气来源方向上的位置由于混合程度高其原油重度也相对较高。

T 西地区 JE-4 井在构造高部位钻遇重油(原油重度 14.6°API)，在"多期充注、早降解、晚降稠"的成藏模式指导下(图 13-12)，在油田构造下倾部位钻探多口井发现中轻质油(原油重度为 20～24°API)，新建产能 70×10^4t/a。

(二)适用勘探技术

1. 低幅度构造识别和描述技术

集成创新了一套低幅度构造识别和描述技术，包括针对目标的低幅度构造地震资料采集技术、高分辨率地震处理技术、孔隙砂岩顶面解释技术、剩余构造量分析技术等，解决了前陆盆地斜坡带低幅度圈闭准确识别和描述的难题。

1)低幅度构造地震资料采集技术

高分辨率地震资料采集方法主要包括：小道距、小组合基距、小偏移距、小采样率、高覆盖次数、精细表层调查、潜水面以下激发、优化激发岩性、适度炸药量、宽频接收、三级风以下施工

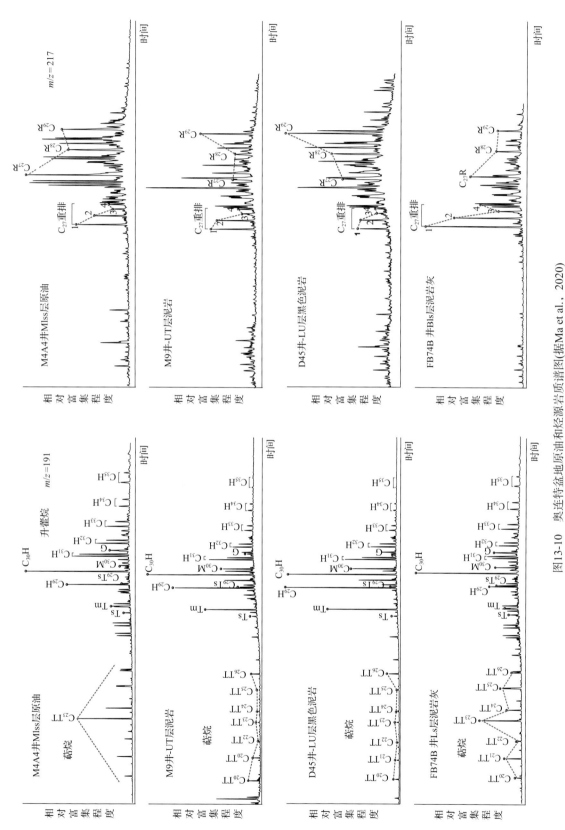

图13-10 奥连特盆地地原油和烃源岩质谱图(据Ma et al., 2020)

TT-三环萜烷; H-藿烷; M-莫烷; G-伽马蜡烷; Tm-18α-22,29,30s三降藿烷; Ts-17α-22,29,30s三降藿烷

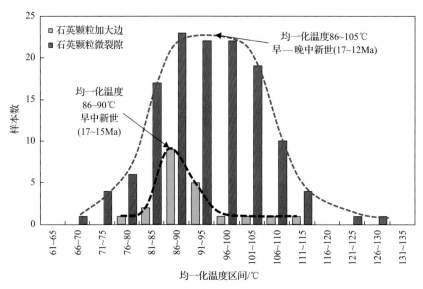

图 13-11 奥连特盆地斜坡带流体包裹体均一化温度分布图(据张志伟等,2021)

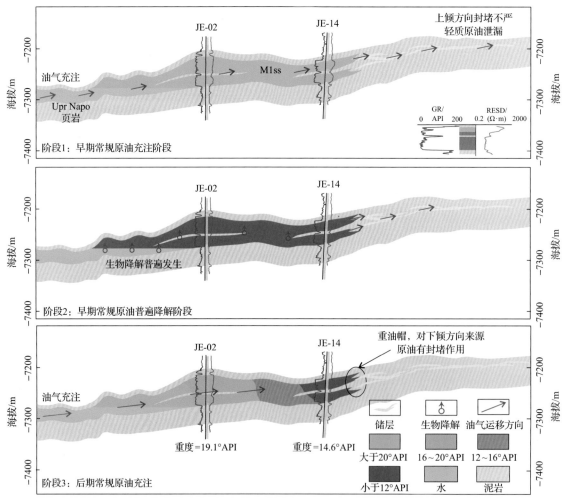

图 13-12 奥连特盆地斜坡带油气充注模式图(据张志伟等,2021)

等。针对研究区构造幅度低、面积小的特点,在做好精细表层速度结构调查基础上,优化观测系统和地震波激发接收技术,进一步提高地震资料的纵横向分辨率(表 13-1),主要包括以下几点认识。

(1)小面元关系到叠前去噪和偏移成像质量,面元建议由 30m×30m 提高到 15m×15m。

(2)采用较宽方位、较小接收线距、少线束滚动观测系统减少采集脚印的影响,提高成像精度。建议采用12线8炮192道正交线束状观测系统,炮点距由60m缩小为30m,接收道数、炮数增加1倍。

(3)注重表层调查工作,采用合适的静校正方法提高低幅度构造识别精度。表层调查方法采用340m小折射调查排列长度,静校正方法采用模型约束初至反演静校正。

表 13-1　奥连特盆地斜坡带新老观测系统参数对比表

观测系统类型	老观测系统	新观测系统
束状	12线8炮	12线8炮
道数	12×128=1536道	12×192=2304道
道距/m	60	30
接收线距/m	480	240
炮线距/m	480	240
炮点距/m	60	30
地下面元/m	30×30	15×15
覆盖次数	6×8次=48次	6×12次=72次
最小炮检距/m	30	15
最大炮检距/m	4758	3200
束线滚动距离/m	480	240
横纵比	0.75	0.5

新观测系统缩小了面元尺寸、提高了道密度,采用空间波长连续采样观测系统设计技术,有利于叠前去噪和偏移处理,有利于提高地震分辨率。

2)针对目标的高分辨率处理技术

主要包括三套技术:一是以折射静校正与迭代分频剩余静校正为代表的高精度静校正技术,使解释的微幅构造真实可靠;二是以地表一致性振幅补偿、分频去噪、多域去噪、高保真叠前偏移成像为主的高保真振幅处理及高精度偏移成像技术;三是以串联多道预测反褶积、优势频率约束反褶积为代表的针对目标的高分辨率处理技术,在保持波组特征的同时提高垂向分辨率。图13-13为处理前后成果对比,处理后地震剖面波组特征清晰、低幅度特征更加明显。

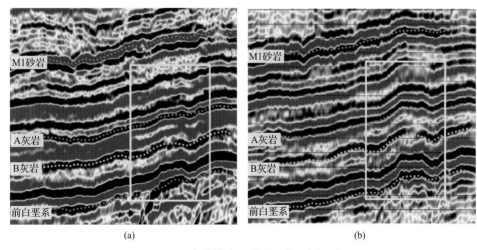

(a)　　　　　　　　　　　(b)

图 13-13　高分辨率地震处理前后剖面对比

(a)处理前;(b)处理后

3）孔隙砂岩顶面精细解释技术

由于孔隙砂岩顶面并不位于地震反射极值点或零值点，导致孔隙砂岩顶面精确解释难。通过对地震数据进行一定角度的相移可将地震反射零值点或极值点相移到孔隙砂岩顶面，从而提高孔隙砂岩顶面解释精度。

在常规地震剖面上，T 区块白垩系 M1 段孔隙砂岩顶面位于波谷和零值点之间，准确拾取难，通过对地震数据进行相移，将 M1 段孔隙砂岩顶面相移到地震的零相位，提高地震解释的确定性，从而提高了孔隙砂岩顶面解释精度（图 13-14）。该技术能够提高低幅度构造识别准确性，对低幅度圈闭的勘探和开发具有重要作用。

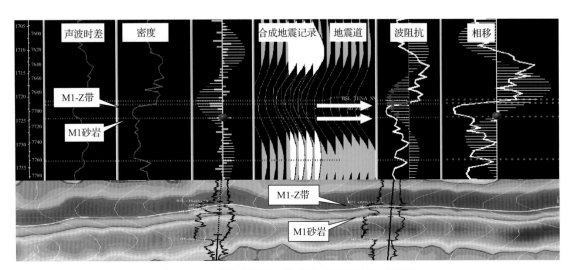

图 13-14　孔隙砂岩顶面解释技术原理及应用实例

随着地震反演预测储层精度的提升，地震反演预测储层数据也越来越多地应用到层位追踪之中，如图 13-15 所示，孔隙砂岩顶面的解释精度从常规地震剖面、相移剖面到反演剖面逐步得到提高。

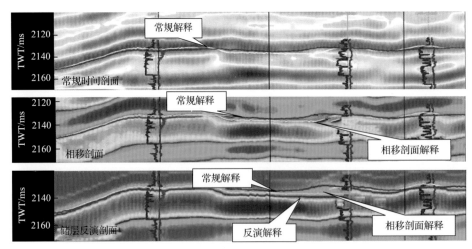

图 13-15　孔隙砂岩顶面解释精度逐步得到提高

4）特色辅助技术

在储层顶面实际追踪解释中，应用地层倾角资料和剩余构造分析等特色辅助技术可以取得较好的应用效果。

(1)倾角测井资料校正低幅度构造。地层倾角测井能直观反映单井剖面地质构造。对于两口相邻但地层倾向、倾角不同的已知钻井，可利用倾角资料推断两井间地层埋藏最低点。如图 13-16 所示，A、B 分别表示两个相邻井点，L 为两井间的水平距离，α、ϕ 分别为两井点处目的层倾角。

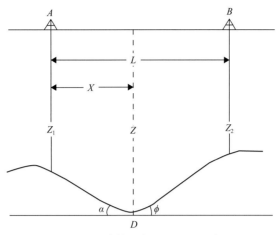

图 13-16　计算相邻井间埋深示意图

假设埋深差别不太大的两个低幅度构造高点间的鞍部地层近似于线性变化，X 为两高点间鞍部埋深最低点 D 距 A 点的水平距离；Z 为两高点间鞍部最低点 D 的埋藏深度，那么有公式(13-1)和公式(13-2)：

$$Z - Z_1 = X\tan\alpha \tag{13-1}$$

$$Z - Z_2 = (L - X)\tan\phi \tag{13-2}$$

进一步推导出公式(13-3)和公式(13-4)：

$$Z = \frac{Z_1\tan\phi + Z_2\tan\alpha + L\tan\alpha\tan\phi}{\tan\alpha + \tan\phi} \tag{13-3}$$

$$X = \frac{Z_2 - Z_1 + L \times \tan\phi}{\tan\alpha + \tan\phi} \tag{13-4}$$

进而可在平面上确定鞍部的大致位置及等值线的勾绘间距。地层倾角测井技术获得了来自地层倾角的直接信息，为低幅度构造精确解释提供了依据。

(2)剩余构造分析。低幅度构造的幅度值远小于背景构造埋深，导致构造图上低幅度构造被构造背景淹没。剩余构造分析技术通过层面滤波计算出构造趋势面，再与构造图相减得到剩余构造异常，从而清楚突出异常高点位置(图 13-17)。

2. 多尺度迭代薄储层预测技术

技术思路是通过"引入外部测井信息"和"内部地震数据拓频"两个途径内外结合提高薄层反演精度。首先，利用连续小波变换将地震数据体分解为大、中、小三个尺度数据体，大尺度数据体反演预测结果作为中尺度反演的初始模型，中尺度的反演结果作为小尺度反演的初始模型，减弱反演结果对初始模型的依赖(图 13-18)。反演过程中，基于匹配追踪的思想在子波库中自适应地选取不同尺度数据体的反演子波，使得真实数据与模型响应匹配良好，反演结果更加准确可靠。

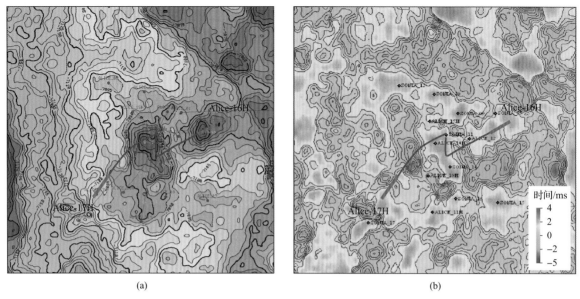

(a)　　　　　　　　　　　　　　　　(b)

图 13-17　A 油田 M1 段砂岩顶面构造图(a)与剩余构造异常平面图(b)

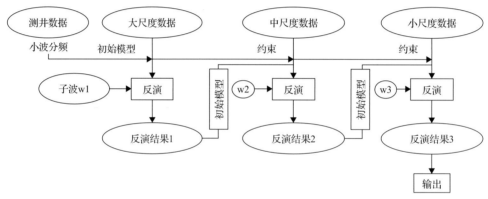

图 13-18　多尺度混合反演基本流程

1)小波多尺度分解

地震信号具有明显的多尺度性，利用小波变换多分辨功能和优良的"数学显微镜"特性，实现不同尺度地震信号的分离，减弱薄层的调谐作用，增强地震信号的高、低频信息。对地震数据和井数据进行多尺度分解是多尺度迭代反演的关键，分解之后可以将局部频段的信号独立出来，避免其他频段信号的干扰，提高反演结果的准确性。

2)多尺度迭代反演

(1)子波优选：不同尺度反演需要选取不同的子波。将测井求得的反射系数与不同主频的里克子波褶积形成合成记录，当合成记录同不同尺度地震(高、中、低主频地震)井旁地震道相关系数最高时，选取此时的主频为该尺度地震的优选主频。使用均方根校正的原理，将子波振幅与地震道匹配，得到该尺度的优选子波。

(2)反演过程控制：基于对非线性混沌反演的分析，利用突出界面和岩性体特征的测井数据建立初始模型，使用贝叶斯原理设置正则化参数，提高了沉积面和岩性体的分辨率。

(3)单道反演测试：选取 AS-01 井进行井旁道反演处理，反演井段为 2519~2813m，对应的地震时间为 1800~1960ms(图 13-19)。根据时频分析结果，将井旁地震道分解为 10~20Hz、30~45Hz 和 40~65Hz 三个尺度段进行反演(图 13-20)。

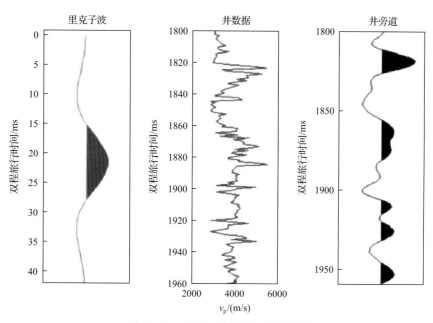

图 13-19　AS-01 井曲线和地震记录

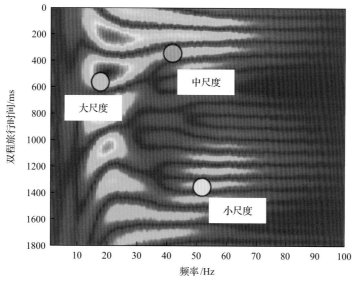

图 13-20　AS-01 井井旁道时频谱

大、中、小尺度分别优选 13Hz、34Hz、40Hz 主频的里克子波，初始相关系数分别为 81%、50%、40%，反演结束后均达到 90%以上；尺度从大到小，反演结果分辨率逐级提高，并向实际测井数据收敛。反演效果见图 13-21，反演后大尺度可分辨 12.6m 厚度储层，中尺度可分辨 6m 厚度的储层，小尺度可分辨 3m 厚度的储层及 1m 厚度的隔夹层。

3. 海绿石低阻油层测井评价技术

(1)海绿石砂岩储层特征与发育模式。

①海绿石储层结构特征。海绿石砂岩为石英颗粒和海绿石颗粒共同支撑结构，石英颗粒和海绿石颗粒分选较好，填隙物含量较少(小于 5%)，以胶结物为主。石英颗粒呈次圆状，海绿石颗粒多呈圆状或粪球粒状，含量为 5%~50%，见图 13-22(阳孝法等，2016b)。孔隙主要是剩余粒间孔，孔隙半径为 0.05~0.15mm，喉道连通性较差，孔隙度为 5%~20%，渗透率为 $(0.1~100)×10^{-3}μm^2$。

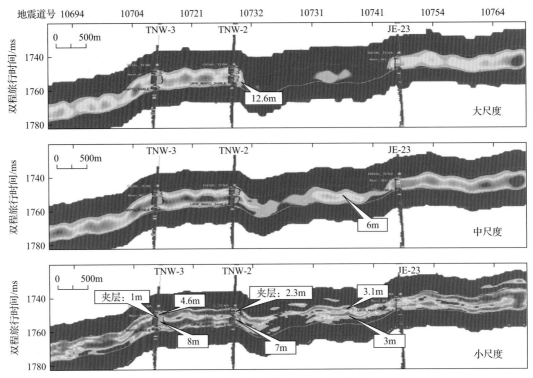

图 13-21　多尺度迭代反演剖面效果图

图 13-22　奥连特盆地 MN1 井海绿石砂岩储层孔隙及成岩作用特征

Gl-海绿石；Qz-石英；Pf-斜长石；Fe-铁方解石；Py-黄铁矿；Mi-云母；So-残余油；Or-有机质

②海绿石矿物形成机理。斜坡带发育的海绿石砂岩是典型的富铁和富钾的云母型海绿石，没有经历风化作用改造，非外碎屑成因。单井上，海绿石含量垂向增加，揭示其为海侵期(TST)的特征矿物。建立了海绿石砂岩沉积模式(图 13-23)：经历一定程度的水动力作用(潮汐流)，球粒状内源海绿石向岸短距离搬运，在内陆棚-过渡带与外源石英混合形成。水动力条件：沉积物记录具有潮汐层理和双黏土层的潮汐作用信息。海绿石成因类型：化学组分和时空属性指示是高成熟层内准原地海绿石。

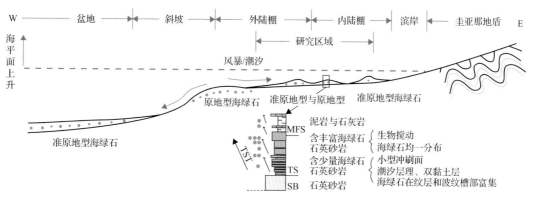

图 13-23　奥连特盆地海绿石砂岩沉积成因模式(据阳孝法等，2016b)

MFS-最大海泛面；TS-海侵面；SB-层序界面

(2)海绿石砂岩油层"两高一低"成因机理。基于元素能谱分析明确含海绿石是导致海绿石砂岩测井响应"高密度、高伽马"的主因，高束缚水是导致海绿石砂岩油层"低电阻率"的主因。海绿石中铁含量高(氧化铁含量大于 25%)，而铁的密度为 2.95g/cm³，高于同体积的其他矿物(图 13-24)；海绿石成熟度高(氧化钾含量大于 6%)，因此海绿石砂岩具有高放射性，导致测井高伽马响应；海绿石含量增高导致束缚水饱和度变大，束缚水饱和度增高导致电阻率降低(阳孝法等，2016b)。

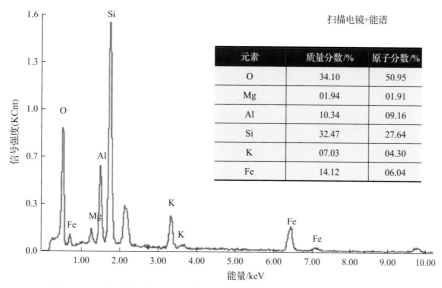

元素	质量分数/%	原子分数/%
O	34.10	50.95
Mg	01.94	01.91
Al	10.34	09.16
Si	32.47	27.64
K	07.03	04.30
Fe	14.12	06.04

图 13-24　奥连特盆地 M09 井 UT 层海绿石砂岩扫描电镜及能谱分析

KCnt 表示 X 射线计数即强度值，其中 K 表示 1000，Cnt 表示 counts，即计数量，单位一般是 cps(每秒计数量)

(3)基于骨架模型的海绿石砂岩储层测井解释方法。建立混合骨架体积模型用于评价海绿石砂岩储层，并提出基于该混合骨架模型的测井解释方法。

海绿石含量求取：利用岩心分析数据和测井值进行理论推导可以计算出海绿石含量。岩心分析结果说明海绿石砂岩的黏土含量很少，低于5%。假设模型中不含黏土矿物，通过岩心测试获得孔隙度（PHIT）、混合骨架密度（RHOM）、体积密度（RHOB）等参数数值；根据斯伦贝谢公司矿物手册，砂岩的骨架密度理论值为2.65g/cm³；根据统计数据回归分析海绿石骨架密度取值为2.95g/cm³。根据公式（13-5）计算海绿石含量 V_{gl}：

$$V_{gl} = f_1\left(\text{RHOM}, \text{RHOB}_{gl}, \text{RHOB}_{ss}, \text{PHIT}\right) \tag{13-5}$$

式中，下标 gl 表示绿泥石；ss 表示砂岩。

　　通过岩心和测井特征分析，海绿石含量越高，密度与中子孔隙度测井曲线重叠区越大，设定为 DRN 因子。根据密度和中子孔隙度测井曲线转换，并与海绿石含量建立多元回归，得出经验关系式（13-6）：

$$\begin{aligned} \text{DRN} &= a \times \text{RHOB} + b \times \text{NPHI} - c \\ V_{gl} &= d \times \ln\left(\text{DRN}\right) + e \end{aligned} \tag{13-6}$$

式中，RHOB 和 NPHI 为密度和中子孔隙度测井值；V_{gl} 为计算的海绿石含量，当 DRN 小于 0.4 时，V_{gl}=0.001；a、b、c、d 和 e 均为回归系数。

　　建立岩心测定的海绿石含量与岩心混合骨架密度经验关系式（13-7），根据该公式可求取海绿石砂岩混合骨架体积密度：

$$\text{RHOB} = f \times V_{gl} + g \tag{13-7}$$

式中，RHOM 为混合骨架密度，g/cm³；V_{gl} 为海绿石含量；f 和 g 均为回归系数。

　　孔隙度求取：利用密度曲线计算储层的孔隙度，见公式（13-8）：

$$\text{PHIT} = \frac{\text{RHOB} - \text{RHOM}}{\text{RHOB}_f - \text{RHOM}} \times \left(1 - V_{gl}\right) \tag{13-8}$$

式中，PHIT 为总孔隙度；RHOB 为密度测井值；RHOM 为混合骨架密度；RHOB_f 为流体密度值。

　　含水饱和度求取：采用岩心和测井资料建立饱和度经验模型计算饱和度，在建立含油饱和度 S_o 与孔隙度和测井电阻率经验关系之前首先对岩心的饱和度进行校正。校正方法和步骤如下：原始数据的回归；数据平移至 S_o=1，S_o 平移量为 0.605；数据点旋转，公式（13-9）为最终校正量计算公式：

$$\begin{aligned} S_{w(校)} &= 0.7 \times \sqrt{\left(1 - S_o - 0.605\right)^2 + S_w^2} \\ S_{o(校)} &= 1 - S_{w(校)} \end{aligned} \tag{13-9}$$

　　根据校正后的岩心分析饱和度与岩心孔隙度、电阻率测井值按照式（13-9）经多元回归得出饱和度经验模型公式为（13-10）：

$$S_w = 10^{-1.125 + 0.124\lg(\text{RESD}) - 0.798\lg(\text{PHIT})} \tag{13-10}$$

　　渗透率求取：考虑海绿石含量的影响，由岩心资料建立渗透率-孔隙度关系公式，见式（13-11）：

$$\text{PERM} = 10^{-1.816 - 4.184 V_{gl} + 24.973\text{PHIT}} \tag{13-11}$$

　　孔隙度截断值求取：当孔隙度截断值为 10%时，孔隙度累计频率显示孔隙体积损失约为 10%。渗透率为 $1 \times 10^{-3}\mu\text{m}^2$ 时，孔隙度为 10%。最终将孔隙度截断值定为 10%。

　　含水饱和度截断值求取：岩心校正含油饱和度与孔隙度和渗透率关系表明，当孔隙度为 10%、

渗透率为 $1\times10^{-3}\mu m^2$ 时，含油饱和度的截断值为 40%。

流体识别标准：利用重构流体识别因子 F_1（10ΔGR·RESD）和 F_2（PEF·RESD）与 RHOB、NPHI 交会图可看出油层和水层的 F_1 和 F_2 值明显不同（图 13-25 和图 13-26），根据 F_1 和 F_2 建立海绿石砂岩储层流体识别标准，油层：$F_1>8$，PEF·RESD>18；水层：$F_1<8$，PEF·RESD<18（图 13-25）。

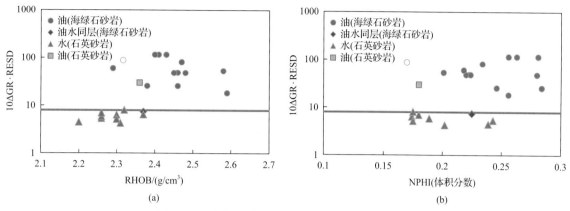

图 13-25　流体识别因子 F_1 与 RHOB、NPHI 关系图

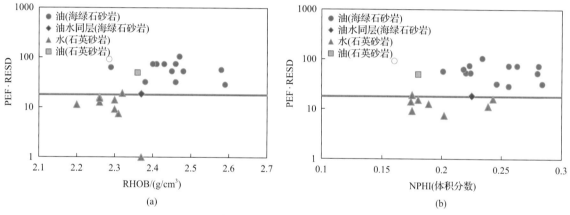

图 13-26　流体识别因子 F_2 与 RHOB、NPHI 关系图

测井解释及效果检验：M09 井测井解释海绿石含量、混合骨架密度、孔隙度、渗透率和含水饱和度与岩心结果比较可以看出（图 13-27），测井解释结果均与岩心分析结果相符，表明储层参数解释模型是可靠的。

（三）勘探新发现

1. 常规砂岩构造-岩性油藏

中方进入 T 区块发现大量构造-岩性油藏，尤以 JE 油藏为典型，该油田含油面积 20km²，地质储量 2000×10^4t。油藏储层为白垩系 Napo 组 M1 段河口湾砂岩，储层厚度在 10~30m，储层顶面为西南倾单斜，东北上倾方向发育 NW-SE 走向的砂岩尖灭带，为油藏提供上倾方向上的封闭条件（图 13-28）。油田已钻井 50 余口，已建产能 50×10^4t/a，经济效益显著，成为奥连特盆地滚动勘探的典范（张志伟等，2020）。

2. 海绿石低阻砂岩油藏

通过技术研发，实现海绿石砂岩低阻油层的综合解释，发现了以 M 油田 UT 层油藏为代表的海绿石低阻砂岩油藏（图 13-29），属于老油田新层系挖潜，有效地拓展了 T 区块勘探领域。

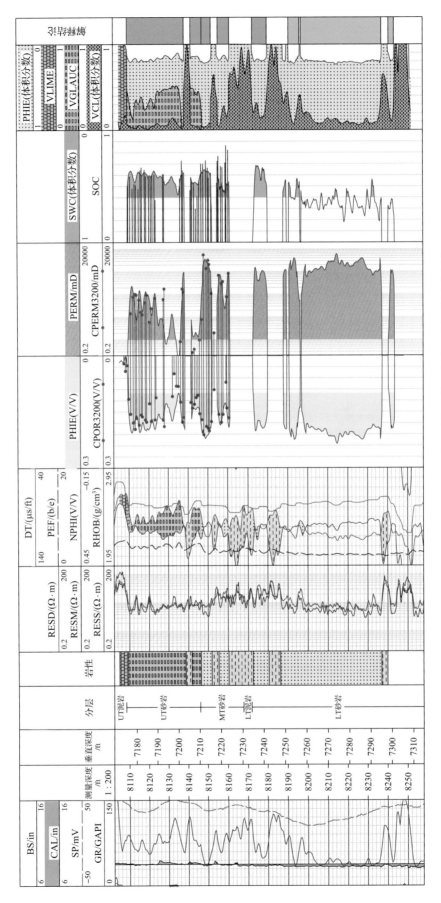

图13-27 奥连特盆地M09井海绿石砂岩测井解释结果与岩心分析结果对比图

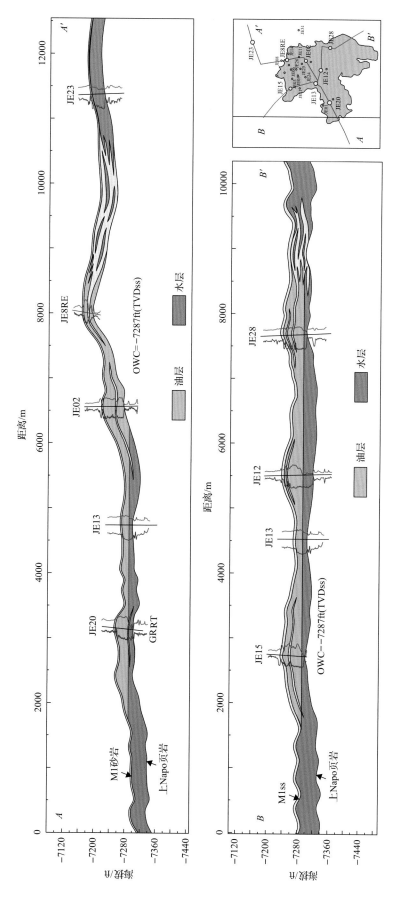

图 13-28　奥连特盆地 T 区块 JE 构造-岩性复合油藏十字油藏剖面

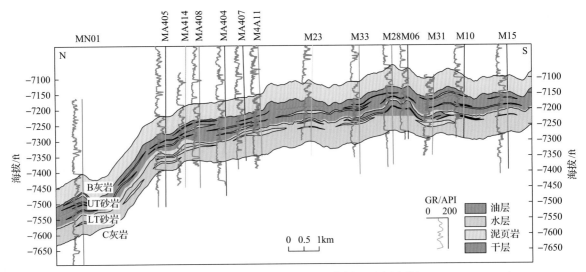

图13-29　奥连特盆地T区块M油田海绿石砂岩油藏剖面示意图(据Yang et al., 2019)

T区块白垩系Napo组UT层海绿石砂岩油藏位于前陆盆地斜坡带上，烃源岩和海绿石砂岩储层呈大面积的面状接触式发育，岩性-地层性油藏表现为三明治式层状分布，具有良好的源储盖配置关系(阳孝法等，2016a)。

海绿石砂岩油藏属于中-低孔隙度、中-低渗透率储层类型的中质油油藏，油藏范围不受控于构造等高线，没有统一油水界面。储层孔隙类型主要是剩余粒间孔，孔隙结构具双峰特征(阳孝法等，2016b；张琴等，2016)。储层总体上连续大型化发育，其内部的储集空间与物性在横向上发生变化，因而在层状分布背景上形成了一系列相对较好的储渗单元，单个储渗单元的规模不大，但储集体群仍然可以规模成藏。广泛分布的富含II_1腐泥型有机质的泥灰岩是缓翼斜坡带的有效烃源岩(Yang et al.，2017；Ma et al.，2021)，大面积发育的海绿石砂岩与之毗邻而构成优越的源储组合，此类油藏表现为近源性、成藏晚期性等特点。T区块勘探生产实践应用中，优选43口井对UT层海绿石砂岩油层试油，42口获得成功，新增石油地质储量2000×10^4t。

第四节　经验和启示

安第斯公司已经成功经营16年，是中国石油和中国石化两大国企海外合作经营的成功典范，在厄瓜多尔石油界树立了中国石油公司技术领先者的旗帜，为中国石油公司在厄瓜多尔的发展打下了良好的开局。总结起来有以下几点经验和启示供大家借鉴参考。

(1)认清新勘探区块的勘探阶段，找准勘探方向和对象。

2006年刚签署安第斯项目时，研究团队通过对奥连特盆地勘探历程梳理，认为盆地规模构造油气藏勘探发现的阶段已经过去了，盆地已经从构造油气藏勘探逐渐转为构造-岩性油气藏勘探阶段，寻找构造-岩性油气藏是项目的勘探方向，构造-岩性复合圈闭是项目主要的勘探对象。基于对区块勘探阶段、勘探方向和勘探对象的认识，安第斯公司瞄准低幅度构造-岩性复合圈闭，在2011年获得685km²的扩展新区时，果断投入资金先后进行大面积三维地震数据采集，并最终在T区西北部发现了一个构造-岩性复合圈闭群，勘探获得重大突破。

认清盆地(区块)所处的勘探阶段是找准勘探方向和勘探对象的基础，是获得勘探突破的关键。在国内进行油气勘探时，得益于长期耕耘，石油公司对盆地所处的勘探阶段认识较为清楚。但是当我们签署一个国外的新勘探区块合同并开始进行油气勘探时，由于缺少前期的研究积累，导致我们对区块(盆地)的勘探历史、勘探所处阶段了解较少,有时对区块当下的勘探方向和主要勘探对象选择会出现偏差,最后导致勘探效果不佳。因此在国外新入一个区块时,首先要梳理区块勘探历程,认清区块所处勘探阶段,找准勘探方向和勘探对象,这是在国外进行区块勘探取得成功的关键一环。

(2)重视特色自主勘探技术培育,挖掘成熟探区潜力层。

2006年接手安第斯项目时,项目已经进入高勘探成熟阶段,主力目的层剩余勘探领域和潜力很小。未来勘探方向在哪里摆在技术人员面前迫切需要解决的问题。项目组对区块300余口老井复查时发现,尽管白垩系UT层海绿石砂岩段测井表现为"高密度、高伽马和低电阻"等非储层特征,且西方的石油公司也一直将该层划为非储层,但是多口井的UT层海绿石砂岩段录井有油迹显示,项目组紧抓油气显示的蛛丝马迹开展海绿石砂岩潜力评价技术攻关。通过3年多艰苦的技术攻关,项目组最终揭示了海绿石砂岩中的海绿石为颗粒状存在,与石英一样为岩石颗粒骨架;阐明了海绿石砂岩测井响应"高密度、高伽马"的主因是含海绿石,"低电阻率"的主因是高束缚水含量;形成了基于海绿石-石英混合骨架模型的海绿石砂岩储层测井解释评价方法,实现了海绿石砂岩从"非储层"到"储层",从"非油层"到"低阻油层"的跨越,打破了西方的石油公司的旧认识,发现了一套新层系。利用该方法在安第斯项目40余口井的UT层海绿石砂岩段解释出了油层,测试后单井获得了100~160t/d的初产,发现了一套新的含油层系,打开了一个亿吨级资源规模的新领域。

油气勘探界一直有一种说法"新区老方法、老区新方法",就是说在一个高勘探程度区进行勘探,必须采用新思维、新方法,打破固有的认识才能获得勘探突破。安第斯项目就是通过深入细致的基础分析,打破了西方公司对白垩系UT层海绿石层不是储层的旧认识,通过自主技术研发,攻克了海绿石砂岩"高密度、高伽马和低电阻"测井响应机理解释难题,创新形成了一套海绿石砂岩低阻油层的测井解释方法,并最终发现了一套新的含油层系,打开了老区勘探的新局面,转变了被动的勘探局面。

(3)跳出区块认识区块勘探潜力,指导目标和井位优选。

安第斯项目所在的奥连特盆地面积$10×10^4km^2$,而T区块面积仅$1047km^2$,仅占盆地面积的1/100,且区块仅位于盆地的一个二级构造单元上(斜坡带)。进入区块伊始,项目组就突破区块边界限制,将研究的视域放在整个奥连特盆地,通过全盆地地震、地质资料收集,全盆地范围原油、油砂、烃源岩样品采集,开展了立足全盆地的油气地质条件、富集规律研究,并形成了针对奥连特盆地的石油地质条件、油气富集规律认识,提出盆地斜坡带烃源岩大范围进入生油窗的新认识,打破了西方的石油公司认为斜坡带烃源岩不成熟的认识,大大提升了项目的勘探潜力;建立了盆地"多期充注、早降解、晚降稠"的成藏模式,指导安第斯项目获得多个勘探突破,实现了项目的高效勘探。

含油气盆地油气生成、运移、聚集和成藏是一个系统工程,需要用全局的、系统的思维来分析一个地区的油气勘探潜力。海外勘探的特点是公司仅能在盆地内的一个或几个有限的区块内进行勘探作业,但是如果勘探研究也局限在这样一个有限的区域内,那么很难形成一个准确的区块油气地质条件和成藏规律认识。勘探想要获得突破,地质研究必须要跳出区块来认识区块,系统分析、全局谋篇,这样才能准确地认识区块勘探潜力和勘探方向,提出可行的目标和井位优选建议,最终获得勘探突破。

(4)树立"合作共赢"的经营理念,夯实项目长久经营基础。

21世纪初由于新的石油法案推出,西方的石油公司开始退出厄瓜多尔石油勘探开发领域,厄瓜多尔政府亟须引入外资,一方面是填补西方的石油公司退出后留下的空白;另一方面,需要保

持甚至提高石油勘探开发投入，以维持国家石油产业良性发展。此时中方收购安第斯项目遇到的压力和阻力是相对较低的。中方并购安第斯项目过程中，中厄双方都达到了自己的目的，厄瓜多尔拉来了中方的投资，成功填补了西方的石油公司撤出留下的空白；中方则进一步打开厄瓜多尔的石油上游领域，并成为在厄瓜多尔第一大外资石油公司，使公司美洲油气业务布局更加合理。

2010年，厄瓜多尔政府全面推动合同改制，需要在厄瓜多尔的石油企业积极配合；中方运营的安第斯项目则面临老油田勘探潜力有限、稳产难度逐步增大的困境。在这种形势下，中方积极主动配合厄瓜多尔合同改制获得了厄瓜多尔政府的好感，并在改制过程中积极争取获得了扩展新区的面积补偿。事实证明，中厄双方在合同改制过程中再一次实现了共赢。厄瓜多尔在中方积极配合下，顺利完成了政府推动的合同改制；中方则扩大了勘探面积，并在扩展新区获得了多个勘探突破，为项目长久稳产、盈利奠定了坚实的基础。

合作共赢是指交易双方或多方在完成一项交易活动或共担一项任务的过程中互惠互利、相得益彰，能够实现双方或多方的共同受益。合作才能发展，合作才能共赢，合作才能提高。在这个竞争十分残酷激烈的市场经济时代，合作共赢更是时代的选择，很多事情的成功在于合作，合作共赢才能使双方共克时艰，合作共赢才能携手共进、才能共同发展。

第十四章　秘鲁塔拉拉盆地六/七区项目

秘鲁共和国(简称秘鲁)位于南美洲西部,北邻厄瓜多尔和哥伦比亚,东与巴西和玻利维亚接壤,南接智利,西濒太平洋,面积 1285216km², 在拉美国家中居第四位。人口 3339.7 万(2022 年), 在拉美国家中居第五位,主要分布于西部太平洋沿岸地区,首都利马(Lima)。秘鲁按地理气候可划分为三个区域,西部沿海地区,多沙丘,年均降雨量在 200mm 以下,属热带沙漠气候;中部山区,由安第斯山中段构成,气候寒冷;东部林区,地处亚马孙河上游,地势平坦,多沼泽,气候炎热潮湿,属热带雨林气候(童全生,2006)。秘鲁油气资源丰富,勘探开发历史悠久,是全球最早开展油气生产的国家之一。

第一节　秘鲁石油工业概况

一、油气勘探史

秘鲁共有沉积盆地 17 个(图 14-1),总面积超 80×10⁴km², 其中有油气发现盆地 9 个。石油和天然气主要分布于西北部塔拉拉(Talara)盆地、普罗格雷索盆地,北部马拉农盆地,中部乌卡亚利盆地和圣母(Madre de Dios)盆地(陈明霜,1992;白国平和秦养珍,2010)。

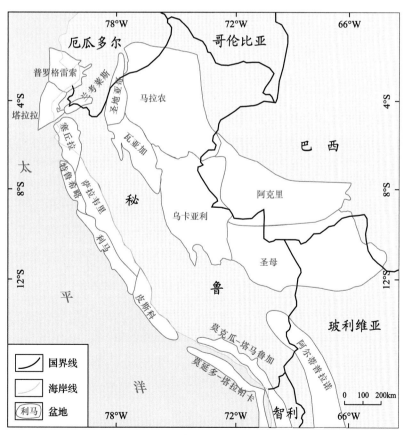

图 14-1　秘鲁含油气盆地分布图

秘鲁人在史前就已经开始知道和使用石油，当地土著人使用露头原油对陶罐内的先人遗体进行烘烤制成木乃伊。该露头位于 Amotape 山脚下，被命名为 Brea(沥青)(图 14-2)。

图 14-2　秘鲁 La Brea 油苗(窦立荣摄)

秘鲁石油勘探开发历史悠久。1862 年，在主要采煤厂附近用手摇螺旋钻钻下了第一口油井。1870 年又发现了 Zorritos 油田并投入开发，成为拉丁美洲开发最早的油田(陈明霜，1992)。1874 年，在该区块的 Negritos 地区(秘鲁七区所在地)用钻机钻了一口井，井深 100.58m，发现 La Brea 油田(Travis，1953)，日产油 53.62t。随后，在扩大勘探中又发现了 Negritos 等油田，成为拉丁美洲最早的产油国家。该区原油为轻质油，平均重度约 37°API。生产的原油通过 Negritos 市 Talara 炼厂加工，由油轮运往秘鲁其他港口以满足国内需求。1920~1930 年、1940~1990 年是两个钻井高峰期，储量也得到了较大幅度的增长。截至 2023 年 1 月，塔拉拉盆地累计采集二维地震 21604.2km，三维地震 4480.7km^2，钻井 15683 口，发现油气田 130 个，探明可采储量 4.8×10^{8}t，石油占 77.2%(IHS 2023 年数据)。

从塔拉拉盆地开始，秘鲁境内的油气勘探活动逐渐增加。第一次世界大战后，勘探工作逐渐扩大到秘鲁东部，尤其是安第斯山东麓，调查了各处油苗。主要的勘探活动集中在安第斯山脉附近(童全生，2006)，乌卡亚利盆地、马拉农盆地和圣母盆地是勘探重点(陈明霜，1992)。这 3 个盆地位于偏远的雨林或高山地区，基础设施匮乏，交通运输不便，地面作业难度大，部分地区还存在自然保护区、部落社区干扰等问题，勘探成本较高。同时由于在秘鲁从事油气勘探开发的外国石油公司各自为战，资料相互保密，工作缺乏统一部署，勘探工作时断时续，实物工作量和研究层次相对局限。但由于油气合同条款较为优惠，吸引了众多能源公司参与，亦陆续取得一系列勘探发现(王青等，2013)。

1875 年在秘鲁南部与玻利维亚交界的阿尔蒂普拉诺(Altiplano)盆地发现 Pirin 油田(陈明霜，1992)。1939 年在乌卡亚利盆地东缘钻第一口探井，发现 Agua Caliente 背斜油田，1957~1962 年先后发现 Maquia、Pacaya 和 Aguaytia 3 个油气田，1983 年以后在该盆地陆续发现 Amaquiria 1、Cashiriari 和 Pagoreni 等多个油气田。截至 2023 年 1 月，乌卡亚利盆地累计采集二维地震 28966km，三维地震 1646km^2，钻井 148 口，发现油气田 10 个，探明可采储量 1817.1×10^{4}t，石油占 22%(IHS 2023 年数据)。

1971 年，秘鲁国家石油公司在马拉农盆地首先发现 Corriente 油田，拉开了盆地勘探发现序幕，此后又发现 Capahuari、Shiviyacu、Pavayacu、Yanayacu 等油气田。截至 2023 年 1 月，马拉农盆地累计采集二维地震 82508.3km，三维地震 3385.8km^2，钻井 599 口，发现油气田 47 个，探明可

采储量 $25465.7 \times 10^4 t$，石油占 97.5%（IHS 2023 年数据）。

1984 年阿根廷 Pluspetrol 石油公司在圣母盆地发现 San Martin 气田，可采储量 $1422.9 \times 10^8 m^3$，拉开了秘鲁天然气勘探的序幕。1986 年、1987 年和 1998 年，Pluspetrol 又发现了 Cashiriari、Mipaya 和 Pagoreni 3 个大气田，总可采储量达 $2500.4 \times 10^8 m^3$，合称为 Camisea 气田群（童全生，2006），为该盆地迄今为止最大的天然气发现，掀起了秘鲁天然气勘探的热潮。2008 年和 2012 年，西班牙 Repsol 公司在该盆地 57 区块发现 Kinteroni 和 Sagari 气田，总可采储量达 $651.3 \times 10^8 m^3$。2009~2013 年，巴西国家石油公司在 58 区块先后发现 Urubamba、Picha、Taini 和 Paratori 四个天然气田，储量达 $750.4 \times 10^8 m^3$（施晓康等，2022）。截至 2023 年 1 月，圣母盆地累计采集二维地震 22765km，三维地震 $1798km^2$，钻井 66 口，发现油气田 47 个，探明可采储量 $8264.4 \times 10^8 m^3$，全部为天然气（据 IHS 2023 年数据）。

秘鲁石油储量的变化与其石油勘探开发程度和目前勘探开发工作量有重要关系。秘鲁石油开发历史早，许多老油田勘探开发程度高，产储量递减快。20 世纪 70 年代勘探工作最为活跃，1973 年完成的地震工作量最大，达 31466km；1980~1989 年钻探井数达历史最高水平，为 2501 口井，勘探工作的蓬勃发展，使得随后的几年探明储量稳步上升。秘鲁每年完成的地震工作量变化也较大，1974 年完成 30906km 测线，1986 年却少于 100km。1988 年完成 981km 地震和 376.5km 重力采集，地震工作仅限于中部林区（陈明霜，1992）。

截至目前，秘鲁共采集二维地震 214502.1km，三维地震 $29623.1km^2$，重力 231120.1km，磁力 319648.6km，钻井 16974 口，成功率 81%，油气发现 220 个（石油 189 个），探明可采储量 $22.64 \times 10^8 t$ 油当量，液体占 55%（据 IHS 2023 年数据）。4 大盆地拥有绝大部分已发现储量，乌卡亚利盆地和圣母盆地近年发现较多，天然气是近年增储的主力（图 14-3~图 14-5）。

二、上游对外合作情况

（一）石油资源管理法规和政策

秘鲁在石油政策方面沿袭着私有化—国有化—再私有化的道路，逐步过渡到市场化阶段。

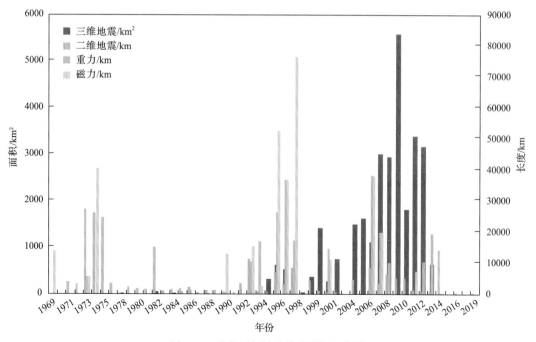

图 14-3　秘鲁历年地球物理勘探工作量

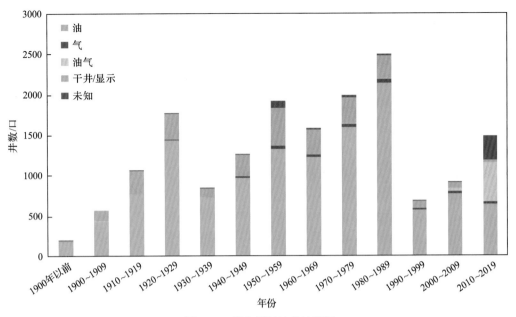

图 14-4　秘鲁历年钻井结果图

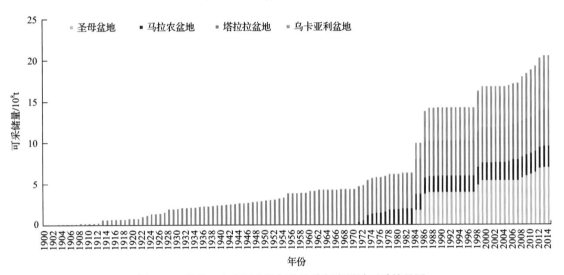

图 14-5　秘鲁 4 大主要含油气盆地分年度累计可采储量图

1952 年,秘鲁政府首次颁布石油法,一度鼓励私有化。1968 年,又趋向于国有化,规定凡是参与秘鲁石油勘探开发的外国公司都必须与秘鲁国家石油公司签订合同,须将其产量的 50%交给秘鲁国家石油公司,所得税也由秘鲁国家石油公司支付。20 世纪 70 年代后期趋向于市场经济。1976 年秘鲁宣布允许外国私人资本投资秘鲁石油勘探。1978 年政府决定为国内外私人企业在石油勘探方面的投资创造条件。1979 年秘鲁政府修改了石油法,规定所有的油田归国家所有,由国家石油公司直接管理,并负责与本国和外国私营石油公司签订合同,在秘鲁经营的外国石油公司必须向秘鲁政府交付所得税,外国公司应缴纳相当于收入 40%的所得税,并不准进行再投资和扩大再生产(车长波等,2004)。

　　20 世纪 80 年代后期,秘鲁政府再度对石油政策进行了调整,回到市场经济方向上来,对不利于石油工业发展的条款做出了很大改动。1991 年废除秘鲁国家石油公司在炼油、油品销售和石油化工等方面的垄断地位,国内外法人都可以自由从事与石油有关的一切活动。授权秘鲁国家石油公司与国内外投资者对石油勘探和生产合同进行谈判。勘探合同的勘探期为 4 年,可延长 2 年。

1993 年秘鲁颁布新的石油法《油气组织法》，该法案更广泛地允许私有企业参与石油勘探开发，重新明确了政府在石油工业中的地位。根据新法案，设置一个新的独立实体——秘鲁石油公司，以代表国家利益，具体负责勘探、钻井和生产方面的合同审核、签订。石油和油品价格由供求双方确定，不再由政府单方定价，并且规定石油属国家所有。政府还批准了新的许可证制度，规定私营公司生产的油气归私营公司所有，公司有权对其自由销售，但必须向政府支付矿区使用费。

2000 年秘鲁对勘探开发的要求有所放宽，勘探期限可达 7 年，可以分为几个阶段进行操作，当发现油气时，可以延续到规定的最后期限。

(二) 对外合作概况

秘鲁石油开发已有 100 多年历史，是南美重要的油气生产大国，由于缺乏足够的资金和技术，秘鲁仍有大量油气资源尚未被开发(朱恩灵，1992；车长波等，2004)。秘鲁政府加大了对石油天然气区块的国际招标力度，以吸引外资(侯瑞宁和彭庆，2009)。

1826 年，为偿还秘鲁独立战争期间的国家债务，秘鲁政府将面积 1665.36km^2 的 La Brea-Parinas 区块特许经营权授予国际石油公司(Youngquist, 1958)，正式开始了商业性油气勘探开发和对外合作。该区块位于秘鲁西北部，Amotape 山脉以西靠近太平洋的狭长沙漠地带(图 14-6)。沿海岸分布大量油苗，几个世纪以来印第安人和西班牙人一直在这里工作，这些油苗是早期决定在这里钻井找油的直接依据。

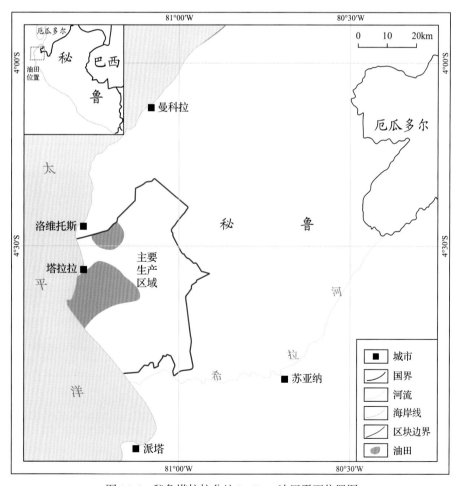

图 14-6 秘鲁塔拉拉盆地 La Brea 油田平面位置图

跨国油气勘探理论与实践

　　1948 年以前，秘鲁石油的开发均由外国石油公司即国际石油公司来经营。1948 年建立起最早的国家石油公司，1968 年接管了国际石油公司所经营的全部油田及石油生产设施。1969 年国家石油公司改组后改称秘鲁石油公司，1973 年完成石油国有化任务。1971 年秘鲁石油公司又与西方石油公司、贝尔科石油公司等外国石油公司签订石油开发分成合同，随后贝尔科石油公司又与西方石油公司合作建立了西方/贝尔科石油公司。1979 年秘鲁修改石油法，允许外国石油公司以经营或服务承包合同形式从事石油开发(朱恩灵，1992)。

　　自秘鲁政府发布石油法后，众多国内外石油公司与秘鲁政府签订合同，从事勘探开发。1979～1985 年秘鲁石油产量比较稳定，一直保持在年产 $900 \times 10^4 t$ 以上，石油出口占出口总额的 20%，获得大量外汇，1989 年达 6.41 亿美元，对秘鲁的经济做出了巨大贡献。随后，由于产量减少、国内石油消费增多和油价下跌，1988 年石油外汇为 1.34 亿美元。为了改变这种情况，秘鲁政府 1987 年发布了 24782 号法令，延长合同期限(30～40 年)、吸引外资、提供较优厚的勘探开发合同条款、鼓励近海勘探开发，引起加拿大石油公司、加利福尼亚联合石油公司、大陆石油公司、菲利浦石油公司及英国石油公司的兴趣。

　　据不完全统计，先后参与秘鲁石油勘探开发的外国公司主要有：埃克森美孚、碧辟、壳牌、道达尔、康菲石油、埃尼等国际大型石油公司，阿纳达科、塔洛、GeoPark 等独立石油公司及如中国石油、韩国国家石油公司等国家石油公司的参与(IHS 2023 年数据)。截至目前，先后有来自 46 个国家的 328 家公司或子公司来秘鲁投资。秘鲁现有有效油气勘探开发对外合作项目 34 个，区块 49 个，总面积 69867.32km² (2023 年 1 月)。

三、油气资源和储量产量情况

　　秘鲁油气资源丰富，目前在 8 个沉积盆地中发现油气，累计探明油气可采储量超 $22.64 \times 10^8 t$ 油当量，其中天然气占比约 45%(图 14-7)(谢寅符等，2012b；IHS 2019 年数据)。石油和天然气主要分布于塔拉拉盆地、马拉农盆地、乌卡亚利盆地和圣母盆地四大盆地中(李丕龙等，2012；王建君等，2016)。

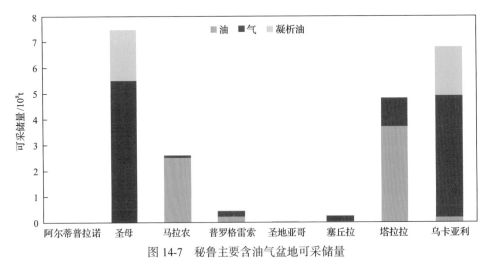

图 14-7　秘鲁主要含油气盆地可采储量

　　经过百余年的开发，秘鲁油气产储量已呈下降趋势。截至 2020 年底，秘鲁剩余石油探明储量为 $1 \times 10^8 t$，天然气 $3000 \times 10^8 m^3$，液态天然气储量 $1.16 \times 10^8 m^3$。2021 年秘鲁原油产量 $530 \times 10^4 t$，天然气液产量 $267 \times 10^4 m^3$，天然气产量 $115 \times 10^8 m^3$[①](图 14-8)。

---

　　① bp. bp 世界能源统计年鉴[R]. 2021 版(中文版)：1-46.

自 1879 年起有统计数据，截至 2020 年底，秘鲁全国累计生产油气 5.8×10^8t 油当量，天然气占 26%，天然气占比自 2005 年起逐渐增加，2015 年超 80%。塔拉拉盆地、马拉农盆地和圣母盆地是主要产油气盆地(图 14-9)。生产历史悠久盆地以油为主，如塔拉拉盆地、马拉农盆地，新兴盆地以气为主，如圣母盆地。

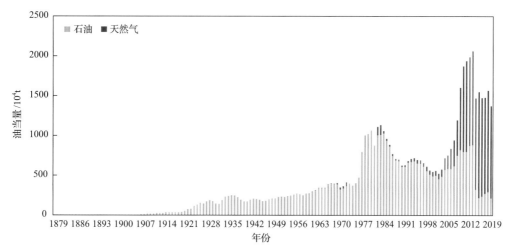

图 14-8　1879～2020 年秘鲁油气年产量

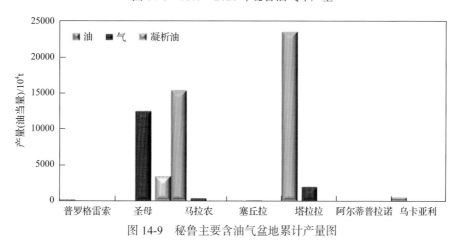

图 14-9　秘鲁主要含油气盆地累计产量图

根据中国石油全球油气资源评价，秘鲁境内待发现油气可采资源量达 25.7×10^8t，仍具有较大勘探潜力。秘鲁下步勘探应以乌卡亚利、马拉农和圣母 3 个前陆盆地为重点，其次是塔拉拉、普罗格雷索、萨拉韦里(Salaverry)和莫延多-塔拉帕卡(Mollendo-Tarapaca)4 个弧前盆地(谢寅符等，2012b)。秘鲁各盆地地震工作量整体上以早期二维为主，三维相对较少，对复杂断块和低幅度构造圈闭识别能力不足。研究显示 7 大盆地还具有较多未钻圈闭，尤其是前陆盆地区。且截至 2023 年 1 月仅 49 个合同区，待勘探区域较多，选择余地大，适合石油公司进一步拓展新项目。

四、中国公司在秘鲁油气合作情况

秘鲁属于发展中国家，民族工业不发达，但具有相对完备的石油法规。秘鲁近年与我国经贸往来逐年增多，为中国在拉美地区的第二大贸易伙伴，2021 年中国与秘鲁双边货物进出口额达 373 亿美元[①]。

----

① 华经情报网. 2022 年 8 月中国与秘鲁双边贸易额与贸易差额统计. (2022-10-06)[2023-06-28]. https://www.huaon.com/channel/tradedata/840671.html.

秘鲁是中国石油响应国家"走出去"战略、实施国际化经营的"第一站"。自 1993 年 10 月 22 日进入秘鲁 7 区之后,中国石油在秘鲁先后参与了塔拉拉盆地 6/7/10 区、马拉农盆地 1AB/8 区、圣母盆地 57/58 区和 Altiplano 盆地 111/113 区等项目。目前中国石油在秘鲁 3 个盆地共持有 6/7 区、10/57/58 区和 8 区共 3 个项目 6 个区块(图 14-10),总面积 1846.6km^2。6/7 区、10 区和 8 区为石油项目,57/58 区为天然气项目。2022 年中国石油秘鲁项目油气权益产量 175.97×10^{4}t 油当量,占拉美地区总权益产量的 28.4%(表 14-1)。

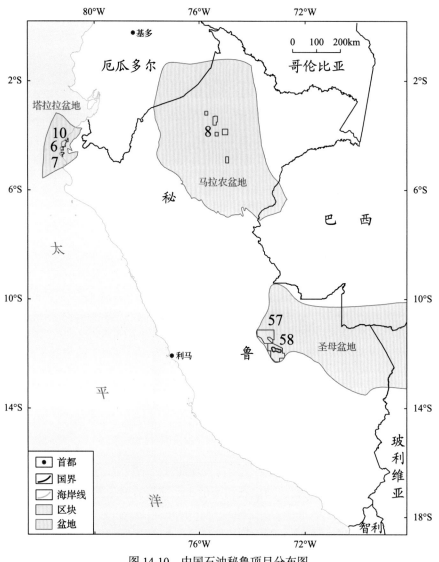

图 14-10 中国石油秘鲁项目分布图

表 14-1 中国石油秘鲁现有项目基本信息

盆地	区块	面积/km^2	权益/%	接管日期(年份)	合同期(年份)	合同模式
马拉农盆地	8	124	27	2003	2003~2024	
塔拉拉盆地	6	155.5	100	1994	1995~2023	矿税
	7	184.1	100	1995	1995~2003	
	10	470	100	1995	1995~2023	

续表

盆地	区块	面积/km²	权益/%	接管日期(年份)	合同期(年份)	合同模式
圣母盆地	57	303	46.16	2014	2014~2041	矿税
	58	610	100	2014	2014~2045	
总计		1846.6				

第二节 塔拉拉盆地基本石油地质特征

一、构造特征

塔拉拉盆地位于秘鲁西北部，西邻太平洋，东接安第斯山脉，盆地面积16500km²，其中60%的面积位于太平洋海域。在构造上，盆地位于南美洲板块西缘，介于纳斯卡板块向南美洲板块俯冲带(海沟)与火山弧(安第斯山脉)之间(图14-11)，是一个发育于中—新生代的弧前断陷型沉积盆地(杨福忠等，2009；张光亚等，2020)。

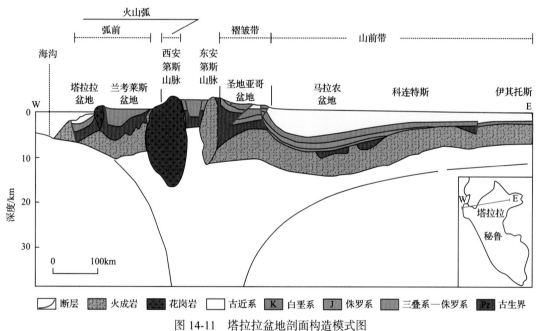

图14-11 塔拉拉盆地剖面构造模式图

盆地处于秘鲁-智利海沟俯冲带，古生代后期板块活动与俯冲强烈，造成盆地内部构造复杂，构造形态展布多样，复杂的断层把地层切割成支离破碎的小断块，发育地面冲积层与弧前区域俯冲有关的构造剥蚀等(杨福忠等，2009)。

盆地自晚白垩世开始发生剧烈的沉降作用，同时伴随大规模的张裂运动和局部的挤压作用，形成了一系列北东-南西和北西-南东向断层分割的地堑和地垒。当发生隆起变形时，常出现高角度正断层切割，在始新世后期有沿走向的滑动作用(Carozzi and Palomino，1993)。

盆地构造演化可划分为四个阶段：①外来岩层发育期(408.5~245Ma)，弧前汇聚边缘盆地；②早张裂期(124.5~56.5Ma)，主要形成高角度正断层，在陆地一侧形成北东-南西走向的右旋走滑体系；③晚张裂期(56.5~35.4Ma)，主要形成高角度正断层、断块和扭曲断层，秘鲁北部的板块边界变成右向滑动转换边界，在始新世时期形成一个完全开裂体系；④渐新世—更新世上覆地层发育期(35.4~0Ma)，主要形成断层、倾斜断块(据IHS 2019年数据)。

盆地被断层分隔成多个小地堑，陆上共识别出四个隆起和三个地堑，分别为北部 El Alto 和 Somattito、中部 Lobitos 和 Jabonillal、中南部 La Brea-Negritos 及南部 Portachuelo 四个隆起，以及北部 Siches、中部 Rio Bravo 和南部 Lagunitos 三个地堑(图 14-12)。

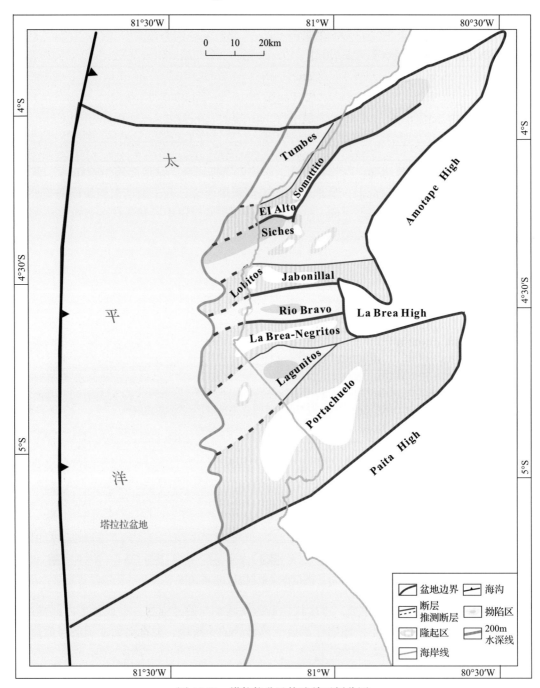

图 14-12　塔拉拉盆地构造单元划分图

二、地层和沉积特征

(一)地层特征

塔拉拉盆地沉积经历了海相—非海相—海相—非海相四个沉积演化阶段，相应形成四套巨厚沉积地层：海相(泥盆系—古新统，408～57Ma)、非海相(始新统，57～48Ma)、海相(始新统—

中新统，48～6Ma)和非海相(更新统，6～0Ma)(Carozzi and Palomino，1993)。

具体来说，塔拉拉盆地主要发育古生界、中生界和新生界三大套地层(图 14-13)。古生界包括 Amotape 组、Cerro Negro 组和 Cerro Prieto-Chaleco De Pano 组，Amotape 组是潜山油气藏的主要储层。中生界包括白垩系 Pananga 组、Muerto 组、Tablones 组、Redondo 组、Monte Grande 组和 Mal Paso 群，其中 Redondo 组和 Ancha 组是白垩系主要储层。新生界包括古近系 Mal Paso 群、Salina 群，Palegreda 组、Parinas 组、Rio Bravo 组、Ostrea 组、Clavel 组、Chacra 组，Talara 群和 Lagunitos 群，Mancora 组、Heath 组、Zorritos 组、Cardalitos 组、Tumbes 组和 Tablazo 组，其中 Basal Salinas 组、Mogollon 组和 Talara 群等是主要储层(Higley，2001；IHS 2019 年数据)。盆地平均地温梯度 33℃/km；最大大地热流值为 37mW/m^2，最小为 28mW/m^2，平均为 42.3mW/m^2。

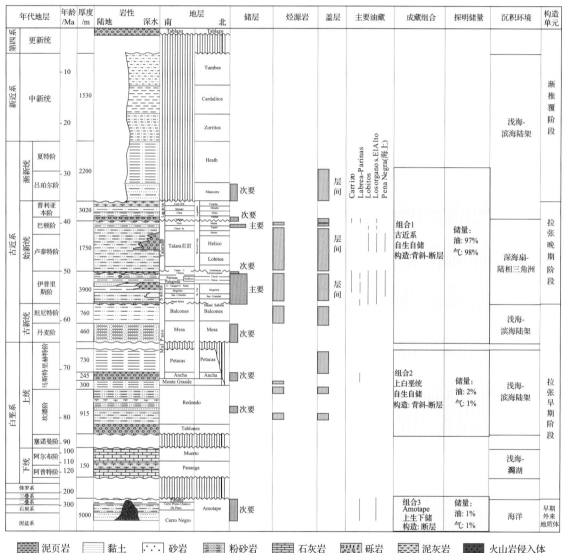

图 14-13　塔拉拉盆地地层综合柱状图(据 IHS 2019 年数据)

(二)沉积特征

盆地基底由 Amotape 组的变质岩和花岗岩组成，盆地的主要沉积阶段为古近纪，其间地层下陷，来自于 Amotape 山脉的粗质沉积物为盆地内部提供源源不断的物源供给，从一套碎屑岩沉积体系开始，逐渐在这个基础之上形成了一套 15～300m 的砂砾岩和粗砂岩的海底扇沉积(Higley，

2001），这套沉积定名为 Basal Salina 组（简称 BS 组），为秘鲁六区深部主力产层之一。随着海平面继续上升，发育一套中粗质砂岩与泥岩互层的海相沉积 San Cristobal 组。

随后在海退阶段中，发育一层以粗砂岩为主夹薄层泥岩的 Mogollon 组河流-扇三角洲相沉积（简称 MO 组），沿盆地北东-南西向发育。MO 组沉积后，开始了一个新的海侵阶段，发育一套中细粒砂岩和泥岩为主的沉积。在随后的海退过程中，发育一套细粒泥质沉积。

随后发育的 Parinas 组（简称 PA 组），为辫状河三角洲沉积，以中粗砂为主，夹少量薄层泥岩，海退至此结束。下一段新的海侵过程 Chacra 组发育 600m 左右的海相泥质沉积，之后盆地的东南部经历了抬升和侵蚀（图 14-14）。

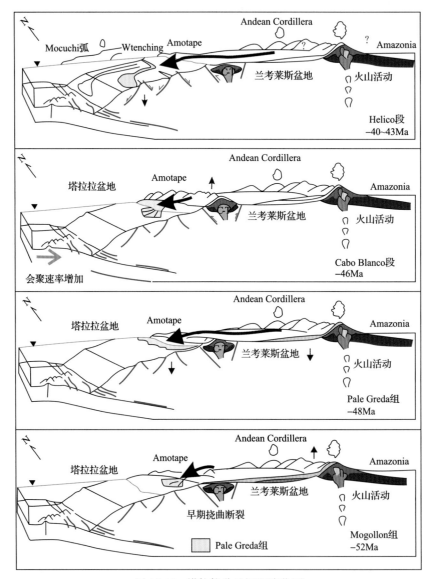

图 14-14　塔拉拉盆地沉积演化图

随后进入 Talara 群（简称 TA 群）沉积旋回，Terebratula 组浅海滨岸沉积及 Lobitos 组细粒沉积作为新的海进开始，此时盆地南北部产生差异构造沉降，盆地北部（秘鲁 10 区）明显加深，形成有利于浊积岩沉积的深海条件，盆地南部发育较差，仅在秘鲁六区西北部发育部分 TA 群浊积岩沉积。盆地北部 TA 群发育以砂岩-碎屑岩为主的浊流沉积，紧跟着海侵发育一套海相泥质 Monte 组沉积（Higley，2001）。Verdun 组作为下一个浊积岩系，沉积物沿盆地北东—东北向发育，主要为砂砾岩和粗砂岩，之后发育一套浅海泥质沉积。

三、含油气系统

（一）烃源岩

塔拉拉盆地的主要烃源岩是上白垩统 Redondo 组浅海相泥岩，其次为下白垩统 Muerto 组、古新统 Balcones 组、始新统 Chacra 组、Pale Greda 组、Talara 组、Monte 组和 Pozo 组泥岩，上白垩统 Monte Grande 组泥岩也具有一定的生烃潜力（Higley，2001；IHS 2019 年数据）。

在很多油田中，间杂在始新统砂岩储层的高有机质丰度泥岩被认为是盆地良好的烃源岩层。此外白垩系中也存在较好的烃源岩层，上白垩统泥岩可能是盆地一个生油的烃源岩层。在 Portachuelo 油田，Saline 和 Amotape 组原油来自 Redondo 组富含有机质的泥岩，厚度为 30～335m。盆地南部 Portachuelo 油区 Redondo 组的镜质组反射率约为 0.5%，总有机碳含量为 1%，在更新世盆地深埋时期该套烃源岩成熟。古近系海相烃源岩有机质富集的原因主要是由于在古新世—中新世该地区海洋生物繁盛。在很多油田富含有机质的泥岩层夹杂在始新统砂岩储层中，层间泥岩为较好的局部烃源岩。

（二）储层

盆地储层主要为始新统河流、三角洲、浅海、半深海浊积砂岩及重力滑塌浊积岩和古生界变质岩（Carozzi and Palomino，1993；IHS 2019 年数据），岩性为细粒砂岩到砾岩（图 14-13）。

古近系储层包括 Mesa 组、Basal Salinas 组、San Cristobal 组、Mogollon 组、Salinas 组、Ostrea 组、Pale Greda 组和 Parinas 组等。盆地多数沉积体系中形成的砾岩沉积相较于砂岩其结构成熟度更高，主要由磨圆非常好的卵石组成，包括 80% 的石英、15% 的燧石和 5% 的火山岩和碳酸盐岩。古新统和始新统砂岩中最常见的岩石类型为石英长石质碎屑砂岩。粒间压实溶蚀程度较弱，钙质和泥质胶结程度也较弱，包括原生孔隙空间在内，储层总孔隙空间源于埋深成岩作用（Higley，2001）。

古生界 Amotape 组主要分布在 Portachuela 区域，是该区的主要产层之一。尽管岩石的变质作用比较轻微，但岩石粒间孔隙度还是小于商业开采下限。储层产能主要来自具有多裂缝发育的正石英砂岩。岩心分析表明，裂缝的产生伴生许多次生孔洞孔隙，石英砂岩总孔隙度平均可达 10%。岩心测量的粒间孔隙度为 0.7%～5%。硅质是最重要的胶结物，此外还存在方解石胶结，在裂缝中也常见方解石胶结充填，平均渗透率 $4 \times 10^{-3} \mu m^2$。

（三）盖层

塔拉拉盆地主要盖层为白垩系 Redondo 组和古近系层间泥岩（Higley，2001）。盆地大多数透镜体砂岩储层主要通过层内泥岩或更新地层的泥岩来封闭。

白垩系盖层主要为 Redondo 组泥岩，为下伏 Amotape 组石英砂岩的半区域性盖层，同时为层内砂岩储层的层间盖层。在 Portachuelo 区 Petacas 组泥岩为 Ancha 组储层的盖层。

始新统储层的盖层主要为层间泥岩，尤其是透镜状砂岩体。在特殊层段内，泥岩能在整个盆地内形成毯状盖层，为油藏提供半区域和区域性封盖作用。

(四)成藏组合

盆地共可划分为 3 套成藏组合，由下至上依次为：古生界 Amotape 组基岩成藏组合、白垩系浊积砂岩成藏组合和古近系砂岩成藏组合(图 14-13)。

1. 古生界 Amotape 组基岩成藏组合

该组合分布在盆地中东部地区，沿海岸线呈条带状展布，为上生下储型成藏组合。烃源岩为白垩统 Redondo 组海相泥岩，储层为泥盆系—石炭系 Amotape 组变质石英砂岩，盖层为白垩统 Redondo 组海相泥岩。油气从 Redondo 组海相泥岩中生成后，向下运移然后通过不整合面向盆地中东部的基底火山岩裂缝储层中运聚成藏。目前该成藏组合中发现油气藏 3 个，其中石油可采储量 132.9×10^4t，占盆地石油可采储量的 0.4%；天然气可采储量 1.9×10^8m^3，占盆地天然气可采储量的 0.2%(IHS 2023 年数据)。

2. 白垩系浊积砂岩成藏组合

该组合主要分布在盆地中南部地区，为自生自储成藏组合。烃源岩为白垩统 Redondo 组海相泥岩，储层为白垩系浊积砂岩，盖层为白垩统 Redondo 组海相泥岩。油气从 Redondo 组海相泥岩中生成后经过初次运移直接进入层间浊积砂岩储层中聚集成藏。目前该成藏组合中发现油气藏 4 个，其中石油可采储量 564.3×10^4t，占盆地石油可采储量的 1.7%；天然气可采储量为 10×10^8m^3，占盆地天然气可采储量的 0.7%(IHS 2023 年数据)。

3. 古近系砂岩成藏组合

该组合主要分布在盆地中东部地区，呈弯月形条带状展布，为自生自储型成藏组合。烃源岩主要为古近系层间高有机质丰度的海相泥岩，储集层古近系砂岩。盖层主要为古近系层间泥岩。油气从古近系海相泥岩中生成后经过初次运移直接进入层间砂岩储层中聚集成藏。目前该成藏组合中发现油气藏 53 个，其中石油可采储量 3.3×10^8t，占盆地石油可采储量的 97.9%；天然气可采储量 1367.5×10^8m^3，占盆地天然气可采储量的 99.1%(IHS 2023 年数据)。

(五)成藏模式

塔拉拉盆地油气分布在区域上受东西向两个主要构造高点控制，局部受无数正断层的控制，这些正断层将其分割成成千上万的小断块，每个断块都是潜在的油藏。盆地在演化过程中，多级次断裂构成复杂的断裂系统，断裂极为发育，控制了圈闭形成和油气运移，形成了多种类型的构造油藏。油藏类型主要为断块构造油藏，个别为岩性-构造油藏，油藏驱动能量为溶解气驱和弹性驱，仅个别油藏存在气顶或弱边底水(Higley，2001)。

盆地油气分布与聚集的规律与中国陆相断陷盆地有一定的相似性，同时也有其自身的特点。盆地为发育于局部张性环境的断陷盆地，具有复杂断块油田的典型特征，断层作为各级次构造发育最重要的控制因素，其作用贯穿于盆地发育及演化、圈闭形成、油气运移、油气藏的形成与保存等整个过程中。

盆地油气通过断层呈阶梯式运移，在潜山内部和上覆的中—新生界形成一系列不同类型的油气藏，构成复式油气聚集带(图 14-15)。油气运聚具有"四多"的复式运聚特点：多方向、多时期供烃、多渠道输导、多层系聚集。具有"潜山表层不整合遮挡油气藏和潜山内幕裂缝型油藏"与上覆"断块型油气藏"共存的分布特点。

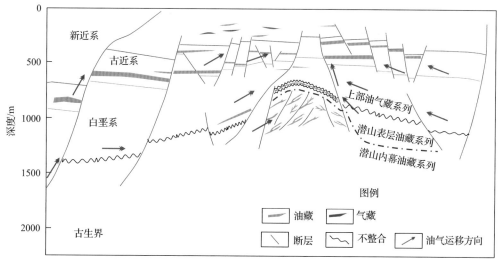

图 14-15　塔拉拉盆地成藏模式图

第三节　六/七区项目滚动勘探实践

一、勘探概况

(一)接管前基本情况

秘鲁六/七区位于秘鲁西北部塔拉拉盆地(图 14-16),是世界上最早发现石油的地区之一,七区于 1874 年获得勘探发现,六区于 1903 年获勘探发现。六/七区作业面积分别为 155.5km² 和 184.1km²。原始地质储量分别为 $1.58×10^8$t 和 $1.93×10^8$t,从上到下包括 5 套油层,埋深 100～3000m,为 34°API 的轻质原油。

中方进入之前,先后有 4 家石油公司在六/七区开发经营,历史生产情况见图 14-17。

1873～1939 年,英国伦敦太平洋石油公司担任七区作业者;1926～1939 年,英国洛比托斯石油公司担任六区作业者。1920 年之前处于小规模探索性开发阶段,油田日产低于 670t,开井数小于 600 口,主要针对 500m 以内浅层进行开采。从 1921 年开始,随着钻井新技术的引进,七区投产大量新井,开发埋藏深度 1000m 以内的 Parinas 组油气藏,1929 年七区产量达到 $134×10^4$t/a,随后进入递减阶段。六区作业者英国洛比托斯石油公司在 1930 年以后加大六区开发。两个区块合计产量于 1933 年重新回到 $145×10^4$t/a,随着两个区块合同于 1939 年到期,作业者减少了钻井工作量,1939 年产量下滑至 $107×10^4$t/a。

1939～1969 年,美国菲斯科石油公司担任六/七区作业者,重新开始钻井,并引入小型水力压裂技术。1943 年产量提高至 $154×10^4$t/a,但随着新钻井逐渐减少,油田产量进入持续递减阶段,1969 年产量下滑至 $43×10^4$t/a。

1969～1993 年,秘鲁国家石油公司担任六/七区作业者。1968 年上台的胡安·贝拉斯科政府实行国有化政策,没收外资石油企业,收回全部石油租地。1969 年 7 月,成立了秘鲁国家石油公司,对石油开采、炼制和销售实行国家控制。由于国家石油公司缺少资金和技术,加上油田衰竭开发能量不足,六/七区产量继续下滑。1980 年秘鲁国家石油公司为了缓解产量持续下滑,在两个区块累计钻新井超过 180 口,产量小幅回升,但钻井成功率不足 40%(图 14-17)。秘鲁国家石油公司认为六区的地质潜力较小,七区则基本没有钻井潜力,因此退出,这也为中国石油成功获取首个海外作业者项目创造了机会。

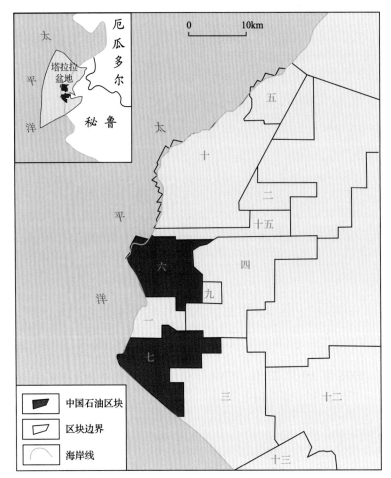

图 14-16 塔拉拉盆地六/七区位置图

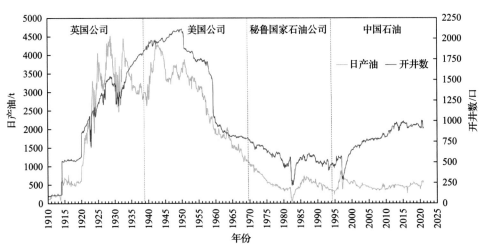

图 14-17 塔拉拉盆地六/七区历史产量和开井数统计

　　中国石油接管前，两个区块累计钻井 4993 口，累计产油 6005.36×10⁴t。其中六区 1612 口，累计产油 2050.94×10⁴t；七区 3381 口，累计产油 3954.42×10⁴t（表 14-2）。虽然钻井很多，但七区接管时仅开井 270 口，日产油 91.02t，平均单井日产油 0.34t。六区接管时仅开井 260 口，平均日产油 143.3t，平均单井日产油 0.55t，两个区块均处于濒临废弃的边缘。

表 14-2 塔拉拉盆地六/七区中国石油接管前后情况

区块	秘鲁六区	秘鲁七区
发现时间	1903 年	1873 年
高峰产量/(t/d)	1979.89(1954 年)	3956.03(1933 年)
钻井数量/口	1612	3381
井网密度/(口/km^2)	12~20	18~30
地层压力比原始压力	20%~30%	20%~30%
接管前累计产油/10^{4}t	2050.94	3954.42
中国石油接管时间	1995 年 10 月	1994 年 1 月
接管时开井数/口	260	270
接管时产量/(t/d)	143.3	91.02
接管后高峰产量/(t/d)	658.00(1997 年)	282.20(1997 年)

(二)接管后基本情况

20 世纪 90 年代初期,秘鲁政府推行石油私有化政策。1993 年,在秘鲁国家石油公司塔拉拉盆地七区油田私有化的国际招标中,中国石油在美国注册的中美石油开发公司(SAPET)参加了投标并中标,获取了中国石油的第一个海外项目,拉开了中国石油走向海外的序幕(高金玉,2018;王一端等,2021)。1993 年 10 月 22 日,中国石油与秘鲁国家石油公司正式签订了七区油气开发生产服务合同,中美石油开发公司拥有 100%权益,1994 年 1 月 8 日接管油田,合同期限为 20 年 120 天。七区生产高峰期是 20 世纪 20~30 年代,接管时已钻井 3381 口,能生产的只有 270 口,日产油水平 91.02t,平均单井日产油 0.34t。

1994 年 4 月,秘鲁国家石油公司举行塔拉拉盆地六区油田国际招标。中美石油开发公司继续参加投标,并获得第二标。开标 7 个月后,中标的秘鲁西方石油公司在规定的期限内未能与秘鲁国家石油公司签订服务合同。在时任中国驻秘鲁大使陈久长先生的大力推动下,秘鲁国家石油公司同意由中国石油接管六区(陈久长,2008,2014)。1995 年 2 月 23 日,双方草签了石油开采服务合同,7 月 25 日,六区油田开发生产服务合同正式签署,中美石油开发公司拥有 100%权益,1995 年 10 月 11 日正式接管油田,合同期限 20 年。

接管时六区和七区义务工作量为 3 年内分别完钻 30 口和 60 口新井,总进尺 47670.72m 和 48310.8m;完成二次采油的研究方案;如果二次采油不可行,需将 1423 万美元投资改为钻新井(六区 200 万美元,七区 1223 万美元)。由于该区缺乏淡水、油藏类型为复杂小断块油藏,且经过长期衰竭式开发,地层能量亏空严重,二次采油面临重大技术和经济挑战,秘鲁项目公司以"技术延期"和厄尔尼诺原因,向政府申请将二次采油的实施时间延期 1 年。

2000 年 5 月 1 日,经秘鲁项目公司不懈努力,成功实现六区和七区项目合并,并把七区剩余的二次采油工作量转移到更有潜力的六区实施新井钻井。2003 年 5 月 21 日,秘鲁总统签署最高法令,正式批准六/七区从服务合同转为矿税制许可证合同。新合同于 2015 年 10 月到期,中方承诺实施 8 口新井,20 口措施井和 60 口恢复井,秘鲁政府同意将六/七区矿费按照 3 个区间分开征收。其中基础油产量随时间持续递减,增产油为新钻井和措施产量,过渡油介于两者之间。基础油矿费较高,随油价和 R 因子(累计产出与投入之比)滑动,介于 18%~48.8%。

对于增产油,给予优惠矿费,油价 35 美元/bbl 及以上,增产油矿费率只有 10%,过渡油矿费率为 20%。由于中国石油持续多年的高效开发,基础油的产量占比逐年降低,而过渡油和增产油的比例稳步提高，在油价 60 美元/bbl 情况下，秘鲁六/七区项目综合矿费率仅为 13.5%（2015 年之前），助推项目持续取得良好经济效益。

2015 年在六/七区原有合同到期之前，秘鲁项目公司利用石油法规定的石油合同 30 年规定，推动成功延期 8 年至 2023 年 10 月。延期后继续采取矿税制许可证合同，老井矿费与油价关联，油价低于 30 美元/bbl 时，矿费率为 20%，超过 100 美元/bbl 时，矿费率为 40%，位于两者之间按照线性关系计算。新井产量矿费费率在老井基础上打折 25% 执行，最低矿费 20%。

作为无签字费延期条件，中方承诺实施 120 口新井义务工作量，义务工作量需提供保函担保，保函金额相当于义务工作量估值的 10%，保函金额约 981 万美元，保函在合同修订日期提交并逐年随义务工作量的完成而减少。

1994 年至 2021 年，中方在六/七区累计钻新井 309 口，累计进尺 43.8×10^4m，新采集三维地震 130km^2（BGP，1995 年，七区），发现新断块 30 个，新增含油面积 18.4km^2，新增石油地质储量 1195×10^4t，接管后累计产油 462.73×10^4t。

六/七区自 1873 年投入开发以来，至今有 149 年的历史，接管时总剩余可采储量仅 41.46×10^4t。中国石油接管秘鲁六/七区项目以来，成功应对国际石油市场格局变化，以及秘鲁石油法、环境保护法调整等一系列严峻考验，采取针对性措施，取得了良好的开发效果。一方面不断加强合同复议，破除投资"篱笆圈"，成功实现六/七区合并，服务合同改为许可证合同，通过谈判降低矿费，推动合同延期。另一方面深入开展老油田综合挖潜研究，通过实施钻新井、老井措施及停产井恢复等手段，快速提高原油产量，1997 年 6 月打出了区块日产 227.88t（1700bbl）的高产井（图 14-18）。通过将国内渤海湾盆地复杂断块油田滚动勘探开发成功经验与塔拉拉盆地实际相结合，在六/七区成功实施了一批高质量探井和开发井，推动项目 1997 年最高产量达 938.34t/d，比接管前提高了 4 倍。仅用 3 年时间，使濒临废弃的百年老油田起死回生，油气产量从年产 8×10^4t 提高到 30×10^4t，被秘鲁媒体称为"秘鲁石油界的最大新闻"。仅用 6 年时间，收回全部投资，取得了良好的经济效益，打破了西方同行"要不了多久中国石油就会卷铺盖走人"的断言（王晓晖，2019）。

图 14-18　塔拉拉盆地六区 13231 井纪念（窦立荣摄）

（三）区块油气地质特征

六/七区断层多，区块内已经发现的断层有 1000 多条。断块小，很少能有两口井完整地钻遇同一断块，断裂系统复杂。六/七区主力产油层为始新统，从上到下发育 5 套储层(图 14-19)，分别为 Verdun 组滨海及海岸相砂岩，Talara 群近岸浊积砂岩，Parinas 组三角洲相砂岩，Mogollon 组扇三角洲相砂岩，Basal Salina 组海底扇相砂岩(张建良，1997；IHS 2019 年数据)。其中 Verdun 组只在七区分布，Talara 群只在六区分布。油藏埋深 180～3300m，为中、低孔渗的复杂断块油藏。

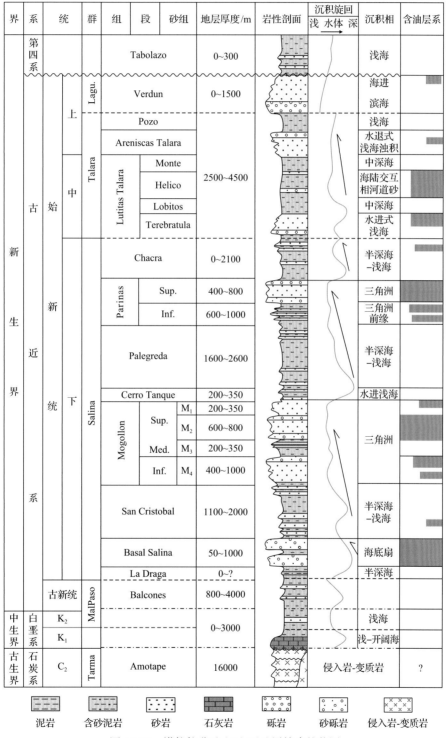

图 14-19　塔拉拉盆地六/七区地层综合柱状图

二、勘探难点与挑战

六/七区属典型的复杂断块油田，其地质特点是"三多一小"，含油层系多、断层多、油藏类型多、断块小，被西方称为地质家的"坟墓"（侯瑞宁和彭庆，2009；由然，2010；郭闻风，2019；王一端等，2021）。

（1）断裂系统复杂，构造解释难度大。

多期构造运动形成多个断裂系统，不同层系断裂组合不同，仅始新统就存在几套断裂系统，用浅层构造难以准确预测深层构造。并且缺乏地震资料，仅靠测井资料对比，构造解释难度大。

（2）沉积及储层复杂，地层对比困难。

六/七区虽属海相沉积，但沉积层序及储层由于缺乏区域性地层对比标志，1km 内地层对比都很难找到良好标志层。储层纵横向非均质程度都较高，油层对比难度较大。

（3）油水关系复杂，油气分布预测难度大。

油水分布除受断裂系统控制外，还受储层分布、非均质特征及油层开采特征等因素控制，致使断块油藏的油水关系很复杂，原油分布难以准确预测。

（4）勘探开发程度高，钻加密井潜力小。

六/七区均为开发百年的老油田，六区的钻井密度达到 20 口/km^2 以上，井距仅 200m；七区更是高达 30 口/km^2，井距仅 150m。中方接手前，秘鲁国家石油公司认为六区的潜力较小，七区基本没有钻井潜力。中方接手区块后，七区最初 5 口钻井均失利，六区前 4 口井皆未成功。

（5）井震资料不系统、品质差，研究基础薄弱。

缺乏有效地震资料，构造成图难度大。六区没有地震资料，七区中方接手后于 1995 年采集了 135km^2 三维地震（郭玲瑄等，1998）。但是由于工区断裂极其发育，地震波场复杂，同时受浅层发育的贝壳层及大量钻井管柱的影响，地震资料品质差，空间噪声强，信噪比低。经钻井检验，无法有效地解决地质问题。因此构造研究仅能依据测井地层对比，工作量大且精度低，多解性强。

测井资料不系统，四性关系研究难度大（包鑫等，2021）。六/七区有测井资料的井不足 2/3，并且测井年代跨度大，测井系列变化大，资料品质差（占相当比例的老井只有电阻率和自然电位两条曲线）。加上含油层系岩性复杂，导致测井资料无法准确判断油水层，仅能用于地层分层和对比。系统的测试资料更少，绝大多数井长期没有压力、流量等动态资料。

三、勘探实践

（一）深化复杂断块老油田剩余油富集规律认识，指导有利区优选

1. 深化石油地质认识，明确复杂断块老油田油气富集规律

六/七区剩余油分布与聚集规律既有复杂断块油田的共性，也有其自身的特殊性，整体上受断层、基底古隆起和沉积相三个方面的控制。

（1）断裂是油气富集最主要的控制因素，贯穿油气成藏全过程。

六/七区具有复杂断块油田的典型特征，断层作为各级构造发育最重要的控制因素，其作用贯穿于盆地演化、圈闭形成、油气运移、油气藏形成与保存等整个过程中。

① Ⅰ、Ⅱ级断裂与基底古隆起联合控制六/七区地质结构，而地质结构则控制着油藏类型及其分布，不同类型的油藏分布于特定的构造单元。这些油藏的构造特征、油层特征和油水性质往往不同。例如六区西北部 Lobitos 基底古隆起，其顶部发育了背斜油藏，南北两侧以正断层与背斜相隔，分别发育鼻状构造油藏，再向南北外侧延伸，发育反向正断层控制的鼻状构造或断块构造。

②断裂控制圈闭的形成与分布，同时也对油气运移和保存有一定控制作用。Ⅰ-Ⅲ级断裂控制着圈闭的发育和油气垂向运移、保存；Ⅳ级小断层则使圈闭进一步复杂化。因而油气聚集和油气藏的分布与不同级次断裂密不可分。

③油气藏内部小断块间油气富集程度的差异受Ⅳ级小断层控制，与断层性质、断距、断层两盘岩性、泥岩涂抹等因素有关。油气藏内部小断块间存在明显的油气再分布，断块间油气富集程度差异较大。根据控制小断块的断层特征，可将这些小断块划分为垒状、阶状和堑状断块，油气富集程度依次变差。

(2)继承性古隆起是油气运移指向区，总体上控制油气富集程度。

继承性发育的基底古隆起区油气富集程度最高。无论在整个塔拉拉盆地，还是在六/七区，油气聚集和分布都与继承性发育的基底古隆起密切相关。六区发育西北部背斜和东南部鼻状构造两个正向构造，两个构造间为鞍部，东北和西南则为洼陷，构成"两高两洼一鞍部"的构造格局。正向构造的主体油气富集程度最高，七区则以 Lomitos 为中心，以断阶方式向四周倾没，东、北、西三面较缓，南部陡，油气分布也反映了这一特点。

(3)正向构造幅度、断裂断距和地层陡缓联合控制油气分布范围。

六/七区普遍存在深浅部构造幅度、断层断距和地层产状明显不同的特点。以六区为例，其西北、东南两个正向构造具有继承性，但 Basal Salina 组、Mogollon 组和 Parinas 组三套含油层系的构造幅度、断层断距和地层产状均不同，由下向上明显变小、变缓，造成油气分布范围有较大差异，由下向上明显变广。Basal Salina 组埋藏最深，油气分布范围也最小，局限于两个正向构造，向洼陷延伸不远。Mogollon 组油气分布范围明显变大，但两个正向构造间的鞍部不含油。Parinas 组油层则连成一片，分布范围大，覆盖六区主体，仅东北和西南两个洼陷不含油。

(4)有利沉积微相控制优质储层发育程度和油气丰度。

六/七区主要储层为三角洲、扇三角洲和海底扇砂体，储层砂岩的发育程度和分布主要受上述水下分支水道的影响。以六区西北背斜 Basal Salina 组油层为例，油气丰度最高的几个断块储层都很好；相反，储层发育程度差的断块，油气丰度较低，累计产油量都不高。

2. 滚动勘探思路指导开发部署，优选老油田剩余油有利区

(1)六区具有 5 个剩余油有利聚集带。

①中部主体油气聚集带。主体构造圈闭幅度较小，地层倾角缓。除西部断阶外，断层的断距都较小，储层砂岩发育，厚度稳定、物性好。原始油层的油气富集程度较高、分布广。除东北和西南两个洼陷外，Parinas 组油气分布范围覆盖包括鞍部和西部断阶在内的六区主体，以断块油气藏为主(图 14-20)。目前剩余油气富集断块主要分布在其西侧，Bellavista 大断层以西。义务工作量阶段钻了 13249、13254、13261、13264 等多口井，都获得成功。

②东南鼻状构造油气聚集带。由整体呈鼻状构造形态的许多断块油藏构成，存在两个紧邻的鼻状构造，分别由逆冲断层和正断层控制。南部鼻状构造包括 Mogollon 组和 Basal Salina 组两套油层。北部鼻状构造主要发育 Mogollon 组油层，Basal Salina 组油层分布范围则非常局限，钻井多为低产井或干井，反映油气富集程度不高。南部鼻状构造仅发育 Mogollon 组油层，Basal Salina 组均未钻遇油层。该油气聚集带 Mogollon 组油气丰度高，高产井集中，是仅次于西北背斜的 Mogollon 组油气聚集带。

③北部断阶油气聚集带。由整体呈北倾断阶形态的多个断块油藏组成，包括 Mogollon 组和 Basal Salina 组两套油层，油气分布较为集中。靠近上倾遮挡断层附近油气富集程度高，向下倾方向变差。两套含油层系中 Basal Salina 组油气富集程度略高于 Mogollon 组，已发现 1825、13231 等高产含油断块。

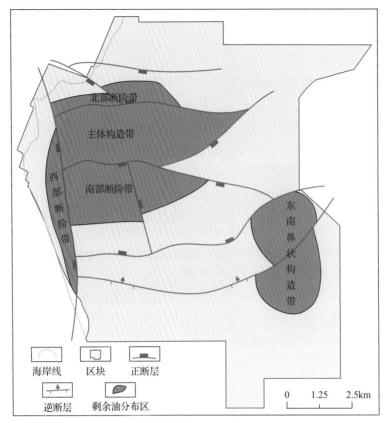

图 14-20　塔拉拉盆地六区剩余油有利区分布

④南部断阶油气聚集带。由整体呈南倾断阶形态的众多含油断块组成，包括 Mogollon 组和 Basal Salina 组两套油气层。Basal Salina 组油气丰度高，是仅次于主体构造带的高产聚集带，Mogollon 组油气富集程度略低。

⑤西部断阶油气聚集带。位于 Bellavista 大断层以西，目前仅有少数几口井钻遇 Mogollon 组，产量不高，Basal Salina 组埋藏深度超 3300m，尚未有井揭示。根据断层控制油气分布的认识，西部断阶带含油气丰度可能较高。

(2) 七区具有 3 个剩余油有利聚集带。

①中央隆起油气聚集带。七区油气分布构成一个复式油气聚集区，以中央隆起带 Lomitos 穹隆状地垒断块为中心，形成大面积连续油气聚集。包括多套含油气层系，自下而上分别为 Basal Salina 组、Mogollon 组、Parinas 组和 Verdun 组。平面上同一含油层系相连成片，边界为断层或砂岩尖灭带。受构造发育控制，同一含油层系发育多种油藏类型，分布于不同构造部位。纵向上，不同含油层系相互叠合，上下油层油藏类型不同，构成复式油气聚集带。由于地震资料品质差，构造解释具有不确定性。多次构造解释表明，主体区仍然有发现未钻断块的可能性；部分断块钻井较少，有补充的余地，是滚动勘探的有利区带(图 14-21)。

②北部断阶油气聚集带。七区在构造上可分为中央隆起带、南部断阶带和北部断阶带三个有利油气聚集区带，这三个有利区带边缘的有利圈闭是可能的含油圈闭，也是目前剩余油气较集中的构造部位。除中央隆起带外，北部断阶带是比较有利的油气富集区，特别是在西北部，由于构造埋深大，钻井相对较少，是潜在的有利剩余油分布带。

③南部断阶油气聚集带。七区南部断阶带构造埋深相对较大，油气地质条件相对不利，钻井相对较少。尤其是南部断阶带边缘地区，或由于构造极为复杂，难以落实，或由于地质上认为不利，一直未钻井。根据研究，也有部分断块油气地质条件较好，构造落实，但由于构造位置相对较低或断裂复杂，前期勘探相对薄弱，是下一步滚动勘探的方向。

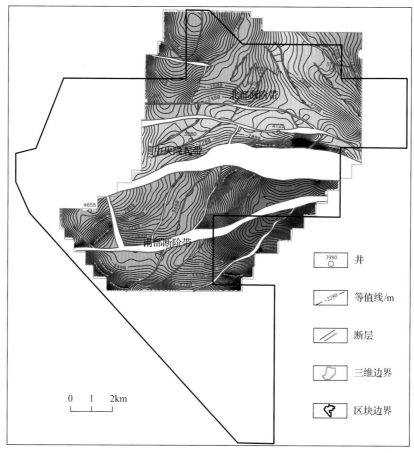

图 14-21　塔拉拉盆地七区基底顶面深度构造图

(二)做精做细基于测井的复杂断块地层对比,关键探井屡获成功

1. 基于有限测井资料、缺乏地震资料的复杂断块油田构造研究

六/七区缺乏地震资料,构造解释完全依赖测井地层对比。而对于塔拉拉盆地这类沉积变化大的断陷盆地,如何提高构造精度是提高钻井成功率的关键。经过中方多年的努力,摸索出一套行之有效的方法和技术。

(1)以地质认识为指导,在层序地层格架下开展地层精细对比。

断陷盆地沉积发育和分布受断裂活动、盆地沉降和物源三方面因素控制,平面变化大,平面上厚度差异容易与断层造成的缺失混淆,引起构造解释误差。为了解决这一问题,在全区地层层序格架控制下,沿沉积体的走向和倾向,利用连井剖面生成等厚图。根据六/七区沉积发育特征和平面上的厚度变化,利用各井测井曲线进行精细对比,落实各井的层位、断点、断缺层位、断失厚度,确保层位对比的准确度。

(2)应用三维地震构造解释方法,基于连井剖面开展构造精细解释。

在不规则井网下,连井剖面通常是折线,断点组合不仅难度大,且更容易出错。而滚动勘探区带由于井网相对较为稀疏,挑战更大。首先建立两组互相垂直的连井剖面,其中一组为主剖面,与主体构造走向垂直;另外一组为联络剖面,与主体构造走向平行。解释时要求两组剖面的交点无论是否过井,都要达到层位、断点的完全闭合。为了进一步落实断层、闭合层位,引入三维地震任意线的概念,做任意连井剖面,以这些剖面与主剖面、联络剖面的交点来检验断点、层位的闭合程度,以确保构造成图的准确性。

2. 突破思想禁锢，三次加深 13209 井获成功，吹响向深部进军号角

利用中国石油断块油田理论，按阶状断块泥岩发育特征和不同断块具有不同油水系统的认识，在六区 Cobra 油田打出千桶井，发现深层新含油断块。

13209 井原设计目的层为 Mogollon 组，钻井过程中发现该组大部分断缺。通过分析对比，认为加深可以打到 Basal Salina 组。

第一次加深 274.4m 后发现仍是 San Cristobal 组泥岩。地质人员根据周围井再次进行深入对比，认为还未钻遇 Basal Salina 组。第二次加深 182.8m 后，秘鲁地质师根据岩屑录井和古生物录井，认为已经打过 Basal Salina 组，且极有可能是水层，因为东部 7473 井同深度已经钻遇了水层。中方技术人员通过反复分析对比，最终确认 San Cristobal 组泥岩厚度约 548.64m，需要进一步加深，且 Basal Salina 组断块具有独立的油水系统，可能为高产油层。第三次加深 91.44m，终于钻遇 Basal Salina 组高产断块，打破西方地质专家"8700ft 以下为水层"的认识。该井初产达 134.05t/d（1000bbl/d）以上，单井产量相当于 300 口老井，单井累计产油达 9.79×10^4t。随着这个高产断块的发现，又连续打出了 13218 等高产井，为六/七区大幅度增储上产发挥了重要作用，创造了良好的经济效益（图 14-22）。

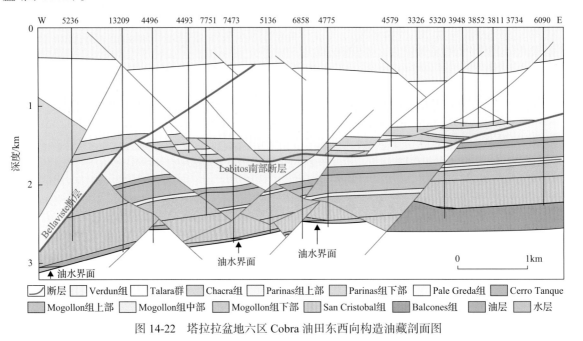

图 14-22　塔拉拉盆地六区 Cobra 油田东西向构造油藏剖面图

3. 拓宽思路，持续深化认识，在老油区深部钻遇多口高产井

六区东南隆起是一个油气富集带，由于隆起向东南深层钻遇水层，并且部分老井下部油藏生产含水高于其他区，部分地质人员认为在东南部存在边底水，该区深层为油水同层或者水层。通过对该区部分井测井曲线和生产历史分析，认为不存在明显的油水界面，深层 Mogollon 组、Basal Salina 组是新井挖潜的潜力层。2015 年合同延期之后，通过精细地层对比，沿东南隆起向东北鞍部延伸，分别在 Rio 断块、Jabonillal 断块成功部署了 15013 和 15370D 等多口深层井（图 14-23）。

15013 井位于六区南部，处于两个隆起鞍部，该区发现了 Jabonillal 油藏，从上至下发育 Parinas 组、Mogollon 组和 Basal Salina 组油层。4884 井、3503 井和 5131 井生产效果很好。连井剖面显示该区发育多个逆断层，断层方向一致，油层展布稳定。按照拓宽开发思路，寻找潜力断块的新井部署思路，部署了 15013 井。该井钻遇 Parinas 组、Mogollon 组和 Basal Salina 组油层，储层物性好，上部 Parinas 组泥质含量少，储层厚度大（近 90m），录井显示良好。射开后压裂投产，初产

近 40.21t/d，创公司 2009 年以来新井初产新高，合同期内累计产油 2.01×10^4t。

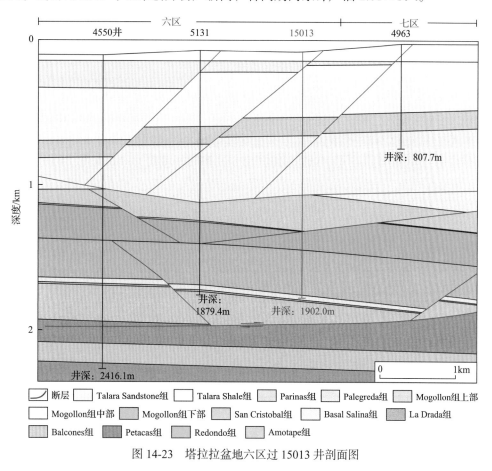

图 14-23　塔拉拉盆地六区过 15013 井剖面图

15370D 井位于六区东南隆起带的边部，该区油气富集，上部 Parinas 组油层是主力产层，大部分井累计产油超 2.68×10^4t。由于在断块下盘钻遇水层，绝大部分井没有钻遇下部 Magollon 组和 Basal Salina 组油层。通过对该区构造和油层精细研究，结合 Cobra 油藏 Basal Salina 组的钻探经验，认为断层上盘 Magollon 组和 Basal Salina 组为油层。据此部署了 15370D 井，成功钻遇 Magollon 组和 Basal Salina 组油层，其中 Basal Salina 组厚度约 15m，砂岩纯、泥质含量低。Basal Salina 组射孔后，初产油达 17.43t/d，投产 11 个月，累计产油 4289.54t，合同期内产油 8713.14t。

(三)总体评价滚动勘探开发，边实施边研究边调整部署效果良好

在总体评价的基础上，借鉴国内复杂断块油田滚动勘探经验，优选油气聚集区内、边缘及外部尚未钻井的断块进行滚动勘探开发，边实施、边调整、边部署。

六区通过潜力评价、新井实施，在多个含油气区带的不同层系发现了多个含油气断块。首先选择 13209 断块进行滚动勘探开发，先后打出了 13218、13243、13252 等高产井，滚动发现了 13241 凝析油气藏，扩大了储量规模，产量大幅度提高。之后陆续滚动开发了 13231(Basal Salina 组)高产含油断块、13201(Mogollon 组)油藏、13216(Parinas 组)油气藏、13249(Parinas 组)油藏等。由于方法得当，每个油气藏都做到了高效开发，钻井成功率高，这些新油藏、新断块的发现和开发，使六/七区 1997 年 12 月产量迅速提高到 938.34t/d(7000bbl/d)。

七区 San Juan Norte 油藏发现后，很快完成了油藏整体开发布井方案。但并没有全面实施，而是从油藏每个断块的高部位开始钻井，逐步向外滚动、推进，逐步认识油藏的构造边界和油水界

面，12436 井投产出水后，确定了该油藏的油水界面，不再钻原方案中位于油水界面附近或以下的井，避免出现低产井或失利井，钻井成功率得以显著提高。Negritos 油藏也是通过边实施、边调整的实例，也取得了较好的滚动勘探开发效果。

方案实施过程中，及时开展地层对比、随钻分析，及时反应、快速决策，是实施断块油田滚动勘探开发的重要环节，在六/七区取得了良好的效果。六区 13231 井原设计层位为 Mogollon 组，在准备完钻留口袋时，发现一个录井显示良好的砂岩层。现场地质人员认为是 Basal Salina 组砂岩，在凌晨及时通报研究部门。技术人员连夜对比分析，认为该砂层不属于 Basal Salina 组，继续钻进才可以钻遇真正的 Basal Salina 组油层。于是通知现场继续加深钻探 Basal Salina 组油层，最终打出千桶高产井（图 14-18）。该井自 1997 年投产至今，累计产油超 10.3×10⁴t，突破塔拉拉盆地单井累计产油最高纪录。

（四）百年老油田滚动勘探开发成效显著，增储上产投资回报丰厚

从 1994 年中方正式接手以来，通过深化地质综合研究，采取适用且有针对性的技术和方法，强化实施过程中的各项措施，六/七区滚动勘探开发取得了良好生产效果，创造了良好的经济效益。

1. 百年老油田钻井成效显著，成功率远超前作业者平均水平

中方累计在六/七区钻新井 309 口，累计进尺 43.8×10⁴m。义务工作量阶段六区新井成功率达到 70%，远超秘鲁国家石油公司操作时的平均钻井成功率。横向比较，中方的总体钻井成功率也远高于塔拉拉盆地其他区块。

2. 新发现一批含油气断块，获得较可观优质储量

发现 30 个新含油断块，新增含油面积 18.4km²，新增探明石油地质储量 1195×10⁴t，可采储量 188×10⁴t，为项目开发提供了有力的资源补充。发现 4 个新含气断块，含气面积 2.8km²，新增探明天然气地质储量 0.88×10⁸m³，可采储量 0.44×10⁸m³。

3. 钻新井、措施井和老井恢复效果好，产量大幅度提高

六/七区接管时平均日产仅为 143.3t 和 91.02t，通过成功地实施钻井义务工作量，实施措施作业和老井恢复，原油产量不断攀升（杨金华，2013）。1996 年六/七区产量超过 536.19t/d，年产油突破 13.4×10⁴t。1997 年 12 月日产水平上升到 940.21t，年产油 26.3×10⁴t，达到中方接手后的最高水平，为接手时四倍以上，新井产量在总产量中占较大比例（图 14-24）。

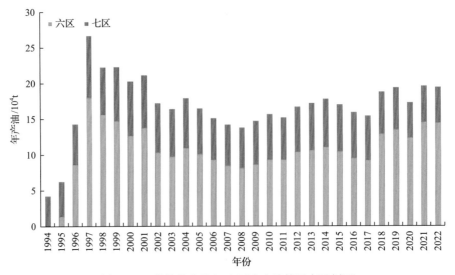

图 14-24　塔拉拉盆地六/七区中方接管后产量剖面

J74井是六区1954年完钻的一口老井，主力产层为Basal Salina组，2001年停产。经地质人员分析，认为Talara组存在潜力层段。2011年11月对该井实施补孔、压裂作业，作业完求产，自喷生产，日产油达67.69t，创造了六/七区项目自1998年以来措施井的最好效果，当年措施增油1461.11t，为项目2011年原油生产任务的超额完成立了大功，被称为"功勋井"（图14-25）。

图14-25 塔拉拉盆地六区J74井现场图片（图片来源：中国石油秘鲁公司）

4. 获得多口百吨高产井，在秘鲁石油界引起强烈反响

在六区最深目的层Basal Salina组新发现多个高产含油断块，相继打出了13218、13231、13252井等多口高产百吨井，以及13241高产凝析气井。在已沉寂多年的百年老油田获得一系列高产井，轰动了整个秘鲁石油界（王晓晖，2019），为中国石油在海外争得了荣誉（栗庠旸，2015）。

5. 投资获得丰厚回报，生产和经营取得良好经济效益

自接管以来，仅用5.2年（1999年）就收回全部投资，至2021年底六/七区已累计生产原油462.73×10^{4}t，实现利润总额5.96亿美元，累计分红3.25亿美元，经济效益十分显著。

第四节　经验和启示

（1）深入的综合地质研究是做好复杂断块老油田滚动勘探的基础。

依据六/七区原始油气分布、聚集规律和开采特征研究、全区范围内采出程度的系统分析及最新的构造解释，开展综合地质研究，明确六/七区现今剩余油气分布特征和规律，总结主控因素、指导勘探开发部署。

六/七区大多数油气聚集带钻井密度很高，可采储量采出程度高，油层剩余压力低，多数油气聚集带已接近枯竭。但六/七区部分油气聚集带存在尚未钻井（开发）的含油气断块，也有个别富油气断块开发时间短，钻井较少，采出程度低，有补充钻井的余地。六/七区油气聚集带边缘的有利断块，是可能的含油气圈闭，也是目前剩余油气较为集中的部位。六/七区油气聚集带以外的构造，部分油气地质条件有利，圈闭发育，构造落实，是潜在含油气构造。

（2）针对性的技术方法是百年老油田滚动勘探再获得成功的关键。

中国石油六/七区接手后，义务工作量实施之初并不顺利。按照国内老油田开发经验完成的布井方案，六区前4口井和七区前5口井相继失利。这使中方认识到，要获得滚动勘探开发的成功，必须进一步深化以认识六/七区油气地质特征、油层开采特征及剩余油分布特征为目标的地质综合研究，据此调整滚动勘探开发部署思路和方法。同时，强化地质综合研究的组织与管理，加强方

案实施过程中的保障措施，密切研究部门和生产作业部门的衔接沟通。

以勘探思路部署新井，放弃在老开发区钻补充开发井，而以有利含油气带的新断块、新层系为目标实施新井，陆续获得新的发现。依据六/七区剩余油气分布特征，从实施全部钻井义务工作量的角度出发，优选有利区带的新断块、新层系，整体部署，先钻关键井，之后进行总体评价。在总体评价的基础上，优选有利断块滚动勘探开发，采取"整体部署，优选实施，及时调整，滚动前进"的策略，把方案实施和跟踪研究、方案调整有机结合起来。方案实施过程中，及时跟踪对比，随钻分析，快速反应。方案研究、部署与实施各环节紧密衔接、协同配合、及时沟通，是滚动勘探开发成功的有力保证。

（3）"四精精神"支撑秘鲁六/七区老油田滚动勘探闪耀塔拉拉沙漠。

秘鲁六/七区是中国石油响应国家"走出去"战略，实施国际化经营的"第一站"，是海外创业的"试验田"，被誉为海外创业的"星星之火"（王晓晖，2010；由然，2011）。选择已经开发120年的老油田作为中国石油海外创业的首次"亮剑"，其战略意图远大于项目本身。因此，秘鲁六/七区项目承担着"锻炼队伍、培养人才、积累经验、树立形象"四项使命。

秘鲁六/七区项目按照中国石油集团公司部署，将担当的使命、责任与项目面临的挑战相结合，形成了以"四精"精神为核心的"1234"管理目标工程，走出了一条"精细运作、高效开发"的海外创业之路（宫本才，2012）。归纳起来就是解放思想、务实敬业、勤俭创业、一切从实际出发、追求效益最大化。

实践证明，在"精细运作、高效开发"指导下培育的"四精"精神（尹君泰，2013），是海外创业的必由之路。自接手以来，秘鲁六/七区项目始终牢记使命，发扬大庆精神铁人精神，科学谋划、精细运作，取得了良好业绩，在秘鲁石油界引起强烈反响，树立了中国石油的良好国际形象（侯瑞宁和彭庆，2009；袁伟，2014），也为"走出去"积累了宝贵的经验。在接手的3年内，油气产量从年产 8×10^4 t 提高到 30×10^4 t，使濒临废弃的百年油田起死回生（陈金涛等，2019）。截至2021年底，中方累计分红3.25亿美元，投资回报率达到868%，实现资源国和石油公司的合作双赢。

第十五章 巴西深水勘探项目

巴西位于南美洲东部,国土面积 851.03×10⁴km²,人口 2.03 亿(2022 年),长期是葡萄牙殖民地,1822 年独立。巴西北邻法属圭亚那、苏里南、委内瑞拉和哥伦比亚,西接秘鲁、玻利维亚,南接巴拉圭、阿根廷和乌拉圭,东濒大西洋,海岸线长约 7400km。巴西国家工业体系较完备,工业基础较雄厚,经济实力居拉美地区首位,居世界第 12 位(2022 年),是南美地区仅次于委内瑞拉的第二大石油生产国,投资环境稳定,油气领域法规完善,深海油气资源丰富,勘探开发潜力大,是国际石油公司进行全球重点油气资源战略部署的必争之地,油气资产交易活跃。

1974 年 8 月 15 日,中国与巴西建立外交关系。中巴两国同为金砖国家,高层互访频繁。1993 年,两国建立战略伙伴关系。2012 年,两国关系提升为全面战略伙伴关系。双边经贸长足发展,中国是巴西第一大贸易出口国和进口来源国。2022 年,巴西是中国第 9 大石油进口国,约 2400×10⁴t。巴西是美洲国家中石油出口到中国的第一大国家。

第一节 巴西石油工业概况

一、油气勘探史

巴西的油气勘探工作从 1865 年开始,1922 年钻第一口井,1939 年在雷孔卡沃盆地萨尔瓦多油苗附近钻探发现第一个陆上油田——洛布托油田。1950 年巴西年产原油 4.4×10⁴t,到 1960 年原油产量达到 387×10⁴t。1953 年巴西政府宣布石油工业国有化,规定石油资源为国家所有,并成立了政企合一的国营企业——巴西国家石油公司(简称"巴西国油"),标志着石油工业的起步(方幼封,1995)。该公司不仅参与石油政策的制定、执行,还统管巴西石油的勘探、开发、生产、运输及企业的经营管理。20 世纪 60 年代后期,巴西的勘探工作开始向海上转移,1968 年在塞尔希培(Sergipe)-阿拉戈斯(Alagoas)盆地发现第一个海上油田——瓜利塞玛油田。70 年代,受两次世界石油危机影响,巴西开始不断加大国内油气勘探开发力度,尤其是在巴西东部大陆边缘开展了大规模勘探,在 5 个盆地共发现 105 个油气田,其中在坎普斯盆地发现的纳莫拉多油田储量达 6300×10⁴t。80 年代初开始在 250m 以下深水区进行石油普查,1984 年在坎普斯盆地发现了马里姆巴和阿尔巴克拉油田,储量分别为 0.65×10⁸t 和 2.5×10⁸t;1985 年发现马里姆油田,1987 年发现马里姆南和马里姆东油田,三个油田的石油储量合计达到 7.3×10⁸t,天然气储量 892×10⁸m³。截至 2022 年底,在坎普斯盆地累计发现 17 个大—巨型油气田,石油可采储量 25.7×10⁸t,天然气可采储量 7177×10⁸m³,展现了深水油气勘探巨大潜力。与此同时,勘探向南转移,1979 年在桑托斯盆地获得第一个深水油气发现;2006 年发现图皮巨型油气田,石油储量 7.5×10⁸t,天然气储量 3076×10⁸m³;2010 年发现布兹奥斯(Buzios)和梅罗(Mero)巨型油田。截至 2022 年底,在桑托斯盆地已累计发现 14 个大—巨型油气田,盆地石油可采储量达到 51×10⁸t,天然气可采储量 1.72×10¹²m³,其油气资源潜力远超坎普斯盆地(据 IHS 2022 年数据)。

海上油气田的逐步开发,使得巴西油气产量得以快速增长,自 1986 年开始,巴西国油实施"深水油田开采技术创新和开发三步走"战略,先后于 1993 年、2000 年和 2006 年具备了 1000m、2000m 和 3000m 水深的油气自主开发能力,引领巴西国油跻身全球少数几个拥有超深水勘探开发和工程

作业管理能力的石油公司行列(马睿，2022)。2001 年年产原油 6700×10⁴t，天然气 77×10⁸m³；2010 年年产原油达到 1.11×10⁸t，天然气 150×10⁸m³；2021 年年产原油达到 1.54×10⁸t，天然气 243×10⁸m³，成为世界第九大产油国和拉美地区最大的产油国。投入开采的油气田 50%以上来自海上，主要集中在坎普斯盆地，而桑托斯盆地的许多油气田还有待开发。随着海上大-巨型油气田投入开发，巴西的油气产量还会进一步增长(Petersohn，2019)。2027 年巴西有望成为石油输出国组织外全球最大的石油生产国，石油产量将翻一番。

巴西国油是世界 50 强中重要的石油公司，PIW 公布的 1988 年世界 50 强中巴西国油位列第 18 位，2000 年上升到第 12 位，2022 年排第 16 位。

1997 年，巴西政府颁布《石油投资法》，从此巴西国油按市场经济规律实行企业自主经营，原勘探、开发、生产的资源和资产由其向巴西国家石油管理局(ANP)重新申请，ANP 审核后再授权巴西国油经营。

二、私有化举措吸引外国投资

巴西国家石油公司创建于 1953 年，一直负责巴西境内所有的石油勘探、开发、炼制及运销等业务。1997 年，时任巴西总统卡多索签署《石油投资法》，规定自 1997 年 8 月 6 日起，将石油管理实行政企分开，在巴西矿业能源部下增设巴西国家石油管理局，负责巴西石油政策的制定和行业监督管理，开启了巴西石油工业对内对外开放的新纪元，也结束了巴西国油的垄断地位。巴西联邦政府有关部门与机构共持有巴西国油 51%以上的股权。《石油投资法》实施后，外国石油公司陆续进入巴西，开展国际油气合作。2000 年 8 月，巴西政府出售巴西国油公司 28.5%的股份，总价值超过 40 亿美元，其中超过半数卖给了外国投资者。目前巴西国油的政府权益仅为 28.67%。

2010 年 6 月 30 日，巴西政府通过一项盐下储量专属权益转让(transfer of rights，TOR)改革法案，在坎普斯盆地和桑托斯盆地中部盐下划出一个多边形范围(盐下核心区)，授权巴西国油可以从 6 个盐下油田生产 50×10⁸bbl 油当量(约 7×10⁸t 油当量)的专属经营权，巴西国油可以剥离这些地区最多 70%的资产。法律还规定了盐下区块的签字费和矿费(15%)不可回收。

2016 年 2 月巴西通过新的《石油法案》，对外开放深海盐下石油勘探权，巴西国油不再是盐下油气田唯一的作业者，且不必持股 30%以上，但享有优先权。2019 年 1 月博尔索纳罗就任新一任巴西总统后，进一步推行私有化，要求通过巴西盐下油田的招标来吸引投资，加快油田开发。2019 年 10 月 17 日，总统批准了第 13885 号法案，改变过去将招标获得的签字费收归政府的做法，使各州和市政府能够分享从剩余储量招标中获得的签字费收入。根据新的法律，在联邦政府向巴西国油支付 90 亿美元作为补偿后，盐下区块的任何签字费收入将按照比例在州、市和联邦政府间分配，具体比例为各州 15%、市政府 15%、里约热内卢州分享额外的 3%(因区块位于里约热内卢的外海)，剩余 67%归联邦政府。在竞标中采用产品分成合同，向巴西政府承诺最大利润油分成比的公司或联合体将中标。

三、油气资源情况

巴西共有 17 个主要盆地，总沉积面积为 843.7×10⁴km²。其中陆上面积 400.9×10⁴km²，主要为克拉通盆地，油气资源潜力有限；海域沉积面积 442.8×10⁴km²，其中深水/超深水占比 83%，以被动陆缘盆地为主，油气勘探开发潜力大，是勘探开发的主战场，特别是坎普斯和桑托斯盆地。

据 IHS 数据统计，截至 2022 年底，巴西剩余石油可采储量为 72.4×10^8t，其中桑托斯盆地占 62.7%，坎普斯盆地占 27.8%；剩余天然气可采储量为 2.9×10^{12}m³，其中桑托斯盆地占 55.6%，坎普斯盆地占 26.7%。根据中国石油自主评价结果，巴西待发现石油可采资源量为 186×10^8t，其中桑托斯盆地占 49.1%，坎普斯盆地占 39.8%；待发现天然气可采资源量为 5.2×10^{12}m³，其中桑托斯盆地占 57.8%，坎普斯盆地占 32.2%（图 15-1 和图 15-2）。

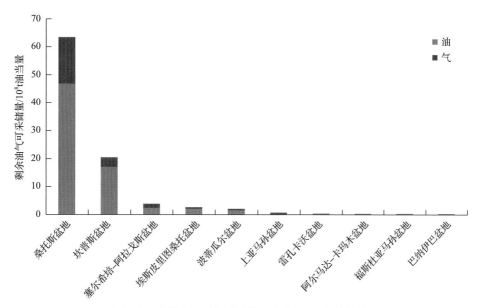

图 15-1 巴西油气剩余可采储量排名前 10 盆地统计图

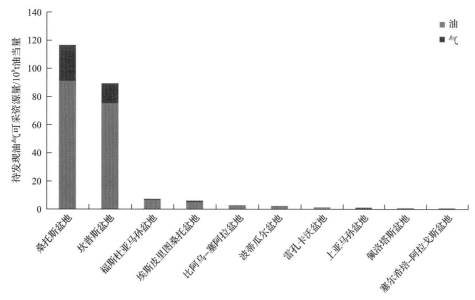

图 15-2 巴西待发现可采资源量排名前 10 盆地统计图

2021 年巴西石油日产量为 42.2×10^4t，90%以上的产量来自于桑托斯和坎普斯盆地深水和超深水。碧辟公司发布的《2020 年能源展望》，对巴西石油产量增长前景的分析认为，在未来 30 年内，巴西的石油产量将迅速增长，在不同情景下，将从目前的 41×10^4t/d 增至 $58.9 \times 10^4 \sim 65.5 \times 10^4$t/d 的峰值。桑托斯盆地深水盐下仍有多个已发现待建产油田，预计 2028 年产量将增长到 2.45×10^8t。世界前 8 大深水油气田开发国家中，巴西将占最重要地位，到 2025 年新增产量将有 30%以上来自巴西深水，主要来自桑托斯盆地盐下大油田的贡献。

四、油气对外合作概况

1999 年 6 月，巴西实施 ANP 第一轮区块招标，主要采用矿税制合同模式。吸引了包括埃克森美孚、壳牌、碧辟阿莫科、埃尼、优尼科、德士古、雷普索尔-YPF 等多家外国公司参与。随后每隔 1~2 年巴西就推出一轮 ANP 区块招标，截至 2022 年共开展了 17 轮 ANP 区块招标，售出 994 个区块，区块面积合计 $67 \times 10^4 km^2$。

2013 年，巴西政府开始推行盐下产品分成合同区块招标，第 1 轮招标的区块为里贝拉(Libra)区块，最终巴西国油为作业者，占 40%权益，壳牌公司(20%)、道达尔公司(20%)、中国石油(10%)和中国海油(10%)为合作伙伴。2016 年以来，巴西政府加速油气工业改革，加大区块公开招标力度，解除巴西国油在盐下油田开采的垄断政策，调整税收和本地化政策，不断改善投资环境，为吸引外资进入提供了良好契机。自 2017 年以来先后开展了第 2、第 3、第 4、第 5、第 6 和第 7 轮盐下区块招标，吸引了众多国际石油公司积极参与，其中第 2 轮盐下区块招标主要为目前已发现油田向周围扩边的区块，称为联合开发区块(Unitization)，主要意向者和中标者均为目前已有区块的作业者。第 3 到第 7 轮均为盐下核心区的风险勘探区块，竞争非常激烈(表 15-1)。截至 2022 年底已售出盐下 PSC 合同区块 19 个，区块总面积 $2.25 \times 10^4 km^2$。

表 15-1　巴西盐下核心区产品分成合同招标基本情况表

PSC 招标轮次	1	2	3	4	5	6	7
年份	2013	2017	2017	2018	2018	2019	2022
招标区块个数	1	4	4	4	4	5	11
授予区块个数	1	3	3	3	4	1	4
通过投标资质公司	11	11	15	16	12	17	14
投标联合体	5	8	8	7	7	1	6
中标公司个数	5	7	6	7	8	2	6
巴西国油参与中标区块个数占比/%	100	33	66	100	25	100	75
授予区块面积/$10^3 km^2$	1.5	0.6	6.1	3.5	2.7	4.5	3.6
签字费/亿美元	65	10	9	8	16	12.5	1.79

巴西国油决定，在第 6 轮盐下勘探招标的 5 个区块中，有 3 个区块行使至少 30%的优先权，而在 TOR 额外储量招标的 4 个区块中，有 2 个区块行使优先权，这一决定可能会让那些更倾向于作业者的国际公司放弃投标。巴西国油在第 6 轮盐下竞标中表现不佳[只有一个巴西国油行使优先权的阿拉姆区块成功拍出]，这被指出可能是导致第 6 轮 PSC 招标不太成功的原因，但这也加强了进一步盐下改革的理由。

在 2019 年 TOR 额外储量和第六轮 PSC 盐下竞标中，尽管区块具有巨大的油气资源潜力，却没有大型国际石油公司的投标(图 15-3)，这反映了国际石油公司对资本支出的谨慎态度。巴西为盐下资产设定了高额签字费，部分原因是为了帮助减少其庞大的预算赤字，预计 2019 年预算赤字将占 GDP 的 6.6%。如果政府把所有的 TOR 和第 6 轮盐下区块都顺利拍出，它将会获得 1144 亿雷亚尔(约 273 亿美元)。这些令人失望的拍卖结果可能会迫使巴西重新评估其相对较高的固定签字费，并考虑扩大国际石油公司的运营机会。

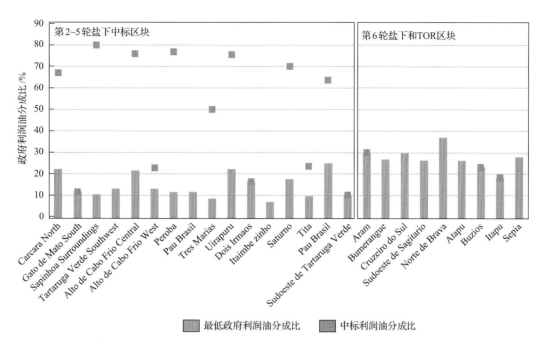

图 15-3　巴西盐下第 2～5 轮招标与第 6 轮和 TOR 区块招标中各中标区块的政府利润油分成比和最低要求比

（一）壳牌公司在巴西运营情况

壳牌公司自 1998 年开始投资巴西海上油气勘探。目前壳牌公司共拥有巴西海上 38 个区块，总面积 $2\times10^4km^2$。其中 35 个为深水区块，拥有 23 个区块的作业权，总面积 $1.3\times10^4km^2$。合同类型基本均为矿税制合同，2 个区块为产品分成合同。这些区块分布在 6 个盆地中，其中坎普斯盆地有 8 个区块，桑托斯盆地有 4 个。通过权益收购获得区块 13 个，参加区块招标获得 10 个，这些区块基本都是 2017 年或以后获得。

壳牌公司还参与其他 15 个区块，总面积约 $6600km^2$，大多为 2017 年进入。进入方式为区块权益收购和参与招标基本各占一半。在所有 15 个参与区块中，壳牌公司均为第一大股东，作业者均为巴西石油（除一个区块道达尔能源公司担任作业者外），壳牌公司对参与区块具有相当大的控制权。

壳牌公司在巴西经过 20 年左右的勘探开发，先后发现多个油气田。目前，参与开发油气田 18 个，担任作业者 8 个。其中壳牌公司净权益储量位居所有外国石油公司之首，约 4.8×10^8t 油当量（图 15-4）。

从 2014 年起，随着壳牌公司参与多个油气田的开发生产，其油气产量逐年增长。2014 年日产原油 0.6×10^4t，2019 年日产原油 4.9×10^4t。从 2016 年起石油和天然气产量快速增加，2020 年日产油气当量达到 5.5×10^4t 峰值产能（图 15-5）。2022 年，壳牌公司在巴西年产油气当量为 2000×10^4t，其油气生产规模在巴西所有外国石油公司中遥遥领先（表 15-2）。

巴西目前海上作业中 FPSO 有 181 个，在建平台 6 个，计划建设 16 个。其中，壳牌公司共参与 18 个，包括生产作业中 6 个，主要部署在 Abalone、Gato do Mato、Salema 和 Salema 四个油气田；在建 3 个，计划于 2023 年前投入作业；计划建设 4 个，并于 2023 年至 2024 年完工。目前，壳牌公司担任作业者的 FPSO 有 4 艘。

1999 年壳牌公司联合巴西国油、埃克森公司和美孚公司获得 Parque das Conchas（BC-10 区块）项目（包括 Abalone、Argonauta、Ostra 项目），壳牌公司拥有 35% 的权益。2006 年 4 月，壳牌公司行使了优先权，收购了埃克森公司和美孚公司各 15% 的股份，取得 65% 的权益。又以 1.7 亿美元的价格将 15% 的权益转卖给了印度石油天然气（ONGC）公司，自己保留 50% 的控股权。2013 年 8 月，壳牌

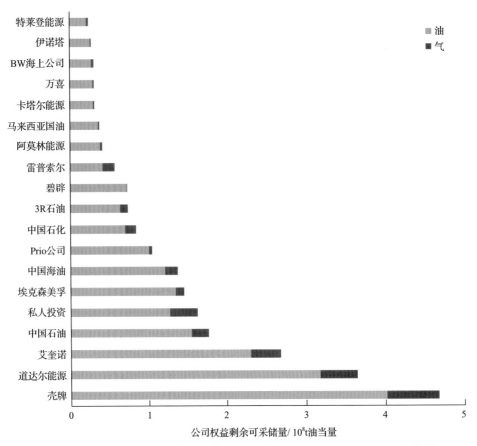

图 15-4　巴西各石油公司剩余可采储量对比图（据 Wood Mackenzie 2022 年数据）

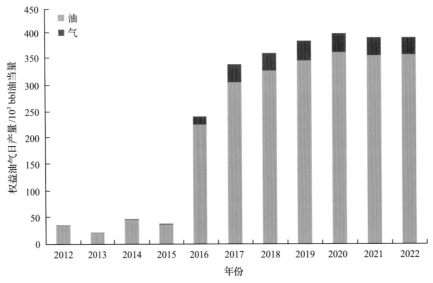

图 15-5　壳牌公司在巴西历年产量变化图（2012～2022 年）（据 Wood Mackenzie 2022 年数据）

表 15-2　巴西各石油公司产量对比表（前 20 名公司）

序号	公司	2022 年石油产量/(t/d)	2022 年天然气产量油当量/(t/d)	油气当量/(t/d)
1	巴西国油	276519.2	29442.5	305961.6
2	壳牌	48943.8	4402.7	53346.6
3	道达尔能源	15526.0	106.8	15632.9
4	私人投资	8583.6	1742.5	10326.0
5	艾奎诺	7205.5	686.3	7891.8
6	中国石化	7167.1	713.7	7880.8
7	马来西亚国家石油	7494.5	238.4	7732.9
8	Prio	7284.9	413.7	7698.6
9	雷普索尔	5046.6	446.6	5493.2
10	中国海油	4658.9	158.9	4817.8
11	3R 石油	3887.7	804.1	4691.8
12	中国石油	4332.9	123.3	4456.2
13	阿莫林能源	3401.4	371.2	3772.6
14	卡塔尔能源	3527.4	34.2	3561.6
15	伊诺塔	915.1	1069.9	1984.9
16	特莱登能源	1865.8	12.3	1878.1
17	印度石油天然气	1708.2	41.1	1749.3
18	卡鲁能源	1727.4	0.0	1727.4
19	万喜	1686.3	38.4	1724.7
20	桑坦德石油	1150.7	309.6	1460.3

注：据 Wood Mackenzie 2022 年数据。

公司和 ONGC 公司分别行使优先购买权收购了巴西国油 23%和 12%的权益，阻止了中化集团拟以 15.43 亿美元购买 BC-10 区块 35%权益的资产收购计划。2014 年 1 月，壳牌公司又将 23%的股份以 10 亿美元出售给卡塔尔石油公司，壳牌公司仍保留 50%的权益。壳牌公司在巴西类似的商业交易还有多个，通过交易，壳牌公司或者取得了作业权，或者在保留作业权的情况下寻找伙伴分担了风险。壳牌公司在重视油气勘探开发的同时，也同样重视商业运作。

2016 年，在全球油价低位时，壳牌公司并购了 BG 集团，直接获得了多个区块和在产油田，包括 Iara、Lapa、Lula-Iracema、Sul de Lula、Sapinhoa、Entorno de Sapinhoa 等多个巴西海上优质资产，壳牌公司油气产量增加 20%左右。总体上，在壳牌公司所有参与的 38 个海上区块中，31 个区块是通过商业并购获得权益的，并且大多收购的权益是已发现油田，由此可见商业并购在壳牌公司油气上游资产结构中的重要性。目前壳牌公司担任其中 23 个区块的作业者，是拥有作业权最多的外国石油公司，这不仅大大增加了在区块地质研究、勘探部署和油田开发中的主动权，更给壳牌公司带来了丰厚的分成利润。值得注意的是，在壳牌公司共参与的 15 个非作业者区块中，壳牌公司是除了作业者——巴西国油外的第一大伙伴，显示了壳牌公司对拥有决策权的意愿非常强烈。

壳牌公司在巴西除了投资海上油气区块外，还重视参与海上油气生产平台等配套设施建设。巴西目前处于作业中的 FPSO 有 181 艘，壳牌公司占十分之一。在建的 6 艘 FPSO 中壳牌公司参与了 3 个，计划的 16 艘 FPSO 中壳牌公司参与了 4 艘。体现了壳牌公司积极参与区块整体运作，增加决策话语权，提高项目经济性的目的。

壳牌公司高度重视合作伙伴的选择，多选择国际石油公司为伙伴进行合作。在 15 个担任非作业者的区块中，14 个区块作业者是巴西国油，1 个是道达尔能源公司。无论作业者和非作业者区块，合作伙伴都是选择国际石油公司，如道达尔能源、雪佛龙、雷普索尔等公司，通过强强联手，很大程度上提高了合作关系的稳固，减少了项目经营风险。

（二）埃克森美孚公司在巴西运营情况

圭亚那的大发现大大提振了埃克森美孚公司在西大西洋深水区块作业的信心。2013 年以来大举进入巴西多个深水盆地，在短短的 7 年时间内，埃克森美孚公司先后通过并购和竞标在巴西获得 30 个区块，全部位于深水区，区块面积达到 $1.65 \times 10^4 \mathrm{km}^2$（窦立荣，2019）（图 15-6）。

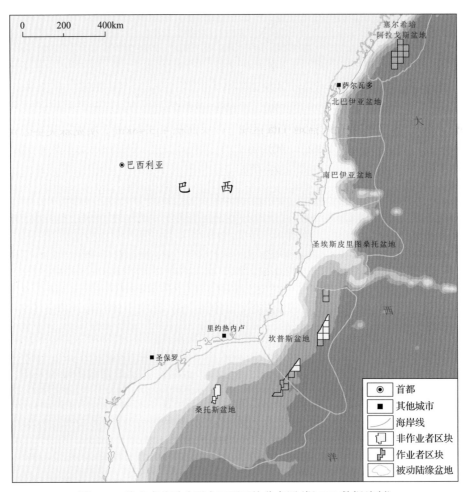

图 15-6　埃克森美孚公司在巴西区块分布图（据 IHS 数据编制）

2013 年巴西的第 11 轮招标埃克森美孚公司首次通过竞标获得两个深水区块，即塞阿拉（Ceara）盆地 CE-M-603 勘探区块和波蒂瓜尔盆地 POT-M-475 勘探区块，均担任作业者。在 2015 年第 13 轮招标中，获得塞尔希培-阿拉戈斯盆地 SEAL-M-351 和 SEAL-M-428 区块 50% 权益，担任作业者，2022 年在 SEAL-M-428 区块完钻 Cutthroat 1 井，未获油气发现，SEAL-M-351 区块尚未钻井。

2018～2019 年埃克森美孚公司大举进入巴西深水领域，参加了第 14～16 轮非盐下区块招标和多轮盐下区块招标。在 2018 年举行的第 14 轮竞标中，埃克森美孚公司共中标 9 个区块，其中坎普斯盆地 8 个区块，塞尔希培-阿拉戈斯盆地 1 个区块，区块总面积达 6540.68km²。在第 15 轮招标中，获得塞尔希培-阿拉戈斯盆地、坎普斯盆地和桑托斯盆地内的 10 个勘探区块，总面积 7350.76km²。其中坎普斯盆地 C-M-789 区块竞争最为激烈，埃克森美孚公司牵头的联合体投出了 28.2 亿雷亚尔(约 7 亿美元)签字费，为招标要求最低签字费的近 70 倍。在 2019 年 10 月举行的第 16 轮区块招标中，埃克森美孚公司独立获得 C-M-479 区块。

在 2017 年巴西第 2 轮盐下区块招标中，埃克森美孚公司(40%)、高浦公司(20%)和道达尔公司(40%，作业者)联合中标了桑托斯盆地 Carcara 油田外延部分，签字费 9.46 亿美元，报出的政府利润油分成比 67.12%，远高于第二标壳牌公司报出的 50.46%。为了发挥区块间的整体效应，2018 年埃克森美孚公司购买了邻近的 BM-S-008 区块 40%权益，该区块已经发现了两个油气田，其中 Carcara 油气田石油可采储量 1.67×10⁸t，天然气 1020×10⁸m³。BM-S-008 区块是 2000 年 9 月第 3 轮招标中由巴西国油(40%)、壳牌公司(40%)和高浦公司(20%)联合中标的勘探区块，巴西国油曾担任作业者。2012 年在区块内发现了 Carcara 大油气田后，区块的股权结构不断变化，2016 年 11 月挪威国油通过购股 40%进入该区块，并担任作业者。

在第 3 轮盐下区块竞标中，埃克森美孚公司虽然参与了竞标，但没有中标任何区块。在 2018 年的第 4 轮盐下区块招标中，埃克森美孚公司(28%)、挪威国油(28%)、高浦公司(14%)和巴西国油(30%)一起中标桑托斯盆地 Uirapuru 区块，区块面积 1333km²，巴西国油担任作业者，签字费 7.1 亿美元，提供给政府的利润油分成比为 75.49%。在第 5 轮招标中，埃克森美孚公司(64%)和卡塔尔石油(36%)一起中标桑托斯盆地 Tita 区块，区块面积 453.48km²，埃克森美孚公司担任作业者，签字费 7.66 亿美元，提供给政府的利润油分成比为 23.49%。在 2019 年举行的第 6 轮盐下区块招标中，包含埃克森美孚公司在内的多家国际石油公司虽然购买了资料包，但最终都放弃了投标(窦立荣，2019)。

五、中国公司在巴西油气合作情况

巴西是深海油气勘探开发的高端市场之一，各大石油公司都已成功布局，成为不同区块的作业者或参与者。自 2010 年起，中国三大石油公司也积极参与，先后通过收并购或竞标获得了一些深水勘探开发项目。

2010 年 10 月，中国石化以 71 亿美元的价格收购了西班牙雷普索尔石油公司在巴西石油勘探和开发业务中 40%权益。2011 年又斥资 51.5 亿美元认购葡萄牙高浦能源公司(Petrogal)巴西资产 30%的权益。通过这两笔并购在巴西共获得 25 个项目，权益区块面积 975.9km²，其中 12 个勘探区块，13 个开发区块，涉及 18 个油田，权益 3%～14%不等，包括 Tupi、Lapa、Jupiter 等大型油气田。截至 2022 年权益剩余可采储量 0.84×10⁸t 油当量，其中石油为 0.7×10⁸t。2022 年中国石化巴西项目石油权益产量 294×10⁴t，天然气权益产量 3.6×10⁸m³。但巨额的购股款给项目投资回收带来了沉重负担(据 Wood Mackenzie 2022 年数据)。

中国海油目前在巴西有 6 个区块，其中 4 个勘探区块，2 个开发区块，权益区块面积 1010.8km²。包括布兹奥斯、梅罗、里贝拉等 3 个油田，截至 2022 年权益剩余可采储量 1.37×10⁸t 油当量，其中石油为 1.2×10⁸t。2022 年中国海油巴西项目石油权益产量 180×10⁴t(据 Wood Mackenzie 2022 年数据)。

中国石油目前在巴西有 4 个区块，其中 2 个勘探区块，2 个开发区块，权益区块面积 946.2km²。包括布兹奥斯、梅罗、里贝拉、古拉绍 4 个油田，截至 2022 年权益剩余可采储量 1.76×10⁸t，其中石油为 1.54×10⁸t。2022 年中国石油巴西项目石油权益产量 166×10⁴t(据 Wood Mackenzie 2022 年数据)。

2013 年，巴西推出了盐下第一个区块——里贝拉区块，面对当时高达 70 亿美元的签字费，中国石油与中国海油最终以多方联合体的形式，各占 10%的权益入主了这一世界级巨型油田(窦立荣等，2022e)。进入后联合体快速评价落实了区块西北区(梅罗油田)储量。2017 年 11 月，巴西里贝拉项目实现首油投产，2018 年 3 月，中国石油和中国海油进行首次联合提油作业，并于同年5 月份顺利将首船权益油运抵国内。2020 年 11 月开发方案完成审批，MERO1 生产单元于 2022 年4 月正式投产，截至 2022 年底累计产油 1062.5×10^{4}t，采出程度 0.74%，MERO2 生产单元 FPSO整体建造进度 95%。至此，里贝拉项目进入投资回收实质性阶段，成了中国企业在巴西运作最成功的项目。

2017 年中国石油参股的佩罗巴区块(20%权益)，已完钻 1 口风险探井，因 CO_2 含量高而弃井，并退出该区块。中国海油参股了卡布弗里乌(Cabo Frio)西区块(20%)，后经钻探发现 1 个小油田，可采储量 700×10^{4}t 油当量；2018 年参与的保罗巴西(Pau Brasil)区块(40%)尚未钻探，推测可能CO_2 含量高。中国石化入股的雷普索尔-中国石化巴西公司参与了 Sapinhoa 油田外延区块(25%)。

2019 年 11 月，巴西政府举行了权益转让(TOR)额外储量招标。其间，中国石油、中国海油联手各 5%参股中标其中开发时间最长、开发基础最完善的区块——布兹奥斯大型在产项目。该油田水深 1900m，于 2010 年发现，是一个在基底隆起上发育的披覆背斜，主要储层为下白垩统微生物岩和介壳灰岩，油层净厚度 274m，孔隙度 8%~25%，含油面积 374.7km²。石油可采储量 9.5×10^{8}t，天然气 3400×10^{8}m³。原油重度为 28°API，气油比 240(m³/m³)，二氧化碳含量 23%(摩尔分数)，硫化氢含量为 30~90mg/g。2015 年开始试生产，试生产期单井最高日产达 2055t。2019 年 13 口井生产，年产原油 1260×10^{4}t。2022 年 11 月，中国海油再次行权，支付 103 亿雷亚尔(19 亿美元)，再次购买巴西布兹奥斯油田 5%产量权益。

2019 年 11 月，中国石油以 20%权益中标了第 6 轮盐下阿拉姆大型风险勘探区块，2020 年 3月，巴西国油、中国石油与巴西 ANP 签署中标合同后，2021 年 12 月完钻第一口探井古拉绍-1 井(英文 Curacao-1，联合公司命名 1-SPS-108，ANP 命名 1-BRSA-1381-SPS)已经取得重大突破，试油获日产超千立方米高产油流，计算地质储量 10.15×10^{8}t(据 IHS 2022 年数据)(图 15-7)。

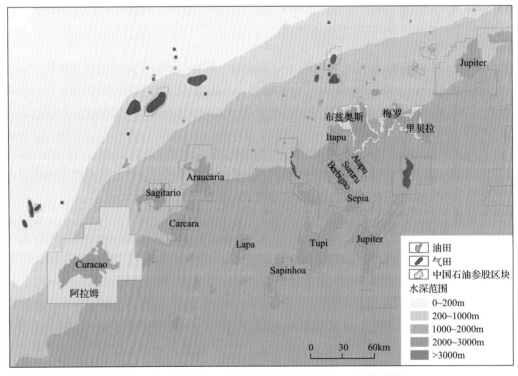

图 15-7　中国石油在巴西的项目分布图(据 IHS 数据编制)

除中国海油单独拥有巴西海上 ES-M-592 风险勘探区块 100%权益，中国三大石油公司在巴西的项目绝大部分是"小大非"项目。海上的作业、管理不是一朝一夕就能掌握的，投资周期长，勘探项目的风险高。在项目运作中需要重点关注以下六个方面：一是不断学习西方和当地深海项目先进的技术和管理经验；二是高度重视部分油气田高含 CO_2 和 H_2S 等非烃类气体在油田钻完井和海工建设中带来的环保风险，加强全合同的弃置研究；三是密切关注因社会动荡造成投资增加和工程进度延后的风险；四是大力推动派员进入联合公司(体)工作，发挥中方在勘探开发方面的技术优势，使巴西成为深海油田技术和管理人才的培养基地；五是加强和西方公司的合作，实现"强强联合"；六是做好深水油田项目、勘探项目和陆上项目的配比，形成良性的投资组合(窦立荣，2019)。

第二节 桑托斯盆地油气地质特征

桑托斯盆地总面积 $32.7 \times 10^4 km^2$，全部位于海域，其中 70%属于深水。其油气勘探始于20 世纪 70 年代，目前已发现 117 个油气田，油气可采储量 $65.7 \times 10^8 t$ 油当量，其中石油占 76.7%，天然气占 23.3%。勘探过程主要分为盐上成藏组合和盐下成藏组合两个勘探阶段(Abelha and Petersohn，2018)(图 15-8)。

一、勘探历程

(一) 盐上勘探阶段

盐上勘探阶段可以进一步分为三个时段(图 15-8)。第一时段，1979～1987 年，主要以二维地震为主要手段，勘探目标是近岸浅水盐上上白垩统圣通阶浊积砂岩，发现了 4 个小型天然气田；第二时段，1988～1998 年，仍以二维地震勘探为主，向深水领域拓展，在盐上下白垩统发现了阿尔布阶颗粒灰岩成藏组合，累计发现 9 个小型油气田；第三时段，1999～2005 年，随着深水三维

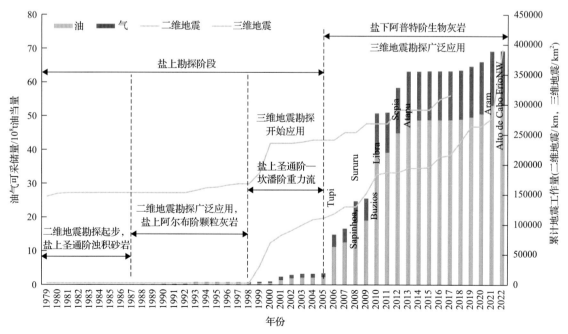

图 15-8 桑托斯盆地油气可采储量及地震工作量变化历程

跨国油气勘探理论与实践

地震的大面积部署，在盐上上白垩统圣通阶—坎潘阶浊积砂岩中发现了 31 个油气田，但规模仍为中小型。

（二）盐下勘探阶段

2006 年，为了解决桑托斯盆地深部盐下裂谷层系地层二维地震成像质量较差问题，在疑似盐下拗间古隆起上部署了高精度宽频三维地震，第一口探井 Lula-1 井就取得重大突破，发现了盐下生物灰岩巨型油田，可采储量超过 $11.5×10^8t$，揭开了盐下碳酸盐岩礁滩体勘探的序幕。随着大面积三维地震部署，不断取得系列重大发现，2008 年，发现了 Sapinhoa 油田和 Sururu 油田，可采储量分别为 $2.6×10^8t$ 和 $3.4×10^8t$。2010 年，发现了布兹奥斯油田和里贝拉油田，可采储量分别为 $16×10^8t$ 和 $8.8×10^8t$。2012 年，发现 Carcara 油田、Sepia 油田，可采储量分别为 $2.2×10^8t$ 和 $2.6×10^8t$。2013 年，发现 Sagitario 油田和 Atapu 油田，可采储量分别为 $1.5×10^8t$ 和 $3×10^8t$。2021 年，发现了阿拉姆巨型油田，地质储量 $10.15×10^8t$(IHS，2022)（图 15-8）。

二、构造沉积特征

（一）原型盆地演化过程及沉积充填

桑托斯盆地的形成和演化与中生代以来冈瓦纳大陆的解体以及大西洋的形成有关(Schiefelbein，2000；Aslanian et al.，2009)。主要经历了早白垩世初期—早阿普特期裂谷、晚阿普特期过渡，以及阿尔布期至今被动大陆边缘三个构造演化阶段，相应发育了裂谷期陆相层序、过渡期碳酸盐岩及蒸发岩层序以及被动大陆边缘期海相沉积层序(Brune et al.，2014)（图 15-9）。

在裂谷阶段，伴随着陆内裂谷作用发生，形成了大量与基底活动相关的垒堑式构造，断裂普遍发育，基底之上首先被大量的火成岩充填，之后沉积了一套厚度变化的河流-湖相沉积层序；在裂谷期的最后阶段发生海侵。其中 Picarras 组和 Itapema 组发育的湖相页岩构成盆地盐下最主要的烃源岩，裂谷晚期在远离盆地物源区的 Itapema 组和 Barra Velha 组发育的湖相生物灰岩是盐下最重要的储层。

在过渡阶段，盆地处于稳定的构造环境，热沉降作用导致陆壳拉伸减薄，表现出"碟状"拗陷构造。伴随着南大西洋张开、海水进入，沉积环境向海相过渡，由于南部 Walvis 海岭的遮挡，海水流动不畅，盆地处于局限环境，主要沉积了一套厚层蒸发岩(Ariri 组)，构成盆地盐下含油气系统的优质区域性盖层(Michael and Martin，2007)。这套盐岩的厚层分布在盆地东部深水区，横向分布连续，厚度大于 100m，最厚可达 3000m；往盆地西部浅水区盐岩层厚度变化剧烈，从上百米到几米直至尖灭，并伴随"盐窗"发育。

随着大西洋不断扩张，盆地进入被动大陆边缘期，沉积环境变为开阔海，沉积充填了一套巨厚的海相地层(阿尔布阶—第四系)，主要发育近岸碳酸盐岩、深海页岩以及深海浊积岩。其中，在早期阿尔布期发生一次海侵，导致盐上发育了碳酸盐岩台地，以浅海相碳酸盐岩沉积为主；在晚白垩世塞诺曼期至土伦期，随着全球性海平面上升，主要沉积了一套海相页岩，是盐上油气藏的重要烃源岩；至土伦期，三角洲层序向海进积，标志着海退的开始；从马斯特里赫特期到早渐新世，再次出现沉降和海侵，各种深水海相页岩和浊积岩发育，覆盖在西部前寒武系基底之上；在这次海侵之后出现了一个新近纪海退层序，在现有大陆斜坡的沉积中心形成了巨厚的沉积物(Frank et al.，2016)。

（二）盐下构造特征

桑托斯盆地平面上具有两拗两隆构造格局，垂向上断拗双层结构。平面上盆地由岸向海可划

·542·

分为西部隆起带、西部坳陷带、东部隆起带和东部坳陷带四大构造单元。垂向上盆地盐下裂谷层系构造以垒堑相间结构为主，早期发育了一系列北东-南西向的高角度正断层，裂谷后期，被封闭成了湖盆，一些由于基底构造作用形成的地垒或基底高地间歇性地出露水面，在高部位形成湖相生物礁建造以及生物碎屑滩坝，因此盐下圈闭类型主要为与正断层有关的倾斜断块、地垒和铲状断块以及与火山作用有关的底辟背斜、断背斜和古潜山等，盐上为以各类与盐相关的构造为主（图 15-10、图 15-11）。

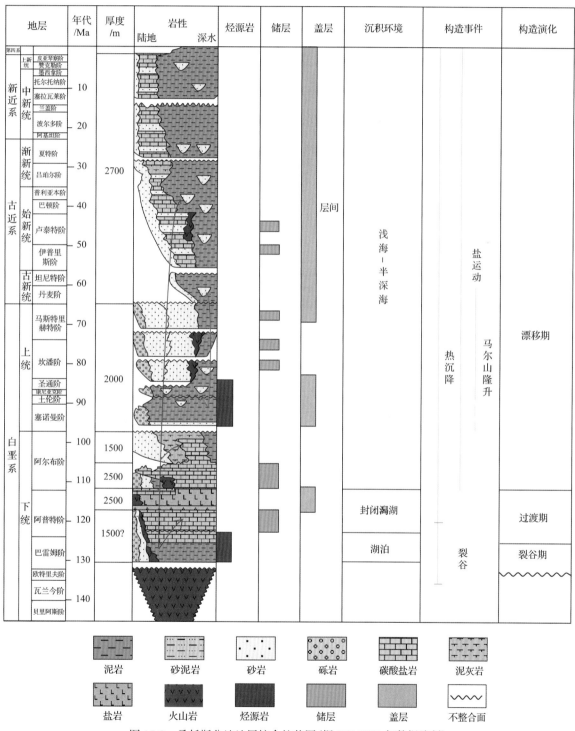

图 15-9　桑托斯盆地地层综合柱状图(据 IHS 2022 年数据编制)

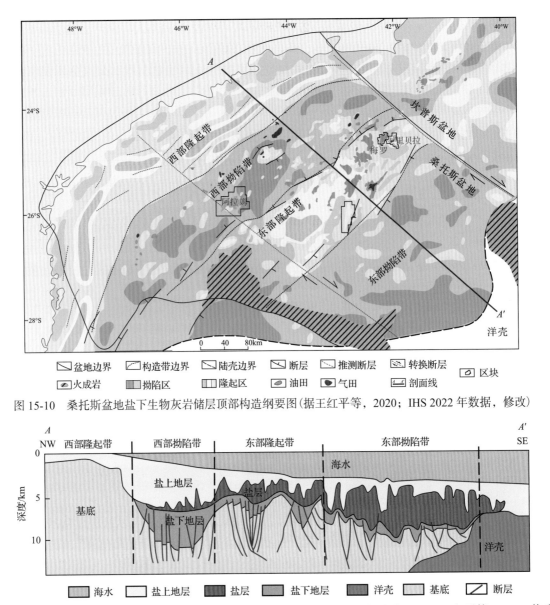

图 15-10　桑托斯盆地盐下生物灰岩储层顶部构造纲要图（据王红平等，2020；IHS 2022 年数据，修改）

图 15-11　巴西桑托斯盆地北西-南东向区域地质剖面图（位置见图 15-10，据李明刚，2017；王红平等，2020，修改）

三、盐下基本油气地质特征

（1）裂谷期优质湖相烃源岩提供了充足的油源。

桑托斯盆地盐下裂谷期湖相烃源岩具有分布广泛、厚度大、有机质类型好、丰度高、生烃潜力大等特点。目前已发现的原油有 95%来源于该套湖相烃源岩，是桑托斯盆地乃至南大西洋两岸深水含盐盆地最主要的烃源岩（温志新等，2012）。该套烃源岩的岩性为湖相黑色页岩，厚度 100～300m，沉积于同裂谷期湖相环境（Schiefelbein，2000），具有全盆地广泛分布的特点，特别是西部坳陷带、东部隆起带和东部坳陷带 3 个构造单元中的各个凹陷烃源岩品质好，TOC 含量为 2%～6%，局部地区可达 14%，氢指数普遍大于 700mg/g，生烃潜力平均值为 42mg/g，干酪根类型为 I 型，有机质成分由藻类和细菌类的高脂物质组成，富含有机质的层位平均含有 90%的无定形有机质，且烃源岩体积大，已得到钻井样品分析证实。

盐下湖相烃源岩成熟度整体表现为"东部成熟、西部过熟"的分带特征：①东部隆起带和西部坳陷带东北部厚层盐岩分布连续，地温梯度较低，盐下湖相烃源岩现今成熟度介于 0.5%～1.3%，大部分处于 0.7%～1.3% 的生油高峰阶段；②西部拗陷带西部盐岩厚度薄且不连续，地温梯度较高，盐下湖相烃源岩现今 R_o 介于 1.3%～2.5%，成熟度相对较高，处于生凝析气或干气阶段。目前已发现盐下油气田的含油气面积为 50～1350km²，油柱高度 300～650m，绝大多数圈闭的油气充满度接近 100%，证明了该盆地具有极大的油气资源潜力。

(2) 湖相碳酸盐岩储层在盐下古隆起上呈大面积分布。

桑托斯盆地盐下湖相碳酸盐岩储层主要包括 3 类中高孔、中高渗孔隙型石灰岩储层：①Itapema 组介壳灰岩(Thompson et al.，2015)，为滨浅湖高能滩相沉积环境，孔隙类型以铸模孔、粒间溶孔为主，储层孔隙度 6%～30%，平均值 16%，主要分布于盐下古隆起的顶部和中上部；②Barra Velha 组球粒灰岩，为高盐度的浅湖低能沉积环境，以粒间孔为主，储层孔隙度 6%～25%，平均值 14%，主要分布于盐下古隆起的中下部；③Barra Velha 组藻叠层石灰岩，为高盐度的滨浅湖高能沉积环境(Gomes et al.，2020)，以生物格架孔、粒间孔为主，储层孔隙度 6%～20%，平均值 12%，呈大面积连片分布，沉积主体位于盐下古隆起的中上部。古地貌、藻丘-滩相和准同生溶蚀控制了优质储层的发育，火山热液和局部碎屑岩注入影响储层物性(Farias et al.，2019)。

总体来说，桑托斯盆地盐下湖相碳酸盐岩储层规模大、物性好、分布广，单井油层最大厚度超过 400m，单井原油日产超万吨能力。优质储层发育的有利条件主要表现在湖相碳酸盐岩发育的空间环境、营养物质补充及原生孔隙保存三个方面：①湖盆中央的宽缓水下隆起提供了广阔洁净的浅水环境，特别是基底古隆起和倾斜断块形成大缓坡背景，水体较浅，远离物源，藻丘-滩体呈大面积连片展布，横向迁移叠置形成巨厚规模储层；②间歇性的海侵和火山活动为生物的大规模快速繁育补充了盐分和营养物质；③巨厚盐岩盖层的强塑性和高热导率，降低了盐下地层压实程度，成岩作用减弱，有利于盐下储层原生孔隙的保存。

(3) 连续厚层盐岩形成高效区域盖层。

桑托斯盆地过渡期 Ariri 组盐岩具有分布范围广、厚度大、封盖能力强的特点(温志新等，2012)。平面上盐岩呈北东-南西走向展布，南北向长约 650km，东西向宽达 380km。其中，厚层盐岩区主要分布在盆地东部区域，横向展布稳定，无"盐窗"发育，厚层盐岩直接覆盖在碳酸盐岩之上，成为高效的区域盖层，油气被有效封盖和保存在盐下圈闭中聚集成藏。目前盐下发现的所有大油气田均位于厚层蒸发岩覆盖区。而盆地西部为过渡区，蒸发岩厚度变化剧烈，从上百米到几米直至尖灭，局部伴随"盐窗"发育，油气通过盐窗和盐相关断层运移到盐上层系成藏(Michael and Martin，2007；Frank et al.，2016)。

(4) 盐下古隆起区发育大型构造-岩性复合圈闭。

桑托斯盆地盐下古隆起为碳酸盐岩礁滩体建造提供了有利构造背景，主要包括两种类型：一类是拗间继承性古隆起，主要分布于东部隆起带上和西部隆起带上，由于形成时间早，ITP 组介壳灰岩和 BVE 组藻灰岩和球粒灰岩三类储层普遍发育，如里贝拉、布兹奥斯等大发现均属于该类隆起。另一类为拗中断隆型，主要分布于西部和东部拗陷之中，裂谷阶段 ITP 组沉积时仍处于沿断裂火山活动建隆阶段，直到过渡阶段 BVE 组时才开始产生微生物丘滩体建造(Thompson et al.，2015；Gomes et al.，2020)。这些隆起区远离陆源碎屑供给区，水体相对较浅，湖浪和岸流作用较强，为生物碎屑灰岩的发育提供了有利的条件和场所。这种在古隆起构造背景上发育起来的构造-岩性复合圈闭具有分布面积广、厚度大、圈闭幅度高等特点，同时也是油气运移的有利指向区。

盐下继承性古隆起具有控储控藏的特征：①盐下古隆起区远离陆源碎屑供给区，水体相对较浅，藻丘-滩体呈大面积连片展布，横向迁移叠置形成巨厚规模储层，是盐下碳酸盐岩储层发育的主要场所；②盐下古隆起区紧邻盆地凹陷区，裂谷期断裂为拗陷区油气向古隆起高部位运移提供了通道，使古隆起区成为油气运移的最有利指向区，由于上覆巨厚盐岩盖层的封堵，油气在古隆起背景上形成的大型构造圈闭和构造-岩性复合圈闭中大量聚集成藏。因此，盐下继承性古隆起构造是寻找大油气田的首要目标。

第三节　里贝拉区块勘探实践

一、中标前勘探历程

2013 年 10 月，巴西国家能源政策委员会(CNPE)举行了第一轮盐下 PSC 合同区块招标，只推出里贝拉一个区块，只有一个联合体参与竞标。该联合体中，巴西国油行使了优先权并为作业者(40%)，壳牌公司(20%)、道达尔公司(20%)、中国石油(10%)和中国海油(10%)为合作伙伴，现场宣布以政府最低利润油分成比成功中标。

里贝拉区块面积 1547km^2，水深 1800～2200m。合同模式为产品分成合同(PSC)，总合同期为 35 年，其中勘探期 4 年(2013.12～2017.12)，开发期 31 年(2017.12～2048.12)，勘探最低义务工作量为 1547km^2 三维地震，2 口探井，EWT 测试 1 口。2017 年 11 月里贝拉西北区进入开发阶段，被命名为梅罗油田，中区、东南区勘探延期 27 个月至 2020 年 3 月，义务工作量为地质和地球物理(G&G)研究和中区、东南区地震资料重处理。随后中区、东南区再次整体延期 5 年至 2025 年 3 月，承担 G&G 研究和 HISEP(CO$_2$ 水下分离装置)义务工作量以及 2 口钻井待定工作量。

里贝拉区块位于桑托斯盆地盐下东部隆起带北段，中标前其勘探历程也同样经过盐上和盐下两个阶段。

(一)盐上勘探阶段

1999 年壳牌和德士古公司获得参与巴西国油 BS-004 区块的机会(图 15-12)，分别获得 40%权

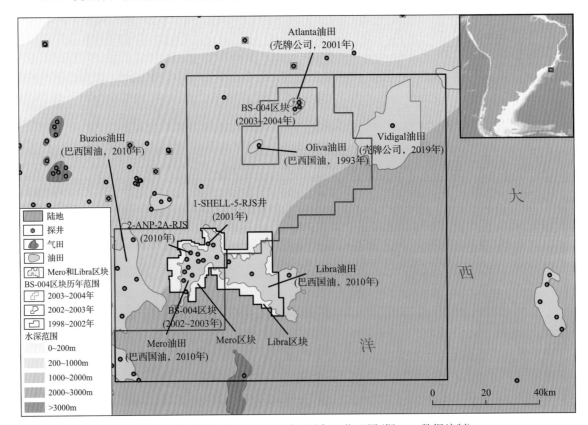

图 15-12　桑托斯盆地 BS-004 区块及油气田位置图(据 IHS 数据编制)

益和 20%权益，与巴西国油组成联合体，由壳牌公司担任作业者。当时里贝拉区块属于 BS-004 区块的一部分，2001 年，在现今里贝拉区块的西北部，依据二维地震部署了第一口探井 1-SHELL-5-RJS 井，钻探目标层位为盐上浊积砂岩，完钻深度 3986m，未获得油气发现。之后在 BS-004 区块北部(里贝拉区块之外)又针对盐上浊积体部署两口探井，均未取得商业发现，2005 年壳牌公司及其合作伙伴宣布退出 BS-004 区块。

（二）盐下勘探阶段

2010 年 7 月，巴西国油按照 2006 年南部盐下卢拉大油田发现的勘探思路，依据三维地震确定了里贝拉盐下构造带，在其西部高点部署了盐下第一口探井 2-ANP-2A，水深 1964m。2011 年 2 月完钻，完钻深度 6023m，在裂谷期的介壳灰岩和拗陷期微生物灰岩中均获得油气发现，净厚度达 278.6m，证实了里贝拉区块盐下含油气系统的存在。DST 测试 5548～5560m 井段，32/64in 油嘴日产油 519.5t，48/64in 油嘴日产油 905.5t。2011 年 5 月，政府宣布油田石油可采储量为 7×10^8t、天然气 13.6×10^8m^3。2011 年到 2012 年期间，CGG 公司采集了大约 2850km^2 的三维地震数据(CGG 桑托斯Ⅵ-A)，覆盖了整个里贝拉构造，2013 年完成叠前深度偏移(PSDM)处理。数据显示西北区和中区的图像质量好，2-ANP-2A 井的油水界面与构造溢出点相吻合，表明里贝拉构造已完全充满(Carlotto et al.，2017)。基于此，2013 年 10 月，巴西国油宣布里贝拉油田可采储量为石油 14×10^8t，天然气可采储量 2.7×10^8m^3。

二、基本成藏条件

（一）圈闭特征

里贝拉区块除了早期二维地震之外，已被三维地震覆盖，其中二维地震数据 35 条共 993km，主要位于工区西北部，三维地震面积 2857km^2。经过精细标定和层位解释，利用已钻井 VSP 资料进行校正，对盐层底界进行了构造成图(图 15-13 和图 15-14)。里贝拉区块构造由西北、中、东南 3 个断背斜组成，每个断背斜长轴沿北东-南西走向，以钻井揭示的油水界面(5702m TVDSS)线以上统计，西北、中、东南三个断背斜圈闭含油面积分别为 436.5km^2、185.2km^2 和 40.9km^2，目的层高点分别为–5150m、–4900m 和–4950m，构造圈闭最高点位于中部，其中西北和中部构造成像清

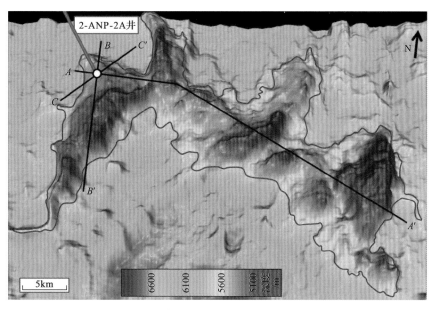

图 15-13　桑托斯盆地里贝拉区块盐底深度构造图(据 Carlotto et al.，2017)

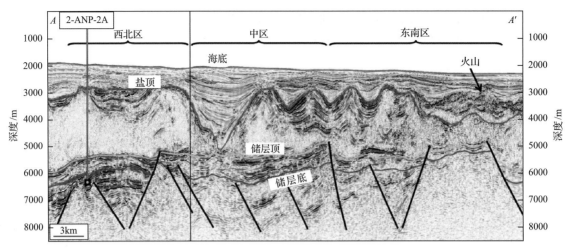

图 15-14 桑托斯盆地里贝拉区块过 2-ANP-2A 井地震剖面图(据 Carlotto et al., 2017, 剖面图位置见图 15-13)

楚,构造落实,而东部受上部火成岩的影响,盐下成像品质较差,构造有一定风险性(Carlotto et al., 2017; Zhao et al., 2019; Anjos et al., 2019)。

(二)烃源岩特征

里贝拉区块位于桑托斯盆地东部隆起带北部,其东、西两侧分别为西部坳陷带和东部坳陷带,南部也紧邻一个次洼,构造主体基本被生烃中心所环绕。地震剖面可以清晰识别出隆坳相间的格局。裂谷层系 PIC 组厚度普遍在 1000~3000m,表现为低频强反射地震相,揭示湖相泥页岩发育,埋藏深度为 5000~7000m,受巨厚盐岩盖层导热作用的影响,烃源岩主体仍处于生油阶段。

(三)储层特征

里贝拉西北部断背斜,即梅罗油田所在位置,为单边缓坡,发育泥坪、颗粒滩、滩缘、滩间洼地及半深湖-深湖沉积。缓坡一侧滩体连片发育,规模一般较大。陡坡一侧不发育滩体,常为垮塌沉积。区块中部,即里贝拉油田所在位置,发育颗粒滩、滩缘和半深湖-深湖沉积,滩体主要发育在隆起顶部,呈点滩发育,规模一般较小,储层横向变化快。

梅罗油田碳酸盐岩储层主要受沉积微相和准同生溶蚀作用控制,局部不整合面之下受晚期表生岩溶作用影响。BVE 组沉积时期,储层主要发育藻丘及颗粒滩微相,呈层状(叠层石)、树枝状、灌木状、乔木状等多种形态,反映古沉积环境水流能量不同。主要孔隙类型为粒内溶孔和溶孔,储层受沉积微相和准同生溶蚀作用共同控制。ITP 组沉积时期,储层主要发育介壳滩微相,介壳灰岩一般为灰白色、乳白色,呈块状,介壳含量高,多为砾级,以亮晶方解石胶结为主,溶蚀孔隙非常发育,反映较高的水能环境。通常为开阔浅湖沉积,主要孔隙类型为铸模孔、粒内溶孔、粒间孔及粒间溶孔,储层受沉积微相和准同生溶蚀作用控制。总体上,储层纵横向非均质性强,古地貌及沉积微相控制优质储层的平面展布,沉积旋回控制准同生溶蚀作用和方解石胶结作用,进而控制储层纵向物性变化。

(四)盖层及保存条件

下白垩统阿普特阶 Ariri 组蒸发岩形成了区域盖层,分布范围广、厚度大(一般超过 1500m)的蒸发岩直接覆盖在碳酸盐岩之上,从下白垩统烃源岩层生成的原油需要穿过该套盖层才能向上部储层中进行运移。里贝拉区块不发育盐窗,盐岩盖层完整。区块内发育两期火成岩,早期以喷发岩为主,后期以侵入岩为主,主要沿断裂分布。侵入岩主要发育在微生物灰岩沉积之后,多期发育，厚度18～83m，导致围岩储层物性变差，深部幔源CO_2向油气藏运移；喷发岩主要发育在介壳灰岩沉积之前，对古地貌的形成具有建设作用。

三、中标后勘探发现

巴西国油、壳牌公司、道达尔公司、中国石油和中国海油组成的联合体中标里贝拉区块之后，2013年12月开始针对西北区、中区和东南区开展勘探评价工作。2014年中国石油购买并开始重新处理CGG公司桑托斯Ⅵ-A多用户三维地震资料，为西北区的开发做准备，同时进一步落实中区和东南区的构造。

(一)西北区构造(梅罗油田)

为进一步落实西北区的油气分布连续性和中区构造含油气性，2014年8月在西北区构造钻探第一口勘探评价井3-RJS-731-RJS，水深1963m，钻探深度5734m。2015年在完成该井评价后证实与2-ANP-2A-RJS发现井具有相同的潜力。2014～2017年，在西北区构造共实施了11口勘探钻井，均发现优质碳酸盐岩储层，测试获得高产，具有日产万吨的能力，基本上确定构造可靠、储层落实、油藏类型确定、单井产能高、储量规模大。

根据PSC合同规定，里贝拉项目勘探期到期后，需要宣布商业发现才能于2017年12月1日转入开发期。作业者于2017年11月30日在西北区宣布商业发现，油田命名为梅罗油田，石油可采储量4.6×10^8t、天然气$1261\times10^8m^3$。2018年，西北区全面进入开发阶段，年产原油127×10^4t(图15-15)。2021年8月进行过一次储量修正，增加约0.35×10^8t油当量。

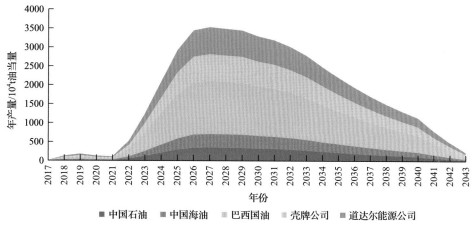

图15-15 梅罗油田历史产量及产能剖面预测图(据Wood Mackenzie 2022年数据)

(二)中区和东南区构造

2015年2月，在中区钻探里贝拉项目的第二口评价井3-RJS-735A井，水深2159m，钻探深度5808m。该井证实了中区构造有效的含油气系统。中区为独立的气顶油藏，构造形成于断陷晚期，古地貌及沉积充填与西北区存在差异，介壳灰岩段储层可能比西北区差，CO_2含量也高于西北区。

2017年2月，在东南区构造钻探里贝拉项目的第10口钻井4-RJS-746-RJS，水深2252m，位于中区3-RJS-735A井东南约12.9km处。推测在东南区构造高部位存在气顶，该井钻井部位位于东南构造的北斜坡，钻井深度5850m，未见油气发现。由于钻井平台需转移到西北区以钻探一口评价井，因此未对该井进行测试作业(据IHS 2022年数据)。

2018～2021年，里贝拉区块(不含梅罗油田)的石油可采储量为2.1×10^8～6.5×10^8t、天然气

可采储量为 $720\times10^8\sim2588\times10^8m^3$(据 IHS 2022 年数据)。2022～2025 年仍将对中区和东南区开展勘探评价。

<h1 style="text-align:center">第四节　阿拉姆区块勘探实践</h1>

一、中标前勘探历程

2019 年 11 月,在第六轮盐下核心区招标中,巴西国油和中国石油作为唯一投标联合体中标阿拉姆区块。2020 年 3 月 30 日,巴西国油(权益 80%、作业者)和中国石油(权益 20%)与 ANP 正式签署了产品分成合同。该区块位于巴西桑托斯盆地西部拗陷中,也是前六轮盐下核心区售出的面积最大的风险勘探区块,面积 $4475km^2$,水深 200～2000m,紧邻 Carcara、Sagitario 等大型油田(Morelatto,2019)。

第六轮招标前,该区块作业者为巴西国油,勘探目标全部针对盐上层系浊积砂体。1994～1999 年,区块内累计部署二维测线 192 条,测网密度 4km×8km。1995 年,位于区块中部偏北的第一口探井(1-BSS-080-SPS)完钻(图 15-16),作业水深 1776m,无任何油气显示。2001 年和 2002 年又在区块北部分别钻探了 1-KMG-001-SPS 和 1-KMG-002-SPS 两口探井(图 15-16),其中 1-KMG-001-SPS 井作业水深 1639m,见油气显示;1-KMG-002-SPS 井作业水深 1514m,无任何发现。

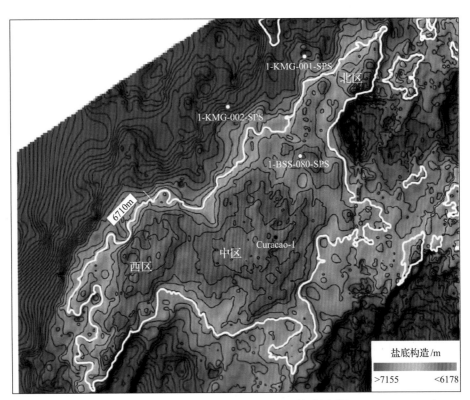

图 15-16　桑托斯盆地阿拉姆区块 Barra Vella 组顶面构造图(据 Morelatto,2019)

二、基本成藏条件

(一)圈闭特征

PGS 公司于 2012～2013 年完成了 $7583km^2$ 多用户三维地震采集,覆盖了整个区块,利用各向异性的逆时偏移技术(TTI RTM)获得了最终的叠前深度偏移数据,地震资料品质较好、盐底反射清晰、连续可追踪、构造落实。通过最新地震解释，进一步落实阿拉姆区块盐下发育北东-南西向大型背斜构造，属于拗中断隆型台地，ITP 组属断裂活动伴随火山岩建隆阶段沉积，BVE 组进入微生物丘滩体建造。圈闭面积 1307km²，构造高点−6200m，闭合幅度 510m，圈闭溢出点−6710m，进一步识别出中区(Curacao)、西区(Aruba)、北区(Tortuga)三个自圈闭构造，构造自圈闭面积分别为 230km²、89km² 和 30km²(图 15-16 和图 15-17)。

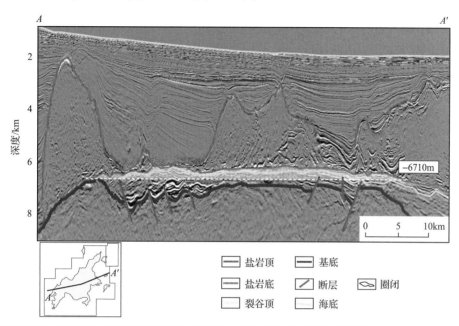

图 15-17　桑托斯盆地过阿拉姆区块-古拉绍-1 井地震地质解释剖面图(据 Morelatto，2019)

(二)烃源岩特征

在平面分布上，阿拉姆背斜属于拗中隆起，发育生烃洼陷，其中东侧生烃洼陷发育规模大，裂谷层系厚度普遍在 2000～4000m，烃源岩层段为低频连续强反射地震相，区域上揭示为相对低能环境下沉积的泥页岩，表明盐下湖相烃源岩发育，埋藏深度约 6000～8000m，上覆巨厚盐层延缓了烃源岩的成熟，主要处于生油阶段，该生烃洼陷已被证实为北部相邻 Carcara、Sagitario 等大油田的供油中心，亦是东部隆起带上卢拉、布兹奥斯等巨型油田的主力油源灶，烃源条件优越。

(三)储层特征

阿拉姆构造与北部周缘 Carcara、Sagitario 等发现都属于拗中断隆型台地，裂谷晚期 ITP 组为火山建隆阶段，介壳灰岩不发育，过渡期 BVE 微生物丘滩体比较发育。地震解释表明中部古拉绍构造高部位发育高能颗粒滩，在台地东翼自西向东发育三排台缘，可能是高位域湖平面下降台缘带迁移叠置的结果，台缘之间为相对较为低能的球粒滩沉积，内部局部发育有滩间洼地，北部 Torguga 构造以厚层藻丘建造为主，西部 Aruba 构造东、西两侧为台缘建造。北部相邻 Sagitario 油田 BVE 组微生物岩主要发育粒间孔、粒间溶孔、晶间孔、格架孔等储层空间类型，局部发现少量溶孔等。

(四)盖层及保存条件

阿拉姆区块上覆厚层盐岩盖层，厚度为 1000～3000m，盐上普遍发育大套泥灰岩和泥岩，局部存在一些厚度小于 80m 的薄盐区。其中东部构造盐岩厚度普遍在 500～3500m，自圈闭范围内无盐窗。在东部构造的东北翼，存在几个厚度小于100m的薄盐区，但盐上无明显油气泄漏响应，具有有效的封盖条件。西部构造受盐窗和晚期火成岩刺穿影响，封盖条件变差，但盐上大套泥灰岩和泥岩仍能提供较好的封盖条件。区域勘探表明，桑托斯盆地Ariri组底广泛发育20～90m厚的膏岩层，且盐上广泛发育厚层泥灰岩和泥岩，使得薄盐区或盐窗区仍然具有较好的封盖条件，如区块周边的Sagitario油田在构造高部位同样发育盐窗，但钻井揭示的油底位于盐窗深度之下，说明盐窗的发育并未导致油气漏失。

三、中标后勘探发现

2020年3月，巴西国油、中国石油与巴西ANP签署中标合同后，中国石油作为巴西国油的唯一合作方，充分发挥新项目评价积累的技术优势，购买了PGS多用户三维叠前深度偏移数据，精细解释落实盐下背斜圈闭面积1350km^2，闭合幅度500m。通过积极与巴西国油技术对接，在一年内快速锁定区块首口探井(古拉绍-1井)井位。

古拉绍-1井位于中部古拉绍构造上。于2021年8月24日开钻，作业水深1905m。2021年12月11日完钻，井深7130m。钻揭盐下地层827m，其中碳酸盐岩228m，火成岩599m，测井解释油层80.1m(巴西国油解释80.97m)，平均孔隙度11.5%，含油饱和度70.8%，同时具有低H$_2$S、低CO$_2$含量的特点。2022年9月23日开井测试，36/64in(14.3mm)油嘴，一开、二开及三开测试均获日产超千立方米高产油流。计算地质储量10.15×10^{8}t(IHS，2022)，证实为全球近十年最大规模石油发现。

古拉绍-1井试油获得高产，是中国石油海外深水油气勘探的重大突破，为其做精做强全球海洋深水油气勘探开发业务、培养人才和积累技术管理经验奠定了坚实基础，同时，也成为中国石油贯彻落实金砖国家领导人第十四次会晤达成的坚持合作发展、加强能源安全等领域合作共识的又一成功实践(马睿，2022)。

第五节　经验和启示

基于中国石油在巴西桑托斯盆地盐下里贝拉、阿拉姆两个区块成功经验和佩罗巴失利教训，结合国际同行进入该盆地盐下深水的具体做法，对海外深水油气合作启示如下。

(1)提前购买多用户地震数据，超前评价，有效支撑投标决策和勘探部署。

海上盆地由于采集成本低，再加上勘探程度低、潜力大，是多用户地球物理公司业务布局的主战场，桑托斯盆地也不例外。2005年之前，以TGS为主的多用户公司已完成4km×8km的二维地震测网，2006年巴西国油依据三维地震取得深水盐下第一个卢拉(后更名为Tupi)大发现后，CGG、PGS等多用户公司蜂拥而至，2016年就已经完成了全覆盖该盆地主体的多块三维地震采集，并完成了连片处理。与道达尔能源和碧辟等国际西方公司开展联合研究过程中获悉，这些西方石油巨头在2017年第三轮盐下PSC招标开始前，就已经购置了覆盖整个桑托斯盆地东部隆起带上的大面积三维数据，结合早期购买的大量二维数据，超前系统开展全盆地盐下构造、烃源岩、储层及盖层等关键成藏要素分析，识别主要地质风险，不但支撑现有项目的勘探开发井位部署，而且提前锁定各招标轮次欲投目标区块，从容地开展全过程技术经济评价，为科学制定每轮投标策略创造了条件。而中国石油在7个轮次的巴西盐下核心区产品分成合同招标过程中，参加了5次，只有第4轮在招标前购买了多用户地震资料，其他轮次均是利用了联合投标体中某一公司分享的不含一手地震资料的部分地质研究成果，并在此基础上开展经济评价，确定投标参数。其中阿拉姆区块的成功在于通过评价阶段多次进入合作伙伴中国海油资料室，依靠其购买的多用户三维地震数据规避了储层、盖层及高 CO_2 风险。而佩罗巴区块因钻遇高 CO_2 而失利，主要原因在于评价阶段只看到了合作伙伴提供的两条"十字"交叉地震剖面图，缺乏对整个区块的系统认识。因此通过提前购买多用户地震数据，开展超前系统深入评价，是科学确定投标参数并保障深水风险勘探区块商业成功的必要条件。

（2）综合利用多种技术手段，精耕细作，有效规避地质风险。

虽然桑托斯盆地盐下油气富集，但探井商业成功率也只有 27.5%，2015 年以来成功率不足 10%，特别是 2017 年中国石油参股中标的佩罗巴区块，钻井揭示为含量高达 96% 的二氧化碳气藏。针对这种情况，对所有盐下失利探井通过多用户地震数据的反复研读，发现失利有三个原因：一是由于晚期岩浆活动导致差异隆升反转，形成"新构造"，缺乏储层；二是盐后晚期火山喷发，形成火山岩天窗，缺乏有效盖层；三是来源于深部幔源 CO_2 可能形成带油环的高 CO_2 气藏（含量 65%以上）。针对这些原因，提出了利用盐底层拉平技术结合地震反射识别古构造，利用里贝拉油田建立喷发岩和侵入岩地震相识别图版，甄别有效盖层，利用圈闭定型期、成藏期及 CO_2 充注方式和充注时间的先后关系，创新提出了 CO_2 分布的两种情景五种模式，提出主控断层断距越小，CO_2含量越低，为有效规避各类地质风险提供了理论依据和技术手段。

（3）通过参股、联合作业到独立作业"三步走"战略，补齐深水作业短板。

目前中国石油在巴西深水的合作主要以小股份参与为主，这是刚刚起步阶段的主要方式。其优势在于投资和作业风险相对较小，弊端主要是无法真正参与到深水项目的实质环节，无法有效学习深水作业技术和管理经验。第二种方式是通过较大股比与具有深水经验的国际石油公司联合作业深水项目，可通过派技术人员进入联合公司管理层的模式，不断学习深水作业经验和管理水平。在掌握了一定深水作业能力和管理经验条件下，逐渐从勘探项目开始，开展独立作业，在实际操作过程中不断提升深水作业和管理能力，然后拓展到独立作业开发项目。通过以上"三步走"战略的实施，不断学习并积累经验，持续提升深水作业能力水平。

（4）笃定巴西合作前景，以多种方式获取各类资产，快速培植核心产区。

巴西东部海岸被动陆缘盆地群沉积面积大、成藏条件好，其中桑托斯盆地和坎普斯盆地盐岩发育，下部裂谷层系形成油气全部被盐岩高效封盖在下伏的碳酸盐岩之中，形成大-巨型油气藏（温志新等，2016），是全球深水石油勘探开发潜力最大的国家，加之投资环境好、以盐下为主的开发资产盈亏平衡油价低，国际石油公司纷纷看好在巴西的合作前景。2012 年以来，除了埃尼公司以外的 6 大国际石油公司纷纷大规模布局巴西深水，截至 2022 年底，在巴西共拥有 136 个区块，其中勘探区块 84 个（作业者 50 个），开发区块 34 个（作业者 12 个），区块总面积 $8.4\times10^4 km^2$，权益总面积 $4.2\times10^4 km^2$，权益石油 2P 可采储量 $13.15\times10^8 t$。不同公司合作策略各异，壳牌公司 2016年通过并购 BG 集团进入了巴西深水，获得了卢拉（Lula）、Sapinhoa 等核心区开发资产，同时积极参加多轮年度招标，获取大量勘探开发资产，权益石油 2P 可采储量 $5.86\times10^8 t$，权益年产量近 $2000\times10^4 t$，已成为其最大的深水核心产区。埃克森美孚公司笃定巴西深水勘探前景，2004 年进入桑托斯盐下勘探区块，钻 3 口井失利后退出，2016 年开始疯狂竞标巴西矿税和盐下核心区勘探区块，目前已获取 26 个勘探区块，其中 17 个为作业者，权益区块面积 $1.0\times10^4 km^2$，支付签字费高达 25 亿美元，建立了强大的盐下勘探投资组合，位居巴西深水区块面积第三位。

（5）积极发挥股东作用，成功运营"小大非"项目。

"小大非"项目是指"所占股比小、投资金额大、非作业者"的项目。油气企业参与"小大非"项目合作时，一般面临权益易损、抓手不多、制约较弱、商务能力稍逊、专有技术或缺五大难题。中国石油在里贝拉项目运作过程中成功创建了"小大非"项目成功运营的五大机制，即为非作业者深度参与决策提供组织保障的联合管理、为非作业者行使决策权提供制度保障的联合决

策、为非作业者深度参与项目科学决策的联合保障、充分发挥非作业者监督作用的联合审计、为非作业者决策提供详细资料和成果基础的成果共享(万广峰，2019，2021)。这五大机制为非作业者公司深度参与联合管理和决策找到了有效途径，取得了显著效果。无论面临何种困局，"小大非"项目都应努力实现股东行权最优化、经济效益最大化、社会效益最大化、学习效果最大化四大目标(刘贵洲等，2018)。在确保自身核心利益的前提下，小股东应积极参与项目发展，多提建设性建议，与作业者构建良好的合作关系，维护中方利益。在双方所追求的经营目标和策略一致的情况下，小股东采取跟随作业者的策略，能达到事半功倍的效果，实现双赢。在与作业者策略与目标不一致时，小股东代表要敢于表达立场，通过高层及伙伴会议等渠道，加强与作业者的沟通，使之了解并考虑小股东的利益诉求，在不与作业者经营策略发生根本性冲突的前提下，尽可能实现小股东的经营目标。

参 考 文 献

阿彬. 2004. 苏丹和谈背后的美国石油利益[J]. 中国石化, (5): 51-52.

白国平. 2007. 中东油气区油气地质特征[M]. 北京: 中国石化出版社, 1-112.

白国平, 秦养珍. 2010. 南美洲含油气盆地和油气分布综述[J]. 现代地质, 24(6): 1102-1111.

包鑫, 李云波, 刘振江, 等. 2021. 塔拉盆地 X 区块测井资料解释与老井复查[C]//2021 油气田勘探与开发国际会议, 青岛.

C.3.日兹宁. 2006. 俄罗斯能源外交[M]. 王海运, 石泽, 译. 北京: 人民出版社: 470-479.

蔡春芳, 梅博文, 马亭, 等. 1997. 塔里木盆地有机酸来源、分布及对成岩作用的影响[J]. 沉积学报, 15(3): 103-109.

蔡利山. 2014. 钻井液技术发展趋势[J]. 石油科技论坛, 33(1): 15-20.

车长波, 岳来群, 徐祖成, 等. 2004. 进一步实施油气资源"走出去"战略的思考——中国石油在秘鲁、委内瑞拉勘探开发油气资源的考察[J]. 天然气经济, (5): 8-12, 78.

陈安定, 赵俊峰, 漆建华, 等. 2013. 三环萜烷、甾烷分布用于南图尔盖盆地油源对比[J]. 新疆石油地质, (5): 602-606.

陈会鑫, Susan Hodgshon. 2001. 各国油气区块轮次招标的实践与经验[J]. 石油地质科技动态, (5): 1-9.

陈金涛, 刘文涛, 李勇明, 等. 2019. 百年油田项目全生命周期开发战略性研究[J]. 中国石油企业, (6): 72-75.

陈久长. 2008. 牵手中秘石油合作[J]. 湘潮, (2): 41-43.

陈久长. 2014. 中国秘鲁石油合作之路的回顾[J]. 党史博览, (7): 50, 51.

陈利宽. 2013. 委内瑞拉石油国有化的历史进程与影响[J]. 西安石油大学学报(社会科学版), 22(4): 60-67.

陈明霜. 1992. 秘鲁共和国的石油工业(续)[J]. 世界石油工业, (9): 7-9.

程顶胜, 窦立荣, 王景春, 等. 2021. 乍得 Doseo 盆地烃源岩评价与油源分析[J]. 地质学报, 95(11): 3413-3425.

程顶胜, 窦立荣, 张光亚, 等. 2020. 中西非裂谷盆地白垩系两类优质烃源岩发育模式[J]. 地质学报, 94(11): 3449-3460.

崔革. 2022. 中国石油巴西深水勘探区块获重大油气发现[N]. 中国石油报, 2022-11-11.

代珍, 李洪玺. 2015. 国际石油合作经营策略与风险控制研究——以阿曼 5 区为例[J]. 西南石油大学学报(社会科学版), 17(4): 37-43.

戴金星. 1979. 成煤作用中形成的天然气和石油[J]. 石油勘探与开发, (3): 10-17.

戴金星. 1989. 天然气地质学概论[M]. 北京: 石油工业出版社.

戴金星, 龚剑明. 2018. 中国煤成气理论形成过程及对天然气工业发展的战略意义[J]. 中国石油勘探, 23(4): 1-10.

戴金星, 倪云燕, 黄士鹏, 等. 2014. 煤成气研究对中国天然气工业发展的重要意义[J]. 天然气地球科学, 25(1): 1-22.

邓宏文. 1995. 美国层序地层研究中的新学派——高分辨率层序地层学[J]. 石油与天然气地质, (2): 89-97.

邓宏文, 王红亮, 祝永军, 等. 2002. 高分辨率层序地层学——原理及应用[M]. 北京: 地质出版社.

邓运华, 张功成, 刘春成, 等. 2013. 中国近海两个油气带地质理论与勘探实践[M]. 北京: 石油工业出版社.

邓运华, 许晓明, 兰蕾. 2021. 亚太地区海相三角洲体系对天然气田分布的控制作用[J]. 长江大学学报(自然科学版), 18(4): 1-12.

丁梁波, 王海强, 张颖, 等. 2020. 孟加拉湾东北部缅甸若开海域深水生物气成藏条件及油气勘探方向[J]. 地质论评, 66(增刊): 71, 72.

董晓伟, 刘爱平, 钱茂路, 等. 2016. 西非裂谷系尼日尔 Termit 盆地烃源岩地球化学特征分析与原油分类[J]. 录井工程, 27(2): 87.

窦立荣. 1999. "含油气系统"与"成油系统"概念对比[J]. 石油勘探与开发, 26(1): 108-111.

窦立荣. 2001. 油气藏地质学概论[M]. 北京: 石油工业出版社.

窦立荣. 2004. 陆内裂谷盆地的油气成藏[J]. 石油勘探与开发, 31(2): 29-37.

窦立荣. 2005. 苏丹迈努特盆地油气成藏机理和成藏模式[J]. 矿物岩石地球化学通报, 24(1): 50-57.

窦立荣. 2019. 埃克森美孚公司大举进入巴西深水领域[M]. 世界石油工业, 26(3): 71-73.

窦立荣, 傅诚德. 2003. 跨国油气勘探开发科技发展战略[J]. 石油科技论坛, 22(4): 45-49.

窦立荣, 温志新. 2021. 从原型盆地叠加演化过程讨论沉积盆地分类及含油气性[J]. 石油勘探与开发, 48(6): 1100-1113.

窦立荣, 李伟, 方向, 等. 1996. 中国陆相含油气系统成因类型和分布特征[J]. 石油勘探与开发, 24(1): 1-7.

窦立荣, 程顶胜, 张志伟. 2002. 利用油藏地质地球化学特征综合划分含油气系统[J]. 地质科学, 37(4): 495-501.

窦立荣, 田作基, 邵新军, 等. 2003. 中国石油实现海外经营跨越式发展的思考[J]. 中国石油勘探, (4): 82-87.

窦立荣, 程顶胜, 李志. 等. 2004. 苏丹 Muglad 盆地 FN 油田沥青垫的确认及成因分析[J]. 地球化学, (3): 309-316.

窦立荣, 潘校华, 田作基, 等. 2006. 苏丹裂谷盆地油气藏的形成与分布: 兼与中国东部裂谷盆地对比分析[J]. 石油勘探与开发, 33(3): 255-261.

窦立荣, 侯读杰, 程顶胜, 等. 2007. 高酸值原油的成因与分布[J]. 石油学报, 28(1): 8-13.

窦立荣, 肖坤叶, 胡勇, 等. 2011. 乍得 Bongor 盆地石油地质特征及成藏模式[J]. 石油学报, 32(3): 379-386.

窦立荣, 魏小东, 王景春, 等. 2015. 乍得 Bongor 盆地花岗质基岩潜山储层特征[J]. 石油学报, 36 (8): 897-904, 925.

窦立荣, 王景春, 王仁冲, 等. 2018a. 中非裂谷系前寒武系基岩油气成藏组合[J]. 地学前缘, 25 (2): 15-23.

窦立荣, 肖坤叶, 王景春, 等. 2018b. 强反转裂谷盆地石油地质与勘探实践[M]. 北京: 石油工业出版社: 19.

窦立荣, 盛宝成, 李希林, 等. 2020a. 加拿大油气投资环境变化及应对策略[J]. 国际石油经济, 28 (5): 71-80.

窦立荣, 汪望泉, 肖伟, 等. 2020b. 中国石油跨国油气勘探开发进展及建议[J]. 石油科技论坛, 39 (2): 21-30.

窦立荣, 肖伟, 刘贵洲. 2020c. 抓住低油价机遇积极获取优质油气资产[J]. 世界石油工业, 27 (5): 52-60.

窦立荣, 程顶胜, 於拥军, 等. 2021. 据磷灰石裂变径迹和镜质体反射率重建苏丹 Muglad 盆地北部的构造-热演化历史[J]. 石油学报, 42 (8): 986-1002.

窦立荣, 李大伟, 温志新, 等. 2022a. 全球油气资源评价历程及展望[J]. 石油学报. 43 (8): 1035-1048.

窦立荣, 史卜庆, 范子菲, 等. 2022b. 全球油气勘探开发形势及油公司动态 (2022 年)[M]. 北京: 石油工业出版社.

窦立荣, 温志新, 王建君, 等. 2022c. 2021 年世界油气勘探形势分析与思考[J]. 石油勘探与开发, 49 (5): 1033-1044.

窦立荣, 肖坤叶, 杜业波, 等. 2022d. 乍得 Doseo 走滑反转盆地油气成藏特征和勘探发现[J]. 石油勘探与开发, 49 (2): 215-223.

窦立荣, 袁圣强, 刘小兵. 2022e. 中国油公司海外油气勘探进展和发展对策[J]. 中国石油勘探, 27 (2): 1-10.

窦立荣, 张兴阳, 郜峰, 等. 2022f. 应对气候变化一甲子: 国际石油公司从共知到共建[J]. 石油科技论坛, 41 (4): 1.

窦立荣, 王作乾, 郜峰, 等. 2023. 跨国油气勘探开发在保障国家能源安全中的作用[J]. 中国科学院院刊, 38 (1): 59-71.

段海岗, 周长迁, 张庆春, 等. 2014. 中东油气富集区成藏组合特征及其勘探领域[J]. 地学前缘, 21 (3): 118-126.

方幼封. 1995. 发展迅速的巴西石油工业[J]. 国际展望, (19): 14, 15.

冯贺, 徐金忠, 安雨康, 等. 2021. 2021 年上半年海外油气投资环境风险回顾与展望[J]. 国际石油经济, 29 (8): 64-70.

付吉林, 孙志华, 刘康宁. 2012. 尼日尔 A 区块古近系层序地层及沉积体系研究[J]. 地学前缘, 19 (1): 58-67.

甘克文. 1992. 世界含油气盆地图说明书[M]. 北京: 石油工业出版社.

高金玉. 2018. 再次 "创业" 破茧重生[J]. 中国石油企业, (Z1): 111.

宫本才. 2012. 老油田精细管理 "1234" 齐步走[J]. 中国石油企业, (11): 51-53.

顾家裕. 1995. 陆相盆地层序地层学格架概念及模式[J]. 石油勘探与开发, (4): 6-10, 108.

顾家裕, 张兴阳. 2004. 陆相层序地层学进展与在油气勘探开发中的应用[J]. 石油与天然气地质, (5): 484-490.

管志宁. 2005. 地磁场与磁力勘探[M]. 北京: 地质出版社.

郭玲萱, 冉建斌, 张中平. 1998. 三维地震使老油田起死回生[J]. 勘探家, (4): 7, 48-51.

郭秋麟, 陈宁生, 刘成林, 等. 2015. 油气资源评价方法研究进展与新一代评价软件系统[J]. 石油学报, 36 (10): 1305-1314.

郭秋麟, 谢红兵, 黄旭楠, 等. 2016. 油气资源评价方法体系与应用[M]. 北京: 石油工业出版社.

郭锐, 王登凯. 2019. 哈萨克斯坦油气合作的法律风险与防控[J]. 国际石油经济, 27 (12): 64-70.

郭闻风. 2019. "远程勘探" 尖兵[J]. 国企管理, 133 (12): 64, 65.

郭旭升, 李宇平, 刘若冰, 等. 2014. 四川盆地焦石坝地区龙马溪组页岩微观孔隙结构特征及其控制因素[J]. 天然气工业, 34 (6): 9-16.

何文渊, 廖群山, 刘芳. 2020. 超越百年 BP 发展启示录[M]. 北京: 石油工业出版社.

何文渊, 史卜庆, 范国章, 等. 2023. 巴西桑托斯盆地深水大油田勘探实践与理论技术进展[J]. 石油勘探与开发, 50 (2): 227-237.

侯瑞宁, 彭庆. 2009. 秘鲁油气: 合作不可或缺[J]. 中国石油石化, (24): 50, 51.

胡贵, 崔明月, 陶冶, 等. 2021. 油气井筒工程数据平台技术进展及数据深度应用思考[J]. 石油科技论坛, 40 (5): 65-72.

胡见义, 黄第藩, 等. 1991. 中国陆相石油地质理论基础[M]. 北京: 石油工业出版社.

胡文海, 张绍海. 1992. 油气资源评价方法译文集(2)[R]. 北京: 中国石油天然气总公司情报研究所.

胡允栋. 2007. 基于不确定性分析的油气储量分类与评估方法[D]. 北京: 中国地质大学 (北京).

黄第藩, 熊传武, 杨俊杰, 等. 1996. 鄂尔多斯盆地中部气田气源判识和天然气成因类型[J]. 天然气工业, (6): 1-5, 95.

黄献智, 杜书成. 2019. 全球天然气和 LNG 供需贸易现状及展望[J]. 油气储运, 38 (1): 12-19.

纪友亮, 张世奇. 1996. 陆相断陷湖盆层序地层学[M]. 北京: 石油工业出版社.

纪友亮, 张善文, 冯建辉. 2005. 陆相湖盆古地形、可容空间的体积变化率与层序结构的关系[J]. 沉积学报, (4): 631-638.

贾成业, 贾爱林, 邓怀群, 等. 2009. 概率法在油气储量计算中的应用[J]. 天然气工业, 29 (11): 83-85.

贾承造, 赵文智, 邹才能, 等. 2008. 岩性地层油气藏地质理论与勘探技术[M]. 北京: 石油工业出版社.

姜明军, 张明江, 李志刚. 2015. 伊朗新版石油合同的型构思路与实施展望——新合同模式的对立面: 现行回购合同的缺陷[J]. 国际石油经济, 23 (11): 24-30.

姜向强, 田纳新, 殷进垠, 等. 2018. 阿根廷内乌肯盆地页岩油气资源潜力[J]. 石油地质与工程, 32 (3): 55-58, 63.

焦方正, 邹才能, 杨智. 2020. 陆相源内石油聚集地质理论认识及勘探开发实践[J]. 石油勘探与开发, 47 (6): 1067-1078.

金树堂, 等. 2015. 滨里海盆地东缘晚古生代层序地层与沉积相[M]. 北京: 石油工业出版社.

金振奎, 石良, 高白水, 等. 2013. 碳酸盐岩沉积相及相模式[J]. 沉积学报, 31(6): 965-979.

金之钧, 石兴春, 韩保庆. 2002. 勘探开发一体化经济评价模型的建立及其应用[J]. 石油学报, (2): 1-5.

赖斯 D D. 1992. 油气资源评价方法与应用[M]. 翟光明, 等译, 2005. 北京: 石油工业出版社.

李敦瑞. 2022. 当前国际经济关系的冲突及其对国际全球化的影响[J]. 上海市经济管理干部学院学报, 20(6): 2-10.

李峰峰, 郭睿, 余义常, 等. 2020. 伊拉克 M 油田白垩系 Mishrif 组沉积特征及控储机理[J]. 沉积学报, 38(5): 1076-1087.

李峰峰, 郭睿, 刘立峰, 等. 2021. 伊拉克 M 油田白垩系 Mishrif 组潟湖环境碳酸盐岩储集层成因机理[J]. 地球科学, 46(1): 1-14.

李海容. 2017. 海外投资并购: 实务操作与典型案例解析[M]. 北京: 法律出版社: 362.

李坤泽. 2022. 沙特阿拉伯的欧佩克政策: 基于理性选择制度主义的阐释[J]. 阿拉伯世界研究, (6): 93-109, 157.

李明刚. 2017. 桑托斯盆地盐下裂谷系构造特征及圈闭发育模式[J]. 断块油气田, 24(5): 608-612.

李宁. 1992. 我国著名地球物理学家——翁文波先生[J]. 测井技术, 15(1): 2, 3.

李宁, 王才志, 刘英明, 等. 2013. 基于 Java-NetBeans 的第三代测井软件 CIFLog[J]. 石油学报, 34(1): 192-200.

李丕龙, 张达景, 宗国洪. 2012. 南美区油气分布特征与隐蔽油气藏勘探[J]. 石油实验地质, 34(6): 559-563.

李伟民. 2002. 金融大辞典[M]. 哈尔滨: 黑龙江人民出版社.

李熙哲, 杨玉凤, 郭小龙, 等. 1997. 渤海湾盆地压力特征及超压带形成的控制因素[J]. 石油与天然气地质, 18(3): 236-242.

李阳, 赵清民, 吕琦, 等. 2022. 中国陆相页岩油开发评价技术与实践[J]. 石油勘探与开发, 49(5): 955-964.

李勇, 毛旭. 2016. 牙轮钻头与 PDC 钻头的对比分析[J]. 中国井矿盐, 47(1): 31-33.

栗庠旸. 2015. 征战秘鲁掘出第一桶金[J]. 中国石油石化, (3): 77-79.

林腾飞, 窦立荣, 甘利灯. 2023. 地震勘探技术发展历程及展望[J]. 世界石油工业, 30(1): 57-69.

刘邦, 潘校华, 万仑坤, 等. 2012. 东尼日尔 Termit 盆地叠置裂谷的演化: 来自构造和沉积充填的制约[J]. 现代地质, 26(2): 317-325.

刘宝和. 2008. 中国石油勘探开发百科全书勘探卷[M]. 北京: 石油工业出版社.

刘东周, 窦立荣, 等. 2004. 滨里海盆地东部盐下成藏主控因素及勘探思路[J]. 海相油气地质, 9(S1): 53-58.

刘广志. 1998. 中国钻探科学技术史[M]. 北京: 地质出版社.

刘贵洲, 窦立荣, 管硕. 2018. 海外"小大非"项目股东行权策略实践思考[J]. 国际石油经济, 26(8): 47-54.

刘和甫. 1993. 沉积盆地地球动力学分类及构造样式分析[J]. 地学科学, 18(6): 699-814.

刘和甫. 1997. 盆地演化与地球动力学旋回[J]. 地学前缘, 4(3): 233-240.

刘合年, 史卜庆, 薛良清, 等. 2020. 中国石油海外"十三五"油气勘探重大成果与前景展望[J]. 中国石油勘探, 25(4): 1-10.

刘鸿娜. 2010. 国际石油合同主体间权利义务的不均衡及其控制[D]. 北京: 北京大学.

刘计国, 郑凤云, 毛凤军, 等. 2022. 尼日尔 Termit 盆地古近系 Sokor 1 组储层特征及其主控因素[J]. 岩石学报, 38(9): 2581-2594.

刘娟丽. 2014. 海外油气并购法律尽职调查研究[J]. 现代商贸工业, 10(26): 160, 161.

刘石磊, 郑荣才, 颜文全, 等. 2012. 阿姆河盆地阿盖雷地区牛津阶碳酸盐岩储层特征[J]. 岩性油气藏, 24(1): 57-63.

刘天佑. 2007. 地球物理勘探概论[M]. 北京: 地质出版社.

刘文汇. 1999. 油气形成的力化学作用—油气地质理论思考之一[J]. 地球科学进展, (4): 27-32.

刘小兵, 窦立荣. 2023. 国际大油公司深水油气勘探实践及启示: 以圭亚那斯塔布鲁克区块为例[J]. 中国石油勘探, 28(3): 78-89.

刘小兵, 张光亚, 温志新, 等. 2017. 东地中海黎凡特盆地构造特征与油气勘探[J]. 石油勘探与开发, 44(4): 540-548.

刘小兵, 窦立荣, 万仑坤, 等. 2022. 全球深水油气勘探开发业务发展及启示[J]. 天然气与石油, 40(4): 63-72.

刘朝全, 李程远. 2017. 伊朗油气投资环境分析[J]. 国际石油经济, 25(10): 8-12.

刘朝全, 姜学峰. 2021. 国内油气行业发展报告[M]. 北京: 石油工业出版社: 10, 11.

刘振武, 撒利明, 董世泰. 2009. 中国石油高密度地震技术的实践与未来[J]. 石油勘探与开发, 36(2): 129-135.

龙胜祥, 王生朗, 孙宜朴, 等. 2005. 油气资源评价方法与实践[M]. 北京: 地质出版社.

卢炳雄, 郑荣才, 陈守春, 等. 2011. 阿姆河盆地奥贾尔雷地区牛津阶碳酸盐岩储层特征[J]. 桂林理工大学学报, 31(4): 504-510.

陆克政, 朱筱敏, 漆家福, 等. 2003. 沉积盆地分析[M]. 东营: 中国石油大学出版社.

陆如泉, 耿长波, 王天娇, 等. 2016. 埃尼油气自主勘探战略探析[J]. 国际石油经济, 24(7): 21-26.

路玉林, 刘嘉麒, 窦立荣, 等. 2009. 非洲乍得盆地玄武岩 K-Ar 和 ^{39}Ar-^{40}Ar 年代学及其动力学背景[J]. 地质学报, 83(8): 1125-1133.

罗贝维, 张庆春, 段海岗, 等. 2019. 中东地区阿普特阶 Shuaiba 组碳酸盐岩沉积体系特征及模式探究[J]. 岩石学报, 35(4): 1291-1301.

罗贝维, 尹继全, 张兴阳, 等. 2022. 阿曼前陆盆地构造-沉积特征及其对油气成藏的控制[J]. 岩石学报, 38(9): 2608-2618.

罗东坤, 俞云柯. 2002. 油气资源经济评价模型[J]. 石油学报, 23(6): 12-15.

吕功训, 刘合年, 邓民敏, 等. 2013. 阿姆河右岸盐下碳酸盐岩大型气田勘探与开发[M]. 北京: 科学出版社.

吕明胜, 薛良清, 万仑坤, 等. 2015. 西非裂谷系 Termit 盆地古近系油气成藏主控因素分析[J]. 地学前缘, 22(6): 207.

吕荣洁. 2011. 海油并购再下一城[J]. 中国石油石化, 19(8): 44, 45.

跨国油气勘探理论与实践

马睿.2022. 技术创新驱动盐下层油气产量创新高[N]. 中国石油报, 2022-10-11.

马永生, 何治亮, 赵培荣, 等. 2019. 深层-超深层碳酸盐岩储层形成机理新进展[J]. 石油学报, 40(12): 1415-1425.

马永生, 蔡勋育, 云露, 等. 2022a. 塔里木盆地顺北超深层碳酸盐岩油气田勘探开发实践与理论技术进展[J]. 石油勘探与开发, 49(1): 1-17.

马永生, 蔡勋育, 赵培荣, 等. 2022b. 中国陆相页岩油地质特征与勘探实践[J]. 地质学报, 96(1): 155-171.

马中振, 谢寅符, 陈和平, 等. 2014. 南美典型前陆盆地斜坡带油气成藏特征与勘探方向选择: 以厄瓜多尔 Oriente 盆地 M 区块为例[J]. 天然气地球科学, 25(3): 379-387.

马中振, 陈和平, 谢寅符, 等. 2017. 南美 Putomayo-Oriente-Maranon 盆地成藏组合划分与资源潜力评价[J]. 石油勘探与开发, 44(2): 225-234.

毛凤军, 刘若涵, 刘邦, 等. 2016. 尼日尔 Termit 盆地及其周缘晚白垩世古地理演化[J]. 地学前缘, 23(3): 179-186.

毛凤军, 刘邦, 刘计国, 等. 2019. 尼日尔 Termit 盆地上白垩统储层岩石学特征及控制因素分析[J]. 岩石学报, 35(4): 1257-1268.

孟宪军. 2006. 复杂岩性储层约束地震反演技术[M]. 东营: 中国石油大学出版社.

孟萦. 2010. 天然气——通往低碳的桥梁[N]. 中国石油报, 2010-03-19(004).

明海会, 柳行军, 刘贵阳, 等. 2018. 哈萨克斯坦新资源法对油气合同的影响及案例分析[J]. 国际石油经济, 26(10): 62-68.

穆龙新, 等. 2019. 海外油气勘探开发[M]. 北京: 石油工业出版社: 145-197.

穆龙新, 计智锋. 2019. 中国石油海外油气勘探理论和技术进展与发展方向[J]. 石油勘探与开发, 46(6): 1027-1036.

穆龙新, 韩国庆, 徐宝军. 2009. 委内瑞拉奥里诺科重油带地质与油气资源储量[J]. 石油勘探与开发, 36(6): 784-789.

聂昌谋, 陈发景, 白洋, 等. 2004. 苏丹 Fula 油田油藏地质特征[J]. 石油与天然气地质, 25(6): 671-676.

潘校华, 万仑坤, 史卜庆, 等. 2019. 中西非被动裂谷盆地石油地质理论与勘探实践[M]. 北京: 石油工业出版社.

潘源敦. 1989. 中国中、新生代盆地油气资源预测系统的初步研制和建立//地质矿产部石油地质研究所. 石油与天然气地质文集[M]. 北京: 地质出版社: 33-41.

邱波. 2018. 南图尔盖盆地成熟烃源岩研究[J]. 化学工程与装备, (9): 131-134.

邱中建, 龚再升. 1999. 中国油气勘探·第 1 卷: 总论[M]. 北京: 石油工业出版社, 地质出版社.

裘怿楠, 陈子琪. 1996. 油藏描述[M]. 北京: 石油工业出版社.

任谷龙, 韩利杰. 2017. 海外投资并购法律实务操作细节与风险防范[M]. 北京: 中国法制出版社.

任远喆, 王戴麟. 2019. 中美建交 40 年的 40 件大事[J]. 世界知识, 1740(1): 19, 21, 23.

任战利. 2000. 中国北方沉积盆地热演化史的对比[J]. 石油与天然气地质, 21(1): 33-37.

任战利, 赵重远. 2001. 中生代晚期中国北方沉积盆地地热梯度恢复与对比[J]. 石油勘探与开发, 28(6): 1-4.

塞恩·古斯塔夫森. 2014. 财富轮转: 俄罗斯石油、经济和国家的重塑[M]. 朱玉犇, 王青译. 北京: 石油工业出版社: 498-510.

单宝. 2005. 中海油竞购优尼科失败的原因及其教训[J]. 中国石油企业, (11): 34-36

沈安江, 赵文智, 胡安平, 等. 2015. 海相碳酸盐岩储集层发育主控因素[J]. 石油勘探与开发, 42(5): 545-554.

盛晓峰, 张明军, 郭建军, 等. 2014. 南土尔盖盆地成藏组合划分及资源潜力分析[J]. 地学前缘, 21(3): 166-171.

施晓康, 王天娇, 曹民权. 2021. 厄瓜多尔油气工业现状及中国企业投资机会分析[J]. 国际石油经济, 29(5): 74-85.

施晓康, 王天娇, 黄伟, 等. 2022. 秘鲁天然气大规模化分析及中国能源企业投资建议[J]. 中国能源, 44(2): 73-80.

宋新民, 李勇. 2018. 中东碳酸盐岩油藏注水开发思路与对策[J]. 石油勘探与开发, 45(4): 679-689.

森岛宏, 石金华, 张圣姬. 2000. 天然气——通向未来能源的桥梁[J]. 国外油田工程, 11: 32-35, 41.

孙焕泉, 蔡勋育, 胡德高, 等. 2023. 页岩气立体开发理论技术与实践——以四川盆地涪陵页岩气田为例[J]. 石油勘探与开发, 50(3): 573-584.

孙龙德, 刘合, 何文渊, 等. 2021. 大庆古龙页岩油重大科学问题与研究路径探析[J]. 石油勘探与开发, 48(3): 453-463.

孙龙德, 崔宝文, 朱如凯, 等. 2023. 古龙页岩油富集因素评价与生产规律研究[J]. 石油勘探与开发, 50(3): 441-454.

汤戈, 孙志华, 苏俊青, 等. 2015. 西非 Termit 盆地白垩系层序地层与沉积体系研究[J]. 中国油气勘探, 20(4): 81.

陶明信, 刘朋阳, 李晶, 等. 2015. 全球油气资源量及预测研究综述[J]. 资源科学, 37(6): 1190-1198.

田作基, 徐志强, 郑俊章, 等. 2010. 图尔盖盆地阿雷斯库姆坳陷石油地质特征和成藏模式[J]. 新疆石油地质, 31(1): 107-109.

田中元, 蒋阿明, 闫伟林, 等. 2010. 基于随钻和电缆测井电阻率的钻井液侵入校正方法——以阿曼 DLL 油田高孔低渗碳酸盐岩油藏为例[J]. 石油勘探与开发, 37(4): 430-437.

田雨, 张兴阳, 朱国维, 等. 2016. 古地貌对台内滩储层分布及气藏特征的控制作用——以阿姆河盆地台内滩气田为例[J]. 天然气地球科学, 27(2): 320-329.

田雨, 徐洪, 张兴阳, 等. 2017. 碳酸盐岩台内滩储层沉积特征、分布规律及主控因素研究: 以阿姆河盆地台内滩气田为例[J]. 地学前缘, 24(6): 312-321.

童全生. 2006. 秘鲁石油天然气工业概览[J]. 中国石油和化工经济分析, (13): 20-22.

童晓光. 2004. 实施"走出去"战略充分利用国外油气资源[J]. 国土资源, (2): 6-9.

童晓光, 朱向东. 1995. 国际石油勘探开发项目的评价[J]. 国际石油经济, 3(3): 37-40.

童晓光, 窦立荣, 田作基, 等. 2003. 21世纪初中国跨国油气勘探开发战略研究[M]. 北京: 石油工业出版社: 106-162, 243-259.

童晓光, 窦立荣, 田作基. 2004. 中国油公司跨国油气勘探的若干战略[J]. 中国石油勘探, (1): 58-64.

童晓光, 李浩武, 肖坤叶, 等. 2009. 成藏组合快速分析技术在海外低勘探程度盆地的应用[J]. 石油学报, 30(3): 317-323.

童晓光, 张光亚, 王兆明, 等. 2014. 全球油气资源潜力与分布[J]. 地学前缘, 21(3): 1-9.

童晓光, 张光亚, 王兆明, 等. 2018. 全球油气资源潜力与分布[J]. 石油勘探与开发, 45(4): 727-736.

万广峰. 2020. 巴西深水油气勘探开发实践[M]. 北京: 石油工业出版社: 53-55.

万广峰, 刘成彬, 王博, 等. 2019. 巴西Libra超深水项目非作业者联合管理实践[J]. 国际石油经济, 27(10): 71-77, 84.

万广峰, 刘成彬, 张洁, 等. 2021. 中油国际巴西深水油气项目提质增效创新与实践[J]. 国际石油经济, 29(3): 96-101.

万仑坤, 毛凤军, 刘计国, 等. 2014. 创新认识谋突破沙漠盛开石油花—尼日尔Termit盆地高效油气勘探实践与启示//薛良清, 潘校华, 史卜庆, 等. 海外油气勘探实践与典型案例[M]. 北京: 石油工业出版社.

汪望泉, 窦立荣, 张志伟, 等. 2007. 苏丹福拉凹陷转换带特征及其与油气的关系[J]. 石油勘探与开发, 34(1): 124-127.

王斌. 2010. 论投资协议中的稳定条款——兼谈中国投资者的应对策略[J]. 政法论丛, (6): 66-71.

王才良, 周珊. 2011. 石油巨头: 跨国石油公司兴衰之路[M]. 北京: 石油工业出版社.

王东旭, 曾溅辉, 宫秀梅. 2005. 膏盐岩层对油气成藏的影响[J]. 天然气地球科学, 16(3): 329-333.

王锋, 姜在兴, 周丽清, 等. 2007. 阿曼Daleel油田下白垩统Shuaiba组上段碳酸盐岩沉积相模式[J]. 沉积学报, 25(2): 193-200.

王国林. 2008. 苏丹红海水域石油地质特征与勘探策略[J]. 新疆石油地质, (1): 128-130.

王国林. 2009. 红海盆地Tokar地区构造成因及圈闭样式[J]. 石油勘探与开发, 36(4): 475-479.

王红军, 张良杰, 陈怀龙, 等. 2020. 阿姆河右岸盐下侏罗系大中型气田地质特征与分布规律[J]. 中国石油勘探, 25(4): 52-64.

王红平, 于兴河, 杨柳, 等. 2020. 巴西桑托斯盆地油气田形成的关键条件与勘探方向[J]. 矿产勘查, 11(2): 369-377.

王建. 2021. 海外油气新项目投标策略分析与应用[J]. 石油科技论坛, 40(4): 71-76.

王建君, 李浩武, 胡湘瑜, 等. 2016. 秘鲁Ucayali盆地石油地质特征与油气成藏[J]. 吉林大学学报(地球科学版), 46(3): 639-650.

王灵碧, 葛云华. 2015. 国际石油工程技术发展态势及应对策略[J]. 石油科技论坛, 34(4): 11-19.

王年平. 2009. 国际石油合同模式比较研究[M]. 北京: 法律出版社: 365.

王青, 赵旭, 刘亚茜. 2013. 秘鲁三个前陆盆地油气地质条件对比研究[J]. 现代地质, 27(6): 1414-1424.

王然. 2015. 土库曼斯坦油气资源对外合作历程浅析[J]. 西安石油大学学报(社会科学版), 24(1): 54-60.

王涛, 王洋, 袁圣强, 等. 2022a. Termit盆地上白垩统Yogou组烃源岩埋藏史、热演化史和生烃史模拟[J]. 地质科技通报: 1-11.

王涛, 袁圣强, 李传新, 等. 2022b. 西非裂谷系Termt窄裂谷盆地质结构及成因机制[J]. 石油勘探与开发, 49(6): 1157-1167.

王铁冠. 1995. 广西百色盆地州景矿第三系褐煤有机地球化学与煤岩学研究Ⅳ. 单化合物碳稳定同位素推断生物标志物起源[J]. 沉积学报, (4): 73-81.

王晓晖, 张立岩. 2010. 百年老油田的"重生"之路——中国石油秘鲁6/7区项目精细化管理探秘[N]. 中国石油报, 2010-05-25(001).

王晓晖. 2019. 曾轰动整个秘鲁石油界! 中国石油做了什么? [N]. 中国石油报, 2019-03-19.

王一端, 闫建文, 李中, 等. 2021. 海外油气合作南美启航[J]. 石油知识, (5): 5.

王越. 2020. 新时期全球油气资源投资环境风险分析[J]. 中国矿业, 29(9): 29-34.

王兆明, 温志新, 贺正军, 等. 2021. 全球凝析油资源潜力与勘探领域[J]. 石油学报, 42(12): 1556-1565.

王志峰, 张琳, 安艺, 等. 2020. 油企海外投资面临的法律风险及对策建议[J]. 中国石油企业, (4): 62-65.

卫培, 褚王涛, 刘伟. 2017. 低油价下厄瓜多尔油气投资机遇与策略[J]. 国际石油经济, 25(6): 84-90.

温志新, 童晓光, 张光亚, 等. 2012. 巴西被动大陆边缘盆地群大油气田形成条件[J]. 西南石油大学学报(自然科学版), 34(5): 1-9.

温志新, 徐洪, 王兆明, 等. 2016. 被动大陆边缘盆地分类及其油气分布规律[J]. 石油勘探与开发, 43(5): 678-688.

武守诚. 2005. 油气资源评价导论——从"数字地球"到"数字油藏"[M]. 北京: 石油工业出版社: 1-110.

夏尚明. 1997. 在开放中求发展的委内瑞拉石油工业[J]. 国际石油经济, (2): 17-23.

肖华方. 2015. 海外油气并购财税尽职调查研究[J]. 会计师, (19): 60, 61.

谢剑鸣. 1984. 海上地震勘探的发展[J]. 石油地球物理勘探, 19(3): 193-199.

谢文彦, 孟卫工, 李晓光, 等. 2012. 辽河坳陷基岩油气藏[M]. 北京: 石油工业出版社: 146.

谢寅符, 季汉成, 苏永地, 等. 2010. Oriente-Maranon盆地石油地质特征及勘探潜力[J]. 石油勘探与开发, 37(1): 51-56.

谢寅符, 刘亚明, 马中振, 等. 2012a. 南美洲前陆盆地油气地质与勘探[M]. 北京: 石油工业出版社.

谢寅符, 马中振, 刘亚明, 等. 2012b. 南美洲油气地质特征及资源评价[J]. 地质科技情报, 31(4): 61-66.

谢寅符, 陈和平, 马中振, 2014. 概率法油气储量评估及其与确定法的差异比较[J]. 石油实验地质, 36(1): 117-122.

新木. 2017. 揭秘：人类是如何在 3000 米深的海底钻井的？[N/OL]. 石油 Link,（2017-06-28）[2022-08-80]. https://www.jiemian.com/article/ 1431499.html.

徐怀大. 1991. 层序地层学理论用于我国断陷盆地分析中的问题[J]. 石油与天然气地质,（1）: 52-57, 99-100.

徐继发, 王升辉, 孙婷婷, 等. 2012. 世界煤层气产业发展概况[J]. 中国矿业, 21(9): 25-28.

徐可强. 2011. 滨里海盆地东缘中区块油气成藏特征和勘探实践[M]. 北京: 石油工业出版社: 13.

徐世澄. 2013. 古巴模式的更新与拉美左派的崛起[M]. 北京: 社会科学出版社: 393-395.

徐小敬. 2022. 冷战后美国"中国观"的演变:内容与动因[J]. 中央社会主义学院学报,（3）: 167-176.

薛良清. 1990. 层序地层学在湖相盆地中的应用探讨[J]. 石油勘探与开发, 17(6): 29-34.

薛良清, 万仑坤, 毛凤军, 等. 2012. 东尼日尔盆地 Termit 坳陷油气富集规律及 Dibeilla-1 井发现的意义[J]. 中国石油勘探, 4(58): 53-59.

薛良清, 史卜庆, 王林, 等. 2014a. 中国石油西非陆上高效勘探实践[J]. 中国石油勘探, 19(1): 65-74.

薛良清, 潘校华, 史卜庆. 2014b. 海外油气勘探实践与典型案例[M]. 北京: 石油工业出版社: 53-100, 139-158.

阳孝法, 谢寅符, 张志伟, 等. 2016a. 南美 Oriente 盆地北部海绿石砂岩油藏特征及成藏规律[J]. 地质科学, 42(10): 189-203.

阳孝法, 谢寅符, 张志伟, 等. 2016b. 奥连特盆地白垩系海绿石成因类型及沉积地质意义[J]. 地球科学, 41(10): 1696-1708.

杨福忠, 魏春光, 尹继全, 等. 2009. 南美西北部典型含油气盆地构造特征及成矿作用[J]. 大地构造与成矿学, 33(2): 230-235.

杨金华. 2013. 优化油井措施作业在秘鲁六七区油田的应用[J]. 中国石油和化工标准与质量, 33(13): 168.

杨辉, 顾文文, 李文. 2006. 世界重油资源开发利用现状和前景[J]. 中外能源, 11(6): 10-14.

杨金华, 郭晓霞. 2018. PDC 钻头技术发展现状与展望[J]. 石油科技论坛, 37(1): 33-38.

杨双, 郭睿, 赵国良, 等. 2013. 阿曼 D 油田水平井整体注水开发的实践[J]. 新疆石油地质, 34(6): 730-734.

姚合法, 任玉林, 申本科. 2006. 渤海湾盆地中原地区古地温梯度恢复研究[J]. 地学前缘, 13(3): 135-140.

叶海超. 2018. 钻井工程技术现状及发展趋势[J]. 石油科技论坛, 37(6): 23-31.

叶先灯, 郭鹏, 冯文康. 2009. 上下游一体化: 开创国际油气合作新篇章[J]. 国际经济合作,（1）: 81-83.

叶兴树. 2008. 哈萨克斯坦南图尔盖盆地 Aryskum 坳陷 M-Ⅱ储层沉积特征[J]. 国外测井技术,（3）: 11-15.

叶禹, 李柯然, 杨沛广, 等. 2022. 阿联酋东鲁卜哈利盆地白垩系 Mishrif 组碳酸盐岩储层孔隙特征[J]. 海相油气地质, 27(1): 45-54.

尹君泰. 2013. 海外企业文化建设的探索与实践——拉美公司文化建设启示[J]. 北京石油管理干部学院学报, 20(6): 40-43.

尹微, 张明军, 孔念洪. 2011. 哈萨克斯坦南土尔盖盆地 A 区块岩性油气藏[J]. 石油勘探与开发, 38(5): 570-575.

应凤祥, 胡见义, 等. 2002. 陆相含油气盆地成岩作用(石油地质学前缘)[M]. 北京: 石油工业出版社: 235-269.

应凤祥, 罗平, 何东博, 等. 2004. 中国含油气盆地碎屑岩储集层成岩作用与成岩数值模拟[M]. 北京: 石油工业出版社: 1-293.

由然. 2010. 塔拉拉油田: "四精"显威枯木逢春[J]. 中国石油企业,（9）: 46, 47.

由然. 2011. 塔拉拉油田: 非凡的"星星之火"[J]. 中国石油企业,（10）: 53.

于海涛, 袁鹏崧. 2014. 不可抗力条款在石油合同中的应用[J]. 中国石化, 350(11): 43, 44.

袁华娟. 1999. 石化工业大并购:BP 并购阿莫科[J]. 国际经济合作,（11）: 35-39.

袁圣强, 毛凤军, 郑凤云, 等. 2018. 尼日尔 Termit 盆地上白垩统成藏条件分析与勘探策略[J]. 地学前缘, 25(2): 42-50.

袁圣强, 翟光华, 毛凤军, 等. 2022. 叠合裂谷盆地风险勘探案例剖析——以尼日尔 Termit 盆地 Agadem/Bilma/Tenere 区块为例[J]. 中国石油勘探, 27(6): 63-74.

袁圣强, 窦立荣, 程顶胜, 等. 2023a. 尼日尔 Termit 盆地油气成藏新认识与勘探方向[J]. 石油勘探与开发, 50(2): 238-249.

袁圣强, 姜虹, 汤戈, 等. 2023b. 东尼日尔盆地群上白垩统 Donga 组沉积体系及勘探潜力[J]. 地球科学, 48(2): 705-718.

袁士义, 雷征东, 李军诗. 2023. 古龙页岩油有效开发关键理论技术问题与对策[J]. 石油勘探与开发, 50(3): 562-572.

袁伟. 2014. 塔拉拉记忆[J]. 中国石油企业,（10）: 124-125.

张道勇, 张凤华. 2006. 油气田资源量预测 3 种方法的比较[J]. 西北大学学报(自然科学版), 36(3): 453-456.

张福祥, 李国欣, 郑新权, 等. 2022. 北美后页岩革命时代带来的启示[J]. 中国石油勘探, 27(1): 26-39.

张功成, 屈红军, 张凤廉. 2019. 全球深水油气重大新发现及启示[J]. 石油学报, 2019, 40(1): 1-34.

张功成, 屈红军, 赵冲, 等. 2017. 全球深水油气勘探 40 年大发现及未来勘探前景[J]. 天然气地球科学, 28(10): 1447-1477.

张光亚, 黄彤飞, 刘计国, 等. 2022. 中西非叠合裂谷盆地形成与演化[J]. 岩石学报, 38(9): 2539-2553.

张光亚, 刘计国, 等. 2023. Muglad 盆地油气地质与勘探[M]. 北京: 石油工业出版社.

张光亚, 温志新, 刘小兵, 等. 2020. 全球原型盆地演化与油气分布[J]. 石油学报, 41(12): 1538-1554.

张宏, 杨保东, 赵艳军, 等. 2017. 苏丹 Melut 盆地 Ruman 潜山复合油田成藏研究[M]. 北京: 石油工业出版社: 64-67.

张华伟. 2021. 境外油气并购交易风险控制探析[J]. 国际石油经济, 8(29): 31-42.

张淮, 饶轶群, 张挺军, 等. 2007. 哈萨克斯坦滨里海盆地盐下层系油气成藏组合特征及勘探方向[J]. 中国石油勘探, 12(1): 81-86.

张建良. 1997. 塔拉拉油田井斜控制与钻井速度的提高[J]. 石油钻采工艺,（4）: 42-44, 49-107.

张军, 刘贵洲, 高蓉.2019.伊拉克石油服务合同实践与项目执行若干启示[J].中国石油企业, 3: 65-72.

张宁宁, 何登发, 孙衍鹏, 等.2014.全球碳酸盐岩大油气田分布特征及其控制因素[J].中国石油勘探, 19(6): 54-65.

张宁宁, 姚根顺, 王建君, 等.2021.阿曼山西侧前陆区构造演化特征及地质意义[J].地质科学, 56(4): 1077-1087.

张琴, 梅啸寒, 谢寅符, 等.2016.不同类型海绿石的发育特征及分类体系探讨[J].石油与天然气地质, 37(6): 952-963.

张庆莲, 侯贵廷, 潘校华, 等.2013.Termit 盆地构造变形的力学机制[J].大地构造与成矿学, 37(3): 377-383.

张绍飞.2005.加拿大石油工业的新天地——油砂[J].石油化工技术经济, 21(3): 8-11.

张树华.2018.俄罗斯之路 30 年: 国家变革与制度选择[M].北京: 中信出版社: 220-224.

张水昌, 梁狄刚, 朱光有, 等.2007.中国海相油气田形成的地质基础[J].科学通报, 52(A1): 19-31.

张文昭.1999.当代中国油气勘探历程的回顾与展望——纪念中华人民共和国成立 50 周年及大庆油田发现 40 周年[J].中国矿业, (2): 9-13.

张欣.2017.中国国有企业跨国并购战略研究[M].北京: 清华大学出版社: 1-165.

张兴, 万学鹏.2007.中厄石油合作项目现状及发展前景[J].国际石油经济, 7: 57-59.

张星.2020.俄石油公司从委内瑞拉抽身[J].中国石油和化工产业观察, (4): 89.

张志伟, 马中振, 周玉冰, 等.2020.南美奥连特前陆盆地勘探技术与实践[M].北京: 石油工业出版社.

张志伟, 马中振, 周玉冰, 等.2021.奥连特盆地斜坡带原油地化特征、充注模式及勘探实践[J].地学前缘, 28(4): 316-326.

赵国良, 沈平平, 穆龙新, 等.2010.薄层碳酸盐岩油藏水平井开发建模策略——以阿曼 DL 油田为例[J].石油勘探与开发, 36(1): 91-96.

赵建华.2012.中石油建成"海外大庆"2011 年海外油气权益产量突破 5000 万吨[J].中国石油和化工, 252(2): 9.

赵健, 张光亚, 李志, 等.2018.东非鲁伍马盆地始新统超深水重力流砂岩储层特征及成因[J].地学前缘, 25(2): 83-91.

赵文智, 胡素云, 侯连华, 等.2020.中国陆相页岩油类型、资源潜力及与致密油的边界[J].石油勘探与开发, 47(1): 1-10

赵文智, 卞从胜, 李永新, 等.2023.陆相页岩油可动烃富集因素与古龙页岩油勘探潜力评价[J].石油勘探与开发, 50(3): 455-467.

赵迎冬, 赵银军.2019.油气资源评价方法的分类、内涵与外延[J].西南石油大学学报(自然科学版), 41(4): 64-74.

郑俊章, 等.2015.含盐盆地石油地质理论研究新进展[M].北京: 石油工业出版社: 86-99.

郑俊章, 周海燕, 黄先雄.2009.哈萨克斯坦地区石油地质基本特征及勘探潜力分析[J].中国石油勘探, 14(2): 80-86.

郑俊章, 王震, 薛良清, 等.2019.中亚含盐盆地石油地质理论与勘探实践[M].北京: 石油工业出版社.

郑民, 李建忠, 吴晓智, 等.2019.我国主要含油气盆地油气资源潜力及未来重点勘探领域[J].地球科学, 44(3): 833-847.

郑易平.2017.1950 年代以来的美国对华政策演变分析[J].世界经济与政治论坛, (6): 130-153.

中俄土合作研究项目组.1995.中俄土天然气地质研究新进展[M].北京: 石油工业出版社: 234.

中国石油勘探开发研究院(RIPED).2017.全球油气勘探开发形势及油公司动态(2017 年)[M].北京: 石油工业出版社.

中国石油勘探开发研究院(RIPED).2021.全球油气资源潜力与分布(2021 年)[M].北京: 石油工业出版社.

钟文新, 孙依敏, 金焕东, 等.2022.拉美地区油气投资环境及合作潜力分析[J].国际石油经济, 30(7): 87-96.

周海燕, 胡见义, 郑俊章, 等.2008.南图尔盖盆地储层成岩作用及孔隙演化[J].岩石矿物学杂志, (6): 547-558.

周吉平.2000.投资海外资源开发 开辟互利合作新途径[J].石油企业管理, (20): 9-11.

周吉平.2004.中国石油天然气集团公司"走出去"的实践与经验[J].世界经济研究, (3): 61-68.

周立宏, 苏俊青, 董晓伟, 等.2017.尼日尔 Termit 裂谷型叠合盆地油气成藏特征与主控因素[J].石油勘探与开发, 44(3): 330.

周庆凡.2003.关于油气资源探明程度的探讨[J].石油与天然气地质, 24(4): 317-321.

朱恩灵.1992.秘鲁共和国的石油工业(续)[J].世界石油工业, (9): 9, 10.

朱继东.2013.查韦斯的"21 世纪社会主义"[M].北京: 社科文献出版社: 36-39.

朱日祥, 赵盼, 赵亮.2022.新特提斯洋演化与动力过程[J].中国科学(地球科学), 52(1): 1-25.

朱兆明, 蒋阆.1984.压裂酸化工艺在我国油气田开发中的发展及应用[J].石油钻采工艺, 5: 33-43.

邹才能, 池英柳, 李明, 等.2004.陆相层序地层学分析技术: 油气勘探工业化应用指南[M].北京: 石油工业出版社.

邹才能, 陶士振, 侯连华, 等.2011.非常规油气地质[M].北京: 地质出版社.

邹才能, 朱如凯, 吴松涛, 等.2012.常规与非常规油气聚集类型、特征、机理及展望——以中国致密油和致密气为例[J].石油学报, 33(2): 173-187.

邹才能, 赵群, 王红岩, 等.2021.非常规油气勘探开发理论技术助力我国油气增储上产[J].石油科技论坛, 40(3): 72-79.

Abelha M, Petersohn E. 2018. The State of the Art of the Brazilian Pre-Salt Exploration[C]//AAPG 2018 Annual Convention & Exhibition, Salt Lake City.

Abelson P H. 1963. Organic Geochemistry and the formation of petroleum[C]//6th World Petroleum Congress, Frankfurt am Main.

Adams T D, Kirkby M A. 1975. Estimate of world gas reserves[C]//Proceedings of the 9th World Petroleum Congress, Tokyo.

Adeogba A A, McHargue T R, Graham S A. 2005. Transient fan architecture and depositional controls from near-surface 3-D seismic data, Niger

Delta continental slope[J]. AAPG Bulletin, 89（5）: 627-643.

Ahlbrandt T S, Charpentier R R, Klett T R, et al. 2005. Global Resource Estimates from Total Petroleum Systems[M]. Tulsa, The AAPG.

Akimova I. 2019. Challenges with the mega-projects development in russia and opportunities for international cooperation[C]//Abu Dhabi International Petroleum Exhibition & Conference, Abu Dhabi.

Alexandra R L, Elson C M. 2000. The Art of M&A Due Diligence[M]. New York: McGraw-Hill Trade.

Al-Husseini M I. 2000. Origin of the Arabian Plate structures: Amar collision and Najd rift[J]. GeoArabia, 5（4）: 527-542.

Allen P A, Allen J R. 1990. Basin Analysis Principles and Application[M]. Oxford: Blackwell Scientific Publications: 451.

Allen P A, Allen J R. 2005. Basin analysis Principles and Applications[M]: 2nd ed. Oxford: Blackwell Publishing.

Anjos S M C, Passarelli F M, Wambersie O E, et al. 2019. Libra: Applied technologies adding value to a Giant Ultra deep water pre-salt Field-Santos Basin, Brazil[C]//Offshore Technology Conference Brasil, Rio de Janeiro.

Archie G. 1942. The electrical resistivity log as an aid in determining some reservoir characteristics[J]. Transations AIME, 146（1）: 54-62.

Aslanian D, Moulin M, Olivet J L, et al. 2009. Brazilian and African passive margins of the Central Segment of the South Atlantic Ocean: Kinematic constraints[J]. Tectonophysics, 468（1/4）: 98-112.

Awad M Z. 2015. Petroleum Geology and Resource of the Sudan[M]. Berlin: Geozon Science Dedia UG.

Baby P, Rivadeneira M, Barragán R, et al. 2013. Thick-skinned tectonics in the Oriente foreland basin of Ecuador[M]//Nemcok M, Mora A, Cosgrove J W. Thick-Skin-Dominated Orogens: From Initial Inversion to Full Accretion. London: Geological Society of London Special Publications: 59-76.

Balkwill H R, Rodrigue G, Paredes F I. et al. 1995. Northern part of Oriente Basin, Ecuador: Reflection seismic expression of structures[M]. //Tankard A J, Suárez S R, Welsink H J. Petroleum Basins of South America. Tulsa: AAPG.

Bally A W. 1975. A geodynamic scenario for hydrocarbon occurrences[C]//Proceedings 9th World Petroleum Congress, Tokyo.

Bally A W. 1980. Basins and subsidence: A summary[M]//Bally A W, Bender P L, McGetchin T R, et al. Dynamics of Plate Interiors. Washington D C: American Geophysical Union.

Bark E V D, Owen D, Thomas O D. 1981. Ekofisk: First of the Giant Oil Fields in Western Europe[J]. AAPG Bulletin, 65（11）: 2341-2363.

Barrell J. 1917. Rhythms and the measurements of geologic time[J]. GSA Bulletin, 28（1）: 745-904.

Beaumount E A, Foster N H. 1999. Exploring for Oil and Gas Traps[M]. Dallas: American Association of Petroleum Geologists.

Bostock W H, Williams D B, Schaub H P. 1948. Oil fields of the Royal Dutch Shell Group in Western Venezuela[J]. AAPG Bulletin, 32 （4）: 517-628.

Bradshaw M, Bradshaw J D, Murray A P, et al. 1994. Petroleum systems in West Australian Basins[C]//The Annual Convention of AAPG, Houston.

Brady T J, Campbell N D J, Maher C E. 1980. Intisar "D" oil field, Libya[M]//Halbouty M T, Giant Oil and Gas Fields of the Decade 1968-1978. Tulsa: AAPG: 543-564.

Bray E E, Evan E D. 1961. Distribution of n-paraffins as a clue to recognition of source beds[J]. Geochimca et Cosmochim Acta, 22: 2-15.

Bret-Rouzaut N, Favennec J. 2011. Oil and Gas Exploration and Production[M]: 3rd ed. Paris: Edition Technip.

Browne G H, R M Slatt. 2002. Outcrop and behind-outcrop characterization of a late Miocene sloe fan system. Mt. Messenger Formation, New Zealand[J]. AAPG Bulletin, 85（5）: 841-862.

Browne S E, Fairhead J D. 1983. Gravity study of the Central Africa Rift System: A model of continental disruption. 1. The Ngaoundere and Abu Gabra Rifts[J]. Tectonophysics, 94: 187-203.

Bruhn C H L. 1998 Major types of deep-water reservoirs from the eastern Brazilian rift and passive margin basin[C]//The 6th International Congress of the Brazilian Geophysical Society, Rio de Janeiro.

Bruhn C H L. 2001. Contrasting types of Oligocene/Miocene, giant turbidite reservoirs from deep water Campos basin, Brazil[C]//7th International Congress of Brazilian Geophysical Society, Salvador.

Bruhn C H L, Gomes J A T, Lucchese C D, et al. 2003. Campos Basin: Reservoir characterization and management—Historical overview and future challenges: OTC Proceedings[C]//Offshore Technology Conference, Houston.

Brune S, Heine C, Pérez-Gussinyé M, et al. 2014. Rift migration explains continental margin asymmetry and crustal hyperextension[J]. Nature Communications, 5: 4014.

Bryan G A. 2019. Black's Law Dictionary[M]. 11th Edition. St. Paul :West Publishing Company.

Budennyy S, Pachezhertsev A, Bukharev A, et al. 2017. Image processing and machine learning approaches for petrographic thin section analysis[C]//SPE Russian Petroleum Technology Conference, Moscow.

Burke J A, Campbell R L Jr, Schmidt A W. 1969. The litho-porosity cross plot: A method of determining rock characteristics for computation of log data[J]. Log Data Analyst, 10: 25-43.

Burley S D, Kantorowicz J D, Waugh B. 1985. Clastic Diagenesis[M]//Brenchley P J, Williams B P J. Sedimentology: Recent Developments and Applied Aspects. Oxford : Blackwell Scientific Publications.

Butler R M, Stephens D J. 1981. The gravity drainage of steam heated to parallel horizontal wells[J]. Journal of Canadian Petroleum Technology, 20(2): 90-96.

Campbell C J. 1989. Oil price leap in the early nineties[J]. Noroil, 17(12): 35-38.

Campbell C J. 1992. The depletion of oil[J]. Marine and Petroleum Geology, 9: 666-671.

Campbell C J. 1997. The Coming Oil Crisis[M]. England: Multi-Science Publications Co.: 210.

Canfield R W, Bonilla G, Robbins R K. 1982. Sacha Oil Field of Ecuadorian Oriente[J]. AAPG Bulletin, 66(8): 1076-1090.

Capen E C. 1993. A Consistent Probabilistic Approach to Reserves Estimates[C]//The SPE Hydrocarbon Economics and Evaluation Symposium, Dallas.

Capen E C. 2001. Probabilistic Reserves! Here at Last?[C]//The SPE Hydrocarbon Economics and Evaluation Symposium, Dallas.

Carlotto M, da Silva R, Yamato A, et al. 2017. Libra: A Newborn Giant in the Brazilian Pre-salt Province//Merrill R, Sternbach C. Giant Fields of the Decade 2000-2010[M]. AAPG Memoir, 113: 165-176.

Carlson A G. 2007. Due diligence in oil and gas acquisitions[R/OL]. The 54th Annual Institute on Mineral Law, https://digitalcommons.law. lsu.edu/cgi/viewcontent.cgi?article=1117&context=mli_proceedings.

Carman G J. 1996. Structural elements of onshore Kuwait[J]. GeoArabia, 1(2): 239-266.

Carozzi A V, Palomino J R. 1993. The Talara forearc basin: Depositional models of oil-producing Cenozoic clastic systems[J]. Journal of Petroleum Geology, 16(1): 5-32.

Catuneanu O. 2005. First-order foreland cycles: Interplay of flexural tectonics, dynamic loading and sedimentation[C]//AAPG Annual Meeting, Calgary.

Caughey C, Cavanagh T C, Dyer J N J, et al. 1994. Seismic Atlas of Indonesian Oil and Gas Fields[M]. Jakarta: Indonesian Petroleum Association, Professional Division.

Cerigaz. 2001. Natural Gas in the World: 2001 Survey[M]. Paris: French Petroleum Research Institute.

Chalmers R G, Bustin R M, Power I M. 2012. Characterization of gas shale pore systems by porosimetry, pycnometry, surface area, and field emission scanning electron microscopy/transmission electron microscopy image analyses: Examples from the Barnett, Woodford, Haynesville, Marcellus, and Doig units[J]. AAPG, 96(6): 1099-1119.

Chilingar G V, Bissell H L, Wolf K H. 1967. Diagenesis in carbonate rocks//Developments in Sedimentology[M]. Amsterdam: Elsevier.

Choquette W, Pray L C. 1970. Geologic nomenclature, classification of porosity in sedimentary carbonates[J]. AAPG Bulletin, 54: 207-250.

Claerbout J F. 1985. Imaging the Earth's Interior[M]. Oxford: Blackwell Scientific Publications.

Clark J B. 1949. A hydraulic process for increasing the productivity of wells[J]. Journal of Petroleum Technology, 1(1): 1-8.

Clavier C, Coates G, Dumanoir J. 1977. Theoretical and experimental basis for the dual water model for the interpretation of shaly sands[J]. SPE Journal, 24(2): 153-168.

Clegg L J, Sayers M J, Tait A M. 1992. The gorgon gas field[M]//Halbouty M T, Giant Oil and Gas Fields of the Decade 1968-1978[M]. Tulsa: AAPG: 517-518.

Conlin J, 2019. Mr Five Per Cent: The Many Lives of Calouste Gulbenkian, the World's Richest Man[M]. Cambridge: Cambridge University Press.

Cortes H C. 1953. Geophysical progress[J]. Geophysics, 18(3): 510-524.

Cotton W, Leary D, Stewart R, et al. 2019. Exxon entry into the Guyana-Suriname Basin: A historical look back into Genetic Basin analysis and its application[C]//2019 AAPG Latin America & Caribbean Region Geosciences Technology Workshop, Paramaribo.

Covello T V, Mumpower J. 1985. Risk analysis and risk management: An historical perspective[J]. Risk Analysis, (5): 103-120.

Cox B B. 1946. Transformation of organic material into petroleum under geological conditions[J]. AAPG Bulletin, 30(5): 645-659.

Cross T A. 1988. Controls on coal distribution in transgressive-regressive cycles, upper cretaceous, western interior, U.S.A.[M]//Wilgus C K, Hastings B S, Posamentier H, et al. Sea-Level Changes: An Integrated Approach. Oklahoma: SEPM Special Publication.

Cuong T X, Warren J K. 2009. Bach Ho field, a fractured granitic basement reservoir, Cuu Dank Long Basin, offshore SE Vietnam: A "Buried-hill" play[J]. Journal of Petroleum Geology, 32(2): 129-156.

Curtis C D. 1977. Sedimentary geochemistry: Environments and processes dominated by involvement of an aqueous phase[J]. Philosophical Transactions of the Royal Society, 286: 353-372.

Curtis C D. 1983. Geochemistry of porosity enhancement and reduction on clastic sediments[J]. Geological Society, London, Special Publications,

12: 113-125.

Dashwood M F, Abbotts I L. 1990. Aspects of the petroleum geology of the Oriente Basin, Ecuador[C]//Brooks J. Classic Petroleum Provinces. Geological Society, London, Special Publications, 50(1): 89-117.

Debra K H. 2001. The Putumayo-Oriente-Maranon Province of Colombia, Ecuador, and Peru Mesozoic-Cenozoic and Paleozoic petroleum systems[J]. USA: U.S. Geological Survey: 1-31.

Decou A, Eynatten H V, Mamani M, et al. 2011. Cenozoic Forearc Basin Sediments in Southern Peru(15-18°S) Stratigraphic and Heavy Mineral Constraints for Eocene to Miocene Evolution of the Central Andes[J]. Sedimentary Geology, 237(1): 55-72.

Demaison G, Huizinga B J. 1991. Genetic classification of petroleum systems[J]. AAPG Bulletin, 75(10): 1626-1643.

DeSorcy G J. 1979. Estimation methods for proved recoverable reserves of oil and gas[C]//The 10th World Petroleum Congress, Bucharest.

Desorcy G J, Warne G A, Ashton B R, et al. 1993. Definition and guidelines for classification of oil and gas reserves[J]. The Journal of Canadian Petroleum Technology, 32(5): 10-21.

Dickinson W R. 1974. Plate Tectonics and Sedimentation[M]. Tulsa: Special Publication.

Dickinson W R. 1976. Plate tectonic evolution of sedimentary basins[R]. Tulsa: American Association of Petroleum Geologists Continuing Education Course Notes.

Dobrin M B, Dunlap H F. 1957. Geophysical research and progress in exploration[J]. Geophysics, 22 (2): 412-433.

Dobson M L, Lupardus P D, Divine T, et al. 2011. A Practical Solution to Describe the Proved Area within a Resource Play Using Probabilistic Methods[C]//SPE Production and Operations Symposium, Oklahoma City: 1-15.

Doll H G. 1949. Method of positioning apparatus in boreholes: US-2476137-A[P].

Dou L R, Cheng D S, Li M W, et al. 2008. Unusual high acidity oils from the Great Palogue Field, Melut Basin, Sudan[J]. Organic Geochemistry, 39(2): 210-231.

Dou L R, Cheng D S, Li Z, et al. 2013. Petroleum Genlogy of the Fula Subbasin, Muglad Basin, Sudan[J]. Journal of Petroleum Geology, 36(1): 43-59.

Dou L R, Wang J C, Wang R C, et al. 2018. Chandramani Shrivastava; Precambrian basement reservoirs: Case study from the northern Bongor Basin, the Republic of Chad. AAPG Bulletin, 102(9): 1803-1824.

Dou L R, Wang R C, Wang J C, et al. 2021. Thermal history reconstruction from apatite fission-track analysis and vitrinite reflectance data of the Bongor Basin, the Republic of Chad [J]. AAPG Bulletin, 105(5): 919-944.

Dou L R, Bai G S, Liu B, et al. 2022. Sedimentary environment of the Upper Cretaceous Yogou Formation in Termit Basin and its significance for high-quality source rocks and Trans-Saharan Seaway[J]. Marine and Petroleum Geology, 142: 105732.

Downey M W. 1984. Evaluating seals for hydrocarbon accumulations[J]. AAPG Bulletin, 68(1): 1752-1763.

Droste H. 2014. Petroleum Geology of the Sultanate of Oman[M]//Marlow L, Kendall C G, Yose L A. Petroleum Systems of the Tethyan Region. Tulsa: AAPG: 713-755.

Droste H, Steenwinkel M V. 2004. Stratal Geometries and Patterns of Platform Carbonates: The Cretaceous of Oman, in Seismic Imaging of Carbonate Reservoirs and Systems[M]//Eberli G P, Masaferro J L, Sarg J F R. Seismic Imaging of Carbonate Reservoirs and Systems. Tulsa:AAPG: 185-206.

Duval B C, Cramez C, Vail P R. 1998. Stratigraphic cycles and major marine source rocks//Hardenbol J, Thierry J, Farrley M B, et al. Mesozoic and Cenozoic Sequence Stratigraphy of European Basins. SEPM Special Publication, 60: 43-51.

EIA. 2013. Technically Recoverable Shale Oil and Shale Gas Resources: An Assessment of 137 Shale Formations in 41 Countries Outside the United States[R]. Washington: U.S.Energy Information Administration: 1-729.

EIA. 2017. Lower 48 states shale plays[OL]. (2016-06-30)[2023-02-28]. https://www.eia.gov/maps/images/shale_gas_lower48.pdf.

EIA. 2022. Annual Energy Outlook 2022[R/OL]. (2022-03-03)[2023-01-20]. https://www.eia.gov/outlooks/aeo/narrative/introduction/sub-topic-01.php.

EIA. 2023. Spot Prices [DB/OL]. (2023-06-14)[2023-06-30]. https://www.eia.gov/dnav/pet/pet_pri_spt_s1_d.htm.

Embry A, Johannessen E. 1992. T-R sequence stratigraphy, facies analysis and reservoir distribution in the uppermost Triassic-Lower Jurassic succession, western Sverdrup Basin, Arctic Canada[Z]//Vorren T, et al. Arctic Geology and Petroleum Potential. Norwegian Petroleum Society Special Publication, 2: 121-146.

Esestime P, Hewitt A, Hodgson N. 2016. Zohr-a newborn carbonate play in the Levantine Basin, East-Mediterranean[J]. First Break, 34(2): 87-93.

Estupiñan J, Marfil R, Scherer M, et al. 2010. Reservoir sandstones of the cretaceous Napo formation U and T members in the Oriente Basin, Ecuador: Links between Diagenesis and Sequence Stratigraphy[J]. Journal of Petroleum Geology, 33: 221-245.

Exxon. 1976. Oil and gas potential[R]. Dallas: Exxon.

Fairhead J D, Green C M, Masterton S M, et al. 2013. The role that plate tectonics, inferred stress changes and stratigraphic unconformities have on the evolution of the West and Central African Rift System and the Atlantic continental margins[J]. Tectonophysics, 594: 118-127.

Farias F, Szatmari P, Bahniuk A, et al. 2019. Evaporitic carbonates in the pre-salt of Santos Basin: Genesis and tectonic implications[J]. Marine and Petroleum Geology, 105: 251-272.

Feininger T. 1975. Origin of petroleum in the Oriente of Ecuador[J]. AAPG Bulletin, 59(7): 1166-1175.

Ferris C. 1972. Boyd-Peters Reefs, St. Clair County, Michigan[M]//King R E. Stratigraphic Oil and Gas-Classification, Exploration Methods and Case Histories. Tulsa: AAPG.

Fessenden R A. 1914. Method and apparatus for locating ore-bodies: US1240328 A[P].

Fowler J N, Guritno E, Sherwood P, et al. 2004. Depositional architectures of Recent deepwater deposits in the Kutei Basin, East Kalimantan[R]//Davies R J, Cartwright J A, Stewart S A, et al. 3D Seismic Technology: Application to the Exploration of Sedimentary Basins. Geological Society of London: 25-34.

Frank S, Stefan B, Peter A K. 2016. Comparison of the rift and post-rift architecture of conjugated salt and salt-free basins offshore Brazil and Angola/Namibia, South Atlantic[J]. Tectonophysics, 716: 204-224.

Fraser H J. 1935. Experimental study of the porosity and permeability of clastic sediments[J]. Journal of Geology, 43: 910-1010.

Fryklund R, Stark P. 2020. Super basins—New paradigm for oil and gas supply[J]. AAPG Bulletin, 104(12): 2507-2519.

Fuller M L. 1919. Explorations in China[J]. AAPG Bulletin, 3(1): 99-106.

Galloway W. 1989. Genetic stratigraphic sequences in basin analysis I: Architecture and genesis of flooding-surface bounded depositional units[J]. AAPG Bulletin, 73(2): 125-142.

Gautier D L, Dolton G L, Takahashi K I, et al. 1995. 1995 national assessment of United States oil and gas resources—results, methodology, and supporting data[R]. U.S. Geological Survey Digital Data Series DDS-30, 1 CD-ROM.

Gaymard R, Poupon A. 1968. Response of Neutron And Formation Density Logs in Hydrocarbon Bearing Formations[J]. The Log Analyst, 9(5): 3-12.

Genik G J. 1992. Regional framework structural and petroleum aspects of rift basins in Niger, Chad and the Central African Republic(CAR)[J]. Tectonophysics, 213(1): 169-185.

Genik G J. 1993. Petroleum geology of Cretaceous—Tertiary rift basins in Niger, Chad and Central African Republic[J]. AAPG Bulletin, 77(8): 1405-1434.

George D. 1993. Gravity and magnetic surveys compliment 3D seismic acquisitions[J]. Offshore, 58-64.

Giedt N R. 1990. Unity Field—Sudan, Muglad rift basin, Upper Nile Province[M]//Beaumont E A, Foster N H. Structural Traps Ⅲ: Tectonic Fold and Fault Traps. AAPG Bulletin Treatise of Petroleum Geology Atlas of Oil and Gas Fields, Washington D C: 177-197.

Gomes J P, Bunevich R B, Tedeschi L R, et al. 2020. Facies classification and patterns of lacustrine carbonate deposition of the Barra Velha Formation, Santos Basin, Brazilian Pre-salt[J]. Marine and Petroleum Geology, 113: 104176.

Grajales-Nishimura J, et al. 2000. Chicxulub impact: The origin of reservoir and seal facies in the southeastern Mexico oil fields[J]. Geology, 28: 307-310.

Grieser B, Shelley B. 2006. Data Analysis of Barnett Shale Completions[C]//SPE Annual Technical Conference and Exhibition, San Antonio.

Griffin P J, Trofimenkoff P N. 1986. Laboratory Studies of the steam-assisted gravity drainage process[J]. AOSTRA (Alberta Oil Sands Technology Authority) Journal of Research, 2(4): 197-203.

Grunau H R. 1987. A worldwide look at the caprock problem[J]. Journal of Petroleum Geology, 10: 245-266.

Guiraud R, Maurin J C. 1992. Early Cretaceous rifts of Western and Central Africa, An Overview[J]. Tectonophysics, 213(1–2): 153-168.

Guiraud R, Bosworth W. 1997. Senonian basin inversion and rejuvenation of rifting in Africa and Arabia: Synthesis and implications to plate-scale tectonics[J]. Tectonophysics, 282(1–4): 39-82.

Guiraud R, Bosworth W, Thierry J, et al. 2005. Phaanerozoic geological evolution of Northern and Central Africa: An overview [J]. Journal of African Earth Sciences, 43(1): 83-143.

Guritno E, Salvadori L, Syaiful M, et al. 2003. Deep-water Kutei basin: A new petroleum province[C]//29th Annual Convention and Exhibition, Jakarta.

Halbouty M T, Meyerhoff A A, King R E, et al. 1970. World's giant oil and gas fields, geologic factors affecting their formation, and basin classification[M]: Part I: Giant oil and gas fields//Halbouty M T. Geology of Giant Petroleum Fields. Tulsa: AAPG: 502-528.

Hansen S M, T Fett. 2000. Identification and evaluation of turbidite and other deepwater sands using open hole logs and borehole images[M]//Bouma A H, Stone C. Fine-grained turbidite systems. Tulsa: AAPG: 317-337.

Hassan W M, Farwa A G, Awad M Z. 2017. Inversion tectonics in Central Africa Rift System: Evidence from the Heglig Field[J]. Marine and

Petroleum Geology, 80: 293-306.

Héritier F E, Lossel P, Wathne E. 1979. Frigg field-Large submarine fan trap in Lower Eocene rocks of North Sea Viking Graben[J]. AAPG Bulletin, 63(11): 1999-2020.

Higley D K. 2001. The Putumayo-Oriente-Marañón Province of Colombia, Ecuador and Peru-petroleum Systems[M]. Denver: U.S. Geological Survey.

Hopkinson J P, Nysæther E. 1974. North Sea petroleum geology[C]//Exploration-Geology and Geophysics section, Offshore North Sea Technology Conference, Stavangery.

Howson P. 2017. The Essentials of M&A Due Diligence[M]. London: Routledge: 1-126.

Hubbert M K. 1956. Nuclear energy and the fossil fuels: American Petroleum Institute Drilling and Production Practice[C]//Proceedings of the Spring Meeting, San Antonio.

Hubbert M K. 1967. Degree of advancement of petroleum exploration in United State[J]. AAPG Bulletin, 51(11): 2207-2227.

Hubbert M K. 1969. Energy Resources[M]. San Francisco: W. H. Freeman, 157-242.

Hubbert M K. 1974. U.S. Energy Resources: A Review as of 1972[M]. San Francisco: W. H. Freeman: 1-201.

Huff K F. 1978. Frontiers of world oil exploration[J]. Oil and Gas Journal, 76(40): 214-220.

Hunt J M. 1979. Petroleum Geochemistry, Geology[M]. New York: W.H. Freeman, Company.

Hunt J M. 1990. Generation, migration of petroleum from abnormally pressured fluid compartments[J]. AAPG Bulletin, 74(1): 1-12.

Hunt J M. 1996. Petroleum Geochemistry and Geology[M]: 2nd ed. New York: W. H. Freeman, Company.

Hunt D, Tucker M E. 1992. Stranded parasequences and the forced regressive wedge systems tract: Deposition during base-level fall[J]. Sedimentary Geology, 81: 1-9.

Hurst A R. 1987. Problems of reservoir characterization in some North Sea sandstone reservoirs solved by the application of microscale geological data[M]//Kleppe J, Berg E W, Buller A T, et al. Torsaeter North Sea Oil and Gas Reservoirs. Norwegian Petroleum Directorate, Graham.

Hurst A, Brown G C, Swanson R. 2000. Swanson's 30-40-30 Rule[J]. AAPG Bulletin, 84(12): 1883-1891.

IEA. 2021. World Energy Model Documentation[EB/OL]. https://iea.blob.core.windows.net/assets/932ea201-0972-4231-8d81-356300e9fc43/WEM_Documentation_WEO2021.pdf.

Inkpen A, Moffett M H. 2011. The Global Oil and Gas Industry-Management, Strategry & Finance[M]. Tulsa: PennWell Corp.

Jackson M P. 1995. Retrospective salt tectonics[M]//Jackson M P A, Roberts D G, Snelson S. Salt Tectonics: A Global Perspective. Tulsa: AAPG: 1-28.

James K H. 2000. The Venezuelan hydrocarbon habitat, part 1: Tectonics, structure, palaeogeography and source rocks[J]. Journal of Petroleum Geology, 23(1): 5-53.

Jarvie D M. 2012. Shale resource systems for oil and gas[M]//Breyer J A. Shale Reservoirs—Giant Resources for the 21st Century. Tulsa: AAPG: 69-119.

Javadpour F. 2009. Nanopores and apparent permeability of gas slow in mudrocks(shales and siltstones)[J]. Journal of Canadian Petroleum Technology, 48(8): 16-21.

Johnston D. 2000. International petroleum contract analysis: The commercial Terms//Kronman G, Felio D, O'Connor T. 2011. International Oil and Gas Ventures: A Business Perspective[M]. Houston: AAPG: 79-98.

Jordan C J, Wilson J L. 1994. Carbonate Reservoir Rocks[M]//Magoon L B, Dow W G. The Petroleum System—From Source to Trap[M]. Tulsa: AAPG: 141-158.

Jorgensen G J, Bosworth W. 1989. Gravity modeling in the Central African Rift system, Sudan: Rift geometries and tectonic significance[J]. Journal of African Earth Science, 8: 283-306.

Kantorowicz J D, Eigner M R P, Livera S, et al. 1992. Integration of Petroleum Engineering Studies of Producing Brent Group Fields to Predict Reservoir Properties in the Pelican Field, UK North Sea[M]. Geological Society Special Publication, 61: 453-469.

Karcher J C. 1987. The reflection seismograph: Its invention and use in the discovery of oil and gas fields[J]. The Leading Edge, 6: 16.

Karcher J C. 1920. Wave-length measurements in the M series of some high-frequency spectra[J]. Physical Review, 15(4): 285-288.

Kaufman G M. 1965. Statistical analysis of the size distribution of oil and gas fields[C]//Symposium on Petroleum Economics and Evaluation, Dallas.

Keeling C D. 1960. The Concentration and isotopic abundances of carbon dioxide in the atmosphere[J]. Tellus, 12(2): 200-203.

Kingston D R, Dishroon C P, Williams P A. 1983a. Global basin classification[J]. AAPG Bulletin, 67(12): 2175-2193.

Kingston D R, Dishroon C P, Williams P A. 1983b. Hydrocarbon plays and global basin classification[J]. AAPG Bulletin, 67(12): 2194-2198.

Kirkham J D, Hogan K A, Larter R D, et al. 2021. Tunnel valley infill and genesis revealed by high-resolution 3-D seismic data [J]. Geology,

49(12): 1516-1520.

Klemme H D. 1980. Petroleum basins—Classifications and characteristics[J]. Journal of Petroleum geology, 3(2): 187-207.

Klemme H D. 1983. The Geological Setting of Giant Gas Fields[M]. Laxenburg: International Institute for Applied Systems Analysis: 133-160.

Klemme H D. 1988. Basin Classification Chart[M]. Denvor: GeoBasins Ltd.

Klemme H D, Ulmishek G F. 1991. Effective petroleum source rocks of the world: Stratigraphic distribution, controlling depositional factors[J]. AAPG Bulletin, 75(2): 1809-1851.

Kowalchuk H, Coates G R, Wells L. 1974. The Evaluation of very Shaly Formations in Canada Using a Systematic Approach[C]//SPWLA 15th Annual Logging Symposium, McAllen.

Lancaster D E, McKetta S F, Hill R E. 1992. Reservoir evaluation, completion techniques, and recent results from Barnett Shale development in the Fort Worth Basin[C]//SPE Annual Technical Conference and Exhibition, Washington, D. C.

Landes K K. 1960. Petroleum resources in basement rock [J]. AAPG Bulletin, 44(10): 1682-1691.

Law C. 2011. Northern Mozambique: True "wildcat" exploration in East Africa[C]//AAPG Annual Conference and Exhibition, Houston.

Lawrence D T, Bosman-Smits D F. 2000. Exploring deep water technical challenges in the Gulf of Mexico[C]//Perkins 20th Annual Research Conference, Houston, 473-477.

Lawyer L C, Bates C C, Rice R B. 2001. Geophysics in the Affairs of Mankind: A Personalized History of Exploration Geophysics[M]. Tulsa: Society of Exploration Geophysicists.

Lee G H, Eissa M A, Decker C L, et al. 2004. Aspects of the petroleum geology of the Bermejo field, Northwestern Oriente basin, Ecuador[J]. Journal of Petroleum Geology, 27(4): 335-356.

Levorsen A I. 1950. Estimates of undiscovered petroleum reserves[C]//Proceedings of the United Nations Scientific Conference on the Conservation and Utilization of Resources, New York.

Levorsen A I. 1956. Geology of Petroleum[M]. San Francisco: W. H. Freeman and Company.

Levorsen A I. 1967. Geology of Petroleum[M]: 2nd ed. San Fransisco: W. H. Freeman and Company.

Li N, Wu H L, Feng Q F et al. 2009. Matrix porosity calculation in volcanic and dolomite reservoirs and its application[J]. Applied Geophysics, 6(3): 287-298, 301.

Lin R, Schwing H F, Decker J. 2000. Source and migration in a Makassar deep-water petroleum system[C]//AAPG International Conference and Exhibition, Bali, Indonesia, A52.

Liu B, Wan L K, Mao F J, et al. 2015. Hydrocarbon potential of Upper Cretaceous potential source rocks, Termit Basin, Niger[J]. Journal of Petroleum Geology, 38(2): 157-176.

Lloyd PM, Dahan C, Hutin R. 1986. Formation Imaging with Micro-electrical Scanning Arrays: A New Generation of High Resolution Dipmeter Tool[C]//SPWLA 10th European Symposium, Aberdeen.

Loucks R G, Sarg J F. 1993. Carbonate Sequence Stratigraphy: Recent Developments and Applications[M]. Tulsa: AAPG: 1-534.

Loucks R G, Reed R M, Ruppel S C, et al. 2009.Morphology, genesis, and distribution of nanometer-scale pores in siliceous mudstones of the Mississippian Barnett shale[J]. Journal of Sedimentary Research, 79: 848-861.

Lowell J D, Genik G J. 1972. Sea floor spreading and structural evolution of southern Red Sea[J]. AAPG Bulletin, 56(2): 247-259.

Ma Z Z, Tian Z J, Zhou Y B, et al. 2020. Geochemical characterization and origin of crude oils in the Oriente basin, Ecuador, South America[J]. Journal of South American Earth Sciences, 104: 1-13.

Ma Z Z, Chen H P, Yang X F, et al. 2021. Geochemical characteristics and charge history of oil in the Upper Cretaceous M1 sandstones(Napo Formation)in Block T, Oriente basin, Ecuador[J]. Journal of Petroleum Geology, 44(2): 167-186.

Macgregor D S. 1996. Factors controlling the destruction or preservation of giant light oilfields[J]. Petroleum Geosicence, 2: 197-217.

Magoon L B. 1989. The petroleum system-status of research and methods, 1990[R]. Denvor, USGS.

Magoon L B. 1992. The petroleum system; Status of research and methods[R]. Denvor, USGS.

Magoon L B, Dow W G. 1994. The petroleum system -from source to trap[M]//Magoon L B, Dow W G. The Petroleum System-From Source to Trap. Tulsa: AAPG: 3-24.

Magoon L B. Sanchez R M O. 1995. Beyond the petroleum system[J]. AAPG Bulletin, 79(12): 1731-1736.

Magoon L B, Travis L H, Harry E C. 2001. Pimienta-tamabra(!)—A giant supercharged petroleum system in the Southern Gulf of Mexico, onshore and offshore Mexico[M]//Bartolini C, Buffler R T, Cantú-Chapa A, The Western Gulf of Mexico Basin: Tectonics, Sedimentary Basins, and Petroleum Systems. Tulsa: AAPG: 83-125.

Marksteiner R, Aleman A M. 1996. Petroleum systems along the fold belt associated to the Maranon-Oriente-Putumayo foreland basins[J]. AAPG Bulletin, 80(8): 1311.

Marlan W D. 1987. Evaluating seals for hydrocarbon accumulations: ABSTRACT. AAPG Bulletin, 71（11）: 1439-1440.

Marr J D, Zagst E F. 1967. Exploration horizons from new seismic concepts of CDP and digital processing[J]. Geophysics, 32（2）: 207-224.

Martin A J. 1985.Prediction of Strategic Reserves in Prospect for the World Oil Industry[M]. Durham: University of Durham: 16-39.

Martin A K, Hartnady C J H, Goodlad S W. 1981. A revised fit of south America and south central Africa[J]. Earth and Planetary Science Letters, 54（2）: 293-305.

Martinez A R. 1987. The Orinoco oil belt, Venezuela[J]. Journal of Petroleum Geology, 10（2）: 125-134.

Masters C D, Attanasi E D, Root D H. 1994. World petroleum assessment and analysis[C]//Proceedings of the 14th World Petroleum Congress, Stavanger.

Masters C D, Root D H, Attanasi E D. 1991. World resources of crude oil and natural gas[C]//Proceedings of the 13th World Petroleum Congress, Buenos Aires.

Masters C D, Root D H, Turner R M. 1997. World resource statistics geared for electronic access[J]. Oil & Gas Journal, 95（41）: 98-104.

Masters C D. 1987. Global oil assessments and the search for non-OPEC oil[J]. Opec Review, 11: 153-169.

Mathalone J M P, Montoya R M. 1995. Petroleum geology of the sub-Andean basins of Peru: Petroleum basins of South America[M]//Tankard A J, Suárez S R, Welsink H J. Petroleum Basins of South America. Tulsa: AAPG, 423-444.

Matsuura S, Saito S, Ishii Y, et al. 2005. Seismic reservoir characterization of the Abadi Gas Field, Masela PSC Block, West Arafura Sea, Eastern Indonesia[C]//Indonesian Petroleum Association 30th Annual Convention & Exhibition, Jakarta.

Mayer C. 1980. Global, A New Approach To Computer-Processed Log Interpretation[C]//SPE Annual Technical Conference and Exhibition, Dallas.

Mayne W H. 1962. Common reflection point horizontal data stacking techniques[J]. Geophysics, 27（6）: 927-938.

McCabe P J. 1998. Energy Resources-Cornucopia or Empty Barrel[J]. AAPG Bulletin, 82（11）: 2110-2134.

McCollough E H. 1934. Structural Influence on the accumulation of petroleum in California: Part IV. Relations of petroleum accumulation to structure//Wrather W E, Lahee F H. Problems of Petroleum Geology[M]. Tulsa: AAPG: 735-760.

McCoy A W, Keyte W R. 1934. Present Interpretations of the Structural Theory for Oil and Gas Migration and Accumulation: Part III. Migration and Accumulation of Petroleum//Wrather W E, Lahee F H. Problems of Petroleum Geology[M]. Tulsa: AAPG: 253-307.

McHargue T R, Heidrick T L, Livingston J K. 1992. Tectonostratigraphic development of the interior Sudan rifts, Central Africa[J]. Tectonophysics, 213: 187-202.

Merolli P. 2022. Energy Intelligence Top 50: How the Firms Stack Up[EB/OL]. （2022-11-17）[2022-11-18]. https://www.energyintel.com/0000017d-294d-d9ed- a7fd-2d7d9bb80000.

Miall A D. 1995. Whither stratigraphy[J]. Sedimentary Geology, 100: 5-20.

Michael R H, Martin P A J. 2007. Terra infirma: Understanding salt tectonics[J]. Earth-Science Reviews, 82（1/2）: 1-28.

Millegan P S. 1990. Aspects of the interpretation of Mesozoic rift basins in northern Sudan using potential fields data: Expanded abstracts with biography[C]//1990 SEG Annual Meeting, San Francisco.

Mitchum R M, Jr Vail P R, Thompson S Ⅲ. 1977. The depositional sequence as a basic unit for stratigraphic analysis//Payton C E. Seismic Stratigraphy Applications to Hydrocarbon Exploration. Tulsa: AAPG: 53-62.

Moldoveanu N, Sudhakar V, Quigley J, et al. 2020. "Faster-Denser-Better"-setting new standards for high-density seismic in Permian basin Anastasia Poole[C]//SEG technical program expanded abstracts 2020, Tulsa: Society of Exploration Geophysicists: 51-55.

Montgomery C T, Smith M B. 2010. History of hydraulic fracturing: An enduring technology[J]. Journal of Petroleum Technology, 62（12）: 26-40.

Moody J D. 1975. Distribution and geological characteristics of giant oil fields//Fischer A G, Judson S. Petroleum and Global Tectonics[M]. Princeton: Princeton University Press: 307-320.

Morelatto R. 2019. Pre-Salt Brazil 6th production share: Aram, Sudoeste de Sagitario and Norte de Brava[R]. ANP.

Morgridge D L, Smith W B, 1972. Geology and discovery of Prudhoe Bay field, eastern Arctic Slope, Alaska[M]//King R E. Stratigraphic Oil and Gas Fields-Classification, Exploration Methods, and Case Histories[M]. Tulsa: AAPG: 489-501.

Moritis G. 2005. Venezuela plans Orinoco expansions[J]. Oil & Gas Journal, 103: 54-56.

Morse D G. 1994. Siliciclastic reservoir rocks[M]//Magoon L B, Dow W G. Siliciclastic Reservoir Rocks: Chapter 6: Part II. Essential Elements[M]. Tulsa: AAPG: 121-139.

Moulin M, Aslanian D, Untenehr P. 2010. A new starting point for the South and Equatorial Atlantic Ocean[J]. Earth Science Review, 98: 1-37.

Murray R C, Pray L C. 1965. Dolomitization and limestone diagenesis: An introduction[J]. SEPM Society for Sedimentary Geology, 13: 1, 2.

Murris R J. 1980. Middle East: Stratigraphic evolution and oil habitat[J]. AAPG Bulletin, 64（5）: 697-618.

Nederlof M H, Mohler H P. 1981. Quantitative investigation of trapping effect of unfaulted caprock（abs）[J]. AAPG Bulletin, 65（5）: 964.

Nehring R. 1979. The Outlook for Conventional Petroleum Resources[M]. Santa Monica: The Rand Corporation.

Nelson R A, Bueno E, Moldovanyi E P, et al. 2000. Production characteristics of the fractured reservoirs of the La Paz Field, Maracaibo basin, Venezuela[J]. AAPG Bulletin, 84 (11): 1791-1809.

Odell P R. 1998. Oil and gas reserves: Retrospect and prospect[J]. Energy Exploration and Exploitation, 16: 117-124.

Orr W L. 1974. Changes in sulfur content and isotopic ratios of sulfur during petroleum maturation Study of the Big Horn Basin Paleozoic oils [J]. AAPG Bulletin, 58 (11): 2295-2318.

Pacht J A, Brooks L, Messa F. 1996. Stratigraphic Analysis of 3-D and 2-D seismic data to delineate porous carbonate debris flows in Permian strata along the northwestern margin of the Midland Basin, west Texas, U.S.A[M]. Paul Weimer, Davis T L. Applications of 3-D seismic Data to Exploration and Production, 42: 161-170.

Pan C X. 1941. Nonmarine origin of petroleum in North Shensi, and the Cretaceous of Szechuan, China[J]. AAPG Bulletin, 25 (11): 2058-2068.

Payton C E. 1977. Seismic Stratigraphy: Applications to Hydrocarbon Exploration[M]. AAPG Memoir 26, Tulsa: AAPG.

Perrodon A. 1980. Geodynamique Petroliere: Genese et Repartition Des Gisements D'hydrocarbures[M]. Paris: Masson-Elf Aquitaine: 381.

Perrodon A. 1992. Petroleum systems: Models, applications[J]. Journal of Petroleum Geology, 15 (3): 319-326.

Perrodon A. 1995. Petroleum systems, global tectonics[J]. Journal of Petroleum Geology, 18 (3): 471-476.

Perrodon A, Laherrère J H, Campbell C J. 1998. The World's Non-Conventional Oil and Gas[M]. London : Petroleum Economist Ltd.

Peters K E, Moldowan J M. 1993. The Biomarker Guide: Interpreting Molecular Fossils in Petroleum and Ancient Sediments[M]. Englewood Cliffs: Prentice Hall Inc: 252-265.

Peters K E, Snedden J W, Sulaeman A, et al. 2000. A new geochemical–sequence stratigraphic model for the Mahakam delta and Makassar slope, Kalimantan, Indonesia[J]. AAPG Bulletin, 84 (1): 12-44.

Petersohn E. 2019. Pre-Salt Super Play: Leading Brazil into the World's Top 5 Oil Suppliers[C]//AAPG Latin America and Caribbean Region Geoscience Technology Workshop, Rio de Janeiro.

Pettijohn F J. 1975. Sedimentary Rocks[M]: 3rd ed. New York: Harper and Row: 628.

Phillippi G T. 1965. On the depth, time and mechanism of petroleum generation[J]. Geochimica et Cosmochimica Acta, 29 (9): 1021-1049.

Pickett G I. 1966. A review of current techniques for determination of water saturation from logs[J]. Journal of petroleum Technology, 18: 1425-1433.

Pindell J L, Tabbutt K D. 1995. Mesozoic-Cenozoic Andean Paleogeography and Regional Controls on Hydrocarbon Systems[M]//Tankard A J, Suárez S R, Welsink H J. Petroleum Basins of South America. Tulsa: AAPG: 101-128.

Pittman E D, King G E. 1986. Petrology and formation damage control, Upper Cretaceous sandstone, offshore Gabon[J]. Clay Minerals, 21: 781-790.

Pollastro R M, 1999. Ghaba Salt Basin Province and Fahud Salt Basin Province, Oman-Geological Overview and Total Petroleum Systems[R]. Reston, VA : U.S. Geological Survey.

Posamentier H W, Allen G P. 1999. Siliciclastic Sequence Stratigraphy: Concepts and Applications[M]. SEPM Society for Sedimentary Geology, 7: 1-270.

Pratt W E. 1942. Oil in the Earth[M]. Lawrence: University of Kansas Press.

Pusey W C. 1973. Paleotemperatures in the Gulf Coast using the Esr-Kerogen method[J]. Gcags Transactions, 23 (1973): 195-202.

Quirein J, Kimminau S, La Vigne J, et al.1986. A coherent framework for developing and applying multiple formation evaluation models[C]//SPWLA 27th Annual Logging Symposium, Houston.

Raiga-Clemenceau J, Martin J P, Nicoletis S. 1986. The concept of acoustic formation factor for more accurate porosity determination from sonic transit time data[J]. The Log Analyst, 29: 54-60.

Raymer L L, Hunt E R, Gardner J S. 1980. An improved sonic transit time-to porosity transform. Trans[C]//The SPWLA 21st Annual Logging Symposium, Lafayette.

Reading H G, Richards M. 1994. Turbidite systems in deep-water basin margins classified by grain size and feeder system[J]. AAPG Bulletin, 78 (5): 792-822.

Ren Y L, Jia L. 2021. Two extraction methods for carbonate rock oolites based on image segmentation algorithm[C]//2021 IEEE 4th International Conference on Information Systems and Computer Aided Education (ICISCAE), Dalian.

Reyment R A. 1980. Biogeography of the Saharan Cretaceous and Paleocene epicontinental transgressions[J]. Cretaceous Research, 1 (4): 299-327.

Reymond B A, Stampli G M. 1996. Three-dimensional sequence stratigraphy and subtle stratigraphic traps associated with systems tracks: West Cameron region, offshore Louisiana, Gulf of Mexico[J]. Marine and Petroleum Geology, 13: 41-60.

Richards M, Bowman M, Reading H. 1998. Submarine-fan systems I: Characterization and stratigraphic prediction[J]. Marine and Petroleum Geology, 15: 687-717.

Rickards L M. 1974. The Ekofisk area discovery to development[C]//Exploration-Geology and Geophysics section, Offshore North Sea Technology Conference, Stavanger.

Ridd M F, Racey A. 2015. Historical background to Myanmar's petroleum industry[M]//Racey A, Ridd M F. Petroleum Geology of Myanmar. London :Geological Society of London: 13-20.

Rider M H, Kennedy M. 2013. The Geological Interpretation of Well Logs[M]. Paris: Rider-French Consulting Limite.

Roberts H. 1959. Creative Chemistry: A History of Halliburton Laboratories 1930-1958[M]. Duncan: Halliburton Oil Sell Cementing Co.

Rojas A G. 1949. Developments in NE Mexico-Mexican oil fields[J]. AAPG Bulletin, 33（8）: 1336-1350.

Rystad Energy. 2023. Ecube [DB/OL].（2023-6-6）[2023-06-14]. https://rystadenergy.com.

Rose P R. 2001. Risk Analysis and Management of Petroleum Exploration Ventures[M]. Tulsa: The American Association of Petroleum Geologists: 1-164.

Rose P R. 1987. Dealing with risk and uncertainty in exploration: How can we improve[J]. AAPG Bulletin, 71（1）: 1-16.

Salas G P. 1949. Geology and development of Poza Rica oil field, Veracruz, Mexico[J]. AAPG Bulletin, 33（8）: 1385-1409.

Sarg J F. 1988. Carbonate sequence stratigraphy[J]. SEPM Special Publication, 42: 155-181.

Schenk C J. 2012. An estimate of undiscovered conventional oil and gas resources of the world, 2012[R]. Denver: U.S. Geological Survey Fact Sheet.

Schiefelbein C F. 2000. Geochemical comparison of crude oil along the south Atlantic margins[M]//Mello M R, Katz B J. Petroleum Systems of South Atlantic Margins. Tulsa: AAPG: 15-26.

Schlager W. 1989. Drowning unconformities on carbonate platforms[M]//Crevello P D, Wilson J L, Sarg J F, et al. Controls on carbonate platform and basin development. Tulsa: SEPM Special Publication, 44: 15-25.

Schlager W. 1992. Sedimentology and Sequence Stratigraphy of Reefs and Carbonate Platforms[M]. AAPG Continuing Education Course Note Series, 34: 1-71.

Schlager W. 2005. Carbonate sedimentology and sequence stratigraphy[M]//SEPM Concepts in Sedimentology and Paleontology Series. Tulsa: SEPM.

Schmidt V, McDonald D A. 1983. Secondary reservoir porosity in the course of sandstone diagenesis[M]//Education Course Note Series No.12. Tulsa: AAPG.

Schmoker J W. 1995. Method for assessing continuous-type（unconventional） hydrocarbon accumulations[R]//Gautier D L, Dolton G L, Takahash K I, et al. National Assessment of United States Oil and Gas Resources-Results, Methodology, and Supporting Data. Denvor: USGS Bulletin.

Schmoker J W. 2002. Resource assessment perspectives for unconventional gas systems[J]. AAPG Bulletin, 86（11）: 1993-1999.

Schroeder E R. 1974. North Sea petroleum in geological perspective[C]//Exploration-Geology and Geophysics section, Offshore North Sea Technology Conference, Stavanger.

Schull T J. 1988. Rift basins of interior Sudan: petroleum exploration and discovery[J]. AAPG Bulletin, 72（10）: 1128-1142.

Selley A C. 1998. Elements of Petroleum Geology[M]: 2nd ed. Pittsburgh: Academic Press.

Sengbush R L. 1986. The Convolutional Model of the Seismic Process[M]. Springer: Dordrecht.

Sengor A M C, Burke, K. 1978. Relative timing of rifting and volcanism on Earth and its tectonic implications[J]. Geophysical Research Letter, 5: 419-421.

Shanmugam G, Poffenberger M, Toro A J, et al. 2000. Tide dominated estuarine facies in the Hollin and Napo（ "T" and "U" ） Formation （Cretaceous）, Sacha field, Oriente basin, Ecuador[J]. AAPG Bulletin, 84（5）: 652-682.

Sihotang P. 2003. A longitudinal analysis of the Indonesian production sharing contracts（PSC）: The question of economic accountability[J]. Journal of Winners, 4（2）: 94-111.

Silva P L, Bassiouni Z. 1988. Hydrocarbon saturation equation in shaly sands according to the S-B conductivity model[J]. SPE Form Eval., 3（3）: 503-509.

Slatt R M, Jordan D W, Davis R J. 1994. Interpreting formation micro-scanner log（FMS）images of Gulf Mexico Pliocene turbidites by comparison with Pennsylvanian turbidite outcrops, Arkansas[C]//Submarine fans and turbidite systems: Gulf Coast Section-SEPM Foundation 15th Annual Research Conference, Houston: 35-348.

Sloss L L, Krumbein W C, Dapples E C. 1949. Integrated Facies Analysis[M]. Indiana: Geological Society of America: 91-124.

Sloss L L. 1963. Sequences in the cratonic interior of North America[J]. Geological Society of America Bulletin, 74: 93-114.

Smil V. 2008. Oil: A Beginer's Guide[M]. Oxford:Oneworld Publications.

Smith J T. 1994. Petroleum system logic as an exploration tool in a frontier setting[M]//Magoon L B, Dow W G. The Petroleum System—From Source to Trap. Tulsa: AAPG: 25-49.

Smith. N J. 1964. Geophysical activity in 1963 [J]. Geophysics, 29(6): 992-1014.

Smith P J, Buckee J W. 1985. Calculating in-place and recoverable hydrocarbons: A comparison of alternative methods[C]//SPE Hydrocarbon Economics and Evaluation Symposium, Dallas.

Smith P V. 1954. Studies on the origin of petroleum: Occurrence of hydro carbon in recent sediments[J]. AAPG Bulletin, 38: 377-404.

Sorkhabi R. 2018. The first oil field in the Middle East[J/OL]. AAPG Explorer.

Spencer A M, Leckie G G, Chew K J. 1996. North Sea hydrocarbon plays and their resources[J]. First Break, 14(9): 345-357.

Stahl W J. 1977. Carbon and nitrogen isotopes in hydrocarbon research and exploration[J]. Chemical Geology, 20: 121-149.

Steward D B. 2013. George P. Mitchell and the Barnett Shale[J]. Journal Petroleum Technology, 65(11): 58-68.

Stoeckinger W T. 1976.Valencian Gulf offer deadline nears(I)[J]. Oil and Gas Journal, 74(13): 197-200, 202-204.

Styrikovich M A. 1977. The long range energy perspective[J]. Natural Resources Forum, 1(3): 252-253.

Surdam R C, Boese S W, Crossey L J. 1984. The Chemistry of Secondary Porosity[M]//McDonald D A, Surdam R C. Clastic Diagenesis[M]. Tulsa: AAPG: 127-149.

Sutton F A. 1946. Geology of the Maracaibo Basin, Venezuela[J]. AAPG Bulletin, 30(10): 1621-1741.

Tainsh H R. 1950. Tertiary geology and principal oil fields of Burma[J]. AAPG Bulletin, 34(5): 823-855.

Tainsh H R, Stringer KV, Azad J. 1959. Major Gas Fields of West Pakistan[J]. AAPG Bulletin, 43(11): 2675-2700.

Terken M J. 1999. The Natih Petroleum System of North Oman[J]. GeoArabia, 4(2): 157-180.

Thompson D L, Stilwell J D, Hall M. 2015. Lacustrine carbonate reservoirs from Early Cretaceous rift lakes of Western Gondwana: Pre-salt coquinas of Brazil and West Africa[J]. Gondwana Research, 28(1): 26-51.

Tissot B, Welte D H. 1984. Petroleum Formation, Occurrence[M]: 2nd ed. New York: Springer-Verlag.

Travis R B. 1953. La Brea-Parinas oil field, northwestern Peru[J]. AAPG Bulletin, 37(9): 2093-2118.

Treibs A. 1934. Chlorophyll-und Häminderivate in bituminösen Gesteinen, Erdölen, Erdwachsen und Asphalten[J]. Annalen der Chemie, 510: 42-46.

Tschopp T H. 1953. Oil explorations in the Oriente of Ecuador 1938-1950[J]. AAPG Bulletin, 68: 31-49.

Tucker M. 1993. Carbonate diagenesis and sequence stratigraphy[M]//Wright V P. Sedimentology review. Oxford: Blackwell: 57-72.

Tullow Oil. 2010. Capital Markets Event-Ghana[R]. London: Tullow Oil plc.

Umbgrove J H. 1971. The Pulse of the Earth[M]. Berlin: Springer Netherlands.

USGS. 2003. World Petroleum Assessment 2000[R]. Denver: U.S. Geological Survey.

Uspenskaya N Y. 1967. Principles of oil and gas territories subdivision and the classification of oil and gas accumulation[C]//77th World Petroleum Congress, Mexico City.

Vail P R, Mitchum R M Tr, Todd R G, et.al. 1977. Seismic stratigraphy and global changes of sea-level[M]//Seismic Stratigraphy—Applications to Hydrocarbon Exploration. Tulsa: AAPG: 49-212.

Vail P R. 1987. Seismic Stratigraphy Interpretation Using Sequence Stratigraphy: Part 1: Seismic Stratigraphy Interpretation Procedure[J]. AAPG Studies in Geology,27(1): 1-10.

Valasek D, Aleman A M, Antenor M, et al. 1996. Cretaceous sequence stratigraphy of the Maranon-Oriente-Putumayo Basins, northeastern Peru, eastern Ecuador, and Southeastern Colombia[J]. AAPG Bulletin, 80(8): 1341-1342.

Vallejo C, Romero C, Horton B K, et al. 2021. Jurassic to Early Paleogene sedimentation in the Amazon region of Ecuador: Implications for the paleogeographic evolution of northwestern South America[J]. Global and Planetary Change, 204: 103555.

Van de Kamp P C, Beakhouse G P. 1979. Paragneisses in the Pakwash area, English River Gneiss Beilt, Northwest Ontario[J]. Canadian Journal of Earth Science, 16: 1753-1763.

Van Wagoner J C, Posamentier H W, Mitchum R M, et al. 1988. An Overview of the Fundamentals of Sequence Stratigraphy and Key Definitions[M]. Tulsa: SEPM Society for Sedimentary Geology: 39-45.

Vear A. 2005. Deep-water plays of the Mauritanian continental margin[C]//Dore' A G, Vining B A. Petroleum Geology: North-west Europe and global perspectives—Proceedings of the 6th Petroleum Geology Conference: The Geological Society of London.

Vieira de Luca P H, Matias J C, Carballo J, et al. 2017. Breaking barriers and paradigms in presalt exploration: Pao de Acucar discovery(offshore Brazil)[M]//Merrill R K, Sternbach C A. Giant Fields of the Decade 2000-2010. Tulsa: American Association of Petroleum Geologists.

Vining B A, Pickering S C. 2010. Petroleum Geology: From Mature Basins to New Frontiers[M]//Proceedings of the 7th Petroleum Geology

Conference. London: Geological Society of London.

Walker J R N, Jeffery L H, Brake A C, et al. 1998. Proppants, we still don't need no proppants: A perspective of several operators[C]//SPE Annual Technical Conference and Exhibition, New Orleans.

Wan L K, Liu J G, Mao F J, et al. 2014. The petroleum geochemistry of the Termit Basin, Eastern Niger[J]. Marine and Petroleum Geology, 51: 167-183.

Wardlaw N C, Cassan J P. 1978. Oil recovery efficiency and the rock-pore properties of some sandstone reservoirs[J]. Bulletin of Canadian Petroleum Geology, 27: 117-138.

Watts N L. 1987. Theoretical aspects of cap-rock, fault seals for single-, two-phase hydrocarbon columns[J]. Marine and Petroleum Geology, 4: 274-307.

Waxman M H, Thomas E C. 1974. Electrical conductivities in shaly sands-I. The relation between hydrocarbon saturation and resistivity index; Ⅱ. The temperature coefficient of electrical conductivity[J]. Journal of Petroleum Technology, 26（2）: 213-225.

Weatherby B B. 1940. The history and development of seismic prospecting[J]. Geophysics, 5: 215-230.

Weeks L G. 1948. Highlights on 1947 developments in foreign petroleum fields[J]. AAPG Bulletin, 32（6）: 1093-1160.

Weeks L G. 1950. Discussion of "Estimates of undiscovered petroleum reserves by A.I. Levorsen" [C]//Proceedings of the United Nations Scientific Conference on the Conservation and Utilization of Resources, New York, 1: 107-110.

Weeks L G. 1952. Factors of sedimentary basin development that control oil occurrence[M]. AAPG Bulletin: 2071-2124.

Weeks L G. 1959. Where will energy come from in 2059[J]. The Petroleum Engineer, 31（9）: 24-31.

Weeks L G. 1965. World offshore petroleum resources[J]. AAPG Bulletin, 49（10）: 1680-1693.

Weeks L G. 1971. Marine geology and petroleum resources[C]//Proceedings of the 8th World Petroleum Congress, Moscow.

Weimer P, Slatt R M. 2007. Introduction to the Petroleum Geology of Deepwater Settings[M]. Tulsa: AAPG.

Wilgus C K, Hastings B S, Posamentier H, et al. 1988. Sea-Level Changes: An Integrated Approach[M]. Broken Arrow: SEPM Society for Sedimentary Geology: 1-406.

Williams J J. 1972. Augila Field, Libya-depositional environment and diagenesis of sedimentary reservoir and description of igneous reservoir[M]// King R E, Stratigraphic Oil and Gas Fields-Classification, Exploration Methods and Case histories. Tulsa: AAPG: 623-632.

White D A. 1980. Assessing oil and gas plays in facies cycle wedges[J]. AAPG Bulletin, 64（8）: 1158-1178.

White I C. 1885. The geology of natural gas[J]. Science, 5: 521-522.

Wilson J T. 1966. Did the Atlantic close and then reopen[J]. Nature, 211（5050）: 676-681.

Wilson J T. 1969. Static or Mobile Earth: The Current Scientific Revolution[M]. Toronto: American Philosophical Society.

Wilson W B, Lahee F H. 1934. Proposed classification of oil, gas reservoirs: Part Ⅳ. Relations of petroleum accumulation to structure[M]// Wrather W E, Lahee F H. Problems of Petroleum Geology[M]. Tulsa: AAPG: 433-445.

Witton-Barnes E M, Hurley N F, Slatt R M. 2000. Outcrop and subsurface criteria for differentiation of sheet and channel-fill strata, Example from the Cretaceous Lewis Shale, Wyoming[M]//Weimer P. Deep-Water Reservoirs of the World. GCSSEPM Foundation.

Wood Mackenzie. 2019. Abadi LNG gets greenlight for revised Plan of Development[J/OL].（2019-07-15）[2023-04-30]. https://www.woodmac.com/press-releases/abadi-lng-gets-approval-for-revised-plan-of-development/#:~:text=The%20Government%20of%20Indonesia%20has%20appro ved%20the%20revised,plant%2C%20at%20an%20estimated%20cost%20of%20US%2420%20billion.

Worden R H, Armitage P J, Butcher A R, et al. 2018. Petroleum reservoir quality prediction: overview and contrasting approaches from sandstone and carbonate communities[M]//Armitage P J, Butcher A R, Churchill J M, et al. Reservoir Quality of Clastic and Carbonate Rocks: Analysis, Modelling and Prediction. Geological Society, London, Special Publications, 435: 1-31.

Worden R H, Burley S D. 2003. Sandstone diagenesis: The evolution of sand to stone[M]// Burley S D, Worden R H. Sandstone Diagenesis: Recent and Ancient. Perolles: International Association of Sedimentologists: 3-44.

Wyllie M R J, Gregory A R, Gardner L W. 1956. Elastic wave velocities in heterogeneous and porous media[J]. Geophysics, 21: 41-70.

Xu Y C. 1996. Mantle rare gas in natural gas[J]. Earth Science Frontiers, 3（3-4）: 63-70.

Yang X F, Xie Y F, Zhang Z W, et al. 2017. Hydrocarbon generation potential and depositional environment of shales in the Cretaceous Napo formation, eastern Oriente basin, Ecuador[J]. Journal of Petroleum Geology, 40（2）: 173-193.

Yang X F, Ma Z Z, Zhou Y B, et al. 2019. Reservoir characteristics and hydrocarbon accumulation of the glauconitic sandstone in Tarapoa Block, Oriente Basin, Ecuador[J]. Journal of Petroleum Science and Engineering, 173: 558-568.

Yensepbayeva T, Izart A, Joltaev G, et al. 2010. Geochemical characterization of source rocks and oils from the eastern part of the Precaspian and Pre-Uralian Basins（Kazakhstan）: Palaeoenvironmental and palaeothermal interpretation[J]. Organic Geochemistry, 41（3）: 242-262.

Yergin D. 1991. The Prize, The EPIC Quest for Oil, Money & Power[M]. New York: Simon & Schuster: 877.

Youngquist W. 1958. Controls of oil occurrence in La Brea-Parinas field, northern coastal Peru, in Habitat of oil[M]// Weeks L G. Habitat of Oil[M]. Tulsa: AAPG Special Publications: 696-720.

Zeng H L, Henry S C, Riola J P. 1998. Stratal slicing, part Ⅱ: Real seismic data[J]. Geophysics, 63(2): 514-522.

Zhang L J, Wang H J, Zhang X Y, et al. 2018. Effect of Thrust Structural Pattern on Carbonate Reservoir and Gas Reservoir Type in the East of Amu Darya Right Bank[C]//Proceedings of the International Workshop on Environment and Geoscience IWEG. HangZhou, 1: 239-248.

Zhang M J, Yin J Q, Sheng X F, et al. 2019. The characteristics of strike-slip inverted structures and controlling effects on hydrocarbon accumulation in south Turgay basin[C]//Qu Z, Lin J. Proceedings of the International Field Exploration and Development Conference 2017. Springer Series in Geomechanics and Geoengineering. Singapore: Springer.

Zhao J, Dou L R. 2022. Discovery of early mesozoic magmatism in the Northern Muglad Basin(Sudan): Assessment of its impacts on basement reservoir[J]. Frontier in Earth Science, 10(5): 853082.

Zhao J, Resende O M J, Ren K, et al. 2019. Fault activity and its influences on distribution of igneous rocks in Libra block, Santos Basin: Semi-quantitative to quantitative assessment of fault activity based on high-resolution 3D seismic data[C]//Offshore Technology Conference Brasil, Rio de Janeiro.

Дальян И Б. 1987. Формирование и размещение залежей нефти и газа в подсолевых отложениях восточной окраины Прикаспийской впадины//Геология нефти и газа. [J]-№ 5. -С. 31-35.

Орешкин И В. 2001. Нефтегазогеологическое районирование и условия формирования месторождений в подсолевом мегакомплексе Прикаспийской нефтегазоносной провинции[J]// Недра Поволжья и Прикаспия-Вып. 26. -С. 42-47

Орешкин И В, Постнова Е В, Шестакова Т Д. 1991. Условия формирования залежей углеводородов и локальный прогноз нефтегазоносности подсолевых отложений восточной части Прикаспийской впадины[J]. Недра Поволжья и Прикаспия. - Пробный выпуск. -С. 33-39.

Нурсолтанова А Д. 2016. Асилханов Ж.РИФТОГЕНЕЗ ЮЖНО-ТУРГАЙСКОГО БАССЕЙНА[J]. Геология, геоэкология и ресурсный потенциал Урала и сопредельных территорий. № 4. С. 300-303.

Крючков В Е. 1996. Литологические особенности отложений Шатлыкского горизонта Малай-Чартаксокой зоны поднаятий в связи с перспективами газоносности Восточного Туркменистана[J]. Геология нефти и газа, 5: 3-8.

Горюнов Е Ю, Ильин В Д. 1994. Использование особенностей строения Верхнеюрской эвапоритовой толщи для прогнозирования рифовых комелексов западного Узбекистана[J]. Геология нефти и газа, 5: 35-59.

Пашаев М С, Гаврильчева Л Г, Реджепов К А. 1993. Строение и фациальная зональность нижнемеловой соли(формирование ловушек неантиклинального типа на юга-востоке туркменистана)[J]. Геология нефти и газа, 5: 26-31.

Бабаев А Г тд. 1990. Формации юрских палеоседитационных басейнов узбекистана и их нефтегазоность[M]. Ташкен: Издательство Узбекской ССР: 6-235.

Максимов СП, Панкина Р.Г., Смахтина А М. 1987. Условия Формирования углеводородных скоплений в мезозойских отложениях Амударьинской газонефтяной провинции[J]. Геология нефти и газа, 5: 20-27.

Тимонин А Н. 1989. Условия Формирования залежей газа в верхне юрский карбонатной формации Амудрьинской синклизы. Геология и газоность газодобывающих областей[M]. ВНИИГАЗ: 147-159.